식물균병학

Fungal Plant Pathology

대표저자 고영진

문운당

머리말

사람처럼 식물도 생로병사(生老病死)를 겪는다. 인류가 지구상에 처음 출현한 선사시대부터 식물병은 이미 존재하고 있었을 것이다. 사람들이 야생식물을 채취하거나 짐승을 사냥하면서 식량을 조달하는 유목 생활을 하던 시절에는 식물병이 그리 문제가 되지는 않았다. 그러다가 사람들이 특정 지역에서 논밭을 경작하는 정착 생활을 하면서 식물병의 위협을 받게 되었다. 의식주의 대부분을 식물자원에 의존해온 인류로서는 재배하는 식물을 보호하지 않고서는 생산의 안정을 꾀할 수 없게 되었다.

인류 최대의 비극이라는 아일랜드 대기근의 원인을 밝혀내는 과정에서 태동한 식물병학(植物病學, plant pathology)의 역사는 불과 200년이 채 되지 않았지만 각 분야 걸쳐서 눈부시게 발전해왔다. 특히 식물병원체 중 절대다수를 차지하는 곰팡이가 일으키는 식물병을 연구하는 학문인 식물균병학(植物菌病學, fungal plant pathology)도 발전을 거듭해 왔다.

중세부터 인류를 위협해 온 밀 줄기녹병, 호밀 맥각병, 감자 역병, 벼 도열병, 벼 깨씨무늬병, 옥수수 깨씨무늬병, 바나나 시들음병, 커피나무 녹병, 밤나무 줄기마름병, 느릅나무 시들음병, 참나무 시들음병 등 전 세계적으로 에피데믹(epidemic)과 팬데믹(pandemic)을 일으켰던 식물병을 비롯해 수많은 식물곰팡이병을 연구해 온 식물균병학의 역사가 식물병학사의 주류라고 해도 과언이 아니다.

1946년 서울대학교 농과대학에 농생물학과가 개설된 데 이어 전국에 10여 개 대학교에 농생물학과, 응용생물학과 또는 식물의학과 등의 명칭으로 식물보호 분야 특화 학과가 개설되어 운영되고 있다. 각 대학교에 개설된 커리큘럼이 다소 차이가 있을지라도 식물병학 분야 중에서 식물균병학 강좌가 필수교과목으로 지정되어 교육이 이뤄지고 있다.

그럼에도 불구하고 그동안 국내외에서 식물병학 또는 식물의학 교재는 많이 출판되었지만 식물곰팡이병을 체계적으로 이해할 수 있도록 출판된 종합적인 소개서로서 식물균병학 교재는 외국에서도 찾아보기 어렵고, 우리나라에서도 식물균병학을 강의하고 학습할 대학 교재 한 권 없는 것이 안타까운 현실이었다.

우리나라에 식물균병학을 정착시키신 정후섭 선생님으로부터 학부부터 대학원 석 · 박사과정까지 식물균병학을 사사받은 제자로서, 또한 30여 년 동안 강단에서 식물균병학을 강의해 온 교수로서 이러한 현실을 누구보다도 아쉬워하던 차에 코로나19 팬데믹을 틈타 강의 자료를 묶어 우리나라 최초의 식물균병학 교재를 출판하겠다는 포부를 실천에 옮겨 집필해온 지 어느덧 2년이라는 세월이 흘렀다.

생전에 하늘같았던 은사님, 기라성같은 서울대학교 식물균병학실험실 선배들과 청출어람인 후배들 그리고 식물균병학을 연구하는 동지들을 대신해서 집필한다는 중압감은 글로 표현하기 어렵지만 나날이 늘어나는 분량을 보는 성취감과 정년퇴임을 앞두고 출판하겠다는 의욕으로 주말에는 까만 밤을 하얗게 불태웠던 적도 헤아릴 수 없을 정도였다.

그동안 마음속에 품고 살아왔던 덕불고 필유린(德不孤 必有隣)이라는 좌우명처럼 다행스럽게도 원고내용을 보충하고, 사진을 첨가하고, 오탈자를 정정하면서 교재 내용을 더욱 충실하게 만들어준 제자들이 동행해줘서 홀로 헤쳐 나가려던 고행길에 커다란 힘이 되었기에 고마움을 표한다.

곰팡이를 연구하는 학문은 균학(菌學) 또는 균류학(菌類學)이지 진균학(眞菌學)이 아니듯이 식물균병학은 진정균류뿐만 아니라 유사균류인 끈적균(粘菌)과 난균(卵菌) 등 곰팡이에 의해 발생하는 식물병에 관한 모든 이론과 실용을 다루는 학문이다. 따라서 이 책에서는 제1장 서론에 이어, 제2장에서는 식물병원성 곰팡이의 형태, 분류, 생활사 등을 기술하고, 제3장에서는 식물곰팡이병의 병환, 제4장에서는 식물곰팡이병의 발병환경, 제5장에서는 식물병원성 곰팡이의 병원성기작, 제6장에서는 기주식물체의 저항성기작을 다루고, 제7장에서는 식물곰팡이병의 유전, 제8장에서는 식물곰팡이병의 생리, 제9장에서는 식물곰팡이병의 진단, 제10장에서는 식물곰팡이병의 역학, 제11장에서는 식물곰팡이병의 방제에 대해 기술했다. 마지막으로 제12장 각론에서는 끈적균, 무사마귀병균, 난균, 병꼴균, 접합균, 자낭균, 담자균, 지의류 순으로 곰팡이의 주요 분류군별로 일으키는 식물병에 대해 병징, 병원균, 병환 및 방제 방법을 기술했다.

농작물에 발생하는 곰팡이병뿐만 아니라 각종 수목에 발생하는 곰팡이병도 많이 수록하려고 애를 썼으며, 특히 각 식물병의 병징은 가능한 발병단계별로 선명한 1,000여개의 원색 사진을 찾아 첨부하고, 식물병의 발병과정을 이해하기 쉽게 주요 병의 병환을 찾아 편집하거나 도해해 첨부하려고 부단히 노력했다. 또한 식물균병학에 대한 이해와 흥미를 증진시키고자 주요 용어나 내용, 획기적인 발견 또는 주요 에피데믹과 팬데믹에 대해 상세하게 해설한 55개 심층학습란을 마련한 것도 이 책의 특징이다.

마지막으로 식물균병학의 내용을 보다 깊이 탐구하고자 하는 분들에게 참고되도록 주요 참고문헌을 제시하였고, 식물균병학을 처음 접하는 분들에게 길잡이가 되도록 영문과 국문 찾아보기를 마련했다.

따라서 이 책은 식물의학 또는 식물병학을 전공하는 학생들을 위한 식물균병학 교과서로 집필한 것이지만, 농업연구사, 농촌지도사, 식물보호기사. 나무의사 및 수목치료기술자들의 식물병 진단 및 치료 활동에 길라잡이 역할을 해주리라 믿는다. 아울러 반려식물을 재배하는 사람들에게는 건강한 식물은 더욱 튼튼하게, 아픈 식물은 보듬어 다시 건강하게 재배하는데 다소라도 도움이 되기를 바란다.

우리나라에서 아직까지 식물균병학 분야 교재가 출판된 바 없어 처음 시도되는 작업이라서 그런지 집필을 마감하고 출판사에 원고를 넘기면서 돌아보니 곳곳에 미숙함이 엿보여 부끄럽기 그지없다. 앞으로 여건이 허락된다면 개정판을 통해 이 책에서 드러나는 여러 미비점을 보완해 나갈 작정이지만, 여의치 않을 때 식물균병학을 연구하고 강의하는 동지 중에서 이 교재를 참고삼아 더욱 진보된 식물균병학 교재를 탄생시켜 주기를 소망한다.

돌이켜보면 좁게는 식물균병학, 넓게는 식물병학을 선택해 반평생 국립순천대학교에서 교수로 봉직해온 것은 행운이 아닐 수 없다. 더욱이 대학원 진학과 함께 활동을 시작한 한국식물병리학회에서 학술상에 이어 공로상을 수상한 것도 학자로서 과분한 영광이다. 더불어 공직을 마감하는 정년퇴임을 앞두고 이 책을 출판할 수 있어 더없이 크나큰 보람이다. 이 모든 영예는 식물균병학 연구의 길로 입문시켜주신 정후섭 선생님의 가르침 덕분이기에 삼가 은사님 영전에 이 책을 바친다.

끝으로 오랜 기간에 걸쳐 편집에 힘써 멋진 책을 탄생시켜 준 문운당 여러분들의 노고에 깊은 감사를 드린다.

2023년 1월 9일

순천에서

대표저자 고영진

차 례

05 식물병원성 곰팡이의 병원성기작

06 기주식물체의 저항성기작

07 식물곰팡이병의 유전

08 식물곰팡이병의 생리

12 각 론

Chapter 01

서 론

Anton de Bary | 감자 역병

1.1 식물병의 정의

건강한 식물체에서 생장점 세포는 활발하게 분열을 거듭하면서 여러 가지 조직이나 기관으로 분화한다. 분화된 뿌리는 토양에서 물과 양분을 흡수하고, 잎은 광합성과 증산작용을 한다. 줄기는 식물체를 지탱하고 뿌리에서 흡수한 물과 양분이나 잎에서 만들어진 광합성 산물을 식물체 곳곳으로 운반한다. 그리고 식물은 살아남고 증식하기 위해서 종자 또는 기타 번식 기관을 만들고, 그 속에 광합성 산물을 저장한다.

그러나 어떤 원인에 의해 이러한 필수적인 기능들이 교란되면, 세포나 기관이 제 기능을 발휘하지 못하거나 파괴되며, 심지어 식물체가 죽기도 한다. 이렇게 정상적인 식물체의 능력을 교란시키는 것을 **병원체(pathogen)**라 하며, 병원체에 의한 감염의 결과로 식물체에서 나타나는 증상을 **병증상(syndrome)**이라고 한다.

따라서 **식물병(plant disease)**(그림 1.1)은 병원체의 끊임없는 공격에 의해 식물체의 세포, 조직, 기관 등의 생리적 기능들이 교란되면서 식물체에 여러 가지 형태로 병증상이 나타나고 결국 식물체가 죽게 되는 과정이다.

질병을 앓는 사람이 점차 쇠약해지는 것처럼 병에 걸린 식물체에서 세포나 기관은 약해지거나 붕

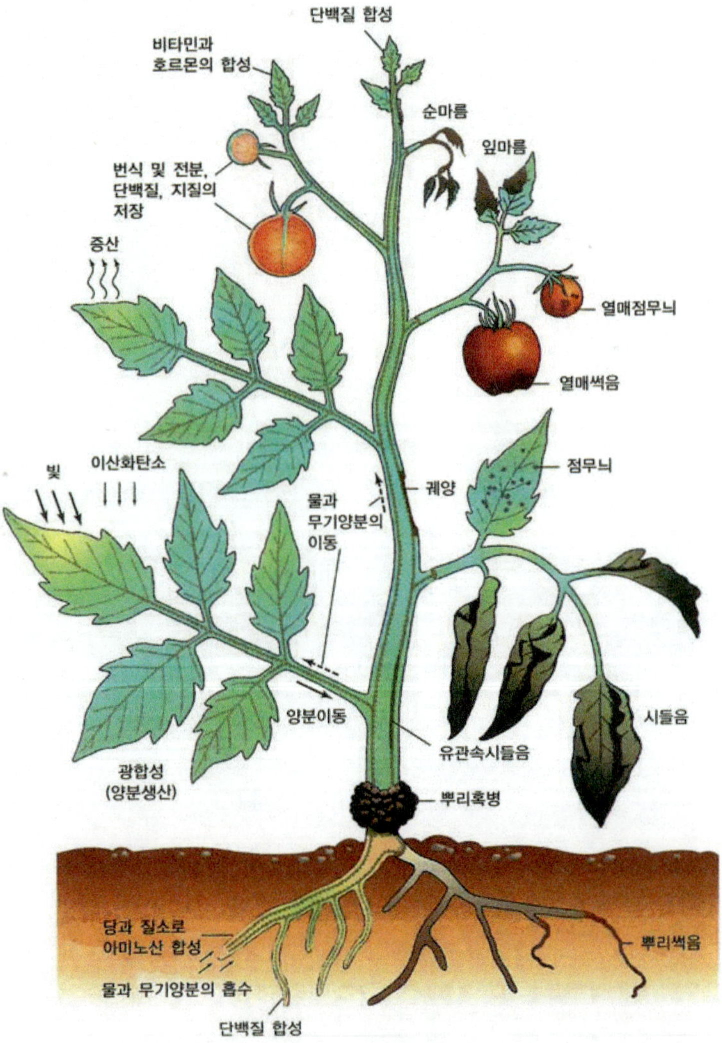

그림 1.1 건전한 식물체의 부위별 기능(왼쪽)과 여러 가지 병증상(오른쪽). [출처: 식물병리학]

괴되는 것이 보통이다. 그러나 뿌리혹병에 걸린 식물체에서처럼 병원체에 감염된 세포가 정상 세포보다 훨씬 더 빨리 분열해서 사람에게 생기는 암종처럼 비정상적인 혹(gall)이 만들어지기도 한다.

병원체의 공격에 의해 식물체에서 교란되는 생리적 기능은 병원체에 의해 감염되는 부위에 따라 달라진다. 병원체에 의한 잎의 감염은 엽록소를 파괴시켜 광합성을 방해하고, 줄기의 감염은 물관(xylem)이나 체관(phloem)을 붕괴시켜 물과 양분이 이동하는 것을 방해한다. 그리고 뿌리의 감염은 뿌리를 썩혀 토양으로부터 물과 양분을 흡수하지 못하게 한다.

① 절대병과 상대병

풀(초본식물)과 나무(목본식물)를 구별하는 뚜렷한 차이는 나무는 줄기가 계속 살아 있어서 굵기가 굵어지고 키도 커가지만, 풀은 겨울이 되면 뿌리만 살아남거나 뿌리까지 죽고 이듬해 봄에 다시 자라기 때문에, 크기가 매년 비슷하다는 것이다.

대나무는 땅위줄기가 1년 이상 계속 활동해 죽지 않으며, 목질부처럼 단단한 구조를 갖는다는 것이 나무의 특징과 비슷하다. 그러나 대나무는 죽순이 순식간에 자라 1~2년 후에 생장이 멈추고, 그 이후는 줄기가 길게 자라지 않는다. 또한 유관속 형성층이 1년 동안만 기능을 발휘하기 때문에 나이를 먹어도 더 이상 굵어지지 않고, 나이테가 생기지도 않으며, 속이 비어 있다. 즉 대나무는 나무와 비슷하지만 이름만 나무일 뿐 엄격하게 분류하면 나무가 아니고 풀인 셈이다.

그림 1.2 대나무 꽃.
[출처: 담양군대나무연구소]

대나무는 60~120년을 주기로 단 한 번 꽃을 피우고 씨앗을 맺은 후에 죽는다. 대나무가 정상적으로 수명을 다했을 때 나타내는 생리 현상이지만, 꽃이 피면 대나무가 죽게 돼 재배자들에게 경제적인 손실을 준다. 그래서 재배자들은 대나무에 꽃이 피는 것을 대나무를 죽게 만드는 식물병이라고 판단하고 대나무 개화병(開花病)(그림 1.2)이라고 부른다.

그림 1.3 바이러스병에 걸린 튤립.
[출처: Wikipedia]

한편 튤립 줄무늬바이러스병(Tulip breaking virus)(그림 1.3)에 걸리면 꽃잎에 얼룩무늬가 만들어진다. 튤립이 바이러스에 감염된 증상이지만, 재배자들은 희귀한 꽃이 피어 경제적 이득을 얻을 수 있다(**심층학습 1**).

그래서 튤립을 재배하는 사람들은 바이러스에 감염돼 나타나는 증상을 병으로 여기지 않는다.

심층학습 1 튤립 광풍을 일으킨 'Tulip breaking virus'

중앙아시아 텐산산맥이 원산지인 튤립은 오스만 제국의 수도 이스탄불에 주재하던 오스트리아 외교관에 의해 유럽에 소개됐다. 그 후 플랑드르의 식물학자인 Charles de l'Écluse가 1593년에 레이던 대학의 교수로 임명된 후 네델란드 기후에 알맞게 튤립이 개량됐다.

17세기 초에 단색의 평범한 튤립은 저렴한 가격으로 거래되었지만, 꽃잎에 얼룩무늬가 생긴 희귀한 튤립은 무척 비싸서 보유 여부가 부의 척도로 간주되었다. 부유층들은 희귀종을 잘 키우면 돈이 되기 때문에 앞다퉈 희귀종을 찾는 바람에 네덜란드 전역에서 튤립 구근 확보 전쟁이 일어났다.

변종을 일으킨 희귀종일수록 비싼 가격이 매겨지기 때문에 400여 품종이 개발되었고, 튤립마다 황제, 총독, 제독, 영주, 대장 등의 군대 계급과 비슷한 이름이 붙었다. 마침 이때 흑사병이 재발해 네덜란드 인구의 8분의 1이 죽자 사람들은 더욱더 격렬하게 튤립 구근에 투자하면서 희귀종의 가격은 천정부지로 치솟았다.

튤립 구근의 가격은 1637년에 절정에 달했다. 흰색 꽃에 진홍색 줄무늬를 가진 '영원한 황제'라는 뜻의 'Semper Augustus'라고 하는 튤립 구근 1개 가격이 무려 2,500길더였는데, 노동자 평균 연봉이 200~400길더 수준이던 것을 감안하면 그 광풍을 짐작할 수 있다.

Semper Augustus.
[출처: 위키백과]

그러나 이런 광적인 튤립 거래는 그 후 얼마 안 가서 거품이 빠져 버렸다. 몇몇 튤립 재배자들이 구근 조직을 이식하면 꽃에 얼룩무늬가 생긴다는 사실을 알아내 이러한 구근을 많이 만들어 내면서 희소성이 떨어져 더 이상 비싼 가격에 거래되지 않았기 때문이다. 그럼에도 불구하고 1576년 레이던 대학의 식물학자 Carolus Clusius가 튤립 꽃잎에 얼룩무늬가 생긴다는 것을 처음으로 기재한 이후 약 300년이 지나도록 신비의 수수께끼로 남아 있었다.

1892년 러시아의 과학자 Ivanovsky에 의해 바이러스가 식물에 병을 일으킨다는 사실이 최초로 밝혀진 이후 1928년에 이르러서야 영국의 균학자 Dorothy Cayley에 의해 비로소 튤립꽃의 얼룩무늬는 '튤립 줄무늬바이러스(Tulip breaking virus; TBV)' 감염으로 생겼으며, TBV는 바이러스병에 걸린 튤립의 즙액과 진딧물이 매개체라는 사실이 밝혀졌다. 눈에 보이지 않는 바이러스가 일으킨 튤립 광풍은 2017년 'Tulip fever'라는 영화의 소재로 등장하기도 했다.

Tulip Fever 영화 포스터.
[출처: Wikipedia]

또한 대나무 표면에 곰팡이를 접종해서 번식시키면 얼룩무늬가 생기는 것을 호반죽(虎斑竹)이라고 부르며, 마치 잎이나 꽃에 희귀한 무늬가 생긴 동양란처럼 아주 진귀하게 다룬다.

그러나 식물병은 병원체의 감염에 의해 영양을 빼앗기고 세포, 조직, 기관 등이 파괴되거나 기능이 마비되면서 식물체가 죽게 되는 과정이다. 따라서 바이러스에 감염돼 튤립에 나타나는 다양한 증상이나 곰팡이에 감염돼 대나무에 나타난 증상은 비록 인간에게 경제적 이득을 줄지라도 당연히 식물병이다.

일반적으로 식물병을 정의할 때, 튤립 줄무늬바이러스병처럼 순수한 학문적인 입장에서 정의하는 것을 **절대병(obligate disease)**이라 하고, 대나무 개화병처럼 인간의 경제적인 관점에서 정의하는 것을 **상대병(relative disease)**이라고 한다. 그러나 식물병은 자연현상의 하나이기 때문에 인간의 관점이 아닌 자연의 이치대로 해석해야 할 것이다.

비록 인간에게 경제적 손실을 안겨줄지라도 대나무가 꽃을 피우고 죽는 것은 대나무의 수명이 다했을 때 나타나는 필연적인 결과일 뿐이며, 병원체의 감염에 의한 것이 아니기 때문에 식물병이 아니다. 그럼에도 불구하고 대나무에 꽃이 피는 것을 개화병이라 부르는 것은 예로부터 사군자(四君子)의 하나로서 선비의 절개를 상징해온 대나무가 죽는 것을 안타깝게 여기는 인간의 감정이입에 지나지 않는다.

반면에 튤립에 희귀한 꽃이 피도록 해서 경제적 이득을 얻을 목적으로 건전한 튤립에 인위적으로 바이러스를 접종해서 바이러스병에 걸리게 한다면 식물을 학대하는 행위다. 튤립이 바이러스에 감염돼 꽃에 여러 가지 무늬가 생기는 것은 말을 하지못하는 튤립의 고통스러운 몸부림의 표현이다. 사람과는 달리 식물은 고통을 말로 호소하지 못할 뿐이다.

② 인체병과 식물병

예로부터 움직일 수 있는 생물은 동물로, 움직일 수 없는 생물은 식물로 분류해왔다. 직립보행을 하는 사람은 쉽게 동물로 분류되듯이 진화된 고등생물에서 이러한 분류는 확연하지만, 하등생물에서는 그 구분이 모호한 경우가 많다. 모든 생물은 세포(cell)(그림 1.4)라는 생명 단위로 구성돼 있고, 최근에 현미경의 발명으로 세포를 관찰할 수 있게 되면서 세포벽(cell wall)과 엽록소(chlorophyll)의 유무로 동물과 식물을 분류한다.

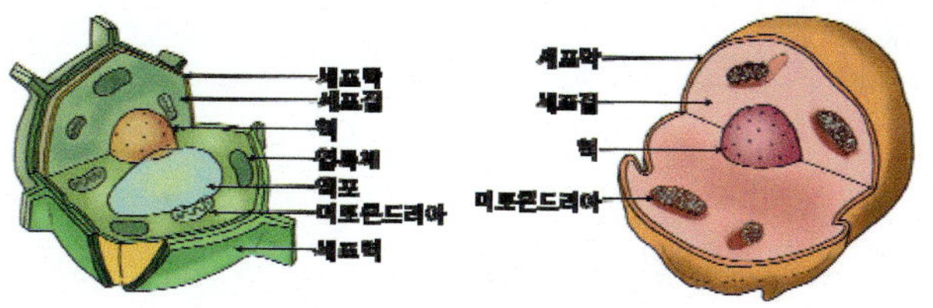

그림 1.4 식물세포(왼쪽)와 동물세포(오른쪽).

사람들이 온갖 질병에 시달리는 것처럼 가축을 비롯한 동물들도 많은 질병으로 고통을 받는다. 동물에 못지않게 식물에도 여러 가지 질병이 발생하는데, 특히 야생식물보다 사람들이 재배하는 농작물이나 조경수목에서 더 많이 발생한다.

각종 기관이 발달된 사람이나 동물에는 뇌나 심장처럼 생명현상을 좌우하는 치명점이 있지만, 식물은 기관 분화 정도가 낮아 치명점이 없다. 따라서 **인체병**은 무좀처럼 생명에는 지장이 없는 질병도 있지만, 예방과 치료를 해주지 않으면 죽음에 이르는 치명적인 질병이 더 많다. 그러나 **식물병**은 식물체 일부를 손상케는 하더라도 죽음으로 이어지는 경우가 많지 않다.

인체병은 불치의 질병일지라도 한 사람의 생명을 건지기 위한 모든 수단이 강구된다. 그러나 동물이나 식물이 병들었을 경우 다른 개체들을 보호하기 위해서 아예 제거되는 경우가 많다. 최근에 조류독감(Avian Influenza, AI)의 확산을 막기 위해서 조류독감 발생 지역에 있는 오리와 닭 등 가금류(家禽類)를 살처분하거나, 소나무재선충(Pine-wood nematode)의 확산을 막기 위해서 소나무재선충병이 발생한 지역의 소나무들을 미리 베어낸 것이 대표적인 사례다.

인체병은 **세균(bacteria)**에 의해 주로 발생하며, **곰팡이(fungi)**가 일으키는 병은 몇 종류가 되지 않고 인체에 치명적이지도 않지만, 완치가 잘 되지 않는다. 그러나 식물병은 곰팡이에 의해 주로 발생하며, 세균이 일으키는 식물병은 종류가 많지 않지만 치료가 더 어렵다. 물론 인체병원균은 식물병을 일으키지 않을 뿐 아니라 식물병원균이 인체병을 일으키는 경우도 거의 없다(**심층학습 2**).

사람을 비롯해 동물에는 혈액순환계가 있어서 면역반응을 이용한 질병의 예방과 치료가 이루어지고 있지만, 식물에는 순환계가 없어서 치료가 대단히 힘들다. 최근에 약제를 병든 나무에 주사해서 치료를 도모하고 있지만, 나무병에 국한되며, 모든 식물병에 적용되는 것은 아니다.

1.2 식물병의 중요성

① 식물병학의 영역

식물병을 연구하는 학문인 **식물병학(植物病學)**은 영어로 **plant pathology** 또는 **phytopathology**라고 하는데, 그 어원은 **phyton(식물)**, **pathos(병)**, **logos(학문)**의 세 낱말로부터 유래한다. 우리나라에서 식물병학은 **식물병리학(植物病理學)**과 함께 서로 동의어로 통용되고 있는데, 서양 신학문을 일찍 도입한 일본 학자들이 plant pathology 또는 phytopathology를 식물병리학으로 번역한 것을 우리나라 학자들이 그대로 답습했기 때문이다.

식물병을 연구하는 학문을 식물학의 한 분과로 간주해 기초학문으로서 식물병리학이 옳다고 주장하는 그룹과 식물학으로부터 독립시켜 방제법을 포함한 보다 큰 학문체계로서 **식물의학**

심층학습 2 인체 '탄저병'과 식물 '탄저병'

사람과 동물에 발생하는 '탄저병(anthrax)'은 토양매개 세균인 '탄저균(*Bacillus anthracis*)'에 의해 발생하는 인수공통전염병(人獸共通傳染病)이다. Louis Pasteur가 1873년에 소와 양으로부터 '탄저균'을 처음 분리 · 배양했고, Robert Koch는 1876년에 소와 양뿐만 아니라 사람으로부터 '탄저균'을 분리하고 동정했다.

급성 열성 감염 질환을 일으키는 '탄저균'은 대부분 피부를 통해 침범하며, 노출 부위에 가려움증, 부스럼 및 물집을 만들고 2~6일 이후에는 악성 고름이 형성된다.

드물게 호흡기나 소화관을 통해 침범하는데, 초기에는 감기나 폐렴같은 일반적인 호흡기 감염 증상이 나타나다가, 독소에 의한 출혈성 흉부 임파선염이 발생해 사망률은 거의 100%에 달하며, 항생제도 효과가 없다.

'탄저균'은 내생포자(endospore)를 가지고 있어서 가루처럼 건조된 채 수년 동안 생존할 수 있기 때문에 흰색 분말로 만들어져 생화학 테러 수단으로 사용된다. 2001년에는 9.11 테러 이후에 소포로 배송된 흰색 분말 가루를 11명이 흡입해 5명이 사망했다. 2015년 5월 28일 미군 실수로 살아있는 '탄저균'이 오산 공군기지에 배달되어 물의를 일으킨 바 있다. '탄저균' 100 kg이 대도시 상공에 살포되면 100~300만명이 살상될 만큼 위력적인 생물무기다.

식물에 발생하는 '탄저병(anthracnose)'은 비바람에 의해 전반되는 곰팡이인 탄저병균(*Colletotrichum* spp.)에 의해 발생하는 다범성병(多犯性病)이다. 사과에는 '*Colletotrichum gloeosporioides* (완전세대; *Glomerella cingulata*)', 고추에는 '*Colletotrichum acutatum*', 수박에는 '*Colletotrichum lagenarium*'이 '탄저병'을 일으키는 것처럼 식물의 종류가 워낙 많기 때문에 '탄저병균'의 종류도 매우 다양하다. 또한 딸기나 망고같은 식물에는 여러 종의 '탄저병균'이 '탄저병'을 일으키기도 한다.

'탄저균'은 사람과 가축을 포함한 동물에게 '탄저병'을 일으킬 뿐 식물을 감염시키지 않는 세균인 반면에, 식물에는 여러 종의 곰팡이가 '탄저병'을 일으키지만 기주특이성을 가지고 있어서 사람이나 동물에는 전염되지 않을 뿐만 아니라 비기주식물을 감염시키지도 않는다.

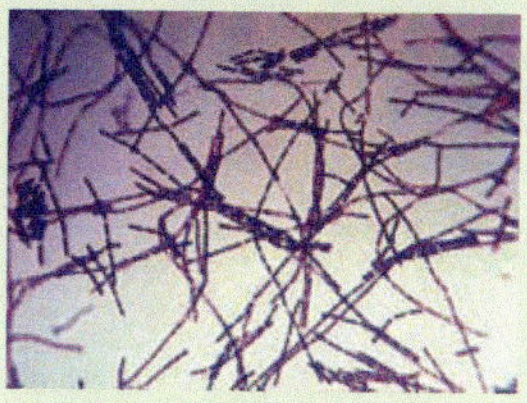
Bacillus anthracis.
[출처: 위키백과]

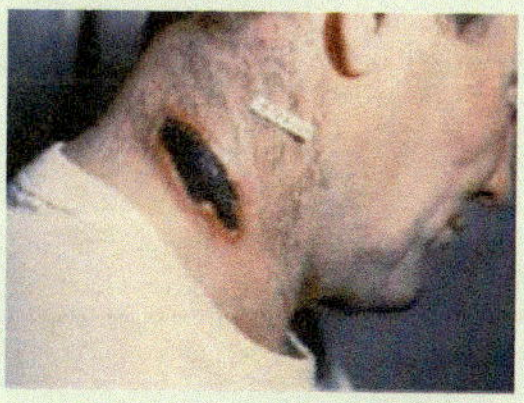
탄저병 증상.
[출처: MSD Manuals]

연합뉴스 캡처사진.

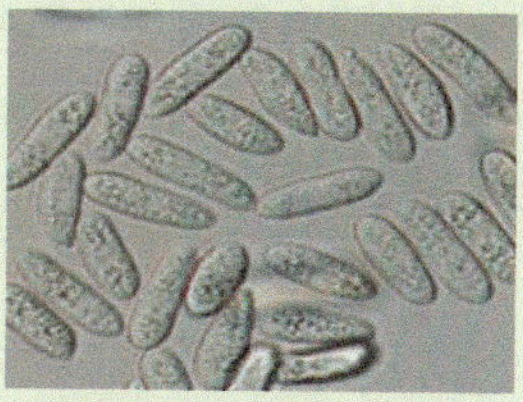
Colletotrichum gloeosporioides.

사과 탄저병 병징.
[출처: 월간원예]

(植物醫學, plant medicine) 또는 식물병학이 옳다고 주장하는 그룹이 있다. 그런데 식물병리학이라는 용어의 중간 한자어인 리(理)를 원리(principle)로 해석할 때 수학에서 피타고라스의 정리(Pythagorean theorem)나 물리학에서 기체의 법칙(Gas laws)과 같은 원리를 찾아볼 수 없다.

따라서 plant pathology 또는 phytopathology를 어원에 관계없이 academic을 강조하는 뜻으로 강좌, 전공 또는 학과 이름은 관습에 따라 식물병리학으로 통용하더라도 식물병에 관한 이론(理論)과 실용을 모두 포함시키는 것에 이론(異論)이 있을 수 없기 때문에 교과과목으로서는 식물병학이 타당하다.

이와 유사하게 plant virology를 식물바이러스병리학이 아니라 식물바이러스학 또는 식물바이러스병학, phytobacteriology 또는 bacterial plant pathology를 식물세균병리학이 아니라 식물세균병학이라고 한다.

식물병학은 식물병에 관한 모든 이론과 실용을 다루는 학문으로 식물병의 원인, 진전, 발병환경, 발병경과, 진단 및 방제에 관한 내용을 다루는데, 자라고 있는 식물체뿐만 아니라 생산물의 저장, 수송, 유통 및 소비 과정에서 일어나는 병까지도 포함한다.

식물병학은 대상으로 하는 병원의 종류에 따라 식물균병학, 식물세균병학, 식물바이러스병학, 식물기생선충학, 식물비기생성병학 등으로 나눌 수 있으며, 연구분야에 따라 식물병원학, 식물병진단학, 임상식물병리학, 식물병유전학, 기주기생체생리학, 식물병생태학, 식물역학, 식물병방제학 등으로 나눌 수 있다.

식물균병학(植物菌病學, fungal plant pathology)의 중간 한자어인 균(菌)을 한문 사전에서 찾아보면 버섯균이고 순우리말로는 곰팡이(fungi)를 나타낸다. Whittaker의 생물 5계설에 의하면 진핵생물로서 광합성하는 식물계(Kingdom Fungi), 영양을 섭취하는 동물계(Kingdom Animalia)와 대등하게 곰팡이는 영양을 흡수하는 균계(Kingdom Fungi)로 분류하고 있는데, 중국에서는 곰팡이를 동물, 식물과 대등하게 균물(菌物)이라고 한다.

한자어인 균(菌)을 함께 쓰이는 세균(細菌, bacteria)은 단세포 원핵생물로서 Whittaker의 생물 5계설에서 단생생물계(Kingdom Monera)로 분류되기 때문에 엄연히 다르지만, 굳이 세균과 구분할 때는 곰팡이를 진균(眞菌, true fungi)이라고 부르기도 한다.

그렇지만 곰팡이를 연구하는 학문은 균학(菌學) 또는 균류학(菌類學)이지 진균학(眞菌學)이 아니다. 따라서 식물균병학은 진정균류뿐만 아니라 유사균류인 끈적균(粘菌, slime molds)과 난균(Oomycetes) 등 곰팡이에 의해 발생하는 식물병에 관한 모든 이론과 실용을 다루는 학문으로서 식물병원성 곰팡이의 특징, 분류, 생활사를 비롯하여 병환과 발병환경, 식물병원성 곰팡이의 병원성기작과 기주식물의 저항성기작, 식물병원성 곰팡이에 의해 발생하는 식물병의 유전, 생리, 진단 및 방제방법을 다룬다.

② 식물병학의 중요성

인류가 지구상에 처음 출현한 선사시대에도 식물병은 이미 존재하고 있었을 것이다. 사람들이 짐승을 사냥하거나 야생식물을 채취해서 식량을 조달하는 유목 생활을 하며 살다가 인구가 증가함에 따라 특정 지역에 정착하고 논밭을 경작해서 식량 작물을 재배하던 시대에는 식물병이 더욱 심하게 발생했을 것이다.

기원전 1000년경 호머(Homer)의 저서나 기원전 750년경 구약성서처럼 현재까지 전해지는 옛 문헌에 식물병이 이미 기록돼 있었다. 인체의 질병과 전쟁만큼이나 식물병이 사람들에게 두려움을 주었다는 사실은 놀라운 일이 아니다. 옛날 사람들은 재배하고 있는 작물에 발생하는 식물병을 사람들이 저지른 잘못과 죄에 대한 신의 벌과 응징으로 간주했다. 따라서 고대 사람들은 식물병이 신의 노여움의 표현이기 때문에 식물병을 피해가는 일은 세상을 지배하는 절대자인 신을 즐겁게 하는 것에 달려 있다고 믿고 있었다.

그림 1.5 밀 줄기녹병. [출처: J. Timmer]

기원전 4세기에 로마인들은 자신들이 재배하는 밀에 발생하는 밀 줄기녹병(그림 1.5)을 비롯한 식물병에 의해 엄청난 기근을 겪었다. 그래서 다신론자였던 로마인들은 녹병을 지배하는 **로비구스(Robigus)**라는 신을 받들었다. 로마인들은 주식으로 재배하는 밀에 커다란 피해를 주는 공포스러운 녹병으로부터 해방시켜 자신들을 지켜줄 것이라는 신념으로 신을 즐겁게 하기 위해 기도를 드리고 희생양을 바쳤다.

그림 1.6 로비갈리아. [출처: La Cronaca di Roma]

심지어 그들은 신에게 제사를 지내는 **로비갈리아(Robigalia)**(그림 1.6)라는 특별한 축제일까지 만들었다. 로마 달력으로 4월 25일은 밀에 녹병이 창궐하는 출수기여서 녹병으로부터 밀을 보호해야 할 시기에 해당된다.

따라서 로마인들은 이 축제일에 신이 즐거워해서 자신들이 재배하는 작물을 파괴시키는 녹병을 보내지 않도록 제단에 붉은 개와 여우, 그리고 암소를 바쳐 정성껏 제사를 올렸다.

선사시대부터 인류를 위협해 온 식물병이 19세기에 접어들어 많은 사람들이 굶어죽는 대기근을 초래한 역사적인 사례로 1845년 발생한 **아일랜드 대기근(The Great Irish Famine)(심층학습 3)**과 그로부터 약 100년 후인 1942년 발생한 **벵골 대기근(Bengal Famine)(심층학습 34)**을 들 수 있다.

1845~1849년 사이에 아일랜드에서 발생한 감자 역병에 의한 대기근으로 100만 명이나 굶어 죽었고, 200만 명이 신대륙으로 이주했다. 1942~1944년 사이에 인도 벵골 지방에서 발

심층학습 3 '아일랜드 대기근'

1570년경 남아메리카에서 유럽으로 돌아오는 스페인 정복자들에 의해 감자가 스페인에 도착한 후, 유럽 전역에 식용작물로 정착하는 데는 꽤 오랜 시간이 걸렸다. 유럽인들은 척박하기 이를 데 없는 남아메리카의 원주민들이 주식으로 먹던 감자를 쉽게 받아들이지 않았다. 당시에 유럽의 종교 지도자들은 감자가 성서에 언급돼 있지 않고, 땅속에서 자라기 때문에 깨끗하지 않아 사람보다는 가축에게나 적합하며, 감자의 일부에 독성이 있다는 이유로 감자를 식용작물로 채택하는 것을 강하게 반대했다.

감자에는 포식자들로부터 감자를 보호하기 위해 솔라닌(solanine)과 차코닌(chaconine)이 주를 이루는 글리코알칼로이드(glycoalkaloid)라는 독성 화합물이 들어 있다. 그래서 감자 괴경(塊莖, 덩이줄기)을 볕이 드는 곳에 둔다든지 감자가 물리적으로 상처를 입거나 시간이 오래되면, 글리코알칼로이드 성분이 증가해 독성을 나타내기 때문에 감자는 음지에 보관해야 한다.

유럽에서 감자를 가장 먼저 식용작물로 재배하기 시작한 곳은 아일랜드였다. 여기에는 아일랜드가 감자를 재배하는데 최적의 기후와 토양을 가졌다는 것 외에도 사회적인 영향이 컸다. 영국의 지배로 빈곤과 가난을 거듭하던 아일랜드 농민들에게 쉽게 잘 자라고 영양이 풍부한데다 다른 곡물에 비해 생산량도 월등히 많은 감자는 신의 축복과 다름없었다.

그런데 1840년대 초반에 북유럽 일부 지역에서 원인을 알 수 없이 감자가 말라 죽는 사례가 발생하기 시작했다. 1845년 아일랜드 초여름은 예년과 달리 따뜻해 평균기온을 웃돌고 일조는 강해 감자 생육이 왕성해서 가을에 풍작으로 예측됐다. 그러던 7월 초순을 고비로 날씨가 흐리고 습해지면서 기온이 오히려 예년보다 5℃ 정도 내려가고 비와 안개가 6주간이나 태양을 가렸다.

감자 잎에 생긴 역병 증상.
[출처: 식물병리학]

그러자 감자 잎의 뒷면에 생긴 누런 점무늬가 순식간에 번지고 까맣게 돼서 감자밭 전체를 뒤덮으며 마른 잎과 줄기가 보이기 시작하더니 식물체 전체가 말라 죽기 시작했다. 불과 몇 주 안에 북유럽과 아일랜드의 감자밭이 병들어 마르고 썩은 식물체 더미로 온통 뒤덮였고, 감자밭은 고약한 냄새가 진동했다.

감자 괴경에 생긴 역병 증상.
[출처: 식물병리학]

아일랜드 농민들은 땅속에 있는 감자 덩이줄기들도 썩고 있는 것을 알고는 건전해 보이는 것들을 부리나케 캐내어 겨우내 식량으로 도랑을 파서 묻어두었다. 그러나 도랑을 열었을 때 사람뿐만 아니라 가축이 먹기에도 부적합하게 썩어버린 감자 더미만 남아 있는 것을 발견하고는 농민들은 걱정과 절망을 넘어 공포에 휩싸였다.

오직 감자에만 식량을 의존했던 아일랜드 농민들에게는 다른 먹거리가 없었다. 그래서 굶주림은 바로 기근이 돼서 많은 아일랜드 농민들을 죽음으로 내몰았다. 감자 흉작으로 소작료를 체납한 아일랜드 농민들은 영국의 부재지주가 보낸 병사들에 의해 강제로 쫓겨났다.

1845년 아일랜드 감자 재배 면적의 2분의 1 정도에 이르는 재배지에서 수량 손실이 발생했다. 불행하게도 그 이듬해인 1846년에도 날씨가 또다시 서늘하고 습해 발생한 '감자 역병(late blight)' 에피데믹으로 지상에 있는 식물체들이 말라 죽고 땅속에 있는 감자들도 썩어버려 수확량의 4분의 3이 손실됐다. 1847년에는 감자가 잘 자란 편이었지만 지난해 씨감자마저도 식량으로 소비해버린 탓에 워낙 씨감자가 부족해 파종량이 적었기 때문에 수확량이 많지 않았다. 1848년에는 또다시 에피데믹으로 감자 생산량의 3분의 1 이상이 소실됐다.

감자를 주식으로 하던 아일랜드인들에게 감자 흉작은 비참한 삶을 안겨 주었다. 배고파서 울 기력마저 없는 아이들, 먹을 것이 없어 조용히 죽음을 기다리는 노인들, 기아로 쇠약해진 사람들에게 어김없이 불청객인 전염병이 찾아왔다. '이질', '장티푸스', '콜레라' 등 질병으로 매일 사람이 죽고, 예년 같으면 가을 추수감사축제로 한창일 마을 밖의 언덕에는 죽은 사람들을 화장(火葬)하는 불꽃이 붉게 밤하늘을 물들였다.

1845년부터 1849년까지 '감자 역병' 에피데믹이 초래한 기근으로 8백 5십만 명이었던 아일랜드 인구 중 최소 1백만 명은 굶주림과 질병으로 사망했고, 2백만 명은 굶어죽지 않기 위해 외국으로 이민을 떠났다.

당시 미국으로 이주한 아일랜드인들은 대부분 중하층민으로 정착했다. 1992년 미국에서 Ron Howard 감독이 제작하고 Tom Cruise와 Nicole Kidman이 주연한 'Far and Away'라는 영화를 보면 19세기 후반 아일랜드 농민들이 소작농으로 살면서 지주에게 착취당하는 비참한 삶과 이를 피해서 미국으로 건너간 아일랜드 이민자들의 애환을 잘 그리고 있다.

Far and Away 영화 포스터.
[출처: Wikipedia]

아일랜드에서 '*Phytophthora infestans*'에 의해 발생한 '감자 역병' 에피데믹으로 빚어진 인류 역사상 가장 비극적인 사건을 '아일랜드 대기근(The Great Irish Famine)'이라고 부른다. 당시 목숨을 걸고 북아메리카로 이주한 아일랜드인들은 그들의 새로운 터전에 아일랜드에서 가져온 'Irish Cobbler'라는 감자를 심기 시작했다. 미국에서 감자를 '아일랜드 감자(Irish potato)'라고도 부르는 것은 바로 이러한 역사적 배경 때문이다. 우리나라에서도 재배하는 대표적인 감자 품종 중 하나인 '남작'은 'Irish Cobbler'를 번역한 이름이다.

아일랜드 대기근 기념조형물.
[출처: Encyclopedia Britannica]

생한 벼 깨씨무늬병에 의한 대기근으로 70% 이상의 벼 수확량이 감소되면서 200백만 명 이상 굶어 죽었다.

식물병의 대발생은 농산물의 대흉작을 일으키는 것 외에 어떤 작물의 재배 여부를 결정하는 요인으로 작용한다. 1800년대 후반에 커피나무 녹병 에피데믹으로 스리랑카의 주력 농산업이었던 커피 산업은 차 산업으로 전환되었다(**심층학습 4**).

우리나라에서도 해방 전에 서북지방에서 재배하던 사탕무가 갈색무늬병과 뱀눈무늬병 등의 발생으로 재배가 중단되었다. 또한 인삼은 뿌리썩음병 때문에 동일한 장소에 연작할 수 없다.

재배 중인 식물뿐만 아니라 수확 후 발생하는 **저장병(postharvest disease)**에 의한 수량 감소와 품질 저하로 심각한 손실을 초래한다. 우리나라에서 저장병으로 인한 농산물의 손실량을 약 15%로 추산할 정도로 피해가 크다. 뿐만 아니라 저장병균에 오염된 곡류를 비롯한 식품에 발생하는 **균독소(mycotoxin)**가 사람과 가축에게 치명적인 **균독소중독증(mycotoxicosis)**을 일으키기도 한다.

그림 1.7 호밀 맥각병.
[출처: 식물병리학]

호밀 맥각병(그림 1.7)에 감염된 호밀에서 수확한 **맥각(ergot)**(그림 1.8)이 섞인 호밀가루로 만든 빵을 먹고 **맥각중독증(ergotism)**(**심층학습 5**)에 의해 세계 곳곳에서 많은 사람들이 죽은 일이 있으며, 1963년 우리나라에서는 맥류 붉은곰팡이병이 대발생해서 오염된 곡식을 먹은 사람과 가축들이 균독소중독증을 일으켜 사회문제가 되기도 했다.

1963년 영국에서는 칠면조 100만 마리가 브라질에서 수입한 땅콩 사료로 인해 한꺼번에 죽은 일이 발생했는데, 그 원인이 땅콩 사료에 오염된 저장병균인 *Aspergillus flavus*가 생성하는 균독소인 **aflatoxin** 중독으로 판명되었다.

그림 1.8 맥각.
[출처: 식물병리학]

식물병의 피해를 정확하게 금액으로 추산하는 것은 대단히 어려운 일이지만, 1967년 Cramer는 전세계에서 식물병에 의한 감수율은 11.6%, 해충에 의한 감수율은 13.8%, 그리고 잡초에 의한 감수율은 9.5%로 추산한 바 있다.

식물병 방제 비용도 농기구 및 농약값, 그 수송 및 저장 비용, 인건비를 비롯한 직접적인 방제 비용과 더불어 간접적인 식물검역 비용과 관련 연구비까지 합산하면 그 방제 비용은 막대하다.

식물병학은 대체로 식물 개체의 병은 비교적 중시하지 않고 근본적으로 집단을 대상으로 하는 집단의학적 성격이 강하다. 따라서 식물병학의 궁극적인 목표는 건강한 식물은 더욱 건강하게 재배하고, 식물병에 걸리지 않게 사전에 예방하며, 병든 식물은 치료함으로써 식물병 발생에 의한 경제적인 피해를 최소화시키는 것이다.

심층학습 4 스리랑카 산업을 바꾼 '커피나무 녹병'

커피나무 잎의 녹병 증상.
[출처: Wikipedia]

'커피나무 녹병(Coffee leaf rust)'은 담자균에 속하는 녹병균의 일종인 '*Hemileia vastatrix*'에 의해 발생한다. '커피나무 녹병'은 커피나무에 가장 파괴적인 병으로 아시아와 아프리카의 모든 커피 재배지에서 매우 심각한 피해를 일으켜왔다. 1970년 처음으로 브라질에서 '커피나무 녹병'이 발견된 이래, 세계에서 가장 중요한 커피 생산지에서 꾸준하게 피해가 증가하고 있다.

1835년 실론(1972년 스리랑카로 개명)에서 영국인의 커피 재배 면적은 200 ha 정도밖에 되지 않았었는데, 1870년경에는 커피 재배 면적이 거의 20만 ha에 이르러 매년 5천만 kg의 원두커피를 수출할 정도로 늘어났다. 커피 무역으로 영국의 동양은행(The Orient Bank)은 번창했고, 영국인들은 커피를 애호하는 국민이 됐다.

1869년 유명한 균학자인 Berkeley는 성숙하기 전에 조기 낙엽을 보이는 커피나무에서 녹병을 일으키는 '*Hemileia vastatrix*'라는 곰팡이를 새로 발견했고, 병든 잎 속에 균사가 자라고 잎 뒷면에 포자를 형성하는 '커피나무 녹병균'은 일단 확산되기 시작하면 박멸하기가 대단히 어렵기 때문에 즉각 황제(黃劑)를 살포하라고 권장했다.

1874년 당시 정부 및 커피 재배자 모두 이를 간과하는 바람에 '커피나무 녹병'이 실론섬 커피나무 전체로 확산됐다. '커피나무 녹병균'은 커피나무를 죽이지는 않지만, 커피나무를 허약하게 만들어 생산량을 감소시켰는데, 1878년 커피 생산량은 55% 이하로 감소했다.

'커피나무 녹병' 에피데믹으로 이미 파산 상태에 빠진 커피 재배업자들은 커피나무를 베어내고 대신 차밭을 조성했다. 실론에서 커피 산업이 퇴조하자 다행스럽게도 커피 대신 홍차는 얼마 후 영국에서 기호음료로 각광을 받기 시작했고 홍차가 새로운 산업으로 부흥하면서 대중화됐다.

커피를 주로 마셨던 영국은 커피의 주요 수입지였던 실론에서 '커피나무 녹병'으로 인해 커피 수급에 차질이 빚어지자, 차로 커피를 대신한 것이 오늘날 영국의 '차(tea) 문화' 즉 '실론티(Ceylon tea) 문화'를 유행시켰다.

우리나라를 비롯한 동양에서는 녹차(綠茶, green tea)를 주로 마시지만, 전통적으로 서양에 알려진 차는 홍차(紅茶, red tea)로 지금도 서양에서 팔리는 차의 90% 이상을 차지하고 있다. 찻물의 빛이 붉기 때문에 홍차라고 부르지만, 서양에서는 찻잎의 검은 색깔 때문에 흑차(black tea)라고 부른다. 서양에서 홍차(red tea)는 보통 남아프리카의 루이보스차를 의미한다.

'*Hemileia vastatrix*'라는 눈에 보이지도 않아 현미경으로 관찰이 가능할 뿐인 작은 곰팡이가 일으킨 '커피나무 녹병'이 한 나라의 주력산업을 뒤바꾼 사례로 꼽힌다.

심층학습 5 악마의 저주로 여겨졌던 '맥각중독증'

기원전 1000년 전부터 거의 전 세계적으로 원인 모를 환각과 정신이상, 손가락과 팔다리의 괴저, 심하면 죽음까지 이르는 병이 때때로 대발생하는 경우가 있었다.

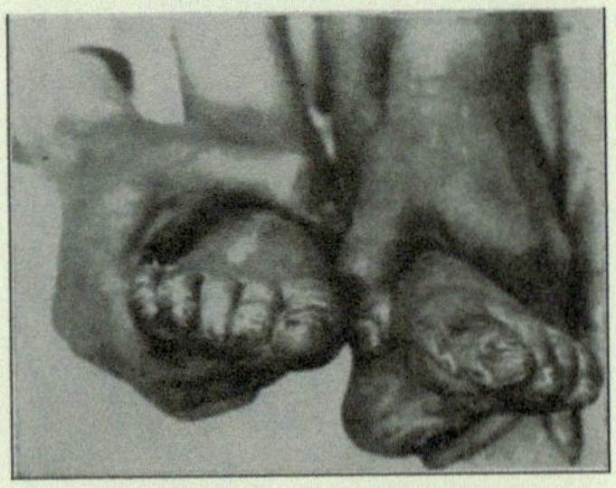

맥각중독증에 의한 발가락 괴저 증상. [출처: Wikipedia]

훗날 **'맥각중독증(ergotism)'**으로 밝혀진 이 병에 의해 857년 유럽의 라인강 연안에서 수천 명이 죽었고, 994년에는 4만 명 정도가 죽은 것으로 기록돼 있다. 이 병의 원인을 정확하게 모르던 당시에는 환자들이 온몸이 타는 것 같다고 호소해서 '성화(聖火, Sacer ignis)' 또는 '악마의 저주(Devil's curse)'라고 부르기도 했다.

1039년 프랑스에서 성 안토니(St. Anthony) 교단의 한 사제가 맥각중독증 환자들을 돌보고 증상을 치료했기 때문에 '성 안토니의 불(St. Anthony's fire)'이라고 부르기도 했다.

맥각중독증 환자들을 돌보는 성 안토니 초상화.
[출처: G. Schumann & C. D'Arcy]

이 이야기가 2019년 11월 17일 'MBC 신비한 TV 서프라이즈(890회)' 프로그램에서 '성 안토니의 불'이라는 제목으로 방영되기도 했다. 이렇게 맥각중독증은 원인이 밝혀지지 않은 채 11~13세기에도 프랑스와 독일 등에서 계속 발생했다.

1692년 미국 동부의 매사추세츠주의 Salem 지역과 코네티컷주의 Fairfield 지역에서 호밀 빵을 먹은 사람들이 발작 증세를 보인 사건이 발생했다. 이 병의 원인을 밝히지 못하자 사람들은 마녀들이 악마의 저주를 불러왔다고 해서 마녀재판으로 이어져 20여 명의 무고한 사람들이 사형을 당하는 마녀사냥이 발생했다.

영국에서 마녀 박해의 절정기를 넘기고 난 지 47년이 지난 다음의 일이었다. 우리나라에서도 번역된 Robin Cook의 과학소설인 '울트라(Acceptable Risk)'에 미국 매사추세츠주의 Salem에서 300여 년전에 일어났던 마녀사냥에 대한 역사적 사실이 잘 묘사돼 있다.

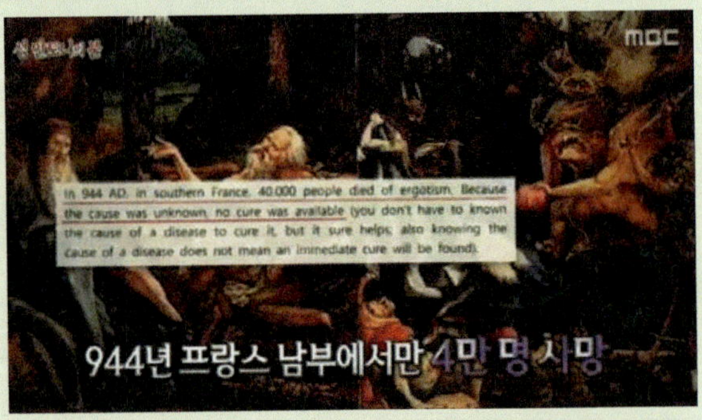

MBC TV의 서프라이즈 프로그램에 소개된 성 안토니의 불.
[출처: MBC 방송캡처]

비슷한 사건이 1722년 러시아에서도 일어났는데, 2만여 명의 군인들이 호밀로 만든 빵을 먹고 죽었다. 이때 Peter 대제는 부동항(不凍港)을 쟁취하기 위해 스웨덴과 전쟁 중이었다. 맥각중독증 발생은 패전의 결정적 원인이 됐고, Peter 대제가 북해를 포기하고 대신 흑해로 방향을 바꾼 계기가 됐다.

1951년 프랑스 남부 귀리 재배지에서 지속된 과습 상태가 '귀리 맥각병' 에피데믹을 발생시켰다. Provence 지방에서 가을에 농부가 귀리를 수확하고, 제분업자가 귀리를 가공하고, 제빵업자가 빵을 만드는 과정에서 부주의로 맥각이 빵에 섞여 2백 명이 심한 맥각중독증에 걸렸는데, 32명이 미치고 결국 4명이 죽는 일이 발생했다.

1977~1978년 에티오피아에서는 연이은 극심한 가뭄으로 대부분의 곡물 재배가 어려워지자 사람들이 맥각에 감염된 야생 귀리를 채취해서 먹고 난 후 맥각중독증이 발생하면서 최악의 기근 상황을 더욱 악화시키는 결과를 가져왔다.

밀에 비해 '맥각병'에 걸리기 쉬운 호밀이나 귀리는 상대적으로 가격이 저렴해서 가난한 사람들이 주로 먹는 식재료로 사용됐고, 그래서 특히 가난한 사람들 사이에 '맥각병'이 유행하게 됐다. 당시에는 곡류를 가공하는 정미소 시설이 발달하지 않아 제분 과정에서 맥각이 섞여 들어가는 경우가 많아서 맥각중독증이 빈번하게 발생한 것으로 추정된다.

이러한 맥각에는 **'균독소(mycotoxin)'**의 일종인 **'알칼로이드(Lysergic acid diethylamide, LSD)'**와 기타 생물활성화합물이 들어있다. 20~30 ㎍으로도 환각효과를 가져올 수 있을 만큼 엄청나게 강력한 환각작용을 가지고 있는 이 알칼로이드는 인간과 가축에게 유산을 일으킬 수 있다. 그런데 이 알칼로이드는 산모의 자궁 이완과 수축 작용을 하므로 오랫동안 민간에서 산파들이 극소량을 이용해 출산을 도와왔다.

그러나 많은 양의 맥각을 섭취하게 되면 손가락과 발가락이 쑤시기 시작하고, 복통과 근육 경련, 불안, 떨림, 환각 증상 등을 일으킨다. 그리고 다시 고열로 발전돼, 이후 정신적인 발광이나 사망으로 이어지기도 한다. 중추신경계에 영향을 주기 때문에 환각 상태가 몸 전체로 진행되고 난 후에 정맥을 수축시켜 심한 괴저를 일으키고, 몸의 말단 부위가 썩으면서 타는 듯한 느낌으로 고통을 받게 하며, 심하면 사망에 이르게 한다.

균독소가 일으키는 질병을 **'균독소중독증(mycotoxicoses)'**이라고 하는데, '곡류 맥각병'을 일으키는 '*Claviceps purpurea*'에 의해 생기는 맥각중독증과 독버섯에 의한 중독증이 대표적인 균독소중독증으로 알려졌다.

우리나라에서는 '곡류 맥각병'이 1915년 호밀에서 처음 보고됐고, 1972년까지 개밀을 비롯한 벼과 잡초에서도 '맥각병'이 보고됐다.

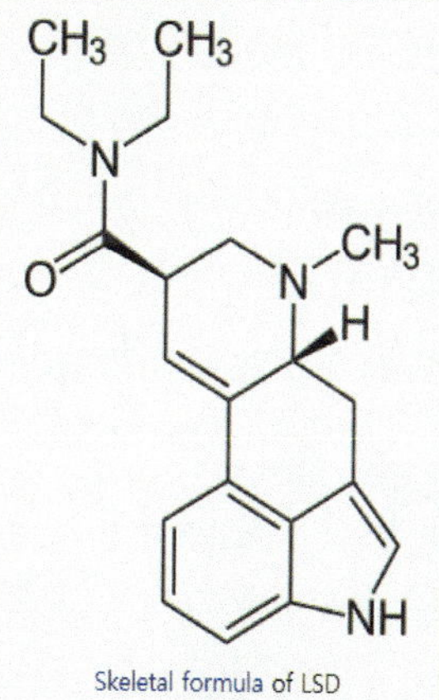

Skeletal formula of LSD

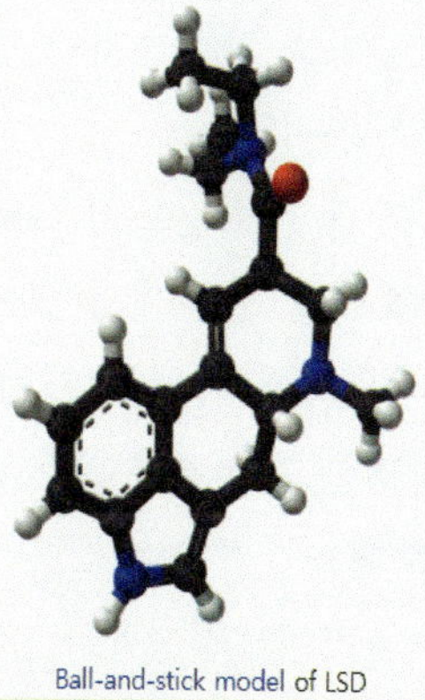
Ball-and-stick model of LSD

Lysergic acid diethylamide.
[출처: Wikipedia]

1.3 식물병학의 역사

① 외국에서 식물병학의 발달

그리스의 철학자 **Aristoteles**는 곡류 녹병에 관해 기록했고, **Theophrastus**는 야생식물은 재배식물보다 병에 대해 저항성이 강하다는 흥미로운 관찰을 저서인 식물지에 기록했다. 기원전 1세기 로마시대의 **Plinius**도 곡류 녹병에 대한 저항성 차이를 기록했고, 예방법으로 일찍 파종하라고 권장했다.

1200년경 독일의 수도사 **Magnus**(그림 1.9)는 낙엽이 진 고목나무에 푸른 잎이 무성한 **겨우살이(mistletoe)**를 식물병원체로 처음 인식했다. 겨우살이는 잎과 엽록체를 가지고 있어서 광합성을 할 수 있지만, 자기가 생산한 광합성 산물만으로는 생존할 수 없다. 그래서 보통 흡기(haustorium)라고 부르는 기생뿌리를 다른 나무의 줄기에 집어넣고 필요한 수분과 양분을 흡수해서 살아가는 기생식물이다. 겨우살이에 감염된 나무는 목재로서 품질이 떨어지기 때문에 감염된 나뭇가지를 전정해서 겨우살이를 박멸하라고 사람들에게 권장했다.

그림 1.9 Albertus Magnus. [출처: Wikipedia]

Magnus가 고목나무에 기생하는 겨우살이를 식물병원체로 처음 인지한 후에도 400여 년 동안 겨우살이를 제외한 식물병원체는 베일에 가려져 있었다. 중세 사람들은 정체를 알 수 없는 미생물이 일으키는 식물병 때문에 엄청난 시련을 겪으면서도 식물병을 자신들이 저지른 죄에 대한 신의 형벌로 간주하고 감내할 뿐이었다.

그림 1.10 Antonius van Leeuwenhoek. [출처: Wikipedia]

1660년 네덜란드의 **Leeuwenhoek**(그림 1.10)는 현미경(**심층학습 6**)을 발명해서 맨눈으로는 볼 수 없었던 미생물을 처음 관찰함으로써 미생물 세계의 신기원을 열었다. Leeuwenhoek가 발명한 현미경은 엄지손가락보다 약간 큰 정도에 불과했지만, 분해능이 뛰어나 270배 정도의 고배율로 식물 해부뿐만 아니라 곰팡이, 원생동물, 정자, 혈구 등을 관찰할 수 있었다.

그림 1.11 Robert Hooke. [출처: Wikimedia Commons]

Leeuwenhoek의 발견을 과학적으로 증명한 영국 왕립학회의 **Hooke**(그림 1.11)도 1667년 집속렌즈시스템을 도입한 광학현미경을 독자적으로 제작해서 코르크의 얇은 절편을 관찰하

심층학습 6 세계 100대 발명품 '현미경'

'현미경(microscope)'이라는 용어는 이탈리아 로마대학 Faber 교수가 1600년경에 '마이크로스코피움(microscopium)'이라고 명명한 데서 기원한다. 우리 눈에 보이지 않는 것을 볼 수 있도록 해주는 현미경은 '세계 100대 발명품'의 하나로 꼽힌다.

Leeuwenhoek의 현미경.
[출처: Wikipedia]

현미경에서 물체를 확대시켜주는 렌즈의 재료인 유리를 인류가 언제부터 사용했는지 정확한 기록은 없다. 1세기 무렵 로마의 해군 제독이었던 Plinius의 '박물지(博物誌, Natural History)'에 따르면 페니키아 상인이 유리를 발명했다. 그리고 유리의 확대력은 2세기에 그리스의 천문학자였던 Ptolemaeos가 처음 발견했다.

최초의 현미경은 1590년경 네덜란드의 Janssen에 의해 발명됐다. 그러나 Janssen이 2개의 렌즈와 3개의 튜브로 된 경통을 이용해서 망원경(telescope) 모양으로 발명한 현미경은 고배율 관찰이 어려웠다.

Robert Hooke의 현미경.
[출처: Wikipedia]

현미경에 대한 획기적인 발전은 '세계 역사상 가장 영향력 있는 인물 100인' 중 한 명으로 선정된 네덜란드의 Antoni van Leeuwenhoek에 의해 이루어졌다.

1660년 과학 지식이 거의 없는 포목상으로 렌즈 가공이 취미였던 Leeuwenhoek가 길고 가느다란 두 개의 금속판 구멍 사이에 아주 작은 유리 볼록 렌즈를 끼우고 표본을 장착하고 조정 가능한 나사 바늘이 장착된 현미경은 엄지 손가락보다 약간 큰 정도에 불과한 보잘것없는 원시적인 형태였지만, 분해능이 뛰어나 270배 정도의 고배율로 식물 해부뿐만 아니라 곰팡이, 원생동물 등 중세 사람들의 눈에 보이지 않던 미생물들을 관찰할 수 있게 해주었다.

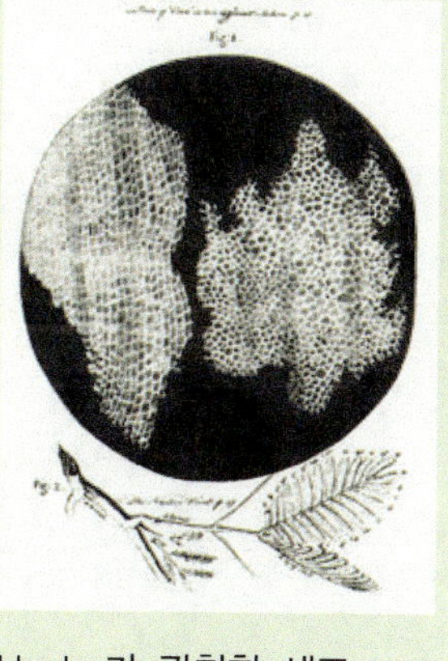

Hooke가 관찰한 세포.
[출처: Wikipedia]

그 후 1665년 영국 왕립학회의 Robert Hooke도 집속렌즈시스템을 도입한 광학현미경을 제작해 코르크의 절편을 관찰하고 각 단위체에 cell(세포)이라는 용어를 처음 사용했다.

Leeuwenhoek가 발명한 현미경에 비해 Hooke가 발명한 현미경이 주목받는 이유는 현미경학의 발전의 흐름을 주도하였고 물체를 확대하기 위해 전보다 더 많은 수의 렌즈를 이용하여 복합현미경을 발명해 냈기 때문이다.

Hooke의 현미경은 현재의 광학현미경과 비교해도 손색이 없을 정도로 현미경을 잘 만들었다. 눈과 접안렌즈의 일정한 거리 유지를 위해 눈을 갖다 댈 수 있는 부분을 만들었고, 경통을 분리해 기울어지게 만들었고, 경통에 중간렌즈를 넣고 빛을 조절하는 조리개를 통해 빛을 조정했다.

Hooke는 이 현미경을 통해 수많은 미생물들을 관찰한 결과들을 정리해 1667년 'Micrographia: or Some Physiological Descriptions of Minute Bodies Made by Magnifying Glasses. With Observations and Inquiries Thereupon.'라는 저서를 편찬했다.

독일의 물리학자 Ernst Ruska가 1931년 개발한 투과전자현미경(TEM)은 빛 대신 전자빔을 사용해 훨씬 더 높은 해상도를 나타내었다. 이어서 1935년에는 Max Knol에 의해 주사전자현미경(SEM)이 발명되었고, Stefan Hell은 2014년 분자 구조를 관찰할 수 있는 슈퍼해상도의 STED(stimulated emission depletion) 현미경을 개발해 노벨 화학상을 수상했다.

최근에는 광학현미경, 형광현미경, 전자현미경, X-ray 현미경과 방사광가속기 등 다양한 현미경과 첨단기술이 실용화되면서 각종 질병에 대한 진단 및 치료기술이 진일보 됐다.

현미경의 발명으로 미생물들의 구조와 발효 현상이나 미생물과 인체, 동물 및 식물 질병과의 연관 가능성에 대해 관심을 불러일으키면서 미생물학의 비약적인 발달을 선도했다.

만약 현미경이 없었다면 형체를 가늠할 수 없는 인체병원체들을 대상으로 인간은 지금보다 훨씬 더 버거운 전쟁을 치르고 있을 것이다. 물론 현미경의 탄생은 식물의학 분야에도 파급돼 식물병원체의 정체를 밝히고 식물병을 진단하고 방제하는 연구의 획기적인 시발점이 됐다.

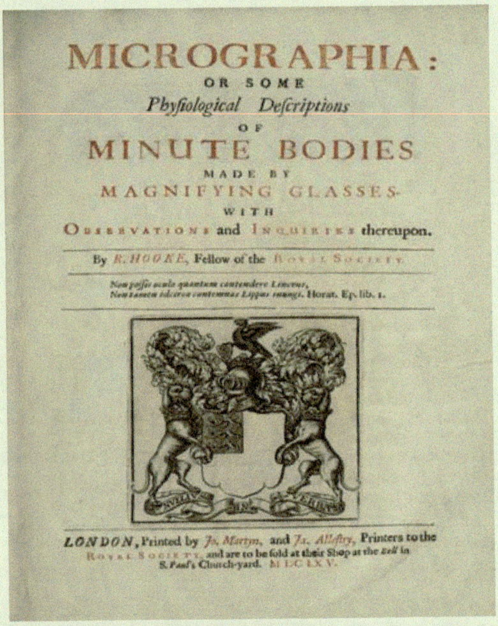

Hooke의 저서. [출처: Wikipedia]

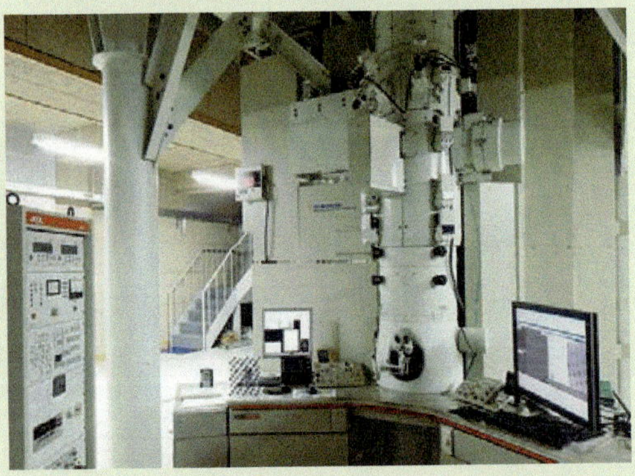

투과전자현미경. [출처: 기초과학지원연구원]

고, 각 단위체에 **cell(세포)**이라는 용어를 처음 사용했다. 이를 토대로 Hooke는 수많은 미생물들을 관찰했고, 장미나무 녹병을 일으키는 곰팡이 포자를 비롯해서 여러 가지 미생물을 관찰해 그 결과들을 정리해서 1667년에 Micrographia라는 미생물학 교재를 편찬했다.

Leeuwenhoek와 Hooke는 사람들이 모르고 있었던 신비로운 세계 속에 눈에 보이지 않는 미생물이 존재한다는 사실을 밝혀냄으로써 미생물 연구의 신기원을 열었다.

지구상에 모든 생명체는 저절로 생겨난다고 고대부터 동서양에 널리 퍼져 있던 **자연발생설(Spontaneous generation)**에 대해 처음 도전장을 내놓은 사람은 이탈리아 과학원의 **Redi**(그림 1.12)였다.

그림 1.12 Francesco Redi. [출처: Wikipedia]

Redi는 두 개의 플라스크에 고기를 넣고 한쪽은 무명천으로 된 망을 씌우고 다른 쪽은 그대로 두면 망을 치지 않은 플라스크에만 구더기가 생긴다는 결론을 얻은 실험 결과를 토대로 생물은 반드시 생물로부터만 생긴다는 **생물속생설(Biogenesis)**을 발표했다.

1729년 이탈리아의 식물학자 **Micheli**는 멜론 조각을 놓아두면 곰팡이가 생기고 그 곰팡이로부터 **포자(spore)**가 만들어지고 자란다는 사실에 주목했다. 그래서 그는 곰팡이는 자연적으로 발생하는 것이 아니라 곰팡이의 포자로부터 자라 나온다고 처음 제창했다.

그림 1.13 John Needham. [출처: Wikipedia]

1743년 영국의 **Needham**(그림 1.13)은 비정상적으로 작고 둥근 밀알(밀혹)에서 식물에 기생하는 **선충(nematode)**을 처음 발견했다.

1755년 프랑스에서도 **Tillet**가 깜부기 가루를 밀 종자에 뿌려 파종하면 깜부기 수가 증가한다는 실험 결과를 통해 깜부기 가루의 병원성을 증명했다. 또한 깜부기 가루를 묻힌 밀 낟알을 황산구리로 처리함으로써 깜부기가 생기는 밀알의 수를 줄일 수 있다는 사실도 발견했다. 그러나 밀 깜부기병을 일으키는 원인이 살아 있는 깜부기 포자라기보다는 깜부기 가루에 들어 있는 독성 물질이라고 믿었다.

1774년 덴마크의 **Fabricius**는 자연발생설을 획기적으로 뒤집고 식물체의 병환부에 있는 미소체는 식물체 조직이 죽어서 생긴 것이 아니라, 식물병을 일으키는 살아 있는 생명체라고 주장함으로써 미생물이 질병을 일으킨다는 **미생물병원설(Germ theory of disease)(심층학습 7)**을 제안했지만, 당시 지식은 그의 학설을 이해할 정도가 되지 않아 다른 과학자들에 의해 묵살되고 말았다.

심층학습 7 '미생물병원설'의 정립

지구상에 생명체는 어떻게 탄생했을까? 고대부터 동서양에 널리 퍼져 있던 **'자연발생설(自然發生說, Spontaneous generation)'**에 따르면 모든 생명체는 저절로 생겨난다.

고대 그리스 철학자 탈레스(Thales)나 아리스토텔레스(Aristotle)는 물론 근세 프랑스 철학자 데카르트(René Descartes)도 흙으로부터 생명체가 생긴다고 주장했다.

지구상에 모든 생명체는 저절로 생겨난다는 자연발생설에 대해 처음 도전장을 내놓은 사람은 이탈리아 과학원의 Francesco Redi였다. 1668년 Redi는 두 개의 플라스크에 고기를 넣고 한쪽은 무명천으로 된 망을 씌우고 다른 쪽은 그대로 두면 망을 치지 않은 플라스크에만 구더기가 생긴다는 실험 결과를 토대로 생물은 반드시 생물로부터만 생긴다는 **'생물속생설(生物續生說, Biogenesis)'**을 발표했다.

그럼에도 불구하고 여전히 일반인은 물론 과학자들 마음속에도 자연발생설이 굳게 각인돼 있어서 동물이나 식물의 질병도 저절로 생긴다고 믿었다. 그래서 병든 식물체나 병든 수확물에 보이는 것은 무엇이든지 식물병의 원인이라기보다는 식물병의 결과라고 생각했다.

1729년 이탈리아의 식물학자 Micheli는 멜론 조각을 놓아두면 곰팡이가 생기고 그 곰팡이로부터 포자(spore)가 만들어지고 자란다는 사실에 주목했다. 그래서 Micheli는 곰팡이는 자연적으로 발생하는 것이 아니라 곰팡이의 포자로부터 자라 나온다고 처음 제창했다.

1755년 프랑스에서도 Tillet가 깜부기 가루를 밀 종자에 뿌려 파종하면 깜부기 수가 증가한다는 실험 결과를 통해 깜부기 가루의 병원성을 증명했다. 또한 깜부기 가루를 묻힌 밀 낟알을 황산구리로 처리함으로써 깜부기가 생기는 밀알의 수를 줄일 수 있다는 사실도 발견했다. 그러나 Tillet는 '밀 깜부기병'을 일으키는 원인이 살아 있는 깜부기 포자라기보다는 깜부기 가루에 들어 있는 독성 물질이라고 믿었다.

1774년 덴마크의 Fabricius는 자연발생설을 획기적으로 뒤집고 식물체의 식물체의 병환부에 있는 미소체는 식물체 조직이 죽어서 생긴 것이 아니라, 식물병을 일으키는 살아 있는 생명체라고 주장함으로써 미생물이 질병을 일으킨다는 **'미생물병원설(Germ theory of disease)'**을 제안했다. 그러나 그 당시 지식은 그의 학설을 이해할 정도가 되지 않아 다른 과학자들에 의해 묵살되고 말았다.

1807년 프랑스의 Prevost가 밀 종자에 있는 깜부기 포자를 현미경으로 관찰하고 건전한 밀 종자에 접종해서 깜부기병을 발생시킴으로써 '밀 깜부기병'의 원인이 깜부기 포자라는 사실을 증명했다. 또한 Prevost는 현미경으로 황산구리를 처리하지 않은 밀 종자에 있는 깜부기 포자는 발아하고 자라는 반면에, 황산구리를 처리한 밀 종자에 있는 깜부기 포자는 발아하지 않는 것을 관찰해서 황산구리가 포자 발아를 저지한다는 결론을 내렸다.

그 무렵 이탈리아의 Zallinger는 병환부의 미소체는 식물병의 원인이 아니라 식물병의 결과로 나타난 병든 식물체 조직이라고 주장했다.

독일의 식물생리학 교수인 Unger도 1833년 '식물의 발진(發疹)'이라는 저서에서 병환부에 나타나는 미생물은 기생생물이 아니라 병환부 조직에서 변성된 것이라고 주장했다. 이렇게 식물병의 자연발생설에 대한 잘못된 믿음은 대다수 과학자들에 의해 확고하게 지속됐다.

1845년부터 1849년까지 훗날 '감자 역병'으로 밝혀진 에피데믹으로 빚어진 인류 역사상 가장 비극적인 사건인 **'아일랜드 대기근(The Great Irish Famine)'**이 발생했다. 감자를 마르고 썩고 죽게 하는 '역병'의 원인은 당시 유럽인들에게 불가사의한 일이었다. 당시 무지한 농민들은 이 병이 그들이 저지른 죄악에 대해 신이 내린 징벌이라고 믿었다. 학식이 있는 의사와 목사들도 자연발생설에 대한 신념이 확고해서 병든 감자 잎이나 줄기 또는 덩이줄기에서 자라는 곰팡이를 보았을 때에도 죽어가는 식물체의 부패의 원인이라기보다는 부패의 결과라고 생각했다.

그러나 교육받은 사람들 중에서는 다른 생각을 가진 사람도 있었다. 영국 런던대학교 식물학과 Lindley 교수는 식물은 비가 내리는 동안 뿌리를 통해 수분을 과다하게 흡수했을 때 과도한 수분을 제거할 수 없기 때문에 조직이 부풀고 썩는다는 그럴듯하지만 틀린 주장을 했다.

이에 대해 영국 식물학자 Miles Berkeley는 병든 감자 식물체를 뒤덮고 있는 곰팡이들이 양파에서 보았던 곰팡이들과 똑같지는 않아도 비슷하다는 것을 알고 감자 역병의 원인이 곰팡이라고 결론지었다. 그가 'The Gardeners' Chronicles'라는 잡지에 이러한 제안을 했을 때 대부분 사람들은 그것은 믿지 못할 일이며 사실이 뒷받침하지 않는 기괴한 이론으로 치부했다. 이렇게 감자 역병의 원인이 무엇인가 하는 수수께끼는 아일랜드에서 '감자 역병'이 최초로 발생한 1845년 이후 16년 동안이나 해답 없이 지속됐다.

그러나 1861년 독일 식물학자 Anton de Bary가 아일랜드 대기근을 초래한 '감자 역병'의 원인이 곰팡이라는 사실을 비판의 여지가 없게 실험적으로 증명함으로써 '미생물병원설'을 선도했다. 비슷한 시기에 프랑스에서 활동한 Louis Pasteur는 미생물은 반드시 이미 존재하고 있던 미생물로부터 생겨나고, 발효는 화학적 현상일 뿐만 아니라 미생물이 관여하는 생물학적 현상이라고 제안하면서 반박할 수 없는 증거를 제시했다.

결국 1863년 동물이나 식물의 감염병은 미생물에 의해 생긴다는 Pasteur의 결론은 그동안 학계를 지배해왔던 자연발생설이 막을 내리는 신호탄이 됐으며, '미생물병원설'로 정립돼 과학자들의 사고방식을 변화시키고 미생물학 분야에도 획기적인 진전을 초래했다. 1876년 Pasteur와 경쟁 관계였던 독일의 Robert Koch는 소와 양뿐만 아니라 사람에게서도 '탄저균'을 최초로 동정했고, 사람을 비롯한 동물과 식물의 병원체를 증명할 때 필수적인 **'코흐의 원칙(Koch's postulates)'**을 제시했다.

결국 '감자 역병'의 원인을 밝혀내는 과정에서 바야흐로 식물병을 연구하는 학문인 '식물의학(plant medicine)'이 태동했다.

6세기까지 중세를 지배하던 천동설(geocentrism)을 뒤집고 지동설(heliocentrism)을 주장했던 폴란드의 Nicolaus Copernicus의 일화를 굳이 떠올리지 않더라도 진리는 어둠에 묻히지 않고 언젠가는 빛을 발하는 법이다!

1807년 프랑스의 **Prevost**가 밀 종자에 있는 깜부기 포자를 현미경으로 관찰하고 건전한 밀 종자에 접종해서 깜부기병을 발생시킴으로써 밀 깜부기병의 원인이 깜부기 포자라는 사실을 증명했다. 또한 그는 현미경으로 황산구리를 처리하지 않은 밀 종자에 있는 깜부기 포자는 발아하고 자라는 반면, 황산구리를 처리한 밀 종자에 있는 깜부기 포자는 발아하지 않는 것을 관찰해서 황산구리가 포자 발아를 저지한다는 결론을 내렸다.

그 무렵 이탈리아의 **Zallinger**는 병환부의 미소체는 식물병의 원인이 아니라 식물병의 결과로 나타난 병든 식물체 조직이라고 주장했다. 독일의 식물생리학 교수인 **Unger**도 1833년 식물의 발진이라는 저서에서 병환부에 나타나는 미생물은 기생생물이 아니라 병환부 조직에서 변성된 것이라고 주장했다. 이렇게 식물병의 자연발생설에 대한 잘못된 믿음은 대다수 과학자들에 의해 확고하게 지속됐다.

1845년부터 1849년까지 훗날 감자 역병(late blight)(그림 1.14)으로 밝혀진 에피데믹으로 빚어진 인류 역사상 가장 비극적인 사건인 아일랜드 대기근(The Great Irish Famine)이 발생했다.

영국 런던대학교 식물학과 **Lindley** 교수는 식물은 비가 내리는 동안 뿌리를 통해 수분을 과다하게 흡수했을 때 과도한 수분을 제거할 수 없기 때문에 조직이 부풀고 썩는다는 그럴듯하지만 틀린 주장을 했다.

이에 대해 영국 식물학자 **Berkeley**(그림 1.15)는 병든 감자 식물체를 뒤덮고 있는 곰팡이들이 양파에서 보았던 곰팡이들과 똑같지는 않아도 비슷하다는 것을 알고 감자 역병의 원인이 곰팡이라고 결론지었다.

1853년 독일의 식물학자 **de Bary**(그림 1.16)는 깜부기균이 식물에 기생함을 밝혔고, 1861년에는 아일랜드 대기근을 초래한 감자 역병의 원인이 곰팡이라는 사실을 증명함으로써 당시까지 생물은 자연적으로 생겨난다고 믿어온 자연발생설이 틀림을 입증했으며, 미생물이 질병을 일으킨다는 미생물병원설을 선도했다.

또한 de Bary는 1865년 맥류 줄기녹병균의 기주교대를 증

그림 1.14 감자 역병.
[출처: 식물병리학]

그림 1.15 Miles Berkeley.
[출처: Wikipedia]

그림 1.16 Anton de Bary.
[출처: Wikipedia]

명했다. deBary의 관찰은 정밀하고 논리적이어서 식물병원학의 개조(開祖)로 불리운다.

1861년 독일의 **Kuhn**은 식물병의 방제법을 과학적으로 다루어 황산구리에 의한 종자소독 등을 권장하고 작물의 병과 그 원인 및 방제법이라는 저서를 저술해 식물치병학의 개조로 불리운다.

1863년 프랑스의 **Pasteur**(그림 1.17)는 미생물은 반드시 이미 존재하고 있던 미생물로부터 생겨나고, 발효는 화학적 현상일뿐만 아니라 미생물이 관여하는 생물학적 현상이라고 제안하면서 반박할 수 없는 증거를 제시했다. 결국 동물이나 식물의 감염병은 미생물에 의해 생긴다는 Pasteur의 결론은 자연발생설이 막을 내리는 신호탄이 됐다.

1876년 Pasteur와 경쟁 관계였던 독일의 **Koch**(그림 1.18)는 소와 양뿐만 아니라 사람에게서도 탄저균(*Bacillus anthracis*)을 최초로 동정했고, 사람을 비롯한 동물과 식물의 병원체를 증명하는 **코흐의 원칙(Koch's postulates)**을 제시했다.

1878년 미국의 **Burrill**(그림 1.19)은 사과나무와 배나무 화상병을 일으키는 *Erwinia amylovora*를 동정했다. 세균이 동물병원체에 이어 식물병원체로서 처음 모습을 드러낸 것이다.

1878년 러시아의 **Woronin**은 배추 무사마귀병이 원생동물의 일종인 끈적균에 의해 발생한다는 사실을 밝혔다.

1882년 독일의 **Hartig**(그림 1.20)는 수목병리학(Lehrbuch der Baumkrankheiten)이라는 저서를 저술해 이 분야에 선구자로 꼽힌다.

1885년 프랑스의 **Millardet**(그림 1.21)는 포도나무 노균병을 예방하는 **보르도액(Bordeaux mixture)**을 개발해 본격적인 화학농약 시대를 열었다.

1886년 독일의 **Mayer**(그림 1.22)는 황록색 모자이크 증상을 나타내는 담배 잎에서 짜낸 즙액(sap)을 건전한 담배 잎에 접종했더니 **mosaic** 증상이 나타났다.

그림 1.17 Louis Pasteur.
[출처: Wikipedia]

그림 1.18 Robert Koch.
[출처: Wikipedia]

그림 1.19 Thomas Burrill.
[출처: Wikipedia]

그림 1.20 Robert Hartig.
[출처: Wikipedia]

그림 1.21 Pierre Millardet.
[출처: 식물병리학]

그림 1.22 Adolph Mayer.
[출처: 식물병리학]

세균이 가장 작은 병원체라고 믿고 있던 Mayer는 담배 모자이크병도 세균에 의해 발생하는 것으로 결론짓고 **Mozaikziekte**라고 명명했는데, 오늘날 여러 가지 식물에 **모자이크병**이라고 하는 바이러스병명의 시초가 됐다.

1896년 미국 농무성(USDA)의 **Smith**(그림 1.23)는 담배 들불병균을 처음 동정한 후 각종 세균들이 100여 종의 식물에 질병을 일으키는 것을 확인했다.

그림 1.23 Erwin Smith.
[출처: 식물병리학]

Smith는 1890년대 초반 과수의 뿌리 세포를 급속하게 증식시켜 혹을 만들고 영양을 소모해 과수를 쇠약하게 만들며 심지어 죽게 하는 뿌리에 혹을 만드는 과수 뿌리혹병균도 동정했다.

1892년 모자이크병에 걸린 담배 잎의 즙액은 세균을 걸러낼 수 있는 여과기(filter)를 통과시켜도 감염성이 유지된다는 사실을 발견한 러시아의 **Ivanovsky**는 세균이 분비한 **독소(toxin)** 또는 그 여과기의 구멍을 통과할 수 있을 정도로 작은 세균에 의해서 모자이크병이 발생한다고 생각했다.

1894년 **Eriksson**은 맥류 줄기녹병균에 형태적으로는 구분할 수 없으나 기주식물에 대한 병원성이 다른 레이스가 존재하는 것을 알아내었다.

그림 1.24 Martinus Beijerinck.
[출처: Wikipedia]

1898년 네덜란드의 **Beijerinck**(그림 1.24)도 같은 실험 결과를 얻고 담배 모자이크병을 일으키는 병원체는 세균이 아닌 살아 있는 감염성 액체라고 명명했는데, 나중에 이 병원체를 라틴어로 독을 뜻하는 **바이러스(virus)**라고 부르게 됐다. 그러나 생명체가 아니면서도 모자이크병을 일으키는 바이러스의 정체가 무엇인지 40년 동안 미지의 수수께끼로 남아 있었다.

1909년 **Lafont**가 대극과에 속하는 유액성 식물의 유관속 세포에서 편모충류 원생동물을 처음 발견했고, 1931년 **Stahel**은 원생동물이 커피나무 체관에 감염해 체관을 비정상적으로 만들고 커피나무를 시들게 한다는 사실을 발견했다.

1926년 **Kurosawa**는 벼 키다리병균이 생성하는 생장조절물질을 발견했고, 1936년 **gibberellin**이라고 명명되었다.

1928년 **Fleming**(그림 1.25)이 항생제 **penicillin**을 발견했는데, penicillin이 사람과 동물병에는 효과적이었고 식물의 세균병에는 특별히 효과적이지는 않았지만 식물병 방제 연구에 새로운 시대를 열어 1950년 streptomycin이 개발되었고, 1967년에는 tetracycline이 몰리큐트에 효과가 있다는 것이 밝혀졌다.

그림 1.25 Alexander Fleming. [출처: Wikipedia]

그림 1.26 Harold Flor. [출처: Wikipedia]

1934년 **Tisdale**은 dithiocarbamate계 살균제인 **Thiram**을 처음 개발해 살균제 개발의 선구자가 되었다.

1935년 미국의 **Stanley**는 모자이크병에 감염된 담배 잎의 즙액에 황산암모늄을 넣어 감염성을 가지고 있는 단백질 결정체를 처음 얻고, 바이러스란 살아 있는 세포에서 증식할 수 있는 **자가촉매단백질(self-catalyst protein)**이라고 결론지었다.

훗날 Stanley의 결론은 옳지 않은 것으로 판명됐지만, 단백질 결정체를 처음 발견함으로써 바이러스의 정체에 근접할 수 있는 기반을 마련한 업적으로 1946년 노벨화학상을 수상했다.

1939년 독일의 **Ruska** 등에 의해 입자의 크기가 너무 작아서 광학현미경으로는 볼 수 없었던 바이러스의 정체는 전자현미경으로 처음 밝혀졌다. 바이러스 입자는 한 종류의 핵산(DNA 또는 RNA)으로만 구성되고, 그 핵산이 암호화해서 만든 단백질 분자로 이루어진 외피로 둘러싸여 있음이 밝혀졌다.

1946년 **Flor**(그림 1.26)는 아마 녹병을 연구해 **유전자 대 유전자설(Gene-for-gene concept)**을 밝혀냈다.

1947년 바이러스는 실제로 단백질과 핵산(RNA)으로 이루어진 결정체라는 사실이 밝혀진데 이어 1956년에는 바이러스 결정체에 있는 단백질이 감염성을 가진다는 Stanley의 결론과는 달리 핵산이 유전정보와 감염성을 가진다는 사실이 밝혀졌다.

1947년 **Meehan**과 **Murphy**는 귀리 잎마름병균이 **victorin(HV-독소)**라는 독소를 분비함

을 밝혀냈다.

1951년 **Gaumann**(그림 1.27)은 *Fusarium*에 의한 시들음병의 발병 생리에 관한 연구를 수행하고 독소가 관여함을 밝혀냈다.

1952년 **Wooley** 등에 의해 담배 들불병균이 분비하는 독소인 **tabtoxin**이 순수분리되었다.

1962년 **Carson**이 펴낸 Silent spring(침묵의 봄)이라는 저서는 화학농약에 의한 환경오염의 위험성을 생생하게 묘사했으며, 먹이사슬의 결과로 축적되고 농축된 화학농약 때문에 새와 물고기가 죽은 사례를 소개함으로써 이후 환경오염에 대한 관심을 불러일으키는 계기가 되었다.

1963년 **Vanderplank**(그림 1.28)는 식물체에 있는 **수직저항성**과 **수평저항성** 등 두 종류의 저항성의 특성을 밝혀냈고, Plant Disease: Epidemics and Control(식물병: 전염병과 방제)라는 저서를 통해 식물병 **역학(epidemiology)**이라는 새로운 분야를 확립했다.

1967년 일본의 **Doi** 등은 뽕나무 오갈병, 오동나무 빗자루병같은 누른오갈 및 빗자루병 증상을 나타내는 식물체의 체관부(phloem)를 전자현미경으로 관찰해서 **마이코플라스마(mycoplasma)**처럼 세포벽이 없는 미생물을 찾아낸 후 동물의 마이코플라스마와 비슷한 미생물로 생각돼 **마이코플라스마 유사미생물(mycoplasma-like organism, MLO)**로 명명했다.

그러나 식물에서 발견되는 마이코플라스마 유사미생물은 인공적으로 배양되지 않으며, 16S rRNA 유전자의 분자생물적 계통이 동물병원체인 마이코플라스마와는 다르다는 점이 밝혀졌다. 이에 따라 1994년 국제마이코플라스마학회에서 **파이토플라스마속(*Phytoplasma*)**으로 부르기로 결정했다.

바이러스와 비슷한 특성을 지닌 **바이로이드(viroid)**는 1971년 미국 식물병리학자 **Diener**(그림 1.29) 등이 감자 갈쭉병에 대해 연구를 수행하던 중 Potato spindle tuber viroid를 처음 발견했다.

바이러스와는 달리 바이로이드는 작은 둥근 RNA분자로만

그림 1.27 Ernst Gaumann.
[출처: Wikipedia]

그림 1.28 James Vanderplank.
[출처: Wikipedia]

그림 1.29 Theodor Diener.
[출처: Wikipedia]

돼 있어 복제에 필요한 복제효소는 물론 작은 단백질 하나조차도 암호화할 수 없기 때문에 단백질 외피를 가지고 있지 않은 가장 작은 식물병원체다.

1984년 **Albersheim** 등은 콩 역병균의 세포벽에 존재하면서 기주인 콩의 방어반응을 일으키는 분자를 동정했다. Elicitor는 식물세포벽의 수용체분자와 반응해 이러한 임무를 완성한다는 것이 나중에 밝혀졌다.

1984년 또한 **Staskawicz** 등에 의해 *Pseudomonas syringae* pv. *glycinea*로부터 최초의 비병원성유전자가 분리되었고, 1986년에는 과민성반응 단백질(*hrp*) 유전자가 발견되었다. 이 두 가지 발견은 병원체의 병원성과 식물병 저항성에 대한 이해를 대폭 개선할 수 있는 연구가 시작될 수 있는 기폭제가 되었다.

② 우리나라에서 식물병학의 발달

우리나라 옛 문헌에도 식물병에 관한 기술을 찾아볼 수 있다. 1665년 **신속(申洬)**이 저술한 농가집성(農家集成)이라는 저서에는 벼 도열병과 벼 깨씨무늬병의 처리에 대한 내용이 있으며, 1834년경 **서유거(徐有渠)**가 저술한 행포지(杏蒲志)라는 저서에는 배나무 붉은별무늬병과 향나무의 신비적인 관계를 인정하고 배나무 밭에 향나무를 심는 것은 위험하다고 기술했다. 이 저서는 우리나라뿐만 아니라 동양에서 가장 오래된 식물병에 관한 문헌으로 알려졌고, 유럽에서 맥류 줄기녹병균이 기주교대를 하는 이종기생균이라는 것이 증명된 것은 30여 년이 지난 1865년이다.

식물병학이 우리나라에 소개된 것은 1906년부터다. 경기도 수원에 권업모범장이 설치되어 주로 일본인들에 의해 식물병 방제에 관한 연구가 시작되었고, 수원농림학교에서 식물보호 교육이 시작되었다.

우리나라에서 본격적인 식물병에 관한 대학 교육은 1946년 서울대학교 농과대학에 농생물학과가 개설되면서 시작되었고, 그 후 강원대학교, 경북대학교, 경상대학교, 전남대학교, 전북대학교, 충남대학교, 충북대학교, 순천대학교, 안동대학교 등 10개 국립대학교와 동아대학교, 고려대학교 등 2개 사립대학교에 농생물학과, 응용생물학과 또는 식물의학과 등의 명칭으로 학과가 개설되어 교육하고 있다.

식물병에 관한 현장 연구는 수원농사시험장 병리곤충과 중심으로 이루어지기 시작해서 지금은 국립농업과학원, 국립원예특작과학원, 국립식량과학원에서 분야별로 수행하고 있고, 산림병 분야는 국립산림과학원에서 수행하고 있다.

1962년 한국식물보호학회가 창립되고 한국식물보호학회지가 창간되면서 식물병학 연구의 발판이 마련되었고, 1984년 한국식물병리학회가 독립하고, 1985년 한국식물병리학회지가 창간되면서 식물병학 연구의 도약이 시작되었다.

1995년 한국식물병리학회에서 발간하는 제2학회지인 '식물병과 농업'이 창간되고 2000년에는 '식물병연구'로 이름을 바꿨고, 제1학회지인 한국식물병리학회지는 1999년부터 'The Plant Pathology Journal'로 이름을 바꿔 국제적으로 명성이 있는 학술지로 성장했다.

2012년부터 산림청 지정으로 수목진단센터가 서울대학교, 강원대학교, 충북대학교, 전북대학교, 경상대학교, 국립순천대학교, 경북대학교, 충남대학교, 제주대학교에 차례로 설립되어 수목진료를 담당하고 있고, 2018년부터 나무의사 제도가 시행됨에 따라 서울대학교 식물병원, 신구대학교 식물원, 경상국립대학교 수목진단센터, 경북대학교 농업생명과학대학, 전남대학교 산림자원연구센터, 충남대학교 수목진단센터, 강원대학교 수목진단센터, 전북대학교 수목진단센터, 충청북도산림환경연구소, (사)한국수목보호협회, 국립순천대학교 산학협력단, 동아대학교 융합디자인연구소, 공주대학교 산학협력단이 나무의사 및 수목치료기술자 양성기관으로 지정되어 교육을 담당하고 있다.

Chapter 02

식물병원성 곰팡이

Robert Hooke | 장미나무 녹병

2.1 병원의 종류

식물에 병을 일으키는 원인을 **병원(causal agents)**이라고 한다. 넓은 의미에서 병원의 종류는 **생물성 병원**(animate causes)뿐만 아니라 **비생물성 병원**(inanimate causes)과 **바이러스성 병원**을 포함해서 표 2.1처럼 구분한다.

표 2.1 병원의 분류

구분	종류	대표적인 원인 또는 피해 증상
비생물성 병원	부적합한 기상조건	기상재해(태풍, 폭우, 폭설, 우박, 벼락 강풍, 가뭄 등), 낮은 상대습도(건조피해), 시들음, 점무늬, 낙엽 등, 저온(냉해, 동해), 상해(늦서리피해) 등, 고온, 광선의 과다 및 부족
	부적합한 토양조건	토양수분의 과다 및 부족, 부적당한 토양의 물리적 구조, 통기불량에 의한 산소공급 부족, 부적당한 토양반응(pH), 토양 중 중금속 오염, 유해염류 집적
	양분결핍 또는 양분 상호 간의 길항작용에 의한 양분흡수 저해	질소 결핍(아래 잎들이 누렇게 또는 옅은 갈색으로 변함), 인 결핍(줄기가 짧고 가늘며 꼿꼿하게 서고 길쭉함), 칼륨 결핍(벼 적고병, 보리 흰무늬병 등), 칼슘 결핍(토마토 배꼽썩음병), 붕소 결핍(무 · 배추 속썩음병, 사과 축과병, 담배 윗마름병)
	부적합한 농사작업	농기구 또는 농기계에 의한 기계적 상해, 농약 약해, 비료 과용, 유인선, 보강줄에 의한 줄기 조임
	공업부산물	아황산가스(SO_2), 연기, 연무, HF, HCl, NO_2, O_3 등
	식물대사산물	식물노화호르몬 에틸렌(CH_2CH_2, 식물생장 위축, 비정상적인 잎 발생 등), 수송 및 저장 중 발생하는 유해물질 등
생물성 병원	동물	사람, 야생동물(새, 들쥐) 등, 곤충, 선충, 연체동물(달팽이), 응애 등
	식물	기생성 종자식물(새삼, 겨우살이, 현삼, 야고(열당과 식물) 등)
	미생물	곰팡이, 유사균류(끈적균, 난균), 세균, 몰리큐트(파이토플라스마, 스피로플라스마), 원생동물 등
바이러스성 병원		바이러스, 바이로이드

비생물성 병원은 식물에 기생하지 않고 또한 다른 식물로 전염되지도 않지만 식물체에 해를 미치는 한편 다른 병을 일으키기 쉽도록 하는데, **비기생성병(non-parasitic disease)**, **비감염성병(non-infectious disease)** 또는 **생리적 장해(physiological disorder)**라고도 한다. 생물성 병원과 바이러스성 병원은 식물에 기생하고 또한 다른 식물로 전염되기 때문에 **기생성병(parasitic disease)** 또는 **감염성병(infectious disease)**을 일으킨다.

병원이 생물 또는 바이러스일 때는 **병원체**라고 하며, 특히 미생물일 때는 **병원균**이라고 한

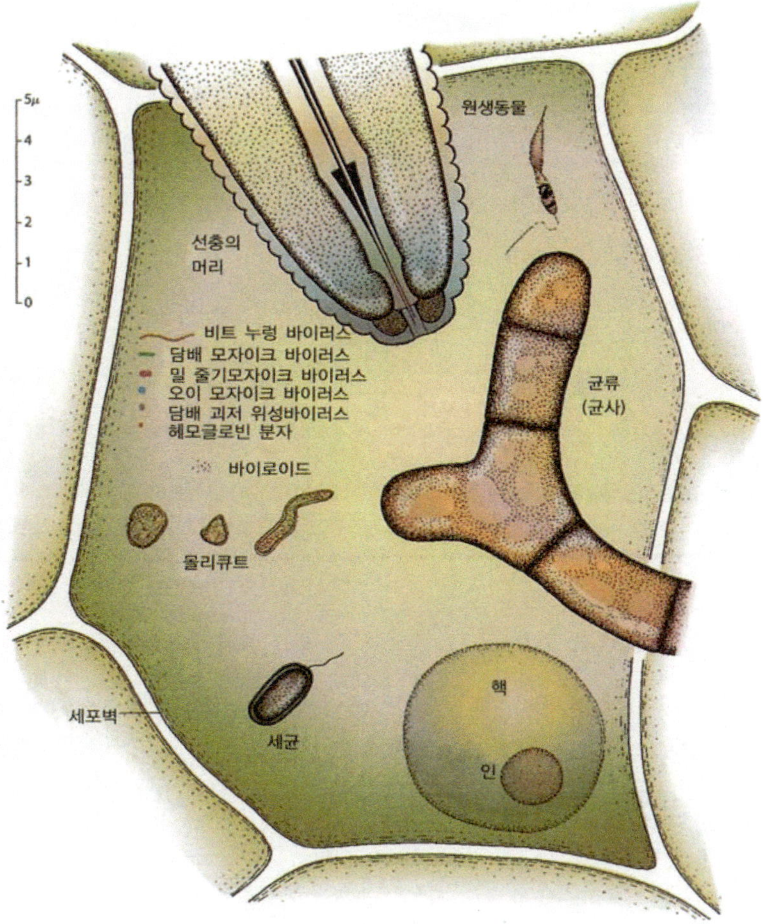

그림 2.1 식물세포와 주요 식물병원체 모식도. [출처: 식물병리학]

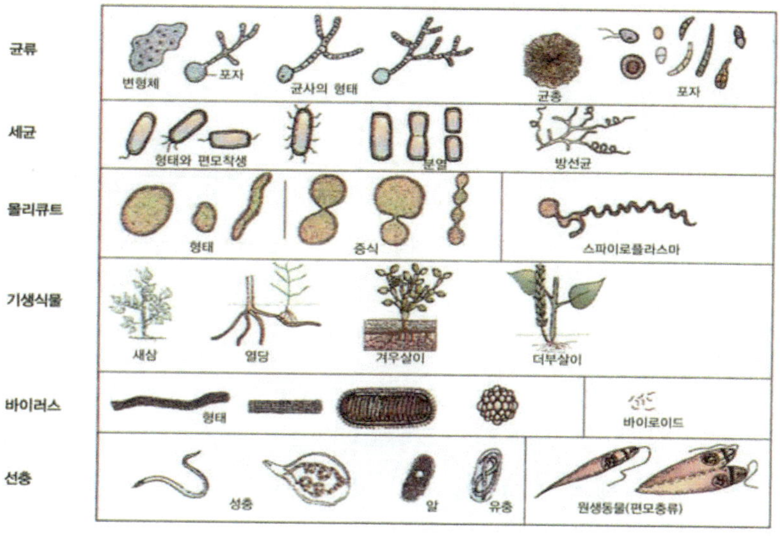

그림 2.2 주요 식물병원체의 형태와 증식 방법. [출처: 식물병리학]

다. 병원체가 감염시킬 수 있는 대상을 **기주(host)**라고 하고, 기주에 기생해서 영양을 빼앗고 살아가는 것을 **기생체(parasite)**라고 하고, 식물을 기주로 삼아 살아가는 기생체를 **식물병원체(plant pathogen)**라고 한다.

식물병원체는 **곰팡이(fungi)**, **세균(bacteria)**, **몰리큐트(파이토플라스마, phytoplasma)**, **바이러스(virus)**, **바이로이드(viroid)**, **선충(nematode)**, **원생동물(protozoa)**, **기생성 고등식물(parasitic higher plant)** 등 종류가 다양하다. 식물 세포의 크기와 주요 식물병원체의 크기를 비교한 모식도는 그림 2.1과 같고, 형태와 증식방법은 그림 2.2와 같다.

2.2 식물병원성 곰팡이의 특징

곰팡이(fungus, pl. fungi)는 진핵생물(eukaryote)의 일종인 균류(菌類)를 총칭하는 우리말이며, 진정균류뿐만 아니라 유사균류인 난균(卵菌)과 끈적균(粘菌)을 포괄적으로 일컫는 용어이다. 곰팡이는 고등식물과는 달리 엽록소(chlorophyll)가 없어 광합성을 할 수 없기 때문에 무기물로부터 유기물을 합성할 수 없고 이미 만들어진 유기물을 흡수하며 생활하는 종속영양체(heterotroph)다. 자연계에 분포하는 곰팡이는 약 5,100속 45,000종이며, 식물병원성 곰팡이의 종류는 약 8,000~10,000종으로 알려졌다.

2.2.1 형태

식물에 병을 일으키는 식물병원성 곰팡이의 세포(그림 2.3)는 고등식물의 세포와 기본적으로 같으며, 핵막을 가진 진핵세포로서 원형질막으로 둘러싸인 세포질에는 리보솜(ribosome), 핵(nucleus), 로마솜(lomasome), 미토콘드리아(mitochondria), 소포체(endoplasmic reticulum), 액포(vacuole), 글리코겐(glycogen) 과립, 지방체 등의 세포소기관들이 있으며, 그의 형태 및 기능은 고등식물과 같다. 핵은 각 세포에 1개로 국한되지 않고, 2핵이거나 2개 이상의 다핵인 경우도 있다.

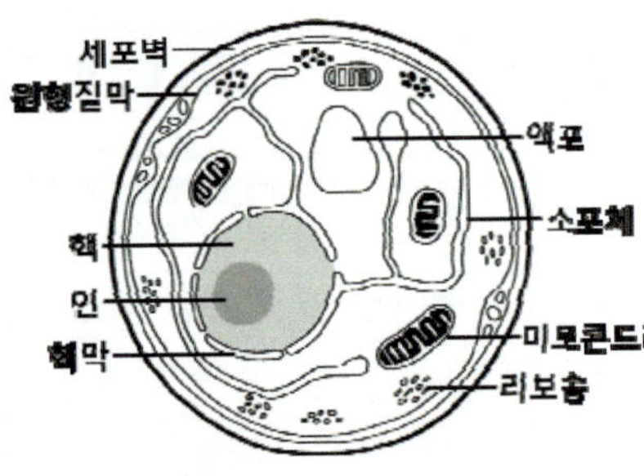

그림 2.3 곰팡이 세포 모식도.

곰팡이 세포는 대개 **세포벽(cell wall)**으로 둘러싸여 있으나, 하등균류의 **유주포자(zoospore)**와 끈적균(Myxomycota)의 **변형체(amoeba, plasmodium)**는 세포벽이 없다. 유사균류인 끈적균과 난균(Oomycota)의 세포벽의 주요 구성성분은 식물처럼 **셀룰로스(cellulose)**다. 그러나 진정균류인 **접합균**(Zygomycota), **자낭균**(Ascomycota), **담자균**(Basidiomycota)의 세포벽의 주성분은 **키틴(chitin)**이다.

2.2.2 영양체

대부분의 곰팡이의 영양체인 **균체(菌體, thallus, pl. thalli)**는 식물의 줄기나 뿌리처럼 가늘고 긴 실 모양의 **균사체(菌絲體, mycelium, pl. mycelia)**로 되어 있고, 그 가지의 일부분을 **균사(菌絲, hypha, pl. hyphae)**라고 한다. **1차균사**의 폭은 1~30 ㎛ 범위에 있고 곰팡이의 종류에 따라서 다르나, 4~10 ㎛인 것이 많다. 균사체의 생장은 선단 세포의 신장에 의해서 이루어진다.

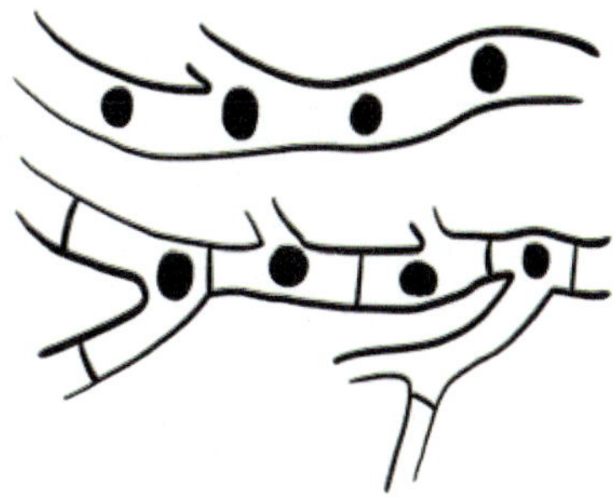

그림 2.4 격벽이 없는 다핵균사(위)와 격벽이 있는 격벽균사(아래).

균사에는 **격벽(septum)**이 있는 격벽 균사와 격벽이 없는 무격벽 균사로 구분되는데, 격벽 유무는 원시적인 하등균류와 진화된 고등균류를 구분하는 수단이 된다. 하등균류에서 볼 수 있는 격벽이 없는 균사는 많은 핵을 가지므로 **다핵균사(coenocytic hypha)**(그림 2.4)라고도 부른다. 고등균류에서 볼 수 있는 균사의 격벽에는 작은 구멍(septal pore)이 있어서 세포 사이에 양분의 교류가 이루어지며 심지어 핵이 이동하는 통로가 된다.

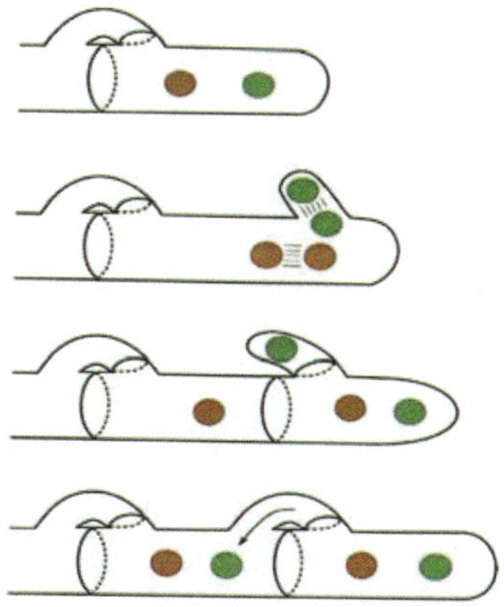

그림 2.5 꺽쇠연결.
[출처: Creative Commons]

균사와 균사가 유착되어 서로 융합되는 것을 볼 수 있다. 이것을 **균사융합(hyphal anastomosis)**이라고 한다. 균사융합을 통해 핵 교환과 세포질 유동이 일어나기 때문에 곰팡이 변이의 한 원인이 된다. 또한, 인접된 두 세포 사이의 격벽 부근에 돌기가 만들어져서 양 세포를 연결하는 일이 있는데, 이것을 **꺽쇠연결(clamp connection)**(그림 2.5)이라고 한다. 꺽쇠연결은 2개의 핵을 가지고 있는 담자균의 2차 균사 말단부에서 볼 수 있다.

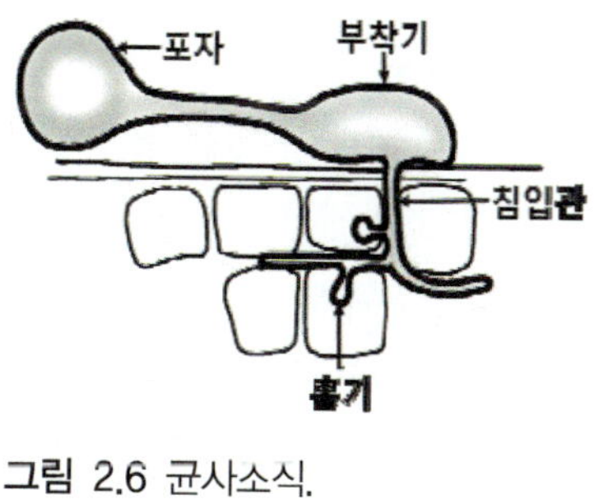

그림 2.6 균사소식.

균사체는 서로 모여 특수한 기능을 수행하는 **균사조직(plectenchyma)**(그림 2.6)을 형성한다. 흰가루병균과 같은 절대기생균(obligate parasite)이 식물체를 감염할 때는 식물체 표면에 포자가 달라붙도록 분화된 **부착기**

(appressorium), 식물체 표피를 뚫고 침입하는 **침입관(infection peg)**, 세포 안에서 영양을 흡수하는 **흡기(haustorium)**를 균사조직으로 생성한다.

뽕나무 뿌리썩음병균(*Armillaria mellea*) 등은 균사가 다발 모양으로 밀집한 **뿌리꼴균사다발(根狀菌絲束, rhizomorph)**을 형성하는데, 토양 중 확산, 기주 감염, 불리한 환경에서 생존하는 역할을 한다. 또한 균핵병균, 흰비단병균 등은 균사가 견고하고 조밀하게 여러 가지 모양으로 뭉쳐 덩어리를 만들어 위유조직(pseudoparenchyma)으로 된 껍질 안에 많은 양분을 저장해 부적당한 조건에 견디는 **균핵(sclerotium)**을 형성하는데, 가장 바깥부터 단단한 외피(rind), 피층(cortex) 및 수층(medulla) 순으로 되어 있다. 자낭균에서 볼 수 있는 자실체 주위에 만들어지는 **자좌(stroma)**도 대표적인 균사조직이다.

그러나 하등균류인 병꼴균의 영양체는 균사처럼 발달하지 않고 식물체의 뿌리처럼 끝이 가느다란 **가근(rhizoid)**(그림 2.7)을 형성하고, 유사균류인 끈적균과 무사마귀병균의 영양체는 세포벽이 없는 다핵 원형질이 아메바 상태로 집결해 형태가 일정하지 않은 **변형체(plasmodium)**(그림 2.8)로 되어 있다.

그림 2.7 가근.

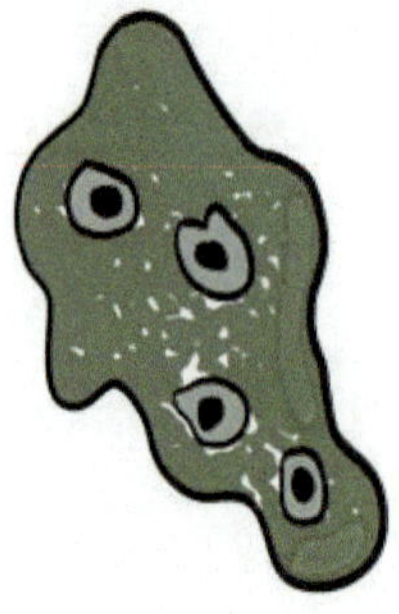

그림 2.8 변형체.

2.2.3 번식체

곰팡이의 영양체가 어느 정도 발육하면 생식기관인 **담자체(sporophore)**가 생겨 식물의 종자와 같은 번식체인 **포자(spore)**가 균사 위 또는 **포자낭(sporangium)** 안에 형성된다. 대부분의 곰팡이에서는 영양체의 일부에서 생식기관이 형성되는 분실성(分實性, eucarpic)이지만, 일부 곰팡이에서는 영양체 전체가 생식기관으로 바뀌는 전실성(全實性, holocarpic)이다.

포자는 단세포 또는 다세포, 무색 또는 유색, 모양은 대부분이 구형, 난형, 타원형, 방추형 또는 곤봉형 등으로 나타나지만 반달 모양, 실 모양 또는 나선형도 있다. 일반적으로 균체에서 떨어지기 쉽고 바람과 물에 의해서 쉽게 옮겨진다.

포자는 유전적 재조합이 없이 형성되는 **무성포자(asexual spore)**와 유전적으로 형질이 다른 개체의 교배에 의해 유전적 재조합을 거쳐 형성되는 **유성포자(sexual spore)**가 있다. 적합한 환경 조건에서 곰팡이의 대량 증식과 만연에 직접 관계하는 포자를 무성포자라고 하고, 무성포자의 형태를 **아나몰프(anamorph)**라고 한다. 부적합한 환경 조건에서 생존하기 위해 휴면하거나 월동(overwintering) 또는 월하(oversummering)하는 포자를 유성포자라고 하고, 유성포자의 형태를 **텔레오몰프(teleomorph)**라고 한다.

대부분의 곰팡이는 무성포자와 유성포자를 번갈아 만들면서 생활사를 완성하는데, 무성포자를 만드는 시기를 **불완전세대(imperfect stage)**라고 하고, 유성포자를 만드는 시기를 **완전세대(perfect stage)**라고 한다. 일부 곰팡이는 완전세대가 알려지지 않았지만, 대부분의 곰팡이는 아나몰프와 텔레오몰프가 존재해 불완전세대와 완전세대를 번갈아 되풀이하는 생활사를 가진다.

① 무성포자

무성포자는 극히 작고 얇은 막을 가지며, 형성량이 많아 무성포자가 다수 집합되면 가루나 끈적끈적한 덩어리가 되어 눈으로도 볼 수 있게 된다. 무성포자는 형성 방법과 형태상의 특징으로부터 **유주포자(zoospore)**, **포자낭포자(sporangiospore)**, **분생포자(conidium)** 등으로 분류한다.

물속에서 이동하는 **편모(flagellum)(심층학습 8)**를 가지고 있는 운동성 무성포자인 유주포자는 일반적으로 **유주포자낭(zoosporangium)**이라는 주머니 모양의 세포조직 속에 형성된다. 유주포자의 바깥표면은 얇은 원형질막으로 덮여있으며, 세포벽은 없고, 단세포, 구형~난형이며, 크기는 5~10 ㎛다.

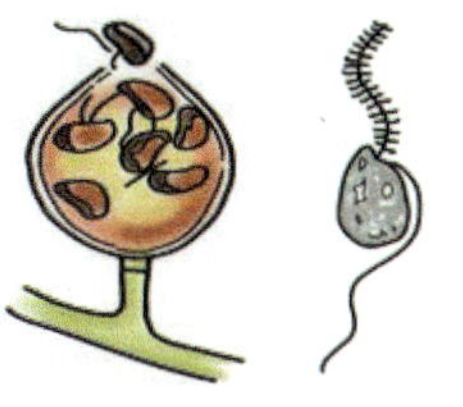

그림 2.9 유주포자낭과 쌍편모 유주포자.

유사균류에 속하는 끈적균과 난균은 2개의 편모를 가진 쌍편모 유주포자(그림 2.9)를 형성한다. 진정균류 중에서 하등균류에 속하는 **병꼴균(Chytridiomycota)**은 1개의 편모만을 가진 단편모 유주포자(그림 2.10)를 형성한다.

쌍편모 유주포자에서 앞쪽에서 방향타 역할을 하는 깃털 모양의 날개형 편모와 뒤쪽에서 헤엄을 치는 채찍 모양의 꼬리형 편모를 가지는 반면에, 단편모 유주포자는 뒤쪽에 채찍 모양의 꼬리형 편모 1개만을 가진다.

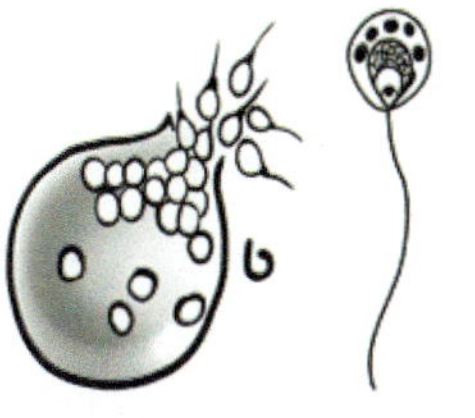

그림 2.10 유주포자낭과 단편모 유주포자.

유주포자는 주화성(chemotaxis)을 가지고 있어서 물속에서 기주조직에서 흘러나오는 물질을 감지해 헤엄쳐 기주에 도달하면 편모를 소실하고 운동을 정지하고 세포벽이 생겨 구형의 **피낭포자(cystospore)**로 바뀐 후 발아해 기주에 침입한다.

그러나 난균에 속하는 역병균, 노균병균 등은 온도조건에 따라서 유주포자를 형성하지 않고 유주포자낭이 직접 발아해 기주에 침입하기도 한다.

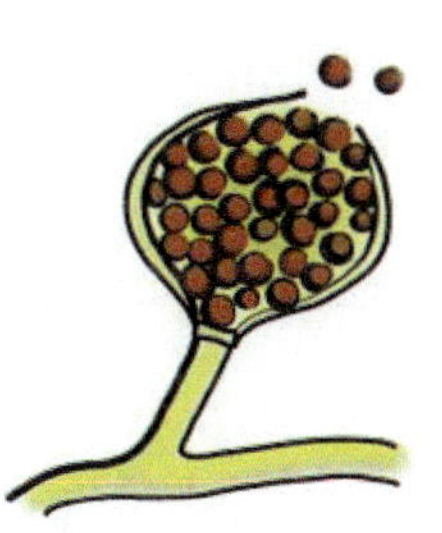

그림 2.11 포자낭과 포자낭포자.

접합균에서 바람에 의해 잘 퍼지는 포자낭포자는 **포자낭(sporangium)**(그림 2.11)이라는 주머니 모양의 세포조직 속에 형성된다. 포자낭을 지탱하는 균사를 포자낭경(sporangiophore)이라고 한다.

심층학습 8 곰팡이와 세균의 '편모'

'편모(flagella)'는 라틴어로 채찍이라는 어원을 가지며, 생물의 세포 표면으로부터의 돌기물로 형성된 운동성이 있는 세포기관을 말한다. 곰팡이와 식물의 유주포자, 세균 및 동물의 정자운동 기관의 역할을 한다.

세균의 '편모'는 가느다란 실 모양으로 운동성이 있으며, 세균의 종류에 따라 한쪽 극에 1개의 '편모'를 가진 단극모(monotrichous), 여러 개의 '편모'가 한쪽 극에서 생겨나는 속생모(lophotrichous), 양쪽 극에서 여러 개가 생겨나는 양극모(amphitrichous), 또는 세포의 전체 주위에 생겨나는 주생모(peritrichous) 등 여러 가지가 있다.

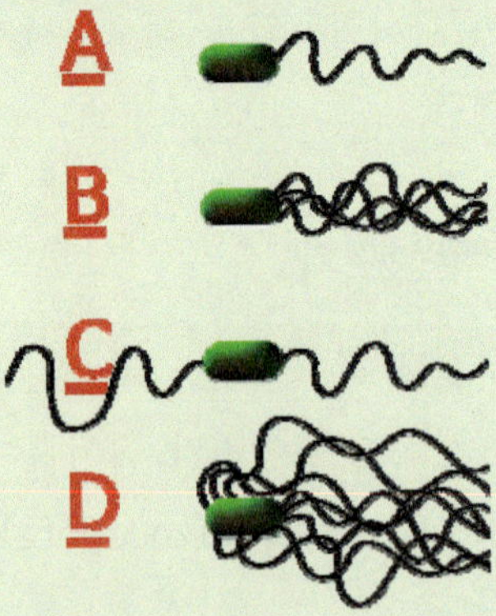

세균의 편모. A: 단극모, B; 속생모, C: 양극모, D: 주생모.
[출처: Wikimedia Commons]

곰팡이 중에서 하등균류에 속하는 끈적균, 난균과 병꼴균에서 무성포자로 형성되는 유주포자(zoospore)도 물 속에서 헤엄칠 수 있는 '편모'를 가지고 있다.

끈적균과 난균의 유주포자에는 2개의 '편모'를 형성하는데, 앞쪽에서 방향타 역할을 하는 깃털 모양의 날개형 '편모'와 뒤쪽에서 헤엄을 치는 채찍 모양의 꼬리형 '편모'를 가지는 반면에, 병꼴균의 유주포자는 뒤쪽에 채찍 모양의 꼬리형 '편모' 1개만을 가진다.

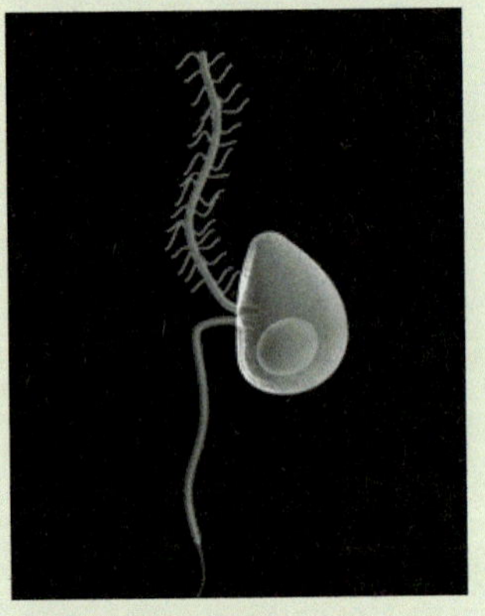
곰팡이의 유주포자.
[출처: Codon]

원핵생물인 세균의 '편모'는 모터보트에 장착된 스크류처럼 빠르게 회전해 세균을 앞으로 나아가게 한다. 모터보트 하단의 스크류가 회전하면서 물을 배의 뒤편으로 밀쳐내면, 모터보트 선체는 그 반작용을 이용해 앞으로 나아가게 되듯이 세균도 '편모'의 회전에 의해 생긴 추진력으로 움직인다.

유주포자의 '편모'는 나룻배에 있는 노처럼 좌우 운동을 통해 생기는 추진력에 의해 유주포자를 앞으로 나아가게 한다. 유주포자를 이동시키는 '편모'는 채찍 모양의 '편모'이고, 깃털 모양의 '편모'는 전진하는 방향을 향해 방향타 역할을 하고, 때로는 주변에 있는 화학물질을 탐지하는 역할을 하기도 한다.

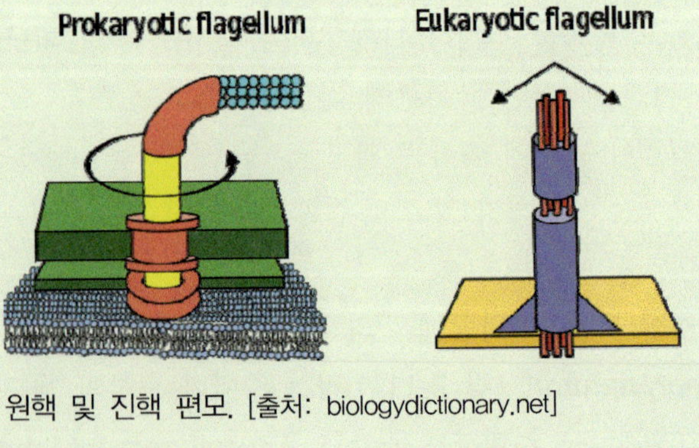

원핵 및 진핵 편모. [출처: biologydictionary.net]

영양균사체에서 유사분열에 의해 일반적으로 형성되는 분생포자는 **분생포자경**(**conidiophore**)(그림 2.12)이라는 분생포자를 형성하기 위해 분화된 특수한 균사조직 위에 형성된다.

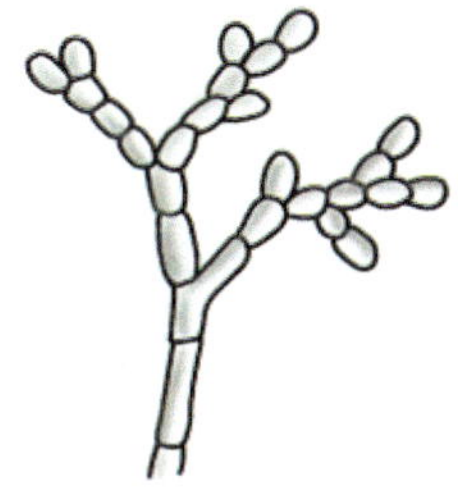

그림 2.12 분생포자경과 분생포자.

특히 분생포자를 형성하기 위해 특별히 분화된 균사조직을 **분생포자과**(**conidioma**)라고 하는데, 플라스크 모양으로 기주 표피에 매몰해 있는 **분생포자각**(**pycnidium, 옛이름 병자각**), 납작한 접시 모양으로 기주 표층부에 약간 오목하게 들어가 있고 분생포자경이 밀생된 **분생포자층**(**분생포자반, acervulus**), 기주 표면에 매트 모양에 균사체가 발달하고 각각 균사 선단에 분생포자가 형성되는 **분생포자좌**(**sporodochium**), 기주 표면에 분생포자경이 서로 밀착되어 다발 모양을 이룬 **분생포자경다발**(**분생포자경속, synnema 또는 coremium**) 등이 있다(그림 2.13).

그림 2.13 분생포자각, 분생포자층, 분생포자좌, 분생포자경다발.

분생포자각에 형성된 분생포자를 **병포자**(**pycnidiospore**)라고도 하고, 분생포자각에서 대량으로 형성된 끈적끈적한 분생포자 덩어리들이 분생포자각 밖으로 흘러나오는 것을 **포자각**(**spore horn**)이라고 한다.

일부 곰팡이에서는 격벽 균사나 분생포자의 세포벽이 두텁게 발달한 **후벽포자**(**chlamydospore**)(그림 2.14)가 형성된다.

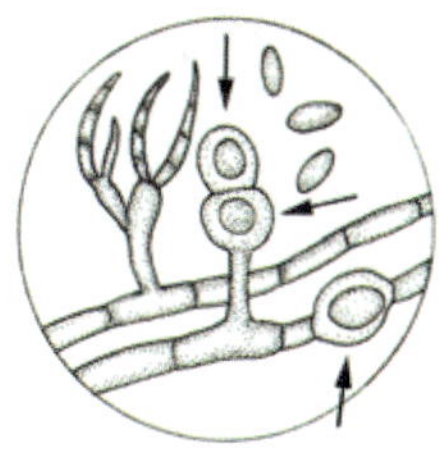

그림 2.14 후벽포자. [출처: G. Schumann & C. D'Arcy.]

담자균에 속하는 녹병균(rust fungi)은 무성포자로 **녹병정자기**(**spermagonium**) 속에 **녹병정자**(**spermatium**), **녹포자기**(**aecium**) 속에 **녹포자**(**aeciospore**), **여름포자퇴**(**uredinium**) 위에 **여름포자**(**urediospore**), **겨울포자퇴**(**telium**) 위에 **겨울포자**(**teliospore**)를 형성한다(그림 2.15).

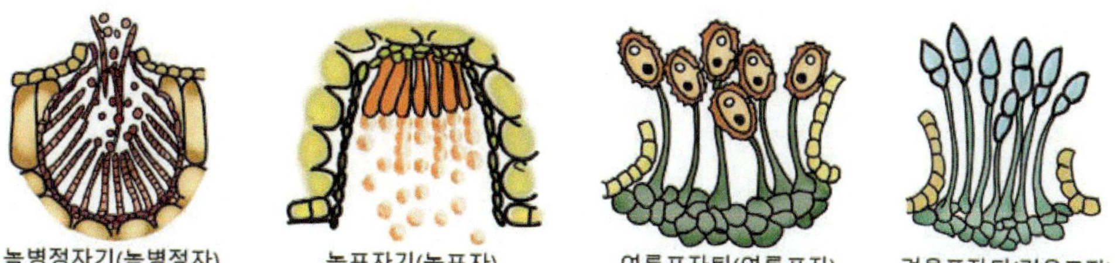

그림 2.15 녹병정자기(녹병정자), 녹포자기(녹포자), 여름포자퇴(여름포자), 겨울포자퇴(겨울포자).

② 유성포자

곰팡이의 **유성생식(sexual reproduction)**에 의한 **유성포자(sexual spore)**는 곰팡이의 월동, 유전 등 종족의 유지에 큰 역할을 하는데, **난포자(oospore)**, **접합포자(zygospore)**, **자낭포자(ascospore)** 및 **담자포자(basidiospore)** 등 4종류가 있다.

그림 2.16 난포자.

난포자(그림 2.16)는 난균에서 형성되는 유성포자로서 균사의 한 쪽에 난핵(卵核)을 지닌 공 모양으로 크기가 큰 **난기(장란기, oogonium)**와 거기에 접해서 웅핵을 지닌 크기가 작은 **웅기(장정기, antheridium)**가 융합한 후 웅기에 있는 웅핵이 이동해 난기에 있는 난핵과 결합해 난포자가 형성된다. 난기와 웅기가 동일한 균사체에서 유래하면 자웅동체성(homothallic)이라고 하고, 다른 균사체에서 유래하면 자웅이체성(heterothallic)이라고 한다.

그림 2.17 접합포자.

접합포자(그림 2.17)는 접합균류에서 형성되는 유성포자로 **배우균사(gametic hypha)**에서 발달한 두 개의 크기가 비슷한 **배우자낭(gametangium)**이 접착해 합친 후 그 부분이 굵어져서 공 모양으로 두터운 세포벽을 가진 접합포자를 형성한다. 접합포자도 자웅동체성과 자웅이체성이 있다.

자낭포자(그림 2.18)는 자낭균에서 형성되는 유성포자로 크기가 큰 **조낭기(장낭기, ascogonium)**와 크기가 작은 **조정기(장정기, antheridium)**가 수정모(trichogyne)를 통해 융합하고, 자낭형성균사(ascogenous hypha)를 만든다. 자낭형성균사의 선단세포는 자낭모세포(ascus mother cell)로 바뀌고 **자낭(ascus)**을 형성하는데, 그 속에 보통 8개의 자낭포자를 형성한다. 이것은 핵융합 후 2회의 감수분열을 하고 유사분열을 거쳐 8개의 핵이 중심이 되어 자낭포자가 형성되기 때문이다.

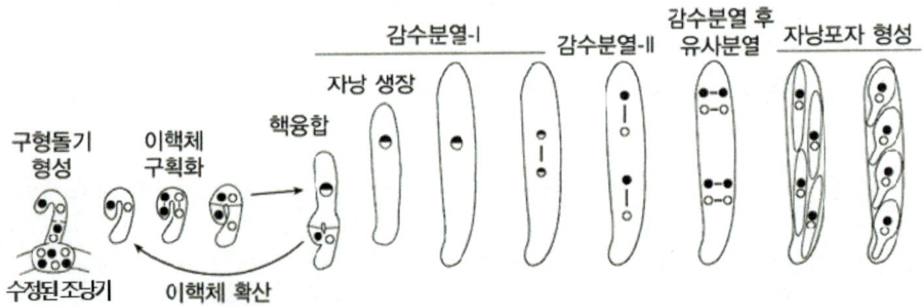

그림 2.18 자낭포자 형성과정. [출처: L. Pera-Reyes & V. Berteaux-Lecellier]

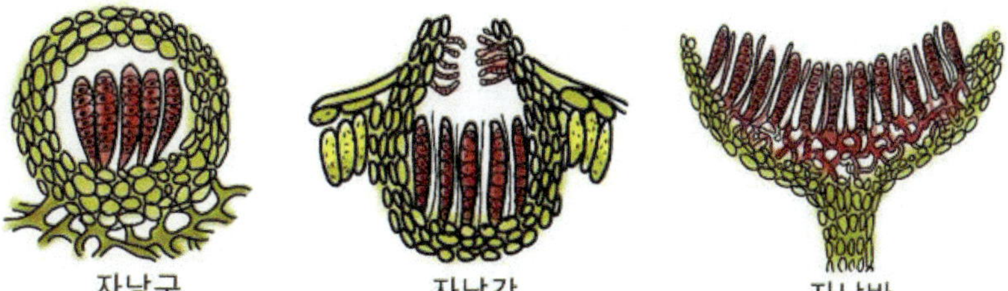

그림 2.19 자낭구, 자낭각, 자낭반.

자낭을 형성하기 위해 특별히 발달한 균사조직을 **자낭과(ascocarp)**라고 하는데, 공 모양의 **자낭구(폐쇄자낭각, cleistothecium)**, 플라스크 모양의 **자낭각(유공자낭각, perithecium)**, 접시 모양의 **자낭반(apothecium)**에 외겹막 자낭(unitunicate asci)이 들어 있다(그림 2.19).

자낭이 자낭각 속에 들어 있지 않고 기주 조직 내부에 있는 **자좌(stroma)**에 있는 **강실(locule)**에 개별적으로 발달한 자낭과를 **자낭자좌(ascostroma)**라고 하고, 자좌 내부가 1실로 되어 자낭각 모양으로 된 자낭과를 **위자낭각(pseudothecium)**이라고 한다(그림 2.20).

그림 2.20 자낭자좌와 위자낭각.
[출처: G. Schumann & C. D'Arcy]

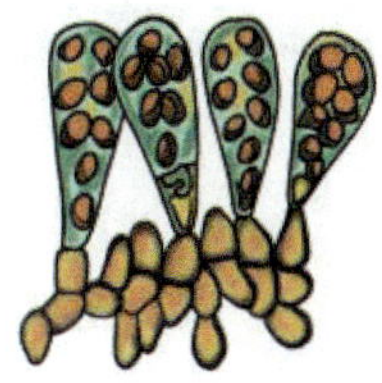

그림 2.21 나출된 자낭.

자낭과 내부에서 자낭이 나란히 발달하는 부분을 **자실층(hymenium)**이라고 한다. 때로는 자낭 외에 실 모양의 측사(paraphysis)가 형성되기도 하는데, 자낭자좌나 위자낭각에서는 위측사(pseudoparaphysis)라고 한다. 자낭자좌나 위자낭각에는 두겹막 자낭(bitunicate asci)이 들어있다. 드물게는 자낭이 자낭과 없이 나출된 채 자낭이 형성되기도 한다(그림 2.21).

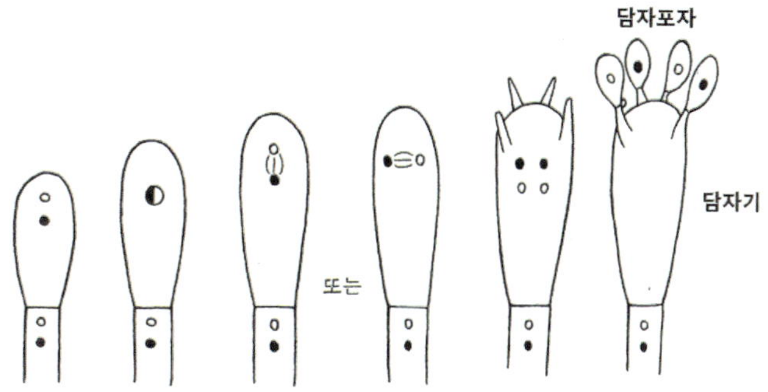

그림 2.22 단실담자기 위에 담자포자 형성 과정.

담자포자는 **담자기(basidium)**라는 특별한 분생포자경 위에 형성된다(그림 2.22). 담자기에는 두 종류가 있으며, 원통 모양의 **단실 담자기(holobasidium)**의 정단에 보통 4개의 **소병**

(sterigma)이 생기고, 그 위에 담자포자를 형성한다(그림 2.23). 둥근 기둥 모양의 **다실 담자기(phragmobasidium)**가 격벽에 의해서 4세포로 되고, 각 세포에서 생긴 한 개의 소병 위에 담자포자를 각각 형성한다(그림 2.23).

그림 2.23 다실 담자기와 단실 담자기.

녹병균(rust fungi)이나 깜부기병균(smut fungi)은 포자에서 직접 담자기를 형성한다. 즉, **겨울포자퇴(telium)**에서 **겨울포자(teliospore)** 또는 **후벽포자(chlamydospore)**가 발아해 각각 **전균사(promycelium)**라고 하는 일종의 담자기를 만들고, 그 위에 **소생자(sporidium)**라고 하는 담자포자를 형성한다(그림 2.24).

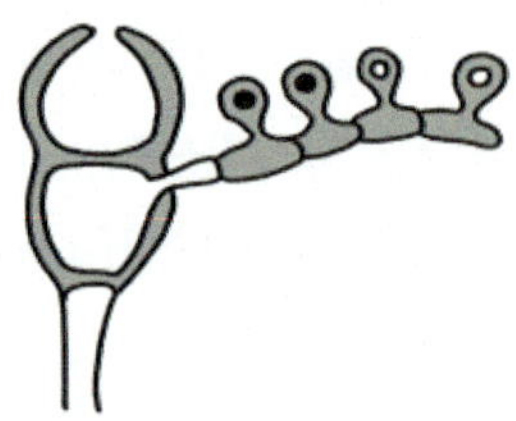

그림 2.24 전균사와 소생자.

가장 진화한 담자균에서는 담자기를 형성하기 위해 특별히 발달한 균사조직으로 **담자과(basidiocarp)**인 **버섯(mushroom)**의 **주름(lamella)**에 있는 자실층에 담자기가 형성된다. 때로는 자실층에 담자기 외에 특이한 형태를 보이는 대형 세포를 **낭상체(cystidium)**라고 한다.

버섯의 주름 등의 자실층으로부터 종이 위에 담자포자를 자연 낙하시키면 낙하된 포자 집단이 특징적인 문양을 나타내는데, 이 **포자문(spore print)**은 버섯의 분류에서 중요한 지표가 된다.

하등균류인 병꼴균이나 원생동물계에 속하는 끈적균은 부적당한 환경에서 생존하기 위해 세포벽이 두터워진 포자는 **휴면포자(resting spore)**(그림 2.25)가 유성포자 기능을 수행한다.

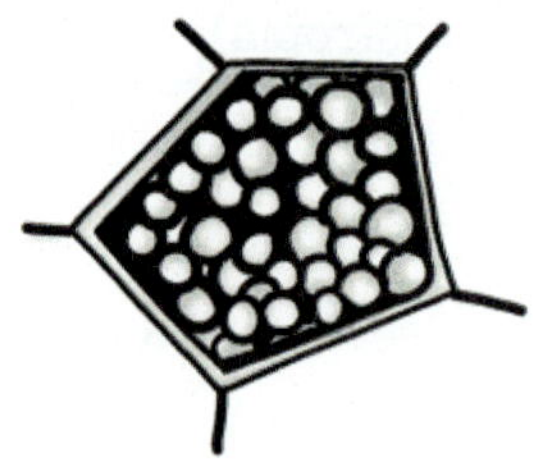

그림 2.25 휴면포자.

유성포자를 형성하는 유성생식이 일어나기 위해서는 다른 극성의 포자에서 생긴 두 개의 영양균사체의 접합이 필요한데, 이것을 **자웅이체성(heterothallism)**이라고 한다. **2극성(bipolar)**인 경우는 각각 A와 a의 기호로 표시되는 2개의 **교배형(mating type)**, **4극성(tetrapolar)**에서는 AB, Ab, aB, ab의 기호로 표시되는 4개의 교배형으로 나눠진다. 2극성의 경우는 A와 a, 4극성의 경우는 AB와 ab 또는 Ab와 aB의 조합으로 유성생식이 이루어지는데, 이와 같은 조합을 **친화성(compatibility)**이라고 한다. 극성이 없는 포자가 발아해서 생긴 영양균사체는 그 자신으로 유성생식을 할 수 있는데, 이것을 **자웅동체성(homothallism)**이라고 한다.

유성생식 과정은 두 개의 원형질이 합치면서 반수체(haploid)의 핵이 모여 2핵세포(dikaryon) 상태가 되는 **원형질융합(plasmogamy)**, 두 핵이 결합해 접합체

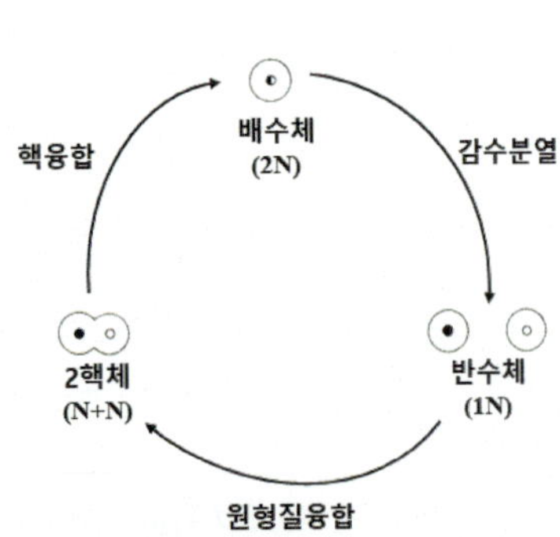

그림 2.26 유성생식 단계.

(zygote)를 만드는 **핵융합(karyogamy)**, 결합한 핵이 배수체(diploid)에서 다시 반수체로 환원시키는 **감수분열(meiosis)** 단계를 반드시 거친다(그림 2.26).

2.2.4 분류

생물은 생물체, 생명체, 유기체라고도 하며, 생명이 있는 존재를 두루 일컫는다. 생물이 무생물과 구별되는 일반적인 특징으로서, 생물은 체내에 필요한 물질을 합성하고 분해하는 물질대사를 하고, 환경의 변화(자극)를 감지하고 반응하며, 체내 환경을 일정하게 유지하는 항상성을 가지고, 생장하고, 생식작용을 하면서 진화해 나간다.

생물의 분류체계(심층학습 9)에서 전통적으로 **식물계(Kingdom Plantae)**와 **동물계(Kingdom Animalia)**로 2계로만 분류했을 때는 곰팡이를 엽록체가 없는 **엽상식물문(Thallophyta)**으로 분류했었지만, 지금은 식물계나 동물계와 대등하게 곰팡이를 별도의 **균계(Kingdom Fungi)**로 분류한다. 중국에서는 곰팡이를 식물과 동물과 대등하게 **균물(菌物)**이라고 한다.

Whittaker(1969)가 생물의 영양공급 방법과 진화단계에 착안해서 제창한 5계(그림 2.27)는 진화된 진핵생물로서 광합성을 하는 식물계, 영양을 섭취하는 동물계와 영양을 흡수하는 균계와 단세포 진핵생물로서 영양을 흡수하는 **원생생물계(Kingdom Protista)**와 단세포 원핵생물로 영양을 흡수하는 **원핵생물계(단생생물계, Kingdom Monera)**로 분류하고, 곰팡이는 균계에 속한다.

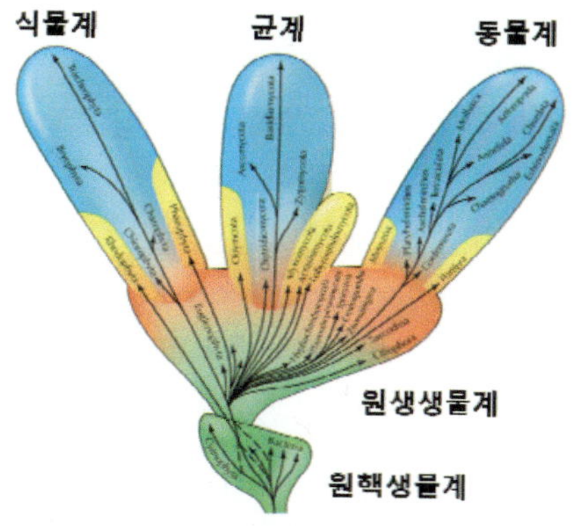

그림 2.27 5계 분류체계도. [출처: Wikipedia]

Woese 등(1990)은 생물 분류체계에서 계보다 한 단계 높은 분류영역으로 역(Domain)을 도입해 생물을 **고세균역(Archaea)**, **세균역(Bacteria)**, **진핵생물역(Eukarya)** 등 3역(그림 2.28)으로 분류한 분류체계를 도입했다.

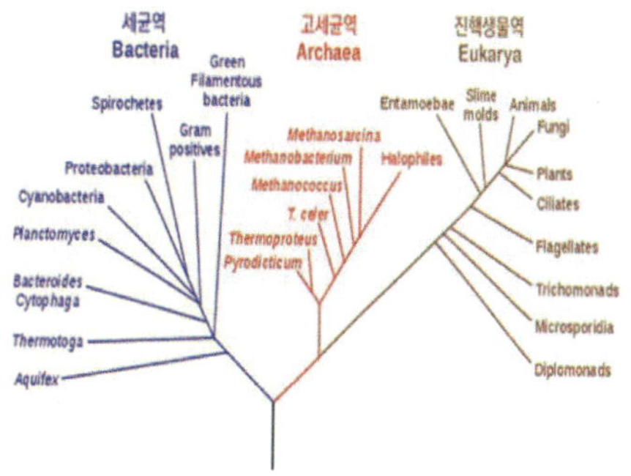

그림 2.28 3역 분류계통도. [출처: Wikipedia]

Cavalier-Smith(1993)는 다세포의 진핵생물 중에서 새로 **색조류계(Chromista)**를 신설하고, 원핵생물계로 분류되는 **세균계(Bacteria)**와 **고세균계(Archaea)**를 포함해 생물을 식물계, 동물계, 균계, 색조류계, 원생생물계, 세균계, 고세균계 등 7계로 재분류했다.

심층학습 9 생물의 분류체계

예로부터 움직일 수 있는 생물은 동물로, 움직일 수 없는 생물은 식물로 분류해왔다. 1735년 스웨덴의 식물학자 Carl von Linné는 생명체를 분류하는 기준으로 Kingdom(계)을 도입해서 Plantae(Vegetabilia, 식물계)와 Animalia(동물계) 등 두 개의 Kingdom을 제시했다.

직립보행을 하는 사람은 쉽게 동물로 분류되듯이 대부분 진화된 고등생물에서 이러한 분류는 확연하지만, 동물인 산호는 움직이지 않고 식물인 미모사나 파지지옥은 움직일 수 있다.

더구나 하등생물에서는 그 구분이 모호한 경우가 많아서 1866년 독일의 동물학자 Ernst Haeckel은 세균을 비롯한 원시적인 생명체를 포괄하는 세 번째 Kingdom인 Protista(원생생물계)를 신설함으로써 생명체는 Plantae, Animalia, Protista 등 세 개의 Kingdom으로 분류했다.

1959년 미국의 식물생태학자 Robert Whittaker는 곰팡이를 Plantae에서 독립시켜 네 번째 Kingdom인 Fungi를 신설하고, 세균이 다른 단세포 미생물과는 달리 원핵생물이기 때문에 세균을 Protista에서 독립시켜 다섯 번째 Kingdom인 Monera를 신설해 생명체를 다섯 개의 Kingdom(Plantae, Animalia, Fungi, Protista, Monera)으로 재분류했다.

5계 분류체계의 진화계통도(phylogenetic tree)를 보면 Monera(단생생물계)는 가장 원시적인 단세포 원핵생물, Protista(원생생물계)는 단세포 진핵생물, Plantae(식물계), Animalia(동물계), Fungi(균계)는 대부분 가장 진화한 다세포 진핵생물이며, Plantae(식물계)는 광합성(photosynthesis), Animalia(동물계)는 섭취(ingestion), Fungi(균계)는 흡수(absorption) 방식으로 영양을 취해 살아가도록 진화했음을 보여준다. Whittaker의 5-Kingdom 분류체계는 진화정도와 영양을 취하는 방식의 차이에 따라 생명체를 분류해 지금도 많은 사람들이 인용하고 있다.

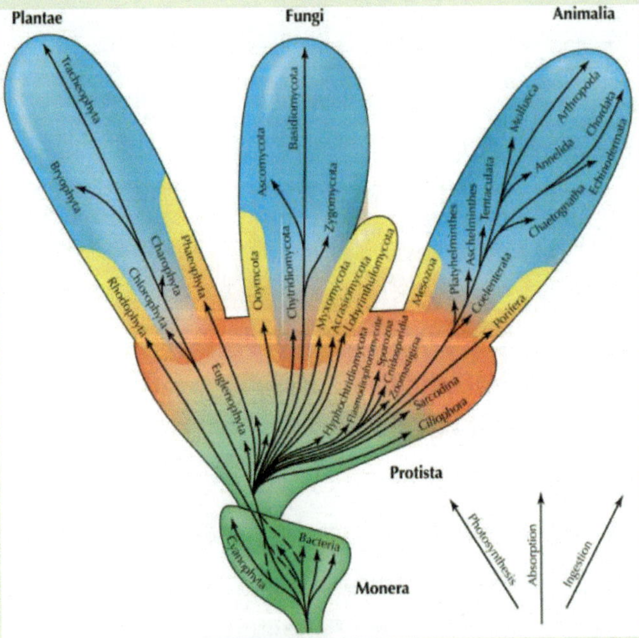

Whittaker에 의한 5-Kingdom 분류체계도. [출처: Wikipedia]

1977년 미국의 미생물학자 Carl Woese와 George Fox는 원핵생물인 Monera를 Bacteria(Eubacteria)와 Archaea (Archaebacteria)로 세분해서 생명체를 여섯 개의 Kingdom (Plantae, Animalia, Fungi, Protista, Bacteria, Archaea)으로 분류했다.

그리고 1990년 Woese 등은 ribosomal RNA 유전자들의 상동성을 기반으로 Kingdom보다 상위 분류체계인 Domain을 도입해서 생명체를 Eukaryota(Eukarya), Bacteria, Archaea 등 세 개의 Domain으로 분류했다.

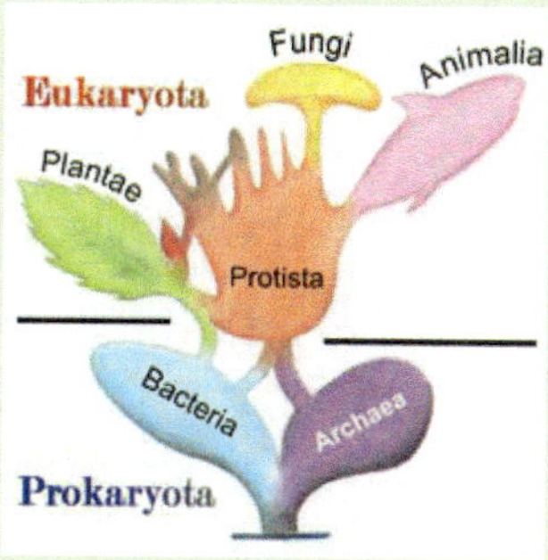

Woese 등에 의한 6-Kingdom 분류체계도. [출처: Wikipedia]

1993년 영국의 진화생물학자 Thomas Cavalier-Smith는 Protista를 Chromista, Protozoa, Archezoa로 세분하고 Monera를 Eubacteria와 Archaebacteria로 나눠 생명체를 여덟 개의 Kingdom(Plantae, Animalia, Fungi, Chromista, Protozoa, Archezoa, Eubacteria, Archaebacteria)으로 분류했다.

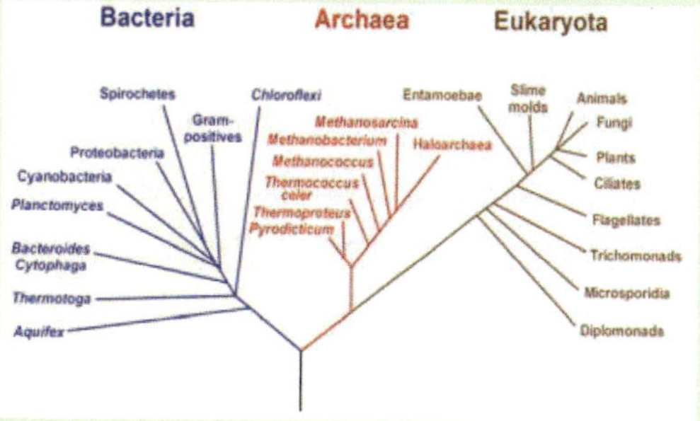

Woese 등이 ribosomal RNA 유전자들의 상동성을 기반으로 작성한 3-Domain 분류체계도. [출처: Wikipedia]

그러나 2015년 Michael Ruggiero 등은 Archezoa를 Protozoa에 포함시켜 생명체를 Plantae(식물계), Animalia(동물계), Fungi(균계), Chromista(색조류계), Protozoa(원생동물계), Bacteria(세균계), Archaea(고생세균계) 등 일곱 개의 Kingdom으로 재분류했다. Ruggiero 등에 의한 7-Kingdom 분류체계는 ribosomal RNA 유전자들의 상동성을 기반으로 작성해 가장 널리 채택하고 있는 최신 분류체계다.

<table>
<tr><th>Linnaeus</th><th>Haeckel</th><th>Whittaker</th><th>Woese</th><th>Woese</th><th>Cavalier-Smith</th><th>Ruggiero 등</th></tr>
<tr><td>-</td><td>-</td><td>2-Empire</td><td>2-Empire</td><td>3-Domain</td><td>2-Empire</td><td>2-Empire</td></tr>
<tr><td>2-Kingdom</td><td>3-Kingdom</td><td>5-Kingdom</td><td>6-Kingdom</td><td>-</td><td>8-Kingdom</td><td>7-Kingdom</td></tr>
<tr><td>1735</td><td>1866</td><td>1969</td><td>1977</td><td>1990</td><td>1993</td><td>2015</td></tr>
<tr><td>Animalia</td><td>Animalia</td><td>Animalia</td><td>Animalia</td><td rowspan="6">Eucarya</td><td>Animalia</td><td>Animalia</td></tr>
<tr><td rowspan="2">Vegetabilia (Plantae)</td><td rowspan="2">Plantae</td><td>Plantae</td><td>Plantae</td><td>Plantae</td><td>Plantae</td></tr>
<tr><td>Fungi</td><td>Fungi</td><td>Fungi</td><td>Fungi</td></tr>
<tr><td rowspan="5">-</td><td rowspan="5">Protista</td><td rowspan="3">Protista</td><td rowspan="3">Protista</td><td>Chromista</td><td>Chromista</td></tr>
<tr><td>Protozoa</td><td rowspan="2">Protozoa</td></tr>
<tr><td>Archezoa</td></tr>
<tr><td rowspan="2">Monera</td><td>Eubacteria</td><td>Bacteria</td><td>Eubacteria</td><td>Bacteria</td></tr>
<tr><td>Archae-bacteria</td><td>Archaea</td><td>Archae-bacteria</td><td>Archaea</td></tr>
</table>

최근에는 분자생물학의 발달로 형태보다는 유전적 근연관계를 기반으로 Ruggiero 등(2015)이 재분류한 결과 과거에는 균계에 속했었지만, 세포벽이 없는 **끈적균문(Myxomycota)**과 **무사마귀병균문(Plasmodiophoromycota)**은 **원생동물계(Kingdom Protozoa)**, 세포벽에 섬유소를 함유하는 **난균문(Oomycota)**은 **색조류계(Kingdom Chromista)**에 속하는 것으로 분류하고 **유사균류(Fungus-like organisms)**라고 부른다.

Watkinson 등(2016)에 의한 분자계통학적 분석에 근거해서 **진정균류(True fungi)**에 속하는 곰팡이인 균계에는 **병꼴균문(Chytridiomycota)**, **네오칼리마스티고균문(Neocallimastigomycota)**, **블라스토클라디오균문(Blastocladiomycota)**, **글로메로균문(Glomeromycota)**, **자낭균문(Ascomycota)**, **담자균문(Basidiomycota)** 등 6개의 문이 속한다.

(1) 유사균류

유사균류에는 색조류계에 속하는 난균문과 원생동물계에 속하는 무사마귀병균과 끈적균이 있고 모두 하등균류에 속한다.

① 끈적균

유사균류 중에서 **끈적균(slime molds)**은 원생동물계 내에서 아직까지 분류위치가 정립되지 않았다. **진정끈적균(Myxomycetes)**은 절대부생체이므로 식물에 기생하지는 않지만, 지표면에 낮게 자라는 식물체 위를 뒤덮으며 자라서 광합성을 차단하고, 식물체의 생장을 물리적으로 방해해서 간접적으로 식물체에 피해를 주기 때문에 넓은 의미로 식물병원에 포함시키고 있다.

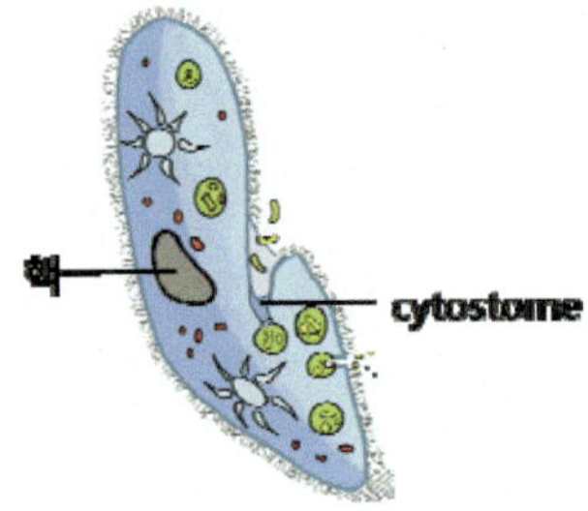

그림 2.29 cytostome.

진정끈적균은 세포벽이 없는 다핵 원형질이 아메바 상태로 집결해 있는 변형체를 형성하고 진정끈적균의 번식체로 무성포자는 2개의 편모를 가진 쌍편모 유주포자를 만들고, 생활사 중에서 휴면포자를 지닌 납작한 자실체를 형성한다.

아메바처럼 진정끈적균의 변형체는 식작용(phagocytosis)을 하는 cytostome(cell mouth)(그림 2.29)를 가지지만, 무사마귀병균은 식작용을 하지 않는다.

② 무사마귀병균

유사균류 중에서 원생동물계에 속하는 **무사마귀병균**은 **아메바편모충문(Cercozoa)**, **파이토믹사강(Phytomyxea)**에 속하는 **무사마귀균류(Plasmodiophoroids)**로 분류하지만, 무사마귀병균의 정확한 분류위치는 아직 정립되지 않았다.

무사마귀병균은 절대기생체로 기주 식물체의 뿌리와 줄기의 세포 속에서 단핵 또는 다핵 변형체로 생활하며, 균사체가 없는 특징이 진정균류와 확연하게 다르다. 무사마귀병균의 번식체로 무성포자는 쌍편모 유주포자를 형성하고, 다핵의 변형체 전체가 두터운 세포벽을 가진 휴면포자를 형성해서 유성포자 기능을 수행한다.

*Spongospora subterranea*가 감자 가루더뎅이병을 일으키고, *Plasmodiophora brassicae*가 배추 무사마귀병을 일으킨다.

③ 난균

유사균류 중에서 과거에는 진정균류인 균계에 속했던 **난균**의 영양체는 격벽이 없는 다핵균사고, 세포벽에는 셀룰로스를 함유하고 있기 때문에 키틴이 주성분인 진정균류와 확연하게 구분되어 유사균류 중에서 색조류계로 분류하고 있다.

난균은 진정균류의 특징과 대단히 유사해서 영양체는 접합균처럼 발달한 다핵 균사체이고, 무성포자는 유주포자낭 안에 2개의 편모를 가진 쌍편모 유주포자를 형성하고, 난기(장란기)와 웅기(장정기)가 결합해 두꺼운 세포벽을 가진 난포자를 유성포자로 형성한다.

난균문(Oomycota)에 속하는 **난균강(Oomycetes)**에는 노균목(Peronosporales), 물곰팡이목(Saprolegniales) 등 2개 목(order)이 포함돼 있다. 노균목은 모잘록병(damping-off), 역병(late blight), 노균병(downy mildew) 등을 일으키고, 물곰팡이목은 벼 모썩음병을 일으킨다.

(2) 진정균류

진정균류에 속하는 자낭균문과 담자균문이 고등균류이고, 병꼴균문, 네오칼리마스티고균문, 블라스토클라디오균문, 글로메로균문이 하등균류에 속한다.

① 병꼴균

병꼴균의 균체는 단세포이거나 격벽이 없는 가근을 형성하는데, 세포벽에 키틴을 함유하고, 병꼴균의 번식체인 무성포자는 포자낭 안에 채찍 모양을 하는 편모가 1개인 단편모 유주포자를 형성하고, 휴면포자를 형성한다. **병꼴균문(Chytridiomycota)**에 속하는 곰팡이 중 *Synchytrium endobioticum*이 감자 암종병을 일으키지만, 병꼴균문에 속하는 곰팡이들은 대부분 식물병원균으로서 중요하지 않다.

올피디움과(Olpidiacea)에 속하는 올피디움속(*Olpidium*)은 오랫동안 병꼴균문으로 분류되었었지만 최근 분자계통학적 분석을 통해서 병꼴균문과는 독립적인 그룹으로 인식되고, 심지어 병꼴균보다 오히려 접합균과 가까워서 올피디움문으로 승격시켜야 한다는 학자도 있고, 아직 분류체계가 정리되지 않은 상태다.

올피디움속(그림 2.30)은 수생 또는 육상생활을 하면서 식물, 동물, 곰팡이를 감염시키는데, 기주 세포 속에 구형 유주포자낭을 형성하고, 병꼴균처럼 1개의 채찍 모양 후방 편모를 가지며, 휴면포자를 형성한다. *Olpidium viciae*가 누에콩 blister병을 일으키지만, 거의 모든 올피디움속은 잠재감염만 일으키고, 식물병원으로서는 중요하지 않다.

그림 2.30 올피디움.

그런데, *Olpidium brassicae*는 상추 big-vein 바이러스와 TMV를 매개하고, *O. bornovanus* 또는 *O. cucurbitacearum*은 여러 가지 오이류 바이러스를 매개하기 때문에 올피디움속은 식물병원균보다는 식물바이러스 매개체로서 오히려 더 중요하다.

② 네오칼리마스티고균

네오칼리마스티고균문(Neocallimastigomycota)은 초식동물 소화관에서 혐기적으로 생활하고, 1개 이상 편모를 가진 유주포자를 형성한다. 미토콘드리아 대신에 수소 생산기관을 가지고 있고, 셀룰로스를 소화할 수 있는 곰팡이인데, 식물병원균은 보고되지 않았다.

③ 블라스토클라디오균

블라스토클라디오균문(Blastocladiomycota)은 식물과 동물에 기생하고, 일부는 부생적으로 물 속이나 육지에 서식하고, 반수체와 배수체 세대를 교대하고, 무성적으로 단편모 유주포자를 형성한다. *Allomyces macrogynus, Blastocladiella emersonii* 등이 곰팡이 생활사의 연구 모델로 연구되어 왔는데, 아직까지 중요한 식물병원균은 보고되지 않았다.

④ 글로메로균

글로메로균문(Glomeromycota)은 식물과 나무의 뿌리 세포에 균사가 침입해 수지상내생균근을 형성하는데, 다핵균사를 형성하고, 무성생식을 하며, 세포벽에 키틴을 함유하면서 식물과 공생한다.

⑤ 접합균

접합균은 단일계통이 아니며, 곰팡이들 사이에 계통학적 응집력이 약하고, 독립된 문을 구성하기에는 정보가 불충분해서 **털곰팡이아문(Mucoromycotina)**으로 분류하고 있지만, 문까지 분류체계는 아직 정립되지 않았다.

털곰팡이아문은 식물에 기생 또는 부생하거나, 외생균근을 형성하기도 하는데, 분지되는 발달한 다핵균사체를 형성한다. 무성포자는 포자낭 속에 포자낭포자를 형성하고, 형태가 유사한 두 배우체가 만나 접합한 후 접합포자를 유성포자로 형성한다.

털곰팡이아문은 바람에 의해 잘 전파되는 포자낭포자를 형성하는데, 물에서 뭍으로 이동해 육상생활에 적응할 수 있도록 진화했다는 증거다. *Rhizopus stolonifer*와 *Mucor mucedo*가 반부생균으로 상처가 생긴 고구마와 채소류에 무름병을 일으키는데, 병원성이 약해 상처가 없으면 감염을 시킬 수 없어서 상처기생체 또는 연약병원체이라고도 한다.

⑥ 자낭균

자낭균문(Ascomycota)은 지의류를 형성하거나, 기생 또는 부생생활을 하는데, 식물병을 일으키는 곰팡이의 70%를 자지한다. 지의류(lichen)는 곰팡이와 광합성 조류 또는 남조류가 공생관계를 이루는 복합생명체를 일컫는다.

일부 자낭균의 균체는 단세포지만, 자낭균은 대부분 영양체로 격벽이 있는 발달한 균사체를 가지고, 무성포자는 분열포자, 분아포자, 출아포자, 분절포자 또는 분생포자경에 다양한 형태로 분생포자를 형성하고, 유성포자는 자낭 속에 8개의 자낭포자를 형성한다.

자낭균문은 **타프리나균아문(Taphrinomycotina)**, **진정자낭균아문(Pezizomycotina)** 등 2개 아문(Subphylum)으로 분류한다. 타프리나균아문은 나출된 자낭을 형성하고, 진정자낭균아문은 대부분 자낭과를 형성하지만, 일부는 자낭을 형성하지 못한다.

⑦ 담자균

담자균문(Basidiomycota)은 가장 진화된 고등균류로서 영양체는 유연공격벽(dolipore septum)이 있는 발달한 단핵균사 또는 2핵균사를 형성하고, 균사 격벽 부위에 핵의 이동 통로인 꺽쇠연결을 형성한다. 담자균문 곰팡이들의 번식체는 무성포자로 분절포자(oidia)(그림 2.31)와 분생포자(conidia)를 형성하고, 유성포자로 담자기 위에 담자포자를 형성한다.

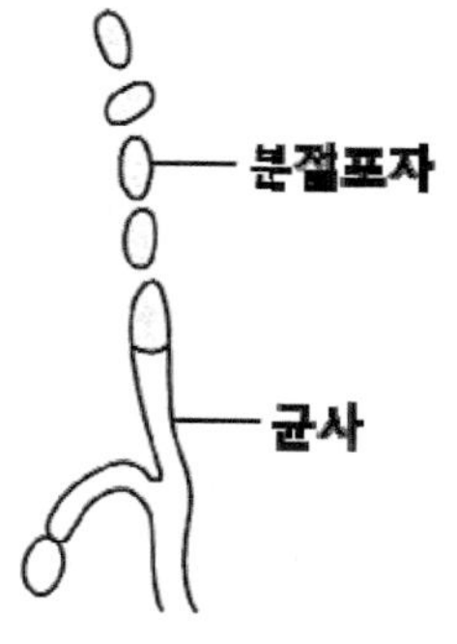

그림 2.31 분절포자.

담자균문은 **녹병균아문(Pucciniomycotina)**, **깜부기병균아문(Ustilaginomycotina)**, **주름버섯아문(Agaricomycotina)** 등 3개의 아문으로 분류한다. 녹병균아문은 녹병균(rust fungi), 깜부기병균아문은 깜부기병균(smut fungi), 주름버섯아문은 대부분의 버섯(mushrooms)을 형성하는 곰팡이들을 묶어 놓은 그룹이다.

⑧ 불완전균

불완전균류(Imperfect Fungi)는 유성생식을 하지 않는 불임균과 유성생식에 의한 유성포자가 발견되지 않은 곰팡이를 인위적으로 모아 놓은 그룹이다. 최근에는 불완전균류의 무성세대의 특징은 자낭균문과 일치해서 자낭균문의 일부로 여겨 별도로 독립시켜 분류하지 않고 불완전균류를 진정자낭균아문에 포함시키고 있다. 유성생식이 밝혀지면 대부분은 자낭균문으로 재분류되며, 극히 일부는 담자균문으로 재분류될 수 있다.

2.2.5 생활사

곰팡이는 식물의 줄기나 뿌리처럼 가늘고 긴 **균사(hypha)**로 자라고, 식물의 종자처럼 바람이나 물에 의해 전파되는 작은 **포자(spore)**로 번식한다. 따라서 예전에는 곰팡이를 엽록소가 없는 식물의 일종으로 보고 엽상식물문(Thallophyta)으로 분류했었지만, 인류에 앞서 지구상에 존재해온 **곰팡이의 변신**은 무궁무진하다**(심층학습 10)**.

비록 곰팡이와 난균의 생활사는 대단히 다양하지만, 대다수 곰팡이의 생활사(그림 2.32)는 매우 유사한 일련의 단계를 거친다. 거의 모든 곰팡이는 한 짝의 염색체 또는 단핵(1N)만을

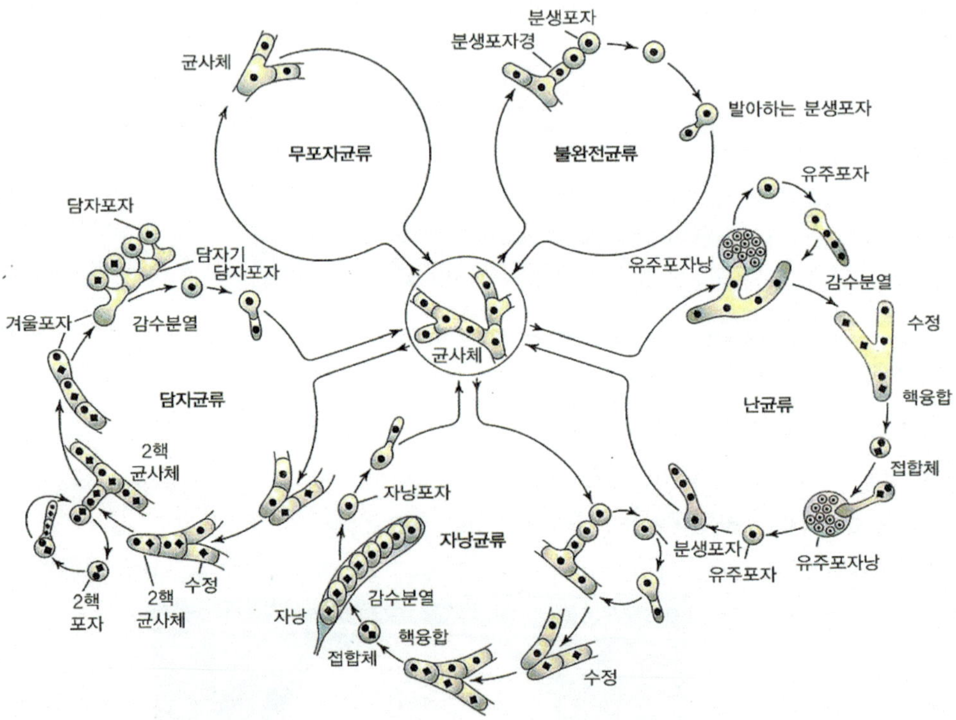

그림 2.32 여러 가지 곰팡이의 생활사. [출처: 식물병리학]

심층학습 10 무궁무진한 곰팡이의 변신

식물병의 주범으로 밝혀진 곰팡이는 예로부터 농작물이나 저장 중인 생산물에 침입해서 매년 엄청난 손실을 초래해왔고, 때로는 인류의 건강을 위협해왔다. 사람에게 생기는 질병의 대부분이 세균에 의해 생기는 것과는 대조적으로 곰팡이는 사람에게 무좀처럼 사소한 질병을 일으킬 뿐이다. 그러나 지금까지 알려진 식물병의 80%를 일으킬 만큼 곰팡이는 식물병의 주범이다.

곰팡이는 식물의 줄기나 뿌리처럼 가늘고 긴 '균사(菌絲, hypha)'로 자라고, 식물의 종자처럼 바람이나 물에 의해 전파되는 작은 '포자(胞子, spore)'로 번식한다. 따라서 예전에는 곰팡이를 엽록소가 없는 식물로 분류했었지만, 인류에 앞서 지구상에 존재해온 곰팡이의 변신은 무궁무진하다.

곤봉뽕나무버섯.
[출처: Wikimedia Commons]

보통 곰팡이는 크기가 너무 작아 현미경을 통해서만 볼 수 있는 미생물이지만, 어떤 곰팡이들은 커다란 '버섯(mushroom)'을 형성하기도 한다. 1992년 미국에서 발견된 '곤봉뽕나무버섯(*Armillaria gallica*)'의 균사체는 75 ha(축구장 면적의 100배)에 걸친 숲 지하에서 자라며, 무게는 약 400톤에 이르는 세계에서 가장 크고 나이가 많은 생물로 밝혀졌다. 한 개의 포자가 이처럼 거대한 크기의 버섯이 되려면 2천 5백 년의 세월이 필요한 것으로 추정된다.

뽕나무버섯같은 곰팡이는 산림지대에서 나무를 죽임으로써 때때로 상당한 손실을 일으키지만, 죽은 나무를 썩혀 토양으로 순환시켜서 새로운 식물이 자랄 수 있는 환경을 만들기 때문에 자연 생태계를 순환시키는 매우 귀중한 봉사 활동을 하고 있다.

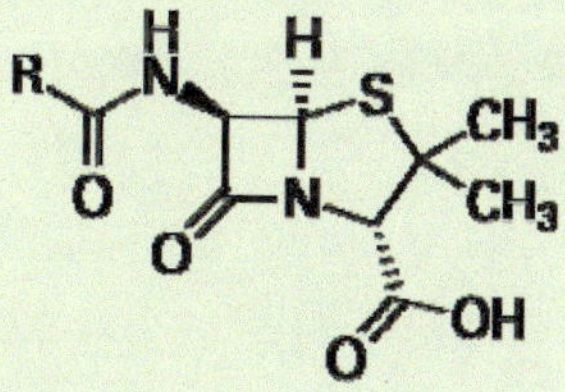

페니실린(Penicillin).

예로부터 곰팡이는 식물뿐만 아니라 사람이나 동물을 공격해서 질병을 일으키는 부정적인 역할을 해왔다. 그렇지만 여러 종류의 곰팡이들이 '항생물질(抗生物質, Antibiotic)' '호르몬(Hormone)' '효소(酵素, Enzyme)' 등을 생성함으로써 인류 복지에 많은 기여를 해왔다.

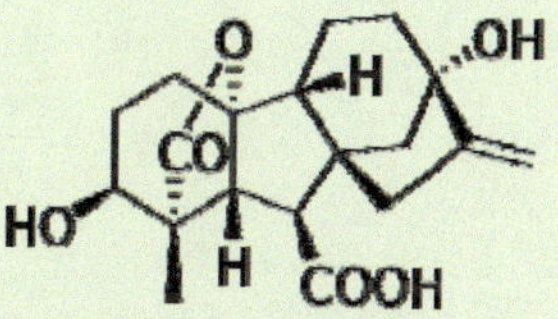

지베렐린(Gibberellin).

사람이나 동물에 질병을 일으키는 세균을 퇴치할 수 있는 대표적인 항생물질인 '페니실린(Penicillin)'은 1928년 Alexander Fleming에 의해 '푸른곰팡이(*Penicillium notatum*)'에서 처음 발견되어 항생제 분야 발전의 시발점이 되었다. 이에 대한 업적으로 플레밍은 1945년 노벨 생리의학상을 수상했다.

식물의 생장을 촉진시키는 식물생장조절물질인 '지베렐린(Gibberellin)'은 1926년 Eiichi Kurosawa에 의해 '벼 키다리병균(*Gibberella fujikuroi*)'에서 처음 발견되었다.

곰팡이 중에서 단세포로 되어 있는 '효모(酵母, Yeast)'는 효소를 생성해서 밀, 호밀, 보리 등 곡류를 빵으로 만들고, 콩을 된장이나 간장으로 만들며, 우유를 치즈나 요구르트로 만든다. 또 포도를 와인(wine)으로 만들고, 보리를 맥주로 만들며, 쌀, 호밀, 옥수수, 고구마, 감자 등 여러 가지 재료들로 갖가지 술을 빚어내는 마법을 발휘한다.

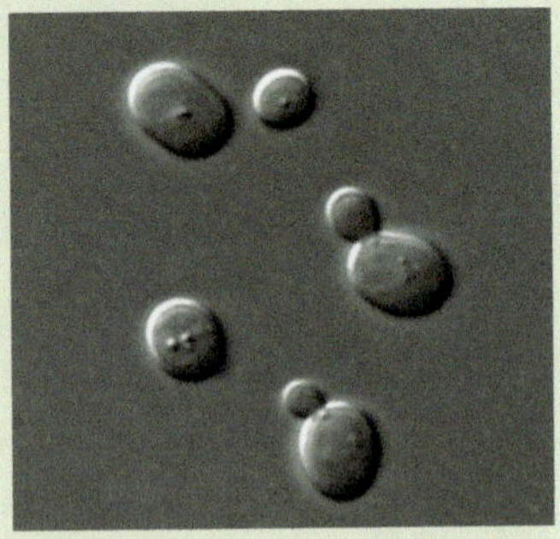

효모(Yeast). [출처: Wikipedia]

곰팡이는 사람들에게 직접 식용 또는 약용버섯을 제공해준다. 우리들에게 익숙한 '양송이' '팽이' '표고' '느타리버섯' 등이 대표적인 식용버섯이고, '영지(靈芝)' '운지(雲芝)' '동충하초(冬蟲夏草)' 등이 대표적인 약용버섯이다. 그러나 '광대버섯'처럼 독성 물질을 가지고 있어서 사람이 먹을 경우 몇 분 안에 죽음에 이르게 하는 독버섯을 형성하는 곰팡이도 있다.

지의류(Lichen). [출처: Wikipedia]

그밖에도 곰팡이는 다른 생물과 공생관계(共生關係)를 이루기도 한다. 곰팡이와 '광합성 조류(光合成藻類, photosynthetic algae)' 또는 '남조류(藍藻類, cyanobacterium)'의 공생관계는 '지의류(地衣類, lichen)'를 형성한다. 주로 자낭균인 지의류형성곰팡이(lichen-forming fungi)는 조류가 공급해주는 광합성산물을 흡수하며 생장하는 대신에 조류에게 적소(適所, niche)를 제공해주고 물과 무기양분을 공급해준다. 청정한 지역에서 번성하는 지의류는 환경오염의 지표로도 사용되는데, 깊은 산속 바위에서 자라는 '석이(石耳)'는 버섯이 아니라 대표적인 지의류다.

곰팡이와 식물 뿌리의 공생관계는 '균근(菌根, Mycorrhiza)'을 형성한다. 담자균인 균근균(菌根菌, mycorrhizal fungi)은 식물 근권(根圈, rhizosphere)에서 뿌리털을 감싸서 보호해주고 물과 무기양분을 공급해주는 대신에 식물이 공급해주는 광합성산물을 흡수하며 생장한다. 가을철 진미로 꼽히는 '송이(松耳)'는 곰팡이와 소나무의 뿌리가 공생관계를 이루는 대표적인 균근이다.

균근(Mycorrhiza).
[출처: Wikipedia]

또 식물에서 양분을 획득하는 대신 그 식물을 외부 요인으로부터 보호해주는 '내생균(內生菌, endophytes)'도 있다.

그런데 식물에 온갖 질병을 일으키는 엄청난 종류의 곰팡이들이 사람과 동물에게는 전염되지 않으니 얼마나 다행스러운 일인가?

가지는 단순한 **반수체(haploid, N)** 핵을 가진 포자 단계를 가진다. 포자는 또한 반수체 핵을 가진 균사로 발아한다. 불완전균류에서는 이러한 핵상만 일어난다.

단핵성 균사는 단순한 반수체 포자를 형성하거나, 다른 균사와 원형질융합을 거쳐 수정균사를 형성한다. 반수체 핵이 결합해 1개의 **배수체(diploid, 2N)** 핵을 가진, 즉 두 짝의 염색체 또는 2N을 가지는 수정균사를 **접합체(zygote)**라고도 한다.

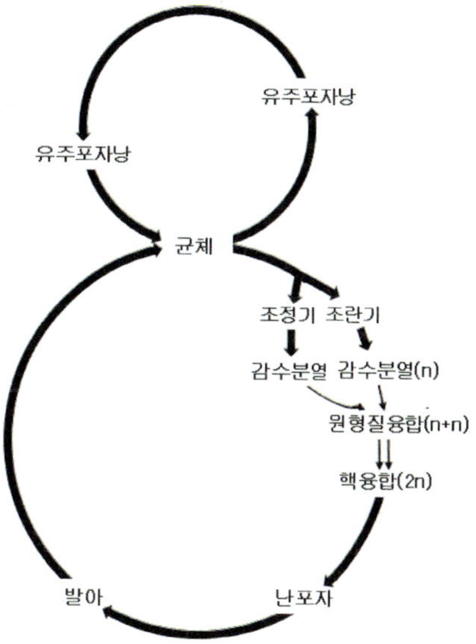

그림 2.33 난균의 생활사.

난균의 접합체는 유사분열해 배수체 포자와 균사를 형성하고, 균사는 다시 배우자낭을 형성하는데 이때 감수분열이 일어난다. 그리고 배우자낭이 서로 합체되어 수정한 후 접합체 즉 난포자를 형성한다(그림 2.33).

자낭균에서는 생활사의 일부분에서만 나타나지만, 담자균에서는 거의 일반적으로 보이는 현상으로, 수정된 균사의 두 핵은 바로 결합하지 않고 세포 내에 쌍으로 분리된 채 남아 **2핵균사(dikaryotic hypha, N+N)**로 남아있는데, 이것은 동시에 분열해 쌍을 이룬 핵(N+N)을 가진 더 많은 균사 세포를 형성한다.

자낭과 내부에서만 발견되는 2핵균사는 자낭형성균사가 된다. 균사 세포속에 있는 두 핵이 다시 접합체(2N)로 결합하고, 다시 감수분열해 반수체 핵을 가진 자낭포자를 형성한다(그림 2.34).

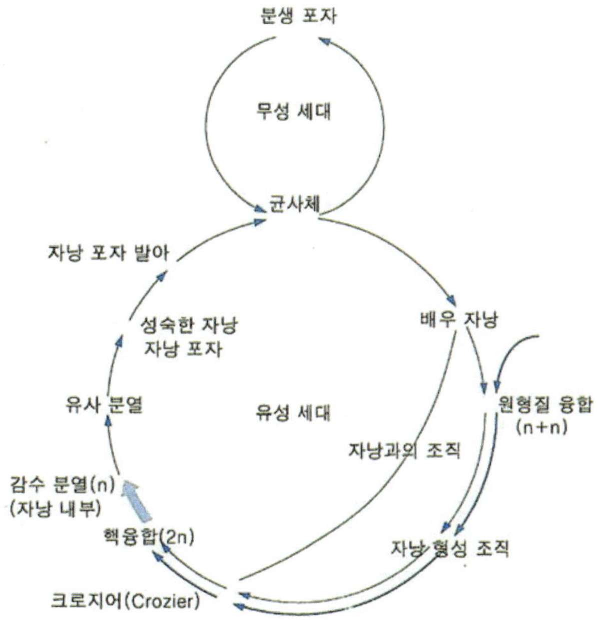

그림 2.34 자낭균의 생활사. [출처: 버섯학]

담자균의 반수체 포자는 반수체인 **(monokaryotic hypha, N)**을 형성한 후 반수체 균사끼리 서로 결합해 2핵균사체(N+N) 를 형성하고, 이것이 균체(버섯)로 발달한다. 그러한 2핵균사는 다시 2핵균사체로 자라 2핵포자를 무성적으로 형성한다. 그러나 최종적으로 세포들의 쌍을 이룬 핵들은 서로 결합해 접합체를 형성한다. 접합체들은 감수분열하고 반수체 핵을 가진 담자포자를 형성한다(그림 2.35).

물론 불완전균류에서는 **무성세대(anamorph, 반수체 포자→반수체 균사→반수체 포자)**만 있다. 그러나 다른 곰팡이에도 무성생활사는 곰팡이의 생장기 동안 여러 번 되풀이할 수 있기 때문에 이와 비슷한 무성세대가 곰팡이에서 가장 흔하다.

유성세대(teleomorph)는 보통 1년에 한 번만 일어나지만, 무성세대는 영양 및 환경조건이 적합하면 연중 수없이 되풀이될 수 있다.

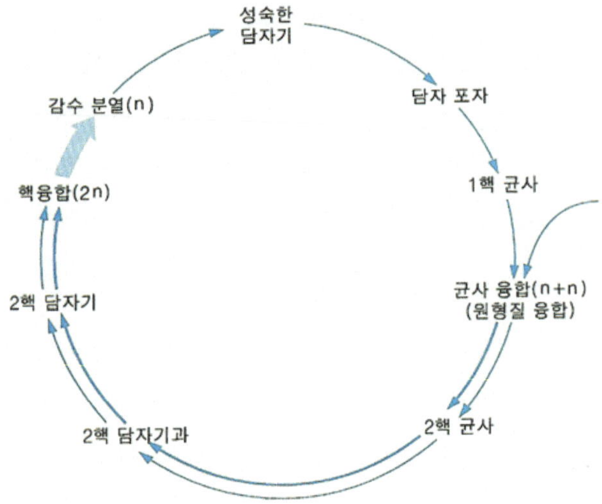

그림 2.35 담자균의 생활사. [출처: 버섯학]

2.2.6 학명

생물은 나라마다 부르는 이름이 다르기 때문에 생물의 이름을 화학의 원소기호처럼 국제적으로 통용하도록 라틴명(Latin name)으로 통일한 것을 **학명(scientific name)**이라고 하는데, **국제식물명명규약(International Code of Botanical Nomenclature, ICBN)**에 따르고 있다. 라틴명을 사용하는 이유는 라틴어가 지금은 사용하지 않는 죽은 언어로 시간이 지나도 의미가 변하지 않기 때문이다.

모든 생물의 학명은 **종(species)** 단위로 명명되는데, 이것을 **종명(species name)**이라고 한다. 종명은 **속명(genus name)**과 **종형용어(specific epithet)**의 조합으로 만들고, 여기에 명명자 이름(author name)을 첨가하지만 보통 명명자는 생략한다**(심층학습 11)**.

속은 하나의 종을 근원으로 그 근연종을 포함하는 개념으로, 그 기준이 되는 종을 **기준종(type species)**이라고 한다. 속명은 단수명사로 항상 대문자로 쓰기 시작한다. 속명은 대부분 고대 라틴어와 그리스어에서 유래하지만, 그 종과 관계가 있는 지명이나 인명, 특성 등에 연관되어 만들어지기도 한다. 감자 역병균의 학명인 *Phytophthora infestans*에서 속명인 *Phytophthora*는 라틴어로 식물을 뜻하는 phyto와 파괴를 뜻하는 phthora의 합성어이다.

종형용어는 종의 특징을 대표하는 간결한 말로 보통 소문자로 쓰기 시작하는데, 형용사 또는 명사가 사용된다. 잿빛곰팡이병균의 학명인 *Botrytis cinerea*에서 종형용어인 *cinerea*는 잿빛을 뜻하는 형용사이고, 자주날개무늬병균의 학명인 *Helicobasidium mompa*에서 종형

심층학습 11 학명 표기 방법

Carl von Linné.
[출처: Wikipedia]

모든 생명체는 언어와 지역에 따라 부르는 일반명(一般名)이 있지만, 국제적으로 공통으로 사용하는 '학명(學名, Latin binomial)'을 가진다. 스웨덴의 식물학자 Carl von Linné는 그의 저서인 'Systema Naturae' 10판에서 '2명법(二名法, binomial nomenclature)'을 확립했다.

생물의 학명은 '속명(屬名, genus)' + '종명(種名, species)' + '명명자(命名者)' 순으로 표기한다. 속명과 종명은 라틴어 또는 라티어화시킨 글자를 이탤릭체로 표기하는데, 속명의 첫 글자는 대문자로 표기하고, 나머지는 소문자로 표기한다. 명명자는 그 생물을 처음 발견해서 공식적으로 명명한 사람의 이름으로 첫 글자를 대문자로 쓰고 나머지는 소문자로 쓰되 이탤릭체를 사용하지 않는다. 명명자는 약자로 첫글자만 표기하거나 생략할 수 있다.

사람의 속명은 'Homo', 종명은 'sapiens', 명명자는 'Linnaeus(Linné의 라틴어식 이름)'이므로 '*Homo sapiens* Linnaeus'가 사람의 정식 학명이다. 그렇지만 명명자의 이름을 생략해서 흔히 '*Homo sapiens* L.' 또는 '*Homo sapiens*'라고 한다.

대부분의 학명은 생물이 이미 잘 알려져 있고 연구돼 있기 때문에 잘 받아들여진다. 익숙하지 않은 생물의 학명은 그 생물의 특성과 다른 생물과의 관련성이 더 많이 밝혀지면서 종종 바뀌기도 한다. 특히 미생물인 경우에 배양기술이나 연구가 빠르게 진보되기 때문에 학명이 자주 바뀐다. 그런 경우에 특이한 종명을 나타내는 '종형용어(epithet)'는 보통 남지만, 속명은 바뀐다. 그럴 경우에 최초의 명명자는 괄호 안에 넣고 그 다음에 새로운 명명자를 붙인다.

'감자 역병균'은 처음에 곰팡이의 일종으로 판단돼 Montagne에 의해 '*Botrytis cinerea* Montagne'라고 명명됐다. 그러나 de Bary는 '감자 역병균'이 '*Botrytis*'속에 속하는 다른 종들과 확연하게 다르기 때문에, '감자 역병균'을 나타내는 '*Phytophthora*'라는 새로운 속명을 신설하고 '*Phytophthora infestans*'라고 바꿔 명명했다. 따라서 '감자 역병균'의 정식 학명은 '*Phytophthora infestans* (Montagne) de Bary'로 정정됐다.

Linné는 교육받은 유럽인들에게 국제 공용 언어였던 라틴어를 학명에 사용했다. 따라서 많은 학명에 사용된 그리스어나 라틴어의 어원을 추적하면 명명자의 아이디어를 알아낼 수 있다. 사람의 속명인 '*Homo*'는 '사람'을 뜻하고, 종명인 '*sapiens*'는 '지혜'를 뜻하므로 '*Homo sapiens*'는 지혜로운 사람이라는 의미를 내포한다.

'감자 역병균'의 학명에서 속명인 '*Phytophthora*'는 그리스어 어원을 가지는데, '*Phyto*'는 식물을 나타내고, '*phthora*'는 파괴자를 뜻하고, 종명인 '*infestans*'는 황폐화시킬 만큼 만연됨을 나타낸다. 따라서 '감자 역병균'의 학명인 '*Phytophthora infestans*'는 식물을 파괴시키면서 빠르게 확산되는 병원체라는 의미를 내포하고 있다.

용어인 *mompa*는 날개무늬를 뜻하는 명사이다. 또한 종형용어 중에서 기주식물의 속명에서 유래하는 명사를 사용하는 경우도 있다. 벼 도열병균의 학명인 *Pyricularia oryzae* 에서 종형용어인 *oryzae*는 기주식물인 벼의 학명인 *Oryza sativa*의 속명에서 유래한다.

학술잡지, 저서 등에 새로 발표되는 종은 **신종(new species)**임을 나타내기 위해 학명 뒤에 **species nova** 또는 약어로 **sp. nov.**라고 표시한다. 동일 종의 곰팡이에 대해 여러 가지 다른 학명이 발표된 경우 학명 채용의 원칙은 우선권(priority)에 있다. ICBN에 의뢰해 합법인 학명 중에서 가장 먼저 발표된 것이 **정명(正名, correct name)**으로 인정되고, 다른 것들은 **이명(異名, synonym)**이 된다. 다른 저자가 다른 종의 곰팡이에 대해 같은 학명을 제안한 경우 **동명(同名, homonym)**이라 하며, 먼저 발표한 것이 채용된다.

Chapter **03**

식물곰팡이병의 병환

정후섭 | 벼 도열병

3.1 식물병의 성립

3.1.1 식물병의 구성요소

식물병이 성립되려면 식물체는 병원체에 의해 쉽게 감염될 수 있도록 **감수성(susceptibility)**이어야 하고, 식물체에 병을 일으킬 수 있도록 **병원성(pathogenicity)**을 가진 병원체가 충분한 밀도로 있어야 하고, 병원체가 식물체에 접촉한 시기의 환경이 병원체에게는 유리하고 식물체에게는 불리해서 병이 발생하기에 적당한 조건이 마련되어야 한다.

이렇게 식물병 발병에 관여하는 식물체, 병원체, 환경 등 3가지 구성요소의 상호관계를 가시화한 것을 **병삼각형(disease triangle)**(그림 3.1)이라고 한다. 이 삼각형의 각 변은 식물체, 병원체, 환경 등 3가지 구성요소 중의 하나를 나타낸다. 각 변의 길이는 발병을 조장하는 특징들에 비례한다. 즉 식물체가 유전적으로나 재배환경에 의해 감수성일수록 식물체를 나타내는 변은 길어지고, 병원성을 가진 병원체의 **병원력(virulence)**이 높을수록, 병원체의 밀도가 높을수록 병원체를 나타내는 변은 길어지고, 기온, 습도 등 환경조건이 병원체의 생장과 증식에 적합할수록, 식물체의 생육에 부적합수록 환경을 나타내는 변은 길어져 발병량도 증가한다.

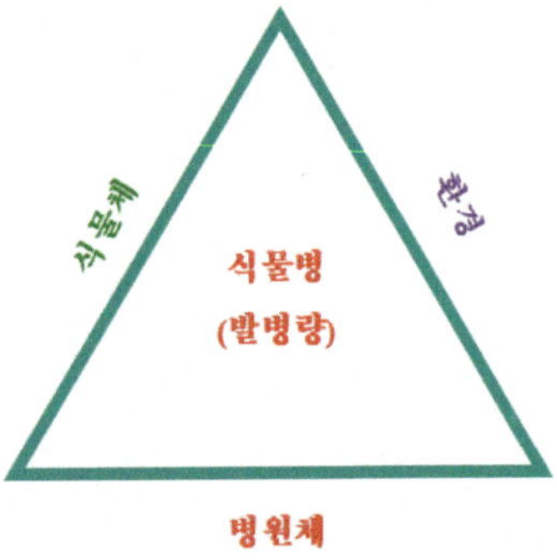

그림 3.1 병삼각형.

이러한 3가지 구성요소가 정량화되면, 병삼각형의 면적은 해당 식물체 또는 식물집단의 발병량을 나타낸다. 따라서 이 3가지 구성요소 중 어느 하나라도 0이 되면 식물병은 당연히 발생하지 않게 된다. 심지어 감수성인 식물체와 병원력이 강한 병원체가 접촉해도 기온이나 습도와 같은 환경조건이 식물병 발생에 적당하지 않으면 병원체가 식물체를 침입하지 못하거나 감염을 일으키지 못해 식물병이 발생하지 않는다.

3.1.2 감수성과 저항성

식물병이 성립되려면 식물체는 병원체에 의해 쉽게 감염될 수 있어야 한다. 식물체는 유전적으로 병에 걸리기 쉽거나 어려운 성질을 가지고 있는데, 병에 걸리기 쉬운 성질을 **감수성(susceptibility)**이라고 하고, 병에 잘 걸리지 않는 성질을 **저항성(resistance)**라고 한다. 식물체의 감수성 또는 저항성 정도는 병원체에 대한 식물체의 반응으로 측정하고 평가할 수 있는 정량적 개념이다. 한편 이와 비슷하거나 혼동하기 쉬운 **내병성(tolerance)**은 감수성인 식물체가 병에 걸렸지만 이를 극복하고 수량손실을 크게 받지 않는 성질을 일컫고, **면역성(immunity)**은 병에 전혀 걸리지 않는 성질을 일컫는다.

감수성은 유전적 요인 외에도 온도, 광선, 일조시간(日照時間), 양분 등 환경요인에 의해 영향을 받는다. 벼처럼 고온성 작물은 저온일 때 감수성이 증가하고, 인삼처럼 음지성 작물은 햇빛에 노출되었을 때 감수성이 증가한다. 강낭콩같은 단일식물(短日植物)은 장일처리(長日處理)를 하면 감수성이 증가하고, 양분이 부족할 때 감수성이 증가한다. 식물체의 감수성은 생육시기에 따라 다르다. 일반적으로 성체식물에 비해 어린 식물체일수록 감수성이 증가하지만, 특정 생육시기에 감수성인 경우도 있다.

3.1.3 병원성과 병원력

식물체가 유전적으로 병에 걸리기 쉬운 성질을 가지는 것처럼 병원체도 유전적으로 식물체에 병을 일으킬 수 있는 성질을 가지고 있어야 식물병이 성립된다. 병원체가 식물체의 필수적인 기능을 방해함으로써 병을 일으키는 기본적인 능력을 **병원성(pathogenicity)**이라 하고, 병원성을 가진 병원체가 식물체를 침해해 병을 일으키는 능력을 **병원력(virulence)**이라 한다. 병원력은 식물체에서 나타나는 반응으로 높고 낮음을 측정할 수 있는 정량적 개념이지만 병원성은 양적으로 구분할 수 없는 질적 개념이다. 병원력은 식물체의 감수성처럼 유전적 요인 외에 환경요인에 의해 영향을 받는다. 그러나 학자에 따라 병원성과 병원력이라는 용어를 혼용하기도 한다.

다른 생물체의 내외에서 생활하면서 영양분을 탈취하는 생물체를 **기생체(parasite)**라고 하며, 기생체가 양분을 탈취하는 대상을 **기주(host)**라고 하고, 기주로부터 양분을 탈취하는 현상을 **기생성(parasitism)**이라고 한다. 식물기생체는 기주식물과 밀접한 관계를 유지하며 기주식물을 희생시킴으로써 증식하거나 생장하는 생물체를 일컫는다.

기생체가 기주식물로부터 양분을 빼앗으면 식물의 생장은 정상상태를 벗어나고 분화 및 번식에 악영향을 받게 된다. 따라서 기생성은 병원성과 밀접한 관계가 있다. 식물병을 일으키는 병원체의 능력과 기생체가 기주식물을 침입하고 정착하는 능력은 결국 기주식물에 병적현상으로 나타난다. 그러나 **뿌리혹세균(root nodule bacteria)**에 의한 콩과식물의 감염과 **균근균(mycorrhizal fungi)**에 의한 고등식물 뿌리의 감염에서는 식물과 미생물이 상호 이익을 주고받는 현상이므로 **공생(symbiosis)**이라고 한다.

기생체 중에서 바이로이드, 바이러스, 몰리큐트, 유관속 국재성세균, 선충, 원생동물, 그리고 식물병원성 곰팡이 중에서 흰녹가루병균, 노균병균, 흰가루병균, 녹병균 등은 **활물영양체(biotroph)**인데, 살아있는 기주에서만 생장하고 번식할 수 있으므로 **절대기생체(obligate** parasite)라고 한다. 그러나 최근에는 녹병균 중에서 밀 줄기녹병균, 목화 녹병균 등 몇 종류는 인공배지에서도 배양할 수 있게 되었다.

대부분의 곰팡이와 세균들은 살아있는 기주와 죽은 기주뿐만 아니라 각종 영양배지에서도 살아갈 수 있는 **비절대기생체**(nonobligate parasite)다. 비절대기생체 중에서 감자 역병균, 배나무 검은별무늬병균, 깜부기병균처럼 대부분의 생활사 동안 기생체로 살아가지만 죽은 유기물에서도 부생적으로 살아갈 수 있는 **반활물기생체**(semibiotroph)를 흔히 **임의부생체**(facultative saprobe)라고 한다.

고구마 무름병균, 잿빛곰팡이병균, 모잘록병균처럼 대부분의 생활사 동안 죽은 유기물에서 살아가지만 어떤 조건에서는 살아있는 기주에 기생할 수도 있는 **사물영양체**(necrotroph)를 흔히 **임의기생체**(facultative parasite)라고 한다.

끈적균(slime molds)과 **그을음병균**(sooty molds)은 생활사 동안 죽은 유기물에서만 살아가는 **절대부생체**(obligate saprobe)로서 식물에 기생하지 않고 단순히 식물체 표면을 뒤덮음으로써 식물에 병을 일으킨다. 따라서 병원체가 반드시 기생체는 아니다.

3.2 병환의 단계

식물병원체는 자연계에 있어서 기주로부터 다음 기주로 연속적으로 전염을 되풀이하면서 자기 종을 보존해 가고 있다. 이와 같이 기주로부터 기주로 전염이 계속되는 것을 전염의 사슬이라 부르고 있으며, 어떤 병이 다시 되풀이해서 발생하는 과정을 **병환**(病環, disease cycle) 또는 **감염환**(感染環, infection cycle)(그림 3.2)이라고 한다.

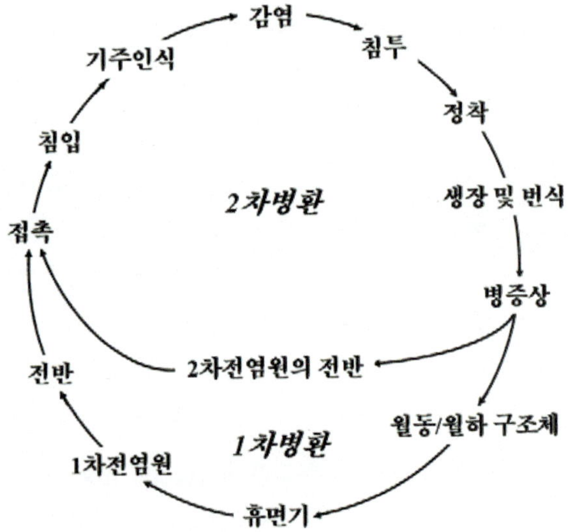

그림 3.2 병환(disease cycle).

식물곰팡이병의 병환은 곰팡이의 생활사와 밀접한 관련이 있지만, 곰팡이 생활사 자체가 아니라 곰팡이의 작용으로 발병해 진전되는 일련의 연속과정이다. 그리고 흔히 말하는 발병경과와 비슷한 것으로 어느 병의 병환을 정확히 파악한다는 것은 그 병의 합리적인 방제법을 찾기 위해 중요하다.

식물곰팡이병의 1차 병환의 주요 단계는 곰팡이와 기주의 **접촉(inoculation)**, **침입(invasion)**, **기주인식(host recognition)**, **감염(infection)**, **침투(penetration)**, **정착(colonization)**, **생장/증식(growth/reproduction)**, **병증상 발현(syndrome expression)**, **전반(dissemination)**, **월동(越冬, overwintering) 또는 월하(越夏, oversummering)** 등을 포함한다.

식물병의 종류에 따라서 연간 하나의 병환이 만들어지기도 하지만 하나의 병환이 완성되는 데 여러 해가 걸리기도 한다. 또한 하나의 병환이 완성되는 동안 여러 차례의 반복적인 감염이 일어나기도 하는데, 이것을 **2차병환**이라고 한다.

3.2.1 전염원

식물병원체는 대체로 환경조건이 알맞고 기주가 병에 걸리기 쉬운 상태에 있으면 활동을 계속하고 식물이 죽거나 환경이 나쁘면 휴면상태로 월동 또는 월하를 한다. 다년생식물에서 병원체는 병든 조직, 낙엽이나 열매에서 월동하기도 하고, 병든 식물의 잔재나 토양에서 월동하기도 한다. 또한 종자나 다른 영양번식기관이나 곤충의 체내외에서 월동하거나 월하하기도 한다.

병원체가 식물체에 도달하거나 식물체와 접촉한 상태의 병원체를 **전염원(inoculum)**이라고 한다. 식물체에 감염을 일으킬 수 있는 병원체의 어떤 부분도 전염원이라고 할 수 있다. 곰팡이에서는 무성포자와 유성포자, 균핵, 균사체의 일부가 전염원이 될 수 있다. 세균, 몰리큐트, 원생동물, 바이러스, 바이로이드 등에서는 항상 개체가 전염원이 된다. 선충에서는 성충, 유충, 알 등이 전염원이 될 수 있다. 기생식물에서는 식물체의 일부나 종자가 전염원이 된다. 전염원은 포자나 균핵처럼 하나의 개체일 수도 있으며, 한 방울의 물에 전반되는 세균처럼 수백만 개의 집단일 수도 있다. 어느 병원체든 이러한 전염원의 한 단위를 **번식체(propagule)**라고 한다.

월동한 병원체는 봄에 활동을 시작해 처음으로 기주에 침입해 **1차감염(primary infection)**을 일으킨다. 이때 1차감염을 일으킨 오염된 토양, 병든 식물의 잔재, 종자, 묘목, 영양번식기관, 곤충 등에서 월동한 병원체 등을 모두 **1차전염원(primary inoculum)**이라고 한다. 그리고 1차감염의 결과 발병해 형성된 **2차전염원(secondary inoculum)**이 다른 식물로 옮겨져서 **2차감염(secondary infection)**을 일으킨다.

1차전염원은 식물병의 종류에 따라 하나 또는 그 이상일 수도 있는데, 이들을 박멸한다는 것은 식물병의 예방법으로서 가장 근본적인 것이다(표 3.1).

표 3.1 전염원 월동/월하 장소와 1차전염원의 종류

전염원 월동/월하 장소	1차전염원	병원균
병든 가지, 열매	균사, 분생포자	배나무 검은무늬병균, 배나무 검은별무늬병균, 복숭아나무 잎오갈병균, 사과나무 탄저병균, 사과나무 점무늬낙엽병균, 맥류 흰가루병균, 밤나무 줄기마름병균, 잣나무 털녹병균
볍씨, 볏집	균사	벼 도열병균, 벼 깨씨무늬병균
종자와 혼재	균핵	맥류 맥각병균, 채소 균핵병균
종자 표면	균사, 분생포자	보리 속깜부기병균, 밀 비린깜부기병균, 벼 도열병균, 벼 깨씨무늬병균
종자 내부	균사	벼 키다리병균
종자 배, 배유	균사	보리 겉깜부기병균
감자 괴경(덩이줄기)	균사	감자 역병균
인경(비늘줄기)	균사	양파 깜부기병균
묘목	균사	과수 자주날개무늬병균
토양 표면	균핵	배추 균핵병균, 오이 흰비단병균
토양 속	난포자	모잘록병균
	균사, 후벽포자	채소 시들음병균, 오이 덩굴쪼김병균, 리지나뿌리썩음병균
	균핵	버티실리움시들음병균
병든 식물잔재	난포자	포도나무 노균병균
	균핵	유채 균핵병균
잡초(둑새풀, 갈풀, 개밀)	난포자	벼 누른오갈병균

3.2.2 전반

전염원은 때에 맞추어 광범하게 옮겨져야만 식물을 감염할 수 있으며 그 기주는 피해를 받게 된다. 전염원이 기주로 옮겨지는 것을 **전반(dissemination)**(그림 3.3)이라고 한다. 전염원이 기주식물을 침해하고 병을 일으키려면, 우선 감수체에 도달해야 한다. 수많은 식물병원성 곰팡이 포자가 바람에 의해서 옮겨지지만 때로는 바다, 사막, 도시, 비기주식물 위에 떨어지면 전염원으로서 역할을 하지 못한다. 따라서 감염될 곳에 때를 맞추어 전염원이 옮겨지는 것을 **유효전반(effective dissemination)**이라고 한다.

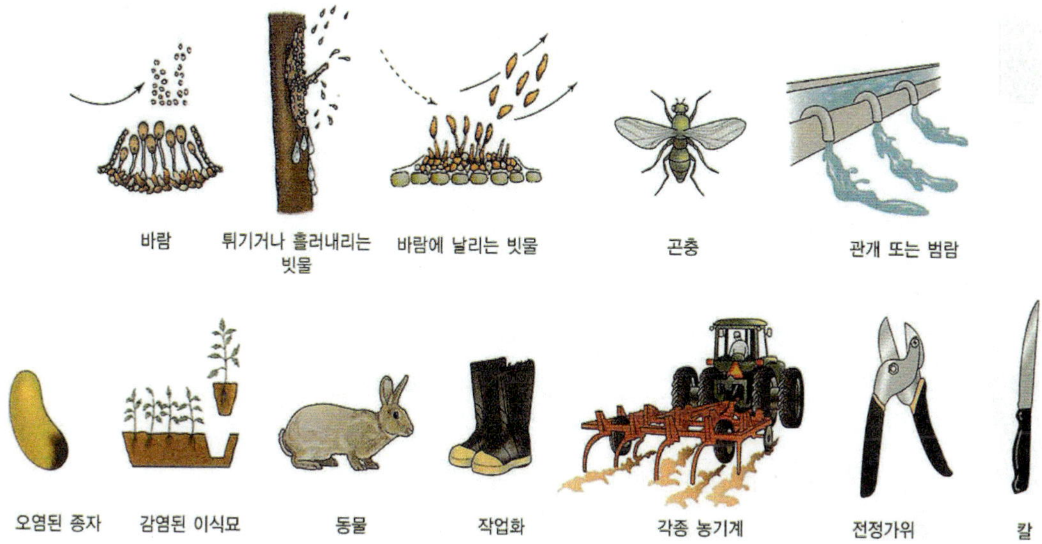

그림 3.3 전염원이 전반되는 방법. [출처: 식물병리학]

식물병원성 곰팡이의 전반 방법은 수동전반과 능동전반으로 구별된다. 곰팡이의 유주포자는 능동적으로 움직여 기주에 도달할 수 있지만 지극히 제한적이다. 대체로 곰팡이는 바람 등의 무생물적 요인과 곤충 등의 생물적 요인에 의해서 수동적으로 운반된다. 바람, 물과 같은 무생물적 요인이나 곤충, 기타 동물 등의 생물적 요인에 의해서 운반되어 기주에 감염될 기회를 갖는 것을 간접적 전파라고 한다.

그리고 이미 오염된 토양 또는 감염된 종자 및 식물체에 의해 감염될 기회를 갖는 것을 직접적 전파라고 한다. 직접적 전파란 1차전염원으로 볼 수도 있다. 특히 기주식물체가 정해져 있는 곤충이나 선충에 의한 전염원의 전반은 유효전반일 가능성이 아주 높다.

① 바람

바람에 의해 전반되는 것을 **풍매전반(wind dissemination)**이라고 한다. 곰팡이 포자는 바람에 의해 잘 전반되는데, 곰팡이의 가장 중요한 전반수단인 공기를 통해 전염되는 병을 **공기전염병(air-borne disease)**이라고 한다. 곰팡이의 포자는 성숙하면 자실체에서 떨어져 바람을 타고 전반된다. 벼 도열병균의 분생포자와 밀 겉깜부기병균과 보리 겉깜부기병균의 후벽포자는 성숙하면 스스로 떨어져 바람을 타고 운반된다. 그러나 특별한 포자 방출방법으로 녹병균의 소생자는 그 아래쪽에 물방울이 생겨 담자기의 소병과 분리되면서 수평으로 0.9 ㎜까지도 자동적으로 퍼지기도 한다. 어떤 자낭균은 수분을 흡수한 자낭이 부풀어지고 수압에 의해서 그 끝이 터지고 자낭포자가 분출한다.

감자 역병균의 분생포자는 바람의 속도와 조건에 따라 10,000 ㎞까지도 전반될 수 있다고 한다. 밀 줄기녹병균의 여름포자는 멕시코, 미국, 캐나다까지 3,200 ㎞를 2개월간 비산했다고 한다. 그러나 대체로 전염원으로부터 거리가 멀어짐에 따라 포자의 수는 급격히 줄어든다. 잣나무 털녹병균의 담자포자의 최대 비산거리는 500 m지만 심하게 감염된 중간기주인 까치밥나무로부터 15 m만 떨어져도 몬티콜라소나무에는 겨우 1개의 포자퇴만 형성한다.

② 물

물에 의해 전반되는 것을 **수매전반(water dissemination)**이라고 하고, 빗물이나 관개수에 의해서 전염되는 병을 **수매전염병(water-borne disease)**이라고 한다.

모잘록병균같은 난균의 유주포자가 스스로 물속을 이동해 감수체에 도달하기도 하지만 그 이동범위는 보잘것없으며 오히려 기계적인 물의 흐름에 따라 옮겨지는 것이 더 중요하다.

무와 배추 무사마귀병균, 벼 모썩음병균, 모잘록병균 등의 유주포자, 벼 잎집무늬마름병균, 벼 좀공균핵병균 등의 균핵, 각종 토양전염성 병원균의 포자는 빗물이나 관개수에 의해서 옮겨진다.

사과나무 탄저병균, 감귤나무 검은점무늬병균, 밤나무 줄기마름병균의 포자각(胞子殼, spore horn)은 끈끈한 물질에 섞여 있으므로 직접 바람에 날리지 않고 빗물에 희석되어 식물체 표면으로 흘러 떨어져서 작은 물방울과 함께 주위에 비산하게 된다.

감자 역병균 등은 빗물이 토양 또는 병든 잎이나 열매에 닿을 때 뿌리치는 작은 물방울에 섞여서 전반된다.

③ 곤충 및 선충

곤충에 의해서 전반되는 것을 **충매전반(insect dissemination)**이라고 하고, 그 곤충을 **매개충(insect vector)**이라고 하며, 매개충에 의해 전염되는 병을 **충매전염병(insect-borne disease)**이라고 한다(표 3.2).

표 3.2 곤충 및 선충에 의한 식물곰팡이병의 전반

병명	병원균	매개체
호밀 맥각병	*Claviceps purpurea*	여러 가지 곤충
느릅나무 시들음병	*Ophiostoma novo-ulmi*	유럽느릅나무좀, 미국느릅나무좀
배나무 붉은별무늬병균	*Gymnosporangium asiaticum*	파리, 개미류
참나무 시들음병	*Dryadomyces quercus-mongolicae*	광릉긴나무좀
고구마 검은무늬병	*Ceratocystis fimbriata*	방아벌레
채소 시들음병	*Fusarium oxysporum*	여러 가지 선충

호밀 맥각병균의 분생포자는 여러 가지 곤충의 체표에 묻어 기계적으로 전반된다. 그리고 느릅나무 시들음병균(**심층학습 12**)은 유럽느릅나무좀과 미국느릅나무좀 등 2종의 나무좀에 의해서 전반되는데, 나무좀은 느릅나무를 가해해 병원균의 침입을 돕는다.

배나무 붉은별무늬병균의 녹병포자는 (+) 또는 (−)의 어느 한 가지 성(性)을 가지고 있어서 반드시 (+)와 (−)가 접촉되지 않으면 핵융합이 이루어지지 않는데, 배나무의 잎에 모이는 파리나 개미류 등의 곤충에 의해서 녹병포자의 수정이 이루어져 생활사가 완성된다.

또한 광릉긴나무좀은 참나무 시들음병균(**심층학습 13**)을 매개하고, 방아벌레는 고구마 검은무늬병균을 매개하며, 선충은 직접적으로 식물을 가해할 뿐만 아니라 토양전염성 시들음병균 등을 매개한다.

④ 토양

토양에 의해 전반되는 것을 **토양전반**(soil dissemination)이라 하며, 토양이 매개하는 병원균에 의해서 전염되는 병을 **토양전염병**(soil-borne disease)이라고 한다. 모잘록병을 일으키는 *Pythium debaryanum* 과 *Rhizoctonia solani* 등은 대개 토양 속에서 부생적으로 생활하다가 농작물이 생육하면 기생한다.

그림 3.4 소형분생포자, 대형분생포자 및 후벽포자.

시들음병균도 균사 뿐만 아니라 소형분생포자와 대형분생포자, 후벽포자 상태로 땅속에 여러 해 동안 살면서 기생생활을 계속할 수 있다(그림 3.4).

맥류 마름병균이나 뽕나무 자주날개무늬병균은 흙 속에 섞여 있는 마른 잎이나 마른 가지에서 부생생활을 하다가 임의로 기생생활을 하는 임의적 기생균이다.

무와 배추 무사마귀병균, 감자 암종병균 등은 순활물기생균으로서, 순전히 흙 속에서는 살 수 없고, 후벽포자 등 특수한 형태로 식물의 조직 내부 또는 흙 속에서 겨울을 지내고, 감염할 때는 운동성의 유주포자로 식물체에 침입한다.

일반적으로 토양 속에 있는 토양전염성 병원체는 휴면상태로 내구생존하고 있다가 식물의 뿌리에서 분비되는 물질의 영향을 받아 식물의 뿌리에 접근하게 되고, 활성이 커져서 기생하면서 증식한다. 그 후 토양미생물의 대사산물에 영향을 받거나, 또는 흙 속의 양분이 없어지면 후벽포자로 휴면에 들어가 내구생존이 계속된다.

⑤ 종자, 묘목 및 영양번식체

종자에 의해 전반되는 것을 **종자전반**(seed dissemination)이라 하며, 종자가 병원체를 매

심층학습 12　나무좀과 공생하는 '느릅나무 시들음병균'

'느릅나무 시들음병'은 병원균과 곤충 사이의 특수한 협력 관계로 발생한다. 비록 '느릅나무 시들음병균' 자체가 '느릅나무 시들음병'의 직접적인 원인이지만, '유럽느릅나무좀(*Scolytus multistriatus*)'과 '미국느릅나무좀(*Hylurgopinus rufipes*)' 등 2종의 나무좀이 '느릅나무 시들음병균'의 포자를 병든 느릅나무에서 건전한 느릅나무로 전파시키는 필수적인 매개체다. 매개충은 섭식습성에 따라 '느릅나무 시들음병균'을 전파시키는 반면에, 새로이 죽은 느릅나무의 수피 안에 보금자리를 만드는 공생 관계를 유지한다.

느릅나무 시들음병 증상.
[출처: 식물병리학]

'느릅나무 시들음병균'은 충매전반(蟲媒傳搬)을 위해 분생포자 형성기관인 분생포자경다발이 돌출돼 있다. 분생포자가 점질성의 머리 부위에 형성돼 매개충의 몸체에 가까운 곳에 위치한다. '느릅나무 시들음병균'은 성적(性的)으로 친화성이 있는 두 계통의 접촉으로 유성생식을 해 목이 긴 구형 자낭각을 분생포자경다발이 형성되는 수피 안에 형성된다. 자낭각의 내부에는 수많은 자낭이 발달하지만, 자낭은 성숙해 곧 터지므로 자낭포자는 자낭각 속에 흩어져 있다. 끈적끈적한 점액물질이 자낭포자에 묻어 자낭각의 목구멍을 통해 밖으로 나오게 적응돼 있다.

유럽느릅나무좀(*Scolytus multistriatus*).
[출처: Wikipedia]

성충 암컷 나무좀은 수피 안쪽에 터널을 파고 보금자리(brood gallery)를 만들어 터널 측면에 갱도를 만들고 갱도를 따라 알을 낳는다. '유럽느릅나무좀'은 목질부의 나뭇결을 따라 평행하게 갱도를 만들고, '미국느릅나무좀'은 각지거나 수직으로 갱도를 만든다.

미국느릅나무좀(*Hylurgopinus rufipes*).
[출처: Javier E. Mercado, Bark Beetle Genera of the U.S., USDA APHIS PPQ, Bugwood.org]

알이 부화하면 유충은 어미가 만들어놓은 갱도의 직각 방향으로 터널을 만든다. 만약에 이미 '느릅나무 시들음병'에 감염됐다면, '느릅나무 시들음병균'은 나무좀이 만들어놓은 터널에 균사와 끈끈한 graphium형 분생포자를 형성한다. 이듬해 봄에 번데기에서 나온 어린 성충은 몸체 내외에 수천 개의 포자를 갖고 있게 된다. 성충은 수피를 떠나면서 근처 새로운 느릅나무를 감염시켜 '느릅나무 시들음병'은 반복된다.

심층학습 13 나무좀이 전파하는 '참나무 시들음병균'

'참나무 시들음병(oak wilt)'은 참나무류가 급속히 말라 죽는 병이다. 곰팡이 일종인 '*Dryadomyces quercus-mongolicae*'와 매개충인 '광릉긴나무좀(*Platypus koryoensis*)'이 공생 작용에 의해 '참나무 시들음병'을 일으킨다. '참나무 시들음병균'은 참나무의 수분과 양분의 이동 통로를 차단시켜서 말라 죽게 만든다. 매개충은 수세가 쇠약한 나무나 늙고 커다란 나무의 목질부를 가해해서, 심재(心材) 속으로 파먹어 들어가기 때문에, 목재의 질을 저하시킨다.

참나무 시들음병 증상.
[출처: 식물병리학]

광릉긴나무좀 성충은 4~5 ㎜이고, 원통형이며, 체색은 적갈색이다. 암컷은 등판에 균낭(菌囊, mycangia)이 있어, 그곳에 배양균을 지니고 다니면서 '참나무 시들음병균'을 전파시킨다.

광릉긴나무좀(왼쪽: 수컷, 오른쪽: 암컷). [출처: 국립산림과학원]

보통 5~6월에 참나무에 매개충이 침입하며 7월부터 급격히 시들음 증상이 나타난다. 광릉긴나무좀이 7월 말경에 주로 높이 2 m 아래 부위 줄기에 침입한 직경 1 ㎜ 정도의 구멍이 많이 있고, 침입한 구멍 부위와 그 아래에 목재배출물이 많이 떨어져 나와 있다. 죽은 나무의 피해 부위를 잘라보면 변재부에 매개충이 침입한 갱도를 따라 병원균에 의해 불규칙한 암갈색의 변색부가 형성돼 있는데, 시큼한 알코올 냄새가 나는 것이 특징이다.

'참나무 시들음병' 피해목의 줄기와 굵은 가지에 매개충의 침입공이 다수 발견되고, 주변에는 목재배출물이 많이 분비돼 있으며, 또한 고사목을 잘라보면 변재부는 매개충이 침입한 길을 따라 불규칙한 암갈색의 변색부가 형성돼 있는 것을 볼 수 있다. 고사목 주변에는 매개충 침입 천공들이 있는 나무들이 많이 분포하고 있어, 참나무를 가해해 고사시키는 매개충의 밀도를 추정하고, '참나무 시들음병'의 피해 정도를 구체적으로 진단할 수 있게 해준다.

참나무가 시들고 죽은 직후 '참나무 시들음병균'은 나무껍질 아래에 포자 매트를 형성한다. 포자 매트는 파이프 모양의 분생포자경에 무성하게 내생분생포자를 형성한다. 친화적인 교배형이 존재할 때 유성생식에 의해 자낭각 속에 자낭을 형성하고, 그 안에 자낭포자를 생성한다. 자낭포자는 물, 곤충 등에 의해 전파된다.

포자 매트의 크기가 커지면서 껍질이 터지고 '참나무 시들음병균' 포자가 과일 향을 뿜어내면, 광릉긴나무좀과 다른 곤충, 새, 다람쥐 등을 끌어들여 '참나무 시들음병균' 포자 전파가 시작된다. 광릉긴나무좀은 '참나무 시들음병균' 포자를 채집해 건강한 참나무에 있는 상처로 옮겨 '참나무 시들음병'이 없는 지역에 새로운 감염이 발생한다.

개해 전염되는 병을 **종자전염병**(seed-borne disease)이라고 한다. 호밀 맥각병균은 맥각이 종자와 섞여 전반되고, 보리 속깜부기병균 등은 병원균이 종자에 붙어서 전반된다. 종자전반을 하는 병원체는 대부분 종자에 붙어 옮기며, 이는 종자의 표면 소독만으로 병원균을 살균할 수 있다.

보리 겉깜부기병균과 같이 포자가 바람에 날려 개화 중인 보리에 닿은 다음, 암술머리에서 씨방으로 들어가 배 또는 배유조직에 잠재한 채 종자 속에 들어 있으면서 이듬해 전염원이 된다. 이 경우에는 병원체가 종자 내부에 들어 있으므로 냉수온탕침법이나 침투성 살균제로 살균할 수 있다는 점이 앞의 것과 다르다.

묘목 및 영양번식체에 의해 전반되는 것을 종자전반과 함께 **종묘전염**이라고도 하며, 묘목, 괴경(塊莖), 구근(球根) 등에 의한 병원체의 전반을 포함한다(표 3.3).

표 3.3 종자, 괴경, 인경 및 묘목에 의한 식물곰팡이병의 전반

전반수단	식물곰팡이병
종자감염	보리 겉깜부기병, 벼 도열병, 벼 키다리병, 콩 자주무늬병, 토마토 시들음병
종자오염	보리 속깜부기병, 밀 비린깜부기병, 벼 도열병
종자혼입	호밀 맥각병, 채소 균핵병
괴경(씨감자)	감자 역병
인경	양파 깜부기병
묘목	포도나무 탄저병, 잣나무 털녹병, 과수 자주날개무늬병

특히 포도나무 탄저병균 등은 살아있는 나뭇가지의 조직에 균사로 잠복하고 있으면서 전염을 하게 되는데, 이 같은 감염 방식을 **잠재감염**(latent infection)이라고 한다. 감자 역병균은 씨감자와 함께 옮겨진다.

병징은 나타나지 않고 기주식물의 조직속에 병원체를 가진 식물을 **보균식물**(carrier)이라고 한다. 벼 키다리병균은 모(苗)에 침입해도 반드시 키가 커지는 것이 아니라 때로는 건전묘와 외관상 구별할 수 없다. 그러나 겉으로는 건전한 모에서도 31.7%나 키다리병균을 분리할 수 있었다고 한다. 이와 같은 모를 보균묘라고 한다. 맥류의 종자 또는 모(苗)는 이미 깜부기병균에 감염되었으나, 개화기에 이르러 병원균의 포자가 형성될 때까지 병든 식물을 판별할 수 없다.

⑥ 소동물 및 사람

두더지는 고구마 검은무늬병균을 매개하고, 새는 밤나무 줄기마름병균을 옮기며, 오염된 포

장을 왕래하는 재배자를 비롯해 대소동물도 여러 가지 병원체를 매개할 가능성이 있다. 교통수단이 발달하고 무역이 활발해짐에 따라 여러 가지 농작물의 종자, 묘목 등이 국제간에 이동하게 되므로 사람 자신이 병원체의 전반을 돕고 있는 셈이다.

3.2.3 침입

감수성 식물체의 표면에 도달한 전염원이 그 식물체를 발병시키려면 조직 속으로 **침입(penetration)**(그림 3.5)해야 한다. 침입이 일어나기에 앞서 식물체에 병원체가 부착되는 것을 **접촉(inoculation)**이라고 한다. 식물체에 접촉한 병원체는 식물체의 표면을 직접 관통하거나, 자연개구를 통하거나, 또는 상처를 통해 침입한다.

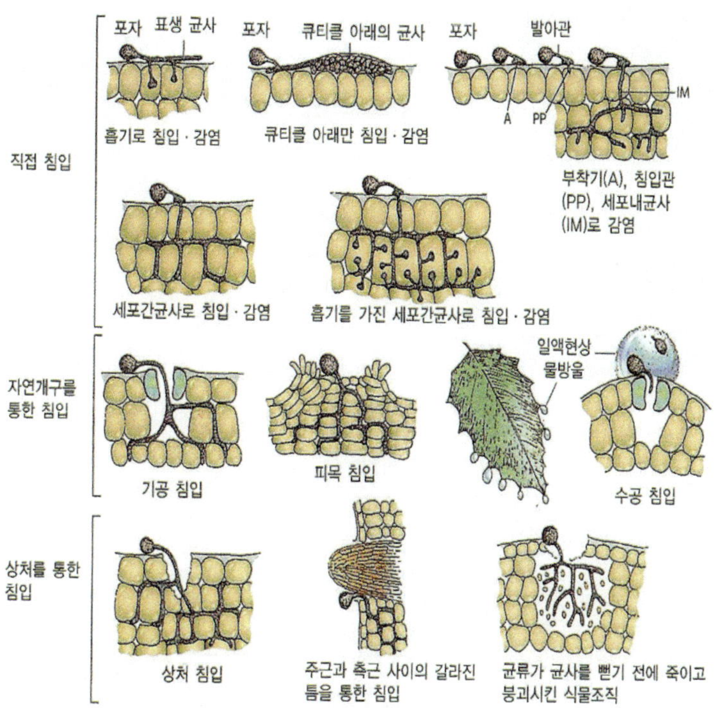

그림 3.5 곰팡이의 식물체 침입방법. [출처: 식물병리학]

① 각피

식물의 잎과 줄기 등의 표면에 있는 각피(cuticle)나 뿌리의 표피를 병원체가 자기 힘으로 뚫고 침입해서 일어나는 감염을 **각피감염(cuticular infection)**(그림 3.6)이라고 한다. 식물체 표면을 통한 직접 침입은 곰팡이의 가장 보편적인 방법이다.

곰팡이 중에서 반활물기생체 즉 비절대기생균은 균사나 포자로부터 형성된 가는 균사를 통해 침입하는 반면에, 절대기생균은 **부착기(appressorium)**에 형성된 **침입관(infection peg)**을 통해 침입한다(그림 3.6). 각피의 관통은 높은 압력의 기계적 힘에 의하지만, 병원체에 따라서는 각피분해효소(cutinase)를 분비하며, 그 화학적 작용에 의해서 관통을 쉽게 하는 것도 있다.

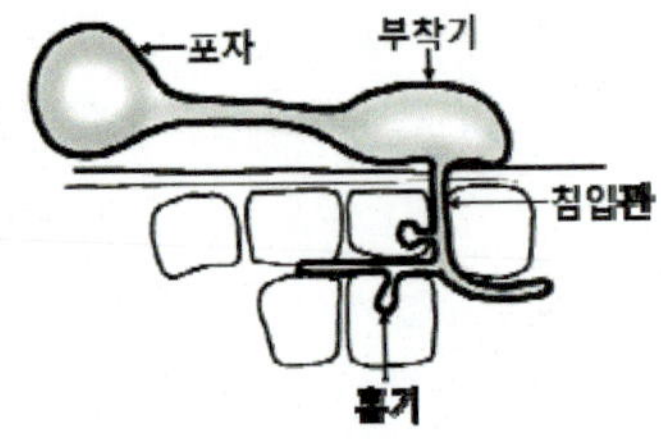

그림 3.6 각피침입.

각피를 관통한 침입균사는 각피하층(cuticular layer) 및 표피 세포벽을 각각 효소를 분비해 통과하고, 조직 안에 **감염균사(infection hypha)**를 발달시킨다. 벼 도열병균과 벼 깨씨무늬병균, 탄저병균, 잿빛곰팡이병균 등의 분생포자와 녹병균의 소생자처럼 병원성이 강한 병원체는 발아해서 단일균사에 의해 각피를 관통하나, 모잘록병균, 뽕나무 자주날개무늬병균 등은 균사가 밀집해서 **감염욕(infection cushion)**(그림 3.7)을 만들고, 그 힘으로 세포벽을 뚫고 침입하며, 이때 펙틴분해효소(pectinase)가 관여한다.

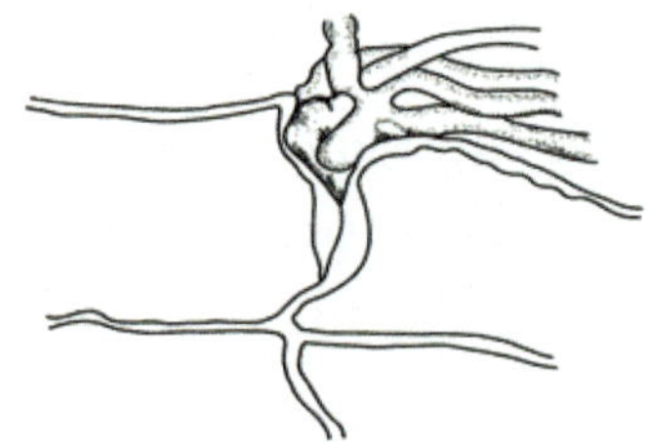
그림 3.7 감염욕.

② 자연개구

식물체 표면에 있는 기공(stomata), 수공(hydathode), 피목(lenticel), 꿀샘(nectarthode) 등의 자연개구(natural opening)는 병원체의 침입통로가 된다. 대부분의 식물병원성 곰팡이는 기공을 통해 침입하고, 일부는 다른 자연개구를 통해 침입한다(표 3.4).

표 3.4 자연개구를 통한 식물병원성 곰팡이의 침입

자연개구	병명	식물병원성 곰팡이
기공	맥류 줄기녹병	*Puccinia graminis*
	사탕무 갈색무늬병	*Cercospora beticola*
	잣나무 털녹병	*Cronartium ribicola*
	포도나무 노균병	*Plasmopara viticola*
피목	감자 역병	*Phytophthora infestans*
	사과나무 겹무늬썩음병	*Botryosphaeria dothidea*
	포도나무 노균병	*Plasmopara viticola*
꿀샘	핵과류 잿빛무늬병	*Monilinia fructicola*
	호밀 맥각병	*Claviceps purpurea*

기공은 대부분 잎의 뒷면에 많이 분포하는데, 크기는 약 10~20×5~8 ㎛이며, 주간에는 열리고 야간에는 닫힌다. 곰팡이 포자는 식물체 표면에서 발아한 발아관이 자라 기공 안으로 들어가거나 발아관이 부착기를 형성해 기공에 달라붙어 가느다란 침입균사(penetration hypha)를 만들고 기공 안으로 들어가 기공하포(substomatal vesicle)을 만들고, 여기서 감염균사(infection hypha)가 자라나와 세포에 붙고, 흡기를 세포에 집어넣어 양분을 흡수하는데, 잣나무 털녹병균의 담자포자, 맥류 줄기녹병균의 여름포자와 녹포자, 사탕무 갈색무늬병균 등의 분생포자에서 볼 수 있다.

피목은 열매, 줄기, 괴경 등에 존재하며, 코르크층으로 된 표피세포가 느슨하게 연결되어 공기가 통할 수 있는 자연개구다. 식물생장기 동안 피목은 열려 있지만, 실제 피목을 통해 침입해 세포간극으로 들어갈 수 있는 곰팡이나 세균은 일부다. 감자 역병균, 사과나무 겹무늬썩음병균 등이 피목을 통해 침입하고, 포도나무 노균병균의 유주포자 등은 피목이나 기공을 통해 침입한다.

핵과류 잿빛무늬병균, 호밀 맥각병균 등은 꿀샘을 통해서 침입한다.

③ 상처

모든 식물병원체는 다양한 상처를 통해 식물체 내로 침입할 수 있다. 식물의 상처는 곤충, 선충, 강풍이나 우박같은 여러 가지 기상요인 및 전정이나 수확같은 인위적인 경종수단 등으로 생기게 된다.

식물기생선충이 가해해서 생긴 상처로부터 시들음병균이 침입한다. 밤나무 줄기마름병균, 오동나무 줄기마름병균 등은 가지나 줄기에 생긴 상처를 통해 침입하고, 은행나무 잎마름병 등은 잎에 생긴 상처를 통해 침입한다. 식물병원성 곰팡이 중에서 특히 병원성이 약한 목재썩음병균(木材腐朽菌), 저장병균인 고구마 무름병균, 감귤 푸른곰팡이병균 등은 상처를 통해서만 침입하므로 **상처기생체(wound parasite)**라고도 한다.

④ 특수기관

병원체는 식물에 있는 꽃, 어린 눈(芽), 뿌리, 어린 모(苗)처럼 특수기관을 통해 침입해 병을 일으키는데, 침입하는 곳과 발병 부위는 일치하지 않을 때도 있다.

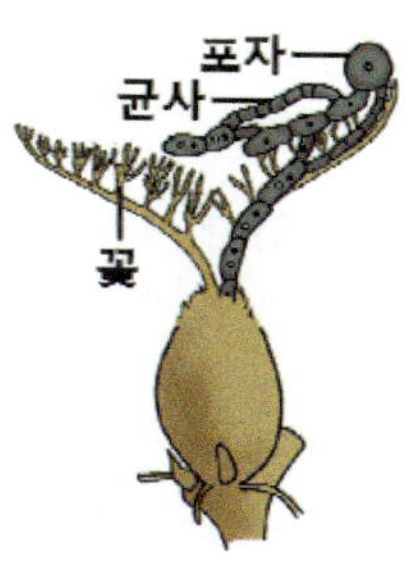

그림 3.8 꽃침입.

복숭아나무 잿빛무늬병균과 사과나무 꽃썩음병균은 암술머리에 도달한 병원균이 직접 꽃을 썩힌다. 밀 겉깜부기병균과 보리 겉깜부기병균은 꽃을 통해 침입하지만(그림 3.8), 배(胚) 자체에는 병을 일으키지 않는다. 보리 속깜부기병균, 밀 비린깜부기병균 등에 감염된 모는 체내에 균사를 가지고 있으나 정상적으로 자라고 균사가 꽃에 이르러 병을 일으킨다. 맥류 맥각병균은 꽃을 통해 침입해 씨방에 균핵을 형성한다.

감자 암종병균과 벚나무 빗자루병균은 눈으로 침입해 병을 일으키고, 무와 배추 무사마귀병균, 시들음병균 등 토양전염병균은 기주식물의 뿌리털 또는 근관의 세포간극에 침입해 병을 일으킨다.

3.2.4 감염, 침투, 정착, 생장과 증식

병원체가 감수성 식물에 옮겨져서 침입을 끝내고 기주의 감수성 세포나 조직과 접촉해 영양을 탈취하는 관계가 성립되는 일련의 과정을 **감염(infection)**이라고 한다. 실제로 침입·감염은 연속적인 발병과정이기 때문에 이 둘은 구분하기 어려울 때도 있다. 감염에 이어 병원체는 식물체 내부로 **침투(penetration)**해 **정착(colonization)**하고 **생장과 증식**을 거듭한다.

식물체로 침투한 병원체가 그의 내부에 정착해 양자 사이에 기생관계가 성립되면 식물체는 기주, 병원체는 기생체가 된다. 이때 병원체와 기주 사이에는 친화성(affinity)이 있어야 한다.

친화성의 범위는 병원체와 감수성 식물체와의 관계에 따라 다른데, 흔히 수십 종의 식물에 걸쳐 침입하는 경우를 **다범성(polyxenic)**이라 하며, 한 종 또는 불과 몇 종의 식물에만 침입하는 경우를 **단범성(monoxenic)**이라고 한다.

기생체와 기주 사이에 넓은 의미의 영양관계가 성립되는 것을 정착이라고 한다. 이때, 정착하는 장소가 기주 식물체의 내부인 경우를 **내부기생(endoparasitism)**이라고 하며, 식물체의 표면인 경우를 **외부기생(ectoparasitism)**이라고 한다.

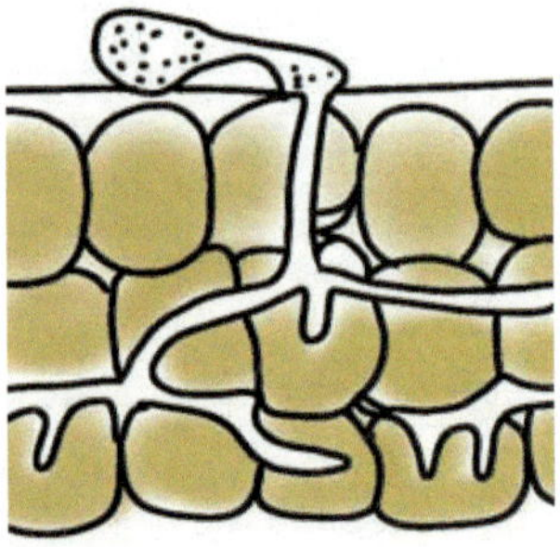
그림 3.9 세포내균사.

정착이 완료됨으로써 감염의 과정은 끝나며, 비로소 기생관계가 시작된다. 따라서 침입만 하고 정착하지 못한 상태는 감염이라 할 수 없으며, 또 친화성이 있다고도 할 수 없다.

사과나무 검은별무늬병균이나 장미나무 검은무늬병균은 큐티클과 표피 사이에서만 균사를 형성하며, 흰가루병균은 식물의 표면에만 균사를 형성해 표피세포에 흡기를 형성한다.

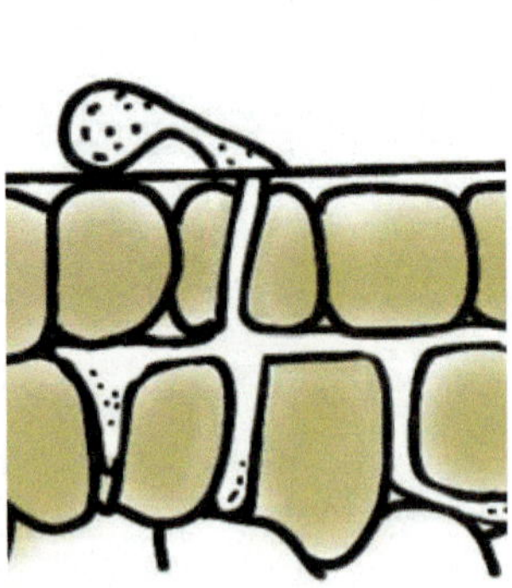
그림 3.10 세포간균사.

그러나 대부분의 식물병원성 곰팡이는 식물기관의 모든 조직을 침해하며, 세포를 관통하며 자라는 **세포내균사(intracellular hypha)**(그림 3.9)를 형성하거나 세포간극에서 자라는 **세포간균사(intercellular hypha)**(그림 3.10)를 형성한다. 유관속을 침해해 시들음병을 일으키는 곰팡이는 물관을 침해한다.

곰팡이가 하나 또는 몇 개의 세포, 또는 식물체의 일부분만 침해하는 경우가 있는데, 이를 **국부감염**(local infection)이라고 하고, 최초의 감염부위로부터 식물체 전체의 감수성 세포와 조직으로 퍼져나가면 **전신감염**(systemic infection)이라고 한다.

성공적인 감염은 기주식물에서 변색, 기형, 괴저 등의 **병증상 발현**(syndrome expression)으로 나타난다. 어떤 경우는 병징이 곧바로 나타나지 않고 **잠복감염**(latent infection) 상태로 있다가 환경조건이 양호해지거나 기주식물의 성숙기에 나타난다.

감염된 식물에서 가시적이거나 탐지 가능한 모든 변화는 병증상으로 나타난다. 병증상은 초기부터 식물체가 고사할 때까지 계속 변할 수도 있으며, 발병초기의 병증상이 식물생육기 내내 그대로 유지되기도 한다. 병원체가 식물체에 접촉한 후부터 병증상 발현까지의 기간을 **잠복기**(incubation period)라고 한다.

발병부위의 크기에 관계없이 병원체의 대부분은 감염기주 내에서 계속 생장하고 사방으로 퍼져나가 더 이상 감염부위가 없거나 기주식물이 죽을 때까지 감염을 반복한다. 시들음병을 일으키는 곰팡이는 물관 내에서 포자를 형성하고 방출하므로 포자가 수액의 흐름을 통해 운반되어 점점 더 많은 물관에서 새로운 감염을 일으킨다.

곰팡이는 체세포분열포자 또는 감수분열포자에 의해 증식하는데, 대부분의 곰팡이와 난균은 감염 부위 표면 또는 표면 바로 밑에 포자를 형성하고 외부로 방출한다. 1 m^2의 감염조직에서 수천~수십만 개의 포자가 형성되므로 병든 식물 1개체에서 형성되는 포자수는 수십억~수조에 이르기도 한다.

따라서 심하게 감염된 식물체가 자라는 포장에서 형성되는 포자는 천문학적인 수에 이르며, 해당 포장뿐만 아니라 인근 지역에 있는 식물체까지 감염시킬 수 있는 충분한 양이 된다. 무와 배추 무사마귀병균과 시들음병균은 기주조직 내에 포자를 형성하고 기주식물이 죽어 분해된 후에야 밖으로 방출된다.

3.2.5 월동/월하

병원균은 대체로 환경조건이 알맞고 기주가 병에 걸리기 쉬운 상태에 있으면 활동을 계속하고 식물이 죽거나 환경이 나쁘면 휴면상태로 **월동**(overwintering)하거나 **월하**(oversummering)한다(그림 3.11).

식물병원성 곰팡이는 병든 식물, 종자, 번식기관, 병든 식물체 잔재, 그리고 때로는 토양이나 매개충 체내에서 월동하거나 월하한다.

월동한 곰팡이는 이듬해 봄에 활동을 시작해 처음으로 기주에 침입해 1차감염(primary infection)을 일으킨다. 그리고 1차감염의 결과 발병해 형성된 곰팡이가 다른 식물로 옮겨져서 2차감염(secondary infection)을 일으킨다. 1차전염원은 식물병의 종류에 따라 하나 또는 그 이상일 수도 있는데, 이들을 박멸한다는 것은 식물병의 예방법으로서 가장 근본적인 것이다.

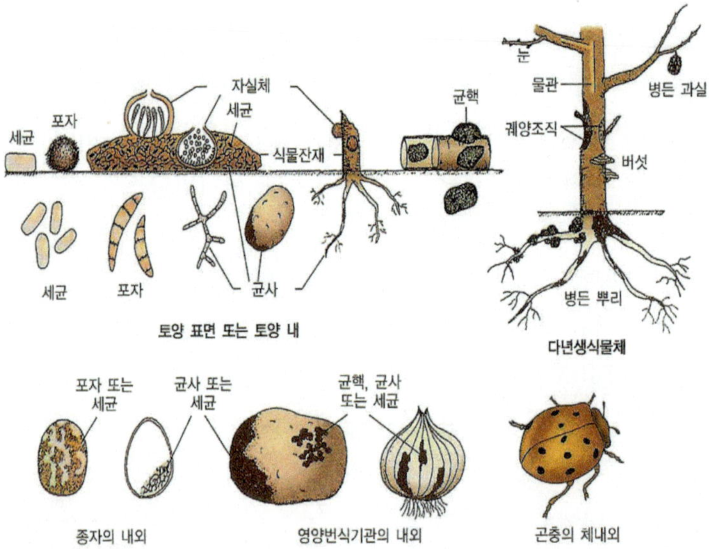

그림 3.11 전염원이 생존하는 방법 및 장소. [출처: 식물병리학]

① 병든 식물 조직 및 잔재

병든 식물의 조직 내에서 곰팡이가 퍼져서 그 조직이 죽을지라도 말라 죽은 잎, 줄기, 열매 등의 표면이나 조직 내부에서 살아남아 있을 때가 많다. 피해 식물의 병든 조직안에서 곰팡이는 난포자, 분생포자, 자낭포자, 담자포자, 균사 등의 형태로 월동하면서 이듬해 1차전염원이 된다.

배나무 검은별무늬병균과 복숭아나무 잎오갈병균처럼 과수에 기생하는 곰팡이의 전염원은 휴면상태에 있는 나뭇가지에서 균사, 포자 등의 상태로 월동하고, 다음 해 햇가지로 침입한다. 소나무 잎떨림병과 포플러 갈색무늬병처럼 수목의 잎을 침해하는 곰팡이는 낙엽에서 월동한다.

벼 도열병균은 볍씨나 볏짚 속에서 수년간 생존하고, 배나무 검은무늬병균과 복숭아나무 탄저병균 등은 병든 가지, 열매 등에서 월동한다.

벼 노균병균의 난포자나 유채 균핵병균의 균핵은 식물체가 죽어도 내구성이 있으므로 좀처럼 죽지 않는다.

② 종자

어떤 곰팡이는 종자에 섞이거나 또는 기생해서 **종자전염병**(seed-borne disease)을 일으킨다. 맥류 맥각병균, 채소 균핵병균 등은 병원균이 종자에 섞여, 보리 속깜부기병균, 밀 비린깜부기병균, 벼 도열병균, 벼 깨씨무늬병균 등은 주로 종자 표면에서 월동한다.

그리고 벼 키다리병균은 종자 내부, 보리 겉깜부기병균은 배(embyro) 또는 배유(endosperm) 조직에서 월동한다.

③ 묘목 및 영양번식체

곰팡이는 묘목, 구근(알뿌리), 괴근(덩이뿌리), 괴경(덩이줄기) 등에서 월동(overwintering)하거나 월하(oversummering)하기도 한다. 감자 역병균은 감자 표면 및 조직의 내부에 월동하고, 과수 자주날개무늬병균 등은 묘목에서 월동한다.

④ 토양

토양에 있는 전염원에 의해서 일어나는 식물병을 **토양전염병**(soil-borne disease)이라고 한다. 토양전염하는 식물병원성 곰팡이 중에서 *Fusarium*, *Rhizoctonia* 등과 난균은 **토양서식균**(soil inhabitant)으로서 넓은 기주범위를 가지는 비특이적 병원체이므로 기주식물 없이도 부생적으로 생존할 수 있다. 다른 토양전염 곰팡이는 **토양체류균**(soil transient)으로서 토양에 비교적 짧은 기간 동안 휴면포자 또는 부생체로서 생존할 수 있다.

배추 균핵병균, 오이 흰비단병균 등은 병든 식물에 생긴 균핵이 지면에 떨어지고 모잘록병균의 난포자나 토마토 시들음병균의 균사 또는 포자는 병든 식물의 잔재와 함께 토양에 섞인다. 오이 덩굴쪼김병균 등은 땅속에서 오랫동안 생존한다.

⑤ 잡초

잡초가 식물병의 전염원으로 중요할 때도 있다. 벼 노균병균은 개밀, 뚝새풀 등 잡초에서 월동한 난포자에 의해 발생할 때가 많다.

3.2.6 기주교대

식물병원성 곰팡이 중에서 녹병균처럼 생활사를 완성하기 위해서 2종의 서로 다른 식물을 기주로 하는 곰팡이를 **이종기생균**(heteroecious fungus)이라고 하며, 같은 종의 식물에서 모든 생활사를 끝내는 곰팡이를 **동종기생균**(autoecious fungus)이라고 한다. 이종기생균이 생활사를 완성하기 위해서 기주를 바꾸는 것을 **기주교대**(alternation of host)라고 하며, 둘 중에서 경제적 가치가 적은 것을 **중간기주**(alternate host)라고 한다.

녹병균 중에서 **겨울포자**(teliospore)와 **담자포자**(basidiospore)만 형성하는 것을 **단주기형**

녹병균(microcyclic rust fungi, short-cycled rust fungi)이라고 한다. 다른 녹병균은 겨울포자와 담자포자 외에도 **녹병정자**(spermatium, **옛이름** pycniospore), **녹포자**(aeciospore), 그리고 **여름포자**(uredospore=urediospore=urediniospore)를 형성하는 **장주기형 녹병균**(macrocyclic rust fungi, long-cycled rust fungi)이다.

장주기형 녹병균 중에는 녹병포자나 여름포자 또는 이 두 가지 모두를 갖지 않는 것도 있다. 담자포자는 겨울포자가 발아해 형성된 **담자기**(basidium)에서 만들어지나 녹병정자는 **녹병정자기**(spermagonium, **옛이름** pycnium), 녹포자는 **녹포자기**(aecium), 여름포자는 **여름포자퇴**(uredium), 그리고 겨울포자는 **겨울포자퇴**(telium)라는 특별한 포자형성 구조체에서 만들어진다(표 3.5).

표 3.5 녹병균과 포자형성 구조체와 포자형에 따른 핵상의 변화와 기능

기호	포자형성 구조체	포자	핵상	기능
0	녹병정자기	녹병정자	n	원형질융합으로 녹포자 형성, 유성생식
I	녹포자기	녹포자	n+n	녹포자 발아로 n+n균사 형성, 기주교대
II	여름포자퇴	여름포자	n+n	여름포자 발아로 n+n균사 형성, 반복감염
III	겨울포자퇴	겨울포자	n+n→2n	핵융합으로 2n이 되고 발아할 때 감수분열을 해 담자포자 형성, 월동포자
IV	담자기 (전균사)	담자포자 (소생자)	n	담자포자 발아로 n균사 형성, 기주교대

담자포자, 녹포자, 여름포자는 모두 기주식물을 침입해 감염시킬 수 있다. 반면에 겨울포자는 단지 생식과 월동단계로 존재할 뿐이며 발아해 **전균사**(promycelium)라고 하는 일종의 담자기를 만든다. 전균사는 분열해 **소생자**(sporidium)라고 하는 4개의 반수성 담자포자를 만든다. 소생자는 기주식물을 침해해 반수성(haploid) 균사를 만들고, 여기서 반수성 녹병정자와 수정균사(receptive hypha)를 가지고 있는 녹병정자기를 만든다. 녹병정자는 웅성배우자 역할을 하며, 식물체를 침해할 수 없다.

녹병정자의 기능은 다른 성의 수정균사와 수정해 **2핵균사체**(dikaryotic mycelium)와 **2핵포자**(dikaryotic spore)를 만드는 것이다. 2핵균사는 녹포자기를 만들고, 녹포자기에서는 녹포자가 형성된다. 녹포자는 식물을 감염해 더 많은 2핵균사를 만들며, 여름포자퇴를 만들고, 여름포자퇴에서는 여름포자가 형성된다. 여름포자는 같은 기주식물을 반복적으로 침해해 더 많은 여름포자퇴와 여름포자를 만든다. 기주가 성숙해감에 따라 여름포자퇴에서 겨울포자퇴를 만들고, 겨울포자퇴에서 겨울포자가 형성되면 녹병균의 한 주기가 완성된다.

겨울포자만이 2핵포자로 형성되는 대표적인 단주기형 녹병균은 접시꽃 녹병균이고, 겨울포자 외에도 2핵포자를 형성하는 장주기형 녹병균은 밀 줄기녹병균, 밀 붉은녹병균, 잣나무 털

녹병균(**심층학습 14**), 소나무 혹병균 등이다. 또한, 배나무와 사과나무 붉은별무늬병균처럼 여름포자가 없거나, 녹병정자가 없거나, 또는 이 두 가지 포자가 모두 없는 녹병균을 **중주기형 녹병균(demicyclic rust fungi)**이라고 한다(표 3.6).

표 3.6 주요 녹병균과 기주식물

녹병균	병명	기 주 식 물	
		녹병정자 · 녹포자 세대	여름포자 · 겨울포자 세대
Coleosporium asterum	소나무 잎녹병	소나무	참취/쑥부쟁이
Coleosporium phellodendri	소나무 잎녹병	소나무	황벽나무
Cronartium ribicola	잣나무 털녹병	잣나무	까치밥나무/송이풀
Cronartium quercuum	소나무 혹병	소나무/곰솔	졸참나무/신갈나무 등
Gymnosporangium asiaticum	배나무 붉은별무늬병	배나무/모과나무	향나무
Gymnosporangium yamadae	사과나무 붉은무늬병	사과나무	향나무
Melampsora larci-populina	포플라 잎녹병	낙엽송	포플라/사시나무
Uredinopsis komagatakensis	전나무 잎녹병	뱀고사리	전나무
Chrysomyxa rhododendri	철쭉 잎녹병	가문비나무	산철쭉
Puccinia graminis	맥류 줄기녹병	매자나무	맥류
Puccinia recondita	밀 붉은녹병	좀꿩의다리	밀
Puccinia striiformis	맥류 줄녹병	–	맥류
Hemileia vastatrix	커피나무 녹병	커피나무	–
Uromyces truncicola	회화나무 녹병	회화나무	회화나무
Puccinia asparagi	아스파라거스 녹병	아스파라거스	아스파라거스
Puccinia allii	마늘 녹병	마늘/파/부추	마늘/파/부추

*Uromyces truncicola*에 의한 회화나무 녹병은 가지와 줄기에 혹을 만들기 때문에 일명 혹병이라고 부르는데, 기주교대를 하지 않는 동종기생균이고, *Puccinia asparagi*에 의한 아스파라거스 녹병균과 *Puccinia allii*에 의한 마늘 녹병도 동종기생균이다.

밀 줄기녹병균은 밀 잎에 여름포자와 겨울포자를 형성하는데, 겨울포자는 마른 밀짚에서 월동하고 다음 해 봄에 발아해 전균사와 소생자를 형성한다. 이 소생자는 바람에 날려서 중간기주인 매발톱나무의 잎에 이르러 녹병포자와 녹포자를 형성한다.

녹포자는 다시 바람에 날려 밀 잎에 닿은 다음 밀 잎을 침해하고 여름포자를 형성하는데, 여름포자는 계속해서 몇 번이고 밀을 침해하다가 수확기가 임박하면 줄기나 잎집에 겨울포자를

심층학습 14 두 집 살림하는 '잣나무 털녹병균'

'잣나무 털녹병(Korean pine blister rust)'은 담자균류 중에서 녹병균(rust fungi)의 일종인 '*Cronartium ribicola*'에 의해 발생한다. 녹병균은 두 가지 기주식물체를 오가는 기주교대로 생활사를 완성하는 이종기생균으로 경제성이 낮은 기주식물을 중간기주라고 한다. '잣나무 털녹병균'은 잣나무와 야생 또는 재배 송이풀(*Pedicularis resupinata*)과 까치밥나무(*Ribes mandshuricum*)를 오가면서 생활사를 완성한다. 즉 잣나무와 중간기주인 송이풀 또는 까치밥나무에서 두 집 살림을 하는 셈이다.

잣나무에 생긴 거친 돌기. [출처: 식물병리학]

녹병균은 다섯 가지 포자를 형성하면서 생활사를 완성한다. 잣나무 털녹병균은 잣나무에서 녹병정자기와 녹병정자 그리고 녹포자기와 녹포자를 만들고, 중간기주인 송이풀과 까치밥나무에서 여름포자퇴와 여름포자, 겨울포자퇴와 겨울포자 그리고 담자기와 담자포자를 형성한다.

'잣나무 털녹병'의 병징으로 잣나무 줄기나 가지에 부정형의 작고 짙은 갈색을 띤 물집 모양의 녹병정자기가 출현하는데, 녹병정자기는 터지면서 당년에 형성된 녹병정자가 가득 찬 점질성 방울이 누출되며 곧 마른다. 녹병정자기가 형성돼 있던 부위에서 1년 후에 녹포자기가 형성된다.

녹포자기는 감염된 수피를 밀어 뚫고 나오는 물집돌기로 되고 곧 터져 주황색의 녹포자가 바람에 날린다. 녹포자는 수백 ㎞까지 이동해 중간기주인 송이풀과 까치밥나무의 잎에 떨어져 감염시킨다.

녹포자기가 형성됐던 수피는 말라 죽지만, 녹포자가 방출된 후에도 물집돌기는 몇 주 동안 수피 위에 잔존하고, 병든 주위의 건전한 수피 쪽으로 확산하며 줄기나 가지를 에워싸서 결국 나무가 죽을 때까지 해마다 계속해서 녹포자를 만들면서 수피를 점진적으로 말라 죽게 한다.

송이풀과 까치밥나무에서의 병징은 주황색을 띤 여름포자퇴가 잎의 뒷면에서 약간 돌출하는 형태로 나타나는데, 여름포자퇴는 둥글거나 불규칙한 모양의 점무늬 그룹을 지어 형성된다. 여름포자퇴는 수많은 오렌지색의 여름포자를 형성하는데, 이 여름포자들은 다른 송이풀과 까치밥나무를 다시 감염한다.

이어서 여름포자를 만들던 균사가 겨울포자퇴와 겨울포자를 형성한다. 겨울포자는 7월에서 10월에 걸쳐 발아하여 생존기간이 짧은 소생자를 만드는데, 이 소생자가 바람에 날려 근처에 있는 잣나무의 잎을 감염함으로써 잣나무 털녹병균의 생활사가 완성된다.

송이풀 잎 뒷면의 여름포자퇴. [출처: 나용준]

형성한다. 이와 같이 녹병균의 여름포자는 같은 기주식물을 몇 번이고 되풀이해 침해할 수 있고, 여름포자에서 여름포자를 계속해서 형성할 수 있기 때문에 반복형(repeating stage) 포자라고 하며, 중간기주가 없어도 여름포자의 형태로 월동해 이듬해에 다시 밀을 침해할 수 있다.

잣나무 털녹병균은 봄에 잣나무 수피에 녹병정자기와 녹포자기를 형성하는데, 주황색의 녹포자는 늦은 봄 또는 여름에 바람에 날려 수백 ㎞까지 이동해 중간기주인 송이풀과 까치밥나무의 잎에 떨어져 감염한다.

송이풀과 까치밥나무에서 형성된 여름포자퇴에서 수많은 오렌지색의 여름포자를 형성하고, 이 여름포자들은 다른 송이풀과 까치밥나무를 되풀이해서 감염한다. 여름 또는 가을에 겨울포자퇴에서 형성된 겨울포자는 발아해 전균사와 소생자를 형성한다. 소생자는 바람에 날려 수십 m 내에 있는 잣나무를 감염한다.

배나무 붉은별무늬병균은 그 생활사 중에서 여름포자 세대가 빠져 있다. 즉, 배나무의 잎에 기생해 녹병포자와 녹포자를 형성하는데, 이 녹포자는 바람에 날려 중간기주인 향나무의 잎이나 가지 등을 침해해 월동한다.

월동 후 봄에 겨울포자를 만들고, 겨울포자가 발아해 소생자를 형성하는데, 소생자는 바람에 날아가 다시 배나무 잎을 침해한다. 따라서 중간기주인 향나무를 배나무 밭 근처 2 ㎞ 범위에서 없애거나 향나무에 약제를 살포하면 배나무 붉은별무늬병을 방제할 수 있다.

*Hemileia vastatrix*에 의한 커피나무 녹병균은 중간기주가 밝혀지지 않았다. 커피나무 잎 뒷면에 기생하는 여름포자가 반복해서 감염을 일으킨다. 겨울포자는 녹병이 심하게 발생한 잎 뒷면에 여름포자와 함께 형성되어 발아한 후 담자포자를 형성하지만 담자포자는 커피나무를 감염하지 못한다.

3.2.7 병환과 전염병의 관계

1년에 단 한 번의 병환 또는 병환의 일부를 마치는 병원체를 **단주기성 병원체(monocyclic pathogen)**라고 한다(그림 3.12). 식물의 재배기간 중 포자가 생육후기에 형성되어 이듬해 1차전염원이 되는 깜부기병, 병환을 완성하기 위해 2종의 기주를 필요로 하며 최소 1년 이상이 소요되는 녹병, 그리고 뿌리썩음병이나 시들음병같은 토양전염성병은 단주기성병으로 1차전염원이 유일한 전염원이다.

그러나 대부분의 병원체에서 식물의 한 재배기간 동안 여러 세대를 거치는 병원체를 **다주기성 병원체(polycyclic pathogen)**라고 한다. 다주기성 병원체는 1년에 2~30번 병환을 완성하고 병환이 거듭될수록 전염원의 양은 몇 배씩 증가한다. 감자 역병을 비롯해, 노균병, 흰가루병, 점무늬병, 잎마름병, 녹병 등 공기전염병이 대표적인 다주기성병이다.

다주기성병의 1차전염원은 유성포자이거나 균핵같은 내구성 구조체이거나 병든 조직에 있

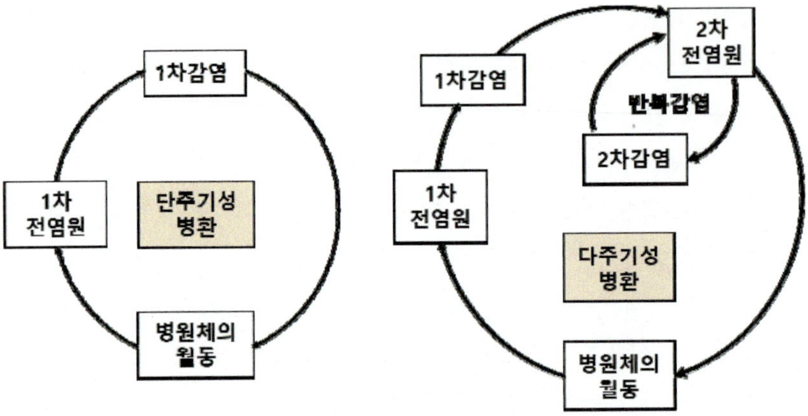

그림 3.12 단주기성병(왼쪽)과 다주기성병 (오른쪽)의 모식도.

는 균사다. 1차전염원의 양은 적지만 일단 1차전염이 이루어진 후에는 무성포자가 다량으로 생성되어 2차감염을 반복적으로 일으키고 점점 더 많은 무성포자를 생성하고 반복적인 새로운 2차감염이 일어난다.

수목에 발생하는 시들음병은 1년에 병환을 완성하지 못하는 경우가 있는데, 이러한 병원체는 기본적으로 단주기성이지만 병환을 완성하는데 1년 이상 걸리면 **다년주기성 병원체(polyetic pathogen)**라고 한다(표 3.7). 느릅나무 시들음병균이 대표적인 다년주기성 병원체인데, 매년 전염원의 양이 꾸준히 증가하고 수년 동안 이러한 증가가 유지되므로 심한 전염병을 일으킨다.

표 3.7 주요 단주기성병, 다주기성병 및 다년주기성병

구분	주요 병
단주기성병	깜부기병, 녹병, 뿌리썩음병, 시들음병
다주기성병	감자 역병, 노균병, 흰가루병, 점무늬병, 잎마름병, 녹병
다년주기성병	느릅나무 시들음병, 밤나무 줄기마름병, 수목 시들음병

역학(epidemiology)적으로 전염원의 증가율 또는 식물병의 증가율(r)을 계산해보면, 옥수수 깨씨무늬병균, 감자 역병균, 맥류 줄기녹병균 등이 잎에 일으키는 다주기성 병에서는 1.1~1.5/일, 느릅나무 시들음병균, 밤나무 줄기마름병균 등이 일으키는 다년주기성 병에서는 0.02~2.3/년이었다. 즉 잎을 침해하는 다주기성 병에서는 매일 10~50%씩, 수목의 다년주기성 병에서는 매년 2~230%씩 전염원의 양 또는 발병량이 증가한다.

Chapter 04

식물곰팡이병의 발병환경

William Fry | *Phytophthora infestans*

전염성병의 발생에는 환경조건이 밀접한 관계를 가지며, 환경조건은 병원체와 감수체인 식물체 모두에게 영향을 미쳐 병이 발생하게 한다. 예를 들면, 식물병원성 곰팡이에 대해서는 생장, 증식과 전반, 감염을 위한 포자의 발아나 침입 등에 영향을 미친다. 또한, 식물체에 대해서는 생장과 기관의 분화, 식물체내의 생리작용과 병원체에 대한 감수성에 크게 영향을 미친다. 오른편 그림 4.1에서 볼 수 있듯이 식물병은 식물체와 병원체가 접촉되더라도 환경조건이 발병에 적합하지 않으면 발생하지 않는다.

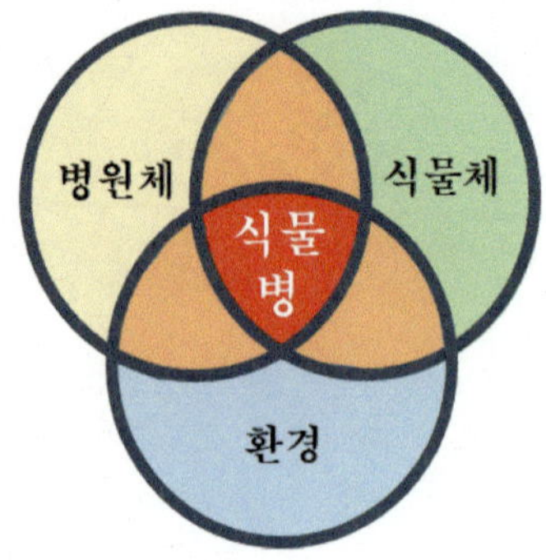

그림 4.1 식물병의 성립.

어떤 식물병의 발생에 특히 관계가 깊은 환경요인를 **유인(predisposition)**이라 하는데, 각각의 식물병에 대해 유인을 밝히는 일은 식물병의 진단이나 방제를 위해서 매우 중요하다. 특히 약제 등을 사용하는 직접적 방제가 곤란한 식물병에 있어서는 유인을 중심으로 식물병이 발생하기 쉬운 환경을 바꾸어 주어야 한다. 또한, 식물병의 발생을 예찰한다든지, 어느 정도로 식물병이 만연될 것인가를 알아 미리 방제계획을 세우려면, 발병을 촉진시키는 환경요인을 밝혀내야 한다.

4.1 자연환경

4.1.1 기상조건

① 습도

수분은 식물병원성 곰팡이 포자의 발아와 발아관이 식물체에 침입하기 위해 반드시 필요하다. 흐르는 물과 흩뿌려지는 빗방울은 곰팡이가 같은 식물체의 다른 부위로 전반되거나 한 식물체에서 다른 식물체로 곰팡이가 전반되는데 매우 중요한 역할을 한다. 수분은 기주식물의 수분함량을 증가시킴으로써 특정 곰팡이에 대한 감수성을 증대시켜 발병정도와 발병량을 증가시킨다.

특정 지역에서 발병량은 강우량과 밀접한 관련이 있다. 포도나무 노균병, 감자 역병, 사과나무 검은별무늬병 등은 생육기 동안 강우량과 상대습도가 높은 지역에서만 발생하거나 발병이 심하다.

한 생육기 동안 완성되는 병환의 수는 충분한 지속시간을 갖는 강우횟수와 관계가 있다. 사과나무 검은별무늬병균은 온도가 18~23℃로 적당하더라도 잎과 과일 등이 감염되기 위해서는 최소 9시간 동안 습기가 지속되어야 하고, 이보다 높거나 낮은 온도에서는 최소습기지속시간이 더 길어야 한다. 최소습기지속시간이 충족되지 못하면 발병하지 않는다.

여러 가지 식물의 탄저병, 배나무 검은별무늬병, 배나무 검은무늬병, 배나무 붉은별무늬병, 복숭아나무 잎오갈병, 포도나무 새눈무늬병 등은 전염기 강우일수나 강우량과 밀접한 관계를 가지고 있는데, 대체로 비가 많거나 자주 올 때 많이 발생한다.

대부분의 병원체는 일단 기주에 침입해 기주로부터 양분과 수분을 섭취하면서부터는 외부의 습도에 크게 의존하지 않는다. 그렇지만, 감자 역병이나 노균병 등은 병 진전 동안 주변에 높은 상대습도와 수분이 필요해 짧은 시간이라도 잎이 젖어 있으면 포자가 방출되지만, 무덥고 건조한 날씨에는 병원체의 생장, 포자 발아, 병징 발현 등이 멈춘다.

대부분의 곰팡이는 기주를 성공적으로 감염하기 위해서는 얇은 막의 수분이 필요하지만, 흰가루병은 식물체 표면에 수분이 존재할 때는 분생포자의 발아율이 오히려 낮아지므로 건조한 지역에서 더 빈번하게 발병하고 건조한 가을철에 발병이 심하다.

모잘록병균같은 뿌리나 괴경 등 식물체 지하부나 유묘에 발생하는 식물병의 발병도는 토양수분의 양과 비례해 수분포화점 근처에서 가장 높다. 그러나 *Phytophthora*, *Rhizoctonia*, *Sclerotinia*, *Sclerotium* 등 대부분 토양병원균은 일반적으로 흙이 물에 잠기지 않고 다만 젖어 있을 때 가장 심한 병징을 일으킨다.

*Verticillium*에 의한 유관속시들음병과 곰팡이에 의한 수목과 묘목의 궤양병은 식물체가 수분스트레스를 받을 때 발병이 상당히 심해진다.

② 기온

병원체뿐만 아니라 식물체도 활동하고 생장하기 위한 최적온도가 있다. *Nectria*, *Leucostoma*(*Cytospora*), *Phytophthora* 등에 의해 수목에 발병하는 궤양병은 주로 초봄이나 가을에 감염이 시작되고 진전되는데, 이 기간 동안의 기온이 병원체가 잘 자라기에 충분한 반면에 기주식물이 활발하게 활동하기에는 너무 낮기 때문이다.

기온은 식물의 생육에 영향을 미쳐 간접적으로 발병을 촉진시키는 경우도 있다. 벼 도열병은 일반적으로 저온에서 발병이 많아 냉도열병(冷稻熱病)이라 하는데, 여름철 저온이 오히려 벼 도열병균의 생장에 알맞고, 벼는 원래 열대성 식물이므로 여름의 저온이 벼 자체의 생육을 나쁘게 해 저항성을 약화시키기 때문이다.

밀과 옥수수에 모마름병을 일으키는 맥류 붉은곰팡이병균의 생장적온은 24~28℃인데, 저온식물인 밀은 고온에서, 고온식물인 옥수수는 저온에서 많이 발병한다. 즉 부적당한 온도에서 자란 밀과 옥수수는 허약해져 각각 맥류 붉은곰팡이병균의 침해를 받기 쉽기 때문이다.

대부분의 식물병은 서늘한 지역이나 계절 또는 서늘한 해에 잘 발생하는 반면에 기온이 상대적으로 높은 지역과 시기에 잘 발생하는 병도 있다. 감자 역병균은 위도가 높은 곳에서 역병을 가장 잘 일으키며, 아열대지방에서는 겨울철에만 심하다.

반면에 핵과류 잿빛무늬병 등은 상대적으로 고온을 좋아해 고온인 지역이나 계절에 국한되어 발병한다. 푸사리움시들음병, 탄저병 등은 고온에서 발생하며, 아열대나 열대지방에서 심하다(표 4.1).

감염된 후 병진전에 미치는 기온의 영향은 특정 기주와 병원체의 조합에 따라 다르다. 병환을 완성하는데 걸리는 시간은 온도가 곰팡이의 생장과 증식에는 적당하지만 기주의 생육에는 부적합할 때 가장 짧다. 밀 줄기녹병균이 병환을 완성하는데 걸리는 시간이 5℃에서는 22일, 10℃에서는 15일, 그리고 23℃에서는 5~6일이다. 식물병원성 곰팡이가 일으키는 다른 식물병에서도 병환이 완성되기까지 이와 비슷한 시간이 걸린다.

표 4.1 저온과 고온에서 많이 발생하는 식물곰팡이병

환경	조건	증가하는 식물곰팡이병
기온	저온	벼 도열병(冷稻熱病), 벼 모썩음병, 감자 역병, 복숭아 잎오갈병, 보리 줄무늬병, 맥류 줄녹병, 옥수수 붉은곰팡이병, 궤양병
	고온	밀 붉은곰팡이병, 핵과류 잿빛무늬병, 시들음병, 탄저병
토양	저온	벼 도열병, 옥수수 모잘록병
	고온	밀 모잘록병
시설재배	저온다습	노균병, 잿빛곰팡이병
	고온다습	탄저병
	고온건조	시들음병
	건조	흰가루병

③ 일조

일조는 작물의 광합성과 깊은 관계가 있다. 일조가 모자랄 때는 작물의 광합성이 방해되어 녹말이나 단백질의 함량이 줄고, 암모니아(NH_3) 등의 가용태 질소화합물이 많아지므로 병에 대한 저항력이 약하게 되어 결국 발병이 심해진다.

벼 도열병이 일조가 모자랄 때 많이 발생하는 것은 식물체가 약해져서 식물체가 벼 도열병균의 영양에 알맞은 상태로 변하는 한편, 이슬 또는 비에 따른 벼 도열병균의 증식과 침입을 돕고, 일조 부족으로 여름철 온도가 저하되기 때문이기도 하다. 벼 도열병 뿐만 아니라 벼 깨씨무늬병은 기온이 낮고 일조가 부족하며 비가 자주 올 때 많이 발생한다. 일조량이 부족하고 습도가 높은 산림에서는 소나무류 잎떨림병, 가지끝마름병 등이 발생하기 쉽다.

인삼 탄저병은 직사일광에서 발병이 심한데, 인삼 자체가 음지식물이기 때문에 양지에서는

인삼 탄저병균에 대한 저항성이 약해지기 때문이다.

④ 바람

바람이 환경유인으로서 중요한 역할을 하는 것은 포자 등의 전염원을 광범위하게, 그리고 멀리 분산 전파시키며, 공기습도나 기온의 변동에 영향을 줌으로써 간접적으로 발병유인이 된다. 또한, 식물체에 기계적 상처를 만들어 상처기생균이 침해하도록 한다. 바람에 날리는 빗방울은 감염된 조직으로부터 포자가 누출되도록 하고 바람은 이를 젖은 식물체 표면으로 운반해 감염을 일으킨다. 밀 줄기녹병균의 여름포자와 많은 종류의 분생포자 등은 바람에 의해 수십 km까지 전반된다.

⑤ 빛

자연 상태에서 빛의 영향은 습도나 온도보다는 훨씬 적다. 빛이 부족할 때 토마토 잿빛곰팡이병균이나 토마토 시들음병균같은 비절대기생균에 대한 감수성은 증가시키지만, 밀 줄기녹병균같은 절대기생균에 대한 감수성은 감소시킨다.

4.1.2 토양조건

① 토양습도

토양습도는 토양 속의 병원체의 활성과 기주의 저항성 모두에 영향을 미친다. 감자 역병, 무와 배추 무사마귀병, 소나무 모잘록병 등이 토양이 과습할 때 많이 발생한다. 무와 배추 무사마귀병은 토양수분의 보수력이 45% 이상이면 많이 발생하고, 소나무 모잘록병은 장마철에 배수가 나쁜 곳에서 발생하기 쉽다.

② 토양온도

밀과 옥수수에 모마름병을 일으키는 맥류 붉은곰팡이병균의 생육적온은 24~28℃인데, 저온식물인 밀은 토양온도가 비교적 높아서 28℃ 전후에 발병이 심하며, 고온식물인 옥수수는 낮은 온도인 8℃ 부근에서 발병이 가장 심하다.

모, 잎, 이삭목 도열병은 토양온도가 낮을 때 심하다. 저온에서 자란 벼는 잎집이나 이삭목의 표피세포 두께가 얇고, 규질화 세포수 감소 등 해부학적 특성 변화가 벼 도열병균이 벼에 대한 침입을 쉽게 해 벼 도열병 발생이 심해진다.

③ 토양의 종류와 성질

보리 모잘록병은 화산회토 또는 그 함량이 많은 토양에서 많이 발생하는데, 화산회토에는 거름요소가 결핍되어 있어 화산회토 속에서 보리 모잘록병균의 생장이 왕성하기 때문이다.

벼 도열병은 토탄흙 논에 발생이 많은데, 황산암모늄[$(NH_4)_2SO_4$]같은 질소질 비료를 주면 벼 도열병의 발병이 더욱 심한 반면에, 철을 첨가하면 황산암모늄을 주었을 때의 나쁜 영향은 완화된다. 토탄흙에 있어서는 온도가 높을 때에 환원상태로 되어 황화수소(H_2S)가 발생하고, 철 부족으로 뿌리가 장해를 받아 벼 도열병에 걸리기 쉬운 상태로 된다. 황산암모늄을 논에다 주면 흙 속의 질소성분이 증가되는 동시에 뿌리에 장해를 더 받게 된다. 또한, 철을 주면 뿌리가 덜 썩게 된다. 즉, 토탄흙에서 벼 도열병이 발생하기 쉬운 것은 유기물의 분해로 인한 나쁜 영향과 철 부족 때문이다. 벼 도열병이 많이 발생하는 곳은 흙의 치환석회 및 치환용량이 모두 적기 때문에 질소거름 흡수를 많게 해 벼 도열병을 유발한다.

오래된 논이나 추락답(秋落畓; 생식 생장기에 있는 벼 아랫잎이 빨리 마르고 퇴색해 생육이 좋지 않아서 벼 수량이 줄어드는 논)에서는 벼 뿌리 주위가 환원상태로 되며, 황화수소가 발생해 뿌리는 검게 썩고, 거름의 흡수가 나빠지기 때문에 벼 깨씨무늬병의 발생이 많아진다.

뽕나무 자주날개무늬병과 뽕나무 흰날개무늬병의 발생은 대조적이다. 뽕나무 자주날개무늬병은 북쪽 경사지나 산등성이에 많고, 개간한지 오래되지 않은 땅이나 비교적 건조한 땅에서 발생하지만, 뽕나무 흰날개무늬병은 평지의 부식질 토양으로 비교적 재배내력이 오래된 배수가 나쁜 땅에서 많이 발생한다.

④ 토양 산도

무와 배추 무사마귀병은 pH 5.7 정도에서 가장 잘 발생하고 가장 심하지만, pH 5.7~6.2에서는 급격하게 줄어들며, pH 7.8에서는 완전히 억제된다. 즉, 무와 배추 무사마귀병균의 포자는 산성토양에서는 발아가 잘 되지만, 알칼리성 토양에서는 발아율이 현저하게 줄어들거나, 또는 발아할 수 없게 되므로 석회를 뿌려서 pH를 알칼리성으로 조절하면 무와 배추 무사마귀병을 방제할 수 있다(표 4.2).

표 4.2 산성 토양과 알칼리성 토양에서 많이 발생하는 식물곰팡이병

토양 조건	증가하는 식물곰팡이병
산성	무와 배추 무사마귀병, 목화 시들음병, 토마토 시들음병 등
알칼리성	목화 뿌리썩음병, 침엽수 모잘록병 등

목화 시들음병과 토마토 시들음병도 알칼리 토양에서 발병이 적지만, 목화 뿌리썩음병은 pH 7.2~8.0 정도의 중성 또는 약알칼리성 토양에서 격심하게 발생하고, 침엽수 모잘록병도 알칼리성 토양에서 증가한다.

⑤ 양분

토양 중의 양분의 함유량 및 비료조건 등에 따라서 식물의 발병 정도에 현저한 차이가 생긴다. 이것은 어느 특정요소가 너무 많거나 적기 때문에 기주체의 정상적인 생리상태가 흩어지게 되고, 곰팡이의 조직 내 진전에 대한 저항력이 떨어지게 된다.

ⓐ 질소(N)

질소질 비료를 과용(過用)하면 식물체는 약해지고 왕성하게 자라서 영양생장기가 길어지고 식물체 성숙이 지연되기 때문에 보통 병원체에 더 장기간 노출될 가능성이 높다. 따라서 기주식물조직이 감염되기 쉬워서 벼 도열병, 녹병, 흰가루병 등을 유발한다. 질소질 비료는 벼를 무성하게 자라게 해 포기 사이에는 바람과 햇빛이 통하지 않아 습도가 높아지기 때문에 벼 잎집무늬마름병균의 생장에 아주 좋은 조건이 만들어져서 벼 잎집무늬마름병의 발생이 심하다.

반면에 질소가 모자란 상태에서 자라는 식물은 약하고 늦게 자라며 빨리 늙어서 병원체에 대한 감수성이 증가해 토마토 시들음병, 토마토 겹둥근무늬병, 균핵병, 모잘록병 등을 유발한다.

질소의 양보다는 토양 산도에 영향을 주는 질소의 형태가 식물체 저항성이나 병원체에 더 많은 영향은 미친다. 시들음병, 배추 무사마귀병, 균핵병 등은 암모늄태(NH_4^+) 화학비료를 주면 토양이 산성화 되어 더 심하게 발생하는 반면에 목화 뿌리썩음병, 밀 마름병 등은 질산태(NO_3^-) 화학비료를 주면 토양이 알칼리화되어 발생이 더 심하다.

ⓑ 인(P)

인은 식물체의 양분균형을 개선하거나 작물이 빨리 성숙하도록 도와 식물체가 어린 조직을 좋아하는 병원체 감염으로부터 벗어날 수 있게 해 병에 대한 저항성을 높이는 것으로 여겨진다. 그러나 인이 보리 마름병의 발생을 감소시키지만, 밀 마름병의 발생을 증가시킨다.

ⓒ 칼륨(K)

칼륨을 시용하면 규질화 세포수를 많게 해 벼 깨씨무늬병, 밀 줄기녹병 등의 병반수를 적게 하지만, 칼륨이 적고 질소성분이 많을 때는 뿌리의 발육이 떨어지고, 벼 체내의 생리적 성질에도 영향을 미쳐 벼 깨씨무늬병의 병반수를 많게 한다. 칼륨량이 많으면 오히려 벼 도열병은 증가한다.

ⓓ 칼슘(Ca)

칼슘은 세포벽 조성에 영향을 미치며 병원체 침입에 대한 저항성에도 영향을 미쳐 병저항성에 영향을 준다. 뿌리썩음병, 균핵병, 잿빛곰팡이병, 시들음병은 감소시키는 반면에 담배 역병은 오히려 증가시킨다.

⑥ 미량요소

특정 미량요소의 수준이 증가해도 식물병은 감소한다. 토양에 철(Fe)을 처리하면 Verticillium시들음병이 감소하고, 구리(Cu)를 처리하면 밀과 보리 마름병과 호밀 맥각병이 감소하고, 망간(Mn)과 몰리브덴(Mo)을 처리하면 감자 역병이 감소한다(표 4.3).

규소(Si), 수소, 산소의 화합물인 규산(H_4SiO_4)은 일반적으로 병에 대한 저항성을 증가시킨다. 규산을 시용하면 마그네슘(Mg)의 흡수를 촉진시키고, 규산 및 마그네슘(Mg)의 시용은 규질화 표피세포수를 증가시켜 벼 도열병, 벼 깨씨무늬병, 벼 잎집무늬마름병 등의 발생을 감소시킨다.

그러나 마그네슘(Mg)을 처리하면 옥수수 깨씨무늬병이 증가하고, 철(Fe)이나 망간(Mn)을 처리하면 토마토 시들음병이 증가한다(표 4.4)

표 4.3 원소를 처리하면 감소하는 식물곰팡이병

원소	식물곰팡이병
인(P)	보리 마름병
칼륨(K)	벼 깨씨무늬병, 밀 줄기녹병
칼슘(Ca)	뿌리썩음병, 균핵병, 잿빛곰팡이병, 시들음병
철(Fe)	버티실리움시들음병
구리(Cu)	밀/보리 마름병, 호밀 맥각병
망간(Mn)	감자 더뎅이병, 감자 역병
몰리브덴(Mo)	감자 역병
규산(H_4SiO_4)	벼 도열병, 벼 잎집무늬마름병, 벼 깨씨무늬병

표 4.4 원소를 처리(과다)하거나 부족(결핍)할 때 증가하는 식물병

원소	상태	식물병
질소(N)	과다	벼 도열병, 벼 잎집무늬마름병, 벼 깨씨무늬병, 흰가루병
	부족	토마토 시들음병, 토마토 겹둥근무늬병, 균핵병, 모잘록병
	암모늄태(NH_4^+)	시들음병, 무와 배추 무사마귀병, 균핵병
	질산태(NO_3^-)	목화 뿌리썩음병, 밀 마름병
인(P)	처리	밀 마름병
칼륨(K)	과다	벼 도열병
	부족	목화 시들음병, 벼 깨씨무늬병, 보리 흰무늬병
칼슘(Ca)	처리	담배 역병
	결핍	토마토 배꼽썩음병

원소	상태	식물병
마그네슘(Mg)	처리	옥수수 깨씨무늬병
철(Fe)	처리	토마토 시들음병
망간(Mn)	처리	토마토 시들음병
붕소(B)	결핍	무와 배추 속썩음병, 사과와 배 축과병, 담배 윗마름병, 포도 새눈무늬병

4.1.3 미생물적 환경

발병에 미치는 환경요인의 하나로서 이웃에 있는 미생물을 생각할 수 있다. 이 미생물은 기주 및 병원체와 여러 관계를 맺으면서 생활을 하는데 병원체의 작용을 억제할 때에 **항생작용(antibiosis)** 또는 **길항작용(antagonism)**이라고 하며, 오히려 병원체의 작용을 조장할 때는 **협력작용(synergism)**이라고 한다.

기주의 뿌리에 인접한 미생물의 활동이 활발한 곳을 **근권(rhizosphere)**(그림 4.2)이라고 한다. 토양병원균이 기주에 감염을 일으키려면 토양 속에 살면서 증식을 하고 기주와 친화성을 가져야 한다. 그러나 토양 속에서 많은 미생물이 살고 있다. 식물병원성 곰팡이는 미생물 및 기주와 물리적 또는 화학적으로 복잡하게 얽혀 있으면서 독자적으로 생활을 하는데, 서로 경쟁 · 길항 · 항생과 같은 관계를 유지한다.

기주의 근권에는 뿌리에서 분비되는 물질이 있으며, 이 물질은 식물병원성 곰팡이 또는 미생물에 대해서 영양물질로 또는 저해물질로 작용한다. 따라서 이 작용은 미생물상의 분포에 영향을 주게 되며, 식물병원성 곰팡이의 생육도 촉진 또는 억제된다고 할 수 있다. 이와 같이 근권은 미생물상의 분포에 변화를 주어 간접적으로는 식물병원성 곰팡이의 생존을 지배하는 요인이 되기도 한다.

토양병원균은 기주식물을 죽이거나 토양 속에서 부생생활을 한다. 그러므로 부생하는 미생물과는 달리 기질에 대해서 서로 경합하게 된다. 한편, 식물병원성 곰팡이는 미생물이 생산하는 항생물질(antibiotics)에 의해서 항생(antibiosis), 용균(lysis), 정균(fungistasis) 등의 작용을 받는데, 특히 기주식물이 없는 땅에서 현저한 영향을 받는다.

식물병원성 곰팡이에 대한 길항적인 미생물로서는 잘 알려진 몇 가지 방선균 외에 *Trichoderma viride*는 흰비단병균과 모잘록병균의 균사에 기생하고 항생물질 viridin을 생산하기

그림 4.2 엽권과 근권.
[출처: Wikipedia]

때문에 흰비단병과 모잘록병을 방제하기 위한 연구가 진행 중이다.

잎의 표면에도 세균을 비롯한 많은 미생물이 식물병원성 곰팡이에 대해 영향을 미칠 것이다. 근권과 비슷한 개념으로서 이를 **엽권(phyllosphere)**(그림 4.2)이라고 한다. 엽권미생물 중에서 식물병원성 곰팡이와 길항해 감염 능력을 감소시키는 것도 있고, 반대로 발병을 조장시키는 것도 있다. 심한 경우에는 잎과 줄기의 착생세균이 흰가루병균, 탄저병균, *Fusarium*의 균사를 용해시킨다는 것이 알려져 있다.

또한, 보리 잎 위에서 분리한 *Fusarium* sp.는 보리 점무늬병균의 생장 및 포자 발아를 억제하였으며, 이들을 각각 섞어서 보리 잎에 접종하면 발병이 줄었다. 그리고 이들의 분리빈도와 보리 점무늬병의 발병도와는 밀접한 관계가 있었다. 이와 같은 사실로부터 표면착생 미생물이 식물병의 저항성에 관여될 가능성이 있다고 본다.

벼의 잎에서 분리된 *Candida* sp.를 벼 깨씨무늬병균의 분생포자와 섞어서 벼에 접종하면, 단독접종의 경우에 비해 발병이 반으로 줄었다. 또한, 벼에서 분리한 *Curvularia lunata, Alternaria oryzae, Cladosporium oryzae* 등도 벼 깨씨무늬병의 발생을 억제한다.

4.2 저장환경

작물을 수확, 선별, 포장하는 과정과 시장과 소비자에게 이르기까지 운송되는 동안 그리고 저장하거나 소비자가 이용하는 순간까지 생산물에 발생하는 **저장병(postharvest disease)(심층학습 15)**은 온도와 습도가 크게 영향을 주고 있다.

일반적으로 1차전염원은 작물을 수확할 때에 포장에서 발견되며 때로는 수확, 포장 중에 오염되기도 한다. 채소나 열매는 포장으로부터 시장까지 장거리 운반하기 때문에 수송 중의 보호는 대단히 중요하다.

곡물은 저장 중에 수분함량이 높으면 식물병원성 곰팡이가 침입하므로 배아가 죽어서 발아하지 않고 변색되며 단백질이 분해되어 고유의 특성이 없어지며, 곰팡이가 분비하는 **균독소(mycotoxin)** 때문에 사람과 가축에게 중독을 일으키는 수가 있다. 그리고 기름을 채취하는 종자는 산패(酸敗)해 악취를 발산하게 된다.

① 상처

채소와 과실을 저장 및 수송할 때 발생하는 많은 저장병균은 상처를 통해서 침입한다. 소위 상처기생체(wound parasite)에게는 수확 후에 생기는 상처와 동해가 가장 중요한 침입 통로

심층학습 15 ## '저장병'과 '균독소'

작물을 수확, 선별, 포장하는 동안과 시장과 소비자에게 이르기까지 운송되는 동안 그리고 저장하거나 소비자가 이용하는 순간까지 생산물에 발생하는 병을 **'저장병(貯藏病, postharvest disease)'**이라고 한다.

'저장병'은 일부 '난균(*Pythium, Phytophthora*)'과 '접합균(*Rhizopus, Mucor*)', '담자균(*Rhizoctonia, Sclerotium*)'과 '세균(*Erwinina, Pseudomonas*)'에 의해서도 발생하지만, 저장병을 일으키는 가장 일반적인 **'저장균(貯藏菌, storage fungi)'**은 자낭균과 불완전균에 속하는 '*Alternaria*', '*Aspergillus*', '*Botrytis*', '*Fusarium*', '*Geotrichum*', '*Penicillium*', '*Sclerotinia*' 등이다.

'저장병'은 대개 작물을 재배하는 포장에서 잠복해 있던 '저장병균'이 수확 후 발병에 적합한 환경조건이 마련되면서 생산물에 부패를 일으키거나 독소물질을 분비함으로써 소비에 부적합하게 만들거나 품질을 떨어뜨려 생산자뿐만 아니라, 유통업자와 소비자에게까지 피해를 준다.

'저장병'을 예방하기 위해서는 포장에서부터 '저장병균'에 오염되지 않도록 효과적으로 방제하고, 생산물에 상처가 발생하지 않도록 수확과 취급에 주의한다. 저장용기, 창고, 운송차량 등은 사용하기 전에 소독제로 소독한다. 산소 수준(5%)을 낮추거나 이산화탄소 수준(5~20%)을 높게 조절한 CA저장(controlled atmosphere storage)과 운송은 생산물과 병원균의 호흡을 억제시킴으로써 저장 부패와 진전을 억제시킨다. 생산물 표면에 약제를 처리하거나 훈증소독으로 '저장병'을 방제할 수도 있다.

'저장병균'을 비롯해 곰팡이의 대사산물 중에서 사람이나 온혈동물에 생리적 장해를 일으키는 물질을 **'균독소(菌毒素, mycotoxin)'**라고 하고, '균독소'가 일으키는 질병을 **'균독소중독증(菌毒素中毒症, mycotoxicoses)'**이라고 한다. 맥각이 들어있는 밀과 호밀빵을 먹은 사람에게 생기는 맥각중독증과 독버섯을 먹은 사람에게 생기는 버섯중독증은 가장 고전적인 '균독소중독증'의 사례다. 주요한 균독소로는 **누룩곰팡이독소**(Aspergillus toxin), **푸른곰팡이독소**(Penicillium toxin), **푸사리움독소**(Fusarium toxin) 등이 있다.

누룩곰팡이독소의 대표적인 것은 '*Aspergillus flavus*'에 의해 생성되는 **아플라톡신**(Aflatoxin)이다. 1960년 영국에서 칠면조의 X병 사건이 발생하였는데, '*Aspergillus flavus*'에 오염된 사료 속의 땅콩에서 Aflatoxin이 발견되었다. Aflatoxin을 섭취한 소, 돼지, 양 등의 가축들을 쇠약하게 만들고, 거식증을 일으키고, 다른 전염성병에 취약하게 하고, 유산하게 만든다. Aflatoxin은 강력한 발간암성을 가지고 있어서 FAO와 WHO의 합동위원회에서는 곡물 종자와 두류 속의 Aflatoxin의 허용량을 10 μg/kg(10 ppb)으로 정했다.

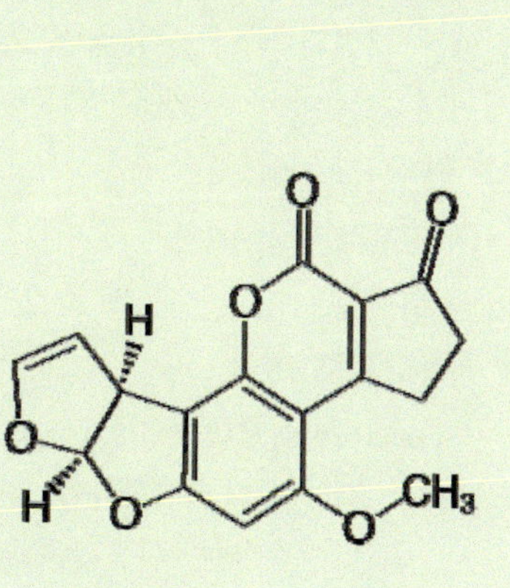

Aflatoxin.

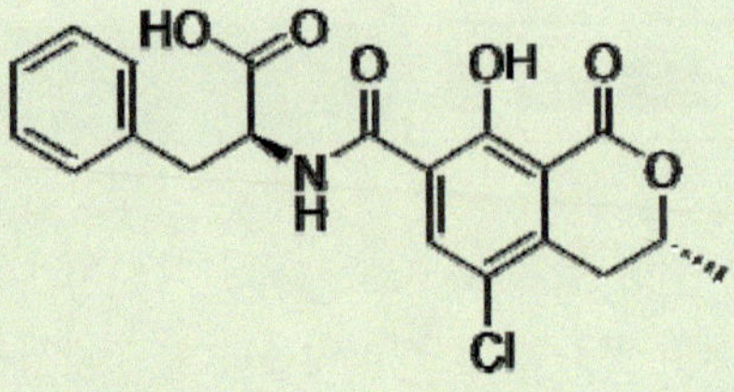

Ochratoxin.

푸른곰팡이독소의 대표적인 것은 **황변미독소(黃變米毒素, yellowed-rice toxin)**다. 1954년 일본에서 일어난 황변미 사건이 단서가 되어 **Ochratoxin**을 비롯한 여러 가지 '*Penicillium*속'으로부터 신경독, 간장퇴화, 간암, 피하암의 원인이 되는 독소가 발견되었다. Ochratoxin은 가축의 간과 신장에 변성과 괴저를 일으킨다. '*Aspergillus*'와 '*Penicillium*속'에 의해 생성되는 **Tremorgenic toxin**은 신체가 심하게 떨리고 과도하게 소변을 배출하게 하고, **Patulin**은 폐와 뇌의 부종과 출혈, 신장의 손상과 운동신경의 마비와 암을 일으킨다.

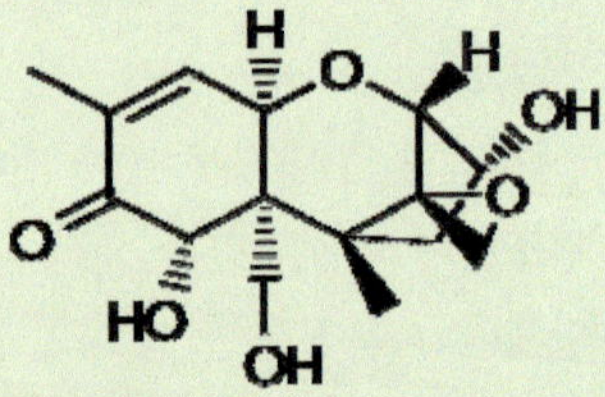

Vomitoxin.

푸사리움독소는 1962년 미국에서 '*Fusarium tricinctum*'에 오염된 옥수수와 1963년 일본에서 '*Fusarium nivale*'에 오염된 밀에 의한 가축의 중독사건 등을 일으켰다. **Vomitoxin(DON, deoxynivalenol)**은 '*Fusarium graminearum*'에 오염된 옥수수를 섭취한 가축들에게서 사료섭취 감소, 체중 감소, 구토와 거식증 등을 유발한다. **Zearalenone**은 돼지에게 생식계의 비정상과 퇴화를 일으키는 에스트로겐 증상(estrogenic syndrome)을 일으킨다. **Fumonisin**은 '*Fusarium moniliforme*'에 오염된 옥수수를 섭취한 말, 당나귀, 노새등에서 뇌 부위가 파괴되는 blind stagger병(equine leukoencephalomalacia)과 돼지의 폐부종(pulmonary edema)을 일으키고, 사람에게도 암을 일으킬 수 있다. **Trichthecin (Trichothecene)**은 돼지에게 무기력, 골수세포, 림프 마디와 내장의 변질, 설사, 출혈을 일으켜 죽게 만든다.

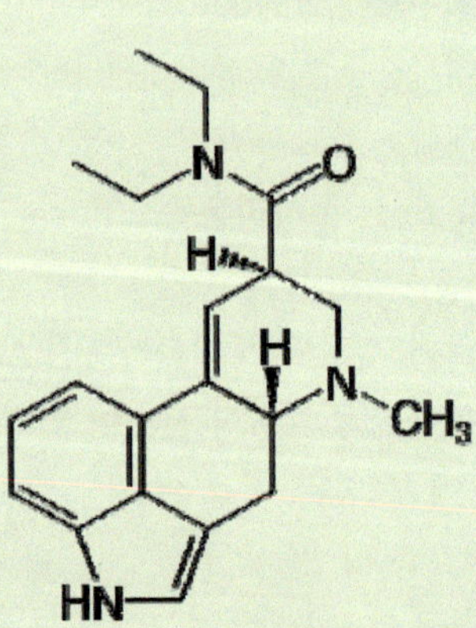

Lysergic acid diethyl amide (LSD).

맥각중독증(麥角中毒症, ergotism)은 '곡류 맥각병균(*Claviceps purpurea*)'의 균핵인 맥각(麥角, ergot)에 들어있는 '균독소'인 알칼로이드(Lysergic acid diethylamide, LSD)에 의해 발생한다. 맥각에 오염된 호밀, 보리, 수수, 기장, 밀 등의 곡류를 섭취한 사람과 동물에게 경련과 사지 팽창을 일으키고, 신체의 말단부위가 썩으면서 타는 듯한 느낌을 주기 때문에 맥각중독증은 '악마의 저주(Devil's curse)' 또는 '성 안토니의 불(St. Anthony's fire)'이라고도 부른다. 흥미롭게도 LSD는 환각제로 사용되거나 혈관을 수축시키기 때문에 출산 후 과다출혈을 막기 위해 사용되기도 했다.

Fescue중독증(Fescue toxicoses)은 '*Acremonium*'에 전신적으로 감염된 다년생식물인 tall fescue를 먹은 가축들에게 생식장애를 일으키고, 산유량이 줄고, 체중이 줄고, 체온이 증가하고, 털이 거칠어지고, 심하면 맥각중독증처럼 신체 말단부위를 썩게 하는 fescue foot 증상을 일으킨다.

가 된다. 상처난 고구마 괴근은 12℃에 저장하기 전에 25~30℃에서 90%의 상대습도로 10~14일간 보관하면 상처에 코르크층이 형성되어 고구마 무름병균의 침입을 막을 수 있고, 상처난 글라디올러스 구근도 10℃ 이하에서 저장하기 전에 29℃, 97% 상대습도에서 10일간 두면 감염이 감소한다. 상처를 통해서 감자 괴경을 침해하는 몇 가지 곰팡이는 저장하기 전에 21℃ 이상에서 약 2주일간 상처가 아물도록 코르크형성을 시키면 발병이 줄어든다.

② 온도

일반적으로 과실과 채소 저장병균은 최적온도인 20~30℃ 이하에서 생육이 저하되고, 대체로 저장병균의 생장적온에서 발병도 심하다. 감귤 푸른곰팡이병균의 생장 최적온도보다 높거나 낮을 때에 감귤 푸른곰팡이병은 현저히 감소한다. 고구마 검은무늬병균의 생장 및 발병 최적온도는 23~27℃인 반면에 고구마 무름병균의 생장 및 발병 최적온도는 일치하지 않는데, 이와 같은 차이는 코르크형성 때문이다.

③ 습도

저장병의 발생에 미치는 수분의 영향은 다양하다. 고구마 무름병균은 23℃일 때 74~84% 상대습도에 가장 심하게 발병하며 93~99%에서 오히려 발병이 적은데, 고구마 괴근에 코르크형성이 다습한 조건에서 촉진되었기 때문이다.

당근 균핵병의 발병적습은 95% 상대습도인데 저온에서 상대습도를 85~90%로 내리면 발병이 적어지지만, 당근은 낮은 습도에서 쭈그러지므로 저온(0℃)에서 저장하는 것이 실용적이다.

곡류 저장 중에 발생하는 곰팡이의 종류와 곡류의 수분함량 간에는 일정한 관계가 있다. 곡류는 수확할 당시의 수분이 높으면(23~33%, 건물 무게) **포장균(field fungi)**인 *Helminthosporium, Alternaria, Fusarium* 등의 침해를 받으며, 낮은 함량(13~18%)에서는 **저장균(storage fungi)**인 *Aspergillus, Penicillium* 등이 문제가 된다(표 4.5).

표 4.5 곡류 저장 중 수분함량에 따라 발생하는 곰팡이 종류

수분함량	병원균	곰팡이 종류
13~18%	저장균(storage fungi)	*Aspergillus, Penicillium* 등
23~33%	포장균(field fungi)	*Helminthosporium, Alternaria, Fusarium* 등

Chapter 05

식물병원성 곰팡이의 병원성기작

이용환 | *Magnapothe oryzae*

5.1 병원성과 병원력

병원체가 식물체에 접촉한 후 발병에 적합한 환경조건에서 감염을 일으키고 일련의 병환을 완성하기 위해서는 여러 가지 방법으로 식물체를 공격해 식물체의 필수적인 기능을 방해함으로써 식물병을 일으킨다. 이렇게 병원체가 식물체를 공격하고 식물체를 감염하는 기본적인 능력을 **병원성(pathogenicity)**이라 하고, 병원성을 가진 병원체가 식물체를 침해해 병을 일으키는 상대적인 능력을 **병원력(virulence)**이라 한다.

병원체가 지니는 병원성과 병원력은 혼용되기도 하지만 엄밀하게 구분한다면 병원성은 양적으로 구분할 수 없는 질적 개념이고, 병원력은 식물체에서 나타나는 반응으로 높고 낮음을 측정할 수 있는 정량적 개념이다. 병원체가 식물체에 병원성을 발현하자면 기계적 힘으로 식물체에 침입하기도 하지만 효소, 독소 등 화학적 무기가 중요한 역할을 한다.

5.2 식물세포의 구성

다세포 진핵생물인 식물체는 견고한 요새처럼 만들어진 세포집단이다. 식물세포는 세포벽, 세포막, 그리고 핵과 다양한 기관과 세포질로 구성되어 있다(그림 5.1). 세포질과 기관들은 다양한 단백질이 함몰되어 있는 세포막에 의해 분리되어 있다. 식물체의 표면은 셀룰로스(纖維素, cellulose)로 구성되어 있거나 표피세포벽을 덮고 있는 큐티클(角皮, cuticle)로 구성되어 있다. 특히 식물체의 어린 부위는 큐트클층 외부에 왁스(wax)층으로 덮혀 있다.

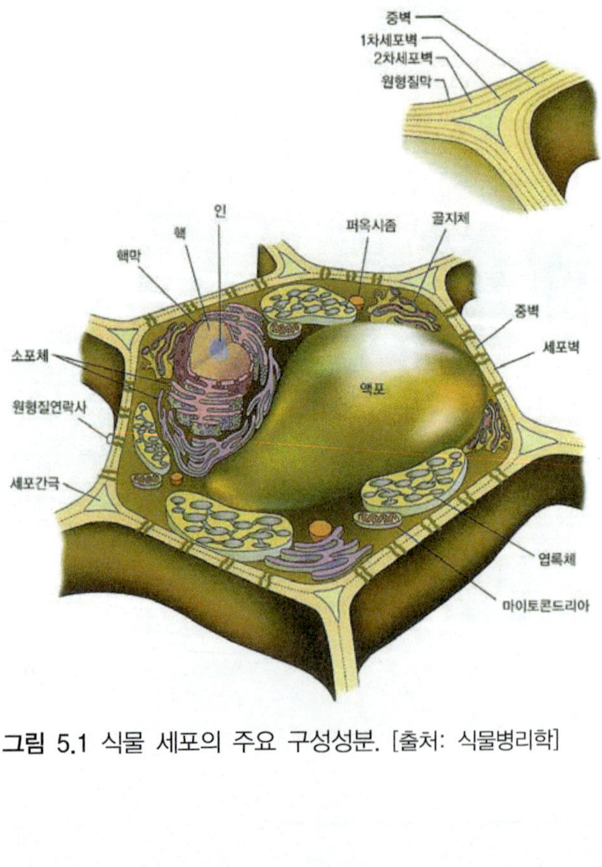

그림 5.1 식물 세포의 주요 구성성분. [출처: 식물병리학]

세포분열의 후기에 세포판(cell

plate)이 생겨서 이것이 나중에 중엽(中葉, middle lamella)으로 되며 차례로 1차세포벽, 2차세포벽, 3차세포벽을 형성한다. 그리고 표피세포벽에는 펙틴(pectin)질 중엽 위에 큐트클층과 왁스층이 있어서 식물체를 기계적으로 보호한다.

큐트클층은 큐틴(cutin)과 왁스로 되어 있으며, 친수성의 셀룰로스와 펙틴을 함유하지 않는다. 중엽과 1차벽은 주로 펙틴질과 리그닌(ligin), 그리고 셀룰로스와 헤미셀룰로스가 약간 있다. 2차벽과 3차벽은 주로 셀룰로스로 되어 있는 것이 특징이다(그림 5.2)(표 5.1).

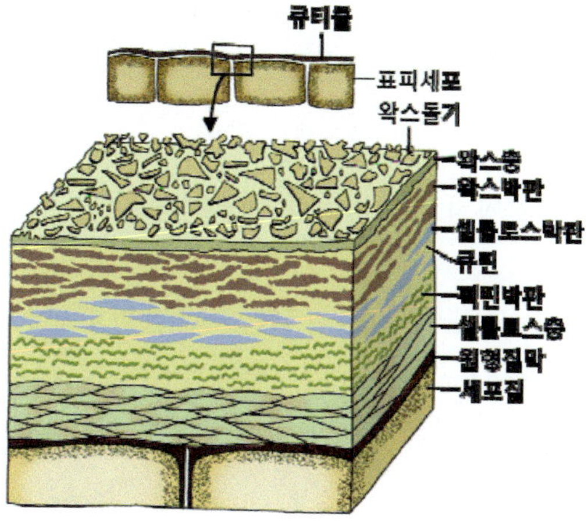

그림 5.2 식물 잎에서 표피세포의 큐티클과 세포벽의 구조와 조성.

표 5.1 식물체 표면과 세포벽 구조와 성분

구조		성분
표피세포벽	왁스층	왁스
	큐티클층	큐틴+왁스
중엽		펙틴질+리그닌(약간의 셀룰로스+헤미셀룰로스)
1차세포벽		
2차세포벽		셀룰로스
3차세포벽		

식물병원성 곰팡이는 생존을 위해 기주식물체를 공격하고 기주식물체에서 만들어지는 물질에 영양을 의존한다. 곰팡이가 식물세포의 원형질체 안쪽에 있는 물질을 얻기 위해서는 먼저 큐티클이나 세포벽을 뚫고 세포물질을 흡수해 이용할 수 있는 형태로 분해해야 한다.

식물체는 곰팡이와 곰팡이의 활성에 반응해 곰팡이의 생존이나 진전을 방해하는 구조나 화학물질을 생성한다. 곰팡이가 식물체를 감염시키기 위해서는 이러한 식물체의 방어작용을 무력화시켜야 한다. 이를 위해 곰팡이는 식물체 세포벽에 가하는 기계적인 힘에 의해 침입하거나 기주식물체의 구성요소나 대사기작에 영향을 주는 화학물질을 분비한다.

5.3 식물병원성 곰팡이의 기계적 침입

식물병원성 곰팡이가 식물체 표면을 침입하기 위해서는 표면에 붙어야 한다. 식물체에 접촉이 이루어지면 식물체와 접촉한 부위에서 균사의 직경이 커지고 편평하면서 둥근 모양의 **부착기**(appressorium)를 형성한다. 부착기는 두 생물체 사이에 부착된 부위의 면적을 증가시켜 곰팡이가 식물체에 안전하게 부착되게 한다(그림 5.3).

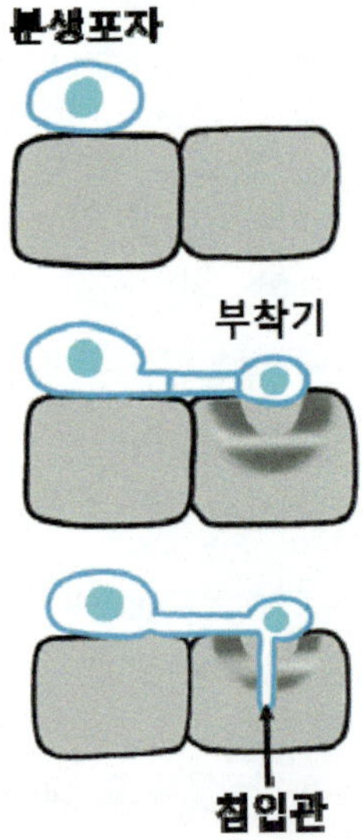

그림 5.3 기계적 침입.

부착기에서 **침입관**(infection peg)이라는 가는 생장점이 나와 큐티클과 세포벽을 통해 안으로 침입한다. 보통 멜라닌이 부착기 세포벽에 축적되어야 식물체 침입이 일어나는데, 멜라닌은 단단한 구조층을 형성하고 부착기 안에 용질을 함유하게 해서 물이 흡수되도록 한다. 이 과정에서 부착기의 팽압이 증가하기 때문에 침입관이 식물체에 물리적으로 침입할 수 있다. 곰팡이가 식물체의 방어벽을 뚫고 침입하는 데는 항상 곰팡이가 분비하는 효소가 방어벽을 연화하거나 용해해 침입을 도와준다.

한편 식물병원성 곰팡이는 기계적인 힘만으로 왁스층을 뚫고 침입할 수 있다. 그러나 아직까지 왁스를 분해하는 효소는 알려지지 않았다.

5.4 식물병원성 곰팡이의 화학무기

자연 상태에서 식물체 내에서 식물병원성 곰팡이의 활동은 주로 화학적 작용에 의존한다. 따라서 식물체에 대한 곰팡이의 영향은 곰팡이에 의해 분비되는 물질과 식물체에 존재하거나 식물체에 의해 생성되는 물질 사이의 생화학적 반응의 결과에 전적으로 달려 있다. 식물병이 일어나기 위해서는 곰팡이가 분비하는 **효소**(enzyme), **독소**(toxin), **생장조절물질**(growth regulator), **다당류**(polysaccharide) 등이 직접 또는 간접적으로 관여한다.

식물병원성 곰팡이가 분비하는 이러한 물질이 병원성에 미치는 정도는 식물병의 종류에 따라 매우 다양하다. 일반적으로 효소는 기주세포의 구성물질을 분해하고 세포에서 영양물질을 파괴하며 원형질체의 구성요소에 직접 영향을 미쳐 정상적인 기능을 방해한다. 독소는 원형질체 구성요소에 직접 작용해 막의 투과성과 기능에 장해를 준다. 생장조절물질은 세포에 영향을 미쳐서 세포가 분열하거나 비대생장하는 능력을 증가시키거나 감소시킨다. 다당류는 유관속병(維管束病)에만 영향을 미치는데, 식물체에서 수분의 이동을 물리적으로 방해한다(표 5.2).

표 5.2 식물병원성 곰팡이의 화학무기와 발병과정에서의 기능

화학무기	식물곰팡이병 발병과정에서의 기능
효소	세포 구성 물질 분해, 세포 영양물질 파괴, 원형질체 구성요소 정상적인 기능 방해
독소	원형질막 투과성과 기능 장해
생장조절물질	세포분열이나 비대생장 능력 증가 또는 감소
다당류	식물체내 유관속에서 수분 이동 물리적 방해

5.4.1 효소에 의한 세포벽물질의 분해

효소는 살아있는 세포와 용액 내에서 유기반응을 촉매하는 커다란 단백질분자다. 세포 내에서 일어나는 대부분의 화학반응은 효소적이므로 화학반응의 수만큼 많은 종류의 효소가 존재한다. 효소는 항상 존재하는 구성 효소도 있지만, 많은 효소는 내외적인 유전자 activator에 반응해 세포에서 필요할 때 생성된다.

① 큐틴

큐틴(cutin)은 큐티클의 유일한 성분인데, 큐티클의 위쪽은 왁스와 섞여 있는 반면에 표피세포의 외벽과 붙어있는 아래쪽은 펙틴과 셀룰로스가 섞여 있다. 큐틴은 수산기(hydroxy)를 가진 C16과 C18 지방산의 불용성 폴리에스터(polyester)다. 큐틴분해효소(cutinase)는 불용성의 큐틴중합체로부터 큐틴분자를 끊어서 한 개의 분자로 된 단량체(monomer) 지방산 유도체와 여러 개의 분자로 된 소량체(oligomer)의 지방산 유도체를 만든다.

큐틴분해효소(cutinase)에는 **cutinesterase**와 **carboxycutin peroxidase**의 두 종류가 있다. 병원체가 기주식물체의 큐티클을 통해 침입할 때 큐틴분해효소가 관여하는데, 높은 수준의 큐틴분해효소를 생성하는 곰팡이는 병원성이 강하다.

② 펙틴질

펙틴물질(pectin substances)은 식물조직의 세포들을 서로 붙들어 매는 중엽의 주요 성분이다. 펙틴물질은 1차세포벽의 상당 부분도 차지하고 있는데, 일정한 모양이 없는 교질로 되

어 있으면서 셀룰로스의 미세섬유 사이의 공간을 채우고 있다. 펙틴물질은 소수의 rhamnose 분자와 galacturonan 등의 당으로 된 측쇄와 섞여 있는 galacturonan 분자사슬로 주로 구성된 다당류다.

펙틴물질분해효소(pectinase 또는 pectolytic enzyme)은 **pectin methyl esterase, polygalacturonase, pectin lyase** 등 세 종류가 있다(그림 5.4).

그중에서 pectin methyl esterase는 펙틴사슬구조에서 가지만 잘라내고 펙틴사슬구조의 길이에는 영향을 미치지 않지만, 펙틴물질의 용해도를 변화시키고 사슬을 잘라낼 수 있는 펙틴분해효소의 작용속도에 영향을 미친다.

펙틴분해효소는 펙틴사슬 구조에서 한 개 내지 몇 개의 galacturonan 분자로 되어 있는 짧은 사슬로 자른다. 이러한 효소 중에서 polygalacturonase는 펙틴사슬에 물분자를 첨가해 2개의 galacturonan 분자 사이의 연결을 가수분해하고, pectin lyase는 사슬에서 물분자를 제거해 연결부위를 자른 후에 불포화 이중결합을 가진 생성물을 만든다.

두 효소는 펙틴사슬에 무작위로 작용해 더 짧은 사슬을 만드는 **endopectinase**와 사슬의 끝부위만 잘라서 한 개의 galacturonan을 만드는 **exopectinase**가 있다.

펙틴분해효소는 포자가 발아할 때 만들어지며, 병원체의 다른 대사물질인 큐틴분해효소, 셀룰로스분해효소와 함께 작용해 병원체가 기주를 침입하는 것을 돕고, 감염시킨 조직에 있는 병원체에게 양분을 제공한다.

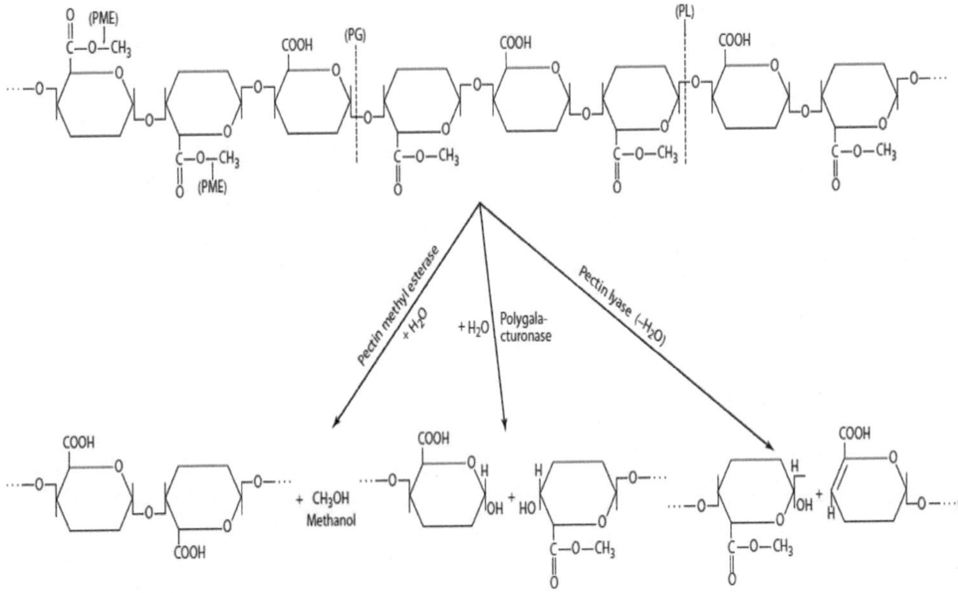

그림 5.4 펙틴분해효소에 의한 펙틴사슬의 분해. [출처: 식물병리학]

③ 셀룰로스

셀룰로스(cellulose)는 다당류로서 약 3,000개 이상의 포도당이 β-1,4-수소결합으로 연결되어 고등식물에서 세포벽의 미세섬유(microfibril) 모양의 구조물질로 존재한다. 미세섬유는 철근콘크리트 빌딩의 철근다발을 연상시키는데, 대부분의 생장세포에서 세포벽 전체부피의 40%까지 차지하는 세포벽의 기본구조가 되는 단위물질이다.

셀룰로스는 효소에 의해 분해되어 마지막으로 포도당분자들이 생성되는데, **셀룰로스분해효소(cellulase)**는 **cellobiohydrolase, endoglucanase, β-glucosidase** 등 세 종류가 있다(그림 5.5).

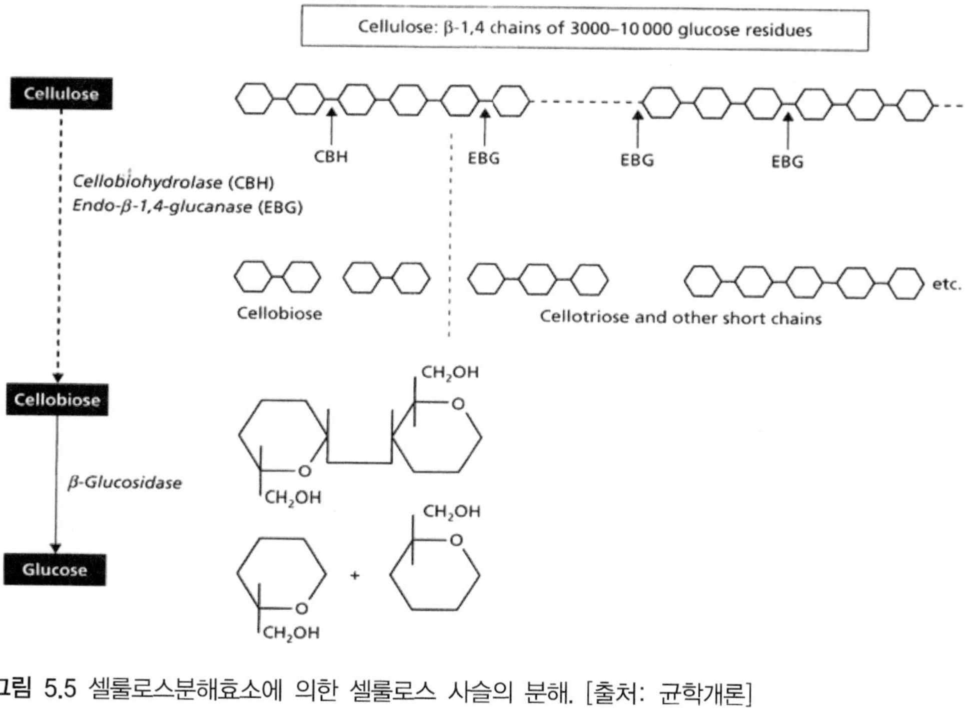

그림 5.5 셀룰로스분해효소에 의한 셀룰로스 사슬의 분해. [출처: 균학개론]

그 중에서 cellobiohydrolase라는 외부작용(exo-acting) 효소는 셀룰로스사슬의 비환원 말단으로부터 이당류(cellobiose) 단위로 자르고, endoglucanase라는 내부작용(endo-acting) 효소는 무작위적으로 사슬의 중간을 공격해 작은 조각으로 자르고, cellobiase라고도 부르는 β-glucosidase가 cellobiose를 최종 포도당으로 분해한다.

식물체 조직 내에서 곰팡이에 의해 분비되는 셀룰로스분해효소는 세포벽물질을 무르게 만들고 붕괴시켜 곰팡이가 기주 내부로 침입하고 번져나가기 쉽게 하며, 세포구조를 붕괴시키거나 와해시켜 곰팡이가 식물병을 일으키기 쉽게 하는 역할을 한다.

④ 헤미셀룰로스

헤미셀룰로스(hemicellulose)로 알려진 결합글리칸은 수소결합으로 연결될 수 있고 셀룰로스미세섬유를 포함할 수 있는 다당류 중합체의 복잡한 혼합체다. 결합글리칸은 1차세포벽의 주요 성분이며, 또한 다양한 비율로 중엽과 2차세포벽을 구성한다. 헤미셀룰로스중합체에는 xyloglucan, glucomannan, galactomannan, arabigalactan 등이 포함되어 있다.

헤미셀룰로스분해효소(hemicellulase)는 중합체에 작용해 생성되는 단량체에 따라 각 효소는 **xylanase, galactanase, glucanase, arabinase, mannanase** 등으로 부른다.

그림 5.6 목재부후균.

⑤ 리그닌

리그닌(lignin)은 중엽, 물관의 2차세포벽, 섬유 등에서 발견되고, 식물체의 표피세포벽과 가끔 하표피 세포벽에서도 발견된다. 목본식물의 리그닌 함량은 15~38%까지 다양하며, 셀룰로스 다음으로 많다. 리그닌은 일정한 모양이 없고 구성과 성질에서 탄수화물이니 단백질과는 다른 3차원적인 중합체인데, 가장 기본적인 구조단위는 phenylpropanoid로 한 개 이상의 탄소가 -OH, $-OCH_3$, 또는 =O를 가지고 있다. 리그닌은 치환된 phenylpropanoid 사이의 산화농축(C+C와 C−O결합)에 의해 형성되고, 식물체의 다른 물질보다 효소분해에 대해 더 강한 저항성을 가지고 있다.

리그닌분해효소(ligninase)는 담자균에 속하는 **목재부후균(wood-rot fungi)**(그림 5.6)이 분비하는데, 그 중에서 **갈색부후균(brown-rot fungi)**은 리그닌을 분해하지만 이용하지는 못하고, 리그닌의 대부분은 **백색부후균(white-rot fungi)**에 의해 분해되어 이용된다(표 5.3).

표 5.3 식물병원성 곰팡이가 분비하는 세포벽물질 분해효소

효소	식물병원성 곰팡이
큐틴분해효소	잿빛곰팡이병균, 모잘록병균, 보리 줄무늬병균, 보리 흰가루병균 등
셀룰로스분해효소	*Fusarium* 등 대부분 식물병원성 곰팡이
펙틴분해효소	과수 자주날개무늬병균, 모잘록병균, 고구마 무름병균 등
리그닌분해효소	목재 흰썩음병균 등

5.4.2 효소에 의한 세포물질의 분해

거의 모든 식물병원성 곰팡이는 생활사의 전부 또는 일부를 살아있는 세포 내의 관련부위에서 생존하면서 원형질체로부터 양분을 취하고, 일부 곰팡이는 원형질체가 죽은 후에 원형질체로부터 양분을 취한다. 당과 아미노산 등의 영양분은 작은 분자이기 때문에 곰팡이에 의해 직접 흡수되지만, 전분, 단백질, 지방 등은 곰팡이가 분비하는 효소에 의해 분해되어야만 이용될 수 있다.

① 단백질

단백질(protein)은 20여 가지의 아미노산 분자들이 결합해 형성되는데, 세포내 반응의 촉매 또는 세포막과 세포벽 구조물질로 다양한 역할을 한다. 식물병원성 곰팡이가 분비하는 단백질 분해효소는 **protease**나 **proteinase**, 또는 **peptidase**라고 부른다.

② 전분

전분(starch)은 식물세포에서 발견되는 중요한 저장 다당류인데, 엽록체 등에서 합성된다. 전분은 포도당의 중합체로서 분자들이 직선으로 되어 있는 **amylose**와 다양한 길이의 분자사슬이 분지되어 있는 **amylopectin** 등 두 가지로 존재한다. 전분분해효소인 **amylase**에 의해 전분이 분해되면 최종생산물인 포도당을 병원체가 직접 이용한다.

③ 지질

모든 식물세포 내에는 존재하는 **지질(lipid)**로 종자에서 에너지 저장화합물로 작용하는 기름과 지방, 표피세포에 존재하는 왁스지질, 단백질과 더불어 식물세포막을 구성하는 인지질과 당지질 등이 있는데, 모든 지질의 일반적인 특성으로 포화 또는 불포화지방산이 포함되어 있다. 곰팡이는 **lipase** 또는 **phospholipase**라고 부르는 효소들을 분비해 지질분자들을 가수분해해 지방산으로 유리시켜 직접 이용한다.

5.4.3 산화효소에 의한 병원성 발현

곰팡이의 감염에 의해 병든 식물체 조직에서는 페놀물질이 축적됨과 동시에 **산화효소(oxidase)**인 **phenol oxidase**와 **peroxidase**의 활성이 증가한다. 벼 깨씨무늬병균, 감자 역병균 등의 침입부위에는 polyphenol이 축적되어 곰팡이들이 분비하는 산화효소로 산화되고 조직은 갈변을 일으키면서 식물병이 진전된다.

5.4.4 독소에 의한 병원성기작

식물병원성 곰팡이가 분비하는 길항대사물질(antimetabolite)로서 직접 또는 간접적으로 기주식물에 영향을 미쳐 병징을 일으키는 물질을 총칭해서 **독소(toxin)**라고 한다. 독소는 살아있는 기주식물체의 원형질체에 직접적으로 작용해 세포에 심한 피해를 입히거나 세포를 죽인다.

다른 과에 속하는 여러 종류의 식물에 영향을 미치는 독소가 있는 반면에, 특정한 식물 또는 품종에만 작용하고 다른 종류의 식물체에는 해를 주지 않는 독소도 있다.

(1) 기주특이적 독소

기주식물에만 독성을 일으키며, 병원성이 있는 균주만이 분비하는 독소를 **기주특이적 독소(host-specific toxin)** 또는 **기주선택적 독소(host-selective toxin)**라고 한다. **병원독소(pathotoxin)**라고도 하며, 식물체가 병원균에 의해서 감염되어 병징을 나타낼 때와 똑같이 작용하는 독소를 말한다.

이때 병원균에 대한 기주품종의 저항성과 독소에 대한 반응은 완전히 일치해서 병원독소는 감수성 식물에 자연 발병이 되었을 때와 똑같이 특징적인 병징을 나타낼 수 있다. 또한 병원균과 병원독소의 기주특이성은 비슷하게 나타나며, 병원균 계통의 독소 생산량과 병원력과는 상관관계를 나타내고 있다.

① 빅토린(victorin, HV–독소)

빅토린(victorin, HV–독소, HV–toxin)은 귀리 잎마름병을 일으키는 *Cochliobolus victoriae* (*Bipolaris victoriae, Helminthosporium victoriae*)에 의해 생성되는 강력한 기주선택성 독소다. 귀리 잎마름병균은 감수성인 victoria 계통의 귀리 품종의 기부를 감염시키고 독소를 분비하고 잎으로 이동해 잎마름병을 일으키고 식물체 전체를 죽인다. 빅토린은 감수성 품종에 대해서는 독소의 25만 배 희석액으로도 뿌리 생육에 저해작용이 나타나지만, 저항성 품종에서는 나타나지 않는다.

② T–독소

T–독소(T–toxin)은 옥수수 깨씨무늬병을 일으키는 *Cochliobolus heterostrophus* (*Helminthosporium heterostrophus*)의 레이스 T에 의해 생성되는 기주선택성 독소다. 정상적인 세포질을 가진 옥수수는 곰팡이와 독소에 저항성을 나타내고, 텍사스 웅성불임(Texas male-sterile, Tms) 세포질을 가진 옥수수만 가해하는 옥수수 깨씨무늬병균 레이스 T와 그 독소에 대한 저항성과 감수성은 세포질유전자로 모계유전된다. T-독소를 생성하는 옥수수 깨씨무늬병균 레이스 T의 능력과 Tms 세포질을 가진 옥수수에 대한 병원력은 하나의 같은 유전자에 의해 조절된다. T-독소는 35~45개의 탄소가 있는 직선의 긴 polyketo형태다.

③ HC-독소

HC-독소(HC-toxin)는 옥수수 점무늬병을 일으키는 *Cochliobolus carbonum*(*Biploaris zeicola, Helminthosporium carbonum*)에 의해 특정 옥수수 계통에만 독성을 나타내는 기주특이적 독소다. HC-독소는 독소에 대한 저항성의 생화학적 및 분자적 유전기초가 알려진 유일한 독소다.

저항성 옥수수계통은 이 독소를 감소시켜서 해독시키는 HC-독소 reductase라고 부르는 효소를 암호화하는 유전자 *Hm1*을 가지고 있다. HC-독소 자체는 독성을 나타내지 않지만, 유도 방어반응의 성립에 필요한 유전자발현을 방해함으로써 병원력 요인으로 작용한다.

④ *Alternaria alternata* 독소

*Alternaria alternata*의 여러 병원형은 기주식물을 공격하고 각 기주식물에서 각 병원형의 특별한 기주식물에만 특성을 나타내는데 관련된 여러 화합물 중 하나를 생성한다. 사과나무 점무늬낙엽병을 일으키는 **AM-독소(AM-toxin)**는 과거 *Alternaria mali*로 알려졌던

표 5.4 식물병원성 곰팡이가 생성하는 기주특이적 독소

기주특이적 독소	독소를 생성하는 곰팡이
빅토린(victorin, HV-독소)	귀리 잎마름병균(*Cochliobolus victoriae, Bipolaris victoriae, Helminthosporium victoriae*)
T-독소(T-toxin)	옥수수 깨씨무늬병균(*Cochliobolus heterostrophus, Helminthosporium heterostrophus*)의 레이스 T
HC-독소	옥수수 점무늬병균(*Cochliobolus carbonum, Biploaris zeicola, Helminthosporium carbonum*)
AM-독소(alterine)	사과나무 점무늬낙엽병균(*Alternaria mali, Alternaria alternata*)
AK-독소	배나무 검은무늬병균(*Alternaria kikuchiana, Alternaria alternata*)
AL-독소	토마토 줄기마름병균(*Alternaria alternata*)
Destruxin B	배추과작물 검은무늬병균(*Alternaria brassicae*)

*Alternaria alternata*에 의해 생성되는 독소로 cyclic depsipeptide이고, 보통 세 가지 형태가 섞여서 존재한다.

이 독소는 감수성 사과나무 품종에 대해 아주 선택적으로 작용하는 반면에 저항성 품종은 10,000배 이상의 농도에도 병징을 나타내지 않고 저항성을 보인다. AM-독소는 감수성 세포의 원형질막을 부풀게 해 세포에서 상당량의 전해질을 잃게 만든다. 이 독소의 최초 독성효과는 세포벽과 원형질막 사이에 일어나는 것처럼 보이지만, AM-독소는 엽록체를 빠르게 소실하게 만드는 것으로 보아 작용부위가 한 군데 이상이라는 것을 시사한다.

배나무 검은무늬병을 일으키는 **AK-독소(AK-toxin)**는 과거 *Alternaria kikuchiana*로 알려졌던 *Alternaria alternata*에 의해 생성되는 독소(altenine)로 이십세기 배 품종을 특이적으로 침해한다.

(2) 비기주특이적 독소

기주식물뿐만 아니라 자연 상태에서 정상적으로 병원체에 의해 침입을 받지 않는 식물체에도 병징을 나타나게 하는 독소를 **비기주특이적 독소(non-host-specific toxin)** 또는 **비기주선택적 독소(non-host-selective toxin)**라고 한다. 이 독소는 병원체에 의해 생기는 발병정도는 증가시키지만 병원체가 병을 일으키는데 필수적인 것은 아니다.

① Tentoxin

Tentoxin은 여러 종류의 식물체 유묘에 점무늬와 황화를 일으키는 *Aletrnaria tenuis*에 의해 생성되는 비기주선택성 독소다. 잎이 1/3 이상 황화된 유묘는 죽고 황화가 덜 된 유묘도 건전한 식물체보다 활력이 떨어진다.

Tentoxin은 cyclic tetrapeptide로서 엽록체로 에너지를 보내는데 관여하는 단백질(chloroplast-coupling factor)에 결합해 불활성화시키고, ADP를 ATP로 변환시키는 광인산화(photo-dependent phosphorylation)를 억제한다.

결국 tentoxin은 감수성 식물체에서 엽록소의 정상적인 합성과 발달을 방해함으로써 황화를 일으키고, 식물체의 저항성 기작에 관여하는 산화효소인 polyphenol oxidase의 활성을 억제시켜 상대적으로 병원체의 병원력을 증대시킨다.

② Cercosporin

Cercosporin은 백일홍 점무늬병같은 많은 작물에 점무늬병과 잎마름병을 일으키는 *Cercospora* spp.와 여러 다른 곰팡이에 의해 생성되는 비기주선택성 독소다. Cercosporin은 빛을 흡수해 여기상태로 전환되고 이어서 산소분자와 결합해 활성산소를 형성하는 광민감성

perylenequinone이다. Cercosporin은 빛에 의해 활성화되며, 활성산소 특별히 단일 산소를 발생시켜 기주식물의 세포막을 파괴해 세포간극의 병원균에게 양분을 제공해 준다. 활성산소는 식물세포의 지질, 단백질, 핵산과 반응해 식물세포를 크게 손상시키거나 죽여서 곰팡이의 병원력을 증가시킨다.

③ Fusaric acid

벼 키다리병을 일으키는 *Gibberella fujikuroi*는 벼의 생육을 촉진시키는 식물생장조절물질인 지베렐린(gibberellin) 외에도 벼의 생육을 억제하는 물질인 **fusaric acid**를 분비한다.

Fusaric acid는 벼 키다리병균 외에도 *Fusarium oxysporum*, *Fusarium moniliforme* 등 많은 식물병원균에 의해서 생산되는데, *Fusarium*에 의해서 생기는 시들음 병징의 원인물질이다. 또한, fusaric acid는 *Fusarium*에 감염된 토마토, 목화, 바나나 등의 병든 조직 속에도 존재한다.

토마토에 대해서는 250 ㎍/g에서 확실한 시들음 증상이 나타내는 fusaric acid는 원형질막의 투과성을 높여 기주식물의 잎 표면에 Ca^{2+}, K^{+}, Na^{+} 등의 양이온이나 여러 종류의 아미노산을 삼출시키고 이것이 마르면 잎 표면의 삼투압이 높아지고, 수분의 증산이 점차 높아져서 식물을 시들게 만든다.

또한, fusaric acid는 금속원소 및 킬레이트(chelate)와 결합하는 성질이 강해 peroxidase, catalase, cytochromeoxidase 등 말단호흡계의 철 효소를 강하게 저해시킴으로써 식물의 생

표 5.5 식물병원성 곰팡이가 생성하는 비기주특이적 독소

비기주특이적 독소	독소를 생성하는 곰팡이
Tentoxin	*Aletrnaria tenuis*
Cercosporin	백일홍 점무늬병균(*Cercospora zinniae*)
Fusaric acid	벼 키다리병균(*Gibberella fujikuroi*), *Fusarium oxysporum*, *Fusarium moniliforme*
Ophiobolin	벼 깨씨무늬병균(*Cochliobolus miyabeanus*)
Alternaric acid, alternariol, ziniol	*Alternaria* spp.
Ceratoulmin	느릅나무 시들음병균(*Ophiostoma novo-ulmi=Ceratocystis ulmi*)
Fumaric acid	*Rhizopus* spp.
Fusicoccin	아몬드나무와 복숭아나무 가지마름병균(*Fusicoccum amygdali*)
Lycomarasmin	채소 시들음병균(*Fusarium oxysporum*)
Oxalic acid	밤나무 줄기마름병균(*Cryphonectria parasitica*)
Pyricularin	벼 도열병균(*Magnaporthe grisea*)

장을 저해한다. Fusaric acid는 토마토의 체내에서 대사되어 N-methylfusaric acid amide에 의해서 불활성화되는데, 이 해독작용은 저항성이 강한 품종일수록 강하다(표 5.5).

5.4.5 생장조절물질에 의한 병원성기작

식물의 생장은 자연적으로 발생하는 화합물 중에서 소수의 **생장조절물질(growth regulator)**이라는 화합물이 호르몬으로 작용함으로써 조절된다. 가장 중요한 식물생장조절물질은 **옥신(auxin)**, **지베렐린(gibberellin)**, **사이토키닌(cytokinin)**, **에틸렌(ethylene)**, 그리고 생장저해제 등이 있다.

생장조절물질은 대단히 낮은 농도에서 작용하기 때문에 정상적인 농도에서 조금만 차이가 있어도 식물체의 생장모습이 완전히 달라진다. 식물병원성 곰팡이는 식물체에 의해 생성되는 같은 종류의 생장조절물질이나 생장저해물질을 더 많이 생성할 수 있고, 새롭게 다른 종류의 생장조절물질과 생장저해제를 생성할 수도 있으며, 식물체에 의해 생성되는 생장조절물질과 생장저해물질의 생성을 자극하거나 완화시키는 물질을 생성할 수 있다.

그래서 식물병원성 곰팡이는 식물체의 호르몬 체계에 평형을 깨뜨려 식물체의 왜소, 비대생장, 로제트생장(rosette), 과다한 뿌리 분기, 줄기 기형화, 잎의 상편생장(epinasty), 조기낙엽, 눈의 생장억제 등 비정상적인 생장을 유도한다.

① 지베렐린

지베렐린(gibberellin)은 녹색식물의 정상적인 구성성분이며, 일부 미생물에 의해서도 생성된다. 지베렐린은 벼 키다리병을 일으키는 *Gibberella fujikuroi* 에서 처음 분리되었고, 가장 잘 알려진 지베렐린은 **gibberellic acid**다. 비타민 E와 helminthosporol같은 화합물도 비슷한 활성을 나타낸다.

지베렐린은 IAA와 협동적으로 작용하는 생장촉진효과를 가지고 있는데, 키가 작은 품종을 아주 빨리 신장시켜서 정상적인 크기로 만들며 개화, 줄기와 뿌리 신장, 열매의 신장을 촉진시킨다.

벼 키다리병에 감염된 유묘는 *Gibberella fujikuroi*에 의해 분비되는 지베렐린에 의해 아주 빨리 자라서 건전한 식물체보다 키가 훨씬 크게 된다.

② 사이토키닌

사이토키닌(cytokinin)은 세포의 생장과 분화를 위해 필요한 생장요인인데, 단백질과 핵산의 분해를 억제해 노화를 지연시키고 식물체를 통해 아미노산 등의 양분이 사이토키닌 농도가 높은 곳으로 이동되도록 한다.

식물체와 종자 및 즙액에서 사이토키닌은 아주 낮은 농도로 존재한다. 사이토키닌 활성을 가진 최초의 화합물은 **카이네틴(kinetin)**으로 동정되었는데, 청어의 정자 DNA에서 분리되었고, 식물체에서는 발견되지 않았다. 그 후에 **zeatin**과 **isopentenyl adenosine(IPA)**같은 수종의 사이토키닌이 식물체로부터 분리되었다.

사이토키닌은 유전자의 작동이 중지되는 것을 방지하고, 작동이 중지된 유전자를 활성화시키는 작용을 한다. 뿌리혹병에 의한 뿌리혹, 깜부기병과 녹병에 의한 혹, 녹병에 감염된 강낭콩 잎에서 사이토키닌 활성이 증가한다.

반면에 버티실리움시들음병에 감염된 목화와 가뭄스트레스를 받은 식물체에서 사이토키닌의 활성은 더욱 낮아진다.

③ 에틸렌

식물체에서 자연적으로 생성되는 **에틸렌(ethylene, CH_2=CH_2)**은 식물체의 황화, 잎의 상편생장, 부정근의 자극, 열매의 성숙 등에 다양한 영향을 미친다. 또한 에틸렌은 식물체를 침입할 때 세포막의 투과성을 증가시킨다. 에틸렌은 조직 내에서 **파이토알렉신(phytoalexin)**의 생성을 유도하고 식물체의 저항성을 증가시키는 역할을 하는 효소나 신호 화합물의 합성이나 활성을 증가시킨다. 토마토 반쪽시들음병에 감염될 때 에틸렌이 존재하면 병진전이 억제되는 반면에 감염 후에 존재하면 병진전이 촉진된다.

5.4.6 다당류에 의한 병원성기작

곰팡이, 세균, 선충 등의 병원체의 몸체를 덮고 있으면서 외피와 환경 사이의 접촉영역을 제공하는 끈적끈적한 **세포외다당류(exopolysaccharides)**는 직접적으로 병징을 유도하거나, 기주식물체 내에서 증식을 좋게 해 간접적으로 병원성을 발휘하도록 하거나, 병원체의 생존을 증대시킴으로써 여러 병원체가 정상적인 병징을 일으키는데 필수적이다.

유관속시들음병에서 물관에 있는 곰팡이에 의해 분비되는 큰 다당류분자와 곰팡이가 분비하는 효소에 의해 기주물질이 분해된 후 물관으로 분비되는 큰 분자물질이 유관속을 기계적으로 막아 시들음증상을 일으킨다.

Chapter 06

기주식물체의 저항성기작

황병국 | 고추 역병

식물의 종 또는 품종에 따라서는 병원체가 침입되어도 병징을 볼 수 없거나 발생이 적을 때가 있다. 이와 같이 병원체의 작용을 억제하는 식물의 능력을 **저항성(resistance)**이라고 한다. 식물이 어떤 병원체에 대해 저항성을 나타내는 원인은 식물이 병원체의 기주범위 밖의 식물 집단에 속해 있기 때문에 나타내는 **비기주저항성(nonhost resistance)(심층학습 16)**, 병원체의 비병원력 유전자에 대한 저항성 유전자를 가지기 때문에 나타내는 **진정저항성(true resistance)**, **품종 특이적 저항성(cultivar-specific resistance)**, **유전자 대 유전자 저항성(gene-for-gene resistance)** 등과 여러 방법으로 병원체에 의한 감염을 회피하거나 견뎌내기 때문에 나타내는 **외견상 저항성(apparent resistance)** 등이 발현되기 때문이다(그림 6.1).

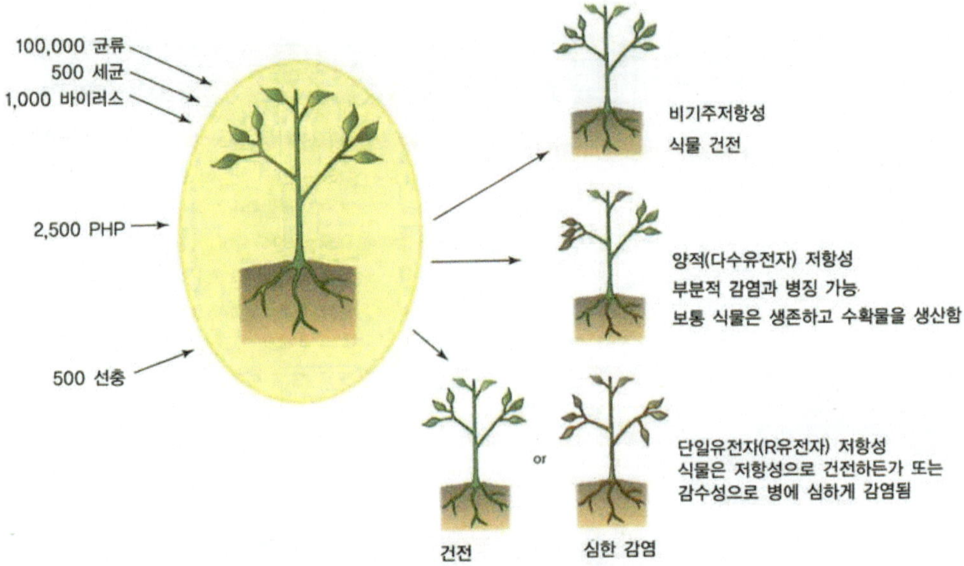

그림 6.1 다양한 병원체의 공격에 대한 식물체의 저항성 유형. [출처: 식물병리학]

보통 병원체는 병발생에 가장 좋은 환경에서도 비기주(非寄主)는 완전한 저항성을 나타내기 때문에 병을 일으킬 수 없다. 도열병균은 벼에는 병원성이 있으나 감자에는 병을 일으킬 수 없으며, 반대로 역병균은 감자에는 병원성이 있으나 벼에는 병을 일으킬 수 없다. 병원체와 식물체 사이에 친화성(affinity)이 없어 비기주저항성을 나타낸다. 즉 저항성이란 기주범위 내에 속하는 식물과 병원체의 상호반응에서 통용될 수 있다.

식물이 전혀 어떤 병에 걸리지 않는 성질을 **면역성(immunity)**이라고 하고, 식물이 어떤 병에 걸리기 쉬운 성질을 **감수성(susceptibility)**이라고 한다. 한편 파종기를 바꾸든지 숙기가 다른 품종을 재배함으로써 식물이 병원체의 활동기를 회피해 처음부터 병에 걸리지 않고 병을 모면하는 것을 **병회피(disease escaping)**라고 한다. 맥류 붉은곰팡이병에 걸리기 쉬운 품종도 출수기를 전후해서 날씨가 건조하면 감염을 모면한다. **내병성(disease tolerance)**은 식물

심층학습 16 비기주저항성에 의한 기주특이성

지구상에는 25만 종의 식물이 분포하고 있다. 식물은 지구에 산소를 공급해 지구를 우주에서 가장 아름다운 별로 만들어준다. 뿐만 아니라 식물은 사람들에게 의식주를 비롯해서 수많은 자원을 제공해주는 고마운 존재다. 식물병원체는 이러한 식물을 감염시켜 영양을 빼앗고 세포, 조직, 기관 등을 파괴시키거나 기능을 마비시키면서 식물병을 일으키고 심지어 식물체를 죽게 만든다.

자연 상태에서 식물은 다양한 병원체의 공격을 받고 적어도 한 가지 이상의 식물병에 걸린다. 또한 같은 종의 식물에서 발생하는 식물병의 종류는 병원체뿐만 아니라 기후나 환경에 따라 달라진다. 따라서 식물에 발생하는 식물병은 헤아릴 수 없을 만큼 많고도 다양하다.

식물병을 일으키는 대표적인 병원체인 곰팡이, 세균, 바이러스는 사람이나 동물에게도 각종 질병을 일으킨다. 그러나 각 병원체는 기주특이성(寄主特異性, host specificity)을 가지고 있어서 병원체에 따라 감염시킬 수 있는 기주가 한정돼 있다. 즉 인체병원체가 식물로 전염되지 않듯이 식물병원체가 사람이나 동물에게 전염되지 않는다.

궤양 증상은 사람뿐만 아니라 식물에도 나타난다. 사람에게 '위궤양'이나 '십이지장궤양'을 일으키는 세균인 '*Helicobacter pylori*'는 식물을 감염시키지 않는다. '키위나무 궤양병'을 일으키는 세균인 '*Pseudomonas syringae* pv. *actinidiae*'처럼 식물에도 '궤양병'을 일으키는 세균은 여러 가지가 알려졌지만, 모두 사람에게 전염되지 않을 뿐만 아니라 다른 종류의 식물에도 전염되지 않는다.

또한 사람에게 '감기'를 일으키는 '인플루엔자 바이러스(Influenza Virus)'나 '에이즈'를 일으키는 'HIV(Human Immunodeficiency Virus)'는 식물을 감염시킬 수 없고, '담배 모자이크병'을 일으키는 'TMV(Tobacco Mosaic Virus)'는 사람이나 동물을 감염시키지 않는다.

지구상에 존재하는 다양한 병원체마다 기주특이성을 가지고 있기 때문에 식물병원체가 사람이나 동물에게도 질병을 일으키거나, 인체병원체가 식물로 전염되는 엄청난 혼란은 일어나지 않는다. 만약 각 병원체에 기주특이성이 없다면 온 세상 생명체들이 갖가지 병원체가 일으키는 질병에 끊임없이 시달리는 생지옥으로 변했을 것이다.

그런데 '조류독감'처럼 동물을 감염시키는 바이러스가 사람에게 전염되기도 한다. 사람도 동물이기 때문에 이렇게 동물에 발생해서 사람에게도 전염되는 '인수공통감염병(人獸共通感染病, zoonosis)'에는 개에서 유래하는 '광견병(狂犬病, Rabies)', 원숭이에서 유래하는 '후천성면역결핍증후군(後天性免疫缺乏症候群, AIDS, Acquired Immune Deficiency Syndrome)', 낙타에서 유래하는 '중동호흡기증후군(中東呼吸器症候群, MERS, Middle East Respiratory Syndrome)', 사향고양이에서 유래하는 '중증급성호흡기증후군(重症急性呼吸器症候群, SARS, Severe Acute Respiratory Syndrome)' 등이 있다. 최근에 엄청난 위력으로 전 세계를 휩쓸면서 팬데믹을 일으키고 있는 '코로나19(COVID-19, Corona Virus Disease 19)'도 박쥐에서 천산갑을 거쳐 사람에게 전염된 것으로 추정되고 있다.

체 내에 병원체를 가지면서 병징이 나타나지 않거나 수량에는 큰 영향이 없는 등 기주가 실질적 피해를 적게 받는 경우를 말한다.

저항성기작은 편의상 **감염전 저항성(preinfectional resistance)**과 **감염후 저항성(post-infectional resistance)**으로 구분한다. 감염전 저항성이란 식물이 감염전부터 기주가 지닌 성질로서 침입 또는 그 진전을 억제하는 것이다. 감염후 저항성이란 병원체가 기주에 침입한 후에 양자의 상호작용에 의해서 일어나는 것을 말한다.

병원체의 생리적 분화가 있을 경우 저항성은 기주의 품종만으로 결정되는 것이 아니며 품종과 병원체 레이스와의 조합으로 또는 양자가 갖는 유전자의 상호작용으로 결정된다. 즉 병원성과 저항성은 같은 현상을 기생체 또는 기주측에서 보느냐는 것뿐이지 두 가지는 모두 같은 기준인 병반형 또는 감염형으로 평가된다.

6.1 감염전 저항성

6.1.1 기존 방어구조

식물병원성 곰팡이에 대한 식물체 방어의 최전선은 표면인데, 곰팡이가 감염을 일으키려면 곰팡이가 식물체 표면에 부착하고 관통할 수 있어야 한다. 곰팡이가 접촉하기 전에 식물체에 이미 존재하는 방어구조로 표피세포를 덮고 있는 왁스와 큐티클의 양과 질, 표피세포벽의 구조, 기공과 피목의 크기, 위치 및 형태, 식물체로의 곰팡이의 진전을 방해하는 두꺼운 벽으로 된 세포로 만들어진 조직의 존재 등이 있다.

기주의 큐티클이 두껍거나 발달하면 곰팡이의 침입이 어렵다. 토마토 열매의 각피가 두꺼운 것은 토마토 잿빛곰팡이병균에 대해서 저항성이며, 밀 줄기녹병균에 대해 리그닌화한(lignified) 후벽조직이 발달한 밀 품종은 저항성이다.

대체로 성체식물은 곰팡이에 대해 저항성이다. 배나무 붉은별무늬병균은 각피가 발달되지 않은 어린잎이나 어린 열매에만 침입한다. 벼 표피에 규산이 축적된 규질화세포의 수가 많은 품종은 벼 도열병균에 대해 저항성이다.

기공으로 침입하는 사탕무 갈색무늬병균은 기공이 충분히 열리는 오래된 잎에만 침입할 수 있고 어린잎은 침해하기 어렵다. 아침 늦게 기공이 열리는 밀 품종은 이슬이 말라 버리기 때문에 밀 줄기녹병균의 여름포자가 침입할 수 없어 저항성이다(표 6.1).

표 6.1 식물병원성 곰팡이가 감염하기 전 방어구조와 저항기작

감염전 방어구조	저항성 기작
각피 두께	각피가 두꺼운 토마토 열매는 잿빛곰팡이병균에 저항성
각피 발달	각피가 발달한 성숙한 배나무는 붉은별무늬병균에 저항성
후벽조직 발달	후벽조직이 발달한 밀 품종은 줄기녹병균에 저항성
규질화 세포 발달	규질화 세포가 많은 벼 품종은 도열병균에 저항성
기공개폐 정도	기공이 충분히 열리지 않는 어린잎은 사탕무 갈색무늬병균에 저항성
기공개폐 시간	아침 늦게 기공이 열리는 밀 품종은 밀 줄기녹병균에 저항성

6.1.2 기존 화학적 방어

① 식물체에 의해 환경으로 방출되는 inhibitor

식물체에서 방출되어 곰팡이에게 독성을 나타내는 항균성물질이 특정 곰팡이에 대해 억제 작용을 나타낸다. 양파 유색품종에는 붉은 색소 외에도 페놀화합물인 **프로토카테큐산(protocatechuic acid)**과 **카테콜(catechol)**이 있기 때문에 양파 탄저병균에 대해 저항성이며, 착색된 껍질을 벗기면 감수성으로 된다. 곰팡이가 기주에 침입하기 전부터 형성된 페놀화합물은 직접 저항성에 관여하는데, 밀 줄기녹병균, 벼 도열병균 등에 대해 각각 저항성인 품종들은 그 함량이 높다.

② 감염 전 식물세포에 존재하는 inhibitor

감염 전 세포에 존재하는 **phytoanticipin**이라는 항미생물 물질 때문에 식물체가 곰팡이가 일으키는 병에 대해 저항성을 나타낸다. 토마토의 어린 열매, 잎 또는 종자의 세포에 높은 농도로 존재하는 몇 가지 **페놀화합물, 탄닌(tannin)**같은 지방산 유사 화합물은 잿빛곰팡이병균에 대해 어린 조직이 저항성을 나타내게 한다. 딸기 잎에 존재하는 **카테킨(catechin)**은 *Alternaria alternata*의 포자발아와 부착기 형성은 억제하지 못하지만 흡기로부터 감염균사의 형성을 억제함으로써 감염을 억제한다.

사포닌(glycosylated steroidal 화합물 또는 triterpenoid)의 일종인 토마토의 **토마틴(tomatine)**과 귀리의 **아베나신(avenacin)**같은 몇 가지 화합물은 항균성 세포막 분해 활성을 가질 뿐만 아니라 사포닌을 분해할 수 있는 효소(saponinase)가 없는 곰팡이가 기주를 감염시키지 못하게 한다. 또한 **렉틴(lectin)**같은 화합물은 어떤 당에 특이적으로 결합하고 많은 종류의 종자에서 높은 농도로 생성되어 많은 곰팡이를 용해시키고 생장을 억제시킨다(표 6.2).

표 6.2 식물병원성 곰팡이가 식물체를 감염하기 전 식물세포에 존재하는 방어물질과 저항기작

감염전 방어물질	저항성 기작
카테콜과 프로토카테큐산	저항성 유색 양파품종 껍질에서 탄저병균의 포자발아 억제
페놀화합물, 탄닌	어린 열매, 잎 또는 종자의 세포에 높은 농도로 존재하는 토마토 품종은 잿빛곰팡이병균에 저항성
페놀화합물	함량이 높은 품종은 밀 줄기녹병균, 벼 도열병균 등에 저항성
카테킨	딸기 잎에서 *Alternaria alternata*의 흡기로부터 감염균사 형성 억제
토마토의 토마틴과 귀리의 아베나신	사포닌의 일종으로 항균성 세포막 분해 활성을 가질 뿐만 아니라 사포닌분해효소가 없는 곰팡이의 기주 감염 저지
렉틴	어떤 당에 특이적으로 결합하고 많은 종류의 종자에서 높은 농도로 생성되어 많은 곰팡이 용해 및 생장 억제

6.1.3 기주식물체에 의한 병원체의 인식

식물체가 병원체로부터 스스로 보호하기 위해 유용한 생화학적 방어 및 구조적 방어를 동원할 수 있다면 식물체에 의한 병원체의 조기 인식은 매우 중요하다. 병원체는 식물체와 접촉을 하자마자 식물체는 신호분자, 즉 병원체의 존재를 나타내는 분자를 수용하기 시작한다.

① 병원체 elicitor

곰팡이는 기주식물체에 의해 곰팡이를 인식할 수 있는 독소, 당단백질, 탄수화물, 지방산, peptide와 protease, pectic enzyme같은 세포외 미생물적 효소를 포함하는 비특이적 elicitor를 그들의 주위에 분비한다. 또한 기주-병원체 상호작용에서 곰팡이에서 분비되는 *avr*유전자 산물, *hrp*유전자 산물, 억제제같은 물질도 기주식물체에 의해 곰팡이를 인식할 수 있는 elicitor로 작용한다.

기주식물체의 효소가 곰팡이의 표면을 구성하고 있는 다당류의 일부를 분해시키거나 곰팡이의 효소가 기주식물체 표면의 다당류를 분해시켜 방출되는 다당류의 과량체(oligomer) 또는 단량체(monomer)도 기주식물체에 대한 인식 elicitor로 작용한다.

② 기주식물체 수용체

병원체 elicitor를 인식하는 기주 수용체의 위치는 알려지지 않았지만, 세포막 외부나 세포막 위 또는 세포 내에서도 작용한다. 밀 흰가루병균이 분비해 elicitor 역할을 하는 가용성 탄

수화물이 보리, 호밀, 귀리, 벼, 옥수수 등 넓은 범주의 화곡류에서도 elicitor로 작용하는데, 방어반응에 관련된 유전자를 생성할 뿐만 아니라 곰팡이 침입에 대한 저항성 유도에도 관여한다.

③ 방어반응 진행

식물체의 특정한 분자가 곰팡이에서 유래하는 elicitor를 일단 인식하고 반응하면 그 식물체는 곰팡이를 인식한 것이다. 그러한 인식에 뒤이어 곰팡이와 곰팡이의 효소, 독소 등을 방어하기 위해 일련의 생화학적 반응과 구조적 변화가 식물체 세포에서 일어난다(그림 6.3).

얼마만큼 빠르게 식물체가 곰팡이를 인식하는가와 얼마만큼 빠르게 경고를 발휘해 방어수단을 동원할 수 있는가에 따라 감염이 일어날 수 있는지 또는 얼마만큼 많이 진전될 수 있는지 즉, 기주방어에 의해 곰팡이의 진전이 멈출 때까지 얼마나 심한 병징이 생길 수 있는지가 결정된다.

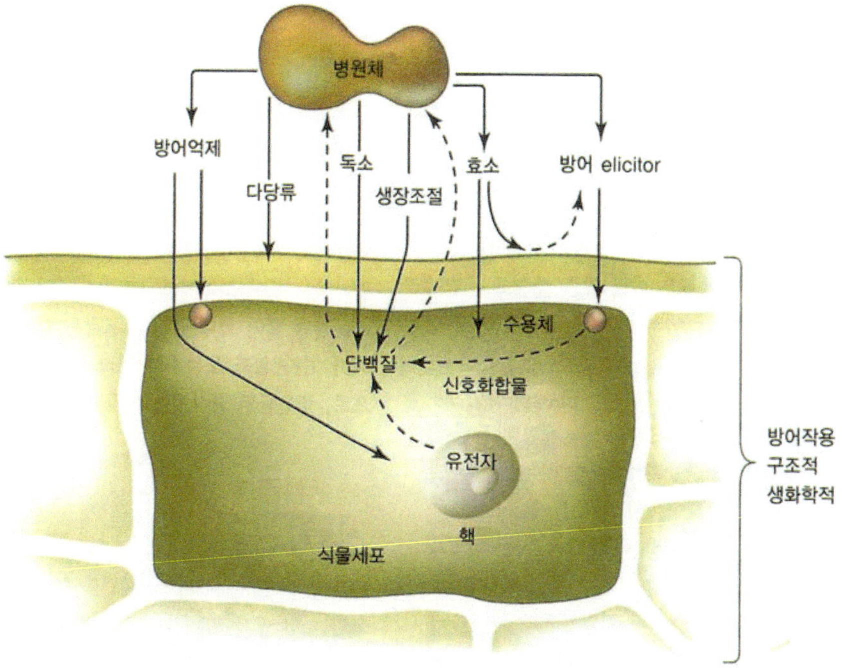

그림 6.3 병원체와 기주세포의 상호작용의 모식도. [출처: 식물병리학]

6.1.4 신호 전달체계

일단 병원체에서 유래하는 elicitor가 기주에 의해 인식되면, 기주에서는 기주세포 단백질과 핵 유전자가 활성화되도록 일련의 경고신호가 보내지고, 그 신호에 따라 병원체를 억제하는 물질이 생성되며, 병원체에 의해 공격받은 세포부위로 그 생성물이 이동된다. 경고물질의 일부와 신호전달체계는 세포 내에만 있지만, 신호는 여러 인접 세포로도 전달되고, 식물체 전체에 구조적으로 전달된다.

가장 흔한 신호전달자는 여러 가지 protein kinase, 칼슘 이온, phosphorylase, phospholipase, ATPase, 과산화수소(H_2O_2), 에틸렌 등이다. 전신적으로 저항성이 획득되도록 하는 전신 신호전달체계는 salicylic acid, 식물세포벽에서 방출된 oligogalacturonide, jasmonic acid, systemin, 지방산, 에틸렌 등에 의해 실행되는 것으로 여겨진다. 살리실산같은 일부 합성 화학물질과 합성 dichloroisonicotinic acid도 여러 다양한 종류의 식물병원성 곰팡이에 대한 전신적 저항성을 획득하게 하는 신호경로를 활성화시킨다.

6.2 감염후 저항성

6.2.1 유도 구조적 방어

기주식물체에 이미 형성된 외부나 내부의 방어구조에도 불구하고 상처나 자연개구를 통해 침입한 병원체에 반응해서 식물체는 자신을 방어하기 위해 한 가지 형태 이상의 구조체를 형성한다. 이러한 유도 구조적 방어는 공격당한 세포의 세포질에서 일어나는 **세포질적 방어반응(cytoplasmic defense reaction)**, 세포벽에서 일어나는 **세포벽 방어구조(cellwall defense structure)**, 병원체 앞에 있는 식물체 조직에서 일어나는 **조직학적 방어구조(histological defense structure)** 등이다.

(1) 세포질적 방어반응

만성적인 식물병 또는 거의 공생상태를 유도하는 병원성이 약한 *Armillaria*와 균근균(菌根菌, mycorrhizal fungi)처럼 느리게 자라고 약한 병원성을 지닌 일부 곰팡이는 식물체의 세포질이 균사 덩어리를 둘러싸고 핵은 2개로 나누어지는 지점까지 늘어날 정도로 세포질과 핵이 확대된다. 세포질은 입자로 되고 조밀하게 되며 여러 가지 입자 또는 구조체가 세포질 속에 나타나서 병원균의 균사체는 붕괴되고 침입이 멈춘다.

(2) 세포벽 방어구조

세포벽 방어구조는 세포벽에서의 형태적 변화 또는 곰팡이에 의해 침입받게 되는 세포의 세포벽으로부터 유도된 변화를 포함한다. Callose 방어돌기가 곰팡이에 의한 침입에 반응해 세포벽 안쪽에 침적된다. 방어돌기의 주기능이 세포손상을 회복시키는 것이지만, 곰팡이가 차후에 세포를 침입하는 것을 방해한다. 세포벽을 침입하고 세포내강 속으로 자라는 곰팡이의 균사 말단부는 나중에 페놀물질과 섞이게 되는 callose에 의해 봉해지고 균사 주위에 **sheath** 또는 **lignituber**를 형성한다(그림 6.4).

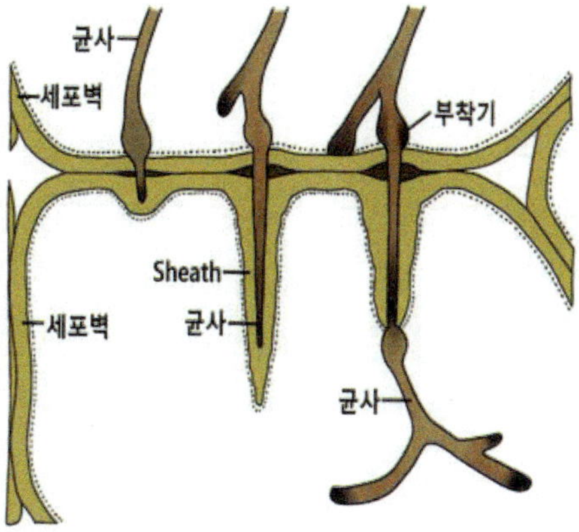

그림 6.4 Sheath 형성.

(3) 조직학적 방어구조

① 코르크층 형성

곰팡이나 세균, 심지어 일부 바이러스나 선충에 의한 감염은 병원체에 의해 분비되는 물질이 기주세포를 자극하면 그 저항성 반응의 결과로서 식물체가 감염부위 너머에 기계적인 방어벽인 코르크세포를 형성하도록 유도한다.

코르크층은 초기의 병반 너머로 곰팡이에 의한 더 이상의 침입을 억제하고 또한 곰팡이가 분비하는 독소 물질의 확산을 막는다. 더구나 코르크층은 건전한 부위로부터 감염부위로 양분과 물의 이동을 중지시키고 곰팡이로부터 영양분을 빼앗는다. 그래서 곰팡이를 포함한 죽은 조직은 코르크층에 의해 제한되고, 특정 기주-병원체 조합에 대해 크기와 모양이 뚜렷하게 균일한 괴사병반을 형성한 곳에 남아있다.

일부 기주-병원체 조합에서 괴사조직은 밑에 있는 건전한 조직에 의해 외부로 밀리고 허물이 벗겨질 딱지를 형성해 기주로부터 완전히 병원체를 제거한다(그림 6.5).

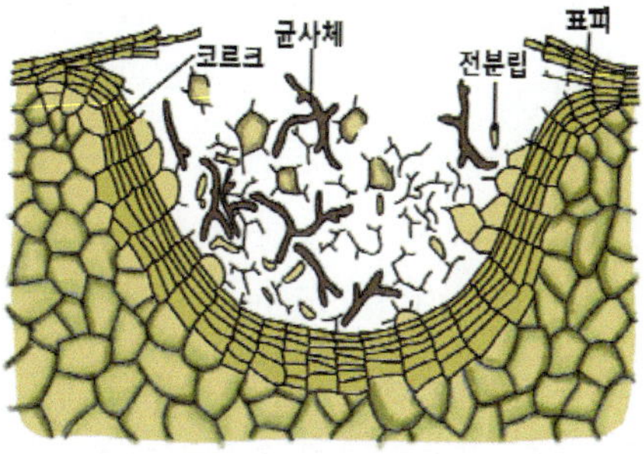

그림 6.5 코르크층 형성.

사이프러스나무 궤양병에 대한 저항성 식물의 클론은 리그닌화되고 코르크화된 세포벽이 4~6겹으로 경계층을 형성함으로써 곰팡이의 생장을 저지한다. 양배추 누렁병에 대해 저항성인 품종은 곰팡이가 침입한 부위에 몇 겹의 코르크화가 이루어져 발병의 진전을 억제한다.

② 이층 형성

이층(離層, abscission layer)은 여러 가지 곰팡이, 세균 또는 바이러스에 의해 감염된 후에 핵과류 나무의 어리고 생장이 활발한 잎에 형성된다. 이층은 감염된 부위를 둘러싸고 있는 잎 세포의 2개의 둥근 층 사이에서 형성된 틈새로 구성되어 있다(그림 6.6).

그림 6.6 이층 형성.

감염되는 동안에 이 2개의 세포층 사이의 중엽은 잎이 두꺼워지는 동안 용해되고 나머지 잎으로부터 중앙부위를 완전히 잘라버린다. 이 부위는 점차적으로 오그라들어 죽고, 곰팡이를 보균한 채로 벗겨져 버린다. 그래서 아직 감염되지 않은 세포와 함께 감염된 부위를 버림으로써 식물체는 나머지 잎 조직을 곰팡이에 의한 침입과 곰팡이의 독소분비에 의한 침해로부터 보호한다.

소나무류 잎떨림병 등에서는 병반부와 건전부 사이에 이층이 형성되어 발병을 저지한다.

③ 전충체 형성

전충체(塡充體, tylose)는 다양한 스트레스를 받는 상태에서와 유관속 침입 병원체에 의해 침입 받는 동안에 식물체의 물관 속에 형성된다. 전충체는 수(pith)를 통해 물관속으로 돌출된 인접한 살아있는 체관부 유세포의 원형질체가 비정상적으로 자란 것이다. 셀룰로스벽을 가진 전충체는 크기가 커지고 수가 많아져서 물관 전체를 완전히 막아버린다(그림 6.7).

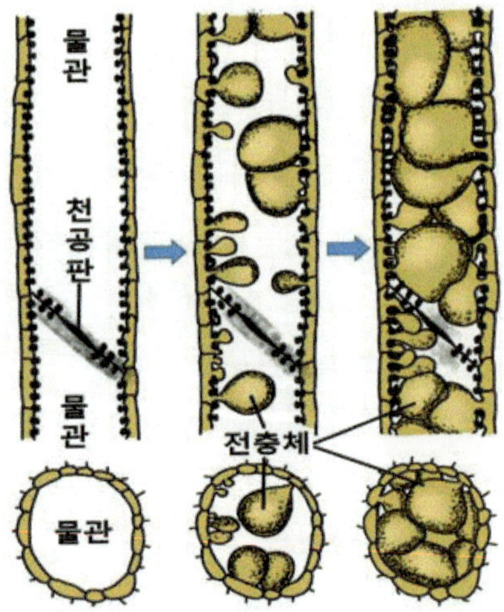

그림 6.7 전충체 형성.

식물체의 일부 품종에서 곰팡이가 여전히 어린뿌리에 있는 동안에 전충체는 곰팡이에 앞서서 다량으로 빠르게 형성되면서 곰팡이가 더 이상 진전되는 것을 차단하기 때문에 식물체는 곰팡이가 없는 상태로 남아 있게 되어 저항성이다.

④ 검물질 침전

병원체 감염에 의해 생긴 병반이나 상처 주위에는 다양한 종류의 **검(gum)물질**이 생성된다. 검물질의 분비는 핵과류 나무에서 가장 흔하지만 대부분의 식물체에 발생한다. 검물질이 세포간극과 감염부위를 둘러싼 세포 내에서 빠르게 침전되면서 병원체를 완전히 에워싸서 통과할 수 없는 장벽을 형성하게 되면 병원체는 격리되고 굶주려 곧 죽는다. 수박 덩굴쪼김병에 저항성인 호박, 박 등은 뿌리 끝으로 곰팡이가 침입은 하지만 주위에 검물질이 생겨서 발병은 억제된다.

6.2.2 유도 생화학적 방어

(1) 과민성반응

과민성반응(hypersensitive reaction)은 병원체가 침입했을 때 기주세포가 급격히 반응해 죽음으로써 병원체의 생육이 저지되거나 불활성화되는 현상이다. 많은 기주-병원체 조합에서 병원체가 세포와 접촉하자마자 핵은 침입한 병원체를 향해 이동해 곧 붕괴되고, 갈색의 검물질같은 입자가 세포질에서 먼저 병원체 주위에 형성된다. 동시에 갈색의 수지형상의 입자(resin-like granule)가 세포질에서 형성되는데, 먼저 병원체가 침입한 지점 주위에 형성되고 나서 세포질 전체에 형성된다. 식물세포의 세포질이 갈색으로 계속 변색되고 죽기 시작함에 따라 침입균사는 분해되기 시작한다. 대부분의 경우에는 균사가 이러한 세포에서는 자라지 않고 더 이상 침입을 멈춘다(그림 6.8).

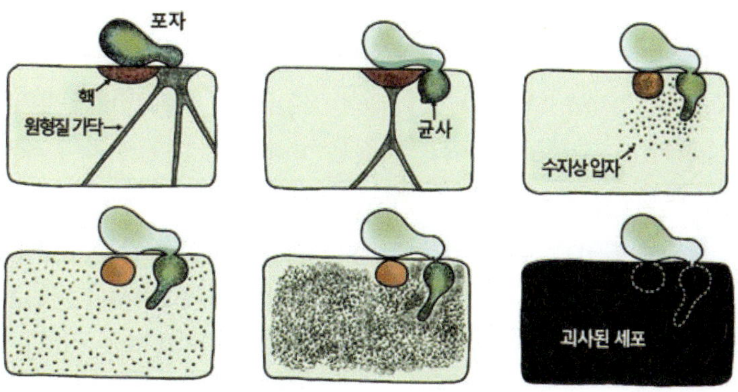

그림 6.8 과민성반응 진행 과정. [출처: 식물병리학]

과민성반응은 고도저항성반응에 속하며, 병원체의 침입 후 기주세포가 더 빨리 죽을수록 식물체는 감염에 대해 더 저항성이고, 기주와 기생체간에 평화적 공존으로 서서히 감염이 진행되면 결국 감수성이다.

과민성반응은 녹병균, 흰가루병균같은 절대기생체에서만 일어나는 반응으로 여겨왔으나, 벼 도열병균, 감자 역병균, 배나무 검은별무늬병균에서도 알려져 있다.

과민성반응은 특이적으로 곰팡이가 생성하는 elicitor를 식물이 인식해 일으키는 최고 수준의 식물방어반응이다. 기주식물이 elicitor를 인식하면 감염부위나 주변식물세포에서 일련의 생화학적 반응을 활성화시켜서 세포기능에 변화를 가져오고, 방어관련 화합물을 활성화시킨다. 산화반응의 급격한 발생, 세포막을 통한 K^+, H^+ 등 이온의 증가, 세포막의 파괴와 세포 구획화의 소실, 세포벽구성성분과 페놀계 화합물의 교차결합, phytoalexin 등 항미생물적 물질의 생성, chitinase 등 항미생물적 병생성관련 단백질의 형성 등이 잘 알려진 사례다.

기주와 병원체가 불친화적, 즉 병원체가 기주식물을 감염하지 못하는 특이적인 기주-병원체 조합에서만 과민성 반응이 발생한다. 병원체가 방출하는 elicitor를 인식하는 저항성 유전자가 식물에 존재하므로 과민성반응이 일어난다.

(2) 항균성 물질 생성

① 발병관련 단백질

PR 단백질(PR protein)이라고 부르는 **병생성관련단백질(pathogenesis-related protein)**은 다양한 구조를 가진 식물 단백질로, 침입한 곰팡이에 대해 독성이 있어서 식물방어와 관련이 있다. PR 단백질은 식물체에 소량으로 널리 분포되어 있으나 곰팡이 감염이나 스트레스를 받은 후에 PR 단백질 유전자가 활성화되어 전사(transcription)가 유도되고 PR 단백질이 높은 농도로 식물체에 유도, 축적되는 반면에, 정상적인 단백질 합성은 중지되고, 유전자 발현 양상이 전환된다.

PR 단백질은 PR-1 protein, PR-4 protein, β-1,3-glucanase, chitinase, chitosanase, lysozyme, peroxidase, proteinase, osmotin-like protein, thaumatin-like protein, cysteine-rich protein, glycine-rich protein, proteinase inhibitor 등이 있다. β-1,3-glucanase, chitinase 등의 PR 단백질은 chitin 형성 곰팡이의 세포벽에 들어가 붕괴시키며, lysozyme은 곰팡이 세포벽 구성성분인 glucosamine과 muramic acid를 분해시킨다.

PR 단백질을 유도시키는 역할을 하는 **신호화합물(signal compound)**은 salicylic acid, ethylene, xylanase, 일종의 polypeptide인 systemin, jasmonic acid 등이다. 신호물질은 식물체의 다른 부위로 전신적으로 수송되어 며칠 또는 몇 주 동안 병발생 정도를 감소시킨다.

② 파이토알렉신

파이토알렉신(phytoalexin)은 병원체가 기주식물에 접촉한 후 또는 화학적, 기계적 상해를 받은 후 식물체 내에서 합성, 축적되는 항균성 효과가 있는 저분자화합물을 일컫는다. 파이토알렉신은 30과 이상의 식물에서 300개 이상이 분리되었는데, 대부분의 파이토알렉신은 단순 페놀화합물, flavonoid, isoflavonoid, stilbene, terpenoid, polyacetylene 등의 화합물이다.

같은 과에 속하는 식물이 생성하는 파이토알렉신의 화학적 구조는 비슷하다. 대부분의 콩과식물에서는 isoflavonoid, 가지과식물에서는 terpenoid 등의 파이토알렉신이 알려져 있다. 파이토알렉신은 식물에 따라 일정하나 병원체의 종류와는 관계가 없다. 완두 꼬투리에 과수잿빛무늬병균, 벼 도열병균, 사과나무 탄저병균의 포자현탁액을 접종하면 모두 pisatin이 생긴다. 그리고 pisatin은 다른 병원균에 대해서도 생육을 억제한다.

그밖에 고구마 검은무늬병균에 의해서 고구마에 생성되는 ipomeamarone, 감자 역병균에 의해서 감자에 생성되는 rishitin, 강낭콩의 phaseollin, 콩, 알팔파, 클로버의 glyceollin, 목화의 gossypol, 고추의 capsidiol 등이 있다(그림 6.9).

이름	구 조	식물명
Phaseollin	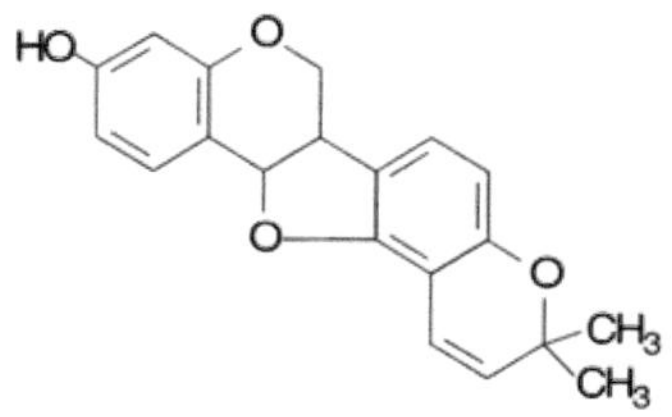	강낭콩 (*Phaseolus vulgaris*)
Pisatin	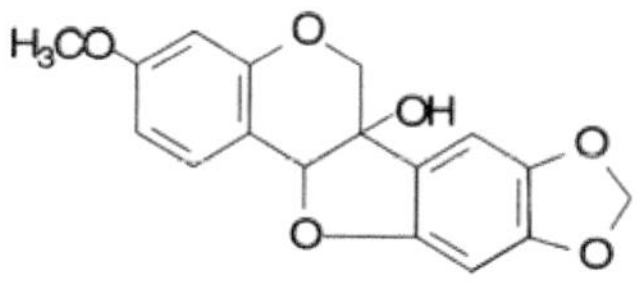	완두콩 (*Pisum sativum*)
Gossypol	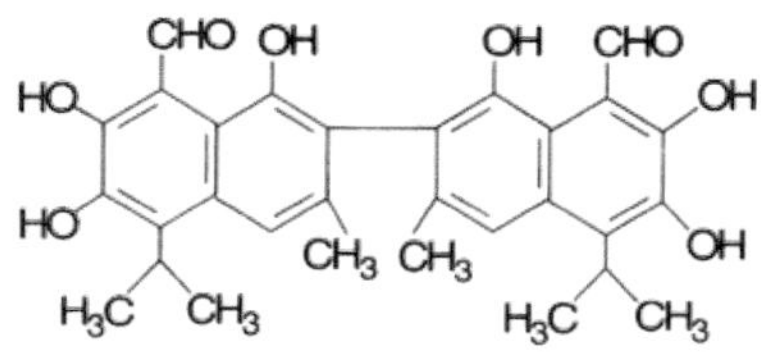	목화 (*Gossypium indicum*)
Rishitin	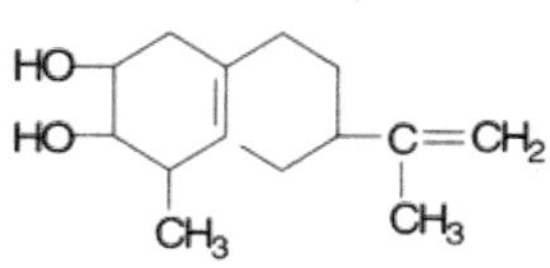	감자, 토마토 (*Solanum tuberosum*, *Lycopersicon esculentum*)
Glyceollin	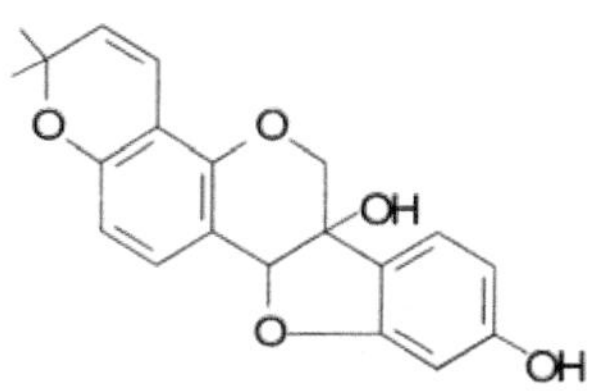	콩 (*Glycine max*)
Capsidiol	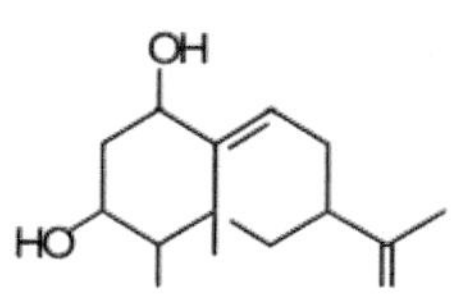	고추 (*Capsicum annuum*)

그림 6.9 식물에서 생성되는 주요 phytoalexin. [출처: 식물의학]

파이토알렉신은 병원체나 비병원체, 상처, 물리적 자극, 중금속, cyanide같은 화학물질 처리에서도 비특이적으로 생성된다. 미생물이 분비해서 식물에 파이토알렉신을 유도하는

elicitor로 과수 잿빛무늬병균의 균사에서 추출한 polypeptide인 monacolin A를 비롯해서 토마토 잎곰팡이병균과 고구마 무름병균에서 분리한 glycopeptide, 콩 뿌리썩음병균에서 분리한 다량체 β-1,3-glucan과 oligosaccharide, glucan, chitosan, glycoprotein, lipid, 다당류 등의 고분자화합물 등이 있다.

저항성과 감수성 식물에서 일어나는 파이토알렉신에 대한 기본 반응은 비슷하고 생성속도에 차이가 있다. 불친화적인 관계에서 파이토알렉신의 생성속도도 빠르고 더 많은 양이 축적된다. 갈색무늬병에 감염된 완두콩 꼬투리에서 완두콩의 저항성 정도에 따라 pisatin의 생성농도가 다르며, 높은 농도의 pisatin이 저항성 품종에서 축적된다.

③ 페놀계 화합물 및 페놀산화효소

식물병원성 곰팡이에게 독성이 있는 **페놀계 화합물(phenolic compounds)**은 감염 후 신속하게 생성, 축적되고, 식물의 감수성 품종에서보다 저항성 품종에서 더 빠른 속도로 생성된다. 이러한 페놀계 화합물로는 chlorogenic acid, caffeic acid, ferulic acid가 있는데, 모든 페놀계 화합물이 저항성 식물에서 감염을 억제한다.

페놀분자에 glucose 등의 당이 결합된 배당체(glycoside)를 많은 식물이 함유하고 있다. 병원균은 식물조직에서 glycosidase를 방출케 하고, 이 glycosidase에 의해 배당체가 가수분해되어 방출된 페놀화합물은 병원균에 독성이 있어 식물방어 역할을 한다.

페놀산화효소(polyphenol oxidase)의 활성은 건전한 식물이나 감염된 감수성 식물보다 저항성 식물의 병든 조직에서 더 높다. 페놀산화효소는 페놀계 화합물을 독성이 더 강한 quinone으로 산화시키므로 페놀산화효소의 활성이 증가하면 독성 산화물이 고농도로 생성되어 저항성 정도가 더 증가한다.

다른 페놀산화효소인 peroxidase는 페놀계 화합물을 독성이 더 강한 quinone으로 산화시키고 과산화수소(H_2O_2)를 생성한다. 과산화수소는 고도로 활성이 있는 유리기(free radical)을 방출해 페놀계 화합물을 리그닌 유사물질로의 중합화(polymerization)를 가속화시킨다. 이 리그닌계 물질은 식물세포벽과 papillae에 집적되어 병원균의 생장과 발육을 방해한다.

(3) 유도 저항성

병원균 감염이나 화학물질 처리에 의해 식물 괴사부위 주변에 발현된 **유도저항성(induced resistance)**을 **국부적 획득저항성(local acquired resistance)**이라 하고, 전신적으로 퍼져 나가 감염되지 않은 말단 부위까지 퍼지면 **전신적 획득저항성(systemic acquired resistance)**이라 한다. Salicylic acid, isonicotinic acid, benzothiazole, arachidonic acid, DL-β-aminobutyric acid(BABA) 등이 식물에서 전신적 저항성을 유도한다(그림 6.10).

이러한 화합물을 뿌리에 처리, 엽면에 살포, 줄기에 주입하면 식물에 저항성을 유도하는데 효과적이다. 그밖에 살균제 fosetyl-Al, metalaxyl, triazole 등도 저항성 유도활성을 가진다.

전신적 획득저항성은 식물체 전체에 비특이적으로 작동해 모든 종류의 병원체가 일으키는 병피해를 감소시킨다. 과민성반응이 발현된 후에 식물에서 전신적 획득저항성이 생성된다. PR−1 단백질과 thaumatin, β-1,3-glucanase, chitinase, cysteine-rich protein 등 전신적 획득저항성 유전자의 산물은 직접적인 항균활성을 가지거나 항균활성 단백질과 밀접하게 관련되어 있다.

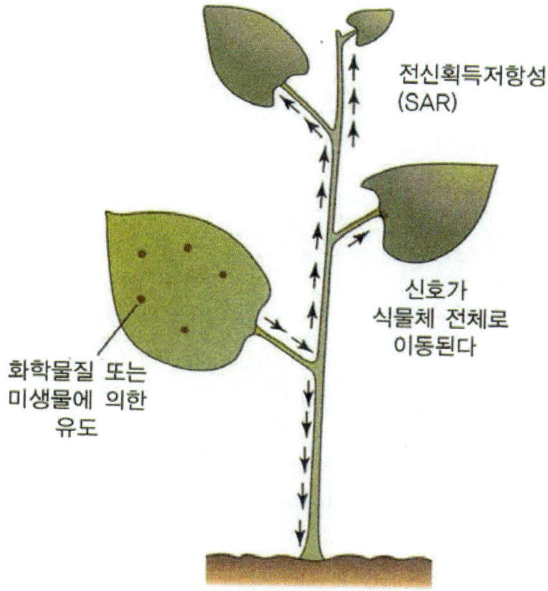

그림 6.10 전신획득저항성의 원리. [출처: 식물병리학]

Chapter 07

식물곰팡이병의 유전

Harold Flor | 아마 녹병

모든 생물체는 유전정보를 **DNA(deoxyribose nucleic acid)**에 내장하고 있다. 물론 RNA 바이러스는 유전정보가 **RNA(ribose nucleic acid)** 내에 들어있다. 모든 생물체에서 대부분의 DNA는 **염색체(chromosome)**에 존재한다(그림 7.1).

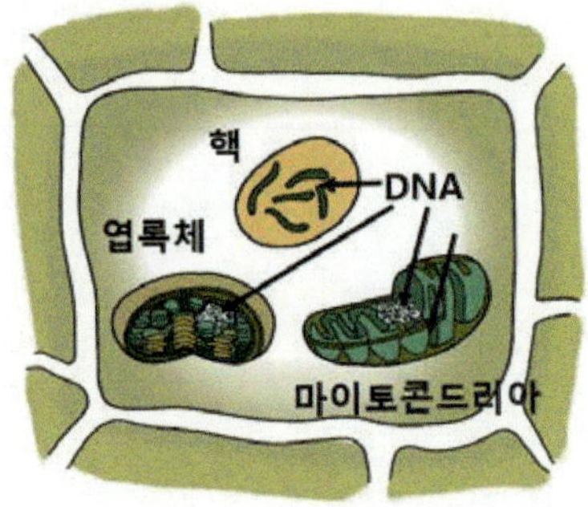

그림 7.1 식물세포 모식도.

세균과 몰리큐트처럼 원핵생물에는 단 하나의 염색체가 세포질에 존재하는 반면에 진핵생물에는 염색체가 핵속에 존재한다. 많은 원핵생물과 일부 진핵생물은 **플라스미드(plasmid)**라는 작은 환형 DNA를 세포질에 가지고 있다. 플라스미드 DNA 역시 유전정보를 가지고 있지만, 염색체 DNA로부터 독립적으로 증식하고 이동한다(그림 7.2).

그림 7.2 세균세포 모식도.

또한 모든 진핵생물 세포는 마이토콘드리아(mitochondria) 내에도 DNA를 가지고 있다. 식물세포는 핵과 마이토콘드리아 DNA 외에 엽록체 내에도 DNA를 가지고 있다. **유전자(gene)**는 하나의 단백질을 암호화하거나 하나의 RNA를 암호화하는 한 분절의 DNA분자다**(심층학습 17)**.

병원체가 기주식물에 병을 일으킬 수 있는 것은 병원체에는 특정 기주에 대한 병원성, 특이성 및 병원력을 위한 1개 이상의 유전자가 존재하기 때문이다. 병원체의 병원력 유전자는 일반적으로 그 병원체의 기주인 하나 또는 소수의 관련된 식물에 대해서만 특이적이다. 또한 특정 병원체에 대해 감수성이 되도록 하는 식물의 유전자도 그 병원체에 대한 기주식물이나 몇 가지 밀접하게 관련된 식물에만 존재한다.

모든 식물은 대부분의 병원체에 대해 비기주저항성(非寄主抵抗性, nonhost resistance)으로 알려진 기존 또는 유도 방어기작을 가지고 있어서 100종 이하의 병원체에만 감수성이다.

7.1 식물병원성 곰팡이의 변이기작

기주식물과 대부분의 곰팡이, 기생식물, 선충 같이 유성생식에 의해 증식하는 병원체의 후대에서 일어나는 변이는 주로 접합체의 감수분열 동안 유전자의 분리와 재조합을 통해 생기지만 유성생식 과정 없이도 변이체를 만든다.

식물병원성 곰팡이가 일으키는 기작은 **돌연변이(mutation)**, **교잡(hybridization)**, **세포질**

심층학습 17 유전자의 구조, 조절 및 발현

DNA에서 유전정보는 선상으로 나열된 4개의 염기[A=아데닌(adenine), C=시토신(cytosine), G=구아닌(guanine), T=티민(thymine)]서열 내에 들어 있다. 서로 붙어 있는 3개의 염기(triplet)가 특정 아미노산을 지정한다. **유전자(遺傳子, gene)**는 일반적으로 100~500개 또는 그 이상의 코돈(codon)으로 구성되어 하나의 단백질을 암호화하거나 하나의 RNA를 암호화하는 한 분절의 DNA분자다.

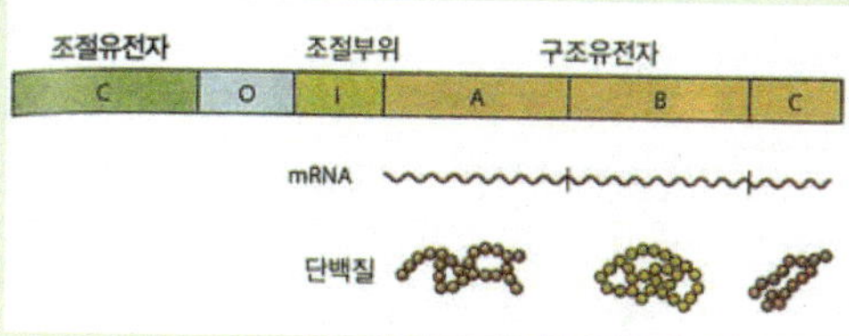

원핵생물에서 유전자의 구조, 조절 및 발현.
[출처: 식물병리학]

진핵생물에는 흔히 유전자의 암호화부위에 **인트론(intron)**이라는 비암호화 DNA가 끼어 있다. 유전자가 발현될 때에는 DNA의 한 가닥이 주형으로 작용해 RNA가닥으로 전사된다. 일부 유전자는 운반RNA(tRNA)나 리보솜RNA(rRNA) 등의 RNA만을 만든다. 그러나 대부분의 유전자는 최종적으로 단백질을 만드는데, 먼저 전령RNA(mRNA)로 전사된다. 전사된 mRNA에 리보솜이 부착해 tRNA의 도움으로 mRNA의 염기서열이 특정한 아미노산 배열로 번역하고, 이들 아미노산이 중합되고 특이한 형태로 포개져서 특정 단백질을 형성한다. 각각의 유전자는 서로 다른 단백질을 만드는 정보를 가지고 있다. 일부 단백질은 세포막 구조의 일부분이지만 대부분의 단백질은 효소로 작용한다. 이들 단백질이 세포와 생물체의 특성을 나타내는 모양, 크기, 색깔 등을 결정하며, 세포에 의해 생성된 화학물질을 결정하고, 세포와 생물체의 모든 활동을 조절한다.

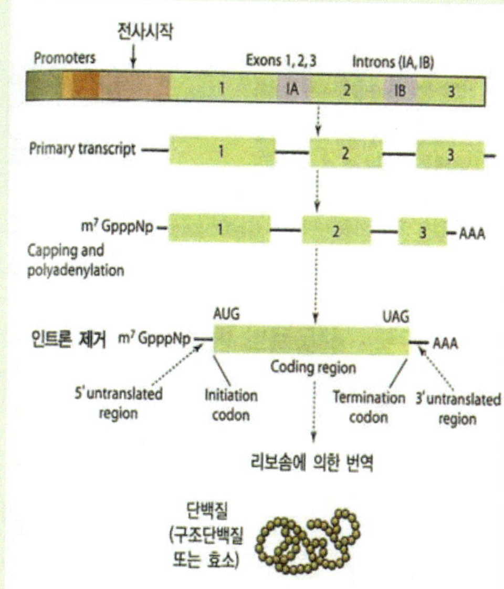

진핵생물에서 유전자의 구조, 조절 및 발현.
[출처: 식물병리학]

세포의 종류와 시간에 따라 세포는 그 기능과 요구가 다르기 때문에 세포 내의 모든 유전자가 동시에 발현되지는 않는다. 발현되는 유전자 종류, 발현되는 시기와 중지되는 시기, 발현되는 기간은 **프로모터(promoter)**, **증폭자(enhancer)**, **프로모터억제유전자(silencer)** 또는 **종결자(terminator)**라는 DNA에 의해 조절되면서 RNA와 단백질 생산의 신호로 작용한다. 많은 기주-기생체 상호작용에서 한 생물체에서 유전자 발현은 다른 생물체에서 생성된 물질에 의해 유도된다.

유전(cytoplasmic inheritance), **이핵현상(heterokaryosis)**, **준유성생식(parasexualism)**, **이수성(heteroploidy)** 등이다.

① 돌연변이

돌연변이(mutation)는 다음 세대로 유전되는 유전물질의 급작스런 변화로 자연계에서나 또는 인공배지에서도 병원체의 돌연변이는 자주 일어난다. 돌연변이는 DNA 염기의 치환, 염기의 부가 및 삭제 등을 통해 일어난다.

또한 돌연변이는 특정 부위의 DNA가 증폭해 여러 개가 되거나, transposable element(이동 가능한 DNA 조각)가 삽입되거나 절단되고, DNA 조각의 역위(逆位, inversion) 등을 통해 일어난다.

곰팡이의 반수체 균사에서는 돌연변이가 발생한 즉시 발현되지만, 대부분의 돌연변이는 열성이기 때문에 2배체나 2핵체의 돌연변이는 잡종(雜種, hybrid)에서는 발현되지 않는다. 돌연변이의 빈도는 종 또는 레이스, 환경조건 및 돌연변이유기제(mutagen)에 따라서 다르다. 그리고 돌연변이는 곰팡이의 형태 및 병원성을 포함한 여러 가지 생리적 특성에 영향을 미친다.

병원성의 돌연변이는 다른 형질에서보다 자주 일어나지는 않지만 수많은 곰팡이 후대가 생성되므로 자연계에서 많은 돌연변이균이 매년 발생한다. 이 외에 오직 유전적으로 균일한 저항성 품종이 수년동안 넓은 면적에 재배된다면, 이 품종을 침해할 수 있는 병원력이 강한 새로운 돌연변이가 발생하게 된다.

돌연변이로 새로운 레이스가 생겨서 종전까지 저항성이었던 품종을 침범한 식물병원균은 감자 역병균, 토마토 잎곰팡이병균, 아마 녹병균, 옥수수 깨씨무늬병균, 벼 도열병균 등이다.

② 교잡

교잡(交雜, hybridization)은 주로 식물, 곰팡이, 선충의 유성생식 동안 일어나는데, 약간 다른 유전물질을 가진 두 반수체(1N, haploid) 핵이 **접합체(zygote)**라 부르는 2배체(2N, diploid) 핵을 형성할 때마다 일어난다. 접합체는 곧 감수분열을 통해 배우자, 포자, 또는 균사형태의 새로운 반수체 세포를 형성한다.

이러한 유전인자의 **재조합(recombination)**은 접합체가 감수분열을 할 때 쌍을 이룬 한쪽 염색체의 염색분체 부분이 다른 염색체의 염색분체 부분과 교환되는 유전적 교차 현상의 결과다. 감수분열 후 발생되는 반수체 핵이나 배우자는 유사분열을 해 다음 생활사까지 균사와 포자를 형성한다. 이 결과 유전적으로 다소 상이하나 비교적 동질적인 개체를 생성해 다음 유성생식 때까지 무성적으로 큰 개체군을 만든다.

교잡은 레이스 간에 종 내에서, 종간 또는 속간에서도 일어나며, 그 교잡종에는 병원성이 다른 것이 생길 수 있다. 실제로 한 포장에는 서로 다른 레이스가 섞여 있으므로 교잡의 기회는 크다.

교잡에 의해 새로운 레이스가 생긴 식물병원균은 밀 줄기녹병균, 밀 비린깜부기병균, 사과나무 검은별무늬병균, 수수 속깜부기병균, 수수 실깜부기병균 등이다.

③ 세포질유전

식물이나 식물병원성 곰팡이는 핵 외에 플라스미드, dsRNA, 마이토콘드리아 DNA 등에 의해 조절되는 **염색체외유전(extrachromosomal inheritance)**을 통해 생리적 과정을 수행할 능력을 획득한다. 이러한 **세포질유전(cytoplasmic inheritance)**은 멘델의 법칙을 따르지 않기 때문에 돌연변이를 발견하기가 매우 어렵지만, 세포질 유전은 바이러스나 바이로이드를 제외한 모든 생물에서 일어난다. 곰팡이에서 독소에 대해 견딜 수 있는 능력, 생장을 위해 새로운 물질을 이용할 수 있는 능력, 기주식물에 대한 병원력 등이 세포질 유전물질의 변이를 통해 생긴다.

④ 이핵현상

이핵현상(異核現狀, heterokaryosis)은 수정 또는 균사융합(anastomosis)의 결과로 곰팡이의 균사 또는 포자의 한 세포 내에 유전적으로 다른 2개 이상의 핵을 갖는 현상이다. 이핵현상은 많은 곰팡이에서 일어나는데, 배양 또는 기주접촉시 병원성을 비롯한 여러 특성의 변이를 일으킨다.

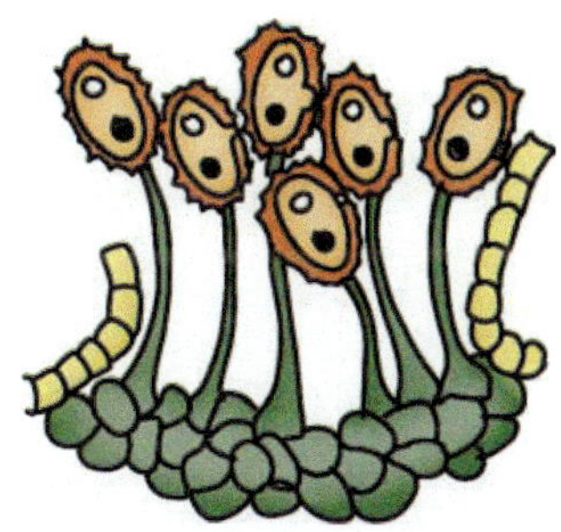

그림 7.3 2핵의 여름포자.

담자균에서 2핵상태는 반수체의 균사나 포자와는 큰 차이를 나타낸다. 밀 줄기녹병균에서 반수체인 담자포자는 매발톱나무를 침해하지만 밀을 침해하지 못하므로 오직 매발톱나무에서만 자랄 수 있다. 그러나 2핵의 녹포자와 여름포자(그림 7.3)는 밀은 침해할 수 있으나 매발톱나무는 침해할 수 없고, 2핵 균사는 매발톱나무는 물론 밀에서도 자랄 수 있다.

⑤ 준유성생식

준유성생식(parasexualism)은 유성세대가 없는 불완전균류의 영양균사에서 마치 유성생식과 같은 유전적인 재조합이 일어나는 현상으로 2개의 핵이 가끔 합쳐져서 2배체 핵(2N)을 형성해 일어난다.

이 곰팡이가 증식하는 동안에 체세포분열 과정에서 교차가 일어나며, 2배체 핵이 점진적으로 그리고 빠르게 각각의 염색체를 잃어서 반수체로 돌아갈 때 생기는 유전적 재조합체다. 곰팡이가 균사융합이나 수정으로 2핵세포를 형성할 수 있는 균사의 주위에서 주로 함께 생장한다고 생각할 때, 준유성생식의 빈도와 이를 통한 유전적 변이는 유성생식을 통한 유전적 변이를 능가할 수 있다.

준유성생식이 알려진 식물병원균은 완두 시들음병균, 알팔파 줄기마름병균, 보리 점무늬병균 등이다.

⑥ 이수성

이수성(異數性, heteroploidy)은 특정 생물체에서 정상적인 핵당 염색체수 즉 1N 또는 2N이 아닌 다른 개수의 염색체를 가지는 세포나 조직 또는 개체를 일컫는다.

이수체(異數體, heteroploidy)는 반수체, 2배체, 3배체, 4배체이거나 또는 정상적인 염색체보다 1, 2, 3 또는 그 이상의 염색체를 가지고 있거나, 또는 정상보다 1, 2, 3 또는 그 이상의 염색체를 잃어서 생긴다.

곰팡이에서 흔히 발견되는 이수체는 생장 속도, 포자 크기, 포자형성 속도, 균사색, 효소활성 및 병원성에 영향을 미친다. 이수성이 알려진 식물병원균은 목화 반쪽시들음병균 등이다.

7.2 식물병원성 곰팡이의 생리적 분화

같은 품종의 작물을 다른 지방에서 재배하면 서로 다른 감염형의 병반이 생길 수도 있다. 마치 작물에 여러 품종이 있듯이 병원체에도 형태적으로 같은 종이면서 특정한 식물 또는 특정한 품종에만 병을 일으키는 등 병원성 및 기타 생리적 성질이 다를 때가 있다. 이러한 현상을 병원균의 **생리적 분화(physiological specialization)**라고 한다.

맥류 줄기녹병균은 특정한 형태적 특징을 가지고 있어서 **종(species)**으로 분류되었다. 그러나 이 종의 어떤 개체들은 오로지 밀이나 보리 또는 귀리만을 침해하는데, 이렇게 기주 범위가 다른 개체군을 각각 **분화형(forma specialis, f.sp.)**이라고 한다.

따라서 맥류 줄기녹병균(*Puccinia graminis*)은 밀 줄기녹병균(*Puccinia graminis* f.sp. *tritici*), 호밀과 보리 줄기녹병균(*Puccinia graminis* f.sp. *secalis*), 귀리 줄기녹병균(*Puccinia graminis* f.sp. *avenae*) 등의 분화형으로 나눈다.

각 분화형 내에서도 어떤 개체군은 기주식물의 특정 품종만을 침해하고 다른 품종들은 침해하지 못하는데, 이러한 개체군은 **레이스(race)**라고 일컫는다. 밀 줄기녹병균(*Puccinia graminis* f.sp. *tritici*)에는 200개 이상의 레이스가 있다.

가끔 특정 레이스의 다음 세대 개체가 전에는 침해할 수 없었던 품종을 갑자기 침해해 병을 일으킨다. 이러한 **변이주(variant)**에 의해 무성적으로 형성된 똑같은 개체군을 **생물형(biotype)**이라고 하는데, 각 레이스는 하나 또는 여러 생물형으로 구성되어 있다. 생물형은 유전적으로 균일한 최종적인 생물단위라고 할 수 있다.

이와 같이 분화형, 레이스, 생물형을 총칭해 **생리적 품종(physiologic race)**이라고 한다. 연구자에 따라서는 병원성을 위주로 하기 때문에 병원품종(pathogenic form, pathogenic race), 병원형(pathotype) 또는 생태종(biologic form), 균형(race)이라고 하지만 레이스란 용어가 보편적이다.

병원체 개개 레이스에 대해 저항성 반응이 뚜렷하게 다른 여러 가지 품종으로 되어 있는 **판별품종(differential variety)**에 대한 병원성에 따라 레이스를 분류한다. 이론상 판별품종 n개의 저항성 유전자가 있다면 각 유전자는 저항성과 감수성의 두 가지 표현형을 가지므로 2^n개의 상이한 레이스를 분류할 수 있다.

감자 역병균(*Phytophthora infestans*) 레이스는 국제적인 명명법을 세계 각국에서 채택해 저항성 유전자 R_1, R_2, R_3, R_4의 4개 유전자 조합으로 16개의 유전자형을 이용해 16개 레이스로 분류할 수 있다**(심층학습 18)**.

밀 줄기녹병균(*Puccinia graminis* f.sp. *tritici*)의 레이스는 12개 판별품종에 따라 세계적으로 약 300개의 레이스가 알려졌다. 벼 도열병균(*Magnaporthe oryzae*)의 레이스는 일본 판별품종 14개에 의해 T, C, N군(群)으로 분류하던 것을 국제 판별품종, 한국 판별품종, 필리핀 판별품종 등으로 분류하고 있다.

병원균의 새로운 생물형의 출현이 그 병원균의 기주범위에 변화를 가져왔을 때는 매우 큰 변화를 가져올 수 있다. 만일 변이주가 널리 재배되고 있는 작물의 품종을 침해할 수 있는 능력을 잃은 균주라면 그 존재가 알려지기도 전에 스스로 소멸되고 말 것이다.

그러나 변이주가 부모 계통에 저항성인 품종에서 생존할 수 있는 유일한 계통이라면 그 저항성 품종에서 경쟁 없이 증식해 널리 전반되어 저항성 품종을 파괴하는 **저항성 역전(break-down)**을 초래한다.

대표적인 저항성 역전현상은 우리나라에서 1970년대 후반에 벼 도열병균인 *Magnaporthe oryzae*에 의해 수직저항성을 지녔던 '통일벼' 품종에서 발생했었다**(심층학습 35)**.

심층학습 18 '감자 역병균' 레이스 판별

'감자 역병' 저항성 품종의 육성은 보통 재배 품종 간에 교배시키는 것을 시작으로 차츰 '감자 역병'에 강한 품종을 만들었지만, 이 방법으로는 고도의 저항성 품종 육성은 도저히 바랄 수 없었다.

일반적으로 품종 개량에는 풍부한 유전자의 확보가 필요하다. 그래서 각국의 연구자들은 감자의 원산지인 멕시코나 남아메리카를 탐험해 '감자 역병'에 강한 유전자를 가지고 있는 야생종을 찾아서 육종의 재료로 활용했다. 이 지역은 각종 감자의 야생종이 자생하고 있으며, 동시에 세계에서 발견된 '감자 역병균(*Phytophthora infestans*)' 레이스 모두가 활약하는 장소이기도 하다.

야생종 감자인 '*Solanum demissum*'은 '*Phytophthora infestans*'에 대해 면역이라고도 할 수 있을 만큼 강한 수직저항성(垂直抵抗性) 또는 진성저항성(眞性抵抗性)을 가지고 있다. 따라서 '*Solanum demissum*'은 '감자 역병' 저항성 품종 육성에 이용하는 시도가 영국을 비롯한 세계 각국에서 추진돼 '*Solanum demissum*'과 재배종 감자인 '*Solanum tuberosum*'을 교배시켜 육성한 종간 잡종의 신품종이 계속 재배됐다.

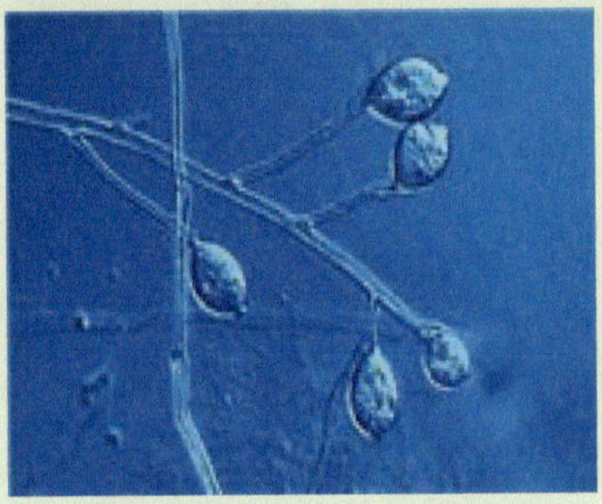

감자 역병균의 포자낭. [출처: W. Fry]

이처럼 저항성 종간 잡종 신품종이 널리 보급됨에 따라 신품종을 침입하는 새로운 레이스가 출현해 '*Solanum demissum*'이 가진 저항성 유전자를 도입한 저항성 품종이 소용없게 됐다. '*Solanum demissum*'은 '*Phytophthora infestans*' 레이스에 저항성을 나타내는 4개의 유전자 R_1, R_2, R_3, R_4를 가지고 있다. 이 유전자들은 단순한 멘델형 유전을 하기 때문에 교배에 의한 저항성 유전자를 도입하는 것이 비교적 쉽다.

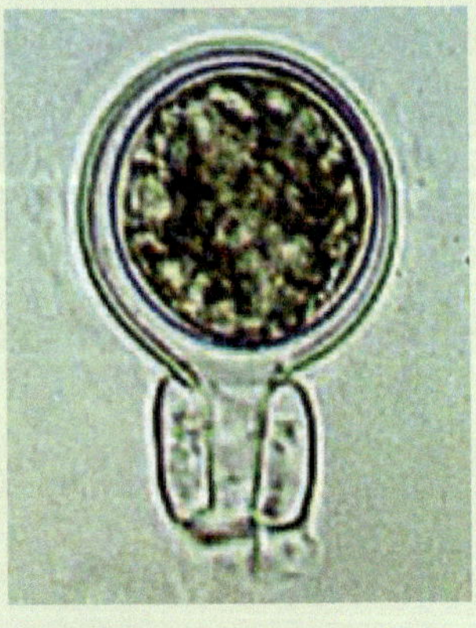

감자 역병균의 난포자. [출처: W. Fry]

또한 4개의 유전자 조합으로 16개의 유전자형이 가능하기에 16개의 '*Phytophthora infestans*' 레이스가 있을 것으로 예상해 세계 공통의 명명법이 제창됐다. 예를 들면 R_1 유전자형의 감자에 병원성을 가지는 '역병균' 계통을 race 1이라 하고, R_2 유전자형의 감자에 병원성을 가지는 '역병균' 계통을 race 2라 한다. 그리고 R_1R_2 유전자형의 감자에 병원성을 가지는 '역병균' 계통을 race 1.2라고 한다.

세계 각국에서 활발하게 '감자 역병' 저항성 육성 연구가 진행돼 우수한 저항성 종간 잡종 신품종들이 육성됐다. 그러나 이 저항성 종간 잡종 품종들을 침범하는 '*Phytophthora infestans*' 레이스가 출현했다. 현재까지 race 2.3을 제외한 15개의 레이스가 발견됐다.

감자 역병에 대한 4종류의 저항성 유전자(R_1, R_2, R_3, R_4)를 지닌 감자 품종과 *Phytophthora infestans* 레이스간의 상호작용(S: 감수성, R: 저항성)

	저항성 유전자형															
레이스	r	R_1	R_2	R_3	R_4	$R_1 R_2$	$R_1 R_3$	$R_1 R_4$	$R_2 R_3$	$R_2 R_4$	$R_3 R_4$	$R_1 R_2 R_3$	$R_1 R_2 R_4$	$R_1 R_3 R_4$	$R_2 R_3 R_4$	$R_1 R_2 R_3 R_4$
0	S	R	R	R	R	R	R	R	R	R	R	R	R	R	R	R
1	S	S	R	R	R	R	R	R	R	R	R	R	R	R	R	R
2	S	R	S	R	R	R	R	R	R	R	R	R	R	R	R	R
3	S	R	R	S	R	R	R	R	R	R	R	R	R	R	R	R
4	S	R	R	R	S	R	R	R	R	R	R	R	R	R	R	R
1.2	S	S	S	R	R	S	R	R	R	R	R	R	R	R	R	R
1.3	S	S	R	S	R	R	S	R	R	R	R	R	R	R	R	R
1.4	S	S	R	R	S	R	R	S	R	R	R	R	R	R	R	R
2.3	S	R	S	S	R	R	R	R	S	R	R	R	R	R	R	R
2.4	S	R	S	R	S	R	R	R	R	S	R	R	R	R	R	R
3.4	S	R	R	S	S	R	R	R	R	R	S	R	R	R	R	R
1.2.3	S	S	S	S	R	S	S	R	S	R	R	S	R	R	R	R
1.2.4	S	S	S	R	S	S	R	S	R	S	R	R	S	R	R	R
1.3.4	S	S	R	S	S	R	S	S	R	R	S	R	R	S	R	R
2.3.4	S	R	S	S	S	R	R	R	S	S	S	R	R	R	S	R
1.2.3.4	S	S	S	S	S	S	S	S	S	S	S	S	S	S	S	S

이렇게 인간이 어떤 작물에서 특정 병에 대해 저항성을 가지는 품종을 육성함에 따라 병원체는 이 저항성을 무너뜨리고 병을 일으키기 위해 스스로 유전적 변이를 일으켜 새로운 레이스를 출현시키는 진화를 거듭한다. 즉 인간이 작물을 강한 저항성을 가지도록 꾸준하게 육성해나가는 것을 **'도태압(淘汰壓, selection pressure)'**이라고 하고, 이러한 일정한 방향으로 가해진 도태압에 대항해 병원균도 살아남기 위해 저항성을 무너뜨릴 수 있는 강한 병원성을 가진 새로운 레이스를 출현시키는 진화 현상을 **'인간이 유도하는 진화(man-guided evolution)'**라고 한다.

결국 작물을 두고 인간은 작물이 병에 걸리지 않게 육성하고 병원체는 저항성을 무너뜨려 병을 일으키려고 변이하는 줄다리기가 끊임없이 일어난다. 그래서 인간이 새로운 저항성 품종을 육성할 때마다 작물에 비해 유전체의 크기가 작아 보다 쉽게 변이를 일으키는 병원체는 새로운 레이스를 출현시켜 작물을 침범한다. 결국 이렇게 식물병을 일으키게 되는 현상을 **'저항성 역전(逆轉, break-down)'**이라고 한다.

이러한 저항성 역전 현상은 '벼 도열병'을 비롯한 수많은 주요 식물병에서도 보고돼왔다. 만약 자연계에 존재하는 식물병원체가 식물을 침범할 수 없다면 영원히 소멸될 수밖에 없다. 그래서 병원체는 소멸되지 않기 위해 끊임없이 변이를 일으키며 생존해간다. 결국 세계 곳곳에서 인간과 병원체의 총성 없는 전쟁이 되풀이되고 있다.

1971년 페루 리마(Lima)에 설립된 국제감자연구소(International Potato Center, CIP)의 추산에 따르면 '감자 역병'에 의한 손실률은 15% 정도다. 해마다 약 27억 5천만 달러어치의 직접 손실이 발생하고, 농약 살포에 의한 방제 비용도 10억 달러나 된다.

7.3 식물병원성 곰팡이 병원성의 유전

병원체의 병원성은 단일, 소수, 다수 유전자에 의하거나 세포질적으로 유전한다. 병원체에서 병원성은 열성으로 유전한다. 보통 병원성유전자는 연관되어 있지 않고 독립적으로 유전된다.

식물병원성 곰팡이는 높은 증식률 때문에 인간이 조정해 유지하는 작물보다 자연에서 유전적 변이가 훨씬 높다. 돌연변이를 비롯해 유성생식과 준유성생식을 통해 새로운 병원성 특성을 보일 수 있는 새로운 유전자형(genotype)이 나타난다.

7.3.1 비병원성(avr) 유전자

어떤 병원균에 **비병원성(avirulence) 유전자**가 있으면 기주식물의 특정 품종에 병이 발생하지 않는다. 이렇게 **비병원성(*avr*) 유전자**는 종과 품종 수준에서 병원균의 기주범위를 결정한다.

비병원성 유전자가 만드는 Avr단백질은 친수성이어서 물에 잘 녹으며, 친유성인 아미노산 부위를 가지고 있지 않아 세포막에 부착하지 않는다. 또한 Avr단백질은 signal peptide를 가지고 있지 않아 세포 밖으로 분비되지 않는다.

따라서 Avr단백질은 병원균 세포질에 위치하거나 **과민반응 병원성(*h*ypersensitive *r*esponse and *p*athogenicity, *hrp*) 유전자**에 의해 만들어지는 단백질, 즉 **Hrp단백질 (harpins)**을 형성하는 세포막구멍을 통해 Avr단백질이 분비된다.

이 Avr단백질이 병원균 세포막으로 분비되면 직접 elicitor 역할을 하고, Avr단백질이 병원균의 세포질에 위치하고 있으면 효소적으로 작용해 생성된 elicitor가 병원균의 세포막을 자유롭게 통과해 식물저항성 유전자산물과 직접 또는 간접적으로 반응한다.

토마토 잎곰팡이병균(*Cladosporium fulvum*)에서 *avr9*, *avr4* 유전자가 분리되었다.

7.3.2 병원성관련 유전자

병원체가 *avr*유전자나 *hrp* 유전자를 가지는 것과 관계없이 병을 일으키는데 필수적인 병원성요소(pathogenicity factor)나 병원력을 증진시키는데 필요한 병원력요소(virulence factor)를 생성케 하는 부수적인 유전자를 병원체가 가지고 있다. 병이 발생하는데 결정적인 단계에서 병원성(*pat*)유전자와 병특이적유전자(*dsp*)에 의해 생성되는 병원요소가 관여한다.

식물-병원체 상호작용에서 병원체가 생성하는 식물세포벽 분해효소(cutinase), 독소, 생장조절물질, 다당류, siderophore, melanin 등이 식물에 병을 일으키는데 필수적인 병원성요소인 경우가 있다. 다른 식물-병원체 시스템에서 이들 병원체 물질은 병을 일으키는데 도움이 되지만 필수적이 아닌 경우에는 병원력요소 역할을 한다. 이들 물질은 병원체 표면에 존재하거나 외부로 분비되어 식물에서 병원체의 생장에 영향을 준다.

7.4 식물곰팡이병 저항성의 유전

작물 종의 개개 품종의 **유전체(genome)** 내에 강도가 다른 저항성 유전자가 고정되어 있다. 저항성 유전자는 **대립유전자(allele)** 이외의 유전자 작용에 의해 발현되지 않거나, 부가적으로(additive) 상호작용한다. 하나의 저항성에 하나나 다수의 유전자가 관여할 수 있다.

소수 유전자에 의해 조정되는 **소수 유전자 저항성(monogenic, oligogenic resistance)**은 비교적 큰 효과를 지닌 단일 우성유전자(single dominant gene)에 의해 일반적으로 결정된다. 이 저항성은 대부분 레이스 의존적으로 반응하는 특성을 나타낸다. 다수의 유전자가 관여하는 **다수 유전자 저항성(polygenic resistance)**은 작은 효과를 지닌 많은 유전자가 공동효과를 통해 저항성을 나타낸다. 이 저항성은 병원체의 다수의 레이스에 대해 효과적이다.

병저항성이 단일 우성인자로 지배되는 식물병은 벼 도열병, 상추 노균병, 레드클로바 흰가루병, 오이 검은별무늬병, 완두 시들음병, 토마토 시들음병 등이고, 단일 열성인자로 지배되는 식물병은 밀 줄녹병, 완두 흰가루병 등이다.

7.4.1 저항성 유전자

1992년 병저항성 유전자로 옥수수 점무늬병균 레이스 1에 대해 저항성을 발현시키는 ***Hm1* 유전자**가 최초로 분리되고 염기서열이 밝혀졌다. 옥수수 점무늬병균 레이스 1은 병원성요소로 기주특이적 독소인 HC-독소를 생성하는데, 레이스 1에 저항성인 옥수수 품종은 *Hm1*유전자를 발현하고 HC-독소를 환원시켜 불활성화시킴으로써 옥수수 점무늬병으로부터 보호된다.

식물에서 분리된 저항성 유전자로 토마토 잎곰팡이병균 레이스 2, 4, 9에 대한 ***Cf2, Cf4, Cf9*유전자**, 밀 줄기녹병균에 대한 ***Sr*유전자**, 밀 흰가루병균에 대한 ***Pm*유전자**, 보리 좀녹병균에 대한 ***Pa*유전자**, 보리 흰가루병균에 대한 ***M1*유전자**, 벼 도열병균에 대한 ***Pi*유전자** 등이 있다.

7.4.2 저항성의 발현

병저항성 유전자가 생성하는 특이적 식물수용체가 병원체의 비병원성(*avr*) 유전자가 생성하는 elicitor분자(ligand)를 인식한 후 한 개 이상의 kinase효소가 활성화되고 인산화과정을 거쳐 에너지를 공급받아 이 신호물질을 증폭시켜 다른 kinase효소를 활성화시키는 신호전달과정(signal transduction event)이 일어난다. 이것은 일련의 생화학적 반응을 일으켜서 병원체의 공격부위에 과민성반응, 즉 국부적 기주저항성을 발현시킨다. 많은 경우에 이러한 과민성반응 후에 병원체의 공격부위에서 멀리 떨어져 있는 식물의 부위나 근접부위에 **전신획득저항성(systemic acquired resistance, SAR)**이 다양한 수준으로 나타나기도 한다.

7.4.3 저항성의 종류

역학(疫學, epidemiology)적으로 식물의 모든 병저항성을 **수직저항성(vertical resistance)**과 **수평저항성(horizontal resistance)**으로 분류할 수 있다(Van der Plank, 1968).

① 수직저항성

수직저항성(vertical resistance)은 특정한 레이스에 대해서만 효과가 크기 때문에 일명 **레이스 특이적 저항성(race-specific resistance)**이라고도 하며, 대체로 소수 유전자에 의해 지배되는 경우가 많으므로 **소수 유전자 저항성(oligogenic resistance)**이라고도 한다. 비슷한 개념으로 **주동유전자 저항성(major-gene resistance)**, **판별적 저항성(differential resistance)**, **질적 저항성(qualitative resistance)**이라고도 한다(그림 7.4).

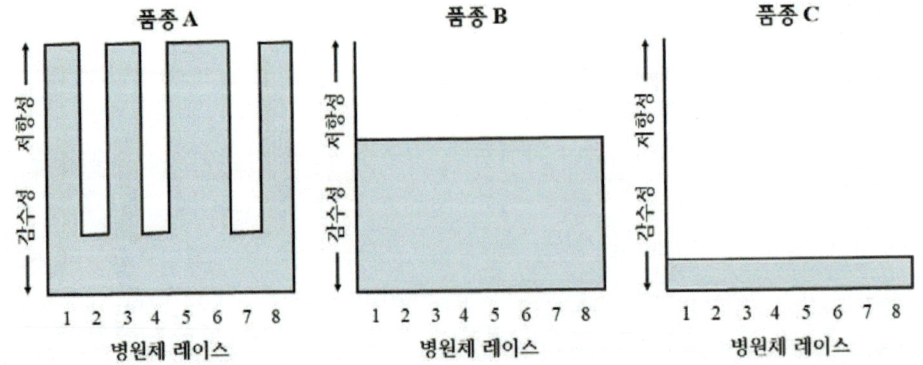

그림 7.4 수직저항성과 수평저항성의 도식적 비교. 품종 A; 수직저항성, 품종 B; 수평저항성, 품종 C; 감수성.

수직저항성은 질적으로 효과가 있어 병원체의 특정한 레이스에 대해 완전하게 보호해 주지만 다른 레이스에는 작용하지 않는다. 수직저항성은 유전양식이 비교적 간단하며 외부환경에 대해 안정하고 그 병징이 뚜렷하므로 육종가들이 즐겨 선택해 왔다.

그러나 수직저항성을 붕괴시킬 새로운 레이스가 발생한다면 효과가 없게 된다. 수직저항성의 효과가 크면 클수록, 저항성 품종의 재배면적이 넓으면 넓을수록, 저항성 품종의 재배지역이 더 격리될수록 새로운 레이스의 선발압(selection pressure)이 커져 수직저항성 효과를 더 빨리 소실한다.

② 수평저항성

수평저항성(horizontal resistance)은 모든 레이스에 대해서 어느 정도 작용하기 때문에 일명 **레이스 비특이적 저항성**(race-nonspecific resistance)이라고도 하며, 대체로 다수 유전자로 지배되는 경우가 많으므로 **다수 유전자 저항성**(polygenic resistance)이라고도 한다. 비슷한 개념으로 **미동유전자 저항성**(minor-gene resistance), **일반적 저항성**(generalized resistance), **양적 저항성**(quantitative resistance)이라고도 한다(그림 7.4).

식물이 성숙해감에 따라 저항성의 효과가 증대되는 **성체식물저항성**(adult-plant resistance)도 수평저항성의 일종이다. 또한 수평저항성인 식물에서 병원균의 포자형성, 감염시간을 지연시켜 식물을 재배하는 포장에서 수확기까지 병이 서서히 진전되므로 **포장저항성**(field resistance)이라고도 한다.

수평저항성은 모든 레이스에 대해서 어느 정도 작용하지만 수직저항성처럼 효과가 크지 않다. 그리고 발병에 알맞은 환경에서 저항성이 무너지기 쉬운 단점이 있다. 수평저항성은 복잡해 육종에 어려움이 많지만 모든 레이스에 대해서 작용하므로 새로운 레이스 선발 위험이 제지되고, 충분히 고도 수준의 지속적인 저항성(durable resistance)과 안정한 저항성(stable resistance)을 제공해 줌으로써 최적수량을 가져올 수 있다. 이론적으로 수직저항성과 수평저항성을 함께 도입해 장단점을 보완함이 바람직하다.

③ 내병성

내병성(tolerance)은 감수성인 식물체가 병에 걸렸지만 이를 극복하고 양호한 수확량을 생산할 수 있는 식물의 능력을 일컫는다. 이러한 내병성은 기주식물의 특이적 유전특성에 의해 나타난다. 내병성 식물에서는 병원체가 생장하고 증식하지만, 이 식물은 병원체의 침해작용을 불활성화시켜 생산성을 유지한다. 내병성 식물은 분명히 병원체에 대해 감수성이지만 병원체에 의해 죽지 않고 일반적으로 피해를 보이지 않는다. 대부분의 기주-기생체 조합에서 내병성 식물이 있으며, 식물-바이러스감염에서 내병성이 가장 흔하게 관찰된다.

④ 병회피

병발생에 필요한 세 가지 전제조건으로 감수성 기주식물, 병원성 병원체, 적합한 환경조건이 마련되어도 적절한 시기에 상호작용하지 않아 감수성 식물이 감염되지 않을 때 **병회피(disease escaping)**가 일어난다. 종자가 빨리 발아하거나 유묘가 조기에 경화되거나 발병에 적절한 온도나 습도가 조성되지 않으면 토양병을 회피할 수 있다.

일반적으로 병원체의 생육보다 식물체의 생육에 훨씬 적합한 기온범위에서 병회피가 일어난다. 낮은 강우량이나 낮은 습도로 수분이 부족하면 식물에서 병회피가 가장 쉽게 일어난다. 건조한 토양에서 무와 배추 무사마귀병은 회피된다.

토양의 pH도 식물병 회피에 영향을 미친다. 알칼리성 토양에서 무와 배추 등은 무사마귀병으로부터 회피된다.

병회피는 기주식물과 병원체의 유전적 특성뿐만 아니라 환경조건에 따라 결정되면 환경에 의해 완전히 조절되기 때문에 재배자는 여러 가지 재배 방법을 사용해 병회피를 증가시킬 수 있다.

7.5 기주-병원체 상호작용의 유전

기주식물의 저항성이나 감수성을 결정해 주는 개개 유전자에 대해 기생체에는 비병원성이나 병원성을 결정해 주는 상응하는 특이적 유전자가 있다. 즉 기주의 저항성유전자수와 병원균의 병원성을 지배하는 유전자수는 같다는 것이다. 이와 같은 기주-기생체간의 상호작용을 **유전자 대 유전자설(Gene for gene theory)**이라고 하는데, **유전자 대 유전자 가설(Gene for gene hypothesis)** 또는 **유전자 대 유전자 개념(Gene for gene concept)**이라고도 부른다(**심층학습 19**).

유전자 대 유전자설은 Flor(1956)에 의해 아마(*Linum usitatissimum*)와 녹병균(*Melampsora lini*)의 상호관계에서 처음으로 증명되었다. 아마와 녹병균에 이어서 밀과 줄기녹병균, 밀과 붉은녹병균, 밀과 겉깜부기병균, 보리와 속깜부기병, 귀리와 깜부기병균, 보리와 흰가루병균, 밀과 흰가루병균, 사과나무와 검은별무늬병균, 감자와 역병균, 감자와 암종병균 등의 상호관계에서도 밝혀졌다.

아마 녹병에서 병원균의 비병원성과 기주식물의 저항성은 우성으로 유전된다. 녹병균(*M. lini*)에 대한 아마(*L. usitatissimum*)의 저항성 유전자는 K, L, M, N, P 등 5개가 알려져 있다. 그중에서 L 유전자좌(locus)의 기주-병원균 상호작용에서는 L은 저항성을 지배하는 우

심층학습 19 유전자 대 유전자설(Gene for gene theory)

Harold Henry Flor(1956)는 아마(*Linum usitatissimum*)와 녹병균(*Melampsora lini*)의 상호관계에서 유전자 대 유전자설 (Gene-for-gene theory) 또는 유전자 대 유전자 관계 (Gene-for-gene relationship)를 처음 제시했다.

기주식물의 저항성과 병원체의 병원성 유전이 서로 쌍을 이루는 유전자들에 의해 제어된다. 식물에 있는 저항성 유전자(Resistance gene, *R*)와 병원체에 있는 비병원성 유전자 (Avirulence gene, *Avr*)는 우성으로 유전된다.

한 개의 유전자가 작동하는 유전자 대 유전자설에서 기주–병원체간 유전자 조합과 병반응

병원체의 비병원성(A), 병원성(a) 유전자	기주식물의 저항성(R), 감수성(r) 유전자	
	R_1 (저항성) 우성	r_1 (감수성) 열성
A_1 (비병원성) 우성	A_1R_1 (−)	A_1r_1 (+)
a_1 (병원성) 열성	a_1R_1 (+)	a_1r_1 (+)

기주의 저항성을 결정하는 하나의 유전자좌(locus)가 있고, 또 병원체의 병원성을 결정하는 하나의 유전자좌에 2개의 대립유전자(allele)가 있으므로 4개의 상호작용이 가능하다.

이들 4개의 유전자조합 중에서 오직 저항성 유전자와 비병원성 유전자의 한 조합인 A_1R_1만이 저항성이다. 즉 기주식물이 병원체의 비병원성 유전자(A_1)를 인식하는 저항성 유전자(R_1)를 가지고 있는 경우만 저항성이 된다.

A_1r_1조합에서는 기주식물이 저항성 유전자를 가지고 있지 않고(r_1) 병원체가 상응하는 비병원성 유전자(A_1)를 가지고 있지만 다른 병원성 유전자를 가지고 있어서 병이 발생한다.

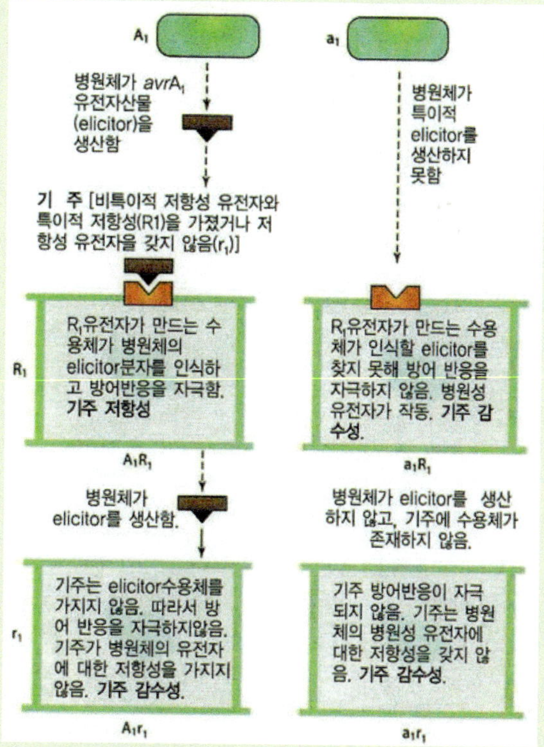

유전자 대 유전자 관계서 병원체의 비병원성(A)/병원성(a) 유전자와 기주의 저항성(R)/ 감수성(r) 유전지의 기본적인 상호작용 결과. [출처: 식물병리학]

a_1R_1조합에서는 기주식물이 저항성 유전자(R_1)를 가지고 있어도 병원체에 이를 인식할 수 있는 비병원성 유전자(A_1)가 없어서 저항성 반응이 활성화되지 않아 병이 발생한다.

a_1r_1조합에서는 기주식물이 저항성 유전자를 가지고 있지 않고(r_1) 병원체가 상응하는 병원성 유전자(a_1)를 가지고 있으므로 병이 발생한다.

일반적으로 기주-기생체 상호작용에서 식물의 다른 유전자가 기생체의 생육과 식물의 감수성을 아무리 유리하게 해도 어느 하나의 유전자가 기생체의 생육을 불리하게 해 저지시키면 저항성이 발현된다.

두 개의 유전자가 작동하는 유전자 대 유전자설에서 기주-병원체간 유전자 조합과 병반응

병원체의 비병원성(A), 병원성(a) 유전자	기주식물의 저항성(R), 감수성(r) 유전자			
	R_1R_2	R_1r_2	r_1R_2	r_1r_1
A_1A_2	−	−	−	+
A_1a_2	−	−	+	+
a_1A_2	−	+	−	+
a_1a_2	+	+	+	+

기주식물에서 2개의 저항성 유전자가 있고 병원체에 2개의 병원성 유전자가 상보적으로 있을 때에는 저항성 유전자를 가지고 있지 않은 감수성 식물(r_1r_2)은 이 병원체가 병원성 유전자(a_1a_2)나 비병원성 유전자(A_1A_2)를 가지고 있든지에 상관없이 모든 레이스가 감염할 수 있다. 병원체의 병원성 레이스(a_1a_2)는 모든 기주식물(R_1R_2, R_1r_2, r_1R_2)에 감염이 가능하다.

어떤 병원체가 비병원성 유전자(A_1 또는 A_2) 중 어느 하나가 없고 병원성유전자(a_1 또는 a_2) 중 어느 하나를 가지고 있으면 이에 상응하는 저항성 유전자(R_1 또는 R_2)를 가진 식물은 감염되나 비병원성 유전자에 상응하는 저항성 유전자를 가진 식물은 감염하지 못한다.

즉 A_1a_2유전자를 지닌 병원체는 r_1R_2유전자를 지닌 식물엔 감염하지만 R_1r_2를 지닌 식물엔 침해하지 못한다. 왜냐하면 저항성 유전자 R_1는 비병원성 유전자 A_1을 인식하고 저항성 반응을 일으킬 수 있기 때문이다.

또한 a_1A_2유전자를 지닌 병원체는 R_1r_2유전자를 지닌 식물엔 감염하지만 r_1R_2를 지닌 식물엔 침해하지 못한다. 왜냐하면 저항성 유전자 R_2는 비병원성 유전자 A_2을 인식하고 저항성 반응을 일으킬 수 있기 때문이다.

유전자 대 유전자설이 자연의 모든 기주-기생체 관계에서 필연적으로 존재하고 있음이 분명하지만 몇 가지 경우에만 논증되고 대부분의 경우 실험적 어려움으로 밝혀지지 못하고 있다. 아마도 인간의 능력으로서 감지하지 못하는 특이적인 기주-기생체 관계가 성립되어 있을지도 모른다.

그러나 작물육종가들은 특정 병에 감수성이지만 품질이 우수한 작물품종에 새로운 저항성 유전자를 도입할 때마다 유전자 대 유전자설을 이용한다.

성 유전자고, l은 감수성을 지배하는 열성 유전자다. 저항성 유전자 L에 대응하는 병원균의 병원성 유전자는 A인데 L 유전자좌에 병원균의 비병원성에 대한 우성 유전자다.

감수성 유전자 l을 가진다는 것은 저항성 유전자를 가지지 않는다고 해석하고, 비병원성 유전자 A를 가진다는 것은 병원성 유전자를 가지지 않는다고 해석해도 좋다. a는 L 유전자좌에 병원성을 지배하는 열성 유전자다.

기주의 저항성 유전자가 동형접합(LL)일 때 병원균의 비병원성이 동형접합(AA) 또는 이형접합(Aa)이면 기주는 저항성이다. 그러나 기주가 L 유전자좌에 저항성 유전자가 없거나(ll) 병원균의 병원성이 L 유전자좌에 동협접합(aa)일 때는 감수성이 된다.

기주의 저항성을 결정하는 하나의 유전자좌(locus)가 있고, 또 병원체의 병원성을 결정하는 하나의 유전자좌에 2개의 대립유전자(allele)가 있으므로 4개의 상호작용이 가능하다. 기주의 저항성 유전자(R)와 기생균의 비병원성 유전자(A)의 한 조합만이 저항성을 나타내고, 나머지 3개 조합은 감수성을 나타낸다. 즉, 이들 4개의 유전자조합 중에서 오직 기주식물이 병원체의 비병원성 유전자(A)를 인식하는 저항성 유전자(R)를 가지고 있는 조합인 AR만이 저항성이다. Ar조합에서는 기주식물이 저항성 유전자를 가지고 있지 않고(r) 병원체가 상응하는 비병원성 유전자(A)를 가지고 있지만 다른 병원성 유전자를 가지고 있어서 병이 발생한다.

aR조합에서는 기주식물이 저항성 유전자(R)를 가지고 있어도 병원체에 이를 인식할 수 있는 비병원성 유전자(A)가 없어서 저항성 반응이 활성화되지 않아 병이 발생한다. ar조합에서는 기주식물이 저항성 유전자를 가지고 있지 않고(r) 병원체가 상응하는 병원성 유전자(a)를 가지고 있으므로 병이 발생한다. 이처럼 한 개의 유전자가 작동하는 유전자 대 유전자설에서 기주-병원체간 유전자 조합과 병반응을 요약하면 표 7.1과 같다.

표 7.1 한 개의 유전자가 작동하는 유전자 대 유전자설에서 기주-병원체간 유전자 조합과 병반응

병원체의 비병원성(A), 병원성(a) 유전자	기주식물의 저항성(R), 감수성(r) 유전자	
	R (저항성) 우성	r (감수성) 열성
A (비병원성) 우성	AR (−)	Ar (+)
a (병원성) 열성	aR (+)	ar (+)

최소배지(minimal medium)와 완전배지(complete medium)에서 영양변이균(auxotroph)과 정상균(prototroph)이 생장하는 경우에나, 독성물질이 있거나 없는 기질에서 감수성균과 저항성균이 생육할 경우에 오직 하나의 조합만이 불친화적인 기주-기생체 상호작용의 경우와 비슷하게 발생한다(그림 7.5).

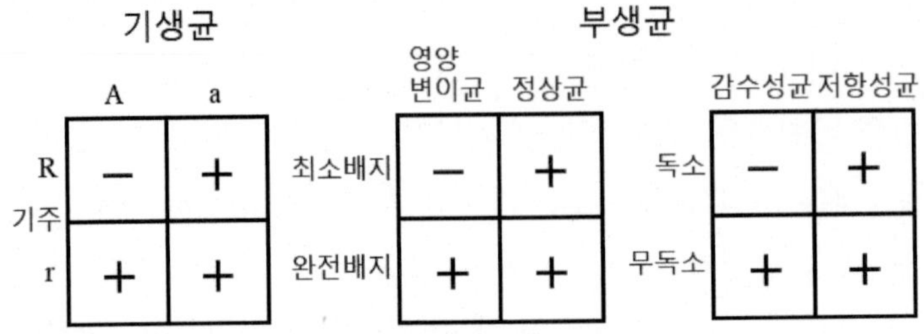

그림 7.5 기주의 저항성 유전자와 기생균의 병원성 유전자의 상호작용, 부생균의 생장요구물질 이용도와 독성물질 존재에서 생육정도를 나타낸 정방형도표. +: 생장, −:생장하지 않음.

도열병균(*Magnaporthe grisea*) 레이스에 대한 벼(*Oryza sativa*) 품종의 저항성에 대해서도 유전자 대 유전자설을 적용해 연구가 시도되었지만 벼 도열병균은 아마 녹병균과는 달리 한 개의 레이스가 벼 잎에 저항성, 감수성, 중도형 병반을 형성하기도 하고, 벼 도열병균 자체가 변이의 폭이 넓어 유전자 대 유전자설을 적용하기에는 무리가 있다.

유전자 대 유전자설이 자연의 모든 기주-기생체 관계에서 필연적으로 존재하고 있음이 분명하지만, 몇 가지 경우에만 논증되고 대부분의 경우 실험적 어려움으로 밝혀지지 못하고 있다. 아마도 인간의 능력으로서 감지하지 못하는 특이적인 기주-기생체 관계가 성립되어 있을지도 모른다. 그러나 작물육종가들은 감수성인 좋은 작물품종에 새로운 저항성유전자를 도입할 때마다 유전자 대 유전자설을 이용한다.

Chapter 08

식물곰팡이병의 생리

Norman Borlaug | 밀 줄기녹병

식물병원성 곰팡이가 양분을 얻기 위해 식물을 감염하는 동안에 곰팡이의 종류나 감염시키는 기관 또는 조직에 따라 식물의 생리적 기능이 다르게 저해되므로 다양한 병증상이 발현된다. 식물의 뿌리를 감염시키는 곰팡이는 수분 및 양분 흡수 기능을 감소시켜 식물체를 시들어 죽게 만든다. 잎을 감염시키는 곰팡이는 광합성과 생장을 억제하고 수량을 감소시키는 영향을 미친다. 꽃을 감염시키는 곰팡이는 종자 형성 및 증식 능력을 저해한다. 대부분의 경우에는 병증상과 영향을 받은 식물의 생리적 기능 사이의 관계가 분명하고 이해하기 쉽지만 복잡해 설명이 쉽지 않은 경우도 있다.

8.1 광합성

광합성(photosynthesis)은 녹색식물의 기본 기능으로 엽록체가 색소에 의해 광양자(光陽子)를 흡수해 광 에너지를 화학 에너지로 전환시키는 과정이다. 살아있는 세포에서 광합성을 제외한 모든 활동이 광합성에 의해 제공되는 에너지를 소비하기 때문에 광합성은 식물이나 동물세포에서 사용되는 모든 에너지의 근원이다. 광합성은 식물체가 공기로부터 얻은 이산화탄소(CO_2)와 토양으로부터 물(H_2O)을 녹색식물의 엽록체에서 광선을 받아 반응해 포도당(glucose, $C_6H_{12}O_6$)를 생성하고 산소(O_2)를 방출하는 과정이다.

$$6CO_2 + 6H_2O \xrightarrow[\text{엽록소}]{\text{광선}} C_6H_{12}O_6 + 6O_2$$

이때 이산화탄소(CO_2), 물(H_2O), 광선, 엽록소(chlorophyll), 엽록체(chloroplast)가 필요하며 이 요인 중 어느 하나라도 결핍하면 광합성이 저해된다. 광학적으로 H_2O가 쪼개어지는 광분해(photolysis)가 일어나는 1차 광합성과정인 **명반응(light reaction)**에서만 광선이 필요하다. 이 명반응을 간단히 요약하면 다음과 같다.

$$H_2O \rightarrow H^+ + OH^-$$
$$OH^- \rightarrow \tfrac{1}{2}O_2 + H^+ + 2e^-$$

이때 $NADP^+$가 NADPH로 환원되며 광인산화작용에서 ATP가 발생한다. 광선과 적절한 전자수용체의 존재 하에서 H_2O로부터 산소가 방출되는 **힐반응(Hill reaction)**은 분리되어진 엽록체에서도 수행될 수 있는 효소적 반응이다. 명반응은 엽록체 내에 있는 막으로 둘러싸인 주머니 형태의 틸라코이드(thylakoid)에서 일어난다. 광선과 연관이 없는 복잡한 2차적 광합성 과정인 **암반응(dark reaction)**에서는 CO_2의 환원과 탄수화물 및 다른 고에너지 분자들의 합성을 위해 NADPH와 ATP에 포획된 에너지가 이용된다. 이러한 반응은 엽록체 내에 있는 스트로마(stroma)라는 기질에서 일어난다.

식물체가 곰팡이에 감염되었을 때 광합성은 일반적으로 감소한다. 곰팡이가 광합성을 방해하면 식물체는 반드시 병이 든다. 감염된 식물체에서 나타나는 황화현상(chlorosis), 녹색식물 부위의 괴저병반, 열매생장과 수량 감소 등으로 곰팡이 감염이 광합성을 방해하는 것을 알 수 있다. 광합성은 병든 식물체에서 특히 엽록소 분해, 엽록체 변질, 광합성 과정의 저해 등에 의해 방해된다.

잎의 조직을 파괴하는 점무늬병, 마름병, 녹병, 흰가루병, 시들음병, 오갈병, 그을음병 등에 감염되면 식물체의 광합성 면적이 줄어들기 때문에 광합성이 감소된다.

8.2 호흡

호흡(respiration)은 효소에 의해 조절되는 산화를 통해 에너지가 풍부한 탄수화물과 지방산을 세포가 다양한 기능을 수행하는 과정에 이용할 수 있는 형태의 에너지로 방출시키는 과정이다. 식물세포는 기본적으로 2단계로 호흡작용을 한다.

첫 번째 단계는 포도당(glucose)을 피루브산(pyruvate)으로 분해하는 단계로 기본적인 세포질에서 발견되는 효소에 의해 산소의 존재에 관계없이 실행된다. 경로에 상관없이 포도당으로부터 피루브산의 생성은 **해당작용(glycolysis)**으로 알려진 **해당과정(glycolytic pathway)**, 또는 더 작은 범위에서 **5탄당경로(pentose pathway)**를 수반한다. 그러나 두 번째 단계에서는 피루브산을 분해해 이산화탄소와 물을 생성한다.

두 번째 단계는 **크렙스회로(Krebs cycle)**로 알려진 일련의 반응을 수반하는데, 크렙스회로는 소위 **terminal oxidation**을 수반하며 오직 산소가 있을 때만 마이토콘드리아 안에서 실행된다. 정상적인 호기성(好氣性) 상태에서 두 단계가 모두 실행되고, 다음과 같이 포도당 한 분자는 최종산물로 이산화탄소 6분자와 물 6분자를 생산하며, 동시에 에너지 678,000칼로리(calories)를 방출한다.

$$C_6H_{12}O_6 + 6O_2 \rightarrow 6CO_2 + 6H_2O$$

이 에너지의 일부는 소실되지만, 거의 절반은 20~30개의 재사용할 수 있는 adenosine triphosphate(ATP)의 높은 에너지 결합으로 전환된다. 호흡작용의 첫 번째 단계에서 포도당 1몰(mole)당 2분자의 ATP가 생성되고 두 번째 단계에서 나머지 ATP가 생성된다. 그러나 산소가 없는 혐기(嫌氣) 상태에서는 피루브산은 산화될 수 없는 대신에 **발효(fermentation)**해 젖산 또는 알코올을 생산한다. 산소가 없을 때는 에너지 생성의 주요한 과정이 중단되기 때문에 세포는 필요한 에너지를 확보하기 위해 해당작용에서 훨씬 많은 양의 포도당을 이용한다.

에너지저장결합체 ATP는 당의 산화작용에서 방출된 adenosine diphosphate(ADP)에 인산기(PO_4)를 부착함으로써 형성된다. ADP에 인산을 첨가해 포도당의 산화결합(coupling)으로 ATP를 생성하는 것을 **산화적 인산화반응(oxidative phosphorylation)**이라고 한다.

에너지를 요구하는 어떤 세포의 활동은 ATP를 ADP와 무기인산으로 분해함으로써 ATP에 저장된 에너지를 이용한다. 세포에 ADP와 인산염이 있으면 번갈아 호흡률을 자극한다. 반면에 ATP가 어떤 이유로 세포에 충분히 이용될 수 없다면 ATP는 거의 또는 전혀 생산되지 않고 호흡작용은 떨어진다. 그러므로 세포에서 ADP의 양은 이용에너지율에 의해 결정되고, 이 비율은 식물조직에서 호흡률을 결정한다.

호흡을 통해 생성된 에너지는 화합물의 축적과 유통, 단백질 합성, 세포의 생장과 분열, 방어반응 등 모든 세포기능을 위해 식물체에 의해 이용된다. 호흡작용의 복잡성, 호흡에 관련된 많은 효소, 각 세포에서의 호흡의 발생, 세포의 기능에 대한 장기적인 영향 등은 왜 식물체가 곰팡이에 감염되었을 때 영향을 받는 첫 번째 기능 중 하나가 식물 조직의 호흡인지를 이해하기 쉽게 해 준다.

식물체가 곰팡이에 감염되었을 때 호흡률은 일반적으로 증가한다. 곰팡이에 의해 피해받은 조직이 건전한 조직보다 저장된 탄수화물을 더 빨리 소모한다. 호흡속도의 증가는 감염 직후 육안으로 확실하게 관찰이 가능한 병징이 나타날 때 나타나고, 곰팡이의 증식이나 포자형성을 하는 동안에 계속 증가한다. 저항성 품종이 감염되었을 때에는 세포들이 방어기작을 빨리 생성하거나 발휘하기 위해 많은 양의 에너지를 필요로 하고 소모하기 때문에 호흡은 더 빠르게 증가한다.

해당과정을 경유한 포도당의 산화가 단연 식물세포가 에너지를 얻는 가장 일반적인 방법임에도 불구하고, 병든 식물에서 생명유지를 위해 세포가 요구하는 에너지는 5탄당경로와 발효 같은 덜 효율적인 방법을 통해 생성된다. 식물은 감염되면 건전한 식물보다 더 비효율적으로 ATP 에너지를 이용하기 때문에 에너지가 낭비되어 호흡증가가 유도되고, 결과적으로 식물세포는 더 많은 양의 에너지를 필요로 한다.

8.3 물과 양분의 이동

모든 살아있는 식물세포는 생리적 기능을 수행하고 살아가기 위해 많은 양의 물과 적절한 양의 유기 및 무기양분을 필요로 한다. 식물체의 뿌리를 통해 토양으로부터 흡수된 물과 무기양분은 줄기의 물관을 통해 위쪽으로 이동한 후 잎자루와 잎맥의 유관속을 거쳐 잎 세포로 들어간다. 무기양분과 물의 일부는 여러 가지 식물체 성분의 합성을 위해 잎이나 다른 세포에 의해 이용되지만, 대부분의 물은 잎 세포로부터 세포 사이로 확산하고, 세포 사이로부터 기공을 통해 대기 속으로 방출된다.

반면에 식물체의 거의 모든 유기물질은 광합성의 결과로 잎 세포에서 생성되어 아래쪽으로 이동하고, 체관부 조직을 통해 대부분의 부위로 이동함으로써 모든 살아있는 식물세포로 분배된다. 곰팡이가 무기양분과 물이 위쪽으로 이동하는 것이나 유기물질이 아래쪽으로 이동하는 것을 방해할 때 식물체의 일부에서 이 물질이 결핍되어 병들게 된다. 잎으로 물의 이동이 저해되면 광합성을 할 수 없고, 뿌리로 양분의 이동이 저해되면 양분이 고갈되어 죽게 된다.

모잘록병균, 뿌리썩음병균 등에 의해 뿌리가 파괴되거나, *Fusarium*, *Verticillium* 등에 의한 유관속시들음병과 궤양병 등에 의해 물관이 파괴 또는 폐색되거나, 무사마귀병균 등에 의해 줄기나 뿌리에 혹이 형성되면 물을 이동시키는 물관부의 기능장해가 일어난다.

잎을 감염하는 녹병균, 흰가루병균, 사과나무 검은별무늬병균 등은 큐티클과 표피를 파괴해 수분을 과다하게 손실시켜 잎의 팽압이 손실되고 시들게 된다. 또한 식물세포에서 체관부로 유기양분의 이동을 방해하거나 체관부를 통한 양분 수송을 방해해 양분 균형이 깨져 생장이 감소하고 수확량이 감소하게 된다.

8.4 세포막 투과성

세포막(cell membrane)은 많은 종류의 단백질분자가 박혀있는 두 겹의 지질분자로 구성되어 있는데, 단백질분자의 일부는 보통 지질 2중층의 한면 또는 양면에 돌출되어 있다. 투과성 장벽으로서의 막의 기능은 세포가 필요한 물질만을 세포 속으로 통과시키고, 세포가 필요한 물질은 세포 밖으로 배출되는 것을 저지한다. 지질 2중층은 대부분의 생물적 분자를 통과시키지 않는다. 이온, 당류, 아미노산같은 작은 수용성분자는 단백질로 만들어진 특별한 막의 통로(membrane channel)를 통해 흐르거나 능동수송된다. 식물세포에서는 세포벽 때문에 단지 작은 분자들만이 세포막에 도달한다.

그러나 동물세포와 인위적으로 만든 식물 원형질체에서는 큰 분자나 입자도 세포막에 도달하고 세포막의 조각이 흡수될 물질을 둘러싸서 흡수될 물질 주위에 소포(vesicle)를 형성해 물질을 세포 속으로 보내는 **세포내섭취(endocytosis)**에 의해 세포속으로 들어간다. 그래서 세포막의 붕괴나 저해는 막의 투과성을 변형시켜서 다음에 일어나는 유용한 물질의 손실을 통제할 수 없게 만드는 바람직하지 못한 물질의 유입이나 물질의 지나친 양의 유입을 저지하지 못하게 한다.

곰팡이의 감염을 비롯해 독소, 효소, 대기오염물질같은 유독한 물질은 세포막 투과성을 변화시킨다. 가장 일반적인 투과성의 변화 효과는 세포로부터 작은 수용성 이온과 분자인 전해질(electrolyte)의 손실이다. 전해질의 손실은 기주가 감수성이고 병징이 광범위하게 전개될 때보다 기주–병원체 간의 상호작용이 비친화적일 때 훨씬 더 빠르고 높은 비율로 발생한다.

8.5 전사와 번역

단백질을 생성하기 위해 세포 DNA가 전령RNA(messenger RNA)로 **전사**되고 **번역**되는 것은 정상 세포에서 일어나는 모든 생물학적 작용 가운데 가장 기본적이고, 일반적이며, 정교하게 조절되는 작용이다. 곰팡이나 환경요인에 의해 이 과정 중 어느 하나라도 방해를 받으면 유전자의 발현에 영향을 미침으로써 침해받은 세포의 구조나 기능에 급격하고 부적합한 변화를 일으킨다.

녹병균, 흰가루병균같은 절대기생균은 감염된 식물세포에서 전사 과정에 영향을 미친다. 곰팡이는 세포 DNA와 관련된 염색질의 조성, 구조 또는 기능을 방해함으로써 전사에 영향을 미친다. 감염된 저항성 식물체가 건전한 식물체보다, 또 감염초기에 더 많은 양의 RNA를 함유한다. 이렇게 세포에서 RNA 양과 전사의 증가는 식물세포의 방어기작에 관련된 물질의 합성 증가를 나타낸다.

감염된 식물조직은 여러 가지 효소, 특히 에너지 생성에 관련된 효소나 감염에 대한 방어반응을 일으키는 다양한 페놀화합물의 생성이나 산화에 관련된 효소의 활성을 증가시키곤 한다. 이 일부 효소가 감염 시기의 세포에 존재할지라도 몇 가지는 새로이 만들어지므로 당연히 전사량과 RNA중합효소의 활성이 증가한다.

감염된 조직에서 단백질 합성의 증가는 곰팡이에 대해 저항성인 기주 식물체에서 주로 관찰되었고 감염의 초기 단계에 가장 높았다. 곰팡이에 의해 공격받은 식물체에서 단백질 합성의 증가는 식물체 방어 기작에 관련된 효소와 관련 단백질의 생산증가를 의미한다.

8.6 생장과 증식

곰팡이는 식물의 광합성 부위를 파괴해 광합성 양을 현저히 감소시키거나, 식물의 뿌리를 파괴하거나, 물관부 또는 체관부를 막아 식물 내의 물과 무기물, 유기물의 이동을 저해해 식물체의 크기에서 비정상적인 비대나 왜소 등 생장에 변화를 일으키고, 꽃을 덜 피우며 열매와 종자를 덜 맺히게 하고, 심지어 식물체 전체가 죽음에 이르도록 한다.

기주 식물의 기관과 조직에서 비정상적인 생장을 일으키는 식물병으로는 무와 배추 무사마귀병, 감자 가루더뎅이병, 복숭아나무 잎오갈병과 자두나무 주머니병, 옥수수 깜부기병, 철쭉 떡병, 소나무 혹병 등이 있다.

기주식물의 꽃을 감염시켜서 죽게 하는 식물병으로는 핵과류 잿빛무늬병, 토마토 잿빛곰팡이병 등이 있다.

종자를 만드는 배(胚)를 죽게 하고 종자의 내용물을 자신의 번식체나 포자로 바꾸어 기주식물의 증식을 직접 저해하는 식물병으로는 맥류 맥각병, 여러 종류의 깜부기병 등이 있다.

Chapter 09

식물곰팡이병의 진단

Robert Koch | 고추 탄저병

9.1 병증상

9.1.1 병징과 표징

식물에 병원체가 성공적으로 침입하고 감염을 일으키면 병원체는 식물체에서 계속해서 생장하고 증식한다. 그 과정에서 식물체의 세포, 조직, 기관 또는 전체 식물체에 생리적 이상 또는 형태적 비정상을 나타내는 다양한 **병증상(disease syndrome)**이 발현되게 된다. 이러한 병증상 중에서 식물체가 어떤 원인에 의해서 세포, 조직 또는 기관에 이상을 일으켜 외부에 나타난 반응을 **병징(symptom)**이라고 하고, 식물체에 감염을 일으킨 병원체가 식물체의 병환부에 나타나서 육안으로 병원체를 식별할 수 있을 때 이를 **표징(sign)**이라고 한다.

병원체의 종류에 따라서 식물체의 감염된 부위에만 병원체가 머무르고 다른 부위로 잘 퍼져 나가지 않을 때 **국부감염(local infection)**이라고 하며, 이때 나타나는 병징을 **국부병징(local symptom)**이라고 한다. 그러나, 감염된 식물체에서 병원체가 쉽게 전신에 퍼져나가면서 감염을 일으킬 때 **전신감염(systemic infection)**이라고 하며, 이때 나타나는 병징을 **전신병징(systemic symptom)**이라고 한다. 곰팡이와 세균은 국부병징을 나타내는 경우가 많지만 바이러스와 파이토플라스마는 거의 대부분 전신병징을 나타내는 것이 특징이다.

사람에게 생기는 질병에도 **병명(病名)**이 있듯이 식물병에도 병명이 있다. 일반적으로 식물병의 병명은 식물체에 나타나는 병증상에서 유래된 것이 많으므로, 실용적인 편이와 이해를 위해 주요 병증상의 특징을 아는 것이 유익하다. 잎이 시들면 시들음병(wilt), 잎이 하얀 가루가 뒤덮이면 흰가루병(powdery mildew), 줄기에 궤양이 생기면 궤양병(潰瘍病, canker), 꽃이나 열매에 잿빛의 곰팡이가 생기면 잿빛곰팡이병(gray mold), 뿌리에 혹이 생기면 뿌리혹병(gall), 열매가 썩으면 열매썩음병(fruit rot)이라고 한다**(심층학습 20)**.

병징은 식물 또는 병의 종류에 따라 각각 다르므로, 이것에 의해서 식물이 병에 걸린 것을 알고 또한 어떤 병인가를 진단할 수 있다. 그러나 병원체가 달라도 비슷한 병징을 나타내는 경우도 있고, 같은 병원체라도 식물의 품종, 발병부위, 생육시기나 환경 조건에 따라 다른 병징을 나타내기도 한다. 또한 드물게는 병원체의 종류나 감염된 식물체 상태 또는 재배 환경조건에 따라서 육안으로는 확인할 수 없도록 **병징은폐(masking)**가 발생하는 경우도 있다. 따라서 식물병의 진단을 병징에만 전적으로 의존할 수는 없다.

표징은 병이 어느 정도 진행된 뒤에 나타날 때가 많으므로 조기진단에는 큰 도움이 되지 않지만, 병징이 상대적인 반면에 표징은 절대적인 특성으로 병원체에 따라 색깔, 모양, 크기 등이 일정하므로 식물병의 진단상 매우 중요하다. 병원체의 크기가 작아 육안으로 관찰이 불가능한 바이러스, 파이토플라스마 및 세균은 표징을 나타내지 않는 것이 당연하지만, 세균인 경우 감염시킨 식물체 표면에 세균유출액(細菌流出液, bacterial ooze)을 표출시켜 표징을 나타내기도 한다. 그러나 곰팡이는 식물병의 종류에 따라 다양한 형태의 균사, 균핵, 포자, 자실체 등의 표징을 나타내므로 식물곰팡이병의 진단에 중요한 수단이 된다.

식물병원성 곰팡이는 식물체에 다양한 병증상을 나타낸다. 곰팡이의 종류에 따라 병징만을 나타내고 표징은 나타내지 않는 종류도 있고, 반대로 표징만을 나타내고 병징은 나타내지 않는 종류도 있다. 그러나 어떤 종류의 곰팡이는 전형적으로 병징과 표징을 모두 식물체에 나타낸다.

곰팡이에 의한 병징은 식물체의 세포나 조직이 썩거나 죽는 **괴사(necrosis)**, 식물체의 발육이 불충분한 **저생장(hypoplasia)**, 발육이 지나친 **비대(hypertrophy)**의 세 가지 기본형의 조합에 의해 만들어진다.

9.1.2 식물곰팡이병의 병증상

식물곰팡이병의 병징은 모잘록병, 잎오갈병처럼 식물체에서 외형의 이상으로 생기거나, 점무늬병, 줄무늬병처럼 색깔의 이상에 의해 생기거나, 탄저병, 역병, 무름병처럼 두 가지 모두 이상으로 생기기도 한다(표 9.1)(그림 9.1, 9.2, 9.3).

표 9.1 식물곰팡이병의 주요 병징

원인	병명	병증상
식물체 외형의 이상	모잘록병	어린 모의 지제부가 괴사하면서 잘록해져 넘어지고 나중에 말라죽음
	시들음병	뿌리와 줄기의 물관부가 침해되어 물이 올라가지 못해 시들고 죽음
	잎오갈병	잎이 오그라들거나 말림
식물체 색깔의 이상	점무늬병	세포 또는 조직 일부가 괴사해 뚜렷한 빛깔의 작은 점 모양을 함
	검은무늬병	죽은 조직이 검은색 무늬를 이룸
	갈색무늬병	죽은 조직이 갈색 무늬를 이룸
	줄무늬병	잎 또는 줄기에 세로로 줄무늬를 이룸
식물체 외형 또는 색깔의 이상	탄저병	식물체 위에 어두운 빛깔로 움푹 패어 썩어 들어감
	역병	병환부가 갈색으로 변하면서 급속히 확대되고 썩어 들어감
	잎마름병	갈색 또는 흑색 병반이 급속하게 퍼져나가면서 잎이 마름
	가지마름병	가지가 끝으로부터 아래쪽으로 갈색 또는 흑색으로 말라 내려감
	줄기마름병	줄기 또는 가지의 겉껍질이 죽어서 거칠어지고 코르크층이 솟아오르며 식물 전체가 쇠약해져서 말라죽음
	줄기썩음병	줄기의 지제부를 중심으로 썩음
	뿌리썩음병	뿌리가 검게 썩음
	마른썩음병	병원균이 침입한 곳을 중심으로 마르면서 썩음
	무름병	조직이 붕괴되면서 무르고 썩음

식물곰팡이병의 표징은 흰비단병, 균핵병, 잿빛곰팡이병, 노균병, 흰가루병, 잎곰팡이병, 녹병, 흰녹가루병, 그을음병, 자주날개무늬병, 흰날개무늬병 등이 있다(표 9.2).

표 9.2 식물곰팡이병의 주요 표징

병명	병증상
흰비단병	줄기의 지제부에 흰 비단결같은 모양으로 균사체가 무성하게 자람
균핵병	병들어 죽은 조직 속 또는 표면에 갈색 또는 검은색 쥐똥같은 균핵덩어리가 생김
잿빛곰팡이병	잿빛의 분생포자경과 분생포자가 무성하게 생김 – 나중에 꽃, 열매, 잎이 무르면서 썩는 병징을 나타냄
노균병	잎의 뒷면에 흰 서리 모양의 분생포자경과 분생포자가 생김 – 나중에 갈색 다 각형 모무늬 병징을 나타냄
흰가루병	잎, 어린 가지 등에 흰 가루 모양의 분생포자경과 분생포자가 생김
잎곰팡이병	잎의 뒷면에 주로 갈색의 균사와 포자가 생김
녹병	잎, 줄기, 열매에 쇠가 녹스는 듯한 모양의 포자덩어리가 생김
흰녹가루병	잎의 뒷면의 표피가 터지면서 흰 가루 모양의 포자 덩어리가 나옴
그을음병	잎 표면에 까만 숯검정처럼 균사와 포자가 생김
자주날개무늬병	뿌리나 줄기의 지제부가 썩고 그 위에 자주색 그물 모양의 균사체가 자람
흰날개무늬병	뿌리가 푸석하게 썩으면서 그 표면에 회백색 깃털 모양의 균사체가 자람

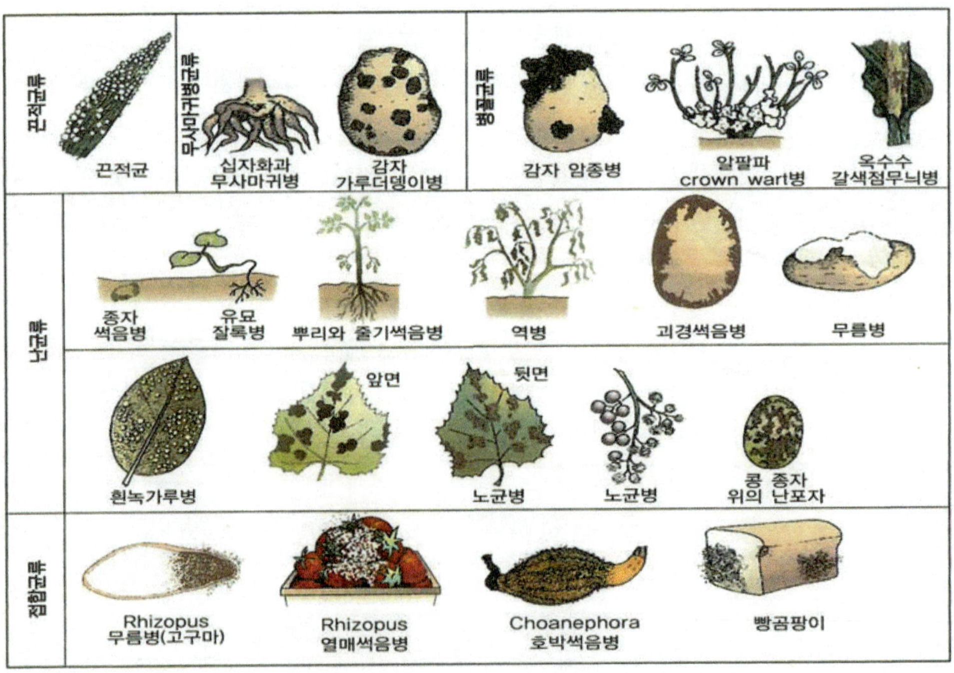

그림 9.1 유사균류 및 접합균에 의한 식물병의 병증상. [출처: 식물병리학]

또한 병징과 표징이 복합적으로 식물체에 나타나는 경우가 있다. 탄저병, 역병 등은 보통 식물체 위에 나타난 병징이 진전된 후 그 위에 표징이 드러나고, 잿빛곰팡이병, 노균병 등은 식물체에 나타난 표징이 번성한 후 그 아래에 병징이 나타난다.

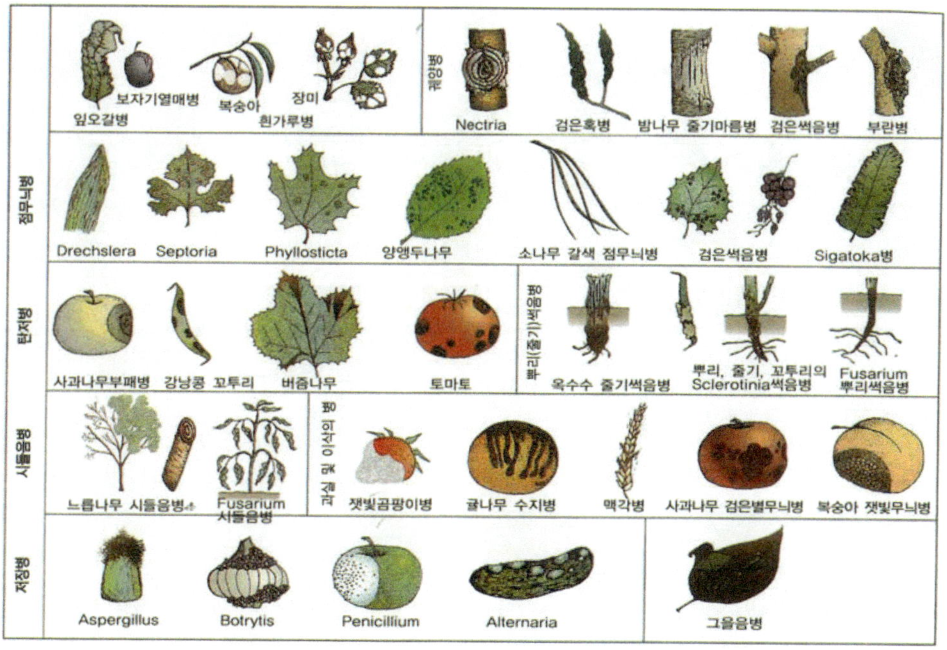

그림 9.2 자낭균에 의한 식물병의 병증상. [출처: 식물병리학)]

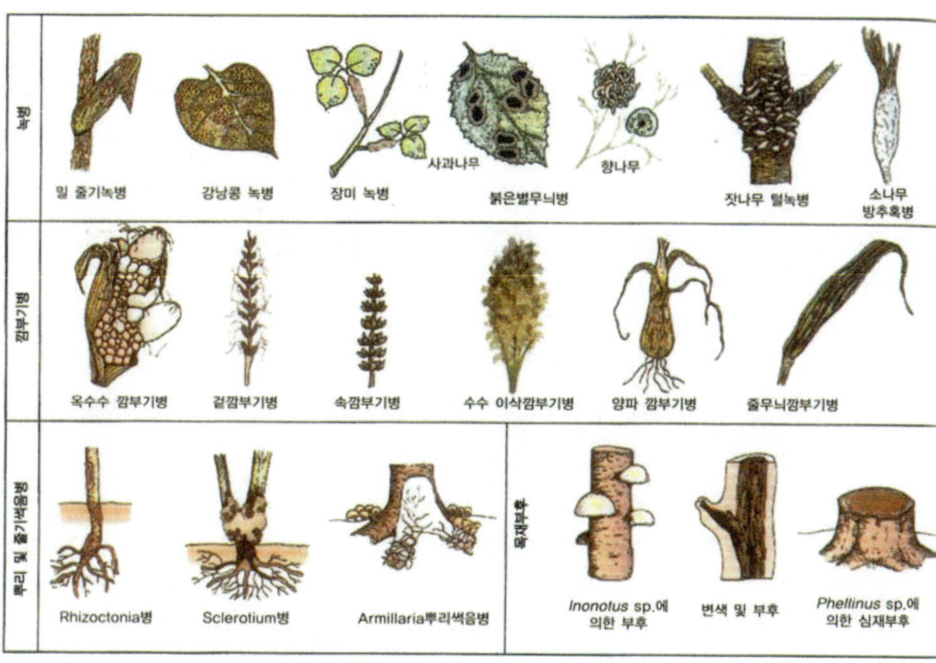

그림 9.3 담자균에 의한 식물병의 병증상. [출처: 식물병리학]

심층학습 20 흥미로운 식물병명

식물병의 병명(病名)은 기주 식물체에 나타나는 병증상(病症狀, syndrome)에서 유래한다. 즉 보리에 흰가루가 뒤덮히는 병증상을 나타내는 식물병은 '보리 흰가루병'이라고 명명(命名)하듯이 '기주명 + 병증상 + 병'으로 표기한다. 과거에 '보리흰가루병'처럼 병증상을 기주명에 붙여 표기하거나, '보리 · 흰가루병'처럼 기주명과 병증상 사이에 점을 첨가해서 표기했었지만, 지금은 '보리 흰가루병'처럼 기주명과 병증상 사이에 한 칸 띄어쓰기를 한다.

일제강압기의 영향으로 식물병명을 한자로 표기하던 것을 지금은 한글로 순화시켰다. 예컨대 '보리 白粉病'은 '보리 흰가루병', '배나무 黑星病'은 '배나무 검은별무늬병', '벼 苗立枯病'은 '벼 모잘록병', '감나무 根頭癌腫病'은 '감나무 뿌리혹병'처럼 한자병명을 한글로 순화시켰다. 그러나 '감자 疫病', '고추 炭疽病', '감귤나무 潰瘍病'처럼 우리말로 순화시키기 마땅하지 않은 한자병명은 '감자 역병', '고추 탄저병', '감귤나무 궤양병'처럼 한글로만 바꿔 표기한다.

그런데 '*Magnaporthe oryzae*'에 의해 발생하는 '벼 도열병'이라는 병명에는 기주식물명 '벼' 다음에도 벼의 한자어인 '도(稻)'가 들어간 '稻熱病'이라고 표기하고 있어서 벼의 의미가 중복으로 사용된 이상한 형태의 병명으로 돼 있다. 앞서 설명한 식물병명 표기방식대로 해서 벼가 불에 타는 듯한 증상을 나타내는 병이기 때문에 '벼 열병'이어야 옳고, '벼 도열병'은 잘못된 표기인 셈이다.

또한 '소나무재선충병'은 '소나무재선충(材線蟲, *Bursaphelenchus xylophilus*)'이 수분과 양분의 이동을 막아 소나무가 시들고 죽게 하는 시들음병이기 때문에, '소나무 시들음병'이 올바른 병명이고, 영어권에서도 'pine wilt'라고 부른다. '조류독감'은 오리나 닭같은 조류가 걸리는 병인 것처럼 '소나무재선충병'은 '소나무재선충'이 걸리는 병을 의미하기 때문에 잘못된 표기인 셈이다.

식물병명이 병증상에서 유래하지 않고 의성어(擬聲語)에서 유래하는 경우도 있다. 세상에서 가장 작은 식물병원체인 '코코야자나무 카당카당 바이로이드(Coconut Cadang-Cadang Viroid)'에 의해 발생하는 '코코야자나무 카당카당병'은 30 m가 넘는 커다란 코코야자나무가 죽어 '콰당콰당' 넘어지는 소리를 나타내는 의성어에서 유래한다.

'*Fusarium oxysporum*'에 의해 토마토가 시들어 죽게 하는 '토마토 위조병(萎凋病)'을 한글로 '토마토 시들음병'이라고 순화시켜 표기해오고 있다. 그런데 한글맞춤법에서 용언(동사와 형용사)을 명사형으로 만드는 법칙에 따르면 '시듦'이 옳고 '시들음'은 잘못된 표기이기 때문에, '토마토 시듦병'이 옳고 '토마토 시들음병'은 잘못된 표기인 셈이다.

병든 식물에 나타나는 병증상이 병징과 표징이 동시에 나타날 때 동양과 서양에서는 병명을 달리 표기하는 경우가 있다. 사과 열매 표면에 갈색 점무늬가 생겨 커지면서 무르는 병징을 나타내고, 그 위에 표징으로 잿빛 포자덩이가 둥근 겹무늬를 이루는 병의 병명을 서양에서는 병징에 초점을 맞춰 'apple brown rot'이라고 하는데, 동양에서는 표징에 초점을 맞춰 '사과나무 잿빛무늬병(灰星病)'이라고 한다.

동양에서는 병증상에 초점을 맞추고 서양에서는 발병시기에 초점을 맞춰 병명을 달리 표기하는 경우가 있다. '*Phytophthora infestans*'에 의해 감자와 토마토의 생육 후기에 저온 다습할 때 주로 발생하는 '역병'을 서양에서는 'late blight'라고 한다. 이와 비슷하게 '*Alternaria solani*'에 의해 잎에 나이테 모양의 겹둥근 무늬 형태로 병증상이 발생해서 점차 말라 죽게 하는 병을 '겹둥근무늬병'이라고 하는데, 서양에서는 '역병'보다 상대적으로 일찍 발병하기 때문에 'early blight'라고 한다.

토마토를 시들어 죽게 하는 병에서 병원균의 종류에 따라 증식과 발병 속도가 다를 때 병명을 달리 표기하는 경우가 있다. 토양전염성 곰팡이 '*Fusarium oxysporum*'이 토마토에 감염 후 서서히 증식하면서 물관을 폐쇄시킴에 따라 증산작용이 활발한 낮에는 시들어 가다가 밤에는 회복되는 증상을 되풀이 하다 마침내 식물체 전체가 갈색으로 말라 죽는 병을 '시들음병'이라고 한다. 반면에 토양전염성 세균 '*Ralstonia solanacearum*'이 토마토에 감염 후 아주 빠르게 증식해 물관을 갑자기 폐쇄시킴으로써 식물체 전체가 급작스럽게 푸른빛을 띤 채 말라 죽는 병을 '풋마름병'이라고 한다.

영어로는 동일한 병명을 우리말로는 달리 표기하는 경우가 있다. '*Elsinoe fawcettii*'에 의해 감귤나무의 잎, 줄기, 열매에 딱지가 생기는 '더뎅이병', '*Gibberella zeae*'에 의해 밀과 보리의 이삭에 분홍색 곰팡이가 생기는 '붉은곰팡이병', '*Venturia nashicola*'에 의해 배나무의 잎, 잎자루, 열매, 열매꼭지 등에 검은색 부정형의 그을음 병반이 생기는 '검은별무늬병'의 영어 병명은 모두 'scab'이다. 또한 강낭콩, 잔디, 커피나무, 포플라나무 등 다양한 식물에 적갈색으로 녹이 슨 듯한 병반이 생기는 '녹병'과 배나무, 사과나무, 모과나무 등에 생기는 '붉은별무늬병균'의 영어 병명도 'rust'로 동일하다.

우리말로는 동일한 병명을 영어로는 달리 표기하는 경우도 있다. '*Colletotrichum* spp.'에 의해 감귤, 강낭콩, 고추, 수박, 딸기, 토마토 등 다양한 식물의 잎과 열매 등에 갈색~검은색으로 움푹 패여 썩어가는 병반이 생기는 '탄저병'을 'anthracnose'라고 하는 반면에, '양파 탄저병'은 그을린 듯한 검은 얼룩 병반이 나타나기 때문에 'smudge'라고 하고, '사과나무 탄저병'은 쓴 맛이 나기 때문에 'bitter rot'이라고 한다. '포도나무 탄저병'은 열매가 거의 성숙할 무렵에 발생하기 때문에 'ripe rot'이라고 하는데, 이런 의미에서 한자로 '炭疽病'과 더불어 '晩腐病'이라고도 불러왔다.

토양전염성 끈적균 '*Plasmodiophora brassicae*'에 의해 배추와 무의 뿌리에 곤봉모양의 혹이 생기는 '무사마귀병'은 '뿌리혹병'이라고도 하는데, 무에 발생하면 다소 어색하게 보이지만 병명이 '무 무사마귀병'이 된다.

'*Botryosphaeria dothidea*'에 의해 겹둥근 무늬 형태로 열매가 썩는 비슷한 증상의 병을 배나무에서는 '겹무늬병'이라고 하고, 사과나무에서는 '겹무늬썩음병'이라고 부르기 때문에 혼동하기 쉽다.

배나무에 '*Alternaria kikuchiana*'에 의해 발생하는 '검은무늬병'과 '*Venturia nashicola*'에 의해 발생하는 '검은별무늬병'은 병명이 비슷한데, '검은무늬병'은 가장자리가 비교적 둥글고 뚜렷한 부정형 검은색 병반을 형성하고 '검은별무늬병'은 그을음처럼 검은색 부정형 병반을 형성한다. '*Gymnosporangium asiaticum*'에 의해 발생하는 '붉은별무늬병'도 '검은별무늬병'과 병명이 비슷하지만 붉은색 녹이 슨 듯한 병반을 형성한다.

9.2 진단방법

9.2.1 식물병의 진단방법

병든 식물을 정밀하게 검사해 비슷한 병과 구별하고 정확한 병명을 결정하는 것을 **진단(diagnosis)**이라고 한다. 가장 일반적인 식물병의 진단방법은 다음 표 9.3과 같다.

표 9.3 일반적인 식물병의 진단방법

진단방법	내 용
육안진단	병징과 표징에 의해 육안으로 진단하는 가장 보편적인 진단방법이다. 일반적으로, 육안진단은 식물병도감을 비롯한 참고자료와 경험을 토대로 이루어진다. 그러나, 병원체가 달라도 비슷한 병징을 나타내는 경우도 있고, 같은 병원체라도 식물의 품종, 발병부위, 생육시기나 환경 조건에 따라 다른 병징을 나타내기도 하므로, 병징에 의한 육안 진단에는 세심한 주의가 필요하다.
해부학적 진단	병든 식물체의 조직을 해부해 현미경으로 조직 속의 이상현상이나 병원체의 존재를 밝혀내는 진단방법이다. 병든 토마토나 오이의 줄기나 뿌리의 물관부에 갈변 현상을 나타내면 '시들음병'으로, 병든 감자 조직의 체관부에 괴사를 나타내면 '잎말림병'으로 진단이 가능하다. 또한, 식물 세포 내에 생성된 봉입체(封入體, inclusion body, X-body)를 광학현미경으로 관찰함으로써 바이러스병을 진단할 수도 있다. 감자에서 분리한 세균을 그람염색(Gram stain)해 양성이면 '감자 둘레썩음병균(*Clavibacter michiganense* pv. *sepedonicum*)'으로 식별할 수 있다.
병원학적 진단	표징으로부터 직접 병원체를 분리하거나 병징으로부터 병원체를 순수 배양시켜 형성된 균총과 자실체 등을 현미경으로 진단하는 가장 정밀한 진단방법이다. 곰팡이병인 경우는 100~400배 광학현미경 관찰로, 세균병인 경우는 1,000~1,500배 관찰과 그람염색이나 편모염색 등으로 진단한다. 바이러스병인 경우는 전자현미경으로 바이러스 입자를 관찰함으로써 진단할 수 있다.
이화학적 진단	병든 식물 또는 병환부를 물리적 또는 화학적으로 처리해 나타나는 이화학적 변화를 조사해 진단하는 방법이다. 감자 절단부에 자외선을 처리했을 때 관다발부위에 둥글게 생기는 형광반응으로 '감자 둘레썩음병'을 진단할 수 있다. 또한, 전분 축적량을 요오드 및 요오드칼륨으로 염색하거나 바이러스 자체의 분획을 정상 단백질에서 분리해 바이러스병을 진단할 수 있다.
혈청학적 진단	항원-항체 반응의 특이성을 이용해 병원체를 정밀하게 진단하는 방법이다. 이미 알고 있는 병원체의 항혈청(抗血淸)을 만들고, 여기에다 진단하려는 병든 식물의 즙액이나 분리된 병원체를 반응시키면 알고 있는 병원체와 특이적 반응을 일으키고 다른 비슷한 병원체에서는 반응이 일어나지 않기 때문에 정확하게 병원체 감염여부를 진단할 수 있다. '감자 X모자이크병', '보리 줄무늬모자이크병'의 간이진단법에 활용되어 왔으며, '벼 줄무늬마름바이러스'의 보독충 검정에도 활용되고 있다.

진단방법	내 용
생물적 진단	특정 생물체를 이용해 식물병을 진단하는 방법이다. 어떤 병에 대해서만 특히 침해받기 쉽거나, 특이한 병징을 나타내는 성질을 가진 지표식물(指標植物, indicator plant)을 이용해 병을 진단할 수 있다. '감자 바이러스X'를 천일홍에 접종하면 국부병반이 생기고, 토양에 '뿌리혹선충'의 유무를 알기 위해 감수성인 토마토, 봉숭아를 심어 감염여부를 확인하고, '과수 뿌리혹병균(*Agrobacterium tumefaciens*)'의 유무를 알기 위해 감나무 묘목을 심어 감염 여부를 확인할 수 있다. 또한, '벼 흰잎마름병균(*Xanthomonas oryzae* pv. *oryzae*)'의 계통에 대해 특이성이 있는 박테리오파지(bacteriophage)를 이용해 세균의 유무, 월동 장소, 병든 식물에서 존재 부위 등을 진단할 수 있다.
분자생물적 진단	분자생물학적 지표를 이용해 병원체를 동정하고 식물병을 진단하는 방법이다. 최근 분자생물학의 발달로 병원체에서 분리한 RNA나 DNA를 전기영동으로 분석하거나, RNA나 DNA의 교잡(hybridization), PCR(polymerase chain reaction)을 이용해 증폭된 특정 염기서열의 분석 등에 의해 병원체를 동정하고 병원체 감염여부를 진단할 수 있다.

재배 중인 식물에서 정확한 병의 진단을 위해서는 발병 포장이나 온실에서 우선 발병 개체들의 분포와 특징을 조사해 그 병이 전염성인지 여부를 결정해야 한다.

일반적으로 **비전염성병(non-infectious disease)**인 경우는 부적합한 기상조건이나 토양조건에 의해 동일 포장이나 온실에 있는 대부분의 식물 개체에 동시에 똑같은 증상이 나타나며, 동일 포장이나 온실에 있는 다른 종류의 식물에도 비슷한 증상이 나타난다.

만일 식물체에서 아무런 병원체도 찾을 수 없으며, 감염된 식물체로부터 배양할 수도 전염시킬 수도 없다면, 그 병은 환경요인에 의한 것으로 생각해야 한다. 식물에 병을 일으키는 환경요인은 너무 다양하지만, 대부분은 식물체의 정상적인 생리적 반응을 교란한다.

몇 가지 환경요인은 식물체에 특정한 증상을 일으켜 병의 원인을 쉽게 결정할 수 있게 하지만 대부분은 비특이적 증상을 일으켜, 환경조건에 대한 역사적 고찰 없이는 원인을 진단하기 어렵다.

반대로, **전염성병(infectious disease)**은 같은 식물이라도 특정한 개체에만 발생해 병든 개체와 건전한 개체가 섞여 있으며, 같은 개체에서도 부위에 따라서 발병 정도가 다르며, 병든 개체 간에도 발병 정도가 다를 뿐만 아니라, 병증상이 옮겨가는 흔적을 볼 수 있다. 전염성병으로 확인되면 정확한 진단을 통해서 그 병의 원인을 밝혀냄으로써 비로소 알맞은 방제법을 적용하게 되어 확실한 방제효과도 기대할 수 있다.

9.2.2 식물병원성 곰팡이의 동정

식물에 발생한 병이 전염성병으로 진단되면 그 병원체를 정확히 파악해야 한다. 병든 식물체로부터 병원체를 분리, 배양하고 다시 접종 시험을 거쳐 병원성(pathogenicity)을 검정해 병원체의 정확한 종명을 결정하는 것을 **동정(identification)**이라고 한다.

동정이란 넓은 뜻으로 진단의 한 과정이라고 할 수 있다. 실제 병환부에는 한 종류의 병원체만이 있기 보다는 병원체 외에도 다양한 부생균(saprobe)들이 흔히 섞여 있기 때문에, 두 종류 이상의 미생물이 검출되는 때가 많다. 이때 병환부에서 검출된 미생물이 다음과 같은 **코흐의 원칙(Koch's postulate)**을 만족시켜야 병원체로 동정할 수 있다**(심층학습 21)**.

① 1단계 : 병원체는 반드시 병환부에 존재해야 한다.

② 2단계 : 병원체는 분리되어 인공배지에서 순수 배양되어야 한다.

③ 3단계 : 순수 배양된 병원체는 병이 나타난 식물과 같은 종 또는 품종의 건전한 식물체에 접종하였을 때 똑같은 병증상을 일으켜야 한다.

④ 4단계 : 접종한 식물로부터 병원체는 재분리되어 인공배지에서 순수 배양하면 그 특성이 2단계에서 관찰한 것과 동일해야 한다(그림 9.4).

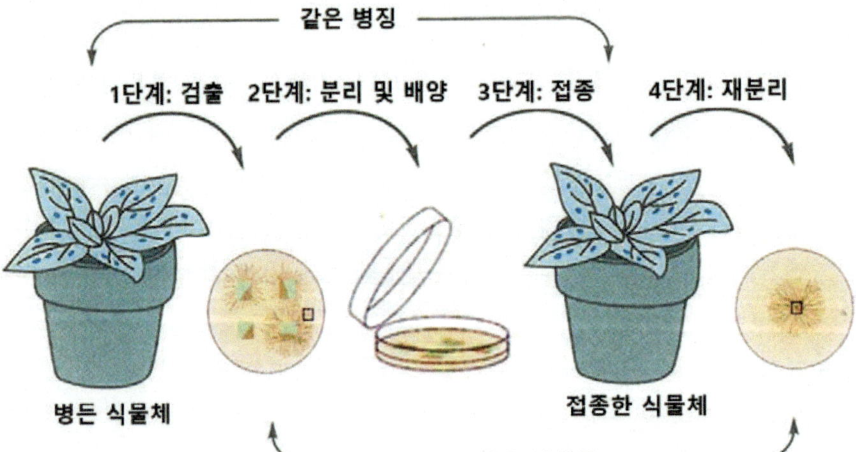

그림 9.4 코흐의 원칙에 따른 병원체 동정 과정.

단, 식물병원성 곰팡이 중에서 흰가루병균(powdery mildew fungi), 노균병균(downy mildew fungi), 녹병균(rust fungi), 흰녹가루병균(white rust fungi) 등과 같이 인공배양이 불가능한 절대기생체(obligate parasite)들은 인공배지에서 순수 배양을 시킬 수 없기 때문에 건전한 식물체 위에서 증식시켜 위와 같은 단계를 만족시켜야 한다.

심층학습 21 코흐의 원칙(Koch's Postulate)

병원체를 분리, 배양하고 다시 접종시험을 거치는 등 병원체의 정확한 종명을 결정하는 것을 '동정(同定, identification)'이라고 한다.

Robert Koch는 인체 병원체를 동정하기 위해 필수적인 미생물 배양기술을 확립한 선구자다. 시골 의사였던 Koch가 세계적인 미생물학자가 된 과정에는 훌륭한 협력자들이 있었다. 누구보다도 한천(寒天, agar)을 이용한 겔(gel) 조제법을 개발한 Walther Hesse 부부와 페트리접시를 발명한 Julius Richard Petri의 도움이 없었다면 아마도 불가능했을 것이다.

1660년 Antonie van Leeuwenhoek에 의한 현미경의 발명으로 정체를 드러내기 시작한 미생물들이 배양되기 시작했다. 미생물은 고체 배지(培地)에 균총이 형성돼야 다른 종류의 미생물과 섞이지 않아 분리하기 쉽다. 1860년 Louis Pasteur는 최초로 실험실에서 이스트 가루와 설탕 및 암모니아염으로 구성된 배지에 세균을 배양했다.

당시에 배지를 겔 상태로 만들 때 사용했던 젤라틴(gelatin)은 미생물에 의해 쉽게 분해돼 물처럼 흐느적거려 미생물을 분리하는데 매우 불편했다. 이러한 문제점을 알고 있던 Koch의 동료 의사 Hesse는 1881년 우뭇가사리에서 추출한 한천으로 강력한 겔을 만들 수 있다는 사실을 아내로부터 전해 듣고 Koch에게 한천을 소개했다.

한천은 물에 잘 녹고 낮은 농도에서도 실온에서 잼처럼 굳어지는 성질을 지니고 있다. 더구나 한천은 미생물에 의해 분해되지 않고, 미생물이 영양원으로 이용할 수 있는 화학물질을 함유하지 않으며, 투명도가 좋아 미생물 균총의 형태를 쉽게 구분할 수 있어서 겔을 만들기에 더없이 적합한 재료였다.

우뭇가사리. [출처: 나무위키]

한천은 1658년 일본 교토 후시미쿠에 있는 여인숙 주인 Mino Tarazaemon이 처음 발견했다. 먹다 남은 해초 수프를 겨울밤에 버렸는데, 나중에 밤의 추위와 낮의 더위로 인해 겔로 변하는 것을 알았다. 다당류(多糖類, polysaccharide)의 일종인 한천을 뜻하는 아가(agar)라는 용어는 우뭇가사리를 비롯한 홍조류(紅藻類, red algae)로부터 추출한 물질을 나타내는 말레이시아 말에서 유래한다.

마침내 Koch는 1882년 Hesse 부부의 도움으로 한천을 사용한 겔 조제법을 개발해서 고체 배지를 최초로 탄생시켰다. 지금도 한천은 전 세계 실험실에서 미생물을 분리하고 배양하기 위한 고체 배지를 만들 때 없어서는 안 되는 필수품으로 자리를 잡아 매년 1만 톤 정도씩 생산되면서 미생물학 발전을 선도하고 있다.

한천과 더불어 미생물 배양에 혁명적인 변화를 가져다준 것이 페트리접시(Petri dishes)의 발명이다. 1887년 Koch의 실험실 연구원이었던 세균학자 Petri는 유리접시 대신 미생물 배양에 편리하게 사용할 수 있는 페트리접시를 발명했다.

페트리접시는 미생물을 배양하기가 편리하고, 오염을 줄일 수 있으며, 서로 포개어 놓아 공간을 절약할 수 있어서 미생물 배양에 가장 많이 쓰는 도구가 됐다.

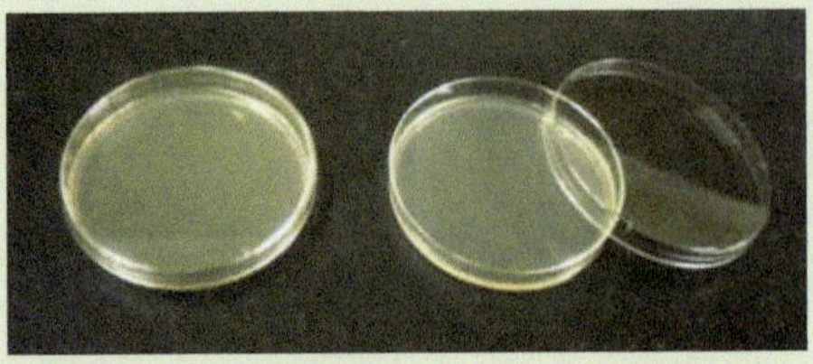

페트리접시.

한천과 페트리접시의 발명으로 탁월한 미생물 배양기술을 터득한 Koch는 1876년 '탄저균(炭疽菌, *Bacillus anthracis*)'을 발견했고, 이어서 1882년과 1883년에는 '결핵균(結核菌, *Mycobacterium tuberculosis*)'과 '콜레라균(*Vibrio cholerae*)'을 각각 발견했다. Koch는 인체에 치명적인 '결핵균'을 발견함으로써 결핵 퇴치의 길을 연 공로로 1905년 노벨생리의학상을 수상했다.

하루 16시간 이상 지칠 줄 모르고 연구에만 전념한 Koch는 모든 병은 특정 미생물에 의해 발생한다는 일반적 결론을 유도해냈다. 이러한 결론은 Pasteur에 의해 제안됐던 미생물병원설을 처음으로 확인해주는 것이었다.

당시에 특정 병을 연구하고 있는 동안에 병의 원인과 발생에 대해 혼돈과 불확실성이 있었다. 배양기술의 발달로 병이 들었거나 이미 죽은 사람, 동물 또는 식물 조직으로부터 여러 가지 미생물들을 어렵지 않게 분리해냈다. 그러나 분리된 미생물들은 특정 병을 일으킨 미생물들과 함께 병든 조직에 존재하고 있을지라도 그 병을 일으키지 못하는 부생체(腐生體, saprobe)들이 대부분이었다.

이러한 실험에 기초해서 Koch는 1887년 병든 사람, 동물 또는 식물 조직으로부터 분리한 미생물이 특정 병의 원인인 것으로 증명되기 위해서 반드시 만족시켜야 하는, **'코흐의 원칙(Koch's postulate)'**이라고 부르는 네 단계의 판단 기준을 확립했다.

'코흐의 원칙'은 오늘날에도 미지의 병을 진단하거나 병원체를 동정하는데 사용되고 있는 가설(假說)이다. 식물의학에서도 병든 식물체에서 분리돼 병원체로 의심되는 미생물이 그 병을 일으키는 병원체인지 여부를 확인하기 위해서 이용되고 있다.

식물병원체로 입증하기 위해서 완수돼야 하는 '코흐의 원칙'은 다음과 같다. 첫째, 병원체로 의심되는 미생물은 반드시 병든 식물체에 존재해야 한다. 둘째, 그 미생물은 반드시 병든 식물체로부터 분리돼 배지에서 순수배양돼야 한다. 셋째, 배지에서 순수배양된 미생물을 건전하고 감수성인 식물체에 접종했을 때 특정 병의 증상을 나타내야 한다. 넷째, 접종해서 감염된 식물체로부터 같은 미생물이 다시 분리돼 배양돼야 한다.

당시에 Koch는 모든 미생물들이 인공배지에서 배양된다는 생각을 전제로 '코흐의 원칙'을 확립시켰다. 따라서 대부분의 곰팡이나 세균처럼 식물체로부터 분리하고 배양할 수 있는 미생물들은 '코흐의 원칙'을 쉽게 만족시키며 병원체로 판명된다.

그러나 바이러스, 파이토플라스마, 원생동물을 비롯해서 일부 곰팡이나 세균처럼 아직 배양이 불가능한 미생물들이 속속 발견되고 있다. 이러한 미생물들은 두 번째 단계부터 '코흐의 원칙'을 완수할 수 없도록 무력화시키지만 그 주변 증거들이 확실한 경우에는 잠정적으로 병원체로 인정하고 있다. 앞으로 미생물의 분리와 배양, 접종 등에 대한 기술이 개선되면 이러한 가정이 진실인 것으로 판명될 것이다.

9.2.3 식물곰팡이병의 진단

식물곰팡이병을 진단하기 위해서는 우선 그 병이 곰팡이에 의한 것인지 아니면 환경요인에 의한 것인지를 판단하는 것이 필수적이다. 어떤 경우에는, 병의 전형적인 병징이나 곰팡이의 표징이 존재해, 숙달된 사람이라면 이 병이 곰팡이에 의한 것인지 아니면 환경요인에 의한 것인지를 판별할 수 있을 뿐만 아니라 어떠한 것에 의한 것인지도 꽤 쉽게 판별할 수도 있다. 때로는 식물병도감이나 식물병명목록같은 책들과 비교하면 병의 원인의 추정범위를 좁힐 수 있고, 동정에도 도움을 얻는 경우가 많다. 그러나 대부분의 경우에 정확한 진단을 위해서는 명백한 병증상 이외의 세밀한 검사와 특징조사가 반드시 필요하다.

병든 식물의 감염된 조직에 곰팡이의 균사와 포자가 존재하면 이 곰팡이가 실제로 병을 일으킨 병원균이거나 다른 원인에 의해 죽은 식물체 조직 표면에 살고 있는 부생균일 것이다. 따라서 병원균인지 부생균인지를 결정하려면 먼저 그 곰팡이를 분리해서 배양하거나 직접 균사와 자실체의 구조, 포자 등의 모양을 현미경으로 관찰한다. 그다음에 코흐의 원칙에 따라 곰팡이를 동정하고, 그 곰팡이가 병원체로 보고되었는지 아닌지 알아보기 위해 여러 자료를 검토한다(**심층학습 22**).

만일 식물체의 병징이 바로 그 곰팡이에 의한 병으로 기록되어 있는 증상과 맞아떨어진다면 대부분의 경우에 그 병의 진단은 끝난 것으로 여긴다. 만일 조사한 식물의 병원균으로 그러한 곰팡이가 알려지지 않았다면, 그 곰팡이는 부생균일 가능성이 높지만, 지금까지 보고되지 않은 새로운 식물병원균일 가능성도 있으므로 병의 원인임을 증명하는 작업을 계속해야 한다.

병든 식물조직에는 처음에는 자실체나 포자가 존재하지 않는 경우가 대부분이어서 곰팡이를 동정하는 것이 불가능하다. 어떤 곰팡이에 대해서는 선택적 분리나 동정, 또는 포자형성 촉진을 위한 특별한 영양배지가 개발되어 있다. 다른 곰팡이는 포자형성을 촉진하기 위해서는 특정 온도와 환기, 또는 빛 조건 아래에서 배양해야 한다. 그러나 대부분의 곰팡이는 습실처리한 페트리접시나 습윤상(濕潤床)에 보관하면 병든 식물체 조직 위에 자실체와 포자들을 만든다.

동정할 때 가장 중요하게 여기는 곰팡이의 특징인 포자와 그것이 달려있는 자실체, 그리고 균사체의 특징 등을 현미경으로 관찰한다. 표본은 종종 포자형성을 촉진시키기 위해 며칠 동안 습실처리하기도 한다. 그 대신에 곰팡이를 분리해 인공배지 위에 배양하고 증식시킨 다음에 배지 위에 형성된 포자를 관찰하기도 한다. 어떤 곰팡이를 빠르게 동정하기 위해서는 그 곰팡이만이 선택적으로 잘 자라는 특수영양배지(선택배지)를 이용하기도 한다.

포자경 또는 자실체의 형태와 색깔뿐만 아니라 포자의 형태, 크기, 색깔 및 포자경 또는 자실체에 달려있는 배열형을 보면, 그 곰팡이의 대략적인 분류 단위 즉 강(class), 목(order), 과(family) 및 속(genus) 등을 쉽게 추정할 수 있다. 이러한 형태적인 특징들을 이미 출판되

심층학습 22 식물병원성 곰팡이의 분리

정확한 진단을 위해 식물병원성 곰팡이의 분리 및 동정이 필요하다. 간혹 새로운, 미지의 병원균에 의해 식물병이 발생할 수도 있는데, 이러한 경우에는 꼭 병원균을 분리해서 조사해 볼 필요가 있다. 병든 식물체로부터 식물병원성 곰팡이를 분리하는 방법은 다음과 같다.

먼저 신선한 재료의 병든 조직을 3~5 ㎜ 크기로 자른 절편을 0.5%의 차아염소산나트륨 또는 70% 에탄올 속에 30초~2분간 다른 시간대로 침지해 표면살균한 후 표면살균제를 살균수로 2~3회 바꾸면서 씻어낸 후 살균한 종이수건이나 여과지로 물기를 흡수시킨 후 4~5개의 조직을 감자한천평판배지 위에 표면살균한 시간 순으로 치상한다.

오래된 식물체 조직이나 썩은 조직에서 곰팡이를 분리하고자 할 때는 조직에 있는 부생성 세균의 생육을 저지하기 위해 50 ppm의 streptomycin을 첨가한 감자한천평판배지를 준비한다.

25~30℃ 항온기에 넣고 며칠 후 관찰하면 적정 시간 동안 살균된 조직으로부터 병원균의 생장을 관찰할 수 있다. 가장 짧은 시간 동안 표면살균한 절편은 대개 병원균과 함께 오염균도 자라지만, 가장 오랫동안 표면살균한 절편은 표면살균제에 의해 모든 미생물이 죽어 버리기 때문에 아무 것도 자라지 않을 것이다.

그러나 중간 정도의 시간 동안 표면살균한 식물 조직 절편 중에는 표면살균제가 절편 표면에 있는 오염균만을 죽이고 병든 조직 내부에 있는 병원균을 죽이지 않기 때문에 식물병원성 곰팡이만 순수한 균총으로 배지에서 자란다.

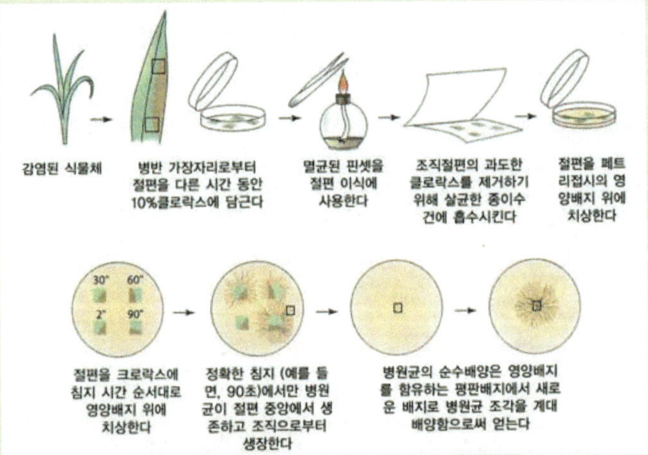

병든 식물체 조직으로부터 식물병원성 곰팡이의 분리.
[출처: 식물병리학]

따라서 균총의 균사말단을 백금선으로 새로운 감자한천평판배지에 옮겨 항온기에서 배양하면서 곰팡이의 특성을 조사한다.

병든 식물체 조직으로부터 곰팡이가 순수하게 분리되면 이 곰팡이가 진단하고자 하는 병의 원인인 것을 증명하기 위한 '코흐의 원칙(Koch's postulate)'을 만족시키는지를 확인한다. 즉 순수하게 분리된 곰팡이를 건전하고 감수성인 같은 종류의 식물체에 접종한 후 같은 병증상을 나타내고, 감염된 식물체로부터 그 곰팡이를 다시 분리해 처음 분리된 곰팡이와 같은 것으로 확인되면 그 곰팡이가 병원균으로 동정된다.

어 있는 그 곰팡이의 속검색표에 맞추어 살펴보면 더 정확하게 확인할 수 있으며, 나중에는 종까지도 알아낼 수 있다. 종에 관한 상세한 기술은 그 속의 모노그래프(monograph)나 다른 연구 간행물, 특정 출판물 등을 참고하면 된다.

곰팡이의 이름(속, 종)을 빠르게 찾을 수 있는 지름길로 식물병명목록(List of plant disease)을 참고할 수 있다. 그러나 이러한 기주-병원균 목록은 동정 과정에서 단순히 어떤 암시만 줄 뿐이고, 궁극적으로는 전공 논문이나 보다 특수한 다른 출판물을 참고해야 한다.

많은 곰팡이에서 한 균총 또는 인접한 균총 내의 균사는 융합한다. 융합된 균사가 유전적으로 다른 핵을 가진다면 형성된 균총은 이종접합체(異種接合體)다. 그러나 많은 곰팡이는 유전적으로 동질 세포들 사이에 교배를 막는 유전체계를 가졌다. 같은 종의 다른 개체에 속하는 균사와 접촉하는 균사지만 다른 교배형(mating type)이라면 이러한 접촉은 영양적 비친화를 초래할 수 있다. 같은 종에 속하는 여러 개체 사이의 결과적인 영양적 비친화는 다른 생물 종을 구성하는 다른 비친화적 군에 속하는 계통을 규정하는데 사용된다.

최근 형광물질과 결합된 곰팡이의 특이 단백질에 대응하는 단클론 항체를 포함하는 면역검정 기술이 곰팡이의 검출과 동정에 사용되고 있다. 분자기술의 진보, 특히 PCR, 빠르고 저렴한 DNA의 염기서열분석, 리보솜 DNA염기서열의 비교적 큰 데이터뱅크의 축적은 곰팡이 검출의 한계를 줄이고 동정의 정확성과 신속성에 대변혁을 일으켰다. 이러한 발전은 곰팡이가 소량 존재하는 동안인 감염 초기에 식물조직에서 곰팡이의 검출을 가능하게 만들어 초기 방제로 식물곰팡이병 대발생을 예방할 수 있다.

기술의 발전은 이미 알려진 곰팡이의 DNA 프로브(probe)를 이용해 곰팡이의 정확한 동정을 가능하게 하며, 종자같은 식물조직 내 또는 조직과 혼합체 내의 곰팡이의 정량화가 가능하게 만들었다. 대부분의 DNA 프라이머(primer)는 리보솜 DNA의 ITS(internal transcribed sequences)를 위한 것이다. 그러나 방법론은 계속적이고 신속하게 개선된다. 좀 더 예민하고 특이적인 프라이머가 고도의 반복된 DNA의 집단에 기초해 개발되었는데, 이러한 프라이머는 리보솜 DNA를 위한 ITS에 연결된 프라이머보다 10배 더 예민하다.

Chapter **10**

식물곰팡이병의 역학

James Vanderplank | 옥수수 깨씨무늬병

대부분의 병은 다소 지역적으로 한정되고 그리 심하지 않은 손실만을 일으키는 경우에 **풍토병(風土病, endemic)**이라고 하고, 이러한 병이 어떤 경로를 통해 새로운 지역으로 전파돼 정착하는 경우에 **외래병(外來病, exotic)**이라고 한다.

병원체가 비교적 짧은 시간에 비교적 넓은 지역에 있는 집단 속의 많은 개체로 전파되고 영향을 미치는 현상을 **전염병(傳染病)** 또는 **에피데믹(epidemic)**이라고 하고, 이러한 전염병이 세계적으로 광범위하게 확산되면서 넓은 지역에서 대발생하는 것을 **세계적 유행** 또는 **팬데믹(pandemic)**이라고 한다.

전염병과 전염병에 영향을 미치는 요인을 연구하는 학문을 **역학(疫學, epidemiology)**이라고 한다. 역학에서는 고전적인 병삼각형, 즉 변화하는 환경 속에 존재하는 병원체 집단과 기주식물 군락에 대해 동시에 관심을 갖는다.

일부 전염병은 기상조건의 변화 등에 의해 자연적으로 억제되기도 하고, 다른 전염병은 약제살포나 다른 방제수단에 의해 억제되기도 한다. 그러나 어떤 전염병은 갑자기 발생해서 미처 손을 쓸 겨를도 없이 특정 종의 식물에 극심하게 만연하거나 큰 손실을 일으키는 팬데믹으로 발달하기도 한다.

역사적으로 밀 줄기녹병과 포도나무 노균병의 팬데믹으로 엄청난 손실을 일으킨 바 있다. 또한 밤나무 줄기마름병, 느릅나무 시들음병, 커피나무 녹병, 바나나 시들음병 팬데믹으로 한 대륙에서 식물을 멸종시킬 만큼 인류를 위협하기도 한다. 1845년 아일랜드 대기근과 1943년 벵골 대기근은 각각 감자 역병 팬데믹과 벼 깨씨무늬병 에피데믹에 의해 발생해 수백만 명을 사망케 했다.

10.1 전염병의 구성요소

식물병이 성립되고 진전하기 위해서는 식물병을 구성하는 3가지 구성요소인 감수성인 기주식물, 병원력이 강한 병원체, 그리고 비교적 장시간에 걸친 병발생에 적합한 환경조건 등이 적절하게 조합을 이뤄야 한다.

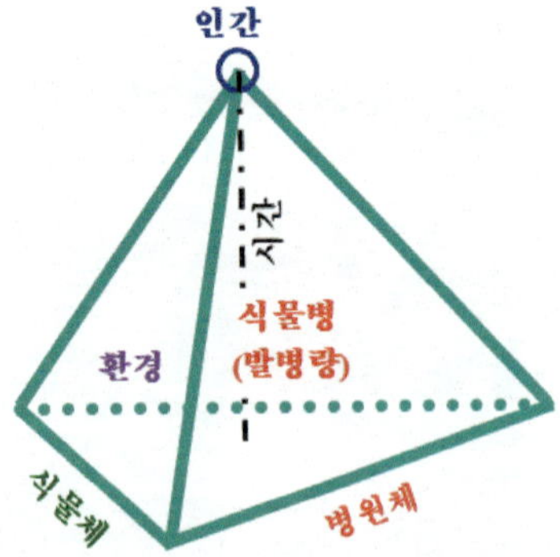

그림 10.1 병사면체.

그런데 식물병을 구성하는 3가지 구성요소 각각과 그 상호작용의 크기는 시간에 의해 영향을 받는다. 따라서 식물병 발병을 설명하는 병삼각형 개념에 네 번째 구성요소인 시간이 포함되도록 확대시킬 수 있다. 이 4가지 구성요소의 상호작용을 가시화한 것을 **병사면체(disease** tetrahedron) 또는 **병피라미드(disease pyramid)**라고 한다(그림 10.1).

식물체, 병원체 및 환경을 각각 삼각형의 한 변으로 나타내는 병삼각형의 중심에서 수직선으로 병사면체의 높이를 시간으로 나타내어 4가지 구성요소를 정량화시켰을 때 병사면체의 체적은 병삼각형의 면적뿐만 아니라 발병이 지속되는 시간에도 비례한다. 그런데 인간은 식물병의 4가지 구성요소 각각과 그 상호작용에도 영향을 미쳐 식물병의 발병량을 증가시키거나 감소시키기 때문에 인간은 병사면체의 꼭지점으로 나타낸다.

식물병의 사면체에서 인간요소는 시간요소로 대체될 수도 있지만, 식물병의 진전에 직·간접적인 영향을 미치는 다섯 번째 별개의 구성요소로 고려해야 한다. 특히 작물에서 병의 진전은 작물을 재배하고 관리하는 다섯 번째 구성요소인 인간에 의해 크게 영향을 받는다.

10.2 식물병에 대한 기주의 영향

① 저항성 또는 감수성

수직저항성을 지닌 기주식물에서는 전염병이 발생하지 않고, 수평저항성을 지닌 기주식물에서 전염병의 진전되는 속도는 저항성 수준과 환경조건에 따라 좌우된다. 저항성 유전자가 없는 감수성 기주식물에서는 병원력이 강한 곰팡이와 적합한 환경조건이 있을 때 병이 잘 진전된다.

② 유전적 균일성

병저항성과 관련해 유전적으로 균일한 기주식물이 넓은 지역에 재배될 때 그 유전체를 공격해 전염병을 일으킬 수 있는 새로운 곰팡이 레이스가 출현할 가능성이 매우 크다. 텍사스 웅성불임 세포질을 지닌 옥수수 깨씨무늬병에서 이러한 현상은 이미 잘 알려진 바 있다(**심층학습 23**).

유전적 균일성이라는 비슷한 이유로 영양생식으로 증식된 작물에서 진전 속도가 가장 빠르고, 자가수분 작물에서 중간이며, 타가수분 작물에서는 가장 느리다. 따라서 다양한 유전자 구조를 가진 식물체가 서로 얽혀 있는 천연군락에서 전염병은 대부분 느리게 진전된다.

③ 작물 유형

일반적으로 다년생 목본작물의 가지와 줄기에 비해 일년생작물의 잎, 꽃 또는 열매에서 전염병이 훨씬 더 빠르게 진전된다. 느릅나무 시들음병과 밤나무 줄기마름병과 같은 수목과 과

심층학습 23 '옥수수 깨씨무늬병 에피데믹'

'*Cochliobolus heterostrophus*'에 의한 '옥수수 깨씨무늬병'은 잎, 잎집, 이삭껍질, 이삭, 옥수수 속, 자루, 줄기에 발생한다.

옥수수 깨씨무늬병.
[출처: G. Schumann & C. D'Arcy]

전 세계 옥수수의 40%를 생산하는 미국에서 대규모로 옥수수를 재배하기 시작한 1870년대부터 1930년대까지는 생산성이 거의 제자리에 머물렀지만, 1950년대에는 잡종강세(雜種强勢, heterosis)를 이용한 '텍사스 웅성불임 세포질(Texas Male sterile, Tms)' 옥수수가 미국 옥수수 재배 면적의 85%를 차지할만큼 보급되면서 생산성이 획기적으로 늘기 시작했다.

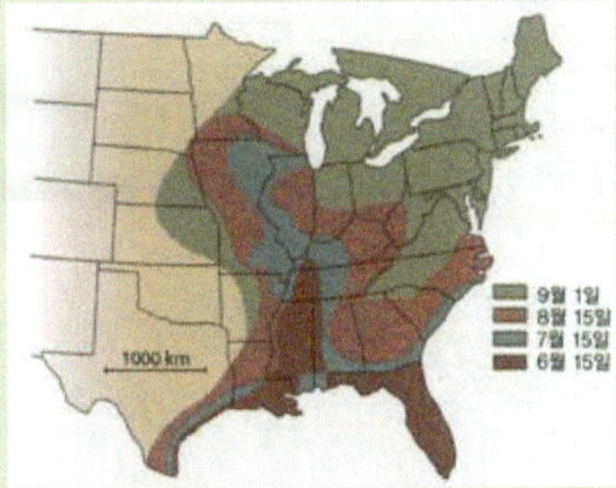

1970년 미국 옥수수 깨씨무늬병의 확산 경로. [출처: 식물병리학]

옥수수는 암꽃과 수꽃이 한 그루에 있어 잡종 옥수수를 만들기 위해서 수꽃을 제거하는데 엄청난 시간과 노동력이 필요하다. 그런데 'Tms 잡종 옥수수'는 수꽃을 제거할 필요가 없어져 잡종 옥수수 생산이 훨씬 쉬워졌다.

그런데 1970년 2월에 미국 플로리다주에서 'Tms 잡종 옥수수'들만 선택적으로 공격하는 '레이스 T'가 발생해서 큰 피해를 주었다. 1970년 6~8월 사이에 '레이스 T'의 전염원이 미국 북부 지방으로 이동하기에 적합한 날씨 조건이 계속돼서 급속하게 확산됐다. 특히 7월에 적도의 폭풍은 기류를 멕시코만에서 중서부로 이동시킨다. '레이스 T' 전염원이 옥수수 곡창지대의 중심에 도착했을 때, 날씨가 '레이스 T'의 침입뿐만 아니라 증식에도 아주 적합했다. 그해 여름 미국 동부 지역의 옥수수 재배 지대에서 '레이스 T 에피데믹'이 대발생했다. 미국 남부에서는 100% 수확을 하지 못하는 지역도 있고, 그해 미국에서 생산되는 옥수수의 15%가량이 감소했고, 손실액은 약 10억 달러로 추산됐다.

인간이 특정 병에 대해 저항성을 가지는 품종을 육성함에 따라, 병원체는 이 저항성을 무너뜨리고 병을 일으키기 위해 스스로 유전적 변이를 일으켜 새로운 레이스를 출현시키는 진화를 거듭한다. 더구나 저항성 품종을 광범위한 면적에 재배하면 유전적 균일성으로 인한 유전적 취약성이 커지고, 결국 강력한 '도태압(淘汰壓, selection pressure)'을 받은 병원균은 살아남기 위해 병을 일으킬 수 있는 강한 병원성을 가진 새로운 레이스를 출현시켜, '저항성 역전(逆轉, break-down)'이 발생한다.

결국 인간은 작물이 병에 걸리지 않게 육성하고, 병원체는 병을 일으키려고 변이하는 줄다리기가 끊임없이 일어난다. 이러한 '인간이 유도하는 진화(man-guided evolution)'의 결과로 기존에 분포하던 '옥수수 깨씨무늬병균'은 살아남기 위해 유전적 변이를 일으켜 새로운 '레이스 T'를 출현시켰고, 결과적으로 '옥수수 깨씨무늬병균 레이스 T 에피데믹'이 발생했다.

수의 전염병이 진전되는 데 여러 해가 걸린다.

④ 기주식물 성숙도

식물은 성숙정도에 따라 전염병에 대한 저항성이 달라진다. 성숙정도에 따른 저항성의 변화를 **개체발생저항성(個體發生抵抗性, ontogenic resistance)**이라고 한다. 모잘록병, 뿌리썩음병, 노균병, 깜부기병, 복숭아나무 잎오갈병 등에 대해 기주식물은 생장기에만 감수성이고, 성체식물기에는 저항성이 되는 것을 **성체식물저항성(成體植物抵抗性, adult-plant resistance)**이라고 한다(그림 10.2).

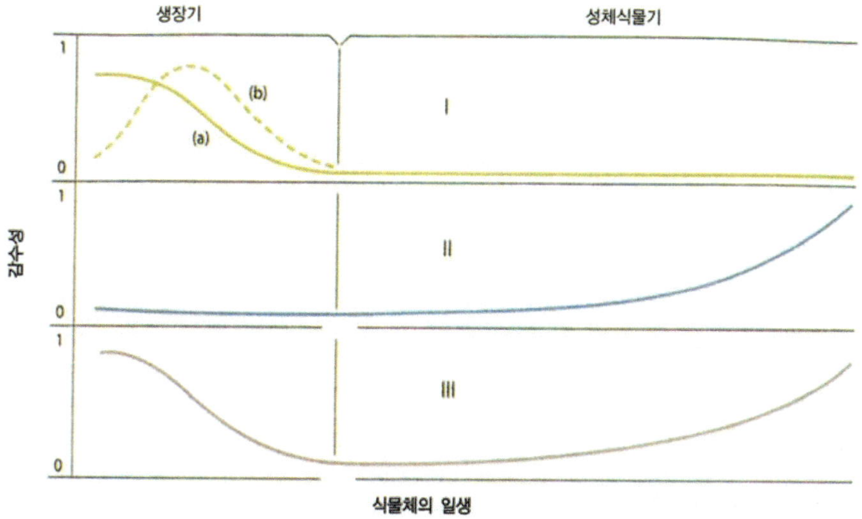

그림 10.2 식물체 나이에 따른 감수성의 변화. I: 성체식물저항성 (Ia: 생장 초기 단계만 감수성, Ib: 최고 생장 단계만 감수성), II: 성숙 후에만 감수성, III: 생장 초기와 성숙 후에 감수성. [출처: 식물병리학]

녹병과 같은 몇 가지 병에 걸린 식물체에서는 아주 어린 동안에는 저항성이었다가 생장후기에는 감수성이 되고, 식물체가 완전하게 성숙해질 무렵부터 다시 저항성이 된다. 여러 가지 곰팡이에 의한 꽃이나 열매 감염 또는 저장병균에 대해 식물체 부위는 생육기 및 성숙초기에는 저항성이지만 성숙해질 무렵이면 감수성이 된다. 감자 역병과 토마토 겹둥근무늬병에 대해 생육기 동안 어린 식물은 감수성 단계가 되고 성숙초기에는 상대적으로 저항성이었다가 성숙 후에는 다시 감수성으로 된다.

10.3 식물병에 대한 곰팡이의 영향

① 병원력 수준

병원력이 약한 곰팡이보다 병원력이 강한 곰팡이는 더 많은 양의 전염원을 더 빠르게 형성함으로써, 결과적으로 더 많은 양의 병을 더 빠르게 일으키게 된다.

② 전염원의 양

곰팡이 포자와 균핵 수가 기주식물이 있는 포장이나 포장 근처에 많을수록 더 많은 전염원이 기주에 도달할 수 있어서 전염병이 더 이른 시간에 발생할 가능성이 높다.

③ 증식 형태

짧은 증식주기를 가져 한 생육기에도 여러 세대를 증식할 수 있는 다주기성 병원체는 녹병, 노균병, 흰가루병, 점무늬병 등 세계적으로 갑작스런 대재앙적 팬데믹을 일으키는 곰팡이들을 포함한다.

반면에 *Fusarium*과 *Verticillium*같은 토양전염성 곰팡이는 보통 생육기당 1회에서 4회까지 소수의 증식주기를 가지기 때문에 증식 개체수가 훨씬 더 적고 특히 전염병을 일으킬 수 있는 가능성은 희박하다. 그럼에도 불구하고 이 곰팡이들은 흔히 지역적으로 한정된 풍토병이나 느리게 진전되는 전염병을 일으킨다.

깜부기병균과 몇 가지 짧은 주기를 가진 녹병균과 같은 곰팡이는 한 생활사를 완성하기 위해 1년이 걸리는 단주기성 병원체이기 때문에 연간 단 한 번의 감염환(병환)을 일으킬 수 있다. 그런 단주기성병에서 전염원은 이듬해까지 형성되고 전염병은 보통 여러 해에 걸쳐 진전되는 다년성이다.

마찬가지로 증식주기를 완성하는데 1년 이상 소요되는 곰팡이에 의해 발생하는 전염병은 느리게 진전된다. 증식주기를 완성하는데 사과나무 붉은별무늬병은 2년, 잣나무 털녹병은 3~4년, 그리고 겨우살이는 5~6년 걸린다. 그러나 그런 곰팡이일지라도 다년생 세대가 중복되면 결과적으로 매년 전염원을 더 많이 형성하고 장기적인 전염병으로 발전하는 감염환을 일으킨다.

④ 생태

대부분의 곰팡이는 기주식물체의 지상부 표면에 종자와 포자 등 전염원을 형성하기 때문에 먼 거리까지 쉽게 전파되고 확산되는 전염병을 일으킬 수 있다. 유관속기생성 곰팡이는 식물체 내부에서 증식하기 때문에 매개체의 도움 없이는 전파가 불가능하다. 토양전염성 곰팡이는 토양 속에 감염된 식물체 부위에 전염원을 형성하기 때문에 느리게 전파되며 갑작스럽게 확산되는 전염병을 일으킬 위험은 거의 없다.

⑤ 전파 방법

많은 식물병원성 곰팡이 포자들은 공기속으로 방출되어 가장 멀리 전파되는 전염병을 일으킨다. 느릅나무 시들음병균은 주로 나무좀에 의해 전파된다. 탄저병균과 사과나무 검은별무늬병균 등의 곰팡이는 비바람에 의해 전파되기 때문에 다소 한정된 지역에서 거의 매년 전염병을 일으킨다. 종자 또는 괴경이나 인경 등 영양번식기관에 의해 전반되는 곰팡이는 감수성 식물체 사이에 존재하지만 새로운 식물체로 계속 전파되어야 전염병을 일으킬 수 있다. 토양전염성 곰팡이는 갑작스럽게 전염병을 일으킬 수는 없지만, 흔히 한정된 지역에서 서서히 전파되는 전염병을 일으킨다.

10.4 식물병에 대한 환경의 영향

① 수분

비, 이슬 또는 높은 습도로 풍부하게 오랫동안 지속되는 수분은 대부분의 전염병을 전반시키는 데 가장 중요한 요인이다. 수분은 기주에서 새로운 다즙성 및 감수성 생장을 촉진시킬 뿐만 아니라 곰팡이의 포자형성을 증가시킨다. 또한 수분은 곰팡이의 포자방출을 촉진시키고, 포자의 발아와 유주포자의 이동을 가능하게 해준다. 수분이 많이 오래 존재하면 이러한 모든 사건이 끊임없이 반복되어 결국 전염병으로 발전하게 된다. *Fusarium*같은 토양전염성 곰팡이에 의해 발생하는 식물병은 습한 날씨보다 건조한 날씨에 더욱 심하지만 중요한 전염병으로 진전되지는 않는다.

② 온도

식물의 최적 생육온도보다 더 높거나 낮은 온도에서는 저항성 수준이 감소되거나 소멸되기 때문에 전염병이 발생하기 쉽다. 온도는 전염병의 발병과 감염과정의 각 단계 즉 병환에 영향을 미친다. 각 단계에서 최적 온도 범위일 때 다주기성 곰팡이는 매우 짧은 시간 내 병환을 완성시킬 수 있기 때문에 한 생육기 동안에 많은 병환을 되풀이할 수 있다. 전염원의 양은 각 병환과 함께 기하급수적으로 증가하고 새로 생긴 전염원의 일부는 다른 식물체로 쉽게 전파되기 때문에 더 많은 감염과 더 많은 식물체가 더욱 더 많은 곰팡이에 의해 감염되도록 하고 결과적으로 심한 전염병으로 진전되게 된다.

10.5 식물병에 대한 인간의 영향

① 재배지 선정

지대가 낮아서 배수와 통기가 불량한 포장, 특히 감염된 포장 근처에서 전염병은 쉽게 발생하고 전파된다.

② 번식재료 선발

병든 종자나 번식재료를 이용하면 작물체 내 초기전염원의 양이 증가되고 식물곰팡이병의 진전이 크게 촉진되지만, 무균 번식재료나 약제를 처리한 번식재료를 이용하면 전염병이 발생할 기회를 크게 감소시킨다.

③ 경종작업

단일작물의 연작, 넓은 면적에 동일 품종 재배, 질소질 비료 과용, 밀식재배 등과 불량한 위생관리는 전염병의 발생가능성과 발생량은 크게 증가시킨다(**심층학습 24**).

④ 방제작업

약제살포, 위생관리, 윤작(돌려짓기), 생물적 방제 등의 방제수단에 의해 전염병의 발생 가능성이 감소되거나 배재된다.

⑤ 새로운 병원체의 도입

해외여행이 빈번해지고 무역이 증가함에 따라 농산물 교역량의 증가하면서 기주가 곰팡이에 대해 저항성을 진화시킬 기회가 없었던 지역으로 새로운 곰팡이가 도입될 경우에 새로운 전염병이 창궐할 수 있다.

심층학습 24 '바나나 멸종설'

바나나 시들음병 증상.
[출처: 식물병리학]

'*Fusarium oxysporum* f.sp. *cubense*'에 의한 '바나나 시들음병(Fusarium wilt)'은 서남아시아에서 유래하지만, 1876년 호주에서 처음 발견되었다. 1950년대 파나마에서 대발생해 바나나 그로미셸(Gros Michel) 품종 재배지 4만 ha를 황폐화시킴으로써 비로소 중미 바나나산업의 가장 위험성 있는 심각한 병으로 인식하게 돼 불명예스럽게도 '파나마병(Panama disease)' 또는 '파나마 시들음병(Panama wilt)'이라고도 부른다.

당시 문제를 일으킨 '*F. oxysporum* f.sp. *cubense*' 균주는 'Race 1' 또는 줄여서 'R1'이었다. 이 'R1' 균주는 이후 파나마의 이웃 나라들로 빠르게 번져갔다. 북쪽으로는 코스타리카를 거쳐 구아테말라, 남쪽으로는 콜롬비아와 에콰도르까지 확산되면서, 1960년에는 모든 수출 무역을 담당했던 그로미셸 품종이 시장에서 사라지게 만들었다.

그로미셸 품종은 '바나나 시들음병'에 대해 감수성이었고, 새로운 재배지에서 감염된 지하경(rhizome)의 식재는 '바나나 시들음병'의 광범위한 확산과 심각한 손실을 초래했다. 1940~1960년 사이에 온두라스의 Ulua Valley에 있던 3만 ha의 재배지의 바나나가 완전히 사라졌다. 수리남에서는 4천 ha의 바나나가 8년 안에 사라졌고, 코스타리카의 Quepos 지역에서는 6천 ha의 바나나가 파괴되었다. '바나나 시들음병'이 확산되는 것을 막기 위해 수많은 바나나를 태울 수밖에 없었고, 이 '바나나 시들음병'에 저항성이 없었던 그로미셸 품종은 전부 폐사하고 말았다.

그로미셸 품종의 멸종 이후 지난 50여 년간 캐번디시(Cavendish) 품종이 그 자리를 대신했다. 영국 캐번디시 공작의 정원사였던 Joseph Paxton이 발견한 캐번디시가 '바나나 시들음병균' 'R1'에 저항성이 있고 상품성도 갖춰 그로미셸을 대체할 구세주로 등장했다. 1970년대 말에 전 세계 바나나 수요가 늘어나며, 동남아시아 국가에서 캐번디시의 상업적 재배가 신흥 산업으로 장려됐다.

1980년대에 말레이시아에 캐번디시 바나나 재배단지가 새롭게 조성되었는데, 수요에 따라 급속하게 엄청난 열대우림과 야자유 재배지가 바나나 생산지로 바뀌었다. 그런데 1994년부터 바나나가 죽기 시작했다. 여러 해 원인을 찾다가 결국 '바나나 시들음병'이라고 귀착되었다. 당시 캐번디시가 면역성이라고 생각했을지라도 그것은 그로미셸을 파괴했던 'R1' 균주에 대해 면역성을 나타낼 뿐이었다. 그로미셸을 전멸시켰던 'R1' 균주는 서반구에서만 발견되었었지만, 말레이시아 토양에서는 다른 계통이 발견되었고, 캐번디시가 그 계통에 감수성이었다. 그 계통은 바나나를 죽이면서 빠르게 확산되었고, 파나마에서보다 더 공포를 일으켰다. 새로 발견된 '*F. oxysporum* f.sp. *cubense*' 계통은 'Tropical Race 4' 또는 'TR4'로 명명되었다. 결국 '바나나 시들음병'이 서반구로 확산은 불가피했고, 캐번디시를 대체할 품종이 마땅치 않기 때문에 바나나 생산을 심각하게 위협하고 있다.

이 'TR4' 균주에 의한 '바나나 시들음병' 팬데믹은 2013년 9월 아프리카 모잠비크에서 발생한 데 이어 10월에는 중동아시아 요르단에서도 발생했다. 특히 대만에서는 상업 재배하는 바나나의 70%가 '바나나 시들음병'으로 말라 죽었다. 이후 '바나나 시들음병' 팬데믹은 주요 바나나 생산국인 중국, 필리핀, 인도네시아 등 동남아시아 바나나 생산지에서도 큰 손실을 초래한 데 이어 2015년에는 호주에서 발견되었고, 2019년에는 콜롬비아에서도 발견되면서 '바나나 시들음병' 팬데믹은 현재 바나나가 재배되고 있는 전 세계로 확산되는 추세이다.

바나나 캐번디시 품종.
[출처: Wikipedia]

'TR4' 균주가 중앙아메리카와 남아메리카에 도착한다면, 콜롬비아와 에콰도르 등과 같은 세계 최대 바나나 수출국들에서조차도 바나나는 볼 수 없는 과일이 될지도 모른다. 이 지역은 전 세계 바나나 수출량의 80%를 차지하는 곳인데, 특히 바나나공화국으로 통칭되는 에콰도르, 콜롬비아, 코스타리카, 과테말라 등에서는 국가 재정이 바나나에 달려 있어 'TR4' 균주의 공습에 의한 '바나나 시들음병' 팬데믹을 두려워하고 있다.

2014년 4월 21일 미국 뉴스 채널 CNBC는 '바나나 시들음병'이 전 세계로 퍼져나가고 있어, 바나나가 지구상에서 사라질 가능성이 있다고 최초로 보도한 뉴스가 전 세계로 퍼지면서 바나나 멸종설은 확산됐다. 이 기사의 도화선은 2013년 12월에 국제 저명학술지 Nature에 바나나를 감염시키는 곰팡이병의 확산에 대한 경각심과 해결 방안 모색을 촉구하는 짧은 뉴스였다.

사실 바나나 멸종설은 미국의 저널리스트인 Dan Koeppel이 가장 먼저 주장했다. 그는 2005년 과학 잡지 Popular Science에 실린 'Can this fruit be saved?'라는 르포(reportage)와 5년 뒤 발간한 자신의 저서 'BANANA: The Fate of the Fruit That Changed the World'에서 1950년대 '바나나 시들음병' 에피데믹으로 멸종한 그로미셀을 예로 들어 바나나 멸종설을 주장했다. '바나나 시들음병'이 이미 바나나 산업을 고사 직전까지 몰고 간 경험이 있었기에 우려의 목소리가 높다.

토양전염성 곰팡이인 '*F. oxysporum* f.sp. *cubense*'는 평소 흙 속에 있다가 어린뿌리를 통해 바나나로 침투하면 물관을 통해 빠르게 퍼지며 번식한다. 내부적으로는 균사가 바나나의 유관속 조직을 막아 수분 공급이 차단되면, 유관속은 갈색이나 암적색으로 변색돼 검게 변해 죽어간다. 결국 '바나나 시들음병'에 감염된 후 1~2년 만에 바나나의 늙은 잎부터 노랗게 변하고 아래쪽의 잎집이 세로로 쪼개지면서 바나나 식물체 전체가 말라 죽는다.

현재 수출용 바나나의 80%를 차지하는 캐번디시는 '야생 바나나(*Musa acuminata*)'의 3배수체 돌연변이다. 딱딱한 씨앗이 과육에 박혀 있는 야생 바나나와는 달리 캐번디시에는 열매에 씨앗이 없다. 그래서 줄기 모양의 영양조직을 잘라 옮겨심기하는 무성생식 방식으로 재배된다. 결과적으로 이렇게 자라는 바나나는 유전적 다양성이 사라지고, 특히 단일 식물을 고밀도로 다년간 재배하는 상업적 대량 재배의 특성상 유전적으로 식물병 에피데믹에 취약할 수밖에 없다.

10.6 식물병 및 수량손실의 측정

식물병은 **발병률(發病率, disease incidence)**, **발병도(發病度, disease severity)**, 그리고 **수량손실(收量損失, yield loss)**로 측정할 수 있다. 발병률은 전체 식물체에 대한 병든 식물체의 비율로서 조사한 단위에 따라 발병주율, 발병엽률, 발병과율 등으로 산출한다. 발병도는 병든 식물체 조직의 면적 또는 부피의 백분율 또는 비율로 산출한다.

수량손실은 식물병에 의헤 수량이 직접적으로 손실되거나 식물병에 의해 식물체가 수량을 생산하지 못하기 때문에 재배자가 수확할 수 없는 수량의 비율로 산출한다. 수량손실은 **획득가능수량(獲得可能收量, attainable yield)**과 **실제수량(實際收量, actual yield)**과의 차액이다.

발병률은 비교적 빠르고 쉽게 측정할 수 있어서 포장, 지역 또는 나라 전체에서 식물병이 전파되는 것을 측정하기 위한 역학적 연구에서 가장 흔하게 사용한다. 맥류 깜부기병, 벼 목도열병, 핵과류 잿빛무늬병, 1년생작물의 유관속시들음병 등은 각 병든 식물체 또는 열매가 전체 손실이기 때문에 발병률은 발병도 및 수량손실과 직접적인 관계가 있다. 그러나 식물체에 여러 가지 형태의 병반을 나타내는 경우 발병률이 발병도나 수량손실과 거의 관계가 없다.

발병도는 보통 병원체에 의해 파괴된 식물체나 열매의 면적이나 부피 백분율 또는 비율로 나타낸다. 특정 시점에서 침해받은 조직의 상대적인 비율을 나타내기 위해 대체로 0에서 10이나 1에서 4까지 등급이 식물병을 평가하기 위해 사용된다.

식물병에 의한 수량손실은 몇 가지 작물 생육단계에서 연속적으로 식물병을 평가해 측정하거나 **병진전곡선면적(病進展曲線面積, area under a disease progress curve, AUDPC)**(그림 10.3) 즉 병진전곡선과 그래프의 X축 사이의 면적을 계량화함으로써 측정한다. 병진전곡선면적은 발병도의 진전을 요약하기 위해 사용되며 발병도를 평가한 횟수, 각 평가시점에서 발병도와 전염병의 지속기간을 고려한 수식에 의해 산출된다.

수량손실은 거의 항상 식물병으로부터 생기는 **경제적 손실(economic loss)**로 귀착된다. 경제적 손실은 식물병으로 인한 수량감소 또는 작물에 대한 피해를 감소시키기 위해 지출된 농업활동 비용 또는 두 가지 모두 때문에 작물재배로부터 경제적인 수익이 감소할 때 발생한다.

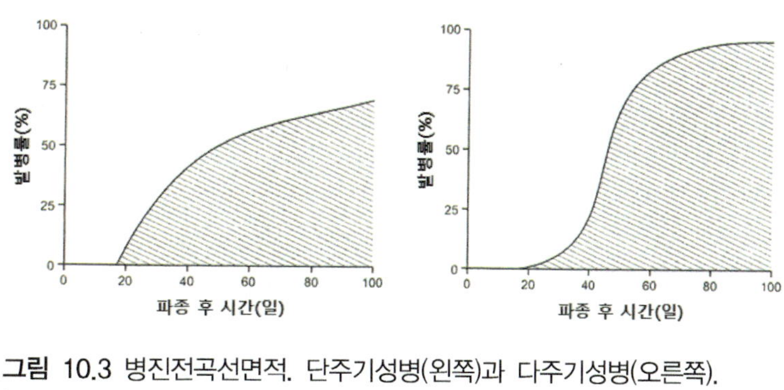

그림 10.3 병진전곡선면적. 단주기성병(왼쪽)과 다주기성병(오른쪽). [출처: 식물병리학]

식물병을 관리하기 위

해 재배자는 방제비용의 증가분이 작물수익의 증가분보다 더 적을 때에만 방제수단을 강구한다. 방제비용이 작물수익의 증가분과 정확하게 일치할 때의 발병 수준, 즉 작물 피해량을 그 병의 **경제적 한계선**(economic threshold)이라고 한다. 작물–병원체 시스템의 경제적 한계선은 병에 대한 그 작물의 내성 수준인 **피해한계선**(damage threshold)에 따라 달라지는데, 경제적 한계선은 침해받은 작물 생육시기, 작물 관리수단, 환경, 병원체의 병원성의 변이와 새로운 방제수단 등에 의해 결정된다. 경제적 피해한계선은 또한 상품가격과 방제비용에 따라서도 달라진다.

10.7 전염병의 유형

전염병의 유형은 경시적인 전염병의 진전을 나타내는 **병진전곡선(病進展曲線, disease progress curve)**(그림 10.4)이라는 곡선에 의해 나타낸다. 발병시점과 병진전곡선의 모양은 전염원의 출현시기와 양, 생육기간 중 기주 감수성의 변화 및 정기적으로 반복되는 기상변화와 경종수단 및 방제수단의 효과에 관한 정보를 보여준다.

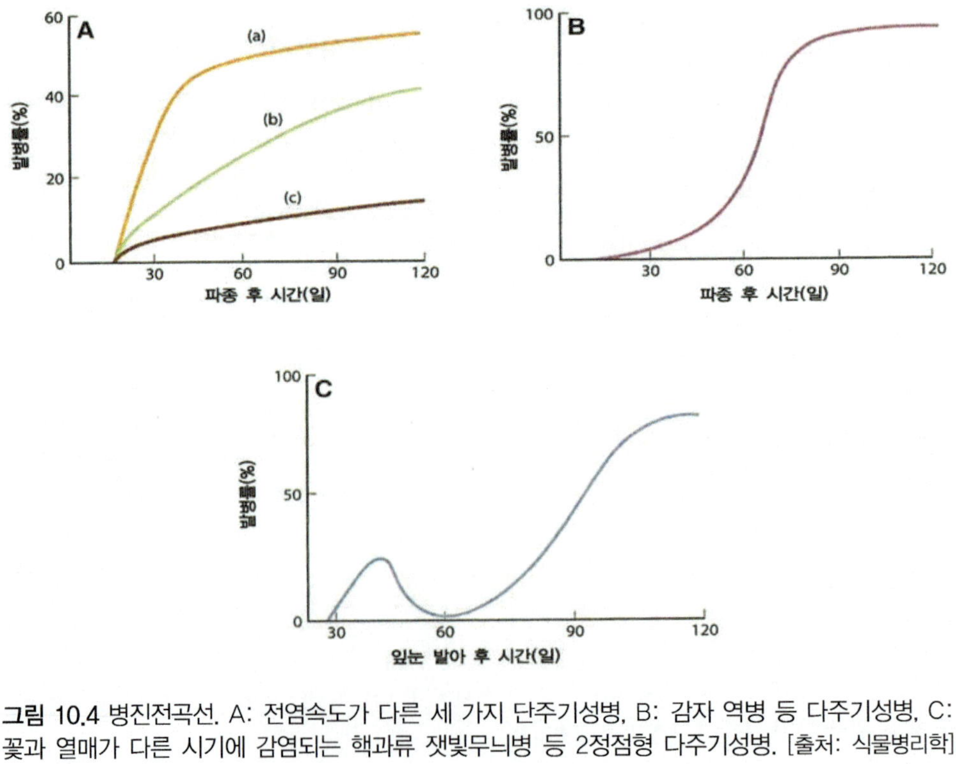

그림 10.4 병진전곡선. A: 전염속도가 다른 세 가지 단주기성병, B: 감자 역병 등 다주기성병, C: 꽃과 열매가 다른 시기에 감염되는 핵과류 잿빛무늬병 등 2정점형 다주기성병. [출처: 식물병리학]

병진전곡선은 기상이나 재배품종 등에 의해 영향을 받기 때문에 지역이나 시기에 따라 다소 달라지지만, 일반적으로 식물병의 종류에 따라 특징이 있다. 포화곡선은 단주기성병의 특징이고, S자형곡선은 다주기성병의 특징이며, 2정점형곡선은 동일한 식물체에서 다른 기관(꽃, 과일)을 침해하는 식물병의 특징이다. 병진전곡선을 잘 알고 있어야 특정 식물병에 대해 정확하게 예찰하고 가장 효율적인 방제전략을 및 방제시기를 선택할 수 있다.

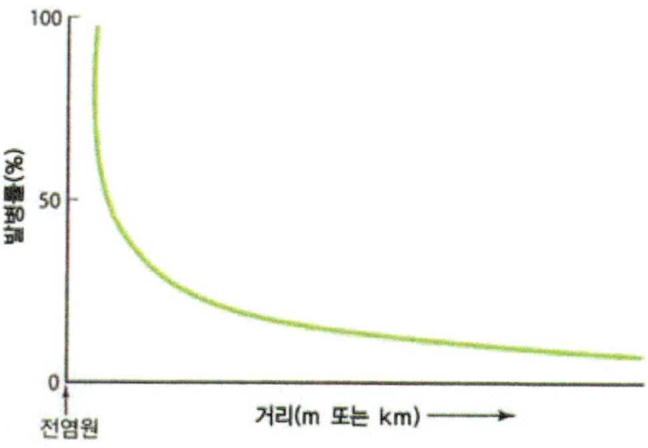

그림 10.5 병구배곡선. [출처: 식물병리학]

전염병이 먼 거리로 전파됨에 따라 병반수, 병든 조직의 양과 병든 식물 개체수의 변화에 의해 전염병이 공간적으로 진전되는 것을 전염병의 공간적 유형이라고 한다. 전염병의 공간적 유형은 식물병과 식물병 사이, 식물병과 작물의 재배면적 사이의 공간적인 배치 구조를 일컫는다. 전염병의 공간적 유형은 병원체의 전파, 즉 기주군락 또는 군락지역의 내부와 외부로 개개의 병원체가 이동하는 과정에 의해 영향을 받으며, **전파곡선(傳播曲線, dispersal curve)** 또는 **병구배곡선(病勾配曲線, disease gradient curve)**(그림 10.5)이라는 곡선을 나타낸다.

일반적으로 전염원에 가까울수록 발병량이 많고, 전염원에서 거리가 멀수록 발병량이 적어지기 때문에 대부분의 병구배곡선은 적어도 전염병의 초기 단계에서는 아주 비슷하다. 전염원으로부터 거리가 짧은 범위에서는 병든 개체수 또는 발병률이 급격하게 감소하고 훨씬 먼 거리에서는 병든 개체수 또는 발병도가 거의 0에 이르거나 극히 낮아질 때까지 완만하게 감소한다.

다양한 시간 간격으로 수집되고 어떤 식물병의 병진전곡선을 그리기 위해 사용된 데이터로부터 그 식물병의 전염속도, 즉 그 전염병의 진전속도를 얻을 수 있다. 일반적으로 r로 나타내는 전염속도는 대상 식물군락에서 단위시간당 발병 증가량이다.

전염속도의 유형은 **전염속도곡선**(그림 10.6)이라고 부르는 곡선으로 나타내고, 이 곡선은 식물병 종류에 따라 다르다. 감자 역병의 속도곡선은 좌우대칭(종모양)이고, 사과나무 검은별무늬병과 대부분의 노균병 및 흰가루병의 속도곡선은 어린잎에서 감수성이 훨씬 높기 때문에

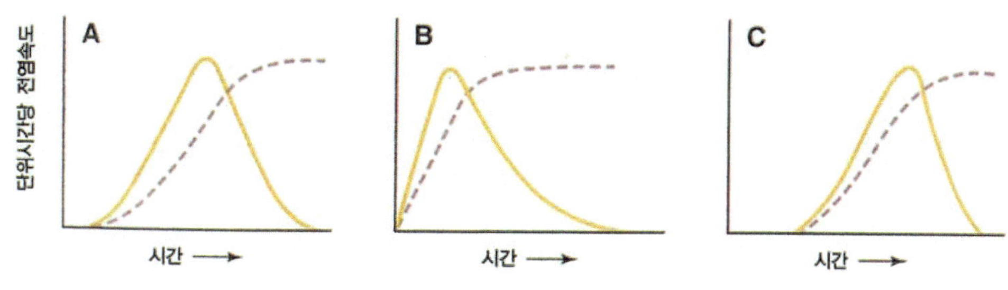

그림 10.6 전염속도곡선. A: 좌우대칭 전염속도를 가지는 속도곡선 (종모양), B: 생육초기에 최고 전염속도를 가지는 속도곡선, C: 생육초기에 최고 전염속도를 가지는 속도곡선. [출처: 식물병리학]

생육초기에 전염속도가 훨씬 빠른 비대칭이고, *Alternaria*에 의한 잎마름병과 버티실리움시들음병은 생육초기에는 서서히 발병이 시작되지만 생육후기에 기주의 감수성이 증가함에 따라 발병이 현저하게 가속화되는 비대칭이다.

10.8 전염병의 비교

동일한 전염병을 시기별, 지역별 또는 경종수단별로 보다 잘 비교하기 위해 또는 다른 식물병과 비교하기 위해 병진전곡선과 병구배곡선 유형을 흔히 수학적으로 직선으로 변환시키고 직선의 기울기로부터 전염속도를 산출할 수 있다.

단주기성병에서 전염원의 양은 생육기 동안에 현저하게 증가하지는 않는다. 따라서 병증가속도는 식물병을 유도할 수 있는 병원체의 고유의 능력과 기주저항성 및 병원체의 병원성에 영향을 미치는 환경요인과 경종방법의 역량에 의해서만 영향을 받는다.

반면에 다주기성병의 초기전염원은 비록 지극히 중요할지라도 최종발병량에서는 병환의 횟수보다 상대적으로 덜 중요하다. 많은 병환을 가진 병원체는 또한 기주와 상호작용을 할 기회가 많다.

따라서 앞서 언급한 요인들(병을 유도할 수 있는 병원체의 고유의 능력과 기주저항성 및 병원체의 병원성에 영향을 미치는 환경요인과 경종방법)은 전파, 침입, 증식, 병반의 크기, 병반형성 속도, 포자형성 속도 및 포자형성량에 영향을 미칠 수 있다.

그러나 그 요인들은 동일한 생육기 동안에 한 차례가 아니라 여러 차례에 걸쳐 영향을 줄 수 있다. 전염원의 양과 식물병의 계속적인 또는 때때로 간헐적인 증가는 생육기에 각각의 단기간별로 매우 다양한 전염속도를 나타내게 하고, 전체 생육기에 대해서도 꽤 다양한 전염속도를 나타내게 한다.

다주기성병의 전염속도는 보통 단주기성병에 대해 산출하는 방식인 연당 전염속도보다는 일당 또는 주당 전염속도로 산출한다. 일반적으로 다주기성병의 전염속도(r)는 단주기성병의 전염병 증가속도(r_m)보다 훨씬 크다.

다년성병을 일으키는 병원체, 즉 수목의 시들음병, 바이러스병 및 몰리큐트병을 일으키는 병원체는 유효전염원을 형성하기 전에 감염된 식물체 내에서 1년 이상 존재한다. 기주의 다년생적 특성 때문에 기본적으로 이러한 다년성병은 낮은 r값을 가진 다주기성병처럼 행동한다. 다년성병은 연초에 전년도만큼 병든 나무와 전염원이 많이 존재하기 때문에 발생하며, 연중 병든 나무와 전염원은 모두 증가하므로 느리지만 심한 전염병을 일으킨다.

10.9 전염병의 진전

식물병이 포장에서 넓은 지역으로 전파되어 중요하고 피해가 심한 전염병으로 진전되려면 특수한 조합의 환경요인이 끊임없이 잦은 간격으로 넓은 지역에 지속되어야 한다. 비록 병원체가 존재하는 작은 단일 포장일지라도 단 한 번의 적합한 환경조건만으로는 대부분 식물체가 심하게 병들지는 않는다. 병원체가 포장에서 경제적으로 피해가 심한 전염병을 일으킬 만큼 충분한 개체를 형성하기 위해서는 반복된 병환과 상당한 시간이 걸린다. 그러나 일단 큰 집단의 병원체가 존재한다면 병원체는 근처 포장으로 전파되어 공격할 수 있고 불과 며칠 정도의 매우 짧은 시간에 심하게 피해를 주는 전염병을 흔히 일으킬 수 있다.

에피데믹(epidemic)은 일반적으로 넓은 지역에 재배되고 있는 특정 종류의 작물에서 병원체가 발달해 급속하게 확산되는 전염병을 일컫는데, 특히 대륙의 일부와 같이 광범위한 지역에서 전염병이 확산되어 창궐하는 전염병을 팬데믹(pandemic)이라고 한다.

식물전염병의 첫째 구성요소로 작물과 포장이 밀집되고 유전적으로 균일한 작물이 넓은 지역에 식재되어야 한다. 둘째 구성요소로 병원력이 강한 병원체가 존재하거나 출현해야 한다. 이러한 조건이 구비된 경우가 수많은 곳에서 매일 생길 수도 있지만 실제는 한정된 지역에 한정된 범위까지만 작물에 피해를 주고 전염병으로 진전되지는 않는다. 셋째 구성요소로 적합한 환경조건이 마련되어 식물체가 감수성 단계일 때 병원체의 생성, 전파, 침입, 감염 및 증식이 일어나고, 동시에 온도, 수분과 바람 또는 매개충이 존재해야 한다.

다행스럽게도 전염병의 진전에 가장 적합한 조합의 조건이 광범위한 지역에 걸쳐 자주 일어나지는 않기 때문에 넓은 지역에서 작물을 파괴시키는 엄청난 규모의 팬데믹의 발생은 비교적 드물다. 그러나 특정 지역에서 소규모 전염병은 빈번하게 발생한다. 감자 역병, 사과나무 검은별무늬병, 맥류 줄기녹병 등은 환경조건이 적합하고 방제수단이 강구되지 않을 때 매년 크고 작은 전염병이 되풀이된다.

10.10 전염병의 모델링

전염병은 동적인 과정으로 소수의 식물체에서 시작되어 소멸될 때까지 발병률은 증가하고 더 넓은 지역으로 전파된다. 마침내 모든 기주식물체가 죽거나 식물체가 성숙해 병원체에 대해 저항성이 되거나 식물체가 수확되었을 때 전염병은 멈춘다. 날씨가 전염병의 진전에 적합하지 않게 바뀔 때 전염병은 감소하거나 멈추는 경우가 많다.

전염병의 출현, 진전 및 전파는 태풍이나 허리케인과 여러 가지 면에서 유사하다. 밀 줄기녹병, 감자 역병, 사과나무 검은별무늬병, 포도나무 노균병과 같은 전염병은 각 지역에서 예측이 가능한 진로를 따라 발생한다. 전염병의 진로는 기주 품종과 병원균 레이스, 전염병 초기에 존재하는 전염원의 양, 전염병 발생동안의 수분 수준과 온도 범위에 따라 다르다.

전염병의 각 구성요소와 어느 순간의 각 부구성요소에 관한 정보가 더 많을수록 그 전염병을 더 잘 이해하고 설명할 수 있고, 시간이 좀 더 경과한 시점이나 또 다른 지역에서 전염병의 방향과 발병률을 더 잘 예측할 수 있다. 그래야 방제 여부와 방제시기를 결정할 수 있고, 특정 지역에서 전염병을 늦추거나 완전하게 예방할 방제전략을 수립할 수 있다.

전염병의 모형구축에는 정량적 처리, 즉 수학공식에 의해 처리할 정보가 있는 특정 식물병의 모든 구성요소와 같은 수의 부구성요소를 고려해야 한다. 모형 자동차를 만드는 것처럼 전염병의 구축된 모형은 실제 전염병을 조잡하게 단순화시킨 것이다. 따라서 모형이 진짜와 더 가깝게 닮을수록 그 모형을 관찰함으로써 진짜가 더 연상되고 기능을 이해할 수 있다.

식물전염병을 모델링하는데 있어서 그 전염병의 각 구성요소와 부구성요소는 장난감 모형 부품과 같은 것으로 여겨진다. 더구나 더 정밀하게 조립된 부품으로 더 정확한 장난감 모형이 만들어지는 것처럼 전염병의 진짜 부구성요소가 더 정밀하게 측정되고 함께 맞춰질수록 전염병을 더 정밀하게 묘사할 수 있다. 전염병의 부구성요소와 가치에 대한 충분한 정보를 각 단계 및 조건별로 가지고 있을 때 전염병을 묘사하는 수학적 방정식인 수학적 모형을 개발할 수 있다.

10.11 전염병의 컴퓨터시뮬레이션

컴퓨터로 가장 중요한 식물전염병에 대한 시뮬레이션 프로그램을 개발할 수 있게 되었다. 1969년 최초의 컴퓨터시뮬레이션 프로그램 중 하나인 EPIDEM이 토마토와 감자의 겹둥근무늬병의 발생을 시뮬레이션하기 위해 *Alternaria solani* 의 생활사의 각 단계를 환경의 함수로 모델링해 탄생했다. 현재 컴퓨터시뮬레이션 프로그램은 많은 식물병에서 활용되고 있다.

전염병의 컴퓨터시뮬레이션에서는 특정 시점에 있는 전염병의 여러 가지 부구성요소와 방제수단을 나타내는 데이터를 컴퓨터에 입력해주면 컴퓨터는 경시적으로 그 식물병의 전파 및 발병률뿐만 아니라 컴퓨터에 입력된 그 전염병의 발생조건에서 현재의 발병상황을 알려줌과 동시에 그 전염병을 방제하는데 사용된 관리수단의 효율성에 대해서도 평가해주고, 그 병에 대한 최종 작물의 손실과 경제적인 손실에 관한 정보도 계속 제공해 준다.

10.12 전염병의 예찰

전염병의 예찰은 식물병의 격발 가능성 또는 발병도의 증가를 예측하도록 해주기 때문에 특정 관리수단의 적용여부, 적용시기 및 적용장소를 결정하게 해준다. 식물병을 예찰하기 위해서는 특정 병원체, 기주 그리고 환경의 여러 가지 특성을 고려해야 한다.

일반적으로 완두 뿌리썩음병과 같이 대부분의 단주기성병과 사과나무 검은별무늬병과 같이 많은 양의 초기전염원을 가지는 몇 가지 다주기성병의 진전은 초기전염원의 양을 평가함으로써 예측할 수 있다. 반면에 적은 양의 초기전염원을 가지지만 많은 병환을 가지는 다주기성병의 진전은 병환의 발생률을 평가함으로써 가장 잘 예측할 수 있다.

10.12.1 전염병 출발점의 평가

수많은 국부감염 특징을 가진 식물병의 특성은 일반적으로 식물병의 진전에서 다른 단계의 특징을 나타내는 3가지 지표인 식물개체별 발병률, 기관별 발병률 및 잎에서의 발병도에 의해 나타낼 수 있다. 발병초기 단계에 있는 식물체의 발병률은 급속하게 증가하지만 식물개체별 발병도는 낮다.

두 번째 단계에서 잎의 발병률이 증가함에 따라 발병도는 조금 증가한다. 특정 병에 따라서 식물체와 잎이 일정 비율의 발병률을 나타낼 때를 그 전염병의 진전을 멈추게 하거나 늦추기 위해 살균제를 살포할 **전염병 출발점(epidemic threshold)**으로 간주한다.

발병도가 급속하게 증가하는 세 번째 단계 동안에는 발병도 평가, 기상조건(강우, 상대습도, 일별 기온 등)과 일별 감염수치에 따라 살균제를 살포하고, 아직 작물을 수확할 준비가 되지 않은 동안에는 보호할 필요가 있는 건전한 조직이 식물체에 있는 한 계속해서 살균제를 살포한다.

10.12.2 경제적 피해한계선의 평가

필요할 때만 살균제를 살포하기 위해 수확기에 발병률의 허용 수준으로서 경제적 익을 감소시키지 않는 최고 발병률 수준인 **경제적 피해한계선(economic damage threshold)**을 평가해야만 한다. 경제적 피해한계선은 수확기에 발병률과 농산물의 최종 가치의 식물병-손실 관계를 연구하고 나서 수확기에 발병률이 경제적 이득을 감소시키기 시작하는 시점을 결정함으로써 얻을 수 있다.

10.12.3 기상요인의 모니터링

현대식 기상모니터링시스템의 기상센서는 데이터수집장치에 연결되어 있어 자료들을 바로 디지털출력표시장치로 읽어 들여 마이크로컴퓨터로 옮겨진다. 마이크로컴퓨터에서 그것들은 조사되고 여러 가지 컴퓨터 언어로 처리되고 각 기상변수에 대한 별개의 행렬로 조직화되어 좌표로 나타내지고 분석된다. 정확한 기상정보는 포자형성과 감염을 예측할 수 있는 가장 유용한 기초자료가 되어서 살균제 살포같은 식물병관리 실행시기를 가장 적절하게 예고해준다.

10.13 역학에서 새로운 도구

가장 중요한 **분자도구(molecular tools)**는 DNA 프로브(probe)로서 중합효소연쇄반응(Polymerase Chain Reaction, PCR)을 이용해 DNA의 특정 절편을 크게 증폭시켜 병원체를 명확하게 검출하고 동정하도록 한다**(심층학습 25)**. RAPD(Random Amplified Polymorphic DNA) marker는 유전적 이질성을 보이는 것으로 알려진 병원성 계통들 사이에서 유전적 유사도를 검출하는데 흔히 사용되고, 감염된 식물체 조직 속에서 병원체를 검출하기 위한 SCAR(Sequence Characterized Amplified Region) marker를 설계하기 위해서도 사용될 수 있다.

이러한 분자도구는 일찍 병원체의 유입을 탐지하고 효과적인 관리방법을 준비하고 적용할 시간을 갖게 해준다. 또한 저항성 품종을 침해하는 레이스나 약제에 저항성을 갖는 레이스를 생산할 수 있는 새로운 돌연변이 병원체를 검출할 수 있다.

지리정보시스템(Geographic Information System, GIS)은 지리적 좌표에 의해 참조하기 쉽게 실린 데이터를 모아 저장하고 보여줄 수 있는 컴퓨터시스템이다. 지리정보시스템은 식물 전염병에 대한 이해와 관리는 물론 환경을 더 잘 이해하고 관리하기 위해 사용된다. 지리정보시스템은 흔히 비교적 넓은 지역에 걸친 전염병의 진전을 공간적 및 시간적으로 분석하기 위해 사용되고 전염병의 시작과 진전에 이 지역의 여러 부분의 역할 및 상대적인 중요성을 결정하는 것을 도와준다.

위성항법장치(Global Positioning System, GPS)는 인공위성시스템으로 조정되는 휴대용 장치로서 정밀하게 조정하면 위치 좌표를 아주 정밀하게 읽어 개개의 나무 또는 특정 지역 또는 병원체에 의해 침해를 받은 포장의 위치를 정확하게 지적할 수 있도록 해주고, 주기적으로 방문해서 병징이 진전되어 증가한 양을 재조사할 수 있게 해준다.

위성항법장치는 병원체에 의해 오염된 포장, 특정 영양소가 결핍된 지역, 병원체가 존재하

심층학습 25 중합효소연쇄반응(Polymerase Chain Reaction, PCR)

1984년 Kary B. Mullis가 특정 DNA 염기서열을 증폭하기 위한 방법을 고안한 '중합효소연쇄반응(Polymerase Chain Reaction, PCR)'은 DNA의 원하는 부분을 복제 · 증폭시키는 분자생물학적인 기술이다. 이 기술은 사람의 유전체(遺傳體, genome)와 같은 매우 복잡하며 양이 지극히 미량인 DNA 용액에서 원하는 특정 DNA 단편만을 선택적으로 증폭시킬 수 있다.

DNA 증폭에 필요한 시간이 2시간 정도로 짧으며, 실험 과정이 단순하고, 전자동 기기로 증폭시킬 수 있기 때문에, 'PCR'과 여기서 파생한 여러 가지 기술은 분자생물학, 감염질환 진단, 범죄 수사, 생물의 분류 등 DNA를 취급하는 작업 전반에서 지극히 중요한 역할을 담당하고 있다.

'PCR'을 위해 필요한 물질은 증폭하고자 하는 주형 DNA(DNA template)와 프라이머(primer), DNA 중합효소(Taq polymerase), dNTP, 완충액(buffer solution), 염화마그네슘($MgCl_2$) 등이다. 'PCR'의 첫 번째 단계는 DNA를 변성(Denaturation)시키는 단계로 DNA는 92~95℃로 가열함으로써 이중가닥 DNA를 단일가닥 DNA로 분리시킨다. 분리된 각각의 DNA는 주형 DNA 역할을 하게 된다. 변성온도는 DNA 내에 있는 G+C의 양과 DNA의 길이에 따라 달라진다.

'PCR'의 두 번째 단계는 DNA를 결합(Annealing)시키는 단계로 50~65℃에서 프라이머가 자신의 염기서열과 상보적인 염기서열을 갖고 있는 DNA에 결합한다. 염기간의 결합은 G와 C는 세 군데에서 수소결합이 일어나고, A와 T는 두 군데에서 결합이 일어나므로 G–C 결합이 A–T결합보다 강하다. 따라서 G+C 비율에 따라 결합온도에 변화를 주는 것이 좋다. 일반적으로 G–C content가 50%가 되는 프라이머 쌍을 이용하는 것이 바람직하다. 보통 30초가량 지속되는데 이 단계에서 5'→3'방향으로 DNA의 합성이 시작된다.

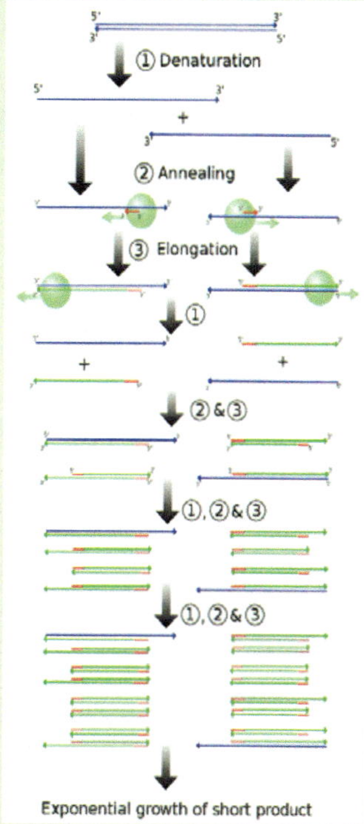

중합효소 연쇄 반응 도표.
[출처: 위키백과]

'PCR'의 세 번째 단계는 DNA를 신장(Elongation)시키는 단계로 70~74℃에서 DNA 중합효소가 주형 DNA에서 새로운 DNA를 만든다. 중합효소연쇄반응을 1회 시행하면 DNA는 2배로 증폭되기 때문에 반응이 반복됨에 따라 기하급수적으로 DNA 증폭이 가능해서 중합효소연쇄반응을 n회 반복하면 이론상으로 2^n배의 DNA가 증폭된다. 보통 20~40회 반응을 반복해서 DNA의 원하는 부분을 증폭시키고 agarose gel을 사용해 전기영동을 한 후 증폭된 'PCR' 신물의 크기는 DNA ladder와 비교를 통해 내략적으로 추정한다.

는 선택된 나무, 지역에만 적절한 농약 또는 영양제를 처리할 수 있도록 정보를 제공해준다. 또한 조기탐지 및 처리에 의해 병원체를 제거함으로써 그 포장 안팎에서 전염병을 일으키지 않도록 하는데 효과적이다.

영상분석(image analysis)은 보통 넓은 포장 또는 지역의 사진 촬영과 전자영상분석으로 식물병, 해충 및 환경 스트레스의 모니터링을 위해 널리 연구되고 있다. 적외선과 다른 파장의 광선이 포장에 있는 작물 또는 산에 있는 수목에서 식물병의 시작과 진전을 탐지하기 위해 사용된다. 식물체는 병원체에 감염되거나 스트레스를 받을 때 담녹색으로 변하고, 이어서 황화되고 그 다음에 갈색으로 변해서 건전한 식물체와는 다른 반사율을 가진다. 영상분석에 의해 각 식물체 또는 감염된 식물체 부위에서 발병률을 측정할 수 있고 정기적으로 사진 촬영을 반복함으로써 그 병의 진전속도를 측정할 수 있다.

10.14 식물병 예찰시스템의 예

감자와 토마토 역병에서 초기전염원의 양은 일반적으로 너무 적어서 직접 탐지하고 측정할 수 없다. 그러나 초기전염원의 양이 적을지라도 포장에서 병원균의 2차전염원의 진전에 유리한 기상조건(수분과 온도조건)에 기초해 감자 역병의 발생과 진전을 상당히 정밀하게 예측할 수 있다.

10~24℃ 사이의 서늘한 기온이 꾸준히 지속되고 상대습도가 75% 이상 되는 조건이 적어도 48시간 계속되거나 매일 10시간 이상 상대습도가 적어도 90% 이상 되는 날이 8일간 연속될 때에 감염이 일어나고 2~3주 후 감자 역병이 격발하리라는 것을 예상할 수 있다. 만약 그 기간 동안이나 그 후에 강우, 이슬 또는 포화점에 가까운 상대습도가 여러 시간 지속되면 병이 더욱 증가되어 감자 역병의 대발생 가능성을 예고해 줄 것이다.

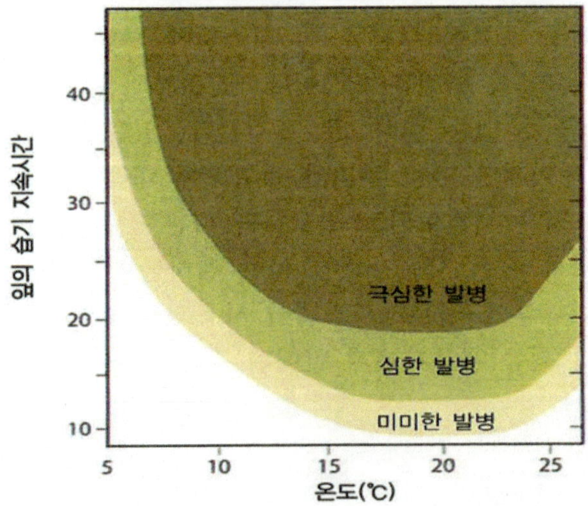

그림 10.7 사과나무 검은별무늬병 발생에 관여하는 상대습도 지속 시간과 평균기온과의 관계. [출처: 식물병리학]

사과나무 검은별무늬병은 초기전염원 및 2차전염원의 양에 기초해 예찰할 수 있다. 이 병원균은 6~28℃의 온도 범위에서 젖은 잎이나 열매 표면에 감염을 일으킬 수 있다. 그러나 잎과 열매가 습하게 되는데 걸리는 시간은 최저온도인 6℃에서 28시간, 최고온도인 28℃ 28시간인 반면에 최적 온도인 18~24℃ 범위에서 9시간으로 훨씬 짧다(그림 10.7).

사과나무 검은별무늬병은 기온과 잎의 습기지속시간 데이터를 결합시킴으로써 감염시기뿐만 아니라 감염기간 중에 발생하는 발병정도까지 예측할 수 있어서 기상감지 마이크로컴퓨터에 의해 수집되고 분석된 정보는 살균제 살포시기와 살균제의 종류도 처방해준다.

Chapter **11**

식물곰팡이병의 방제

Pierre Millardet | 포도 노균병

식물곰팡이병의 방제는 예방 또는 진전을 줄이는 것을 위주로 하는데, 동물과는 달리 식물에는 순환계를 가지고 있지 않기 때문에 면역혈청이 치료에 이용될 수 없으며, 경제적인 이유로 식물 개체보다는 집단을 대상으로 할 수밖에 없다. 식물곰팡이병을 효과적으로 방제하려면 어떤 식물곰팡이병은 한 가지 방제법으로도 성과를 올릴 수 있지만 다양한 방제수단을 동원하는 종합적 방제법이 적용되어야 한다.

식물곰팡이병의 방제법은 예방법과 치료법으로 크게 나눌 수 있는데, 예방법은 곰팡이의 배제 또는 제거, 직접보호, 생물적 방제, 저항성 품종 육성 등으로 나눌 수 있으며, 치료법은 내과적 치료법과 외과적 수술 등으로 나눌 수 있다.

11.1 식물병원성 곰팡이의 배제

11.1.1 식물검역

교통수단이 발달하고 국외여행과 국가 간 무역이 빈번해지고 농산물시장이 개방됨에 따라 수입농산물의 종류와 수입량의 증가 및 수입국가의 다변화가 일어나면서 식물병이 국내로 들어와서 큰 피해를 일으킨 사례가 많다(표 11.1).

표 11.1 우리나라에 유입되어 정착한 식물병

식물병	병원체	유입년도
감자 더뎅이병	*Streptomyces scabies*	1913년
목화 탄저병	*Glomerella gossypii*	1914년
복숭아나무 탄저병	*Gloeosporium laeticola*	1914년경
사과나무 뿌리혹병	*Agrobacterium tumefaciens*	1915년경
포도나무 노균병	*Plasmopara viticola*	1915년경
감자 역병	*Phytophthora infestans*	1919년경
벼 흰잎마름병	*Xanthomonas oryzae* pv. *oryzae*	1930년
감귤나무 궤양병	*Xanthomonas axonopodis* pv. *citri*	1935년경
고구마 검은무늬병	*Ceratocystis fimbriata*	1942년
감자 탄저병	*Colletotrichum atramentarium*	1970년
사과나무 검은별무늬병	*Venturia inaequalis*	1972경
벼 검은줄오갈병	Rice black-streaked dwarf virus	1973년

식물병	병원체	유입년도
토마토 궤양병	*Clavibacter michiganenesis* pv. *michiganenesis*	1975년
소나무 재선충병	*Bursaphelenchus xylophilus*	1988년
키위나무 궤양병	*Pseudomonas syringae* pv. *actinidiae* biovar 3 (Psa3)	2014년
과수 화상병	*Erwinia amylovora*	2015년

따라서 해외에서 수입되는 식물이나 농산물에 대해 항구나 공항 그리고 국경에서 엄중한 검사를 시행해 식물병원체, 해충 및 잡초가 유입되는 것을 차단시키는 것을 **식물검역(plant quarantine)**이라고 한다. 우리나라에서는 1962년 제정 공포된 식물방역법에 근거를 두어 시행되어왔으며 현재 농림축산검역본부에서 주관하고 있다.

새로운 병원체가 유입돼 발생하는 외래병에 대해 토착 재래식물은 저항성 유전자가 선발될 기회를 가지지 못한 채 진화되어 왔기 때문에 유전적으로 매우 취약해서 새로운 에피데믹이 대발생할 가능성이 매우 높다.

1900년경 동양에서 미국으로 수입된 밤나무 묘목과 함께 밤나무 줄기마름병을 일으키는 *Cryphonectria parasitica*가 도입돼 확산된 에피데믹에 의해 미국 동부지역 밤나무가 거의 전멸되었고, 비슷한 시기에 유럽에서 수입한 스트로브잣나무의 묘목과 함께 잣나무 털녹병을 일으키는 *Cronartium ribicola*가 도입돼 확산된 에피데믹에 의해 북아메리카 지역 잣나무류가 막대한 피해를 입은 바 있다.

따라서 각국 식물검역제도의 기본 원칙은 농산물의 교역에 따른 외래 식물병해충의 자국 내로 유입을 차단해 자국 농산업을 보호하고, 농산물의 품질을 보증해 대외 경쟁력을 확보하는데 있다.

수입금지는 외래 식물병해충의 국내 유입을 원천적으로 차단시키는 방법이고, **조건부 수입**은 수입을 근본적으로 허용하되 특별조건을 붙이는 것이다. 수입허가는 식물체의 건강상태에 대한 검역증명서가 있거나 소독 처리 후에 수입을 허가하는 것이다.

수입되는 모든 검역대상 식물 또는 종자는 수입항구와 공항에 도착하면 수입검역에 합격해야만 통관이 가능하다. 검역과정에서 병해충이 발견된 경우에는 **법정경계 병해충**에 대해서는 수입식물을 폐기하거나 수출국으로 반송조치 된다. **제한 병해충**에 대해서는 기주식물에 병해충이 발견되지 않을 경우는 수입을 허용하지만 발견될 경우는 폐기나 반송조치된다.

11.1.2 병발생예찰

식물곰팡이병이 발생하기 전에 예방하는 것이 경제적이다. **병발생예찰(disease forecasting)**이란 언제, 어디에서, 어떤 식물곰팡이병이 얼마만큼 발생해 피해가 얼마나 될 것인가를 추정하는 것이다. 병발생예찰법은 작물 및 식물곰팡이병의 종류에 따라 다르다.

모든 식물곰팡이병의 발병정도는 곰팡이의 밀도와 병원력 세기, 기주의 감수성 정도, 환경 특히 기상요인과의 상호작용으로 결정된다. 따라서 병발생예찰도 한 요인만으로는 높은 효율을 기대할 수 없으므로 항상 종합적인 검토가 필요하다. 실제로 예찰은 기상, 곰팡이 채집, 작물의 생육, 체질 검정 등으로 이루어진다.

① 기상

벼 도열병은 여름철의 저온, 잦은 강우, 일조부족, 가뭄 등이 심할 때 많이 발생한다. 벼 잎집무늬마름병은 여름철에 고온일 때 발생이 심하고, 맥류 붉은곰팡이병은 출수기에 비가 계속되면 발생한다. 일찍부터 유럽, 미국 등에서 감자 역병은 기온, 강우, 습기, 구름 등과 관련시켜 예찰해 왔다.

② 곰팡이의 밀도

점무늬병이 만연할 때 공기 중에 비산하는 곰팡이의 포자를 조사하면 그 이후의 발병을 비교적 정확하게 예찰할 수 있다. 벼 도열병은 포자 비산수로 이삭목도열병이 발생을 2~3주 전에 예찰할 수 있다.

③ 작물의 생육

작물의 발병은 기상, 재배법 특히 시비법에 따른 생육상과 밀접한 관계가 있다. 목도열병의 발생이 예상되는 벼는 어린 이삭 형성기가 평년보다 10일이나 늦어지며 분얼(分蘖) 최성기의 키는 짧고 분얼수도 적으며, 벼 잎의 색깔은 늦게까지 진하다. 잎도열병은 짙은 회색의 급성형 병반일 때 대발생 위험이 있다. 보리 줄녹병은 따뜻한 겨울을 지낸 보리의 키가 큰 해에 대발생하므로 춘분(春分) 때 보리 키를 평년과 비교해 발병을 예찰한다.

④ 작물의 체질검정 및 기타 방법

곰팡이의 침입에 대한 기주의 반응을 예찰에 이용한다. 벼 도열병의 발병과 벼 체내의 질소, 규산 또는 페놀(phenol)의 양, 잎집 기부의 전분 축적 등과는 깊은 관계가 있다. 벼 도열병 예찰포를 만들어 고도로 감수성인 품종을 심고 질소비료를 많이 줘서 발병을 유발시켜 벼 도열병을 조기발견하는 방법도 실용적이다.

11.2 식물병원성 곰팡이의 제거

11.2.1 윤작

같은 장소에 같은 작물을 계속해서 재배하는 것을 연작(連作, 이어짓기)이라고 하고, 여러 작물을 번갈아 재배하는 것을 윤작(輪作, 돌려짓기)이라고 한다. 연작을 하게 되면 토양전염성 곰팡이의 밀도가 급격하게 증가해 병발생과 피해가 심해지므로 기주가 아닌 작물로 윤작을 하는 것이 바람직하다.

탄저병균, 점무늬병균처럼 기주식물의 잔재물이 있는 동안 부생적으로 생활하는 토양침입균(soil invaders)에 의한 식물병은 비기주식물을 2~3년 동안 윤작함으로써 전염원을 제거할 수 있다. 그러나 무와 배추 무사마귀병균, 모잘록병균, 유관속시들음병균처럼 기주식물이 없어도 토양에서 5년 이상 오랫동안 살 수 있는 토양서식균(soil inhabitants)에 의한 식물병은 한 번 발생하면 윤작으로 방제하기에 너무 긴 시간이 필요하므로 실용적이 아니다.

무와 배추 무사마귀병균처럼 기주범위가 좁은 곰팡이들은 윤작을 위한 작물선택의 범위가 넓지만, 흰비단병균처럼 기주범위가 넓은 곰팡이들은 대체로 벼과작물로 바꿔 재배하는 것이 바람직하다.

11.2.2 전염원 제거

① 병든 종묘 선별

병든 종자, 묘목, 인경 등을 육안 및 기계적으로 선별해 폐기한다. 자주날개무늬병에 감염된 뽕나무 묘목은 육안으로 식별할 수 있다. 병든 종자는 비중을 이용해 물에 의한 수선(水選), 소금물에 의한 염수선(鹽水選), 바람에 의한 풍선(風選) 등으로 선별한다.

② 병든 식물 제거

병든 식물의 잔재, 낙엽 등은 1차전염원이 되는 경우가 많으므로 포장에서 깨끗이 없애야 한다. 벼 도열병균은 볏짚, 왕겨 등의 병반에서 균사로 월동해 이듬해에 포자를 형성하고 벼 도열병을 일으키므로 논 가까이 방치해서는 안 된다. 과수원의 낙엽, 전정한 가지를 깨끗하게 처리해야 한다. 병든 식물의 잔재, 낙엽, 볏짚을 퇴비로 만들 때는 옥수수 깜부기병균, 무와 배추 무사마귀병균처럼 동물의 소화관을 통과해도 생존하는 것이 있으므로 퇴비를 충분히 발효시켜 사용해야 한다.

③ 중간기주 제거

중간기주의 제거는 이종기생균의 생활사를 차단하고 전염원을 줄일 뿐만 아니라 중간기주 위에서 곰팡이의 교잡으로 생기는 새로운 레이스의 출현을 차단시킬 수 있다. 잣나무 털녹병은 중간기주인 까치밥나무와 송이풀을 제거하고, 배나무 붉은별무늬병과 사과나무 붉은별무늬병은 중간기주인 향나무를 과수원 근처에서 제거함으로써 방제할 수 있다. 밀 줄기녹병은 중간기주인 매자나무를 제거함으로써 방제할 수 있다.

11.3 보호에 의한 방제

11.3.1 환경조절

① 재배지 선택

재배지에 따라 병 발생정도가 다를 수 있으므로 재배지 선택이 중요하다. 벼 잎집무늬마름병 등 고온성병은 따뜻한 남부지방에 발생이 심하고, 벼 모썩음병 등 저온성병은 북부 또는 산간지방에 심하다. 비가 잦은 곳에는 배나무 검은별무늬병, 사과나무 탄저병 등의 발생이 심하고, 통풍이 나쁘면 보리 흰가루병이 걸리기 쉽다.

② 온실과 하우스 환경조절

온실과 하우스는 대체로 늘 다습상태이기 쉽고 고온과 통풍불량이 겹쳐 오이 잿빛곰팡이병, 오이 노균병, 오이 역병, 오이 균핵병 등이 대발생하기 쉽다. 통풍이 잘 되도록 환기창이나 환기팬을 설치해 실내환경을 조절해야 한다.

③ 저장 및 수송 환경조절

곡류, 채소, 과일은 저장하거나 수송하는 동안에 병원균의 침해를 받아 큰 피해를 입는 수가 있다. 수확 후에 발생하는 식물병을 통칭하는 **저장병(postharvest disease)**은 우선 포장에서부터 철저히 방제해서 전염원을 없애야 하며 맑은 날을 택해 수확하고 상처가 발생하지 않도록 하고 병든 것과 건전한 것을 선별해서 수확하고 저장한다. 또한 통기불량, 온도변화, 습도상승 등 저장병 발병을 조장하는 환경이 되지 않도록 환경을 조절해야 한다.

대체로 저온에서는 저장병 발생이 억제되지만 고구마 무름병은 2~9℃에 저장하면 오히려 발생하기 쉽다. 따라서 수확할 때 상처가 생기기 쉬운 고구마를 온도 30~33℃, 습도 90~95%에서 5일간 **큐어링(curing)**을 한 후에 15℃ 정도에서 저장하면 상처 부위에 코르크층 형성을 촉진시켜 고구마 무름병과 고구마 검은무늬병의 발생을 예방할 수 있다. 감자는 15℃, 90% 상대습도에서 1~2주일 동안 두어 상처가 아물도록 코르크층을 형성시켜 약 4℃에서 감자를 저장하면 감자 역병균 등의 침입을 예방할 수 있다.

곡류는 수확 후 잘 건조시키는 것이 저장병을 예방하는 최선책이다. 수분함량이 높은 경우에는 *Aspergillus flavus* 등의 **저장균(storage fungi)**이 번성해 곡류의 변질을 가져올 뿐만 아니라 저장균이 분비하는 **균독소(mycotoxin)**가 곡류를 소비하는 사람이나 가축에게 치명적인 피해를 일으키기 때문에 철저한 관리가 필요하다.

11.3.2 경종법

① 파종기 조절

파종기를 적절하게 조절하면 식물병을 회피할 수 있다. 벼의 파종이나 모내기를 늦추면 벼 도열병의 발생이 심하고, 모내기를 늦추면 벼 잎집무늬마름병의 발생이 심하다. 보리 줄무늬병은 지온이 10~15℃일 때 감염이 잘 되기 때문에 가을보리는 일찍 파종하고 봄보리는 늦게 파종하면 병을 회피할 수 있다. 저온작물인 시금치, 완두 등은 고온에서 모잘록병의 피해가 심한 반면에, 멜론이나 강낭콩은 저온에서 피해가 심하므로 파종기를 조절하면 모잘록병의 피해를 경감시킬 수 있다.

② 토양수분 조절

토양수분을 적절하게 조절하면 식물병을 회피할 수 있다. 무와 배추 무사마귀병균, 모잘록병균, 역병균 등은 편모를 가지고 물속에서 이동하므로 토양수분이 많을 때 발생이 심하다. 따라서 모판이나 재배지의 배수관리가 중요하다. 반면에 토양에 있는 균핵병균의 균핵과 바나나 시들음병균의 포자들은 6~8주 동안 침수시켜 죽임으로써 방제할 수 있다.

③ 토양산도 조절

토양산도(pH)를 적절하게 조절하면 식물병을 회피할 수 있다. 배추 무사마귀병균은 산성 토양에서 잘 번식하므로 pH를 7.0 이상으로 조절하면 발병이 억제된다. 목화 뿌리썩음병은 pH 7.2~8.0 정도의 중성 또는 약알칼리성 토양에서 격심하게 발생하고, 침엽수 모잘록병도 알칼리성 토양에서 발병이 증가하므로 pH를 7.0 이하로 조절하면 발병이 억제된다.

④ 양분조절

균형시비(施肥)로 식물의 영양상태를 개선해주면 식물병에 대한 저항성을 증진시킬 수 있다. 질소질 비료를 많이 주면 잎과 줄기 조직이 연약해지고 식물병원성 곰팡이에 대한 저항성이 약해져 벼 도열병, 벼 잎집무늬마름병, 녹병, 흰가루병 등 거의 모든 식물곰팡이병이 잘 발생한다. 반면에 벼 깨씨무늬병, 감자 겹둥근무늬병, 토마토 겹둥근무늬병 등은 거름기가 떨어지면 발생하기 쉽다. 미량원소가 결핍되면 여러 가지 결핍증상이 나타나기 때문에 균형시비가 중요하다.

분해가 쉬운 유기질 비료는 토양구조, 수분유지력, 통기력 등 토양물리성을 향상시키고, 토양 미생물의 활동을 촉진시켜 토양전염성병에 의한 피해를 감소시킬 수 있다. 돼지분변, 게껍질, 소뼈 등 동물성 유기물은 연작장해(連作障害)를 일으키는 인삼 뿌리썩음병균의 밀도를 크게 낮추는 반면에, 방선균(放線菌, Actinomycetes)의 밀도는 크게 증가시키기 때문에 인삼 뿌리썩음병이 억제된다.

⑤ 작업위생

병원체에 오염된 손이나 농기구로 농사작업을 할 때 병원체를 전반시킬 수 있다. 감자 역병은 병든 씨감자를 자른 칼을 통해 전염되고, 여러 가지 식물병이 전정가위를 통해 전염되므로 칼이나 전정가위 등 농기구를 70% 에틸알콜(ethyl alcohol)이나 0.5% 차아염소산나트륨(NaOCl)으로 수시로 소독하면서 사용한다.

⑥ 차단

병원체 또는 매개충이 식물체에 접촉하는 것을 미리 차단하는 물리적 방법으로 봉지씌우기, 비닐멀칭, 짚깔기 등이 있다. 여러 가지 과수 병해충을 예방하는 방법으로 봉지씌우기가 널리 사용되어 왔고, 오이 노균병과 토마토 역병 등을 일으키는 곰팡이가 빗물로 튀어 오르는 것을 방지하기 위해 지표면에 짚을 깔거나 땅속에 있는 균핵병균의 균핵에서 포자가 비산되지 않도록 지표면에 비닐을 멀칭하기도 한다(그림 11.1)

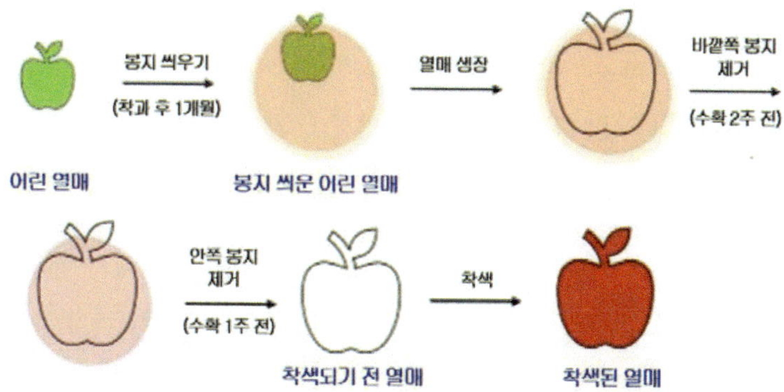

그림 11.1 사과 봉지씌우기. [출처: Xiaofei Liang et al.]

⑦ 매개충 방제

매개충에 의한 병원체의 전반을 차단하는 것은 병 방제의 기본이다. 토마토 시들음병의 발생을 조장하는 토양선충을 방제하면 토마토 시들음병의 발생을 효율적으로 차단시킬 수 있다.

⑧ 무병종자 및 영양번식체의 이용

병원체가 없는 지역, 병원체가 생존하기에 부적당한 지역, 병원체의 매개충이 없는 지역에서 작물을 재배해 무병종자를 생산하거나 건전한 식물의 생장점부위의 정단분열조직을 조직배양해 건전한 식물체를 얻을 수 있다.

11.3.3 약제살포

식물병 방제에 사용되는 **살균제(fungicide)**에는 병원균이 식물체에 침입하기 전에 살포해서 식물병의 감염으로부터 식물을 보호하는 **보호제(protectant)**, 식물체에 형성된 병반 위에 살포해서 병원균을 살균시키는 **직접살균제(eradicant)**, 그리고 병원체가 식물체 내부조직에 침입한 후 살균작용을 하는 **치료제(chemotherapeutant)**로 구분한다. 최근에 치료제는 **침투성 살균제(systemic fungicide)**라는 용어로 쓰인다.

(1) 무기 살균제

ⓐ 구리제

1885년 Millardet가 포도나무 노균병 방제용 약제로 개발한 **보르도액(Bordeaux mixture)**은 황산구리($CuSO_4$)와 생석회(CaO)로 제조한 청남색 액제인데, 유효성분은 염기성 황산구리로 공기 중의 CO_2 또는 병원균 또는 식물이 분비하는 산에 의해 분해되어 수용성인 구리이온이 살균작용을 나타낸다. 황산구리 또는 생석회와 첨가하는 물의 양에 따라 다양한 명칭으로 부른다(**심층학습 26**)(표 11.2). 구리제는 특히 난균에 효과적이고, 포도나무 노균병을 비롯해 역병, 탄저병, 겹무늬병, 궤양병 등에 효과가 있다.

표 11.2 보르도액의 명칭과 조성

명칭	물의 양(ℓ)		황산구리(g)		생석회(g)	
	ℓ 식	두식	ℓ 식	두식	ℓ 식	두식
6-3식(4두식 석회 반량)	1	72(4두)	6	450	3	225
4-4식(6두식 석회 동량)	1	108(6두)	4	450	4	450
3-6식(8두식 석회 배량)	1	144(8두)	3	450	6	900

ⓑ 유황제

포도나무 흰가루병 방제를 위한 결정석회황합제(lime sulfur mixture)로 알려진 CaS · Sx는 수용성인 유황합제다. 약제의 일부는 승화되어 가스체로서 살균작용이 있으나 일부는 유황 자체(S)가 균체의 세포벽을 투과해 곰팡이의 효소계를 저해한다. 친유성(親油性)인 황은 지질 함량이 많은 포도나무 흰가루병균, 사과나무 흰가루병균, 맥류 흰가루병균 등에 투과하기 쉬워 효과가 크고, 탄저병, 잿빛무늬병, 사과나무 검은별무늬병, 복숭아나무 잎오갈병 등의 방제에도 사용되고 있다.

ⓒ Carbonate 화합물

암모늄, 포타슘, 리튬의 bicarbonate염에 1% 오일을 첨가한 것뿐만 아니라 sodium bicarbonate($NaHCO_3$)는 장미나무 흰가루병균, 장미나무 검은무늬병균, 균핵병균, 잿빛곰팡이병균 등에 방제효과가 있다.

ⓓ Phosphate와 Phosphonate 화합물

인산1가칼륨(phosphate, KH_2PO_4) 또는 인산2가칼륨(phosphonate, K_2HPO_4)은 오이 흰가루병과 포도나무 흰가루병에 방제효과가 있다.

(2) 유기 살균제

ⓐ 유기수은제

PMA(phenylmercury acetate)가 주성분인 세레산은 벼 도열병 방제에 기여했지만, 독성 문제 때문에 사용이 금지되었다.

심층학습 26 '화학 농약'의 효시 '보르도액'

'*Plasmopara viticola*'에 의해 발생하는 '포도나무 노균병' 에피데믹은 많은 과학자들의 관심을 불러일으키면서 해결책을 찾으려는 동기를 부여했다.

어느 날 프랑스 보르도대학교의 식물학 교수 Pierre Alexis Millardet가 포도밭 사잇길을 거닐다가 길가에 있는 포도나무 덩굴의 잎이 푸르스름한 막으로 덮인 것을 보았다. 미야르데 교수는 이 덩굴에 달린 잎은 건전한 반면에 포도밭 안쪽에 있는 포도나무 잎이나 어린 가지와 포도송이는 '노균병'에 심하게 감염돼 있다는 사실에 주목했다.

Pierre Millardet. [출처: 식물병리학]

견물생심(見物生心)이라는 말처럼 보기 좋은 물건을 탐내는 것은 동서고금(東西古今)을 막론하고 사람들의 일반화된 심리인 모양이다. 당시 프랑스에서도 포도밭을 지나던 사람들이 포도나무에 달린 탐스런 포도송이를 지나치지 못하고 몰래 따 가는 포도 서리를 했던 모양이었다.

노균병이 발생한 포도 과수원. [출처: 식물병리학]

그러자 포도밭 주인이 포도밭 사잇길을 지나가던 사람들이 길가의 포도나무 덩굴에서 포도를 따 가는 것을 막으려고 포도가 독성이 있다는 인상을 주기 위해 포도나무 덩굴에 어떤 혼합액을 뿌렸다. 포도밭에 있는 푸른 돌덩어리인 '황산구리(copper sulfate, $CuSO_4$)'를 갈아 잎에 더 잘 달라붙게 '생석회(生石灰, 산화칼슘, CaO)'와 섞은 혼합액이 포도나무 덩굴의 잎에 푸르스름한 막을 만든 것이었다.

보르도액을 처리한 포도나무. [출처: Vegetable Garden Guru.com]

미야르데는 즉시 그 정보를 가지고 실험실로 돌아와서 황산구리와 생석회를 다양한 비율로 섞어 노균병에 걸린 포도나무에 처리하는 실험을 수행했다. 마침내 1885년 미야르데는 '포도나무 노균병' 방제에 가장 적합한 혼합 비율을 찾아냈다. 이렇게 발명된 용액은 **'보르도액(Bordeaux mixture)'**으로 알려지기 시작했으며 화학 약제를 이용한 식물병 방제 시대를 선도했다.

'보르도액'은 우수한 살균효과(殺菌效果)와 더불어 살세균효과(殺細菌效果)를 지니고 있어서, 한 세기가 지난 현재까지도 '포도나무 노균병' 방제뿐만 아니라 여러 가지 과수나 화훼 작물에 발생하는 식물병 방제에 널리 사용되고 있다.

결국 화학 농약의 효시(嚆矢)인 '보르도액'은 포도밭에서 포도를 서리해 가는 좀도둑을 퇴치하려다 우연히 개발된 셈이었다.

ⓑ 유기주석제

TPTA(triphenyl tin acetate) 등이 감자 역병, 사탕무 갈색무늬병, 사탕무 흰가루병, 강낭콩 탄저병, 벼 도열병 등의 방제에 쓰이지만, 독성이 크고 잔류문제 때문에 사용이 제한되었다.

ⓒ 유기비소제

Ferric methanearsonate(Neoasozin)은 벼 잎집무늬마름병과 포도나무 탄저병에 효과가 크다.

ⓓ Dithiocarbamate제

Thiram(TMTD, Arasan, Pomarsol)은 채소, 화훼, 벼과작물의 종자나 구근 등이 종자소독제로 사용하고 잔디, 과일, 채소의 녹병 방제용으로 사용한다.

Ferbam(Fermate)은 과수나 관상식물의 잎에 발생하는 병 방제에 사용한다.

Sankel은 벼 흰잎마름병에 예방효과가 있고, Propineb(Antracol)은 과수병에서 살비제 효과도 있다. 토양소독제로서 Metham의 살균, 살충, 살선충, 제초효과가 알려졌다.

Maneb(Mannzate)는 토마토, 감자, 포도나무, 화훼, 잔디 등의 잎과 열매에 발생하는 병에 방제 효과가 있다.

Maneb와 Zineb의 혼합제인 Mancozeb(DithaneM-45)는 약해를 감소시키고 살균효과는 증가시킨다.

Zineb(Dithane Z-78)는 채소, 화훼, 관목의 점무늬병, 마름병, 열매썩음병 방제용으로 사용되는 경엽 및 토양 살포용 살균제이다.

ⓔ Phthalimide제

Captan(Orthocide)과 Captafol(Difolatan), 그리고 Folpet(Phaltan) 등이 사과나무 검은별무늬병, 사과나무 겹무늬썩음병, 사과나무 탄저병, 사과나무 점무늬낙엽병, 배나무 검은별무늬병, 포도나무 노균병, 채소와 화훼류의 노균병과 잿빛곰팡이병 등에 광범위하게 사용되지만, 흰가루병에는 효과가 없다.

ⓕ 방향족 화합물

Pentachloronitrobenzene(Quintozene, PCNB, Terrachor)은 종자소독제와 토양살균제로서 밀 겉깜부기병, 무와 배추 무사마귀병, 잿빛곰팡이병 등에 방제효과가 있다.

Chlorothalonil(Daconil)은 과수에 다소 약해가 있으나 효과가 좋고 적용범위가 넓어 채소, 작물, 관상식물, 사과, 포도 등 다양한 식물에 발생하는 점무늬병, 마름병, 노균병, 녹병, 탄저병, 열매썩음병 등에 사용되고 있다.

ⓖ Isocyclic 화합물의 유도체

Dinocap(Karathane)은 배나무 흰가루병, 사과나무 흰가루병 방제에 사용되고 있고, 살비제 효과도 있다.

Binapacryl(Acricid)은 사과나무 흰가루병에 효과가 좋다.

Dichlofluanid(Euparen)은 딸기, 오이, 토마토, 고추 잿빛곰팡이병, 사과나무 검은별무늬병 등에 방제효과가 좋고 적용범위가 넓다.

ⓗ Quinone제

Chloranil(Spergon)은 광선에 매우 빨리 분해되므로 엽면살포제보다는 종자소독제로 사용되고 있다.

Dithianon(Delan)은 사과나무 탄저병, 포도나무 탄저병, 고추 탄저병, 사과나무 겹무늬썩음병, 사과나무 검은별무늬병, 포도나무 노균병, 배나무 검은무늬병, 복숭아나무 잎오갈병 방제에 사용되고 있다.

ⓘ Benzimidazole제

Benomyl(Benlate)은 사과나무 검은별무늬병, 사과나무 탄저병, 사과나무 흰가루병, 채소와 화훼류의 흰가루병과 잿빛곰팡이병 등의 방제 사용되고, 종자소독제로서 밀 비린깜부기병과 밀 겉깜부기병, 귀리 겉깜부기병 등에도 효과적으로 사용된다. 최근에 약제저항성균의 발생으로 사용이 크게 제한되고 있다.

Benomyl과 Thiram의 혼합제인 Benlate-T는 볍씨, 옥수수, 참깨, 콩, 양배추 등의 종자소독제로 사용되고 있다.

Carbendazim(Derosal)은 사과나무 검은별무늬병, 사과나무 흰가루병, 딸기 잿빛곰팡이병 등 방제에 사용되고 있다.

Thiabendazole(TBZ, Tecto)은 사과나무 검은별무늬병, 사과나무 흰가루병, 사과나무 잿빛곰팡이병에 효과가 있으며, 느타리버섯 푸른곰팡이병(*Trichoderma* spp.) 방제에 사용되고 있다.

Fuberidazole(Voronit)은 Quintozen과 혼합시킨 종자소독제로 밀 비린깜부기병 등에 효과가 있다.

Thiophanate-methyl(Topsin)은 사과나무 검은별무늬병, 사과나무 탄저병, 사과나무 부란병, 사과나무 흰가루병, 딸기 잿빛곰팡이병, 밀 흰가루병, 장미나무 흰가루병, 밀 껍질마름병, 포도나무 탄저병, 고추 탄저병, 벼 도열병 등 방제에 사용된다.

Thiophanate-methyl과 Thiram의 혼합제인 Homai는 볍씨, 양파, 콩, 참깨, 고추, 오이, 수박 등의 종자소독제로 사용되고 있다.

ⓙ Oxathiin제

Carboxin(Vitavax)은 밀 겉깜부기병, 보리 겉깜부기병 등 담자균류에 특이적으로 효과가 있다.

Carboxin의 환상(環狀) Sulphone인 Oxycarboxin(Plantvax)은 관상식물의 녹병과 목화 모잘록병 방제에 사용되고 있다.

ⓚ Pyrimidine제

Ethirimol(Milstem)은 맥류 흰가루병 방제와 종자소독제로 사용되지만 많은 곳에서 약제 저항성 발생 보고가 있다.

Nuarimol(Tridal)은 곡류 종자소독제, 사과나무 붉은별무늬병, 사과나무 검은별무늬병, 사과나무 흰가루병, 배나무 붉은별무늬병, 배나무 검은별무늬병, 장미나무 흰가루병, 멜론 흰가루병, 참외 흰가루병, 잔디 녹병, 카네이션 녹병 등의 방제에 사용되고 있다.

Fenarimol은 사과나무 흰가루병, 포도나무 흰가루병, 오이 흰가루병, 참외 흰가루병, 장미나무 흰가루병, 사과나무 붉은별무늬병, 배나무 붉은별무늬병, 사과나무 검은별무늬병, 배나무 검은별무늬병, 고추 탄저병, 수박 탄저병 등의 방제에 사용되고 있다.

ⓛ Morpholine제

Tridemorph(Calixin)는 맥류 흰가루병 방제에 사용된다.

Dimethomorph(Forum)는 감자 역병, 고추 역병, 오이 노균병 방제에 사용된다.

ⓜ Piperazine제

Triforine(Saprol)은 고추 탄저병 방제에 사용되고 있다.

ⓝ Triazole제

Triadimefon(Balyton)은 배나무 붉은별무늬병, 잔디 녹병, 포도나무 흰가루병, 사과나무 흰가루병, 오이 흰가루병, 장미나무 흰가루병 방제에 사용되고 있다.

Triadimefon의 전환산물인 Triadimenol(Baytan)은 오이 흰가루병, 장미나무 흰가루병, 배나무 붉은별무늬병, 사과나무 붉은별무늬병, 파 녹병, 잔디 녹병 방제에 사용되고 있다.

Triadimenol과 Cl^-원자 대신 phenyl환이 결합된 Bitertanol(Baycor)은 곡류 깜부기병 방제용 종자소독제, 사과나무 검은별무늬병, 사과나무 흰가루병 방제에 사용되고, 사과나무 부란병 방제에는 병환부를 도려낸 후 약제를 발라준다.

Diniconazole(Geriko)은 사과나무 붉은별무늬병, 배나무 붉은별무늬병, 배나무 검은별무늬병, 잔디 녹병 방제에 사용된다.

그밖에 Penconazole(Topas), Tebuconazole(Folicur), Dichlobutrazol(Vigil), Myclobutanil(Systhane), Fenbuconazole(Indar), Tetraconazole(Eminent),

Cyproconazole(Alto) 등이 있다.

ⓞ Thiazole제

Etridiazole(Terrazole)은 토양살균제로 *Pythium*, *Rhizoctonia*, *Fusarium*, *Phytophthora* 등에 의해 발생하는 모잘록병 방제에 사용되고 있다.

Tricyclazole(Beam)은 벼 도열병에 효과적이다.

ⓟ Imidazole제

Imazalil은 보리 줄무늬병 방제용 종자소독제와 바나나와 감귤 저장병 방제에 사용되고 있다.

Prochloraz(Sportax)은 볍씨 종자소독제로 사용되고 있으며, 사과나무 탄저병, 수박 덩굴마름병 방제에 사용되고, 망간과 혼합제로 양송이, 느타리버섯 재배에도 사용되고 있다.

ⓠ Dicarboximide제

Vinclozolin은 포도나무, 딸기, 오이, 고추, 화훼류의 잿빛곰팡이병 방제에 사용되고, 유채 균핵병 방제에도 효과가 좋다.

Iprodione(Rovral)은 사과나무 점무늬낙엽병, 배나무 검은무늬병, 포도나무 새눈무늬병, 포도나무, 딸기, 고추, 오이의 잿빛곰팡이병 방제에 효과적이다.

Procymidone은 딸기, 고추, 오이, 토마토의 잿빛곰팡이병 방제에 효과적이다.

ⓡ Acylalanine제

Metalaxyl(Ridomil)은 배추 노균병, 참깨 역병, 담배 역병, 벼 모잘록병, 벼 모썩음병, 호프 노균병 방제에 사용되는데, 약제저항성이 쉽게 발생하기 때문에 보호살균제인 구리제, Mancozeb와 교대로 살포하거나 혼합제 사용이 권장된다.

Oxadixyl(Sandofan)은 고추 역병, 참깨 역병, 감자 역병, 포도나무 노균병, 오이 노균병, 양파 노균병 방제에 사용된다.

ⓢ 유기인제

Pyrazophos(Afugan)은 사과나무 흰가루병, 보리 흰가루병, 오이 흰가루병, 수박 흰가루병, 참외 흰가루병, 뽕나무 뒷면흰가루병 방제에 사용되고 있다.

Iprobenfos(Kitazin)와 Edifenfos(Hinosan)는 보호 및 치료 효과를 가지는 대표적인 벼 도열병 방제 약제다. Edifenfos는 어느 정도 살충효과도 가지고 있다.

Fosetyl-Al(Aliette)은 포도나무 노균병, 고추 역병 방제에 사용되고 있다.

Tolclofos-methyl(Risolex)은 *Rhizoctonia*, 모잘록병, 줄기썩음병 등에 효과가 좋다.

ⓣ 기타 유기 살균제

Hymexazole(Tachigaren, 다찌가렌)은 침투성 토양살균제로 벼 모잘록병을 비롯해 *Pythium*, *Fusarium* 등의 토양전염병 방제에 사용된다.

Isoprothiolane(Fuji-one, 후치왕)은 예방과 치료효과가 있는 침투이행성 약제로 벼 도열병 방제용으로 육묘상과 논에 사용되는데, 벼멸구에도 방제효과가 있다.

ⓤ 항생제

미생물이 생성하는 물질로서 매우 낮은 농도에서 다른 미생물의 생장이나 대사작용을 억제시키는 항생물질(抗生物質, antibiotic)은 식물에 흡수, 전신적으로 분산되며 예방 효과와 치료 효과를 나타낸다.

대표적인 항생제는 streptomycin, cycloheximide(Acti-dione), blasticidin S, kasugamycin, validamycin A(바리문), polyoxin 등이며, 주요 항생제의 기원, 작용 기작 및 대상 병원균은 표 11.3과 같다.

표 11.3 항생제의 기원, 작용 기작 및 대상 병원체

항생제	기원	작용 기작	대상 병원체
Streptomycin	*Streptomyces griseus*	세포막 기능과 단백질 합성 저해	- 난균, 세균
Cyclohexamide	*Streptomyces griseus*	단백질과 DNA 합성 저해	- 곰팡이, 난균
Blasticidin S	*Streptomyces grieseochromogenes*	단백질 합성 저해	- *Magnaporthe grisea* (벼 도열병균)
Kasugamycin	*Streptomyces kasugaensis*	단백질 합성 저해	- *Magnaporthe grisea* (벼 도열병균)
Validamycin A	*Streptomyces hygroscopicus* var. *limoneus*	균사생장 저해	- *Thanatephorus cucumeris* (벼 잎집무늬마름병균)
Polyoxin B	*Streptomyces cacaoi* var. *asoensis*	키틴 합성 저해	- *Alternaria mali* (사과나무 점무늬낙엽병균) - *Alternaria gaisen* (배나무 검은무늬병균) - *Botrytis cinerea* (오이 잿빛곰팡이병균)
Polyoxin D			- *Thanatephorus cucumeris* (벼 잎집무늬마름병균) - *Cochliobolus miyabeanus* (벼 깨씨무늬병균)

(3) 약제방제의 문제점

① 자연 생태계 파괴

살균제를 비롯한 농약의 광범위한 사용은 긍정적인 효과도 크지만 부작용도 나타나게 되었다. 자연 생태계에서 병해충 집단의 밀도(population density)는 여러 가지 다양한 요인들에 의해 일정한 범위 내에서 조정된다. 그러나 농약을 사용해 천적을 강하게 손상시키거나 완전히 저지해 자연 생태계가 파괴되면 이제까지 경제적 피해수준 아래에 있었던 잠재적 생물이 새로운 병해충으로 등장하게 돼 새로운 문제가 된다.

② 약제 저항성 발생

살균제에 대한 식물병원균의 저항성이 발생한 사례는 표 11.4에 요약했다. 살균제에 대한 저항성은 어떤 살균제에 대해 정상적으로 감수성인 집단 내에 이 살균제에 대해 민감하지 않은 개체가 발생할 때를 뜻한다. 이러한 저항성은 유전적으로 안정하거나, 약제가 없는 상태에서는 급격하게 소멸되기도 한다.

구리제, dithiocarbamate제 등의 비선택성 무기살균제가 많이 사용되었던 1970년대까지는 살균제에 대한 식물병원균의 저항성 발생이 실제로 문제가 되지 않았으나, 침투성 살균제 등의 선택성 유기살균제가 새로 개발되어 실용화됨에 따라 일반포장에서 사용 후 수년이 지나지 않아서 세계 여러 나라에서 약제저항성 발생 보고가 늘어나 농약 개발자와 농약 사용자들에게 큰 피해를 주고 있다.

살균제 저항성 발생 가능성, 정도 및 속도는

- 동일한 살균제를 빈번하게 사용하면 할수록,
- 초기집단에 저항성인 개체가 더 많이 존재할수록,
- 살균제 살포 후 살아남은 집단 내 저항성 유전자를 지닌 개체가 많으면 많을수록,
- 병원균 집단이 더 크고, 증식률이 크면 클수록,
- 살균제를 살포하지 않은 지역에서 감수성인 개체의 유입이 적으면 적을수록,
- 저항성을 결정하는 유전자가 적으면 적을수록, 즉 농약의 작용기작이 특이적일수록 더 커진다.

살균제에 대한 저항성의 발현은

- 살균제가 병원균 세포 내부로 투과되는 것이 감소하거나,
- 살균제의 유효성분이 작용점에 도달되기 전에 불활성화되거나,
- 병원균 체내에서 유효성분이 활성물질로 전환되지 않거나,
- 작용점에 유효성분이 도달되지만 유효성분과 작용점의 친화성 감소 등에 의해 살균제가 작용점에 잘 도달되지 않아 저항성이 발생한다.

표 11.4 살균제 저항성의 발생현황

병원균	작물	살균제	국가
Alternaria gaisen	배	Polyoxin	일본
Alternaria mali	사과	Polyoxin	일본, 한국
Botrytis cinerea	채소	Benomyl	네델란드, 미국, 영국, 일본
Botrytis spp.	가지	Thiophanate-methyl	일본
Cercospora beticola	사탕무	Benomyl	그리스, 미국, 일본
Dendrophoma obscurans	딸기	Thiophanate-methyl	한국
Blumeria graminis	보리	Ethirimol	영국
Penicillium digitatum	감귤	Benomyl	일본
Penicillium italicum	감귤	Benomyl	일본
Phytophthora infestans	감자	Metalaxyl	네델란드, 북아일랜드, 한국
Plasmopara viticola	포도	Metalaxyl	프랑스
Pseudoperonospora cubensis	오이	Metalaxyl	이스라엘, 그리스
Magnaporthe oryzae	벼	Kasugamycin	일본
Magnaporthe oryzae	벼	Kitazin, Hinosan	일본
Sphaerotheca fuliginea	오이	Benomyl	미국, 네델란드, 일본, 독일
Sphaerotheca fuliginea	오이	Dimethirimol	네델란드
Venturia inaequalis	사과	Dodine	미국
Venturia inaequalis	사과	Thiophanate-methyl	일본
Venturia inaequalis	사과	Benomyl	오스트레일리아

살균제의 작용기작과 획득저항성의 발생 사례는 표 11.5에 요약했다.

약제 저항성 발생을 저지하는 것은 불가능하다. 가능한 저항성 발생을 지연시키는 방법은 다음과 같이 요약할 수 있다.

- 가능하면 저항성을 발생시키지 않는 작용점이 다양한 유효성분 사용,
- 상이한 작용기작을 가진 유효성분이 함유된 혼합제 사용,
- 상이한 유효성분을 지닌 약제를 정규적으로 교대 사용,
- 보호살균제로 대체 사용,
- 다양한 방제법을 활용하는 종합적 방제로 농약살포 횟수와 살포량 감소,
- 식물 저항성 유도제 사용 등.

표 11.5 살균제의 작용기작과 획득저항성의 발생 사례

작용부위	작용기작	살균제	병원균
세포벽	Chitin 합성	Polyoxin	*Alternaria gaisen*
		Kitazin	*Magnaporthe oryzae*
세포막	투과성	Blasticidine S	*Magnaporthe oryzae*
		Pimaricin	*Botrytis cinerea*
		Dodine	*Hypomyces solani* f.sp. *cucurbitae*
미토콘드리아	에너지생산	Carboxin	*Ustilago maydis*
		Antimycin A	*Venturia inaequalis*
라이보솜	단백질합성	Cyclohcximide	*Saccharomyces cerevisiae*
		Kasugamycin	*Magnaporthe oryzae*
핵	핵산대사	6-Azauracil	*Cladosporium cucumerinum*
Spindle-microtubule	유사분열	Benzimidazole	*Botrytis cinerea, Cercospora beticola*

③ 약제 잔류 발생

농산물에 약제가 잔류하게 되면 곡류, 과일이나 채소 등의 식품 위생상 문제가 된다. 우선 농약은 살포 후 수확물, 식품, 사료에 독성을 일으킬 정도의 양이 잔류되지 않아야 한다. 급성 독성은 반수체치사량(medium lethal dose) 즉 LD_{50}으로 표시하며, 쥐, 모르모트, 토끼 등 실험동물의 50%를 죽게 할 수 있는 약량을 일컫는다.

매일 식품에서 적은 독성이라도 섭취가 우려되는 농약의 잔류량을 평가하는 약량을 만성독성이라고 한다. 인체 1일 섭취량(acceptable daily intake) 즉 ADI는 인간이 매일 아무런 해 없이 하루 동안 섭취할 수 있는 약량을 일컫는데, mg/kg/day로 표시한다. 농약으로 오염된 식품을 섭취해도 ADI에 도달하지 않으려면 각 식품에 잔류해도 무방한 기준농도 즉 잔류허용량(tolerance limit of residues)이 설정되어야 한다.

식품 속에 잔류가 허용되는 농약 잔류허용한계농도(permissible level)를 다음 공식에 의해 산출할 수 있다.

$$P_{ppm} = \frac{ADI \times W}{F}$$

P: 농약 잔류허용한계농도(permissible level), mg/kg 식품
ADI: 인체 허용 1일 섭취량(mg/kg/day)
W: 인간의 체중
F: 유효성분이 잔류량을 함유하고 있는 식품의 평균 1일 소비량 (0.4kg)

농약 사용자들은 농작물의 수확시 기대되는 잔류량이 허용한계를 넘지 않도록 해야 한다. 특히 잔류허용량 이하까지 유효성분이 분해되어 안전을 꾀할 수 있도록 농약을 마지막 살포한 후 수확시까지의 기간 즉 수확 전 사용금지 기간(preharvest interval)을 준수해야 한다. 따라서 농약의 작물에 따른 수확 전 사용금지 기간을 명기해야 하고, 아울러 농약 독성 표기시 해당 유효성분을 저독성, 보통독성, 고독성 등으로 분명히 기입해야 한다.

농약은 살포 후에 궁극적으로 토양에 이르게 된다. 결국 토양은 잔류성 농약의 저장고 역할을 한다. 토양에 잔류되어 있는 농약 유효성분은 특정 미생물이 분해하거나 다른 여러 가지 경로를 거쳐 분해, 소실된다. 유효성분이 감소되어 가는 속도는 토양과 기후조건에 따라 매우 다르다. 이 때 농약의 반감기는 토양 중 농약의 잔류성을 비교, 판단하는 좋은 지표가 된다. Hg, S, Cu 등 무기살균제는 더 이상 원소의 전환이 불가능하므로 잔류문제가 있다. 따라서 이들 잔류성 농약들은 잔류효과가 없고 환경에 친화적인 유기인제 등으로 교체되어 가는 경향이다.

유기염소제같은 잔류성 농약은 물과 함께 증발하거나, 강우나 흩날리는 먼지에 침적되어 대기, 해류에 운반되어 넓게 분산되어 매우 보잘것없는 농도만이 물이나 토양에 다다르게 된다. 따라서 농약이 잔류성을 지니더라도 식물, 동물, 인간에 흡수되어 축적되지 않는다면 실제로 이 정도의 농도는 등한히 해도 된다. 그러나 처음에 아주 적은 양의 약제가 호수의 하등생물과 플랑크톤에 축적되고, 이 생물들은 물고기나 조개의 양분으로 섭취되고, 다시 작은 물고기는 큰 물고기의 먹이가 되는 먹이사슬(food chain)을 거쳐 잔류농약이 축적되기도 한다.

11.4 생물적 방제

생물적 방제(biological control)는 생물을 이용해 식물병을 효율적으로 방제하는 방법이다. 식물병, 해충, 잡초를 방제하기 위해 자연생태계에서 유래하는 천연물, 천적 및 유익한 미생물을 선발해 농업용으로 이용할 수 있도록 제품화한 것을 **생물농약**(biopesticide)이라고 한다.

생물농약에는 **미생물농약**(microbial biopesticide)과 **생화학농약**(biochemical biopesticide)으로 구분할 수 있다. 미생물농약은 세균, 균류 등 살아있는 미생물과 바이러스, 원생동물 등을 이용한 생물적 방제제이고, 생화학농약은 자연계에서 생성된 천연화합물을 추출했거나 비독성학적 기작에 의한 생물통신물질을 이용한 농업용 항생물질 또는 생약방제제다.

생물농약은 화학농약에 비해 독성이 적거나 없고, 생태계에 영향이 적고, 약제저항성을 일으키지 않는 특성을 가지고 있기 때문에 생물적 방제법은 화학적 방제법의 단점을 보완하는 방제법이다(표 11.6).

현재 등록되어 사용하고 있는 생물농약은 대부분 미생물농약인데, 길항미생물이 식물병원균을 공격하는 기작은 다음과 같다.

- 식물병원균에 직접 기생하는 **중복기생(重複寄生, mycoparasitism)** 능력,
- 식물병원균의 생장을 저해하는 **항생물질(抗生物質, antibiotics)**을 생성하는 능력,
- 식물병원균의 세포 요소들을 분해하는 **용균(溶菌, mycolysis)** 능력,
- 식물병원균과 경쟁해 공간과 양분을 차지해 생존하는 능력.

표 11.6 생물농약과 화학농약의 비교

구분	생물농약	화학농약
인축독성	독성이 적거나 없다	독성이 강하다
작물잔류	거의 없다	잔류 문제 일으킨다
생태계파괴	영향 적다	생태계를 파괴시킨다
약제저항성	없다	있다
약효	낮다	높다
약효발현	느리다	빠르다
약효지속	오래 지속된다	빠르게 소실된다
가격	고가이다	저가이다
보존기간	짧다	길다

*Trichoderma*속 균주들이 가장 흔한 **중복기생균(mycoparasite)**이다. *Trichoderma harzianum*은 대표적인 길항미생물로서 모잘록병균, 흰비단병균, 균핵병균 등의 균사에 기생하거나 *Pythium, Phytophthora, Fusarium* 등 토양전염병균의 생장을 억제시키므로 토양관주나 종자처리용 생물농약으로 개발되어 실용화하고 있다.

*Ampelomyces quisqualis*는 공기전염병균인 흰가루병균의 세포벽을 뚫고 침입해 기생함으로써 발병을 감소시키므로 분무용 생물농약으로 개발되어 사용되고 있다. 또한 *Bacillus, Pseudomonas, Pantoea* 등의 비병원성 길항세균도 여러 가지 식물병원균의 방제에 사용되고 있으며, 주로 세포막을 가로질러 철을 수송하는 역할을 하는 소량의 고친화성 철 킬레이트 화합물인 **사이드로포어(siderophore)**(그림 11.2)를 분비하는 세균 등 식물 생장 촉진 근권세균도 토양전염병의 방제에 사용되고 있다.

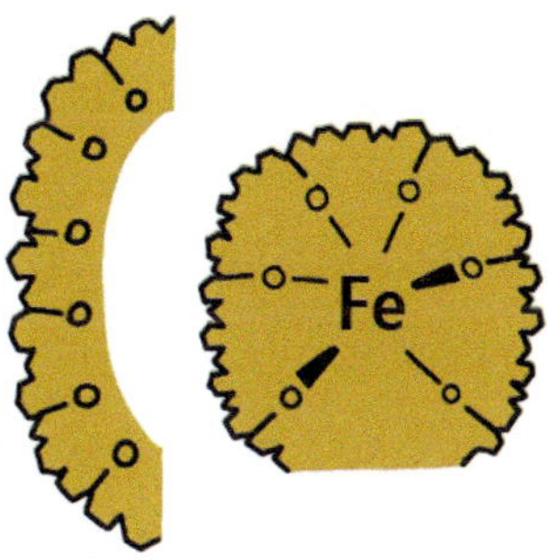

그림 11.2 사이드로포어.

밤나무 줄기마름병을 일으키는 *Cryphonectria parasitica* 균주 중에서 병원성을 약화시키

는 겹가닥 RNA(dsRNA)를 세포질에 가지고 있는 **저병원성(低病原性, hypovirulence)** 균주가 존재한다. dsRNA는 균사융합에 의해 저병원성 균주에서 병원성 균주로 이동되므로 병원성 균주가 저병원성 균주로 변환되어 밤나무 줄기마름병의 진전을 지연시키거나 정지시킨다. 따라서 저병원성 균주를 이용한 밤나무 줄기마름병의 생물적 방제가 성공적으로 시도되고 있다(**심층학습** 27).

11.5 저항성에 의한 방제

저항성을 식물에 유도케 하거나 유전적으로 저항성인 작물을 육성, 재배하면 식물병에 의한 작물의 손실을 줄일 수 있고, 농약 살포 등 방제비용을 줄일 수 있으며, 농약의 부작용을 줄일 수 있기 때문에 가장 이상적인 방제방법이다.

11.5.1 유도저항성의 이용

병원성이 있거나 비병원성인 병원균 계통, 죽은 병원균, 엽권(葉圈, phyllosphere)의 부생세균 및 곰팡이를 식물에 접종해 **유도저항성(誘導抵抗性, induced resistance)**을 발현시킬 수 있다. 또 식물에 세균이나 곰팡이 포자의 추출물을 처리하거나 다른 기주의 RNA나 바이러스 단백질을 주사하면 저항성이 나타난다. 이러한 유도저항성은 레이스 비특이적일 뿐 아니라 바이러스는 곰팡이에, 곰팡이와 세균은 바이러스에, 세균은 곰팡이에, 곰팡이는 세균이나 선충에 대해 저항성을 유도시킬 수 있다.

유도저항성은 국부적이거나 전신적 보호효과를 나타낸다. 국부적 보호효과는 1차 감염에 관련이 있는 조직만이 저항성이다. 그러나 바이러스와 곰팡이에서 1차 감염이 전혀 없는 잎에서도 유도저항성이 효과가 있는 예가 있다. 그러나 유도저항성이 절대적 저항성으로 발현되지는 않고, 온도, 식물의 생리적 상태, 2차 병원체의 접종원 농도 등의 다른 요인에 의해 좌우된다.

Salicylic acid, dichloroisonicotinic acid(INA), DL-β-amino-n-butyric acid(BABA), benzothiazole(CGA245704) 등의 화학물질을 식물에 처리해 TMV 등의 바이러스, 담배 노균병균 등의 곰팡이, *Pseudomonas syringae* 등의 세균 등에 대해 전신적획득저항성(systemic acquired resistance)을 유도할 수 있다.

특히 benzothiazole(CGA245704)는 항미생물적 활성이 없지만 몇 가지 단자엽식물과 쌍

심층학습 27 '밤나무 줄기마름병'의 생물적 방제

'*Cryphonectria parasitica*'에 의해 발생하는 '밤나무 줄기마름병(Chestnut blight)'은 밤나무 또는 감염된 나무의 가지에서 부풀어 오르거나 움푹 들어간 궤양으로 발달한다. 궤양의 수피는 적황색 내지 황록색이며, 뾰루지같은 분생포자각과 자낭각이 많이 형성된다. 흔히 궤양의 표면에 수 ㎝에서 수십 ㎝까지 이르는 긴 균열이 생기고, 줄기나 가지를 에워싸면 궤양의 윗부분은 시들어 죽는다.

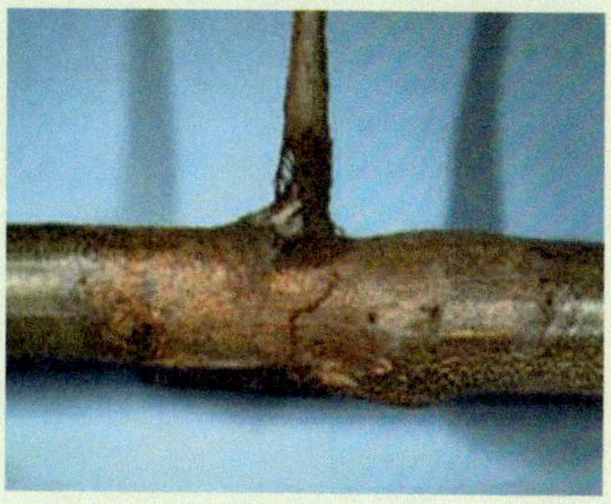

밤나무 줄기마름병 병징.
[출처: 식물병리학]

1900년경 미국에 도입된 '밤나무 줄기마름병'이 미국 동부지역에 있는 밤나무를 초토화시켰지만 미국밤나무에 병원성이 강한 '*C. parasitica*'에 완전히 저항성인 미국밤나무 품종은 발견되지 않았다.

다행스럽게도 1980년 중반 이후로 저병원성(低病原性, hypovirulence)을 지닌 균주들이 유럽과 미국에서 발견됐다. 이러한 균주들은 모두 겹가닥 RNA(double-stranded RNA, dsRNA)를 지니고 있다. 이러한 dsRNA는 곰팡이를 침해하는 많은 바이러스에 존재하는 RNA의 일종이다.

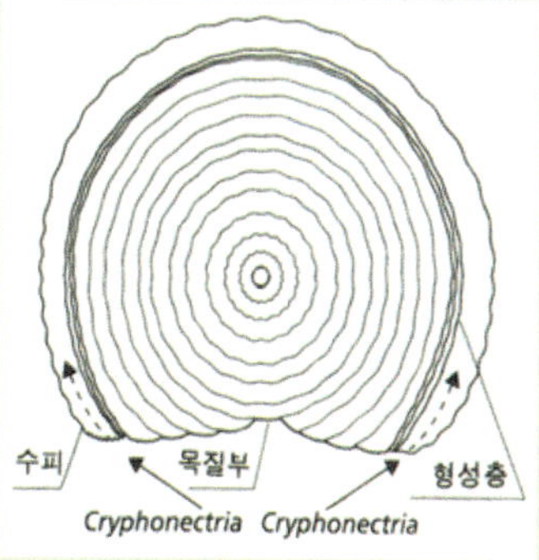

밤나무 줄기마름병 피해부위.
[출처: 균학개론]

전형적인 병원성(pathogenicity)을 지니고 dsRNA가 없는 야생형 균주에 감염된 밤나무에 저병원성 dsRNA 바이러스를 가진 계통을 접종했을 때, 균사융합이 일어나 바이러스는 균사와 분생포자 속으로 들어간다. 이 바이러스를 획득한 야생형 균주들은 저병원성 균주로 변하기 때문에 '밤나무 줄기마름병'의 확산이 지연되거나 완전히 멈춘다.

1950년대 이탈리아에서 몇몇 심하게 만연된 밤나무 농장에서 '밤나무 줄기마름병'에 감염된 밤나무들이 자연적으로 회복되기 시작했다. 줄기 둘레에 만연된 병반은 정지됐고, 여기에서 분리된 균주들은 비정상적인 특징을 보였다. 이 균주들은 배지에서 서서히 그리고 불규칙적으로 자라고, 정상적인 오렌지색보다는 흰색을 띠고, 분생포자를 현저히 적게 형성했는데, 밤나무에 상처접종했을 때 낮은 병원성을 보였다. 이러한 저병원성은 배지에서 균사융합이 일어나는 동안 다른 균주로 전달됐는데, 이러한 현상은 전반가능 저병원성(transmissible hypovirulence)으로 명명됐다.

'*C. parasitica*'의 완전한 병원성 균주에는 dsRNA가 없는데 반해, 모든 저병원성 균주는 dsRNA를 가지고 있다. 전자현미경으로 이러한 dsRNA가 세포질 안에서 원형 또는 장갑형의 막에 둘러싸인 액포에 들어 있는 것이 밝혀졌고, 많은 구형의 바이러스 유사 입자와는 달리 이것은 '*C. parasitica*'의 정단세포에서 뚜렷하게 많은 양이 존재하는 것도 보여주었다.

이탈리아에서 '밤나무 줄기마름병'이 자연적으로 감소된 것을 계기로 프랑스 연구자들이 대단히 성공적인 생물적 방제 계획을 발전시킬 수 있었다. 저병원성 균주를 실험실에서 배양해 자연 상태에서 발병 부위의 가장자리에 접종해서 짧은 시간 동안에 '*C. parasitica*'의 생장을 정지시켰다. 원래 병원성 균주가 있던 곳에서 저병원성 균주들만 분리되는 표현형(phenotype)의 변화에는 항상 dsRNA가 전이돼 있었다. 미국에 분포하는 '*C. parasitica*' 집단은 다수의 영양적 화합성군(vegatative compatibility groups, VCGs)을 포함하는데, 융합하는 동안에 세포질이 사멸되어 dsRNA의 자연적 전이가 한정되기 때문이다.

'*C. parasitica*'의 dsRNA는 대단히 다양한데, 크기에 따라 소형(S-dsRNA), 중형(M-dsRNA), 대형(L-dsRNA) 등 세 가지 dsRNA로 구분한다. 세 가지 dsRNA 형태는 모두 3'말단에 poliA 꼬리와 28개의 뉴클레오타이드가 5'말단 서열에 보존되는 동일한 말단 부위를 가지고 내부결실 정도에서만 차이가 있다. L-dsRNA는 완전한 길이의 분자이고, S-dsRNA는 균사에 축적되는 결함이 있는 '*C. parasitica*'의 유도물이다. RNA 유전체는 DNA 유전체와는 달리 효과적인 교정 체계를 가지고 있지 않기 때문에 매우 다양하다.

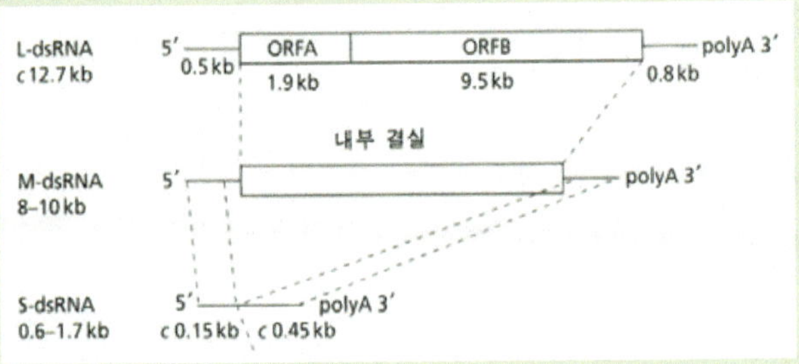

밤나무 줄기마름병균 저병원성 균주의 dsRNA 구조.
[출처: 균학개론]

'*C. parasitica*'에 알맞은 형질전환 시스템이 개발되지 않아 dsRNA의 역할을 이해하는데 한동안 진전이 없었다. 그런데 1992년 미국 로슈분자생물학연구소(Roche Institute of Molecular Biology)의 최길호 박사가 형질전환 시스템을 개발해 완전한 길이의 dsRNA로부터 cDNA를 생산하는데 성공해 '*C. parasitica*' 병원성 균주에 형질전환시켜 dsRNA가 저병원성의 원인이라는 것을 확실하게 증명함으로써 '밤나무 줄기마름병'의 생물적 방제에 획기적인 전기를 마련했다.

L-dsRNA는 622 codon의 ORFA와 3165 codon의 ORFB로 구성되어 있는데, ORFB가 삭제된 cDNA가 '*C. parasitica*'으로 형질전환되면 병원성을 감소시키지 못하고, ORFA가 삭제되면 저병원성과 연관된 특징(생장속도 감소, 포자형성 감소, 포자 발아율 감소 등)이 소실된다. ORFA는 생물적 방제 계통에서 불리한 특성과 관련된 많은 것들을 암호화하는 반면, ORFB는 저병원성 표현에 필수적인 것으로 보인다.

cDNA가 '*C. parasitica*'으로 형질전환될 때 염색체의 유전체에 안전하게 삽입되면 핵분열동안 다른 염색체 유전자와 단독으로 복제된다. 또한 cDNA가 '*C. parasitica*'의 유성포자로 들어가면 생활사 동안 저병원성과 염색체 유전자의 안정성을 일정하게 지속한다. 그래서 생물적 방제용 '*C. parasitica*' 균주들은 2개의 교배형을 가지고 교배형 유전자는 VCG 유전자를 지배하기 때문에 각 세대별 50% 병원균과 교배할 수 있고 저병원성을 계속 전반시킬 수 있다.

자엽식물에서 여러 가지 병원균에 대해 저항성을 일으킨다고 밝혀져 Bion이라는 상품명으로 상용화되고 있다.

11.5.2 저항성 품종 재배

저항성 품종을 육성해 재배하는 것이 재배자 입장에서는 가장 경제적이고 다른 식물보호 수단을 동원하지 않고도 식물병을 방제할 수 있는 가장 이상적인 방제방법이다. 벼 도열병, 맥류 줄기녹병, 맥류 흰가루병, 옥수수 깨씨무늬병, 감자 역병, 토마토 시들음병, 담배 역병 등 특정 병에 대해 저항성 품종 육성에 성공한 사례는 많지만 수목이나 과수에 대한 저항성 품종 육성에는 많은 시일이 걸리고 감수성 품종을 저항성 품종으로 신속하게 대체하기도 어렵다.

불행하게도 많은 노력 끝에 육성된 저항성 품종이 재배되는 동안에 병저항성이 영원히 지속되지는 않는다. 저항성을 역전시키지 못하는 병원체는 도태될 수밖에 없기 때문에 병원체는 끊임없이 생리적인 분화를 거듭하면서 저항성 품종을 침해할 수 있는 새로운 레이스를 탄생시키기 때문이다.

수직저항성 품종이 유전적으로 단순하고 저항성 효과가 크기 때문에 육종에서 선호되지만 새로운 레이스의 출현에 불안정하다는 문제가 있다. 따라서 새로운 레이스의 출현에 의해 붕괴되지 않는 수평저항성 품종이 대안이 될 수 있다. 그러나 수평저항성 품종은 병 감염이 적은 해에도 다른 감수성 품종에 견줄 만한 수확량을 내야 한다.

이에 대한 유력한 대안이 **다계품종(多系品種, multiline cultivar)**이다. 다계품종은 재배학적 특성에서 비슷하지만 상이한 수직저항성 유전자를 지닌 다수의 isogenic line의 혼합체로서 상이한 저항성 유전자를 지닌 여러 개의 품종을 교배해서 저항성 유전자 복합체를 지니고 있는 계통들을 선발해 얻을 수 있다. 다계품종을 재배하면 새로운 레이스의 출현가능성이 줄어들게 되고 재배지역에 현존하는 여러 가지 레이스의 침해를 저지할 수 있다**(심층학습 28)**. 미국의 귀리 관녹병의 방제에서 다계품종을 재배했을 때 효과가 인정되어 왔다.

지금까지 사용하는 전통적인 육종방법만으로는 새로운 병저항성 품종을 육종하는데 시간이 많이 걸린다. 특히 수목병에 대한 저항성 품종 육성은 대단히 어렵다. 1990년대 이후 유전공학기술의 발달로 저항성식물에서 개개 저항성유전자를 분리해 감수성식물에 이전함으로써 저항성 반응을 나타나게 하는 유전공학적 분자육종은 전통적인 식물육종기술과 더불어 병을 방제하기 위한 가장 효과적인 수단으로 자리하게 될 것으로 기대된다.

심층학습 28 '앉은뱅이 밀'이 안겨준 '노벨평화상'

밀은 전 세계 곡물 생산량에서 옥수수에 이어 2위를 차지하는 주요 식량작물이다. '밀 줄기녹병'을 일으키는 '*Puccinia graminis* f.sp. *tritici*'는 담자균류 중에서 녹병균목에 속하며, 밀과 보리, 귀리, 호밀 등 맥류와 '매발톱나무(*Berberis amurensis* var. *amurensis*)'에 '녹병'을 일으킨다. '밀 줄기녹병균'은 유성생식에 의해 담자기와 담자포자를 형성하고, 밀과 매발톱나무를 오가는 기주교대를 하면서 생활사를 완성하는 이종기생균이다. 중간기주인 매발톱나무에는 녹병정자기와 녹포자기를 만들고, 밀에는 여름포자퇴와 겨울포자퇴를 형성한다.

밀 줄기녹병 증상.
[출처: 식물병리학]

감염된 밀은 광합성량이 크게 감소하고 조기 성숙되기 때문에 충실한 종자를 형성할 시간이 부족해 개화 전이나 개화 중에 '밀 줄기녹병'에 심하게 감염되면 100% 수량 손실을 초래할 수도 있다.

1943년 미국 록펠러재단과 포드재단은 멕시코 정부와 공동으로 병저항성을 지닌 옥수수와 밀 품종을 육성하기 위해 국제옥수수맥류연구소(International Maize and Wheat Improvement Center, CIMMYT)를 설립했다.

Norman Borlaug.
[출처: Wikipedia]

1942년 미국 미네소타대학교에서 식물병리학과 유전학 박사학위를 취득한 Norman Borlaug는 1944년 이 연구소에 초빙된 후 키 작고 수확량이 많은 병저항성 품종 육성 연구에 주력해서 1950년대 말 '밀 줄기녹병'에 대한 수직저항성을 가진 밀 품종 '소노라 64호'를 개발했는데, 50여 년 동안 '밀 줄기녹병'에 대한 저항성 효과가 매우 탁월했다.

이 밀 품종의 기원은 우리나라 토종 밀로 기원전 300년부터 재배해온 '앉은뱅이 밀'이다. '앉은뱅이 밀'은 수확량이 많고 병에 강한 특징을 가지고 있는데, 일제강점기 때 '달마(達磨)'를 거쳐 '농림10호'로 개량됐다가, 볼로그가 '소노라 64호'로 개량했다.

우리나라 토종 밀 '앉은뱅이 밀'.
[출처: Wikipedia]

밀밭 95%에 이 품종을 심은 멕시코는 1963년부터 밀 수입국에서 밀 수출국이 됐는데, CIMMYT에서 근무를 시작한 1944년에 비해 불과 20년 만에 멕시코의 밀 수확량이 6배나 증가하는 기적을 일궈냈다.

이 무렵 분쟁과 기아에 허덕이던 인도와 파키스탄 정부는 무능하기 그지없었다. 1965년 Borlaug는 육성한 밀 신품종 종자 2백 5십 톤을 파키스탄으로, 2백 톤을 인도로 보냈다. 그 후 인도는 1966년에 1만 8천 톤, 파키스탄은 4만 2천 톤의 밀 신품종 종자를 수입했고, 파키스탄과 인도에서는 1965년에서 1970년 사이에 밀 생산량이 두 배로 증가했다. 드디어 파키스탄은 1968년에, 인도는 1974년에 식량 자급을 달성했다.

Borlaug는 전 세계적으로 10억 명이 넘는 사람들을 굶주림에서 구해 종종 '녹색혁명의 아버지'라고 불리며, 식량 증산을 통해 세계 평화에 공로한 기여로, 1970년 노벨평화상을 수상했다. 식물병리학자로서 첫 노벨평화상 수상자가 탄생한 것이다.

노벨위원회는 "이 시대의 어느 누구보다도 볼로그는 배가 고픈 세상을 위해 빵을 제공하는 데 도움을 주었습니다. 우리는 빵을 제공하는 것도 세계 평화를 가져다줄 것이라는 희망으로 그를 선정했습니다."라고 노벨평화상 선정 이유를 발표했다.

그러나 아이러니하게도 노벨평화상을 안겨준 '앉은뱅이 밀'의 원산지인 우리나라에서는 1960년대부터 값싼 수입 밀이 들어오고, 1982년에 밀 수입 자유화가 이루어졌으며, 1984년에 정부가 밀 수매를 중단하면서 국내 밀 생산 기반이 급격히 무너지고 밀 농사를 거의 짓지 않게 됐다. 일본이 자국산 밀을 끝까지 지켜내고 있는 것과는 너무 대조적인 우리나라 식량 안보 현실을 들여다보면 글로벌 식량전쟁이 전개될 경우 우리 미래가 암담하기만 하다.

우리나라에선 주식인 쌀 자급률이 100%에 육박한 덕분에 식량 위기감이 덜한 편으로 보고 있다. 하지만 주요 식량의 자급률은 밀이 1.2%에 그치는 것을 비롯해 옥수수 3.3%, 콩 25.4%, 보리가 32.6%밖에 되지 않아 식량안보 차원에서 심각한 현실이다.

적어도 식량문제에 대해서만은 단순한 비교 경제의 논리로 접근하지 말고 국가안보 차원으로 접근해야 할 시점에 이르렀다. 우리나라로 식량을 수출하는 나라들이 언제 문호를 폐쇄할지 그 누구도 장담할 수 없는 세상이다. 식량 대용으로 자동차와 핸드폰을 식탁에 올릴 수는 없지 않겠는가?

Borlaug는 '밀 줄기녹병균'에 대한 수직저항성을 가진 밀 품종이 새로운 레이스에 감염될 가능성을 확인했고 대안으로 상이한 수직저항성을 지닌 다수의 isogenic line을 혼합한 '다계품종(多系品種, multiline cultivar)' 육성을 제의했다. 그 후 전 세계적인 수준에서 '밀 줄기녹병'을 퇴치하기 위한 '글로벌 밀 줄기녹병 방제 프로젝트(Global Rust Initiative)'가 발족됐다.

그런데 1999년 아프리카의 우간다에서도 '밀 줄기녹병' 에피데믹이 발생했다. 'Ug99'로 명명된 신종 '밀 줄기녹병균'은 케냐, 에티오피아, 수단, 예멘, 탄자니아, 모잠비크, 짐바브웨, 남아프리카, 이집트, 이란 등으로 확산돼서 각국의 밀 수확량 80%까지 손실을 초래하는 팬데믹으로 발전했다.

'Ug99'에 의한 신종 '밀 줄기녹병' 팬데믹은 중앙아프리카 및 동아프리카로 확산된 후 아시아, 남아프리카, 오스트레일리아 지역으로 매우 빠른 속도로 확산되면서, 세계 밀 생산 1위 중국과 2위 인도의 밀밭도 위협하고 있다.

어쩌면 신종 '밀 줄기녹병균 Ug99'가 일으키는 팬데믹이 새로운 노벨평화상 수상자를 탄생시키는 계기가 되는 것은 아닐까?

11.6 치료

사람과는 달리 식물에는 순환기관에 의한 면역 시스템이 없어 치료하기가 어렵다. 암 환자도 발병 초기에 진단하면 치료가 가능하고 말기 암 환자는 회복이 불가능하다. 마찬가지로 대부분의 식물에서 일단 병에 걸려 손상된 병환부는 회복되지 않기 때문에 발병 초기에 조기진단(早期診斷)이 이루어져야만 완전하게 방제할 수 있다.

그러나 병에 걸린 모든 식물들의 치료가 불가능한 것은 아니다. 병환부의 원상회복이 불가능한 초본류와는 달리 수목류는 외과적 수술(外科的 手術)에 의한 물리적 치료와 내과적 처치(內科的 處置)에 의한 화학적 치료가 가능하다.

11.6.1 외과적 수술

그림 11.3 외과수술 후 배롱나무.

수목에 생긴 상처나 병환부를 식물의사들은 소독한 전정칼을 사용해서 건강한 껍질이 나올 때까지 신속하게 상처 부위를 위아래로 길쭉한 타원형이 되도록 도려내어 유합조직(癒合組織, callus)이 형성되면서 상처가 치유되도록 외과적 수술을 한다. 또한 화상을 입은 부위를 피부 이식으로 치료하듯이, 나무 표피가 짐승의 공격 또는 물리적 충격으로 손상을 입었을 때 수피 이식으로 치료할 수도 있다.

치과의사가 썩은 치아를 치료하는 것과 마찬가지 방법으로 식물의사들은 나무 내부가 썩은 것을 치료할 수 있다. 나무는 썩은 조직을 구획화(區劃化)해서 더 이상 번지지 않도록 스스로 보호하고 치유하는 능력을 가지고 있기 때문에, 식물체 표면 살포 또는 도포, 토양 관주(灌注), **수간주입(樹幹注入, trunk injection)** 등을 통해서 의사는 이 구획화된 칸막이를 건드리지 않도록 세심하게 썩은 조직만을 제거한 후 깨끗해진 공동(空洞)을 폴리우레탄 발포성 수지 등으로 채워 보강한다(그림 11.3).

외과적 수술의 세부적인 과정을 예시하면 아래와 같다.

ⓐ 부패부 제거

부패부 제거는 건전재와 변색재는 그대로 두고 심한 부패 부위만 제거하며, 이후에 상처 부위에 시중에 유통되는 바세린, 티오파네이트메틸 도포제, 락발삼 등의 약품을 발라준다. 외과적 수술에서는 공동 가장자리 형성층의 노출을 가장 조심해야 한다. 형성층은 외과적 수술에서 가장 조심해야 할 보호조직으로 5 ㎜ 정도를 남겨야 한다(그림 11.4).

그림 11.4 부패부 제거.

ⓑ 살균 처리

살균력이 뛰어나고 증발이 빠른 70% 에틸알콜을 활용해 부후균의 균사 생장과 포자 발아를 억제한다(그림 11.5). 조직 속까지 침투 시키기 위해 약량이 많이 소모된다(1 ㎡ 당 0.6~1.2 ℓ).

ⓒ 살충 처리

목재 침투력이 강한 농약과 훈증제를 사용해 살충 처리한다(그림 11.5). 침투이행성 농약으로 스미치온(200배), 다이아톤(100배) 등이 있으며, 훈증제는 MB, 이류화탄소, 에피홈 등이 있다.

그림 11.5 살균 · 살충 · 방부 처리.

ⓓ 방부 처리

공동 내에 습기가 차지 않도록 무기 화합물을 사용해 방부 처리한다. 유산동(10%)과 중크롬산칼륨(5%), 염화크롬, 아비산을 혼합 사용하여 부후균의 침입을 방지한다.

ⓔ 공동 충전

공동 충전은 외과적 수술에서 가장 중요한 부분으로 잘못된 방법으로 충전할 경우 부후를 일으키게 된다. 비발포성 수지 충전법에 사용되는 재료는 탄력이 좋아서 수술용으로 적격이지만 값이 매우 비싸 큰 노거수에 사용하기에는 어려움이 따른다. 비발포성 수지 중 에폭시 수지, 불포화폴리에스테르 수지는 방수 및 인공수피용으로 사용하며, 우레탄 고무는 주로 공동 충전용으로 사용한다. 발포성 수지 충전법에 사용되는 재료는 A제(원재)와 B제(부재)를 혼합하여 사용하는데 이 때 부피가 크게 늘어난다. 발포성 수지인 폴리우레탄은 경제적이고 작업이 용이하지만 강도가 약한 단점이 있다.

ⓕ 매트 처리

매트 처리는 충전물의 보호, 화재 및 병해충 침입 방지, 충전물과 목질 부분의 이탈 방지 등의 역할을 한다. 매트 처리 부위에는 형성층 수피를 덮지 않으며 매트 처리에는 접착용 수지, 부직포 등이 필요하다(그림 11.6).

그림 11.6 공동 충전, 매트 처리.

ⓖ 방수 처리

방수 처리는 A형과 B형으로 나눌 수 있는데, 에폭시수지를 사용하면 A형, 실리콘 실란트(무초산)를 사용하면 B형이라고 한다. A형은 에폭시 AR-16(A제+B제)과 아세톤을 혼합하여 에폭시 수지를 만든 후 3회 이상 붓질을 해주어야 한다. B형으로 실리콘 실란트(무초산)를 매트 위에 골고루 발라 준다(그림 11.7).

그림 11.7 방수 처리.

ⓗ 인공 수피 처리

매트와 방수 처리를 완료한 부분 위에 인공 수피를 처리한다(그림 11.8). A형은 에폭시 AR-16(A제+B제)과 아세톤 혼합물인 에폭시 수지에 인공 수피(콜크 분말)를 혼합해서 반죽을 만들어 처리하고, B형은 접착력이 강한 실리콘 실란트(무초산)와 수피색으로 염색한 콜크가루를 접착시켜 처리한다. 단, B형(실리콘 실란트)으로 처리시 산화 방지 처리가 포함되기 때문에 산화 방지 처리를 중복 적용하지 않아야 한다.

그림 11.8 인공 수피 처리, 산화 방지 처리.

ⓘ 산화 방지 처리

A형으로 인공 수피 처리를 했을 경우에만 산화 방지 처리를 한다. 산화 방지 처리는 강한 직사광선을 차단하고 인공 수피를 보호해야 한다. 접착력이 강한 실리콘 실란트(무초산)와 수피색으로 염색한 콜크가루를 접착시켜 인공 수피 위에 발라서 마무리 작업을 해준다.

그림 11.9 지상부의 수형 조절.

ⓙ 지상부의 수형 조절

세근 손실로 수분 공급이 부족하므로 수형이 파괴되지 않는 범위 내에서 쇠약지, 도장지, 불필요한 가지 등을 제거한다(그림 11.9).

ⓚ 수간주입

외과적 수술을 마친 후 수세를 보강해 주기 위해 5% 포도당, 복합 식물영양제를 수간주입한다(그림 11.10).

그림 11.10 중력식 수간주입.

11.6.2 내과적 처치

내과의사가 질병의 종류에 따라 약제를 처방해서 환자를 치료하듯이 식물의사도 내과적 처치용 화학물질인 농약을 사용해서 병든 식물체를 치료한다.

중력식 수간주입법(重力式樹幹注入法)은 링거주사와 같이 수간주입 용기에 약액을 담아서 나무 윗부분 가지에 매달고 플라스틱 주입관을 통해서 약액을 나무의 줄기에 구멍을 뚫고 직접 넣어주는 방법으로, 보통 저농도의 약액을 많은 양 주입할 때 주로 이용된다(그림 11.11, 11.12).

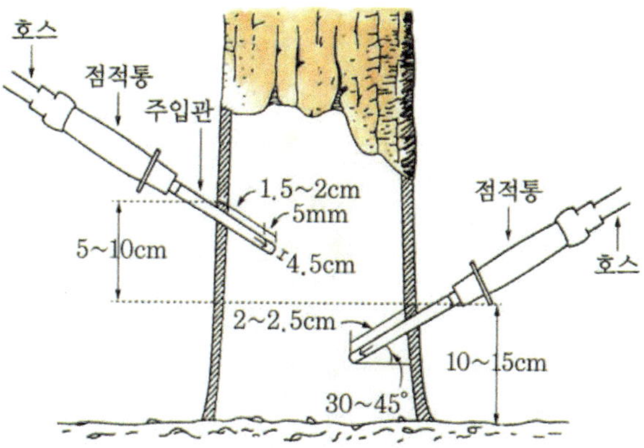

그림 11.11 중력식 수간주입 방법. [출처: 수목병리학]

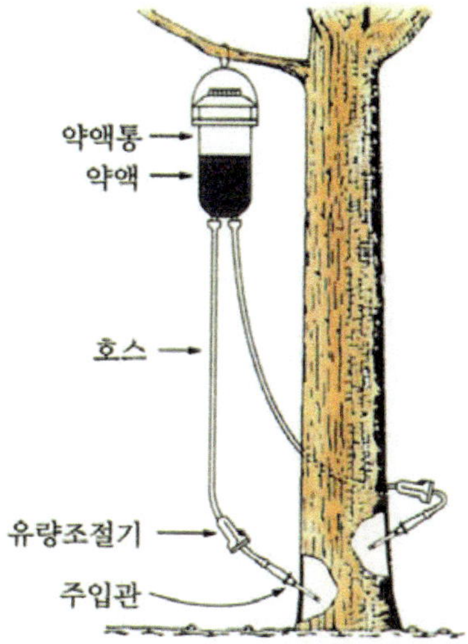

그림 11.12 중력식 수간주입 모식도. [출처: 수목병리학]

수간주입(나무주사)은 원하는 약제가 나무속으로만 전달되고 주변 환경에는 전달되지 않아 환경을 오염시키지 않는다. 또한 소량으로 여러 번 약제를 살포해야 하는 번거로움을 피할 수 있다.

그러나 수목 내에서 물질의 이동이 활발한 시기에는, 모제(Mauget) 캡슐에 약액을 담은 다음 뚜껑을 덮어서 완전히 밀폐시켜 생기는 내부의 약한 압력을 이용해서 약액이 최대로 흡수되고 퍼지도록 빠르게 주입할 수 있는 **압력식 미량수간주입법(壓力式微量樹幹注入法)**을 사용한다. 이 방법은 1958년 미국의 모제(Mauget)사가 세계 최초로 실용화했는데, 우리나라에서도 소나무재선충병을 비롯한 조경수목의 병해충 방제용으로 많이 사용되고 있다(그림 11.13).

우수한 치료 효과를 가진 살균제와 항생제 등 수간주입용 농약들이 개발돼 수간주입에 의한 수목병 치료에 많이 사용돼왔으며, 그 밖에도 목적에 따라서 영양제, 살충제, 생장조절제 등을 수간주입하기도 한다.

사이클로헥시미드(cycloheximide)는 잣나무 털녹병, 낙엽송 가지끝마름병, 소나무 잎녹병 등의 치료에 사용되고, 베노밀(benomyl)은 밤나무 줄기마름병 치료에 사용되고 있다.

한편, 옥시테트라사이클린(oxytetracycline)은 파이토플라스마에 의해 발생하는 대추나무 빗자루병, 오동나무 빗자루병, 뽕나무 오갈병 등의 치료에 사용되고, 스트렙토마이신(streptomycin)은 키위나무 궤양병을 비롯한 세균병 치료에 사용되고 있다.

그림 11.13 압력식 수간주입.

Chapter **12**

각 론

Robertus Hartig | 잣나무 털녹병

12.1 끈적균에 의한 병

① 끈적균병(slime molds)

끈적균병(slime molds)은 잔디, 딸기 등 각종 채소류, 담배, 고구마, 사탕무 등에 발생한다. 끈적균(粘菌)은 식물체에서 양분을 탈취하는 기생체(parasite)로 생활하지 않고 부숙하는 유기물 조각이나 세균같은 미생물들을 식작용으로 섭취하는 절대부생체(obligate saprobe)로 생활한다. 식물체 표면에 잿빛으로 먼지가 묻은 것처럼 자라면서 광합성을 방해하고 기계적 압박을 가해 식물체의 생육을 쇠퇴시킨다.

끈적균 중 *Physarum cinereum* 에 의해 담배에 발생하는 끈적균병은 담배 잿빛먼지곰팡이병으로 알려졌다.

[병증상] 식물체 잎에 유백색의 끈적기가 있는 변형체(plasmodium)가 잎맥을 따라 번성하는 표징(sign)만 나타나고 병징(symptom)은 볼 수 없다. 심할 경우에는 식물체 지상부 전체와 식물체 사이에 있는 흙 표면까지 변형체로 뒤덮이기도 한다. 끈적끈적한 변형체는 나중에 약간 딱딱하게 되고 얼른 보기에는 칙칙한 잿빛으로 보인다.

그림 12.1 잔디 잎 표면의 표징(자실체).

[병원균] 끈적균병을 일으키는 대표적인 병원균은 끈적균류에 속하는 *Physarum cinereum*이고, 그 밖에 *Fuligo, Mucilago, Didymium* 등이 있다. *P. cinereum*은 Amoebozoa문, Myxogastria강, 망사점균목(Physarales), 망사점균과(Physaraceae)에 속한다.

균체(thallus)는 세포벽이 없는 다핵 상태의 변형체로 균사를 형성하지 않는다. 번식체로는 무성적으로 두 개의 편모(flagellate)를 가진 쌍편모 유주포자(zoospore)를 형성하고, 유성세대 역할을 하는 작고 딱딱한 자실체(fruiting body)와 휴면포자(resting spore)를 형성한다.

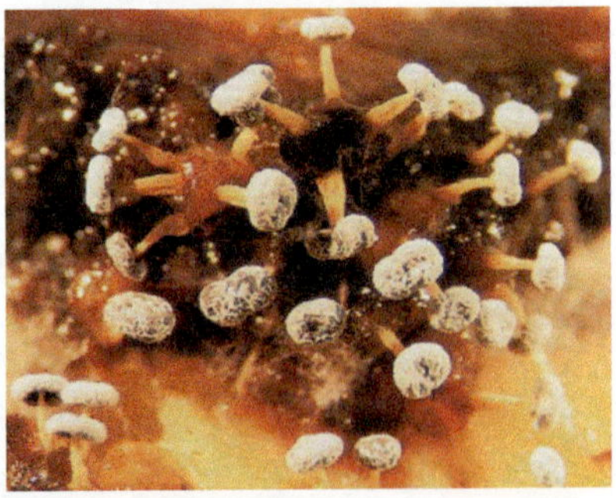

그림 12.2 *Physarum cinereum*의 자실체.
[출처: R. E. Cullen, Plant Pathology Departmment, University of Florida]

[병환] 끈적균의 변형체는 거의 대부분 땅 위나 풀 더미 위에서 부생생활을 하다가 기온이 높고 습한 날씨에는 키 작은 식물체 위로 올라가 딱딱한 자실체를 형성한다. 자실체는 까만 가루같은 휴면포자 덩어리들로 가득 차 있다.

휴면포자는 쉽게 잘 터져서 바람에 유주포자들이 날리거나 물에 의해서도 잘 흩어진다. 잔디 깎는 기계 또는 농기구에 의해서도 휴면포자는 쉽게 터지고 흩어진다. 휴면포자는 열악한 기상 조건에서도 잘 생존한다.

서늘하고 축축한 날씨가 지속될 때 휴면포자는 물을 흡수해 세포벽이 갈라지고 깨져 보통 한 개의 유주포자가 나온다. 유주포자는 2개씩 합체해 아메바 모양의 접합체인 끈적아메바(myxoamoeba)를 이루고 점점 커져 다핵 변형체가 된다.

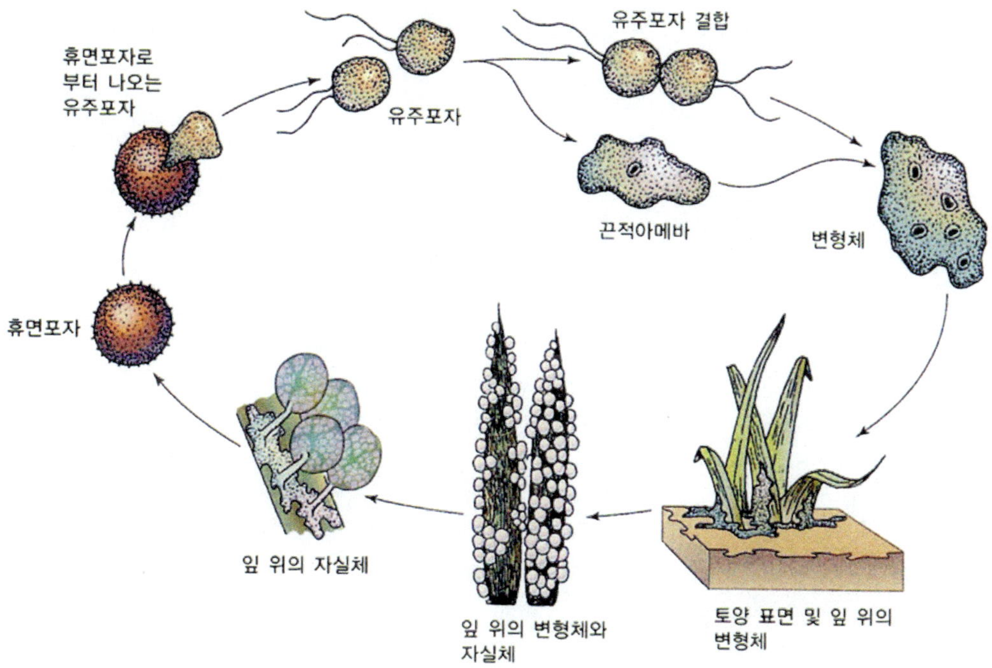

그림 12.3 *Physarum cinereum*에 의한 끈적균병의 병환. [출처: 식물병리학]

[방제] 육묘상에는 햇빛이 잘 들고 습해지지 않도록 관리한다. 심하게 발병된 모는 일찍 제거하고 그 자리에는 토양소독을 한다. 보통 끈적균은 기생균이 아니기 때문에 방제할 필요는 없지만, 식물체 표면을 뒤덮어 생육을 저해할 정도라면 captan과 thiram같은 살균제를 살포해 방제한다.

12.2 무사마귀병균에 의한 병

① 배추과식물 무사마귀병(clubroot)

무사마귀병(clubroot)은 무, 배추, 양배추, 꽃양배추 등 배추과(십자화과, Brassicaceae) 식물에 발생한다. 병원균은 살아있는 기주 식물체에서만 양분을 탈취해 생활하는 절대기생체(obligate parasite)이다. 우리나라에서는 주로 가을에 무, 배추, 양배추에 많이 발생하는데, 재배지가 습하고 산성토양일 때 심하게 발생한다. 도시 근교와 고랭지에 많이 발생한다.

그림 12.4 배추 무사마귀병의 병징.
[출처: 농촌진흥청]

그림 12.5 브로콜리 무사마귀병의 병징.
[출처: G. Schumann & C. D'Arcy]

[병증상] 배추과식물 무사마귀병은 병징만 나타내고 표징은 볼 수 없다. 병든 식물체는 처음에는 담녹색~황록색을 띤다. 나중에 감염된 식물체는 한낮의 무더운 시간에 시들음 증상을 나타내다가 밤에는 회복되기를 반복하면서 생장이 쇠퇴하고 위축되며 잎은 누렇게 변해 늘어진다. 어린 식물은 병원균 침입 후 곧바로 죽어 버리지만 성숙한 식물은 잘 죽지 않는 대신 키가 크지 않고 상품성 있는 수확물을 기대할 수 없다.

병든 뿌리에는 비정상적으로 커진 여러 개의 곤봉 모양의 혹이 생기는데, 서로 떨어져 발생하기도 하지만 나중에는 서로 이어져 뿌리 전체에 퍼지기도 한다. 혹의 크기는 건전한 뿌리의 약 10~12배에 달하기도 한다. 오래된 큰 혹은 수확기 이전에 다른 부생적인 세균이나 곰팡이에 의해 조직이 붕괴되거나 터져 없어진다.

그림 12.6 배추과식물의 감염된 세포 속에 생성된 무사마귀병균(*Plasmodiophora brassicae*) 휴면포자.
[출처: Kerstin Brismar & Salla Marttila]

[병원균] 배추과식물에 무사마귀병을 일으키는 병원균은 *Plasmodiophora brassicae* 로 사족충문(Cercozoa), 피토믹사강(Phytomyxea), 무사마귀병균목(Plasmodiophorida), 무사마귀병균과(Plasmodiophoraceae)에 속한다.

균체는 세포벽이 없는 다핵 상태의 변형체로 균사를

형성하지 않는다. 번식체로는 무성적으로 두 개의 편모를 가진 쌍편모 유주포자를 형성하고, 유주포자끼리 결합해 유성세대 역할을 하는 휴면포자를 형성한다. 기주 세포 내에서 생활하는 절대기생균으로 인공배양이 되지 않는다.

[병환] 휴면포자는 토양 속에서 10여 년 동안 살 수 있으며, 농기구, 관개수, 토사 등에 의해 전반된다. 휴면포자가 발아해 형성된 한 개의 1차 유주포자가 뿌리털 속에 침입해 변형체가 된 후 여러 개의 핵을 가진 부분으로 나눠져 각각 유주포자낭(zoosporangium)으로 된다. 유주포자낭에 4~8개씩 형성된 2차 유주포자는 기주 세포벽이 붕괴된 균열을 통해 식물체 바깥으로 나온다.

유주포자는 합체해 접합체 상태인 끈적아메바로 된 후 식물체를 침입해 새로운 다핵 변형체를 형성한다. 변형체는 뿌리 조직이 어릴 때는 직접 침입하지만, 목질부가 매우 두꺼운 오래된 뿌리 조직 및 흙 속에 있는 줄기 조직에는 상처를 통해 침입한다. 1차 감염 부위에서 변형체는 다시 피층 세포와 형성층으로 직접 침입해 퍼져나간다. 형성층에 이르면 바깥으로는 체관으로, 안쪽으로는 물관 내부로 향해 확산한다.

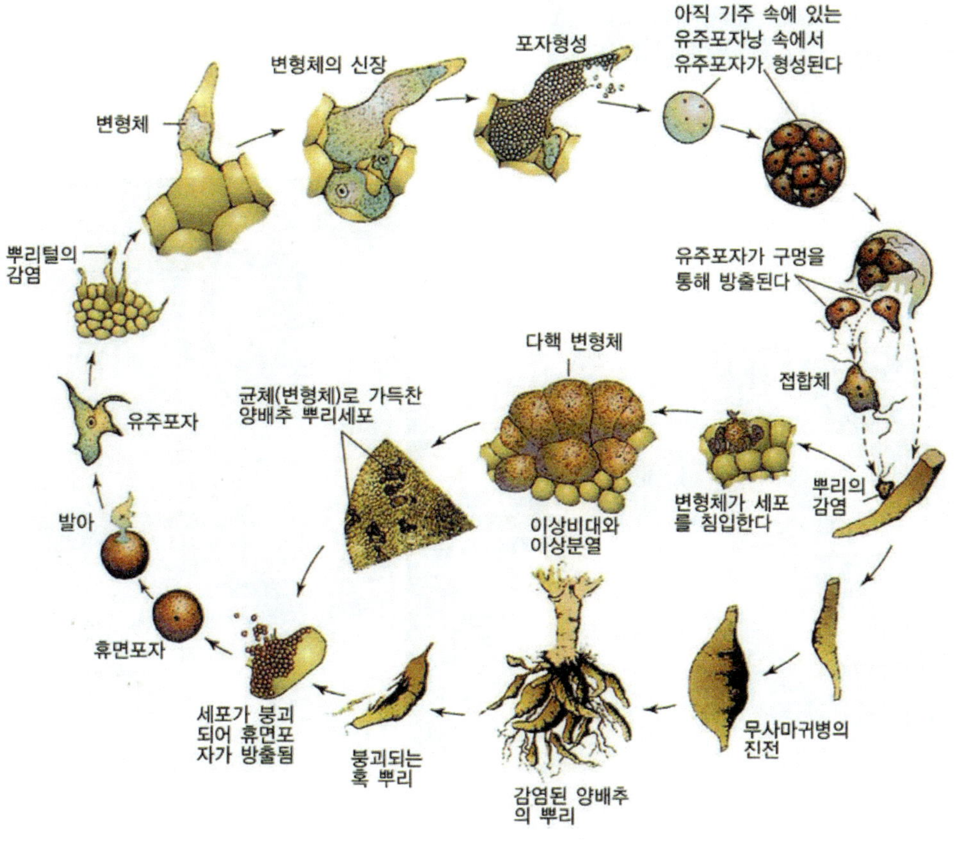

그림 12.7 *Plasmodiophora brassicae*에 의한 무사마귀병의 병환. [출처: 식물병리학]

변형체가 정착한 세포는 비대해지고 비정상적으로 분열하기 시작해 정상 세포 크기의 5배 이상이 된다. 무사마귀병에 감염된 세포들은 병든 조직 전체의 극히 일부에 불과하고, 병든 혹 조직의 30% 정도에만 변형체가 들어있지만, 감염되지 않은 병든 조직의 세포들도 비정상적으로 자라도록 자극을 받는다.

변형체에 감염된 뿌리혹 세포들은 정상적인 식물세포보다 더 많은 영양분을 소모할 뿐만 아니라 지하부 뿌리 전체의 무기 영양분과 물의 흡수와 이동을 방해하기 때문에 병든 식물은 지상부가 왜소하고 시든다.

뿌리혹 조직은 급속하게 생장하고 커지기 때문에 미처 혹 조직의 피층 부분에 코르크층을 만들지 못해 쉽게 터지고 갈라져 기생성이 약한 미생물들의 2차적인 침입이 쉽게 이루어진다.

무사마귀병은 토양습도 80% 이상의 과습한 포장에서 잘 발생하며, 비교적 저온인 16~21℃, 토양 pH가 6.0 이하의 산성 토양에서 많이 발생한다.

[방제] 토양의 보수력이 45% 이하일 때는 병원균의 생육이 억제되기 때문에 토양 수분을 낮게 유지되도록 한다. 산성 토양에서 잘 번식하고 알칼리 토양에서는 생육할 수 없기 때문에 탄산석회, 소석회, 생석회 등을 사용해 토양 pH를 7.2 이상으로 유지한다. 무병지에서 재배하거나 토양을 소독하고, 농기구는 깨끗하게 씻거나 소독 후 사용한다.

② 감자 가루더뎅이병(powdery scab)

감자 가루더뎅이병(powdery scab)은 감자를 비롯해 가지과(Solanaceae) 작물에 발생한다. 병원균은 살아있는 기주 식물체에서 양분을 탈취해 생활하는 절대기생체다.

그림 12.8 감자 가루더뎅이병의 병징. [출처: Sandra Jensen, Cornell University, Bugwood.org]

[병증상] 감자 지상부의 줄기와 잎은 거의 정상으로 생육하지만, 지하부의 뿌리와 괴경(덩이줄기)에 병징이 나타난다. 감자 괴경에 혹을 만드는데, 크기가 1~7 ㎜ 정도에 이른다. 감자 괴경의 표면에 갈색의 융기부가 생겨 점차 부스럼 딱지 모양의 병반으로 된다. 수확기에 이르면 병반의 표피가 찢어져 갈색 가루를 노출해서 함몰부가 생긴다. 이 가루가 괴경 조직과 병원균의 포자 덩어리로 가루더뎅이병의 표징이다.

[병원균] 감자 가루더뎅이병을 일으키는 병원균은 *Spongospora subterranea*로 사족충문(Cercozoa), 피토믹사강(Phytomyxea), 무사마귀병균목(Plasmodiophorida), 무사마귀병균

과(Plasmodiophoraceae)에 속한다.

균체는 세포벽이 없는 다핵 상태의 변형체로 균사를 형성하지 않는다. 번식체로는 무성적으로 두 개의 편모를 가진 쌍편모 유주포자를 형성하고, 결합해 휴면포자를 형성한다. 절대기생균으로 인공배양이 되지 않는다.

휴면포자가 발아해 형성된 한 개의 1차 유주포자가 뿌리털 속에 침입해 변형체가 된 후 여러 개의 핵을 가진 부분으로 나눠져 각각 유주포자낭(zoosporangium)으로 된다. 유주포자낭에 4~8개씩 형성된 2차 유주포자는 기주 세포벽이 붕괴된 균열을 통해 식물체 바깥으로 나온다.

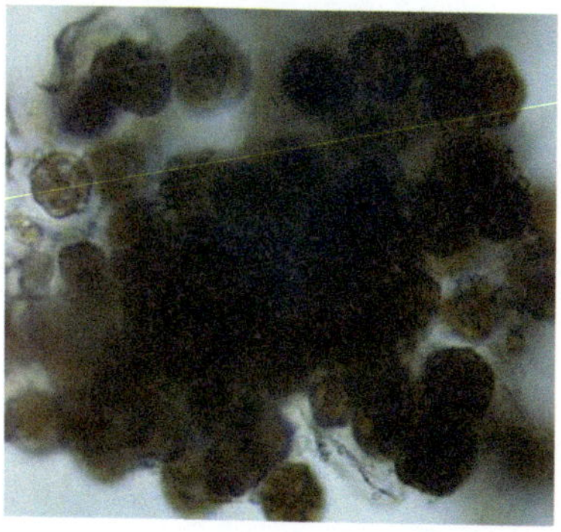

그림 12.9 감자 가루더뎅이병균(*Spongospora subterranea*)의 휴면포자. [출처: Wikipedia]

[병환] 감자 가루더뎅이병의 병환은 무와 배추 무사마귀병의 병환과 매우 유사하다. 휴면포자가 발아해 생성된 1차 유주포자는 뿌리 조직을 감염시키고 단핵 변형체가 된다. 이 변형체는 유사분열을 거쳐 다핵 변형체로 변한다. 다핵 변형체는 더 많은 유주포자를 방출하는 유주포자낭을 형성해서 2차 유주포자를 생성해 반복적으로 감염을 되풀이한다.

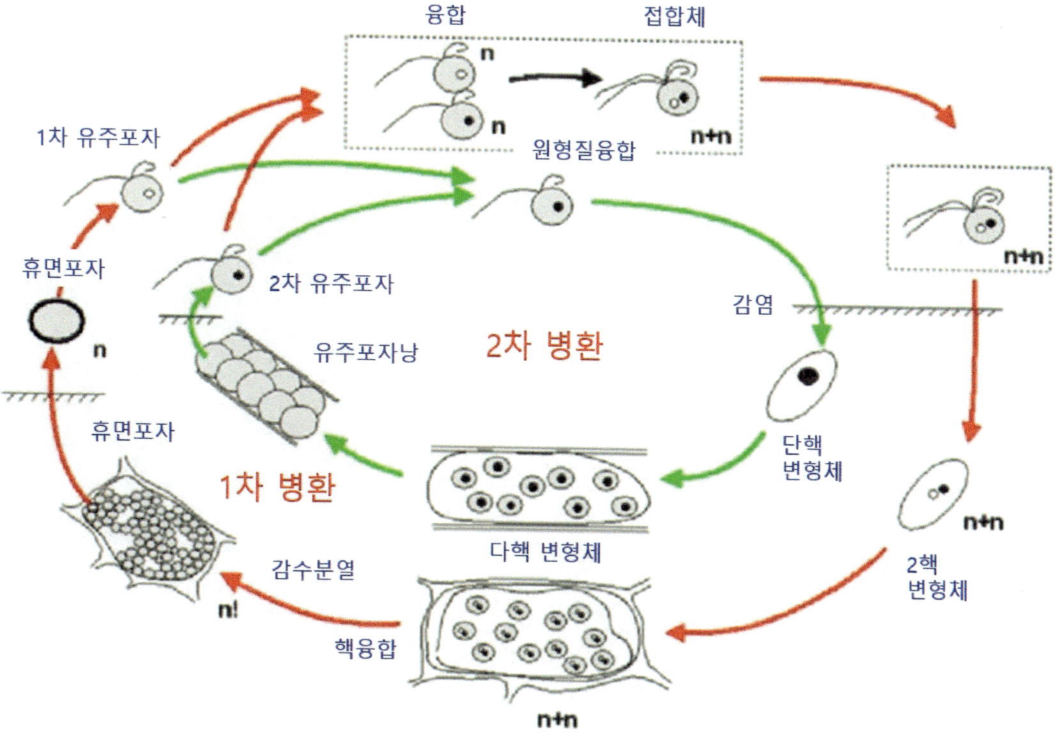

그림 12.10 *Spongospora subterranea*에 의한 감자 가루더뎅이병의 병환. [출처: Ueli Merz]

서늘하고 습한 환경에서 유주포자낭에서 2차 유주포자가 왕성하게 방출되고 발병을 되풀이 한다. 질산염 또는 암모늄 질소가 함유된 비료의 사용이 증가하면 뿌리 생장을 증가시켜 감염과 발병이 일어날 수 있도록 더 많은 조직을 제공하기 때문에 감자 가루더뎅이병의 발생 및 피해가 증가한다. 또한 과도한 질소로 인한 세포벽 내의 셀룰로스 감소는 기주 식물체의 감수성을 증가시킨다.

한편 환경이 부적합할 때는 1차 유주포자끼리 융합해 접합체를 이룬 후 2핵 변형체를 생성하고 핵융합과 감수분열을 거쳐 휴면포자를 생성해 병든 식물잔재나 토양 속에서 월동한다.

[방제] 병든 감자 괴경을 비롯해 전염원이 되는 식물잔재물을 철저하게 제거한다. 무병지에서 재배하거나 토양을 소독하고, 농기구는 깨끗하게 씻거나 소독 후 사용한다.

12.3 난균에 의한 식물병

12.3.1 물곰팡이에 의한 병

① 벼 모썩음병(seed and seedling rot)

벼 모썩음병(seed and seedling rot)은 한랭한 지대 또는 온도관리가 잘 안 된 조기 재배용 보온못자리에서 많이 발생한다.

[병증상] 파종 후 볍씨나 발아한 지 얼마 되지 않은 어린 모에 발생한다. 볍씨에서는 처음 우윳빛 액체질이 생기고 난 다음 표징으로 하얀 솜털같은 균사체가 방사상으로 촘촘하게 생기며, 녹조류가 함께 자라기도 한다. 병든 볍씨는 부패해 껍질만 남거나 생육이 몹시 나빠진다.

그림 12.11 벼 모썩음병의 표징(균사체).
[출처: Keisotyo]

[병원균] 벼 모썩음병을 일으키는 병원균은 *Achlya prolifera*이고, 난균문(Oomycota), 난균강(Oomycetes), 물곰팡이목(Saprolegniales), 물곰팡이과(Saprolegniaceae)에 속한다.

영양체로 무격벽 균사(다핵 균사, coenocytic hypha)를 형성하고, 무성포자로 균사체에 부착된 긴 원통형의 유주포자낭(zoosporangium) 속에 쌍편모 유주포자(biflagellate zoospore)를 형성한다. 유성생식에 의해 웅기(antheridium)와 난기(oogonium)가 접착해 난기에 여러 개의 난포자(oospore)를 형성한다.

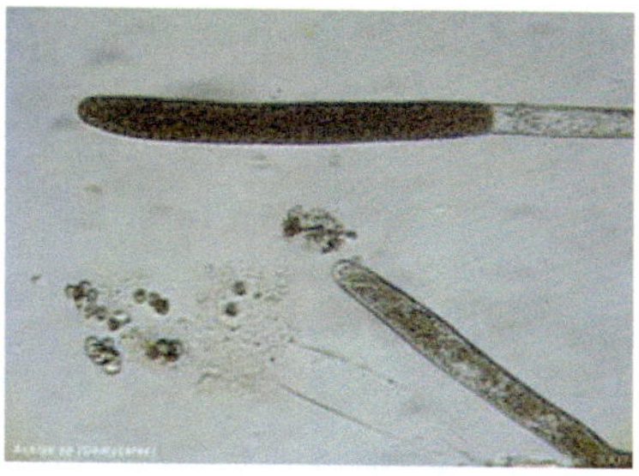

그림 12.12 벼 모썩음병균(*Achlya prolifera*)의 유주포자낭.
[출처: Ricardo Rico]

[병환] 난포자 형태로 땅 속에서 월동한다. 난포자가 발아해 형성된 쌍편모 유주포자가 상처를 통해 식물체를 침입한다. 13℃ 이하 저온에서 볍씨의 발아나 생육이 나쁠 때 발병한다.

[방제] 기계탈곡을 피해 상처가 없는 종자를 파종한다. 종자소독을 한다. 못자리 보온관리를 잘 한다. 비료는 가급적 화학비료를 사용한다.

12.3.2 흰녹가루병

① 무/배추 흰녹가루병(white rust)

무와 배추 등 배추과식물에 발생하는 흰녹가루병(white rust)은 세계 각국에 널리 분포하며, 한랭한 지방에서 피해가 크다. 병원균은 살아있는 기주 식물체에서만 양분을 탈취해 생활하는 절대기생체(obligate parasite)이다.

그림 12.13 배추 잎 뒷면의 표징.
[출처: E. McKenzie, Landcare Research]

그림 12.14 무 잎 뒷면의 표징(포자퇴).
[출처: Scot Nelson]

그림 12.15 겨자 흰녹가루병의 표징.
[출처: Wikipedia]

[병증상] 흰녹가루병은 배추과식물의 잎, 줄기, 꽃대에 국부적 또는 전신적으로 발생한다. 잎에서는 표징으로 뒷면에 2 ㎜ 정도의 하얗거나 크림색 두두룩한 포자퇴 병반이 생기고, 나중에 표피가 터지면서 흰녹가루(분생포자)가 나온다. 새로운 포자퇴가 방사상으로 생기고, 오래

된 포자퇴끼리 뭉쳐 중앙에 커다란 포자퇴를 형성한다. 전신 감염을 일으킨 경우에는 병든 줄기는 비대해지고 뒤틀리면서 종종 사슴뿔(staghead) 모양으로 기형이 된다. 흰녹가루병에 감염되면 역병에 걸리기 쉽다.

[병원균] 무와 배추 흰녹가루병을 일으키는 병원균은 *Albugo canidia*(= *Albugo macrospora*)로, 난균문(Oomycota), 난균강(Oomycetes), 흰녹가루병균목(Albuginales), 흰녹가루병균과(Albuginaceae)에 속한다.

절대기생균으로 영양체는 무격벽 균사를 형성하고, 무성포자는 포자퇴에서 곤봉 모양의 분생포자경(포자낭경, conidiophore) 위에 연쇄상으로 분생포자(포자낭, conidium)를 형성한다. 유성포자는 난기에 한 개의 둥근 난포자를 형성한다. 무계통, 순무계통, 갓계통 등의 레이스가 알려졌다.

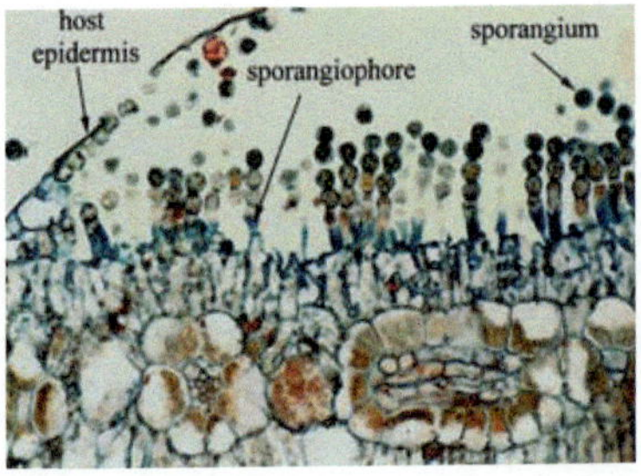

그림 12.16 흰녹가루병균(*Albugo canidia*)의 포자퇴에 생성된 포자낭경과 포자낭. [출처: E. McKenzie, Landcare Research]

[병환] 난포자 형태로 병환부에서 월동한다. 포자퇴에서 포자낭은 바람, 빗물, 곤충 등에 의해 전파된다. 감수성 식물체에 도달한 포자낭은 10℃ 정도의 저온다습하고 햇빛이 있는 조건에서 6개의 유주포자를 방출한다. 세포벽이 없고 콩팥 모양을 하는 쌍편모 유주포자는 발아관을 생성해 기공을 통해 식물체로 침입한다.

침입 후에는 세포간극에서 흡기를 생성해 영양분을 흡수한다. 두터운 세포벽을 가진 난포자는 식물조직 안에 소낭(vesicle)을 형성하거나 발아관을 형성해 발아한다. 유주포자는 소낭 안에서 발달한다. 난포자에 감염된 종자나 포자낭의 이동으로 병은 확산된다.

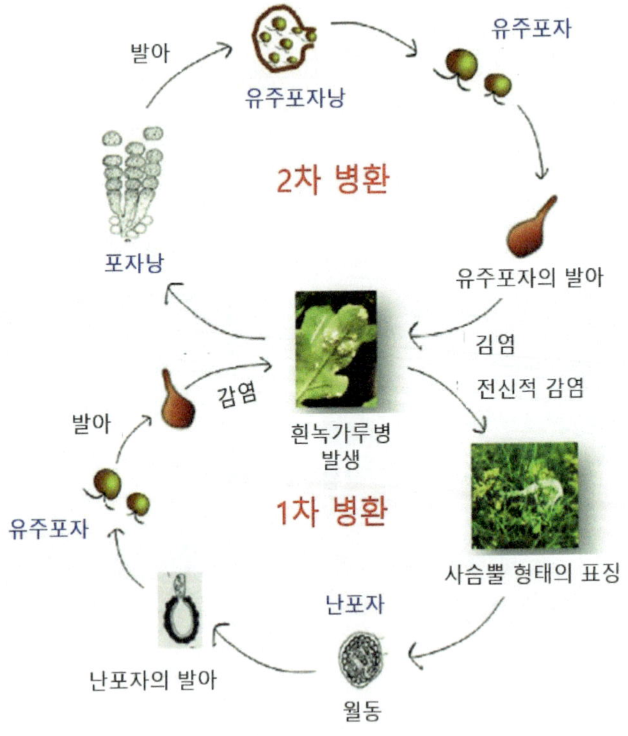

그림 12.17 *Albugo canidia*에 의한 무와 배추 흰녹가루병의 병환. [출처: G. S. Saharan & P. R. Verma]

[방제] 비기주식물로 윤작한다. 저항성 품종을 재배한다. 병든 식물잔재를 제거한다. 발병이 심할 경우 보르도액 등 적용약제를 살포한다.

12.3.3 *Pythium*에 의한 병

*Pythium*은 난균문(Oomycota), 난균강(Oomycetes), 부패균목(Pythiales), 부패균과(Pythiaceae)에 속한다. *Pythium* 속의 여러 종이 출아전 잘록병(pre-emergence damping-off) 또는 출아후 잘록병(post-emergence damping-off)을 일으킨다**(심층학습 29)**.

Phytophthora, Rhizoctonia, Fusarium 등 다른 곰팡이들도 *Pythium*과 유사한 잘록병을 일으키고, 그 밖에도 여러 종의 곰팡이와 종자 내외부에 수반된 일부 세균도 잘록병을 일으킨다. 소나무와 같은 침엽수는 주로 *Fusarium*에 의한 잘록병 피해가 많이 발생한다. *Pythium* 및 *Rhizoctonia*에 의한 잘록병은 과습한 환경일 때 발생하고, 고온일 때는 *Fusarium*에 의한 잘록병 피해가 많다.

① 잘록병(damping-off)

잘록병(damping-off)은 거의 모든 식물의 종자, 유묘, 뿌리를 침입하는 다범성병이다. 잘록병은 온실, 묘상, 포장뿐만 아니라 산간지, 산림 토양에서도 발생한다. 잘록병은 먼저 모의 출현 전후 발아하는 동안에 종자와 유묘 뿌리에서 발생한다. 출아 전단계에서 잘록병에 걸리면 종자의 발아 불량이나 유묘의 출아 불량으로 묘판에서 유묘가 모조리 파괴되거나 이식된 후 곧 죽는 경우가 아주 빈번하게 발생한다. 성숙한 식물체는 잘록병에 걸려도 잘 죽지 않지만, 뿌리와 땅가 줄기의 병반이나 뿌리썩음병으로 진행되어 식물 생장을 현저하게 지연시키고 수량도 크게 감소시킨다.

[병증상] 잘록병을 일으키는 *Pythium*은 다음과 같이 다양한 병징을 일으킨다.

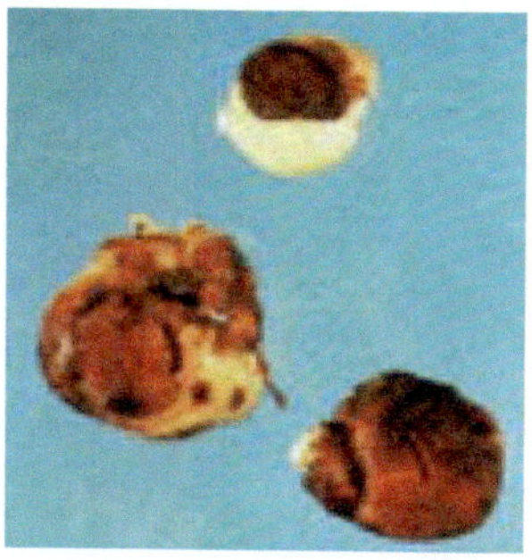

그림 12.18 종자썩음병 병징.
[출처: R. J. Howard, WCPD]

- **종자썩음병(seed rot)**: 감수성 식물의 종자가 오염된 토양에 파종되어 *Pythium*에 의해 침해를 받으면 종자는 발아하지 못하고, 물러지고, 갈변하거나 오그라들고, 마침내 썩어 붕괴되는 증상을 일컫는다.
- **출아전 잘록병(pre-emergence damping-off)**: 파종된 종자가 발아했지만, 모가 땅 위로 출현하기 전에 토양 속에서 감염된 부위가 급속하게 확대되면서 침입받은 세포들이 붕괴되고 죽는 증상으로 지중부패형(地中腐敗型) 잘록병이라고도 한다.

- **출아후 잘록병(post-emergence damping-off)**: 이미 땅 위로 출현한 모의 뿌리 또는 땅가 부위가 침해받아 다즙성 조직이 수침상으로 변색되며 세포들은 곧 붕괴되면서 지상부의 아직 침입받지 않은 부위보다 훨씬 연약하고 가늘어진다. 줄기의 침입받은 부위는 강도와 지지하는 힘이 손실되기 때문에 유묘의 윗부분을 더 이상 지탱할 수 없어 결국 모는 넘어지고, 병원균은 계속 감염을 확산시키므로 모는 곧 시들고 죽는 증상으로 도복형(倒伏型) 잘록병이라고도 한다.
- **수부형(首腐型) 잘록병(top damping-off)**: 묘목이 지상부로 나온 후 떡잎, 어린 줄기가 침해되거나 과습 또는 묘목이 밀생해 묘목의 상부가 병들어 부패하는 증상을 일컫는다.
- **근부형(根腐型) 잘록병(late damping-off)**: 묘목이 생장해 목질화가 진행된 여름 이후에 뿌리가 검게 썩고, 묘목의 생육이 불량해지고, 일본잎갈나무와 소나무 묘목은 침엽이 자주색으로 변하며 말라 죽는 증상을 일컫는다.

그림 12.19 콩의 출아전 잘록병 병징.
[출처: P. E. Lipps, Ohio State University]

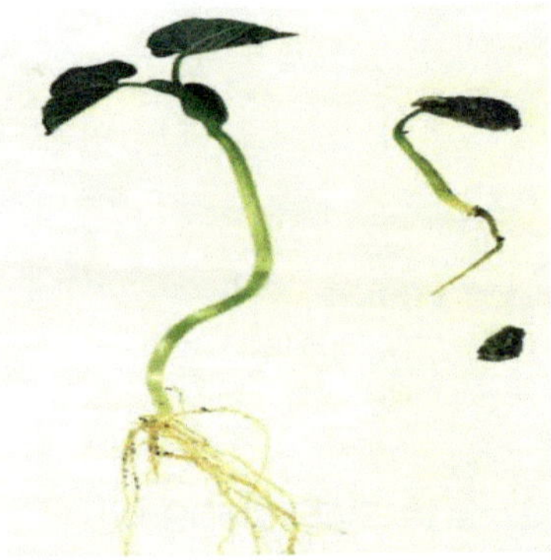

그림 12.20 콩의 출아후 잘록병 병징(오른쪽).
[출처: G. Schumann & C. D'Arcy]

- **거부형(裾腐型) 잘록병(stem rot)**: 묘목이 충분히 생장한 여름철 이후나 1년 지난 묘목의 줄기가 침해되어 상부가 말라 죽는 증상을 일컫는다.
- **무름병(soft rot)**: 박과작물의 열매, 녹두, 감자처럼 토양에 접해있는 연약한 다육질 기관은 포장이나 저장, 운송 중 긴 습윤기간 동안에 *Pythium*에 의해 감염돼 표면에 솜털같은 곰팡이가 생장하는 병징을 보이고 내부는 썩어 물렁물렁한 덩어리로 변하는 증상을 일컫는다.

[병원균] 각종 식물에 발생하는 잘록병은 *Pythium debaryanum*을 비롯해 *Pythium*의 여러 종이 관여한다. 영양체로 하얀 무격벽 다핵균사를 형성한다. 균사체에서 무성적으로 형성된 1차 유주포자낭은 발아관을 형성해 직접 발아하거나, 유주포자낭에서 소낭(vesicle)이라는 풍선같은 2차 유주포자낭을 형성한 후에 100개 이상 유주포자를 형성한다.

방출된 유주포자들은 물속에서 헤엄치다가 둥근 피낭체(피낭 유주포자)가 된 후 발아관을 형성해 발아한다. 발아관은 보통 기주 조직을 침입하고 새로운 감염을 시작하지만, 때로 다시 소낭을 형성해 2차 유주포자를 반복해 생성하기도 한다.

균사체는 유성생식을 위해 구형의 장란기(난기)와 곤봉 모양의 장정기(웅기)를 형성한다. 수정관을 통해 장정기의 핵이 장란기의 핵을 향해 이동하고, 서로 융합해 두꺼운 세포벽을 가진 난포자를 형성한다.

난포자는 불리한 환경에서 잘 견뎌 낼 수 있어서 휴면 또는 월동세대가 된다. 난포자는 환경조건이 좋아지면 유주포자낭과 비슷한 방법으로 발아한다. 보통 유주포자낭과 난포자의 발아 방법은 온도에 의해 결정되는데, 18℃ 이상에서는 발아관을 내어 직접 발아해 균사로 발달하지만, 10~18℃에서는 간접 발아해 유주포자를 형성한다.

*Pythium*은 전 세계적으로 물과 토양 속에 널리 분포하며, 부생체로 살거나 식물의 잔뿌리를 침해하는 기생체로 살아가는데, 유주포자로 움직이기 때문에 물이 필요하다. 수분이 많은 토양에 *Pythium*이 오염되면 종자 또는 어린 모는 쉽게 침해받는다.

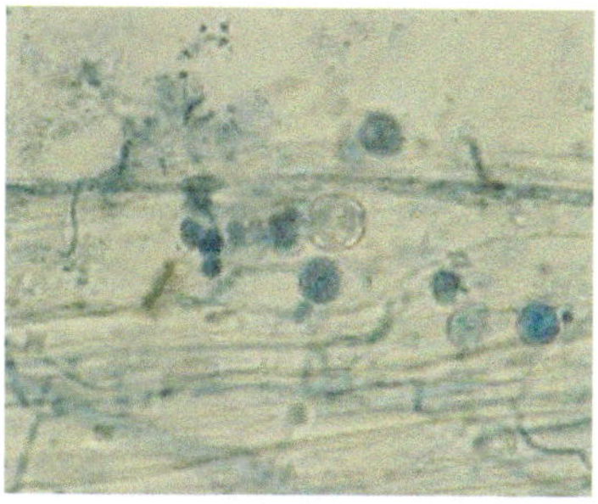

그림 12.21 감염된 뿌리 조직에 생성된 모잘록병균(*Pythium* sp.)의 균사와 포자낭.
[출처: R. E. Cullen, Plant Pathology Departmment, University of Florida]

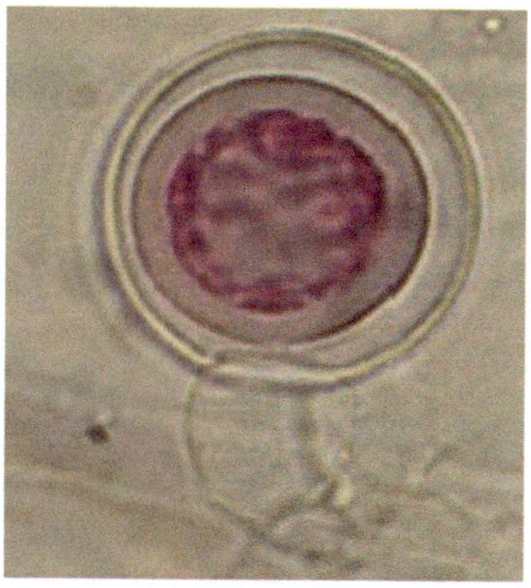

그림 12.22 모잘록병균(*Pythium* sp.)의 난포자.
[출처: R. E. Cullen, Plant Pathology Departmment, University of Florida]

[병환] 병든 식물잔재나 토양에서 난포자 상태로 월동한 후 유주포자나 균사는 종자나 유묘 조직과 접촉하면 직접 침입한다. 병원균은 펙틴분해효소를 분비해 세포와 세포를 연결하는 중벽 펙틴을 용해시켜 연화시킨 후 세포간극 및 세포를 관통해 자라면서 원형질을 붕괴하거나 셀룰로스분해효소를 분비해 세포벽을 완전히 분해한다. 결국 침입받은 종자나 어린 모는 죽고, 병원균의 균체와 병원균이 분해할 수 없는 코르크질과 리그닌 등으로 구성된 썩은 덩어리로 변한다. 병원균이 땅 밑 유묘줄기 피층부위에만 침입한 경우에 모는 계속 생장하지만 땅가의 병든 줄기가 지상부를 지탱할 수 없어 식물체는 넘어지고 죽는다.

병원균은 잔뿌리 끝으로 들어가서 증식하면서 잔뿌리를 급격하게 붕괴시키고 죽인다. 노화된 뿌리에서 병원균은 뿌리 피층만 침입하지만, 다육질 또는 상대적으로 어린 뿌리는 훨씬 더 심하게 침입받아 수 cm 크기의 병반을 형성한다.

병원균은 재배포장 및 저장, 운송 및 시장에서 판매 중인 채소의 다육질 열매와 다른 기관을 감염시킨다. 포장 감염은 병원균에 심하게 오염된 젖은 토양과 열매가 접촉한 지점에서 시작된다. 병원균이 분비한 효소는 기주 조직을 연화시켜 물렁물렁하게 만든다. 감염 후 3일 정도가 지나면 포자낭이 나타나고 뒤이어 조직안이나 밖에 난포자를 형성한다.

토양이 오래 젖었을 때, 이상저온일 때, 토양에 질소가 과잉될 때, 여러 해 동안 연작할 때 발병과 손실은 더 심각하다.

[방제] 온실이나 비닐하우스에서는 증기나 건열을 이용해 토양살균을 하고 종자소독제를 처리한 종자를 파종함으로써 방제할 수 있다. 온실 선반과 용기들도 주기적으로 소독한다. 경종적 방법으로는 적절한 토양 배수, 통기성 유지, 질산염 형태 시비량 조절, 윤작 등이 포함된다. 종자를 파종하기 전 삼투처리(프라이밍; osmopriming)해 최아시키면, 발아가 촉진되고 생장속도가 빨라지며 잘록병에도 잘 걸리지 않는다. 용기육묘(플러그육묘 또는 분재육묘)에서 이탄(peat) 대신 부숙된 수피를 이용하면 *Pythium* 및 다른 병원균에 의한 뿌리썩음병을 현저하게 감소시킬 수 있다.

예방적으로 종자나 인경 등에 광범위 살균제와 합제 형태의 침투성 살균제를 살포하면 *Pythium* 및 *Phytophthora*에 의한 잘록병, 유묘마름병, 뿌리썩음병에 대한 우수한 방제효과를 나타내는데, 토양처리 또는 종자처리제로도 사용할 수 있다. 종자처리 다음에 유묘에 같은 약제나 다른 종류의 적용약제를 살포하는 것이 효과적이다.

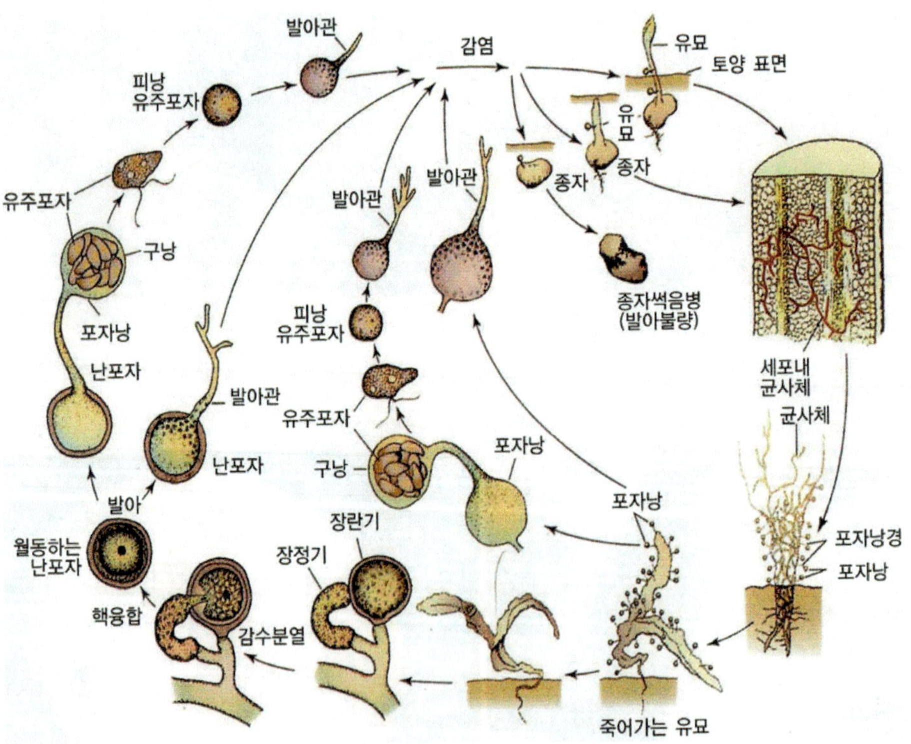

그림 12.23 *Pythium* spp.에 의한 모잘록병의 병환. [출처: 식물병리학]

심층학습 29 *'Pythium'*과 *'Phytophthora'*

● *'Pythium'*과 *'Phytophthora'*의 공통점

*'Pythium'*과 *'Phytophthora'*는 균계(Fungi)가 아닌 색조류계(Chromista)에 속하는 유사균류(fungal-like-organisms 또는 pseudofungi)로서 난균문(Oomycota), 난균강(Oomycetes)에 속한다.

*'Pythium'*과 *'Phytophthora'*는 영양체로 다핵 상태로 투명하고 자유롭게 분지하는 균사체를 가지는데, 균사체는 배수체이고, 세포벽은 셀룰로스로 구성되어 있다.

*'Pythium'*과 *'Phytophthora'*는 번식체로 유성생식에 의해 난기에 한 개씩 난포자를 생성하고, 무성생식에 의해 깃털 모양을 하고 번쩍거리는 전방편모(anterior flagellum)와 채찍 모양을 하고 부드러운 후방편모(posterior flagellum) 등 두 가지 형태의 편모를 측면에 가진 유주포자를 생성한다.

*'Pythium'*과 *'Phytophthora'*는 식물체의 황화, 위축, 시들음 병징을 일으키고, V8 배지에서 잘 자란다.

● *'Pythium'*의 특징

*'Pythium'*은 부패균목(Pythiales), 부패균과(Pythiaceae)에 속하며, 식물의 뿌리를 썩게 하는 파괴적인 기생균의 한 속으로 355종이 알려졌다. 특히 *'Pythium'*은 외떡잎 초본식물을 감염시켜 곡류와 잔디에 모두 심각한 피해를 입힌다.

*'Pythium'*은 열대에서 온대지역에 걸쳐 주로 어린 식물체나 다육질 조직을 감염해 과실무름병, 뿌리와 줄기썩음병, 씨앗과 유묘의 출아전과 출아후 잘록병을 일으키는 반면에, 인간을 포함한 포유류, 어류와 해조류에게 질병(pythiosis)을 일으키기도 한다.

일부 *'Pythium'* 종은 다불포화 지방산, 아라키돈산, 에이코사펜타엔산, 비오틴, 엽산, 판토텐산, 리보플라빈, 티아민, 비타민 C 등을 생산한다. *'Pythium'* 중에서 중복기생하는 종은 다른 곰팡이가 일으키는 식물병을 방제하는데 사용되기도 한다.

*'Pythium'*의 유주포자낭(zoosporangium)은 *'Phytophthora'*에서 볼 수 있는 유두돌기가 없고, 물에서 생성되며 쉽게 이탈되지 않는다. 난기(oogium)의 대(stalk)를 불완전하게 감싸는 웅기(paragynous antheridium)의 교배에 의해 난포자(oospore)를 형성한다.

● *'Phytophthora'*의 특징

*'Phytophthora'*는 노균병균목(Peronosporales), 노균병균과(Peronosporaceae)로 새롭게 분류되었고, 식물의 뿌리를 썩게 하는 파괴적인 기생균의 한 속으로 313종이 알려졌다.

*'Phytophthora'*는 쌍떡잎 목본 및 초본식물을 감염시킬 수 있는 토양전염성 병원체로 자생식물과 재배식물을 모두 감염시키기 때문에, 자연림 생태계와 농업 모두에 심각한 손실을 초래한다. *'Phytophthora'*는 뿌리썩음병, 지제부 줄기썩음병, 잎점무늬병, 역병, 과실썩음병 등을 일으킨다.

직각으로 분지하는 무격벽 균사와 종종 나타나는 균사 팽창부위가 '*Phytophthora*'를 동정하는데 도움을 주는 주요 특징이다.

'*Phytophthora*'의 유주포자낭(zoosporangium)의 정단부위에 (I) 3.5 ㎛ 이상 깊이 반구형으로 두드러진 유두돌기를 가진 유주포자낭, (II) 눈에 띄지 않게 3.5 ㎛ 이하 얕은 유두돌기를 가진 유주포자낭, (III) 유두돌기가 없는 유주포자낭 등 세 가지 형태의 유주포자낭이 있다.

난기(oogonium)의 대(stalk)를 완전하게 감싸는 웅기(amphigynous antheridium)의 교배에 의해 난포자(oospore)를 형성한다.

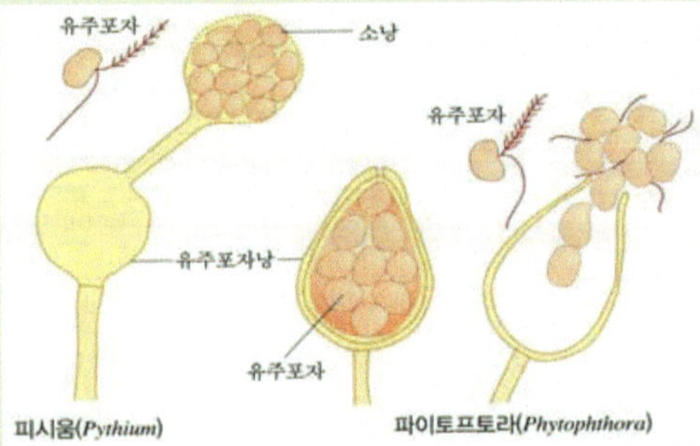

*Pythium*과 *Phytophthora*의 유주포자.
[출처: 최재을 등, 식물의학]

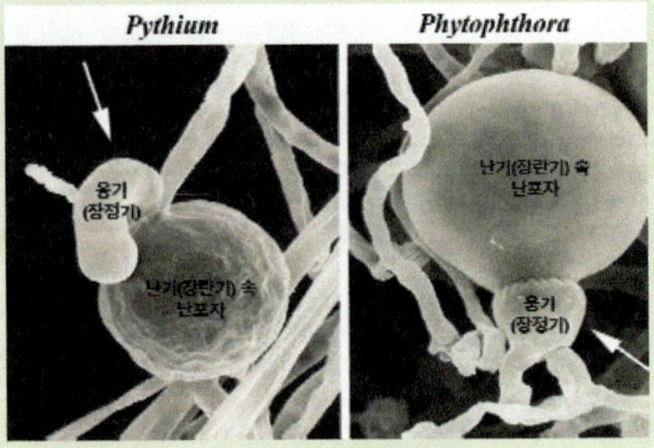

*Pythium*과 *Phytophthora*의 난포자.
[출처: G. Schumann & C. D'Arcy]

● '*Pythium*'과 '*Phytophthora*'의 차이점

	Pythium	*Phytophthora*
분류	부패균목(Pythiales), 부패균과(Pythiaceae)	노균병균목(Peronosporales), 노균병균과(Peronosporaceae)
균체	직경 4~6 ㎛의 가늘고 유연하고 늘어진 균사	직경 5~7 ㎛의 굵고 대략 직각으로 분지하는 균사
생장속도	빠름	늦음
유성 번식체	난기의 대(oogonium stalk)를 불완전하게 감싸는 웅기(paragynous antheridium)를 형성	난기의 대를 완전하게 감싸는 웅기(amphigynous antheridium)를 형성
유주포자 분화	유주포자낭의 원형질체는 보통 출구관을 통해 포자낭 바깥의 얇은 소낭(vesicle)으로 옮겨진 후 유주포자로 분화	단순하거나 분지된 포자낭경 위 포자낭 내에서 유주포자는 분화하고, 습하고 서늘한 환경에서 분생포자처럼 활동
유주포자 방출	분화된 유주포자가 소낭이 파열되면 방출	유주포자는 성숙하면 포자낭 꼭대기에서 사라지는 소낭에서 방출
기주 범위	주로 외떡잎 초본식물을 침해하지만, 일부 종은 포유류, 어류와 해조류를 침해	특히 쌍떡잎 목본, 관목 및 초본식물을 침해
병징	뿌리썩음, 생장불량, 위축, 잎의 황화	뿌리썩음, 줄기썩음, 위축, 변색, 시들음

12.3.4 *Phytophthora*에 의한 병

*Phytophthora*는 난균문(Oomycota), 난균강(Oomycetes), 노균병균목(Peronosporales), 노균병균과(Peronosporaceae)에 속한다. *Phytophthora* 속은 많은 식물에 다양한 형태의 병을 일으킨다**(심층학습 29)**.

대부분의 *Phytophthora*는 *Pythium*에 의한 병과 유사한 유묘의 뿌리썩음병, 잘록병과 땅가 부근의 낮은 줄기, 괴경(덩이줄기) 및 구근의 썩음병을 일으킨다. 뿌리 및 줄기썩음병은 특히 임목과 관목에서 대단히 큰 피해를 주고 있지만, 병원체가 잘 발견되지 않거나 동정이 쉽지 않은 경우가 흔하다.

어떤 *Phytophthora*는 눈과 열매의 썩음병을 일으키고, 다른 *Phytophthora*는 잎, 어린가지와 열매를 침해하는 역병을 일으킨다. *Phytophthora*의 어떤 종은 한, 두 종의 기주식물만을 침해하지만, 그 밖의 다른 종들은 많은 식물을 침해한다.

Phytophthora 속 곰팡이 중에서 *P. cactorum, P. cambivora, P. cinnamomi, P. citrophthora, P. fragariae, P. palmivora, P. ramorum, P. syringae* 등은 목본류인 관상수나 과수, 임목 등과 채소류 및 초본류의 뿌리와 땅가줄기(지제부)를 썩힐 뿐만 아니라 가지마름병이나 열매썩음병 등의 병징도 일으킨다. 그리고 *P. capsici, P. cryptogea, P. megasperma, P. parasitica* 등은 여러 채소, 관상식물, 밭작물 및 목본류의 역병, 뿌리썩음병, 줄기썩음병, 열매썩음병 등의 병징을 일으킨다.

일반적으로 *Phytophthora*에 의한 뿌리 및 줄기썩음병은 토양이 과습하고, 15~23℃의 저온 지역이면 거의 모든 지역에서 기주식물에 피해를 준다. 1년생 식물이나 묘목은 감염 후 단 며칠 또는 몇 개월 이내에 죽고, 오래된 수목의 뿌리는 토양 내 *Phytophthora* 밀도와 환경조건에 따라 천천히 또는 급속하게 죽는다. 결과적으로 늙은 나무는 잎수가 적어지고, 짧게 오그라들어 컵 모양으로 누렇게 변색되며, 잔가지 및 굵은 가지가 말라 죽는다.

사과나무 밑둥썩음병, 감귤나무 땅가줄기썩음병, 복숭아나무 역병의 경우에 *Phytophthora*는 땅가의 줄기 기부에 침입해 수피조직을 괴사시킨다. 병든 나무는 키와 굵기가 거의 자라지 못하고, 해마다 점점 더 열매를 적게 맺으며, 그 크기도 점점 작아지고, 보통 감염 후 3~10년 이내에 죽는다.

*Phytophthora*에 의해 잔뿌리가 감염된 어린 식물이나 성숙된 다즙성 식물의 경우에는 다소 급격히 죽는다. 딸기의 경우에 대부분의 잔뿌리는 썩어 없어지고 큰 뿌리는 끝이 갈변하는데, 늦은 봄에 감염된 딸기 뿌리는 중심부가 붉게 변하므로 *P. fragariae*에 의해 발생하는 딸기 역병을 진단하는 지표가 된다.

많은 식물에서 *Phytophthora*는 지제부를 공격해 줄기의 수피에 수침상 병반이나 흑변을 일으킨다. 감염부위는 확대되고, 만약 식물이 어리거나 다즙성이면 원형으로 모든 줄기가 병

변하고 아래쪽 잎이 떨어지고 결국은 식물체 전체가 시든다.

성숙한 초본식물과 수목의 경우에는 줄기 한쪽에 감염되어 검은 부위가 생기고 곧 건전한 수피의 아래쪽이 움푹 패이는 궤양이 된다. 감염 초기에는 수피가 아직 단단하고 손상되어 보이지는 않지만, 곧 침해받은 부위는 쭈그러지고 금이 간다.

밑둥썩음병은 병든 조직을 통해 수간 속으로 파고 들며, 위로 퍼져 가지로 올라가거나 또는 아래쪽 근계로 옮아간다. 뿌리 침입은 보통 근두나 지표 수준에서 시작된다. 궤양이 퍼지고 확대됨에 따라 주간, 가지, 뿌리 등에 퍼지면서 먼저 식물체나 나무가 허약하게 자라게 하고, 열매의 수와 크기를 작게 하며, 드문드문한 잎과 가지의 마름을 보이면서 최종적으로 식물체 전체를 죽인다.

일반적으로 *Phytophthora*에 의한 뿌리썩음병을 방제하기 위해 무병토양이나 배수가 잘 되는 토양에 무병 묘목이나 저항성 품종으로 식재한다. 화분, 온실 또는 묘판의 식물은 파종 전에 토양과 용기를 증기살균한다. 침투성 살균제를 종자처리, 토양처리, 묘침지, 살포, 관주 및 살수처리하면 뿌리썩음병이나 줄기썩음병을 효과적으로 방제할 수 있다. 몇 가지 수목은 침투성 살균제를 수간주입해 치료할 수 있다. 또한 과수나 수목 주변 토양에 살균제 현탁액을 관주하면 *Phytophthora*의 토양 내 생장과 활동을 상당히 억제한다.

① 감자/토마토 역병(late blight)

감자와 토마토 역병(late blight)은 감자와 토마토가 재배되는 모든 지역에서 발생하는 가장 파괴적인 병이다. 특히 저온다습한 지역에 재배하는 감자에 궤멸적인 피해를 주는 병이다. 감자와 토마토 역병은 작물 생육기 언제라도 감자와 토마토 지상부를 침해해 죽일 수 있고, 감자 괴경 및 토마토 열매에도 침입해 포장이나 저장 중에 썩혀 버린다. 특히 감자 역병은 기상 조건만 적합하면 발병 시작 1~2주 이내에 포장의 모든 식물체를 거의 완전하게 몰살시킨다. 작물 생육기 중 포장에서 피해가 적을지라도 수확 시 감염돼 저장 중 감자를 모두 썩혀버리기도 한다.

[병증상] 초기 병징은 감자나 토마토 잎에 원형 또는 부정형의 수침상 점무늬가 보통 아랫잎의 끝이나 가장자리에서부터 나타난다. 습한 날씨가 계속되면 점무늬는 급속하

그림 12.24 감자 잎 뒷면의 초기 병징. [출처: Wikipedia]

그림 12.25 감자 잎 뒷면의 병징. [출처: W. E. Fry]

게 확대되고 가장자리에서 불분명하게 갈색으로 마른 부위가 형성되고, 표징으로 너비 3~5 ㎜ 크기의 하얀 서릿발같은 곰팡이가 잎 뒷면의 병반 가장자리에 나타난다.

감염된 잎 전체가 죽어 축 늘어지고, 과습 조건이 계속되면 식물체의 모든 연약한 지상부가 마르고 빠르게 썩으면서 특징적인 역겨운 냄새를 풍기고, 전 포장의 모든 감자는 며칠 내 또는 몇 주 사이에 말라 죽는다.

그림 12.27 감자 괴경의 병징.
[출처: W. E. Fry]

그림 12.26 감자 줄기의 병징.
[출처: W. E. Fry]

그림 12.28 토마토 줄기의 병징.
[출처: W. E. Fry]

그림 12.29 토마토 잎과 열매의 병징.
[출처: W. E. Fry]

병든 감자 괴경은 먼저 수침상으로 검고 다소 붉은 갈색을 나타내는 병반이 괴경 속으로 5~15 ㎜ 정도까지 확장된 다음에 나중에는 다소 불규칙한 검보라색 또는 갈색 얼룩을 보인다. 나중에는 침해받은 부위가 조금 단단해지고 건조해지며 다소 움푹 들어간다. 병반은 대개 작거나 괴경 속으로 더 깊이 파고들지 않고 괴경 표면에만 생긴다. 수확 후 저장 중에도 역병은 계속 진전된다. 감염된 감자 괴경은 포자낭경과 포자로 뒤덮이고, 2차적인 곰팡이 또는 세균이 침입해 무름증상을 일으키며 불쾌하고 역겨운 냄새를 풍긴다.

토마토 잎, 줄기, 열매도 역병에 걸리며, 생육 중에 토마토밭이 통째로 파괴될 수 있다. 감염된 토마토 열매도 저장 중에 급격히 썩을 수 있다.

[병원균] 감자와 토마토에 역병을 일으키는 병원균은 *Phytophthora infestans*이다. *Phytophthora* 중 가장 잘 알려진 *P. infestans*는 아일랜드 대기근의 원인을 구명하는 과정에서 최초로 동정된 식물병원균이다. 학명의 기원은 '*Phyto*(=식물)+*phthora*(=파괴적인)+*infestans*(=전염성)'의 합성어로 식물에 파괴적인 전염성을 가진 곰팡이라는 의미를 담고 있다.

영양체인 다핵균사는 끝에 레몬 모양의 포자낭을 달고 있는 분지된 포자낭경을 형성한다.

포자낭이 형성된 곳의 포자낭경은 동그란 돌기(swelling)로 되어 있는데, 이것이 *P. infestans*의 독특한 특징이다. 포자낭은 12~15℃에서 3~8개의 쌍편모 유주포자를 방출하는 간접 발아를 하는 반면, 15℃ 이상에서는 발아관을 내는 직접 발아를 한다.

*P. infestans*는 자웅이체균(heterothallic)이므로 유성생식을 위해 2가지 교배형(mating type; A1, A2)을 필요로 한다. 두 교배형이 서로 인접해 자랄 때 한쪽 균사(female hypha)가 어린 장정기(웅기) 속으로 관통해서 자라 장정기 위에 구형의 장란기(난기)로 자란다. 장정기는 장란기와 수정하고, 두꺼운 벽을 가진 단단한 난포자로 발달한다. 난포자는 발아관을 형성해 포자낭을 생성하거나 발아관이 직접 균사체로 자라기도 한다.

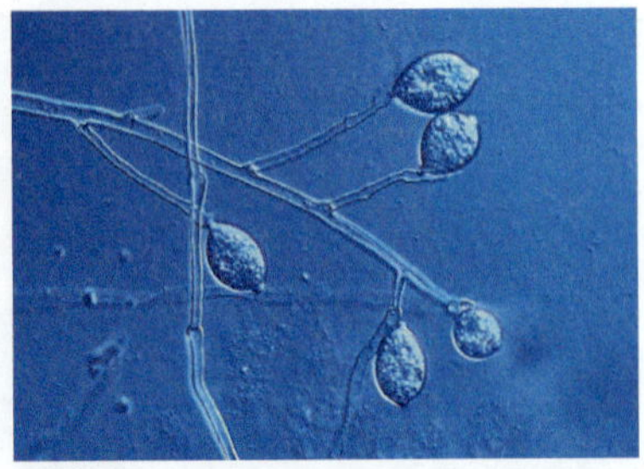

그림 12.30 감자 역병균(*Phytophthora infestans*)의 분생포자경과 분생포자. [출처: W. E. Fry]

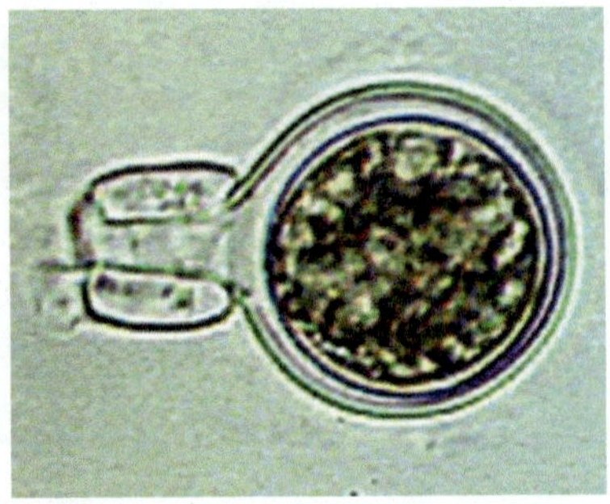

그림 12.31 감자 역병균(*Phytophthora infestans*)의 난포자. [출처: W. E. Fry]

[병환] 감염된 감자 괴경이나 난포자와 유주포자로부터 형성된 균사체는 병든 괴경에서 세포들을 변색시키고 파괴한 후 다시 지상부 줄기로 올라온다. 병든 괴경에서 자란 줄기를 통해 지상부로 생장한 균사체는 포자낭경을 형성하고 대개 잎 뒷면이나 줄기의 기공을 통해 밖으로 포자낭경을 내놓고 그 끝에 포자낭을 형성한다.

성숙한 포자낭은 비, 바람 또는 비바람에 쉽게 근처의 습한 잎이나 줄기에 떨어져 곧 발아하고 새로운 감염을 시작한다. 발아관은 직접 식물의 큐티클 세포벽을 뚫고 침입하거나 기공을 통해 침입한다.

침입 후 균사체는 식물세포 안으로 길고 구불구불한 흡기를 집어넣어 영양분을 섭취하며 세포간극에서 생장한다. 균사체가 영양을 섭취한 세포는 이내 죽고, 균사체는 신선한 새로운 조직 주위로 파고든다. 감염 며칠 후 새로운 포자낭경이 잎의 기공으로부터 다시 형성되고 그 위의 수많은 포자낭은 비바람에 의해 전파되어 다시 새로운 식물체를 감염시킨다.

저온다습할 때 병원균의 감염 시작에서 포자낭 형성까지의 기간은 4일밖에 안 걸리기 때문에 수많은 무성세대가 새로운 감염을 되풀이하는 2차 병환이 생육기 동안에 일어난다. 두 교배형 A1과 A2가 같은 식물 조직에 함께 존재할 때 수정이 일어나고 난포자가 형성된다.

역병이 진전됨에 따라 이미 시작된 병반은 그 크기가 더욱 증가하고 또 새로운 병반이 계속 생기고 커짐에 따라 지상부가 모두 죽고 감자 괴경 수확량도 더 많이 감소한다.

습한 날씨 동안 포자낭이 잎으로부터 씻겨 내려 흙 속으로 들어감으로써 괴경 감염이 시작된다. 포자낭에서 나온 유주포자는 발아해 피목이나 상처를 통해 토양 표면 근처 괴경을 침입한다. 괴경에서 균사체는 주로 세포 사이에서 자라며 흡기를 세포 속으로 집어넣는다. 수확할 때 괴경이 땅 위의 포자낭에 오염이 되거나 부분적으로 병든 잎 위에서 여전히 포자를 형성하고 있는 동안에 괴경이 노출되면 추가 감염이 일어난다. 역병에 걸린 감자 괴경의 대부분은 땅속이나 저장 중에 썩어버린다.

감자 역병의 에피데믹 발생 여부는 거의 전적으로 기온과 습도 조건에 의해 결정된다. 15~25℃ 사이의 기온에서 상대습도가 거의 100℃에 가까울 때 *P. infestans*의 균사생장과 포자형성이 가장 많다. 기온이 30℃ 이상이면 포장에서 *P. infestans*는 더 이상 활동하지 않지만, 기온이 서늘해지고 상대습도도 충분하게 높을 때 다시 포자낭을 형성하기 시작해 2차 병환을 되풀이한다.

토마토에 발생하는 역병의 병환도 감자 역병의 병환과 거의 같다.

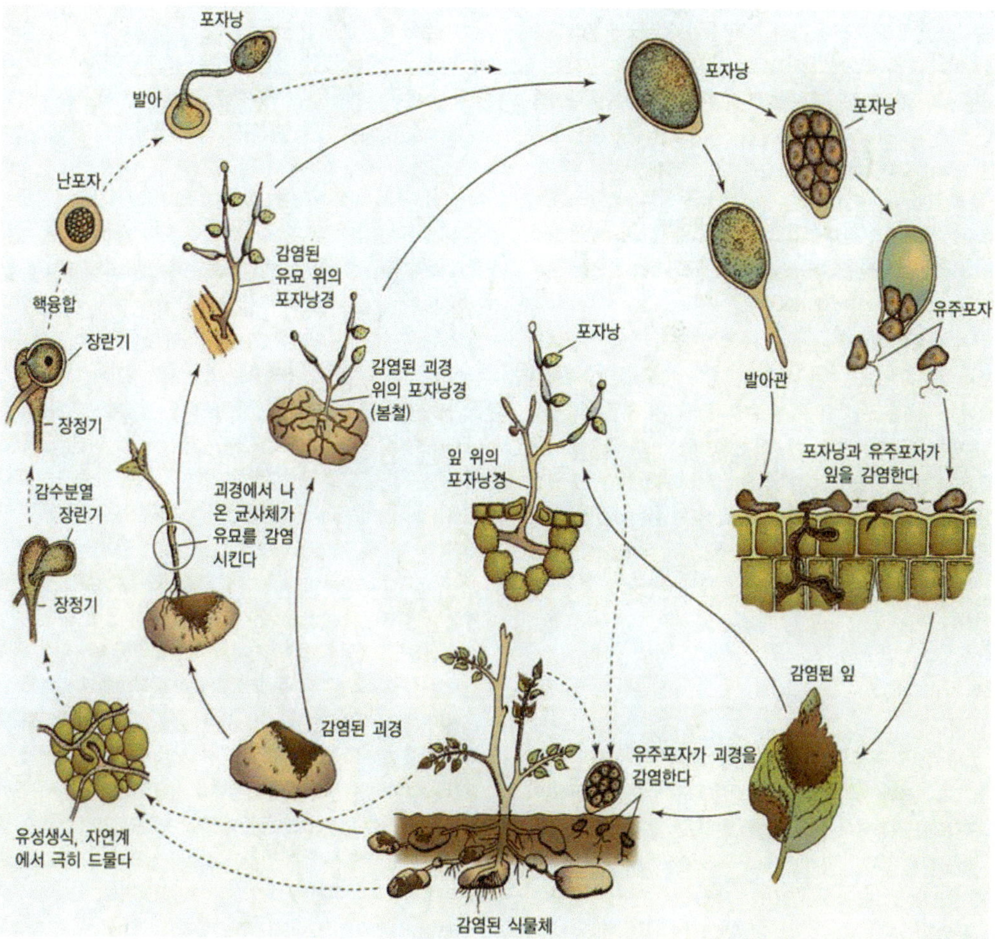

그림 12.32 *Phytophthora infestans*에 의한 감자와 토마토 역병의 병환. [출처: 식물병리학]

심층학습 30 '감자 역병균'의 세계적 이동

1845년에서 1852년 사이 아일랜드에서 발생한 '감자 역병'은 1백만 명 이상이 굶어 죽고 2백만 명 이상이 이민을 가도록 만든 요인 중 하나였다. 가장 흔히 언급되는 것은 1840년대 후반의 '아일랜드 대기근(The Great Irish Famine)'인데, 아일랜드 인구는 아직도 완전하게 만회되지 않았다.

'감자 역병'은 1843년 초 미국 필라델피아와 뉴욕에서 처음 발병했다. 그 후 바람이 포자를 퍼뜨렸고, 1845년 일리노이에서 노바스코샤까지, 그리고 버지니아에서 온타리오까지 '감자 역병'이 확산됐다. '감자 역병'은 1845년 벨기에 농부들을 위한 씨감자와 함께 대서양을 건너왔다. 유럽에서 감자를 재배하는 모든 나라들이 영향을 받았으나, '감자 역병'이 아일랜드에 가장 큰 타격을 주었다.

'아일랜드 대기근'을 초래한 '감자 역병'의 정체는 1846년 M. J. Berkely에 의해 처음 기술되었고, 1876년 Anton de Bary에 의해 '*Phytophthora infestans*'라고 명명되었다. 식물병리학의 아버지라고 불리우는 de Bary가 병든 감자 식물체에 생긴 '*P. infestans*'의 흰색 포자가 '감자 역병'의 원인이라는 사실을 의심의 여지없이 증명함으로써 식물병이 신의 분노에 의한 형벌도 아니고 자연 발생의 결과도 아니라고 과학계를 확신시켰다. 결국 '아일랜드 대기근'의 원인을 밝혀내는 과정에서 식물의학이 태동된 셈이다.

멕시코 중부의 고원지대는 많은 사람들에 의해 '*P. infestans*'의 기원의 중심지로 여겨지지만, 다른 사람들은 감자의 기원이기도 한 안데스 산맥에서 기원한다고 주장하고 있다. 최근의 연구는 이 두 가지 가설 중 멕시코 중부가 기원의 중심이라는 결론에 도달했다.

멕시코는 유전적으로 개체수가 가장 다양하며, 괴경을 가진 토착 *Solanum* 종에서 역병이 관찰되고, 병원체 집단이 하디-와인버그 평형(Hardy-Weinberg equilibrium) 상태에 있으며, 두 가지 교배형이 1:1 비율로 발생한다는 사실이 세부적인 계통 분류와 진화학적 연구에서도 관측되기 때문이다. 또한, '*P. infestans*'의 가장 가까운 친척들인 '*P. mirabilis*'와 '*P. ipomoeae*'는 멕시코 중부의 토착종이다. 반면에 남아메리카에서 발견되는 유일한 근연종인 '*P. andina*'는 '*P. infestans*'와 하나의 공통 조상을 공유하지 않는 잡종이다. 마지막으로, 남아메리카의 '*P. infestans*'의 집단은 유전적 다양성이 부족하고 체세포증식을 한다.

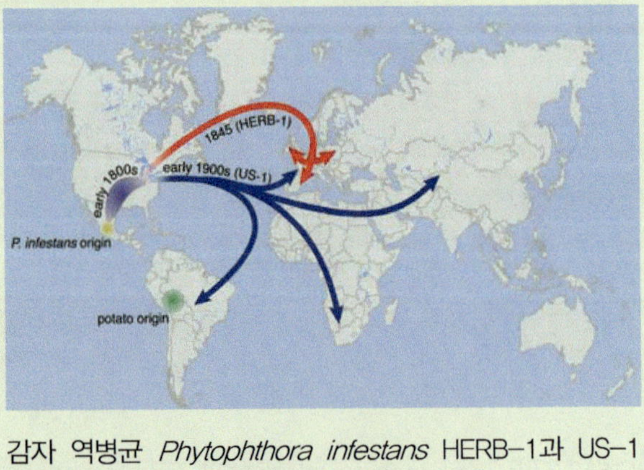

감자 역병균 *Phytophthora infestans* HERB-1과 US-1 계통의 이동 경로. [출처: Wikipedia]

‘아일랜드 대기근’의 발생은 단일 품종인 아일랜드 럼퍼(Irish Lumper)에 일방적으로 의존했기 때문이었다. 칠로에 군도(Chiloé Archipelago)에서 유래한 ‘*P. infestans*’ 균주가 유럽의 페루 기원을 가지는 초기 감자를 대체한 후, 유전적 다양성의 부족으로 인해 ‘감자 역병’에 대해 아일랜드 럼퍼를 감수성으로 만들었다.

제1차세계대전 동안 독일의 모든 구리는 탄피와 전선용으로 사용되었고, 따라서 감자에 살포할 보르도액을 제조할 수 없었다. 따라서 독일에서 발생한 ‘감자 역병’은 방제되지 않았고, 감자의 부족으로 70만 명의 독일 민간인을 굶어 죽게 만들었다. 이러한 기근으로 가족을 잃은 독일군의 사기는 저하되었고 결국 전투력을 잃은 독일이 항복하면서 제1차세계대전은 막을 내렸다.

프랑스, 캐나다, 미국, 소련은 1940년대와 1950년대에 생물무기로서 ‘*P. infestans*’를 연구했다. ‘감자 역병’은 미국이 생물무기 프로그램을 중단하기 전에 잠재적 생물무기로 연구한 17개 이상의 생물무기 중 하나였다. 이 병원체를 기반으로 한 무기가 효과적인지는 의문인데, 이는 살아있는 병원체를 적지에 보내는 것이 어렵고, 역병이 확산되는데 관여하는 환경적 요인을 통제할 수 없기 때문이다.

멕시코에서 북아메리카나 유럽으로 ‘*P. infestans*’의 이동은 역사를 통틀어 여러 번 일어났으며, 아마도 감자 괴경의 이동과 관련이 있을 것이다. 1970년대까지 A2 교배형은 멕시코에만 국한되어 있었지만, 현재 세계 많은 지역에서 A1과 A2 교배형이 같은 지역에서 발견된다. 두 교배형의 동반 발생은 월동할 수 있는 유성적인 재조합과 난포자 형성의 가능성 때문에 중요하다. 그러나 멕시코와 스칸디나비아에서만 난포자 형성이 월동에서 역할을 하는 것으로 생각된다.

유럽의 다른 지역에서는 유성생식의 결과로 유전적 다양성이 증가하는 것이 관찰되었다. 이것은 다른 형태의 ‘*P. infestans*’가 감자 또는 토마토에 대한 침해력, 포자형성율, 살균제에 대한 민감도에서 다양하기 때문에 주목할 만하다. 이러한 형질의 변화는 북아메리카에서도 일어나지만, 감자나 토마토 밭에서 유성적 재조합을 하는 것과 반대로 멕시코에서 새로운 유전자형을 수입하는 것이 유전적 다양성의 주요 원인으로 보인다.

1976년 유럽의 여름 가뭄으로 감자 생산량이 부족해 식용 감자가 수입되었다. 이것은 A2 교배형이 나머지 세계에 도달하기 위한 수단이었던 것으로 생각된다. 어떤 경우든 US-1 변종으로 구성된 다양성은 거의 없었고, 교배형, mtDNA, RFLP(restriction fragment length polymorphism) 등이 단 한 가지 유형만 존재했다. 그리고 1980년에 갑자기 더 큰 다양성과 A2 교배형이 유럽에 나타났다. 1981년 네덜란드, 영국, 1985년 스웨덴, 1990년대 초 노르웨이와 핀란드, 1996년 덴마크, 1999년 아이슬란드에서 발견되었다.

영국에서 새로운 A1 계통은 1980년대 말까지 오래된 계통을 대체하는데 그쳤고, 영국에서 A2 교배형은 훨씬 더 느리게 확산되어 낮은 수준이었고, 아일랜드에서는 1990년대까지 탐지되지 않았다. 1980년대 이후 멕시코 밖에서 나타난 ‘감자 역병균’ ‘*P. infestans*’의 많은 계통들은 훨씬 더 침해력이 강해서 농작물 손실을 증가시키고 있다.

[방제] 위생수단, 저항성 품종, 적기 약제살포 등을 종합적으로 고려해야만 성공적으로 방제할 수 있다. 특히 감자 역병을 방제하기 위해서는 무병씨감자만 사용해야 하고, 밭에 남아있는 추려낸 감자 더미는 봄에 다시 감자를 심기 전에 모두 소각하거나 강력한 제초제를 살포해 아예 감자 싹이 나오지 않도록 한다. 어떠한 감자 자생식물(volunteer plant)도 역병의 전염원이 될 수 있기 때문에 감자를 심는 그 밭뿐만 아니라 이웃의 다른 포장에 있는 모든 자생식물도 제거해야 한다.

여러 가지 컴퓨터를 이용한 감자 역병 예찰 시스템(예, Blightcast)이 개발되었고 활용되고 있다. 또한 여러 가지 광범위 보호 살균제와 침투성 살균제가 감자 역병 방제에 이용되고 있다. 보호살균제의 엽면 살포는 감자 괴경 감염을 상당히 감소시킨다. 그러나 부분적으로 감염된 잎이나 줄기가 수확시기까지 존재할 경우에는 감자 괴경 감염을 막기 위해 제초제 살포나 예취 방법으로 감자의 지상부를 완전히 제거하는 것이 필요하다.

② 고추 역병(Phytophthora blight)

고추 역병(Phytophthora blight)은 고추의 생육기 전반에 걸쳐 발생하는 가장 파괴적인 병이다. 주로 고추 뿌리와 땅가 줄기 부위에 발생되지만 역병균이 빗물에 의해 튀어올라 잎, 가지, 열매 등 지상부에 발생되기도 한다. 유묘기에 감염될 경우 식물체 전체가 심하게 시들어 죽는다. 생육기에 감염될 경우 식물체가 시들다가 적황색으로 변하면서 말라죽는다.

그림 12.33 고추 열매의 병징.

그림 12.34 고추 잎의 병징.
[출처: Jean Beagle Ristaino & Stephen A. Johnston]

[병증상] 역병은 고추의 뿌리, 줄기, 잎, 열매를 침해한다. 생육 초기에 감염된 식물체는 빨리 죽고, 생육 후기에 감염된 식물체는 시들다 죽는다. 종종 같은 이랑에 있거나 둥근 범위에 있는 많은 식물체들

그림 12.35 고추 줄기의 병징.
[출처: Wikipedia]

그림 12.36 고추 줄기 내부의 병징.
[출처: Gerald Holmes, Strawberry Center, Cal Poly San Luis Obispo, Bugwood.org]

이 동시에 같은 병징을 나타낸다.

병든 고추 줄기 지제부와 굵은 뿌리는 수침상으로 썩는 병징을 나타낸다. 감염된 지제부에 암갈색 병반이 확대돼 줄기가 잘록해지면서 썩고 점차 줄기 위쪽으로 감염되고 포기 전체가 시들어 마른다. 병든 고추 줄기 부위의 껍질을 벗겨 보면 담갈색이나 암갈색으로 썩은 것을 볼 수 있다.

잎, 가지, 열매 등은 물에 데친 것 같은 수침상으로 썩는 병징을 나타내며, 병든 부위에는 역병균의 균사체와 유주포자낭이 형성돼 하얗게 곰팡이가 핀 표징이 드러나기도 한다.

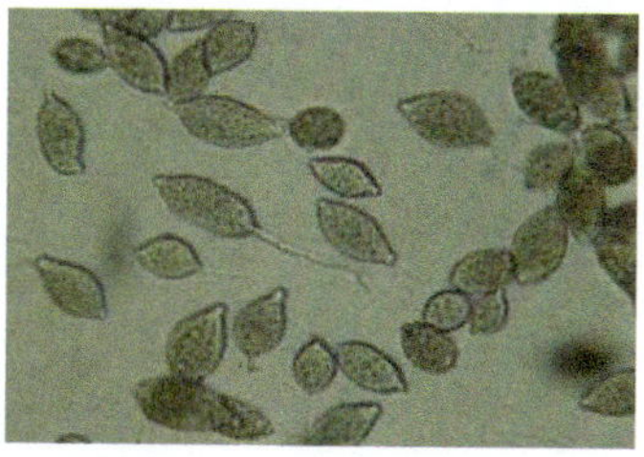

그림 12.37 고추 역병균 (*Phytophthora capsici*)의 포자낭. [출처: Alchetron]

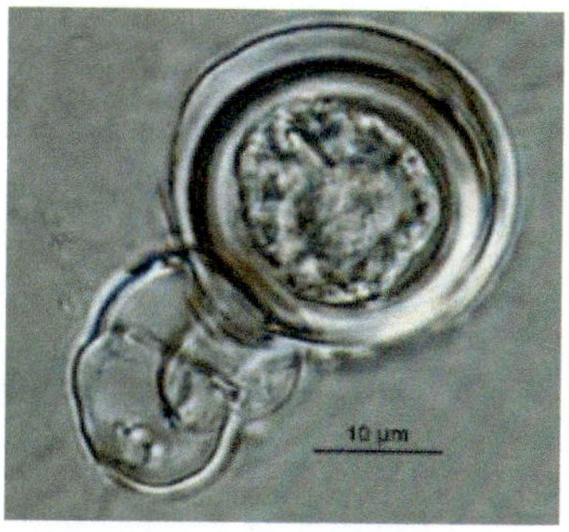

그림 12.38 고추 역병균 (*Phytophthora capsici*)의 난포자. [출처: Gloria Abad]

[병원균] 고추 역병을 일으키는 병원균은 *Phytophthora capsici* 이다. 영양체는 격벽이 없는 흰색 다핵 균사이고 무성적으로 포자낭을 형성한다. 포자낭은 유두돌기가 뚜렷하고 아래와 윗 부위가 뾰족한 방추형이고, 2개의 편모를 가진 쌍편모 유주포자를 생성한다. *P. capsici* 도 *P. infestans* 처럼 자웅이주균으로 2가지 교배형(A1, A2)이 만나 유성생식에 의해 난포자를 형성한다.

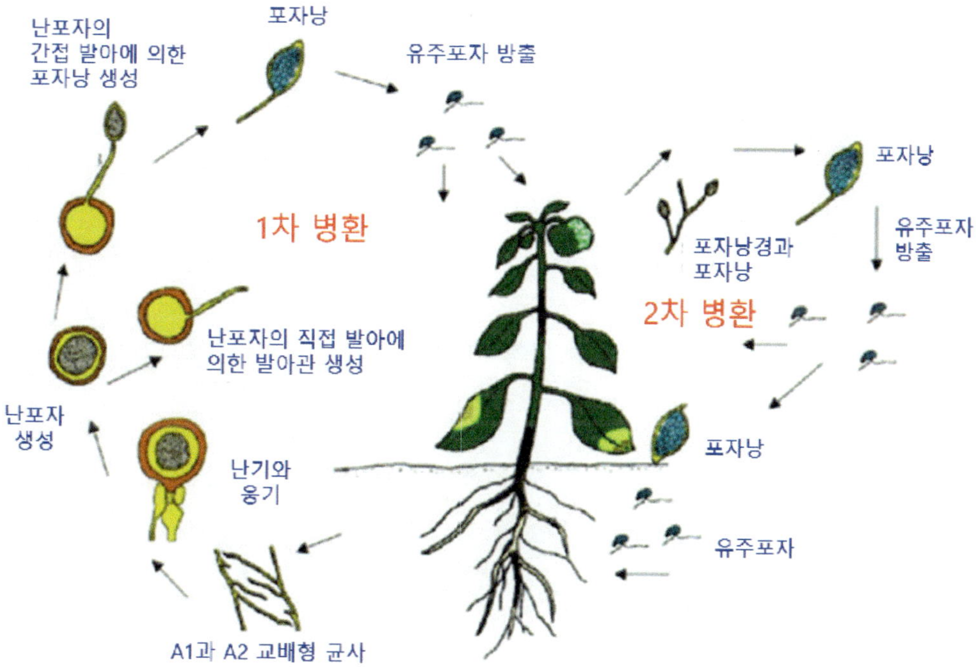

그림 12.39 *Phytophthora capsici*에 의한 고추 역병의 병환. [출처: Jean Beagle Ristaino & Stephen A. Johnston]

[병환] 고추 역병은 시설재배에서는 연중 발생하고, 노지재배에서는 6월부터 발생하기 시작하고, 장마철에 주로 확산되어 8~9월에 가장 심하게 발생한다. 연작지에서 많이 발생하고, 고추 재배 토양이 장기간 과습하거나 배수가 불량할 때 침수되면 발병이 조장된다.

병원균은 병든 식물체 잔재에서 균사나 난포자 상태로 월동을 한다. 난포자는 발아에 적합한 온도(28~30℃)가 되면 발아해 유주포자낭을 형성하고, 유주포자낭은 물을 만나면 유두돌기가 개방되어 유주포자를 방출한다. 쌍편모 유주포자는 1차 전염원이 되어 주로 빗물에 의해 전파돼 땅가 부위와 뿌리를 침입한다.

2차 전염은 1차 전염에 의해 식물체 병반표면에 형성된 유주포자낭으로부터 유주포자가 방출돼 강우나 관수에 의한 물을 따라 이동하며 감염을 일으킨다. 유주포자는 2~3시간이면 식물체를 침입하며 환경이 적합하면 침입 후 1~2일 이내 병증상이 나타난다. 따라서 강우가 빈번할 때 짧은 시간 동안에 급격하게 역병이 만연하게 된다.

병원균은 종자전염도 하지만 대부분 토양에 서식하는 토양전염성으로 고추를 심지 않아도 토양에서 2~8년간 생존할 수 있으므로 연작장해의 주요 원인이 된다. 고추 외 토마토, 피망 및 박과채소를 침해하며 기주범위가 비교적 넓다.

[방제] 저항성 품종 및 저항성 대목을 이용한 접목재배를 한다. 건전한 토양에서 고추를 육묘하고, 재배토양이 과습하지 않도록 배수관리를 철저히 한다. 고추 연작지는 비기주식물로 3년 이상 돌려짓기를 한다. 트랙터 등 농기계 바퀴를 소독한다. 병든 고추 포기는 뿌리 주변 흙과 함께 제거하고 적용약제를 충분하게 관주해 소독한다.

③ 가지 솜털역병(buckeye rot)

가지 솜털역병(buckeye rot)은 가지 외에 호박, 참외, 토마토에도 발생한다. 7~8월 장마철에 밀식한 포장에서 피해가 심하다. 땅가 열매에 발생하기 쉬우며 병든 열매는 떨어지기 쉽다. 저장 중이나 운송 중에도 발생한다.

[병증상] 가지 열매에는 병징으로 처음 원형의 갈색 병반이 생겨 차차 확대되면서 병환부 내부는 물러진다. 습할 때는 표징으로 하얀 솜털같은 균사로 병환부가 뒤덮힌다.

그림 12.40 가지 열매의 표징(균사). [출처: Gerald Holmes, Strawberry Center, Cal Poly San Luis Obispo, Bugwood.org]

그림 12.41 가지 줄기와 잎의 병징. [출처: Gerald Holmes, Strawberry Center, Cal Poly San Luis Obispo, Bugwood.org]

[병원균] 가지 솜털역병을 일으키는 병원균은 *Phytophthora parasitica*이다. 영양체는 격벽이 없는 흰색 다핵균사이고 무성적으로 유주포자낭, 쌍편모 유주포자와 후벽포자를 형성한다. 유주포자낭은 바람에 의해 잘 전반되는 *P. infestans*의 포자낭과는 달리 균사에서 잘 떨어지지 않는다. 두터운 세포벽을 가진 다핵 상태의 후벽포자는 균사 중간이나 끝에 형성된다. *P. parasitica*도 *P. capsici*나 *P. infestans*처럼 자웅이체균으로 2가지 교배형(A1, A2)이 만나 유성생식에 의해 난포자를 형성한다.

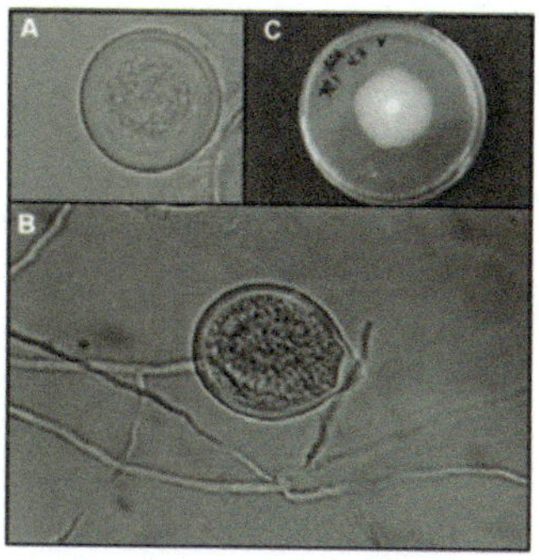

그림 12.42 가지 솜털역병균(*Phytophthora parasitica*)의 후벽포자(A), 포자낭(B)과 균총(C). [출처: Á. F. Santos et al.]

[병환] 병원균은 땅속에서 난포자로 월동하며 이듬해 유주포자가 관개수에 의해 전파되어 식물체 표면에 도달하면 피낭체가 된 후 발아관을 내 발아하고 부착기를 내어 뿌리와 잎을 침입한다. 환경조건이 부적합할 때 후벽포자는 발아해 균사를 형성하는데, 후벽포자는 토양에서 여러해 동안 생존한다.

[방제] 오염된 토양이 가지 열매와 접촉하지 않도록 짚을 깔고, 병든 열매는 즉시 제거하며, 연작을 하지 않는다. 배수와 통기에 유의한다. 저항성 품종을 재배한다.

④ 담배 역병(black shank)

담배 역병(black shank)은 뿌리와 줄기 기부를 침해하지만, 식물체 모든 부위가 감염될 수 있다. 모판에서도 발생하지만, 대개는 옮겨 심은 후나 순지르기를 할 무렵부터 줄기의 땅가 부위 또는 잎에 발생한다.

그림 12.43 역병에 감염된 담배. [출처: Ephytica]

그림 12.44 담배 잎의 병징. [출처: Paul Bachi, University of Kentucky Research and Education Center, Bugwood.org]

[병증상] 잘록병징은 어린 모에서 관찰된다. 시들음병징을 보이는 지상부는 위축이 된다. 잎, 줄기에는 커다란 부정형 병반이 생긴다. 습기가 많으면 표징으로 병든 부분에 하얀 솜털 같은 곰팡이(균사)가 자란다. 뿌리는 검게 변색되면서 썩는다. 발병후기에 줄기는 검게 변색되고 줄기를 잘라보면 속에는 주름진 죽순처럼 되기 때문에 담배 역병을 black shank라고도 부

른다. 아랫잎부터 갈색으로 마르기 때문에 상품성이 없어지고 식물 전체가 죽는다.

그림 12.45 담배 줄기의 병징. [출처: Ephytica]

그림 12.46 담배 역병에 의해 주름진 죽순처럼 변한 줄기 내부. [출처: Ephytica]

[병원균] 담배 역병을 일으키는 병원균은 *Phytophthora parasitica*이다. 영양체는 격벽이 없는 흰색 다핵 균사이고 무성적으로 유주포자낭, 쌍편모 유주포자와 후벽포자를 형성한다. 포자낭은 바람에 의해 잘 전반되는 *P. infestans*의 포자낭과는 달리 균사에서 잘 떨어지지 않는다. 두터운 세포벽을 가진 다핵상태의 후벽포자는 균사 중간이나 끝에 형성된다. *P. parasitica*도 *P. capsici*나 *P. infestans*처럼 자웅이체균으로 2가지 교배형(A1, A2)이 만나 유성생식에 의해 난포자를 형성한다.

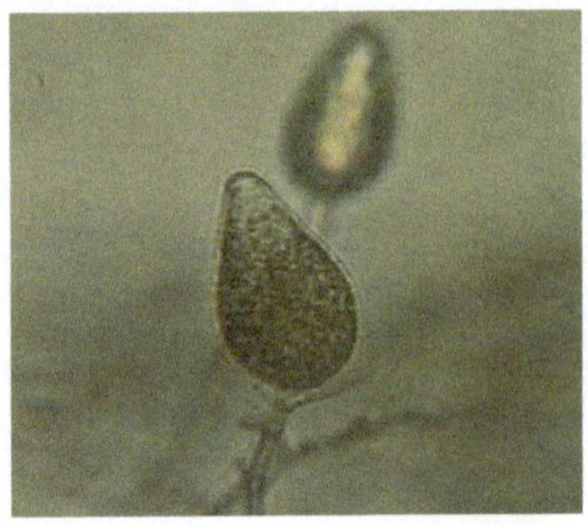

그림 12.47 담배 역병균(*Phytophthora parasitica*)의 포자낭. [출처: Paul Bachi, University of Kentucky Research and Education Canter, Bugwood.org]

[병환] 담배 역병은 5월부터 10월까지 생육기 동안에 많은 병환을 되풀이하는 다주기성 토양전염성병이다. 땅속에서 난포자나 후벽포자로 월동한 후 1차 전염원으로 대량 생성되는 후벽포자는 4~6년 동안 생존할 수 있다. 후벽포자는 온난다습한 토양에서 발아해 발아관을 내고 식물체를 침입하거나 포자낭을 생성한다. 다소 저온인 15℃에서 발병하기 시작하지만, 발병적온은 25~30℃이다.

2차 전염원인 난형, 서양배 모양, 또는 구형 포자낭은 직접 발아하거나 적합한 조건에서 접종 24시간 이내에 콩팥 모양의 쌍편모 유주포자를 방출한다. 유주포자는 비나 관개수에 의해 튀기는 물방울에 의해 전파되어 식물체 표면에 도달하면 피낭체가 된 후 발아관을 내 발아하고 부착기를 내어 뿌리와 잎을 침입한다.

환경조건이 부적합할 때 후벽포자는 발아해 무색 투명한 다핵균사를 형성한다. 균사는 자웅이체형이어서 교배형끼리 만나면 난포자를 형성한다.

발병에 적합한 토양 pH는 6~7이고, 토양에 있는 칼슘과 마그네슘이 발병에 영향을 미친다.

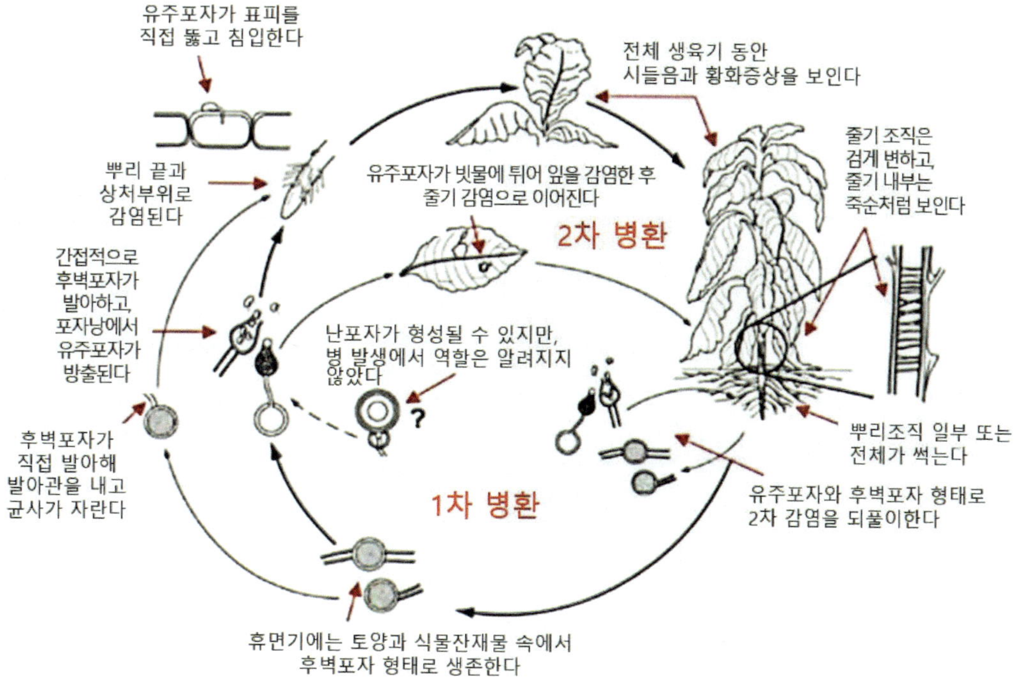

그림 12.48 *Phytophthora parasitica*에 의한 담배 역병의 병환. [출처: C. A. Gallup et al.]

[방제] 모판의 토양은 심토 또는 논흙과 같은 무병토를 사용하거나 반드시 토양소독을 한다. 저항성 품종을 재배하거나 비기주식물을 적어도 3년간 윤작을 한다. 배수관리에 유의하고 병든 포기를 신속히 제거한다. 토양 pH를 5.5~6으로 조절하면 담배 생장은 양호하고 발병은 억제된다. 발병이 심할 경우 적용약제를 살포한다.

⑤ 밤나무 잉크병(ink disease)

밤나무 잉크병(ink disease)은 미국, 스페인, 포르투갈 등 전 세계적으로 밤나무 줄기마름병과 더불어 밤나무를 고사시켜 막대한 피해를 주는 주요 병이다. 밤나무 잉크병이라는 병명은 병든 나무의 수피나 수피가 갈라진 틈사이로 잉크처럼 검은색의 액체가 흘러나오는 것에서 유래한다. 묘목이나 어린나무에도 발생하지만 보통 5~6년 생 이후의 성목에서 주로 발생하며 지면과 가까운 줄기를 가해한다.

잉크병은 1800년대에 포르투갈에서 코르크참나무(*Qercus suber*)에 묻어서 미국으로 유입되어 최초로 피해를 입혔고, 100년이 지난 후 다시 발생해 두 번째 피해를 입혔다. 병원균은 1917년에 처음 동정되었고, *Phytophthora*에 의해 뿌리나 땅가 부위에 주로 발생하므로 파이토프토라뿌리썩음병(Phytophthora root rot)이라고도 한다.

유럽밤나무(*Castanea sativa*)와 미국밤나무(*C. dentata*)는 줄기마름병뿐만 아니라 잉크병에도 대체로 감수성이고, 일본밤나무(*C. crenata*)와 중국밤나무(*C. mollissima*)는 저항성으로 알려졌다.

[병증상] 주로 지제부의 줄기에 움푹 가라앉은 궤양을 발생시키며, 수피의 균열 부위나 피목에 검은 색의 즙액이 흘러나와 지저분하게 보이는 표징을 나타낸다. 심하게 감염된 밤나무에는 알콜과 같은 역한 냄새가 난다. 즙액은 시간이 경과함에 따라 굳어서 흘러내린 자국이 잘 나타난다. 병징은 감염된 부위의 수피를 벗겨 보면 형성층이 갈색으로 변색되어 있고, 심한 부분은 목질부까지 갈색으로 변해 있다. 변색부는 가을까지 계속 병반이 확대되어 줄기를 한바퀴 돌면 밤나무는 고사되며, 감염된 부분은 말라서 움푹 들어가고 균열이 생긴다.

그림 12.49 잉크병에 감염된 밤나무. [출처: 김경희]

그림 12.50 밤나무 잉크병에 의해 변색된 줄기 내부 병징. [출처: 김경희]

그림 12.51 잉크병에 의해 죽은 밤나무 지제부 증상. [출처: 김경희]

그림 12.52 잉크병에 감염된 밤나무 줄기에서 흘러내리는 잉크색 점액. [출처: 김경희]

[병원균] 밤나무 잉크병을 일으키는 병원균은 *Phytophthora katsurae* 이다. 미국, 유럽에는 *P. cinnamomi*, *P. cambivora* 등이 미국밤나무와 유럽밤나무에 피해를 주고 있으며, 일반적으로 일본과 중국밤나무는 이 병에 대해 저항성을 보인다.

영양체는 격벽이 없는 무격벽 다핵균사체이고, 균사 모양은 불규칙하게 짧은 가지를 가지고, 주로 셀룰로스와 글루칸으로 이루어져 있다. 무성적으로 유주포자낭, 쌍편모 유주포자와 두터운 세포벽을 가진 후벽포자를 형성한다. 유주포자낭의 아랫부분은 둥근 계란형 모양이고 끝부분은 약간 뾰족하고 부풀어 올라 있다.

유성생식에 의해 난포자를 형성한다. 난포자의 표면에 돌기가 있는 것이 이 병원균의 특징이다. 또한 난포자의 형성은 하나의 균사에서 장란기와 장정기 모두 형성되며, 장정기는 깔때기 모양으로 장난기의 아랫부분에 위치하고 있다.

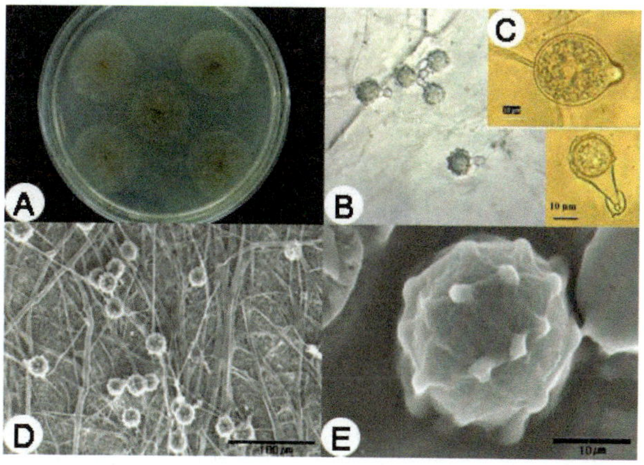

그림 12.53 밤나무 잉크병균(*Phytophthora katsurae*)의 배양 균총(A), 난포자(B~E), 유주포자낭(C).
[출처: E. Oh et al.]

[병환] 일반적으로 봄부터 증상이 나타나지만 가시적인 피해는 장마 후에 급격히 눈에 띈다. 전염경로는 병원균이 토양 중에 잠복해 있다가 비가 올 때 줄기에 튀어 발병된다. 밀식되어 통풍이 잘 되지 않은 곳이나, 배수가 잘 되지 않은 곳에서 병 발생이 심하고, 해충의 피해를 받은 나무에 병 발생이 많다. 병환부는 가을까지 계속 병반이 확대되어 줄기를 한바퀴 돌면 밤나무는 고사되며, 감염된 부분은 말라서 움푹 들어가고 균열이 생긴다. 병의 진전속도가 빨라 감염된 밤나무는 1~2년 사이에 대부분 고사한다.

[방제] 간벌, 정지, 전정 등 재배관리를 철저히 하고 발병을 조장하는 재배조건을 개선해 주는 것이 가장 좋은 방법이다. 잉크병이 발생되면 피해목을 즉시 제거하고, 병이 발생된 곳에서는 토양소독을 한다. 잉크병에 저항성인 품종을 식재한다.

⑥ 참나무 급사병(sudden oak death)

참나무 급사병(sudden oak death)은 참나무를 비롯한 여러 종의 나무를 죽이며, 유럽뿐만 아니라 미국 캘리포니아와 오리건주의 참나무 줄기에 출혈이 있는 궤양과 잎마름 증상을 나타내며, 많은 참나무를 죽이는 매우 파괴적인 영향을 미쳤다.

참나무 급사병은 또한 진달래(*Rhododendron*), 가막살나무(*Viburnum*) 등 목질 관상용 식물들을 감염시켜 가지마름병(dieback) 또는 줄기마름병(blight)으로 알려진 병징을 일으킨다. 이러한 식물은 빗물과 바람에 의해 전염될 수 있는 포자와 함께 참나무 급사병의 새로운 감염을 위한 전염원 역할을 할 수 있다.

참나무 급사병은 1995년에 미국 캘리포니아에서 다수의 tanoak(*Notholithocarpus densiflorus*)가 의문사하면서 처음 발견되었으며, 2000년 *Phytophthora*의 새로운 종으로 기재되었다. 이후 미국 일부 주, 영국, 독일을 포함한 다른 많은 지역에서 발견되었는데, 병원체의 기원은 아직 불분명하지만, 대부분의 증거는 유럽과 북아메리카에서 별도로 유입된 외래

종임을 시사한다.

유럽에서 참나무 급사병은 1990년대 초에 *Rhododendron*과 *Viburnum*에서 처음 관찰되었으며, 처음에는 주로 육묘장의 컨테이너에서 재배되는 식물에서 발견되었다. 주요 병징은 잎과 가지마름이었다. 2007년까지 유럽 16개국의 육묘장과 소매점 전체에 퍼졌고, 적어도 8개국의 정원, 공원, 삼림지대에서 발견되었다. 유럽참나무 종에는 큰 피해를 끼치지 않았다.

2009년 영국 서머셋, 데번, 콘월 등의 지역에서 일본잎갈나무(*Larix kaempferi*)가 감염되어 죽은 것이 발견되었다. *Phytophthora ramorum*이 이 나무 종을 감염시키는 것이 발견된 것은 세계 최초였다. 그 이후로 영국 웨일스와 스코틀랜드 남서부의 일본잎갈나무 산림에서도 광범위하게 발견되었고, 이로 인해 수백 ha에 달하는 일본잎갈나무가 베어졌다.

영국산림위원회(UK Forestry Commission)는 참나무 급사병의 퇴치가 불가능할 것이라고 지적하고, 대신 확산을 줄이기 위해 참나무 급사병을 억제하는 전략을 채택했다. 일본잎갈나무에서 나타나는 병징으로는 수관(crown)과 가지마름 등이며, 수피 아래 특유의 노랗거나 생강 색깔을 나타낸다.

2010년 8월, 아일랜드 워터포드 카운티와 티퍼리 카운티의 일본잎갈나무에서도 참나무 급사병이 발견되었다. 2014년 2월까지 일본 남부 전역의 일본잎갈나무 산림으로 퍼졌다. 참나무 급사병이 있었던 20개의 산림 중 한 곳의 150 ha에서 16,000그루의 나무를 베어냈다.

참나무 급사병에 대한 방제 메커니즘은 거의 없으며, 감염된 식물체의 조기 발견과 적절한 처리에 의존한다.

[병증상] 초기 병징은 새로 생장한 가지가 축 늘어지고 시든다. 잎은 가장자리에서부터 부정형 갈색 병반이 수침상으로 확대되고, 감염된 나무에서 잎의 색깔이 급격하게 미색으로 바뀌고 마침내 모든 잎의 색깔이 갈색으로 바뀐다. 감염된 나무 줄기 위의 궤양에서는 점액이 누출되면서 병환부가 괴사하는 점액누출궤양(bleeding canker) 표징을 나타낸다.

참나무 급사병에 감염된 식물은 처음 수분부족이나 영양실조와 같은 병징을 보이기 시작하고, 그 후에는 급속하게 수세가 약해져 다른 병원체나 여러 가지 다른 원인에 의해 쉽게 침해

그림 12.54 참나무 급사병에 심하게 감염된 나무.
[출처: P. Svihra, University of California, Martin County]

그림 12.55 참나무 어린 가지의 병징.
[출처: P. Svihra, University of California, Martin County]

그림 12.56 참나무 잎의 부정형 수침상 병징.
[출처: Wikipedia]

를 받기 때문에 진단할 때 오진할 수 있다.

그림 12.57 급사병에 감염된 참나무 줄기에서 누출되는 점액. [출처: P. Svihra, University of california Cooperative Extension, Martin County]

그림 12.58 참나무 줄기의 급사병 병징. [출처: P. Svihra, University of california Cooperative Extension]

[병원균] 참나무 급사병을 일으키는 병원균은 *Phytophthora ramorum*이다.

영양체는 격벽이 없는 다핵균사이고 무성적으로 유주포자낭, 쌍편모 유주포자와 두터운 세포벽을 가진 후벽포자를 형성하고, 유성생식에 의해 난포자를 형성한다.

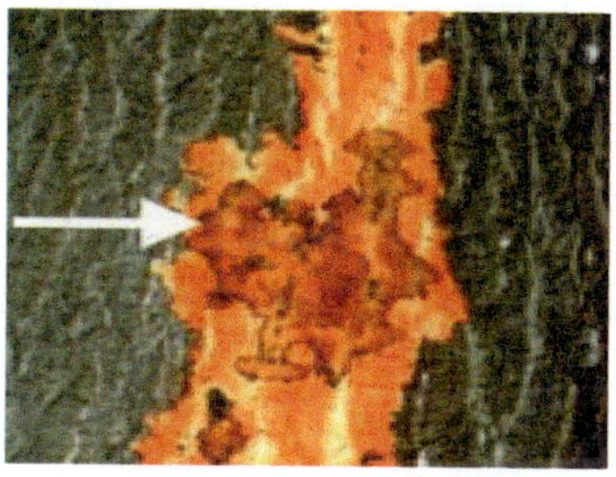

그림 12.59 참나무 급사병에 의해 갈변된 줄기의 내부 병징. [출처: Andrew J. Storer et al.]

그림 12.60 일본잎갈나무 가지의 병징. [출처: Forsest Research]

그림 12.61 일본잎갈나무 줄기의 병징. [출처: Forsest Research]

[병환] 참나무 급사병에 걸린 나무는 몇 년동안 생존하기도 하지만, 일반적으로 1~2년 후에 죽는다. 나무가 죽은 후에도 잎은 1년 동안 감염된 나무에 매달려 있기도 한다.

병원균은 여러 기주식물에 생긴 병반 위에 유주포자를 형성하기도 하지만, 궤양 위에는 유주포자를 형성하지 않으며, 토양, 빗물, 쓰러진 나뭇가지 등에서 발견되기도 한다.

1차 전염원(포자낭)이 감

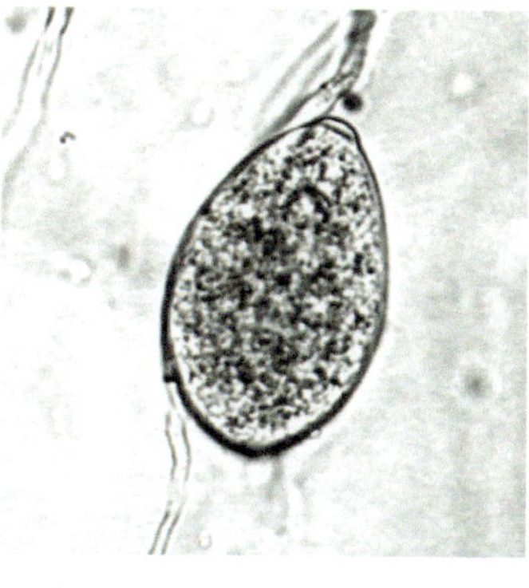

그림 12.62 참나무 급사병균(*Phytophthora ramorum*)의 유주포자낭. [출처: Matteo Garbelotto]

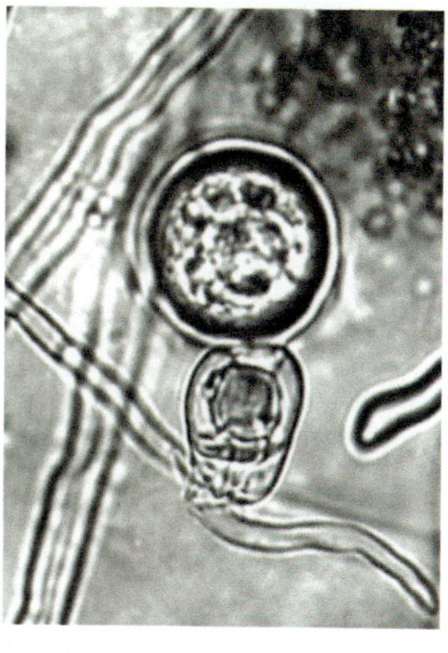

그림 12.63 참나무 급사병균(*Phytophthora ramorum*)의 난포자. [출처: Matteo Garbelotto]

염된 잎에서 생성되어 빗물과 기류에 의해 새로운 기주로 이동한다. 2차 전염원(포자낭 또는 유주포자)은 빗물을 따라 줄기 아래로 이동하고, 나무 아래부분을 감염한다. 병원균은 수피내부와 변재부를 감염해 점액누출형 궤양증상을 일으킨다. 상처가 없는 가지에 유주포자를 접종했을 때 궤양증상을 일으키지만, 어떻게 병원균이 가지를 감염하는지는 불명확하다.

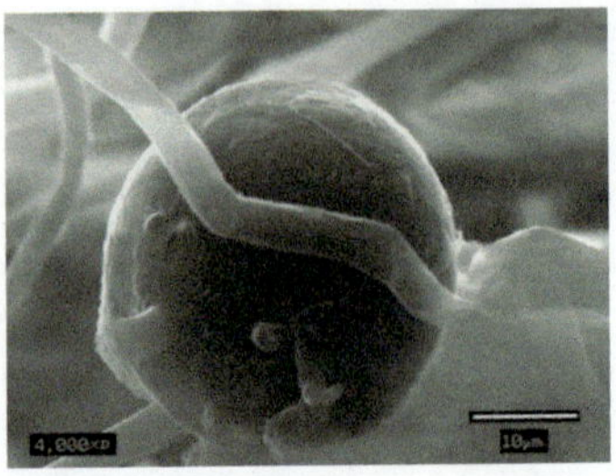

그림 12.64 참나무 급사병균(*Phytophthora ramorum*)의 후벽포자. [출처: Edwin R. Florance]

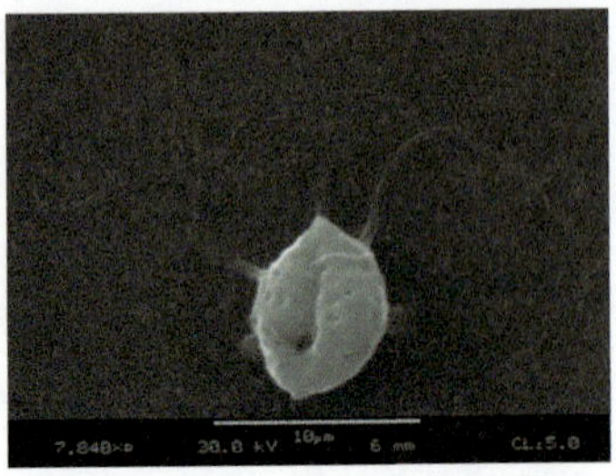

그림 12.65 참나무 급사병균(*Phytophthora ramorum*)의 유주포자. [출처: Edwin R. Florance]

수관 내부에서 생성된 2차 전염원은 빗물에 튀기거나 비바람에 날려 낮게 자라는 나무에 국부적으로 심하게 발병을 일으킨다. 감염된 잎은 지표면에 떨어져 전염원 역할을 한다. 낙엽에서 생성된 포자낭은 빗물과 기류에 의해 나무 아래 줄기와 잎으로 전파된다. 병원균은 낙엽이나 빗물에 의해 토양으로 유입된다.

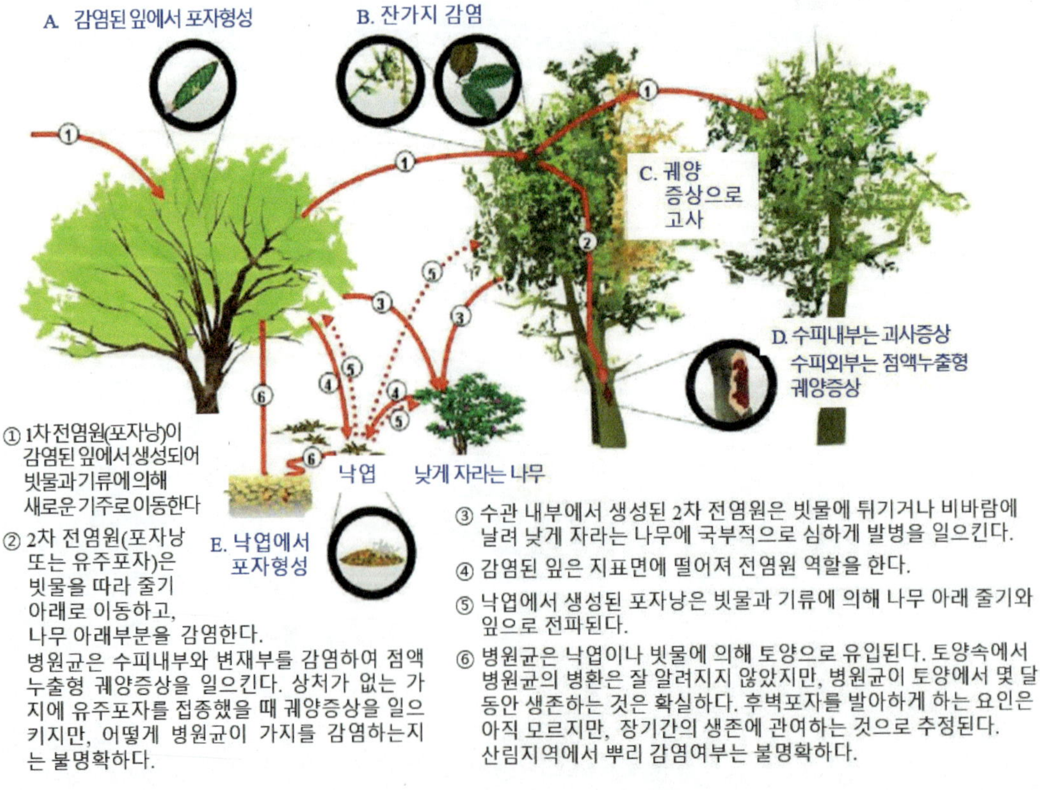

그림 12.66 *Phytophthora ramorum*에 의한 참나무 급사병의 병환. [출처: J. L. Parke & E. K. Peterson]

토양 속에서 병원균의 병환에 대해서는 잘 알려지지 않았지만, 병원균이 토양에서 몇 달 동안 생존하는 것은 확실하다. 후벽포자를 발아하게 하는 요인은 아직 모르지만, 장기간의 생존에 관여하는 것으로 추정된다. 산림지역에서 뿌리 감염여부는 불명확하다.

[방제] 참나무 급사병에 감염된 나무에 대한 확실한 치료법은 없다. 참나무의 수분과 영양결핍 스트레스를 줄이는 것이 예방법이다.

12.3.5 노균병

노균병(downy mildew)은 난균분(Oomycota), 난균강(Oomycetes), 노균병균목(Peronosporales), 노균병균과(*Peronosporaceae*)에 속하는 곰팡이에 의해 발생하는 식물병이다. 노균병균과에 속하는 곰팡이는 모두 고등식물의 절대기생체로 화곡류 작물과 채소, 그리고 다른 밭작물, 관상식물, 관목과 덩굴식물 등 많은 식물에 노균병을 일으킨다.

노균병은 주로 어리고 연약한 잎, 가지, 열매 조직을 공격하고 급속하게 확산된다. 노균병 발생과 진전은 식물체 표면에 수막의 존재와 서늘한 기온과 높은 상대습도에 의해 결정된다. 노균병은 매우 짧은 시간 동안 엄청난 손실을 일으킬 수 있는 병이다.

노균병 중에서 가장 중요한 담배, 양파, 포도나무, 박과작물 노균병을 비롯해 주요 노균병을 일으키는 병원균은 다음과 같다.

- *Bremia lactucae*(상추 노균병)
- *Hyaloperonospora brassicae*(=*Peronospora brassicae*, 배추과식물 노균병)
- *Peronospora antirrhini*(금어초 노균병), *P. destructor*(양파 노균병), *P. effusa*(시금치 노균병), *P. manchurica*(콩 노균병), *P. sparsa*(장미나무 노균병), *P. tabacina*(담배 노균병), *P. trifoliorum*(알팔파, 클로버 노균병), *P. violae*(제비꽃 노균병)
- *Peronosclerospora sorghi*(수수 및 옥수수 노균병), *P. maydi*, *P. philippinensis*(옥수수 노균병), *P. sacchari*(옥수수, 사탕수수 노균병)
- *Plasmopara viticola*(포도나무 노균병), *P. halstedii*(해바라기 노균병)
- *Pseudoperonospora cubensis*(박과작물 노균병), *P. humuli*(호프 노균병)
- *Sclerophthora macrospora*(벼 노균병)
- *Sclerospora graminicola*(조 노균병)

① 포도나무 노균병(downy mildew)

포도나무 노균병(downy mildew)은 포도가 재배되는 어느 지역에서나 발생한다. 포도나무 노균병은 포도나무의 잎, 열매, 덩굴 등 거의 모든 부위를 감염시키는데, 잎 조직을 죽이거나 조기낙엽을 일으킴으로써 포도와 포도주의 품질을 저하시키거나 완전히 포도 열매를 파괴시킨다. 또한 어린 순을 약하게 만들고 식물이 자라지 못하게 하고 포도나무 전체를 완전히 죽임으로써 커다란 손실을 일으키기도 한다.

포도나무 노균병균은 비교적 따뜻하고 습한 여름을 가진 기후에서 포도 덩굴의 가장 파괴적인 병으로 여겨진다. 포도나무 노균병은 1834년 Schweinitz가 미국 남동부의 북미산 포도 품종(*Vitis aestivalis*)에서 처음 관찰했다. 이 첫 관찰 직후, 이 병원체는 유럽 국가들로 전파되었고, 유럽 국가들에서 포도 생산과 포도주의 생산에서 파괴적인 역할을 했다.

프랑스는 포도나무 노균병균을 다루는 데 있어 경험을 쌓은 최초의 유럽 국가였다. 포도나무 노균병균이 도입된 지 불과 몇 년 만에 프랑스인들은 더 저항성이 강한 포도 품종을 육성하기 위해 미국산 포도 대목을 자신들의 포도 덩굴에 접목하려고 시도했다. 연도에 따라 프랑스 내 포도 생산량이 최대 50% 줄어든 것으로 추정된다. 이러한 결과 때문에 포도나무 노균병균은 유럽 포도밭에 영향을 미치는 곰팡이에 의한 가장 무서운 병으로 여겨져 왔다.

[병증상] 포도나무의 잎, 새순, 열매에 발생한다. 9월부터 기온이 20℃ 전후가 되고 비가 자주 내리면 많이 발생한다. 노균병에 감염된 포도나무 줄기의 위쪽 잎 표면에 불분명한 테두리를 가진 작고 연한 노란색 부정형의 희미한 점무늬가 처음 병

그림 12.67 포도나무 잎 앞면의 병징. [출처: 박종한]

그림 12.68 포도나무 잎 뒷면의 표징(포자낭). [출처: 박종한]

그림 12.69 포도나무 어린 열매의 병징과 표징(포자낭).
[출처: Jerzy Opioła]

그림 12.70 포도나무 열매의 표징(포자낭).
[출처: Wikipedia]

그림 12.71 포도나무 열매의 후기 병징.
[출처: Miguel Puelles Ruiz de Gopegui]

징으로 나타난다. 잎 뒷면과 병반 점무늬 밑에서 노균병균의 포자낭경과 포자낭이 서릿발처럼 자라나오는 표징을 볼 수 있다.

나중에 감염된 잎 부분이 죽고 갈색으로 변하면 잎 뒷면에서 보이는 노균병균의 포자낭경과 포자낭은 암회색으로 보인다. 괴사 병반은 윤곽이 불규칙하고 그것들이 확대됨에 따라 융합해 잎에 커다랗게 죽은 부위를 형성하며 흔히 조기낙엽을 일으킨다.

포도나무의 어린 조직은 특히 감수성이다. 감염된 포도나무는 노균병균으로 뒤덮이고 뒤틀리거나 두꺼워지고 죽는다. 포도알이 반쯤 자란 후에 감염되면 노균병균은 내부적으로만 자라 포도알은 가죽처럼 변하고 쭈그러든 채 적자색이나 갈색으로 변한다. 노균병균이 포도나무 줄기에 조금 늦게 침입했거나 국부적으로만 감염했을 경우에는 순은 죽지 않고 기형으로 변형된다.

[병원균] 포도나무 노균병을 일으키는 병원균은 *Plasmopara viticola*이다. 영양체는 다핵균사로 직경은 1~60 ㎛로 다양하다. 균사체에서 무성적으로 형성된 포자낭경은 잎 뒷면과 줄기의 기공을 통해 자라거나 어린 열매의 피목을 통해 자란다. 보통 4~6개의 포자낭경이 기공 하나에서 자라 나오지만, 포자낭경의 원줄기와 거의 직각으로 4~6개의 1차 가지를 형성하고, 각 가지는 2개 또는 3개의 2차 가지를 비슷한 방법으로 형성한 후 2차 가지의 끝에 레몬 모양의 포자낭(분생포자)을 하나씩 형성한다. 포도나무 노균병균은 2개의 교배형 P1과 P2로 구성된 이종교배형으로 두 교배형이 존재해야만 유성생식에 의해 갈색의 난포자를 형성한다.

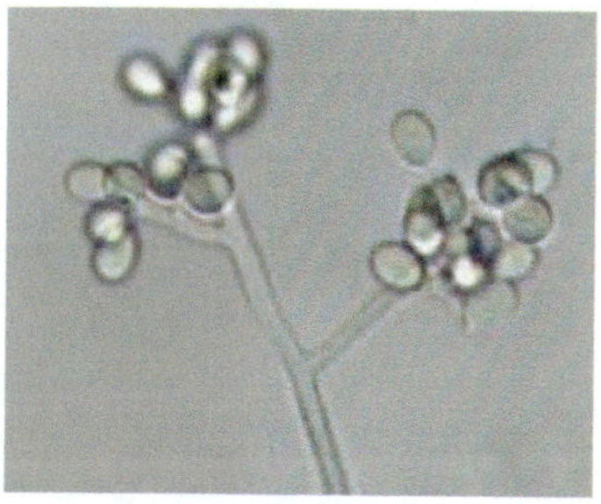

그림 12.72 포도나무 노균병균 (*Plasmopara viticola*)의 분생포자경과 분생포자.
[출처: Wikipedia]

[병환] 병원균은 병들어 죽은 잎이나 가지에서 난포자로 월동한다. 봄철 우기에 난포자가 발아해 형성된 포자낭이나 유주포자는 바람이나 물에 의해 전반돼 땅가에 있는 것은 잎 뒷면의 기공을 통해 침입한다. 균사체가 잎의 세포사이로 침입한 후 세포 속으로 집어넣은 구형의 흡기를 통해 양분을 흡수하면서 조직 속으로 계속 퍼져나가고, 기공하포에 도달하면 기공을 통해 포자낭경이 나오는 쿠션 모양의 균사체를 형성한다.

1차 병반에 많이 형성된 포자낭은 바람이나 비에 의해서 근처 식물체로 전반되자마자 발아해 많은 유주포자를 형성한다. 유주포자는 기공이나 피목을 통해 2차 감염을 일으키고 노균병을 급속하게 전파시킨다. 감염 후 새로운 포자낭 형성까지의 병환 기간은 온도, 습도, 포도나무 품종의 감수성 정도 등에 따라 차이가 있지만 대개 5~18일이 걸린다. 발병에 적합한 온도는 18~24℃, 분생포자 형성에 적합한 조건은 상대습도 95~100%일 때 12℃이다.

감염된 포도나무 줄기의 변형과 이상비대는 감염된 세포가 확대돼 생기고 많은 양의 균사체

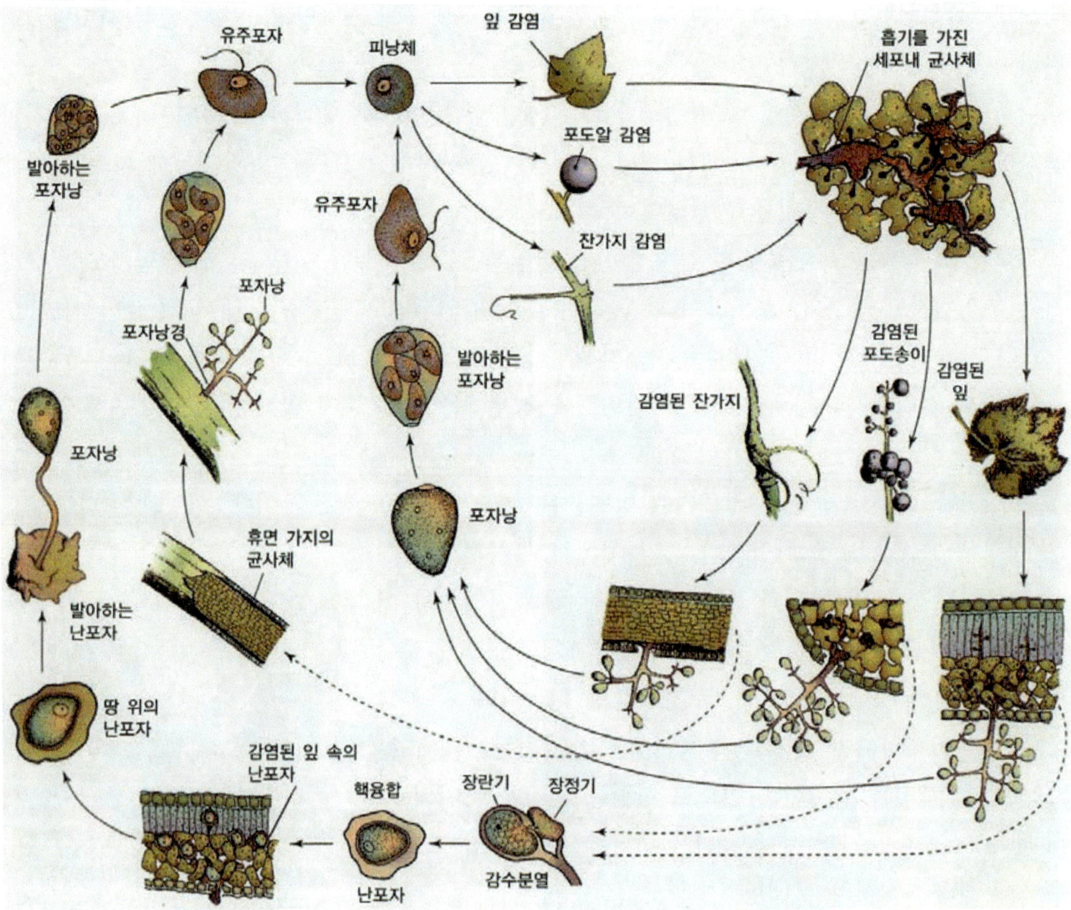

그림 12.73 *Plasmoviticola viticola*에 의한 포도나무 노균병의 병환. [출처: 식물병리학]

가 세포 간극에 존재한다. 최종적으로 감염된 줄기 세포는 죽고 붕괴되며, 줄기에는 갈색으로 움푹 꺼진 부위가 생긴다. 어린 열매에서는 세포 사이로 감염되고 엽록소가 파괴되고 사라지며 세포는 붕괴되고 갈색으로 변한다. 포도나무 생육 말기에 *P. viticola*는 감염된 지 오래된 잎에 때때로 순과 포도 알갱이에서 난포자를 형성한다.

[방제] 병든 낙엽과 열매를 모아 태운다. 포도나무 노균병 방제를 위한 가장 효과적인 살균제는 동제인 보르도액, 광범위 보호살균제와 침투성 살균제다. 약제살포는 개화 전에 시작하고 살포 시기와 횟수는 지역조건에 따라 다르다. 특히 포도나무 생육기간 동안 강우 횟수와 그 지속기간에 따라 상당히 달라질 수 있지만, 보통 7~10일 간격으로 살포한다. 잎에 습기 지속시간과 상대습도, 기온에 근거해 개발한 발병예찰 시스템은 노균병의 감염시기를 알고 살균제 살포시기를 결정하는데 상당히 도움이 된다. 최근 구리제나 광범위 보호살균제와 합제형태의 침투성 살균제 살포는 포도나무 노균병 방제에 탁월한 효과를 나타낸다.

심층학습 31 주요 '노균병균'의 특징 및 분류

난균문(Oomycota), 난균강(Oomycetes), 노균병균목(Peronosporales), 노균병균과(*Peronosporaceae*)에 속하는 '노균병균'은 살아있는 고등식물에 기생하는 대표적인 절대기생체로서 기주 범위가 넓어 화곡류 작물을 비롯해 다양한 채소류, 그리고 다른 밭작물, 관상식물, 관목과 덩굴식물 등에 '노균병'을 일으킨다.

'노균병균'은 독특하게 분지한 포자낭경(sporangiophore) 끝에 포자낭(sporangium)을 형성한다. 포자낭경이 주로 잎의 아래쪽에 수많은 작은 이슬이 맺힌 서릿발처럼 투명하고 하얗게 기공을 통해서 식물조직으로부터 바깥으로 집단적으로 나타나는 표징(sign)에서 '노균병(露菌病, downy mildew)'이라는 병명이 유래한다.

주요 '노균병균' 중에서 *Sclerospora, Peronosclerospora*와 *Sclerophthora*가 생성하는 포자낭경은 굵은 곤봉 모양이고, 포자낭경의 상단에서 짧게 분지하는 반면에, *Bremia, Plasmopara*와 *Pseudoperonospora*가 생성하는 포자낭경은 가늘고, 나뭇가지 모양으로 분지한다.

*Plasmopara*가 생성하는 포자낭경은 직각에 가깝게 짧게 분지하며, 가지선단은 뾰족하지 않은 반면에, *Pseudoperonospora*가 생성하는 포자낭경은 예각으로 2차분지하며, 가지선단은 뾰족하다. *Bremia*가 생성하는 포자낭경은 예각으로 2차분지하지만, 가지선단은 뾰족하지 않고, 원반 모양을 해 그 주변부에 몇 개의 소병이 생긴다.

일반적으로 '노균병균'의 포자낭은 무성포자인 쌍편모 유주포자(biflagellate zoospore)를 형성하는 간접 발아를 하지만, 고온에서는 발아관(germ tube)을 형성하는 직접 발아를 함으로써 기주 식물체를 침입한다. 그러나 *Plasmopara, Pseudoperonospora*와 *Sclerospora*는 간접 발아만 하고, *Peronospora*와 *Peronosclerospora*는 발아관에 의해서만 포자낭이 발아하는 직접 발아만 한다. *Bremia*는 대부분 직접 발아를 하지만 드물게 간접 발아를 한다.

발아관을 내어 직접 발아하는 포자낭은 포자낭이라기보다는 하나의 포자로 보는 것이 더 합리적이다. 이러한 경우에 포자낭은 분생포자(conidium)라고 한다. '노균병균'이 유성생식에 의해 생성하는 난포자(oospore)는 거의 대부분 발아관을 내어 직접 발아를 하지만, 드문 경우로 유주포자(zoospore)를 방출하는 유주포자낭(zoosporangium)을 형성하는 간접 발아를 하기도 한다.

주요 노균병균 속의 무성포자의 형태적 특징. [출처: 식물병원균류해설]

② 조 노균병(downy mildew, green ear)

조 노균병(downy mildew, green ear)은 '조 균데병'이라고도 하는데, 조 뿐만 아니라 강아지풀 등 벼과식물에 발생한다.

그림 12.74 조 잎의 병징.
[출처: S. Singh et al.]

그림 12.75 조 잎의 표징(분생포자).
[출처: A. Nagaraja et al.]

그림 12.76 조 노균병에 감염되어 꽃이 잎처럼 변형된 초록색 이삭.
[출처: Vivek Gupta]

[병증상] 조의 잎과 이삭에 발생한다. 잎에는 처음 담황색 줄무늬 병징이 생기며, 습하면 그 뒷면에 하얀 곰팡이(분생포자)가 표징으로 많이 생기고, 심하면 잎이 전개되지 않는다. 나중에 병든 잎은 찢어져 갈색 가루(난포자)를 날리며 잎맥만 남아 머리털 모양으로 된다. 이삭은 씨껍질이 비대해 여물지 않고 전체가 기형으로 된다.

조 노균병은 거의 항상 전신감염의 결과로 엄청난 병징의 변이가 일어난다. 일반적으로 전신병징이 두 번째 잎에서 나타나면, 다음 잎과 이삭에서 병징이 발달해 식물체는 위축되고 이삭은 생성되지 않는다. 꽃이 잎처럼 변형돼 초록색 이삭이 되는 현상때문에 green ear 또는 녹변(virescence) 줄기라고도 한다. 이 부위는 황화되고 때로는 포자낭이 형성되기도 해서 조 노균병이 발생한 증거가 된다. 잎몸에 드물게 누런 점무늬들과 포자낭이 생성되고 나중에 썩으면서 죽는다.

그림 12.77 조 줄기의 병징 및 표징(분생포자). [출처: W. N. Ellis]

[병원균] 조 노균병을 일으키는 병원균은 *Sclerospora graminicola* 이다.

영양체는 다핵균사이고, 균사체에서 무성적으로 형성되어 전신감염을 일으킨 잎의 기공으로부터 자라나오는 포자낭경은 짧고 그 끝 가까이에서 여러 개로 갈라진다. 그 끝에 무

그림 12.78 조 노균병균(*Sclerospora graminicola*)의 표징(분생포자경과 분생포자).
[출처: S. Singh et al.]

색 투명하고 얇은 세포벽에 레몬 모양~타원형의 포자낭을 생성한다. 자웅이체형이므로 각 교배형에서 형성된 웅기(장정기)와 난기(장난기)가 만나 난포자를 생성한다. 성숙한 난포자는 구형이고, 황갈색이다. 난포자는 발아관을 내 직접발아하거나 유주포자를 방출한다.

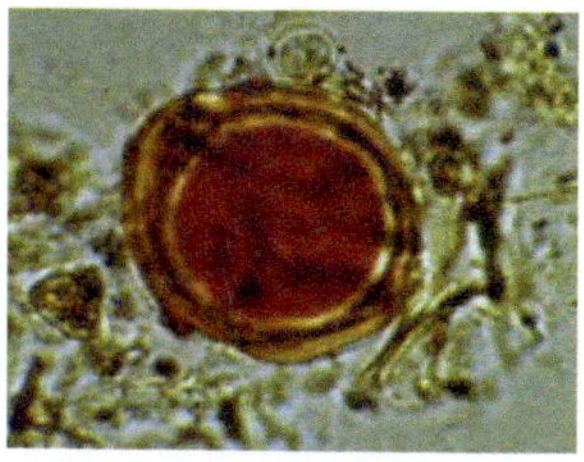

그림 12.79 조 노균병균(*Sclerospora graminicola*)의 난포자. [출처: PlantVillage]

[병환] 난포자 형태로 종자나 토양에서 월동하며, 이듬해 파종된 종자가 발아할 때 침입한다. 비, 바람에 의해 전반되는 포자낭 또는 유주포자에 의해 2차 감염이 일어난다. 난포자는 약 2년간 살 수 있으며 포자낭은 햇볕에 매우 약하다.

자연상태에서 포자낭은 다습한 조건에서 밤 동안 대량으로 생성된다. 포자낭 형성에 적합한 기온은 20℃이고, 습도는 95~100% 상대습도이다. 포자낭에서 생성된 유주포자는 30~60분 유영을 하다가, 피낭체(encyst)가 되고, 발아관을 내 직접발아를 한다. 때로는 포자낭이 발아관을 내 직접발아를 한다. 포자낭은 단명하는데, 포장에서 낮 동안에는 생존하지 못한다.

발병에 알맞은 토양온도는 20℃, 포자낭 형성 및 발아 최적온도는 각각 18~20℃와 17℃이다.

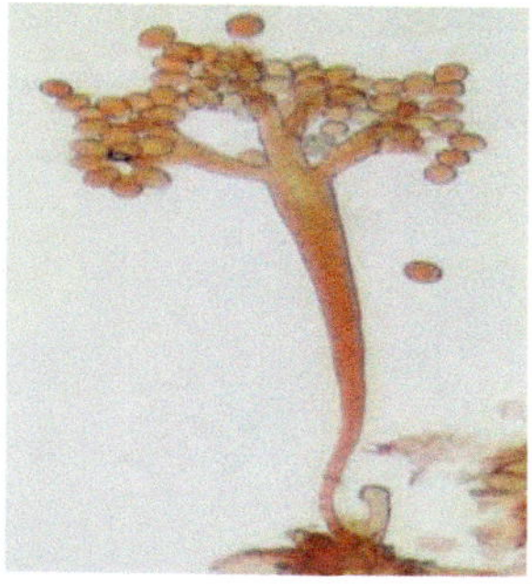

그림 12.80 조 노균병균(*Sclerospora graminicola*)의 분생포자경과 분생포자. [출처: W. N. Ellis]

그림 12.81 *Sclerospora graminicola*에 의한 조 노균병의 병환.
[출처: H. S. Shetty et al., Indian Council of Agricultural Research]

[방제] 무병지에서 채종하며, 종자를 적용약제로 분의소독해 파종한다. 발병지에서는 연작을 피하고, 병든 식물잔재들을 모아서 태운다. 저항성 품종을 재배한다.

③ 벼 노균병(downy mildew)

벼 노균병(downy mildew)은 벼를 비롯한 벼과식물(Poaceae)에 발생한다. 못자리에서 많이 발생하고, 침수된 논이나 잦은 강우로 일조가 부족하고 저온다습한 환경에서 많이 발생한다.

[병증상] 감염된 식물체는 마디 사이가 짧아져 키가 왜소해지고, 벼 잎은 촘촘하게 생성되기 때문에 더부룩해지는 병징을 나타낸다. 초기에는 벼 잎에 흰색 또는 담황색 작은 퇴록 점무늬가 생기고 진전되면 잎은 뒤틀리고 구부러지기도 하면서 누렇게 된다. 개화기에 심한 증상이 나타나고 병든 포기는 생육불량으로 위축돼 누렇게 되거나 지나치게 분얼이 많이 되기도 한다. 병든 포기는 출수가 되지 않거나 심하게 변형되고 뒤틀린 기형 이삭으로 되기도 한다. 병원균의 균사가 뿌리까지 감염하지는 않는다.

그림 12.82 벼 이삭의 병징.
[출처: Don Groth et al.]

그림 12.83 벼 잎의 병징.
[출처: William M. Brown Jr., Bugwood.org]

[병원균] 벼 노균병을 일으키는 병원균은 *Sclerophthora macrospora*이다.

영양체는 다핵균사이고, 가늘고 길게 유관속에서 신장해 잎집까지 자란다. 균사체에서 무성적으로 형성되어 기주식물체 기공으로부터 자라나온 포자낭경은 짧고 그 끝 가까이에서 여러 개로 갈라진다. 그 끝에 타원형~난형의 포자낭이 6개 이상 생성되는데, 발아해 난형 또는 서양배 모양의 쌍편모 유주포자를 50개 이상 형성한다. 난포자는 약 2년간 살 수 있으며, 포자낭 형성 적온은 18~20℃이고, 포자낭은 햇볕에 매우 약하다. 콩팥 모양의 웅기와 두터운 세포벽을 가진 구형~준구형의 난기가 수정한 후 발아해 유주포자를 형성한다.

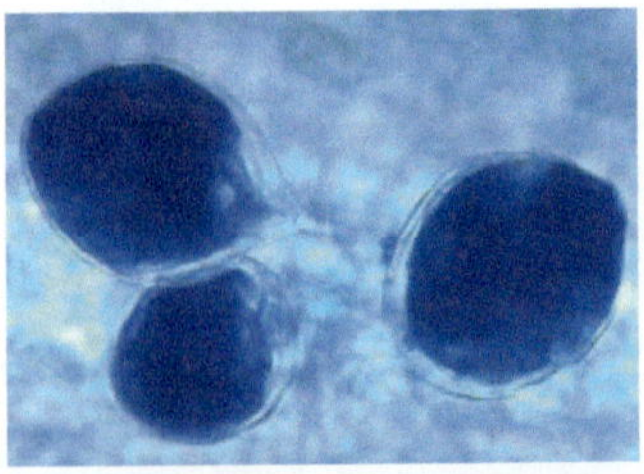

그림 12.84 벼 노균병균(*Sclerophthora macrospora*)의 포자낭.
[출처: T. Tsukiboshi]

그림 12.85 벼 노균병균(*Sclerophthora macrospora*)의 난포자.
[출처: T. Tsukiboshi]

[병환] 난포자 또는 균사 형태로 병든 볏짚 등 식물잔재에서 난포자로 월동하며, 논 주위에 있는 벼과 잡초가 1차 전염원 역할을 한다. 난포자는 배수가 잘 되는 토양에서 수 개월간 생존할 수 있다. 이듬해 파종된 종자가 발아할 때 포자낭(분생포자)를 형성해 식물체에 침입한다. 비, 바람에 의해 전반되는 포자낭(분생포자) 또는 유주포자에 의해 2차 감염이 일어난다. 발병에 알맞은 온도는 15~25℃이며, 5℃ 이하와 30℃ 이상에서는 잘 나타나지 않고, 침수지역이나 안개가 잦은 다습지역에서 주로 발생한다.

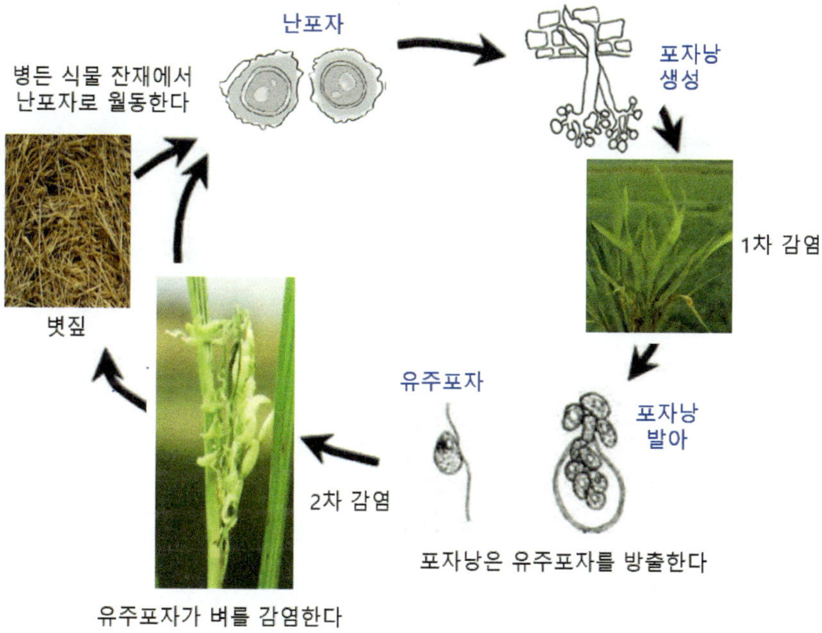

그림 12.86 *Sclerophthora macrospora*에 의한 벼 노균병의 병환.

[방제] 논에 침수를 방지한다. 발병지에서는 연작을 피하고 병든 식물잔재들을 모아서 태운다. 종자를 소독하고, 육묘시 10 ㎜ 이상 깊게 파종하고, 농약을 처리한 왕겨로 파종한 종자를 덮는다. 발병이 심할 경우 적용약제를 살포한다.

④ 상추 노균병(downy mildew)

상추 노균병(downy mildew)은 저온다습한 비닐하우스에서 많이 발생한다. 상추 외에 다른 국화과식물(Asteraceae)에 발생한다.

[병증상] 상추의 전 생육기에 발생되며, 처음에는 잎 표면에 담황색 작은 퇴록 점무늬 병징이 생기고 점차 확대되어 직경이 1 ㎝ 또는 그 이상의 크기에 달하고 나중에 서로 합쳐져 잎맥과 잎맥 사이에 갈색 다각형 무늬로 변한다.

표징으로 병반의 뒷면에는 하얀 솜털 모양의 곰팡이(분생포자경과 분생포자)가 많이 자란다. 병든 잎은 잎끝에서부터 갈색으로 변하며 썩고 오래된 잎부터 말라 죽는다.

그림 12.87 상추 잎 앞면의 병징. [출처: College of Agriculture and Life Science, Cornell University]

그림 12.88 상추 잎 뒷면의 표징(분생포자). [출처: Gerald Holmes, Strawberry Center, Cal Poly San Luis Obispo, Bugwood.org]

[병원균] 상추 노균병을 일으키는 병원균은 *Bremia lactucae* 이다.

영양체는 다핵균사이고, 균사체에서 무성적으로 형성되어 갈래모양으로 갈라진 분생포자경의 끝에 무색 구형의 분생포자를 형성하고, 유성생식에 의해 난포자를 형성한다.

그림 12.89 상추 노균병균(*Bremia lactucae*)의 분생포자경과 분생포자. [출처: Bruce Watt]

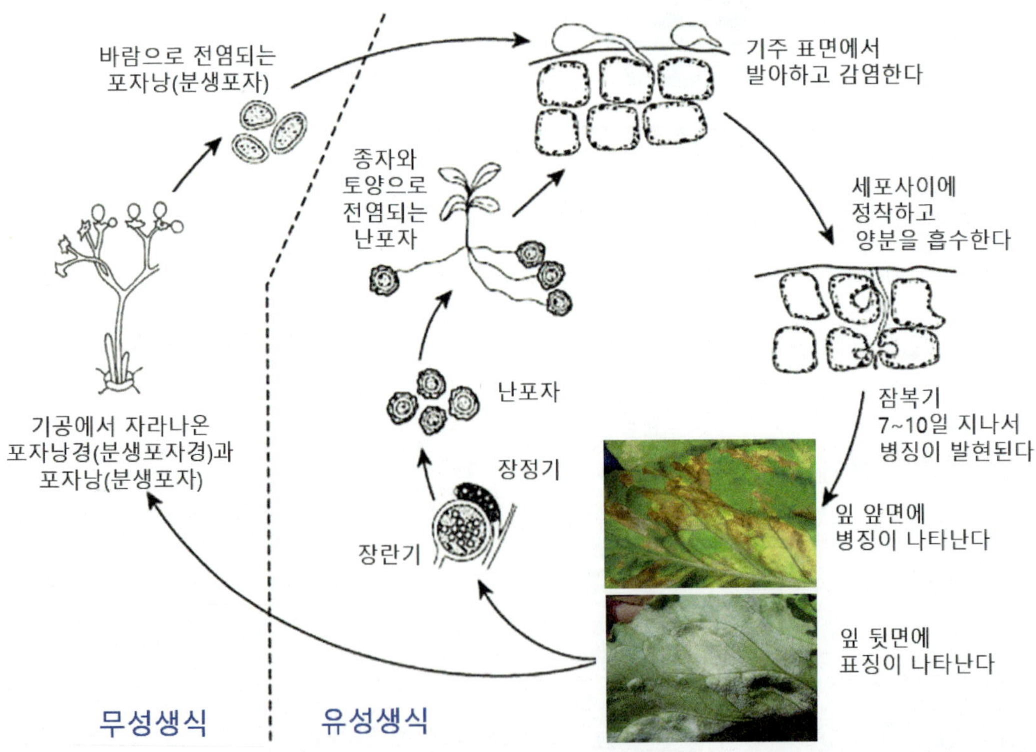

그림 12.90 *Bremia lactucae* 에 의한 상추 노균병의 병환. [출처: Steve Klosterman & Krishna Subbarao]

[병환] 병든 식물체에서 균사나 난포자 상태로 월동한 후 이듬해 봄에 1차 전염원으로 활동한다. 분생포자는 바람에 의해 전반되며, 직접 잎 표면의 각피를 뚫고 침입하며, 가끔 기공을 통해 침입하기도 한다. 적당한 환경에서는 3시간 이내에 침입이 이루어지며, 세포간극에서 흡기를 내어 기주세포의 영양을 흡수한다. 개인 날이나 밤기온이 16℃ 이상 올라가면 분생포자는 발아하지 않는다.

[방제] 병든 식물잔재들을 모아서 태운다. 토양이 과습하지 않도록 배수관리를 철저히 하고, 비닐하우스에 재배하는 상추 잎에 물방울이 오래 맺히지 않도록 바람이 잘 통하도록 관리한다. 비교적 고온건조한 상태에서 재배하도록 힘쓴다. 저항성 품종을 재배한다. 발병이 심할 경우 보르도액이나 동수화제 등 적용약제를 살포한다.

⑤ 오이 노균병(downy mildew)

오이 노균병(downy mildew)은 장마철에 많이 발생한다. 모든 박과작물(Cucurbitaceae)에 발생하는데, 오이에서 피해가 가장 심하다.

[병증상] 주로 생육 중기 및 후기에 잎에 심하게 발생한다. 아랫잎부터 발병하기 시작해 처음에는 담황색 작은 퇴록 점무늬 병징이 생기고 이것이 점점 커져 잎맥에 둘러싸여 다각형으로 된다. 병반의 뒷면에는 표징으로 서릿발 모양의 암회색 곰팡이(분생포자)가 많이 생긴다. 원래는 흰색~회색이지만 흙, 먼지 등에 착색되어 흑연가루 모양으로 보인다. 병든 잎은 잘 찢어지고 황갈색을 띠며, 병반들이 합쳐지면 잎이 말라 죽는다. 여름철 온도가 높아지면 병반의 크기는 다소 작아진다.

그림 12.91 참외 잎 앞면의 병징.

그림 12.92 오이 잎 앞면의 병징. [출처: Gerald Holmes, Strawberry Center, Cal Poly San Luis Obispo, Bugwood.org]

그림 12.93 오이 잎 뒷면의 표징(분생포자). [출처: Gerald Holmes, Strawberry Center, Cal Poly San Luis Obispo, Bugwood.org]

그림 12.94 오이 잎 앞면의 후기 병징. [출처: Wikipedia]

[병원균] 오이를 비롯한 박과작물에 노균병을 일으키는 병원균은 *Pseudoperonospora cubensis* 이다. 병원성이 다른 레이스로 ① 오이, 김치외, 참외, ② 호박, ③ 수박, ④ 수세미오이, ⑤ 여주, ⑥ 뚜껑덩굴계 레이스 등이 있다.

영양체는 다핵균사이고, 균사체에서 무성적으로 형성되어 나뭇가지같은 분생포자경에 담갈색 분생포자가 형성되며, 발아해 유주포자를 형성한다. 담갈색 분생포자는 레몬형 단세포이며 유두돌기를 가지고 있다. 분생포자는 15~19℃의 비교적 저온에서 잘 형성되며, 저녁무렵부터 밤 사이의 야간에 주로 형성된다.

그림 12.95 오이 노균병균(*Pseudoperonospora cubensis*)의 분생포자경과 분생포자. [출처: Paul Bachi, University of Kentucky Research and Education Canter, Bugwood.org]

[병환] 병원균은 오이를 연중재배하는 곳에서는 분생포자로 월동이 가능하다. 분생포자는 바람에 의해 잘 전반되고 물기만 있으면 발아해 유주포자를 형성하며, 유주포자는 빗방울이나 관개수에 의해 전반되어 잎에 부착하면 기공을 통해 침입한다. 분생포자의 발아 최적온도는 15~22℃, 감염적온은 16~22℃이다. 난포자 형성 및 월동 여부는 확실하지 않다.

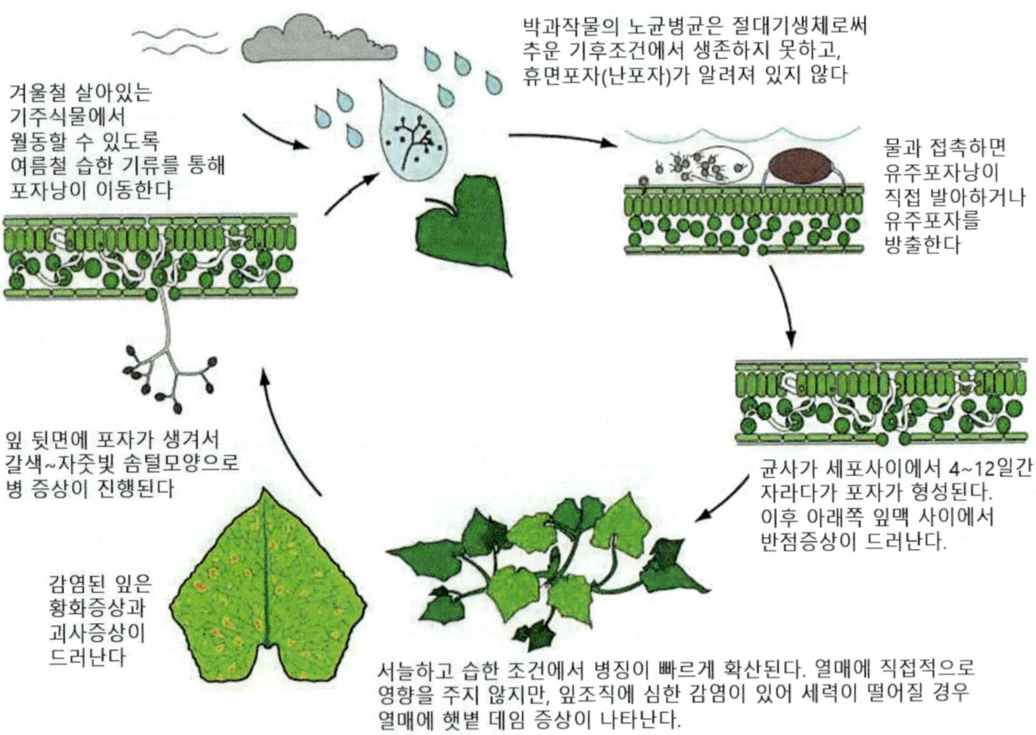

그림 12.96 *Pseudoperonospora cubensis* 에 의한 오이 노균병의 병환. [출처: R. A. Clark & A. J. Gevens]

[방제] 짚을 깔아 물방울이 아랫잎으로 튀지 못하게 한다. 받침대를 세워 바람이 잘 통하도록 관리한다. 발병지에서는 연작을 피하고 윤작을 한다. 병든 식물잔재들을 모아서 태운다. 저항성 품종을 재배하고 균형시비로 영양이 부족하지 않게 한다. 발병이 심할 경우 보르도액이나 동수화제 등 적용약제를 살포한다.

⑥ 호프 노균병(downy mildew)

호프 노균병(downy mildew)은 호프에 발생하는 가장 중요한 병 중 하나로 수량손실과 품질저하를 일으킨다.

[병증상] 호프 잎에 황갈색 다각형 병반이 생겨 점차 융합해 커다란 병반이 되고 갈색으로 변하는 병징을 나타낸다. 온난하고 건조한 날씨에는 병반은 마르고 갈색 괴저병반을 만들고, 심하게 감염되면 낙엽이 진다. 꽃에서는 꽃턱잎이 갈색으로 변하며 병반의 뒷면에는 솜털같은 곰팡이(분생포자경과 분생포자)가 표징으로 드러난다. 병든 뿌리는 피층의 유조직, 물관, 체관, 속(pith)이 적갈색으로 썩으면서 죽는다.

그림 12.97 호프 잎 앞면의 병징.
[출처: Wikimedia Commons]

그림 12.98 호프 잎 뒷면의 병징.
[출처: Wikipedia]

그림 12.99 호프 꽃의 병징.
[출처: Wikipedia]

[병원균] 호프 노균병을 일으키는 병원균은 *Pseudoperonospora humuli* 이다.

영양체는 다핵균사이고, 균사체에서 무성적으로 형성되어 나뭇가지같은 분생포자경에 분생포자가 형성되며, 발아해 쌍편모 유주포자를 형성한다. 잎 뒷면에 형성되는 담갈색 분생포자는 레몬형 단세포이며 유두돌기를 가지고 있다. 분생포자는 15~19℃의 비교적 저온에서 잘 형성되며, 저녁무렵부터 새벽까지 밤에 주로 형성된다.

[병환] 호프 노균병은 근관(crown)이나 뿌리에서 균사로 월동하고 적절한 환경에서 줄기를 감염시킨다. 80~90% 이상의 높은 습도는 분생포자 형성을 촉진시킨다. 분생포자경에서 분리된 분생포자는 5~15개의 쌍편모 유주포자를 방출시키고, 유주포자는 기공을 통해 침입한 후 발아한다. 세포사이에서 투명한 다핵균사는 흡기를 내어 세포에서 영양을 흡수하면서 생육기 동

안에 새로운 분생포자경과 분생포자 형성을 되풀이한다.

수분이 있을 때 15~29℃ 정도의 기온에서는 최소 1.5~2시간이면 감염을 일으킨다. 24시간 이상 습윤이 잎에 지속되면 5℃에서도 감염할 수 있고, 습도가 높고 상대적으로 따뜻한 밤에 가장 심하게 감염을 일으킨다.

[방제] 가을철에 병든 식물잔재들을 제거하고, 이른 봄에 위축된 새순을 제거한다. 저항성 품종을 선택하고, 무병묘를 재배한다. 이식묘는 소독 후 정식한다. 발병이 심할 경우 보르도액이나 동수화제 등 적용약제를 살포한다.

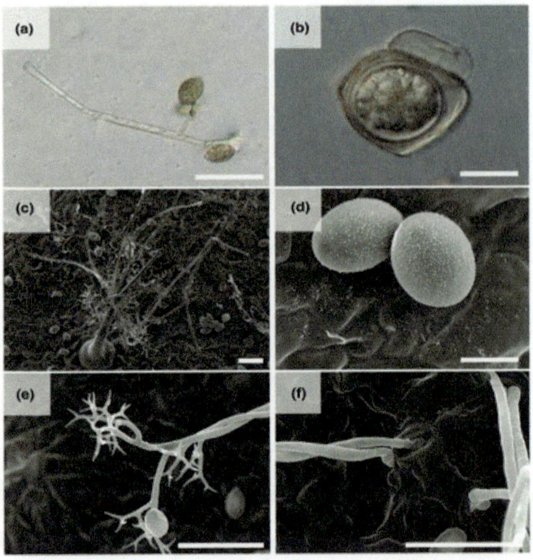

그림 12.100 호프 노균병균 (*Pseudoperonospora humuli*)의 포자낭경과 포자낭(a), 난포자(b), 포자낭경과 포자낭(c), 포자낭(d), 포자낭을 방출하는 포자낭경(e), 기공에서 자라나온 포자낭경(f).
[출처: S. Purayannur et al.]

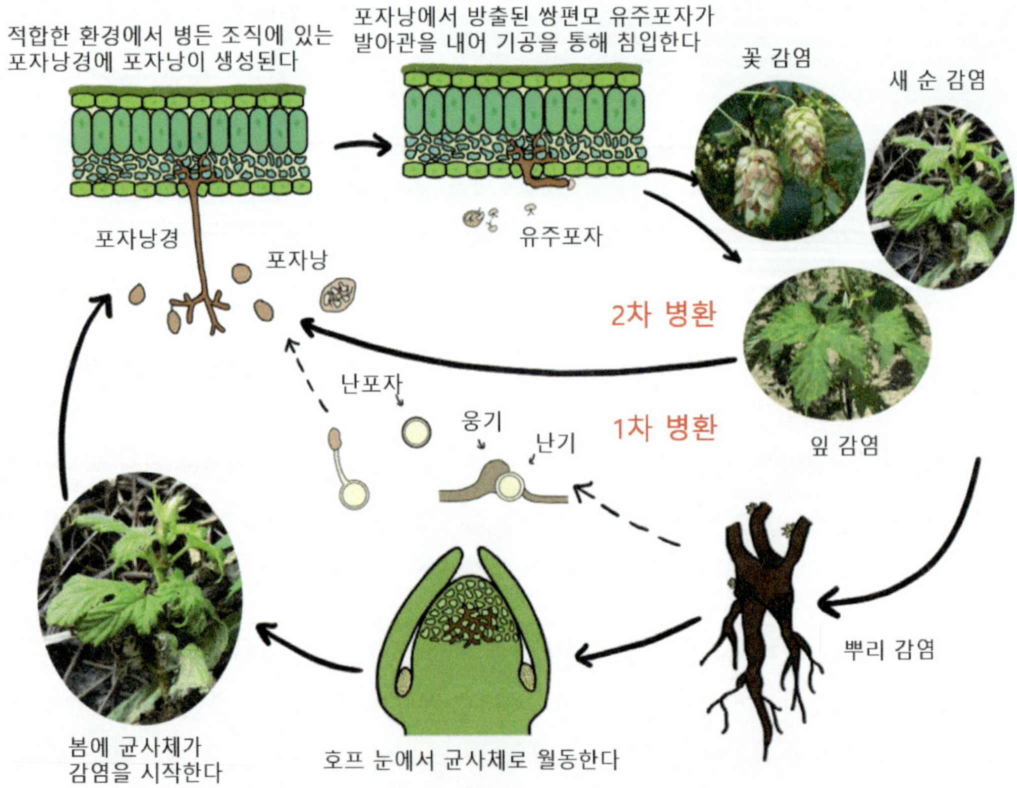

그림 12.101 *Pseudoperonospora humuli*에 의한 호프 노균병균의 병환. [출처: Savithri Purayannur et al.]

⑦ 배추과식물 노균병(downy mildew)

무와 배추를 비롯해 배추과식물(Brassicaceae)에 발생하는 노균병(downy mildew)은 평지에서는 봄철이나 늦가을, 고랭지에서는 여름철에 많이 발생한다.

[병증상] 잎에 주로 발생하지만, 줄기, 꽃대, 꼬투리, 뿌리에도 발생한다. 묘상에서 발생하면 피해가 심한데, 유묘 잎의 표면에 노란색 점무늬 병징이 생기고, 뒷면에는 하얀 노균증상이 표징으로 드러난다. 심하게 감염된 유묘는 위축되고 죽는다.

잎에는 처음에 아랫잎으로부터 담록색의 점무늬 병징이 생기고 차차 확대되면서 담황색으로 변하면서 일찍 노화된다. 병반의 뒷면에는 표징으로 서릿발같은 곰팡이(분생포자경과 분생포자)가 많이 생긴다. 유묘기에 발생하면 잎은 쉽게 떨어지며, 모 전체가 죽지만 생육후기에 감염된 잎은 떨어지지 않고, 작은 병반들이 합쳐져 잎 전체가 황록색에서 황갈색으로 변하며 말라 죽는다. 감염된 무와 배추는 저장성과 상품성이 떨어진다.

그림 12.102 양배추 잎 앞면의 병징. [출처: Gerald Holmes, Strawberry Center, Cal Poly San Luis Obispo, Bugwood.org]

그림 12.103 배추 잎의 병징 및 표징. [출처: Wikipedia]

그림 12.104 무 잎 뒷면의 표징. [출처: W. N. Ellis]

[병원균] 무와 배추에 노균병을 일으키는 병원균은 *Hyaloperospora brassicae* (=*Peronospora brassicae*)이다.

영양체는 다핵균사이고, 균사체에서 무성적으로 형성되어 나뭇가지 모양의 분생포자경 끝에 계란형 또는 레몬형 분생포자를 한 개씩 형성한다, 유주포자는 형성하지 않고, 유성포자로 난포자를 형성한다.

그림 12.105 무와 배추 노균병균(*Hyaloperospora brassicae*)의 분생포자경과 분생포자. [출처: Juan Manuel Tovar-Pedraza]

[병환] 병원균은 병든 뿌리에서 균사 상태로 월동하거나 병든 잎에서 난포자 상태로 월동한다. 분생포자는 직접 발아해 유주포자를 만들지 않고 기공을 통해 침입한다. 묘상에

서 발생하면 피해가 아주 크지만 생육기에는 별문제가 되지 않다가 생육후기에 저온다습하면 아랫잎부터 발생한다.

병든 잎 뒷면에서 분생포자가 형성돼 바람에 의해 공기 중으로 쉽게 전반된다. 저온다습한 조건에서는 3~4시간 안에 분생포자가 발아해 식물체를 침입하고, 4~5일 내에 새로운 식물체를 침해한다. 발병적온은 밤 온도가 8~16℃, 낮 온도는 24℃ 이하일 때이며, 오전 10시까지 잎에 이슬이 맺혀 있는 기간이 3~4일 지속되면 심하게 발생한다.

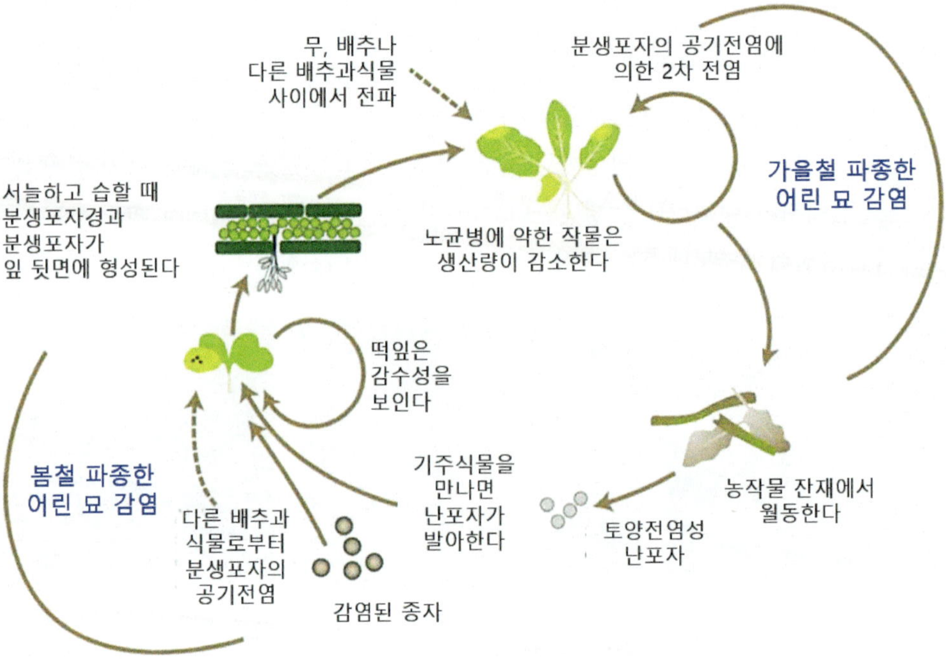

그림 12.106 *Hyaloperospora brassicae* 에 의한 무와 배추 노균병의 병환. [출처: Aoife O. Driscoll]

[방제] 짚을 깔아 물방울이 아랫잎으로 튀지 못하게 한다. 습도와 잎에 습기 지속시간을 줄일 수 있도록 바람이 잘 통하고 배수가 잘 되도록 관리한다. 비닐하우스는 상대습도가 높거나 잎에 물방울이 맺히지 않도록 관리한다. 발병지에서는 연작을 피하고 병든 식물잔재들을 일찍 제거한다. 저항성 품종을 선택해서 모판에서는 건전한 모를 심고, 발병이 심한 곳에는 비기주 작물로 윤작한다. 발병이 심할 경우 적용약제를 살포한다.

⑧ 양파 노균병(downy mildew)

양파 노균병(downy mildew)은 평지에서는 봄철이나 늦가을, 고랭지에서는 여름철에 많이 발생한다.

[병증상] 주로 잎에 발생한다. 초기 병징으로 잎에 담황색 둥근 점무늬가 형성되고, 이슬이 많

이 남아 있을 때 회색이나 보라색 줄무늬 병반으로 된다. 그 위에 표징으로 보드라운 털같은 균사체가 드러나는데, 병이 진전될수록 기공을 통해 외부로 뻗어 나온 균사들은 잎 표면에 매트화되어 회백색 균사를 형성하며, 균사 끝부분에 분생포자를 형성한다.

그림 12.107 양파 1차 노균병의 병징.

그림 12.108 양파 1차 노균병의 표징. [출처: Chris Tyson]

양파의 생육단계와 피해 증상에 따라 1차 노균병과 2차 노균병으로 나눈다. 1차 노균병은 토양에 있던 병원균이 잎으로 전파되어 전신감염을 일으키면서 발생한다. 주로 가을에 아랫잎이 감염되어 겨울철에 병원균이 양파 포기 전체에 번져 잠복기를 거친 후 2월 하순~3월 상순에 피해 증상이 나타나고, 기온이 높아지는 3월 하순~4월 상순부터 분생포자가 형성되어 퍼지면서 건전한 양파에 2차 감염을 일으킨다. 보통 노균병의 표징은 하얀 솜털 모양이거나 서릿발 모양으로 나타나는데, 양파 노균병의 표징은 잿빛곰팡이병의 표징처럼 보인다.

그림 12.109 양파 1차 노균병의 병징 및 표징. [출처: 국립원예특작과학원]

그림 12.110 양파 2차 노균병의 병징. [출처: 국립원예특작과학원]

2차 노균병은 병든 잎에서 병원균이 공기전염되어 다른 잎에 국부감염을 일으키면서 발생한다. 4월 이후에 장타원형의 작고 하얀 얼룩 점무늬 또는 잿빛 버짐증상 병반이 잎에 나타나 담황색 장타원형의 큰 병반을 만들고 나중에 그 위에 흰색 또는 짙은 회색의 곰팡이가 형성된다. 병이 더욱 진전되면 잎 전체로 퍼지는데, 병든 잎은 심하게 구부러지며 뒤틀린다.

[병원균] 양파에 노균병을 일으키는 병원균은 *Peronospora destructor*이다. 영양체는 다핵균사이고, 균사체에서 무성적으로 형성되어 나뭇가지 모양의 분생포자경 끝에 계란형 또는 레몬형 분생포자를 한 개씩 형성한다. 유주포자는 형성하지 않고, 유성포자로 난포자를 형성한다.

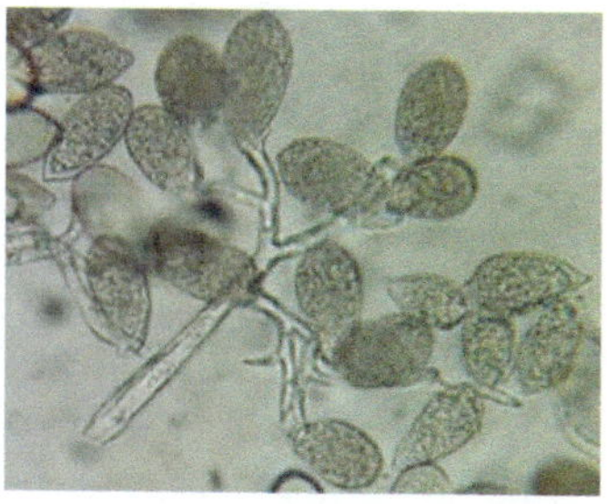

그림 12.111 양파 노균병균(*Peronospora destructor*)의 분생포자경과 분생포자. [출처: Chris Tyson]

[병환] 양파 노균병은 연약하게 자랐거나 물 빠짐이 나쁜 곳, 연작지에서 발생이 심하다. 병원균은 피해 잎 안에서는 여름을 지낼 수 있는 난포자를 만들고, 피해 잔재물과 함께 토양에서 수 년 동안 생존하면서 반복적으로 병을 일으킨다.

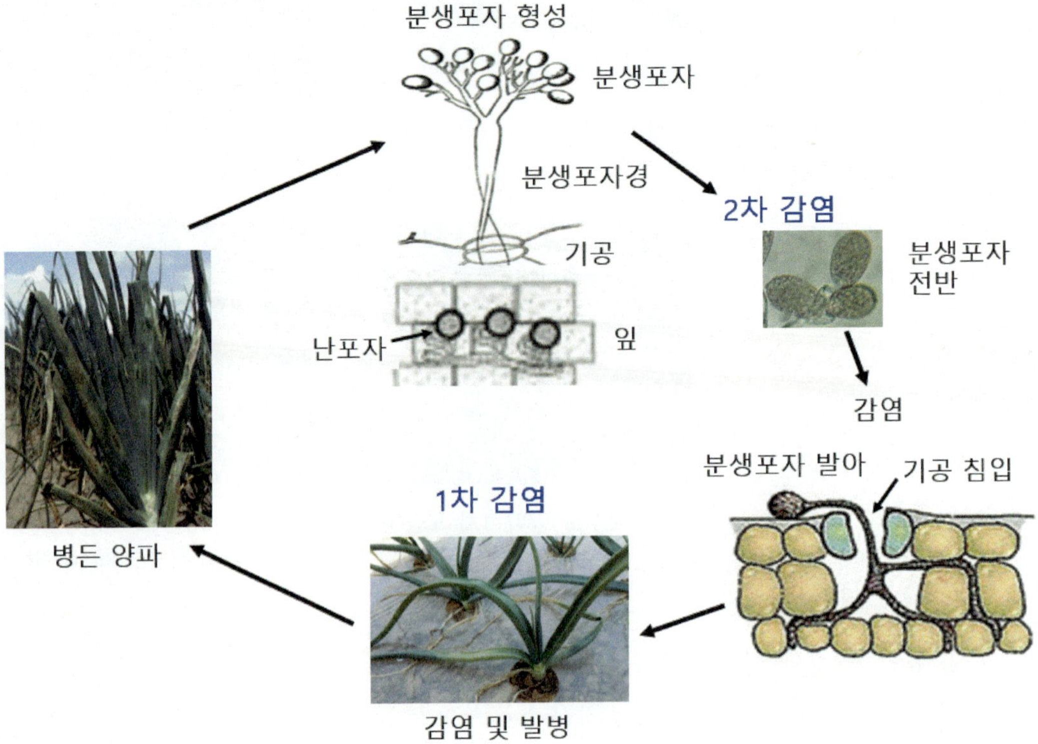

그림 12.112 *Peronospora destructor*에 의한 양파 노균병의 병환.
[출처: E. Minchinton, Know-how for horticulture]

노균병의 발병적온은 15℃이고, 병원균은 식물체 표면 습도 95% 이상, 물방울이 2시간 이상 맺혀 있을 때 기공을 통해서 침입한다.

1차 노균병은 2~3월 5일간의 평균 기온이 8~10℃로 낮을 때 일시적으로 발생하는 반면, 2차 노균병은 4월 초 이후 지속적으로 발생한다. 특히, 2차 노균병은 기온이 낮고 비나 이슬이 맺히는 습한 환경에서 잘 발생한다.

[방제] 병든 식물잔재는 일찍 제거한다. 파속작물이 아닌 다른 작물을 선택해 3~4년간 윤작한다. 육묘상 예정지와 본포는 여름철 고온기(7~8월)에 태양열로 토양소독한다. 노균병 발병 직전부터 석회보르도액(4-4식)을 10일 간격으로 3~5회 살포하거나 휴면기 때 결정석회황합제 60배액을 두 달 간격으로 1~2회 살포한다. 상습 발병지에서는 1차 피해를 예방하기 위해 육묘상, 아주심기 전후, 월동 전후에 적용약제를 살포하고, 월동 후 발생되는 2차 피해를 예방하기 위해 4월 상순부터 7일 간격 3회 적용약제를 살포한다.

⑨ 시금치 노균병(downy mildew)

시금치 노균병(downy mildew)은 시금치 전 생육기에 걸쳐 발생하며, 노지재배보다 시설재배에서 심하게 발생한다.

[병증상] 잎 표면에는 병징으로 부정형 누런 모무늬 병반이 희미하게 퍼지고, 뒷면에는 잿빛 또는 연보랏빛 분생포자경과 분생포자가 모피처럼 두텁게 형성되는 표징을 나타낸다. 병반은 점점 커져 잎 전체에 확산되고 암갈색으로 변하며 잎이 말라 죽는데, 심하게 발병할 경우 포기 전체가 죽는다. 과습한 포장에서는 잎이 수침상을 보이다 곧 누렇게 변하고 이어서 갈색으로 썩는다.

그림 12.113 시금치 잎 앞면의 초기 병징. [출처: Shyam L. Kandel et al.]

그림 12.114 시금치 잎 앞면의 후기 병징. [출처: Gerald Holmes]

그림 12.115 시금치 잎 뒷면의 표징. [출처: Wikipedia]

[병원균] 시금치 노균병을 일으키는 병원균은 *Peronospora effusa*이다. 영양체는 다핵균사이고, 균사체에서 무성적으로 형성되어 나뭇가지 모양의 분생포자경 끝에 계란형 또는 레몬형 분생포자를 한 개씩 형성한다, 유주포자는 형성하지 않고, 두 가지 교배형(P1과 P2)이 만나 유성포자로 난포자를 형성한다.

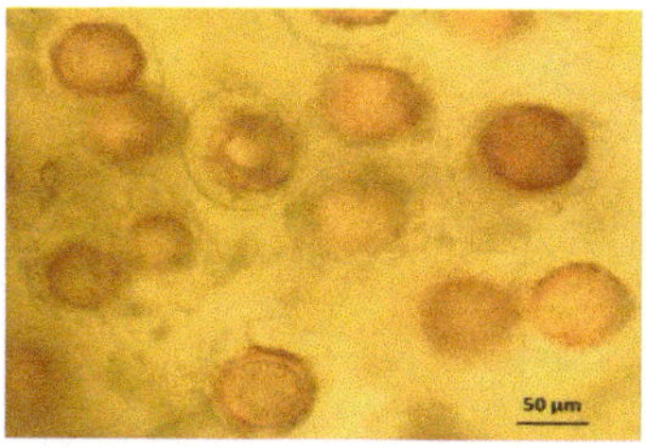

그림 12.116 시금치 노균병균(*Peronospora effusa*)의 난포자. [출처: Shyam L. Kandel et al.]

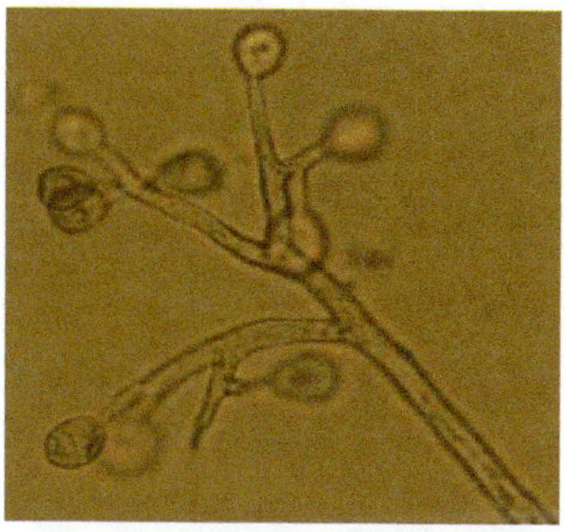

그림 12.117 시금치 노균병균(*Peronospora effusa*)의 분생포자경과 분생포자. [출처: Shyam L. Kandel et al.]

[병환] 포자낭은 주로 잎의 뒷면에 있는 기공에서 나오는 나뭇가지 모양의 분생포자경에서 형성되며, 바람이나 빗물에 의해 떨어져 환경으로 방출된 후 잎에 도달해 감염을 일으킨다. 병징은 떡잎 단계에서 시작되어 밤 기온과 습도가 잎에 과도한 이슬 형성에 적합할 때 잎에서 빠르게 발달한다. 잎 표면의 수분, 서늘한 온도 및 높은 상대 습도는 분생포자 발아 및 감염을 좋게 한다. 회색에서 갈색 분생포자는 밤에 생성되며, 낮에 공기에 의해 전파된다. 불규칙한

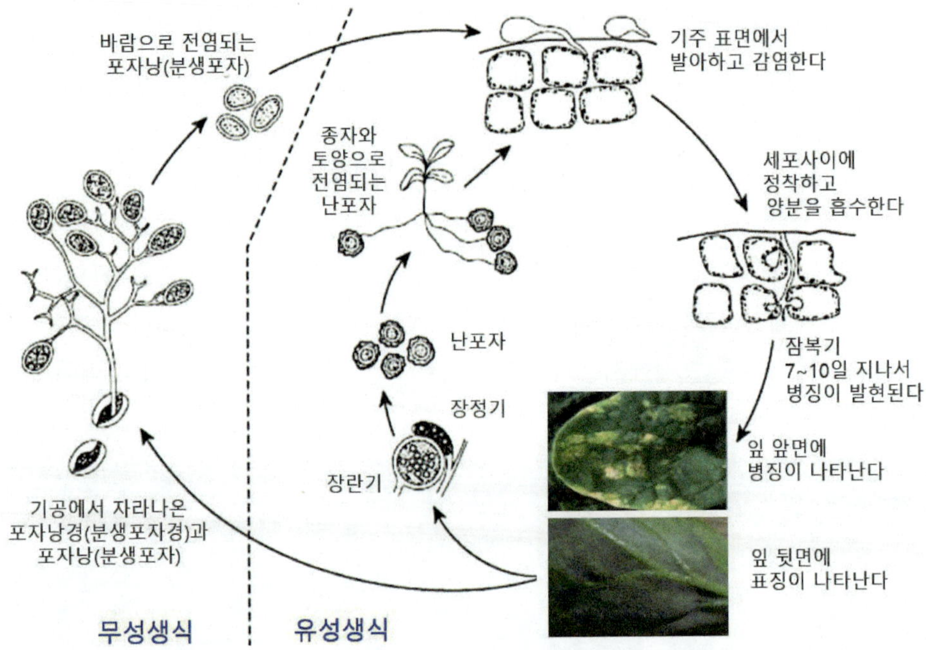

그림 12.118 *Peronospora effusa*에 의한 시금치 노균병의 병환. [출처: Shyam L. Kandel et al.]

누런 점무늬 병징은 감염 7~10일 후에 잎 표면에 나타나고, 그 뒷면에는 분생포자경과 분생포자가 표징으로 드러난다. 증상이 있는 시금치는 신선 시장에서 판매에 적합하지 않으며, 병원균이 잠복기 상태라서 무증상인 시금치는 저장 중에 분생포자가 형성되고 조직 손상을 보일 수 있다.

[방제] 병든 식물잔재는 일찍 제거한다. 비기주 작물을 선택해 윤작한다. 육묘상 예정지와 본포는 여름철 고온기(7~8월)에 태양열로 토양소독한다. 발병이 심할 경우 적용약제를 살포한다.

12.4 병꼴균에 의한 병

병꼴균문(Chytridiomycota), 병꼴균강(Chytridiomycetes)에 속하는 병꼴균(Chytrids)은 균사를 형성하지 않고 구형 또는 부정형의 균체를 형성하는데, 세포벽은 카이틴을 함유하고, 전적으로 기주세포 안에서 생활한다.

영양체는 성숙하면 두꺼운 세포벽을 가진 하나 또는 여러 개의 휴면포자, 즉 포자낭(sporangium)을 형성하고, 토양에서 휴면포자 상태로 존재하거나 기주식물체 안에서 구형 또는 부정형의 영양체 상태로 생존한다.

포자낭은 세포질이 갈라져 단편모 유주포자(uniflagellate zoospore)를 1개 또는 여러 개 형성하고, 이들 유주포자는 식물세포를 침해해 직접 영양체를 형성하거나 유주포자낭을 형성한다. 유주포자낭은 2차 유주포자를 형성하는데, 2차 유주포자가 전형적인 감염을 일으킨다.

병꼴균은 수생성이거나 토양서식성이고 무성포자로 유주포자를 형성하므로 토양에 수분이나 식물체 위에 수막을 필요로 한다. 충분한 수분이 있으면 병원균의 국지적인 능동 전반은 매우 성공적으로 일어나지만, 원거리 수동 전반은 감염된 식물체나 오염된 식물체 및 토양에 의해 일어난다. 일반적으로 감염된 식물세포는 죽지 않으며, *Synchytrium*과 *Physoderma*는 감염조직을 자극해 세포의 이상증식과 이상비대를 일으킨다.

주요 병꼴균류는 다음과 같다.

- *Olpidium viciae*(누에콩 blister병), *O. brassicae*(상추 big-vein 바이러스, TMV 매개), *O. bornovanus, O. cucurbitacearum*(오이류 바이러스 매개)
- *Physoderma alfalfae*(알팔파 crown wart, 옥수수 brown spot)
- *Synchytrium endobioticum*(감자 암종병)

① 감자 암종병(black wart)

감자 암종병(black wart)은 유럽, 남·북아메리카, 아프리카, 인도 등에 분포하며, 식물검역 대상으로 중요하다. 감자, 토마토를 비롯해 몇 가지 가지과식물에 발생한다.

그림 12.119 감자 괴경의 암종병 병징. [출처: Wikipedia]

그림 12.120 감자 지제부의 병징. [출처: Normes OEPP EPPO Standards]

[병증상] 감자 줄기의 눈, 포복지, 지제부, 괴경에 거친 혹이 생기는데, 나중에는 암색으로 변하고 병든 조직은 분해된다.

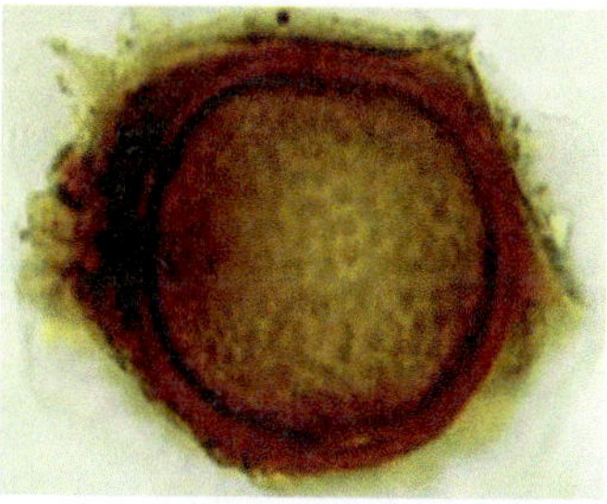

그림 12.121 감자 암종병균(*Synchitrium endobioticum*)의 휴면포자. [출처: Normes OEPP EPPO Standards]

[병원균] 감자 암종병을 일으키는 병원균은 *Synchitrium endobioticum*이고, 병꼴균문(Chytridiomycota), 병꼴균강(Chytridiomycetes), 병꼴균목(Chytridiales), 병꼴균과(Synchytriaceae)에 속한다.

영양체로 균사를 형성하지 않고 구형 또는 부정형의 균체를 형성한다. 영양체는 무성적으로 두꺼운 세포벽을 가진 하나 또는 여러 개의 휴면포자, 즉 포자낭(sporangium)을 형성하고, 포자낭은 세포질이 갈라져 단편모 유주포자(uniflagellate zoospore)를 1개 이상 형성한다.

[병환] 휴면포자 형태로 땅 속에서 오랫동안 살 수 있으며, 휴면포자가 발아해 단편모 유주포자를 1개 또는 여러 개 형성하고, 이들 유주포자는 식물세포를 침해해 직접 영양체를 형성하거나 유주포자낭을 형성한다.

유주포자낭은 2차 유주포자를 형성하는데, 2차 유주포자가 전형적인 감염을 일으킨다. 병든 괴경, 오염된 토양, 퇴비 등을 통해 전파된다. 약간 산성인 토양에서 12~24℃일 때 발병이 심하다.

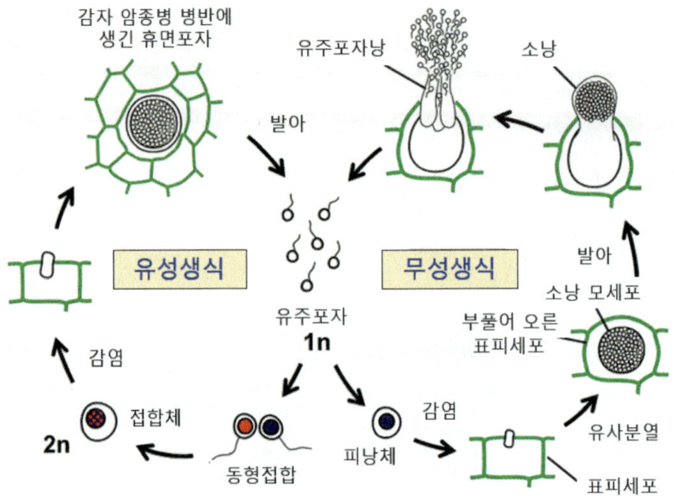

그림 12.122 *Synchitrium endobioticum*에 의한 감자 암종병의 병환.
[출처: M. Piepenbring]

[방제] 식물검역을 철저히 해 국내로 유입되지 않도록 한다.

12.5 접합균에 의한 병

접합균강(接合菌綱; Zygomycetes)에 속하는 곰팡이는 영양체로 잘 발달된 무격벽 균사를 가지며, 무성포자로 포자낭에 비운동성의 포자낭포자를 형성하며, 형태적으로 유사한 두 배우자의 결합에 의해 두꺼운 세포벽을 가진 휴면포자인 접합포자(接合胞子; zygospore)를 유성포자로 형성한다.

접합균은 육상에 서식하는 곰팡이로 포자낭포자는 공기 중에 떠다니면서 대부분 죽은 식물체나 가공된 농산물에서 부생균으로 생활하거나 식물체와 농산물에 부패를 일으키기도 하는 나약기생체다. 살아있는 식물조직을 침입할 경우에도 상처부위나 죽은 부위를 먼저 침해한 후 형성하는 커다란 균사집단은 살아있는 조직에서 자라고 정착해 효소를 분비하면서 세포를 붕괴시키고 죽인다. *Rhizopus* 중 어떤 종은 인체병을 일으키는 기회병원균이기도 하다.

접합균은 다음과 같이 3속이 식물병원균으로 알려졌고, 2속은 식물의 뿌리와 공생하는 균근(菌根, mycorrhiza)을 형성한다.

- *Choanephora*–여러 식물에서 수정 후 시드는 꽃을 침해해 열매를 부패시키는데, 주로 호박 무름병을 일으키며, 서양호박, 고추, 오크라 등에도 무름병을 일으킨다.
- *Rhizopus*–다육질의 열매와 채소에 무름병을 일으킨다.
- *Mucor*–흔히 빵곰팡이라고도 부르는데, 다육질의 열매, 채소, 꽃, 인경, 구근, 종자 등에서 무름병을 일으키기도 한다.
- *Endogone*–외생균근을 형성한다.
- *Glomus*–내생균근을 형성한다.

① 고구마 무름병(soft rot)

*Rhizopus*에 의한 무름병(soft rot)은 수확된 채소, 열매, 화훼류의 다육질 기관의 저장, 운송, 판매과정 동안 발생한다. 고구마, 딸기, 각종 박과작물, 복숭아, 양앵두, 땅콩을 비롯한 각종 과실류 및 채소류가 흔히 심하게 피해를 받고, 옥수수를 비롯한 화곡류는 습도가 상당히 높은 상태에서만 피해를 받는다. 글라디올러스나 튤립같은 화훼류의 인경, 구근, 지하경 등도 피해를 받기 쉽다. 발병조건이 좋으면 저장용 상자 내에서 급속히 전파되므로 단시일 내에 큰 손실을 입힌다.

[병증상] 고구마 괴근(덩이뿌리)의 상처에 감염된 부위는 수침상을 보이다 곧 물러지는 병징을 나타낸다. 손상되지 않은 감염부위의 과피 조직은 점차 수분을 상실하고 나중에는 미라화되어 쭈글쭈글해지거나 감염된 기관이 붕괴되고 물컹물컹하게 썩어서 진물이 난다.

그림 12.123 고구마 괴근의 병징 및 표징. [출처: Charles Averre]

그림 12.124 딸기 열매의 표징. [출처: Wikipedia]

고구마뿐만 아니라 딸기처럼 다육질 기관이 감염되면 무름병균의 균사가 상처를 통해 바깥쪽으로 자라기 때문에 감염부위는 회색 털 모양의 포자낭경과 포자낭으로 뒤덮이고, 더욱 왕성하게 자라면 감염된 열매의 건전한 부위 표면까지 뒤덮이고, 감염된 조직으로부터 액체가 유출되면 상자 표면까지도 뒤덮이기도 하는 표징을 나타낸다. 감염된 조직은 처음에는 다소 좋은 냄새가 나기도 하지만 이내 효모와 세균이 번성해 시큼한 냄새가 난다.

[병원균] 고구마 무름병을 일으키는 병원균은 *Rhizopus stolonifer* 이고, 털곰팡이아문(Mucoromycotina), 털곰팡이목(Mucorales), 털곰팡이과(Mucoraceae)에 속한다.

영양체는 발달한 무격벽 다핵 균사(coenocytic hypha)로 긴 포자낭경(sporangiophore)을 공기 중에 형성하고, 포자낭경의 끝에 검고 둥근 포자낭(sporangium)을 형성한다. 포자낭은 성숙한 후 수많은 둥근 포자낭포자(sporangiospore)를 방출한다.

그림 12.125 고구마 무름병균(*Rhizopus stolonifer*)의 포자낭경과 포자낭. [출처: Eric McKenzie]

균사가 자라면서 한쪽 접촉부위에서 다음 접촉부위까지 연결하는 활 모양의 포복균사(stolon)를 형성하는데, 이러한 접촉부위에 뿌리 모양을 하는 균사를 가근(rhizoid)이라고 한다. 가근 위쪽으로는 공기 중으로 몇 개의 포자낭경을 형성한다. 각 접촉부위에서는 여러 개의 가근이 사방으로 형성된다.

인접한 균사에서는 전배우자낭(progametangium)이라고 부르는 균사가 형성되어 자란 후 두 균사가 접촉하면 각 균사의 끝부분은 격벽에 의해 전배우자낭으로부터 분리돼 배우자낭(gametangium)으로 된다. 배우자낭은 융합한 후 점차 커지면서 두껍고 검은 돌기가 있는 세포벽이 발달해 유성포자인 접합포자(zygospore)를 형성한다. 월동 또는 휴면 후 접합포자가 발아하면 포자낭경을 형성하고 그 끝에 포자낭포자로 가득찬 포자낭을 만든다.

[병환] 병원균은 반부생균으로 포자낭포자는 공기 중에 떠다니다 다육질의 열매, 근채류, 구근, 인경 등의 상처에 떨어진 포자낭포자는 발아해 균사를 형성한다. 균사는 펙틴분해효소를 분비해 식물세포 중벽의 펙틴물질을 분해하기 때문에 식물세포 사이의 결합력이 약화돼 무름병이 발생하게 된다.

병원균이 분비하는 펙틴분해효소는 균사가 도달하기 전에 식물세포를 분리하고, 셀룰로스분해효소는 세포벽의 셀룰로스를 분해함으로써 식물세포는 붕괴된다. 병원균의 균사체는 식물세포에 직접 침입해 들어가지 않고, 죽은 세포와 분해된 유기물에 둘러싸인 상태가 되므로 사실상 기생체라기보다는 부생체처럼 생활한다.

병원균은 식물조직의 안쪽까지 계속 자란다. 식물의 표피조직이 손상되면 손상부위를 통해 밖으로 자라나와 포자낭경, 포자낭, 포복균사, 그리고 가근을 형성한다. 가근은 연약해진 식물의 표피조직을 뚫을 수 있고, 수분함량이 아주 높은 열매에서는 균사가 직접 건전한 열매를

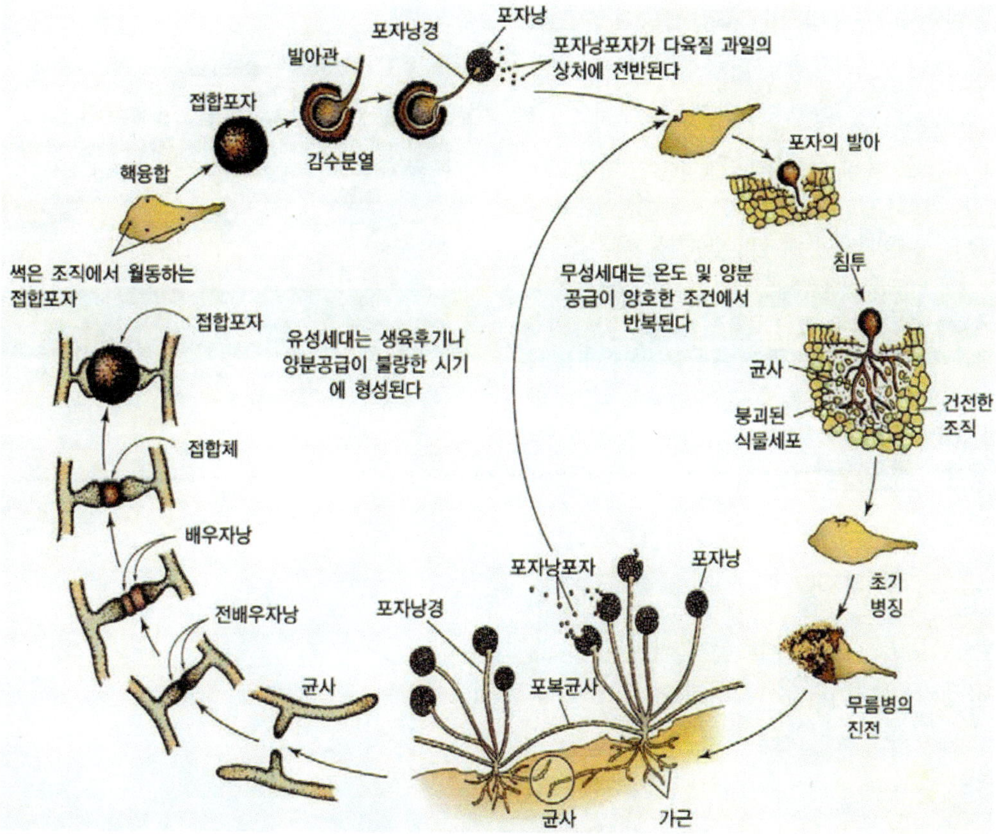

그림 12.126 *Rhizopus stolonifer*에 의한 고구마 무름병의 병환. [출처: 식물병리학]

뚫고 들어갈 수도 있다. 그러나 온도 및 습도조건이 부적당하거나 열매가 충분히 성숙하지 않으면 병원균의 생육 및 활동은 감소된다. 따라서 어떤 기주에서는 코르크세포층이나 다른 조직학적 방어벽이 형성돼 병원균의 생육을 억제하거나 완전히 차단시킬 수 있다.

감염된 조직에 영양분이 줄어들기 시작하면서 유성생식에 의해 접합포자를 형성해 영양물질이 없는 기간이나 온 · 습도 조건이 부적당한 기간에 휴면상태를 지속하면서 병원균은 생존해 나간다.

병원균의 생장, 포자형성 및 발아적온은 23~28℃이지만, 병원균의 펙틴질분해효소가 16℃ 또는 24℃보다 20℃에서 활성이 높기 때문에 발병적온은 16~23℃이다.

[방제] 다육질의 열매, 근채류, 괴경, 인경 등은 수확, 취급, 수송 등의 과정에서 상처가 생기지 않도록 유의하고, 상처가 있는 수확물은 폐기하거나 건전한 수확물과 분리해 포장하거나 저장한다.

저장용기와 저장고는 항상 청결을 유지하고, 유산동용액, 포르말린, 황, 클로로피크린 등으로 소독한다. 저장고와 운송차량의 온도를 적절히 조절한다. 딸기같은 다즙성 열매는 기온이 낮은 아침에 수확해 10℃ 이하를 유지한다.

고구마나 구근류처럼 다즙성이 아닌 경우는 25~30℃, 90%의 상대습도에서 10~14일간 또는 30~33℃, 90%의 상대습도에서 5일간 처리해 상처에 코르크층을 형성시키는 큐어링(curing)을 거쳐 약 12℃에서 저장하면 병원균의 침입을 효과적으로 예방할 수 있다.

12.6 자낭균에 의한 병

12.6.1 그을음병

① 그을음병(sooty molds)

그을음병(sooty molds)은 잎이나 줄기 표면에 검은색 그을음병균 균사와 포자가 피막을 형성해 생기는 병이다. 식물체에 기생하지 않고 진딧물이나 깍지벌레 등 곤충의 분비물을 영양원으로 생활하는 절대부생체이기 때문에 병징은 나타내지 않고 표징만 나타난다. 그을음병은 거의 모든 식물에 발생하는데, 특히 고온다습한 기상조건에서 흔히 발생한다.

그림 12.127 버드나무 잎 표면의 표징(분생포자와 균사).
[출처: Malcolm Storey]

그림 12.128 소나무 잎과 가지의 표징(분생포자와 균사).
[출처: 나용준]

[병징] 식물체에서 그을음병이 번성하면 식물의 잎은 검고 그을음이 낀 표징을 나타낸다. 때로는 균총이 검은 종이 같은 층을 형성해 식물의 잎에서 벗겨질 정도가 되기도 한다. 이와 같은 그을음병은 식물체의 건강에 그리 중요하지는 않지만, 진딧물이나 깍지벌레의 피해가 심각하다는 경고가 될 수 있다.

그림 12.129 감귤나무 잎과 가지의 표징(분생포자와 균사).
[출처: Farmer Lang Brother]

그림 12.130 대나무 가지의 표징(분생포자와 균사).
[출처: 나용준]

[병원균] 그을음병은 여러 종류의 곰팡이에 의해 발생하는데, 특히 자낭균문(Ascomycota), 좌낭균강(Dothideomycetes), 그을음균목(Capnodiales), 그을음병균과(Capnodiaceae)에 속하는 검은색 자낭균류인 *Capnodium* spp.가 주요 원인균이다. 그 중에서 *Capnodium salicinum*은 버드나무 그을음병을 일으키고, *Capnodium citri*는 감귤나무 그을음병을 일으킨다.

그림 12.131 배롱나무 잎 표면의 표징(분생포자와 균사). [출처: 나용준]

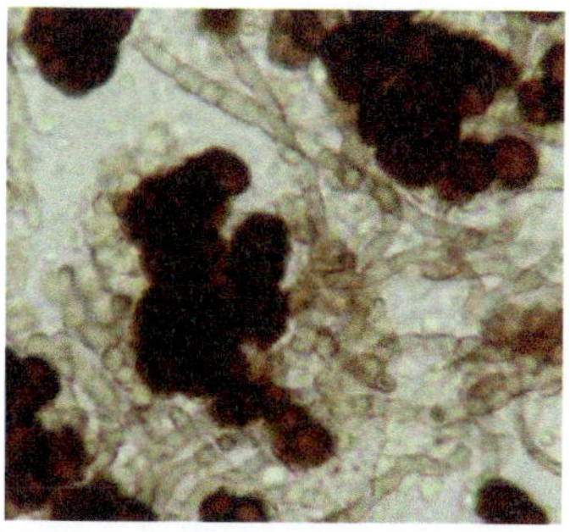

그림 12.132 버드나무 그을음병균(*Capnodium salicinum*)의 균사와 분생포자. [출처: Malcolm Storey]

영양체는 격벽 균사(septate hypha)를 형성하고, 번식체는 무성적으로 분생포자각(pycnidium) 속에 분생포자(conidium)를 형성하고, 유성적으로 자낭각(perithecium) 속에 자낭(ascus)과 자낭포자(ascospore)를 형성한다.

그림 12.133 그을음병균의 일반적인 생활사. [출처: Putarak Chomnunti et al.]

[병환] 그을음병균은 식물에 기생하는 것이 아니라 곤충이 식물체 위에 배설한 분비물인 감로(honeydew)를 영양원으로 흡수해 자란다. 따라서 그을음병균은 주로 진딧물, 깍지벌레, 가루이같은 감로를 분비하는 곤충이나 기주식물의 수액을 빨아먹는 곤충에 의해 침해를 받는 식물체에서 잘 자란다. 결과적으로 그을음병은 식물에 도달하는 빛을 차단해 광합성을 방해해 식물 생육을 저해하고, 물리적 압박을 가함으로써 식물체에 피해를 준다.

피칸 또는 히코리나무 아래에 위치한 식물들은 특히 그을음병에 취약한데, 이는 감로를 분비하는 곤충들이 종종 이 나무들에 서식하면서 주변에 있는 식물들과 아래쪽에 낮게 자라는 식물체 위에 비처럼 감로를 뿌리기 때문이다.

감귤류는 달콤하고 끈적끈적한 분비물을 분출하기 때문에 그을음병균이 잘 자랄 수 있는 서식처가 되어 그을음병이 많이 발생한다.

[방제] 축축한 헝겊, 종이 또는 손으로 그을음병균을 잎에서 완전히 제거하면 건전한 잎 표면이 드러난다. 그을음병균에 대해 직접적인 방제수단을 사용할 필요는 없고, 그을음병균에게 영양원을 제공하는 곤충을 살충제나 다른 방제수단으로 방제한다.

12.6.2 *Taphrina*에 의한 병

*Taphrina*는 자낭균문(Ascomycota), 타프리나강(Taphrinomycetes), 타프리나목(Taphrinales), 타프리나과(Taphrinaceae)에 속한다.

Taphrina 속은 각종 핵과류와 임목에서 잎, 꽃, 그리고 열매에서 기형을 일으킨다. 복숭아나무 잎오갈병, 자두나무 주머니병, 양앵두나무 주머니병, 참나무 잎오갈병, 벚나무 빗자루병 등이 *Taphrina*에 의해 발생하는 대표적인 병이다.

① 복숭아나무 잎오갈병(leaf curl)

복숭아나무 잎오갈병(leaf curl)은 서늘하고 봄비가 자주 내리는 곳에 많이 발생하며, 기온이 20℃ 이상일 때는 발생하지 않는다. 심하게 발생하면 낙엽을 일으켜 수세가 약해지고, 열매의 비대가 불량해지거나 낙과가 일어나기도 한다.

[병증상] 복숭아나무의 잎, 새 가지 등에 발생한다. 잎의 감염부위 또는 전체가 두꺼워지고 뒤틀리면서 안쪽 또는 바깥쪽으로 오그라드는 병징을 나타내는데, 크기가 건전한 잎의 2배에 달한다. 감염된 잎은 처음에는 붉은색 또는 자주색으로 변하는데, 병원균이 포자를 형성하는 발병 후기에는 잎 표면은 흰가루(자낭)로 덮히는 표징을 나타내며, 나중에는 잎이 누렇게 되면서

그림 12.134 복숭아나무 잎의 초기 병징. [출처: iNaturalist NZ]

그림 12.135 복숭아나무 잎의 중기 병징. [출처: 백창기]

그림 12.136 복숭아나무 잎의 후기 병징. [출처: Wikipedia]

낙엽이 된다. 감염된 꽃과 열매는 흔히 생육초기에 낙과가 된다. 감염된 햇가지도 잎처럼 병든 부분이 비후해져 생장이 억제되고, 심하면 수지가 흘러내리면서 말라 죽는다.

[병원균] 복숭아나무 잎오갈병을 일으키는 병원균은 *Taphrina deformans*로 자낭균문(Ascomycota), 기형병균강(Taphrinomycetes), 기형병균목(Taphrinales), 기형병균과(Taphrinaceae)에 속한다.

영양체는 격벽 균사이고, 무성생식에 의한 분생포자와 유성생식에 의한 자낭포자를 생성하지만, 분화된 자낭과(ascocarp)를 형성하지 않는다. 2개의 핵을 가진 자낭형성 격벽 균사가 자낭으로 발달하는데, 기주의 표피층 밑에 치밀하게 나란히 배열된다. 자낭은 8개의 단핵성 자낭포자를 생성한다. 자낭포자는 자낭의 안쪽 또는 바깥쪽에서 출아법(분아법, budding)으로 번식하며 분생포자를 생성한다.

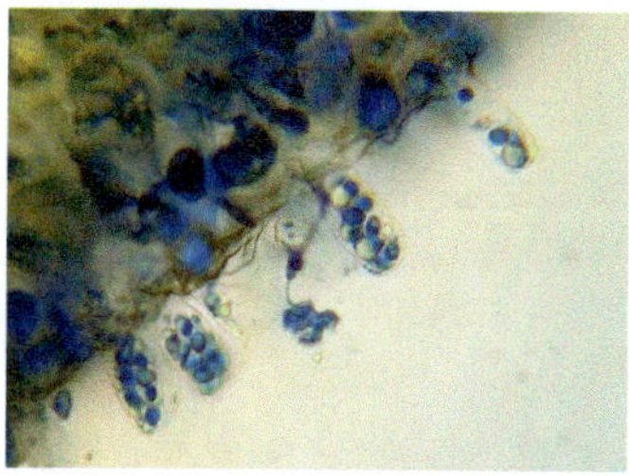

그림 12.137 복숭아나무 잎오갈병균(*Taphrina deformans*)의 나출된 자낭.
[출처: Juan Luis Menéndez]

분생포자는 다시 출아해 더 많은 분생포자를 생성하기도 하며, 직접 발아해 균사를 형성하기도 한다. 분생포자가 발아할 때, 분생포자의 핵은 분열해 2개의 핵이 발아관으로 이동한다. 균사가 생장함에 따라 이들 2개의 핵은 다시 동시에 분열함으로써 2핵 균사가 된다. 식물체 표면에 존재하는 이러한 균사 세포는 각각 독립적으로 자낭을 형성한다.

[병환] 병원균은 자낭과를 형성하지 않기 때문에 자낭은 나출되어 있다. 자낭에는 대개 8개의 자낭포자가 들어있다. 자낭포자는 출아에 의해 분생포자를 생성하고 막이 두껍게 발달해 자낭포자 또는 두꺼운 세포벽을 가진 분생포자의 형태로 줄기 표면이나 눈에서 월동한다.

이듬해 봄에 이러한 포자들은 빗물에 튀기거나 바람에 날려 어린 조직에 도달하면 발아해 어린 잎이나 다른 조직의 각피 또는 기공을 통해 침입한다. 2차 감염은 일으키지 않는다. 분생포자 형성적온은 12~16℃이고 발병적온은 10~21℃이다.

그 후 균사는 세포간극으로 자라면서 조직 전체를 감염한다. 그 결과 식물세포는 이상비대되거나 이상증식해 잎의 특정 부위가 비정상적으로 커지거나 뒤틀린다. 나중에는 균사가 큐티클층과 표피층 사이에서 자란다. 그곳에서 균사는 개개의 세포로 분리되고, 이러한 세포는 각각 자낭을 형성한다.

자낭은 점차 커지면서 기주의 큐티클층을 밀어 올려 파괴하고, 나중에는 표면에 나출된 자낭이 빽빽하게 형성됨으로써 양털같은 층을 형성한다. 자낭포자는 공기 중으로 방출되고, 새로운 조직으로 이동되며, 출아해 분생포자를 생성한다.

복숭아나무의 눈이 튼 후 매우 짧은 기간 동안만 감염이 일어난다. 식물체가 성숙함에 따라 각 기관은 저항성이 된다. 복숭아나무의 눈이 틀 때부터 어린 줄기와 잎이 발달하는 기간, 즉 어린 조직이 감수성을 나타내는 기간에 저온다습한 환경은 복숭아나무 잎오갈병의 감염과 발병을 조장한다.

특히 한랭하고 봄비가 잦은 해 발생이 심한데, 아침, 저녁으로 안개가 많을 때 감염 및 발병이 많다. 5월 들어 기온이 상승하면 발병이 억제되는데, 해에 따라 발병의 차이가 크다.

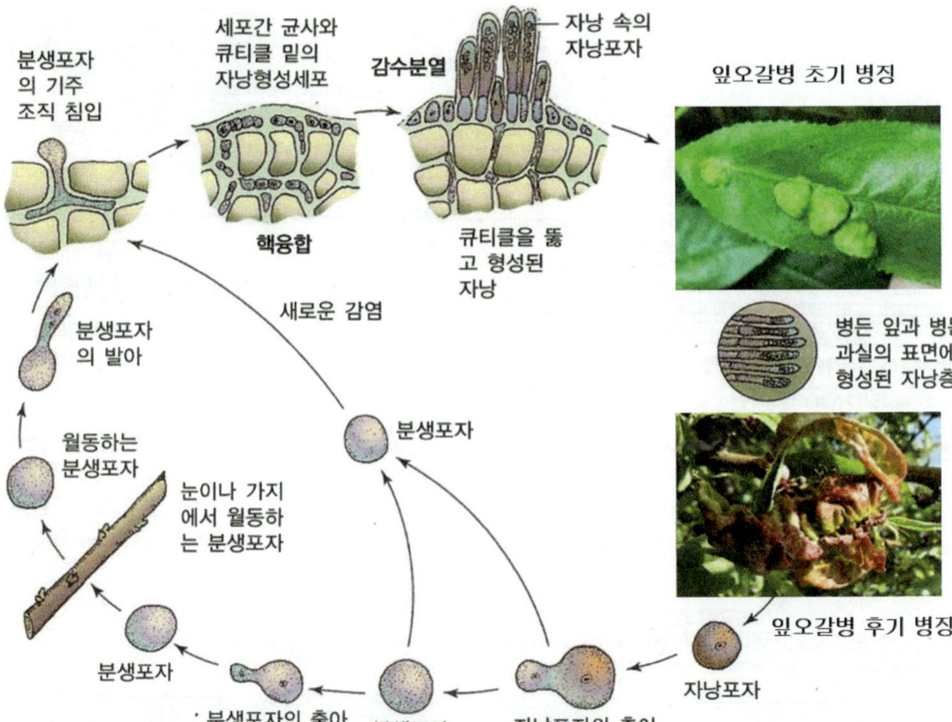

그림 12.138 *Taphrina deformans*에 의한 복숭아나무 잎오갈병의 병환. [출처: 식물병리학]

[방제] 상습발병지에서도 적용약제를 1회 살포함으로써 쉽게 방제할 수 있다. 특히 가을철 낙엽 직후 또는 초봄에 잎눈이 부풀기 직전 보르도액이나 chlorothalonil 등 적용약제를 각 1회씩 살포한다.

② 자두나무 주머니병(plum pocket)

자두나무 주머니병(plum pocket)은 봄철 꽃이 진 후부터 발생하고 대체로 서늘한 지방에서 피해가 크다. 자두나무를 비롯해 앵두나무 등에 발생한다. 발병이 심한 해에는 50% 이상의 열매가 피해를 받아 손실되기도 한다. 눈이나 가지가 피해를 받아 나무 전체가 쇠약해지기도 한다.

그림 12.139 자두나무 주머니병의 초기 병징. [출처: 백창기]

[병증상] 자두나무의 열매에 주로 발생한다. 병든 열매에 작고 흰색의 부스럼같은 융기된 병반이 생겨 점차 생장함에 따라 열매 전체를 뒤덮는 병징을 나타낸다. 병든 열매는 비정상적으로 커지고 기형이 되고, 급속도로 팽대해지면서 5배 이상으로 커진다. 종자는 발육하지 못하며 갈색으로 변하고 시들어 열매 안쪽 속이 빈다.

과육이 스펀지처럼 푸석푸석하게 변하고 열매 표면에는 불규칙한 주름이 잡히고 표징으로 흰 가루(자낭)가 생긴다. 병든 잎이나 가지도 약간 부푸는데 나중에 잎이 떨어지고, 가지도 말라 죽는다.

그림 12.140 자두나무 주머니병의 후기 병징.

그림 12.141 자두나무 주머니병의 병징 및 열매 표면에 생긴 흰 가루 표징(자낭).

[병원균] 자두나무 주머니병을 일으키는 병원균은 복숭아나무 잎오갈병균과 동일한 *Taphrina deformans* 이다.

[병환] 자두나무 주머니병의 병환은 복숭아나무 잎오갈병의 병환과 유사하다.

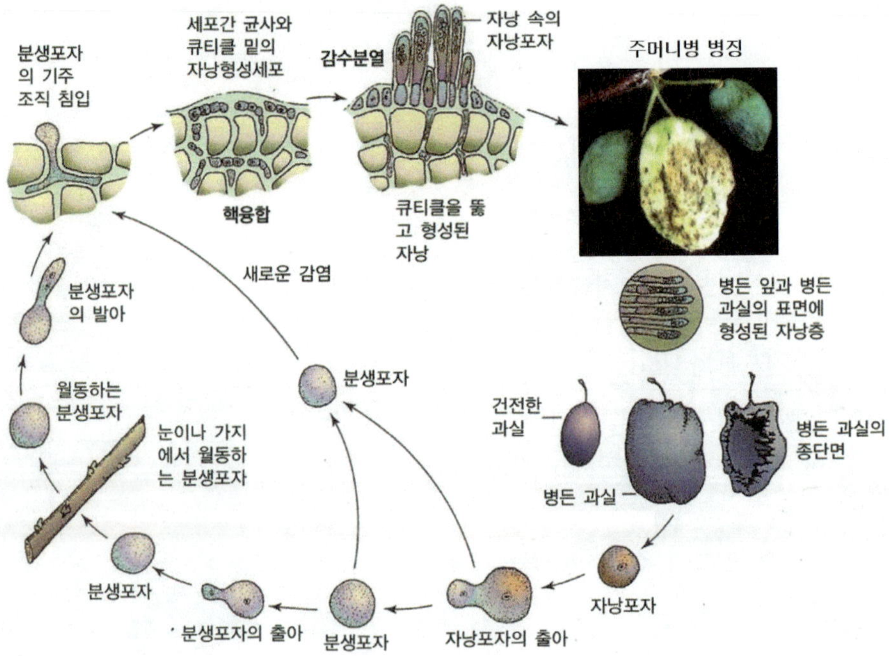

그림 12.142 *Taphrina deformans*에 의한 자두나무 주머니병의 병환. [출처: 식물병리학]

[방제] 자두나무 주머니병의 방제법은 복숭아나무 잎오갈병의 방제법과 유사하다.

③ 벚나무 빗자루병(witches' broom)

벚나무 빗자루병은 벚나무에서 가장 중요한 병으로 제주도부터 강원도까지 전국 각지에서 발생한다. 어린 나무에서 큰 나무까지 고루 발생하며 특히 왕벚나무에서 그 피해가 크다.

[병증상] 가지의 일부분이 혹처럼 부풀어 오르고 이곳에서 잔가지가 무더기로 솟아 나와 마치 빗자루 모양을 하는 병징을 나타낸다. 첫해에는 잔가지가 적어서 눈에 잘 띄지 않다가 다음 해 봄부터 잔가지가 많이 나온다. 그리고 잎들이 무성하게 자라고 꽃이 피지 않는다. 병든 잎은 가장자리부터 흑갈색으로 변하고 말라서 낙엽이 된다.

그림 12.143 빗자루병에 감염되어 꽃이 피지 않는 병든 가지. [출처: toolate.s7.coreserver.jp]

그림 12.144 벚나무 잎의 초기 병징. [출처: toolate.s7.coreserver.jp]

[병원균] 벚나무 빗자루병을 일으키는 병원균은 *Taphrina wiesneri* 이다. 영양는 격벽 균사체고, 유성생식에 의한 자낭포자와 무성생식에 의한 분생포자(출아포자)를 형성한다. 다만 자낭과를 만들지 않고 나출된 자낭 내에 출아를 반복하기 때문에 출아포자가 자낭 내에 가득 차게 된다.

그림 12.145 벚나무 잎 뒷의 병징.
[출처: toolate.s7.coreserver.jp]

그림 12.146 벚나무 잎의 후기 병징.
[출처: toolate.s7.coreserver.jp]

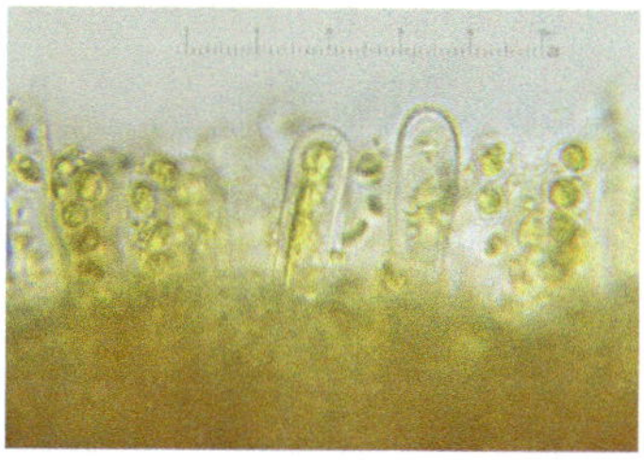

그림 12.147 벚나무 빗자루병균(*Taphrina wiesneri*)의 자낭.
[출처: toolate.s7.coreserver.jp]

[병환] 병든 가지와 눈의 조직에서 균사 형태로 월동하고 포자는 가지와 눈의 표면에 월동한다. 발병이 심해져 병든 가지가 죽게 되면 여러 가지 목재부후균의 침입 경로가 된다.

[방제] 병든 가지의 혹처럼 부풀은 뭉치를 잘라낼 때는 발생 부위로부터 10 ㎝ 정도 여유가 있게 잘라내서 태운다. 잘라낸 부분에는 티오파네이트메틸도포제를 바르고 그 위에 도포제인 락발삼이나 테부코나졸을 발라서 부후균의 침입을 막고 상처 조직의 발달을 촉진시킨다. 어린 나무에 발병했을 때 병든 가지를 제거하고 티오파네이트메틸도포제를 바른다. 봄꽃이 진 후 보르도액 또는 적용약제를 2~3회 살포한다.

12.6.3 흰가루병

흰가루병(powdery mildew)은 아마도 가장 흔하고, 눈에 잘 띄고, 널리 분포하며, 쉽게 인지할 수 있는 식물병이다. 흰가루병은 겉씨식물을 제외하고 나무 및 초본 관상용 식물뿐만 아니라 채소류, 곡류, 과수 등 거의 모든 식물에 발생한다.

흰가루병은 식물조직 위에 밀가루를 뿌려놓은 듯이 크고 작은 흰색 또는 회백색의 병반을 형성하거나 잎이나 다른 기관이 완전히 흰가루에 뒤덮인 듯한 표징이 특징이어서 흰가루병으로 명명되었다.

흰가루병균은 기주식물을 죽이지 않지만, 양분의 탈취, 광합성의 감소, 호흡 및 증산의 증가, 불균일한 생장, 수량 감소 등의 피해를 일으킨다. 또한 흰가루병은 나무 표면에 밀가루를 뿌려놓은 것처럼 미관상 보기 싫게 만들기 때문에 수목의 가치를 떨어뜨린다.

흰가루병을 일으키는 주요 병원균은 다음과 같다.

- *Blumeria graminis*(맥류, 잔디류 흰가루병)
- *Erysiphe abeliicola*(꽃댕강나무 흰가루병), *E. alphitoides*(참나무류 흰가루병), *E. berberidicola*(매자나무류 흰가루병), *E. betae*(사탕무 흰가루병), *E. castaneigena*(밤나무 흰가루병), *E. cichoracearum*(베고니아, 국화, 박과작물, 다알리아, 백일홍 흰가루병), *E. clandestina*(느릅나무, 산철쭉 흰가루병), *E. elevata*(꽃개오동나무 흰가루병), *E. euonymicola*(=*Microsphaera euonymi-japonici*, 사철나무 흰가루병), *E. fraxinicola*(물푸레나무류 흰가루병), *E. juglandis-nigrae*(가래나무, 호두나무 흰가루병), *E. ligustri*(쥐똥나무류 흰가루병), *E. lonicerae*(인동 흰가루병), *E. orontii*(토마토 흰가루병), *E. magnifica*(목련 흰가루병), *E. palczewskii*(=*Microsphaera palczewskii*, 아까시나무 흰가루병), *E. platani*(양버즘나무 흰가루병), *E. polygoni*(콩과작물, 비트, 십자화과작물, 박과작물 흰가 병), *E. syringae-japonicae*(=*Microsphaera syringae-japonicae*, 수수꽃다리 흰가루병)
- *Microsphaera alphioides*(=*Erysiphe alphioides*, 참나무류 흰가루병), *M. berberidis*(매자나무류 흰가루병), *M. hommae*(개암나무류 흰가루병), *M. juglandis*(가래나무, 호두나무 흰가루병), *M. penicillata*(오리나무류 흰가루병), *M. sinensis*(밤나무 흰가루병), *M. sparsa*(백당나무 흰가루병)
- *Phyllactinia actinidiae*(키위나무 흰가루병), *P. ailanthi*(가중나무 흰가루병), *P. alni*(오리나무 흰가루병), *P. corni*(산수유, 산딸나무 흰가루병), *P. fraxini*(이팝나무 흰가루병), *P. kakicola*(감나무 흰가루병), *P. moricola*(=*P. corylea*, 뽕나무 흰가루병), *P. populi*(포플러류 흰가루병), *P. quercus*(참나무류 흰가루병), *P. rhododendri*(진달래, 철쭉 흰가루병)
- *Podosphaera aphanis*(=*Sphaerotheca macularis*, 딸기 흰가루병), *P. fuliginea*(박과작물 흰가루병), *P. leucotricha*(사과나무, 배나무 흰가루병), *P. oxyacanthae*(살구나무, 양앵두나무, 복숭아나무, 자두나무 흰가루병), *P. pannosa*(=*Sphaerotheca pannosa*)(복숭아나무, 자두나무, 장미나무 흰가루병), *P. tridactyla*(벚나무류 흰가루병)
- *Sawadaea polyfida*(=*Uncinula aceris*, 칠엽수 흰가루병)
- *Sphaerotheca fuliginea*(사탕무 흰가루병), *S. morsuvae*(*Ribes*속식물 흰가루병)
- *Uncinula necator*(포도나무 흰가루병), *U. australiana*(배롱나무 흰가루병)

① 맥류 흰가루병(powdery mildew)

맥류 흰가루병(powdery mildew)은 보리, 밀, 호밀, 귀리 등에 발생한다.

심층학습 32 '흰가루병균'의 특징 및 병환

자낭균문(Ascomycota), 두건버섯강(Leotiomycetes), 흰가루병균목(Erysiphales), 흰가루병과(Erysiphaceae)에 속하는 '흰가루병균'은 절대기생체로서 인공배지에서 배양할 수 없다. 그러나 최근 '보리 흰가루병균(*Blumeria graminis* f. sp. *hordei*)'이 배지에서 배양되었다.

'흰가루병균'의 영양체인 격벽균사는 식물조직의 표면에서만 자라고 조직 속으로 뚫고 들어가지는 않고, 표피세포 속으로 흡기를 뻗어 양분을 흡수한다. '흰가루병균'은 무성생식에 의해 식물체 표면에서 짧은 분생포자경(conidiophore)을 형성한 후 난형 내지 구형의 분생포자(conidium)를 형성하고, 분생포자는 바람에 의해 전반된다.

감염 후기에 환경조건이나 영양이 부적당하게 되면 '흰가루병균'은 유성생식에 의해 흰색 또는 회백색의 병반 위에 바늘 끝 크기의 아주 작고 둥근 유성세대 자실체인 자낭구(chasmothecium, cleistothecium)를 여기저기 단독 또는 집단으로 형성한 후 자낭(ascus) 안에 자낭포자(ascospore)를 형성한다. 자낭구는 처음에는 흰색이나 차츰 황갈색으로 변하고 나중에는 검은색을 띤다.

약 1,100종의 '흰가루병균'이 속하는 *Erysiphe*, *Microsphaera*, *Phyllactinia*, *Podosphaera*, *Sphaerotheca* 및 *Uncinula* 등 대표적인 6개 속은 자낭구 안에 형성하는 자낭의 수와 자낭구 외부에 착생된 부속지(appendage)의 형태에 따라 분류한다.

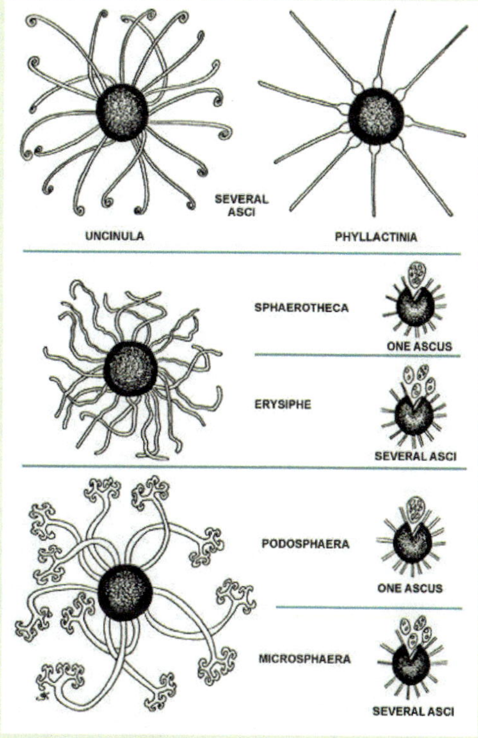

주요 흰가루병균의 자낭구 속 자낭 수와 부속지의 형태. [출처: Plant Pathology]

'흰가루병균'은 다습한 지역에서도 발생하고 피해를 주지만, 주로 온난건조한 지역에서 흔히 발생하고 피해도 심하다. 이는 공기 중의 상대습도가 높으면 식물체 표면에 수막이 형성되지 않아도 '흰가루병균'의 포자가 방출되고 발아해 감염할 수 있기 때문이다. 일단 감염이 시작되면, '흰가루병균'은 대기 습도에 관계없이 식물 표면에서 계속 퍼져나간다.

'흰가루병'은 발병시기가 다양하지만 주로 초여름부터 발생해 건조한 가을에 아주 심하다. 여름에서 늦여름에는 식물체 표면에 흰색에서 황색을 띤 분생포자가 주로 나타나고, 가을이 되면 흑갈색의 작은 알갱이 모양의 자낭구가 주로 나타난다.

'흰가루병균'은 일반적으로 목본 식물의 휴면 중인 눈에서 균사체 매트로 월동한다. 이듬해 봄철에 월동 부위에서 분생포자가 1차 전염원으로 형성되어 바람 및 물 그리고 기타 여러 수단에 의해 건전한 식물로 전반된 뒤 표피를 감염해 다량의 분생포자를 만든다. 이 분생포자는 잎 앞면과 뒷면을 감염해 새로운 병환이 시작된다.

'흰가루병균'은 또한 자낭구 형태로 병든 식물잔재 또는 감염된 기주 조직에서 월동한다. 이듬해 봄에 날씨가 따뜻해지면 자낭구가 물을 흡수해 자낭이 방출되고 자낭 안의 자낭포자가 1차 전염원으로 바람이나 빗방울 등에 의해 건전한 식물체로 전반되어 감염이 일어난 후 균사체 매트를 형성하고 수일 내로 분생포자를 만들어 발병을 되풀이한다.

따뜻한 기후에서는 기주 식물과 '흰가루병균'이 연중 지속적으로 생장가능하다. *Oidium*의 경우는 분생포자만 만든다. 분생포자 및 자낭포자는 식물 표면에 접종된 경우 3시간 이내에 발아를 시작해 약 25시간에 최대 수준에 도달한다. 발아 최적 온도는 32℃이다(최소온도: 5℃, 최대온도: 35℃). 포자발아는 상대습도가 23~99%일 때 식물 표면에서 발아한다. 분생포자와 자낭포자의 수명은 온도와 상대습도에 의해 결정된다.

봄에 월동 부위에서 1차 전염원으로 생성된 분생포자가 방출된 후, 기주 식물체 표면에 발아, 감염 및 새로운 분생포자의 생성까지 2차 병환을 완성하는데 걸리는 시간은 72~96시간 정도 짧을 수 있다. 따라서 '흰가루병'을 방제하지 않을 경우 발병에 적합한 따뜻하고 건조한 날이 이어질 경우 에피데믹이 될 수 있다.

포도나무와 어떤 다른 작물에서 '흰가루병'의 방제는 황을 주로 살포해왔고, 맥류를 비롯한 각종 1년생 작물의 경우에는 주로 저항성 품종의 이용에 의존해왔다. 그러나 최근 '흰가루병' 방제는 종자소독제와 침투성 살균제를 이용해 방제하고 있다. 사과나무를 비롯한 수목의 '흰가루병'은 스테롤합성저해 침투성 살균제의 사용으로 효과적으로 방제할 수 있게 되었다.

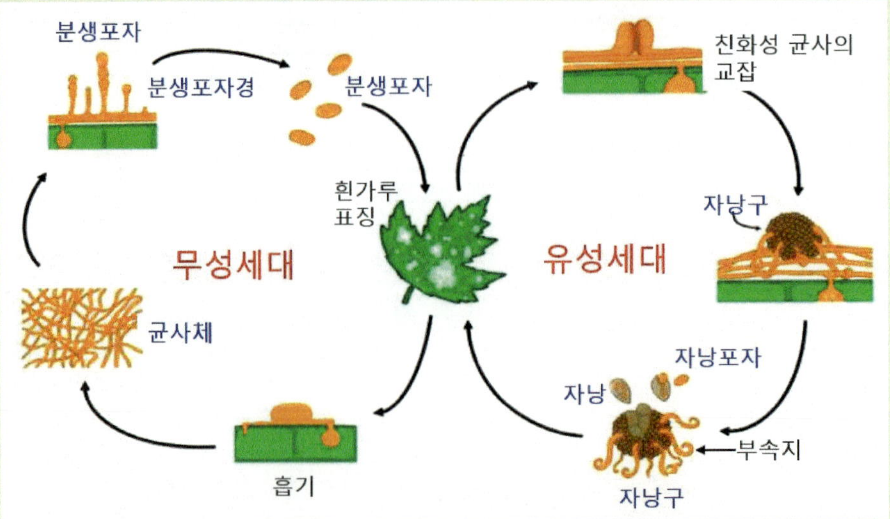

흰가루병균의 일반적인 생활사. [출처: Alejandra Vielba-Fernández et al.]

[병증상] 흰가루병의 표징은 잎, 잎자루, 줄기, 이삭에 발생한다. 감염된 기주 식물체에서 아래 잎부터 표면에 밀가루를 뿌린 것처럼 회백색 균사와 분생포자가 점무늬 형태로 나타나다가 잎 전체로 번진다. 초기 병반은 윤곽이 뚜렷한 원형~타원형이지만 병반끼리 합쳐져 잎 표면이 모두 회백색 가루로 뒤덮이게 된다. 병반은 점점 위로 올라가 잎집, 줄기, 이삭줄기까지 퍼지면서 광합성을 방해한다. 나중에는 회색으로 변한 병반에 검은색 작은 입자로 된 자낭구가 많이 형성되면서 잎은 누렇게 되고 말라 죽는다.

그림 12.148 밀 흰가루병의 표징(분생포자와 균사).
[출처: Vivek Gupta]

그림 12.149 보리 흰가루병의 표징(분생포자와 자낭구).
[출처: Wikipedia]

그림 12.150 귀리 흰가루병의 표징(분생포자와 균사).
[출처: Nigel Cattlin]

[병원균] 맥류에 흰가루병을 일으키는 병원균은 *Blumeria graminis*로 인공배양이 되지 않는 절대기생체(순활물기생균)이다.

*B. graminis*는 기주 식물에 대한 기생성에 따라 8개 분화형(分化型, forma specialis, f. sp.)으로 나뉜다. ① *B. graminis* f. sp. *hordei*(보리 흰가루병균), ② *B. graminis* f. sp. *tritici*(밀 흰가루병균), ③ *B. graminis* f. sp. *secalis*(호밀 흰가루병균), ④ *B. graminis* f. sp. *avenae*(귀리 흰가루병균), ⑤ *B. graminis* f. sp. *agropyri*(Agropyron과 Elymus속 흰가루병균), ⑥ *B. graminis* f. sp. *bromi*(Bromus속 흰가루병균), ⑦ *B. graminis* f. sp. *poae*(Poa속 흰가루병균), ⑧ *B. graminis* f. sp. *lolii*(Lolium속 흰가루병균). 또한 각 분화형은 여러 레이스(race)로 분화되어 보리 흰가루병균인 *B. graminis* f. sp. *hordei*에는 72개 레이스가 있다.

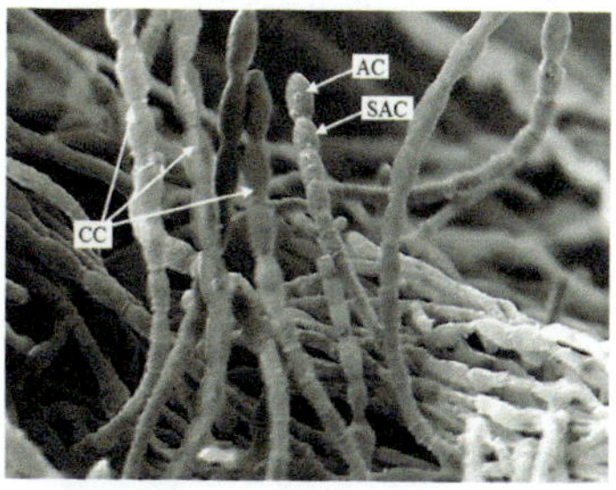

그림 12.151 밀 흰가루병균(*Blumeria graminis* f. sp. *tritici*)의 연쇄상 분생포자(CC), 정단 분생포자(AC) 및 아정단 분생포자(SAC). [출처: S. Esmail]

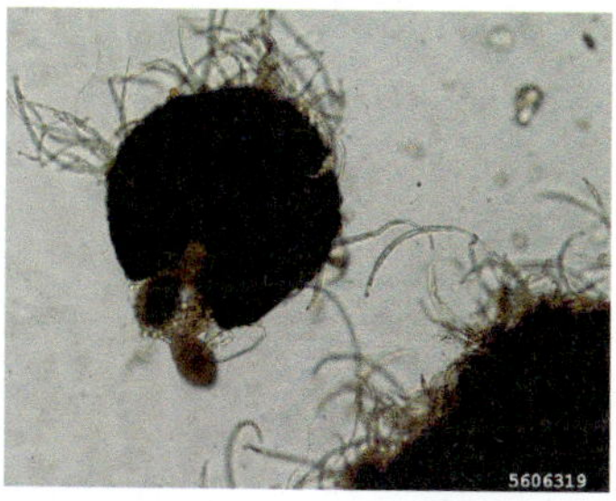

그림 12.152 밀 흰가루병균(*Blumeria graminis* f. sp. *tritici*)의 자낭구.
[출처: Gerald Holmes, Strawberry Center, Cal Poly San Luis Obispo, Bugwood.org]

영양체로 하얀 격벽 균사를 형성하고, 기주 식물체 잎의 표피세포 속으로 손바닥 모양의 흡기를 뻗어 영양을 흡수한다. 균사에서 무성번식체로 형성된 투명한 분생포자경에 직사각형에서 원통형 분생포자를 연쇄상으로 형성한다. 분생포자는 피브로신체(fibrosin)를 함유하지 않는다. 유성생식에 의해 생성된 암갈색 자낭구는 구형이며, 여러 개의 자낭을 형성한다. 자낭구에는 외벽세포가 길게 자라나온 균사 모양을 한 부속지를 가진다. 직사각형 모양의 자낭 안에는 투명한 타원형 자낭포자가 8개 들어 있다.

[병환] 병든 식물잔재에서 자낭구로 월동한 후 1차 전염원이 된다. 맥류 생육기 동안 병원균은 7~10일마다 생성돼 2차 전염을 일으키며, 바람이나 튀기는 물방울에 의해 전반된 분생포자는 기주 식물의 잎에 부착해 온도 및 상대습도가 알맞으면 수분이 없어도 발아해 직접 각피를 뚫고 침입한다. 분생포자 발아 최적온도는 20℃, 발병 적온은 15~20℃이며, 자낭포자 성숙에는 건습상태의 엇바꿈이 필요하다. 통풍이 나쁘고 음습하며 질소비료를 많이 준 맥류에 수확기에 즈음해서 많이 발생한다.

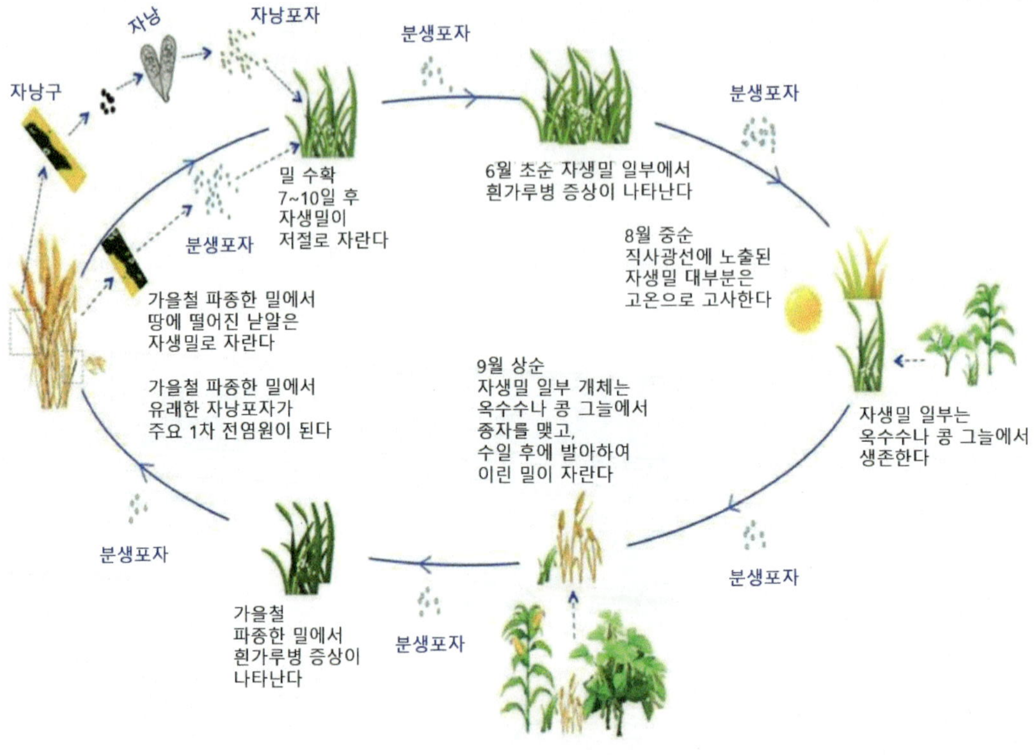

그림 12.153 *Blumeria graminis*에 의한 맥류 흰가루병의 병환. [출처: Na Liu et al.]

[방제] 저항성 품종을 재배한다. 너무 밀식하거나 파종기가 지연되지 않도록 한다. 발생이 많은 포장은 수확 후 병든 잔재물을 모두 모아 태운다. 질소질 비료의 과용을 피하고 균형 시비하고, 추비 시기가 늦어지지 않도록 한다. 규소 시용은 흡기를 분해하고 callose와 papilla를 생성시켜 식물체가 방어반응을 일으키도록 도와준다.

② 사철나무 흰가루병(powdery mildew)

사철나무 흰가루병(powdery mildew)은 햇볕이 잘 들지 않고 바람이 잘 통하지 않은 곳에 있는 사철나무에 발생하는 대표적인 병이다. 생육에는 큰 지장을 주지 않지만 나무의 미관을 크게 해친다. 잎에 조밀하고 지속적으로 흰색 균총을 패치처럼 형성한다.

[병증상] 흰가루 표징은 잎과 부드러운 줄기에 작고 흩어진 흰 점무늬로 처음 나타난다. 일반적으로 새로운 생장 단계에서 처음 나타난다. 나중에 두텁게 압축된 양털모양의 매트가 잎의 양쪽에 형성되어 황화 현상을 일으키고 낙엽이 지게 한다.

[병원균] 사철나무에 흰가루병을 일으키는 병원균은 *Erysiphe euonymicola* (= *Microsphaera euonymi-japonici*)이다.

영양체는 격벽 균사체를 형성하고, 무성적으로 짧은 분생포자경 위에 원통모양의 분생포자를 형성한다. 유성생식세대인 자낭구는 4~8개의 부속지가 있으며, 자낭구 지름의 약 1~1.3배 정도의 길이를 갖고 있다.

[병환] 잎에 흰 가루처럼 생긴 균총과 분생포자를

그림 12.154 사철나무 잎 앞면의 표징(분생포자와 균사).
[출처: Plant Parasites of Europe]

그림 12.155 사철나무 잎 뒷면의 표징(분생포자와 균사).
[출처: Plant Parasites of Europe]

그림 12.156 흰가루병이 심하게 발생한 사철나무.
[출처: Pacific Northwest Plant Disease Management Handbook]

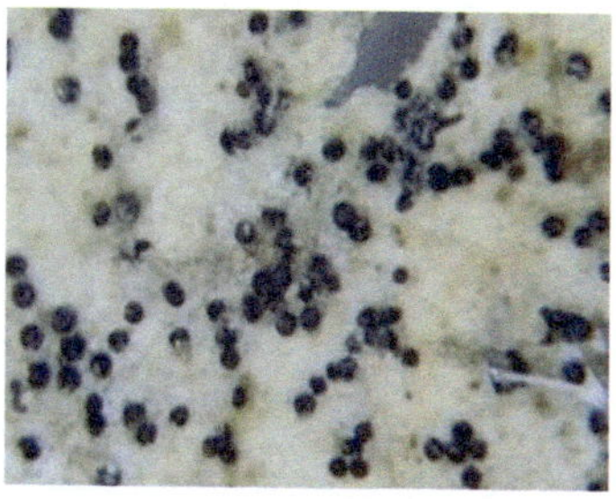

그림 12.157 사철나무 잎 표면에 생성된 흰가루병균(*Erysiphe euonymicola*)의 자낭구.
[출처: Mehrdad Abbasi & Uwe Braun]

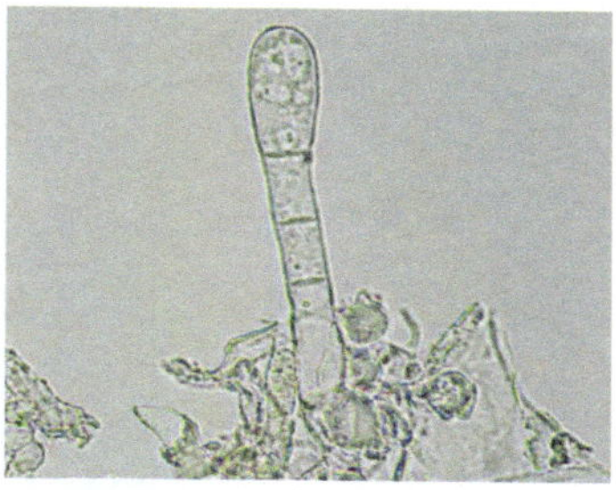

그림 12.158 사철나무 흰가루병균(*Erysiphe euonymicola*)의 분생포자경.
[출처: Plant Parasites of Europe]

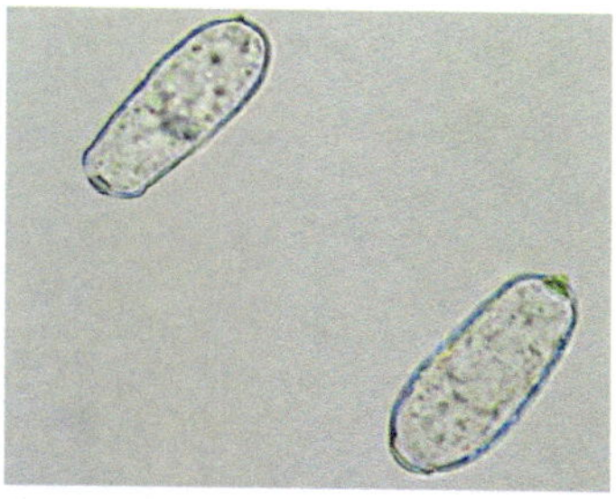

그림 12.159 사철나무 흰가루병균(*Erysiphe euonymicola*)의 분생포자.
[출처: Plant Parasites of Europe]

만든다. 분생포자는 바람에 의해 전반하고 여름에는 휴지기를 갖는다. 가을이 되면 다시 감염을 일으키고 늦가을부터 겨울까지 균사 상태로 월동하거나 병든 식물잔재에서 자낭구로 월동한다. 이듬해 봄 다시 분생포자를 만들어 전반해 발병을 되풀이한다.

[방제] 잎의 양면에 살수장치로 강하게 물을 뿜어 흰가루 병반을 씻어낸다. 병든 부위를 제거하고, 바람이 잘 통하도록 전정관리한다. 상습발병지에는 휴면기인 겨울에 결정석회황합제를 살포하고 생육기에는 발병 초기에 난황유 또는 적용약제를 살포한다.

③ 목련 흰가루병(powdery mildew)

목련 흰가루병(powdery mildew)은 목련에 흔히 발생하는 병이다.

[병증상] 잎에 하얀 균총과 분생포자를 많이 만들어 마치 잎이 흰가루로 뒤덮힌 듯한 표징을 나타낸다. 발병 후기에 자낭구가 형성되면서 회색~검은색으로 바뀐다.

그림 12.160 목련 잎 앞면의 표징(분생포자와 균사).
[출처: Yang-Chun-Zi Liao et al.]

그림 12.161 목련 잎 앞면의 표징(분생포자와 자낭구).
[출처: Wikimedia Commons]

[병원균] 목련 흰가루병을 일으키는 병원균은 *Erysiphe magnifica* 이다. 영양체는 격벽 균사체를 형성하고, 무성적으로 긴 분생포자경 위에 장타원형 분생포자를 형성한다. 유성생식세대인 자낭구에는 2~10개의 자낭이 들어있으며, 이 자낭에는 4~6개 포자가 들어있다. 부속지는 5~23개이며, 부속지에 격벽이 없고 끝부분이 여러 차례 분지해 나뭇가지처럼 구불구불하게 생긴 것이 특징이다.

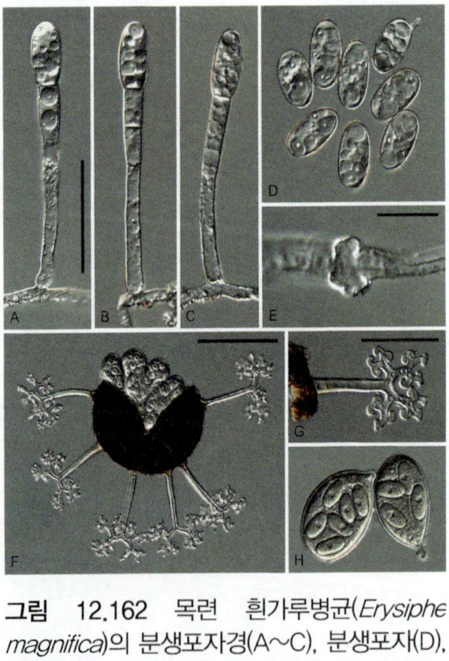

그림 12.162 목련 흰가루병균(*Erysiphe magnifica*)의 분생포자경(A~C), 분생포자(D), 부착기(E), 자낭구(F), 부속사(G) 및 자낭(H).
[출처: Cho Sung-eun et al.]

[병환] 목련 흰가루병은 봄철에 하얀 균총과 분생포자를 다량으로 만들고, 분생포자는 바람에 의해 확산되다가 여름에는 휴지기를 갖는다. 가을이 되

면 다시 감염을 일으키고 늦가을부터 균사 상태로 월동하거나 병든 식물잔재에서 자낭구로 월동한다. 이듬해 봄 다시 분생포자를 만들어 전반하면서 발병을 되풀이한다.

[방제] 병원균이 월동하는 낙엽 등 1차 전염원을 없앤다. 휴면기인 겨울에 결정석회황합제를 살포하고, 생육기 발생 시 적용약제를 살포한다.

④ 아까시나무 흰가루병(powdery mildew)

아까시나무 흰가루병(powdery mildew)은 아까시나무에 발생해 피해를 주는 병이다.

[병증상] 봄부터 잎의 앞면과 뒷면에 하얀 균총과 분생포자를 다량으로 만들어 마치 잎이 흰가루로 뒤덮힌 듯한 표징을 나타내고 시간이 지나면서 잎의 뒷면에는 검은색 자낭구가 다량 형성된다.

그림 12.163 아까시나무 잎 앞면의 표징(분생포자와 균사).
[출처: Plant Parasites of Europe]

그림 12.164 아까시나무 잎 뒷면의 표징(분생포자와 자낭구).
[출처: Plant Parasites of Europe]

[병원균] 아까시나무 흰가루병을 일으키는 병원균은 *Erysiphe palczewskii* (= *Microsphaera palczewskii*)이다. 영양체는 격벽 균사체를 형성하고, 잎 모양 부착기를 한 개씩 형성한다. 무성생식에 의해 짧은 분생포자경 위에 피브로신체(fibrosin)가 없는 계란형 분생포자를 한 개씩 형성한다. 유성생식세대인 자낭구에는 4~7개의 자낭포자를 가진 3~13개의 자낭이 들어있다. 자낭구마다 3~20개의 부속지가 있는데, 0~1개의 격벽이 있고, 끝부분이 5~8배 이분법적으로 연속적으로 갈라져 나뭇가지처럼 구불구불하다.

그림 12.165 아까시나무 잎 뒷면의 표징(자낭구).
[출처: Plant Parasites of Europe]

그림 12.166 아까시나무 흰가루병균(*Erysiphe palczewskii*)의 자낭구.
[출처: Plant Parasites of Europe]

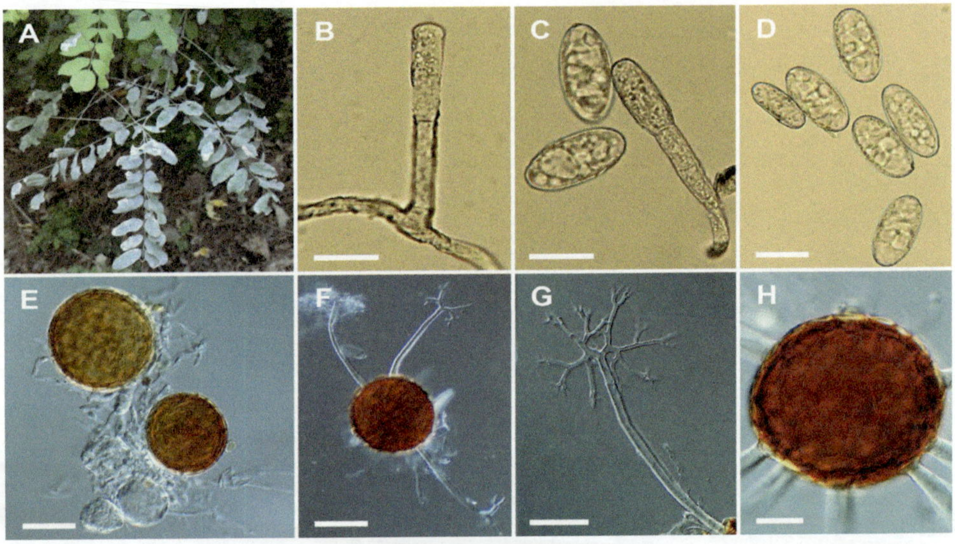

그림 12.167 아까시나무 흰가루병(*Erysiphe palczewskii*)의 표징(A), 분생포자경(B), 분생포자경과 분생포자(C),분생포자(D), 자낭구(E,F), 부속지(G), 자낭구(H).
[출처: Lee & Nguyen. 2019. Plant Disease 103:1428.]

[병환] 봄철 잎 앞뒷면에 흰가루처럼 생긴 균총과 분생포자를 다량 형성한다. 분생포자는 바람에 의해 전반되면서 발병을 되풀이하다가 가을이 되면 잎 뒷면에 자낭구를 형성해 병든 낙엽에서 자낭구 또는 균사 상태로 월동한다. 이듬해 봄 다시 분생포자를 만들어 전반하면서 발병을 되풀이한다.

[방제] 병든 낙엽과 월동 식물잔재를 일찍 없앤다. 발병이 심할 경우 적용약제를 살포한다.

⑤ 양버즘나무 흰가루병(powdery mildew)

양버즘나무 흰가루병(powdery mildew)은 백화증(白化症) 및 뒤틀림 증상의 원인이 되는 병이다.

[병증상] 봄부터 잎과 잎자루의 앞뒷면과 꽃에 하얀 균총과 분생포자를 많이 만들어 마치 잎이 흰가루로 뒤덮힌 듯한 표징을 나타내고 시간이 지나면서 회색~검은색으로 바뀐다.

그림 12.168 양버즘나무 잎 앞면 뒤틀림 병징.
[출처: Plant Parasites of Europe]

그림 12.169 양버즘나무 잎 뒷면 백화 병징.
[출처: Plant Parasites of Europe]

[병원균] 양버즘나무 흰가루병을 일으키는 병원균은 *Erysiphe platani* 이다.

영양체는 격벽 균사체를 형성하고, 둥글게 돌출된 부착기를 형성한다. 무성생식에 의해 직립상태이고 1~4개의 격벽이 있는 긴 분생포자경을 형성하고, 그 끝에 계란형이나 장타원형 분생포자를 한 개씩 형성한다. 분생포자는 투명하고, 외벽에 망상 주름이 관찰된다. 유성생식세대인 자낭구에는 짧은 대가 있는 자낭이 들어있으며, 자낭에는 계란형 자낭포자가 들어있다. 자낭구마다 6~18개의 부속지가 있는데, 격벽이 없고 끝부분이 연속적으로 갈라진 나뭇가지처럼 구불구불하다.

그림 12.170 양버즘나무 잎의 표징(자낭구).
[출처: asturnatura.com]

그림 12.171 흰가루병에 심하게 감염된 양버즘나무 가지.
[출처: Dusan Jurc]

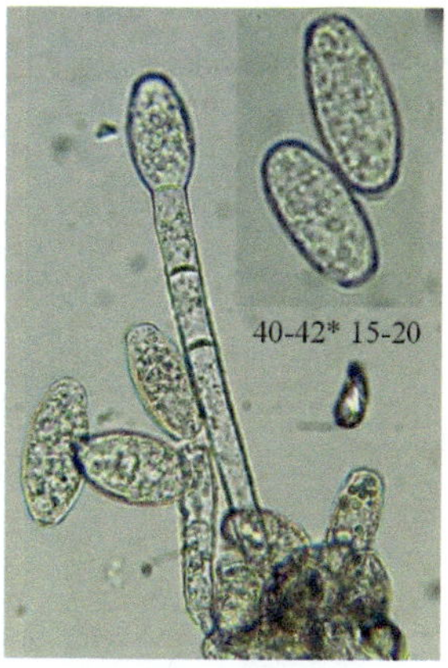

그림 12.172 양버즘나무 흰가루병균(*Erysiphe platani*) 분생포자경과 분생포자.
[출처: Manuel Alvarado]

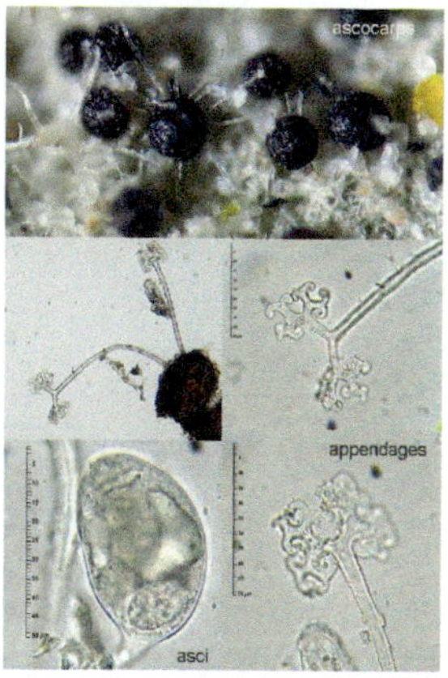

그림 12.173 양버즘나무 흰가루병균(*Erysiphe platani*) 자낭구, 부속지와 자낭.
[출처: asturnatura.com]

[병환] 봄부터 잎에 흰가루처럼 생긴 균총과 분생포자를 만든다. 분생포자는 바람에 의해 전반하고 여름에는 휴지기를 갖는다. 가을이 되면 다시 감염을 일으키고 늦가을부터 겨울까지 균사상태로 월동한다. 이듬해 봄 다시 분생포자를 만들어 1차 전염원으로 전반과 감염을 되풀이한다.

[방제] 병든 낙엽과 월동 식물잔재를 일찍 없앤다. 휴면기인 겨울에 결정석회황합제를 살포하고, 생육기 발생 시 적용약제를 살포한다.

⑥ 수수꽃다리 흰가루병(powdery mildew)

수수꽃다리 흰가루병(powdery mildew)은 수수꽃다리에 발생하는 주요 병이다.

[병증상] 잎 앞면, 잎자루에 흰색 가루같은 분생포자와 균사가 표징으로 나타나고 식물체 전체로 확산한다. 가을에 노란 알갱이같은 자낭구가 형성되고 성숙하면 검은색으로 된다.

[병원균] 수수꽃다리에 흰가루병을 일으키는 병원균은 *Erysiphe syringae-japonicae*(=*Microsphaera syringae-japonicae*)이다.

영양체는 격벽 균사체를 형성하고, 둥글게 돌출된 부착기를 형성한다. 무성생식에 의해 분생포자경 위에 분생포자를 형성한다. 유성생식세대인 자낭구에는 계란 모양의 자낭이 많이 존재하고, 자낭에는 계란형 자낭포자가 들어있다. 자낭구마다 격벽이 없고 끝부분이 연속적으로 갈라진 나뭇가지처럼 구불구불한 부속지를 가지고 있다.

그림 12.174 수수꽃다리 잎 앞면의 표징(분생포자와 균사).
[출처: 나용준]

그림 12.175 수수꽃다리 잎 앞면의 표징(자낭구).
[출처: 나용준]

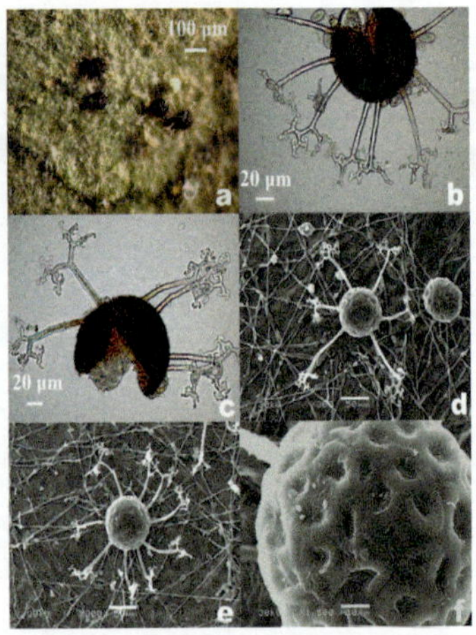

그림 12.176 수수꽃다리 흰가루병균(*Erysiphe syringae–japonicae*)의 자낭구(a~f).
[출처: Ilgaz Akata & Vasyl P. Heluta]

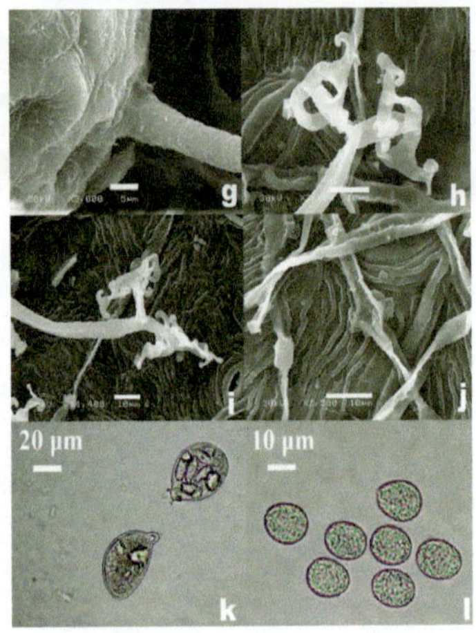

그림 12.177 수수꽃다리 흰가루병균(*Erysiphe syringae–japonicae*)의 부속지(g~i), 부착기(j), 자낭(k), 자낭포자(l).
[출처: I. Akata & V. P. Heluta]

[병환] 그늘, 습한 곳, 통기가 불량한 곳에서 흔히 발생한다. 여름에 잎에 균사와 분생포자가 하얗게 나타나고 점차 확산한다. 가을에 잎에 무성하게 자란 흰가루병균 균총 위에 노란 알갱이처럼 자낭구가 형성되고 성숙하면 검은색으로 된다. 병든 낙엽에서 자낭구 형태로 월동하고 이듬해 봄 자낭포자가 1차 전염원이 되어 새로 나온 잎에 감염을 일으키고 이후 분생포자가 2차 전염원이 되어 발병을 되풀이한다.

[방제] 병든 잎을 태우거나 땅에 묻어 제거한다. 채광, 배수, 통기가 잘 되도록 관리하고 잔가지는 솎아준다. 발병 초기에 적용약제를 2회 이상 살포한다.

⑦ 참나무류 흰가루병(powdery mildew)

참나무류 흰가루병(powdery mildew)은 참나무류에 발생하는 대표적인 병의 하나이다.

[병증상] 잎 윗면과 아랫면이 하얀 밀가루같은 균총과 분생포자로 뒤덮이는 표징을 나타내고 점차 빠르게 잎 전체로 확산한다. 가을에 잎 표면에 무성하게 자란 균총 위에 노란 알갱이같은 자낭구가 많이 형성되고, 가을이 깊어지면서 자낭구는 성숙해 검은색으로 된다.

그림 12.178 참나무류 잎 앞면의 표징(분생포자와 균사). [출처: Wikidata]

그림 12.179 참나무류 잎 뒷면의 표징(분생포자와 자낭구). [출처: Roman Manak]

[병원균] 참나무류 흰가루병을 일으키는 병원균은 *Microsphaera alphitoides* (=*Erysiphe alphitoides*)이다.

영양체는 격벽 균사체를 형성하고, 무성생식에 의해 분생포자경 위에 분생포자를 형성한다. 유성생식세대인 자낭구에는 여러 개의 자낭을 형성하고, 자낭에 자낭포자를 형성한다. 자낭구마다 격벽이 없고 끝부분이 연속적으로 갈라 나뭇가지처럼 구불구불한 부속지를 가지고 있다.

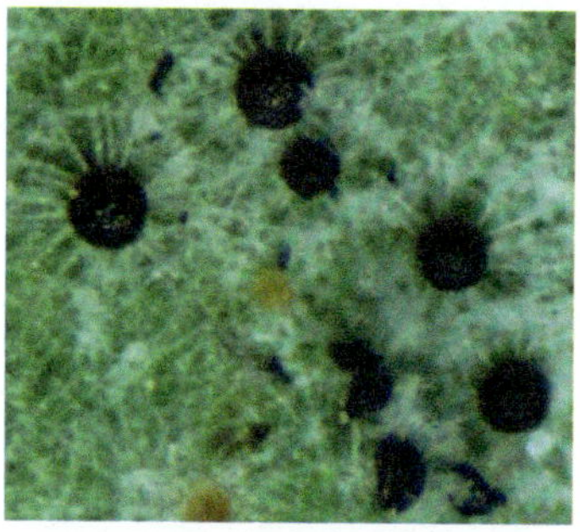

그림 12.180 참나무류 잎에 생성된 흰가루병의 표징(자낭구). [출처: Roman Manak]

[병환] 잎 윗면과 아랫면 모두 발생한다. 그늘, 습한 곳, 통기가 불량한 곳에서 흔히 발생한다. 여름에 잎에 흰색 가루같은 균총과 분생포자가 많이 나타나고 잎 전체로 확산한다. 가을에 노란 알갱이같은 자낭구가 형성되고 성숙하면 검은색으로 된다. 병든 낙엽에서 자낭구 형태로 월동하고 이듬해 봄 자낭포자가 1차 전염원이 되어 새로 나온 잎에 감염을 일으키고 이후 분생포자가 2차 전염원이 되어 발병을 되풀이한다.

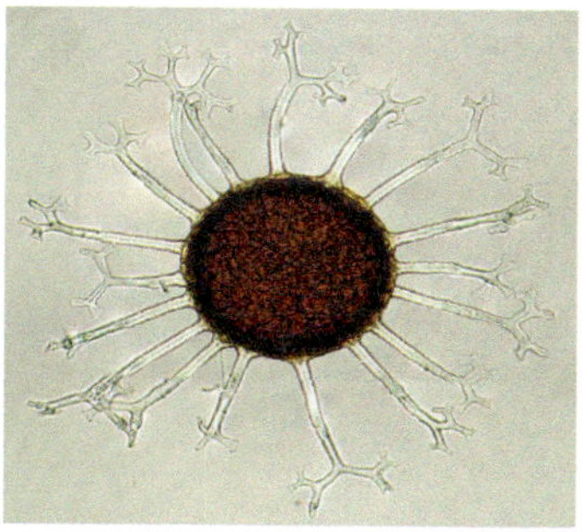

그림 12.181 참나무류 흰가루병균(*Microsphaera alphitoides*)의 자낭구. [출처: Wikimedia Commons]

[방제] 병든 잎을 제거하고 발병 초기에 적용약제를 2회 이상 살포한다.

⑧ 키위나무 흰가루병(powdery mildew)

키위나무 흰가루병(powdery mildew)은 고온건조한 시기에 발병이 심하다.

[병징] 잎 뒷면에 전형적인 흰가루병 표징으로 하얀 균사와 분생포자들이 원형 패치로 나타나지만, 잎 앞면에는 흰가루병 증상이 나타나지 않는다. 골드계통의 키위나무는 잎 뒷면에 하얀 균사와 분생포자들이 원형으로 나타나고, 병이 진전되면서 잎 뒷면 전체가 노랗게 변하고 심하게 감염되어 잎 뒷면에 흰가루병 표징이 있는 부위의 잎 앞면에도 연두색으로 황화된 증상이 나타난다. 늦가을에 접어들어 수확기에 이르면 키위나무 잎 뒷면에 흰가루병 표징이 있는 부위에서 자낭구가 형성되어 검은 점처럼 보인다. 발병이 심할 경우 병반이 갈색으로 변하고 시들면서 낙엽을 일으킨다.

그림 12.182 키위나무(그린키위 품종) 잎 뒷면의 표징(분생포자와 균사).

그림 12.183 키위나무(토종다래 품종) 잎 뒷면의 표징(분생포자와 균사).

그림 12.184 키위나무(골드키위 품종) 잎 앞면의 황화 병징.

그림 12.185 키위나무(골드키위 품종) 잎 뒷면의 표징(자낭구).

[병원균] 키위나무 흰가루병을 일으키는 병원균은 *Phyllactinia actinidiae* 이다.

영양체는 격벽 균사체이고, 무성적으로 분생포자를 형성한다. 유성번식체인 자낭구는 부드러운 새포벽을 가지고 어두운 색깔이며, 외벽세포에는 기부가 둥글고 끝이 바늘처럼 가늘고 쉽게 떨어지는 부속지를 가진다. 자낭구에는 자낭이 들어 있고, 자낭 안에는 자낭포자가 들어 있다.

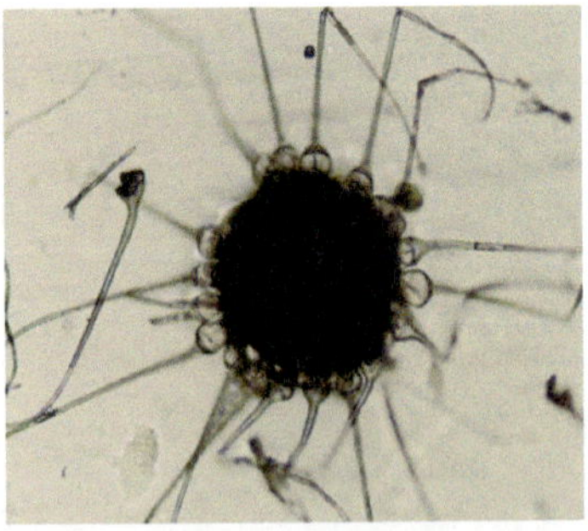

그림 12.186 키위나무 흰가루병균(*Phyllactinia actinidiae*)의 자낭구.

[병환] 생육기간 중 주로 여름부터 가을까지 고온기에 키위나무 잎 뒷면에 침입해 발병하는 절대기생체로 병든 낙엽에

서 자낭구의 형태로 월동한다. 병든 낙엽에서 자낭구 형태로 월동하고 이듬해 봄 자낭포자가 1차 전염원이 되어 새로 나온 잎에 감염을 일으키고 이후 분생포자가 2차 전염원이 되어 발병을 되풀이한다.

[방제] 병든 낙엽들을 수거해 소각하거나 땅 속에 묻는다. 상습적으로 흰가루병이 많이 발생할 경우에는 강전정을 해 바람이 잘 통하고 햇빛이 잘 들도록 하면 흰가루병 발생을 크게 경감시킬 수 있다. 매년 발병이 심한 과원에는 발병 초기에 난황유를 살포함으로써 흰가루병을 효과적으로 방제할 수 있다.

⑨ 감나무 흰가루병(powdery mildew)

감나무 흰가루병(powdery mildew)의 초기 증상은 차응애 피해와 매우 유사하다.

[병증상] 감나무 잎 뒷면에 전형적인 흰가루병 표징으로 하얀 균사와 분생포자들이 원형 패치로 나타난다. 잎 표면에는 어느 정도 발병이 진전된 후 희미하게 탈색되면서 검은색 작은 점들이 산발적으로 생성되는 병징을 나타낸다.

그림 12.187 감나무 잎 앞면의 황화 병징.

그림 12.188 감나무 잎 뒷면의 표징(분생포자와 균사).

[병원균] 감나무 흰가루병을 일으키는 병원균은 *Phyllactinia kakicola*이다.

영양체는 격벽 균사체이고, 무성적으로 분생포자를 형성한다. 분생포자는 분생포자경 위에 1개씩 형성되고, 무색, 단세포, 짧거나 긴 곤봉 모양이다.

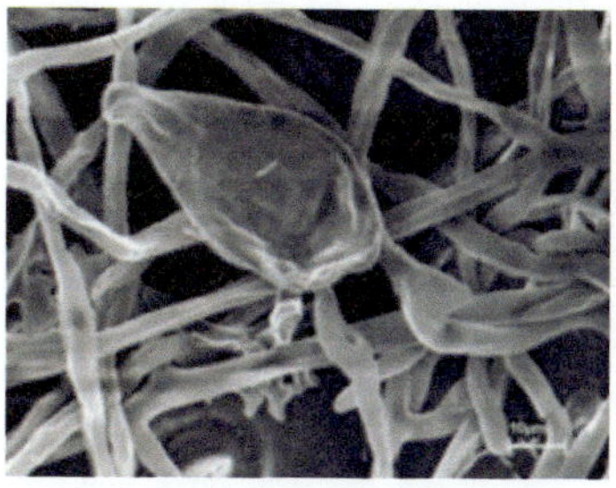

그림 12.189 감나무 흰가루병균(*Phyllactinia kakicola*)의 분생포자. [출처: Jin-Hyeuk Kwon et al.]

그림 12.190 감나무 흰가루병균(*Phyllactinia kakicola*)의 자낭구와 자낭. [출처: 농촌진흥청]

유성번식체인 자낭구는 흑갈색, 구형이며, 외벽세포에는 기부가 둥글고 끝이 바늘처럼 가늘고 쉽게 떨어지는 8~23개의 부속지를 가진다. 자낭구에는 보통 8개 내외의 자낭이 들어있고, 자낭 안에는 자낭포자가 2개씩 들어있다. 자낭은 계란 모양으로 한쪽 끝이 약간 뾰족하게 돌출되어 있다.

[병환] 병원균은 병든 낙엽 및 나무껍질에서 자낭구로 월동한다. 5~6월 비가 많이 오면 뒷면에 밀가루를 뿌려놓은 듯한 병반을 형성하고 잎맥이 흑갈색으로 변한다. 초가을에는 잎 뒷면 전체가 흰 균사층으로 덮히고 흑갈색, 구형의 자낭구가 형성된다. 낙엽에서 월동한 자낭구에서 1차 전염원인 자낭포자가 바람에 의해 기공을 침입하고 이후 발병된 병반에서 형성된 분생포자가 2차 전염원이 되어 피해를 발생시키고 심하면 잎 전체가 말라 일찍 낙엽이 된다.

병원균은 15~25℃에서 잘 생육하며 자낭각은 15℃ 전후에서 잘 형성된다. 병원균의 침입균사가 초기 감염시 감나무 잎에서 독소를 생성해 인접세포를 사멸시켜서 더 이상의 병반이 진행되지 않도록 과민성반응을 나타낸다. 5~6월 강우가 잦고 여름철 기온이 서늘하며 질소질 비료 과용으로 세력이 강해진 나무에서 피해가 크다.

[방제] 월동처인 병든 잎과 나무껍질을 제거해 소각하거나 땅속에 묻는다. 질소질비료 과용으로 피해가 크기 때문에 질소질 비료를 적당량 시비하고 나무 수관 내부에 통풍과 채광을 좋게 한다. 5월 하순부터 적용약제를 살포한다.

⑩ 뽕나무 흰가루병(powdery mildew)

뽕나무 흰가루병(powdery mildew)은 잎의 뒷면에 발생하는 대표적인 흰가루병이다.

[병증상] 여름부터 시작해 9월 이후에 비가 많이 오면 심하게 발생한다. 잎의 뒷면에 하얀 가루 모양의 무늬(균사와 분생포자)가 표징으로 나타나 확대되면서 잎 전체를 덮는다. 처음에 누렇지만 나중에 검은색으로 변한 작은 입자(자낭구)가 많이 형성된다.

그림 12.191 뽕나무 잎 뒷면의 표징(분생포자와 균사).
[출처: Yuan-Min Shen, National Taiwan University, Bugwood.org]

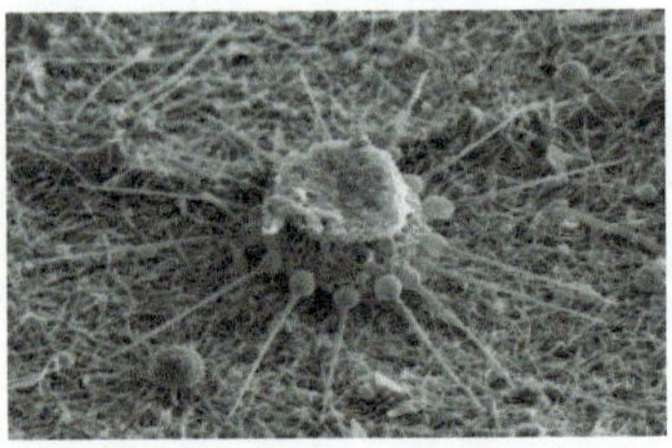

그림 12.192 뽕나무 흰가루병균(*Phyllactinia moricola*)의 자낭구.
[출처: jppa.or.jp]

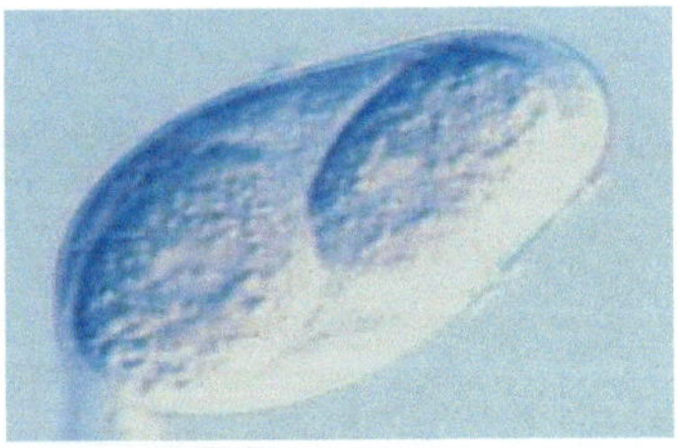

그림 12.193 뽕나무 흰가루병균(*Phyllactinia moricola*)의 자낭포자.
[출처: jppa.or.jp]

[병원균] 뽕나무 흰가루병을 일으키는 병원균은 *Phyllactinia moricola(=Phyllactinia corylea)*이다.

영양체는 격벽 균사체로 무성하게 자란다. 무성적으로 길다란 분생포자경에 방추형 분생포자를 형성한다. 유성번식체인 자낭구는 부드러운 세포벽을 가지고 어두운 색깔이며, 외벽세포에는 기부가 둥글고 끝이 바늘처럼 가늘고 쉽게 떨어지는 8~12개의 투명한 부속지를 가진다. 부속지는 자좌(ascosptroma)의 위쪽에 부착되어 있다. 자낭구에는 10여 개의 자낭이 들어있다. 자낭 안에는 투명한 난형 자낭포자가 2개 때로는 3~4개 들어있다.

[병환] 병든 나뭇가지나 낙엽에서 자낭구로 월동한 후 1차 전염원이 된다.

[방제] 너무 밀식을 피하고 통풍과 투광에 유의한다. 병든 낙엽과 잔재물을 모두 모아 태운다. 잎의 경화가 늦은 저항성 품종을 재배한다.

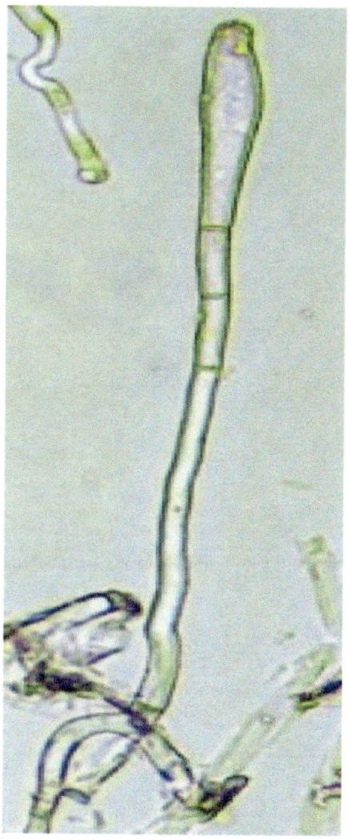

그림 12.194 뽕나무 흰가루병균(*Phyllactinia moricola*)의 분생포자경과 분생포자.
[출처: jppa.or.jp]

⑪ 딸기 흰가루병(powdery mildew)

딸기 흰가루병(powdery mildew)은 딸기에 발생하는 대표적인 병 중의 하나로 시설재배에서 발병이 심하다.

[병증상] 잎, 꽃, 열매에 발생한다. 초기에는 잎 뒷면에 작은 흰색 무늬가 표징으로 드러난다. 감수성 딸기 품종에서는 촘촘하게 자란 균사체와 수많은 분생포자 사슬이 흰가루처럼 보이게 한다. 적합한 조건에서는 잎의 전체 아랫면이 덮일 때까지 흰색 무늬가 확장되고 뭉친다.

그림 12.195 딸기 잎 앞면의 표징(분생포자와 균사).
[출처: Cornell University]

그림 12.196 딸기 잎 뒷면의 표징(분생포자와 균사).
[출처: Cornell University]

일부 딸기 재배 품종에서는 균사체가 상대적으로 적게 생산돼 흰색 무늬가 잘 보이지 않는 대신 병징으로 불규칙한 노란색 또는 적갈색 점무늬가 잎 뒷면의 병환부에서 생겨 잎 표면으로 진전된다. 심하게 감염된 잎의 가장자리는 위로 말려 올라간다.

흰가루병균은 꽃을 감염해 불임되게 하거나 기형적인 열매로 만들어 품질과 시장성 있는 수확량을 감소시킬 수 있다.

그림 12.197 딸기 잎 뒷면의 적갈색 병징.
[출처: N. A. Peres & J. C. Mertely]

그림 12.198 딸기 흰가루병에 의해 잎이 말리는 병징.
[출처: N. A. Peres & J. C. Mertely]

그림 12.199 딸기 열매 표면의 표징(분생포자와 균사).
[출처: nexles.com]

그림 12.200 딸기 잎 앞면의 표징(균사체).
[출처: N. A. Peres & J. C. Mertely]

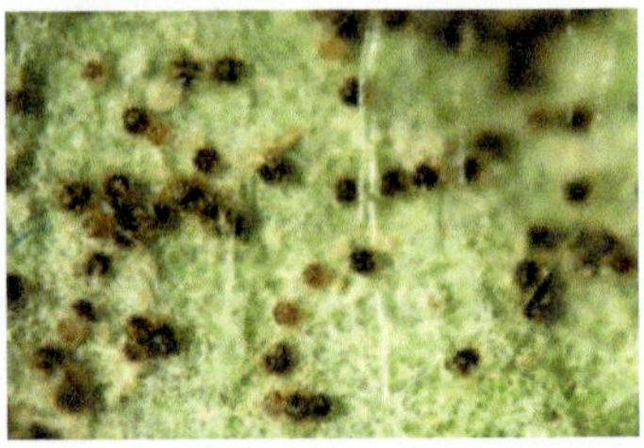

그림 12.201 딸기 잎 앞면에 생성된 흰가루병 표징(자낭구).
[출처: Cornell University]

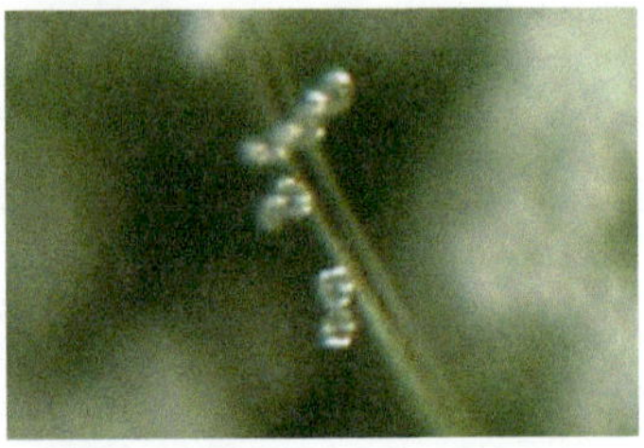

그림 12.202 딸기 흰가루병균(*Podosphaera aphanis*)의 분생포자.
[출처: Cornell University]

[병원균] 딸기 흰가루병을 일으키는 병원균은 *Podosphaera aphanis* (=*Sphaerotheca macularis*)이다.

영양체로 하얀 격벽 균사를 형성하고, 기주 식물체 잎의 표피세포 속으로 구형의 흡기를 뻗어 영양을 흡수한다. 균사체에서 무성적으로 형성된 분생포자경에 타원형 분생포자가 연쇄상으로 형성한다. 유성번식체로 어둡고 둥근 자낭구를 생성하는데, 처음에는 흰색이지만 성숙함에 따라 검은색으로 변한다. 자낭구에는 1개의 자낭을 형성하고, 외벽세포가 길게 자라나온 균사 모양 부속지를 여러 개 가진다.

[병환] 토양 표면에 있는 식물잔재에서 자낭구 또는 식물체의 눈에서 균사 상태로 월동한다. 뾰족한 부속사가 있는 구형의 검은색 자낭구는 생육기가 끝날 무렵에 형성된다. 이른 봄에 적합한 조건에서 자낭구 안에 있던 자낭이 파열되어 자낭포자가 배출된다. 특히, 햇빛이 잘 들지 않고, 지나치게 토양이 비옥하거나, 토양 수분이 높을 때 자낭포자 방출에 적합하고, 감염적온은 18~25℃이다. 자낭포자는 1차 전염원 역할을 하는데, 바람에 의해 수동적으로 전파된 후 감수성 기주 식물을 만나면 발아해 감염을 일으킨다.

감염 후 흰색 가루 모양의 무성포자인 분생포자 덩어리가 생성되어 전형적인 흰가루병 표징을 나타낸다. 아래쪽 잎이 가장 큰 영향을 받지만, 흰가루병은 땅 위에 있는 식물체의 어떤 부분에서도 나타날 수 있다.

딸기 흰가루병균은 생육기 동안 분생포자가 바람을 통해 전파되면서 추가적으로 다른 식물체에 감염을 되풀이하는 다주기성(polycyclic) 병원체다. 모판에 있는 살아있는 녹색 잎을 쉽게 감염시키기 때문에 감염된 이식묘는 보통 정식 후 재배하는 포장에서 주요 전염원이 된다. 환경조건이 적합하면 감염된 식물체에서 생성되는 분생포자는 바람이 전파되는데, 중간에서 높은 습도와 15~26℃ 정도의 온도에서 흰가루병은 가장 잘 진전되고 확산되고, 시설재배에서 발병이 심하다.

그림 12.203 *Podosphaera aphanis* 에 의한 딸기 흰가루병의 병환. [출처: Jolyon L. A. Dodgson et al.]

[방제] 발병이 심한 지역에서는 저항성품종을 재배한다. 병든 식물잔재는 일찍 제거하고, 수확 후 포장을 청결하게 정리한다. 0.3% 난황유(물 20 ℓ에 식용유 60 mℓ과 계란노른자 1개를 잘 혼합해 조제)를 발병 초기에 예방 목적으로 살포하고, 발병이 심한 경우 0.5% 난황유(20 ℓ에 식용유 100 mℓ과 계란노른자 1개를 잘 혼합해 조제)를 치료 목적으로 살포한다. 심한 발병이 예상되면 적용약제를 살포한다.

⑫ 박과작물 흰가루병(powdery mildew)

박과작물 흰가루병(powdery mildew)은 호박, 박, 오이, 참외, 팥, 강낭콩, 광저기, 황마, 우엉 등에 발생한다. 호박과 팥에 피해가 크고, 주로 생육 말기에 많이 발생한다.

[병징] 감염된 기주 식물체의 잎, 줄기 표면에 밀가루처럼 균사와 분생포자가 표징으로 생기고, 나중에는 회색으로 변하며 검은색 작은 입자로 된 자낭구가 많이 형성된다. 더욱 병이 진전되면 병든 잎은 누렇게 되고 말라 죽는다.

그림 12.204 오이 잎 앞면의 표징(분생포자와 균사).
[출처: Plant Pathology Department, University of Florida]

그림 12.205 수박 열매 표면의 표징(분생포자와 균사).
[출처: Wikipedia]

[병원균] 박과작물에 흰가루병을 일으키는 병원균은 *Podosphaera fuliginea* 이다.

영양체로 하얀 격벽 균사를 형성하고, 기주 식물체 잎의 표피세포 속으로 구형의 흡기를 뻗어 영양을 흡수한다. 균사체에서 무성적으로 형성된 분생포자경에 타원형 분생포자가 10개 미만 연쇄상으로 형성된다. 무성포자인 분생포자는 무색, 단세포, 타원형 또는 장타원형으로 피브로신체(fibrosin)를 함유한다.

유성번식체인 자낭구는 구형이며, 흰색에서 황갈색이었다가 완전히 성숙하면 검은색으로 된다. 자낭구에는 외벽세포가 길게 자라 균사처럼 생긴 부속지를 가진다. 자낭구는 기주 표면에서 균사집단에 다소 묻힌 것처럼 존재한다. 난형 또는 타원형 자낭 안에는 1개의 자낭이 들어있고, 자낭에는 무색, 단세포, 타원형의 자낭포자가 8개 들어있다.

그림 12.206 박과작물 흰가루병균(*Podosphaera fuliginea*)의 분생포자경과 분생포자.
[출처: Plant Pathology Department, University of Florida]

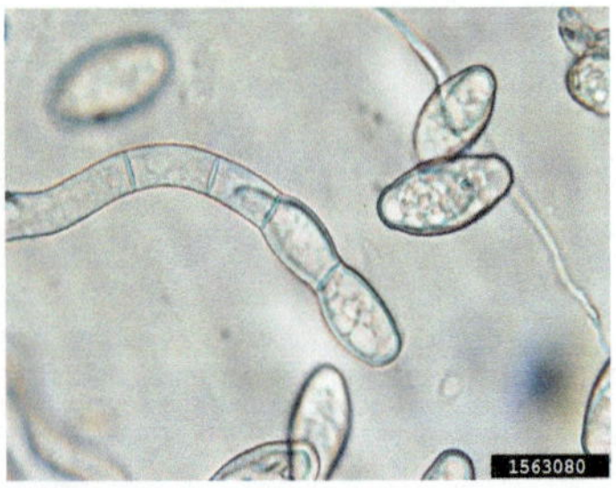

그림 12.207 박과작물 흰가루병균(*Podosphaera fuliginea*)의 분생포자.
[출처: Charles Averre, North Carolina State University, Bugwood.org]

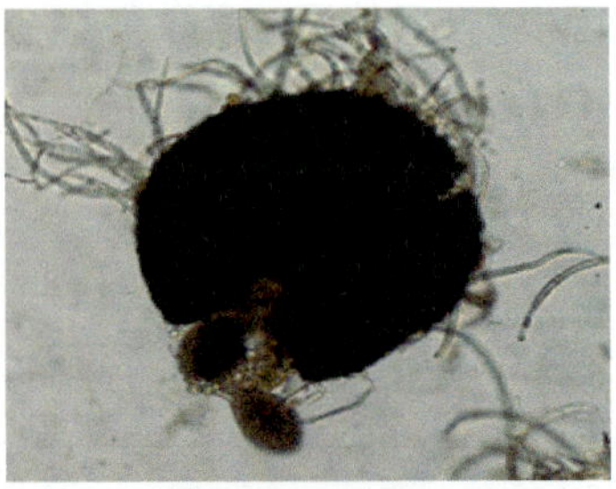

그림 12.208 박과작물 흰가루병균(*Podosphaera fuliginea*)의 자낭구.
[출처: Alchetron]

[병환] 식물잔재에서 주로 자낭구로 월동한 후 1차 전염원이 된다. 2차 전염은 분생포자가 바람에 의해 전반돼 일어나고, 분생포자는 기주 식물의 잎에 부착해 온도 및 상대습도가 알맞으면 발아해 조직을 침해한다. 발아관은 작고 가는 균사를 표피세포로 밀어 넣고 구형의 흡기를 형성해 양분을 흡수한다. 한편 발아관은 기주조직 표면에서 계속 생장하고 분지하면서 많은 표생균사를 형성하고 계속 표피세포속으로 흡기를 뻗는다.

균사와 분생포자가 기주 식물 잎 표면에 서식하면서 세포로부터 양분을 흡수하면 양분이 고갈된 세포는 약화되고 때로는 죽기도 한다. 감염된 잎 부위에서 광합성은 크게 감소한다. 보통 9월 하순경 생육후기에 날씨가 서늘해지면, 분생포자 형성이 중지되고 자낭구가 형성된다. 시설재배지역에서는 흔히 분생포자세대만 볼 수 있다.

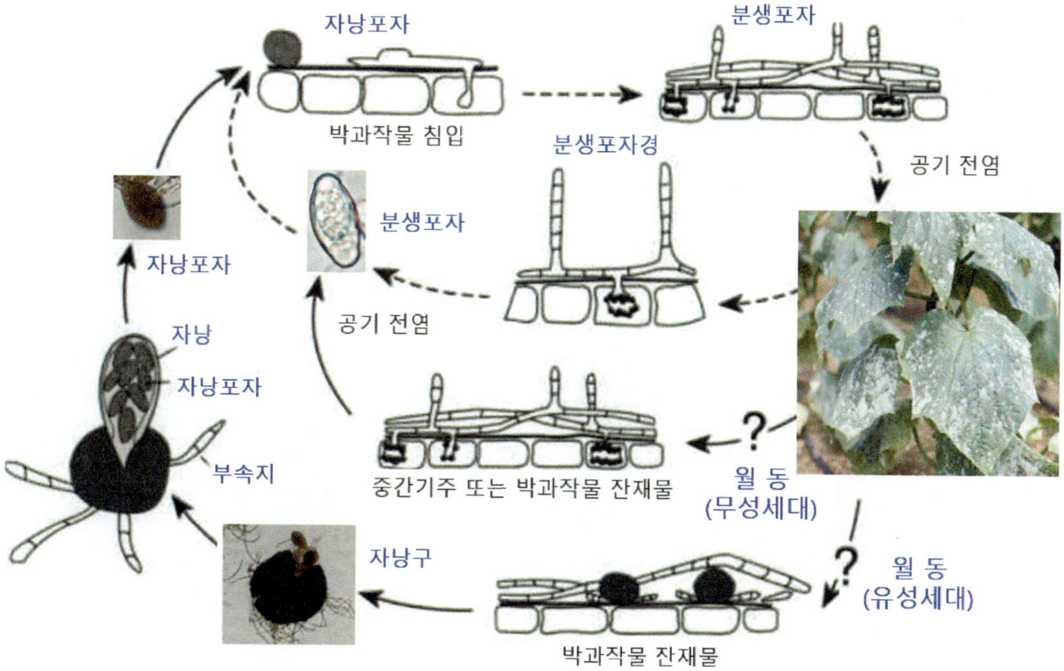

그림 12.209 *Podosphaera fuliginea*에 의한 박과작물 흰가루병의 병환. [출처: J. L. Shipp and D. R. Gillespie]

[방제] 수확 후 병든 식물잔재물은 모두 제거한다. 밀식을 피하고 통풍과 투광이 잘 되게 한다. 질소질 비료 과용을 피하고 지상부가 너무 무성하게 자라지 않게 한다. 감염 초기 우유를 10배 희석시켜 살포하면 살균제만큼 효과를 얻을 수 있다. 또한 0.3% 난황유를 발병 초기에 예방 목적으로 살포하고, 발병이 심한 경우 0.5% 난황유를 치료 목적으로 살포한다.

⑬ 장미나무 흰가루병(powdery mildew)

장미나무 흰가루병(powdery mildew)은 정원이나 재배온실에서 모두 장미의 가장 중요한 병 중 하나다. 흰가루병은 장미나무에서 매년 발생하는데, 눈, 어린잎, 생장점 등을 침해함으로써 식물체를 약화시키며, 꽃 생산을 감소시킨다. 장미나무 뿐만 아니라 복숭아나무와 자두나무에도 발생한다.

[병증상] 장미나무의 잎, 잎자루, 가지, 꽃망울에 발생하고, 복숭아나무에서는 열매에 많이 발생한다. 어린 잎에 처음 나타날 때는 약간 융기된 듯이 보이나 이내 하얗게 흰가루병균이 자란 표징이 잎 전체를 뒤덮는다. 잎이 전개되면서 위쪽으로 말리고 뒤틀린다. 성엽에서는 큰 흰색 병반을 형성하지만, 잎이 변형되는 일은 드물고, 병반은 다소 변색되면서 나중에는 괴사된다. 새 가지에도 흰색 병반이 형성되고 융합해 결국 끝부분을 완전히 뒤덮어 구부러지기도 한다. 때로 눈이 감염되면 눈이 트기 전에 흰가루병균에 뒤덮여 눈이 트지 못하거나 불완전한 상태가 되기도 한다. 또한 꽃은 변색되고 작아지고 결국은 죽는다. 초기 발생 시에 하얀 균사가 병든 부위를 뒤덮다가 균사 위 모래알처럼 작은 검은 점처럼 보이는 자낭구가 형성된다.

그림 12.210 장미나무 잎 앞면의 표징(분생포자와 균사).
[출처: 박종한]

그림 12.211 장미나무 잎 뒷면의 표징(분생포자와 균사).
[출처: S. H. Lee et al.]

그림 12.212 장미나무 줄기의 표징(분생포자와 균사).
[출처: Jerzy Opiola]

그림 12.213 장미나무 꽃의 시들음 병징.
[출처: Wikipedia]

그림 12.214 황도복숭아 어린 열매 표면의 표징(분생포자와 균사).
[출처: H. D. Shin et al.]

그림 12.215 황도복숭아 성숙한 열매 표면의 표징(분생포자와 균사).
[출처: H. D. Shin et al.]

[병원균] 장미나무와 복숭아나무에 흰가루병을 일으키는 병원균은 *Podosphaera pannosa*(=*Sphaerotheca pannosa*)이다.

영양체로 식물 표면에 하얀 격벽 균사를 형성하고, 표피세포 속으로 구형의 흡기를 뻗는다.

균사체는 식물 표면에 집단적으로 자라며, 무성번식체로 분생포자경을 형성해 끝에 원통 모양의 분생포자가 5~10개씩 연쇄상으로 형성한다.

생육후기에 날씨가 서늘해지면, 주로 줄기에서 분생포자 형성이 중지되고 유성생식에 의해 자낭구가 형성된다. 자낭구에는 외벽세포가 길게 자라나온 균사 모양 부속지를 여러 개 가진다. 자낭구는 기주표면에서 균사집단에 다소 묻힌 것처럼 존재하며 1개의 계란 모양 자낭이 들어있다. 가을동안 자낭포자는 성숙하며, 이듬해 봄 자낭은 터지면서 8개의 성숙한 자낭포자를 방출한다.

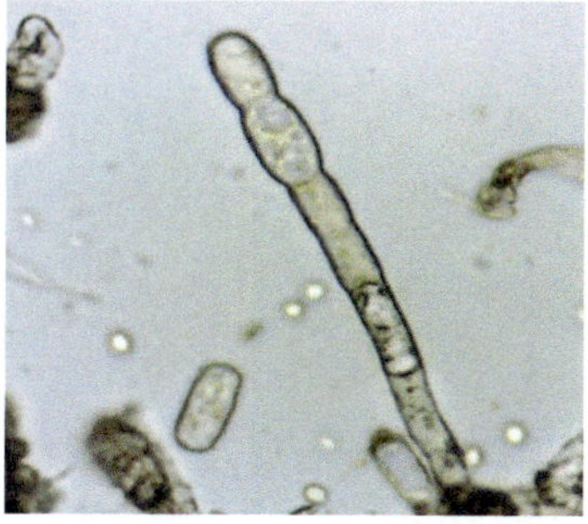

그림 12.216 장미나무 흰가루병균(*Podosphaera pannosa*)의 분생포자경.
[출처: Plant Parasites of Europe]

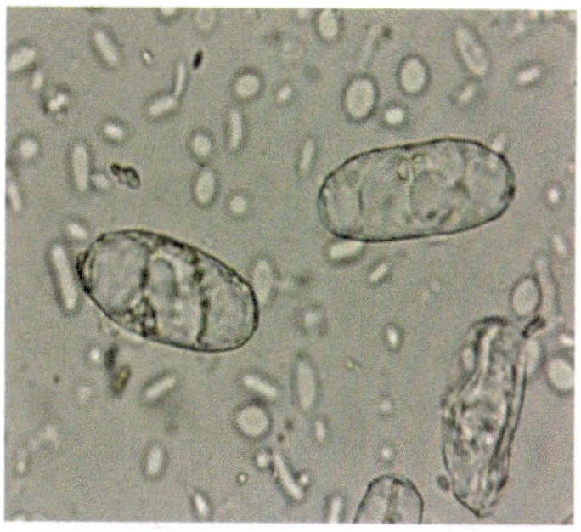

그림 12.217 장미나무 흰가루병균(*Podosphaera pannosa*)의 분생포자.
[출처: Plant Parasites of Europe]

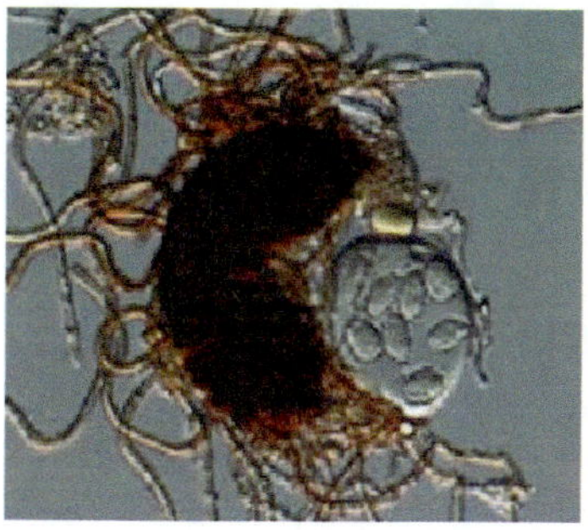

그림 12.218 장미나무 흰가루병균(*Podosphaera pannosa*)의 자낭구.
[출처: S. H. Lee et al.]

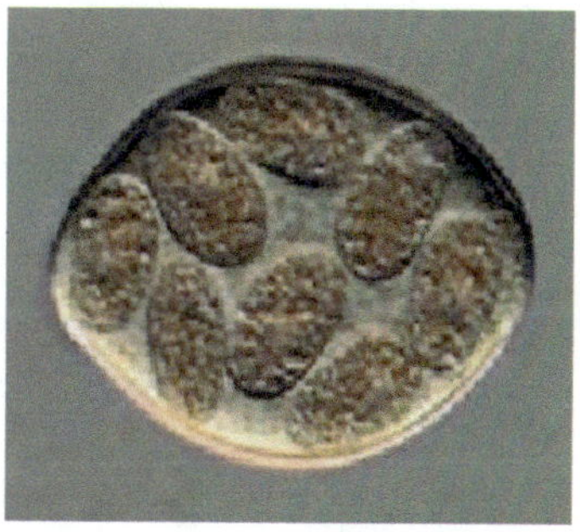

그림 12.219 장미나무 흰가루병균(*Podosphaera pannosa*)의 자낭.
[출처: S. H. Lee et al.]

[병환] 노지 장미나무에서 병원균은 생육후기에 자낭구를 형성하기도 하지만, 주로 눈에서 균사로 월동한다. 온실 장미나무에서는 자낭구를 형성하지 않고 전적으로 균사와 분생포자로 생존한다.

보통 월동균사를 가진 눈에서 발달한 새순이 감염된 후 균사 및 분생포자가 1차 전염원 역할을 해 잎과 꽃 등에서 2차 감염을 일으킨다. 자낭구가 존재하는 경우에는 자낭구에서 방출된 자낭포자도 1차 전염원으로 작용한다.

자낭포자 또는 분생포자는 바람에 의해 어린 조직으로 전반되고, 온도 및 상대습도가 알맞으면 발아해 조직을 침해한다. 발아관은 작고 가는 균사를 표피세포로 밀어 넣고 구형의 흡기를 형성해 양분을 흡수한다. 한편 발아관은 기주조직 표면에서 계속 생장하고 분지하면서 많은 표생균사를 형성하고 계속적으로 표피세포로 흡기를 뻗는다.

식물세포로부터 양분을 흡수하면 양분이 고갈된 세포는 약화되고 때로는 죽기도 한다. 감염 부위에서 광합성은 크게 감소한다. 어린 조직이 감염되면 감염세포나 주변세포의 생장을 교란시키고 불균일한 생장을 초래함으로써 잎에 약간 융기된 부분이 생기거나 잎이 뒤틀리기도 한다.

식물 표면에 자라는 균사의 분생포자경에서는 많은 분생포자가 형성돼 다른 잎이나 순에 새로운 감염을 일으킨다. 온실 장미나무는 1년 내내 감염에 노출되는 반면에 노지 장미는 어린 조직이 가장 감수성을 나타낸다.

심하게 감염된 줄기는 생장이 저해된다. 감염된 눈은 트지 못하는 경우가 많으며, 눈이 트는 경우도 꽃이 감염됨으로써 정상적으로 개화하지 못한다.

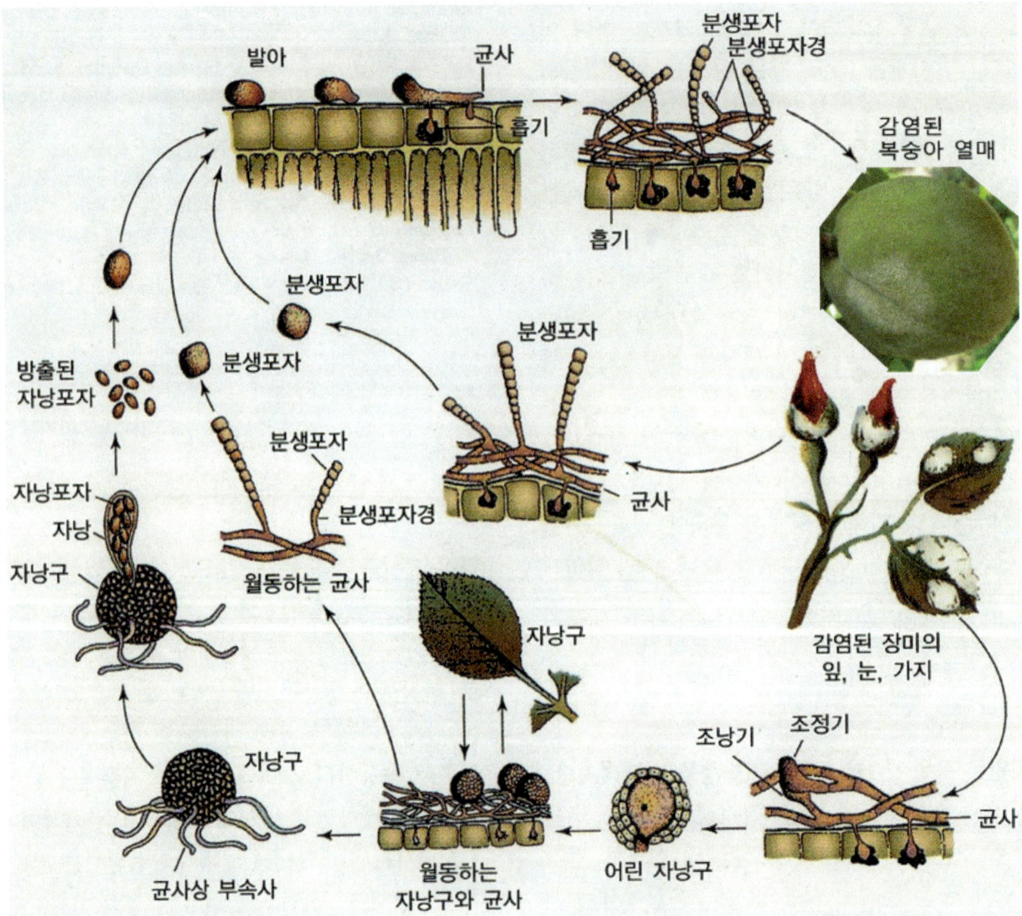

그림 12.220 *Podosphaera pannosa*에 의한 장미나무 흰가루병의 병환. [출처: 식물병리학]

[방제] 병든 식물잔재를 제거한다. 황은 액제 또는 분제로 사용되는데, 온실에서는 훈연제로 사용되기도 한다. 대부분은 1주일에 1회 살포함으로써 성공적으로 방제할 수 있지만, 새 순 발생이 활발한 시기나 강우가 잦은 시기에는 살포횟수를 늘려야 한다. 효과적인 침투성 살균제가 개발되었고, Acibenzolar-S-methyl 등 식물저항성을 활성화시키는 물질이나 중탄산나

트륨(sodium bicarbonate), 파라핀오일(paraffin oils) 등 방어를 활성화시키는 물질을 살포하면 장미나무 흰가루병의 방제에 효과가 있다.

⑭ 포도나무 흰가루병(powdery mildew)

포도나무 흰가루병(powdery mildew)은 포도나무에 피해를 많이 주는 병이다.

그림 12.221 포도나무 잎 앞면의 표징(분생포자와 균사).
[출처: Adobe Stock]

그림 12.222 포도나무 잎 뒷면의 표징(분생포자와 균사).
[출처: Nexles]

그림 12.223 포도나무 어린 열매 표면의 표징(분생포자와 균사).
[출처: Wikipedia]

그림 12.224 포도나무의 성숙한 열매 표면의 표징(분생포자와 균사).
[출처: Nexles]

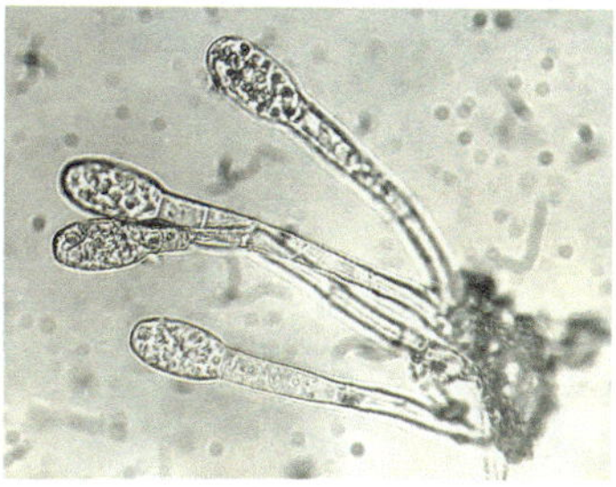

그림 12.225 포도나무 흰가루병균(*Uncinula necator*)의 분생포자.
[출처: Wikimedia Commons]

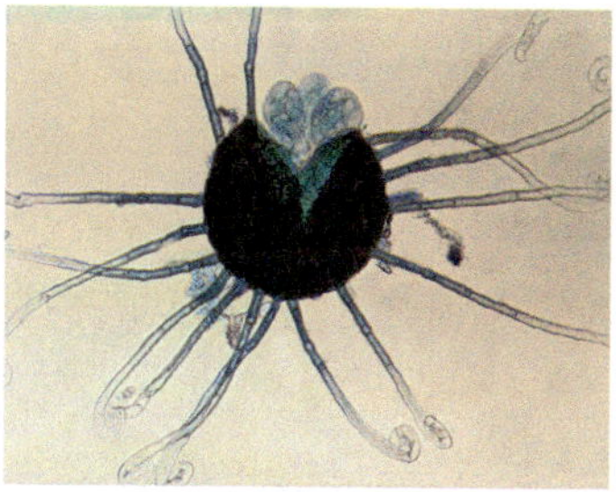

그림 12.226 포도나무 흰가루병균(*Uncinula necator*)의 자낭구.
[출처: University of Guelph]

[병증상] 잎 앞면에 표징으로 균총과 분생포자가 하얀 가루를 뿌려놓은 것처럼 뒤덮는다. 감염된 잎은 기형으로 되고 변색되며, 줄기도 짙은 갈색으로 변색된다. 꽃이 감염되면 꽃이 떨어지고 열매를 잘 맺지 않는다. 개화 후 열매가 형성된 초기에 감염되면 감염된 열매는 낙과한다. 성숙한 열매에서도 하얀 가루 표징을 볼 수 있으며, 심하게 감염되면 열매껍질이 쪼개지기도 한다. 생육 후기에 자낭각이 생성되어 감염된 조직에 독특한 붉은색~검은색 점이 표징으로 나타난다.

[병원균] 포도나무 흰가루병을 일으키는 병원균은 *Uncinula necator*이다.

영양체로 격벽 균사체를 형성하고, 기주 식물체 잎 표면에서 생장하면서 표피세포 속으로 구형의 흡기를 뻗어 영양을 흡수한다. 균사체에서 무성생식에 의해 형성된 분생포자경 위에 통 모양의 분생포자를 연쇄상으로 형성한다. 유성번식체인 자낭구는 구형이며, 흰색에서 황갈색이었다가 완전히 성숙하면 검은색으로 된다. 자낭구에는 외벽세포가 길게 자라 덩굴손처럼 생긴 부속지를 가진다. 자낭 안에는 자낭포자가 8개 들어있다.

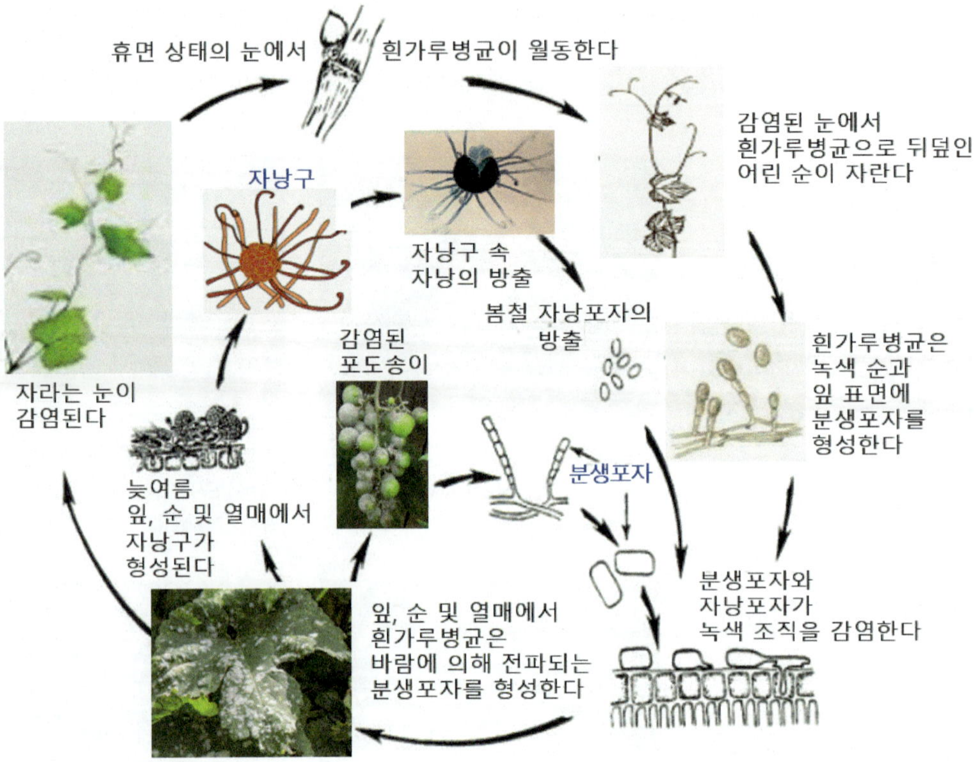

그림 12.227 *Uncinula necator*에 의한 포도나무 흰가루병의 병환. [출처: Ronald S. Jackson]

[병환] 감염된 줄기와 눈에 자낭각 형태로 월동한다. 병든 조직에서 흘러내린 성숙한 자낭각은 나무껍질 틈에 정착해 이듬해 봄에 빗물에 부풀어 오르고, 파열되어 자낭포자를 분출한다. 자낭포자는 눈이 틀 무렵에 어린 조직으로 전파되어 감염을 시작한다. 일부 지역에서는 감염된 가지와 눈에서 균사체로 월동한 후 분생포자가 바람에 날려 잎, 가지, 열매로 전파되어 감염을 일으킨다. 감염은 잎과 열매를 성숙하기 전에 표면 조직을 죽임으로써 잎과 열매를 기형으로 만들 수 있다. 심하게 감염되면 어린 순은 말라죽고, 낙엽과 낙과를 일으킨다.

후덥지근하고 흐린 날씨가 발병에 적합하다. 균사 생장과 분생포자 형성적온은 약 20~30℃ 정도이고, 32℃ 이상에서는 생장을 멈춘다.

[방제] 병든 잎, 가지, 열매 등 1차 전염원을 없앤다. 휴면기인 겨울에 결정석회황합제를 비롯해 생육기 발생 시 적절한 적용약제를 살포한다. 포도 수확기 무렵에는 난황유를 살포한다.

⑮ 배롱나무 흰가루병(powdery mildew)

배롱나무 흰가루병(powdery mildew)은 배롱나무에 가장 빈번하게 발생해 피해를 주는 병이다.

[병증상] 잎과 신초에 표징으로 균총과 분생포자가 흰가루처럼 뒤덮는다. 잎 표면에 흰색 작은 점무늬가 생긴 뒤 점차 확대되어 잎, 가지, 꽃 등으로 확대된다.

그림 12.228 배롱나무 잎 표면의 표징(분생포자와 균사).

그림 12.229 배롱나무 꽃의 표징(분생포자와 균사). [출처: 나용준]

[병원균] 배롱나무 흰가루병을 일으키는 병원균은 *Uncinula australiana*이다.

영양체로 격벽 균사체를 형성하고, 기주 식물체 잎의 표피세포 속으로 구형의 흡기를 뻗어 영양을 흡수한다. 균사체에서 무성적으로 형성된 분생포자경 위에 계란~타원형 분생포자를 형성한다.

유성번식체인 자낭구는 구형이며, 흰색에서 황갈색이었다가 완전히 성숙하면 검은색으로 된다. 자낭구에는 외벽세포가 길게 자라 덩굴손처럼 생긴 부속지를 가진다. 자낭 안에는 자낭포자가 8개 들어 있다.

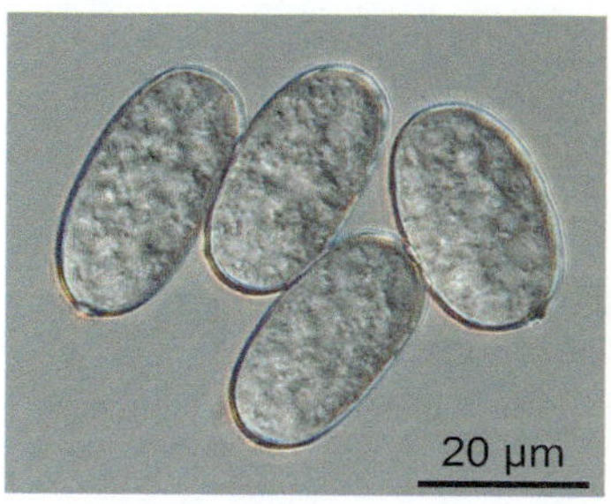

그림 12.230 배롱나무 흰가루병균(*Uncinula australiana*)의 분생포자. [출처: 나용준]

그림 12.231 배롱나무 흰가루병균(*Uncinula australiana*)의 자낭구. [출처: 나용준]

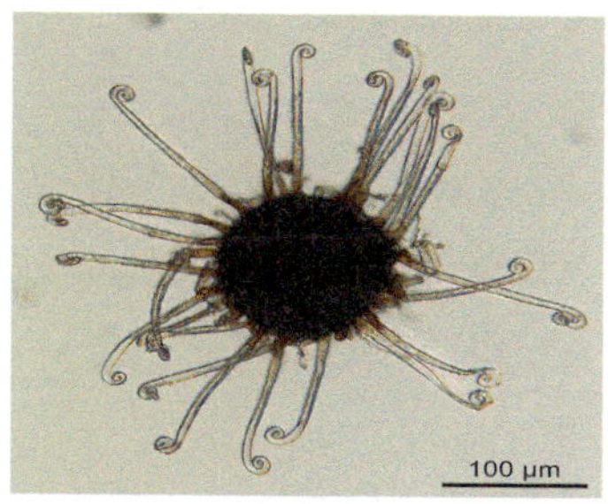

그림 12.232 배롱나무 흰가루병균(*Uncinula australiana*)의 자낭구와 부속지. [출처: 나용준]

[병환] 잎, 가지, 꽃에 생성된 분생포자가 바람에 의해 전반되고 여름에는 휴지기를 갖는다. 가을이 되면 회색 병반에 검은색의 모래알갱이같은 작고 까만 자낭각이 생긴다.

늦가을부터 겨울까지 균사상태로 월동하거나 병든 식물잔재에서 자낭구로 월동한다. 이듬해 봄에 다시 분생포자를 만들어 전반하면서 발병을 되풀이한다.

[방제] 월동하는 병든 낙엽 등 1차 전염원을 없앤다. 피해가 심한 지역은 병이 발생되지 않는 시기인 5월말~6월에 적용약제를 살포한다. 휴면기인 겨울에 결정석회황합제를 비롯해 생육기 발생 시 적절한 적용약제를 살포한다.

⑯ 단풍나무류 흰가루병(powdery mildew)

흰가루병(powdery mildew)은 단풍나무류에 피해를 주는 병이다.

[병증상] 잎에 많은 흰가루처럼 생긴 균총과 분생포자를 표징으로 만들고 점차 빠르게 잎 전체로 확산한다. 가을에 잎 표면에 무성하게 자란 균총 위에 노란 알갱이같은 자낭구가 많이 형성되고, 가을이 깊어지면서 자낭구는 성숙해 검은색으로 된다.

그림 12.233 단풍나무류 잎 앞면의 표징(분생포자와 균사). [출처: Wikipedia]

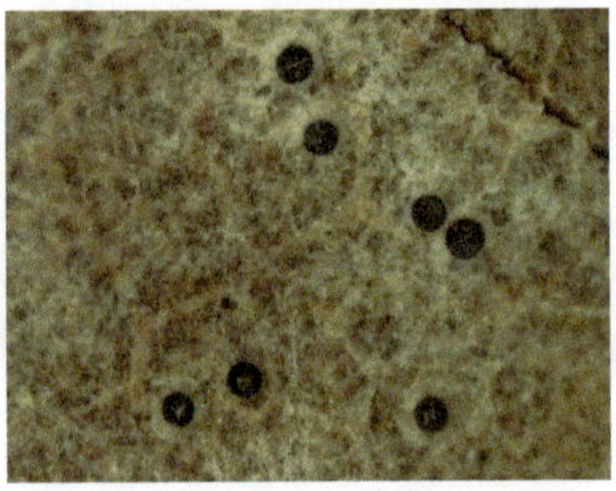

그림 12.234 단풍나무류 잎 앞면의 표징(자낭구). [출처: Sandra Jensen, Cornell University, Bugwood.org]

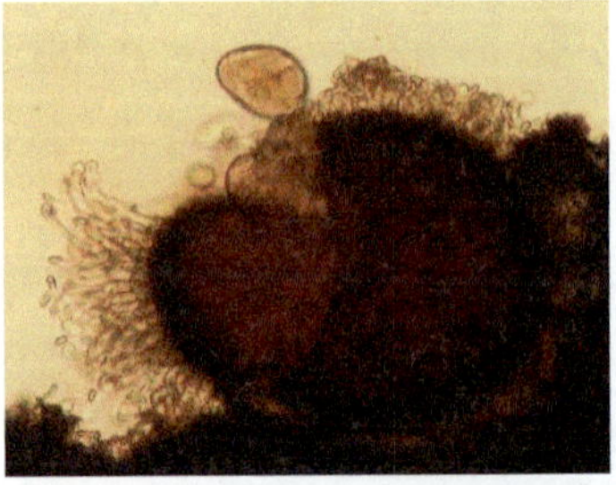

그림 12.235 단풍나무 흰가루병균(*Sawadaea polyfida*)의 자낭구. [출처: Sandra Jensen]

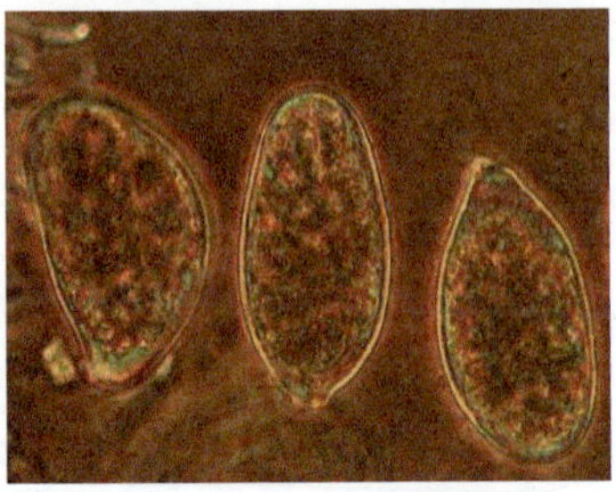

그림 12.236 단풍나무 흰가루병균(*Sawadaea polyfida*)의 자낭. [출처: Sandra Jensen]

[병원균] 단풍나무류 흰가루병을 일으키는 병원균은 *Sawadaea polyfida* (=*Uncinula aceris*)이다.

영양체로 격벽 균사를 형성하고, 기주 식물체 잎의 표피세포 속으로 구형의 흡기를 뻗어 영양을 흡수한다. 균사체에서 무성적으로 형성된 분생포자경 위에 계란~타원형 분생포자를 형성한다.

유성번식체인 자낭구는 구형이며, 흰색에서 황갈색이었다가 완전히 성숙하면 검은색으로 된다. 자낭구에는 외벽세포가 길게 자라 덩굴손처럼 생긴 부속지를 가진다. 자낭 안에는 자낭포자가 8개 들어있다.

[병환] 잎을 하얗게 뒤덮은 균총에 형성된 분생포자는 바람에 의해 전반하고 여름에는 휴지기를 갖는다. 가을이 되면 다시 감염을 일으키고 늦가을부터 균사 상태로 월동한다. 이듬해 봄

다시 분생포자를 만들어 전반하면서 발병을 되풀이한다.

[방제] 월동하는 병든 단풍나무 잎 등 1차 전염원을 없앤다. 휴면기인 겨울에 결정석회황합제를 비롯해 생육기 발생시 적용약제를 살포한다.

12.6.4 탄저병

탄저병(anthracnose)은 많은 고등식물의 주로 잎, 줄기 및 열매에 발생하는데, 짙은 색의 점무늬를 형성하거나 가장자리가 약간 융기되고 안쪽은 다소 들어간 특징적인 병반을 형성한다. 흔히 잔가지나 굵은 가지가 말라죽기도 한다. 열매에 침입하면 탄저병은 흔히 긴 잠복기를 갖는다. 과수의 경우에 병반은 융기하고 표면이 코르크처럼 된다. 열매에 발생하는 탄저병은 흔히 낙과 및 부패를 일으킨다.

1년생 작물 중 강낭콩, 목화, 박과작물, 양파, 고추, 토마토, 딸기 등을 탄저병균이 가해하며, 흔히 심각한 탄저병이 옥수수와 곡류와 벼과의 목초류에 발생한다. 기주가 재배되는 곳이면 어디서나 발생하지만, 특히 다습한 온대지역에서 더욱 심하게 발생한다. 일반적으로 건조한 환경에서는 탄저병이 그다지 문제시되지 않는다.

탄저병을 일으키는 주요 병원균은 다음과 같다.

- *Elsinoe ampelina* (무성세대 *Sphaceloma ampelinum*, 포도나무 새눈무늬병), *E. fawcettii* (무성세대 *Sphaceloma fawcettii*, 감귤나무 더뎅이병), *E. perseae* (아보카도나무 더뎅이병), *E. veneta* (나무딸기 탄저병)
- *Colletotrichum acutatum* (= *C. gloeosporioides*, 유성세대 *Glomerella cingulata*, 사과나무, 포도나무, 딸기, 복숭아나무, 블루베리, 고추 탄저병), *C. circinans* (양파 탄저병), *C. coccodes* (= *C. phomoides*, 가지, 감자, 고추, 토마토 탄저병), *C. crassipes* (= *Gloeosporium kiotoense*, 식나무 탄저병), *C. dematium*(= *C. panacicola*, 인삼 탄저병), *C. destructivum* (= *C. truncatum*, 콩 탄저병), *C. gloeosporioides* (감귤나무, 망고나무, 아보카도나무, 올리브나무 탄저병), *C. graminicola* (맥류, 벼과 목초류 탄저병), *C. lindemuthianum* (강낭콩 탄저병), *C. orbiculare* (= *C. lagenarium*, 박과작물 탄저병)
- *Apiognomonia veneta* (= *Gnomonia veneta*, 버즘나무 탄저병)

심층학습 33 '탄저병균'의 분류 및 일반적 병환

검게 탄다는 의미의 '탄저병(炭疽病, anthrax=carbon=black으로부터 유래)'은 검은색의 분생포자층(acervulus) 안에 분생포자(conidium)를 형성하는 자낭균문(Ascomycota)에 속하는 곰팡이가 일으키는데, *Glomerella, Apiognomonia* (=*Gnomonia*), *Elsinoe* 등 3속이 '탄저병'을 일으키는 주요 병원균이다. 이들은 자연 상태에서 주로 분생포자 상태로 발견되고, 균사나 분생포자로 월동한다. 특히 *Glomerella*와 무성세대인 *Colletotrichum*이 일으키는 '탄저병'은 수많은 작물과 관상식물에 발생해 심각한 피해를 입힌다. 흔히 유성세대인 '*Glomerella cingulata*'를 형성하므로 때때로 *Glomerella*병으로 불리우는 *Colletotrichum*의 대표 종인 '*C. gloeosporioides*'와 '*C. acutatum*'의 차이와 일반적인 병환은 그림과 같다.

*Colletotrichum gloeosporioides*와 *C. acutatum*의 차이. [출처: Madeline Dowling et al.]

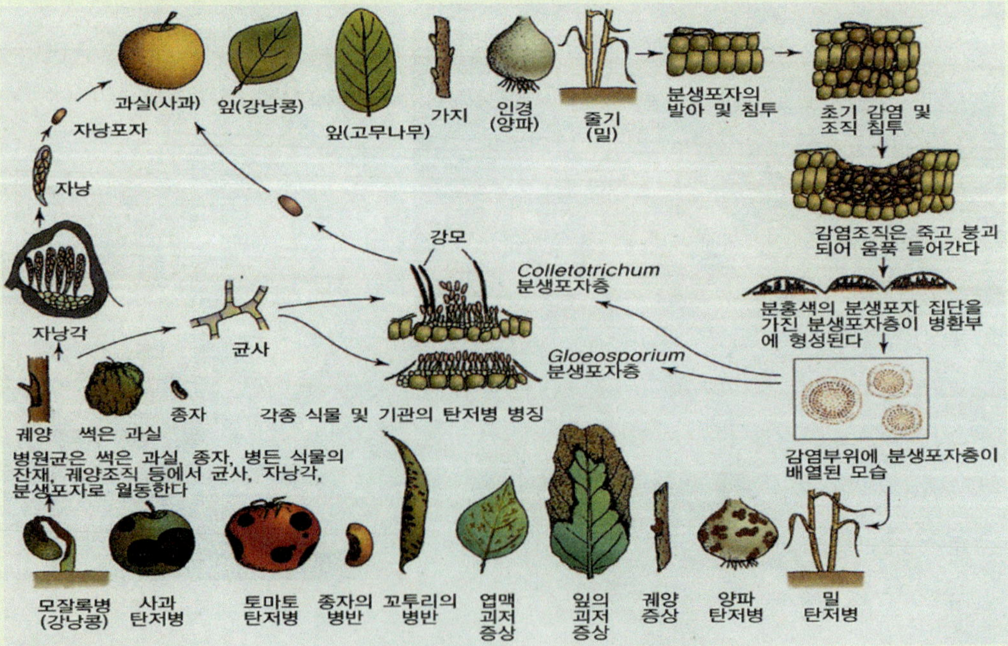

*Colletotrichum*에 의한 여러 작물 탄저병의 병환. [출처: 식물병리학]

1856년 영국의 Miles Berkeley가 처음 공식적으로 사과나무 '탄저병균'을 '*Gloeosporium fractigenum*'이라고 기술했다. Bertha Stoneman은 후에 '*G. fractigenum*'이 Pier Andrea Saccardo가 *Colletotrichum* 속에 넣은 감귤류의 특정 곰팡이와 유사하다는 것을 관찰했다.

1900년대 초, Perley Spaulding와 Hermann Von Schrenk는 구분할 수 없는 몇몇 곰팡이를 '*Glomerella cingulata*'라는 이름으로 함께 묶었다. 기술적으로는 유성세대(teleomorph)의 이름으로만 사용되었지만, 실제로는 '*G. cingulata*'라는 이름이 사과나무 '탄저병'을 일으키는 유성과 무성세대 곰팡이 모두에 사용되었다. 미국에서는 사과나무 '탄저병'을 일으키는 곰팡이가 무성세대만을 갖는 북방형과 빠르게 성장하는 유성세대인 자낭각을 생성하는 남방형으로 크게 나눌 수 있다는 것이 주목되었다.

사과 탄저병 병징. [출처: 월간원예]

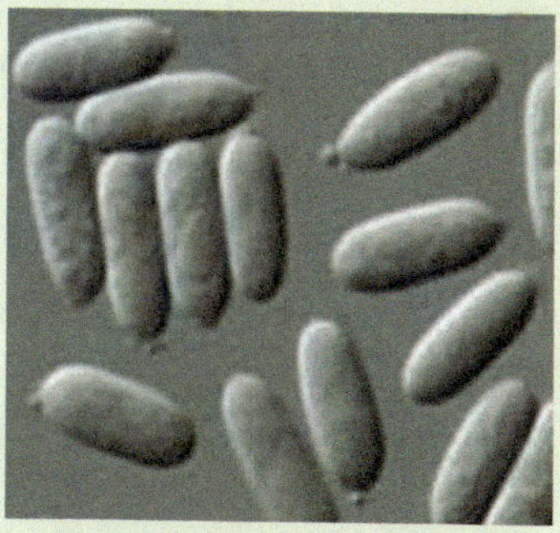

*Colletotrichum gloeosporioides*의 분생포자. [출처: Ulrike Damm et al.]

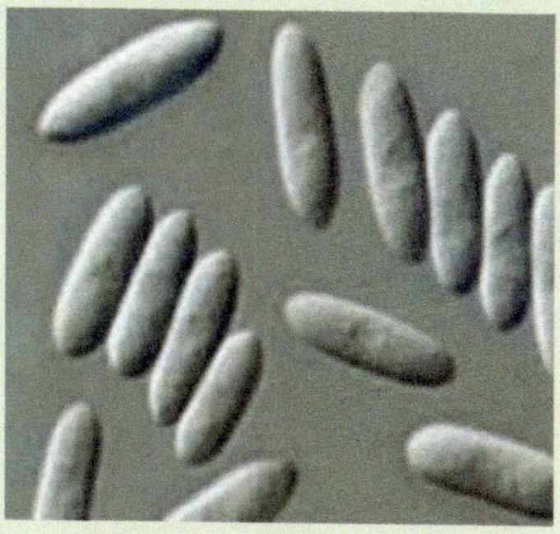

*Colletotrichum acutatum*의 분생포자. [출처: Ulrike Damm et al.]

사과나무 '탄저병'을 일으키는 곰팡이를 설명하는데 거의 사용되지 않았지만, 무성세대(anamorph)는 보통 어떤 기주로부터 분리되었는지에 따라 다른 여러 다른 이름으로 불렸다.

1957년 곰팡이 종에 관한 위대한 분류학자인 Josef Adolf von Arx는 혼돈에서 어떤 질서를 만들어냈고, 600개 이상의 곰팡이 이름을 '*Colletotrichum gloeosporioides*'라는 이름으로 단일화했다. 그러나 10년도 채 되지 않아 뾰족한 분생포자를 가진 균주들은 '*C. acutatum*'으로 명명되었다. '*G. cingulata*'와 '*C. gloeosporioides*'는 동일한 곰팡이의 유성세대와 무성세대인 반면, '*Colletotrichum acutatum*'은 유성세대가 거의 관찰되지 않는 무성세대였다. '*G. cingulata*'의 이름이 가장 흔했지만, 사과나무 '탄저병'을 일으키는 곰팡이는 2000년대 초반까지 '*G. cingulata*', '*C. gloeosporioides*', '*C. acutatum*'의 이름으로 분류되었다.

분자계통유전학에 기초한 종 동정이 발달함에 따라, 유성세대 단계의 결정이 필요하지 않게 되었고, *Colletotrichum*의 단일 속명이 holomorph로 선택되었다. 분자계통유전학을 이용해, '*C. gloeosporioides*'와 '*C. acutatum*' 종은 각각 수십 개의 새로운 종으로 나뉘었고, 현재는 종 복합체로 함께 분류된다.

① 사과나무 탄저병(anthracnose, bitter rot)

사과나무 탄저병(anthracnose)은 전 세계적으로 발생하며, 특히 온난다습한 날씨에서는 수확 전 몇 주 동안 전체 사과나무를 가해함으로써 엄청난 손실을 일으킨다. 사과나무를 비롯해 배나무, 포도나무, 양벚나무, 고추 등 여러 식물에 발생한다. 주로 성숙기에 많이 발생하며, 고온다습할 때 발병이 심하다. 사과나무 탄저병은 영어명칭으로 bitter rot이라고도 하는데, 병든 사과 과육 부위의 쓴 맛에서 유래한다.

[병증상] 주로 열매에 발생한다. 보통 열매가 완전한 크기에 달했을 때 병징이 나타나기 시작한다. 처음에는 엷은 갈색 둥근 무늬가 생겨 차차 커지고 확대돼 둥글게 움푹 들어간다. 병반의 표면이 매끈하며 암갈색을 띠다가 직경이 1~2 ㎜가 되면 병반의 중심에서 분생포자층이 겹둥근 무늬 모양으로 나타나는데 병반의 가장자리로 갈수록 분생포자층이 적어진다. 다습한 날씨에는 분생포자층에 반들반들한 분홍색의 포자덩어리가 표징으로 형성되고, 썩은 부위는 급속히 확대되면서 포자덩어리는 겹둥근 무늬 모양으로 계속 진전된다.

그림 12.237 사과나무 잎의 병징.
[출처: Janna L. Beckerman]

그림 12.238 사과나무 열매의 초기 병징.
[출처: 백창기]

그림 12.239 사과나무 열매의 전형적인 겹둥근 무늬 병징.
[출처: Wikipedia]

병든 부위를 잘라보면 과심방향으로 과육이 원뿔 모양으로 깊숙이 썩어들어가고 썩은 조직은 쓴맛이 난다. 분생포자층의 분생포자덩이는 이슬이나 빗물에 의해 용해되어 흘러내리거나 비바람에 의해 분산되면서 씻겨져 나가면 분홍색 포자덩어리는 사라

그림 12.240 사과나무 열매 내부의 V자형 병징.
[출처: 전용호]

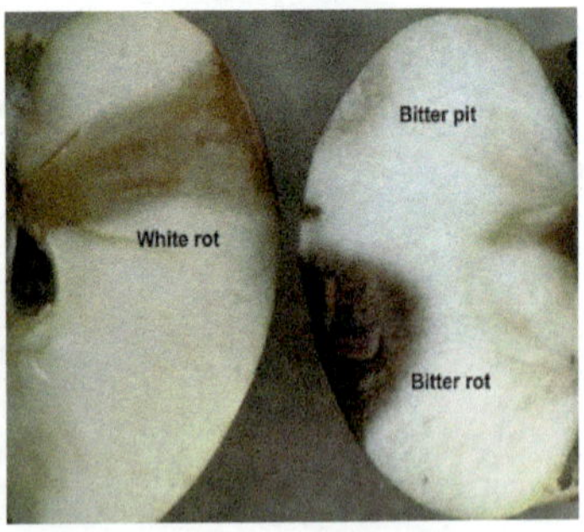

그림 12.241 사과 탄저병과 겹무늬 썩음병의 내부 병징 차이.
[출처: John Hartman, University of Kentucky, Bugwood.org]

지고, 조직은 암갈색 내지 검은색으로 변하고 쭈글쭈글해지며 함몰된다. 일반적으로 열매에 형성되는 병반은 확대되고 융합하면서 열매 전체를 부패시킨다. 이 열매는 떨어져서 미라가 되거나 미라화 상태로 가지에 매달려 있다.

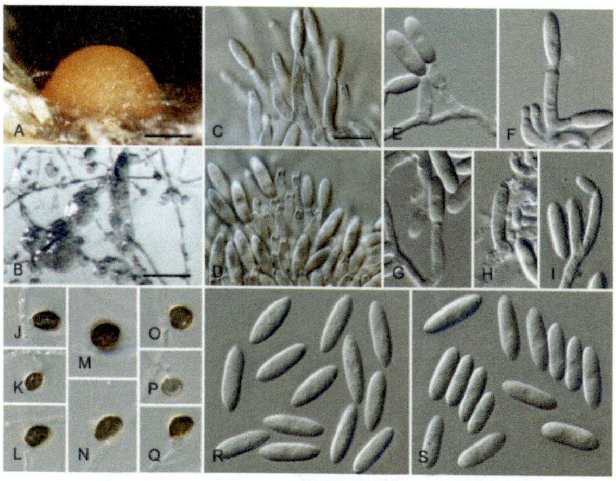

그림 12.242 사과나무 탄저병균(*Colletotrichum acutatum*)의 분생포자층(A,B), 분생포자경(C~I), 부착기(J~Q)와 분생포자(R,S). [출처: Ulrike Damm et al.]

탄저병과 겹무늬썩음병의 차이는 열매 내부 병징에서 쉽게 구분할 수 있다. 탄저병에 감염된 열매 내부는 과피에서 과육 중간 부분까지 V자 모양을 이루면서 부패해 가지만, 겹무늬썩음병에 감염된 열매 내부는 과피에서 중심부까지 동시에 부패하는 병징을 나타낸다.

잎에는 갈색 둥근 무늬가 생기고, 햇가지에는 갈색 무늬가 생겨 분생포자층을 형성하며 생육이 정지된다. 가끔 큰 가지에서 탄저병에 의한 궤양이 발생하기도 한다.

[병원균] 사과나무에 탄저병을 일으키는 *Colletotrichum acutatum* (= *Colletotrichum gloeosporioides*, 유성세대 *Glomerella cingulata*)로 자낭균문(Ascomycota), 동충하초강(Sordariomycetes), 작은뿔껍질균과(Glomerellaceae)에 속한다.

영양체는 격벽 균사체이고, 병반에서는 주로 무성생식에 의해 강모(setae)를 가진 분생포자층에서 분생포자를 형성한다. 분생포자층은 표피조직 바로 밑에서 형성되며 식물의 표피 조직을 파열하면서 나온다. 분생포자는 무색, 단세포, 난형, 원통형, 때때로 휘어지거나 아령 모양이고, 분생포자의 집단은 분홍색이나 연어색을 띤다. 드물게 병반 내에 유성생식에 의해 자낭각이 자좌 안에 형성되는데, 자낭은 장타원형 또는 원통형이고, 선단에 구멍이 있다.

[병환] 병원균은 주로 병든 열매에서 분생포자 또는 균사 형태로 월동해 이듬해 1차 전염원이 된다. 4월 중순경 개화기 전후에 형성된 분생포자를 빗물에 의해 전반돼 새 잎과 어린 열매의 털로 침입하며, 열매꼭지를 통해 가지에 이르는 수도 있다. 8월부터 수확기까지 발생한다.

탄저병은 저온저장 기간에는 진전되지 못한다. 그러나 열매를 시장에 출하해 실온에 보관하면 탄저병은 급속도로 진전된다.

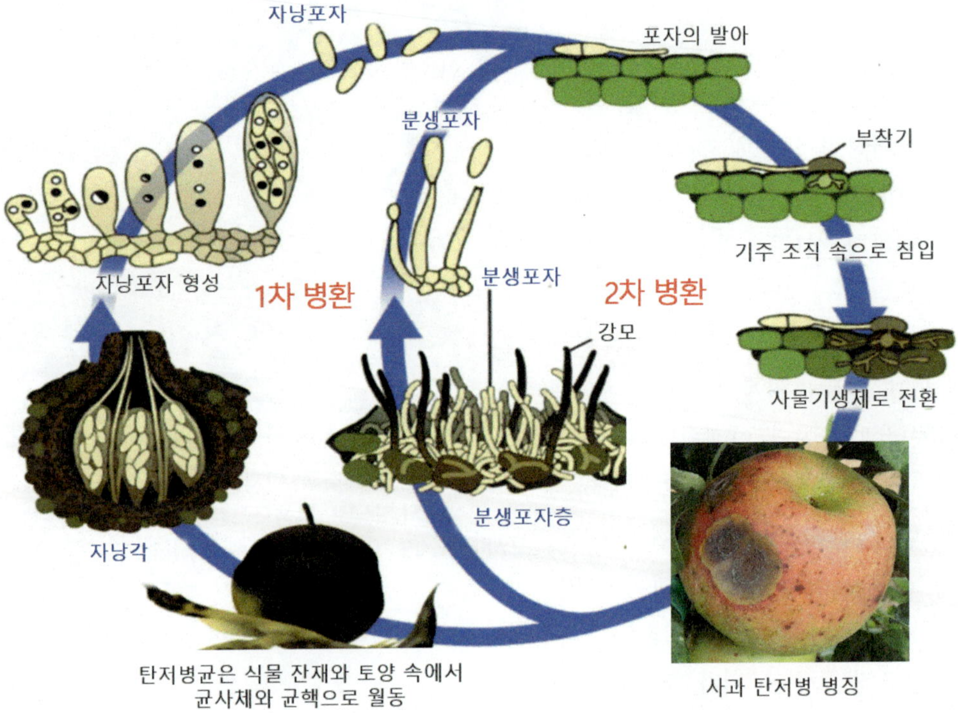

그림 12.243 *Colletotrichum acutatum*에 의한 사과나무 탄저병의 병환. [출처: de Silva et al.]

[방제] 병든 낙엽과 나무에 매달려 있는 병든 열매를 제거한다. 개화기에 꽃이 피지 않고 말라 죽은 가지는 전정해 제거한다. 건전한 묘목을 식재하고 저항성 품종을 재배한다. 열매에 봉지 씌우기를 한다. 상습발병지에서는 발병초기부터 적용약제를 살포한다.

② 포도나무 탄저병(anthracnose, ripe rot)

포도나무 탄저병(anthracnose)은 전 세계적으로 발생하지만, 열매 성숙기가 온난다습한 지역에서는 매우 심하게 발생한다. 탄저병은 열매가 거의 성숙할 무렵에 나타나기 때문에 만부병(晩腐病 ripe rot)이라고도 하는데, 수확 후 출하해 판매하는 동안에도 피해를 준다.

[병증상] 잎에는 작은 갈색 점무늬가 나타나 구멍이 뚫리면서 조직이 죽고 낙엽이 진다. 어린 가지는 뒤틀리고 가지마름 병징을 보인다. 줄기는 새눈무늬같은 점무늬가 생겨 줄기를 에워싼다. 어리고 빠르게 자라는 잎과 줄기가 가장 잘 침해를 받는다. 병든 잎, 줄기와 줄기궤양은 이듬해 감염뿐만 아니라 생육후기 전염원으로도 중요하다.

열매에는 둥글고 보라색 점무늬로 시작해서 나중에 암갈색 가장자리로 둘러싸인 회색 병반으로 변한다. 병반은 이내 포도의 반 이상으로 퍼지고, 결국 포도알 전체가 썩는데, 흔히 그냥 썩어 들어가지만 때로는 겹둥근 무늬가 뚜렷이 나타난다.

썩은 포도알은 수많은 돌기(분생포자층)에 뒤덮이게 되며, 다습한 날씨에는 돌기 위에 분홍색 분생포자 덩어리가 표징으로 분출된다. 나중에 분생포자덩어리는 색깔이 짙어지면서 거의 적갈색을 띤다. 썩은 포도알은 감염 부위에서 점진적으로 함몰하면서 쭈글어들고 미라화된다. 이때 돌기에서는 분생포자가 계속 형성된다. 감염된 포도알은 속이 비고 껍질이 딱딱해지거나 썩은 부위가 마르기 전에 떨어진다.

그림 12.244 포도나무 어린 열매의 병징.
[출처: Anthony Somers]

그림 12.245 포도나무 성숙한 열매의 병징. [출처: 백창기]

그림 12.246 탄저병에 심하게 감염된 포도송이.
[출처: Bruce Bordelon]

그림 12.247 포도나무 열매에 겹둥근 무늬 병반 위에 형성된 표징(분생포자층). [출처: 백창기]

[병원균] 포도나무에 탄저병을 일으키는 병원균은 사과나무 탄저병을 일으키는 병원균과 동일한 *Colletotrichum acutatum*(=*Colletotrichum gloeosporioides*=*Glomerella cingulata*)이다.

[병환] 병원균은 보통 병든 줄기, 잎, 열매 등에서 균핵이나 분생포자로 월동한다. 자낭포자나 봄에 월동한 균사에 의해 형성된 분생포자가 1차 감염을 일으킨다. 온도와 습도가 적당한 조건에서는 전 생육기에 걸쳐 분생포자가 2차 감염을 일으킨다. 발아관은 상처가 없는 조직에 각피를 통해 직접 침투한다.

균사는 세포간극에서 생장하고, 세포가 붕괴되어 썩기 전에 잠복상태를 유지하다가 큐티클 바로 아래에 분생포자층과 분생포자를 만든다. 어린 식물을 침입한 병원균은 잠복상태로 있다가 열매가 어느 정도 성숙발육하면 본격적인 감염을 일으킨다.

병원균은 고온다습한 기후를 선호한다. 분생포자는 분생포자층이 습할 때만 방출되어 전파되는데, 대개 물방울에 튀기거나 빗방울에 날리거나 곤충, 동물, 기타 도구 등에 접촉되어 전파된다. 분생포자는 수분이 있을 때만 발아해서 기주조직을 직접 침입한다. 분생포자는 2~32℃ 범위에서 12시간 동안 식물체 표면에 수분이 있으면 발아해 침입하는데, 기온이 높고 날씨가 습할수록 감염은 빨리 일어난다.

초기에 균사가 세포 내부와 세포간극에서 빠르게 생장하지만, 약간 또는 거의 변색되지 않거나 뚜렷한 병징을 나타내지 않는다. 열매가 성숙하기 시작할 때 병원균은 더 공격적이고 병징이 보이게 된다.

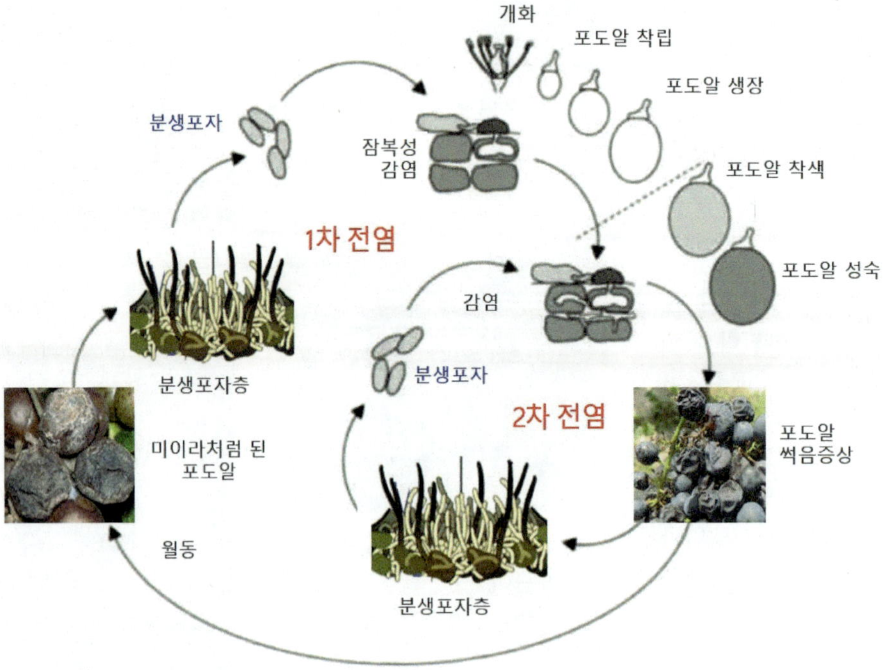

그림 12.248 *Colletotrichum acutatum*에 의한 포도나무 탄저병의 병환. [출처: Tao Ji et al.]

[방제] 바람이 잘 통하고 햇빛이 잘 들도록 식재 간격을 넓히고 휴면기에 전정관리를 한다. 전정한 가지나 죽은 가지와 병든 열매를 제거한다. 건조 지역에서 생산한 무병종자를 사용한다. 종자소독을 한다. 비기주식물로 윤작한다. 저항성 품종을 이용한다. 열매에 봉지씌우기 전 적용약제로 집중 방제를 한다. 상습발병지에서는 봉지씌우는 시기를 앞당긴다.

③ 복숭아나무 탄저병(anthracnose)

복숭아나무 탄저병(anthracnose)은 5월 상순부터 발생하며 발병최성기는 6~7월경 기온이 25℃ 내외일 때이다.

[병증상] 잎, 가지, 열매 등 모든 부위에 발생한다. 처음에는 작은 갈색 둥근 무늬가 생기고, 점차 색이 짙어지면서 약간 움푹 패이는 탄저병징을 나타낸다. 햇가지에는 갈색 무늬가 생겨 분생포자층을 형성하며 생육이 정지된다. 열매에는 엷은 갈색 무늬가 생겨 차차 커지고 오목해지며 표징으로 연분홍색 분생포자층이 나이테처럼 겹둥근 무늬로 생긴다. 병든 열매는 떨어지거나 미라화된다.

그림 12.249 복숭아나무 열매의 초기 병징.
[출처: 백창기]

그림 12.250 복숭아나무 열매의 전형적인 겹둥근 무늬 병징.
[출처: Nicole Gauthier]

그림 12.251 탄저병에 심하게 감염된 복숭아 열매. [출처: Paul Bachi, University of Kentucky Research and Education Center, Bugwood.org]

[병원균] 복숭아나무 탄저병을 일으키는 병원균은 *Colletotrichum acutatum*이고, 사과나무와 포도나무에 탄저병을 일으키는 병원균과 동일하다.

[병환] 병원균은 병든 나뭇가지 또는 미라화된 열매에서 월동해 이듬해 1차 전염원이 된다. 4월 중순경 개화기 전후에 형성된 분생포자는 튀기는 빗물에 의해 전반돼 새 잎과 어린 열매의 털로 침입하며, 열매꼭지를 통해 가지에 이르는 수도 있다.

24~30℃ 범위의 온난다습한 날씨는 발병 진전에 적합하다. 어린 복숭아 열매가 감염되면, 병원균은 열매를 통해 가지의 체관부까지 자란다. 감염된 가지는 겨울 동안에는 살아있다가 봄에 죽는다. 가지가 죽으면 병원균은 가지 표면에 분생포자를 형성해 2차 감염을 되풀이한다.

[방제] 병든 낙엽과 복숭아나무에 매달려 있는 병든 열매를 제거한다. 개화기에 꽃이 피지 않고 말라 죽은 가지는 전정해 제거한다. 건전한 묘목을 식재하고 저항성 품종을 재배한다. 열매에 봉지씌우기를 한다. 상습발병지에서는 발병초기부터 적용약제를 살포한다.

④ 블루베리 탄저병(anthracnose)

블루베리 탄저병(anthracnose)은 블루베리에 발생하는 가장 중요한 병이다.

[병증상] 개화기에 감염되면 병징으로 꽃들이 붕괴되는 꽃마름 증상과 미라화된 열매가 모두 나타난다. 만개 후에는 열매썩음 증상이 나타나는데, 병이 진전되면서 열매에 전형적인 탄저병징으로 분생포자층이 나이테처럼 겹둥근 무늬로 생기고, 거기에서 표징으로 젤라틴과 같은 주황색 분생포자덩이가 표징으로 흘러나온다. 개화기 동안이나 개화 후에 초록색 열매가 감염되지만 잠복상태로 있기 때문에 종종 생육 후기까지 감염여부 판별이 불가능하다.

그림 12.252 블루베리 꽃의 병징. [출처: Randy Smith]

그림 12.253 블루베리 잎과 가지의 병징. [출처: Randy Smith]

그림 12.254 블루베리 열매의 병징 및 표징(분생포자층). [출처: Timothy Miles]

[병원균] 블루베리에 탄저병을 일으키는 병원균은 *Colletotrichum acutatum*으로 사과나무, 포도나무, 복숭아나무 등에 탄저병을 일으키는 병원균과 동일하다.

[병환] 병원균은 죽은 가지에서 월동한다. 감염된 부위에서 생성된 분생포자는 생육초기에 수분 지속기간이 길고 따뜻한 기온에서 생장 중인 열매로 전파된 후 열매가 익을 때까지 병징없이 감염이 지속된다.

습한 조건에서 열매 표면에는 젤라틴과 같은 분생포자덩이가 누출된다. 건조한 조건에서는 열매는 단순히 시든다. 개화기에 감염된 열매는 수확기에 다른 열매를 감염시키기 때문에 초록색 열매를 방제하는 것이 손쉬운 방제법이다. 후숙되는 열매는 감염에 훨씬 더 감수성이고 방제하기 어렵다.

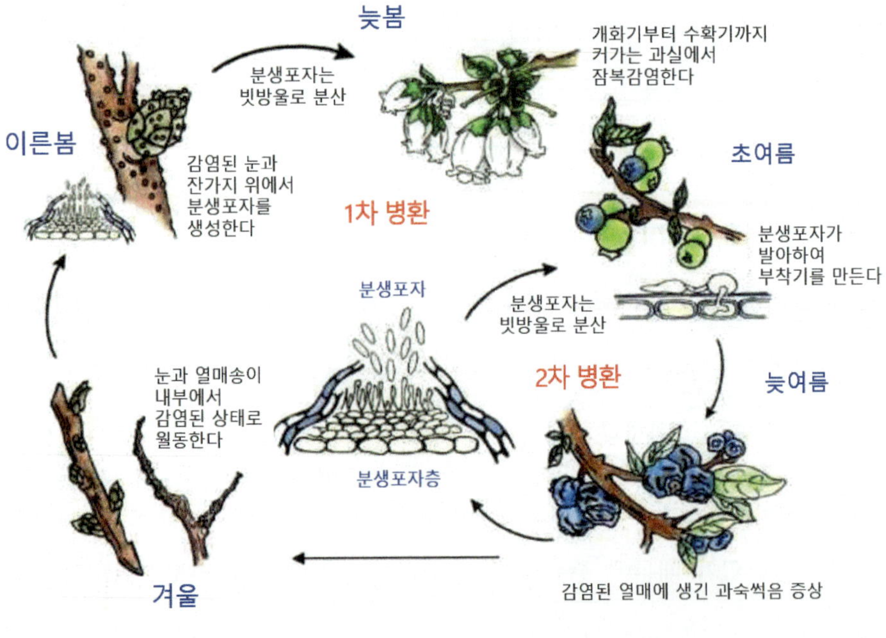

그림 12.255 *Colletotrichum acutatum*에 의한 블루베리 탄저병의 병환. [출처: Jennifer Pagan]

[방제] 병든 가지와 열매 등 식물잔재를 제거한다. 상부관수(overhead irrigation)를 최소화해 잎과 열매가 젖는 시간을 줄인다. 상습발병지에서는 발병초기부터 적용약제를 살포한다.

⑤ 딸기 탄저병(anthracnose)

딸기 탄저병(anthracnose)은 딸기의 병해 중에서 가장 중요한 병이다.

[병증상] 잎자루와 포복경에 검게 함몰된 전형적인 탄저병징을 나타낸다. 탄저병반이 잎자루와 포복경을 에워싸면 잎과 채묘식물체(daughter plant)도 시들어 죽는다. 병원균이 어린 식물의 지제부로 확대되면 지제부가 썩어 묘상에서 죽거나 포장에 이식한 후에 죽는다. 병든 식물체를 뽑아 보면 뿌리썩음 증상을 확인할 수 있다.

그림 12.256 딸기 열매의 전형적인 겹둥근 무늬 병징. [출처: Gerald Holmes, Strawberry Center, Cal Poly San Luis Obispo, Bugwood.org]

그림 12.257 딸기 줄기의 병징.

그림 12.258 딸기 뿌리의 병징.

[병원균] 딸기 탄저병을 일으키는 병원균은 *Colletotrichum acutatum*과 *Colletotrichum gloeosporioides*이고, *C. acutatum*은 사과나무, 포도나무, 복숭아나무 등에 탄저병을 일으키는 병원균과 동일하다.

[병환] 병원균은 대개 감염된 모나 오염된 모에서 월동한다. 일부 지역에서는 토양 속에서 월동 중인 포복경(stolon), 잡초기주, 토양 속에 남아있는 식물의 잔재 등에서 월동하기도 한다. 병원균은 병반에 형성된 분생포자층에 분생포자를 생성한다. 분생포자는 관개수나 빗물에 의해 인근 식물체로 퍼지거나, 곤충, 동물, 사람 등에 의해 다른 식물체로 이동한다. 온난다습하면 탄저병은 포장 내에서 급속히 퍼져나가기 때문에 그 해에는 방제가 거의 불가능하다.

[방제] 딸기 육묘상에는 되도록 시비량을 줄이고, 수확할 때 병든 열매를 제거해 위생관리를 철저히 한다. 저항성 품종을 이용한다. 상습발병지에는 발병초기부터 적용약제를 살포한다.

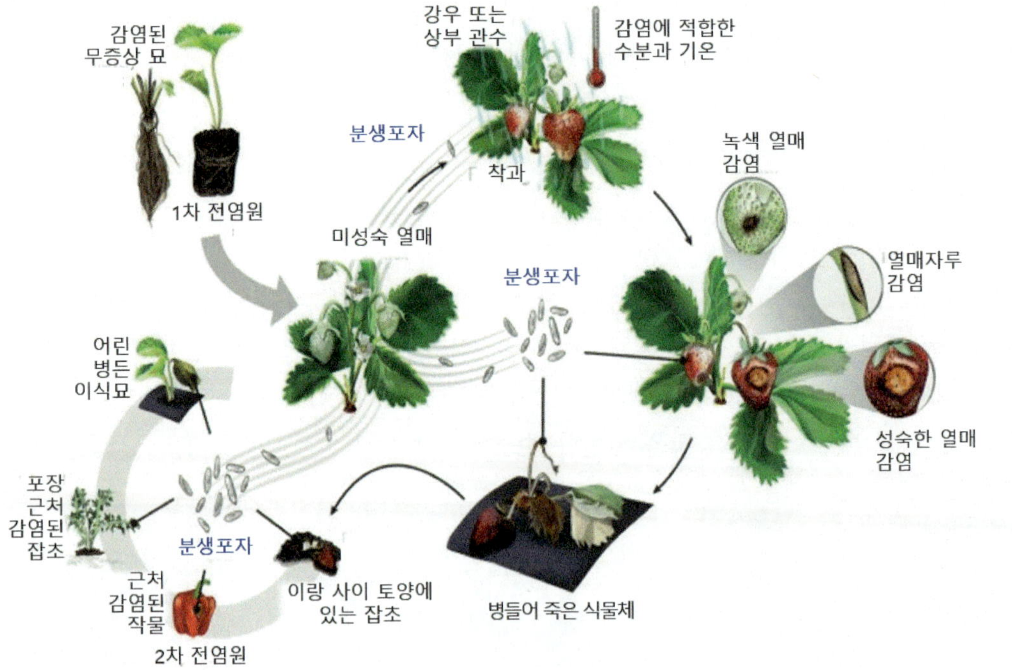

그림 12.259 *Colletotrichum acutatum*에 의한 딸기 탄저병의 병환. [출처: Madeline Dowling et al.]

⑥ 고추 탄저병(anthracnose)

고추 탄저병(anthracnose)은 주로 열매에 발생해 큰 피해를 주는 중요한 병이다.

[병증상] 열매에서는 처음에 갈색~암갈색 수침상 무늬가 생기고, 점차 확대되면서 흑갈색~적갈색을 띤다. 병반 부위가 움푹해지고 둥근 겹무늬 형태로 병징이 확대된다. 병이 진전되면서 열매 전체가 회갈색으로 변하고, 병반 부위에 작고 검은 덩이(분생포자층)가 생기며, 습할 때는 분홍색의 점질물(분생포자덩이)이 표징으로 생긴다. 유묘와 잎에서는 갈색~암갈색 부정형 병반이 나타난다.

그림 12.260 고추 열매의 초기 병징.
[출처: 전용호]

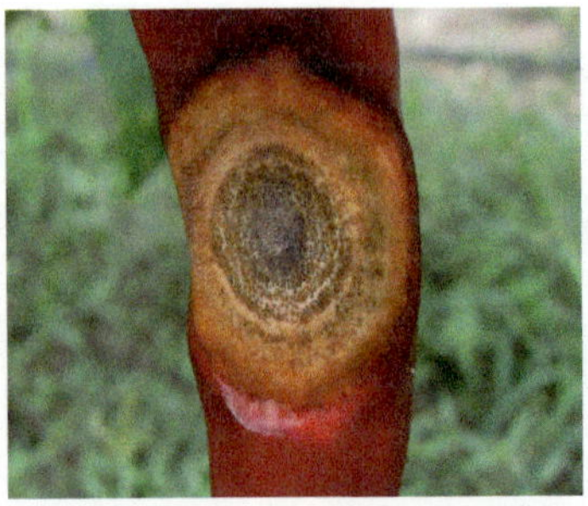

그림 12.261 고추 열매의 전형적인 겹둥근 무늬 병징 및 표징(분생포자층).

그림 12.262 탄저병에 심하게 감염된 고추.
[출처: 전용호]

[병원균] 고추 탄저병은 *Colletotrichum* 속에 속하는 여러 종이 관여한다. 고추 유묘와 잎에 탄저병을 일으키는 병원균은 주로 *Colletotrichum cocodes* 이고, 열매에 탄저병을 일으키는 병원균은 *Colletotrichum acutatum*, *Colletotrichum dematium*, *Colletotrichum gloeosporioides* 등이 관여하는데, *C. acutatum*에 의한 피해가 크다.

[병환] 병원균은 대개 감염된 줄기, 잎 또는 열매에서 월동한다. 종자 표면에 부착하거나 종자 내부에 침입해 월동 후 1차 전염원이 되기도 한다. 병원균은 병반에 형성된 분생포자층에 분생포자를 생성한 후 관개수나 빗물, 곤충 또는 작업도구에 의해 인근 식물체로 전파된다. 분생포자는 습기가 있어야 발아하고, 부착기를 형성한 후 기주 각피를 뚫고 침입한다. 고추 탄저병은 여름철에 비가 많이 올 때 많이 발생하고 피해도 크다.

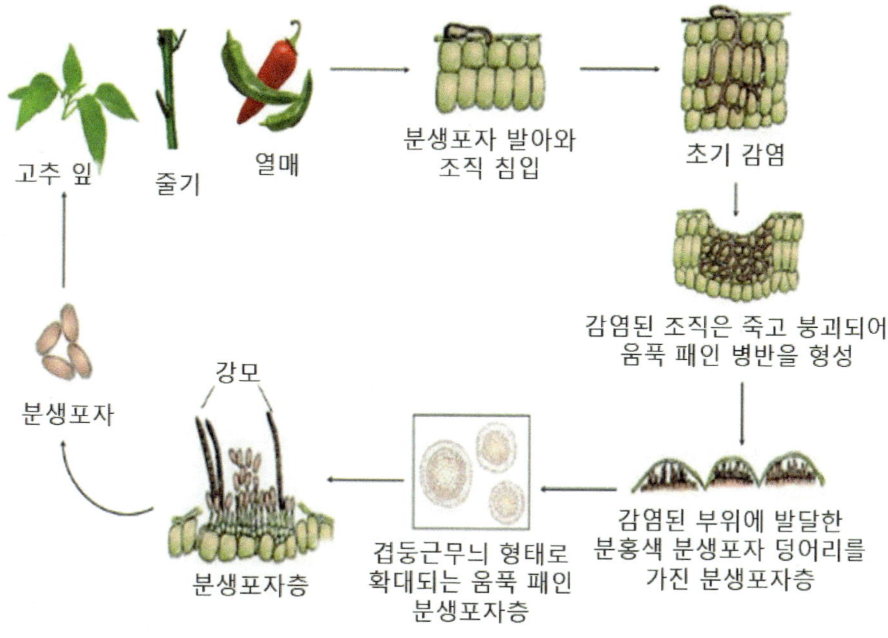

그림 12.263 *Colletotrichum acutatum* 에 의한 고추 탄저병의 병환. [출처: Pallavi Rai et al.]

[방제] 건전한 식물체에서 채종하고 종자소독 후 파종한다. 병든 잎, 줄기, 열매를 제거한다. 재배포장에는 습하지 않도록 배수관리를 철저히 하고 밀식을 삼가한다. 저항성 품종을 이용한다. 상습발병지에는 발병초기부터 적용약제를 살포한다.

⑦ 양파 탄저병(anthracnose, smudge)

양파 탄저병(anthracnose)은 검은 얼룩 무늬가 인경의 바깥쪽 인편과 목에 나타나며, 특히 백색품종에서 뚜렷하다. 유색품종은 인경 목부위의 무색 부분을 제외한 대부분이 저항성이다.

[병증상] 병징은 인편의 큐티클 아래 부위에 처음 나타나며, 인경의 표면에 산재한다. 흔히 고르게 그을린 듯한 검은 병반이 둥글게 형성되거나 한 점을 중심으로 겹둥근 무늬 병징을 나타나는데, 바깥쪽 인편에 있는 병반은 직경이 2 cm를 넘기도 한다. 다습한 날씨에 크림색 분생포자덩어리로 가득한 분생포자층을 표징으로 형성하는데, 여기에는 돋보기로 보이는 검고 뻣뻣한 머리카락같은 강모가 많이 보인다.

그림 12.264 양파 잎의 병징.
[출처: Howard F. Schwartz, Colorado State University, Bugwood.org]

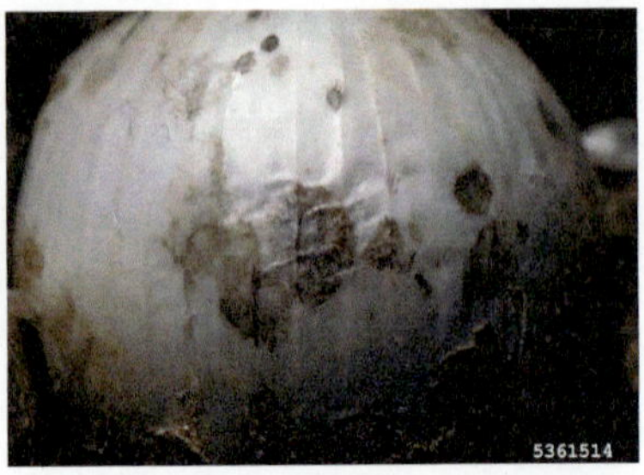

그림 12.265 양파 인경의 병징.
[출처: Howard F. Schwartz, Colorado State University, Bugwood.org]

양파 잎에는 검은 색으로 움푹 패인 병반이 길게 방추형으로 나타난다.

그림 12.266 건전한 양파(왼쪽)와 탄저병에 심하게 감염된 양파(오른쪽).
[출처: Plant Pathology Department, University of Florida]

[병원균] 양파 탄저병을 일으키는 병원균은 *Colletotrichum circinans*으로 자낭균문(Ascomycota), 동충하초강(Sordariomycetes), 작은뿔껍질균과(Glomerellaceae)에 속한다.

영양체는 격벽 균사체이고, 무성생식에 의해 강모를 가진 분생포자층 위에 초승달 모양의 분생포자를 형성한다. 유성생식에 의해 자낭각이 자좌 안에 형성되고, 자낭에 자낭포자를 형성한다.

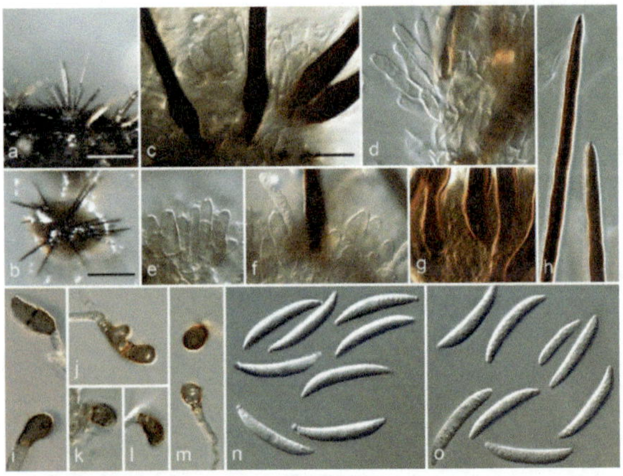

그림 12.267 양파 탄저병균(*Colletotrichum circinans*)의 분생포자층(a,b), 분생포자경(c~f), 강모(g,h), 부착기(i~m), 분생포자(n~o). [출처: Ulrike Damm et al.]

[병환] 병원균은 감염된 양파와 월동묘에서 월동하고, 토양속에서 부생균으로도 월동한다. 병원균은 발병하기 좋은 고온다습한 조건에서만 살아있는 양파의 안쪽 인편을 침입한다.

[방제] 병든 식물잔재를 제거한다. 건전한 묘를 식재한다. 배수와 통기관리에 유의해 포장이 과습하지 않도록 한다. 상습발병지에서는 발병초기부터 적용약제를 살포한다.

⑧ 토마토/감자 탄저병(anthracnose)

토마토와 감자 탄저병(anthracnose)은 토마토와 감자뿐만 아니라 비교적 넓은 기주 범위의 식물을 침해한다. 토마토 탄저병은 포장에서는 물론 성숙 시기부터 수확 기간과 저장 기간까지 열매에 손실을 일으킨다. 감자 탄저병은 지상부에도 발생하지만 주로 괴경에 피해를 입힌다.

[병증상] 토마토에서 병징은 작고 둥근 함몰된 수침상의 점무늬로 나타난다. 열매가 물러짐에 따라 점무늬는 직경 2~3 ㎝로 확대되고 점무늬 가운데는 검고 약간 꺼칠꺼칠해지는데, 이것은 표피 바로 아래에 검은색 분생포자층이 형성되기 때문이다.

점무늬가 많이 생기고 융합하면 열매는 물컹물컹해지며 나중에는 썩는데, 때로 다른 미생물의 침입으로 부패가 촉진되기도 한다. 점무늬가 아무리 작아도 과피 바로 아래에 있는 분생포자층에는 수많은 분생포자가 존재하며, 나중에는 분홍색이나 살구색을 띤 포자덩어리가 병반 표면에 표징으로 나타난다. 병징은 주로 열매에 발생하지만, 줄기, 잎과

그림 12.268 토마토 잎의 병징. [출처: Sarah Pethybridge]

그림 12.269 토마토 줄기의 병징. [출처: Ephytia]

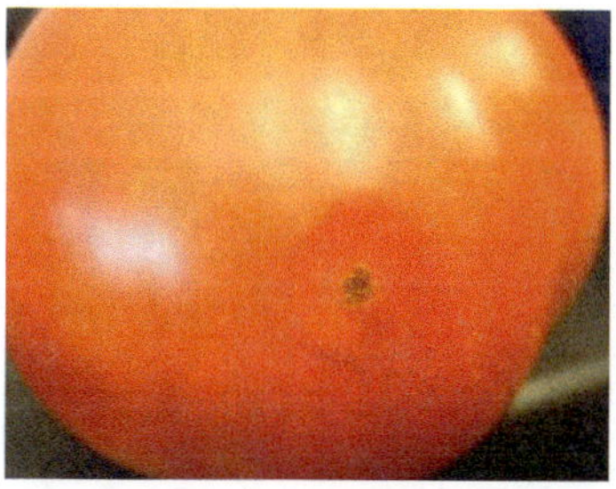

그림 12.270 토마토 열매의 초기 병징. [출처: Y. H. Li, The Connecticut Experiment Station]

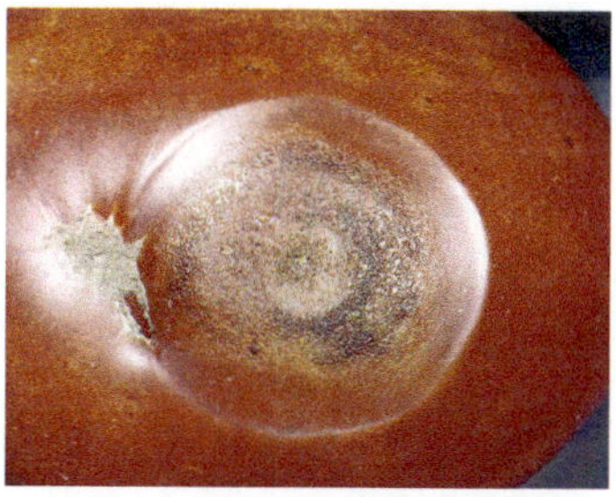

그림 12.271 토마토 열매의 겹둥근 무늬 병반에 생성된 표징(분생포자층). [출처: Wikipedia]

그림 12.272 감자 줄기의 병징. [출처: Maria A. Kuznetsova]

그림 12.273 감자 괴경의 병징. [출처: Maria A. Kuznetsova]

뿌리에도 나타난다.

감자에서 탄저병은 괴경 표면에 검은색 병반으로 나타나면서 괴경 표피의 품질을 저하시킨다. 균핵이 식물체 지상부 표면이나 지하부에 생긴다. 감염된 뿌리는 갈색~ 검은색 병반을 보이면서 위축된다.

[병원균] 토마토와 감자에 탄저병을 일으키는 병원균은 *Colletotrichum coccodes* (= *Colletotrichum phomoides*)로 자낭균문(Ascomycota), 동충하초강(Sordariomycetes), 작은뿔껍질균과(Glomerellaceae)에 속한다.

영양체는 격벽 균사체이고, 무성생식에 의해 강모를 가진 분생포자층 위에 끝이 뾰족하거나 둥근 원통 모양의 분생포자를 형성한다. 유성생식에 의해 자낭각이 자좌 안에 형성되고, 자낭에 자낭포자를 형성한다.

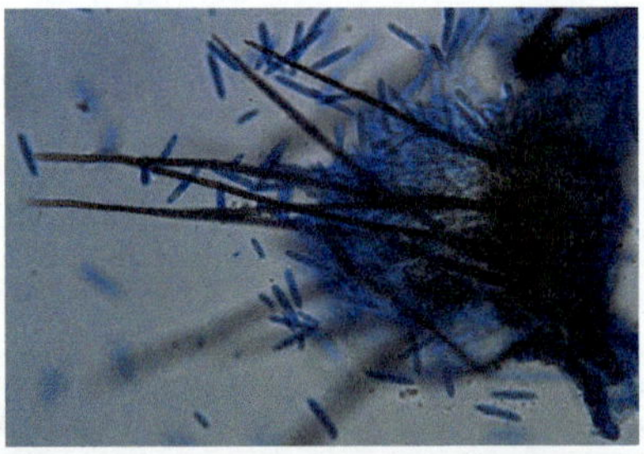

그림 12.274 토마토와 감자 탄저병균(*Colletotrichum coccodes*)의 분생포자. [출처: Franz Xaver Schaubiger]

[병환] 병원균은 병든 식물의 잔재나 종자의 내외부에서 균핵 또는 균사 상태로 월동한다. 봄철에 아래쪽 잎과 열매가 균핵이나 토양 잔재물에서 있던 균핵이나 분생포자가 발아해 감염을 일으킨다. 토마토에 감염된 아래쪽 잎은 생육기 동안에 2차 감염을 위한 전염원으로 중요하다.

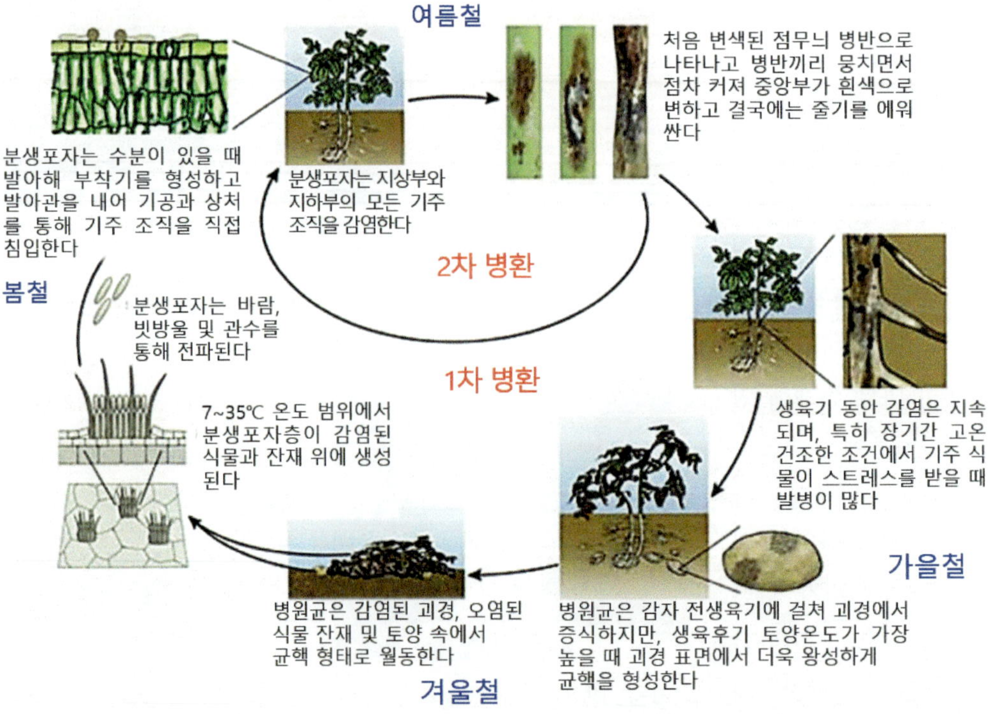

그림 12.275 *Colletotrichum coccodes*에 의한 토마토와 감자 탄저병의 병환. [출처: Emily Silverman]

초기에 잎과 어린 줄기에는 눈에 띄지 않을 정도로 약하게 감염되지만, 열매가 성숙하기 시작해 감수성이 될 때까지 병원균은 살아서 증식한다. 열매 성숙기가 고온다습하거나 강우가 지속되면, 병원균의 감염은 확대되어 때로 대발생의 피해를 입는다.

병원균은 7~35℃ 범위에서 생성되고, 생장적온은 27℃이다. 습한 날씨는 발병을 촉진시키고, 비나 관개수에 의해 튀기는 물방울은 발병을 확산시킨다. 병원균은 분생포자로 가득 찬 분생포자층을 만드는데, 분생포자에 의한 2차 감염은 적합한 기상조건에서는 연중 발생한다. 분생포자는 식물체 표면에 물이 있을 때 발아하고, 상처를 통해 침입하거나 표피를 뚫고 직접 침입한다.

[방제] 건전한 포기에서 채종한다. 종자소독을 한다. 비기주식물로 3~4년간 윤작을 한다. 병든 식물잔재와 잡초를 제거하고 토양소독을 한다. 배수가 잘 되는 토양에 재배하되, 열매가 성숙할 무렵에는 분생포자가 튀기지 않도록 관수를 피한다. 30 ㎝ 깊이로 심경을 한다. 태양열에 의해 토양소독을 한다.

⑨ 식나무 탄저병(anthracnose)

식나무 탄저병(anthracnose)은 조기 낙엽을 일으킬 만큼 피해를 준다.

[병증상] 병징은 잎 가장자리부터 회색 병반이 나타나고 불에 탄 것과 같이 검게 변하면서 마르고 조기 낙엽된다. 병반에는 작고 검은 점(분생포자층)이 형성되고 습하면 분생포자가 분출되는 표징이 드러난다.

[병원균] 식나무 탄저병을 일으키는 병원균은 *Colletotrichum crassipes* (= *Gloeosporium kiotoense*)로 자낭균문(Ascomycota), 동충하초

그림 12.276 탄저병에 심하게 감염된 식나무. [출처: 나용준]

그림 12.277 식나무 잎의 병징. [출처: 나용준]

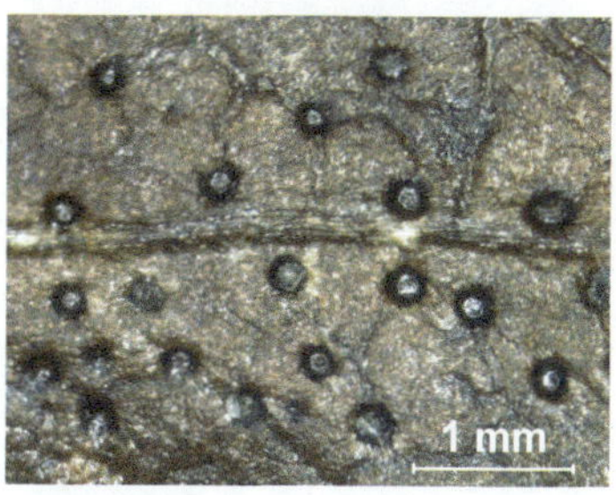

그림 12.278 식나무 잎의 탄저병 병반에 형성된 표징(분생포자층). [출처: 나용준]

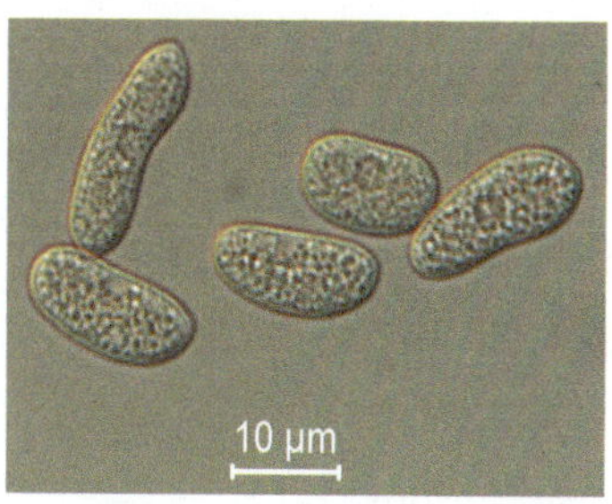

그림 12.279 식나무 탄저병균(*Colletotrichum crassipes*)의 분생포자. [출처: 나용준]

강(Sordariomycetes), 작은뿔껍질균과(Glomerellaceae)에 속한다.

영양체는 격벽 균사체이고, 무성생식에 의해 분생포자층에 끝이 뭉툭하고 굽은 계란~원통 모양의 분생포자를 형성한다. 유성생식에 의해 자낭각을 형성하고, 자낭에 자낭포자를 형성한다.

[병환] 여름에 태풍이 지난 후에 많이 발생한다. 6월에 잎 가장자리부터 발병되고 심하면 조기 낙엽된다. 그늘, 습한 곳, 통기가 불량한 곳에서 흔히 발생한다.

[방제] 병든 잎을 제거하고 발병 초기에 적용약제를 2회 이상 살포한다. 채광, 배수, 통기가 잘되도록 관리한다.

⑩ 인삼 탄저병(anthracnose)

인삼 탄저병(anthracnose)은 지상부에 발생하는 병 중에서 가장 피해가 크다. 6월 하순경부터 발생하며 발병최성기는 8월 상순이고 심하면 조기낙엽을 일으킨다.

[병증상] 주로 인삼의 잎에 발생하지만 때로는 줄기와 열매에도 발생한다. 잎의 표면에 암갈색 부정원형 병징이 생겨 갈색 또는 다갈색으로 변하며, 가운데는 퇴색된다. 병반은 찢어지기 쉽고 발병 말기에는 회흑색의 곰팡이(분생포자층)가 표징으로 드러난다.

그림 12.280 탄저병에 감염된 인삼. [출처: 이승호]

그림 12.281 인삼 잎의 전형적인 겹둥근 무늬 병징. [출처: 농촌진흥청]

[병원균] 인삼에 탄저병을 일으키는 병원균은 *Colletotrichum dematium* (=*Colletotrichum panacicola*)로 자낭균문(Ascomycota), 동충하초강(Sordariomycetes), 작은뿔껍질균과(Glomerellaceae)에 속한다.

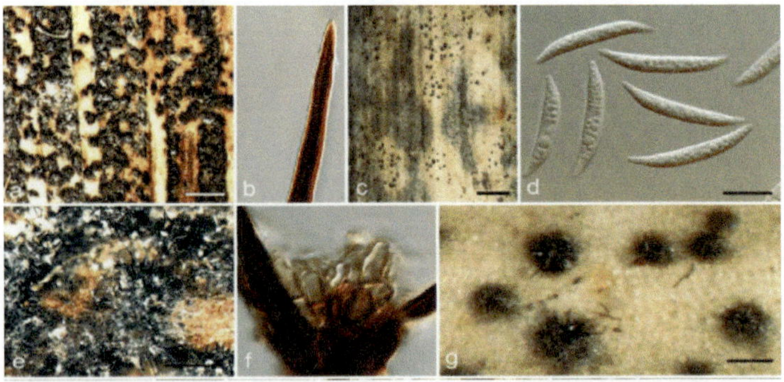

그림 12.282 인삼 탄저병균(*Colletotrichum dematium*)의 분생포자층(a,c,e,g), 강모(b), 분생포자(d), 분생포자경(f). [출처: Ulrike Damm et al.]

영양체는 격벽 균사체이고, 무성생식에 의해 강모를 가진 분생포자층 위에 초승달 모양의 분생포자를 형성한다. 유성생식에 의해 자낭각이 자좌 안에 형성되고, 자낭에 자낭포자를 형성한다.

[병환] 병원균은 주로 균사 형태로 병든 잎의 조직이나 종자 또는 토양에서 월동해 1차 전염원이 돼 빗물에 의해 전반된 후 각피를 통해 침입한다. 병원균의 분생포자 형성 및 영양생장 최적온도는 25℃, 발병 최적온도는 25~30℃, 광도가 높을수록 발병률이 높다.

[방제] 무병지에서 채종하고 종자소독을 한다. 비가 새는 것과 직사광선을 막고, 병든 식물잔재를 제거한다. 상습발병지에서는 발병초기부터 적용약제를 살포한다.

그림 12.283 *Colletotrichum dematium*에 의한 인삼 탄저병의 병환.
[출처: Latiffah Zakaria]

⑪ 망고나무 탄저병(anthracnose)

망고나무 탄저병(anthracnose)은 망고나무가 자라는 열대지역 어디서나 발생한다. 망고 탄저병은 아주 심하게 발생하는데, 수확 후에 특히 피해가 크다.

[병증상] 병징은 꽃마름이나 잎마름 증상으로 나타나기도 하며, 습한 조건일 때는 줄기마름 증상을 나타내기도 한다. 꽃마름 증상은 각각의 꽃을 죽이거나 개화하는 부분 또는 전체를 감염한다.

감염된 잎은 불규칙한 형태의 검은색 괴저 병반이 나타나게 되고 이는 흔히 합쳐져서 큰 괴저 병반의 형태가 된다.

어린 가지가 침입을 받아 죽으면 가지마름 증상을 나타낸다. 젖어 있거나 매우 습한 조건에서 열매는 노지에서 감염되지만, 성숙이 시작하기 전까지는 잠복상태로 존재하다가 저장 후에 나타난다.

그림 12.284 망고나무 잎의 병징. [출처: Md. Nasir Uddin]

그림 12.285 망고나무 꽃의 병징. [출처: Md. Nasir Uddin]

그림 12.286 망고나무 열매의 초기 병징. [출처: Nasir Uddin]

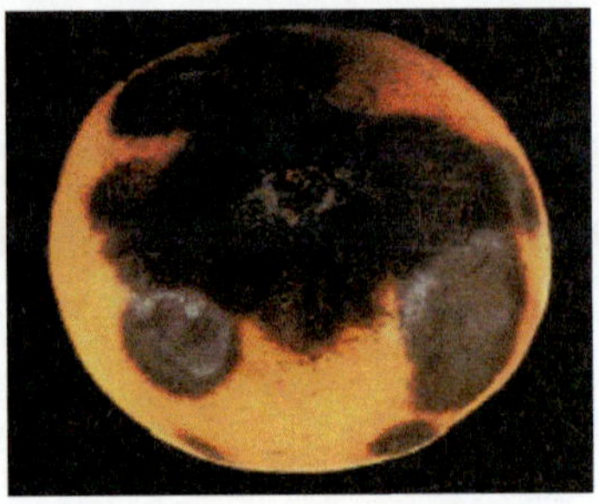

그림 12.287 망고나무 열매의 후기 병징. [출처: 식물병리학]

열매 표면에는 둥근 흑갈색의 병반이 나타난다. 병반 부위가 합쳐져서 열매의 많은 부분을 덮으며 아래쪽으로 퍼져나가며 열매꼭지로부터 열매의 밑 부분으로 진전되면서 검은 병반을 형성한다. 열매의 병든 부위는 얕아서 과피 부분에만 감염이 일어나지만, 적절한 조건에서는 병반이 과육까지 확대된다.

그림 12.288 망고나무 탄저병균(*Colletotrichum gloeosporioides*)의 부착기(A,B), 분생포자(C~E). [출처: B. S. Weir et al.]

[병원균] 망고나무 탄저병은 *Colletotrichum gloeosporioides*, *C. gloeosporioides* var. *minor*, *Colletotrichum acutatum* 등 적어도 3종의 *Colletotrichum*에 의해 발생한다. 자낭균문(Ascomycota), 동충하초강(Sordariomycetes), 작은뿔껍질균과(Glomerellaceae)에 속한다.

*C. gloeosporioides*의 영양체는 격벽 균사체이고, 무성생식에 의해 강모를 가진 분생포자층 위에 원통 모양의 분생포자를 형성한다. 유성생식에 의해 자낭각이 자좌 안에 형성되고, 자낭에 자낭포자를 형성한다.

[병환] 병원균은 병든 잎, 개화부위, 그리고 미라화되어 발육이 좋지 못한 열매에 많은 분생포자를 형성한다.

분생포자는 비에 튀겨 전파되고 잎, 꽃, 열매에 새롭게 감염이 일어난다. 노지재배에서 감염된 열매에서 병원균은 열매가 수확되고 익기 시작할 때까지 휴면상태로 있다가 활성화되고 병반이 커지기 시작한다.

그러나 저장 중에 병원균은 다른 열매로 이동해 감염시키지 않는다. 아보카도나무, 파파야나무, 바나나, 감귤나무류와 같은 기주에서 만들어지는 *Colletotrichum* 종의 분생포자는 망고나무에 감염될 수도 있다.

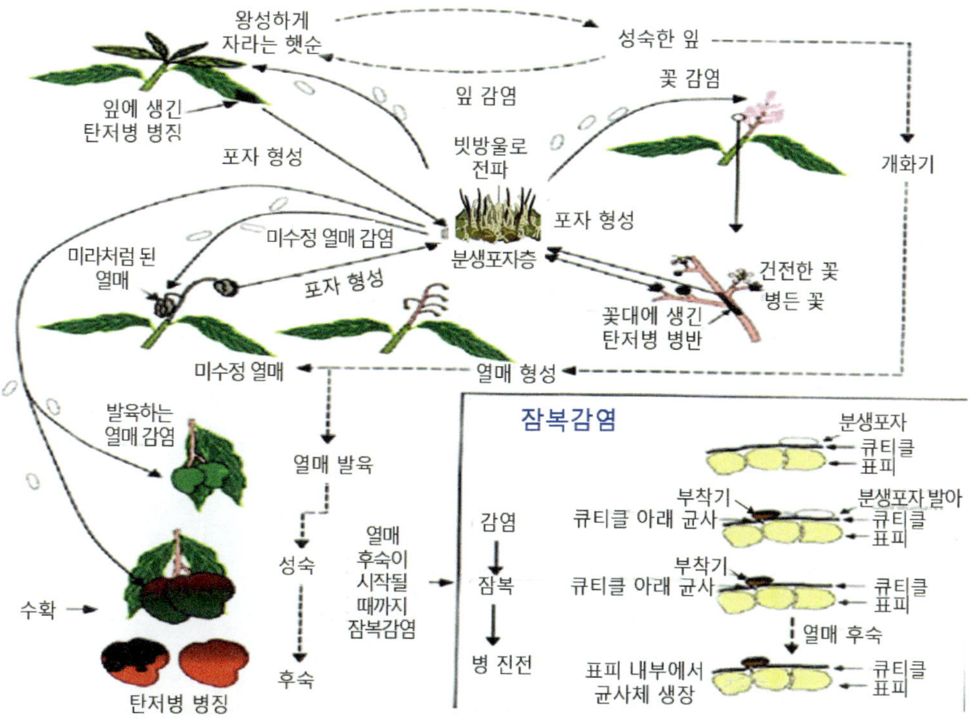

그림 12.289 *Colletotrichum gloeosporioides*에 의한 망고 탄저병의 병환. [출처: Md. Nasir Uddin]

[방제] 병든 식물잔재를 제거한다. 배수와 통풍에 유의해 과습하지 않도록 관리한다.

⑫ 콩 탄저병(anthracnose)

콩 탄저병(anthracnose)은 7~8월경부터 발생하지만 수확기에 임박해서 많이 발생해 피해를 준다.

[병증상] 콩 꼬투리에 주로 발생하지만, 잎과 줄기에도 발생한다. 병징으로 잎에는 갈색 준원형 병반을 형성하고, 꼬투리에는 검은 겹둥근 무늬를 형성하는데, 표징으로 병반의 표면에는

검고 작은 입자(분생포자층)들이 많이 생긴다.

[병원균] 콩 탄저병을 일으키는 병원균은 *Colletotrichum destructivum*(=*Colletotrichum truncatum*)이고, 유성세대는 *Glomerella glycines* 이다. 자낭균문(Ascomycota), 동충하초강(Sordariomycetes), 작은뿔껍질균과(Glomerellaceae)에 속한다.

그림 12.290 콩 잎의 병징.
[출처: Parthasarathy Seethapathy, Amrita School of Agricultural Sciences, Amrita Vishwa Vidyapeetham, Bugwood.org]

그림 12.291 콩 꼬투리의 병징.
[출처: Lindsey Thiessen]

영양체는 격벽 균사체이고, 무성생식에 의해 강모를 가진 분생포자층 위에 긴 원통 모양의 분생포자를 형성한다. 유성생식에 의해 자낭각이 자좌 안에 형성되고, 자낭에 자낭포자를 형성한다.

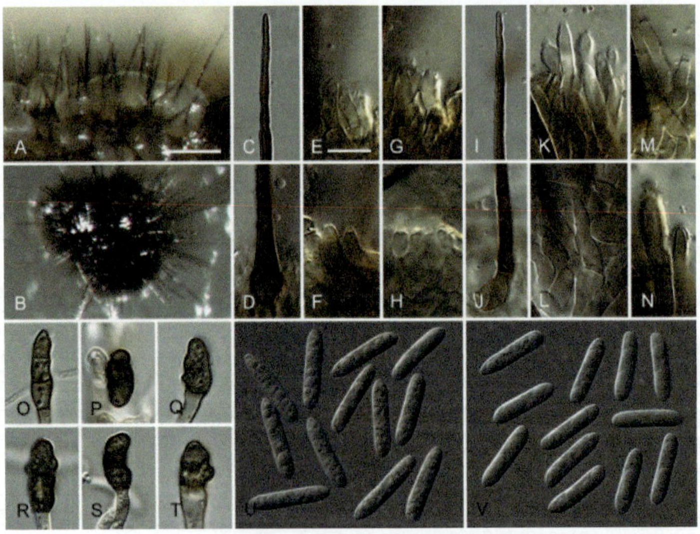

그림 12.292 콩 탄저병균(*Colletotrichum destructivum*). 분생포자층(A,B), 강모(C,D,I,J), 분생포자경(E~H,K~N), 부착기(O~T), 분생포자(U,V). [출처: Ulrike Damm et al.]

[병환] 주로 병든 종자 속에 잠복하고 있는 균사 형태로 월동한다. 병든 종자를 파종하면 병원균은 잎, 꼬투리 등에 옮아가서 성숙기에 이르러 분생포자층을 형성한다. 분생포자는 관개수나 빗물에 의해 인근 식물체로 전반돼 각피를 통해 침입한다.

[방제] 건전한 포기에서 채종한다. 종자소독을 한다. 비기주식물로 윤작을 한다. 상습발병지에서는 발병초기부터 적용약제를 살포한다.

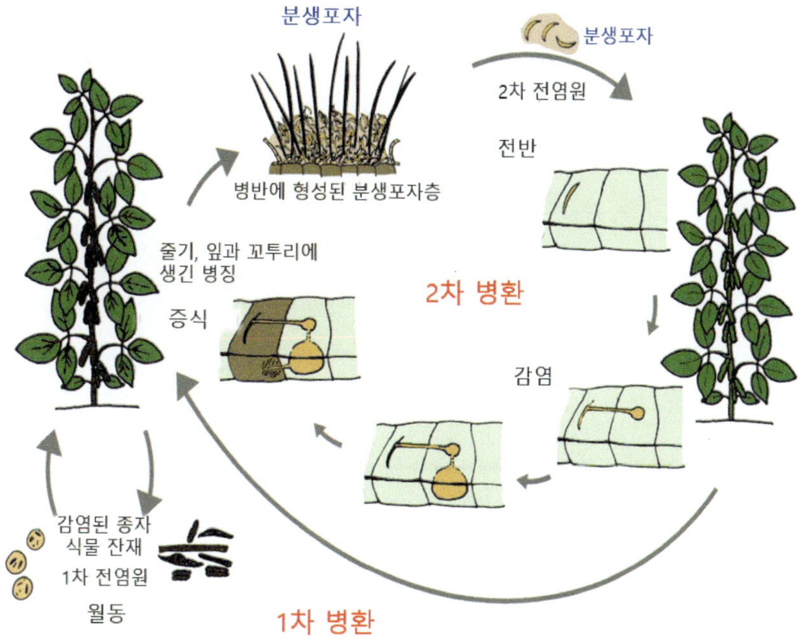

그림 12.293 *Colletotrichum destructivum*에 의한 콩 탄저병의 병환.
[출처: Thais R. Boufleur et al.]

⑬ 강낭콩 탄저병(anthracnose)

강낭콩 탄저병(anthracnose)은 식물의 전생육기에 걸쳐 발생한다.

그림 12.294 강낭콩 잎의 병징.
[출처: Parthasarathy Seethapathy]

그림 12.295 강낭콩 꼬투리의 병징.
[출처: Gerald Holmes, Strawberry Center, Cal Poly San Luis Obispo, Bugwood.org]

[병증상] 감염된 강낭콩 종자에는 전형적인 탄저병징으로 황색~갈색의 함몰된 병반이 나타난다. 중앙에 분홍색 분생포자덩어리가 있는 암갈색의 함몰된 병반이 유묘의 떡잎에 형성되기도 한다. 분생포자는 전반되어 줄기를 침입하면 더 많은 병반을 형성한다.
거기에 무수히 많은 분홍색이나 적갈색의 분생포자로 뒤덮이는 표징을 드러낸다. 다습한 조건에서는 많은 병반이 줄기를 에워싸면서 형성되고 줄기가 약해져서 식물의 윗부분을 지탱하지 못하게 된다. 강낭콩 탄저병은 잎자루와 잎 뒷면의 잎맥을 가해해서 검은색의 긴 병반을 형성한다.

강낭콩 탄저병은 강낭콩의 꼬투리를 감염해 살구색이나 적갈색을 띤 장타원형의 병반이 나타나는데, 이곳이 나중에는 움푹 들어간 원형 병반으로 된다. 어린 꼬투리에 형성된 병반은 꼬투리 전체는 물론이고 심지어 종자까지 확산되지만, 성숙된 꼬투리에서는 꼬투리에만 병반이 형성된다. 꼬투리가 익어감에 따라 병반 상의 분홍색 포자덩어리는 말라들어 암회색 알갱이나 작은 뾰루지 모양의 돌기같은 표징을 나타낸다.

[병원균] 강낭콩 탄저병을 일으키는 병원균은 *Colletotrichum lindemuthianum*으로 자낭균문(Ascomycota), 동충하초강(Sordariomycetes), 작은뿔껍질균과(Glomerellaceae)에 속한다.

영양체는 격벽 균사체이고, 무성생식에 의해 강모를 가진 분생포자층 위에 짧은 원통 모양의 분생포자를 형성한다. 유성생식에 의해 자낭각을 자좌 안에 형성하고, 자낭에 자낭포자를 형성한다.

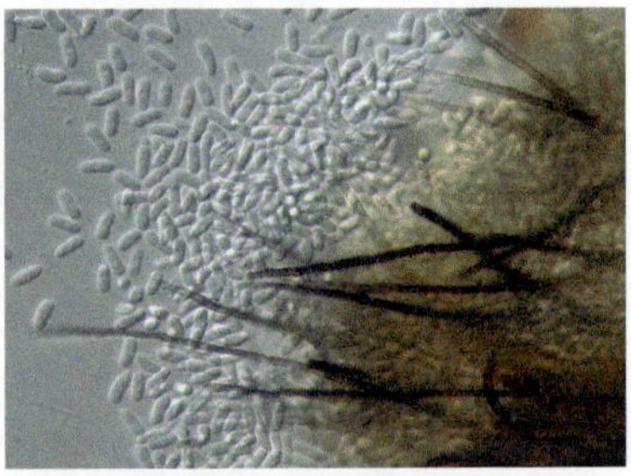

그림 12.296 강낭콩 탄저병균(*Colletotrichum lindemuthianum*)의 분생포자와 강모. [출처: Fred Brooks, University of Hawaii at Manoa, Bugwood.org]

[병환] 병원균은 흔히 감염된 강낭콩 꼬투리에서 만들어진 종자의 내부나 표면에 균사 형태로 월동한다. 분생포자는 튀기는 물방울에 의해 전파되고 식물체 지상부에 부착한다. 폭우는 기주 식물체로부터 4.5 m 거리까지 분생포자를 전파시킨다.

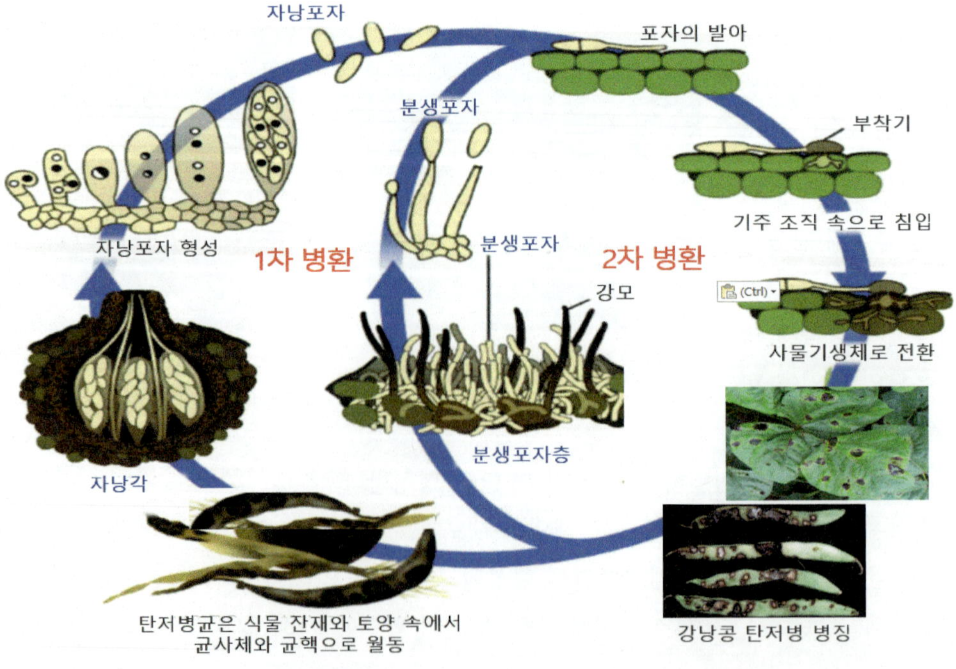

그림 12.297 *Colletotrichum lindemuthianum*에 의한 강낭콩 탄저병의 병환. [출처: de Silva et al.]

분생포자는 새로운 기주 식물체 위에서 발아해 발아관과 부착기를 형성한 후 침입관을 형성해 세포벽을 뚫고 직접 침입한다.

[방제] 건전한 포기에서 채종한다. 종자소독을 한다. 비기주식물로 윤작을 한다.

⑭ 박과작물 탄저병(anthracnose)

박과작물 탄저병(anthracnose)은 박과작물을 재배하는 지역에서 가장 심각한 병 중 하나로서 특히 수박, 노지멜론, 호박, 오이 등에서 가장 심하게 발생한다. 박과작물 지상부의 모든 부위가 침해받는다.

[병증상] 잎, 덩굴, 열매에 발생한다. 잎에서는 작고 수침상의 담황색 둥근 무늬가 생겨 1~2 cm로 확대되는데, 나중에 갈색으로 변하며 전형적인 겹둥근 무늬 병징이 된다. 박의 잎에서는 검은색, 다른 모든 박과작물의 잎에서는 갈색 병반을 나타낸다. 감염된 조직은 말라서 부서진다. 병반이 잎자루에 형성되면 낙엽을 일으킨다.

그림 12.298 오이 잎의 병징.
[출처: Wikimpedia Commons]

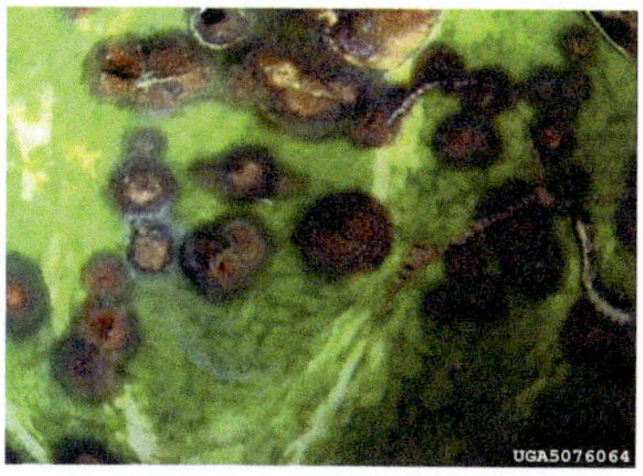

그림 12.299 멜론 열매의 병징.
[출처: Wikipedia]

그림 12.300 수박 열매의 병징.
[출처: AgriFocus]

그림 12.301 호박 열매의 병징.
[출처: Plant Pathology Department, University of Florida]

덩굴에는 암갈색 움푹한 무늬가 생겨 회색으로 되어 말라 죽는다. 열매꼭지 위에 병반이 생기면 열매는 검게 변하고 쭈그러들어 죽는다. 열매에는 처음 표면에 황백색 둥글고 움푹한 무늬가 생겨 그 위에 표징으로 연분홍 점질물을 표징으로 분비한다.

열매는 숙성기간에 감수성이 돼 둥글고 물컹물컹하고 검은색의 함몰된 병반이 열매 표면에 생기는데, 직경 5~10 cm 깊이 8 mm에 달한다. 병반은 포장에서, 수송 또는 저장 중에 급속히 확산되고 융합해 큰 병반이 된다. 함몰된 병반의 중앙은 검은색인데, 다습한 날씨에서는 큐티클을 뚫고 형성된 분생포자층에 표징으로 분홍색 분생포자 덩어리가 가득하다.

심하게 감염된 열매는 맛이 없거나 쓰며, 가끔은 상처난 과피를 통해 무름병을 일으키는 세균이나 곰팡이가 침입한다.

[병원균] 박과작물에 탄저병을 일으키는 병원균은 *Colletotrichum orbiculare*(=*Colletotrichum lagenarium*)으로 자낭균문(Ascomycota), 동충하초강(Sordariomycetes), 작은뿔껍질균과(Glomerellaceae)에 속한다. 수박, 참외, 호박에 각각 병원성이 다른 레이스가 있다.

영양체는 격벽 균사체이고, 무성생식에 의해 강모를 가진 분생포자층 위에 타원형으로 양끝이 무디게 생긴 분생포자를 형성한다. 유성생식에 의해 자낭각을 자좌 안에 형성하고, 자낭 안에 자낭포자를 형성한다.

[병환] 병원균은 토양 속에서 병든 식물의 잔재와 종자의 내외부에서 균사 또는 분생포자 형태로 월동해 1차 전염원이 된다. 전년도에 사용했던 받침대도 전염원으로 중요하다. 분생포자는 바람, 빗물, 곤충 등에 의해 전반돼 각피를 통해 침입해 2차 감염을 일으킨다. 26~32℃ 범위의 따뜻한 기온과 다습한 날씨에서 병원균의 전파와 감염이 잘 일어나고, 감염 4일 후에 병징

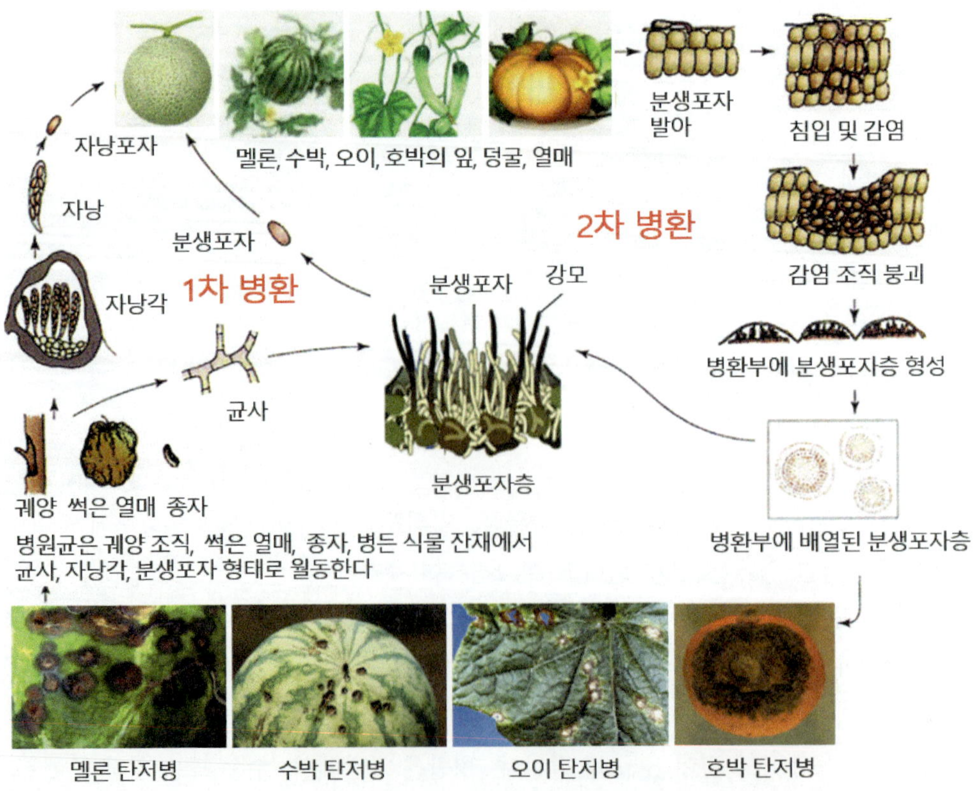

그림 12.302 *Colletotrichum orbiculare*에 의한 박과작물 탄저병의 병환. [출처: 식물병리학]

이 발현된다.

박과작물에 탄저병을 일으키는 병원균에는 두 가지 레이스가 알려졌다. 레이스 1은 오이에 병원성을 나타내고, 레이스 2는 수박에 병원성을 나타낸다. 머스크멜론은 레이스 2보다 레이스 1에 훨씬 더 감수성이다.

[방제] 무병지에서 채종하고 종자소독을 한다. 병든 식물잔재를 제거하고 비기주작물로 3년간 윤작을 한다. 배수와 통풍에 유의한다. 저항성 품종을 재배한다. 전년도에 사용했던 받침대를 소독해 사용한다. 상습발병지에는 발병초기에 적용약제를 살포한다.

⑮ 버즘나무 탄저병(anthracnose)

버즘나무 탄저병은 북미에서 문제가 되는 병으로, 우리나라에서는 1987년 부산, 사천 등 남부지방에서 발생이 확인되었다. 잎이 나오기 전에 작은 1년생 가지의 끝을 죽이고, 눈이 싹트기 전에 눈을 죽이기도 한다. 감염된 나무는 생장이 느려지고 잎이 나오지 못하기도 한다. 어린 잎과 가지가 말라 죽어 도시 경관을 해치는 중요한 병 중 하나이다. 따뜻한 겨울에는 병원균이 활동을 일찍 시작하고, 12~13℃의 저온이 2주 동안 지속되면 발병이 급증한다. 강우량은 큰 영향을 미치는데, 특히 전반에 영향을 미친다.

[병증상] 병징은 두 가지로 구분되는데, 가장 흔한 병징은 이른 봄 감염된 눈, 자라나는 순과 어린잎이 갑자기 죽는 것인데, 이것이 가끔 서리피해(霜害)와 혼동되기도 한다. 나중에 탄저병균은 주맥, 잎맥, 잎 말단 주위에 불규칙한 갈색 병반을 형성하고, 잎이 뒤틀리다가 말라 죽는 병징을 나타낸다. 날씨가 습하면 작고 크림색의 분생포자층이 엽맥을 따라 잎 뒷면에 표징으로 나타나고 크림색의 포자덩이가 흘러 나온다.

그림 12.303 버즘나무 잎의 병징. [출처: 나용준]

그림 12.304 버즘나무 어린 순의 병징. [출처: W. N. Ellis]

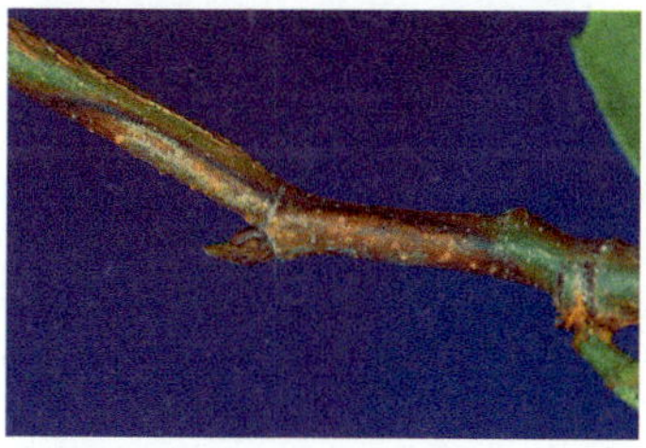

그림 12.305 버즘나무 줄기의 병징. [출처: Wikipedia]

그림 12.306 버즘나무 줄기의 병반에 형성된 표징(분생포자층). [출처: 나용준]

탄저병에 감염되면 수년 안에 버즘나무의 잎은 봄에 완전히 떨어지고 여름에 새잎이 돋는다. 탄저병균이 눈이나 잎에 침입하면 가지로 확대되고, 가지에 궤양을 형성하거나, 전체적으로 확대되어 잔가지를 죽이고 죽은 가지의 기부 주위에 있는 가지에 궤양을 형성한다. 수년 동안 계속해서 탄저병균에 심하게 감염된 나무에서는 가지가 대부분 죽는다.

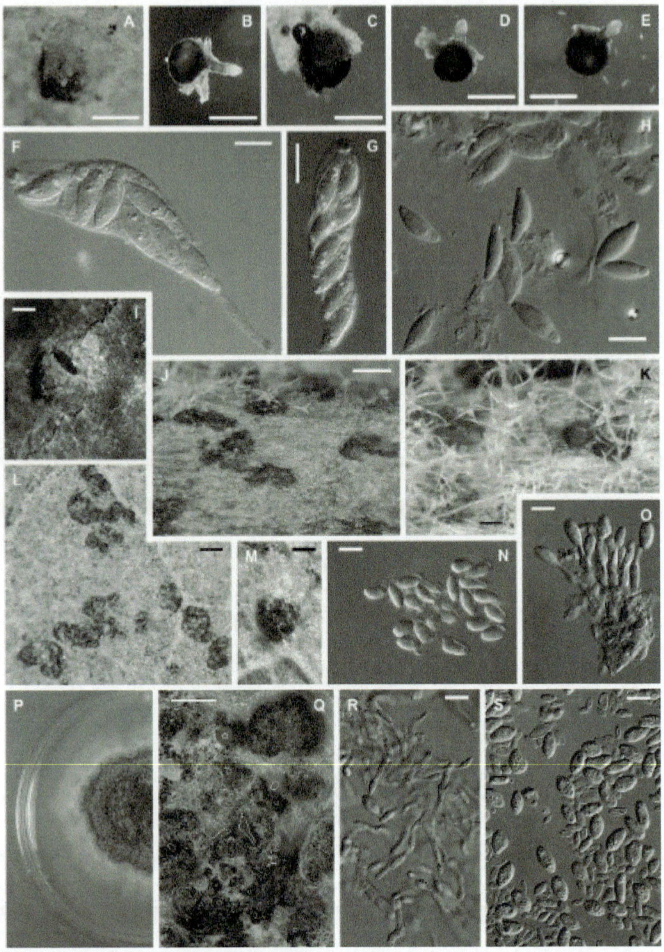

그림 12.307 버즘나무 탄저병균(*Apiognomonia veneta*)의 자낭각(A~E), 자낭(F,G), 자낭포자(H), 분생포자층(I~M), 분생포자(N), 분생포자경 위 분생포자(O), 배지 위 균총(P), 배지에 형성된 분생포자층(Q), 배지에 형성된 분생포자(R,S). [출처: M. V. Sogonov et al.]

[병원균] 버즘나무 탄저병을 일으키는 병원균은 *Apiognomonia veneta* (=*Gnomonia veneta*)로 자낭균문(Ascomycota), 동충하초강(Sordariomycetes), 오리나무버섯목(Diaporthales), 침버섯과(Gnomoniaceae)에 속한다.

영양체는 격벽 균사체이고, 무성생식에 의해 분생포자층 위에 계란형~타원형으로 양 끝이 무디게 생긴 분생포자를 형성한다. 유성생식에 의해 자낭각이 자좌 안에 형성되고, 자낭 안에 방추형 자낭포자를 8개씩 형성한다.

[병환] 병원균은 가지의 궤양과 병든 낙엽에서 균사와 미성숙 자낭각으로 월동한다. 봄에 자낭각은 성숙해 자낭포자를 형성하는데, 자낭포자가 어린 잎이나 가지에 주로 1차 감염을 일으킨다. 그 후에는 분생포자가 분생포자층에서 형성되어 모든 감염을 일으킨다. 다른 탄저병과 마찬가지로 버즘나무 탄저병도 잦은 강우와 다소 서늘한 기온에서 발생한다. 자낭포자와 분생포자는 비가 내리는 동안에만 전반된다.

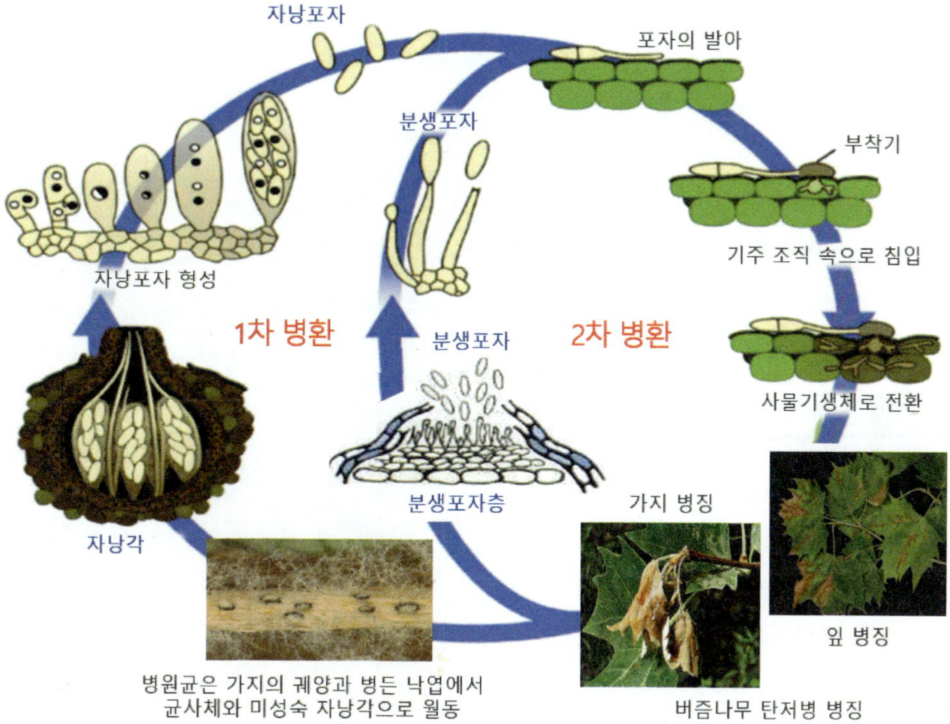

그림 12.308 *Apiognomonia veneta*에 의한 버즘나무 탄저병의 병환.

[방제] 병든 잎을 소각하고, 병든 가지를 전정한다. 적정 시비와 관개가 버즘나무 탄저병을 감소시키는 데 도움을 준다. 상습발병시에는 버즘나무의 눈이 부풀어 오르거나 싹이 터진 직후부터 적용약제를 살포한다.

⑯ 포도나무 새눈무늬병(bird's eye rot, anthracnose)

포도나무 새눈무늬병(bird's eye rot)은 유럽으로부터 전 세계로 퍼졌다. 우리나라에서 포도에 발생하는 병 중 가장 널리 분포하며, 이 병에 의한 손실을 특히 다습하고 비가 많은 지역에서 심각하다. 새눈무늬병도 탄저병의 일종이므로 영어로 anthracnose라고도 한다.

[병증상] 잎, 잎자루, 덩굴손, 열매꼭지, 열매 등에 발생한다. 병징은 처음 어린 순에 작고 둥근 붉은 점무늬로 나타나고 나중에는 커지면서 움푹 패인 회색 병반으로 된다. 병반은 마침내 암적갈색 가장자리에 둘러싸인다. 어린 순의 병반을 방제하지 않을 경우 더 커지면서 결국 순을 죽인다. 병반이 알아 볼 수 있도록 매우 뚜렷하기도 하지만, 우박 피해와 혼동되기도 한다. 우박 피해는 식물체 한쪽 면에만 생기고, 탄저병은 훨씬 더 진한 가장자리가 융기된 병반을 만든다.

잎에는 주맥을 따라 1~5 mm 크기의 담갈색 둥근 무늬가 생겨 나중에는 굳어지면서 구멍이 뚫린다. 이것을 shot-hole이라고 부르는데, 병반이 확대되는 것을 차단하는 역할을 한다. 발병이 심하면 잎은 기형이 되고 위축된다.

열매에는 작고 둥근 갈색 무늬가 생기는데, 병반 가운데는 회백색이고 가장자리는 암갈색 또는 검은색을 띠면서 과녁(shooting target or bull's eye)처럼 되고, 움푹해지므로 새의 눈처럼 보이는 병징에서 새눈무늬병이라는 병명이 유래한다. 발병이 확산되면서 포도송이 과육을 침해하면 포도알이 깨지면서 2차 감염을 일으킨다.

잎자루와 덩굴손 등에도 작고 둥근 무늬가 생겨 회흑색으로 되며 생장이 위축된다.

그림 12.309 포도나무 새눈무늬병에 감염된 덩굴손(a), 잎자루(b), 줄기(c), 어린 순(d), 잎(e), 어린 열매(f). [출처: Zhi Li et al.]

[병원균] 포도나무에 새눈무늬병을 일으키는 병원균은 *Elsinoe ampelina* (무성세대: *Sphaceloma ampelinum*)로 자낭균문(Ascomycota), 좌낭균강(Dothideomycetes), 홑자낭좌실균목(Myriangiales), 딱지주머니균과(Elsinoaceae)에 속한다. 자좌에는 여러 개의 자낭이 들어 있고, 위측사(pseudoparaphyses)는 없다.

영양체는 격벽 균사체이고, 배지상에서는 느리게 생장한다. 무성생식에 의해 병반의 가장자리에 형성되는 분생포자층에서 짧은 원통형 분생포자경 위에 작고 투명한 분생포자를 만드는데, 격벽이 없고 양쪽 끝이 둥근 원통형이다. 유성생식에 의해 서양배 모양의 자낭자좌의 윗부분에 불규칙하게 구형~타원형 두 겹막 자낭을 형성하고, 각 자낭에는 짙은 색이고 1~3개의 격벽을 가진 자낭포자를 8개씩 가지고 있다.

[병환] 생육 후기에 병원균은 덩굴손 또는 열매의 병반 가장자리에서 균핵을 만들어 균사 상태로 월동한다. 특히 목질화가 되기 시작해 방제가 어려운 죽은 1년생 가지에서 월동한다.

이듬해 봄이 되고 2℃ 이상에서 24시간 수분이 있으면 많은 분생포자들이 균핵에서 형성된 후 빗물에 의해 튀어 퍼져서 포도나무의 어린 잎과 줄기 및 열매를 감염한다. 분생포자는 2~30℃ 범위에서 12시간 수분이 있는 조건에서 발아해 눈이 트기 전에 1차 전염원으로 작용해 각피를 통해 침입한다.

5월 이후의 우기와 9월에 많이 발생하고, 폭우나 우박 또는 두상관수(overhead irrigation)는 발병을 촉진시킨다. 지나치게 무성하게 자란 덩굴은 수관(canopy) 내 공기흐름을 감소시켜 이슬이나 비가 마르는 데 시간이 많이 걸리기 때문에 감염을 촉진시킨다. 또한 배수가 나쁜 토양에서 발병이 심하다.

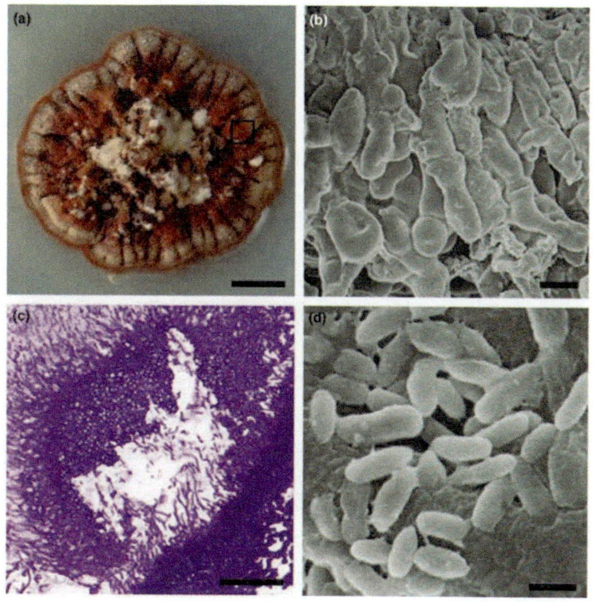

그림 12.310 포도나무 새눈무늬병균(*Elsinoe ampelina*)의 균총(a, b), 분생포자층(c)과 분생포자(d). [출처: Zhi Li et al.]

자낭포자는 감염된 줄기나 덩굴손에 남아있는 포도알에서 형성된 후 감염을 일으킨다. 자좌(stroma) 안에 있는 위자낭각(pseudothecium)에 자낭을 생성하고, 자낭에 4개 세포로 된 자낭포자를 8개씩 생성한다. 포도나무 새눈무늬병균은 또한 위자낭각으로도 월동하고, 분생포자

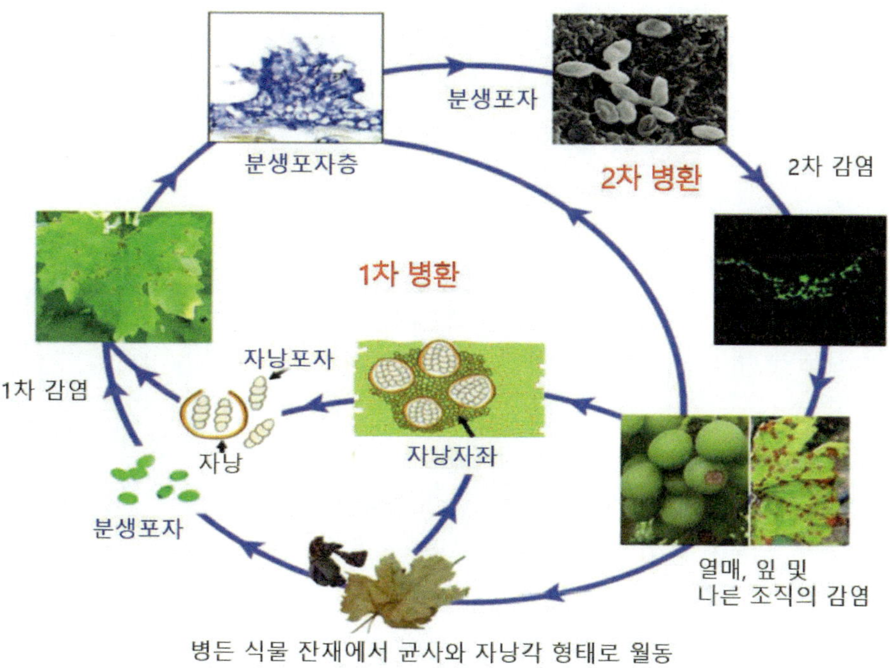

그림 12.311 *Elsinoe ampelina*에 의한 포도나무 새눈무늬병의 병환. [출처: Zhi Li et al.]

와 자낭포자로 땅이나 감염된 조직에서 월동해 1차 전염원이 되기도 한다.

봄철과 여름철 포도 성숙기에 괴사한 부위에 분생포자층이 생성되고, 습한 조건에서 분생포자층에 분생포자가 생성된다. 분생포자는 2차 전염원이 되어 남은 생육기 동안 2차 전염을 일으킨다.

[방제] 겨울에 병든 부분을 제거한다. 모를 건강하게 키우고, 저항성 품종을 재배한다. 1차 전염원이 될 수 있는 야생 포도가 근처에 자라지 않도록 한다. 적절한 전정으로 통풍과 채광을 좋게 한다. 질소질비료의 과용을 삼가며 튼튼하게 키운다. 발육이 정지된 이른 봄에 결정석회황합제를 살포하고 생육기에는 적용약제를 살포한다.

⑰ 감귤나무 더뎅이병(scab)

감귤나무 더뎅이병(scab)은 전 세계의 여러 지역에서 발생하고 시장에 공급하기 위한 재배 중인 열매에 감염되면 심각한 피해를 일으킬 수 있다. 더뎅이병은 감귤나무의 생장을 방해할 수 있고, 가공을 위한 품질을 감소시킬 수 있다.

[병증상] 잎, 열매, 햇가지 등에 발생한다. 병원균은 기주 세포 내부와 외부에서 자란다. 잎에는 감염 후 4일, 열매에는 감염 후 7일 정도에 병반이 나타난다. 잎에는 불규칙한 회백색 또는 황백색 작은 무늬, 열매에는 다갈색 무늬 병징이 생긴다. 기주조직이 확대됨에 따라 감염 부위가 융기되고 병원균과 기주조직을 포함하는 돌출된 더뎅이 병반을 형성한다.

병반의 가운데는 균사의 자좌(stroma)와 죽은 기주세포, 더불어 엽록체가 거의 없거나 하나도 없는 이상증식한 기주세포로 구성되어 있는 표피융기를 형

그림 12.312 감귤나무 잎 앞면의 돌기. [출처: Beatriz Sousa]

그림 12.313 감귤나무 잎 뒷면의 돌기. [출처: Alchetron]

그림 12.314 감귤나무 열매의 착색 전 돌기.
[출처: Central Science Laboratory, York (GB)-British Crown]

그림 12.315 감귤나무 열매의 착색 전 딱지.
[출처: Luis Goulart]

성함으로써 원추형 혹처럼 되기도 한다. 병반이 많을 때는 잎이나 열매가 불규칙하게 비틀리고 기형이 된다.

그림 12.316 감귤나무 열매의 착색 후 딱지.

[병원균] 감귤나무에 더뎅이병을 일으키는 병원균은 *Elsinoe fawcettii*(무성세대: *Sphaceloma fawcettii*)로 자낭균문(Ascomycota), 좌낭균강(Dothideomycetes), 홑자낭좌실균목(Myriangiales), 딱지주머니균과(Elsinoaceae)에 속한다.

영양체는 격벽 균사체이고, 배지상에서는 느리게 생장한다. 무성생식에 의해 분생포자층에 작은 투명포자를 만드는 것으로 브라질에서 보고되었지만, 우리나라에서는 아직 보고되지 않았다. 자좌에는 여러 개의 자낭이 들어 있고, 위측사(pseudoparaphyses)는 없다. 자낭은 계란형 또는 원통형이고 자낭포자는 단세포 또는 다세포이다.

그림 12.317 감귤나무 더뎅이병균(*Elsinoe fawcettii*)의 투명포자.
[출처: Jae-Wook Hyun et al.]

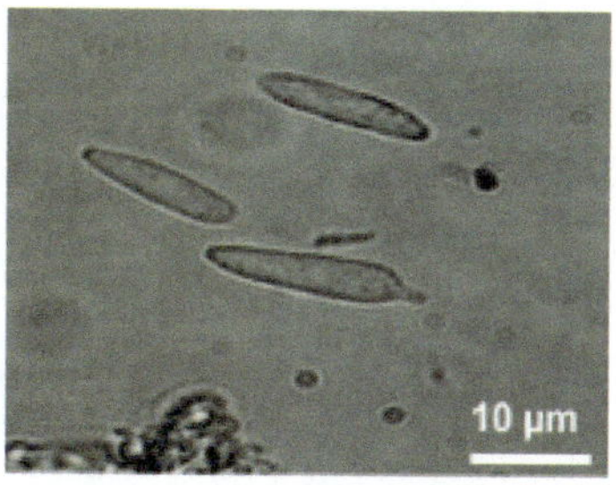

그림 12.318 감귤나무 더뎅이병균(*Elsinoe fawcettii*)의 방추형포자.
[출처: Jae-Wook Hyun et al.]

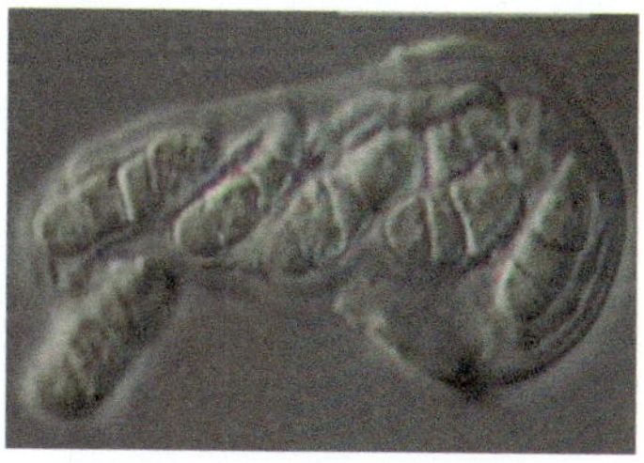

그림 12.319 감귤나무 더뎅이병균(*Elsinoe fawcettii*)의 자낭포자.
[출처: The Mushroom Research Foundation, Chiang Rai, Thailand]

[병환] 병원균은 균사 형태로 병든 나무의 수관(canopy)에서 월동한다. 봄철 병든 가지 위에 형성된 더뎅이병 병반 가장자리에 있는 분생포자층에서 방추형 분생포자가 형성되고, 주로 비나 튀기는 물방울에 의해 전파된 후 방추형 분생포자는 식물체로 침입할 수 있는 투명포자를 생성한다.

발병은 전염원 양뿐만 아니라 습기의 빈도와 지속시간에 비례한다. 비가 자주 오고, 저온, 일조부족, 질소비료가 과다할 때 빠르게 감염하고 많이 발생한다. 초기 감염 시 24~28℃에서 2.5시간 정도의 습한 조건이 필요하다.

감귤나무 잎은 전개된 직후에 가장 감수성이고, 전개된 후 7~10일 후에 가장 저항성이다. 열매는 꽃잎이 떨어진 후 2달째 가장 감염에 취약하다. 일단 감염되면, 감귤나무 더뎅이병균은 병반 내부에서 빠르게 증식하고 환경조건이 적합하고 어린 감수성 조직이 충분할 때 새로운 감염을 시작한다.

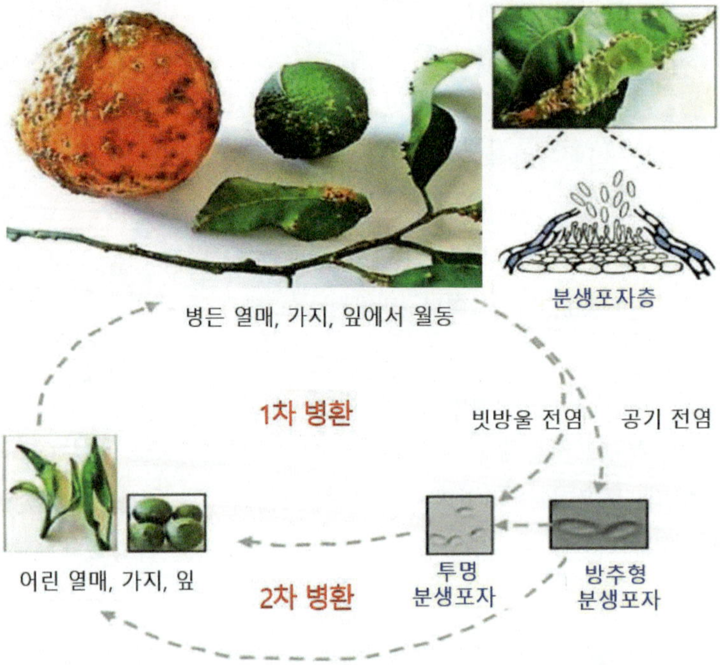

그림 12.320 *Elsinoe fawcettii*에 의한 감귤 더뎅이병의 병환.
[출처: Kuang-Ren Chung]

[방제] 병든 부분을 제거한다. 다습지를 피해 재배하고, 배수와 통풍에 유의한다. 저항성 품종을 재배한다. 질소질비료의 과용을 삼가며 튼튼하게 키운다. 발병 초기에 적용약제를 살포한다.

12.6.5 잎에 발생하는 병

자낭균은 주로 잎에 병을 일으키지만, 일부는 꽃, 어린 줄기, 열매, 그리고 뿌리에 병을 일으키기도 한다. 잎을 침해하는 자낭균은 대부분 분생포자로 번식하고 월동하지만, 일부는 기주식물의 생육기간에는 분생포자의 형태로 번식하고 생육 후기에는 유성세대를 형성해 월동한다. 또 어떤 종은 기주식물의 생육기 내내 분생포자를 형성하면서 동시에 자낭과도 형성해 자낭포자를 만들기도 한다. 이러한 병원균의 1차 전염원은 자낭포자이거나 분생포자인데, 흔히 전년도에 감염된 낙엽이나 붙어있던 잎에서 유래한다.

주로 잎에 각종 병을 일으키는 자낭균류는 다음과 같다.

- *Alternaria brassicae*(배추과작물 검은무늬병), *A. gaisen*(=*A. kikuchiana*, 배나무 검은무늬병), *A. longipes*(담배 붉은무늬병), *A. solani*(감자, 토마토 겹둥근 무늬병)
- *Ascochyta capsici*(고추 점무늬병), *A. glycines*(콩 둥근점무늬병)
- *Cercospora beticola*(사탕무 갈색무늬병), *C. cryptomeriae*(삼나무 붉은마름병)

- *Cladosporium cucumerinum*(오이 검은별무늬병)
- *Cochliobolus heterostrophus*(무성세대 *Bipolaris maydis=Helminthosporium maydis =Drechslera maydis=Ophiobolus heterostrophus,* 옥수수 깨씨무늬병), *C. miyabeanus*(무성세대 *Bipolaris oryzae=Helminthosporium oryzae,* 벼 깨씨무늬병), *C. sativus* (무성세대 *Bipolaris sorokiniana=Helminthosporium sorokinianum=Helminthosporium sativum=Drechslera sorokiniana=Ophiobolus sativus,* 보리 점무늬병)
- *Diplocarpon rosae*(무성세대 *Marssonia rosae,* 장미나무 검은무늬병), *D. earliana*(딸기 잎마름병), *D. mespili*(=*Entomosporium mespili,* 홍가시나무 점무늬병)
- *Fusarium fujikuroi*(유성세대 *Gibberella fujikuroi,* 벼 키다리병)
- *Guignardia aesculi*(칠엽수 얼룩무늬병)
- *Lecanosticta acicola*(소나무 갈색무늬잎마름병)
- *Lophodermium seditiosum*(소나무류 잎떨림병)
- *Magnaporthe grisea*(=*M. oryzae,* 무성세대 *Pyricularia oryzae,* 벼 도열병)
- *Mycosphaerella cerasella*(=*Cercospora circumscissa=Passalora circumscissa=Pruniphilomyces circumscissus,* 벚나무 갈색무늬구멍병), *M. citri*(감귤나무 누른무늬병), *M. fragariae*(딸기 뱀눈무늬병), *M. graminicola*(곡류 *Septoria*잎마름병), *M. pini*(소나무 잎마름병), *M. stigmina-platani*(불완전세대 *Pseudocercospora pseudostigmina-platani,* 버즘나무 갈색점무늬병)
- *Passalora fulva*(=*Cladosporium fulvum=Fulvia fulva,* 토마토 잎곰팡이병)
- *Phyllosticta alcides* (은백양 점무늬병), *P. allii*(마늘 잎마름병)
- *Pseudocercospora destructiva*(사철나무 갈색무늬병), *P. vitis*(=*Phaeoisariopsis vitis,* 포도나무 갈색무늬병)
- *Pyrenophora graminea*(완전세대 *Drechslera graminea,* 보리 줄무늬병), *P. teres*(완전세대 *Drechslera teres,* 보리 그물무늬병)
- *Rhizosphaera kalkhoffii* (소나무, 잣나무 그을음잎마름병)
- *Rhytisma acerinum*(무성세대 *Melasmia acerina,* 단풍나무 타르점무늬병), *R. punctatum*(단풍나무 작은타르점무늬병)
- *Scirrhia acicola*(소나무, 잣나무 갈색무늬병)
- *Septoria abeliceae*(=*Sphaerulina abeliceae,* 느티나무 흰별무늬병), *S. glycines*(콩 갈색무늬병), *S. lycopersici* (토마토 점무늬병)
- *Stemphylium lycopersici* (가지 점무늬병), *S. solani*(고추 점무늬병)
- *Venturia carpophila* (무성세대 *Cladosporium carpophilum,* 매실나무 검은별무늬병)
- *Zymoseptoria tritici* (유성세대 *Mycosphaerella graminicola=Septoria tritici,* 밀 잎마름병)

(1) *Alternaria*에 의한 병

*Alternaria*는 자낭균문(Ascomycota), 좌낭균강(Dothideomycetes), 얇은공버섯목(Pleosporales), 얇은공버섯과(Pleosporaceae)에 속하지만 유성세대가 밝혀지지 않은 불완전균류이다. 자낭자좌는 다양하며 위측사가 자낭을 둘러싸고 있다. 자낭은 곤봉형이며 자낭포자는 다세포이다.

*Alternaria*에 의한 병은 많은 식물에서 발생하는 가장 흔한 병 중 하나다. 주로 1년생 채소와 관상식물의 잎, 줄기, 꽃, 그리고 열매에 발생하는데 감귤나무나 사과나무같은 목본식물에도 발생한다.

*Alternaria*에 의한 병의 대부분은 점무늬병과 검은무늬병인데, 모잘록병, 줄기썩음병, 열매썩음병도 일으킨다. *Alternaria*에 의한 대표적인 병으로는 감자와 토마토 겹둥근 무늬병, 당근 검은잎마름병, 박과작물과 양파 검은무늬병, 사과나무와 감귤나무 점무늬병, 사과 심부썩음병, 레몬과 오렌지의 과실부패병 등이 있다.

많은 종의 *Alternaria*는 독소를 분비한다. 어떤 *Alternaria* 독소는 기주비특이적이며, 어떤 것은 기주특이적이다.

① 배추과작물 검은무늬병(Alternaria leaf spot, black leaf spot)

배추과작물 검은무늬병(Alternaria leaf spot, black leaf spot)은 무와 배추를 비롯해 여러 가지 배추과식물에 발생한다. 무와 배추에 발생하는 병 중 가장 흔히 볼 수 있으며, 늦가을이 발병 최성기다. 일찍 파종하고 양분이 부족할 때 많이 발생한다. 고랭지에서는 한여름의 고온기나 가을 재배시 기온이 따뜻하고 비가 자주 올 때 많이 발생하고, 생육 후기에 비료효과가 떨어져 초세가 약해지면 발생이

그림 12.321 배추 잎의 병징. [출처: Alchetron]

그림 12.322 양배추 잎의 병징. [출처: Wikipedia]

그림 12.323 유채 줄기의 병징. [출처: Canola Encyclopedia]

그림 12.324 사탕무 잎의 병징. [출처: Linda Hanson, USDA-ARS, Michigan]

많아지는 경향이 있다.

[병증상] 무와 배추 등 배추과작물의 잎, 줄기, 꽃대, 꼬투리 등에 발생한다. 잎에는 병징으로 2~10 ㎜ 크기의 둥근 갈색 무늬가 생기며, 뚜렷한 겹무늬를 만들고 병반끼리 서로 합쳐져 병환부가 탈락해 나중에 구멍이 뚫리는 수도 있다. 병징은 오래된 아랫잎에서부터 생기고 병든 잎은 아랫잎부터 말라 죽는다. 줄기, 꽃대 및 꼬투리에도 겹무늬가 생기는데 종자는 잘 여물지 않는다. 비가 오면 병환부에 암갈색 가루처럼 분생포자가 표징으로 많이 드러난다.

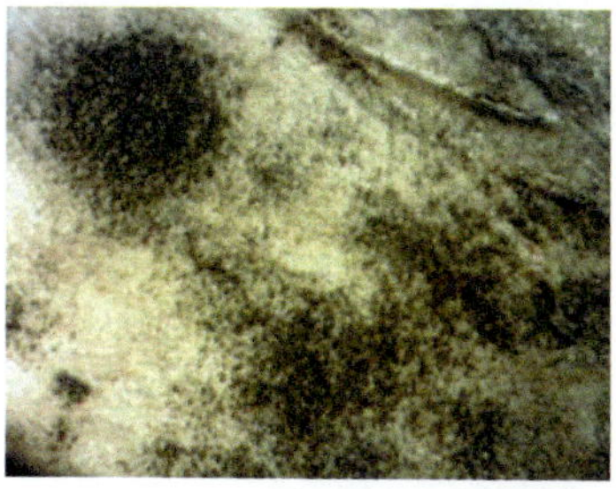

그림 12.325 사탕무 검은무늬병에 의해 생성된 병반 위의 표징(분생포자층).
[출처: Linda Hanson, USDA-ARS, Michigan]

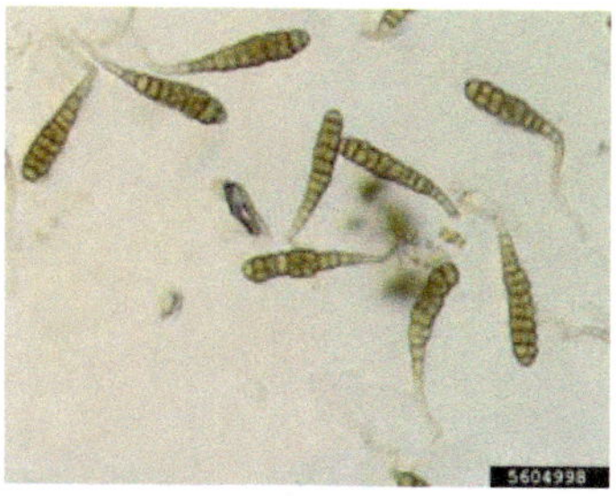

그림 12.326 배추 검은무늬병균(*Alternaria brassicae*)의 분생포자.
[출처: Gerald Holmes, Strawberry Center, Cal Poly San Luis Obispo, Bugwood.org]

[병원균] 배추과작물에 검은무늬병을 일으키는 병원균은 *Alternaria brassicae*이다. *Alternaria alternata*(=*Alternaria tenuis*)도 발병에 관여하는 것으로 보고되었다.

*A. brassicae*는 영양체로 격벽 균사체를 형성하고, 무성생식에 의해 무성포자로 담갈색 곤봉형의 분생포자를 형성한다. 분생포자는 6~19개의 가로 격벽과 1~8개의 세로 격벽을 가지며, 분생포자경의 끝에 대개 단독으로 형성된다.

양배추 검은무늬병을 일으키는 *Alternaria brassicicola*는 분생포자경 끝에 분생포자가 연쇄상으로 형성되는 것이 특징이며, 분생포자의 크기도 *A. brassicae*에 비해 작다.

[병환] 병든 식물체의 잔재물이나 종자에서 균사 또는 분생포자의 형태로 월동해 다음 작기의 전염원이 되며, 병환부 표면에 형성된 분생포자가 바람에 날려 전염한다. 분생포자는 잎 표면에 수분이 있을 때 발아해 기공 또는 각피를 통해 침입한다. 종자를 통한 전염율도 상당히 높다.

이 병은 서늘하거나 적당히 따뜻한 온도(15~25℃)와 높은 습도를 선호하기 때문에 기온이 떨어지기 시작하는 늦여름이나 초가을 성숙한 식물에서 주로 관찰된다. 그러나 환경 조건이 최적이면 어느 단계에서든 농작물을 감염시킬 수 있다.

병원균은 후벽포자(chlamydospore)와 미소균핵(microsclerotia) 형태로 농작물 잔해 속에 기주가 없는 상태에서 생존할 수 있다. 그리고 분생포자에서 생성되는 불규칙한 구형의 구조체는 동결 및 건조와 같은 불리한 소건에서 견디거나 잡초 및 중간기주에서 기생체로 생존할 수 있다.

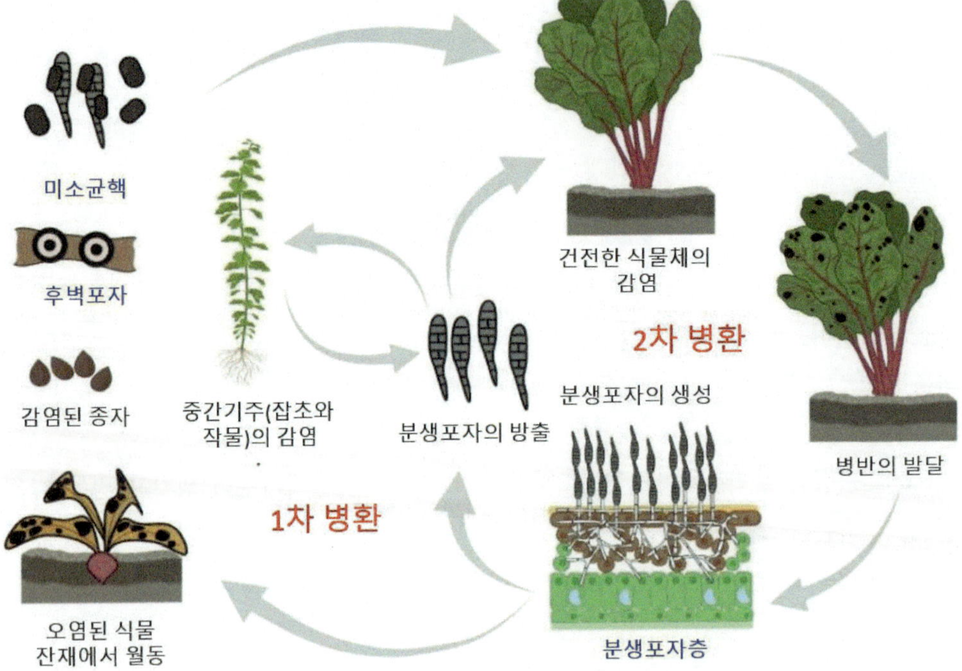

그림 12.327 *Alternaria brassicae*에 의한 배추과작물 검은무늬병의 병환. [출처: Cornell University]

[방제] 무병지에서 채종하고 종자소독을 한다. 병든 잎은 일찍 제거하고 수확 후 병든 식물잔재물을 제거하고 표토를 깊이 갈아엎는다. 발생이 많은 포장은 비기주 작물로 윤작하거나 저항성 품종을 재배한다.

② 배나무 검은무늬병(black spot)

배나무 검은무늬병(black spot)은 배나무에 발생하는 주요 병 중 하나로 이십세기 계통의 배나무에 큰 피해를 입힌다. 배수가 불량하거나 양분이 적은 토양 및 질소질 비료를 과용한 나무에 많이 발생한다.

[병증상] 잎, 가지, 열매에 발생한다. 잎에는 병징으로 둥글고 부정형의 검은 병반이 생기고, 그 가장자리는 담황색, 가운데는 겹무늬를 형성하고, 심하면 일찍 낙엽이 된다. 가지에

그림 12.328 배나무 잎의 병징.
[출처: J. S. W. Dickens & R. T. A. Cook]

그림 12.329 배나무 열매의 병징.
[출처: I. Ponti and P. Cavanni]

는 타원형의 움푹한 흑갈색 병반이 생기며 건전부와 접한 곳이 쪼개진다. 어린 열매에는 약간 움푹한 병반 위에 검은색 가루처럼 분생포자가 표징으로 많이 생기며, 오래되면 단단해지고 열매가 쪼개진다. 성숙한 열매도 어린 열매처럼 병반이 생겨 물러서 일찍 낙과한다.

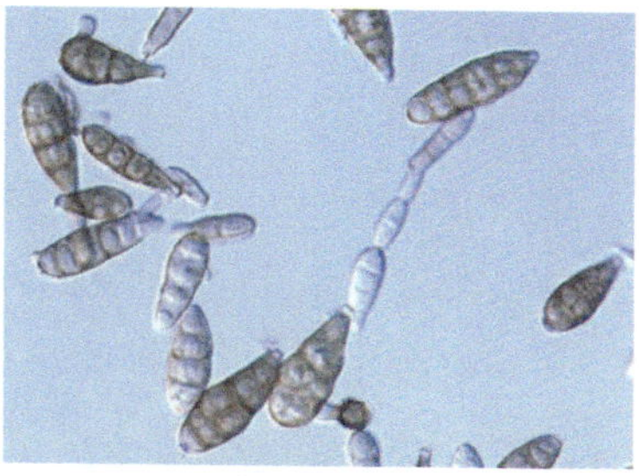

그림 12.330 배나무 검은무늬병균 (*Alternaria gaisen*)의 분생포자. [출처: Genebank Project, NARO]

[병원균] 배나무 검은무늬병을 일으키는 병원균은 *Alternaria gaisen*(=*Alternaria kikuchiana*)이다. 영양체로 격벽 균사체를 형성하고, 무성생식에 의해 격벽이 있는 담갈색 분생포자경에 5~9개 분생포자가 연쇄상으로 형성된다. 분생포자는 난형에서 타원형이고 5~8개 가로 격벽과 0~2개 세로 격벽을 가지는데, 부리(beak)는 발달되지 않았다.

[병환] 병든 잎, 말라죽은 눈, 가지, 새순 등에서 균사 상태로 월동한 후 4월경에 분생포자를 형성한다. 분생포자는 바람에 의해 전반돼 기공, 각피, 피목 등을 통해 1차 감염이 시작된다. 4~5월 어린 잎과 꽃잎부터 침해받은 후 열매로 확산돼 열매에 생긴 병반 위에 아주 많은 분

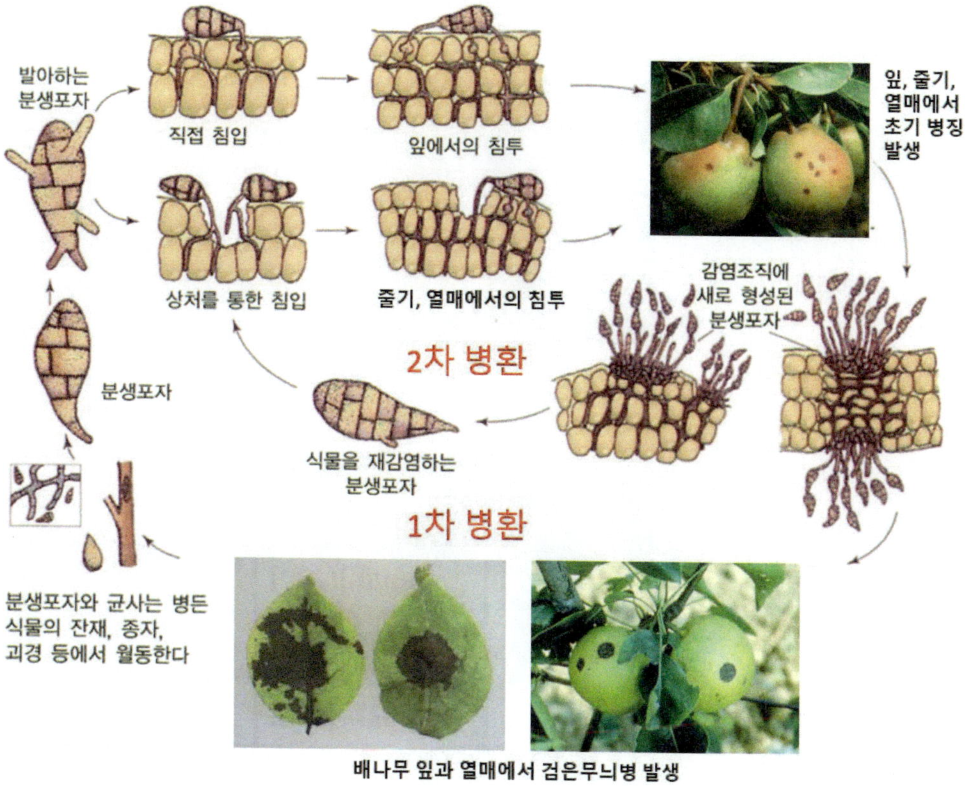

그림 12.331 *Alternaria gaisen*에 의한 배나무 검은무늬병의 병환. [출처: 식물병리학]

생포자가 형성되기 때문에 과수원에서 분생포자 농도는 6월 이후 급격히 높아진다. 6~7월에 비가 계속 내리면 발병이 급격히 증가하는데, 봉지를 씌운 열매에도 열매꼭지에 빗물과 함께 분생포자가 침입할 수 있다.

발병에 적합한 24~28℃의 기온과 습도가 적합하면 새잎에서는 20시간, 열매에서는 4시간이면 침입을 끝낸다. 습도가 높을 경우 병반 위에는 2~3일이 지나면 다시 분생포자가 형성되며, 잎의 병반 위에서 증식한 분생포자는 월동한 병반 위의 분생포자와 더불어 잎, 새 가지의 2차 전염원이 된다. 여름철 고온기에는 발병이 줄어들지만 10월까지 계속해서 발생한다.

[방제] 감수성 품종의 재배를 피하고 저항성 품종을 재배한다. 병든 가지나 병든 잎을 제거하고, 비배관리를 잘 해서 배나무를 튼튼하게 키운다. 열매의 감염을 줄이기 위해 봉지씌우기를 한다.

③ 담배 붉은무늬병(brown spot)

담배 붉은무늬병(brown spot)은 담배 재배지에서 널리 분포하며 더운 지방에서 피해가 크다. 늙은 잎과 상처를 입은 담배 잎을 쉽게 침해하며, 발생 최성기인 7월 하순 이후 강한 비바람이 발병을 조장한다. 강우나 이슬에 의한 담배 잎 표면에 수분 피막이 형성되는 기간이 길 때 발생이 더욱 심하다.

[병증상] 담배 순지르기 이후 아래쪽 노화된 잎에서부터 시작되어 점차 윗 잎 부분으로 진전된다. 처음 병징으로 잎에 원형 또는 불규칙한 짙은 갈색 병반이 생기며, 뚜렷하지 않은 겹무늬가 나타나는데, 그 가운데는 퇴색하고 잘 찢어지며 구멍이 생긴다. 줄기에는 쌀알 크기의 움푹한 병반이 생기며 나중에 병반부는 탈락한다.

그림 12.332 담배 잎의 초기 병징.
[출처: E. McKenzie]

그림 12.333 담배 잎의 후기 병징.
[출처: R. J. Reynolds]

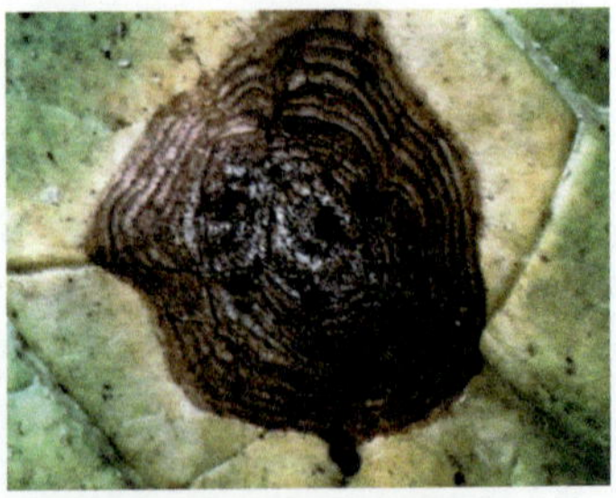

그림 12.334 담배 잎에 형성된 전형적인 겹둥근 무늬 병반.
[출처: R. J. Reynolds]

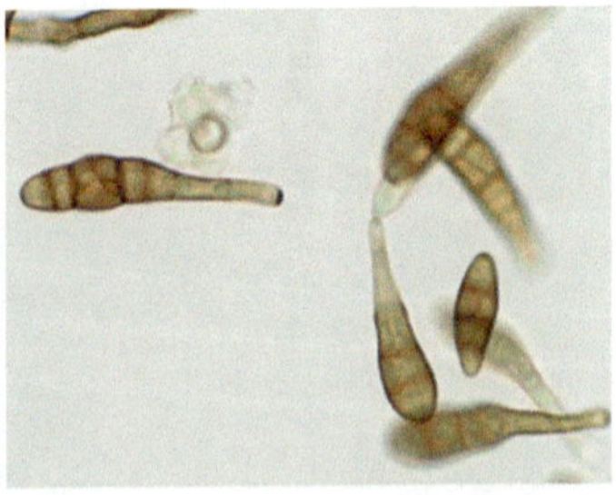

그림 12.335 담배 붉은무늬병균(*Alternaria longipes*)의 분생포자.
[출처: R. J. Reynolds]

[병원균] 담배 붉은무늬병을 일으키는 병원균은 *Alternaria longipes*이다. 영양체는 격벽 균사체로 처음 무색이나 오래되면 점차 갈색으로 변한다. 무성생식에 의해 1~2개의 격벽이 있는 갈색 또는 암갈색 분생포자경에 두 개 또는 수 개의 분생포자가 연쇄상으로 형성된다. 담갈색 또는 갈색 분생포자는 곤봉상으로 3~7개의 가로 격벽과 하나 또는 수 개의 세로 격벽을 가지고 있다. 부리(beak)는 몸체의 길이에 비해 아주 짧다. 분생포자는 분생포자경에서 쉽게 떨어져 바람에 의해 전반된다.

[병환] 병원균은 주로 균사로 병든 담배의 줄기 등에서 월동한다. 이듬해 봄에 적절한 환경에서 병든 식물의 잔재에 형성된 분생포자가 1차 전염원이 돼 바람 또는 빗물에 의해 전반된다. 분생포자는 담배 잎 표면에 수분 피막이 형성될 때 발아해 발아관이 자라나 부착기를 생성해 기공 또는 각피를 통해 침입한다.

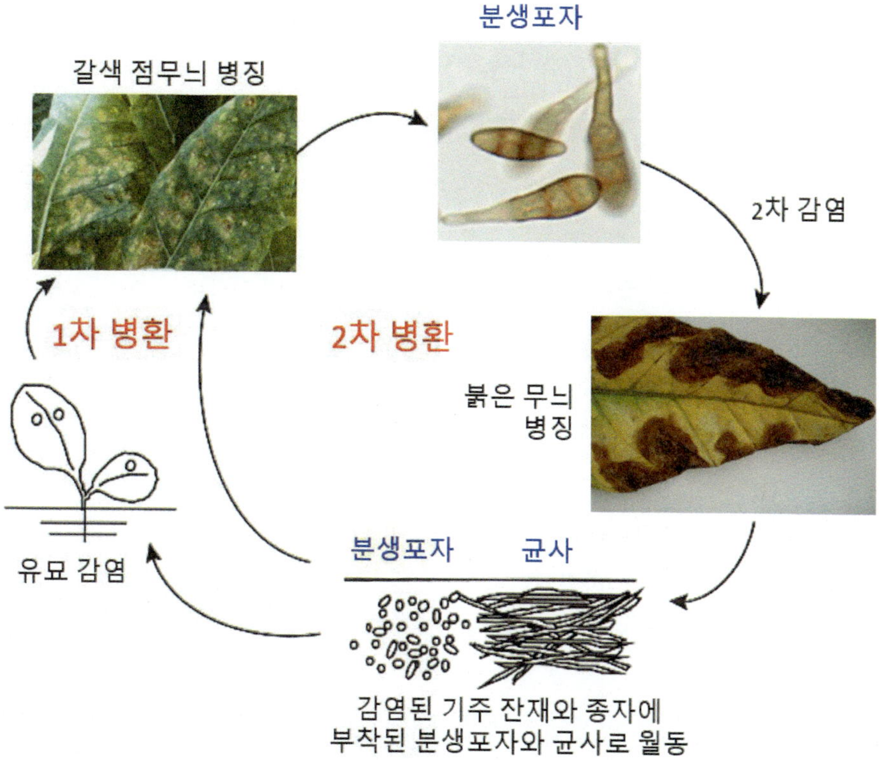

그림 12.336 *Alternaria longipes*에 의한 담배 붉은무늬병의 병환. [출처: Yujie Hou et al.]

[방제] 해마다 발생이 많은 포장은 비기주 작물로 윤작하거나 저항성 품종을 재배한다. 질소질 비료 과용을 피하고 칼리질 비료를 증시한다. 수확 후 병든 식물잔재를 제거한다.

④ 감자/토마토 겹둥근무늬병(early blight)

감자와 토마토 겹둥근무늬병(early blight)은 감자와 토마토를 재배하는 곳에서 흔히 볼 수 있으며 대체로 재배 후기에 많이 발생한다. 감자와 토마토 이외에 가지, 까마중, 싸리풀에도 발생한다.

그림 12.337 감자 잎의 병징.
[출처: Howard F. Schwartz, Colorado State University, Bugwood.org]

그림 12.338 감자 괴경의 병징.
[출처: Ontario Crop IPM]

그림 12.339 토마토 잎의 병징.
[출처: W.R. Stevenson]

그림 12.340 토마토 줄기의 병징.
[출처: Paul Bachi, University of Kentucky Research and Education Center, Bugwood.org]

[병증상] 겹둥근무늬병의 병징은 토마토의 열매, 줄기와 잎에 생기고, 감자의 줄기, 잎과 괴경에 생긴다. 잎에 초기 병징은 1~2 ㎜ 크기의 검거나 갈색 병반으로 나타나고, 발병에 적합한 환경조건에서 병반은 확대되고 종종 노란 테두리에 둘러 싸인다.

잎에 병반수가 점차 늘어나고 병반이 확대되는데, 흔히 겹둥근 무늬를 형성하므로 마치 과녁(bullseye)같은 모습을 나타낸다. 일반적으로 아래쪽의 노화엽에서 먼저 발생하고 병이 차츰 위쪽으로 진전되는데, 감염된 잎은 황화되고 노화되어 마른 채로 축 처지거나 떨어져 버린다.

토마토 줄기에는 검고 움푹한 병반이 형성되고 동심윤문으로 발달한다. 유묘 줄기에 형성된 병반은 궤양을 형성하기도 하는데, 차츰 확대되면서 줄기를 에워싸서 결국 식물체는 말라 죽는다. 감자의 괴경같은 지하부에서는 검고 다소 움푹한 병반이 형성된다.

그림 12.341 토마토 열매의 병징.
[출처: Parthasarathy Seethapathy]

어린 열매와 성숙 단계의 열매를 침해하기도 하는데, 기주에 따라 꽃자리나 꼭지부분 또는 상처를 통해 침입해 작고 움푹한 병징 표면에 검게 균사와 포자가 밀생해 융단같은 모습을 나타내기도 한다. 토마토 열매에서는 표면에 형성된 병반이 작더라도 열매 안쪽은 감염이 상당히 진전되어 있기도 한다.

감자 괴경에는 움푹 패이고 불규칙한 병반이 나타난 후 종종 돌출된 보라색 가장자리로 둘러싸인다. 병반 표면 아래에 있는 괴경 조직은 갈변되고 코르크화된다. 괴경의 겹둥근 무늬병의 병반은 마르기 때문에 오래 저장하면 심하게 병든 괴경은 시들어버린다.

[병원균] 감자와 토마토에 겹둥근무늬병을 일으키는 병원균은 *Alternaria solani* 이다.

영양체는 암색 격벽 균사체이고, 병든 조직에서는 무성생식에 의해 균사로부터 짧고 단순하며 곧은 분생포자경이 형성되고, 분생포자경에서는 분생포자가 홀로 또는 연쇄상으로 형성된다.

그림 12.342 감자와 토마토 겹둥근무늬병균(*Alternaria solani*)의 분생포자.
[출처: E. McKenzie]

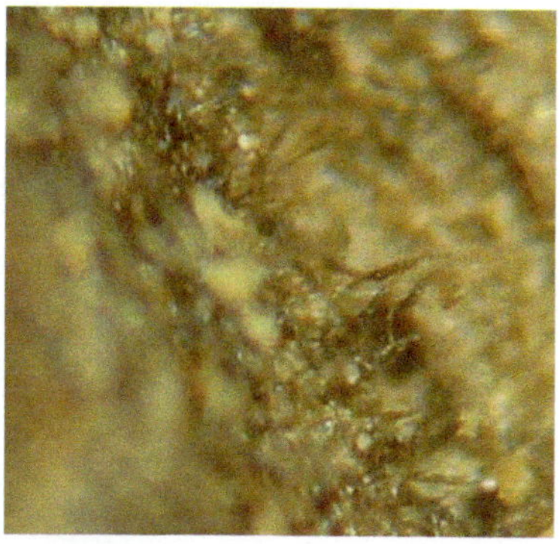

그림 12.343 감자와 토마토 겹둥근무늬병균(*Alternaria solani*)의 분생포자층.
[출처: Paul Bachi]

분생포자는 길쭉한 서양배 모양이고, 다세포로서 9~11개 가로 격벽과 몇 개의 세로 격벽을 가진다. 분생포자는 담갈색~황갈색을 띠고 단독으로 형성되며, 부리(beak)는 몸체의 길이와 비슷하거나 약간 길며, 분생포자경에서 쉽게 떨어져 바람에 의해 전반된다.

[병환] 병원균은 병든 식물의 잔재 또는 종자의 내외부에서 균사 또는 분생포자로 월동한다. 두터운 세포벽을 가진 후벽포자는 드물게 발견된다. 온화한 날씨에서 병원균은 잡초는 물론 자생하는 토마토와 감자에서 생존한다.

분생포자는 병든 식물의 잔재에서 자라는 균사에서 대량으로 형성되어 바람에 의해 비산하는데, 특히 고온다습하거나 강우가 지속되는 시기에 많은 분생포자가 형성된다. 28~30℃ 범위에서 수분이 존재할 때 분생포자는 40분만에 발아한다. 발아한 분생포자는 감수성 조직을 직접 침입하거나 기공이나 상처를 통해 침입하는데, 24~29℃ 범위의 온난다습한 조건에서 감염이 잘 일어난다.

병든 조직에서는 바로 새로운 분생포자가 형성되고 바람이나 비바람에 의해 전파돼 노화된 조직이나 생육이 불량한 식물에서 많이 발생한다. 수확기에 괴경이 젖으면 괴경을 쉽게 침입할 수 있도록 피목이 부풀어 오를 뿐만 아니라 분생포자 발아에도 적합한 환경이 된다.

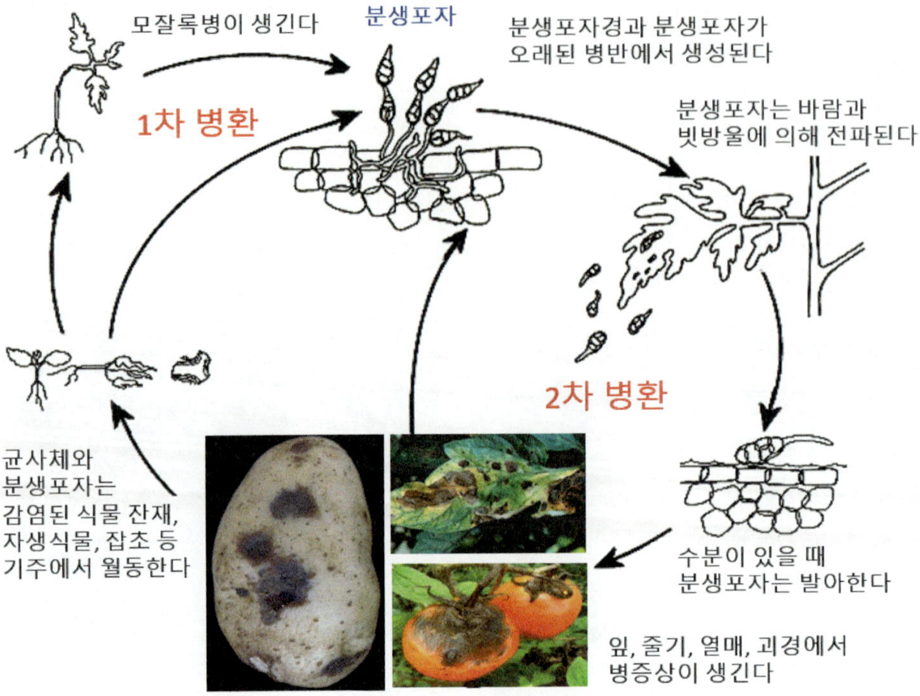

그림 12.344 *Alternaria solani*에 의한 감자와 토마토 겹둥근무늬병의 병환. [출처: Greg Kemmitt]

병반은 일반적으로 온난다습한 조건에서 빠르게 나타나는데, 오래된 잎에서 보통 감염 후 5~7일이면 나타난다. 분생포자는 습한 기간과 건조한 기간이 번갈아 생기는 조건에서 형성되는데, 분생포자경은 습한 밤 다음날 맑고 건조한 낮에 생성된 후 그 다음 날 습한 밤에 분생포자가 생성된다.

2차 감염은 주로 바람과 튀기는 빗방울 또는 두상관수에 의해 일어난다. 겹둥근 무늬병은 새로운 감염이 반복되는 다주기성(polycyclic) 병이므로 빠르게 확산되고 커다란 피해를 준다.

[방제] 잡초와 병든 식물잔재를 제거한다. 무병종자를 사용하거나 종자소독을 한다. 저항성 품종을 재배한다. 질소비료를 적절하게 사용한다. 비기주작물로 윤작한다. 온실에서 자외선 흡수 필름을 사용하면 분생포자 형성이 억제된다. 상습발병지에서는 적용약제를 살포한다. 감자 괴경을 수확할 때 상처가 생기지 않도록 하고 젖은 상태에서는 수확하지 않는다. 괴경은 10~13℃ 사이의 높은 상대 습도에서 통풍을 잘 되게 해 상처를 치유한 후 저장한다.

(2) *Cercospora*에 의한 병

*Cercospora*는 자낭균문(Ascomycota), 좌낭균강(Dothideomycetes), 그을음병균목(Capnodiales), 작은구각균과(Mycosphaerellaceae)에 속하는데, 자좌에는 여러 개의 자낭이

들어 있고, 위측사(pseudoparaphyses)는 없다. 자낭은 계란형 또는 원통형이고 자낭포자는 단세포 또는 다세포이다.

*Cercospora*에 의한 병은 거의 대부분 잎점무늬병인데, 점무늬는 비교적 작고 산재하거나 또는 병반이 확대되고 융합해 잎마름병을 일으킨다.

이 병은 일반적으로 대부분의 화곡류, 전작물, 채소, 관상식물, 수목 등에 광범위하게 발생한다. *Cercospora*병에 의한 손실은 대체로 작지만, 어떤 기주에서는 경우에 따라 심각한 피해를 줄 수도 있다. 많은 종의 *Cercospora*가 여러 기주식물에 병을 일으킨다. 어떤 *Cercospora* 종은 완전세대가 *Mycosphaerella*이다.

대부분의 *Cercospora* 종은 비특이적 독소인 cercosporin을 분비하며, 이 cercosporin은 세포에서 빛이 있을 때만 세포를 죽이는 광감작제(photosensitizing agent)로 작용한다. 이 독소는 세포 속에서 활성 산소 원자를 생성함으로써 세포막을 파괴하고 전해질 손실을 일으킨다.

① 사탕무 갈색무늬병(leaf spot)

사탕무 갈색무늬병(leaf spot)은 사탕무에 발생하는 병 중에서 가장 피해가 크다. 사탕무 외에 근대에도 발생한다. 발병최성기는 7월 하순~8월 상순이다.

[병증상] 사탕무 잎, 줄기, 종자, 등에 발생한다. 병징은 자홍색 작은 무늬가 생겨 커져서 둥글게 되고 가운데가 회갈색으로 변하며, 병반 위에 형성된 위자낭자좌(pseudostromata)에는 회백색 곰팡이(분생포자)가 표징으로 드러난다. 발병이 심할 때는 잎 전체가 갈변하고 지상부는 말라버린다. 오래된 잎의 병반은 바깥으로 자라며 커다란 병

그림 12.345 사탕무 잎의 병징.
[출처: Pratibha Sharma, Cornell University]

그림 12.346 갈색무늬병에 심하게 감염된 사탕무. [출처: W. N. Ellis]

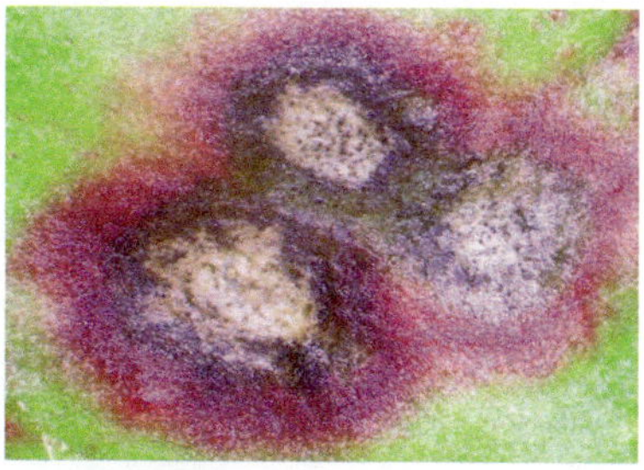

그림 12.347 사탕무 갈색무늬병에 의해 형성된 병반 위의 표징(위자낭자좌).
[출처: Pratibha Sharma, Cornell University]

그림 12.348 사탕무 갈색무늬병균(*Cercospora beticola*)의 위자낭자좌.
[출처: Pratibha Sharma, Cornell University]

반을 만든다.

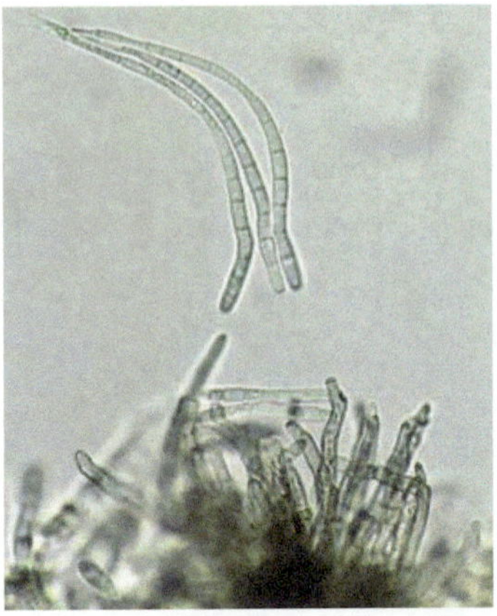

그림 12.349 사탕무 갈색무늬병균(*Cercospora beticola*)의 분생포자. [출처: W. N. Ellis]

[병원균] 사탕무 갈색무늬병을 일으키는 병원균은 *Cercospora beticola*이다. 영양체는 격벽 균사체이고, 무성생식에 의해 길고, 가늘며, 무색이거나 암색이며, 곧거나 약간 구부러졌으며, 여러 개의 격벽을 가진 회초리 모양의 분생포자를 짧고 암색인 분생포자경 위에 형성한다. 분생포자경은 기공을 통해 기주식물의 표면에 속생하고 새로 자라나는 정부에 연쇄적으로 분생포자를 형성한다.

[병환] 병원균은 병든 잎 종자 또는 채종용 뿌리 등에 있는 자좌(stroma)에서 분생포자 또는 균사덩이 형태로 월동한다. 다습한 조건에서 분생포자는 빗방울과 곤충에 의해 새로운 기주로 전반되고, 발아해 기공을 통해 침입한다. 비교적 저온인 15~22℃에서 분생포자는 많이 형성되고, 고온다습할 때 많이 발병한다.

분생포자는 기주 침입에 효과적이기 때문에 새로운 감염을 일으킬 때 균사를 형성하지 않고 새로운 분생포자를 형성하는 다주기성 미세병환(polycyclic microcycle)을 생육후기까지 되

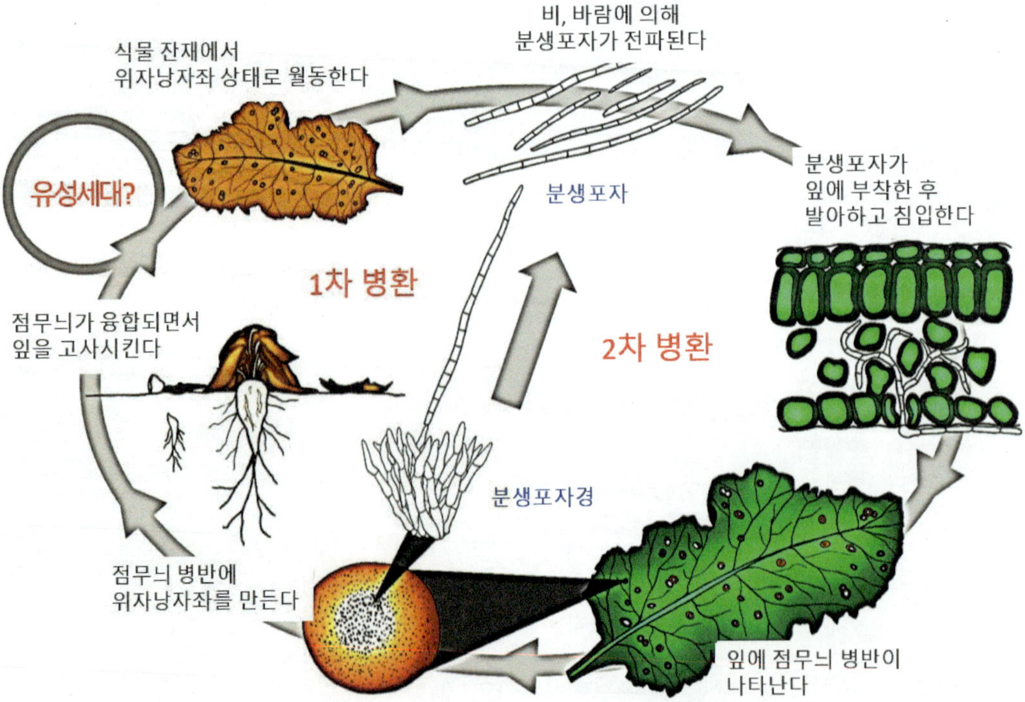

그림 12.350 *Cercospora beticola*에 의한 사탕무 갈색무늬병의 병환. [출처: Lorena I. Rangel et al.]

풀이한다. 병원균은 월동 구조체인 자좌를 생육후기에 다시 생성하는데, 유성포자는 관찰되지 않는다.

[방제] 무병종자를 사용하거나 종자소독을 한다. 저항성 품종을 재배한다. 시설재배에서는 밀식하지 않고, 환기 및 배수에 유의한다. 병든 식물잔재를 제거한다. 비기주작물로 윤작한다. 상습발병지에서는 적용약제를 살포한다.

② 삼나무 붉은마름병(Cercospora blight)

삼나무 붉은마름병(*Cercospora* blight)은 남부지방에서 생산하는 육묘장에서 많이 발생한다.

[병증상] 병징은 주간부와 가까운 아래쪽 가지의 감염된 침엽(needle)에서 처음 관찰된다. 감염된 잎과 어린 가지는 적갈색으로 괴사해서 아래쪽 수관(canopy)이 누더기처럼 보인다. 결국 땅가 줄기와 잎이 갈색 또는 흑갈색으로 변하고, 위쪽으로 병이 확산돼 결국 식물체가 말라 죽는다. 묘판과 온실에서 발병은 따뜻하고 과습한 날씨 또는 두상관수에 의해 촉진된다.

그림 12.351 삼나무 침엽의 병징.
[출처: Aaron Martin]

그림 12.352 붉은마름병에 감염된 삼나무. [출처: Warren E. Copes et al.]

그림 12.353 삼나무 붉은마름병에 감염된 침엽의 병반 위에 형성된 표징(분생포자층).
[출처: Warren E. Copes et al.]

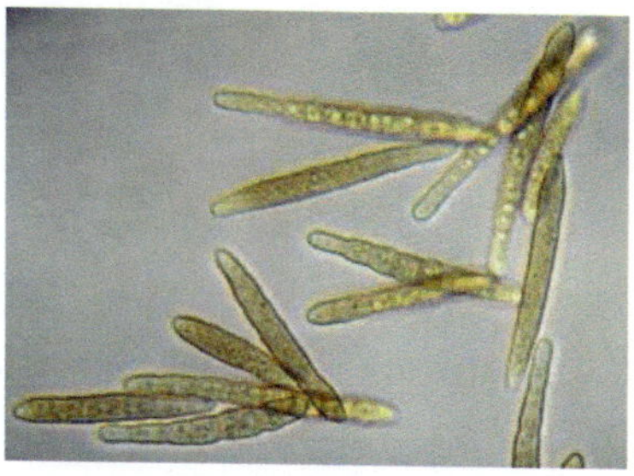

그림 12.354 삼나무 붉은마름병균(*Cercospora cryptomeriae*)의 분생포자.
[출처: Warren E. Copes et al.]

[병원균] 삼나무 붉은마름병을 일으키는 병원균은 *Cercospora cryptomeriae* 이다. 영양체는 격벽 균사체이고, 무성생식에 의해 형성된 분생포자는 길고, 가늘며, 암색이며, 여러 개의 격벽을 가진 회초리 모양의 분생포자를

짧고 암색인 분생포자경 위에 형성한다.

[병환] 균사 형태로 병든 가지와 잎에서 월동한 후 이듬해 4~5월경에 형성된 분생포자가 바람, 빗물 등에 의해 전반되고, 기공을 통해 침입한다. 묘판에서는 전염원이 옷이나 장갑, 농기구, 반려동물이나 새에 의해서도 전파된다.

[방제] 병든 묘목을 가려내 제거한다. 실생묘목을 사용하지 않고 삽목육묘를 한다. 비배관리를 잘 하면서 건강하게 육묘한다. 상부관수를 피한다. 병든 식물잔재를 제거한다. 전정가위를 비롯한 농기구와 농기계를 소독한 후 사용한다. 발병이 심할 경우 적용약제를 살포한다.

(3) *Mycosphaerella*에 의한 병

① 벚나무 갈색무늬구멍병(brown shot hole)

벚나무 갈색무늬구멍병(brown shot hole)은 벚나무류에서 흔하게 발견되고 발생하는 수목병으로 특히 여름철 고온기에 특히 많이 발생한다. 생장에는 큰 피해는 없으나 미관이 나빠진다.

[병징] 벌레에 의해 구멍이 생기는 것처럼 특징적인 갈색 점무늬 병징이 생기고 나무 아래부위에서부터 발생해 점차 위쪽으로 번진다. 이 점무늬가 뭉쳐 점차 커지면서 1~5 ㎜ 정도 되는 둥근 갈색 점무늬로 진전된다. 병반이 떨어져 나가면 구멍이 생기며 여러 개의 점무늬가 뭉치는 경우에는 불규칙한 모양으로 구멍이 뚫린다. 세균구멍병과는 달리 병반이 다소 부정형이고, 옅은 겹둥근 무늬가 생기고, 병반 안쪽에 검은색 작은 돌기가 생기고, 발생시기도 대부분 장마철 이후이기 때문에 구별이 가능하다. 발병이 심해지면 잎마름 증상을 나타낸다. 미관이 나빠질 뿐만 아니라 나무의 수세도 쇠약해진다.

그림 12.355 벚나무 갈색무늬구멍병의 다양한 병징. [출처: 나용준]

그림 12.356 벚나무 잎의 전형적인 갈색무늬 구멍 병징. [출처: Elizabeth Bush, Virginia Polytechnic Institute 및 State University Bugwood.org]

그림 12.357 벚나무 갈색무늬구멍병에 감염된 잎에 형성된 표징(분생포자덩이). [출처: 나용준]

[병원균] 벚나무 갈색무늬구멍병을 일으키는 병원균은 *Mycosphaerella cerasella* (=*Cercospora circumscissa, Passalora circumscissa, Pruniphilomyces circumscissus*)로 자낭균문(Ascomycota), 좌낭균강(Dothideomycetes), 그을음병균목(Capnodiales), 작은구각균과(Mycosphaerellaceae)에 속한다.

영양체는 격벽 균사체이고, 자실체(caespitulus)는 잎 뒷면에 갈색 자좌 위에 총생한다. 무성생식에 의해 형성된 준원통형 분생포자경에는 1~2개의 격벽이 있다. 분생포자는 약간 굽거나 곧은 긴 원통형으로 대개 3개의 격벽을 가진다.

[병환] 병원균은 자낭각으로 월동해 이듬해 봄에 자낭포자를 형성해 1차 전염원이 된다. 5~6월부터 발병이 시작되는네, 처음에는 갈색의 점무늬가 생기면서 점차적으로 커진다. 장마가 지난 뒤 고온기에 접어드는 8~9월이 되면 병반이 떨어져나가 구멍이 생기는데 여러 개의 점무늬가 뭉치면서 구멍이 더 커지고 뚫리면서 피해가 심해진다. 고온성 병원균으로 여름이나 따뜻한 기후에서 발생한다.

그림 12.358 벚나무 갈색무늬구멍병균(*Mycosphaerella cerasella*)의 병징(A), 배지 위에 형성된 분생포자(B~E), 병반(F), 자좌 위 분생포자경(G,H), 분생포자(I).
[출처: P.W. Crous et al.]

[방제] 월동 직후 결정석회황합제를 살포해 전염원을 줄인다. 병든 잎은 모아서 태운다. 잎이 필 때부터 4-4식 보르도액을 3~4회 살포한다. 꽃이 진 후 적용약제를 2주 간격으로 3~4번 살포한다.

② 버즘나무 갈색점무늬병(Mycosphaerella leaf spot)

버즘나무 갈색점무늬병(Mycosphaerella leaf spot)은 버즘나무에 흔하게 발생하는 병으로 성목과 묘목 모두에 발생한다. 묘포에서는 어린 묘목에 심한 피해를 입히는 경우가 많지만 성목의 경우에는 잎에 많은 병반들이 나타나 나무의 미관을 해칠 뿐 생장에는 이렇다 할 피해를 주지 않는다.

[병징] 6월경부터 낙엽기까지 묘목과 성목의 잎에 발생하는데, 여름철 장마 후에 급격히 전염이 확산된다. 병징으로 처음에는 잎에 지름 1~3 ㎜ 되는 작은 갈색 점무늬들이 많이 나타나며 병반의 둘레는 담황색을 띤다. 병반은 점점 커지면서 불규칙한 모양이 되고 여러 개의 병반이

서로 붙어서 10~20 ㎜ 크기의 갈색~회갈색의 부정형 병반이 되기도 한다. 표징으로 대개 9월 중순까지는 병반의 뒷면에 회록색~암록색의 그을음덩이같은 균총(Cercospora형 분생포자덩이, caespitulus)이 나타나다가, 그 후 낙엽기까지는 주로 까만 포자덩이(Stigmina형 분생포자덩이)가 나타난다. 병든 잎은 양쪽이 말리면서 잘 떨어진다. 심하게 병든 묘목은 마름증상이 나타나며 생육이 극히 나빠진다.

그림 12.359 버즘나무 잎의 병 병징. [출처: 나용준]

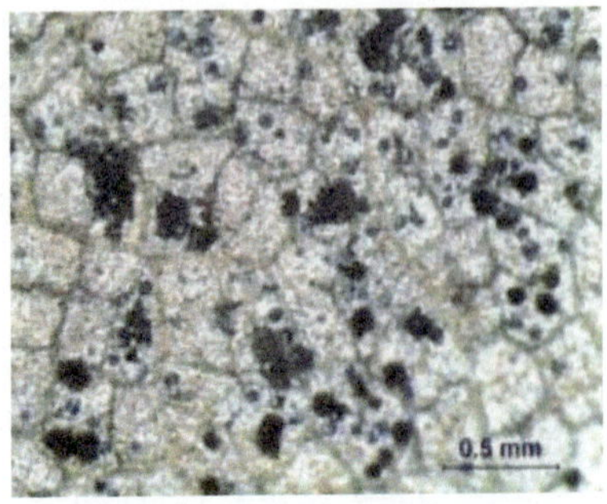

그림 12.360 버즘나무 갈색점무늬병에 감염된 잎 뒷면의 병반 위에 형성된 표징(균총). [출처: 나용준]

[병원균] 버즘나무 갈색점무늬병을 일으키는 병원균은 *Mycosphaerella stigmina-platani*(불완전세대 *Pseudocercospora pseudostigmina-platani*)로 자낭균문(Ascomycota), 좌낭균강(Dothideomycetes), 그을음병균목(Capnodiales), 작은구각균과(Mycosphaerellaceae)에 속한다.

그림 12.361 버즘나무 갈색점무늬병균(*Mycosphaerella stigmina-platani*)에 의한 잎 앞면과 뒷면의 병징(A, B), 자실체(caespitulus, C,E,F), Cercospora형 분생포자(D), Stigmina형 분생포자(G). [출처: P. Crous et al.]

영양체는 담갈색 격벽 균사체이고, 자실체(caespitulus)는 잎 뒷면에 총생한다. 무성생식에 의해 형성된 분생포자경은 갈색 자좌(stroma) 위쪽 세포로부터 다발을 이루면서 두 가지 형태의 분생포자를 형성한다. Cercospora형 분생포자는 무색~담갈색, 길고 굽은 원통~곤봉모양으로 3~5개의 격벽을 가지는데, Stigmina형 분생포자보다 가늘고 길다. Stigmina형 분생포자는 갈색의 짧고 굵은 장타원형~누에번데기 모양으로 3개의 격벽을 가지는데, Cercospora형 분생포자보다 짧고 굵다.

[병환] 성목에서는 미관을 손상시키지만 큰 피해는 없고 묘목에서는 심한 피해를 주기도 한다. 잎, 맹아지에 발생하며 장마 후에 급격히 증가한다. 초기에는 잎에 작은 갈색 반점이 나타나고 주변부는 담황색이 된다. 병든 잎은 말리고 잘 떨어지며 묘목은 마름증상을 나타낸다.

9월 중순까지는 병반 위에 주로 Cercospora형 분생포자가 나타나고, 극소수의 Stigmina형 분생포자가 관찰된다. 그러나 가을이 깊어지면서 Stigmina형 분생포자의 비율이 점점 커지고, 11월 중순이 되면 Cercospora형 분생포자는 거의 나타나지 않고 주로 Stigmina형 분생포자만 관찰된다. 이처럼 병반 위에는 봄부터 늦가을까지 계절에 따라 전형적인 Cercospora형 포자와 Stigmina형 포자 사이에 여러 단계의 중간형 포자가 관찰된다.

봄의 1차 전염은 병든 월동낙엽에 형성되는 자낭포자와 병든 낙엽에 형성된 채로 월동하는 Stigmina형 분생포자에 의해 일어난다. 2차 전염은 새잎에 형성된 Cercospora형 분생포자에 의해 가을까지 반복해서 일어난다.

[방제] 가을에 병든 낙엽을 긁어모아 불태우거나 땅속에 묻는다. 묘포에서는 연작을 피하고, 밀식이 되지 않도록 관리한다. 묘포에서는 6~9월에 보르도액, 동 수화제, 만코지 수화제 등 적용약제를 6월부터 2~3회 살포한다.

(4) *Pseudocercospora* 에 의한 병

① 포도나무 갈색무늬병(leaf spot)

포도나무 갈색무늬병(leaf spot)은 포도나무 잎을 침해하는 병 중에서 가장 피해가 심하다. 초여름부터 낙엽기까지 계속 발생하지만 발병최성기는 8~9월이다.

그림 12.362 포도나무 잎의 전형적인 갈색무늬 병징.
[출처: Isariopsis clavispora]

그림 12.363 포도나무 잎의 갈색무늬병 후기 병징.
[출처: Isariopsis clavispora]

[병증상] 병징으로 잎의 표면에 잎맥에 둘러싸인 다각형 또는 둥근 갈색 무늬가 생기고 확대되면서 뒷면은 약간 어두운 색을 띤다. 발병이 심하면 잎은 누렇게 되

그림 12.364 포도나무 갈색무늬병에 의해 잎 뒷면에 생성된 병반 위의 표징(분생포자경다발). [출처: 박종한]

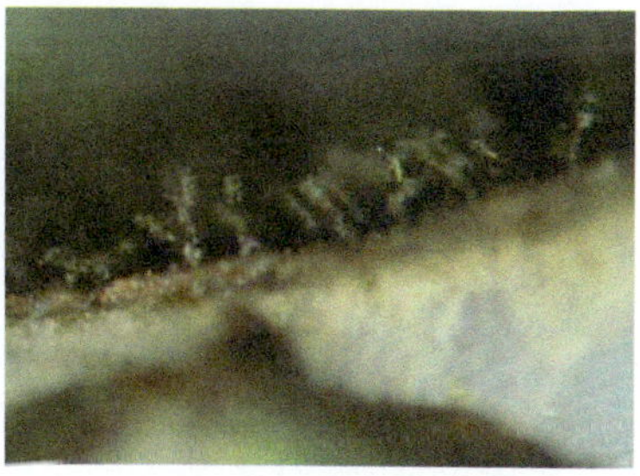

그림 12.365 포도나무 갈색무늬병균(*Pseudocercospora vitis*)의 분생포자경다발. [출처: Paul Bachi]

며 일찍 떨어진다.

[병원균] 포도나무 갈색무늬병을 일으키는 병원균은 *Pseudocercospora vitis* (=*Phaeoisariopsis vitis*)로 자낭균문(Ascomycota), 좌낭균강(Dothideomycetes), 그을음병균목(Capnodiales), 작은구각균과(Mycosphaerellaceae)에 속한다.

그림 12.366 포도나무 갈색무늬병균(*Pseudocercospora vitis*)의 잎 앞뒷면 병징(a), 분생포자경다발(b,c), 분생포자(d~g). [출처: Mounes Bakhshi et al.]

영양체는 격벽 균사체이고, 무성적으로 형성된 분생포자경은 9~42개의 다발을 이루고, 옅은 올리브색에서 짙은 갈색을 띠기도 하고 4~8개의 격벽을 가지고 있지만 분지는 하지 않는다. 분생포자는 곤봉 모양을 하고 약간 길고 직선형이거나 굽은 모양이고 옅은 올리브색에서 짙은 갈색을 띤다. 균사 생장적온과 분생포자 발아적온은 모두 25℃이다.

[병환] 병원균은 균사 또는 분생포자 형태로 병든 잎에 붙은 채 지표면에서 월동해 이듬해 1차 전염원이 된다. 2차 전염은 분생포자가 바람에 의해 전반돼 아랫잎부터 윗잎으로 만연한다.

[방제] 병든 식물잔재를 제거한다. 습지를 피하고 통풍 관리를 잘 한다. 싹이 트기 전에 적용 약제를 살포한다.

② 사철나무 갈색무늬병(leaf spot)

사철나무 갈색무늬병(leaf spot)은 사철나무에서 흔히 볼 수 있는 병으로 비가 많이 와서 습하거나 또는 너무 밀식되어 통풍이 불량할 때 이따금 심하게 발생한다. 병든 잎은 황갈색으로 변하면서 일찍 떨어지므로 나무의 미관을 해치고 생육이 저해된다.

그림 12.367 사철나무 잎의 병징. [출처: 나용준]

그림 12.368 갈색무늬병에 감염된 사철나무. [출처: 나용준]

[병징] 7월쯤부터 병징으로 잎의 앞면에 지름 2~3 ㎜ 정도 되는 황갈색의 작은 원형 병반들이 나타나

는데, 차츰 커지면서 지름 10~20 mm 되는 둥근 병반이 된다. 병반의 중앙부는 회갈색~회백색을 띠고 가장자리는 갈색 띠로 둘러싸이며 약간 돋아오른다. 잎 뒷면에는 갈색 병반이 나타나고 때때로 가장자리는 담갈색 띠로 둘러싸인다.

병반의 앞, 뒤 양면에는 미소한 까만 점들(자좌와 분생포자)이 표징으로 나타나는데, 특히 앞면에 많이 나타난다. 병든 잎은 황색~황갈색으로 변하면서 가을까지 대부분 떨어지지만 일부는 가지에 달린 채로 월동한다.

그림 12.369 사철나무 갈색무늬병균(*Pseudocercospora destructiva*)에 의한 잎 앞면과 뒷면의 병징(A), 자실체(caespitulus, B~F), 분생포자(G). [출처: Qi Wang et al.]

[병원균] 사철나무 갈색무늬병을 일으키는 병원균은 *Pseudocercospora destructiva*로 자낭균문(Ascomycota), 좌낭균강(Dothideomycetes), 그을음병균목(Capnodiales), 작은구각균과(Mycosphaerellaceae)에 속한다.

영양체는 담갈색 격벽 균사체이고, 자실체(caespitulus)는 잎 앞뒷면에 회색~암회색으로 흩어져 있다. 무성생식에 의해 형성된 분생포자층(conidiomata)에 준원통형 분생포자경은 갈색 자좌(stroma) 위쪽 세포에서 형성되는데 0~3개의 격벽이 있다. 분생포자는 가늘고 긴 원통형으로 1~4개의 격벽을 가진다.

[병환] 병원균은 땅에 떨어지거나 가지에 남아 있는 병든 잎에서 자좌의 상태로 월동하고 봄에 병든 잎에 분생포자를 만들어 비가 올 때 날아 흩어지는 빗방울에 의해 새잎에 전파되어 제1차 전염을 일으킨다. 그 이후에는 다량으로 만들어진 분생포자에 의한 전염이 가을까지 여러 차례 되풀이되면서 병이 확산된다.

[방제] 늦가을~겨울에 병든 낙엽과 가지에 남아 있는 병든 잎들을 따서 함께 소각하거나 땅속에 묻는다. 봄철 전엽기~9월까지 적용약제를 1~2회 살포한다.

(5) *Cladosporium*에 의한 병

*Cladosporium*은 자낭균문(Ascomycota), 좌낭균강(Dothideomycetes), 그을음병균목(Capnodiales), 소다비드균과(Davidiellaceae)에 속한다.

자낭과는 자낭자좌(ascostroma)로 되어 있다. 자좌에는 여러 개의 자낭이 들어 있고, 위측사(pseudoparaphyses)는 없다. 자낭은 계란형 또는 원통형이고 자낭포자는 단세포 또는 다세포이다.

*C. cucumerinum*에 의한 오이 검은별무늬병과 *Cladosporium fulvum*(=*Fulvia fulva*)에 의한 토마토 잎곰팡이병이 중요한 병이다.

① 오이 검은별무늬병(scab)

오이 검은별무늬병(scab)은 오이에 발생해 피해를 주는 주요 병 중 하나이다.

[병증상] 잎, 줄기, 열매 등에 발생한다. 초기 병징으로 연약한 줄기와 잎은 물을 머금은 상태가 되고, 후기에는 갈색 또는 흑색으로 되어 고사하며, 생장은 완전히 정지한다. 생장점으로부터 약간 떨어진 줄기, 잎에는 타원형, 방추형의 움푹 들어간 병반이 생기고, 후기에는 병반부에 검은 곰팡이가 밀생하는 표징을 드러낸다.

그림 12.370 오이 잎과 줄기의 병징.
[출처: Bruce Watt, University of Maine, Bugwood.org]

그림 12.371 오이 잎의 전형적인 검은별무늬 병징.
[출처: Charles Averre, North Carolina State University, Bugwood.org]

그림 12.372 오이 열매의 초기 병징.
[출처: 이승호]

유과기에 발생하면 암록색이 되고 생장이 위축된다. 얼마간 성장한 열매에는 원형 또는 타원형의 움푹 들어간 병반이 생기고, 점무늬에서 때로는 약간 맑은 액이 흘러나온다.

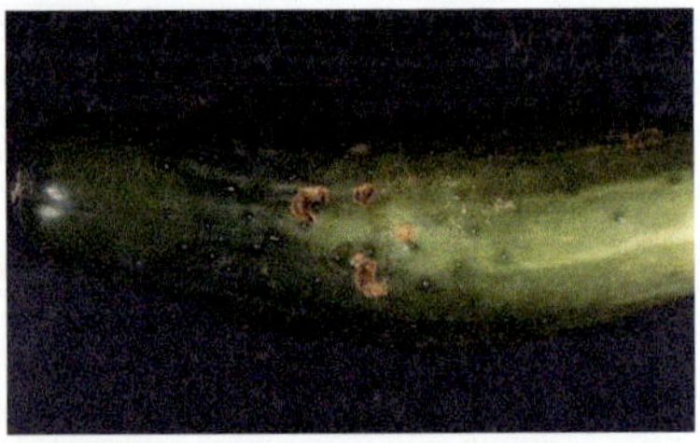

그림 12.373 오이 열매의 후기 병징.
[출처: University of Georgia Plant Pathology, University of Georgia, Bugwood.org]

[병원균] 오이 검은별무늬병을 일으키는 병원균은 *Cladosporium cucumerinum*이다. 영양체는 격벽 균사체이고, 무성생식에 의해 크고 어두운 색의 곧은 분생포자경을 만들며, 분생포자경 위에 ramoconidia를 형성하고 두 갈래로 가지를 치면서 연쇄상으로 분생포자를 형성한다.

분생포자는 불규칙한 타원형에서 원통형이며, 담갈색 내지 암갈색 또는 검은색이고, 1~3개의 세포로 구성되어 있어서 어둡고 벨벳 모양으로 보인다.

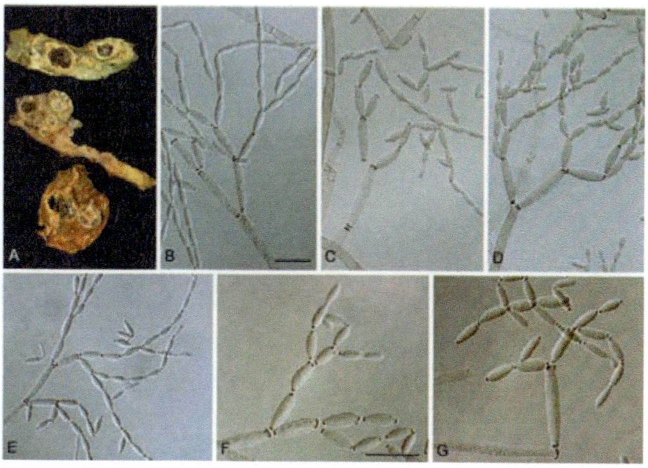

그림 12.374 오이 검은별무늬병균(*Cladosporium cucumerinum*)의 병징(A), 분생포자경과 분생포자(B~G). [출처: K. Bensch et al.]

[병환] 병원균은 식물잔재와 가지 부위에서 균사 또는 분생포자로 월동한다. 분생포자는 높은 습도가 이어지는 시기 동안 공기와 물에 의해 잎, 가지, 열매의 모든 부위를 감염한다. 병원균의 생장적온은 21℃이고, 17℃ 정도로 서늘하고 다습한 날씨가 계속되면 많이 발생한다. 하우스 재배나 터널재배에서 비닐 피복 중에 저온이 되면 발생하며, 육묘 중에서도 발병하는 일도 있다. 하우스 비닐이 찢어지면 그 부근의 오이가 저온이 되어 검은별무늬병이 발생한다. 오이가 약하게 생육이 되면 더욱 피해가 심하다.

[방제] 무병종자를 사용하거나 종자소독을 한다. 시설재배에서는 환기 및 배수관리를 잘 한다. 병든 식물잔재를 제거한다. 저항성 품종을 재배한다. 비기주작물로 윤작한다.

② 토마토 잎곰팡이병(leaf mold)

토마토 잎곰팡이병(leaf mold)은 노지재배에서도 발생하지만, 시설재배에서는 습도가 높고 기온이 20℃ 정도로 낮으면 피해가 크다.

[병증상] 토마토 잎에 주로 발생한다. 오래된 잎 표면에 병징으로 윤곽이 희미한 담황색 무늬가 생기며 잎맥에 둘러싸이고, 이후에 점무늬가 커져 합쳐지고, 검은색으로 변하며, 남은 어린 잎에까지 퍼지게 되고, 잎이 떨어지는 원인이 된다. 병반 뒷면에는 회갈색

그림 12.375 토마토 잎 앞면의 병징. [출처: 박종한]

그림 12.376 토마토 잎 뒷면의 표징(분생포자). [출처: 박종한]

곰팡이(분생포자)가 표징으로 생긴다. 열매는 꼭지를 둘러싸는 검은 무늬가 생기며 단단해지고 약간 움푹해진다. 경우에 따라 식물의 다른 모든 부위에 감염되기도 한다.

그림 12.377 토마토 잎 뒷면의 병징 및 표징(분생포자).
[출처: Bruce Watt, University of Maine, Bugwood.org]

그림 12.378 토마토 잎곰팡이병에 감염된 잎 병반에 형성된 분생포자.
[출처: Bruce Watt, University of Maine, Bugwood.org]

[병원균] 토마토 잎곰팡이병을 일으키는 병원균은 *Passalora fulva*(=*Cladosporium fulvum*=*Fulvia fulva*)이다.

영양체는 격벽 균사체이고, 무성생식에 의해 분생포자경을 만들며, 분생포자경 위에 연쇄상으로 분생포자를 형성하는데, 때때로 가지를 치면서 분생포자를 형성하기도 한다. 분생포자는 곧거나 약간 굽은 타원형~원통형이며, 올리브색~담갈색이고, 0~3개의 격벽을 가진다.

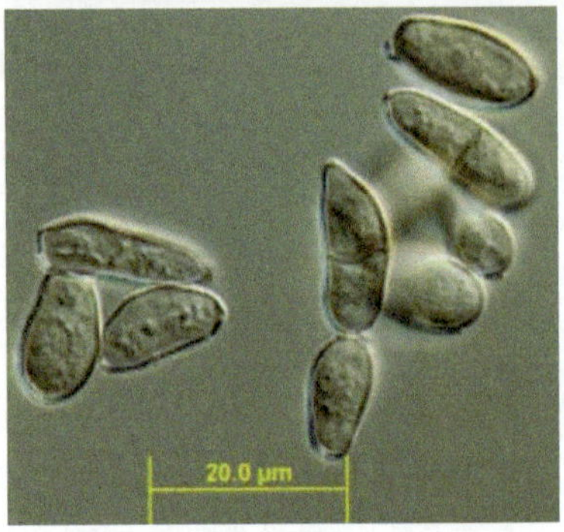

그림 12.379 토마토 잎곰팡이병균(*Passalora fulva*)의 분생포자.
[출처: Bruce Watt, University of Maine, Bugwood.org]

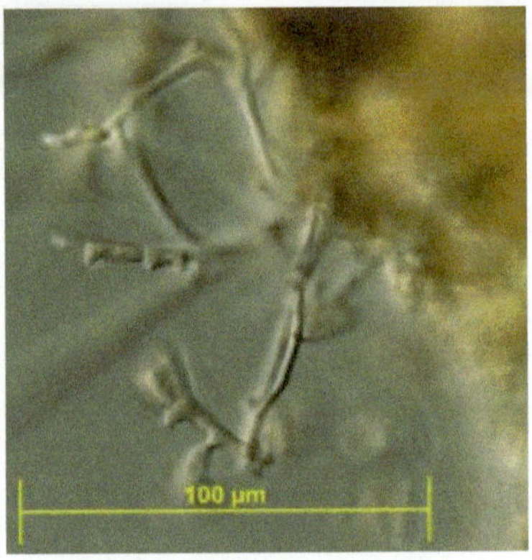

그림 12.380 토마토 잎곰팡이병균(*Passalora fulva*)의 분생포자경.
[출처: Bruce Watt, University of Maine, Bugwood.org]

[병환] 병원균은 균사덩이 형태로 종자 표면에 부착 또는 기생해 월동하며, 시설재배에서는 병든 잎에서 분생포자덩이, 균사 및 분생포자 형태로 생존하며, 수시로 기공을 통해 침입한다.

균사 생장 및 분생포자 발아는 10~35℃ 범위에서 일어나며, 기온이 22℃, 습도가 90%일 때 잘 발생하고, 특히 환기가 불량한 곳에 많이 발생한다.

[방제] 무병종자를 사용하거나 종자소독을 한다. 시설재배에서는 환기 및 배수에 유의한다. 병든 식물잔재를 제거한다. 저항성 품종을 재배한다. 비기주작물로 윤작한다.

(6) *Cochliobolus*에 의한 병

*Cochliobolus*는 자낭균문(Ascomycota), 좌낭균강(Dothideomycetes), 얇은공버섯목(Pleosporales), 얇은공버섯과(Pleosporaceae)에 속한다. 자낭과는 자낭자좌(ascostroma)로 되어 있다. 자낭자좌에는 위측사(pseudoparaphysis)가 자낭을 둘러싸고 있다. 자낭은 곤봉형이며 자낭포자는 다세포이다.

*Cochliobolus*에 의한 병은 전 세계적으로 발생하며, 수많은 주요 벼과작물에 발생량도 많고 피해도 심하다. 벼 깨씨무늬병, 옥수수 깨씨무늬병 등 벼과작물에 발생하는 *Cochliobolus*에 의한 모든 병은 잎의 상당부분을 파괴하는데, 때로는 줄기나 뿌리의 일부분을 가해하거나 이삭을 직접 가해하며 모든 경우에 심각한 수량손실을 일으킨다.

① 옥수수 깨씨무늬병(Southern corn leaf blight)

옥수수 깨씨무늬병(Southern corn leaf blight)은 많은 열대 및 온대 지방과 미국 남부 지역에서 발견된다. 1970년대까지는 옥수수의 풍토병(endemic)으로 간주되었고, 옥수수 작물을 재배하는 사람들에게는 큰 걱정거리가 되지 않았다. 그런데 1970년 옥수수 깨씨무늬병균 레이스 T(race T)가 미국 옥수수 수확량의 15% 이상을 파괴함으로써 그 중요성을 인식하게 되었다. 오늘날에도 이 병은 열대 기후에서 여전히 문제가 될 수 있으며, 최대 70%의 엄청난 수확량 손실을 초래할 수 있다.

그림 12.381 옥수수 잎의 병징. [출처: Wikipedia]

그림 12.382 깨씨무늬병에 감염된 옥수수. [출처: 식물병리학]

[병증상] 옥수수 잎의 병징은 0.6×2.5 ㎝ 크기로 다소 작은 황갈색 병반을 형성하는데, 때로 병반이 잎 전체를 뒤덮는다. 옥수수 깨씨무늬병균의 일부 레이스는 줄기, 잎집, 이삭껍질, 자루(shank), 옥수수의 이삭과 속까지도 가해한다. 감염된 낟알은 검고 보송보송한 곰팡이로 뒤덮이는 표징이 드러나고, 옥수수 속이 썩으며, 초기에 자루가 감염되면 이삭은 성숙하기 전에 죽어 떨어진다. 감염된 낟알에서 나온 유묘는 파종 수주일 내에 시들어 죽는다.

[병원균] 옥수수 깨씨무늬병을 일으키는 병원균은 *Cochliobolus heterostrophus*(무성세대 *Bipolaris maydis* = *Helminthosporium maydis* = *Drechslera maydis* = *Ophiobolus heterostrophus*)이다.

영양체는 격벽 균사체이고, 무성생식에 의해 형성되는 담갈색 분생포자는 단독으로 또는 작은 집단으로 분생포자경 위에 형성되는데, 방추형이거나 약간 굽은 모양이고 여러 개의 격벽으로 나뉜 세포 중에서 양극 세포가 극성 발아관(polar germ tube)을 생성한다. 완전세대는 국내에서 발견되지 않았지만, 검고 구형~타원형 자낭각(perithecium)이라는 자낭과(ascocarp)를 형성하는데, 위쪽에는 부리(beak)와 작은 머릿구멍(ostiole)이 있고 강모(setae)가 밀집되어 있다. 그 속에 생성된 두겹막 원통형 자낭(ascus)에는 1~8개의 자낭포자(ascospore)를 생성한다. 자낭 안에 코일처럼 단단하게 꼬여 있는 자낭포자는 투명하고 가느다란 실모양이고 7~12개의 격벽이 있다. 자낭각 외부에도 분생포자경과 분생포자가 형성된다.

레이스 O(race O)는 가장 널리 분포하고, 레이스 T(race T)는 텍사스세포질웅성불임계통(Texas cytoplasmic male sterile, Tcms) 잡종 옥수수 재배지에 분포하고, 레이스 C(race C)는 중국에만 분포한다.

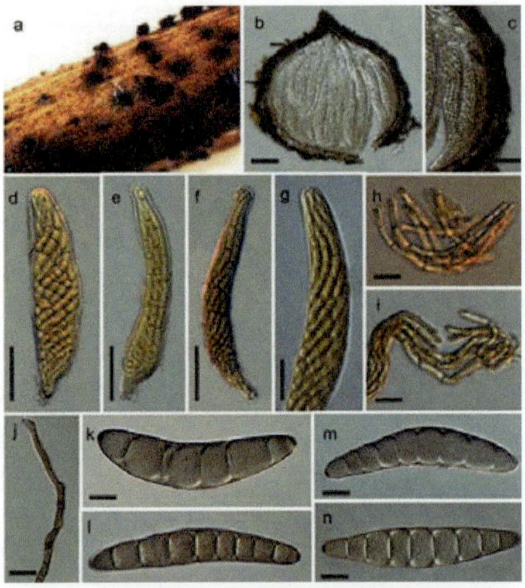

그림 12.383 옥수수 깨씨무늬병균(*Cochliobolus heterostrophus*)의 자낭각(a~c), 자낭(d~g), 자낭포자(h,i), 분생포자경(j), 분생포자(k~n). [출처: Faces of Fungi]

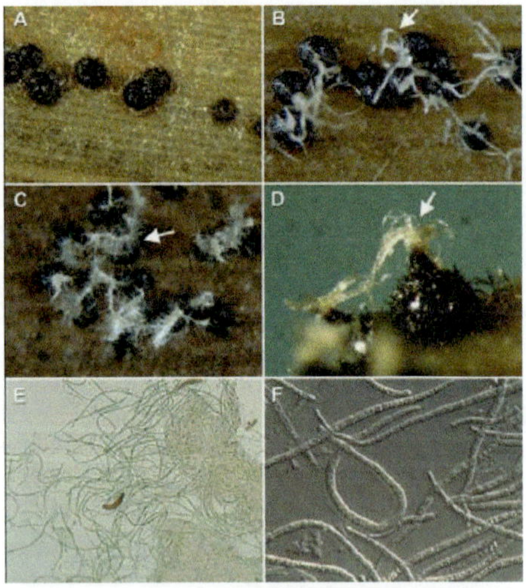

그림 12.384 옥수수 깨씨무늬병균(*Cochliobolus heterostrophus*)의 자낭각에서 방출되는 자낭포자(A~D), 자낭포자(E,F). [출처: Gillian B Turgeon]

[병환] 무성적인 분생포자 또는 유성적인 자낭포자가 옥수수를 침해한다. 온난다습한 조건에서 1차 전염원인 분생포자는 감염된 옥수수 식물체에 형성된 병반에서 방출되어 바람 또는 튀기는 빗물에 의해 근처 식물체로 전반된다.

분생포자가 건전한 식물체의 잎이나 엽초에 도달하면, 병원균은 발아한다. 발아관은 잎을 뚫고 직접 침입하거나 기공과 같은 자연개구를 통해 침입한다.

병원균의 균사에 의해 침입받은 잎 조직은 갈변하고 붕괴된다. 적합한 조건에서 병반으로부터 분생포자경이 생성되고 원래의 기주 식물체의 이삭, 이삭껍질, 줄기 등으로 감염이 확대되거나, 분생포자를 방출해 근처 식물체를 감염한다.

잎 표면에 수분이 존재하고 16~27℃ 범위의 발병에 적합한 조건에서 분생포자가 발아하고

심층학습 34 '옥수수 깨씨무늬병' 에피데믹

'옥수수 깨씨무늬병(Southern Corn Leaf Blight, SCLB)'은 많은 열대 및 온대 지방과 미국 남부 지역의 옥수수 재배지에서 흔하게 발생하는 병이다. 1925년에 처음 기술된 '*Cochliobolus heterostrophus*'는 미국에서 1970년 이전에는 경제적 중요성이 적은 토착 병원체(endemic pathogen)로 간주되어 옥수수 작물을 재배하는 사람들에게 큰 걱정거리가 되지 않았다.

그런데 1970년 '*C. heterostrophus*'의 새로운 레이스 T(race T strain C4)는 미국 농업 역사상 최악의 에피데믹인 '옥수수 깨씨무늬병'이 발생해 미국 옥수수 재배지대의 텍사스세포질웅성불임계통(雄性不姙系統, Texas cytoplasmic male sterile, Tcms) 잡종 옥수수가 거의 전멸했다. 그 해 미국에서 생산되는 옥수수의 15% 이상을 파괴했고, 손실액은 약 10억 달러로 추산되었다.

'옥수수 깨씨무늬병' 에피데믹은 필수 작물의 유전적 취약성과 그것이 재배자들의 수입과 옥수수 시장 가격에 미치는 영향에 대해 엄청난 우려를 낳았다. 이후 수십 년에 걸친 후속 연구는 이 에피데믹을 일으킨 '*C. heterostrophus*'와 기주식물인 옥수수 모두에서 복잡한 DNA 재조합의 불행한 결합에 의해 촉발되었다는 사실을 입증했다.

1960년대 옥수수 종자 회사들은 돈과 시간을 절약하기 위해 손으로 옥수수 수염을 자르지 않아도 되도록 웅성불임세포질을 선호하기 시작했다. 이 종자는 Tcms 옥수수가 90% 이상 보급될 때까지 잡종 작물로 육성되었다. 그런데 이 옥수수는 새롭게 진화한 레이스 T에 취약했고, 결국 1968년 미국에서 처음 레이스 T에 의해 발병한 '옥수수 깨씨무늬병'은 1970년 에피데믹으로 발달하기에 이른 것이었다.

새로운 레이스 T의 출현으로 이전 레이스는 레이스 O(race O)로 명명되었다. 레이스 T와 거의 동질유전형인 레이스 O(race O strain C5)는 이전에 JGI에 의해 염기서열이 밝혀졌다. 레이스 T는 대응하는 레이스 O 염색체 쌍과 상호 전위된 레이스 T 염색체 쌍의 구분점에 분리할 수 없이 연결된 1.2 Mb의 추가적인 DNA를 가지고 있다는 점에서 레이스 O와 유전적으로 구별된다.

이 추가된 DNA는 고병원성에 필수적인 기주 선택적 독소(host selective toxin)인 폴리케타이드 2차 대사산물 T-독소(T-toxin)의 생합성을 위한 유전자를 가지고 있고, 레이스 O에는 이 유전자가 없다.

식물 측면에서 Tcms 옥수수에서 두 개의 미토콘드리아 유전자와 하나의 엽록체 유전자(T-urf13)로 구성된 하이브리드 미토콘드리아 유전자의 존재는 감수성을 위해 필수적이다.

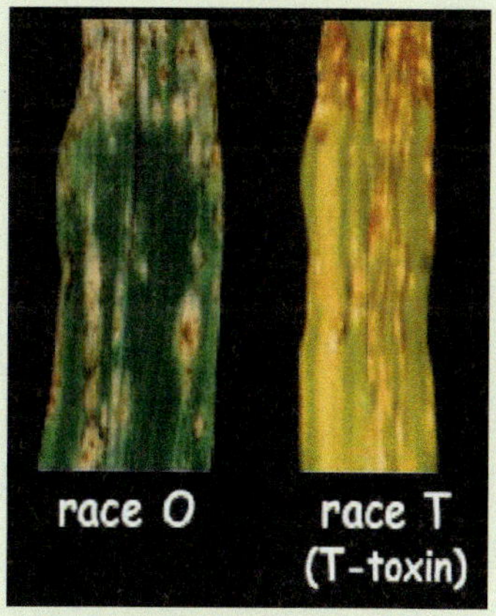

레이스 O와 레이스 T의 병원력 비교
[출처: G. B. Turgeon]

레이스 T와 같이 매우 공격적인 슈퍼병원체의 출현과 관련된 유전적 차이와 진화 기작에 대한 인식은 곰팡이 유전체 구조의 진화, 병원성 인자의 획득, 변종/종의 다양성, 2차 대사산물 관련 유전자 증폭 및 분화에 대한 지식에 기여하고, 식물 또는 인간/동물의 질병 예방 전략과도 광범위한 관련성을 가지고 있다.

잡종 강세에 관심을 가졌던 육종가들에 의해 선택된 Tcms 옥수수는 '깨씨무늬병'이 유행할 당시 널리 재배되었었다. 그렇지만 감수성 세포질을 가진 품종의 단일재배(monoculture)는 병원체 공격의 관점에서 보면 재앙이다. 두 가지 레이스 모두 옥수수에 병원성을 가지고 있지만, 레이스 T는 Tcms 옥수수에 매우 치명적이다.

'*C. heterostrophus*' 레이스 T와 관련 분류군(*Alternaria, Pyrenophora*)은 기주 선택적 독소를 생성하는 능력으로 악명이 높다. 기주 선택적 독소는 특정 기주 식물에 대한 고병원력 또는 고병원성을 위해 필수적인 2차 대사산물이다. 대표적으로 *Alternaria alternata* 아종(subspecies)은 각각 기주 특이성을 부여하는 고유한 기주 선택적 독소를 생성한다.

선형 폴리케타이드(linear polyketide)인 T-독소는 옥수수에 대한 고병원성을 위해 '*C. heterostrophus*'에게 필수적이며, HC-독소와 빅토린은 작지만 다른 고리형 펩타이드 독소로 각각 옥수수와 귀리에 대한 특정 병원성을 위해 각각 *C. carbonum*와 *C. victoriae*에 필수적이다. 뿐만 아니라, *C. sativus*(곡류), *C. miyabeanus*(벼), *Bipolaris sorghicola*(수수), *B. sacchari*(사탕수수) 등 *Cochliobolus* 속의 다른 종들도 고유한 기주 선택적 독소를 생성한다. 계통발생학적 자료에 따르면, *Cochliobolus* 속의 조상이 비교적 짧은 기간에 걸쳐 이 일련의 뚜렷한 종으로 분화했으며, *Cochliobolus* 속의 각 종이 기주 식물에게 독특한 병원성을 가지는 능력은 종종 기주 선택적 독소의 생산과 관련이 있다.

'옥수수 깨씨무늬병'과 에피데믹에 대한 이야기는 인간의 개입에 의해 진화가 진행되는 농작물과 새로운 유전적 감수성을 이용하기 위해 자연적으로 진화한 병원체 사이의 상호작용의 극적인 예이다. Tcms 유전자는 에피데믹이 발생하기 30년 전에 육종가들에 의해 옥수수에 도입되었다. 구체적으로, Tcms는 1940년대에 발견되었고, 그 후 1960년대에 걸쳐 점점 더 엘리트 옥수수 품종 계통에 통합되었고, 1970년까지 미국의 거의 모든 잡종 옥수수에 존재하게 되었다.

1971년 '옥수수 깨씨무늬병'에 의한 손실은 기본적으로 사라졌다. 그 이유는 기후가 발병에 적합하지 않았을 뿐만 아니라 Tcms 옥수수 대신 정상적인 세포질 옥수수를 다시 사용했기 때문이며, 옥수수 잔재를 묻고, 일찍 옥수수를 심었기 때문이다. '옥수수 깨씨무늬병'은 새로운 병원체 레이스에 대해 기주의 취약성이 더 커지는 가능성을 허용하는 단일재배 작물의 유전적 균일성 문제를 부각시켰다.

레이스 T가 에피데믹 발생 시기에 진화했는지 아니면 오랫동안 이 분야에서 잠복해 있었는지는 현재로는 불분명하다. 그 해답에 상관없이, Tcms 옥수수의 광대한 단일재배는 이전에 알려지지 않았던 이 레이스 T에 의해 완벽하게 침해당하고 에피데믹으로 발전시킬 수 있는 풍부한 기주를 제공해 준 셈이었다.

침입하는데 6시간이 걸린다. 병원균은 균사나 분생포자 형태로 옥수수 잔재물에서 월동하고 이듬해 봄철 적절한 조건에서 다시 발병한다. 새로운 전염원을 생성하는데 겨우 51시간이 걸린다.

옥수수 깨씨무늬병은 온난다습한 기후에서 발병이 촉진된다. 20~32℃ 범위의 기온과 높은 습도는 발병에 특히 적합하다.

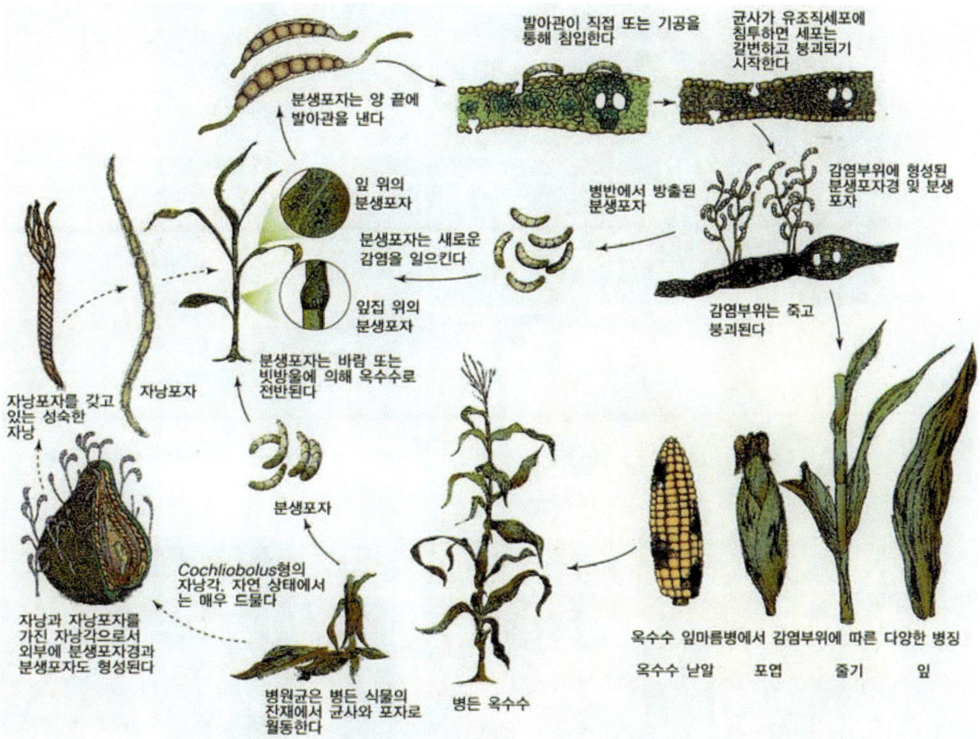

그림 12.385 *Cochliobolus heterostrophus*에 의한 옥수수 깨씨무늬병의 병환. [출처: 식물병리학]

[방제] 저항성 품종을 재배한다. 병든 옥수수 잔재물을 제거한다. 심경을 하고 비기주작물로 윤작한다. 적용약제를 살포한다.

② 벼 깨씨무늬병(brown spot)

벼 깨씨무늬병(brown spot)은 모래땅이나 유기물이 적은 논에 많이 발생해 추락(秋落)의 원인이 되는 경우도 있고, 국부적으로 많은 피해를 준다. 벼 깨씨무늬병은 1943년 벵골 기근(Bengal famine)의 주원인으로 40~90%의 수량손실을 초래해 약 2백만 명을 사망하게 만들었다. 벼 깨씨무늬병은 농업테러 무기(agroterrorism weapon)로 사용될 가능성이 있다. 벼 깨씨무늬병에 의한 유묘 고사율이 필리핀에서는 60%, 인도와 나이지리아에서는 40%까지 다다른 적이 있다.

[병증상] 병징은 주로 어린 모, 잎, 낟알에 갈색 점무늬로 발생한다. 어린 모에 발생하면 땅가 부분이 갈색으로 변하며 말라 죽는다. 유묘기에 잎을 가해하면 식물체는 약해져서 수량이 급격히 감소된다. 줄기도 갈색으로 변색된다.

출수기 이후에 잎, 낟알에 진한 갈색 타원형의 뚜렷한 병반이 생긴다. 처음에는 잎과 낟알의 중앙은 회색이고 가장자리는 갈색인 점무늬로 나타난다.

껍질 전체는 암갈색 융단같은 분생포자경과 분생포자가 존재하는 여러 개의 작은 점무늬나 하나의 커다란 점무늬로 덮인다. 벼 깨씨무늬병은 수량손실을 일으킬 뿐만 아니라 품질도 손상시킨다.

그림 12.386 깨씨무늬병에 심하게 감염된 벼. [출처: 식물병리학]

그림 12.387 벼 유묘의 병징. [출처: Donald Grotn]

그림 12.388 벼 잎의 병징. [출처: Donald Grotn]

그림 12.389 전형적인 병반. [출처: Donald Grotn]

그림 12.390 볍씨 병징. [출처: Tamil Nadu Agricultural University]

그림 12.391 벼알 병징. [출처: Donald Grotn]

벼 깨씨무늬병균은 ophiobolin이라는 기주비특이적 독소를 생성하는데, 뿌리, 떡잎과 잎의 생장을 저해함으로써 식물체 방어반응을 억제해 전형적인 깨씨무늬 증상을 일으킨다.

[병원균] 벼 깨씨무늬병을 일으키는 병원균은 *Cochliobolus miyabeanus*(무성세대 *Bipolaris oryzae* = *Helminthosporium oryzae*)이다.

영양체는 격벽 균사체이고, 무성생식에 의해 형성되는 담갈색~황금빛 갈색 분생포자는 단독으로 또는 작은 집단으로 분생포자경 위에 형성되는데, 보통 가운데 팽대부가 있고 양끝이 가늘어지는 곡선 형태로 6~14개의 격벽이 있다. 유성생식에 의해 자낭각을 형성하고, 자낭

그림 12.392 벼 깨씨무늬병균(*Cochliobolus miyabeanus*)의 무성세대(*Bipolaris oryzae*). (A) 감염된 이삭, (B) 분생포자경과 분생포자 표징, (C~E) 분생포자경, (F~M) 분생포자, (N) 분생포자의 양극 발아(bipolar germination).
[출처: Dimuthu S Manamgoda et al.]

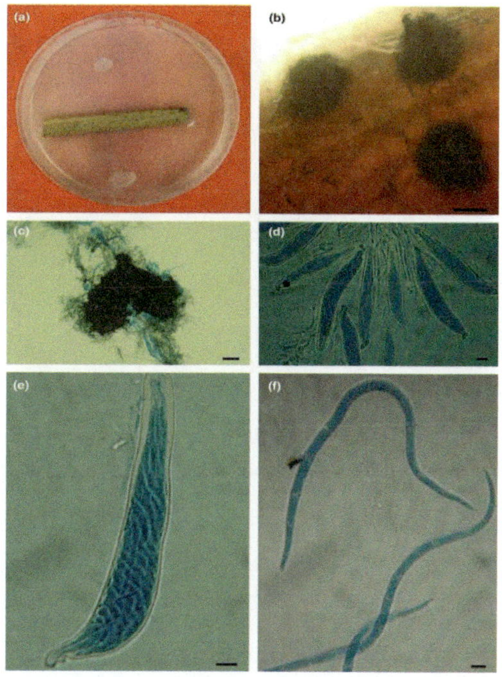

그림 12.393 벼 깨씨무늬병균(*Cochliobolus miyabeanus*)의 유성세대. (a) 벼 줄기 위에 형성된 구형 자낭과, (b) 자낭과, (c) 측사(paraphyses) 사이로 형성된 수많은 자낭을 가지고 있는 자낭각, (d) 두겹막 자낭, (e) 전형적인 나선형 자낭포자를 가지고 있는 두겹막 자낭, (f) 자낭포자.
[출처: A. Ahmadpour et al.]

안에 6~15개의 격벽이 있고, 원통형으로 투명하거나 연한 올리브색의 자낭포자가 형성된다.

병원균은 ophiobolin A(cochliobolin A), ophiobolin B(cochliobolin B) 및 ophiobolin I라고 부르는 식물독소(terpenoid phytotoxin)를 생성하는데, ophiobolin A가 가장 독성이 강하다. 이것들이 세포벽의 단백질 파편을 분해해서 결과적으로 세포의 부분적인 파괴를 일으켜 깨씨무늬병을 일으키게 만든다.

[병환] 병든 볏짚이나 볍씨에서 분생포자나 균사로 월동해 이듬해 1차 전염원이 되고, 바람에 의해 전반된 후 어린 모에 각피 또는 기공으로 침입하고, 차례로 잎, 낟알 등에 병반을 형성한다. 분생포자는 병든 볏집이나 볍씨에서 2~3년간 생존할 수 있다.

깨씨무늬병의 발병에는 강우와 가뭄에 의해 가장 큰 영향을 받는다. 강우가 부족하고 이슬을 머금는 조건은 발병에 적합하므로 강우량이 부족한 가뭄기에 병이 창궐한다. 깨씨무늬병은 또한 온도와 습도의 영향을 받는다. 잎에 수분 지속시간이 길수록 발병이 많아지지만 습도가 89% 이상이면 수분이 없더라도 발병한다. 병원균의 생장적온은 20~30℃이지만, 16~36℃ 범위에 있는 지역에서는 발병한다.

심층학습 35 '벵골 대기근'

벼는 옥수수, 밀 다음으로 세계에서 가장 널리 재배되는 3대 주요 식량작물이다. '*Cochliobolus miyabeanus*'에 의해 발생하는 '벼 깨씨무늬병'의 초기 증상은 벼 잎과 낟알에 중앙 부위는 회색이고 가장자리는 갈색인 참깨같은 점무늬로 나타난다. 껍질 전체는 암갈색 융단같은 분생포자경과 분생포자가 존재하는 여러 개의 점무늬는 광합성량을 감소시켜 심각한 수량 손실을 초래한다.

논에 발생한 벼 깨씨무늬병.
[출처: 식물병리학]

'아일랜드 대기근'이 발생한 지 약 100년쯤 될 무렵인 1942년 말부터 1944년까지 당시 인도제국의 벵골 지역에서 기근이 발생해 약 200만 명의 인도인이 굶어 죽은 '벵골 대기근(Bengal Famine)'이 발생했다.

몬순 시즌(monson season) 벵골 지역은 세계에서 가장 강수량 많은 곳 중 하나이고, 사이클론(cyclone)이 자주 발생하는 곳이다. 1942년 10월 벵골 연안에서 사이클론이 불어닥치더니, 이후 3번이나 연이어 해일이 발생했다. 강풍과 폭우로 벵골 지역 1,200 ㎢가 휩쓸리고, 홍수에 의해 1천 ㎢의 지역이 침수되는 광범위한 피해가 발생했다. 1만 4천여 명이 사망하고, 약 250만 명의 이재민 발생했으며, 19만 마리의 가축이 폐사했다. 또한 많은 곡물과 경작자, 상인, 소비자들이 보유하고 있던 식량 재고분이 손실됐다.

벼 잎에 생긴 깨씨무늬병 병징.
[출처: Wikipedia]

불행하게도 벵골 지역에 '벼 깨씨무늬병' 에피데믹이 창궐했다. 우기가 지속되면서 일조량이 부족해서 벼는 연약한 상태인 데다 생식 생장기에 벼의 아래 잎이 빨리 마르고 퇴색해 생육이 좋지 않아서 수량이 줄어드는 추락(秋落) 현상까지 겹쳤다. 여름까지 잘 자라던 벼가 가을에 접어들 무렵 토양에 있는 양분이 고갈돼 벼가 활력을 잃게 되면서 '깨씨무늬병'이 급속하게 퍼졌는데, 이로 인해 50~90%까지 수확을 못하게 돼서, 인도인들의 주식인 쌀 생산량을 급감시켰다.

당시 영국은 인구 4억 인도를 불과 1천 명 미만의 영국 공무원으로 통치하고 있었는데, 대부분의 권한을 인도 지자체에 이양했다. 여기서 문제가 발생했는데, 원래 인도는 전통적으로 중앙정부 통제 국가가 아니고, 종교 갈등도 뿌리 깊던 나라였다.

그런데 벵골에 기근이 발생하기 직전 펀자브(Punjab), 첸나이(Chennai) 등 힌두교 기반의 지자체들은 자기 지역 우선주의 및 보호무역으로 벵골에 식량 수출을 거부했고, 이것이 벵골 기근의 피해를 가중시켰다. 이러한 종교 갈등이 불씨가 돼, 1971년 벵골은 이슬람 국가인 '방글라데시'로 분리됐다. 또한 힌두교 엘리트들은 무슬림(Muslim)이 대다수인 벵골에 많은 땅을 소유하고 소작농들에게 임차를 주고 있었는데, 벵골에 쌀 부족 현상이 발생하자 그 기간 동안 쌀 거래 통제를 통해 큰 이윤을 취했다.

미얀마는 아시아 최대의 곡창지대였고, 인도 전체의 약 15%의 쌀을 공급하는 주요 쌀 생산 국가였다. 특히 벵골은 인도의 서북쪽 끝자락에 위치해서, 미얀마와 국경을 바로 맞닿고 있었기 때문에, 인도의 다른 어느 지역보다도 미얀마에 대한 식량 의존도가 특히 높은 지역이었다.

설상가상으로 태평양전쟁이 발발한 이후로 일본군의 남방작전과 미얀마 침공으로 미얀마로부터 쌀 수입이 불가능해졌다. 약 5십만 명의 미얀마 피난민마저 벵골에 대거 몰려들면서 쌀 수요가 폭증하자, 악덕 인도 상인들이 쌀을 유통하지 않고, 가격을 올리기 위해 사재기를 하면서 쌀 가격 역시 69% 이상 폭등했다.

1943년부터 대기근이 본격적으로 시작되자 당시 인도에 주둔하고 있던 영국 주둔군은 인도 지역을 지키기 위해서 영국에 식량 지원을 요청했지만 유럽 전역이 독일에게 넘어가고 영국 본토마저 폭격으로 풍전등화인 상황에서 지중해에서 수에즈 운하를 건너 머나먼 인도까지 식량을 보급하는 것은 사실상 불가능했다. 게다가 그 당시 영국을 비롯한 연합국은 실론 해전과 말레이 해전에서 일본에 연달아 패배했기 때문에, 일본군이 진을 치고 있던 벵골만에 쉽게 접근하기조차 어려운 형편이었다.

그래서 처칠의 요청으로 영연방 소속인 오스트레일리아와 영국의 해외령과 타 인도 지역에서 긴급 식량 지원이 이루어졌는데, 그 시점은 이미 대기근의 기세가 한풀 꺾인 뒤인 1944년 초였다.

당시 굶주림으로 쇠약해질 대로 쇠약해진 수많은 사람들이 캘커타로 몰려들었다. 또 캘커타 지방에서도 당시 인도를 지배하던 영국과 손을 잡은 중산층 인도인들은 클럽이나 자기 집에 쌀을 수북하게 쌓아두고 풍족하게 식사를 하며 살아간 반면, 수많은 사람들은 몰골이 메말랐고 눈이 흐려진 사람들은 음식물 쓰레기를 놓고 다투었으며, 피골이 상접한 부녀자와 어린이들이 길거리에서 쓰러져 죽어갔다.

벵골 대기근으로 굶어 죽은 아이들.
[출처: Wikipedia]

'벼 깨씨무늬병'에 의해 발생한 '벵골 대기근'으로 약 2백만 명이 사망했는데, 사망자 중 절반은 식량이 충분히 보급된 1943년 12월 이후 각종 질병에 의해 사망했다. 홍수, 열악한 위생 상태, 기후, 오염된 식수, 면역력 악화로 인한 '콜레라', '말라리아', '세균성 이질', '천연두' 같은 전염병에 의해 사망했는데, 특히 '말라리아'는 벵골 지역에서 질병으로 인한 사망의 가장 큰 주범이었다.

질소, 칼륨, 인산, 규소, 망간 등 토양 양분이 부족하면 발병을 촉진한다. 특히 규소는 기주 식물체의 생리적 스트레스를 경감시키고 병저항성 능력을 증진시켜 병에 대한 감수성을 낮춘다. 토양 수분이 낮은 지역에서 병이 많이 발생한다.

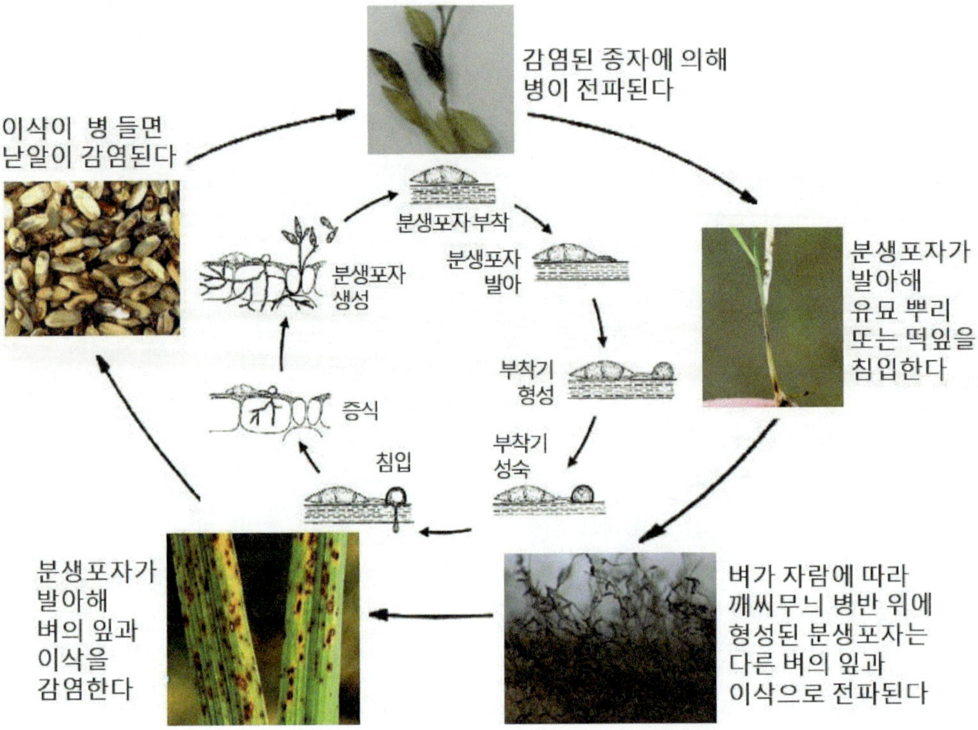

그림 12.394 *Cochliobolus miyabeanus*에 의한 벼 깨씨무늬병의 병환. [출처: Jonas Van Bockhaven]

[방제] 무병종자를 사용하거나 종자소독을 한다. 밀식하지 않도록 한다. 잡초와 병든 볏짚을 일찍 제거한다. 추락답은 객토, 심경 등 토양개량을 하고 퇴비를 많이 준다. 칼리비료, 규산석회 등이 부족하지 않도록 시비하고 질소비료를 과다하게 사용하지 않는다. 저항성 품종을 재배한다. 종자를 냉수에 8시간 동안 처리한 후 53~54℃의 온수에 10~12분 동안 처리하는 냉수온탕침법으로 소독한 후 파종한다. 상습발병지에는 적용약제를 살포한다.

③ 보리 점무늬병(leaf blotch)

보리 점무늬병(leaf blotch)은 잎에 점무늬 병징을 일으키고, 또한 유묘마름, 뿌리썩음, 낟알마름 증상을 일으키는데, 잎에는 검은색 점 또는 얼룩 모양처럼 보이기도 한다.

그림 12.395 보리 잎의 병징. [출처: Wikipedia]

[병징] 병징으로 암갈색 내지 검은색 병반이 땅가의 유묘

에 발생해 잎으로 진전된다. 유묘는 싹이 나오기 전이나 후에 말라죽고 생존하더라도 생장이 지연된다. 땅가 근처에 감염되면 적갈색 썩음 증상을 보이며, 눈을 파괴하고, 근계로 발전해 뿌리를 죽인다.

잎의 점무늬는 확대되고 융합해 잎의 상당한 부위를 차지하며 갈색을 띤 불규칙한 점무늬나 얼룩을 형성한다. 오래된 병반은 올리브색의 분생포자경과 분생포자로 덮이는 표징을 드러낸다. 꽃과 낟알에도 병반이 생기는데, 표면은 암갈색을 나타낸다. 낟알에서 배의 끝은 흔히 검은색을 띤다.

감염된 식물체는 살아남아도 키가 작으며, 이삭이 일부 나오기도 하지만, 불임이 되거나 알이 차지 않거나 낟알이 죽는다.

그림 12.396 보리 이삭의 병징 및 표징(분생포자). [출처: Bruce Watt, University of Maine, Bugwood.org]

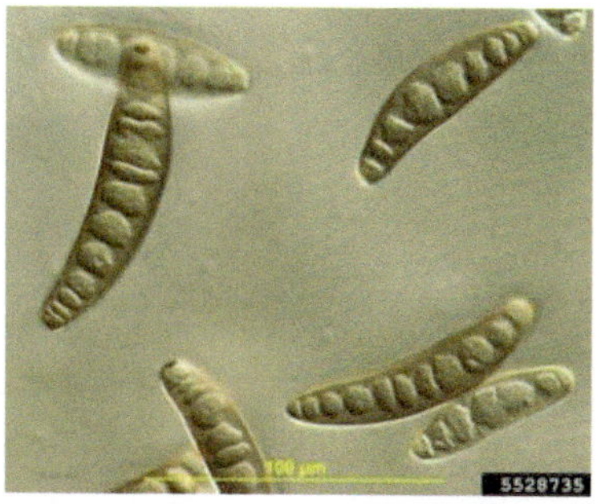

그림 12.397 보리 점무늬병균(*Cochliobolus sativus*)의 분생포자. [출처: Bruce Watt, University of Maine, Bugwood.org]

[병원균] 보리 점무늬병을 일으키는 병원균은 *Cochliobolus sativus*(무성세대 *Bipolaris sorokiniana* = *Helminthosporium sorokinianum* = *Helminthosporium sativum* = *Drechslera sorokiniana* = *Ophiobolus sativus*)이다.

영양체는 격벽 균사체이고, 무성생식에 의해 분생포자경 위에 가운데 팽대부가 있고 양끝이 가늘어지는 곡선 형태로 3~10개의 격벽이 있는 올리브 갈색의 분생포자를 형성한다. 유성세대는 자연계에서는 거의 보이지 않지만, 배지에서 친화적인 교배형(compatible mating types)끼리 교배로 유도할 수 있다. 구형 위자낭각(pseudothecium)은 암갈색~검은색이고, 곤봉형 자낭 안에 1~8개의 자낭포자를 형성한다. 자낭포자는 투명~담갈색이고, 4~14개의 격벽이 있고, 자낭 안에 나선형으로 배열되어 있다.

[병환] 병든 식물잔재나 낟알에서 분생포자나 균사로 월동해 유묘에 각피 또는 기공으로 침입하고, 줄기, 잎, 꽃 그리고 낟알로 병이 발달한다.

[방제] 무병종자를 사용하거나 종자소독을 한다. 병든 식물잔재를 제거한다.

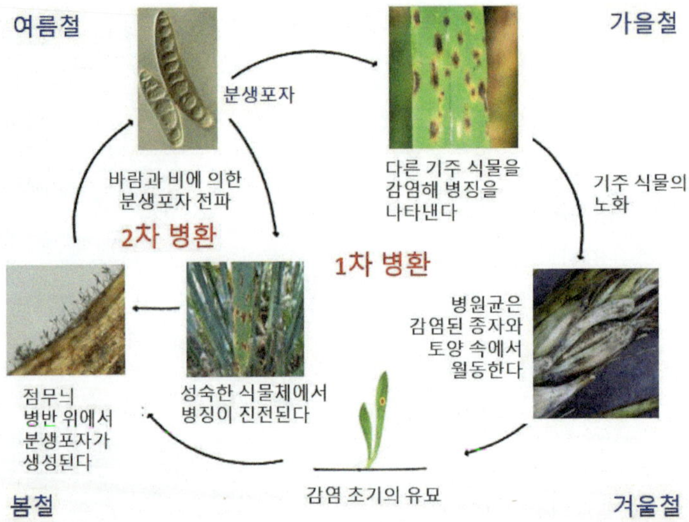

그림 12.398 *Cochliobolus sativus*에 의한 보리 점무늬병의 병환.

(7) *Pyrenophora*에 의한 병

*Pyrenophora*는 자낭균문(Ascomycota), 좌낭균강(Dothideomycetes), 얇은공버섯목(Pleosporales), 얇은공버섯과(Pleosporaceae)에 속하고, 완전세대는 *Drechslera*이다. *Pyrenophora*속에는 191종이 포함되어있는데, *Pyrenophora*가 일으키는 대표적인 식물병은 보리 줄무늬병과 그물무늬병이다.

① 보리 줄무늬병(leaf stripe)

보리 줄무늬병(leaf stripe)은 보리 재배지에서 흔하고 광범위하게 분포하며, 해마다 상당한 손실을 초래한다. 보리가 10~15 ㎝ 가량 자랐을 때 발생하기 시작하며 발병최성기는 5월경이다. 손실량은 품종, 전반적인 기상조건 등에 따라 달라진다.

[병징] 보리 줄무늬병은 전형적인 병징으로 잎이나 잎집 표면에는 담황색 또는 황백색 줄무늬가 생기는데, 나중에 갈색을 거쳐 검게 되고, 잎은 세로로 쪼개진다. 보

그림 12.399 줄무늬병에 감염된 보리.
[출처: Agriculture and Horticulture Development Board, UK]

그림 12.400 보리 잎과 이삭의 병징.
[출처: Bayer]

리 줄무늬병은 잎, 잎집, 이삭에 발생하는 전신병이다. 감염된 식물은 키가 작고 정상적인 이삭을 출수하지 못한다. 병들면 대개 출수하지 못하며 기형으로 되고 말라 죽는다.

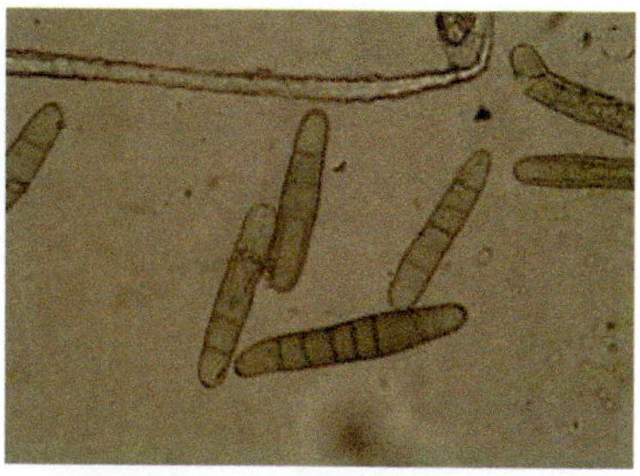

그림 12.401 보리 줄무늬병균 (*Pyrenophora graminea*)의 분생포자. [출처: Inovation programs FA MENDELU towards internationalization of study]

[병원균] 보리 줄무늬병을 일으키는 병원균은 *Pyrenophora graminea*(완전세대: *Drechslera graminea*)로 자낭균문(Ascomycota), 좌낭균강(Dothideomycetes), 얇은공버섯목(Pleosporales), 얇은공버섯과(Pleosporaceae)에 속한다.

영양체는 격벽 균사체이고, 무성생식에 의해 구형~서양배 모양의 분생포자각(병자각, pycnidium)에 구형~타원형 투명한 분생포자(병포자, pycnidiospore)을 형성한다. 분생포자는 분생포자경 위에 3~5개씩 형성되는데, 끝이 둥글며 막대 모양이고, 7개까지 가로 격벽을 가진다. 유성생식에 의해 단단한 강모를 가진 자낭각은 가을에 보리짚 위에 드물게 생성된다. 자낭은 곤봉 또는 원통 모양이고, 두겹막, 끝이 둥글고, 자낭포자는 양끝이 둥근 타원형이고, 가로 격벽과 중간 세포에 1~2개의 세로 격벽을 가진다.

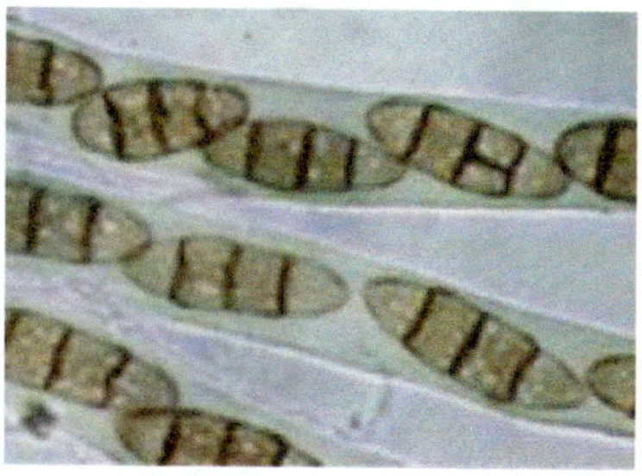

그림 12.402 보리 줄무늬병균 (*Pyrenophora graminea*)의 자낭포자. [출처: Wikipedia]

[병환] 병든 식물잔재나 낟알에서 분생포자나 균사로 월동해 1차 전염원이 된다. 분생포자는 보리 개화기에 형성되며 생육기 동안에 가까운 거리는 기류나 튀는 빗방울 또는 밭갈이 농기구, 작업화, 동물 등에 붙어서 수많은 분생포자가 전반된다. 분생포자는 꽃을 통해 침입해 보균종자가 되고, 생육 중에는 2차 감염을 일으키지 않는다.

보리 줄무늬병은 종자전염을 하는데, 병원균은 종자 표면과 종피 속에 존재한다. 보균종자를 파종하면 떡잎을 통해 침입하며 차례로 이삭까지 침해한다.

보리가 발아할 때 온도가 10~15℃에서 발병이 심하고, 20℃ 이상에서는 발병을 회피한다. 개화기에 12℃에서 16시간 높은 습도가 지속되면 분생포자가 대량으로 형성되고 건전한 이삭을 감염한다.

[방제] 병든 식물잔재를 제거하거나 심경을 통해 병든 식물잔재를 땅속 깊이 묻는다. 저항성 품종을 재배한다. 무병종자를 사용하거나 종자소독을 한다. 비기주작물로 윤작한다.

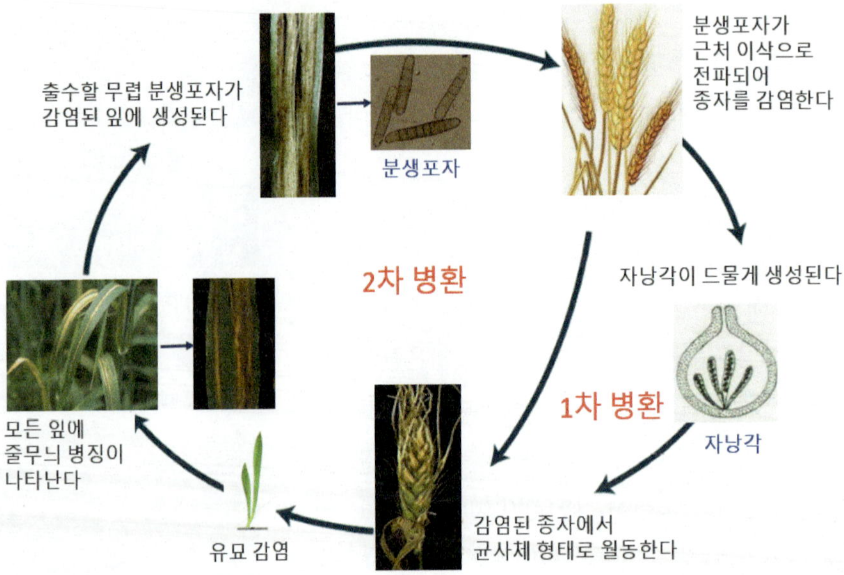

그림 12.403 *Pyrenophora graminea*에 의한 보리 줄무늬병의 병환.

② 보리 그물무늬병(net blotch)

보리 그물무늬병(net blotch)은 보리 재배지에서 발생하는 주요 병중의 하나이다. 호주에서 수량 손실이 50%에 이르기도 했으며, 유럽에서도 상당한 손실이 발생한다.

[병증상] 보리 그물무늬병은 두 가지 병징을 나타낸다. 사각형의 그물같은 얼룩무늬가 유묘 잎의 끝 부분에서 나타난다. 이 점무늬는 점차 확대되고 전체 잎몸을 따라 진전되어 잎에 그물 모양을 나타내는데, 이를 그물형 그물무늬병(net form net blotch)이라고 한다. 다른 병징은 부정형 점무늬 모양으로 진전되는데, 이를 점무늬형 그물무늬병(spot form net blotch)이라고 한다.

그림 12.404 보리 그물무늬병의 두 가지 병징. (A) 그물형 그물무늬병의 병징, (B) 점무늬형 그물무늬병의 병징. [출처: Robert A. Syme et al.]

병징은 잎에서 가장 흔하게 발견되지만, 때때로 잎집에서 발견되기도 한다. 병징은 다양한 넓이의 누런 가장자리로 둘러싸인 원형 또는 타원형의 암갈색 점무늬로 발달한다. 점무늬 크기는 3~6 ㎜ 정도까지 커진다. 어린 식물, 특히 새로 자라는 보리에서는 잎의 밑부분에서 끝 부분까지 이어지는 갈색 줄무늬로 나타날 수 있으며, 이는 보리줄무늬병과 비슷하다.

[병원균] 보리 그물무늬병을 일으키는 병원균은 *Pyrenophora teres*(완전세대 *Drechslera teres*)로 자낭균문(Ascomycota), 좌낭균강(Dothideomycetes), 얇은공버섯목(Pleosporales), 얇은공버섯과(Pleosporaceae)에 속한다.

영양체는 격벽 균사체이고, 무성생식에 의해 끝이 뭉툭하고 3~5개의 격벽을 가진 긴 원통형 분생포자를 분생포자경 위에 한 개씩 또는 2~3개씩 형성한다. 유성생식에 의해 1~2 ㎜ 크기의 암색, 구형 위자낭각(pseudothecia)을 형성하고, 성숙하면 담갈색, 나선형 자낭포자를 3~8개씩 가진 자낭을 형성한다. 자낭포자는 3~5개의 가로 격벽과 1~2개의 세로 격벽을 가진다.

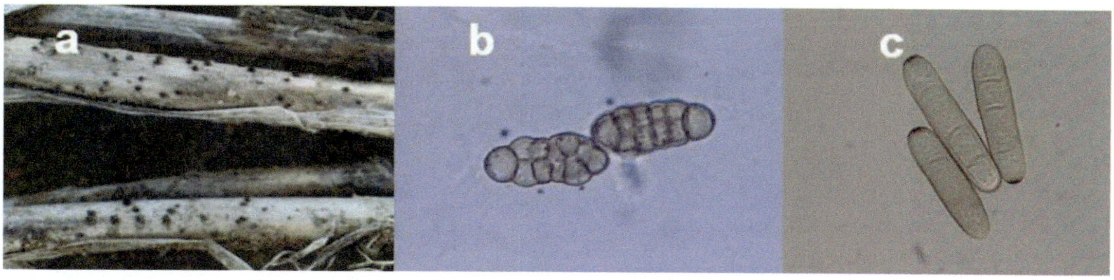

그림 12.405 그루터기에 형성된 보리 그물무늬병균(*Pyrenophora teres*)의 위자낭각(a), 자낭포자(b), 분생포자(c). [출처: Field Crop Diseases Victoria]

[병환] 병원균은 일반적으로 수확 후 2년까지 토양 표면에 그루터기가 존재하는 한 감염된 보리 그루터기에서 생존할 수 있고, 건조한 환경에서는 3년까지도 생존할 수 있다. 주요 전염원은 감염된 그루터기와 자생식물들인데, 여기서 빗방울에 튀긴 분생포자와 바람에 날린 자낭포자에 의해 전반되어 발병된다.

그루터기에서 형성된 자낭포자는 빗방울이나 바람에 의해 확산되어 이웃한 식물을 감염시키는데, 대부분의 자낭포자는 작물 내에서 짧은 거리만 이동한다. 감염은 12~25℃ 범위와 습한 상태를 필요로 하며, 감염적온은 15~20℃이다.

점무늬형 그물무늬병은 종자에 의해 전염되지 않지만, 그물형 그물무늬병은 종자에 의해 전염되며 습도가 높은 조건에서 농작물이 성숙할 때 종자가 감염된다.

2차 감염은 계절 내내 잎의 병반에서 생성된 분생포자를 통해 반복적으로 발생할 수 있으며, 보통 1차 감염 후 14~20일 이내에 발생한다. 자낭포자와는 달리 분생포자는 바람에 의해 전파되고 상당한 거리를 이동할 수 있다. 감염 가능성은 거리에 비례해 감소한다. 병반은 보통 아래쪽 잎에서 시작되며, 습한 조건에서는 위쪽 잎을 감염시킨다. 증상은 겨울 잎에 심할 수 있지만 봄의 건조한 조건일 때 방제를 하거나 저항성 품종이라면 노화된 아랫잎에서 증상이 머물고 피해를 모면할 수 있다.

보리가 노화되기 시작하면, 병원균은 부생체로 줄기에서 생활한다. 수확 후 그루터기에서 살아남고, 시원하고 습한 상태가 되면 포자를 생산하기 시작한다.

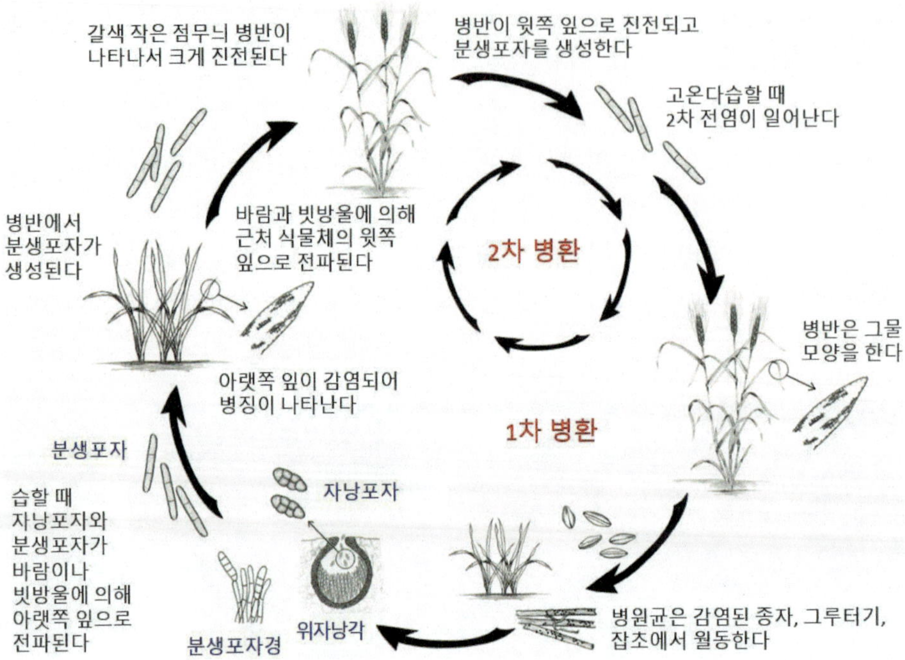

그림 12.406 *Pyrenophora teres* f. sp. *teres*에 의한 보리 그물무늬병의 병환.
[출처: Field Crop Diseases Victoria]

[방제] 병든 식물잔재와 자생식물을 제거한다. 저항성 품종을 재배한다. 무병종자를 사용하거나 종자소독을 한다. 비기주작물로 윤작한다. 아랫잎에 발병이 있는 경우 적용약제를 살포한다.

(8) *Septoria*에 의한 병

① 토마토 점무늬병(Septoria leaf spot)

토마토 점무늬병(Septoria leaf spot)은 시비량이 부족한 포장에서 많이 발생하며, 발병최성기는 7월 하순~8월 상순경이다

[병증상] 처음 아랫잎 뒷면에 2~5 mm 크기의 수침상 작은 둥근 무늬 또는 모무늬가 생겨 점차 커지면서 가장자리는 암갈색을 나타내고 가운데는 회

그림 12.407 토마토 잎의 초기 병징.
[출처: Lina Rodriguez-Salamanca]

그림 12.408 토마토 잎의 후기 병징.
[출처: Lina Rodriguez-Salamanca]

백색으로 되며, 그 위에 검은색 작은 입자(분생포자각)들이 많이 생긴다. 병반이 많아지면 잎이 누렇게 변하고 심하면 시들고 죽는다.

그림 12.409 토마토 점무늬병균(*Septoria lycopersici*)의 분생포자각. [출처: Bruce Watt, University of Maine, Bugwood.org]

[병원균] 토마토 점무늬병을 일으키는 병원균은 *Septoria lycopersici* 로 자낭균문(Ascomycota), 좌낭균강(Dothideomycetes), 그을음병균목(Capnodiales), 작은구각균과(Mycosphaerellaceae)에 속한다.

영양체는 격벽 균사체이고, 무성생식에 의해 분생포자각에 분생포자를 형성한다. 분생포자는 무색으로 아주 가늘고, 길다랗고, 구부러진 막대 모양이고, 양끝이 좁고, 2~9개의 격벽을 가지고 있다. 유성생식에 의해 생성되는 자낭과는 자낭자좌(ascostroma)로 되어 있고, 자좌에는 여러 개의 자낭이 들어 있고, 위측사(pseudoparaphyses)는 없다. 자낭은 계란형 또는 원통형이며, 자낭포자는 단세포 또는 다세포이다.

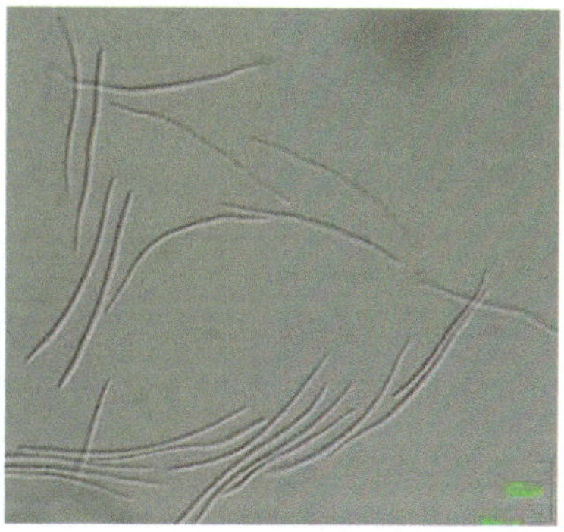

그림 12.410 토마토 점무늬병균(*Septoria lycopersici*)의 분생포자. [출처: Paul Bachi, University of Kentucky Research and Education Center, Bugwood.org]

[병환] 병원균은 균사나 분생포자각 형태로 병든 식물잔재에서 월동하고 종자전염도 한다. 분생포자각에 형성된 분생포자는 튀기는 빗방울, 관개수, 곤충 등에 의해 전반된 후 잎과 줄기에 기공 또는 각피를 뚫고 침입한다.

감염적온은 20~25℃ 범위이고, 습도가 높고 잎에 습윤이 지속될 때 발병이 심하다. 노지재배에서는 주로 여름철 장마기 이후 많이 발생한다. 적합한 환경 조건에서는 감염 5일 내 병반이 나타난다.

[방제] 무병종자를 사용하고, 종자를 소독한다. 병든 식물잔재를 제거한다. 균형시비를 하고, 윤작을 한다. 시설재배에서는 과습하지 않도록 환기를 자주 한다. 점적관수나 비닐멀칭을 한다. 상습발병지에는 예방적으로 적용약제를 살포한다.

② 콩 갈색무늬병(brown spot)

콩 갈색무늬병(brown spot)은 심하게 발병하면 조기낙엽을 일으키기도 하지만, 보통 심각한 수량손실을 일으키지는 않는다.

[병증상] 주로 잎에 발생한다. 잎에는 처음 병징으로 적갈색 부정다각형 무늬가 잎맥을 따라 생기고 나중에는 서로 합쳐서 잎 전체가 누렇게 되고 낙엽이 진다. 병반에는 많은 검은색 작은 입자(분생포자각)들이 표징으로 드러난다.

그림 12.411 콩 잎의 초기 병징.
[출처: A. Robertson]

그림 12.412 콩 잎의 후기 병징.
[출처: C. Grau]

[병원균] 콩 갈색무늬병을 일으키는 병원균은 *Septoria glycines*로 자낭균문(Ascomycota), 좌낭균강(Dothideomycetes), 그을음병균목(Capnodiales), 작은구각균과(Mycosphaerellaceae)에 속한다.

영양체는 격벽 균사체이고, 무성생식에 의해 분생포자각에 아주 가늘고 길다랗고 구부러진 막대 모양의 분생포자를 형성한다. 자낭과는 자낭자좌(ascostroma)로 되어있

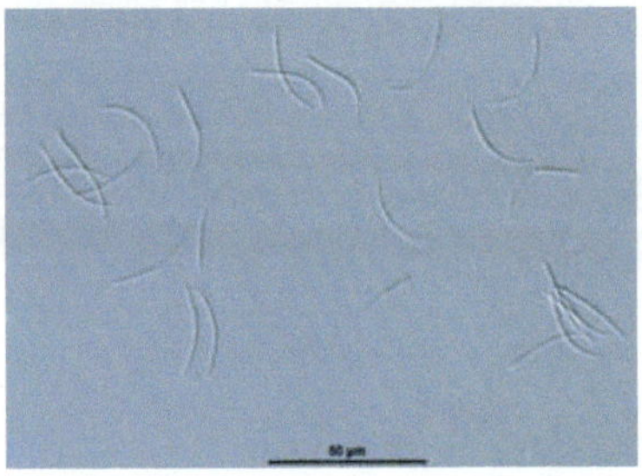

그림 12.413 콩 갈색무늬병균 (*Septoria glycines*)의 분생포자.
[출처: NARO Genebank]

그림 12.414 *Septoria glycines*에 의한 콩 갈색무늬병의 병환.
[출처: Crop Protection Network, U.S. Department of Agriculture]

고, 자좌에는 여러 개의 자낭이 들어있고, 위측사(pseudoparaphyses)는 없다. 자낭은 계란형 또는 원통형이며 자낭포자는 단세포 또는 다세포이다.

[병환] 병원균은 분생포자각 형태로 병든 잎과 종자에서 월동한다. 이듬해 봄에 형성된 가느다란 실모양의 분생포자는 바람이나 튀기는 빗방울에 의해 전반돼 먼저 떡잎을 침해하고, 차례로 윗잎으로 감염을 확산시킨다.

[방제] 무병종자를 사용하고, 종자를 소독한다. 병든 식물잔재를 제거한다. 윤작을 한다. 저항성 품종을 재배한다.

③ 느티나무 흰별무늬병(leaf spot)

느티나무 흰별무늬병(leaf spot)은 느티나무의 묘목에 주로 발생하는 병으로 큰 나무에서는 땅가 부근의 그루터기에서 새로 돋아나는 가지(맹아지)에서 발생한다. 흰별무늬병으로 인한 피해로 조기낙엽은 일어나지 않지만, 심할 경우 묘목의 성장이 느려진다.

그림 12.415 느티나무 잎의 병징. [출처: 나용준]

[병증상] 초기 병징은 작고 짙은 갈색 점이 생기고, 나중에 이 작은 점들이 합쳐지면서 잎맥을 경계로 부정형 병반이 된다. 병이 진전됨에 따라 병반의 중앙부에 회백색의 불규칙한 균열이 생겨 잎이 탈락하기도 한다. 건전부와의 병든 부분의 경계는 짙은 적갈색을 띤다.

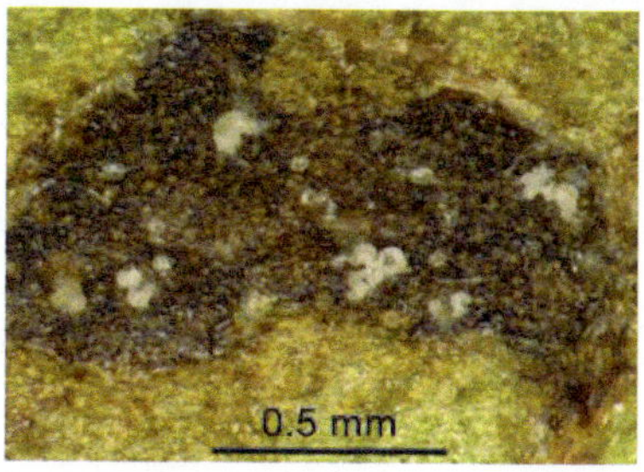

그림 12.416 느티나무 흰별무늬병에 감염된 잎의 병반에 형성된 표징(분생포자각). [출처: 나용준]

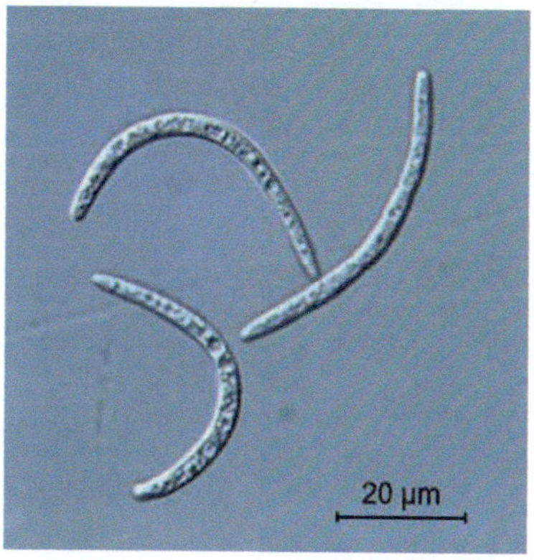

그림 12.417 느티나무 흰별무늬병균(*Septoria abeliceae*)의 분생포자. [출처: 나용준]

[병원균] 느티나무 흰별무늬병을 일으키는 병원균은 *Septoria abeliceae*(=*Sphaerulina abeliceae*)로 자낭균문(Ascomycota), 좌낭균강(Dothideomycetes), 그을음병균목(Capnodiales), 작은구각균과(Mycosphaerellaceae)에 속한다. 영양체는 격벽 균사체이고, 무성생식에 의해 분생

포자각 속에 가늘고 길며 구부러진 막대 모양의 분생포자를 형성한다.

[병환] 병든 잎에 형성된 병반에서 돌기 모양의 분생포자각에서 월동하며 이듬해 봄에 형성된 분생포자로 1차 전염이 시작된다.

[방제] 병든 낙엽은 모아서 태우며, 잎이 피기 시작할 때부터 9월 중순까지 동수화제를 3~4회 살포한다.

③ 밀 잎마름병(leaf blotch)

밀 잎마름병(leaf blotch)은 전 세계 밀 재배지역에서 발생하고 심하게 발생할 경우 35~50%의 수량손실을 초래하기도 한다.

[병증상] 잎과 잎집에 발생한다. 처음 병징으로 담황색 또는 담갈색 방추형 무늬가 생기고 합쳐서 황갈색으로 되며 잎이 마른다. 병반에는 많은 검은색 작은 입자(분생포자각)들이 표징으로 드러난다.

그림 12.418 밀 잎의 초기 병징. [출처: Wikipedia]

그림 12.419 밀 잎의 후기 병징. [출처: Petteri Karisto]

그림 12.420 밀 잎마름병에 감염된 잎의 병반에 형성된 표징(분생포자각). [출처: Gero Steinberg]

[병원균] 밀 잎마름병을 일으키는 *Zymoseptoria tritici*(=*Septoria tritici*)이고, 유성세대는 *Mycosphaerella graminicola*로 자낭균문(Ascomycota), 좌낭균강(Dothideomycetes), 그을음병균목(Capnodiales), 작은구각균과(Mycosphaerellaceae)에 속한다.

영양체는 격벽 균사체이고, 무성적으로 분생포자각에 분생포자를 형성한다. 분생포자는 투명하고 실처럼 가느다랗고 3~7개의 격벽을 가진다. 유성생식에 의해 구형 암갈색 위자낭각을 형성한다. 자낭포자는 무색 타원형이고 크기가 다른 두 세포로 되어 있다.

[병환] 병원균은 주로 위자낭각, 때로는 분생포자각 형태로 병든 식물잔재에서 월동한다. 자낭포자는 1차 전염원으로 중요하고, 분생포자는 2차 전염원으로 중요하다. 이른 봄에 위자낭각에서 방출된 자낭포자는 바람에 이해 전반된 후 직접 침입을 하지 않고 기공을 통해 식물체로 침입한다. 병징 발현까지는 감염 후 2주일까지 잠복기를 거친다.

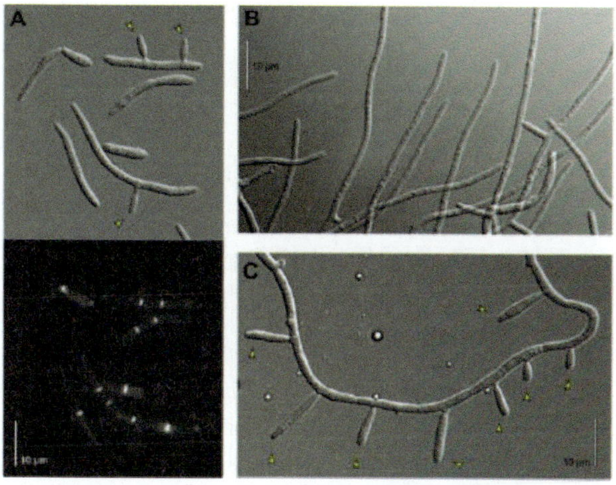

그림 12.421 밀 잎마름병균(*Zymoseptoria tritici*)의 출아(budding)하는 분생포자(A), 균사(B), 균사에서 출아하는 미세분생포자각(micropycnidia, C). [출처: Gero Steinberg]

1차 전염원은 습한 조건과 10~20℃의 서늘한 기온을 필요로 한다. 적합한 환경조건에서 병반이 발달하고 분생포자각이 병반 위에 작고 검은색 점으로 형성된다. 분생포자각으로부터 분생포자경과 분생포자가 방출된 후 빗물에 의해 전파되면서 다주기성 병환을 되풀이하는 2차 전염원 역할을 한다.

분생포자는 잎에 튀겨진 후 자낭포자처럼 잎에 병반을 형성한다. 분생포자각 외에 위지낭각도 병반 안에서 형성된 후 월동하고 이듬해 병환은 되풀이된다.

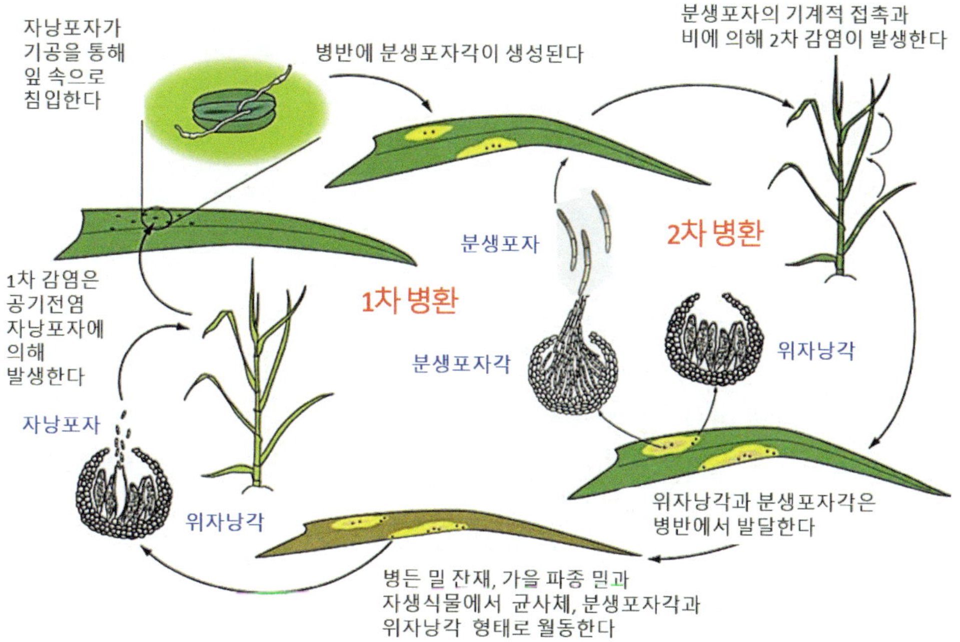

그림 12.422 *Zymoseptoria tritici*에 의한 밀 잎마름병의 병환. [출처: A. Ponomarento et.al.]

[방제] 무병종자를 사용하고, 종자를 소독한다. 병든 식물잔재를 제거하고 심경을 하고 늦게 파종한다. 비기주작물로 윤작을 한다. 저항성 품종을 재배한다. 약제방제는 경제성이 떨어진다.

(9) *Diplocarpon*에 의한 병

① 장미나무 검은무늬병(black spot)

장미나무 검은무늬병(black spot)은 장미나무에 발생해 조기낙엽을 일으키면서 피해를 주는 병이다.

[병증상] 처음 병징으로 장마철이 지난 후 잎에 자갈색 작고 둥근 병반을 형성하며, 점점 커지면서 14 ㎜ 크기의 흑갈색으로 병반으로 변하고 병반 주위에 노란색 띠(halo)가 생긴다. 심하게 감염된 경우 병반끼리 뭉쳐 검고 커다란 덩어리가 된다. 때로는 잎 전체가 누렇게 변하면서 조기에 낙엽이 져 줄기만 남고 가지까지 심하게 발생할 경우 말라 죽는다. 1년생 가지에는 적자색의 융기된 병반을 형성한다. 잎뿐만 아니라 잎자루, 꽃봉오리, 꽃받침 및 가지도 감염된다.

그림 12.423 장미나무 잎의 초기 병징. [출처: Wikimedia Commons]

그림 12.424 장미나무 잎의 전형적인 병징. [출처: 나용준]

그림 12.425 장미나무 잎의 후기 병징. [출처: Wikipedia]

[병원균] 장미나무 검은무늬병을 일으키는 병원균은 *Diplocarpon rosae*이고, 무성세대는 *Marssonina rosae*로 자낭균문(Ascomycota), 두건버섯강(Leotiomycetes), 고무버섯목(Helotiales), 살갗버섯과(Dermateaceae)에 속한다.

감염된 잎과 잎자루에 영양체인 격벽 균사체, 번식체인 분생포자와 자낭포자 상태로 자란다. 표피조직의 외벽과 큐티클 사이에 형성된 분생포자층에 Marssonina형의 2세포로 된 약간 굽은 원통형 분생포자를 형성한다. 오래된 병반 위에 형성된 아주 작은 컵 또는 찻잔 모양의 자낭반에 유성생식에 의한 자낭포자를 형성한다.

[병환] 병원균은 감염된 줄기나 낙엽에서 균사 또는 자낭포자나 분생포자로 월동한다. 봄철에 분생포자는 병든 줄기 조직에서 형성돼 비나 바람에 의해 잎으로 전파된 후 발아관을 내 잎

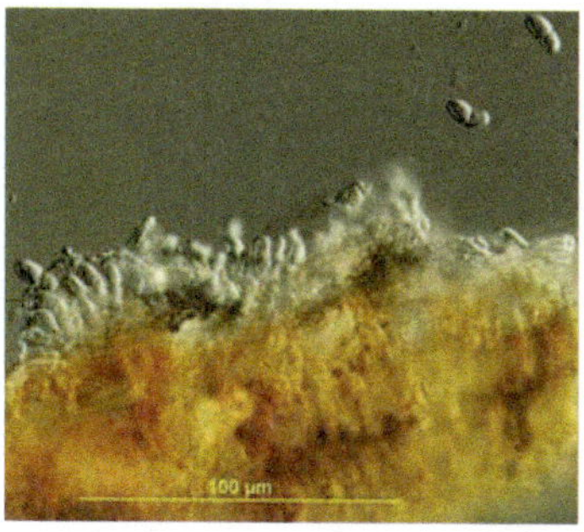

그림 12.426 장미나무 검은무늬병균 (*Diplocarpon rosae*)의 분생포자층. [출처: Bruce Watt, University of Maine, Bugwood.org]

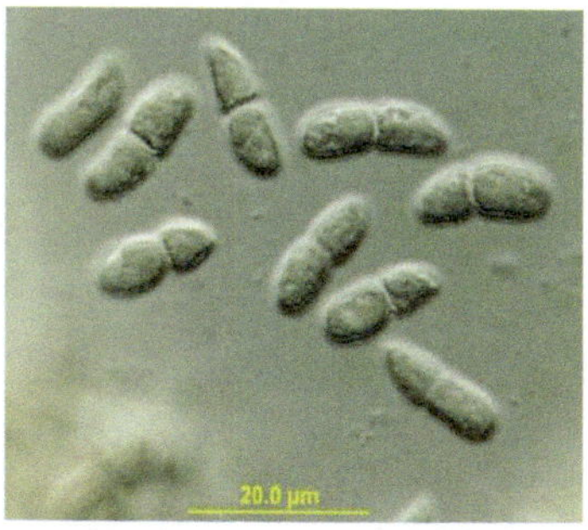

그림 12.427 장미나무 검은무늬병균 (*Diplocarpon rosae*)의 분생포자. [출처: Bruce Watt, University of Maine, Bugwood.org]

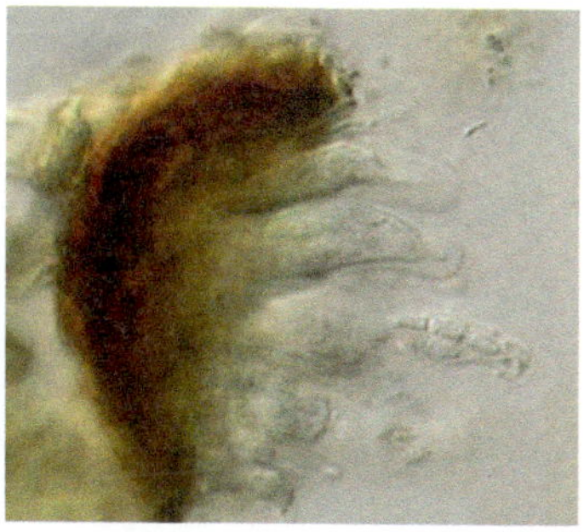

그림 12.428 장미나무 검은무늬병균 (*Diplocarpon rosae*)의 자낭반과 자낭. [출처: Fred Brooks, University of Hawaii at Manoa, Bugwood.org]

조직을 침입한다.

균사는 엽육에서 생장하면서 2주일 이내에 잎에 있는 큐티클층에 병반과 분생포자층(acervulus)을 형성하고 기후가 온난다습하면 계속 분생포자를 생성한다. 얇고 검은 자좌에 형성된 분생포자경의 끝에 계속해서 형성되는 수많은 분생포자는 큐티클을 밀어내어 잎을 파열시킨다. 분생포자는 2차 전염원으로 작용해 새로운 잎으로 전파되고 더 많은 병환을 되풀이한다.

가을철에 낙엽이 지면 병원균은 죽은 잎 조직을 침입하고, 오래된 분생포자층 아래에 분생포자경과 나란히 분생포자를 형성한다. 분생포자층은 감염된 조직에 있는 병반에서 월동한 후

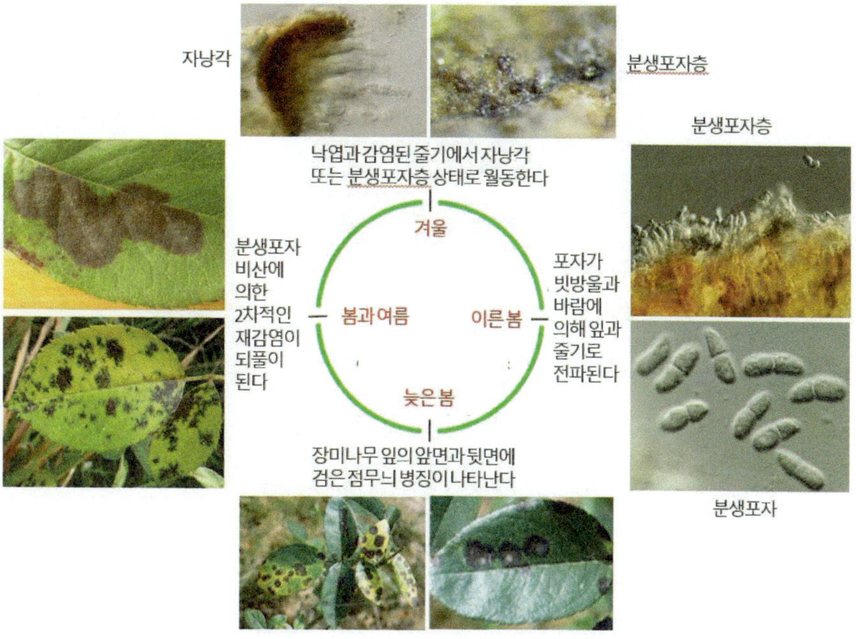

그림 12.429 *Diplocarpon rosae*에 의한 장미나무 검은무늬병의 병환.

봄철에 분생포자를 방출하고 빗물에 의해 전파돼 병환을 완성한다.

날씨 조건이 자낭과(ascocarp) 형성에 적합한 봄철에, 자낭포자(ascospore)는 자낭반(apothecium)에 형성되기도 하지만 매우 드물고, 자실체에 형성된 분생포자가 무성세대를 이어간다.

장미나무 검은무늬병의 발병적온은 20~27℃이고, 최초로 분생포자가 발아한 후 7시간 내 잎 표면이 마르면 감염이 일어나지 않는다. 29℃ 이상에서도 더 이상 병이 확산되지 않는다.

[방제] 병든 잎과 낙엽을 제거하고, 관수할 때 잎이 젖지 않도록 한다. 병든 식물의 줄기를 전정하고, 포장위생관리를 철저히 한다. 저항성 품종을 심고, 묘목이나 나무 사이 간격을 넓게 벌려 통기가 잘 되게 한다. 황산구리 등 구리제와 살균제를 봄에 새순이 나올 때 또는 잎에 병반이 나타나기 시작할 때 살포한 후 7~10일 간격으로 계속 살포하거나 강우 24시간 이내에는 매번 살포한다.

② 홍가시나무 점무늬병(Entomosporium leaf spot)

홍가시나무 점무늬병(Entomosporium leaf spot)은 제주도 및 남부지방에서 정원수, 생울타리로 심는 홍가시나무에 흔히 발생한다. 조경수의 미적 가치를 저하하고 조기낙엽을 일으켜 수세가 약화된다.

[병증상] 초기 병징으로 붉은색의 작은 점이 나타나고 지름 2~4 ㎜의 회갈색 둥근 병반으로 진전된다. 병반 주변은 홍자색으로 변하고 병반은 서로 붙기도 한다. 병반 중심에는 광택이 나는 검정 딱지같은 분생포자층이 융기되는 표징을 드러낸다.

그림 12.430 홍가시나무 잎의 초기 병징. [출처: 김경희]

그림 12.431 홍가시나무 잎의 후기 병징. [출처: 김경희]

[병원균] 홍가시나무 점무늬병을 일으키는 병원균은 *Diplocarpon mespili* (=*Entomosporium mespili*)로 자낭균문(Ascomycota), 두건버섯강(Leotiomycetes), 고무버섯목(Helotiales), 살갗버섯과(Dermateaceae)에 속한다. 영양체는 격벽 균사체이고, 무성번식체로 분생포자를 형성한다.

[병환] 4월 하순에 새 잎과 어린 가지에 초기에는 붉은색의 작은 점이 나타나서 점차 회갈색 둥근 병반으로 진전된다. 병반 주변은 홍자색으로 변하고 병반은 서로 붙기도 한다. 병반 중심에는 광택이 나는 검정 딱지같은 분생포자층이 융기되고 비가 오면 분생포자층이 터져 분생포자가 분출된다. 5월에는 월동한 병든 묵은 잎이 떨어지고 새잎에도 발병하면서 조기에 낙엽이 된다.

그림 12.432 홍가시나무 점무늬병이 심하게 발생해 낙엽이 진 나무들. [출처: 김경희]

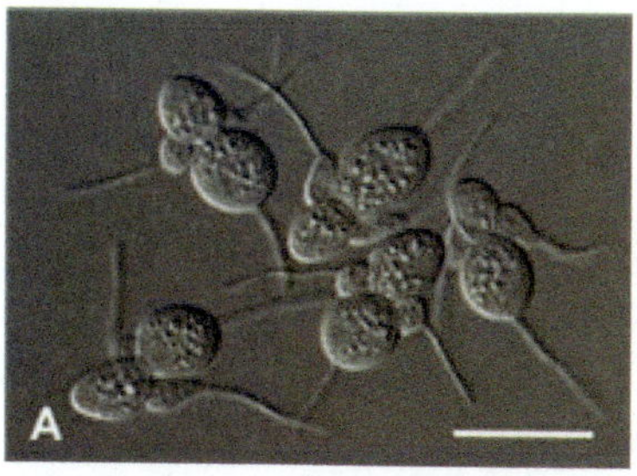

그림 12.433 홍가시나무 점무늬병균(*Diplocarpon mespili*)의 분생포자. [출처: 김경희]

[방제] 비배관리를 철저히 한다. 병든 낙엽을 태우거나 땅에 묻는다. 발병 초기인 4~5월에 적용약제를 1~2회 살포한다.

(10) 벼에 발생하는 병

① 벼 도열병(rice blast)

벼 도열병(rice blast)은 전 세계적으로 발생하며 벼에서 가장 중요한 병 중의 하나이다. 특히 생육기에 비가 자주 오고 여름철 기온이 낮은 해에 발생이 심하고, 재배하면서 질소비료를 많이 사용하는 곳에서는 많은 피해가 발생한다.

벼 도열병은 rice blast라는 영어명칭 외에도 rice rotten neck, rice seedling blight, blast of rice, oval leaf spot of graminea, pitting disease, ryegrass blast, Johnson spot, neck blast, Imochi(稲熱) 등으로도 알려졌는데, 그만큼 볍씨 발아 직후부터 발생하기 시작하고 출수 후 성숙기에 이르기까지 발생이 계속되어 다양한 병징을 일으키면서 벼에 심각한 손실을 일으키는 식물병원균이자 모델 생물이다.

현재 도열병균의 학명인 *Magnaporthe oryzae*는 유전적인 차이가 뚜렷하고 교배되지 않는 적어도 두 종의 생물 종을 포함하는 복합체로 구성되어 있다. *Digitaria*로부터 분리된 복합체 구성원들은 *M. grisea*로 더 좁게 정의되어 왔다. 벼와 다른 다양한 기주들로부터 분리된 복합체의 나머지 구성원들은 *M. oryzae*로 이름이 바뀌었다. 이 두 가지 이름 중 어떤 이름을 벼 도열병균에 사용해야 할지에 대한 혼동이 남아 있는데, 이는 현재 두 이름 모두 다른 저자들에 의해 사용되고 있기 때문이다.

M. grisea 복합체의 구성원들은 또한 벼뿐만 아니라 밀, 호밀, 보리, 조를 포함한 다른 농

업적으로 중요한 곡물들을 감염시킬 수 있다. 벼 도열병은 매년 경제적으로 심각한 농작물 손실을 초래한다. 매년 도열병은 6천만 명 이상의 사람들이 먹기에 충분한 쌀을 파괴하는 것으로 추정된다. 벼 도열병균은 전 세계 85개국에서 발견되는 것으로 알려져 있으며, 세계에서 가장 파괴적인 식물병원균이다.

우리나라에서는 1971년 허문회 교수에 의해 육성된 통일벼 신품종의 보급으로 1974년에는 쌀 생산량이 3천만 석을 돌파했고, 3년 후인 1977년에는 4천만 석을 돌파했다. 이때 우리나라의 단위면적당 쌀 생산량은 세계 최고를 기록했다. 그러나 통일벼 계통의 신품종을 단일재배한 결과 나타내는 유전적 취약성 때문에 도열병에 저항성이었던 신품종에서 저항성 역전(break-down) 현상이 발생하면서 에피데믹이 대발생했다.

1978년 한반도를 강타한 변종 도열병균은 신품종을 쭉정이로 만들어버렸다. 정부의 권유를 믿고 신품종을 심었던 농민들은 회복할 수 없는 타격을 입었고, 무려 78만 명이 농촌을 떠나 대부분 도시빈민 신세로 전락했다. 특정 병원균에 대한 수직저항성을 가진 품종의 저항성이 역전되면 오히려 수량손실이 막대해지는 버티폴리아 효과(vertifolia effect)가 나타난 대표적인 사례로 기록되고 있다.

[병증상] 벼 도열병은 잎, 잎자루, 마디, 이삭목, 이삭가지, 볍씨 등을 침해해 다양한 병징을 일으킨다. 벼 도열병은 주로 잎을 침해하는데, 전형적인 잎 도열병(leaf blast) 병징으로 방추형 병반을 형성한다.

만성형 병반 안쪽은 회백색, 바깥쪽은 암녹색~암갈색을 띠며 건전부와의 경계에는 황색 테두리를 형성한다. 불규칙한 급성형 병반은 안쪽에는 회백색을 띠고 바깥쪽은 짙은 회색을 띠면서 빠르게 진전되고, 병반들은 확대되고 융합해 잎 전체를 누렇

그림 12.434 잎 도열병의 만성형 병반. [출처: Donald Groth, Louisiana State University AgCenter, Bugwood.org]

그림 12.435 잎 도열병의 급성형 병반. [출처: Shutterstock, Inc]

그림 12.436 마디 도열병의 병징. [출처: Wikipedia]

그림 12.437 잎집 도열병의 병징. [출처: Donald Groth, Louisiana State University AgCenter, Bugwood.org]

게 고사시킨다.

또한 잎자루에 발생하면 잎자루뿐만 아니라 연결된 잎도 고사시키고, 줄기 마디나 마디 사이에 발생하는 마디 도열병(node blast)에 의해 출수기에 백수(白穗; white panicle)가 나오거나 줄기가 부러지기도 한다.

그림 12.438 목 도열병의 병징.
[출처: Donald E. Groth et al.]

그림 12.439 이삭 도열병의 병징.
[출처: Wikipedia]

출수기에 이삭목을 에워싸면서 벼에 가장 큰 피해를 주는 목 도열병(nect blast)이 일찍 발생하면, 낟알의 속은 비어 버리므로 이삭이 꼿꼿이 선 상태가 된다. 목도열병이 늦게 발생하면 낟알은 부분적으로 속이 차는데, 이삭 무게 때문에 이삭목이 부러져 이삭이 축 늘어진다.

그림 12.440 벼알 도열병의 병징.
[출처: D. O. TeBeest et al.]

그림 12.441 병든 볍씨 위에 형성된 표징(분생포자경과 분생포자).
[출처: D. O. TeBeest et al.]

이삭가지나 낟알이 감염되는 이삭 도열병(panicle blast)에 의해 갈색~검은색 점무늬가 나타난다. 볍씨에는 처음 암갈색 병반이 생겨 나중에 회백색으로 되고 잿빛 곰팡이가 자라며 쭉정이가 된다.

[병원균] 벼 도열병을 일으키는 병원균은 *Magnaporthe oryzae* (=*Magnaporthe grisea*, 무성세대 *Pyricularia oryzae*)로 자낭균문(Ascomycota), 동충하초강(Sordariomycetes), Magnaporthales 목, Magnaporthaceae과에 속한다.

다른 벼과식물에 도열병을 일으키는 *P. grisea*와 형태적으로 구별되지 않는다. 유성세대인 *M. oryzae*는 자연 상태에서 발견되지 않았지만, 실험실에서 화합성인 균주를 교배하면 유성생식에 의해 자낭각을 형성한다.

그림 12.442 벼 도열병균(*Magnaporthe oryzae*)의 분생포자.
[출처: 이용환]

영양체는 격벽 균사체이고, 무성생식에 의해 분지되지 않고 회색을 띤 분생포자경을 하나씩 또는 다발로 형성하며,

그 끝에 서양배 모양으로 대개 2개의 격벽을 갖는 분생포자를 형성한다. *M. oryzae*는 pyrichlarin, α-picolinic acid 등 독소를 분비하는데, 발병에 관여하는 것으로 여겨진다.

*M. oryzae*에는 수많은 레이스가 있는데, 각각의 레이스는 병원성이 다른 유전자를 갖고 있다. 도열병 저항성에 관여하는 13개 이상의 주동유전자가 벼 품종에서 알려져 있는데, 이러한 각각의 저항성 유전자는 새로운 레이스의 출현으로 2~3년 이내 쉽게 무너진다.

[병환] 병든 볏짚이나 종자 또는 잡초 기주에서 균사 또는 분생포자로 월동한다. 열대지방에서는 분생포자가 연중 공기 중에 존재한다. 도열병균은 90% 이상 높은 상대습도가 유지되는 동안 분생포자를 형성하고 비산시킨다.

성숙한 분생포자는 바람에 의해 전파돼 벼에 내려앉은 분생포자는 끝부분에서 분비하는 끈적끈적한 점액물질로 딱 달라붙는다. 벼 잎이나 줄기가 습하면, 분생포자는 발아하며, 발아관은 부착기(appressorium)를 형성하고 부착기를 통해 식물 표면을 뚫고 들어가거나 기공을 통해 들어간다. 도열병균이 침입하기 위해서는 부착기 세포벽에서 멜라닌의 생성과 집적이 필요하다.

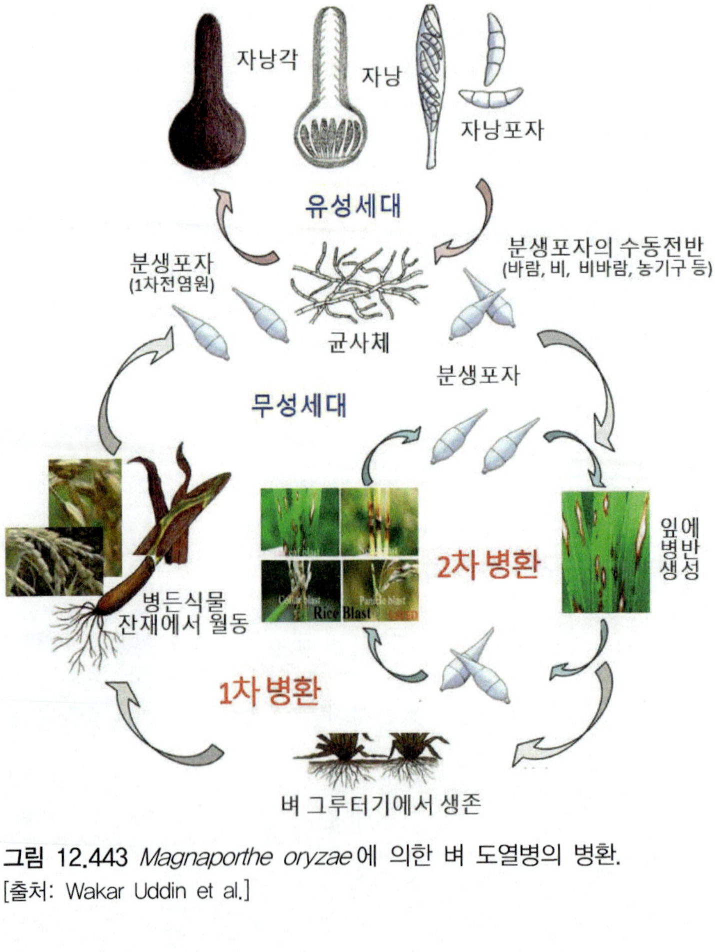

그림 12.443 *Magnaporthe oryzae*에 의한 벼 도열병의 병환.
[출처: Wakar Uddin et al.]

심층학습 36 '벼 도열병'에 대한 '저항성 역전'

'벼 도열병'은 '*Magnaporthe oryzae*'에 의해 벼의 전 생육기에 걸쳐 발생하는데, 벼 잎이나 줄기에 열이 가해져 마치 불타는 것처럼 진한 갈색 점무늬들이 순식간에 퍼져가기 때문에 붙여진 이름이다.

1965년 서울대학교 농과대학 허문회 교수님은 필리핀에 있는 국제미작연구소(IRRI)에서 우리나라 생태조건에 적응하는 키 작은 다수확 품종 육성을 목표로 인디카(Indica) 품종의 키 작은 특성과 내병성(disease tolerance)의 장점을 자포니카(Japonica) 품종에 도입한 신품종 육성에 성공했다.

잎도열병 후기 증상. [출처: 식물병리학]

IRRI에서 육성된 인디카 품종인 IR8과 내만 품종으로 반왜성(半矮性) 유전자(sd1)를 가지는 TN1 그리고 내냉성(cold tolerance)이 강한 일본 품종인 Yukara의 3원교잡으로 통일 품종이 탄생했다. 통일 품종은 인디카와 자포니카 품종의 원연교잡(遠緣交雜)으로 우리나라에서 최초로 육성한 키 작은 다수확 품종으로 '벼 도열병'에 대해 수직저항성을 갖추고 있었다.

마디도열병 증상. [출처: 식물병리학]

통일형 신품종은 인디카 계통의 형질을 지닌 개량 품종을 통칭하는 말인데, 수많은 논란에도 불구하고 우리나라 농학과 농업의 발전사에 한 획을 그은 업적으로, 1999년 과학자들 설문 조사에서 '우리나라 과학의 10대 성취' 중 하나로 선정되기도 했다.

박정희 정부는 오랫동안 찾으려 애썼던 기적의 볍씨를 드디어 확보한 것처럼 보였다. 단위 면적당 생산량이 자포니카 계통 품종에 비해 37%나 높은 통일형 신품종의 성과에 매우 흡족해했다.

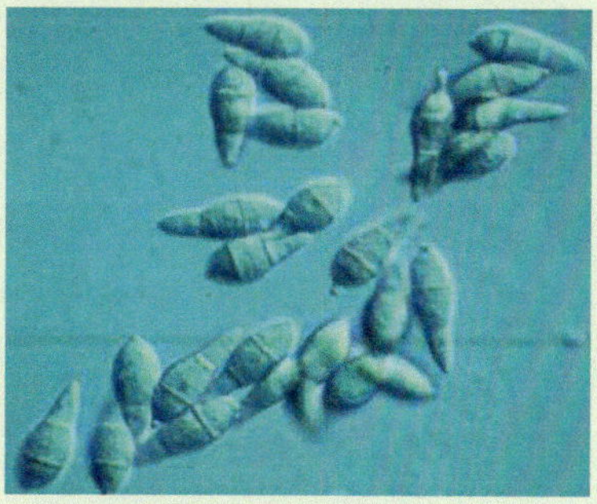
벼 도열병균의 분생포자.
[출처: D. O. TeBeest et al.]

1974년부터 1977년까지 쌀 생산량도 개별 농가의 명목 소득도 모두 크게 증가했다. 통일형 신품종은 맛이 없어 시장에서의 경쟁력은 떨어졌지만, 정부는 추곡수매(秋穀收買)와 이중곡가제(二重穀價制)를 통해 통일형 신품종 재배 농가에 확실한 인센티브를 부여했다.

1974년 쌀 생산량은 3천만 석을 돌파했고, 3년 후인 1977년에는 4천만 석을 돌파했다. 이때 우리나라의 단위 면적당 쌀 생산량은 세계 최고를 기록했다. 박정희 대통령은 이를 '녹색혁명'의 성취로 대대적인 홍보를 하면서 통일형 신품종 재배를 권장했다.

그러나 1978년 통일형 신품종 출수기 전후에 고온다습한 데다, 강우빈도가 잦아 강우량은 많고, 일조시수와 일조량이 적은 기상 조건과 질소질 비료를 과다하게 시용해 벼 체내 질소 함량이 높아서, '벼 도열병균'이 통일형 신품종을 침입하기에 적합한 발병 유인으로 작용해 '벼 도열병'이 대발생했다.

통일형 신품종은 유신정권의 강력한 행정력의 뒷받침으로 재배면적이 급증하면서 단순한 품종 구성으로 인한 유전적 취약성 때문에, 이를 침해할 수 있는 인도형 변이균(變異菌) 레이스 집단이 급증해, 목도열병 에피데믹이 발생함으로써 통일형 신품종이 치명적인 피해를 입었다.

'벼 도열병균'에 대한 매우 강한 수직저항성을 가진 통일형 신품종의 급속한 재배 증가는 강한 도태압(selection pressure)으로 작용했고, 이러한 수직저항성 유전자를 극복하지 못한 일본형 재래균 레이스 집단은 급격하게 도태된 반면에, 빠른 시간 내에 통일형 신품종을 침해할 수 있는 새로운 통일형 변이균 레이스 집단이 대량 출현해 **'저항성 역전현상(逆轉現像, break-down)'**이 발생했다.

결국 새로운 레이스의 출현에 의해 수직저항성이 무너지면 감수성 품종보다 더 피해를 많이 보게 되는 현상인 **'버티폴리아 효과(Vertifolia effect)'**가 드러난 대표적인 사례가 되면서 통일형 신품종은 새로운 레이스의 출현에 의한 저항성 역전 결과 역사 속으로 사라져 버렸다.

우리나라에 분포하는 '벼 도열병균'의 레이스 분화에 대한 조사는 1962년부터 시작됐으며, 각 지역에 분포된 레이스의 종류 및 특성을 파악해서 벼 품종의 병저항성을 지속시키기 위해서는 반드시 필요하다. 1970년대 연도별 벼 품종의 재배면적률과 '도열병균' 레이스의 분포를 보면 1977년과 1978년 '목도열병' 에피데믹의 원인이 본래 소수였던 인도형 변이균 레이스 집단이 통일형 신품종의 보급에 맞추어 급격히 증가했기 때문임을 입증해준다.

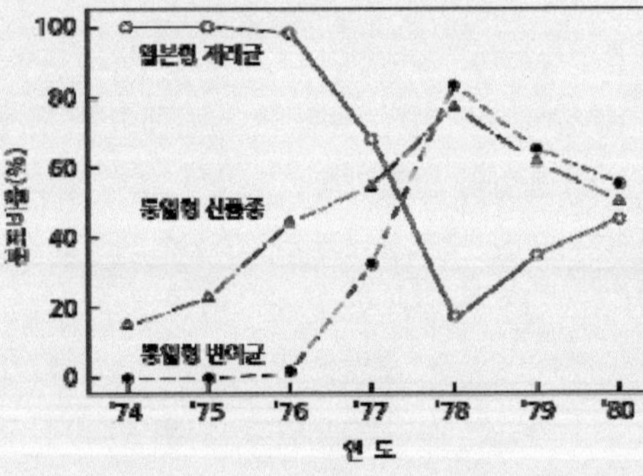

1970년대 연도별 벼 품종의 재배면적률과 도열병균 레이스의 분포. [출처: 식물의학]

1977년 12월 8일 정부는 남아도는 쌀을 처치하기 위해 쌀 막걸리 제조를 허용했다. 막걸리 원료를 쌀에서 밀가루로 대체한 지 14년 만에 쌀 막걸리가 다시 등장한 것이다. 일제강점기부터 굶주림에 시달리며 보릿고개를 경험했던 세대나 그 후 1955~1963년 사이에 태어나 쌀밥 한번 배불리 먹어보는 것이 소원이었던 베이비붐(baby boom) 세대 모두에게 쌀 막걸리는 당시 상상할 수조차 없었던 호사였다.

쌀 자급자족이 이루어지기 전까지 혼식과 분식을 장려하기도 했었지만, 지금은 쌀이 남아도는 시대에 살고 있다. 우리나라 가구 내 1인당 연간 쌀 소비량은 1970년 136.4 kg 정점으로 꾸준하게 감소해 2021년에는 절반에도 못 미치는 56.9 kg으로 감소했다. 2021년 1인당 하루 쌀 소비량 역시 155.8 g에 불과했다. 밥 한 공기를 짓는데 대략 쌀 100 g이 필요한 점을 고려하면, 한 사람이 하루 한 공기 반 정도를 먹는 셈이다.

분생포자 발아적온은 25~28℃, 침입에 소요되는 시간은 32℃에서 10시간, 28℃에서 8시간, 24℃에서 6시간인데, 34℃에서는 침입할 수 없다. 근자외선에 의해 포자형성이 촉진된다.

유묘 및 어린잎과 줄기는 성숙한 식물체 및 조직보다 더 감수성이다. 최적 온도조건에서 침입부터 병반형성까지는 4~5일이 소요된다. 다습한 날씨나 높은 상대습도에서는 병반이 나타난 후 몇 시간 이내에 새로운 포자가 형성되어 방출되며 이러한 과정이 수일 동안 계속되는데, 분생포자는 대부분 밤부터 일출 전에 방출된다.

벼 도열병은 비가 자주 오고 일조가 부족하고 한랭하고 음습한 날씨, 강한 바람, 낮은 수온과 지온, 질소비료의 과용, 밀식, 모내기 지연, 잎에 수막형성의 지속, 그리고 20℃ 전후의 야간온도 조건 등에서 많이 발생한다.

적합한 조건에서는 약 1주일이면 병환이 완성되는데, 1개의 병반은 하룻밤에 수천 개의 분생포자를 형성한다. 병반은 감염 3~4일 후에 나타난다. 병반은 20일 이상 분생포자를 계속해서 형성하기 때문에 감수성 품종에서는 파괴적이다. 벼 도열병의 감염에는 잎 표면의 수분이 반드시 필요하기 때문에 긴 수분지속시간은 발병유인으로 작용한다.

[방제] 종자를 소독하고, 병든 볏짚을 제거한다. 저항성 품종을 재배한다. 모내기를 일찍 하고, 찬물 관개를 삼가고 논물을 얕게 대되 논바닥이 마르지 않도록 한다. 질소비료 사용을 최소화하고, 병든 볏짚을 퇴비로 쓸 때는 충분히 부숙시켜 사용한다. 상습 발병지에서는 적용약제의 적절한 사용 등 모든 방제수단을 동원한 종합관리가 필요하다.

② 벼 키다리병(bakanae disease)

벼 키다리병(bakanae disease)은 못자리부터 이삭이 나올 때까지 발생한다. 벼농사에서는 이 병이 엄청난 경제적 영향을 끼쳤다. 손실은 특히 인도, 태국, 일본 등 아시아 국가에서 높게 나타났다. 특히, 인도쌀(Basmati)은 *Gibberella fujikuroi*의 주요 표적이 되었다. 때때로 벼 재배자들은 50%까지 손실을 입는다. 그러나 발병률은 그리 높지 않고 전염병 기간에만 발생한다.

그림 12.444 키다리병에 감염된 벼.
[출처: Pacific Pests and Pathogens]

그림 12.445 아래쪽 마디의 병징.
[출처: Pacific Pests and Pathogens]

*G. fujikuroi*에 감염된 벼는 비정상적으로 길게 자라다가 결국 쓰러져 죽는다. *G. fujikuroi*는

옥수수, 사탕수수, 밀, 아스파라거스 등을 포함한 경제적으로 중요한 다른 작물들에서 파괴적인 병을 일으킨다.

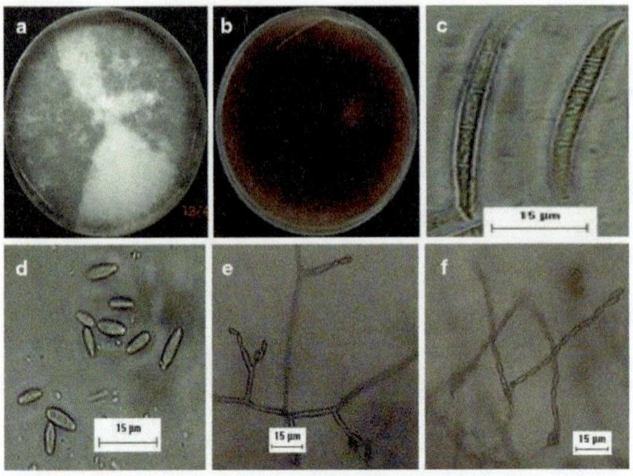

그림 12.446 벼 키다리병균(*Fusarium fujikuroi*)의 균총(a, b), 대형분생포자(c), 소형분생포자(d), 소형분생포자가 생성된 phialide(e), V-형 연쇄상으로 형성된 소형분생포자(f). [출처: N. F. Ibrahim et al.]

[병증상] 병든 묘는 잎이 담녹색을 띠며 가늘고 길게 자라 건전한 잎의 2배에 달하기도 한다. 때로는 발아 후 곧 죽는다. 병든 벼는 거의 출수하지 않고 말라 죽거나 출수해도 이삭이 여물지 못한다. 성장한 벼는 분얼이 적고 마디는 담갈색으로 변해 흔히 위쪽 마디에서 뿌리가 나온다. 8월에 들어서 잎집에 분홍색 곰팡이(분생포자)와 남흑색 작은 입자(자낭각)가 표징으로 많이 드러난다.

[병원균] 벼 키다리병을 일으키는 병원균은 *Fusarium fujikuroi*(유성세대 *Gibberella fujikuroi*)로 자낭균문(Ascomycota), 동충하초강(Sordariomycetes), 동충하초목(Hypocreales), 알보리수버섯과(Nectriaceae)에 속한다.

영양체는 격벽 균사체이고, 무성생식에 의해 대형분생포자, 소형분생포자와 후벽포자를 형성한다. 대형분생포자는 무색의 길고 양끝이 굽은 초승달 모양이며, 보통 3~5개의 격벽이 있다. 소형분생포자는 무색의 계란 모양이고 연쇄상으로 형성된다. 유성생식에 의해 자낭과(ascocarp)로 자낭각(perithecium)을 형성하며, 공구(ostiole)와 측사(paraphysis)를 가진다. 자낭(ascus)은 계란형이며 선단에 구멍이 있고, 자낭각 안에 규칙적으로 배열돼 있으며, 단층막이다. 자낭포자는 무색의 타원형~방추형이고, 1개의 격벽이 있다.

벼가 가늘고 길게 자라는 것은 *F. fujikuroi*가 분비하는 대사산물인 지베렐린(gibberellin)이라는 식물생장호르몬 작용 때문이고, 푸사린산(fusaric acid)이라는 독소도 생성한다.

[병환] 분생포자는 바람과 물에 의해 전반되고, 오염된 종자를 통해 먼 거리로 전반된다. 벼 개화기에 바람에 의해 날아온 분생포자는 벼알 안에 침입하거나 종자 표면에 붙어서 월동한다. 분생포자는 종자에 붙어서 2년간 살 수 있으며, 종자가 발아할 때 상처를 통해 어린 조직에 침입해 키다리 병징을 나타낸다.

분생포자는 토양에서 1년가량 생존할 수 있으며, 오염된 토양에 있는 병원균은 벼 뿌리를 감염하고 식물체를 거슬러 생장하면서 분생포자를 형성하고 새로운 낟알과 토양으로 확산된다. 볏짚이나 그루터기에서 대량 생성된 분생포자는 수확기에 이르러 이삭을 감염시킨다.

심층학습 37 '지베렐린'

'벼 키다리병'에 감염된 벼는 줄기와 잎이 가늘고 길게 자라 연약해져 결국 넘어지고 만다. 1926년 일본의 과학자 Eiichi Kurosawa는 '벼 키다리병'을 일으키는 원인이 *Gibberella fujikuroi* 라는 곰팡이의 감염 때문이라는 것을 최초로 밝혀냈다. 1935년 동경제국대학의 Teijiro Yabuta 교수는 이 곰팡이에 의해 생산된 물질이 '벼 키다리병'을 유발했다는 사실을 밝혀내 이 물질을 '지베렐린(Gibberellin, GAs)'으로 명명했다.

'지베렐린'은 식물호르몬 중 가장 먼저 발견되었는데, 줄기 신장, 발아, 휴면, 꽃의 개화 및 성장, 잎과 과일의 노화 등 식물 생장을 조절하는 식물호르몬이다. '지베렐린' 합성이 부족한 작물 변종을 선별적으로 사육한 것은 1960년대 녹색혁명의 핵심 동인 중 하나로 세계적으로 10억 명이 넘는 생명을 구한 것으로 평가된다. GA는 현재 auxins, cytokinins, abscisic acid, ethylene과 함께 5가지 주요 식물호르몬으로 분류된다.

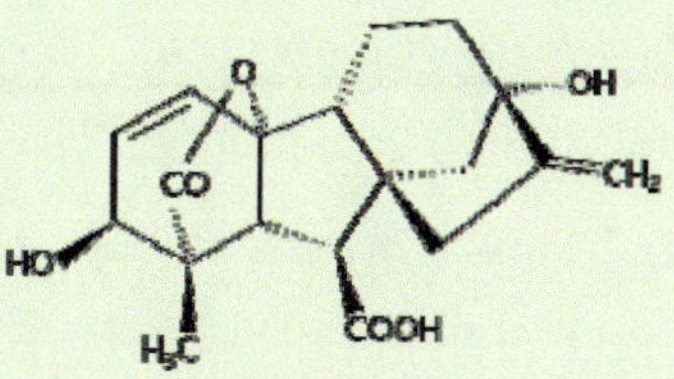

지베렐린의 화학구조.

여러 가지 다른 구조를 가진 GA가 분리되었다. 자연에서 생성 및 실제 작용하는 '지베렐린'은 GA1, GA3, GA4, GA7이지만, GA1이 가장 널리 발견된다. GA는 종자의 휴면 타파, 종자 발아 촉진, 작물 수확량 향상, 과일의 재배 촉진, 왜소증 극복 등과 같은 생리학적 효과를 나타낼 수 있다. GA는 과수, 작물 및 착생식물의 품질과 수량을 개선하기 위해 널리 적용되어 왔다. 식물, 곰팡이, 세균에 GA가 광범위하게 존재하지만, *G. fujikuroi* 는 뛰어난 생산성을 보여 GA의 산업 생산에 적용되는 유일한 생명체이다. 이외에도 *G. fujikuroi* 에 의해 생산되는 다른 많은 귀중한 2차 대사산물들도 발견되었는데, *G. fujikuroi* 가 다른 화학 물질의 생산에 적용될 가능성을 나타낸다.

'지베렐린'의 작용 중 가장 특징적인 것은 줄기의 신장을 촉진시키는 작용이다. 옥신은 식물 전체에 주어도 거의 효과가 없고 신장을 촉진시키지 않는 데 비해, 지베렐린은 식물 전체에 대해서 두드러진 효과를 나타낸다. 반대로 귀리의 자엽초나 완두 줄기를 식물체에서 잘라내어 옥신을 주면 신장이 촉진되는데, '지베렐린'은 잘라낸 부분에 대해서는 거의 효과를 나타내지 않는다.

지베렐린 처리한 포도와 무처리 포도.
[출처: Dora Agri-Tech]

또한 '지베렐린'은 옥신으로는 별 영향을 받지 않는 개화 현상에 강한 효과를 나타내기도 한다. 즉, 장일 식물은 일조 시간이 12시간 이상 되어야만 꽃이 피지만, '지베렐린'을 주게 되면 단일 조건에서도 꽃이 핀다. 이 밖에 '지베렐린'은 휴면하고 있는 씨나 눈이 삼에서 깨어나 생장을 시작하게 하는 작용도 있으며, 또 어떤 식물에 대해서는 열매를 맺게 하는 효과가 옥신보다 더 강하게 나타난다.

30℃ 이상 고온 조건에서 키다리병은 많이 발생하고, 서늘하고 건조한 토양에서는 뿌리썩음을 많이 일으킨다.

[방제] 무병종자를 사용하거나 종자소독을 한다. 병든 모는 제거한다. 볍씨에 상처를 주는 기계탈곡을 금한다. 육묘상에 적용약제 처리로 예방한다.

(11) 소나무류에 발생하는 병

① 소나무류 잎떨림병(needle cast)

Lirula, Lophodermium, Mycosphaerella, Rhizosphaera, Scirrhia 등에 의해 침엽수류의 침엽(針葉, needle)에 발생하는 잎떨림병과 잎마름병은 어느 정도 서로 다른 점도 있지만 많은 공통적인 특징을 가지고 있다. 일반적으로 분생포자가 침엽을 감염하지만, 간혹 생육기의 어떤 시기에는 자낭포자도 침엽을 침해한다. 감염의 양상과 시기는 특정한 종이 자라는 지역에 따라서 달라질 수도 있다.

잣나무를 비롯한 소나무류에 발생하는 잎떨림병(needle cast)은 *Lophodermium* 속의 여러 종에 의해 발생되며, 종의 명칭은 기주에 따라 다르다. 습도가 높거나 통풍이 잘 안될 경우 발병이 가속화된다. 병에 감염된 침엽은 살짝 건드려도 우수수 떨어지는 증상에서 병명이 유래한다. 이 병으로 인해 소나무류가 급격히 말라 죽지는 않지만 생장이 둔화된다. 북미와 유럽의 소나무류에 큰 피해를 주며, 우리나라의 경우 소나무류(소나무, 해송, 잣나무)의 묘목과 조림목에 발생한다. 잡초가 많고, 통풍과 배수가 불량한 곳에서 큰 피해가 발생한다. 특히 15년 미만의 묘목에서 더 많이 발생한다.

그림 12.447 잎떨림병으로 죽은 소나무. [출처: Wikipedia]

그림 12.448 소나무 가지와 침엽의 병징. [출처: Bruce Watt, University of Maine, Bugwood.org]

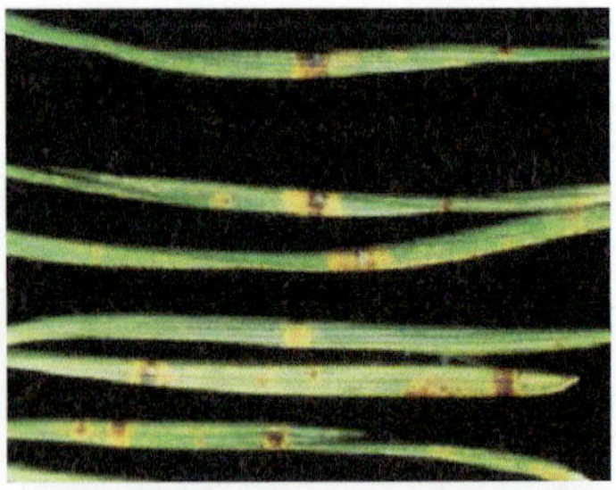

그림 12.449 소나무 침엽의 초기 병징.
[출처: Bugwoodwiki]

그림 12.450 소나무 침엽의 후기 병징. [출처: Andrej Kunca, National Forest Centre – Slovakia, Bugwood.org]

[병증상] 초기 병징으로 감염된 침엽에 연녹색~황색의 점무늬가 생기고, 점무늬가 합쳐지면서 차츰 갈색이나 적색으로 변하며 침엽 전체가 적갈색이 된다. 침엽을 에워싸면 그 점무늬 윗부분은 죽는다. 침엽 전체가 죽거나, 나무에 잠시 붙어있어서 마치 적갈색으로 불타는 듯한 모습을 나타내거나, 결과적으로는 부분적으로 또는 전체적으로 낙엽진다.

[병원균] 소나무류 잎떨림병은 *Lophodermium seditiosum*을 비롯한 *Lophodermium*속 19종에 의해 발생되는데, *Lophodermium* spp.는 자낭균문(Ascomycota), 두건버섯강(Leotiomycetes), 색찌끼버섯목(Rhytismatales), 색찌끼버섯과(Rhytismataceae)에 속한다.

영양체는 격벽 균사체이고, 무성적으로 분생포자각에 가늘고 아주 긴 분생포자를 형성한다. 유성생식에 의해 자낭반을 형성하고, 긴 곤봉형 자낭 안에 가느다란 자낭포자를 형성한다.

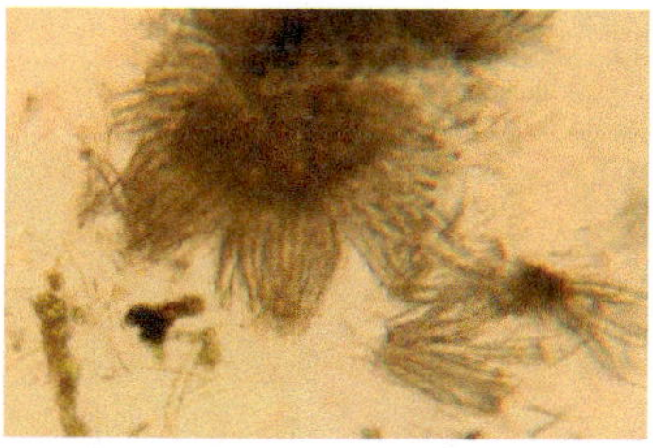

그림 12.451 소나무류 잎떨림병균(*Lophodermium seditiosum*)의 분생포자각. [출처: Jody Fetzer]

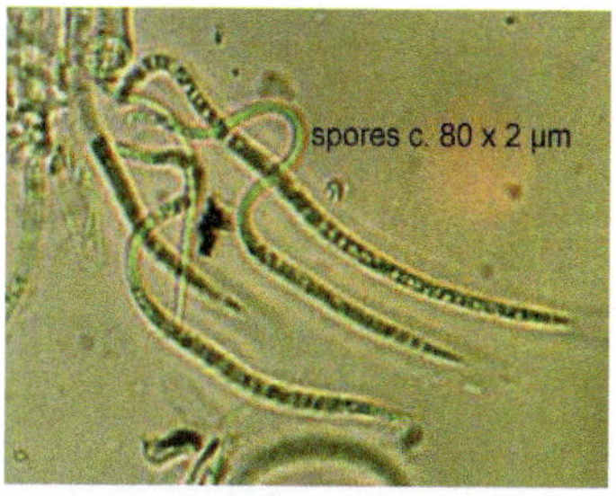

그림 12.452 소나무류 잎떨림병균(*Lophodermium seditiosum*)의 분생포자. [출처: Bugwoodwiki]

그림 12.453 소나무류 잎떨림병균(*Lophodermium seditiosum*)의 자낭반. [출처: Bruce Watt, University of Maine, Bugwood.org]

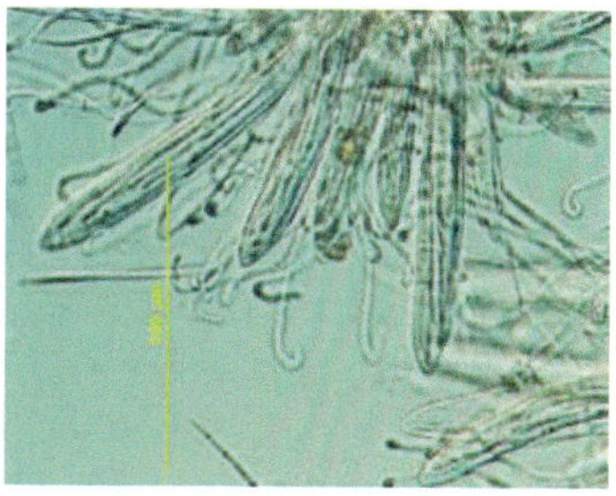

그림 12.454 소나무류 잎떨림병균(*Lophodermium seditiosum*)의 자낭. [출처: Bruce Watt, University of Maine, Bugwood.org]

[병환] 병원균은 나무 위나 땅 위의 병든 침엽에서 분생포자를 형성하거나 때로 자낭각 안에 자낭포자를 형성하기도 한다. 분생포자와 자낭포자는 공기 중에 방출되거나 다습한 날씨에 스며 나와서 비가 오면 씻겨 내려가거나 튀겨서 다른 침엽이나 나무로 전반된다. 어떤 병원균은 감염되었으나 아직 살아있는 침엽에서 균사로 월동하지만, 대부분은 나무나 땅 위의 죽은 침엽에서 자낭포자나 분생포자로 월동한다.

4월 중순 묵은 침엽이 적갈색으로 변하면서 떨어지기 시작하며, 5월 하순까지 병이 진전된다. 병이 진전되면 검은색의 축구공 모양의 자실체(hysterothecia, apothecium의 일종)가 늦여름에 생기고, 가을에 비가 내리기 시작하면 포자가 새로운 침엽으로 감염한다.

잎떨림병은 특별히 단일종이 재배되는 곳의 성숙한 나무들을 가해해서 계속 낙엽이 지도록 해 고사시키기 때문에 매년 수천 그루의 나무가 죽거나 쇠약해져 결국 베어진다. 그러나 날씨가 발병에 적합하고 적절한 방제수단이 강구되지 않아 어린나무나 유묘에 대발생하면 수백만 그루를 매우 짧은 시간에 죽일 수 있다.

[방제] 병든 낙엽을 제거한다. 비료주기, 잡초제거, 가지치기 등을 통해 나무를 건강하게 키운다. 조림지에 있는 큰 나무는 죽기 전에 벌채하거나 가능하면 감염이 시작되는 생육초기와 낙엽지기 전 생육말기에 2회 적용약제를 항공살포한다. 양묘장의 묘목에는 5월부터 10월까지 적어도 2주 간격으로 적용약제를 살포한다.

② 소나무류 갈색무늬병(brown spot)

소나무류 갈색무늬병(brown spot)은 해송(곰솔) 묘목에 발생해 낙엽을 일으켜 심한 피해를 주는 병이다. 주로 육묘장이나 가로수 또는 정원수에서 발생되며, 나무는 일부의 침엽을 잃을 뿐 죽지 않지만 심하게 감염되면 나무 전체가 죽을 수도 있다.

그림 12.455 소나무류 갈색무늬병에 걸린 나무(A), 병든 가지(B), 병든 침엽(C~E), 소나무류 갈색무늬병균(*Scirrhia acicola*)의 분생포자경(F), 분생포자경(G).
[출처: Ariska van der Nest et al.]

[병징] 소나무류 갈색무늬병은 해송(곰솔) 묘목에 발생해 낙엽을 일으켜 심한 피해를 준다. 가을철에 감염된 침엽에는 불규칙한 2~3 ㎜ 크기의 노란색 점무늬가 생긴 뒤 갈색으로 변하고, 갈색 병반 주변에 황갈색 띠가 형성된다. 갈색 점무늬가 점점 커지면서 침엽 전체가 갈변되면서 낙엽이 진다.

[병원균] 소나무류 갈색무늬병을 일으키는 병원균은 *Scirrhia acicola* (=*Lecanosticta acicola*)으로 자낭균문(Ascomycota), 좌낭균강(Dothideomycetes), 그을음병균목(Capnodiales), 작은구각균과(Mycosphaerellaceae)에 속한다.

영양체는 격벽 균사체이고, 무성생식에 의해 형성된 분생포자층(conidiomata)에 긴 원통형 분생포자를 형성하는데, 1~4개의 격벽을 가진다. 유성생식에 의해 형성된 자낭자좌(ascostromata)에 곤봉형 자낭을 형성하고, 그 안에 1개의 격벽을 가진 긴 타원형 자낭포자를 형성한다

[병환] 소나무류 갈색무늬병균은 소나무류의 침엽 또는 낙엽에서 분생포자층 또는 자낭자좌 형태로 월동한다. 이듬해 봄에 분생포자 또는 자낭포자가 형성되면서 잎의 표피가 찢어지고 포자덩이가 빗물에 튀어 지제부 근처로 전반된 후 침엽을 감염한다.

[방제] 심하게 발생한 육묘장에서는 연작을 하지 않고, 병든 낙엽은 제거한다. 새잎이 전개되는 시기에 적용약제를 살포한다.

그림 12.456 *Lecanosticta acicola*에 의한 소나무류 갈색무늬병의 병환.
[출처: Ariska van der Nest et al.]

③ 소나무류 잎마름병(needle blight)

소나무류 잎마름병(needle blight)은 해송(곰솔)과 적송의 묘목에 주로 발생해 잎을 갈변시키면서 낙엽을 일으켜 생장을 크게 위축시켜 피해를 주는 병이다. 잣나무나 리기다소나무에는 별문제가 되지 않는다.

[병징] 봄에 침엽의 윗부분에 띠 모양으로 황색~담황색 점무늬가 생기고, 점차 병반이 회색~검은색으로 변하면서 확대되고 융합해 잎을 괴사시킨다. 병반 위에는 작은 검은색 점(자좌)들이 융기되어 드러난다.

그림 12.457 소나무 잎의 초기 병징. [출처: H. Hashimoto]

그림 12.458 소나무 잎의 후기 병징. [출처: H. Hashimoto]

[병원균] 소나무류 잎마름병을 일으키는 병원균은 *Mycosphaerella gibsonii* (=*Pseudocercospora pini-densiflorae*=*Cercospora pini-densiflorae*)로 자낭균문(Ascomycota), 좌낭균강(Dothideomycetes), 그을음병균목(Capnodiales), 작은구각균과(Mycosphaerellaceae)에 속한다.

영양체는 격벽을 가지고 분지하는 연한 올리브색 균사체이고, 무성생식에 의해 자좌에서 형성된 분생포자층(conidiomata)에서 자란 분생포자경 위에 다소 굽은 곤봉형~원통형 분생포자를 형성하는데, 보통 3~7개의 격벽을 가진다. 유성생식에 의해 형성된 자낭자좌(ascostromata)에 곤봉형~원통형의 두겹막 자낭을 형성하고, 그 안에 1개의 격벽을 가진 타원형 자낭포자를 형성한다.

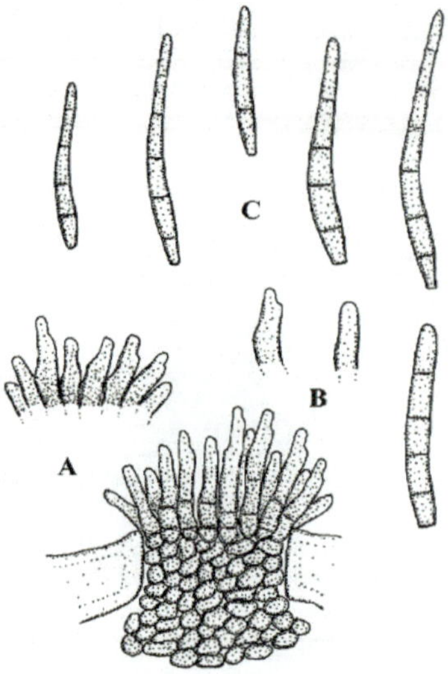

그림 12.459 소나무류 잎마름병균(*Mycosphaerella gibsonii*)의 분생포자층(A), 분생포자경(B), 분생포자(C). [출처: Uwe Braun et al.]

[병환] 병반 표피 조직 밑에 형성된 자좌가 기공이나 각피를 뚫고 돌출해 작은 점처럼 보이는데, 여기에 분생포자경과 분생포자가 형성된다. 분생포자는 10월까지 계속 새로운 침엽을 침해하고, 이듬해 병든 낙엽에 형성된 자좌에서 형성된 분생포자가 1차 전염원이 된다.

[방제] 병든 묘목과 낙엽을 제거한다. 특히 다습한 지역에서 많이 발생하므로, 묘포장은 통풍이 잘 되고 토양이 과습하지 않도록 관리한다. 짚 등으로 토양을 피복해도 발병을 줄일 수 있다.

(12) 활엽수에 발생하는 병

① 단풍나무 타르점무늬병(tar spot)

단풍나무 타르점무늬병(tar spot)은 시원한 바람이 부는 가을이 되면 잎 표면에 깨알같이 돌출되어 검은색 균체가 형성된다. 대부분 단풍류 나무에서 많이 발견이 되고 가끔 복자기와 호랑가시나무에서도 발견이 된다.

[병징] 늦은 봄에 나뭇잎에 누런 점무늬 병징이 생긴 후 점차 노란색 테두리를 유지하면서 갈색~검은색 병반으로 발달한다. 병반은 계속 커지고, 여름이 끝날 무렵에는 타르처럼 보이는 점무늬를 형성한다. 점무늬는 자좌(stroma)로 지름이 4 ㎝까지 커진다. 병반은 잎의 노화를 일으킬 뿐이지만 큰 피해를 주지는 않지만 대부분 미관을 해친다.

그림 12.460 단풍나무 잎의 초기 병징. [출처: Wikipedia]

그림 12.461 단풍나무 잎의 후기 병징. [출처: Teemu Maki]

그림 12.462 단풍나무 잎과 가지의 작은타르점무늬병 병징. [출처: 나용준]

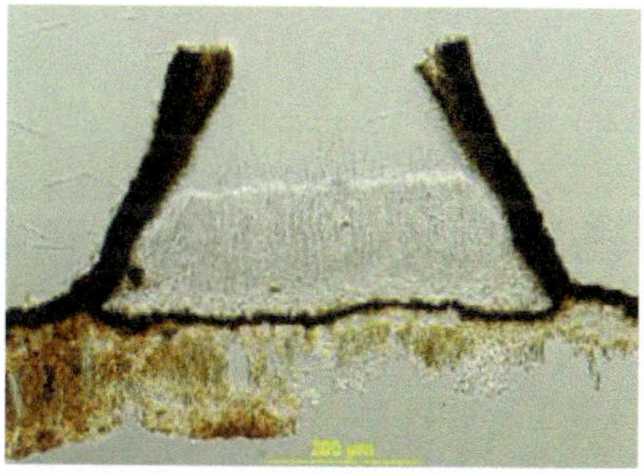

그림 12.463 단풍나무 타르점무늬병균(*Rhytisma acerinum*)의 자낭반. [출처: Bruce Watt, University of Maine, Bugwood.org]

[병원균] 단풍나무 타르점무늬병은 주로 *Rhytisma acerinum*(무성세대 *Melasmia acerina*)에 의해 발생하지만, 가끔 크기가 0.5~1 ㎜ 정도의 아주 작은 점무늬를 형성하는 작은타르점무늬병은 *Rhytisma punctatum*에 의해 발생한다. 자낭균문(Ascomycota), 두건버섯강(Leotiomycetes), 색찌끼버섯목(Rhytismatales), 색찌끼버섯과(Rhytismataceae)에 속한다.

영양체는 격벽 균사체이고, 무성적으로 자좌에 분생포자경을 형성하고 그 위에 분생포자를 형성하는데, 분생포

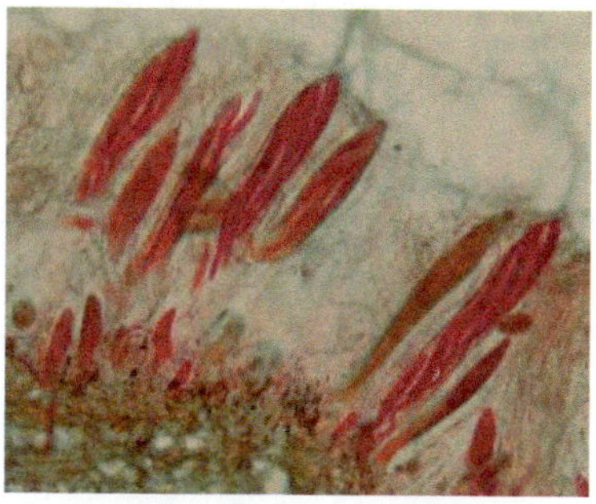

그림 12.464 단풍나무 타르점무늬병균(*Rhytisma acerinum*)의 자낭과 자낭포자. [출처: Heather Hallen Adams & Tom Volk]

자는 감염을 일으키지 않는다. 유성생식에 의해 자낭반을 형성하고, 긴 곤봉형 자낭 안에 가느다란 바늘 모양의 자낭포자를 형성한다.

[병환] 봄에 낙엽 잔재물 속에서 월동하는 자낭반에서 바늘 모양의 자낭포자가 방출된다. 자낭포자들은 바람에 의해 퍼지고 새로운 건강한 잎에 달라붙도록 끈적끈적한 외피를 가지고 있다. 일단 잎에 다다르면 자낭포자는 발아해 기공을 통해 침입한 후 국부적인 노란 점무늬 병징을 발생시킨다. 여름이 되면서 자낭반이 형성되기 시작하고 타르점무늬와 비슷한 흑갈색 병반을 형성하는데, 노란색 테두리를 유지한다.

늦은 여름이 지나면 잎의 조직 속에 자좌가 형성되면서 분생포자각이 되고 이곳에서 분생포자가 만들어지지만 감염을 일으키지는 못한다. 유성세대 자낭반은 겨울에 떨어진 식물잔재물에서 월동한 후 이듬해 봄 다시 따뜻하고 다습해지면 자낭반에서 자낭포자가 형성되어 1차 전염원이 된다.

[방제법] 병원균은 떨어진 낙엽에서 월동하기 때문에 낙엽을 모아서 소각한다. 생육시기에는 적용약제를 살포한다.

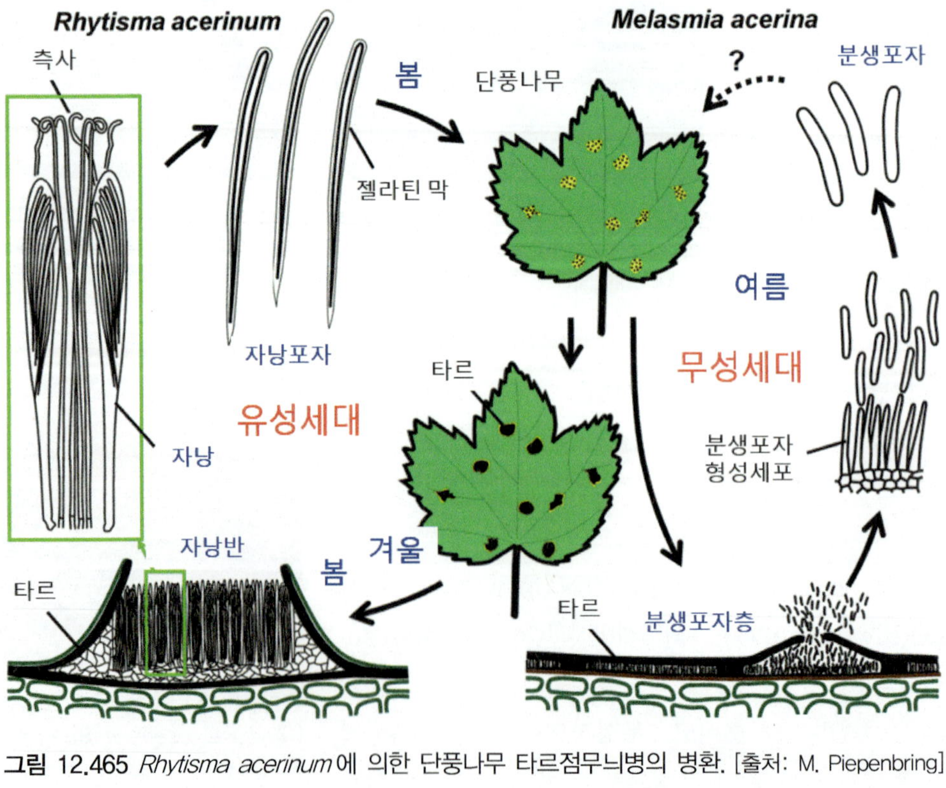

그림 12.465 *Rhytisma acerinum*에 의한 단풍나무 타르점무늬병의 병환. [출처: M. Piepenbring]

② 칠엽수 얼룩무늬병(leaf blotch)

칠엽수 얼룩무늬병(leaf blotch)은 우리나라 가로수 및 조경수로 많이 사용되는 마로니에라고 불리우는 칠엽수에 피해를 주는 대표적인 병이다.

[병증상] 여름에 갈색 큰 점무늬가 생기면서 잎마름병 증상을 나타내고, 잎이 심하게 병든 경우 탄 것처럼 보이며, 어린 나무는 조기에 낙엽이 진다.

그림 12.466 칠엽수 잎의 초기 병징. [출처: Fabio Stergulic]

그림 12.467 칠엽수 잎의 후기 병징. [출처: Michael Rose]

[병원균] 칠엽수 얼룩무늬병을 일으키는 병원균은 *Guignardia aesculi*로 자낭균문(Ascomycota), 좌낭균강(Dothideomycetes), 포도좌낭균목(Botryosphaeriales), 포도좌낭균과(Botryosphaeriaceae)에 속한다.

영양체는 격벽 균사체이고, 번식체는 잎에 세 개의 뚜렷한 형태학적 단계를 가진다. 즉, 유성생식 단계는 위자낭각(pseudothecium)을 형성하고, 무성생식 단계는 대형분생포자 단계에서 분생포자각(pycnidia)과 소형분생포자 단계에서 정자기(spermagonia)를 형성한다. 분생포자각에는 구형~계란형 분생포자를 형성하는데, 점액질 부속지를 가진다. 정자기에는 아령 모양의 정자를 형성한다. 위자낭각에는 곤봉형 자낭을 형성하고, 그 안에 긴 원통형 구두발자국처럼 생긴 자낭포자를 형성하는데, 젤라틴질 부속지를 가진다. 자낭포자는 1차 전염원 역할을 하고, 분생포자는 2차 전염원 역할을 하지만, 정자 역할은 알려지지 않았다.

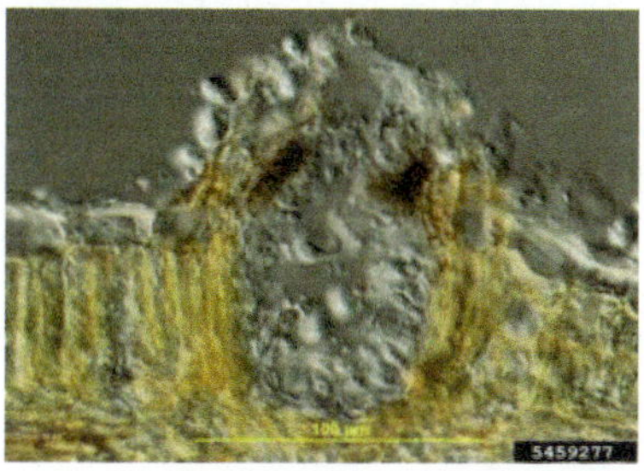

그림 12.468 칠엽수 얼룩무늬병균(*Guignardia aesculi*)의 분생포자각. [출처: Bruce Watt, University of Maine, Bugwood.org]

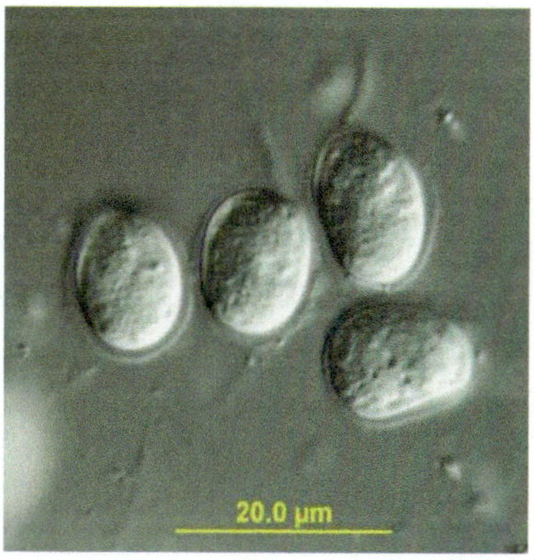

그림 12.469 칠엽수 얼룩무늬병균(*Guignardia aesculi*)의 점액질 부속지를 가진 분생포자. [출처: Bruce Watt, University of Maine, Bugwood.org]

[병환] 봄에 새로 생긴 잎에 희미한 작은 점무늬들이 나타나며 며칠 후 갈색~붉은 갈색으로 바뀐다. 점무늬들이 점점 커지면서 불규칙한 모양의 얼룩무늬를 형성하는데, 병반의 가장자리는 노란색을 띠기도 한다. 병반 위에 분생자각으로 검은 돌기들이 나타나며 다수의 분생포자가 들어있다. 병반들이 서로 합쳐지며 잎은 햇빛이나 불에 그을린 것처럼 말라 비틀어지며 떨어진다.

[방제] 1차 전염원이 되는 병든 낙엽은 모아서 소각하거나 땅속에 묻는다. 피해 발생 초기인 봄에 새잎이 나기 시작할 때쯤 적용약제를 살포한다.

12.6.6 줄기와 가지 궤양병

궤양병(canker)은 자낭균을 비롯해 난균(*Phytophthora*), 세균 및 바이러스에 의해서도 발생한다. 궤양병은 나무의 줄기 또는 가지의 수피나 목질부에서 상처나 죽은 부위에 주로 나타나며, 병환부의 수피 아래는 흔히 움푹 들어간다. 일부 궤양병에서는 궤양 부위의 바깥쪽에 있는 건전 조직이 비대해져 정상적인 수피보다 더 튀어나온다.

궤양병은 일반적으로 상처나 죽은 가지의 절단면에서 나타나기 시작해 확산되는데, 줄기와 가지의 주축방향으로 더 빠르게 확산된다. 어떤 나무는 죽은 조직 주위에 유합조직을 형성해 궤양병의 확산을 차단시켜 살아남는다. 그러나 나무가 방어조직을 형성하는 것보다 궤양병균이 더 빠르게 자란다면, 유합조직은 형성되지 못하고 궤양병은 급속히 확산되거나, 궤양병균이 새로운 유합조직을 침해해 해마다 궤양이 더 커진다.

어린 가지는 흔히 궤양에 에워싸여 죽는다. 큰 가지와 줄기에 발생한 궤양의 너비는 그리 크지 않지만 길이는 수 미터까지 확산되면서 궤양에 에워싸이거나 또는 궤양에서 형성된 포자에 의해 새로 발생한 궤양들과 융합해 결국 가지나 나무도 죽는다.

궤양병균은 대부분 자낭균이지만, 일부만 정규적으로 유성세대를 형성한다. 궤양병균은 일반적으로 수피에 묻혀 있는 분생포자각 안에 분생포자를 형성하며 간혹 자낭각을 형성하기도 한다.

주로 줄기와 가지에 궤양을 일으키는 자낭균류는 다음과 같다.

- *Apiosporina morbosa*(자두나무, 양앵두나무 검은혹궤양병)
- *Botryosphaeria dothidea*(밤나무 가지마름병, 사과나무, 복숭아나무, 아몬드나무, 버즘나무, 피칸나무 궤양병)
- *Cenangium ferruginosum*(소나무류 피목가지마름병)
- *Ceratocystis fimbriata*(카카오나무, 커피나무, 핵과류 궤양병)
- *Cryptodiaporthe populea*(포플러류 *Dothichiza* 궤양병)

심층학습 38 인체 '궤양병'과 식물 '궤양병'

우리 몸에 있는 위에는 0.5%의 염산과 다량의 염화칼륨, 염화나트륨으로 돼 있는 위산으로 인해 pH가 1.5~3.5 정도 되는 강산성 위액이 있기 때문에 세균이 살 수 없는 환경이라고 생각해왔다.

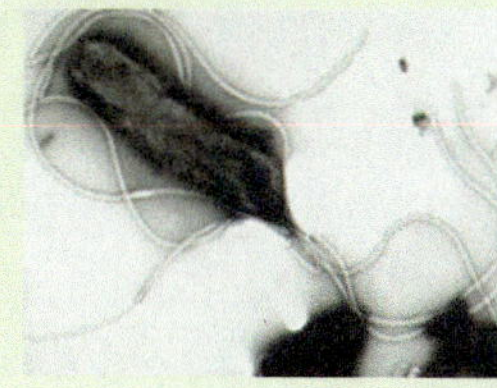

Helicobacter pylori.
[출처: Wikipedia]

1977년 호주의 Barry J. Marshall과 J. Robin Warren은 위와 십이지장에 '궤양병(ulcer)'을 일으키는 '*Helicobacter pylori*'를 배양하는 데 성공했다. '*H. pylori*'는 우레아제(urease)라는 효소로 위 점액 중의 요소를 암모니아와 이산화탄소로 분해하는데, 이때 생긴 암모니아로 국소적으로 위산을 중화하면서 강한 산성 환경인 인간의 위장 속에서 살 수 있는 것으로 알려진 유일한 세균이다. Marshall과 Warren은 *Campylobacter*라는 감염성 설사의 원인이 되는 세균 배양법을 응용하고 위궤양의 증상으로 위벽에서 출혈이 나타나는 것에 착안해서 일반적으로 사용해 온 세균 배지에 혈청을 첨가하고 배지의 pH를 위산과 비슷하게 낮추는 아이디어를 발휘해 '*H. pylori*' 배양에 성공했다. 이어서 코흐의 원칙을 실증하기 위해 위궤양 증상에서 분리해 시험관에서 배양한 '*H. pylori*' 배양액을 직접 마셔 궤양을 만들어내고, '*H. pylori*'를 재분리하는 코흐의 원칙을 만족시키는 임상 실험을 통해 '*H. pylori*'를 동정한 업적으로 2005년 노벨생리의학상을 수상했다.

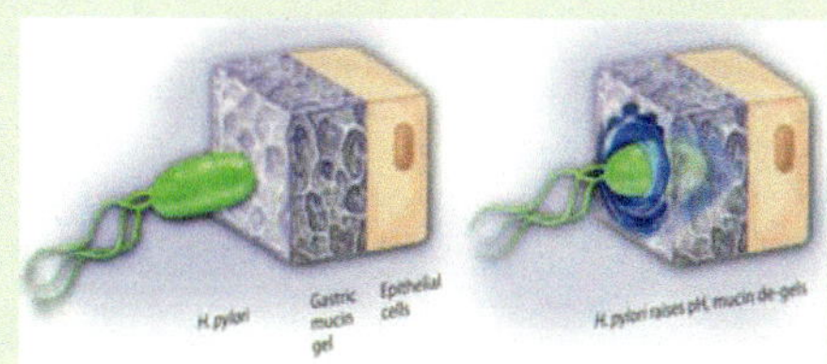

*Helicobacter pylori*의 위벽 침입 모식도.
[출처: Wikipedia]

세균에 의해 발생하는 위 궤양병처럼 식물에도 '세균궤양병(bacterial canker)'이 발생한다. 1984년 봄철 일본에서는 키위나무가 갑자기 집단으로 죽는 에피데믹이 발생했다. 위내시경을 통해 위궤양 증상에서 출혈을 보는 것처럼 죽어가는 키위나무 주간부와 가지에서는 검붉은 세균유출액이 흘러내리는 궤양 증상에서 1989년 일본 Yuichi Takikawa 등은 '*Pseudomonas syringae* pv. *actinidiae*'라는 병원세균을 동정했다.

키위나무 궤양병 증상.

'*H. pylori*'와 '*P. syringae* pv. *actinidiae*'는 단세포 원핵생물이기 때문에 형태적으로 구분하기는 거의 불가능하지만, 기주특이성이 있기 때문에 병명은 같을지라도 '*H. pylori*'가 키위나무를 감염하거나 '*P. syringae* pv. *actinidiae*'가 위나 십이지장을 감염하지는 않는다. 또한 병원성 발현 기작이 달라 '*H. pylori*'는 나선형 세균 세포를 나사처럼 돌리면서 물리적으로 위벽에 파고 들어가 그 안에서 살아가는 반면, '*P. syringae* pv. *actinidiae*'는 비특이적 병원독소인 phaseolotoxin을 분비해 생화학적으로 키위나무 줄기와 잎에 병원성을 나타내는 것으로 밝혀졌다.

그런데 우리나라에 분포하는 '*P. syringae* pv. *actinidiae*'는 phaseolotoxin 대신 coronatine이 병원성에 관여하는 것으로 밝혀지면서 '*P. syringae* pv. *actinidiae*'는 병원성 분화에 따라 여러 biovar로 세분되고 있다. 일본에 분포하고 phaseolotoxin을 생성하는 '*P. syringae* pv. *actinidiae*'는 Psa1, 우리나라에 분포하고 coronatine을 생성하는 '*P. syringae* pv. *actinidiae*'는 Psa2, 그리고 2010년을 전후해 전 세계로 확산되면서 팬데믹으로 발전해 키위 주요 재배지를 휩쓸고 있는 Psa3는 병원독소 대신 effector protein이 병원성에 관여한다.

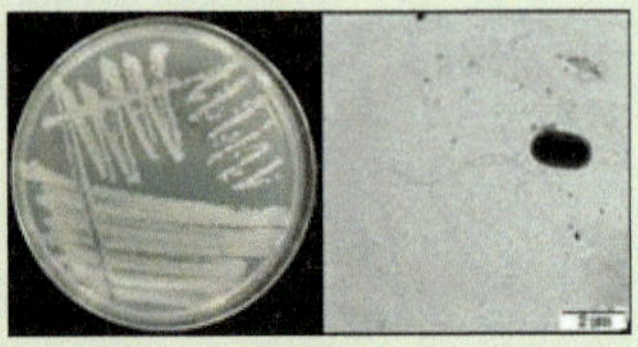

Pseudomonas syringae pv. *actinidiae*의 균총 및 세포

세균에 의해 발생하는 '키위나무 궤양병'과는 달리 여러 가지 자낭균류에 속하는 곰팡이도 많은 종류의 수목에 '궤양병'을 일으킨다. 수목에 발생하는 대표적인 '궤양병' 중 하나인 '밤나무 줄기마름병(Endothia canker)'은 '*Cryphonectria parasitica*'라는 곰팡이에 의해 발생한다.

밤나무 줄기마름병의 병징. [출처: Daniel Rigling]

'*C. parasitica*'는 밤나무의 줄기 또는 가지의 수피나 목질부에 생긴 상처나 죽은 부위를 통해 침입한 후 균사가 병환부의 수피 아래 기생하면서 직접 세포나 조직을 파괴시킨다. 또한 '*C. parasitica*'는 oxalic acid처럼 악명이 높은 독성 화합물을 생성해 감염된 조직의 정상적인 pH 5.5 수준을 식물세포에 독성을 나타낼 만큼 낮은 pH 2.8까지 낮춰 밤나무 줄기 또는 감염된 나뭇가지에 부풀어 오르거나 움푹 들어간 궤양을 일으킨다.

밤나무 줄기마름병균의 분생포자각에서 누출되는 분생포자덩이. [출처: Wietse den Hartog NVWA (NPPO the Netherlands)]

밤나무 줄기에 생긴 궤양의 수피는 적황색~황록색이며, 궤양 위에 뾰루지같은 등황색 분생포자각과 자낭각이 많이 형성돼 상어껍질처럼 된다. 흔히 궤양의 표면에 수 cm에서 수십 cm까지 이르는 긴 균열이 생기고, 줄기나 가지를 에워싸면 궤양의 윗부분은 시들고 말라죽는다.

습한 날씨에는 '위 궤양'에서 출혈이 생기고, '키위나무 궤양병'에서 검붉은 세균유출액이 흘러내리듯이 병든 수피 위에 형성된 분생포자각에서 노란 분생포자덩이가 덩굴처럼 흘러나오는 표징을 드러낸다.

곰팡이가 일으키는 '궤양병'은 일반적으로 사과나무나 복숭아나무같은 과수에서 훨씬 더 심각하며, 나무가 쇠약해져 죽게 한다. 임목에서는 '밤나무 줄기마름병'과 일부 '궤양병'을 제외하고 기형이 발생하지만 나무가 죽지는 않는다. 그러나 '궤양병'이 발생한 나무는 생장과 목재의 질이 떨어지며, 바람에 쉽게 구부러지며, 쇠약해져 목재부후균이나 뿌리썩음병균에 쉽게 침해당한다.

- *Cryphonectria parasitica*(=*Endothia parasitica*, 밤나무 줄기마름병)
- *Fusarium amygdali*(아몬드나무, 핵과류 눈마름병)
- *Fusarium circinatum*(소나무류 수지궤양병)
- *Gremmeniella abietina*(침엽수 *Scleroderris* 궤양병)
- *Hypoxylon mammatum*(백양목 궤양병)
- *Leucostoma persoonii*(=*Valsa leucostoma*=*Cytospora leucostoma*, 핵과류 줄기마름병)
- *Nectria cinnabarina*(무성세대 *Tubercularia vulgaris*, 활엽수 붉은가지마름병)
- *Neonectria ditissima*(=*Nectria galligena*, 넥트리아궤양병)
- *Nectria galligena*(사과나무, 배나무, 호두나무, 단풍나무, 자작나무, 느릅나무 궤양병)
- *Phomopsis juniperivora*(삼나무류, 미국측백나무, 사이프러스나무 Phomopsis blight)
- *Seiridium cardinale*(사이프러스나무, 레이랜드편백나무 궤양병)
- *Sirococcus clavigignenti-juglandacearum*(버터넛나무 궤양병)
- *Sphaeropsis sapinea*(=*Diplodia pinea*, 소나무류 가지끝마름병)
- *Valsa mali*(무성세대 *Cytospora mali*, 사과나무 부란병)
- *Valsa paulowniae*(무성세대 *Cytospora paulowniae*, 오동나무 줄기마름병)
- *Valsa sordida*(무성세대 *Cytospora chrysosperma*, 포플러류 줄기마름병)

(1) 밤나무에 발생하는 병

① 밤나무 줄기마름병(Endothia canker, chestnut blight)

밤나무 줄기마름병(Endothia canker)은 동아시아 풍토병이었는데, 잣나무 털녹병과 느릅나무 시들음병과 더불어 세계 3대 주요 수목병으로 꼽힌다. 1900년대 초반에 미국에 유입된 후에 급속히 전파되어 1940년까지 캐나다 국경지대의 남쪽으로부터 멕시코만에 이르는 미국 동부지역의 미국밤나무(*Castanea dentata*) 숲을 거의 황폐화시켰다. 밤나무 줄기마름병은 참나무, 홍단풍나무 등에도 발생해 궤양이 있는 수피를 오렌지색으로 만들지만, 고사할 만큼 심하게 가해하지는 않는다.

[병증상] 병원균은 상처를 통해 밤나무 줄기의 수피를 뚫고 들어간다. 최초 병징은 나무 수피 위에 작은

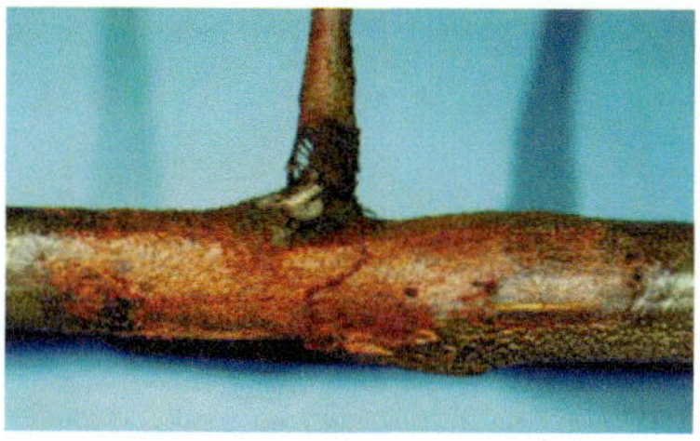

그림 12.470 밤나무 가지의 병징.
[출처: Robert L. Anderson, USDA Forest Service Source:www.bugwood.org]

그림 12.471 밤나무 줄기의 병징.
[출처: Daniel Rigling]

담황색 부위로 나타난다. 이어서 움푹 패인 궤양은 수피 아래와 형성층에서 확산된 균사판(mycelial fan)을 형성한다.

밤나무 줄기마름병균은 옥살린산(oxalic acid)처럼 악명이 높은 독성 화합물을 생성하는데, 감염된 조직의 정상적인 pH 5.5 수준을 식물세포에 독성을 나타낼 만큼 낮은 pH 2.8까지 낮춘다. 그래서 감염된 밤나무 줄기 또는 감염된 나뭇가지에 부풀어 오르거나 움푹 들어간 궤양이 생긴다.

궤양의 수피는 적황색 내지 황록색이며, 궤양 위에 뾰루지같은 등황색 분생포자각과 자낭각이 많이 형성돼 상어껍질처럼 된다. 흔히 궤양의 표면에 수 cm에서 수십 cm까지 이르는 긴 균열이 생기고, 줄기나 가지를 에워싸면 궤양의 윗부분은 시들고 말라죽는다. 습한 날씨에는 병든 수피 위에 형성된 분생포자각에서 노란 분생포자덩이가 덩굴처럼 흘러나오는 표징을 드러낸다.

그림 12.472 밤나무 줄기 표면의 병반에 생성된 표징(자좌).
[출처: Joseph OBrien, USFS, Bugwood.org]

[병원균] 밤나무 줄기마름병을 일으키는 *Cryphonectria parasitica*(=*Endothia parasitica*)로 자낭균문(Ascomycota), 동충하초강(Sordariomycetes), 오리나무버섯목(Diaporthales), 숨은붉은껍질버섯과(Cryphonectriaceae)에 속한다.

영양체는 격벽 균사체이고, 자좌는 수피 밑에 형성되며, 수피의 갈라진 틈으로 돌출한다. 돌출된 자좌는 지름 1~2 mm로 표면은 황색~황갈색이다. 번식체로 자좌의 아래쪽에 가늘고 긴 목을 가진 플라스크 모양의 자낭각이 많이 생긴다. 자낭각의 목은 수피를 뚫고 돌출해 황갈색 자좌 위에 형성된 구멍처럼 보인다. 자낭포자는 무색 2세포로 되어있고, 분생포자는 무색 난형 단세포이다.

그림 12.473 밤나무 줄기마름병에 감염된 줄기 표면의 병반에 생성된 표징(자낭각).
[출처: Helena Bragança, INIAV]

그림 12.474 밤나무 줄기마름병균(*Cryphonectria parasitica*)의 분생포자각에서 누출되는 분생포자덩이.
[출처: Wietse den Hartog NVWA(NPPO the Netherlands)]

[병환] 병원균은 주로 밤나무 줄기의 내피조직을 침해해 궤양을 형성하고 균사 또는 자실체 상태로 월동한다. 이듬해 봄에 먼저 분생포자각을 형성하고 이어서 자낭각을 형성한다.

비가 오고 날씨가 습하면 분생포자가 분생포자각에서 긴 오렌지색의 고수머리같은 덩어리 상태로 흘러나오며, 새나 각종 곤충류 또는 튀는 빗방울에 의해 전파된다.

자낭포자는 공기 중으로 강하게 방출되어 바람에 의해 먼 거리까지 이동된다. 병원균은 상처를 통해 침입하며, 줄기마름병에 의해 죽은 밤나무 부위에서 살면서 계속 침입해 분생포자를 형성한다.

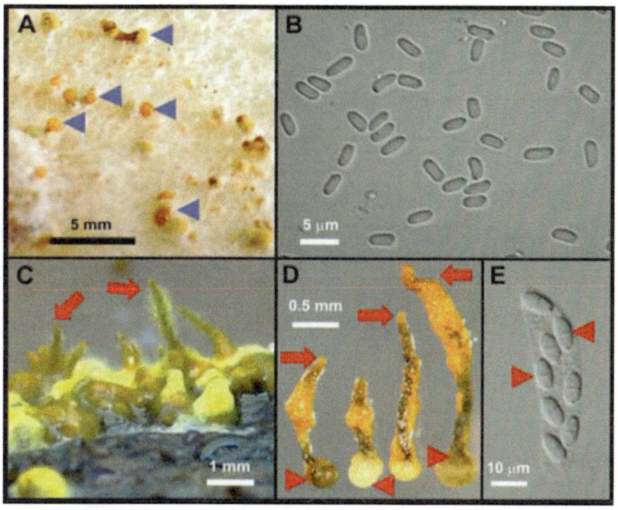

그림 12.475 밤나무 줄기마름병균(*Cryphonectria parasitica*)의 분생포자각(A), 분생포자(B), 자낭각(C, D)과 자낭포자(E). [출처: Ana Eusebio-Cope et al.]

병원균에 의해 생긴 궤양은 계속 확장되면서 줄기를 에워싸면 왕성한 생장 조직으로 양분과 물의 이동이 차단되기 때문에 나무는 죽고, 궤양 아래쪽 기부에서 새 가지가 나오지만, 이 가지들도 다시 감염되어 결국에는 말라 죽는다.

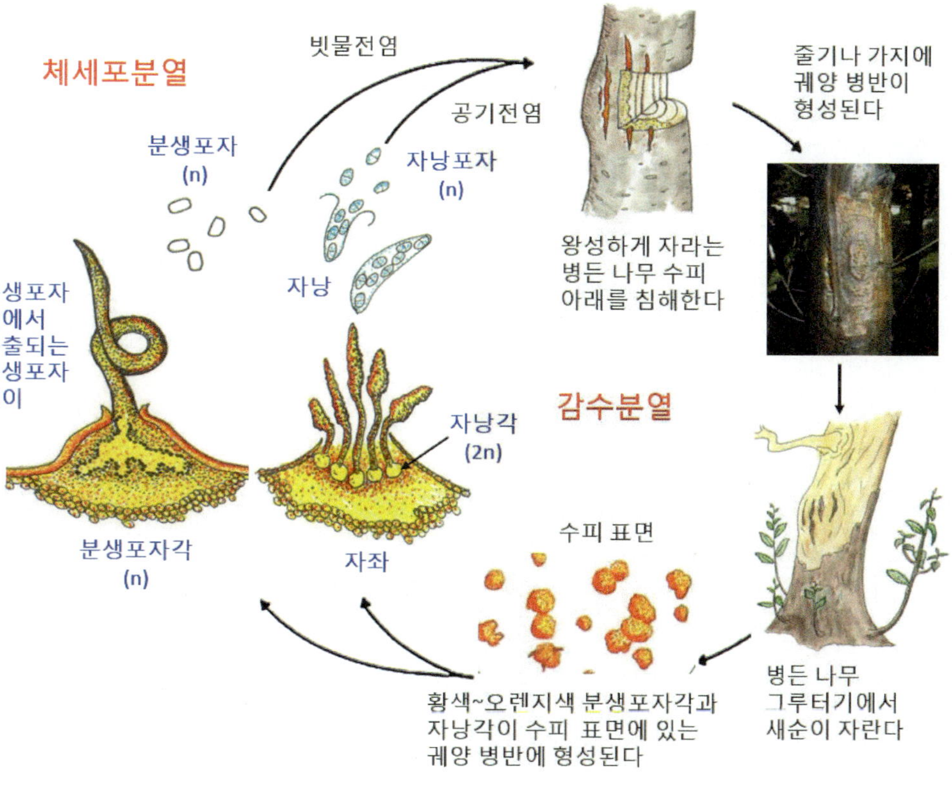

그림 12.476 *Cryphonectria parasitica*에 의한 밤나무 줄기마름병의 병환. [출처: Valerie Mortensen]

심층학습 39 '밤나무 줄기마름병' 팬데믹

'밤나무 줄기마름병(Chestnut blight)'은 1904년 무렵 일본밤나무들이 미국에 상업적 목적으로 동북아시아로부터 도입된 후 Bronx Zoo라는 뉴욕동물원에 있는 밤나무에서 Herman W. Merkel에 의해 처음 발견되었다. 1905년 William Murril이 병원균을 분리하고, 병원성을 확인한 후 '*Diaporthe parasitica*'라고 명명했고, '*Endothia parasitica*'를 거쳐 현재 '*Cryphonectria parasitica*'라고 명명되었다.

중국밤나무와 일본밤나무는 '*C. parasitica*'와 공진화해왔기 때문에 '밤나무 줄기마름병'에 대해 저항성인 반면에 미국밤나무는 고도 감수성이다. 따라서 '*C. parasitica*'가 1년에 50마일 정도에 달하는 빠른 속도로 급속하게 전파되면서 캐나다 국경지대의 남쪽으로부터 멕시코만에 이르는 미국 동부지역의 활엽수 임분(林分) 중 50%에 달하는 미국밤나무 숲을 거의 황폐화시켰다. 40년 안에 거의 40억 그루의 건강한 미국밤나무를 고사시켰고, 그 후 최근까지 다시 35억 그루를 고사시켰다. '밤나무 줄기마름병' 때문에 미국밤나무 목재들은 수 십 년간 거의 사라져 버렸다.

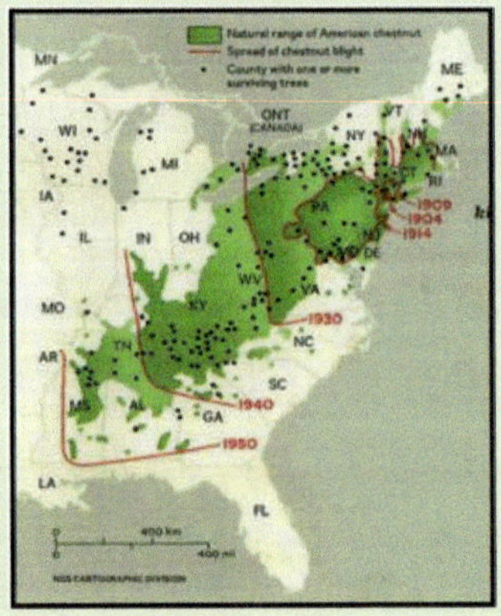

미국 밤나무 재배지에서 밤나무 줄기마름병의 확산도.
[출처: thebignos.tripod.com]

아팔라치안산맥과 같은 일부 지역에서는 단단한 재목의 1/4이 미국밤나무였다. 성목은 종종 가지 없이 50피트나 곧게 자랐고 100피트까지 자랄 수 있었고 흉고 직경이 14피트에 달했다. 미국밤나무는 밤을 제공해 사람과 야생동물의 식량원 역할을 했고, 나무는 야생동물의 은신처가 되기도 하고, 가구, 집, 울타리, 땔감 등으로 사용되거나, 전봇대나 철도 침목 등으로 사용돼 지역 주민들에게 주요 수입원이었다.

적갈색 목재는 가볍고, 부드럽고, 쉽게 쪼개지고, 부후(썩음)에 매우 강하고, 휘어지거나 줄어들지 않았다. 3세기동안 아팔라치안산맥 근처에 있는 많은 외양간과 집들이 미국밤나무로 지어졌다. 곧게 자란 목재는 가구나 관을 만드는데 이상적이었다. 땅에 떨어진 밤은 중요한 환금작물이었고 식량원이었다. 수피와 목재는 가죽을 무드질하는데 사용하는 탄닌(tannin)을 공급해주는 탄닌산(tannic acid)이 풍부했다. 많은 토착 동물들이 밤을 섭취했고, 가축 먹이로 사용되어 가축 가격을 저렴하게 만들었다.

'*C. parasitica*'가 출현한지 50년이 안돼 미국밤나무 천연림 대부분이 사라졌다. 밤은 낮은 높이의 아팔라치안산맥 산림에 있는 동물들의 식량원이었다. 산림 손실은 다람쥐 집단의 급속한 감소를 초래했고, 7종의 토종 나방을 멸종시켰고, 사슴, 매, 아메리칸라이온, 살쾡이 집단의 복구를 늦췄다. '밤나무 줄기마름병'은 또한 생태계를 통해서 새와 수생성 무척추동물 집단의 감소에도 영향을 미쳤다.

'*C. parasitica*'는 밤나무에 의존했던 지역사회의 경제적 복지에 파괴적인 손실을 초래했다. 아팔라치안산맥 주민들은 '밤나무 줄기마름병'의 영향에 대처하기 위해 생활양식을 과감하게 변경해야만 했다. 더 이상 미국밤나무들을 탄닌의 원료로 사용할 수 없게 됐다. 밤나무 벌목으로 생계를 유지해오던 아팔라치안산맥 인근 마을 주민들은 다른 생계를 찾아 뿔뿔이 흩어졌다. 미국밤나무 대신 전봇대와 철도 침목은 소나무로 대체됐는데, 소나무는 잘 썩었기 때문에 소나무를 썩지 않게 하기 위해 방부제를 처리하기 위한 거대한 방부제 공장들이 새로이 지어졌다. 또한 많은 에너지를 소요하는 유기합성 대체 화합물이 탄닌을 대신해 가죽을 무두질하는데 사용하게 됐다.

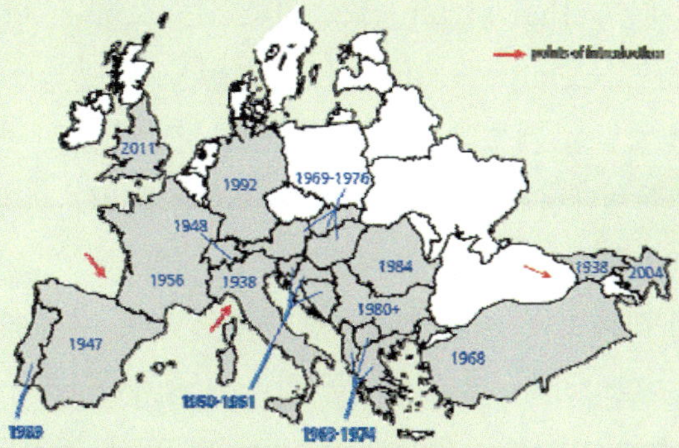

유럽에서 밤나무 줄기마름병 확산도.
[출처: Robin & Heiniger]

유럽에서는 1938년 이탈리아 Genoa 근처에서 '밤나무 줄기마름병'이 처음 관찰되었다. '*C. parasitica*'는 미국에서 유럽으로 도입된 미국밤나무와 함께 전파된 후 빠르게 확산되어 1946년에는 프랑스, 1951년에는 스위스, 1963년에는 그리스에서 발견되었고, 최근에 영국에서 발견되었고, 현재 서쪽으로는 포르투갈, 북쪽으로는 독일 라인강 유역과 스위스, 동쪽으로는 터키에 이르기까지 유럽의 밤나무 숲을 황폐화시켰다. 현재 유럽에서는 영국과 네덜란드만 '밤나무 줄기마름병' 팬데믹 피해를 입지 않았을 뿐이다. 경제적인 영향은 유럽에서도 상당했다. 그리스에서는 '밤나무 줄기마름병'이 그리스 밤나무 생산을 40%나 감소시켜 더 이상 밤나무에 생계를 이어갈 수 없는 사람들을 이주하도록 만들었다.

'밤나무 줄기마름병'은 유럽에서 처음에는 광범위하게 나무를 고사시켰다. 그러나 1950년 초 '밤나무 줄기마름병' 감염에도 생존한 나무들이 발견되었다. 이 나무들에서는 '*C. parasitica*'가 훨씬 가벼운 궤양증상을 일으켰고, 치유되는 것으로 보였다. 경감된 감염은 '*C. parasitica*'를 감염하는 RNA 바이러스인 CHV1이 존재했기 때문이었다. CHV1는 자연적으로 확산되었지만, '*C. parasitica*'의 저병원성(hypovirulence)을 유도하기 때문에 인위적으로 보급해 생물적 방제수단으로 사용되고 있다.

'*C. parasitica*'는 바람에 의해 전반되는 자낭포자로 확산되고, 짧은 거리는 튀기는 빗방울에 의해 전반되는 분생포자에 의해 비산된다. 감염 범위는 국부적이어서 10 ㎞ 이내에 다른 나무가 없는 곳에 있는 미국밤나무는 생존한다. 그러나 감염된 나무는 궤양 아래쪽에서 새 가지를 만들어 지름이 5~10 ㎝가 될 때까지 감염되지 않고 자라지만, '*C. parasitica*'는 새 가지들이 열매를 만들기 전에 순식간에 공격해서 죽인다. 병든 나무의 근계에서 생장하는 가지로 수많은 작은 미국밤나무 유목들은 생기지만, 결국에는 뿌리까지 죽임으로써 밤나무를 곰팡이에 의한 식물병으로 인해 거의 멸종까지 다다른 첫 번째 나무로 만들었다.

[방제] 무병묘목을 심고, 햇볕 데임 또는 동해에 의해 상처가 생기지 않도록 관리한다. 병환부는 발생 초기에 제거하고 소독 후 도포제를 처리한다. 적용살균제 살포에 의한 발병 경감효과도 알려졌다.

1960년대 후반 유럽에서, 병원력이 약한 밤나무 줄기마름병균 계통들이 발견되었다. 저병원성 계통들은 나무 위에 유합조직이 제한되고 격리된 얇은 궤양 증상만 생성한다. 저병원성의 특성은 균사융합(anastomosis)을 통해 비병원성 계통(avirulent strain)으로부터 치명적인 계통(lethal strain)으로 전환되는 것이다. 나중에 병원력의 약화는 Hypovirus속에 속하는 dsRNA mycovirus인 *Cryphonectria hypovirus* 1(CHV1)의 감염때문으로 밝혀졌다.

저병원성 계통의 성질을 고려해 치명적인 계통을 관리하는데 사용하려는 관심이 고조되었다. 유럽에서 밤나무 줄기마름병균 집단에서 저병원성의 자연적인 전파가 경제적으로 가치있는 밤나무의 복원을 초래했다.

불행하게도, 미국에서는 상황이 달랐다. 유럽에 비해 미국에는 밤나무 줄기마름병균 계통이 훨씬 다양하다. 그래서 미국 밤나무 줄기마름병균 집단에서 mycovirus의 확산은 체세포 불화합성(vegetative incompatibility)에 의해 저지되었다. 체세포 불화합성은 특정 자좌(loci)에 유전적으로 뚜렷한 개체간 균사융합을 저지하는 allorecognition system이다. 그러나 2016년 밤나무 줄기마름병균의 super mycovirus donor strains이 이러한 불화합성을 극복할 수 있도록 유전공학적으로 만들어져 생물적 방제 수단으로 활용될 수 있게 되었다.

1980년대 중반 이후 저병원성(hypovirulence) 계통을 이용한 생물적 방제법이 실용화되었다. *C. parasitica*의 저병원성 계통들은 곰팡이를 침해하는 RNA의 일종인 겹가닥 RNA(double-stranded RNA, dsRNA)를 지니고 있다. 전형적인 줄기마름병 병원성을 지니고 dsRNA 바이러스가 없는 야생형 *C. parasitica* 균주에 감염된 밤나무에 저병원성 dsRNA 바이러스를 가진 계통을 접종하였을 때 균사융합이 일어나 dsRNA 바이러스는 야생형 *C. parasitica* 균주의 균사와 분생포자 속으로 들어간다. 결과적으로 dsRNA 바이러스를 획득한 야생형 *C. parasitica* 균주들은 저병원성 계통으로 변하므로 점차 저병원성 계통이 증가함에 따라 밤나무 줄기마름병의 확산이 지연되거나 완전히 멈춘다.

② 밤나무 가지마름병(black rot)

밤나무 가지마름병(black rot)을 일으키는 *Botryosphaeria dothidea*는 전 세계적으로 20과 100여 속의 나무에 병을 일으키는 다범성 병원균이다. 우리나라에서는 사과나무, 배나무, 복숭아나무, 키위나무 등의 과수와 밤나무, 호두나무, 대추나무 등의 유실수를 포함한 각종 수목의 줄기와 가지에 발생한다. 특히 사과나무, 밤나무, 키위나무 등에서는 열매를 썩게 하므로 경제적으로 중요한 병이다.

[병징] 감염된 밤나무 줄기의 수피 내외부가 갈색으로 변하고 점차 검은색으로 변한다. 뿌리에 감염되면 지상부의 잎이 누렇게 변하고 점차 굵은 뿌리로 옮겨져 나중에는 피층이 벗겨져 목질부만 남고 검은색으로 변한다. 열매가 감염되면 초기에는 과피에 갈색 점무늬가 나타나고 과육은 진물이 나오면서 썩고 점차 검은색으로 변한다.

그림 12.477 밤나무 잎의 병징.
[출처: Ning Jiang et al.]

그림 12.478 밤나무 가지의 병징.
[출처: Ning Jiang et al.]

[병원균] 밤나무 가지마름병을 일으키는 병원균은 *Botryosphaeria dothidea*로 자낭균문(Ascomycota), 좌낭균강(Dothideomycetes), 포도좌낭균목(Botryosphaeriales), 포도좌낭균과(Botryosphaericeae)에 속한다.

영양체는 격벽 균사체이고, 무성포자로 분생포자각 속에 분생포자를 형성하고, 위자낭각 속에 다중막으로 둘러싸인 자낭각(ascomata)이 들어있고, 유성포자인 자낭포자를 담고 있는 자낭각은 투명한 위측사를 가지고 있다.

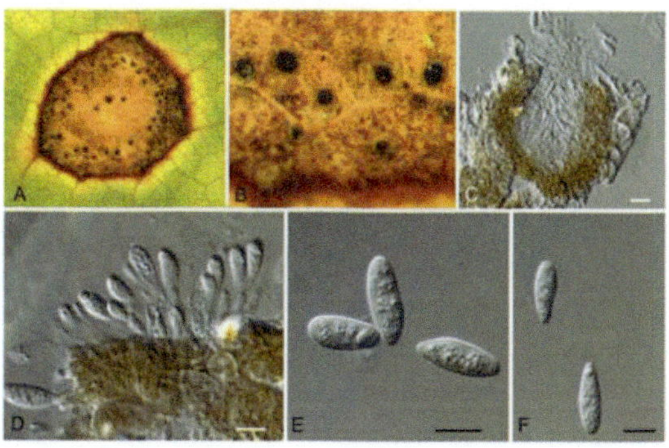

그림 12.479 밤나무 가지마름병균(*Botryosphaeria dothidea*)의 무성세대. 표징(A,B), 분생포자각(C), 분생포자(D~F).
[출처: Ning Jiang et al.]

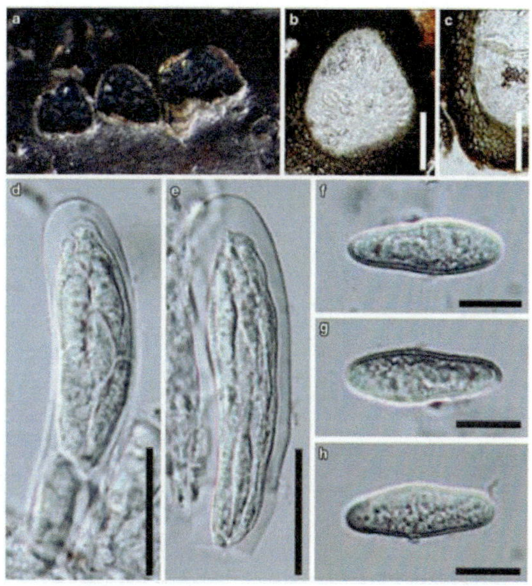

그림 12.480 밤나무 가지마름병균(*Botryosphaeria dothidea*)의 유성세대. 위자낭각(a), 자낭각(b,c), 자낭(d,e), 자낭포자(f~h).
[출처: Faces of Fungi]

[병환] 병환부에서 주로 균사 상태로 월동한 병원균은 6~8월경 감염된 부위에서 분생포자각과 위자낭각을 형성한다. 분생포자와 자낭포자의 발아 적온은 28~32℃이고, 발아한 분생포자와 자낭포자는 바람이나 빗물에 의해 전파된 후 밤나무의 가지에 생긴 상처나 피목을 통해 침입한다.

뿌리에 감염되면 7월경 지상부의 잎이 누렇게 변하고 점차 굵은 뿌리로 옮겨져 나중에는 피층이 벗겨져 목질부만 남고 검은색으로 변하면서 위자낭각이 형성된다.

열매가 감염되면 초기에는 과피에 갈색 점무늬가 나타나고 과육은 진물이 나오면서 썩고 점차 검은색으로 변하면서 특유의 알콜 발효 냄새를 풍긴다.

[방제] 병든 잎과 죽은 가지 등의 잔재물을 잘라 내거나 병든 낙엽은 태우거나 묻는다. 수세가 건강하도록 적절한 영양제와 비료를 주어 성장을 촉진하도록 한다. 수관 내부에 햇빛이 잘 들고 바람이 잘 통하도록 가지치기를 충분하게 한다. 주요 전염원이 되는 아까시나무를 제거한다.

(2) 소나무에 발생하는 병

① 소나무류 수지궤양병(pitch canker)

소나무류 수지궤양병(송진가지마름병, 푸사리움가지마름병, pitch canker)은 주로 리기다소나무에 심하게 피해를 주며, 곰솔, 리기테다소나무, 테다소나무, 버지니아소나무, 구주적송, 방크스소나무 등에도 발생한다. 심하게 감염되어 많은 궤양이 생기면 나무가 죽지만, 대부분의 손실은 생장 억제 때문이다.

그림 12.481 소나무 수지궤양병에 의한 모잘록 병징. [출처: E. Landeras]

소나무 수지궤양병균은 멕시코에서 유래하는 것으로 여겨진다. 1946년에 미국 동부로 확산되었고, 1986년까지 미국 서부에 도달했다. 1980년대 후반에 일본에서 처음 기록되었고, 1990년 남아프리카공화국에서, 1990년대 중엽에 칠레와 스페인에서, 2007년에는 이탈리아에서 보고되었다.

그림 12.482 소나무 수지궤양병에 의한 가지 마름 병징. [출처: Wikipedia]

그림 12.483 소나무 수지궤양병에 의한 줄기 궤양 병징. [출처: J. Armengol]

우리나라에서는 1996년 인천지역의 리기다소나무림에서 처음 발견된 후 빠른 속도로 확산되면서 전국 각지 리기다소나무림에서 큰 피해를 주고 있다. 최근에는 제주도를 비롯한 남해안 지역의 해송림에서 지속적으로 피해가 나타나고 있다. 우리나라에서는 주로 리기다소나무에 심한 피해를 주며, 곰솔, 리기테다소나무, 테다소나무, 버지니아소나무, 구주적송, 방크스소나무 등에도 발생한다.

[병증상] 줄기, 가지, 새가지(신초), 솔방울, 노출된 뿌리에까지 궤양이 발생돼 수지(송진)가 흘러내려 하얗게 굳고, 때로는 많은 양의 송진이 흘러 줄기의 1 m 이상을 덮기도 한다. 피해를 받은 가지는 변재부까지 수지가 침투해 갈색 또는 암갈색으로 변색되고, 궤양이 형성된 수피 아래의 목질부는 수지에 젖어 있어 정상적인 부위와 확연하게 구분되기 때문에 수지궤양병이 소나무류에서 주로 나타나는 다른 궤양병과 구분하는 진단 키(key)가 된다. 수지누출 윗부분은 갈색으로 말라 죽는데, 주로 1~2년생 소나무 가지가 말라 죽으며, 묘판에서는 모잘록병을 일으키기도 한다. 가지 조직이 병원균에 의해 완전히 파괴되면 침엽은 노란색~적갈색으로 변하고 결국 회갈색~암갈색으로 변한다.

[병원균] 소나무 수지궤양병을 일으키는 병원균은 *Fusarium circinatum*(유성세대 *Gibberella circinata*)로 자낭균문(Ascomycota), 동충하초강(Sordariomycetes), 동충하초목(Hypocreales), 알보리수버섯과(Nectriaceae)에 속한다.

영양체로 흰색 또는 연보라색 격벽 균사체를 형성하고, 무성적으로 분생포자좌(sporodochium)에 대형분생포자(macroconidia)와 소형분생포자(microconidia)를 형성한다. 대부분 감염은 대형분생포자 또는 소형분생포자에 의해 일어난다. 대형분생포자는 3개의 격벽이 있고, 약간 굽은 모양이고, 소형분생포자는 난세포, 난형이다.

유성적으로 배양 중 짙은 보라색 또는 검은색 난형의 자

그림 12.484 소나무 수지궤양병에 의한 궤양 아래쪽에 흘러내리는 송진.
[출처: J. Armengol & R. Ioos]

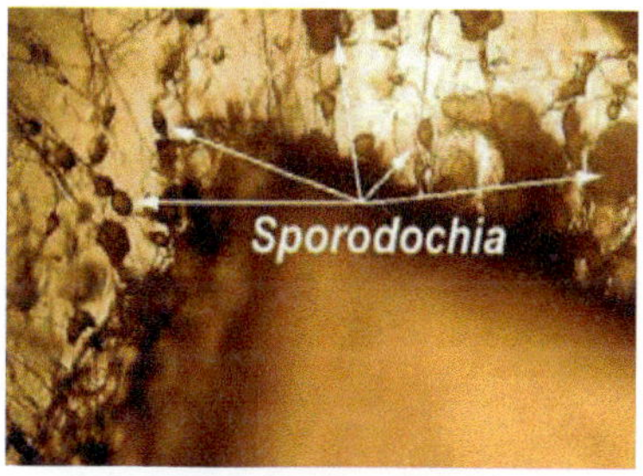

그림 12.485 소나무 수지궤양병균(*Fusarium circinatum*)의 분생포자좌.
[출처: R. Ioos]

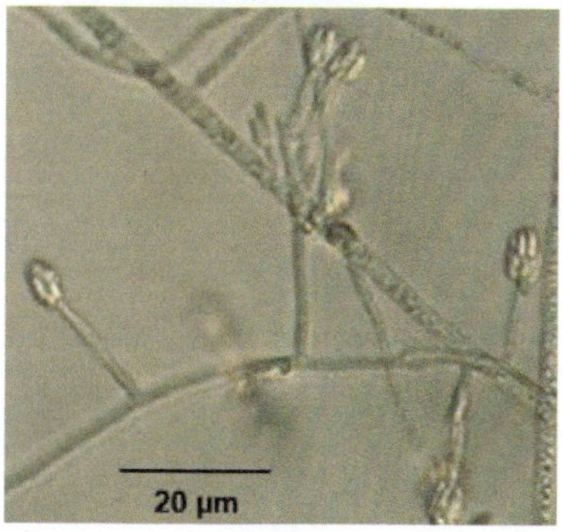

그림 12.486 소나무 수지궤양병균(*Fusarium circinatum*)의 분생포자경과 소형분생포자.
[출처: A. Pérez-Sierra]

낭각은 쉽게 생성되지만, 포장에서 관찰되지 않는다. 원통형 자낭에서 누출되는 8개의 자낭포자는 1개 격벽을 가진 타원형~방추형이다. 자낭각은 포장에서 관찰되지 않기 때문에 자낭포자가 감염을 위해 중요하지 않다고 여겨진다.

[병환] 소나무류 수지궤양병은 치사율이 높고, 생장을 감소시키고, 목재 품질을 떨어뜨려 경제적 손실을 크게 미치는데, 밀식 조림지에서 피해가 심하다. 병원성이 매우 강해서 피해가 심한 임지에서는 많은 나무가 한꺼번에 죽는다.

병원균은 무성포자에 의해 빗물, 강한 바람이나 우박과 같은 기후적인 원인에 의한 상처, 나무좀류, 바구미류 등의 해충에 의한 상처 또는 기계적인 상처를 통해 침입한다. 가지에서 가지로 전파될 뿐만 아니라 종자를 감염해 모잘록병을 일으켜 죽게 한다. 온난하고 다습한 조건은 발병을 촉진시키지만, 서늘하고 건조한 조건은 발병을 제한한다. 질소질이 과다한 토양에서 스트레스를 받거나 수분균형이 깨지거나 상처를 입은 나무에 발병이 촉진된다.

병원균은 바람이나 곤충에 의해 단거리로 이동되지만, 먼 거리는 오염된 종자나 어린 묘목을 통해 이동된다. 수피를 제거한 목재로는 이동되지 않는다.

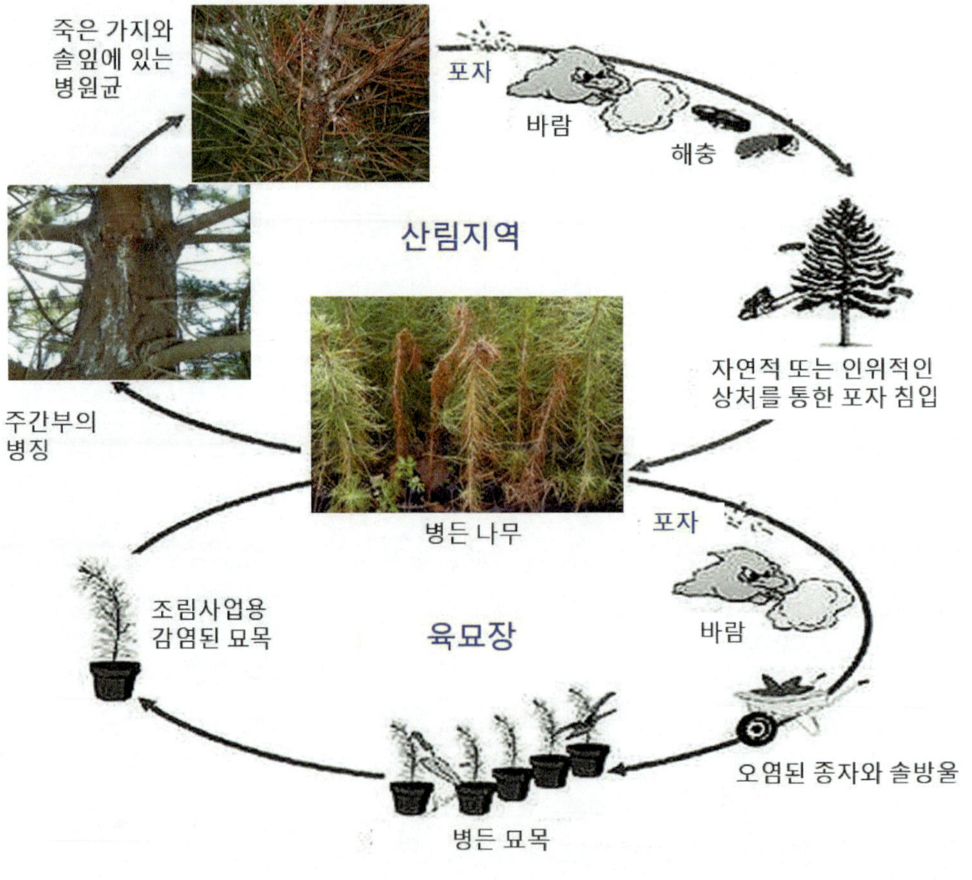

그림 12.487 *Fusarium circinatum*에 의한 소나무 푸사리움가지마름병의 병환. [출처: María Vivas]

소나무 수지궤양병균의 중복기생체(hyperparasite)로서 mycovirus인 *Fusarium circinatum* mycovirus 1(FcMV1)과 *Fusarium circinatum* mycovirus 2(FcMV2)는 소나무 수지궤양병균의 병원력을 보통 증대시키기 때문에 Monterey pine에서 발병률이 증대되는 것으로 관찰되어 왔다.

[방제] 병든 가지를 일찍 제거한다. 간벌을 통해 숲을 건강하게 육성하고, 고사목이나 고사 가지를 제거한다. 염소(2~3 ppm)나 오존으로 소독한 물로 관수한다. 살충제를 교호살포해 매개충을 방제한다.

② 소나무류 피목가지마름병(Cenangium die-back)

소나무류 피목가지마름병(Cenangium die-back)은 북반구 소나무류에서 흔히 발생되는 병이다. 일반적으로는 햇볕이 잘 들지 않아 수세가 쇠약하거나 뿌리발육이 부진한 장소에서 일부 가지가 죽는 피해를 준다. 그러나 때때로 이상 가뭄이나 동해 등 환경적 요인에 의해 수세가 약해진 나무의 가지 및 줄기로 병원균이 침입해 집단적으로 고사되는 피해가 발생하기도 한다.

세계적으로는 소나무류, 가문비나무류, 전나무류에 발생하는 것으로 알려져 있지만, 우리나라에서는 소나무, 곰솔, 잣나무에 피해가 있다.

소나무 피목가지마름병에 의한 심각한 피해 발생 사례는 외국에서도 다수 보고되어 있으며, 우리나라에서는 1989년, 1998년, 2002년, 2007년의 봄에 집단 고사하는 피해가 발생하였다. 특히 잣나무에서는 가지가 죽는 경우보다 줄기까지 병원균이 침해해 나무를 죽이는 피해가 자주 관찰된다.

[병증상] 초봄부터 가지의 분지점을 경계로 일부 2~3년생 가지가 적갈색으로 변하면서 말라 죽고, 경계 부위에는 송진이 약간 흘러내리는 병징을 나타낸다. 침엽은 아랫부분부터 위쪽으로 갈변하고, 침해받는 가지가 죽은 후에 여름 동안에 낙엽이 진다. 간혹 줄기가 피해를 받아 나무 전체가 말라 죽기도 한다. 집단적으로 대발생한 경우에는 가지의 병반이 줄기까지 확대되어 병

그림 12.488 소나무 피목가지마름병에 감염된 나무.
[출처: Cornell University]

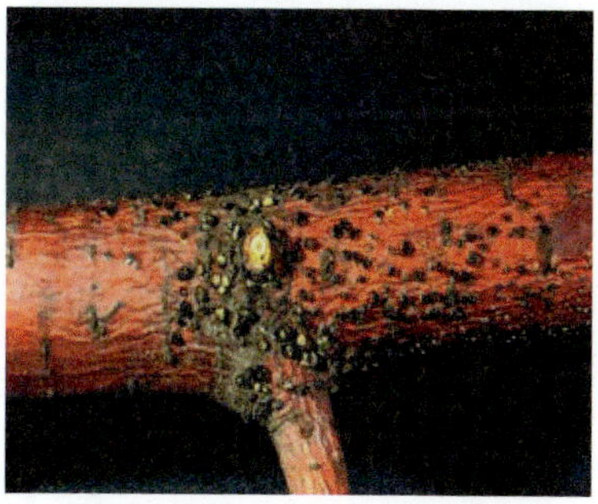

그림 12.489 소나무 가지의 병징.
[출처: Wikipedia]

환부가 줄기를 에워싸게 되면 형성층이 죽으면서 윗부분이 죽게 된다. 발병 초기에는 수피에 뚜렷한 증상이 나타나지 않기 때문에 칼로 수피를 얇게 벗겨보아야 피해를 확인할 수 있다. 수피를 벗겨보면 병든 부위의 경계가 뚜렷하게 나타나고, 늦은 봄부터 여름까지 죽은 가지 및 줄기의 피목에는 검은색의 점(병원균의 미숙한 자낭반)이 다수 형성되어 있는 표징을 볼 수 있다.

그림 12.490 소나무 피목가지마름병에 감염된 가지의 병반에 형성된 표징(자낭반). [출처: Cornell University]

[병원균] 소나무류 피목가지마름병을 일으키는 병원균은 *Cenangium ferruginosum*으로 자낭균문(Ascomycota), 두건버섯강(Leotiomycetes), 고무버섯목(Helotiales), 두건버섯과(Helotiaceae)에 속한다.

영양체는 격벽 균사체이고, 건강한 침엽에서 내생균(endophytic fungus)으로 존재한다. 평소에는 병을 일으키지 않고 침엽에 존재하지만, 어떤 환경적 요인으로 수세가 나빠지면 침엽으로부터 가지 및 줄기 쪽으로 균사가 확산되어 나무를 죽이는 것으로 추정하고 있다.

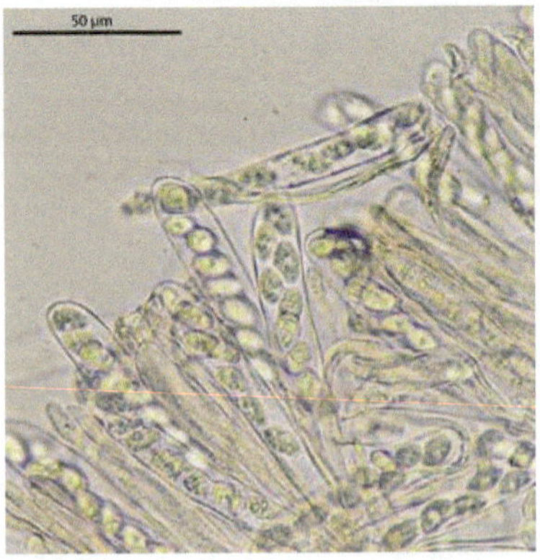

그림 12.491 소나무 피목가지마름병균(*Cenangium ferruginosum*)의 자낭. [출처: Enrique Rubio Dominguez]

유성적으로 형성되어 피목에 돌출한 자낭반은 장마철에 성숙해 접시모양으로 벌어지다가 건조하면 다시 수축한다. 습기를 함유해 자낭반이 컵이나 접시모양이 되면 병원균은 성숙된 상태이며 이때 자낭포자가 바람에 날려 주변의 나무로 이동한다. 자낭반에 형성된 자낭은 보통 곤봉 모양으로 무색이고 8개의 자낭포자가 1열로 배열되어 있으며 실 모양의 측사(paraphyses)를 가지고 있다.

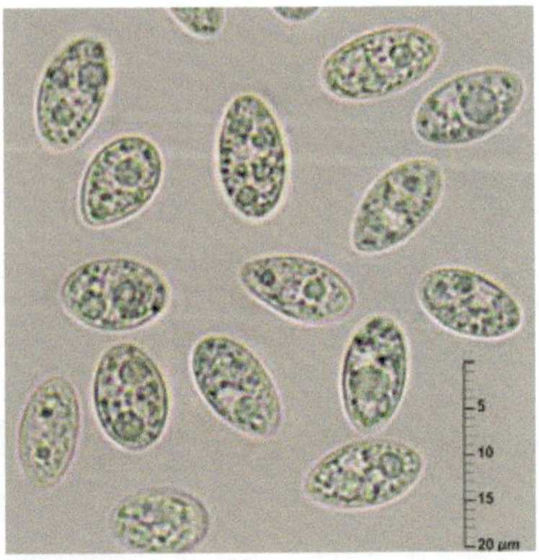

그림 12.492 소나무 피목가지마름병균(*Cenangium ferruginosum*)의 자낭포자. [출처: Enrique Rubio Dominguez]

[병환] 소나무 피목가지마름병은 산발적으로 발생하며, 보통은 여러 해에 한 번씩 발생한다. 매년 발생하는 나무는 만성적으로 나무껍질이 벌어지거나 쪼개지는 스트레스를 받는 나무일 가능성이 높다. 가을철에 고온, 다습, 질소질 비료 과잉 등으로 지나치게 늦게 생장하면 상해에 대한 감수성이 증가되어 발병할 가능성이 높다.

병원균은 주간부의 나무껍질 아래에 살며, 가지껍질로 더 멀리 퍼져나간다. 침엽은 밑부분에서 갈색으로 변하고, 나뭇가지 꼭대기에 있는 침엽은 시간이 지나면 죽는다.

자낭반은 당해연도에 죽은 가지나 줄기의 코르크층 바로 밑에 4월경에 형성되며, 수피를 뚫고 균체(병원균의 미숙한 자낭반)가 외부로 노출되므로 육안으로도 병을 확인할 수가 있다. 시간이 경과하면 자낭반은 흑갈색으로 성숙해 1~2 ㎜ 정도로 성장한다. 비가 오거나 과습하면 2~5 ㎜ 정도로 커지면서 컵이나 접시모양이 되며 이때 자낭포자가 비산하게 된다. 장마철 이후에 성숙한 자낭반에서 자낭포자가 비산해 새로운 건전한 가지로 침입한 후 균사로 월동한다. 병원균은 감염성 무성포자를 생성하지 않으므로 최초 감염은 자낭포자에 의해 일어난다. 자낭포자는 성숙한 황갈색의 자낭반으로부터 과습한 조건에서 분출되며, 타원형의 단세포이고 무색이다.

집단 발생하는 경우에는 지속적으로 병이 발생하는 것이 아니고, 전년도 가을철의 이상건조와 겨울철의 이상고온이 겹치는 해에 발생한다. 가뭄과 같은 수분부족으로 스트레스를 받은 소나무는 방어유전자 발현과 항균성 물질 생성이 감소하는 반면에 내생병원균의 병원성은 영향을 받지 않고 오히려 생장력은 증대되기 때문에 피목가지마름병이 심하게 발생한다.

그림 12.493 소나무 피목가지마름병의 발병 유인. [출처: Minji Ryu et al.]

[방제] 식재밀도를 적절히 유지하고, 주로 장마철에 포자가 비산해 감염이 이루어지기 때문에 장마 전에 고사한 나무와 병든 가지를 잘라 태운다. 병이 발생하지 않은 곳에서는 죽은 가지 제거, 간벌 등을 통해 적절하게 산림을 관리한다. 도시 가로수 또는 공원 등의 조경용 소나무의 경우 배수 및 비배관리를 철저히 실시해 나무의 수세를 건강하게 유지시킨다.

③ 소나무류 가지끝마름병(Sphaeropsis blight, Diplodia tip blight)

소나무류 가지끝마름병(Sphaeropsis blight, Diplodia tip blight)은 일반적으로 소나무류 당년생의 신초와 침엽을 고사시키며, 어린 나무부터 20~30년생의 큰 나무까지 피해를 주지만, 활력이 좋고 건전한 나무에서는 약해진 가지만을 고사시킨다. 특히 환경적인 요인 즉 관리부족, 가뭄, 우박 또는 눈피해, 토양경화, 햇빛부족, 곤충피해, 기계적인 상처 등의 스트레스에 노출되어 약해진 나무에 병이 발생한다.

우리나라에서는 2005년 전북 고창지역의 소나무 피해지, 2006년 경북 봉화지역의 솔잎혹파리 피해지에서 병원균이 높은 빈도로 분리되어, 해충이나 나무 생육에 불리한 환경과 함께 소나무 가지고사에 깊게 관여하고 있는 것으로 추정된다.

산림보다는 낮은 지대의 조림지, 골프장, 공원, 정원 등에 조경용으로 심은 10년 이상의 적송, 해송, 리기다소나무 등에서 많이 발생한다.

그림 12.494 소나무 줄기의 가지끝마름병 병징. [출처: 산림청]

그림 12.495 소나무 침엽의 병징. [출처: Michigan State University]

그림 12.496 소나무 가지의 병징. [출처: 산림청]

[병증상] 병징은 나무의 아래쪽에 있는 당해년도에 생장한 잔가지 끝에 있는 몇 개의 갈변된 침엽이 마르는 증상으로 처음 나타난다. 6월부터 새가지의 침엽이 짧아지면서 갈색~회갈색으로 변하고, 생장 초기의 침엽은 감염 후 생장을 멈추기 때문에 건전한 침엽에 비해 생장이 정지된 것처럼 보인다. 당해연도 생장이 멈출 때까지 병든 침엽은 증가하고, 어린 가지는 말라 죽어 밑으로 쳐진다. 수피를 벗기면 적갈색으로 변한 병든 부위를 확인할 수 있다. 피해를 입은 새가지와 침엽은 수지에 젖어 있고 수지가 흐르며, 수지가 굳으면 병든 가지는 쉽게 부러진다. 종자와 어린 가지를 죽이며, 때로는 나무 전체를 죽이기도 한다. 루페를 사용하면 얇은 잎집 아래 병든 침엽 기부에 작고 검은 구형~편구형의 분생포자각을 표징으로 확인할 수 있고, 그 주변에 암갈색 분

생포자들이 흩어져 있으므로 낮은 배율에서도 관찰이 가능하다.

이 병은 소나무류 새가지가 명나방류나 얼룩나방류의 유충에 의해 피해를 입어 고사하는 증상과 비슷하지만, 해충에 의한 가해터널이 없으므로 쉽게 구별된다.

그림 12.497 소나무류 가지끝마름병에 의해 죽은 침엽 위에 형성된 표징(분생포자각). [출처: E. D. Rajotte]

그림 12.498 소나무류 가지끝마름병에 감염된 솔방울 위에 형성된 표징(분생포자각). [출처: E. D. Rajotte]

[병원균] 소나무류 가지끝마름병을 일으키는 병원균은 *Sphaeropsis sapinea*(=*Diplodia pinea*)으로 자낭균문(Ascomycota), Lecanoromycetes강, Lecanorales목, Acarosporaceae과에 속한다.

영양체는 격벽 균사체이고, 무성적으로 분생포자각 속에 갈색 계란 모양의 분생포자를 형성한다.

그림 12.499 소나무류 가지끝마름병균(*Sphaeropsis sapinea*)의 분생포자. [출처: Alan John Lander Phillips et al.]

[병환] 병원균은 감염된 나무나 땅 위의 죽은 침엽, 어린 가지, 솔방울에 분생포자각 형태로 연중 존재한다. 초기 감염은 신초, 침엽, 종자에서 시작해 나무 생장을 저해한다. 죽어가는 신초는 짙은 빨간색~갈색을 띠다가 결국 회색으로 변하고, 감염 부위는 송진에 젖어 있다.

늦은 여름에 죽은 침엽, 가지, 그리고 솔방울에 검은색의 분생포자각이 형성되며 이듬해 늦봄 또는 초여름에 성숙한다. 분생포자각은 주로 수피 안쪽에 짙은 회색으로 뭉쳐진 균사들이 평평한 검정색의 패드를 형성해 수피 표면에까지 도출되어 나타난다.

습한 조건에서 갈색 타원형 분생포자는 분생포자각에서 분출되어 바람, 튀기는 빗방울, 동물 또는 전정기구에 의해 흩어진다. 특히 감염된 2년생 솔방울의 경우 다량의 분생포자를 방출하기 때문에 병원균 전파에 중요한 역할을 한다. 일부 분생포자는 당해년도의 어린 침엽에 도달해 발아하고 기공을 통해 침입한 후 침엽의 기부를 향해 자란다.

몇 시간 후면 침엽에서 병원균의 침입한 부위가 갈변되고, 잔가지로 병원균은 자라면서 침엽이 갈변되고 잔가지에 궤양이 생긴다. 기온이 높아질 경우, 가뭄, 토양의 양분 결핍으로 소나무 생육이 나빠질 때 피해가 점차 확대된다.

그림 12.500 *Sphaeropsis sapinea*에 의한 소나무류 가지끝마름병의 병환. [출처: Terry A. Tattar]

[방제] 가을, 겨울에 병든 잎과 죽은 가지 등의 잔재물을 잘라 내거나 병든 낙엽은 태우거나 묻는다. 수세가 건강하도록 적절한 영양제와 비료를 주어 성장을 촉진하도록 한다. 나무 아래에서 발생이 심하므로 어린나무 아래에 있는 풀을 베어내고, 주간부 아래쪽 가지치기로 통풍을 좋게 한다.

(3) *Valsa*에 의한 병

① 사과나무 부란병(canker)

사과나무 부란병(腐爛病, canker)은 나무의 줄기 및 가지에 발생해 가지 또는 나무 전체를 말라 죽게 하거나 나무의 세력을 약하게 만들어 수량에도 심각한 영향을 미친다. 이 병은 우리나라에서 사과가 상업적으로 생산된 직후인 1919년 처음 보고된 후 1960년대 중반까지는 별로 문제되지 않았으나, 1960년 후반부터 점차 피해가 증가해 1970년대 초부터는 사과 산업에 중대한 위협이 되고 있다.

[병징] 사과나무 가지, 줄기, 열매에 발생한다. 처음 나무껍질이 갈색으로 되며, 약간 부풀어 오르고 쉽게 벗겨지며, 시큼한 알콜 발효 냄새가 난다. 초기 병반은 약간 붉은색을 띠는데, 오

래된 병반에서는 2차 기생균에 의해 병반이 불에 그을린 것처럼 검은색을 띤다. 병이 더욱 진전되면 병반의 표면에 까만 돌기(분생포자각)가 생기고, 4~5월경 비가 온 후 노란 실 모양으로 분생포자덩이가 누출된다. 병환부는 건조해져서 겉껍질은 말라붙으며, 나무를 에워싸면 윗부분이 말라 죽는다.

그림 12.501 사과나무 부란병에 감염된 나무(A), 자낭각(B), 궤양 부위에 형성된 분생포자각(C). [출처: Xuli Wang et al.]

[병원균] 사과나무 부란병을 일으키는 병원균은 *Valsa mali*(무성세대 *Cytospora mali*)로 자낭균문(Ascomycota), 동충하초강(Sordariomycetes), 오리나무버섯목(Diaporthales), 검은가죽부패균과(Valsaceae)에 속한다. 영양체는 격벽 균사체이고, 무성포자 분생포자각 속에 약간 굽고 무색 투명한 분생포자를 형성하고, 유성세대로 자낭각 속에 무색 투명한 자낭포자를 형성한다.

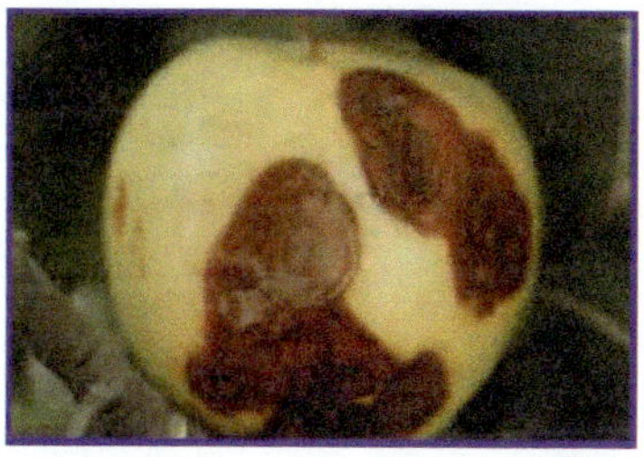

그림 12.502 사과나무 열매의 병징. [출처: Internal Control Genes]

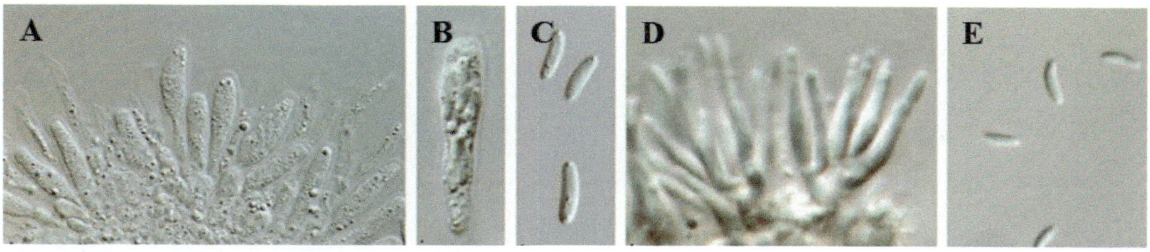

그림 12.503 사과나무 부란병균(*Valsa mali*)의 자낭(A,B), 자낭포자(C), 분생포자형성세포(D), 분생포자(E). [출처: Xinlei Fanet et al.]

[병환] 전염원은 병환부에 형성된 분생포자와 자낭포자인데, 우리나라에서는 자낭포자의 형성 빈도가 매우 낮으므로 주전염원은 분생포자이다. 4월에서 10월하순까지 분생포자각이 형성되지만, 기온이 높은 5월에서 9월 사이에 가장 많이 형성된다. 분생포자각 속에 형성된 분생포자는 빗물에 의해 이동한 후 사과나무의 상처부위에서 발아해 감염한다. 병원균이 가장 쉽게 침입하는 곳은 열매꼭지, 전정부위, 꿀샘, 큰 가지의 분지점, 동해 또는 상해를 입은 곳 등인데, 병원균은 반드시 죽은 조직을 통해서 감염한다. 감염은 포자만 있으면 연중 어느 시기에나 일어날 수 있는데 감염 최성기는 12월에서 4월까지이다.

감염 후 발병까지는 상당히 오랜 시간이 소요되는데 수개월에서 3년까지 소요된다. 일단 발병하면 병반은 연중 진전되며 봄에서 초여름까지 가장 빠르게 진전하고 여름에는 일시 정체하나 가을에 다시 진전되며, 겨울에도 느린 속도이긴 하지만 병반의 진전은 계속된다.

[방제] 수세가 건강하도록 적절한 영양제와 비료를 주어 생장을 촉진시킨다. 상처가 생기지 않도록 관리하고 병환부를 칼로 깍아내고 도포제를 처리한다. 병환부를 깍아내지 않고 병반 부위에 네오아소진 원액을 소형분무기로 살포한다. 이때 주의해야 할 점은 약액이 병반보다 5~10 cm 정도 더 넓게 뿌려져야 하며, 약을 뿌리는 시기는 사과나무의 생육기간 즉 4월에서 9월까지 뿌리는 것이 효과적이다. 첫 번째 약제를 처리한 후 2주 이내에 반드시 두 번째 처리를 해야만 한다. 네오아소진을 2회 뿌려도 병반이 계속 진전될 때는 칼로 병반의 가장자리에 적당히 상처를 입힌 후 약제를 처리하면 대부분 병반의 진전은 정지된다.

② 오동나무 줄기마름병(부란병, canker)

오동나무 줄기마름병(canker)은 부란병이라고도 부르는데, 가지치기 후에 생긴 상처, 죽은 잔가지 및 동해 부위 등을 통해 침입해 발생하며, 파이토플라스마에 의한 빗자루병과 함께 오동나무에 치명적인 병이다. 특히 추운 지방에서 동해나 상해(서리피해)를 받아 수세가 약해진 나무에 피해가 심하다.

그림 12.504 오동나무 줄기의 병징.

[병징] 수피가 얇은 어린 가지에서 병환부는 자갈색으로 약간 괴저되며 건전한 부위와 뚜렷하게 구분되지만, 커다란 나무에서는 분명하지 않다. 굵은 가지나 수세가 왕성한 나무에서는 여름철 생육기에 수피 밑 병환부 주변에 유합조직이 형성되므로 병진전이 저지된다.

가을부터 이듬해 봄까지 생육 휴지기에 다시 병이 진전되므로 겹둥근 무늬 모양의 다년생 유합조직이 형성된다. 병환부는 약간 함몰되어 아래 위로 틈이 생기고 수피가 쉽게 벗겨진다.

수피 표면에는 작고 검은 반구형~구형 분생포자각과 자낭각이 많이 형성된다. 가지나 어린 줄기에서는 병든 부위가 급속히 확대되어 에워싸면 말라죽는다.

[병원균] 오동나무 줄기마름병을 일으키는 병원균은 *Valsa paulowniae*(무성세대 *Cytospora paulowniae*)로 자낭균문(Ascomycota), 동충하초강(Sordariomycetes), 오리나무버섯목

(Diaporthales), 검은가죽부패균과(Valsaceae)에 속한다. 병원균의 형태적 특성은 사과나무 부란병균(*Valsa mali*)과 유사하다.

[병환] 분생포자각은 연중 병환부에 존재하지만, 5월경부터 성숙해져 6~10월에 비산한다. 주로 장마철에 빗물에 의해 비산된 분생포자는 줄기와 가지에 생긴 상처를 통해 침입한다. 자낭각은 분생포자각보다 약간 늦은 8월부터 이듬해 4월까지 병환부에 형성되며 8~10월에 자낭포자를 방출한다. 자좌는 초기에 수피 밑에 형성되지만 나중에는 외부로 돌출된다.

[방제] 수세가 건강하도록 적절한 영양제와 비료를 주어 생장을 촉진시킨다. 상처가 생기지 않도록 관리하고 상처 부위는 도포제를 처리한다. 눈이 제거된 부위는 병원균의 침입통로가 되므로 눈따기(적아)를 일찍 한다. 동해를 예방하기 위해 줄기에 흰색 페인트를 칠한다.

③ 포플러류 줄기마름병(Cytospora canker)

포플러류 줄기마름병(Cytospora canker)은 우리나라에서 1965년 이태리포플러 재배단지에서 처음 발견되었다. 이 병은 동해, 서리, 건조, 산불 등에 의해 줄기에 상처가 생기거나 수세가 약해지면 발생하기 쉬우며, 특히 추운 지방에서 피해가 심하다. 주로 삽수나 어린 조림목의 가지 또는 줄기에 발생하지만, 큰 나무에 피해가 발생하기도 한다.

[병징] 수피가 얇은 어린 가지에서는 약간 함몰된 갈색의 병반이 형성된 후 점차 확대돼 가지를 에워싸면 윗부분은 말라죽는다. 굵은 가지에는 병환부에 사마귀 모양으로 약간 돌출된 분생포자각이 형성되면서 말라죽는다. 병환부의 수피 아래는 검게 변하고 악취가 나며, 변재는 물론 심재 부위까지도 변색되기도 한다.

그림 12.505 포플러 줄기의 병징.
[출처: USDA Forest Service]

그림 12.506 포플러 줄기의 표징(분생포자각).
[출처: USDA Forest Service]

[병원균] 포플러류 줄기마름병을 일으키는 병원균은 *Valsa sordida*(무성세대 *Cytospora chrysosperma*)로 자낭균문(Ascomycota), 동충하초강(Sordariomycetes), 오리나무버섯목(Diaporthales), 검은가죽부패균과(Valsaceae)에 속한다. 영양체는 격벽 균사체이고, 무성세

대로 형성되는 분생포자각은 수피 밑에 형성돼 돌출되는데, 그 속에 곧거나 굽은 막대모양의 분생포자를 형성한다. 유성세대로 밑바닥이 편평한 구형의 자낭각은 수피 밑에 형성되는데, 그 속에 곤봉 모양의 자낭을 형성하고, 소세지형으로 양 끝은 둥글며 무색 단세포의 8개의 자낭포자가 불규칙하게 2열로 배열되어 있다.

[병환] 병환부 수피 밑에 돌출되게 형성된 분생포자각에서는 비가 온 후 또는 습할 때 끈적끈적한 황색~적갈색 포자덩이가 분출되고 주로 빗물에 의해 전파된 후 포플러의 줄기에 생긴 상처나 피목을 통해 침입한다. 발병이 심할 때는 분생포자덩이가 말라서 마치 실 부스러기가 붙어 있는 것처럼 보이기도 한다.

그림 12.507 포플러 줄기마름병균(*Valsa sordida*) 분생포자각에서 분출되는 분생포자덩이.
[출처: USDA Forest Service]

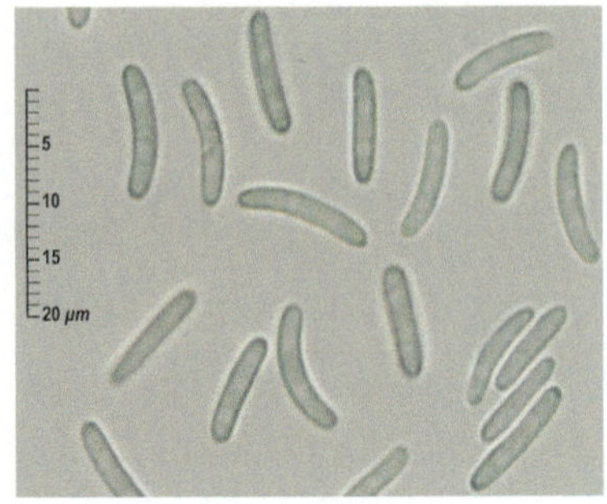

그림 12.508 포플러 줄기마름병균(*Valsa sordida*)의 분생포자.
[출처: Enrique Rubio]

그림 12.509 포플러 줄기마름병균(*Valsa sordida*)의 자낭각.
[출처: USDA Forest Service]

그림 12.510 포플러류 줄기마름병균(*Valsa sordida*)의 자낭.
[출처: Enrique Rubio]

[방제] 수세가 건강하도록 적절한 영양제와 비료를 주어 생장을 촉진시킨다. 상처가 생기지 않도록 관리하고 상처 부위는 도포제를 처리한다.

④ 핵과류 줄기마름병(canker)

핵과류 줄기마름병(canker)을 일으키는 *Leucostoma*(=*Valsa* 또는 *Cytospora*)는 전 세계적으로 분포하고, 많은 수목에 피해를 입힌다. 70종 이상의 과수, 활엽수, 조경수, 관목이나 침엽수가 *Leucostoma* 중 한 종에 의해 침해를 받는다. 과거에 *Valsa*로 알려졌던 *Leucostoma*는 주로 무성세대인 *Cytospora*로 존재하므로 Cytospora 궤양병으로도 알려졌다. 주요 병원균은 유성세대로 *Leucostoma persoonii*와 *L. cinctum*, 그리고 무성세대로

Cytospora leucostoma 와 *C. cincta* 이다.

Leucostoma 는 특히 복숭아나무, 넥타린(Nectarine, 털없는 복숭아), 벚나무 등의 핵과류에 매우 심각한 피해를 주며, 사과와 같은 다른 과수, 조경수, 임목에서도 때로는 심하게 발생한다. 감염된 나무 부위에 따라 다양한 표징과 병징이 나타나는데, 가장 치명적인 병징 중 하나가 *Leucostoma* 에 의한 궤양병이다.

Leucostoma 는 수많은 나무의 주간, 주간에서 가지가 나눠는 부위, 크고 작은 가지도 침해해 심각한 손상을 입힌다. 감염된 가지는 열매의 무게를 이기지 못하거나 폭풍에 부러지기도 한다. *Leucostoma* 는 부적합한 장소에서 자라거나 가뭄이나 서리에 피해를 받은 나무처럼 스트레스를 받고 자라는 나무에서 매우 심각한 피해를 준다.

1900년 서부 뉴욕주에서 *Leucostoma* 에 의한 복숭아나무 궤양병이 처음 보고되었고, 12년 후 서부 온테리오에서 발견되었다. *Leucostoma* 에 의한 궤양병은 유실수의 착과량을 감소시키고, 나무 수명을 단축시키기 때문에 병관리 비용을 상당하게 추가시킨다.

[병증상] 핵과류의 잔가지나 가지에는 뚜렷한 궤양 증상은 나타나지 않고 가지마름 증상으로 병징이 나타난다.

가지에는 보통 동해로 죽은 순이나 전년도 잎이 나왔던 엽흔 주위에 움푹 패이고 변색된 병반이 나타나는데, 종종 죽은 조직에 옅거나 짙은 겹둥근 무늬를 만든다.

마디 감염은 눈이 트고 2~4주 후에 쉽게 관찰되는데, 가지가 완전하게 죽지 않으면 병든 수피는 검게 변하고 악취를 풍기며 호박색 검물질이 흘러나온다. 심하게 감염된 가지에 궤양이 생기면 궤양 중심에 있는 가지는 말라 죽는다.

그림 12.511 핵과류 줄기마름병에 의해 고사한 새순. [출처: 백창기]

그림 12.513 복숭아나무 어린 가지의 병징. [출처: A. R. Biggs & G. G. Grove]

그림 12.512 복숭아나무 마디의 병징. [출처: A. R. Biggs & G. G. Grove]

그림 12.514 복숭아나무 줄기에서의 점액 누출. [출처: A. R. Biggs & G. G. Grove]

주간부, 가지 가랑이, 큰 가지, 오래된 가지 등에 생기는 궤양이 가장 눈에 잘 띄는 병징이다. 큰 가지의 궤양은 flagging이라고 하는데, 감염된 과수원에서 먼 거리에서도 식별할 수 있다.

궤양은 줄기에서 긴 축을 따라 타원형으로 생긴다. 궤양에서는 호박색 검물질이 흘러내리고 감염된 수피는 죽고 그 아래 건전한 수피와 분리된다.

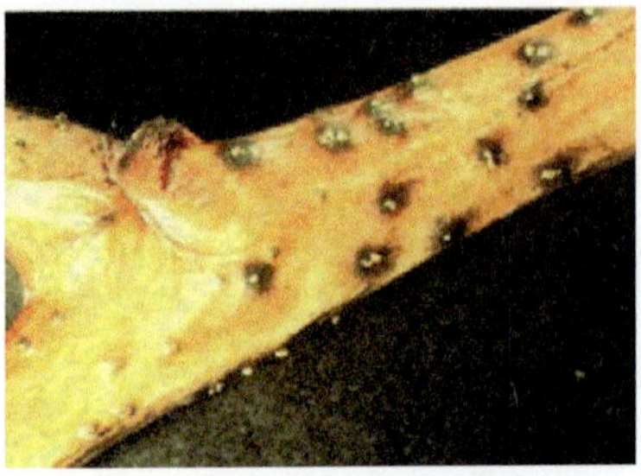

그림 12.515 줄기마름병으로 죽은 가지에 생성된 표징(분생포자각).
[출처: A. R. Biggs & G. G. Grove]

그림 12.516 복숭아나무 주간부의 병징.
[출처: A. R. Biggs & G. G. Grove]

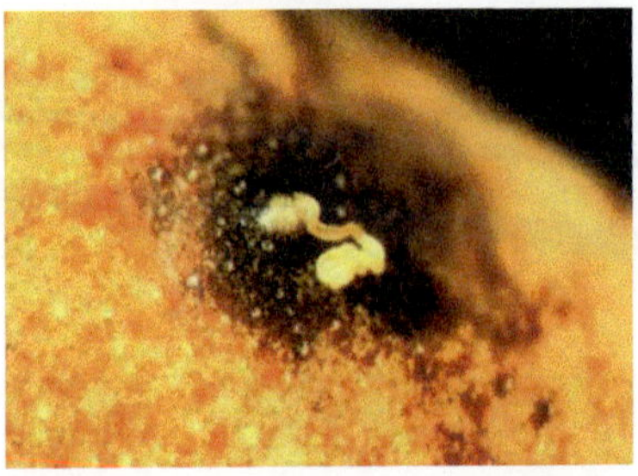

그림 12.517 핵과류 줄기마름병균(*Leucostoma persoonii*)의 분생포자각으로부터 분생포자의 누출.
[출처: A. R. Biggs & G. G. Grove]

줄기나 가지 감염은 생육기에 잎 감염으로 이어진다. 감염된 가지에 있는 잎은 황화되고, 시들어 죽는다. 표징으로 죽은 가지에는 수피를 뚫고 작고 검은 뾰루지같은 분생포자각이 돌출된다. 나중에 위축된 수피는 벗겨져서 그 밑에 있는 목질부가 노출된다. 궤양은 해마다 커지고, 많은 잔가지와 가지를 완전히 둘러싸 죽인다.

잎 병징은 줄기나 가지 감염으로부터 발달하는데, 황화, 시들음, 괴사 병징을 나타내고, 죽은 수피 위에 작고 검은 점(분생포자각)이 표징으로 나타난다.

그림 12.518 줄기마름병에 감염된 줄기 병반에 생성된 표징(자낭각).
[출처: A. R. Biggs & G. G. Grove]

[병원균] 핵과류 줄기마름병을 일으키는 병원균은 *Leucostoma persoonii* (=*Valsa leucostoma*, 무성세대 *Cytospora leucostoma*)로 자낭균문(Ascomycota), 동충하초강(Sordariomycetes), 오리나무버섯목(Diaporthales), 검은가죽부패균과(Valsaceae)에 속한다.

영양체는 격벽 균사체이고, 무성세대인 분생포자각은 죽은 가지의 궤양 부위에 수피가 죽은 후 2~3주 또는 6개월 후에 나타난다. 분생포자각에는 많은 공동과 1개의 머릿구멍(ostiole)이 있어서 습한 조건에서 성숙한 분생포자각에서 오렌지색 고수머리 모양으로 분생포자 덩어리가 누출된다. 분생포자는 무색의 작은 단세포로 약간 구부러졌으며 끈적끈적한 물질 속에 형성된다. 분생포자각 형성 2~3주 후에 유성세대인 자낭각이 형성되지만, 자낭각과 자낭포자는 잘 나타나지 않는다.

그림 12.519 핵과류 줄기마름병균(*Leucostoma persoonii*)의 분생포자. [출처: A. R. Biggs & G. G. Grove]

[병환] 병원균은 궤양이나 이전에 침입받아 죽은 목재에서 균사와 분생포자 형태로 월동한다. 1차 전염원은 분생포자에 의해 이루어진다. 분생포자는 초봄에 날씨가 서늘하고 습하면 분생포자각 밖으로 흘러나와 비에 씻기고 튀겨서 또는 곤충이나 인간에 의해서 전반된다. 습하지만 비가 오지 않는 날씨일 때에는 스며나온 분생포자는 말라서 단단해지고 감긴 실 모양의 포자 덩어리를 형성해 수일 또는 수 주 동안 궤양 위에 남아있다.

분생포자의 수는 10~15℃ 범위의 기온지속시간, 수분지속시간, 90% 이상 습도지속 시간과 밀접한 상관이 있다. 이러한 조건이 발병에 적합한 조건이며, 습도와 수분이 없으면 발병되지 않는다.

분생포자는 습한 조건에서 발아해 기주에 감염하기 시작한다. 감염은 대부분 휴면시기인 늦가을이나 초겨울, 늦겨울이나 초봄에 주로 발생한다. 병원균은 건강한 수피를 침해할 수 있지

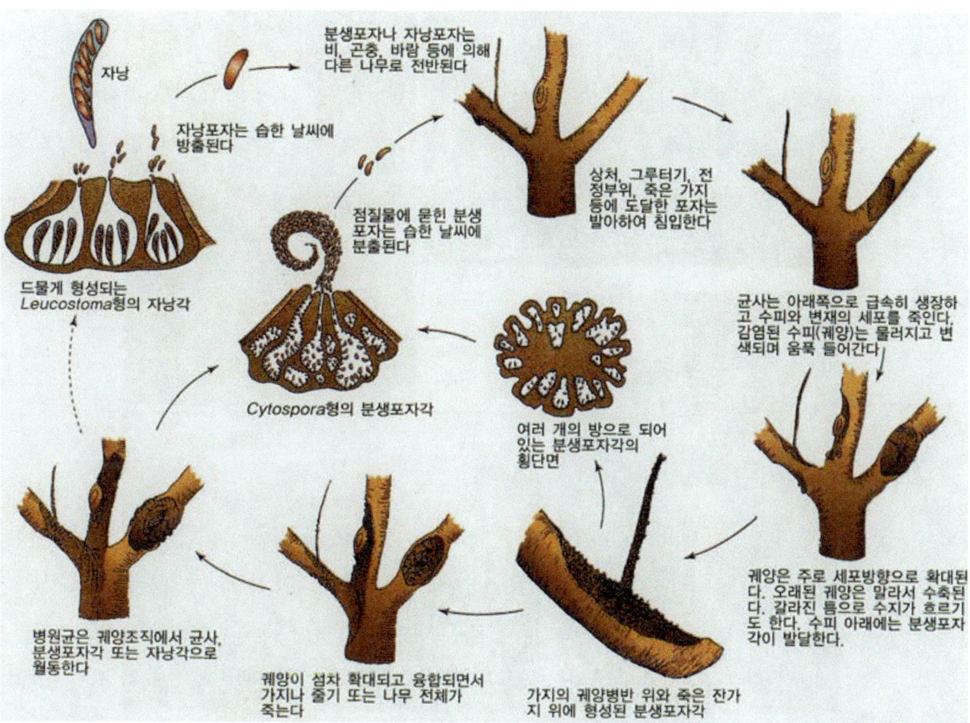

그림 12.520 *Leucostoma persoonii*에 의한 핵과류 줄기마름병의 병환. [출처: 식물병리학]

만, 손상되었거나 죽어가는 조직 또는 죽은 조직을 통해 침입한다.

잔가지의 감염은 상처나 엽흔을 통해서 일어난다. 큰가지의 경우는 모든 상처가 균의 침입 경로이다. 병원균은 죽은 수피와 목질부에 정착하고, 주변의 살아있는 조직을 가해해 궤양을 형성하고, 수피와 바깥쪽의 목질부에서 생장한다.

병원균은 기계적인 상처나 동해에 노출되었을 때만 침입한다. 성숙한 핵과류에서 병원균은 1년생 가지의 마디에 새로운 감염을 일으키는 1차 병원균이다. 병원균은 동면기에 엽흔이나 죽은 눈을 통해 마디에 침입해 죽은 가지나 늙은 가지에 궤양을 일으키고 나무의 많은 부위를 죽게 한다.

기온이 14~20℃일 때, 병원균은 괴사를 일으키지만, 기주의 방어반응에 의해 병반의 확장은 제한받는다. 2~8℃일 때, 초기 병반 확장은 더 느리지만, 기주의 방어반응이 더 제한되기 때문에 감염되는 가지 부위는 더 넓다. 일반적으로 궤양은 10℃ 이상인 날수가 증가함에 따라 더 작아진다.

일단 침입하면 병원균은 건전한 주변 조직으로 생장한다. 생장이 느리기는 하지만 빙점에 가까운 저온에서도 병반이 확장된다. 기온이 10℃ 이상으로 올라가면 나무는 왕성하게 자라기 시작하고 유합조직은 보통 궤양 주위에 형성된다. 매년 반복해서 나무는 생장하면서 새로운 유합조직을 형성하기 때문에 처음 감염된 부위를 중심으로 겹둥근 무늬 모양의 궤양이 커져나간다.

[방제] 병든 가지와 죽은 가지는 빨리 제거한다. 동해와 충해 및 잿빛무늬병을 예방하고, 핵과류의 활력이 좋아지도록 관수와 배수관리 및 시비를 철저히 실시하고, 나무에 상처가 나지 않도록 한다. 건전한 묘목을 식재하고, 심한 전정을 피하고, 날씨가 건조할 때 주간과 큰 가지에 있는 궤양을 제거한 후 상처와 모든 전정 부위에는 소독제를 처리하거나 상처도포제를 처리한다. 가능한 한 늦봄에 전정하고, 전정 후에는 비가 내리기 전에 바로 benomyl 등 적용약제를 살포한다.

(4) *Nectria* 에 의한 병

① 활엽수 붉은가지마름병(Nectria canker)

활엽수 붉은가지마름병(Nectria canker)은 coral spot이라고도 부르는데, 전 세계적으로 많은 활엽수에 발생하는 가장 중요한 Nectria 병의 하나이다. 활엽수 붉은가지마름병의 주요 기주는 너도밤나무이지만, 배나무, 버즘나무, 마로니에, 서어나무 등도 침해한다.

활엽수 붉은가지마름병균은 가뭄이나 다른 병원체 감염 등 스트레스를 받은 결과 연약해진 나무를 보통 침해한다. 물리적 손상도 나무를 감수성으로 만든다. 따라서 붉은가지마름병균은 활엽수의 연약기생체(weak pathogen)로서 어린 나무의 경우에는 병원균이 주간이나 큰가지를 에워싸지만 큰 나무의 경우에는 잔가지만 직접적으로 가해해 죽이기 때문에 손실은 어린 나무에서 더욱 크다. 그러나 큰 나무의 주간에 형성된 궤양은 나무의 활력과 생산성을 감소시키는데, 이러한 나무는 바람이 불면 부러지기 쉽다.

1791년 독일 균학자이자 신학자인 Heinrich Julius Tode가 활엽수 붉은가지마름병균을 처음 기술하고 *Sphaeria cinnabarina*이라는 학명을 부여했다. 1849년 이 학명은 스웨덴 균학자 Elias Magnus Fries에 의해 *Nectria*속으로 변경되었고, 현재 *Nectria cinnabarina*이라는 학명이 채택되었다. 우리나라에서는 1990년 나주지방에서 재배하는 배나무에서 처음 발견되었다.

넥트리아궤양병은 수년에 걸쳐 나무의 피층과 형성층을 감염한다. *N. cinnabarina*는 다른 종만큼 심각한 문제를 일으키지는 않지만 단단한 재목(hardwood)을 침해하는 중요한 병원균이다.

[병증상] 일반적으로 가뭄이나 병원체 또는 물리적 스트레스를 받은 나무에서 눈의 흔적, 상처, 잔가지의 절단면, 줄기의 분기부 등에 발생한다. 초기 병징은 죽은 나무 부위 표면에 1~4 ㎜ 크기의 작고 둥글며 적갈색 궤양 증상을 나타낸다. 나중에 중심부위는 움푹 들어가고 검게 변하지만, 가장자리는 인접한 건전 수피보다 위로 솟아오른다.

그림 12.521 활엽수 붉은가지마름병에 감염된 가지 표면에 생성된 자낭각과 분생포자좌. [출처: Alchetron]

그림 12.522 활엽수 붉은가지마름병균(*Nectria cinnabarina*)의 분생포자좌. [출처: First Nature: a not-for-profit volunteer-run resource]

그림 12.523 활엽수 붉은가지마름병균(*Nectria cinnabarina*)의 자낭각. [출처: Wikipedia]

환경조건이 기주에 알맞으면 병원균은 천천히 자라고 기주는 궤양 주변에 유합조직을 형성해 궤양의 가장자리는 균열이 생긴다. 궤양의 검은 수피 아래는 말라죽어 푸석푸석해지고, 수피가 벗겨져 떨어지므로 죽은 부위의 목질부가 노출되며, 주변에 유합조직이 생겨서 융기한다. 그 후 수년 동안 병원균은 건전한 조직을 계속 침입해 매년 새로운 유합조직에 빽빽하게 동심원같은 융기가 형성되어 과녁같은 전형적인 궤양 증상을 나타낸다.

적합한 조건에서는 기주의 침입이 가속화되고, 궤양 부위의 수피가 거칠어지고 균열이 생기지만 수피가 벗겨지지는 않으며, 융기된 유합조직은 조금씩 거리가 생긴다.

열매가 감염되면 원형으로 움푹 들어가고 갈색으로 썩는 병징을 나타낸다. 표징으로 수많은 분생포자를 형성하는 흰색 또는 노란색의 돌출부(분생포자좌)가 썩은 부위에 형성된다. 안쪽의 썩은 조직은 물렁물렁해지고 줄무늬가 나타난다.

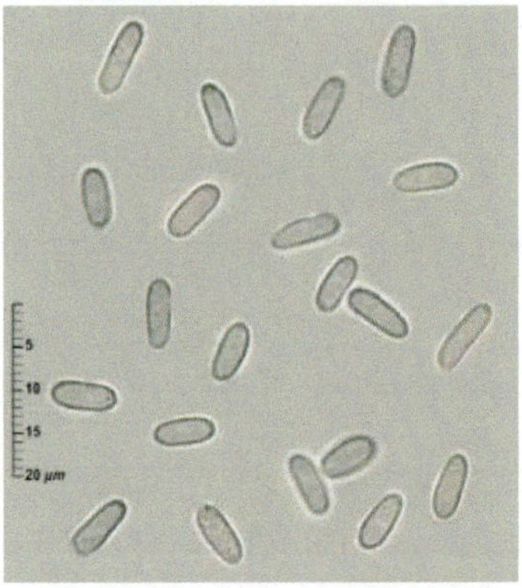
그림 12.524 활엽수 붉은가지마름병균(*Nectria cinnabarina*)의 분생포자. [출처: Enrigue Rubio]

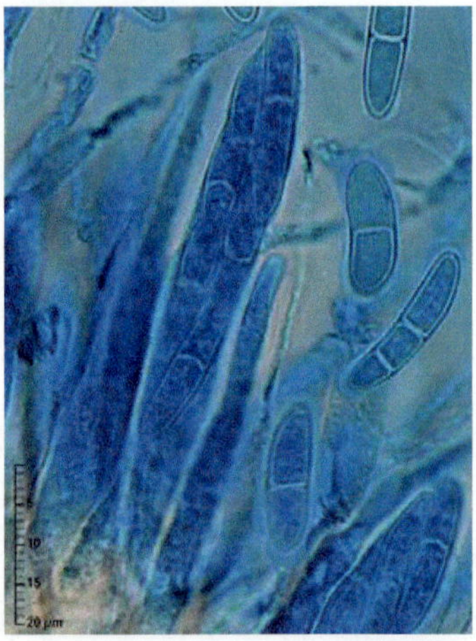
그림 12.525 활엽수 붉은가지마름병균(*Nectria cinnabarina*)의 자낭과 자낭포자. [출처: Enrigue Rubio]

[병원균] 활엽수 붉은가지마름병을 일으키는 병원균은 *Nectria cinnabarina* (무성세대 *Tubercularia vulgaris*)로 자낭균문(Ascomycota), 동충하초강(Sordariomycetes), 동충하초목(Hypocreales), 알보리수버섯과(Nectriaceae)에 속한다.

영양체는 격벽 균사체이고, 무성적으로 작고 흰색~주황색의 분생포자좌 위에 2~4세포의 분생포자를 형성하고, 유성적으로 방석 모양의 자좌 표면에 있는 밝은 색깔의 자낭각 속에 2세포로 된 자낭포자를 형성한다.

[병환] 병원균은 전형적으로 죽은 나무에 부생균으로 자란다. 나무에 상처가 생기면 기회주의적인 연약 기생체(opportunistic weak parasite)로 감수성 식물체를 감염한다. 병환은 여러 차례 발병을 되풀이할 수 있는 다주기성이다.

분생포자는 흔히 생육 초기에 형성되지만 여름과 초가을에도 형성된다. 분생포자는 바람이나 빗물, 또는 곤충에 의해 전반된다. 늦여름과 가을에는 궤양에 자낭각이 형성되고 초기에 분생포자를 형성하는 자좌가 있는 동일한 곳에서도 자낭각이 형성되므로 결국 자좌는 자낭각으로 대체된다.

힘차게 방출된 자낭포자는 바람에 의해 전반되거나, 다습한 날씨에는 자낭각에서 흘러나와 빗방울에 튀기거나 곤충에 묻어서 전반된다. 자낭포자의 전파는 주로 늦여름과 가을 사이에 가장 많이 이루어지지만 연중 아무 때나 방출된다.

병원균은 전형적으로 죽은 조직에 먼저 침입하고 물관부를 통해 자라는 균사로 살아있는 조직으로 확산된 후 가지마름을 일으키면서 더욱더 확산된다. 포자가 피목을 통해 살아있는 조

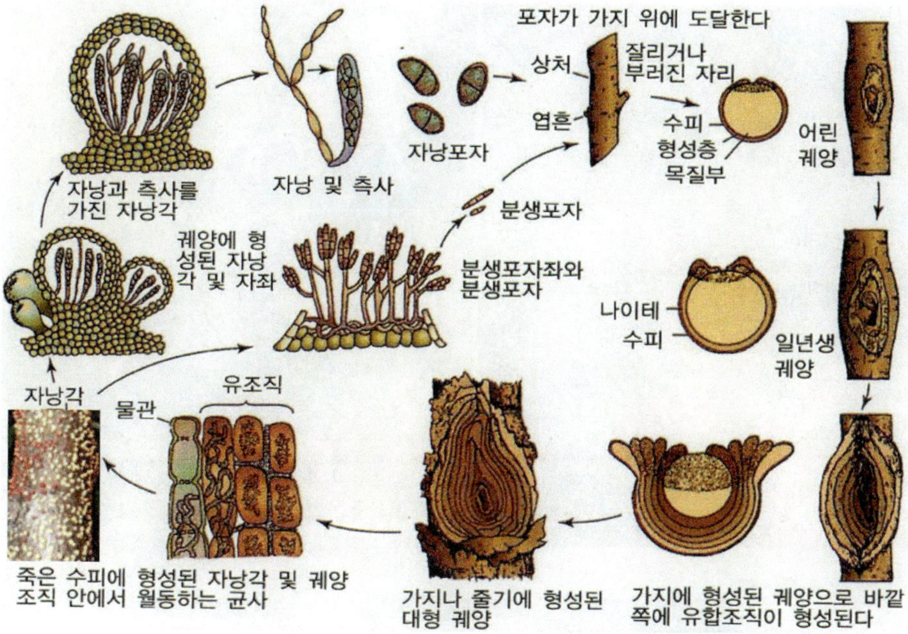

그림 12.526 *Nectria cinnabarina*에 의한 배나무 붉은가지마름병의 병환. [출처: 식물병리학]

직을 감염하기도 하지만 스트레스를 받은 나무에서만 일어난다.

병원균은 여러 차례 발병을 되풀이하는 다주기성 병환을 만든다. 봄철과 초여름에 분홍색 또는 담홍색 포자형성구조체를 형성하는데, 점차 구리빛 또는 갈색으로 변한다. 이것이 유성세대로 자낭포자를 형성하는 자낭각이다.

병원균은 무성적으로 분생포자좌를 형성하고, 그 안에 자낭각이 형성된다. 여름과 가을철에 담홍색 자실체가 형성되고, 마침내 이 구조체는 암적색으로 성숙해 월동한다. 이것이 무성세대로 스폰지같은 분생포자를 형성한다.

[방제] 병든 가지를 일찍 제거해 초기 전염원을 없앤다. 포자형성이 이루어지지 않는 건조한 시기에 전정을 한다. 전정기구를 철저하게 소독한다. 나무가 스트레스를 받지 않도록 관리한다. 보르도액(8-8식)이나 적용약제를 낙엽 직후에 살포한다.

② 넥트리아궤양병(Nectria canker)

넥트리아궤양병(Nectria canker)은 나무 줄기에 전형적인 겹둥근 궤양 무늬를 형성한다. 사과나무와 배나무를 비롯한 과수와 호두나무, 백양나무, 단풍나무, 자작나무, 느릅나무, 찰피나무 등 활엽수에 발생하는 가장 일반적인 병이다.

[병증상] 병원균은 감염 후 매년 줄기의 형성층을 조금씩 파괴시키면서 겹둥근 무늬 형태의 궤양을 만든다. 처음에는 죽은 나무 부위 표면에 작고 둥근 궤양 증상을 나타내고, 나중에 중심

부위는 움푹 들어가고 검게 변하지만, 가장자리는 인접한 건전 수피보다 위로 솟아오른다. 병원균의 붉은색 자낭각이 궤양 가장자리에 형성되므로 쉽게 확인할 수 있다.

그림 12.527 넥트리아궤양병의 감염 초기 줄기의 궤양 병징(a), 감염 5주 후 줄기의 궤양 병징(b), 꽃썩음 병징(c), 적과 상처 병반(d). [출처: Nicholas Tabi Amponsah et al.]

[병원균] 넥트리아궤양병은 *Neonectria ditissima* (=*Nectria galligena*, 무성세대 *Cylindrocarpon mali* = *Cylindrocarpon heteronema*)로 자낭균문(Ascomycota), 동충하초강(Sordariomycetes), 동충하초목(Hypocreales), 알보리수버섯과(Nectriaceae)에 속한다.

영양체는 격벽 균사체이고, 무성적으로 작고 흰색~주황색의 분생포자좌 위에 2~4세포의 가늘고 긴 분생포자를 형성하고, 유성적으로 방석 모양의 자좌 표면에 있는 밝은 색깔의 자낭각 속에 2세포로 된 자낭포자를 형성한다.

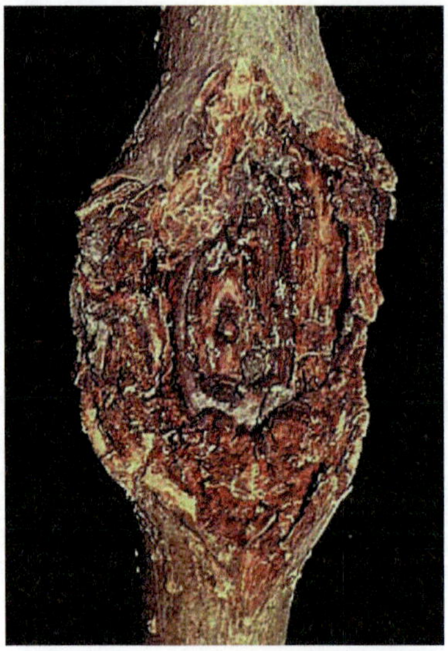

그림 12.528 단풍나무 줄기의 겹둥근 무늬 병징. [출처: S. Woodward]

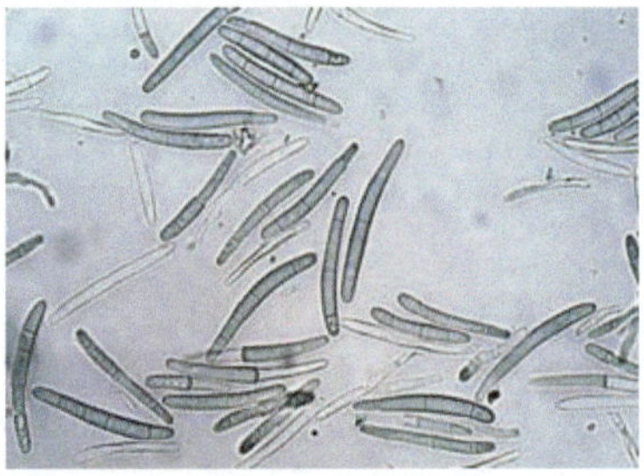

그림 12.529 넥트리아궤양병균(*Neonectria ditissima*)의 분생포자. [출처: Marjan Ghasemkhani]

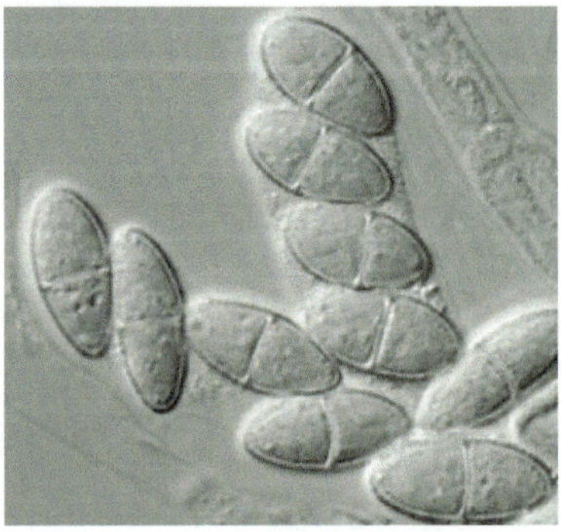

그림 12.530 넥트리아궤양병균(*Neonectria ditissima*)의 자낭포자. [출처: Lisa A. Castlebury et al.]

[병환] 병원균은 폭설이나 서리 피해에 의해 갈라진 틈이나 상처를 통해 수목 내부로 침입해 죽은 형성층에서 부생균으로 생존한다. 봄에 수목이 유합조직을 형성하면 병원균은 죽은 체관부(사부)와 물관부(목부)에서 부생균으로 생존하지만, 늦은 여름부터 겨울 사이에 다시 형성층의 다른 부위를 침입해 병원균의 생장과 수목의 생장이 번갈아 일어나면서 겹둥근 무늬 형태의 궤양을 만든다.

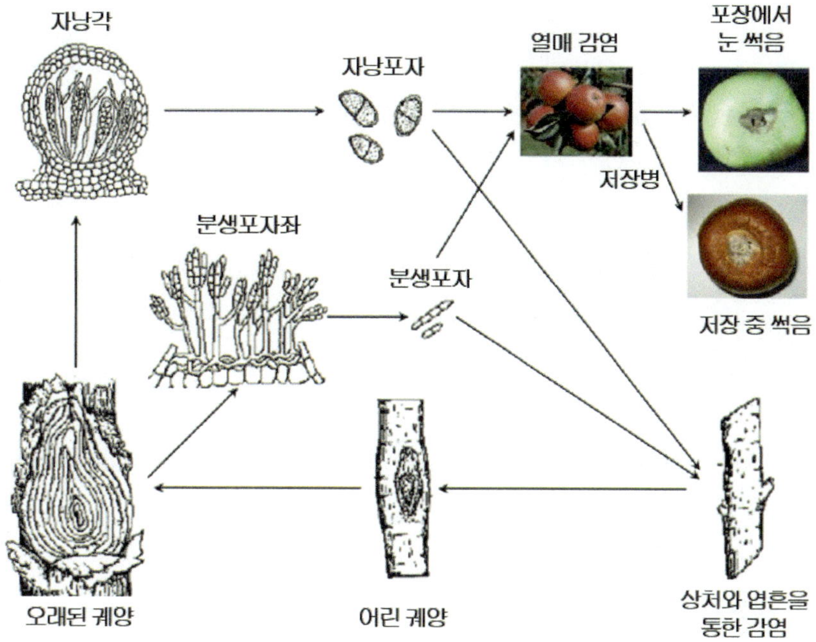

그림 12.531 *Neonectria ditissima*에 의한 넥트리아궤양병의 병환. [출처: R. Saville]

[방제] 병든 가지를 일찍 제거해 초기 전염원을 없앤다. 포자형성이 이루어지지 않는 건조한 시기에 전정을 한다. 전정기구를 철저하게 소독한다. 나무가 스트레스를 받지 않도록 관리한다.

12.6.7 열매에 발생하는 병

병원균이 기주식물의 다른 부위를 가해할지라도 열매에서 흔하게 발견되거나 열매에 영향을 주어 피해를 일으킨다. 이들 병원균의 대부분은 자낭각 속에 자낭포자를 형성하고 균사에 분생포자를 형성하지만, 이들은 서로 생활사도 다르고 병의 종류도 다르다.

주로 열매에 각종 병을 일으키는 자낭균류는 다음과 같다.

- *Botryosphaeria dothidea*(사과 겹무늬썩음병, 배 겹무늬병, 키위 과실무름병)
- *Botrytis allii*(양파 잿빛썩음병)
- *Botrytis cinerea*(유성세대 *Botryotinia fuckeliana*, 각종 식물 잿빛곰팡이병)
- *Cercospora kikuchii*(콩 자주무늬병)
- *Cladosporium carpophilum*(복숭아나무, 사과나무, 살구나무 더뎅이병), *C. cladosporioides*(감나무 그을음병, 딸기 꽃마름병, 벼 이삭마름병)
- *Claviceps purpurea*(곡류와 목초류 맥각병)
- *Diaporthe citri*(무성세대 *Phomopsis citri*, 감귤나무 검은점무늬병), *D. phaselorum*(=*Phomopsis phaseoli*, 콩 미라병)

- *Fusarium graminearum*(=*Gibberella zeae*, 화곡류 붉은곰팡이병)
- *Guignardia bidwellii* (무성세대 *Phyllosticta ampelicida*, 포도나무 검은썩음병)
- *Monilinia fructicola*(=*Sclerotinia fructicola*, 핵과류 잿빛무늬병)
- *Monilinia fructigena*(=*Sclerotinia fructigena*, 사과나무, 배나무, 잿빛무늬병)
- *Ustilaginoidea virens* (벼 이삭누룩병)
- *Venturia carpophila* (무성세대 *Cladosporium carpophilum*=*Fusicladium carpophilum*, *Fusicladium pruni*, *Fusicladium amygdali*, *Megacladosporium carpophilum*, *Fusicladosporium carpophilum*, 복숭아나무 더뎅이병, 매실나무 검은별무늬병), *V. inaequalis* (무성세대 *Spilocaea pomi*, 사과나무 검은별무늬병), *V. nashicola* (무성세대 *Fusicladium nashicola*, 동양배 검은별무늬병), *V. pirina*(무성세대 *Fusicladium pyrorum*, 서양배나무 검은별무늬병)

(1) 곡류에 발생하는 병

① 호밀 맥각병(ergot)

호밀 맥각병(ergot)은 전 세계적으로 발생하는데, 이삭을 침입해 낟알을 대신해 균핵을 형성하기 때문에 낟알의 5~10%가 손실되기도 한다. 이들 균핵 속에는 ergosterol, ergotoxin 등 균독소(mycotoxin)가 함유돼 있기때문에 균핵이 함유된 빵과 사료를 먹을 경우 인간과 동물에 치명적인 맥각중독증(ergotism)을 일으킨다.

그림 12.532 호밀 이삭의 표징(감로). [출처: Howard F. Schwartz, Colorado State University, Bugwood.org]

수수 맥각병은 아프리카, 인도, 일본에서만 존재하는 것으로 생각되어 왔지만, 1995년에 브라질과 1997년에 호주에서도 발견되었다. 수수 맥각병은 저온기에 발생해 감수성이 높은 웅성불임 계통 잡종종자에서의 손실이 10~80%, 때로는 100%에 이른다.

[병증상] 처음 호밀에 나타나는 표징은 감염된 이삭의 어린 소화(小花)로부터 누출된 크림색의 점액성 방울(honey dew)이다. 여기에 분생포자가 들어

그림 12.533 호밀 이삭의 표징(맥각). [출처: Kasper Malmberg]

그림 12.534 보리 이삭의 표징(맥각). [출처: Flickriver]

있으며 건조하면 암갈색이 된다. 씨방은 점점 커져 곧 직경이 수 mm, 길이가 0.5~2.5 cm에 이르는 단단한 뿔 모양의 흑자색의 덩어리로 변한다. 이것이 맥각병균의 균핵인 맥각(麥角, ergot)으로서

그림 12.535 밀 이삭의 표징(맥각). [출처: Emmanuel Byamukama et al.]

그림 12.536 호밀 맥각병의 맥각. [출처: David G. Schmale III & Gary P. Munkvold]

낟알의 자리에 생기는 단단한 덩어리의 균사조직으로 맥각병의 병징이자 표징이다.

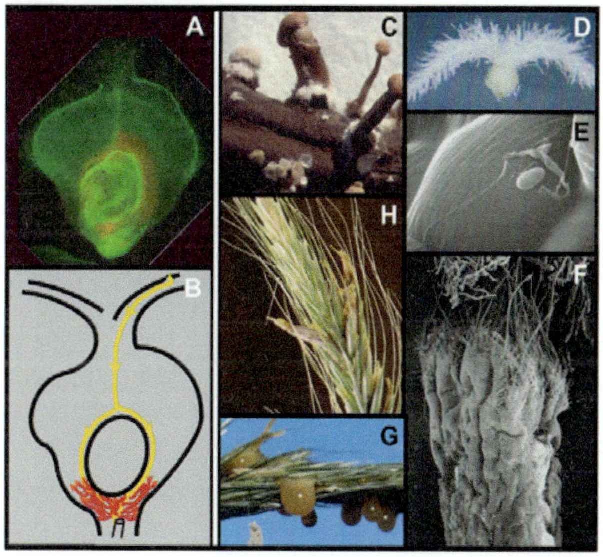

그림 12.537 호밀 맥각병균(*Claviceps purpurea*)의 씨방 감염(A,B), 균핵에서 형성된 자좌(C), 호밀 씨방(D), 분생포자(E), sphacelium(F), 감로(G), 초기 맥각(H). [출처: Paul Tudzyynki & Jan Scheffer]

[병원균] 호밀에 맥각병을 일으키는 병원균은 *Claviceps purpurea*이고, 수수 맥각병은 *Claviceps africana*에 의해서 발생하는데, 자낭균문(Ascomycota), 동충하초강(Sordariomycetes), 동충하초목(Hypocreales), 맥각균과(Clavicipitaceae)에 속한다.

영양체는 격벽 균사체이고, 무성적으로 분생포자를 형성하고, 검고 단단한 균핵을 형성해 땅 위나 땅속 또는 종자에 섞여서 월동한다. 균핵은 발아해 길이가 0.5~2.5 cm이고 살구색을 띠는 1~60개 정도의 대(stalk)와 자좌(stroma)를 형성한다. 각각의 대 끝에는 구형의 머리(head)가 생기며, 이 머리 둘레에는 많은 자낭각이 형성되고, 그 안에 많은 자낭을 유성적으로 형성한다. 각각의 자낭에는 길고 다세포인 자낭포자가 8개씩 들어있다.

[병환] 자낭포자가 바람이나 곤충에 의해 개화된 어린 꽃에 전반되고 발아해 씨방을 직접 침입하거나 암술머리를 통해 씨방을 침입한다. 침입하는 동안 병원균은 기주의 방어기작을 억제해 뚜렷하게 맥각병을 진전시키는 역할을 하는 가수분해효소(catalase)를 분비한다. 씨방으로 침입한 병원균은 1주일 이내에 분생포자좌를 형성하고, 여기에 분생포자가 형성된다.

심층학습 40 '호밀 맥각병'과 '맥각중독증'

'*Claviceps purpurea*'에 의해서 발생하는 '호밀 맥각병(ergot)'은 전 세계적으로 발생하는데, 특히 호밀에 흔하게 발생하고, 밀과 벼과잡초 및 목초류에서도 가끔 발생하는 병이다. '호밀 맥각병'은 이삭을 침입해 난알의 5~10%가 손실되도록 난알을 대신해 균핵이 형성된다. 이들 균핵 속에는 ergosterol, ergotoxin 등 균독소(菌毒素, mycotoxin)가 함유돼 있기때문에 균핵이 함유된 빵과 사료를 먹을 경우 인간과 동물에 치명적인 '맥각중독증(麥角中毒症, ergotism)'을 일으킨다.

'*C. africana*'에 의해서 발생하는 '수수 맥각병'은 아프리카, 인도, 일본에서만 존재하는 것으로 생각되어 왔지만, 1995년에 브라질과 1997년에 호주에서도 발견되었다. 특히 수수 맥각병이 저온기에 발생할 경우 감수성이 높은 웅성불임 계통 잡종종자에서의 손실이 10~80%, 때로는 100%에 이른다.

'맥각중독증'은 곰팡이에 의한 균독소중독증의 가장 오래된 사례이다. '맥각중독증'에 대한 초기 언급은 기원전 600년으로 거슬러 올라가는데, 아시리아 판본에서는 '맥각중독증'을 '곡식의 난알에 있는 해로운 포자퇴'라고 언급했다. 기원전 350년에 Parsees는 '임산부들이 자궁을 떨어뜨려 분만 중에 죽게 하는 해로운 풀'이라 묘사했다. 고대 시리아에서 맥각은 '피의 딸'로 불렸다. Radulf Glaber는 '숨겨진 불(ignus ocultus)'이라고 묘사하였는데, 마치 팔다리가 몸에서 분리된 채 불에 타는 고통 때문에 보통 이 증상을 보이는 사람은 하룻밤 사이에 죽는다고 기술했다. 1588년, Johannes Thallius는 그것이 '호밀의 어머니(rockenmutter)'라고 불리며 출혈을 멈추는데 사용된다고 기술했다.

1722년 러시아 차르 표트르 대제는 오스만 제국에 대항하는 전쟁에서 패배했고, Terek steppe을 따라 내려오던 군대는 먹을 수 있는 곡식을 찾다가 '맥각중독증'에 부딪혀 퇴각해야만 했다. 당시의 일기에는 사람들이 독이 든 빵을 먹자마자 현기증이 났고, 매우 강한 신경 수축으로 첫날 죽지 않은 사람들은 동상처럼 손발이 떨어지는 것을 발견했다고 기술되어 있다.

맥각중독증에 걸린 모습.
[출처: David G. Schmale & Gary P. Munkvold]

이 전염병은 '성 안토니의 불(St. Anthony's fire)' 또는 'ignis sacer'로 알려졌으며, 프랑스 혁명 당시 프랑스의 대공포와 같은 몇몇 역사적 사건들은 맥각 중독과 관련이 있다. 성 안토니(St. Anthony)는 3세기 이집트의 수도자로 홍해 근처에 살았으며, 악마가 보낸 끔찍한 환영과 유혹에 맞서는 긴 단식으로 유명하다. 두 명의 귀족은 질병으로부터 회복시켜준 성 안토니의 공로에 대한 경의 표시로 성 안토니 수도회를 설립했다. 성 안토니는 중세 시대에 인기있는 미술 주제였으며, 그의 상징은 수도회의 수도승들의 어깨에 꿰맨 커다란 파란색 'T'인데, 아프고 다친 사람들이 사용하는 목발을 상징한다.

'Antonites'로 알려진 성 안토니 수도회는 빠르게 성장했고 프랑스, 독일, 스칸디나비아로 병원이 퍼져나갔고 감사한 후원자들이 병원에 돈과 자선 물품을 기부하면서 부와 권력을 축적했다. 중세 말엽에 이 수도회는 396개의 정착촌과 372개의 병원을 소유했고, 이러한 병원들에 대한 순례는 유명해졌고, '맥각중독증'으로 잃어버린 사지를 기증해 수도원 근처에 전시되었다.

이 치료 수도원들은 유럽 최초의 전문 의료 복지 시스템이었고, 성직자들은 '맥각중독증'의 치료와 독의 무서운 영향에 대해 잘 알고 있었다. 환자들은 맥각이 없는 식사, 혈관 확장 및 진통 허브가 함유된 포도주, 그리고 의학 역사상 최초의 경피 치료 시스템인 'Antonites-balsalm'을 사용했다. 일부 기록된 치료법들이 여전히 남아 있기는 하지만, 그들의 의학적 치료법은 시간이 지남에 따라 소실되었다.

1130년 이후, 수사들은 더 이상 수술을 할 수 없었고, 그래서 이발사들은 괴저성 사지를 제거하고 벌어진 상처를 치료하기 위해 고용되었다. 1214년 Memmingen에 세 명의 이발사가 병원을 설립하고 '맥각중독증'의 괴질에 시달리는 사람들을 받아들였다. 환자들은 간호사와 조수 역할을 하는 더 건강한 사람들과 함께 음식을 먹고 생활했다. 경련성 '맥각중독증'을 가진 환자들은 치료되기도 전이지만 9일 동안만 입원이 허용되었다. 그래서 환자들은 돌이킬 수 없는 영향을 자주 겪었지만, 대부분 가족 곁으로 돌아와 생업을 재개했다.

성 안토니 수도회의 치료법의 중요한 측면은 호밀빵과 맥각이 함유된 다른 음식들을 배제하는 것이었는데, 이것이 '맥각중독증'의 진전을 막았다. '맥각중독증' 그 자체에 대한 알려진 치료법은 없었지만, 종종 혈액 수축, 신경 장애, 환각을 포함하는 증상들에 대한 치료가 있었다. 만약 환자가 맥각을 계속 섭취한다면 초기 중독에서 살아남았더라도 사지는 종종 떨어져 나갔고, 만약 맥각 섭취를 중단한다면, 점차 건강이 향상될 것이다.

그러나 몸통은 마지막 단계까지 비교적 병에 걸리지 않은 상태로 남아 있었고 환자들은 병의 원인을 이해하지 못한 채 소화기관에 도달할 때까지 몇 주 동안 계속해서 맥각이 많이 든 음식을 섭취했다. 특히 농민과 아이들이 '맥각중독증'에 가장 취약했지만, 때때로 마을 전체가 오염된 농작물에 의존할 수밖에 없었던 기근 기간 동안에는 '맥각중독증'이 모든 집에 퍼졌기 때문에 부자들 또한 고통을 받았다.

맥각균은 열과 물에 민감하지 않기 때문에 호밀가루를 통해 빵으로 구워져 섭취되는 경우가 대부분이었고, 다른 곡류들도 감염될 수 있지만, 중세 유럽에서는 호밀 이외의 곡류를 섭취하는 것은 드물었다.

맥각의 생리학적 영향은 섭취된 맥각 대사산물의 농도와 조합, 그리고 고통 받는 사람의 나이와 영양 상태에 따라 달라졌다. 의사들이 '맥각중독증'의 기원을 발견하고 호밀 작물에서 균핵을 제거하는 방법을 추천한 후 'Antonites'는 쇠퇴하기 시작했다. 1776년 'Antonites'의 수도원은 'Maltese Knights Hospitaller'으로 통합되었고, 그 과정에서 그들의 의료 기록의 많은 부분이 소실되었으며, '맥각중독증' 치료법도 사용하지 않고 보존되지 않아 안타깝게도 소실되고 말았다.

어린 소화에서는 분생포자가 함유된 크림같은 액체 방울이 분출되는데, 이를 감로세대(honeydew stage)라고 한다. 감로는 곤충을 유인하고, 곤충은 감로를 묻혀 분생포자를 건전한 꽃으로 전반시키는 역할을 하며, 분생포자는 새로운 감염을 일으킨다. 또한 분생포자는 빗물에 튀겨서도 다른 꽃으로 전반된다.

일반적으로 감염된 씨방에서는 정상적인 종자가 형성되는 대신 단단한 균사덩어리로 채워지는데, 이것이 결국 특징적인 맥각균핵으로 된다. 균핵은 건전한 종자와 거의 동시에 성숙하고, 땅에 떨어져 월동하거나 낟알과 섞여 수확된다. 이들은 종자 파종시 땅으로 되돌아가기도 한다. 맥각균핵은 1년 이상 생존하지 못하며, 땅속 깊이 묻으면 발아하지 못한다.

그림 12.538 *Claviceps purpurea*에 의한 호밀 맥각병의 병환. [출처: 식물병리학]

[방제] 맥각이 전혀 섞이지않도록 파종용 종자는 잘 선별하여 사용하도록 한다. 맥각에 오염된 종자를 3시간 동안 물에 침지한 후에 소금물(소금 18 kg/100 ℓ)에 넣어 떠오르는 균핵을 제거할 수도 있다. 심경하거나 비곡류작물로 1년 이상 윤작한다. 맥각균핵의 형성을 방지하기 위해 벼과잡초들을 개화 전에 베어내거나 가축을 방목시키면, 가축의 중독을 막을 수 있을 뿐만 아니라 재배곡류와 목초로의 전반도 막을 수 있다.

② 화곡류 붉은곰팡이병(scab)

화곡류 붉은곰팡이병(scab)은 전 세계적으로 발생한다. 밀, 보리, 호밀 등의 맥류 이외에 벼와 옥수수에도 발생한다. 붉은곰팡이병은 키가 작은 밀 품종보다 키가 큰 밀 품종에서 더욱 심하게 나타난다. 일부 옥수수 대량 재배 지역에서는 붉은곰팡이병 때문에 보리와 밀 생산이 불가능하기도 하다.

그림 12.539 밀 이삭의 병징.
[출처: Plant Parasite of Europe]

그림 12.540 벼 이삭의병징.
[출처: Viet-Cuong Han]

그림 12.541 밀 이삭의 표징(분생포자).
[출처: Plant Parasite of Europe]

그림 12.542 옥수수 이삭의 표징(균사와 분생포자).
[출처: Plant Parasite of Europe]

[병증상] 주로 이삭에 발생하지만, 파종 직후에 종자를 썩히고 어린 모에 침입해 모마름병(seedling blight)을 일으키기도 한다. 모마름 병징은 유묘가 지상부로 출현하기 전이나 후에 외피가 갈색으로 썩어 잎마름 증상을 나타낸다.

붉은곰팡이병은 이삭마름병(head blight)이라고도 하는데, 출수기와 개화기에 고온다습한 경우에는 화곡류에 막대한 피해를 준다. 개화 직후 이삭 일부 또는 전체가 표백현상을 보이고 갈색으로 변하며 말라 죽은 씨껍질에 분홍색 곰팡이(분생포자)가 표징으로 생긴다. 생육 후기 오래된 병반 부위에는 작고 검은 입자(자낭각)가 많이 생긴다.

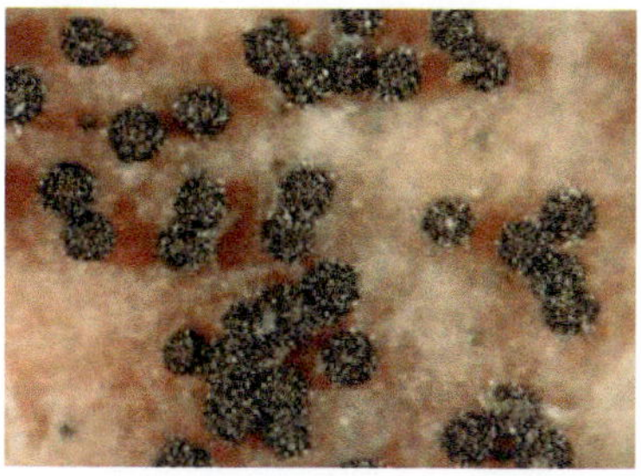

그림 12.543 옥수수 붉은곰팡이병에 감염된 병환부에 형성된 표징(자낭각).
[출처: David G. Schmale III & Gary C. Bergstrom]

성숙한 식물의 경우에는 기부썩음 증상이 나타나는데, 지제부나 지제부 아래쪽의 줄기가 갈변하거나 뚜렷이 썩는다.

[병원균] 화곡류 붉은곰팡이병을 일으키는 병원균은 *Fusarium graminearum*(유성세대 *Gibberella zeae*)로 자낭균문(Ascomycota), 동충하초강(Sordariomycetes), 동충하초목

(Hypocreales), 알보리수버섯과(Nectriaceae)에 속한다. *Fusarium roseum*도 보리 붉은곰팡이병을 일으키는 것으로 보고되었다.

영양체는 격벽 균사체이고, 무성적으로 대형분생포자(macroconidia)는 분생포자좌(sporodochia)에 있는 분생포자 형성 세포인 phialides 집단 위에 형성된다. 대형분생포자는 5개 이상의 격벽을 가지고, 카누 모양이다. 소형분생포자(microconidia)는 형성되지 않는다.

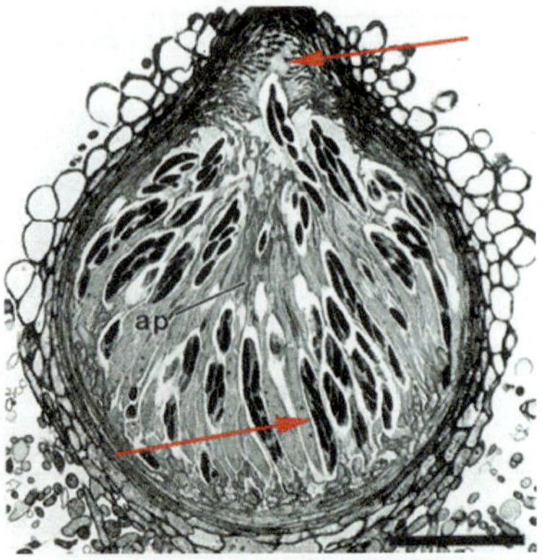

그림 12.544 화곡류 붉은곰팡이병균(*Fusarium graminearum*)의 자낭각. [출처: David G. Schmale III & Gary C. Bergstrom]

유성생식에 의해 자낭자좌(stromata)에서 자낭각(perithecia) 속에 자낭포자(ascospore)를 형성한다. 자낭각은 성숙하면 암청색이고, 자낭(asci)을 형성한 후 머릿구멍(ostiole)을 통해 방출한다. 자낭 속의 자낭포자(ascospore)는 투명하거나 담갈색이고, 약간 굽고 끝이 둥글다.

그림 12.545 화곡류 붉은곰팡이병균(*Fusarium graminearum*)의 분생포자좌와 분생포자. [출처: David G. Schmale III & Gary C. Bergstrom]

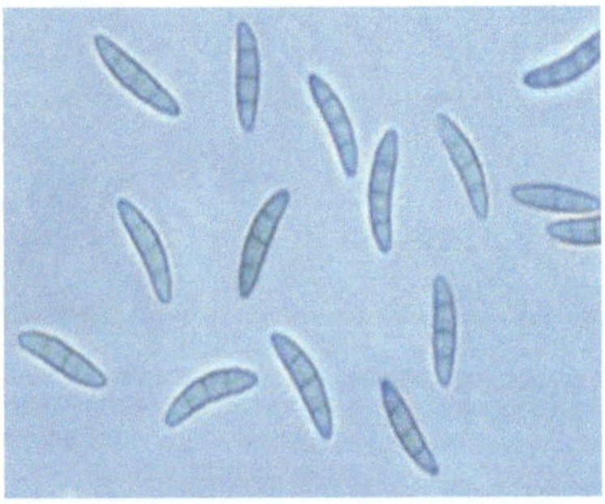

그림 12.546 화곡류 붉은곰팡이병균(*Fusarium graminearum*)의 자낭포자. [출처: David G. Schmale III & Gary C. Bergstrom]

[병환] 병든 종자 또는 식물잔재에서 분생포자, 균사, 자낭각 형태로 월동한다. 1차 전염원으로 중요한 것은 자낭포자이며, 그 후에는 비, 바람에 의해 분생포자가 꽃을 침해한다. 분생포자는 겉껍질의 기공 또는 꽃밥을 침해해 보균종자가 된다. 온난다습할 때 침해받은 꽃에는 분홍색 균사와 분생포자가 대량으로 형성되어 이삭 전체를 감염시킨다.

자주빛을 띤 자낭각은 감염된 꽃의 포엽에 형성된다. 자낭각 형성에는 광선이 필요하다. 화곡류의 유숙기 이후 강우가 붉은곰팡이병 발생에 절대적으로 필요하다. 감염된 낟알은 쪼그라들고, 균사가 주피로부터 바깥쪽으로 생장함에 따라 흰색, 분홍색 또는 담갈색의 비늘 모양으로 보인다.

병원균에 감염된 화곡류의 낟알은 zearalenone이라는 균독소를 함유하고 있어서 인간과 돼지 및 다른 동물에 독성을 나타내 균독소중독증을 일으킨다. 특히 돼지는 생식기에 이상을 일으킨다.

심층학습 41 '화곡류 붉은곰팡이병균'의 '균독소'

'화곡류 붉은곰팡이병균(*Fusarium graminearum*)'은 매년 전 세계적으로 수십억 달러의 경제적 손실을 초래하고 있다. 감염은 밀의 아미노산 조성에 변화를 일으키는데, 이로 인해 밀 낟알은 쪼그라들고 남은 곡물을 주로 단백질 생합성을 저해하는 '균독소'인 deoxynivalenol(DON)과 에스트로겐성 '균독소'인 zearalenone으로 오염시킨다. 이 독소들은 가축의 구토, 간 손상, 생식 장애를 유발하며, 오염된 음식을 통해 인간에게 해를 입힌다.

'*F. graminearum*'에 대한 저항 유전자를 찾기 위한 많은 노력에도 불구하고, 현재 완전한 저항성 품종은 없다. '*F. graminearum*'의 생물학에 대한 연구는 감염 과정을 자세하게 들여다보고 밀을 붉은곰팡이병으로부터 보호할 수 있는 살균제를 개발하기 위해 생활사에서 약한 부위를 밝히는 데 초점을 맞추고 있다.

'화곡류 붉은곰팡이병'은 수량 손실과 더불어 '균독소'의 오염으로 종자의 질을 저하시킨다. 강력한 생합성 억제제인 trichothecene deoxynivalenol(DON)과 에스트로겐성 '균독소'인 zearalenone이라는 두 가지 '균독소'가 '화곡류 붉은곰팡이병' 에피데믹 이후 화곡류에서 발견된다.

DON은 vomitoxin의 일종으로, 메스꺼움과 구토를 유발시키는 거식제(antifeedant)이다. Vomitoxin에 오염된 농작물을 먹은 가축들은 병에 걸려 더 이상 먹기를 거부한다. Zearalenone은 포유류의 에스트로겐을 닮은 식물 에스트로겐으로 임신한 여성의 낙태와 남성의 여성화를 유발하기 때문에 먹이사슬에 들어가면 재앙이 될 수 있다.

1982년 미국의 North Dakota, South Dakota와 Minnesota주의 대평원에서 자라는 4백만 ha의 봄밀과 보리에 엄청난 에피데믹이 발생했다. 생산량 손실은 650만 M/T을 넘어 약 8억 2,600만 달러에 달했고, 총손실은 10억 달러에 육박했다. 이 에피데믹 이후 몇 년 동안 매년 2억에서 4억 달러 사이의 손실이 보고되었다. '화곡류 붉은곰팡이병'에 의한 보리의 손실의 일부는 DON 때문이다. Minnesota주의 1996년 보리 가격은 균독소가 있을 경우 부셸당 3달러에서 2달러 75센트로 떨어졌고, DON의 ppm 당 추가로 5센트가 더 떨어졌다.

'*F. graminearum*'을 비롯한 많은 *Fusarium* 종들은 동물들에게 해로운 곰팡이 화학물질인 '균독소'를 생산한다. 이러한 화학물질은 자연계에서 식물 방어기작을 무력화하거나 다른 미생물로부터 곰팡이를 방어하는 작용을 한다. '화곡류 붉은곰팡이병'을 일으키는 '*F. graminearum*'에 의해 생성되는 주요 독소는 DON이다. DON은 때때로 돼지나 다른 단위 동물의 소화 시스템에 해로운 영향을 미치기 때문에 vomitoxin이라고 불린다. DON은 단백질 합성을 저해함으로써 정상적인 세포 기능을 방해한다. DON에 오염된 밀로 만든 밀가루를 섭취하는 사람은 종종 메스꺼움, 발열, 두통, 구토 증상을 보일 수 있다.

DON 오염은 ppm 단위로 측정된다. '화곡류 붉은곰팡이병'에 감염된 밀의 DON 수치는 종종 20 ppm 이상으로 상당히 높다. 미국 농무부(USDA)는 인간 식품의 DON 수치가 1 ppm을 초과하지 않도록 권고하고 있다. 그러나 개별 곡물 구매자는 구매한 곡물에서 DON의 내성이 더 낮을 수 있다. FDA는 가축 사료에 허용되는 다양한 수준의 DON을 가지고 있는데, 사료를 먹이는 소와 같은 반추동물이 가장 내성이 강한 반면, 돼지들은 가축 사료에서 DON에 가장 민감하며, 돼지들은 1 ppm의 DON을 함유한 사료조차 거부한다.

[방제] 무병지에 파종하여, 종자 소독을 반드시 실시한다. 식물잔재들을 제거하고, 저항성 품종을 재배한다.

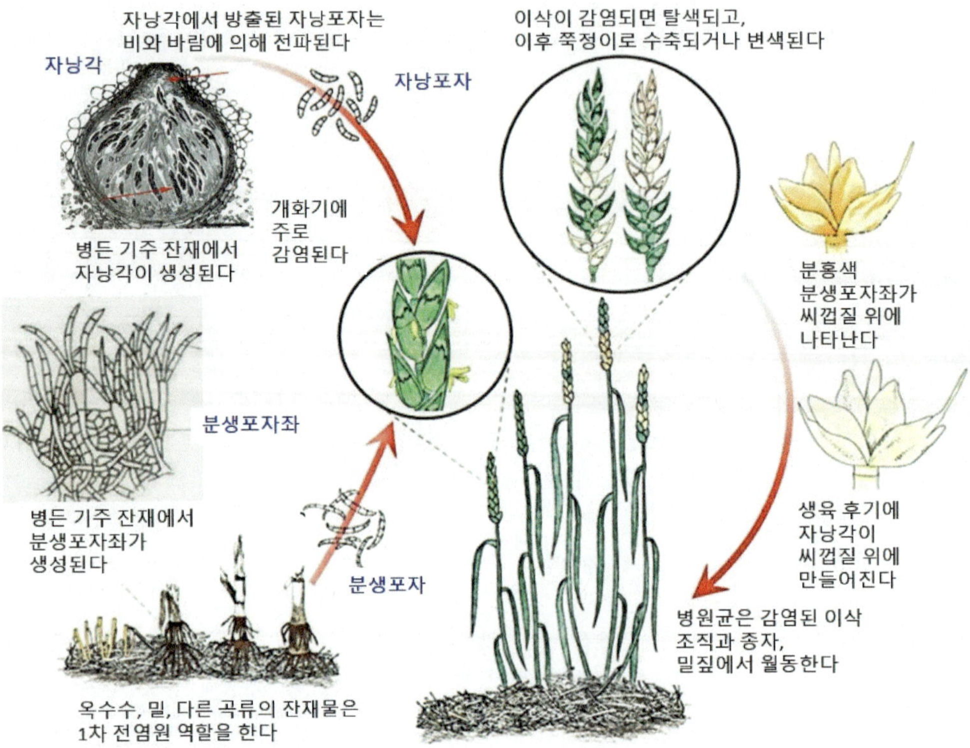

그림 12.547 *Fusarium graminearum*에 의한 화곡류 붉은곰팡이병의 병환.
[출처: https://ohioline.osu.edu/factsheet/plpath-cer-06]

③ 벼 이삭누룩병(false smut)

벼 이삭누룩병(false smut)은 수량 감수에 미치는 영향은 크지 않지만 병든 벼알에 형성된 후벽포자에 의해 벼알이 검게 되어 품질을 떨어뜨린다. 예전에는 풍년이 드는 해에 많이 발생한다고 해서 풍년병이라고 불리기도 했다.

[병증상] 벼 이삭에 발생한다. 초기 표징으로 벼알 표면이 황록색을 띠며, 시간이 지나면 벼껍질이 약간 열리고 황록색 덩이가 보이며, 표면에 가루모양의 후벽포자가 형성되면서 검은색으로 변한다.

[병원균] 벼 이삭누룩병을 일으키는 병원균은 *Ustilaginoidea virens*이다. 자낭균문(Ascomycota), 동충하초강(Sordariomycetes), 동충하초목(Hypocreales)에 속한다.

영양체는 격벽 균사체이고, 무성적으로 후벽포자와 분생포자를 형성하고, 일부 병든 이삭에 균핵이 형성되기도 한다. 균핵이 발아해 자좌(stroma)를 형성하고, 자좌 안에 자낭각을 형성한다. 자낭 안에 8개의 실모양의 자낭포자가 형성된다.

[병환] 병든 벼알에 형성된 균핵이 떨어져 토양에서 월동하고 이듬해 7~8월경 발아해 자실체를 형성한다. 자낭포자가 바람에 날려 수잉기 때 잎집에 부착한 후 개화기 때 화기를 감염한다.

그림 12.548 벼 이삭누룩병 초기 증상. [출처: Wikipedia]

그림 12.549 벼 이삭누룩병 표징. [출처: Donald Groth, Louisiana State University AgCenter, Bugwood.org]

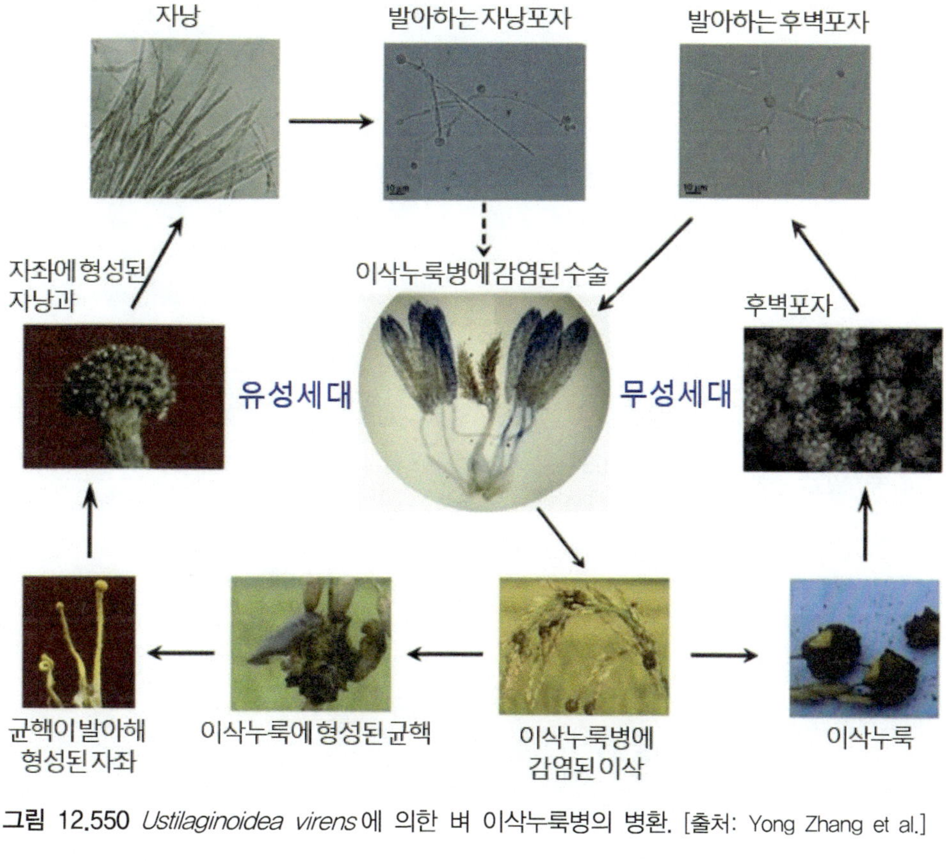

그림 12.550 *Ustilaginoidea virens*에 의한 벼 이삭누룩병의 병환. [출처: Yong Zhang et al.]

[방제] 만생종 벼 품종을 선택하였거나 이앙이 늦을 경우 발병이 많으므로 발병 상습지에는 조생종 벼 품종을 재배한다. 질소질비료나 유기질비료 과용을 피한다. 전년도에 발병이 많은 경우 출수기 전에 적용약제를 살포한다.

(2) 콩에 발생하는 병

① 콩 자주무늬병(purple blotch)

콩 자주무늬병(purple blotch)은 콩에서 발병 역사가 긴 병으로 종자의 외관이 나빠지고, 50% 이상 심하게 발병하는 경우도 있다.

[병증상] 종자, 꼬투리, 줄기, 잎에 발생한다. 병징으로 종자 표면에는 자주색 병반이 배꼽 부위에서부터 생기며, 떡잎은 시들고 떨어진다. 꼬투리에는 적갈색 둥근 무늬가 합쳐 부정형으로 된다. 줄기에는 적갈색 긴 방추형 무늬가 생기고, 잎에는 주로 중륵이나 잎맥을 따라 둥근 자갈색 병반을 형성한다. 심하게 감염된 위쪽 잎은 낙엽진다.

그림 12.551 콩 자주무늬병에 감염된 종자. [출처: Wikipedia]

그림 12.552 콩 꼬투리의 병징. [출처: GROWMARK, Inc.)

그림 12.553 콩 잎의 병징. [출처: Wikipedia]

그림 12.554 콩 자주무늬병에 심하게 걸린 재배포장. [출처: Wikipedia]

[병원균] 콩 자주무늬병을 일으키는 병원균은 *Cercospora*(*kikuchii*)로 자낭균문(Ascomycota), 좌낭균강(Dothideomycetes), 그을음병균목(Capnodiales), 작은구각균과(Mycosphaerellaceae)에 속한다.

그림 12.555 콩 자주무늬병균(*Cercospora kikuchii*)의 분생포자경. [출처: Gail Ruhl, Purdue University, Bugwood.org]

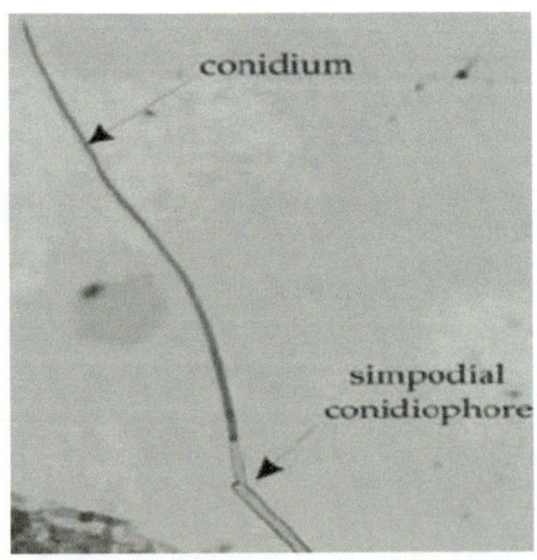

그림 12.556 콩 자주무늬병균(*Cercospora kikuchii*)의 분생포자. [출처: María G. Latorre Rapela et al.]

영양체는 격벽 균사체이고, 무성생식에 의해 짧고 암색인 분생포자경 위에 형성되는 분생포자는 길고 가늘며, 무색이거나 암색이고 곧거나 약간 구부러졌으며, 여러 개의 격벽을 가진 회초리 모양이다.

[병환] 균사 형태로 병든 종자 또는 병든 식물체에서 월동해 1차 전염원이 되며 떡잎을 침해한다. 고온 다습한 조건에서 발병이 잘 된다. 분생포자 형성은 기온이 27℃ 이상으로 오를 때 증가한다. 바람이나 물이 많을수록 분생포자는 더 많이 형성되고 확산된다. 발병은 늦어서 보통 8월경에 일어난다.

[방제] 무병종자를 사용하거나 종자소독을 한다. 저항성 품종을 재배한다. 병든 식물잔재를 제거한다. 비기주작물로 윤작한다. 적절한 간격으로 파종해 재배하고 낮에 수확한다.

그림 12.557 *Cercospora kikuchii*에 의한 콩 자주무늬병의 병환. [출처: D. Mueller et al.]

② 콩 미라병(pod and stem blight)

콩 미라병(pod and stem blight)은 우리나라 각지에 분포하고 있으며 피해도 크다. 비가 많이 내리고 고온다습한 날씨가 발병유인이고, 보통 6~7월경부터 발병하기 시작한다.

[병증상] 줄기, 꼬투리, 종자 등에 발생하지만 종자의 병징이 이 병의 명칭이 되었다. 잎에서는 암갈색 원형 병징이 나타나는데, 병반 가장자리는 황갈색을 띤다. 줄기와 꼬투리에는 감염부위가 흰색을 띠고, 표면에는 검은 점(분생포자각)이 많이 생긴다. 병든 종자는 처음 수침상이지만 나중에는 회백색으로 변하고 표면에 잿빛 균사가 촘촘하게 자라는데, 건전한 종자보다 납작해지고 위축되어 미라 형태로 된다.

그림 12.558 콩 줄기와 꼬투리의 병징. [출처: Wikipedia]

그림 12.559 콩 꼬투리 속 종자의 병징. [출처: Specialty Hybrids]

그림 12.560 콩 종자의 병징. [출처: Specialty Hybrids]

[병원균] 콩 미라병을 일으키는 병원균은 *Diaporthe phaselorum*(=*Phomopsis phaseoli* (무성세대)로 자낭균문(Ascomycota), 동충하초강(Sordariomycetes), 오리나무버섯목(Diaporthales), 오리나무버섯과(Diaporthaceae)에 속한다.

영양체는 격벽 균사체이고, 무성생식에 의해 검고 구형~부정형 분생포자각 안에 두 가지 형태의 분생포자를 생성한다. α-분생포자는 무색, 단세포, 방추형~타원형이고, β-분생포자는 무색, 단세포, 곧거나 낫모양으로 굽은 짧은 사상형이다. 유성포자인 자낭포자는 무색, 타원형이고, 한 개의 격벽을 가지는데 격벽부위가 약간 잘록하다.

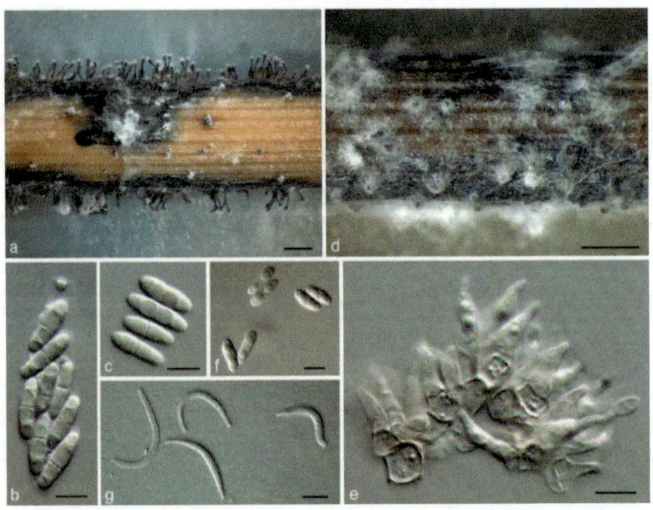

그림 12.561 콩 미라병균(*Diaporthe phaseolorum*)의 자낭각(a), 자낭속 자낭포자(b), 자낭포자(c), 분생포자각(d), 분생포자경(e), α-분생포자(f), β-분생포자(g). [출처: J. M. Santos et al.]

[병환] 균사와 포자 형태로 병든 식물체에서 월동해 1차 전염원이 되어 식물체를 침해한다. 식물체의 건전부에도 침입할 수 있지만, 상처로 주로 침입한다.

[방제] 무병종자를 사용하거나 종자소독을 한다. 병든 식물잔재를 제거한다. 상습 발병지에는 적용약제를 살포한다

(3) *Botrytis*에 의한 병

*Botrytis*가 일으키는 병은 전 세계적으로 채소류, 관상식물류, 과실류 심지어는 일부 밭작물 등 200종 이상 쌍떡잎식물과 일부 외떡잎식물 등을 침해할 만큼 가장 흔하며 가장 널리 분포하는 다범성병이다. 포장에서도 심각한 경제적 손실을 초래할 뿐만 아니라 특히 온실에서 재배하는 작물에서는 가장 흔히 발생해 피해를 준다.

*Botrytis*는 부드러운 열매나 잎이 붕괴되고 수침상으로 되는 무름병을 일으킨다. 갈색 병반이 발육되지 않은 열매에 천천히 발달한다. *Botrytis*에 감염된 가지는 마르고, 꽃봉오리는 떨어지거나 성숙한 열매에는 손상이 일어난다. 병징은 *Botrytis*가 식물체에 부패를 일으키는 상처 부위에 나타난다. 주로 꽃마름과 열매썩음 증상을 일으키고, 모잘록, 줄기궤양이나 줄기썩음, 점무늬 그리고 괴경썩음, 구근썩음, 인경썩음 증상을 일으킨다.

*Botrytis*가 일으키는 가장 심각한 병으로는 딸기, 오이, 강낭콩, 상추, 사과나무, 배나무, 포도나무, 백합, 국화 등 많은 식물의 잿빛곰팡이병(gray mold)이다. 습한 조건에서 병원균에 감염된 조직위에는 잿빛곰팡이병의 특징인 회색 자실층이 표징으로 형성된다. *Botrytis*는 저장 · 운송 · 판매 중의 과일류와 채소류에 2차적으로 무름병을 일으키기도 한다.

① 포도나무 잿빛곰팡이병(bunch rot, gray mold)

포도나무 잿빛곰팡이병(bunch rot, gray mold)을 일으키는 *Botrytis cinerea*는 즙액이 많은 어린 잎과 가지나 꽃, 스트레스를 받았거나 손상된 열매, 익은 열매, 죽은 잎이나 시든 꽃잎 등 어떤 식물체 조직 위에서라도 자란다. *B. cinerea*가 생성하는 효소는 며칠 만에 온전한 포도알을 파괴시킬 수 있다. 잿빛곰팡이병은 특히 빽빽하게 자란 포도넝쿨이나 다습한 시기에 껍질이 얇고 꽉찬 포도송이에서 심하게 발생한다.

[병증상] 병원균은 잦은 비로 온난다습한 조건이 지속될 때 즙액이 많은 순, 꽃 또는 어린 잎을 감염할 수 있다. 병징으로 부드러운 갈색 점무늬가 발달하면서 감염된 식물체 부위는 죽게 된다. 작은 순이 감염으로 죽으면 꽃송이가 손실되어 수량을 감소시킬 수 있다. 오래된 순에서는 줄기를 에워싸면서 감염시키기 때문에 윗부분이 시들거나 부러진다.

전개된 어린 잎에서는 갈색으로 괴사된 조직 부위를 만든다. 모든 경우에 감염은 잎의 겨드랑이나 가지와 꽃이 갈라지는 부위에서 일어난다. 감염은 이러한 부위에 있는 물에서 시작되고 오랫동안 지속된다.

심층학습 42 '잿빛곰팡이병균'의 특징 및 일반적 병환

'잿빛곰팡이병균'의 학명인 '*Botrytis cinerea*'는 grapes like ashes를 뜻하는 라틴어에서 유래하는데, grapes는 분생포자경 위에 곰팡이 포자다발을 뜻하고, ashes는 포자덩이의 잿빛을 뜻한다. '잿빛곰팡이병균'의 속명인 *Botrytis*는 고대 그리스어에서 포도(grape)를 뜻하는 botrys(β óτ ρ υ ς)와 병을 뜻하는 라틴어 접미사 -itis의 합성어이다.

'잿빛곰팡이병균'은 유성세대(teleomorph)가 거의 발견되지 않기 때문에 보통 무성세대(anamorph) 학명인 '*B. cinerea*'으로 불리운다. 유성세대는 자낭균으로 '*Botryotinia fuckeliana*'이고, 또한 '*Botryotinia cinerea*'라고도 한다.

'잿빛곰팡이병균'은 많은 식물 종을 침해하는 사물영양체(necrotrophic fungus)로 가장 유명한 기주는 와인용 포도이다. 포도재배에서는 흔히 'botrytis bunch rot', 원예에서는 보통 'grey mold' 또는 'gray mold'로 알려졌다. '잿빛곰팡이병균'은 포도에서 두 가지 다른 형태로 감염을 일으킨다. 첫번째는 '잿빛곰팡이병(gray mold)'으로 지속적으로 습한 조건의 결과로 생겨 전형적으로 침해받은 포도송이에서 손실을 초래한다. 두번째는 'noble rot'으로 더 습한 조건 뒤 더 건조한 조건의 결과 명백하게 달콤한 디저트 와인을 탄생시킨다.

'잿빛곰팡이병균'은 병든 식물잔재나 토양에서 균사나 균핵으로 월동한 후 식물체 조직 위에 벨벳 모양의 잿빛덩이(분생포자)를 생성하고, 이 분생포자가 각종 식물체에 감염을 계속하고 주위 식물체로 감염을 되풀이하는 다주기성 병환을 만들고, 저장 · 운송 · 판매 중의 과일류와 채소류에 2차적으로 감염을 일으키기도 한다.

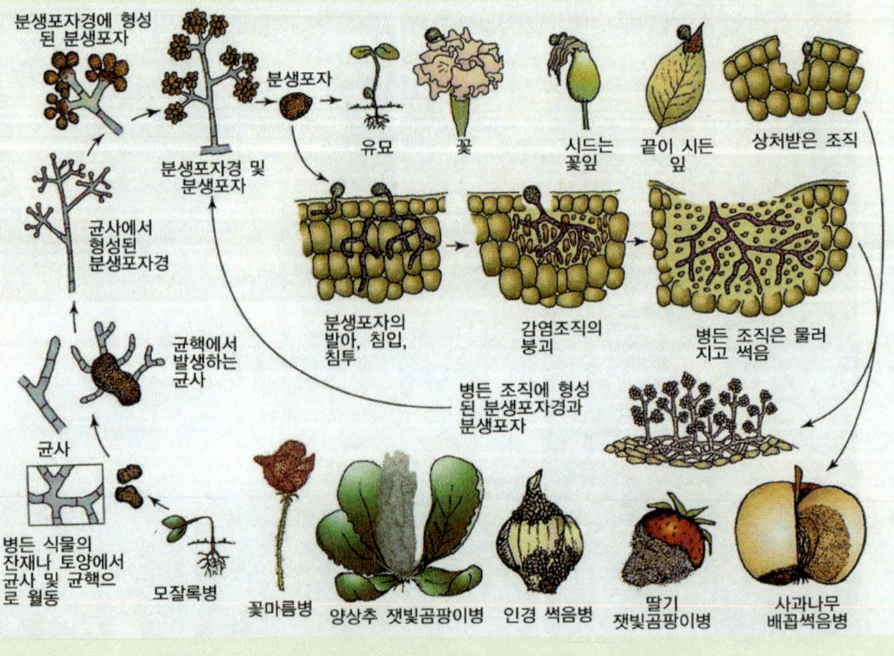

*Botrytis cinerea*에 의한 각종 식물의 잿빛곰팡이병의 병환. [출처: 식물병리학]

그림 12.562 포도나무 잎의 병징 및 표징(분생포자). [출처: L. J. Bettiga]

그림 12.563 포도나무 어린 줄기의 병징 및 표징(분생포자). [출처: J. K. Clark]

그림 12.564 포도나무 꽃의 병징. [출처: W. J. Moller]

열매에서는 종종 강우기에 꽃이 감염되면서 발병되기 시작된다. 병원균은 꽃을 침입하고 포도 열매의 변색이 시작될 때까지는 잠복해 있는다. 변색기에 병원균에 의해 생산된 효소 때문에 포도송이에서 개별적으로 감염된 포도알은 백색 품종에서는 갈변하고 적색과 흑색 포도에서는 적변하고 이어서 병원균은 과육을 침해한다. 이 단계에서는 병원균의 효소가 표피에 있는 큐틴을 분해하기 때문에 포도알에서 껍질이 쉽게 벗겨진다.

그림 12.565 포도나무 열매의 초기 병징. [출처: L. J. Bettiga]

그림 12.566 잿빛곰팡이병에 의해 갈변된 포도 열매. [출처: Damon Smith, Oklahoma State University]

온도가 적당하고, 습도가 높고, 바람이 약하면 병원균은 균사와 포자를 생성하는 곳의 표피는 쪼개진다. 그 결과 감염된 포도알은 전형적으로 잿빛 벨벳 모양의 표징을 드러낸다. 병원균은 포도알에서 포도알로 확산되면서 감염된 포도알 소굴을 만든다. 조건이 적합할 때 병원균은 수많은 포도알을 부패시킨다. 병원균이 화축(rachis)에 도달할 만큼 심하게 발생했을 때, 감염된 포도알은 마르고 단 포도(raisining)가 된다.

그림 12.567 잿빛곰팡이병에 의해 심하게 감염된 포도 열매의 병징 및 표징(분생포자). [출처: Plant Village]

덜 성숙한 덩굴은 생육 후기에 감염될 수 있고 수피가 하얗게 표백된다. 이러한 표백과 균핵은 휴면기에 발달한다. 균핵은 단단하고 검은색의 휴면구조체로 직경이 3 mm 정도이다.

가장 두드러진 표징은 감염된 포도알 표면에 회갈색 잿빛곰팡이병균의 생장이다. 잎에서 병징은 흐린 초록색 점무늬로 나타나고 나서 적갈색으로 되고 괴사한다. 소화경(pedicel)과 화축의 병징은 갈색 점무늬로 나타나서 검게 변하고 포도송이의 일부를 시들고 떨어지게 한다. 성숙한 포도알이 감염되면 하얀 포도알은 갈변하고 보라색 열매는 붉은색으로 변한다.

보통 병원균은 익은 포도알을 감염한다. 먼저 감염된 포도알은 부드러워지고 물러져 높은 상대습도와 수분 아래에서는 잿빛곰팡이병균의 분생포자로 뒤덮인다. 감염된 포도알은 미라화된 후 떨어진다.

[병원균] 포도나무 잿빛곰팡이병을 일으키는 병원균은 *Botrytis cinerea*(유성세대 *Botryotinia fuckeliana*)로 자낭균문(Ascomycota), 두건버섯강(Leotiomycetes), 고무버섯목(Helotiales), 균핵버섯과(Sclerotiniaceae)에 속한다.

영양체는 격벽 균사체이고, 무성적으로 길고 분지된 분생포자경을 형성하는데, 분생포자경 끝의 둥근 정단세포에는 단세포로 된 무색이나 잿빛의 계란 모양의 분생포자를 다발로 형성한다. 분생포자경과 분생포자 다발을 현미경으로 관찰하면 포도송이를 축소시킨 것처럼 보인다.

그림 12.568 포도나무 잿빛곰팡이병균(*Botrytis cinerea*)의 분생포자. [출처: Ildikó Magyar & János Soós]

[병환] 병원균은 병든 식물 조직 표면이나 내부에서 균핵 형태로 월동한다. 포도원에서 전년도에 미라화된 포도송이와 당해연도 가을에 감염된 덩굴에 흔히 균핵이 형성된다. 봄철 강우 또는 관개 후, 균핵은 발아해서 분생포자 덩이를 만든다. 분생포자는 바람, 작업자 또는 튀기는 빗물에 의해 전파된다.

생육기에 분생포자가 발아하고 생장하기 위해서는 지속적인 수분과 양분이 필요하다. 18~24℃ 범위에서는 발아하기 위해 2시간 동안 수분이 필요한 반면, 16℃ 이하와 27℃ 이상에서는 더 오랜 시간 동안 수분이 필요하다. 수분은 이슬, 안개, 관개수, 비, 또는 손상된 포도알의 즙액 등이다. 15분 정도만 수분이 없어도 발아는 정지하며, 수분이 있더라도 발아에는 양분이 필요하다.

주변 기온도 발아에 영향을 미친다. 따뜻한 온도는 보통 포도알의 건조를 촉진시키고 직접 발아를 감소시킨다. 32℃ 이상에서는 병원균은 자라지 않지만 1℃ 이하에서는 서서히 자란다. 그래서 저장중인 포도에 계속 감염을 일으킨다.

이른 봄 습한 조건에서 포자는 포도나무의 꽃, 즙액이 많은 어린 줄기, 또는 어린 잎을 감염한다. 개화기에 떨어진 시든 꽃잎이나 수술, 불임된 씨방 등이 감염되고 전염원이 되어 생육기에 습할 때 포자를 형성한다.

개화기에 꽃이 감염되었을 때 포도알의 잠복감염이 일어난다. 변색기에 당함량이 증가함에 따라 병원균은 포도알에서 생장과 전파를 재개한다. 변색 후에는 당이 증가하고 껍질이 부드러워져 포도알이 더욱 감수성이 된다. 분생포자가 바람에 의해 날려 주변에 있는 포도송이로 전파되고 새로운 감염이 시작된다. 후기 감염은 상대습도가 92% 이상이고, 수분이 열매 표면에 있고, 온도가 15~28℃ 범위일 때 가장 심하다.

분생포자는 상처를 통해 포도를 침입한다. 변색 후에는 손상되지 않은 포도를 직접 침입한다. 감염된 포도알의 껍질은 쪼개진다. 분생포자는 처음 균열 부위에서 발달해 전체 포도알로 퍼진다. 생육 후기에 강우 후 빠르게 자라 형성된 포자는 바람에 날려 극심하게 발병을 증가시킨다. 적합한 조건에서 분생포자는 3일만에 포도알을 감염하고 파괴하고 포자를 형성하기 시작한다. 감염 후 기온이 높고 상대습도가 낮으면 포도알은 마르지만, 여전히 병원균은 살아 있다가 적합한 조건이 되면 재생장을 시작한다.

[방제] 포도 생육기에 비가 내릴 때 습도를 감소시키고 포도송이가 빨리 마르도록 포도원에서 덩굴들이 너무 밀집하지 않게 수형을 관리해 통풍과 투광을 잘 관리한다. 병든 식물잔재를 일찍 제거한다. 수관상부 관수를 삼가고 점적관수를 한다. 포도송이에 상처가 생기지 않도록 주의한다. 결정석회황합제를 휴면기에 살포하고, 적용약제를 생육기에 살포한다.

그림 12.569 *Botrytis cinerea*에 의한 포도나무 잿빛곰팡이병의 병환.
[출처: Robert Beresford & Gareth Hill]

심층학습 43 'Noble rot wine'의 유래

늦게 수확하는 포도 와인을 생산하는 경우에 '*Botrytis cinerea*'에 의해 포도나무 생육후기에 습한 조건 뒤 더 건조한 조건에서 발생하는 '잿빛곰팡이병'을 'noble rot'이라고 하는데, 달콤한 디저트 와인을 탄생시키는 열매를 가공하기 위한 환경조건에서 당함량과 풍미를 증진시키는데 매우 바람직하다. 따라서 'noble rot(불어: pourriture noble; 독일어: Edelfäule; 이탈리아어: Muffa nobile; 헝가리어: Aszúsodás)'은 와인용 포도를 침해하는 '*B. cinerea*'의 유익한 형태이다.

'*B. cinerea*'에 의한 '잿빛곰팡이병'의 만연에는 습한 조건이 필요하다. 날씨가 습하면 피해를 주는 형태인 '잿빛곰팡이병(gray mold)'이 포도를 파괴한다. 포도는 전형적으로 익었을 때 '*B. cinerea*'에 의해 감염될 수 있다. 그리고 나서 포도가 더 건조한 조건에 노출되고 부분적으로 건포도가 되었을 때의 감염형태가 'noble rot'으로 알려졌다. 만연되는 동안 어느 시점에서 딴 포도는 특히 정제되고 농축된 스위트 와인을 생산한다. 이러한 방식으로 생산된 와인은 잿빛곰팡이 와인(botrytized wine)으로 알려졌다.

헝가리 전설에 따르면, 1630년 최초의 aszú(잿빛곰팡이 포도를 사용한 와인)가 Laczkó Máté Szepsi에 의해 만들어졌다. 그러나 잿빛곰팡이 포도를 사용해 만든 와인은 이미 1576년에 완성된 Nomenklatura of Fabricius Balázs Sziksai에 언급되어 있다. 최근에 발견된 aszú 상품목록은 이것보다 5년 앞선다. Tokaj 지역에서 1730년 포도원 분류가 시작되었을 때, 다양한 떼루아(terroir, 와인을 만들 포도를 재배하는데 영향을 끼치는 모든 요소)들에게 주어진 등급 중 하나가 *B. cinerea*를 개발할 가능성에 집중되었다.

유명한 신화는 1775년 독일에서 독립적으로 유래하는 관습이다. Schloss Johannisberg (Geisenheim, in the Rheingau region)에 있는 Riesling(백포도 품종) 생산자들은 전통적으로 포도를 따기 전에 토지 소유주 Fulda의 주교인 Heinrich von Bibra의 허락을 기다렸다. 그 해 수도원 사자는 포도를 수확하라는 명령을 전달하는 도중에 강도를 만나 포도수확이 3주 지연되었는데, '*B. cinerea*'가 감염하기에 충분한 시간이었다.

그러자 포도들은 가치가 없는 것으로 여겨져 지역 농부들에게 주어졌는데, 놀라운 상품인 스위트 와인이 생산되었다. 스위트 와인은 그 후에 Spätlese 또는 만생종 와인으로 알려졌다. 몇 년 후에 Spätlese는 훨씬 더 잘 다듬어져 1787년에는 Auslese로 1858년에는 Eiswein으로 탄생되었다.

잿빛곰팡이 와인(botrytized wine)용 포도.
[출처: Ildikó Magyar & János Soós]

Sauternes에서 와인용 Semillon 포도를 재배하는 경우에 '*B. cinerea*'를 이용하기 위해 일부 포도원에서는 분생포자를 포도에 접종하는 반면에 일부 포도원에서는 자연환경에 있는 분생포자에 의한 자연접종에 의존하기도 한다.

'*B. cinerea*'는 포도 껍질에 구멍을 뚫어 건조한 조건에서 포도에 있는 수분을 증발시켜 남아있는 즙액에 당함량을 증가시킨다. 일부 정제된 잿빛곰팡이 와인은 포도알을 한 알 한 알 선별하면서 따내 만든다.

Sauternes에서 와인용 Semillon 포도에 발생한 잿빛곰팡이병. [출처: Wikipedia]

잿빛곰팡이 와인(botrytized wine)용으로 수확한 포도. [출처: Ildikó Magyar & János Soós]

국제적으로 명성이 있는 잿빛곰팡이 와인은 흔히 Tokaji 또는 Tokayinclude라고 불리우는 헝가리와 슬로바키아산 Tokaj-Hegyalja aszú, pourriture 또는 pourriture noble로 알려진 프랑스산 Sauternes 와인, 독일산 Beerenauslese 와인 또는 오스트리아산 Trockenbeerenauslese 와인 등을 포함한다.

그밖에 이러한 종류의 와인은 Romanian Grasă de Cotnari, French Coteaux du Layon, French Monbazillac, Austrian Ausbruch와 South African Noble Late Harvest(NLH) 등이 있다.

기상조건에 따라 포도에는 최소한으로만 '잿빛곰팡이병'에 감염되도록 조절한다. 미국 캘리포니아와 오스트레일리아에서는 와인생산용 '*B. cinerea*'를 수입해 사용해왔다.

Château d'Yquem산 Sauternes 와인. [출처: Wikpedia]

② 딸기 잿빛곰팡이병(gray mold)

딸기 잿빛곰팡이병(gray mold)은 이른 봄부터 발생하지만 특히 비가 자주 오고 습할 때 많이 발생한다. 포장에서 자라는 딸기 열매뿐만 아니라 잎과 줄기에도 발생하고, 저장, 수송 중의 열매에도 발생한다.

[병징] 병원균은 주로 노화된 꽃잎에 정착해 시간이 지남에 따라 많은 균사를 형성한다. 저온다습한 날씨에 균사는 수많은 분생포자를 형성해 추가감염을 일으킨다. 균사는 생장해 꽃에 만연하고, 꽃은 담회색이나 담갈색의 거미줄같은 곰팡이로 덮인다. 병원균은 소화경(pedicel)으로 퍼지며, 소화경은 썩어서 눈과 꽃은 축 늘어지고 암갈색으로 말라 죽는다.

이어서 병원균은 꽃잎에서 열매로 퍼져나가 열매의 꽃자리가 썩으며, 결과적으로 열매의 일부분이나 전체가 썩는다. 감염된 열매와 연한 줄기는 연화되고 물러지며, 나중에는 담갈색을 띤다. 조직이 썩어가면서 표피는 갈라지고 수많은 곰팡이 자실체가 형성된다. 납작하고 검은 균핵이 열매 표면에 생기거나 말라 쭈그러진 조직 속에 묻혀 있다.

그림 12.570 딸기 잎의 병징 및 표징(분생포자). [출처: 박종한]

그림 12.571 딸기 줄기의 병징. [출처: 박종한]

그림 12.572 딸기 시든 꽃잎의 병징. [출처: Stefan Petrasch et al.]

그림 12.573 딸기 꽃받침과 열매의 병징 및 표징(분생포자).

그림 12.574 딸기 뿌리의 잿빛곰팡이병 병징. [출처: 박종한]

그림 12.575 딸기 잿빛곰팡이병균(*Botrytis cinerea*)의 분생포자경과 분생포자. [출처: J. Dupont]

[병원균] 딸기 잿빛곰팡이병을 일으키는 병원균은 포도나무 잿빛곰팡이병을 일으키는 병원균과 동일한 *Botrytis cinerea*(유성세대 *Botryotinia fuckeliana*)이다.

[병환] 병원균은 병든 식물잔재 또는 토양에서 균사체나 균핵 상태로 월동한다. 멜라닌으로 된 균핵은 토양 속에서 병원균이 수년간 생존하게 해준다. 균핵과 분생포자는 잿빛곰팡이병의 광범위한 감염 확산에 기여한다.

종자와 비슷한 크기의 균핵이나 병든 식물 부스러기가 종자에 혼입되어 전파되기도 한다. 병원균의 최적생장, 포자형성, 포자방출과 발아 그리고 감염 후 정착하기 위해서는 18~23℃ 정도의 저온과 다습한 조건이 필요하다. 온실처럼 조절되는 환경은 병원균의 전파와 발달에 적합한 고온다습한 조건을 제공해주기 때문에 발병이 심하다.

봄철에 균사와 발아한 균핵은 분생포자경을 형성하고, 그 위에 형성된 분생포자는 바람이나 빗물에 의해 전파되어 새로운 감염을 일으킨다. 병원균은 여름철 너머까지 무성생식 병환을 되풀이한다.

병원균은 0℃ 이하의 저온에서도 서서히 생장하므로 0~10℃의 온도에서 오랜 기간 동안 저장 중에도 피해가 일어날 수 있다. 발아하는 분생포자는 상처를 통해 조직에 침입하고, 늙은 꽃잎, 죽어가는 잎, 죽은 인경 등에 균사를 형성한다. 균핵도 발아해 균사다발을 형성함으로써 직접 침입하지만, 드물게 균핵이 발아해 자낭반과 자낭포자를 형성하기도 한다.

식물체 잎 표면에 관수를 하면 분생포자가 발아할 장소를 제공해준다. 부적합한 관개뿐만

그림 12.576 *Botrytis cinerea*에 의한 딸기 잿빛곰팡이병의 병환.
[출처: Madeline Dowling & Guido Schnabel]

아니라 밀식이나 통풍이 잘 안되는 온실구조도 다습한 조건을 만들기 때문에 야간에 환기는 잿빛곰팡이병의 발생을 현저하게 감소시킨다.

병원균은 낮은 pH를 선호하기 때문에 oxalic acid과 같은 유기산을 분비해 환경을 산성화시킨다. 주변이 산성화되면 병원균 효소활력 중 세포벽 분해요소는 향상되지만, 식물방어효소는 저해돼 기공이 열리면서 병원성 발현이 촉진된다.

[방제] 잿빛곰팡이병에 저항성인 종은 없다. 과도한 질소시비를 삼가한다. 포장과 저장고에서 감염되거나 오염된 식물잔재를 제거한다. 적절한 환기로 식물체와 수확물을 빨리 건조시킨다. 웃자라거나 조밀하게 생장하는 습성을 가진 품종 재배를 피한다. 온실에서는 환기와 난방으로 습도를 낮추어야 한다. 여러 광범위 살균제나 침투이행성 살균제의 살포가 좋은 방제효과를 나타내지만, 저항성 계통의 출현과 정착을 감소시키기 위해 서로 다른 계통의 적용약제를 교호살포한다. 목탄형태의 biochar를 토양에 첨가하면 식물체내 방어경로를 촉진시켜 발병을 감소시킨다. *Trichoderma harzianum* 등 길항균에 의한 생물적 방제제도 효과가 있는 것으로 알려졌다.

③ 키위나무 잿빛곰팡이병

키위나무 잿빛곰팡이병(gray mold)은 포장에서는 꽃과 잎에서 발생하고 수확 후 저장, 유통 중에는 열매에서 발생해 커다란 피해를 준다.

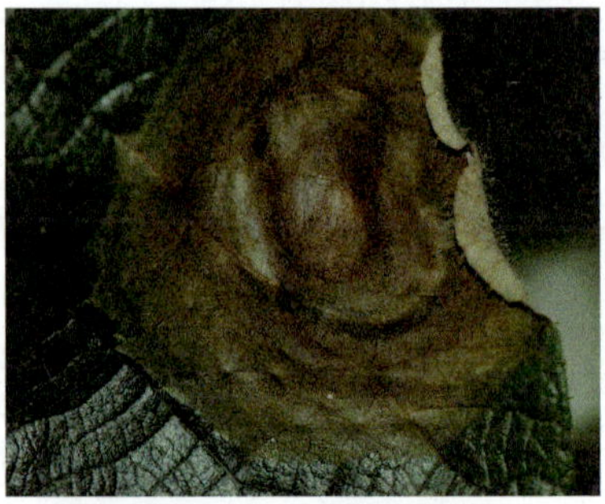

그림 12.577 키위나무 잎의 병징 및 표징(분생포자).

[병증상] 포장에서는 시든 꽃잎에서 처음 잿빛곰팡이 표징이 나타난다. 잎에서는 가장자리나 상처를 입은 부위에 갈색으로 병징이 나타나고 병이 진전되면서 겹둥근 무늬 병징을 나타내고 그 위에 잿빛곰팡이 표징을 드러낸다.

열매에서 병징은 포장에서는 나타나지 않고 0℃에서 저온저장 3~4주 후에 보통 나타난다. 수확할 때 상처부위를 통한 열매 감염과 최초 병징 발현 사이에 시간이 오래 걸리는 것은 열매의 감수성

그림 12.578 키위나무 열매 표면의 병징. [출처: Danae Riquelme Toledo]

그림 12.579 키위나무 열매 내부의 병징. [출처: Danae Riquelme Toledo]

변화 때문이 아니라 0~1℃에서 저온저장할 때 열매조직에서 병원균이 하루에 0.2 mm씩 느리게 생장하기 때문이다.

그림 12.580 키위나무 잿빛곰팡이병에 감염된 열매 표면에 생성된 균사체.

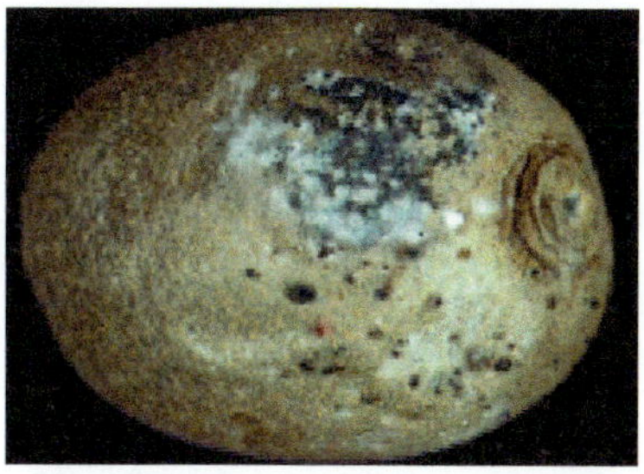

그림 12.581 키위나무 잿빛곰팡이병에 감염된 열매 표면에 생성된 균사와 분생포자. [출처: Carlos H. Crisosto et al.]

병원균은 보통 손상되지 않은 열매의 꼭지에서 시작되어 다른 쪽으로 균일하게 진전된다. 침해받은 부위는 건전한 열매 부위보다 더 어둡고 흰색에서 잿빛 균사가 자라고 분생포자가 형성된다. 내부적으로 감염된 열매는 짙은 초록색이 되고 수침상이 된다.

분생포자경과 분생포자 및 균핵이 감염된 열매에서 발달된다. 병이 진전되면 주위 열매들도 균사에 의해 연결되어 잿빛곰팡이병이 집단으로 발생한 소굴이 된다.

[병원균] 키위나무 잿빛곰팡이병을 일으키는 병원균은 포도나무와 딸기에 잿빛곰팡이병을 일으키는 병원균과 동일한 *Botrytis cinerea*(유성세대 *Botryotinia fuckeliana*)이다.

[병환] 분생포자경과 분생포자는 과원에서 감염된 기주 조직, 저온저장 중인 열매가 손상된 후 외부 환경에 노출된 과육 표면에 형성된다. 균핵은 작고, 단단한 검은색 월동 구조체로 종종 부패한 열매의 표면에 단단하게 부착되어 있거나 과원 바닥에 놓여져 있는 전정한 잔재물 위에 생성되기도 한다.

적합한 조건에서 발아한 균핵은 표면에 형성된 자좌 꼭대기에 분생포자경을 생성한다. 균핵은 2~6개월 휴면기 후에 발아한다. 균핵 껍질은 깨져 긴 대를 가진 자낭반이 2~6개 생성되고, 드물게 자낭반에 자낭포자를 형성한다.

월동한 균핵과 균사체는 여름과 가을에 많은 분생포자를 형성한다. 분생포자는 수분이 있을 때 감수성 조직을 감염한다. 개화기에 꽃잎과 꽃밥이 감염되고 개화 30일 후 꽃받침과 꽃턱 감염을 위한 전염원이 된다. 꽃받침은 열매를 수확할 때까지 전생육기 동안 감수성이다. 잿빛곰팡이병에 대해 꽃받침이 가장 감수성인 시기는 열매가 맺힌 후 30~60일 사이와 120~150일 사이로 밝혀졌다.

병원균에 의한 열매의 외부 오염은 꽃받침과 꽃턱 감염이 주요 전염원이다. 꽃가루는 병원균의 발아를 촉진한다. 병원균은 전생육기에 발견되지만 분생포자수는 발병에 적합한 시기인 봄과 가을철에 가장 많다.

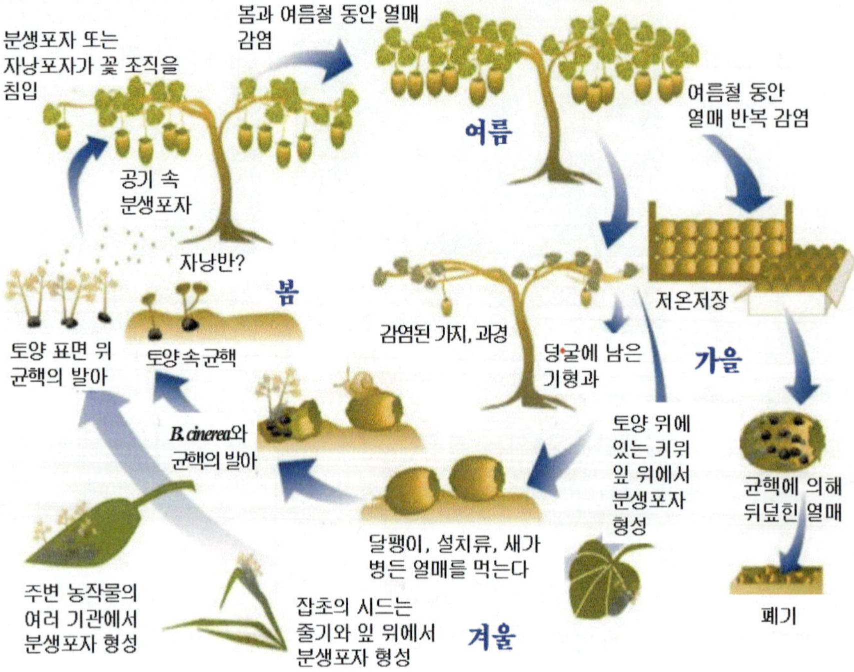

그림 12.582 *Botrytis cinerea*에 의한 키위 잿빛곰팡이병의 병환.
[출처: Themis J Michailides & Philip A. G. Elmer]

[방제] 수확 후 과원에 남아있는 과경(열매자루), 병든 낙엽, 병든 열매, 전정한 가지 등 전염원들을 제거한다. 키위 과원뿐만 아니라 근처에 있는 잡초나 농작물의 시든 잎이나 잔재도 함께 제거한다. 키위 잎과 열매에 상처가 생기지 않도록 한다. 적절한 전정관리를 통해 과원에 바람이 잘 통하고 햇빛이 잘 들도록 관리한다. 상습 발병 과원에는 적용약제를 교호살포한다.

④ 양파 잿빛썩음병(gray mold neck rot)

양파 잿빛썩음병(gray mold neck rot)은 2월 하순에서 3월 상순경부터 발생하기 시작해 주로 인경의 썩음 증상을 일으킨다.

그림 12.583 양파 잎의 병징.
[출처: Wikipedia]

그림 12.584 양파 인경 표피의 초기 표징. [출처: Howard F. Schwartz, Colorado State University, Bugwood.org]

[병증상] 병징은 주로 지제부 가까운 2~3매째 어린잎이 누렇게

변색되면서 아래로 쳐지고 점무늬 증상으로 나타난다. 점무늬는 처음에는 작고 노란색을 띠지만 나중에는 커지고 담회색 또는 황갈색으로 변하고, 움푹 꺼지고 융합해 잎 전체를 덮는 커다란 병반으로 발달해 잎 표면에는 잿빛곰팡이가 자라는 표징을 드러낸다. 4월부터 목 부위에 갈색~흑갈색 병반이 나타나고 병이 진전되면서 지상부는 위축되고 누렇게 마르면서 생육이 중단되고 인경이 썩고 지상부가 완전히 말라 죽는다. 표징으로 흔히 검은 균핵이 표면에 형성되거나 썩은 조직과 균사에 엉켜서 형성된다.

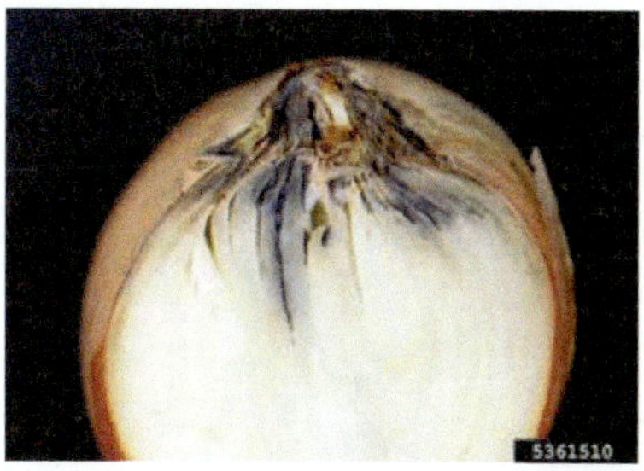

그림 12.585 양파 인경 내부의 초기 병징.
[출처: Howard F. Schwartz, Colorado State University, Bugwood.org]

그림 12.586 양파 인경 내부의 후기 병징.
[출처: Wikipedia]

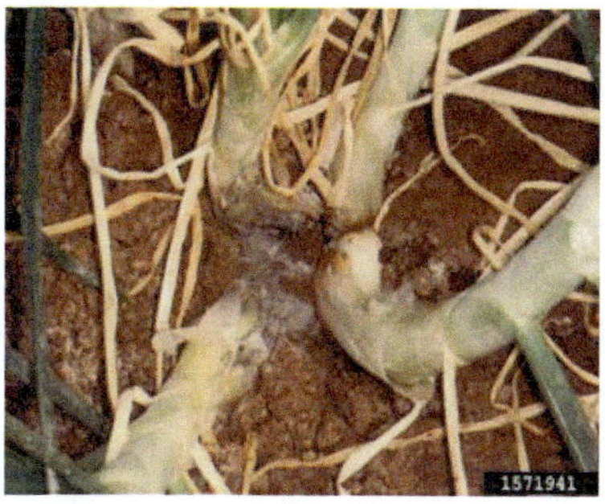

그림 12.587 양파 지제부의 병 병징.
[출처: Alchetron]

그림 12.588 양파 인경 표피의 후기 표징(균사와 분생포자).
[출처: Daniel Ferre]

[병원균] 양파 잿빛썩음병을 일으키는 병원균은 *Botrytis allii*로 자낭균문(Ascomycota), 두건버섯강(Leotiomycetes), 고무버섯목(Helotiales), 균핵버섯과(Sclerotiniaceae)에 속한다.

영양체는 회색 격벽 균사체이고, 무성번식체로 회록색 분생포자경과 분생포자를 형성하는데, 분생포자경 끝의 둥근 정단세포에는 단세포로 된 무색 투명한 난형 분생포자를 형성한다. 유성세대는 아직 알려지지 않았다.

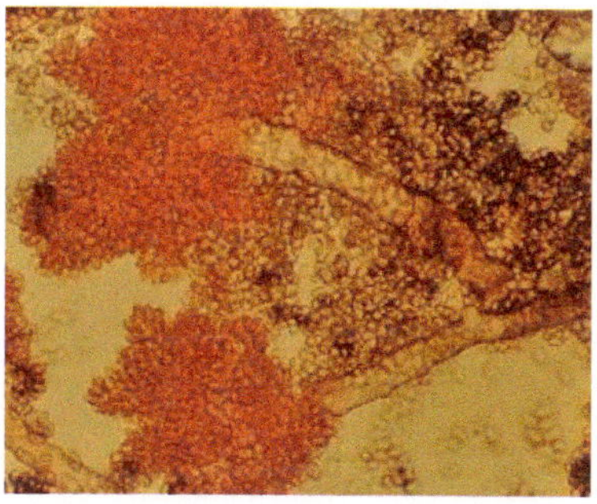

그림 12.589 양파 잿빛썩음병균(*Botrytis allii*)의 분생포자경과 분생포자.
[출처: Daniel Ferre]

[병환] 병원균은 병든 식물잔재 또는 토양에서 균사체나 균핵 상태로 월동한다. 종자와 비슷한 크기의 균핵이나 병든 식물 부스러기가 종자에 혼입되어 전파되기도 한다. 병원균의 균사생장과 포자형성적온은 25~30℃ 정도의 저온이고, 다습한 조건이 필요하다.

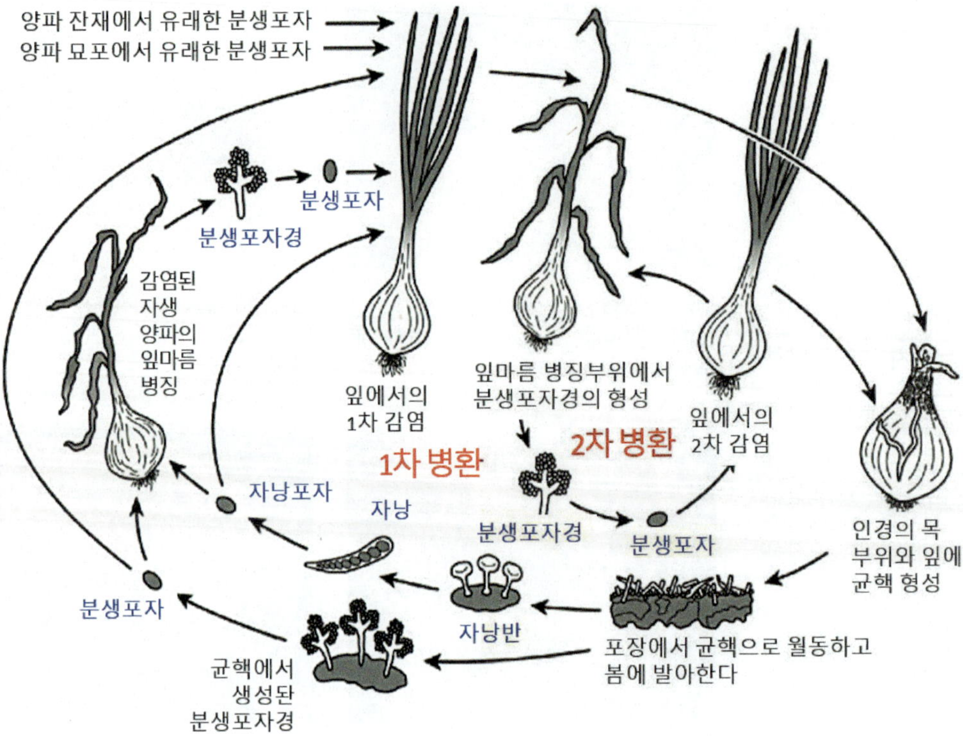

그림 12.590 *Botrytis allii*에 의한 양파 잿빛썩음병의 병환. [출처: Neil McRoberts]

[방제] 포장과 저장고에서 감염되거나 오염된 식물잔재를 제거한다. 적절한 환기로 식물체와 수확물을 빨리 건조시킨다. 온실에서는 환기와 난방으로 습도를 낮추어야 한다. 양파를 2~4일 동안 32~50℃로 유지해 과도한 수분을 제거한 후, 건조한 환경에서 3℃로 저장한다.

(4) *Venturia*에 의한 병

① 사과나무 검은별무늬병(scab)

사과나무 검은별무늬병(scab)은 전 세계적으로 분포하지만, 특히 봄과 여름이 저온다습한 지역에서 큰 피해를 준다. 검은별무늬병은 사과나무에 가장 중요한 병으로서 감염된 사과나무의 품질 저하가 주요 피해양상이다. 검은별무늬병은 과실의 크기를 감소시킬 뿐만 아니라, 미숙과의 낙과, 조기낙엽, 그리고 이듬해 과실눈의 형성 감소를 초래하고, 병든 열매는 저장 가능 기간도 짧아진다.

[병증상] 주로 잎과 열매에 병징을 나타내지만, 잎자루, 꽃, 꽃잎, 꽃받침, 어린 순과 비늘에도 나타난다. 이른 봄 새로 나오는 어린 잎에서부터 병징이 나타난다. 올리브색의 불규칙한 옅은 점무늬가 꽃받침 조각의 뒷면이나 꽃눈의 어린 잎에 나타난다. 이러한 점무늬는 이내 융단같

은 표면을 지닌 황록색 내지 회색으로 변한다. 나중에는 병반이 금속 빛 나는 검은색을 나타내고 약간 부풀어 오르기도 한다. 성숙한 잎에서는 병반이 보통 앞면에 나타난다. 병반은 뚜렷이 남아있거나 융합한다. 어려서 감염된 잎은 크지 못하고 말리며 나중에는 떨어진다. 때때로 작은 검은 별무늬가 잔가지나 꽃에 형성된다.

그림 12.591 사과나무 잎의 초기 병징. [출처: Inovation programs FA MENDELU]

그림 12.592 사과나무 잎의 후기 병징. [출처: John Strang, University of Kentucky]

그림 12.593 사과나무 열매의 초기 병징. [출처: 남종철]

그림 12.594 사과나무 열매의 후기 병징. [출처: W. E. MacHardy]

감염된 열매는 둥근 검은 별무늬 병반이 나타나며, 처음에는 융단같고 황록색이지만 나중에는 짙어지며 지저분해지고 흔히 균열이 생긴다. 균열 현상은 열매의 큐티클에 형성된 병반의 가장자리에서 일어난다. 초기에 감염된 열매는 기형을 나타내고 균열이 생기며 흔히 조기낙과가 일어난다. 열매가 거의 성숙할 무렵에 감염되면 수확기에는 작은 병반이 나타나지만 저장 중에 검은 별무늬로 발달한다.

[병원균] 사과나무 검은별무늬병을 일으키는 병원균은 *Venturia inaequalis*(무성세대 *Spilocaea pomi*)로 자낭균문(Ascomycota), 좌낭균강(Dothideomycetes), 얇은공버섯목(Pleosporales), 검은별무늬병균과(Venturiaceae)에 속한다.

살아있는 조직에 있는 격벽 균사체는 큐티클과 표피세포 사이에만 존재한다. 짧고 곧은 균사는 무성적으로 갈색 분생포자경을 형성하며, 분생포자경 위에 1~2개의 세포로 된 특징적인 분생포자를 형성한다.

죽은 잎에서 균사는 잎 조직을 통해 생장하고, 유성적으로 조낭기와 조정기를 형성한 후 수정해 위자낭각(pseudothecium)을 만든다. 위자낭각은 암갈색 내지 흑색으로 짧은 부리와 머릿구멍을 갖는데, 암갈색 강모를 갖기도 한다. 각 위자낭각에는 50~100개의 자낭이 형성되는데, 자낭은 두겹막이고, 곤봉 모양이다. 각 자낭에는 8개의 방추형 자낭포자가 들어있다. 자낭포자는 크기가 서로 다른 2개의 세포로 되어있는데, 위쪽 세포가 아래쪽 세포보다 작다.

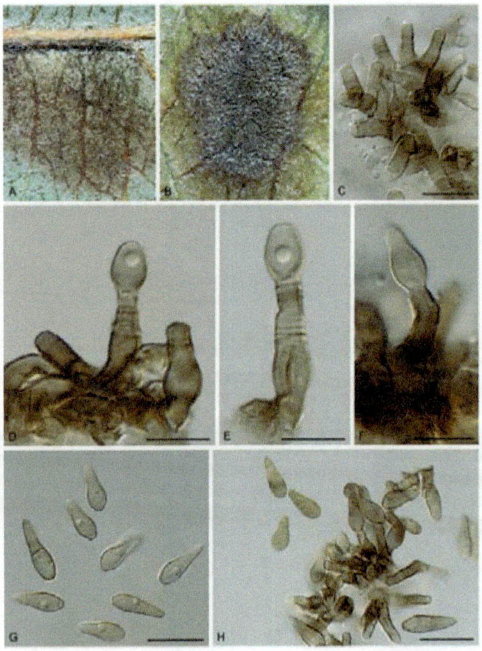

그림 12.595 사과나무 검은별무늬병균(*Venturia inaequalis*)의 병환부 표징(A,B), 분생포자경(C~F), 분생포자(G~H). [출처: M. Shen et al.]

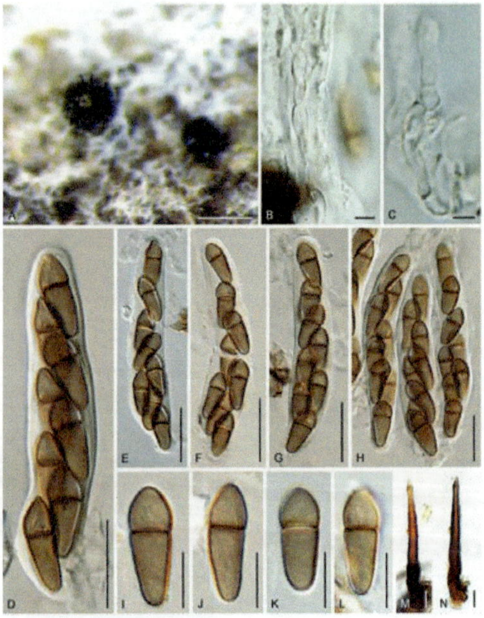

그림 12.596 사과나무 검은별무늬병균(*Venturia inaequalis*)의 자낭자좌(A), 사라지는 위측사(C), 자낭(D~H), 자낭포자(I~L), 강모(M, N). [출처: M. Shen et al.]

[병환] 생육기 동안에 병원균은 기주의 각피와 표피 사이에서만 발견된다. 일단 감염된 잎이 낙엽이 되면서 죽으면 병원균 균사체는 거기에 완전하게 정착해 미성숙한 위자낭각으로 월동한다. 위자낭각은 늦겨울과 봄에 완전히 성숙하고, 이른 봄에 두 가지 교배형끼리 교배에 의한 유성생식이 일어나고, 자낭과 자낭포자도 눈이 트는 시기에 성숙한다.

봄에 위자낭각이 완전히 물에 젖게 되면, 자낭이 자낭포자를 공기 중으로 힘차게 방출하고, 자낭포자는 기류나 비바람에 의해 이동하다가 감수성인 풋사과나무 조직에 전반된다. 자낭포자의 방출은 눈이 틀 때부터 꽃잎이 질 때까지 3~5주 동안 계속된다.

자낭포자는 6~26℃의 온도에서 물에 젖어 있을 때만 발아하고 감염을 일으킨다. 감염이 일어나기 위해서는 포자가 6℃에서 28시간, 10℃에서 14시간, 18~24℃에서 9시간, 26℃에서는 12시간 동안 계속해서 물에 젖어 있어야 한다.

사과나무의 잎과 열매 위에서 발아하는 동안 자낭포자의 발아관은 각피를 뚫고 들어가서 큐티클과 표피세포의 외벽 사이에서 생장한다. 처음에는 표피세포에서, 나중에는 울타리조직과 엽육세포에서 세포성분을 차츰차츰 탈취하면 결국 기주세포는 붕괴되고 죽는다.

1차 전염원인 자낭포자는 병반을 형성한 후 9일에서 30일까지 무성포자인 분생포자를 생성한다. 분생포자는 건전한 잎과 발육하는 열매로 전반돼 2차감염을 일으키고, 한 개의 병반에서 10만 개까지 분생포자를 형성한다. 결국 큐티클은 파괴되고, 황록색의 융단같은 검은별무늬 병반이 형성된다.

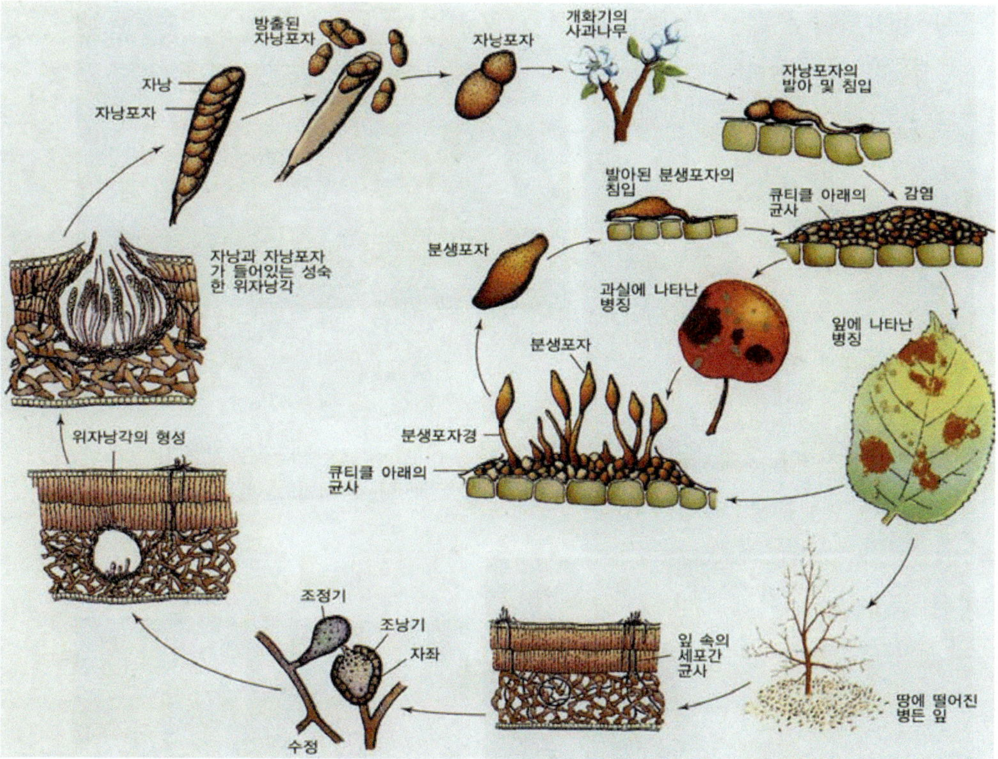

그림 12.597 *Venturia inaequalis*에 의한 사과나무 검은별무늬병의 병환. [출처: 식물병리학]

강우 중이나 강우 후에 분생포자는 다른 잎과 열매로 씻겨 내려가거나 바람에 날려서 자낭포자와 동일한 방법으로 발아하고 침입한다. 생육기에 강우가 지속되면, 분생포자는 계속 추가감염을 일으킨다. 그러나 감염은 저온다습한 봄, 초여름, 가을에 더 많이 일어나는 반면에 고온건조한 여름에는 거의 일어나지 않는다.

[방제] 병든 잎이나 병든 열매를 제거한다. 사과나무가 눈트기 시작하는 시기부터 위자낭각 속에 있는 자낭포자가 완전히 방출될 때까지는 비가 오기 전, 비가 내리는 동안 그리고 비가 온 후에 충분하게 적용약제를 살포한다.

② 배나무 검은별무늬병(scab)

배나무 검은별무늬병(scab)은 대체로 서늘하고 다습한 5~6월 및 10월경에 많이 발생한다.

[병증상] 잎, 잎자루, 햇가지, 열매, 열매꼭지에 발생한다. 잎에는 처음 잎맥을 따라 원형 또는 부정형의 검은별무늬가 생긴다. 열매에서는 어렸을 때부터 검은 부정형 무늬가 그을음 모양으로 되고 움푹해지며 병반 표면은 코르크화되고 쪼개진다. 잎자루, 열매꼭지, 햇가지에도 검은 별무늬가 생긴다.

[병원균] 동양배나무에는 *Venturia nashicola*, 서양배나무에는 *V. pirina*가 검은별무늬병을 일으키고, 무성세대는 *Fusicladium* spp.로 자낭균문(Ascomycota), 좌낭균강(Dothideomycetes), 얇은공버섯목(Pleosporales), 검은별무늬병균과(Venturiaceae)에 속한다.

살아있는 조직에 있는 균사는 큐티클과 표피세포 사이에만 존재한다. 균사는 무성적으로 갈색 분생포자경을 형성하며, 분생포자경 위에 단세포로 된 분생포자를 형성한다. 병든 가지에서 균사는 유성적으로 조낭기와 조정기를 형성한 후 수정해 자낭각(perithecium)을 만든다. 자낭각에는 자낭이 형성되고, 각 자낭에는 크기가 서로 다른 2개의 세포로 된 8개의 자낭포자가 들어있다.

그림 12.598 배나무 검은별무늬병의 병징. 잎(A, D, E), 잎자루(B), 어린 열매(C), 성숙한 열매(F).

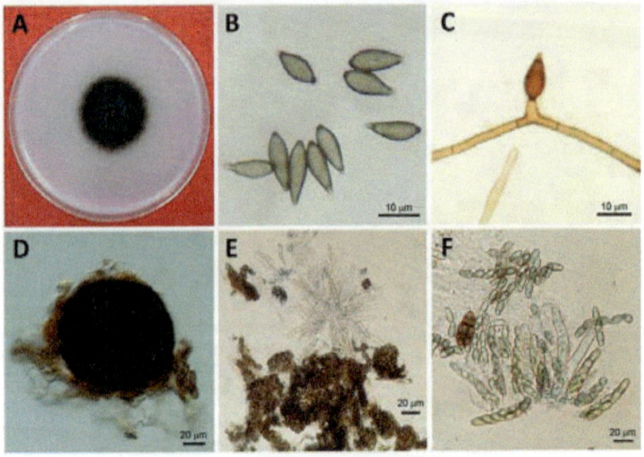

그림 12.599 배나무 검은별무늬병균(*Venturia nashicola*)의 균총(A), 분생포자(B), 분생포자경(C), 자낭각(D), 자낭(E), 자낭 및 자낭포자(F).

[병환] 병원균은 병든 가지의 조직 또는 병든 잎의 조직 안에서 자낭각 형태로 월동한다. 봄이 되어 자낭각에서 방출된 자낭포자는 바람에 의해 전반돼 각피로 침입한다. 배나무의 잎과 열매 병반에서 형성된 분생포자는 바람에 의해 전파되면서 2차 감염을 일으킨다. 배나무 검은별무늬병의 발병적온은 20℃이며, 28℃ 이상에서는 분생포자가 발아하지 않는다.

[방제] 약제방제와 함께 병든 잎과 열매를 땅에 묻고 햇가지가 너무 빽빽하게 자라지 않도록 순 따기를 한다.

③ 복숭아나무 더뎅이병(scab)

복숭아나무 더뎅이병(scab)을 일으키는 *Venturia carpophila*는 복숭아나무, 살구나무, 오얏나무 등 핵과류를 침해한다.

[병증상] 열매, 가지, 잎 등에 병징이 나타나지만, 잎과 가지에서는 종종 눈에 잘 띄지 않는다.

그림 12.600 복숭아나무 가지의 병징.
[출처: Wikipedia]

그림 12.601 복숭아 열매의 초기 병징.
[출처: Nicole Gauthier]

감염된 잎에는 처음 다소 작지만 황록색에서 검은색을 띠는 점무늬가 많이 생긴다. 점차 커지면서 황갈색으로 변하고, 마침내 암갈색 또는 검은색으로 된다.

그림 12.602 복숭아 열매의 후기 병징.
[출처: Nicole Gauthier]

가지 병반은 어린 초록색 가지에서부터 생겨 3~6.5 mm 가량 커진다. 처음에는 적갈색이었다가 색이 짙어지고 계란형으로 확대된다.

낙화 6주 후에 줄기 끝에 있는 열매에서 1~2 mm 크기의 점무늬가 생기기 시작한다. 병반은 점차 짙은 초록색 또 검은색으로 변하고 점차 커지면서 매끄럽고 짙은 초록색 병반 둘레에 노란 띠가 둘러싼다. 병반은 융기되고 나중에 병반 표면이 갈라진다.

[병원균] 복숭아나무 더뎅이병을 일으키는 병원균은 *Venturia carpophila* (무성세대 *Cladosporium carpophilum* (=*Fusicladium carpophilum, Fusicladium pruni, Fusicladium amygdali, Megacladosporium carpophilum, Fusicladosporium carpophilum*)로 자낭균문(Ascomycota), 좌낭균강(Dothideomycetes), 얇은공버섯목(Pleosporales), 검은별무늬병균과(Venturiaceae)에 속한다.

영양체는 격벽 균사체이고, 무성생식에 의해 분생포자경 위에 연쇄상으로 분생포자를 형성한다. 유성생식에 의해 구형 자낭각(ascomata)을 형성한다. 자낭각은 머릿구멍(ostiole)이 있고, 흔히 암갈색 강모와 위측사(pseudoparaphyses)가 존재한다.

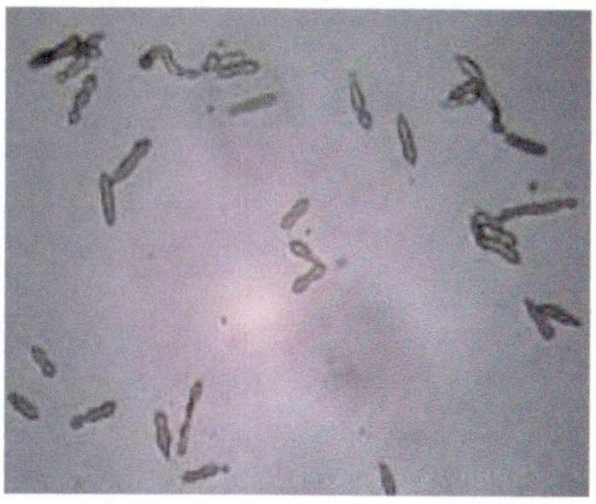

그림 12.603 복숭아나무 더뎅이병균(*Venturia carpophila*)의 분생포자.
[출처: Chunxian Chen et al.]

자낭은 곤봉형, 두겹막이고, 곤봉형 자낭포자는 1개의 격벽에 의해 나눠지고 위쪽 세포가 아래쪽 세포보다 커서 구두 발자국 모양을 한다.

[병환] 병원균은 가지와 잎에 있는 병반에서 균사와 후벽포자로 월동한다. 분생포자는 1차 전염원으로 봄과 여름철에 적합한 조건에서 형성된 후 바람이나 비에 의해 자라고 있는 어린 감수성 가지, 열매, 잎으로 전반된다.

분생포자는 꽃받침이 열리거나 개화할 무렵에 생성되기 때문에 열매 감염은 생육초기에 일어난다. 분생포자가 감수성 기주 식물체에 도달하면 발아해 분생포자경과 분생포자를 생성하고 온난다습한 조건에서 침입과 감염을 되풀이 한다.

복숭아나무에서 1차 병징이 나타날 때까지 잠복기(incubation period)는 45~77일이 걸린다. 잠복기가 길기 때문에 2차병환은 추가 감염에 중요하지 않고, 1차 전염원에서 생성된 분생포자가 성공적으로 전반되는 것이 중요하다.

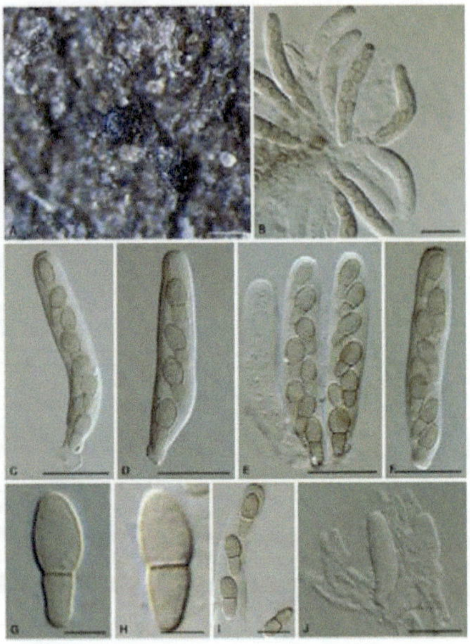

그림 12.604 복숭아나무 더뎅이병균(*Venturia carpophila*)의 자낭각(A), 자낭(B~F), 자낭포자(G~I), 위측사(J).
[출처: M. Shen et al.]

복숭아나무 더뎅이병은 온난다습한 조건에서 만연하기 때문에 늦봄에 다습하면 대발생하는데, 발병적온은 22~30℃ 범위다.

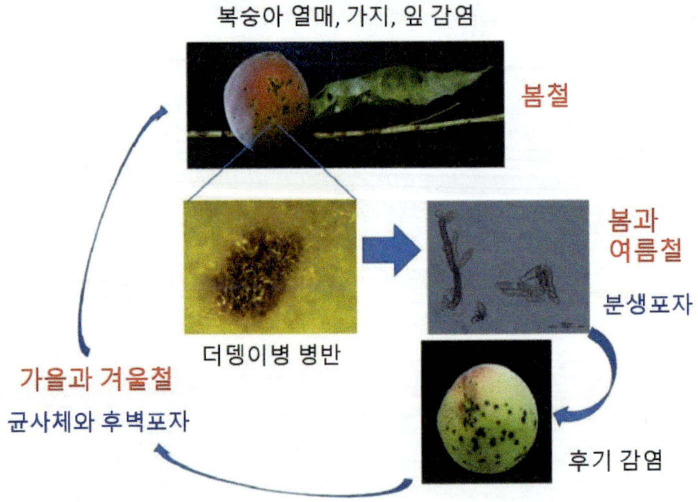

그림 12.605 *Venturia carpophila*에 의한 복숭아나무 더뎅이병의 병환.
[출처: Daniel A. Mancero-Castillo et al.]

[방제] 병든 열매와 낙엽을 제거한다. 병든 가지를 전정해 제거한다. 발아 전에 결정석회황합제를 살포하고, 개화 후 적용약제를 강우 전에 2~3회 살포한다.

④ 매실나무 검은별무늬병(scab)

매실나무 검은별무늬병(scab)은 수확기 무렵 열매에 급속히 발생해 상품성을 크게 떨어뜨려 매실 재배농가에 가장 큰 피해를 주는데, 봄철 잦은 강우로 기상변화가 심하면 수확기에 집중적으로 발생해 매실 생산에 차질을 주는 병이다.

[병증상] 열매, 가지, 잎에서 다소 작지만 황록색~검은색을 띠는 점무늬가 많이 생긴다. 열매에서 점무늬는 대개 열매의 중간과 가지의 끝에 많이 나타난다. 병반은 점차 커지게 되어 아주 많은 수가 되었을 때 열매 표면이 갈라진다. 줄기와 어린 가지의 점무늬는 다소 길어지고 가장자리가 자주색을 띤다.

그림 12.606 매실나무 열매의 초기 병징.

그림 12.607 매실나무 열매의 전형적인 검은별무늬병 병징.

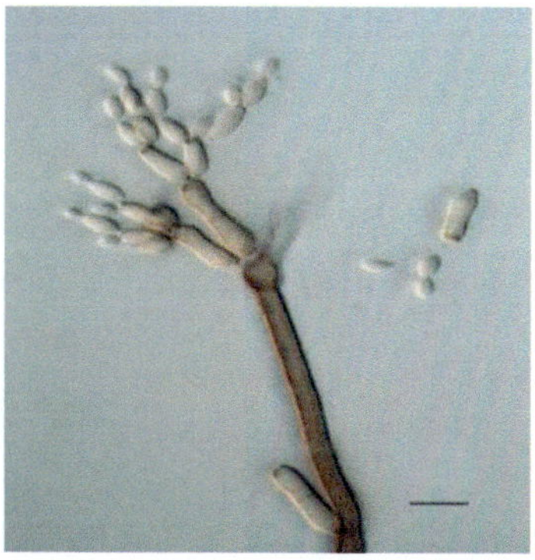

그림 12.608 매실 검은별무늬병균 분생포자경과 분생포자.

[병원균] 매실나무 검은별무늬병을 일으키는 병원균은 *Venturia carpophila* 이고, 무성세대는 *Cladosporium carpophilum*으로 복숭아나무 더뎅이병균과 같다.

[병환] 매실나무 가지 병환부에서 균사 형태로 월동하고, 4~5월경부터 분생포자를 형성해 바람과 빗물에 의해 전반된다. 5월 중순~6월 중순에 발생하는데, 비가 많이 내리면 심하게 발생한다.

[방제] 병든 열매를 제거한다. 병든 가지를 전정해 제거한다. 발아 전에 결정석회황합제를 살포하고, 개화 후 적용약제를 강우 전에 2~3회 살포한다.

(5) *Monilinia*에 의한 병

① 복숭아나무 잿빛무늬병(brown rot)

복숭아나무 잿빛무늬병(brown rot)은 핵과류가 재배되고 개화기와 과실성숙기에 비가 많이 오는 지역 어디서나 발생한다. 복숭아나무를 비롯해 양앵두나무, 자두나무, 살구나무, 아몬드나무 등에 모두 비슷한 정도로 발생한다. 잿빛무늬병으로 인한 수량손실은 1차적으로 과수원에서 과실부패를 일으키지만, 심각한 손실은 열매의 운송 및 판매 중에 생기고, 개화기에 꽃마름을 일으킴으로써 수량감소로 이어지기도 한다.

[병증상] 최초의 표징은 꽃에서 나타나고, 꽃 전체와 꽃자루에도 나타난다. 다습한 날씨에서는 감염된 기관이 잿빛무늬병균의 회갈색 분생포자로 뒤덮이고 나중에는 열매가 가지에 매달린 채로 쭈그러들고 바싹 말라버린다. 감염된 꽃의 기부에서는 작고 함몰된 궤양이 꽃자루 주위의 잔가지에서 형성되는데, 때때로 병반이 가지를 둘러싸서 가지마름 병징을 일으킨다. 습한 날씨에는 점성을 띤 회색의 분생포자 덩어리가 수피 표면에 표징으로 드러난다.

그림 12.609 복숭아나무 열매의 초기 병징 및 표징(분생포자). [출처: Molly Giesbrecht]

그림 12.610 복숭아나무 열매의 후기 병징 및 표징(분생포자). [출처: Nicole Gauthier]

그림 12.611 잿빛무늬병에 심하게 감염된 복숭아나무. [출처: Nicole Gauthier]

그림 12.612 잿빛무늬병에 의해 미라화된 복숭아 열매. [출처: P. Harmon]

열매가 성숙되면 작고 둥근 갈색 점무늬가 사방으로 퍼지며 나타난다. 표징으로는 잿빛의 분생포자 덩어리가 감염 부위의 표피를 뚫고 열매 표면으로 나온다. 큰 썩은 부위나 몇 개의 작은 썩은 부위가 열매에 나타나면, 그 부위는 완전히 썩어 나무에 매달린 채로 말라서 미라화되거나 땅에 떨어져 미라화된다. 때때로 병든 열매가 있는 잔가지나 굵은 가지에도 작은 궤양이 발달한다.

[병원균] 복숭아나무 잿빛무늬병을 일으키는 병원균은 *Monilinia fructicola*(=*Sclerotinia fructicola*)이고, 자낭균문(Ascomycota), 두건버섯강(Leotiomycetes), 고무버섯목

(Helotiales), 균핵버섯과(Sclerotiniaceae)에 속한다.

영양체는 격벽 균사체이고, 무성적으로 분생포자좌 위에 배열된 분생포자경 위에 타원형의 *Monilia*형 분생포자를 연쇄상으로 형성하고, 병(bottle) 모양의 분생포자경에 연쇄상의 소형분생포자(정자; spermatium)도 형성한다. 정자는 발아하지 않지만 병원균의 생식에 관여하는 것으로 보인다. 유성세대인 자낭반은 토양이나 식물잔재 속에 있는 미라화된 열매에서 형성된 위균핵(pseudosclerotium)으로부터 형성된다. 한 개의 미라화된 열매에서 20개 이상의 자낭반이 형성된다. 자낭반의 내부나 상부의 표면에는 측사(paraphyses)와 더불어 수천 개의 자낭이 배열되어 있다. 각각의 자낭에는 단세포인 자낭포자가 8개씩 들어있다.

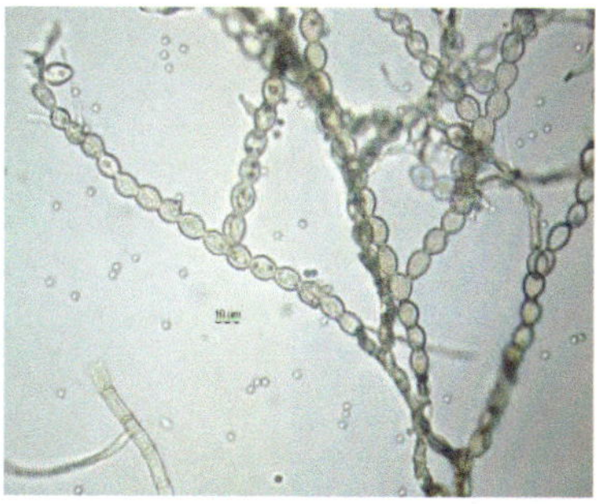

그림 12.613 복숭아나무 잿빛무늬병균(*Monilinia fructicola*)의 분생포자. [출처: Tom Creswell, Purdue University, Bugwood.org]

[병환] 병원균은 복숭아나무 위에서 미라화된 열매와 감염된 잔가지의 궤양에서 균사 상태로 월동하거나, 땅에 떨어져 미라화된 열매에서 위균핵 상태로 월동한다. 봄에는 나무에서 미라화된 열매와 잔가지의 궤양에 있는 균사는 새로운 분생포자를 형성하는 반면, 땅속에 있는 미라화된 열매의 위균핵은 자낭과 자낭포자를 가진 자낭반을 형성한다.

분생포자와 자낭포자는 모두 꽃감염을 일으킬 수 있다. 분생포자는 바람에 날리거나 빗물이나 곤충에 의해 이동되어 꽃에 1차 감염을 일으킨다. 자낭포자는 자낭에서 힘차게 방출되어 자낭반 위에 흰 구름 같이 피어나며, 기류를 타고 꽃으로 전반된다.

온도와 강우 기간은 많은 꽃에 감염을 일으키는 중요한 역할을 한다. 분생포자와 자낭포자는 발아 후 몇 시간 내 감염을 일으킬 수 있다. 특히, 습한 기후에서는 썩어 쪼그라든 꽃에서 수많은 분생포자가 집단으로 형성된다. 이때 균사는 화경과 과경 그리고 잔가지로 재빨리 신장되고, 그 부위에서 함몰되고 적갈색을 띤 방패 모양의 궤양을 형성한다. 궤양이 잔가지를 에워싸면 가지는 쪼그라들어 죽는다. 궤양의 표면은 곧 분생포자 덩어리로 뒤덮이고, 여기서 형성된 분생포자는 나중에 열매가 형성되고 성숙되는 시기에 열매 2차 감염을 위한 전염원으로 작용한다.

자낭포자와 새로운 분생포자는 수명이 짧기 때문에 같은 나무에서도 꽃 감염시기와 열매성숙기의 감염시기 사이에는 다습한 여름동안 잔가지의 궤양부위에서 형성된 분생포자가 다리 역할을 해준다. 또한, 일부 늦게 개화하는 핵과류의 꽃에서 분생포자는 조숙 핵과류나 조숙 품종으로 이동해 열매 감염을 일으킨다.

분생포자는 보통 곤충, 잔가지의 상처, 우박 등에 의해 형성된 상처를 통해 침입하는데, 어떤 경우에는 기공을 통해 또는 직접 큐티클을 통해 침입한다. 병원균은 처음에는 세포간극에

그림 12.614 *Monilinia fructicola*에 의한 복숭아나무 잿빛무늬병의 병환. [출처: 식물병리학]

서 생장하다가 효소를 분비해 감염된 조직을 분해하고 갈변시킨다.

병원균은 일단 열매를 침입하면 매우 빠른 속도로 침투해 들어가면서 먼저 썩은 부분에서는 분생포자를 집단으로 형성한다. 새로 형성된 분생포자는 전반돼 더 많은 열매를 감염시킨다. 감염된 열매는 전체가 수일 내에 완전히 썩어 버리고, 나무에 매달려 있거나 땅에 떨어진다. 감염 후 땅에 떨어진 열매는 부생성 곰팡이나 세균에 의해 분해된다.

나무에 매달려 있는 열매는 수분이 소실되어 쭈그러들고 마르면서 비틀어져 미라화되는데, 열매 세포의 나머지 부분에는 단단한 과피 속에 균사들이 얽힌 채로 존재한다. 미라화되어 땅에 떨어진 열매는 토양미생물에 의해 공격을 받지 않고 2년 이상 그대로 남아있게 된다.

열매 감염은 수확 후, 저장 및 운송 중에도 발생한다. 병든 열매는 수확 후에도 계속 썩고, 균사는 병든 열매와 접촉한 건전 열매를 직접 감염시킬 수 있다. 건전한 열매도 수확해서 소비자가 이용하기까지의 시기에 분생포자에 의해 언제든지 감염될 수 있다.

[방제] 꽃감염 단계에서 완전히 방제함으로써 최상의 방제효과를 얻을 수 있다. 꽃눈이 분홍색으로 터질 때부터 꽃잎이 질 때까지 효과적인 적용약제를 2~4회 살포한다. 감염된 꽃이 궤양이 있는 잔가지는 생육후기에 열매 감염원으로 작용하며 월동 은신처로 제공되므로 가능한 빨

리 제거한다. 수확 시 감염과 저장·운송 중 감염을 막기 위해 매우 세심한 주의를 기울여 열매를 따거나 다루어서 찔린 자리나 쓸린 상처가 생기지 않도록 한다. 병든 열매는 모두 폐기한다. 수확 후 잿빛무늬병 발병은 저장 전에 열매를 적정한 살균제 용액에 침지해 감소시킬 수 있다. 0~3℃로 냉장저장하기 전에 물이나 공기로 예냉(precooling)하면 복숭아나무 잿빛무늬병의 발생을 감소시킬 수도 있다.

② 사과나무/배나무 잿빛무늬병(brown rot)

잿빛무늬병(brown rot)은 사과나무와 배나무에 해에 따라서는 큰 피해를 주는데, 일명 균핵병이라고도 한다. 대체로 열매 성숙기에 임박해서 또는 저장 중에도 계속해서 발생한다. 배나무와 사과나무뿐만 아니라 복숭아나무, 양앵두나무, 자두나무, 살구나무, 아몬드나무 등에도 발생한다.

[병징] 사과나무와 배나무 잿빛무늬병은 주로 열매에 발생하지만 나뭇가지와 꽃에도 발생한다. 열매 표면에 갈색 점무늬가 생겨 점차 커지면서 무르는데, 그 위에 잿빛 또는 크림색 분생포자 덩어리가 둥근 겹무늬를 형성한다. 병든 열매는 심한 냄새를 발산하며 마르면 미라화된다.

개화기에 습한 날씨가 지속되면 광범위하게 꽃감염이 일어난다. 어린 초록색 열매는 여름 직전에 감염될 수 있지만, 성숙기까지 종종 진전이 멈춰있다가 수확 후에 진전된

그림 12.615 사과나무 열매의 초기 병징 및 표징(분생포자). [출처: Department of Agriculture, Austalian Government]

그림 12.616 사과나무 열매의 전형적인 겹둥근 무늬 표징(분생포자). [출처: Department of Agriculture, Austalian Government]

그림 12.617 사과나무 열매의 후기 표징(분생포자덩이). [출처: Department of Agriculture, Austalian Government]

그림 12.618 사과나무 잿빛무늬병에 의해 미라화된 열매. [출처: Adobe Stock]

다. 성숙한 열매는 온난한 조건에서 2일이면 부패한다.

감염된 꽃은 시들고, 잿빛곰팡이로 둘러싸인다. 꽃잎은 담갈색 수침상으로 된다. 열매를 맺지 못하고 시든 꽃은 수확기까지 매달려 있으면서 전염원으로 작용한다.

가지 병징은 갈색으로 진전되면서 궤양 증상을 만들고 가지를 에워싸 죽인다.

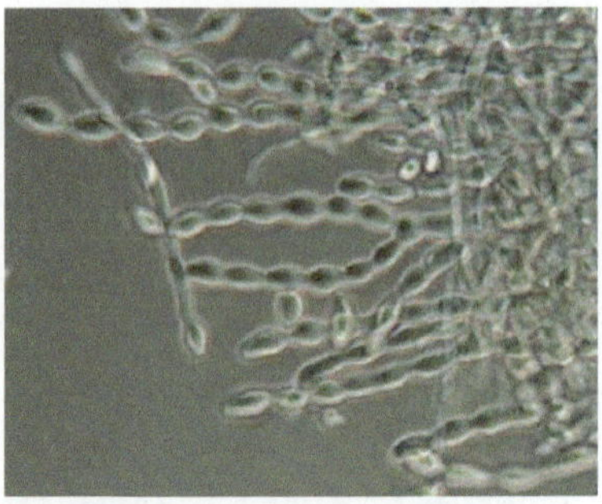

그림 12.619 사과나무 잿빛무늬병균(*Monilinia fructigena*)의 분생포자.
[출처: Malcolm Storey]

[병원균] 사과나무와 배나무 잿빛무늬병을 일으키는 병원균은 *Monilinia fructigena*(=*Sclerotinia fructigena*)이다. *M. fructigena*의 특징은 복숭아나무 잿빛무늬병을 일으키는 *M. fructicola*의 특징과 유사하다.

[병환] 병원균은 땅 위나 가지에서 미라화된 병든 열매에서 균사 또는 균핵 형태로 월동한다. 봄철에 균핵은 자낭과 자낭포자를 가진 자낭반을 형성하고 자낭포자가 1차 전염원이 된다. 병들어 시든 꽃에서 형성된 분생포자는 2차 전염원으로 자낭포자와 함께 비, 바람 또는 곤충에 의해 전반된 후 열매에는 피목과 상처, 꽃에는 암술머리, 잎에는 각피 또는 기공을 통해 침입한다.

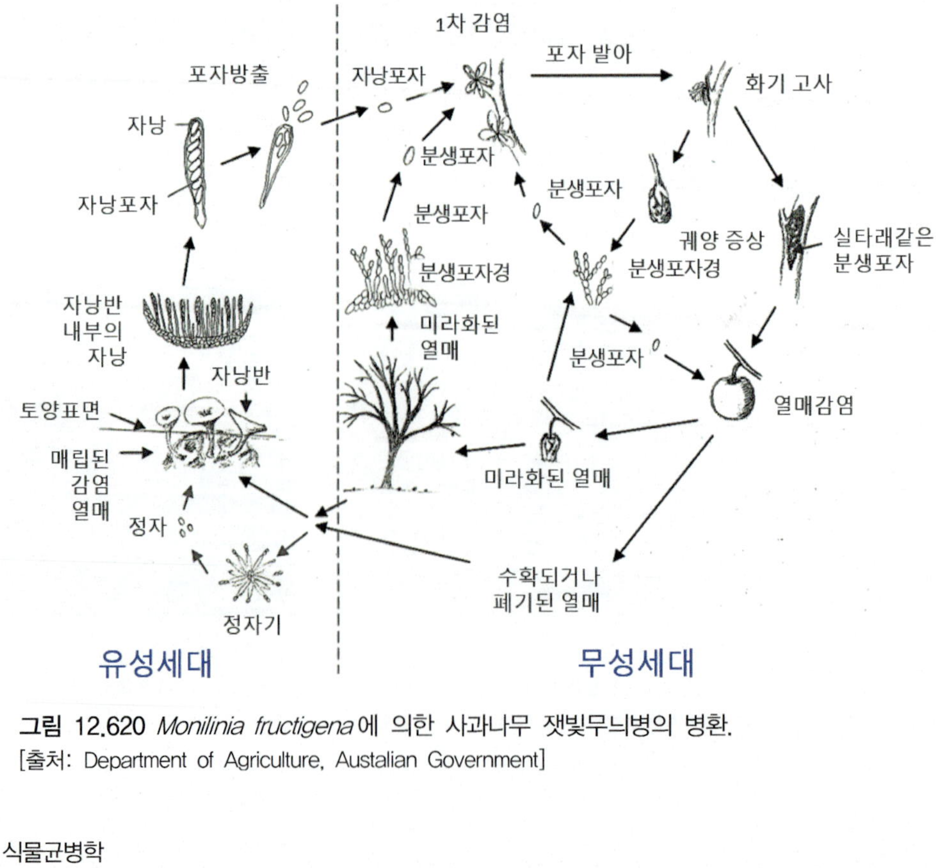

그림 12.620 *Monilinia fructigena*에 의한 사과나무 잿빛무늬병의 병환.
[출처: Department of Agriculture, Austalian Government]

자낭반은 17~20℃에서 잘 발달하며, 기주에 침입, 감염하는 데에는 10℃에서 18시간, 25℃에서는 3시간이 걸린다.

[방제] 병든 열매와 나뭇가지는 생육후기에 열매 감염원으로 작용하며 월동 은신처로 제공되므로 가능한 빨리 제거한다. 이른 봄까지 표토를 갈아엎어 토양 표면에 있는 잿빛무늬병균을 땅속에 깊이 묻히도록 한다. 열매를 저장할 때는 병든 열매가 섞이지 않도록 하고, 저장고는 약 7℃로 유지한다. 열매에는 봉지를 씌운다. 꽃눈이 분홍색으로 터질 때부터 꽃잎이 질 때까지 효과적인 적용약제를 2~4회 살포한다.

(6) *Guignardia*에 의한 병

① 포도나무 검은썩음병(black rot)

포도나무 검은썩음병(black rot)은 포도나무에 가장 심각한 병 중 하나다. 발병에 좋은 기상조건에서 열매들이 직접 썩거나 꽃송이들이 피해를 받아 열매는 부패된다.

[병징] 늦봄에 병징으로 포도나무의 잎 위에는 작은 둥근 갈색 점무늬가 많이 나타나 수일 내 점무늬는 커지고, 가장자리가 검으며 안쪽은 갈색~회갈색인 구형 자실체(분생포자각)가 표징으로 드러난다.

검은 점 모양의 *Phyllosticta*형의 분생포자각들이 덩굴, 잎자루와 꽃자루 그리고 잎맥에 형성된 점무늬 위쪽에도 형성된다. 점무늬는 잎자루를 에워싸 잎을 시들게 한다.

그림 12.621 포도나무 잎의 병징. [출처: Mary Ann Hansen, Virginia Polytechnic Institute and State University, Bugwood.org]

그림 12.622 포도나무 덩굴의 병징. [출처: Williams Hall & Gourley Hall]

그림 12.623 포도나무 열매의 초기 병징. [출처: Annemiek M. C. Schilder, Michigan State University]

그림 12.624 포도나무 열매의 후기 병징. [출처: Wikipedia]

어린 순에도 커다란 검은 방추형 병반이 나타나서 바람에 의해 순이 부러지게 만들거나 덩굴을 에워싸 어린 순을 죽인다.

그림 12.625 포도나무 검은썩음병에 감염된 열매의 표면에 생성된 표징(분생포자각). [출처: Ephytia]

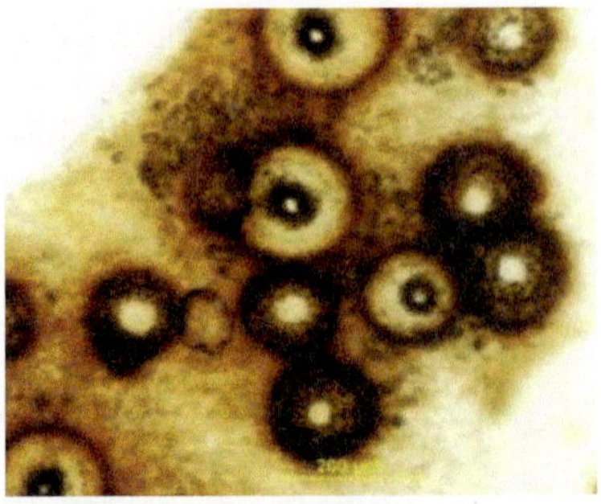

그림 12.626 포도나무 검은썩음병균(*Guignardia bidwellii*)의 분생포자각. [출처: Bruce A. Watt, University of Maine Cooperative Extension]

점무늬는 작은 열매가 약 반쯤 생장할 무렵에 작은 열매에 나타나기 시작한다. 이들 점무늬는 처음에는 흰색 또는 초코릿색을 나타내지만 바로 커지면서 갈색 고리로 둘러싸이게 된다. 점무늬의 가운데 부위는 부풀거나 함몰되고 검은 분생포자각들이 중앙에 나타난다. 전체 포도송이는 곧 썩고 쭈그러들며, 많은 검은색을 띠는 분생포자각들로 박히게 되어 표면이 검게 되고 미라화된다.

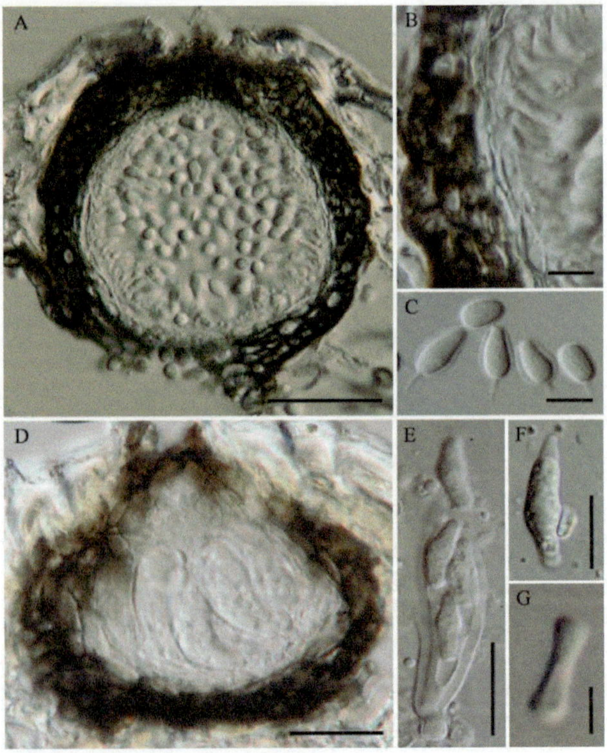

그림 12.627 포도나무 검은썩음병균(*Guignardia bidwellii*)의 분생포자각(a,b), 분생포자(c), 자낭각(d), 자낭(e), 자낭포자(f), *Leptodothiorella* 정자(g). [출처: Saowanee Wikee et al.]

[병원균] 포도나무 검은썩음병을 일으키는 병원균은 *Guignardia bidwellii* (무성세대 *Phyllosticta ampelicida*)로 자낭균문(Ascomycota), 좌낭균강(Dothideomycetes), 포도좌낭균목(Botryosphaeriales), 포도좌낭균과(Botryosphaeriaceae)에 속한다.

영양체는 격벽 균사체이고, 무성적으로 분생포자각에 단세포, 계란~서양배 모양이고, 1개의 부속지를 가진 분생포자를 형성한다. 유성생식에 의해 자낭각을 형성하고, 곤봉형 두 겹막의 자낭 안에 단세포, 방추형 자낭포자와 아령 모양의 정자를 형성한다.

[병환] 병원균은 포도나무 덩굴, 미라화된 열매와 병반, 또는 땅 위에서 대부분 자낭각 안에서 자낭포자 상태로 월동하지만, 분생포자도 포도나무가 생육하고 있는 대부분의 지역에서 겨울

동안 생존할 수 있으므로 자낭포자와 분생포자 모두가 봄에 1차 전염원 역할을 한다.

자낭포자와 분생포자의 방출은 자낭각과 분생포자각이 충분히 습할 경우에 이루어지는데, 자낭포자는 힘차게 분출되어 공기의 흐름에 의해 전반되지만 분생포자는 점액질 상태로 빗물에 씻겨 내리거나 튀겨서 전반된다. 비록 자낭포자는 대개 봄철에 방출되지만, 봄부터 여름에 걸쳐 계속적으로 방출된다.

자낭포자나 분생포자에 의한 1차 감염은 어리고 왕성하게 자라고 있는 잎과 소과경(fruit pedicel)에서 이루어진다. 이어서 점무늬 증상에는 분생포자각이 빠르게 형성되고 이들 분생포자각은 열매, 줄기 등에 2차 감염을 위한 분생포자를 생성한다.

자낭포자는 습할 때 36~48시간이면 발아해 어린 잎과 소과경을 침입하고 8~25일 후 병징이 나타난다. 분생포자는 튀기는 빗방울에 의해 단거리 전파를 하고 습한 조건에서 감염을 일으킨다. 7℃에서는 수분에 관계없이 감염을 일으키지 못하지만, 10℃에서는 잎 표면에 24시간 동안 수분이 있으면 분생포자가 발아하고, 16~32℃ 범위에서 12시간이면 감염을 일으킨다.

감염된 잎과 열매에는 분생포자각이 형성되고 분생포자를 방출하면서 여름철 우기동안에 2차 병환을 되풀이한다. 생육후기에 병원균은 덩굴 병반이나 미라화된 열매에서 분생포자각 또는 위자낭각으로 월동을 하고, 봄철에 분생포자각은 분생포자를 형성하고 위자낭각은 자낭포자를 형성하면서 병환을 되풀이한다.

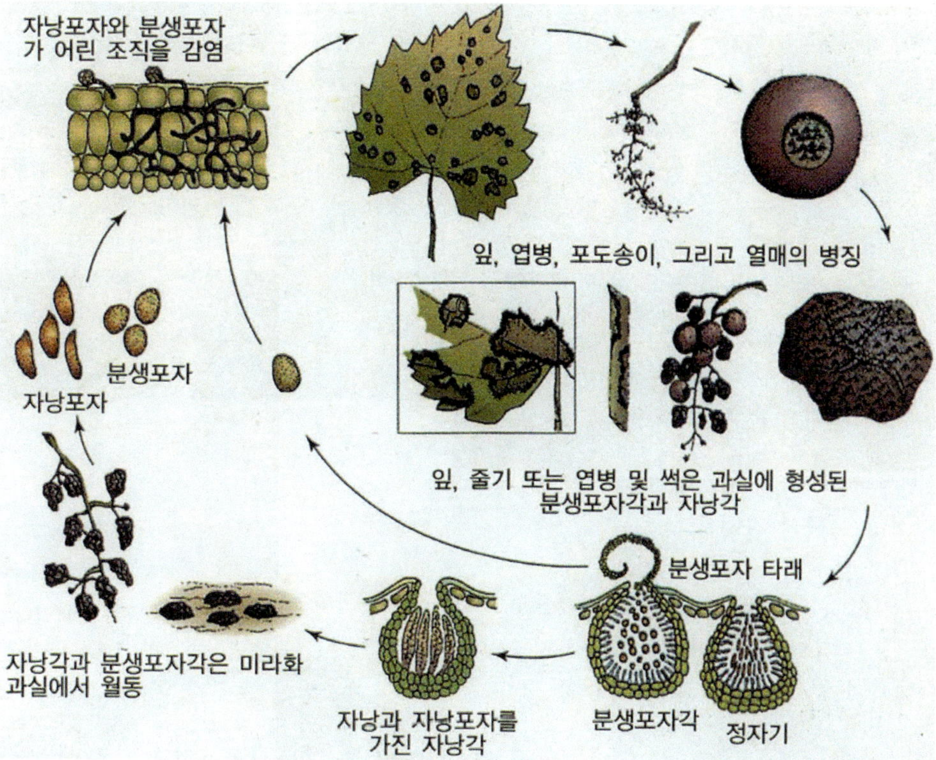

그림 12.628 *Guignardia bidwellii*에 의한 포도나무 검은썩음병의 병환. [출처: 식물병리학]

[방제] 저항성 품종을 재배한다. 바람이 잘 통하고 햇빛이 잘 들도록 과원을 관리한다. 병든 가지, 잎, 열매를 제거한다. 개화 전이나 개화 직후 그리고 이후 수일에서 14일 후에 적용약제를 살포한다. 발병이 심한 지역에서는 개화 약 2주 전 새순이 25~30 cm로 자랐을 때인 6월 초순에 다른 적용약제를 살포한다.

(7) *Diaporthe* 에 의한 병

① 감귤나무 검은점무늬병(melanose)

감귤나무 검은점무늬병(melanose)은 감귤 재배 농가에 가장 큰 피해를 주는 병으로 상습적으로 발생이 심한 지역에서는 전체 농약살포 횟수의 절반 이상이 검은점무늬병 방제를 위해 이뤄지고 있다. 감귤나무 검은점무늬병을 일으키는 *Diaporthe citri*는 감귤나무 꼭지썩음병(stem-end rot)과 감귤나무 수지병(gummosis)도 일으킨다.

그림 12.629 스위트 오렌지 잎의 흑점형 병징. [출처: Springer Link]

그림 12.630 스위트 오렌지 가지의 흑점형 병징. [출처: Springer Link]

그림 12.631 자몽 열매의 흑점형 병징. [출처: Springer Link]

그림 12.632 자몽 열매의 누반형 병징. [출처: Don Ferrin, Louisiana State University Agricultural Center, Bugwood.org]

[병증상] 잎, 가지, 열매에 발생한다. 병원균이 침입한 열매의 표피세포는 침입 부위로부터 6개의 세포층까지 괴사하며, 그 속에 딱딱하고 검붉은 고무질 같은 물질이 박히는 대표적인 병반을 흑점형(黑點型, speck) 병징이라고 한다.

낙화기 이전에 감염된 부위는 착색이 돼도 푸른색으로 남아 있다가 서서히 착색이 진행된다. 병반의 크기는 매우 다양해 낙화기 때 감염된 병반은 상대적으로 크다. 열매가 좀 더 자란 상태에서는 상대적으로 작고, 모양도 뚜렷한 작은 돌기 모양이다. 비대기가 끝날 단계에 감염된 조직은 병반이 붉은색을 띠며 상대적으로 모양이 뚜렷하지 않다.

병원균의 분생포자 농도가 높을 경우 검붉은 진흙딱지 또는 부스럼같은 모양의 병반은 니괴형(泥塊型, mudcake) 병징이라고 한다. 물이 흐르는 방향을 따라 분생포자가 흘러내리다 굳어 눈물을 흘러내리는 모양의 병반은 누반형(淚斑型, tear-staining) 병징이라고 한다.

그림 12.633 감귤나무 검은점무늬병에 의한 잎 병반 위에 생성된 표징(분생포자각). [출처: Qin Yang et al.]

그림 12.634 감귤 열매의 니괴형 병징.

잎에는 5월 초, 중순경 잎이 굳어지기 전에 감염되기 시작해 전형적인 검은 점이 박히는 병반을 나타내지만, 심할 경우 잎이 황화되고 심하게 뒤틀린다.

어릴 때 병원균에 감염된 열매는 크지 못하고 일찍 떨어진다. 감염이 심한 해에는 특히 잔가지가 서리피해를 입었을 때 병원균에 감염되면 어린 잔가지를 죽일 수 있다.

[병원균] 감귤나무 검은점무늬병을 일으키는 병원균은 *Diaporthe citri*(무성세대 *Phomopsis citri*)로 자낭균문(Ascomycota), 동충하초강(Sordariomycetes), 오리나무버섯목(Diaporthales), 오리나무버섯과(Diaporthaceae)에 속한다.

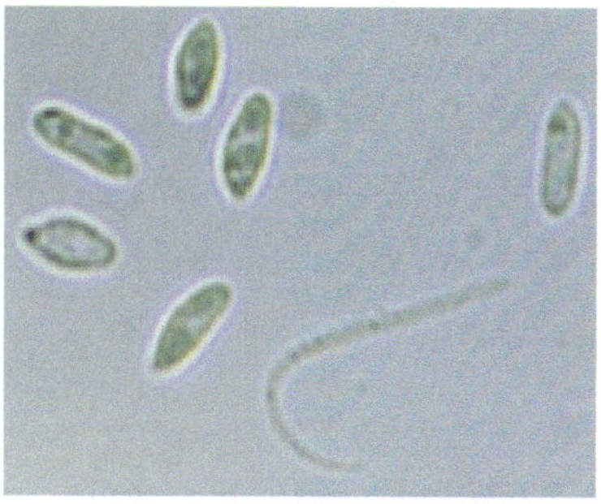

그림 12.635 감귤나무 검은점무늬병균(*Diaporthe citri*)의 α-분생포자와 β-분생포자. [출처: Springer Link]

영양체는 격벽 균사체이고, 무성적으로 분생포자각은 주로 죽은 가지, 특히 최근에 죽은 가지에 주로 생기며 검은색 타원형 또는 원형이다. 분생포자각은 두 가지 형태의 단세포 포자 즉, 투명한 난형 내지 방추형의 α-분생포자와 투명하고 가늘고 길며 구부러지거나 휘어있는 β-분생포자를 형성한다. α-분생포자만 기주식물을 침입하고, β-분생포자는 발아하지 않는다.

분생포자들은 습기가 많은 조건에서는 끈끈한 노란색 점액질 덩어리 형태로 분생포자각으로부터 분출되며, 상대적으로 건조한 조건에서 덩굴손(tendril) 모양으로 분출되는 분생포자는 건조에 상당히 강하다.

유성적으로 자낭각은 분생포자각 형성이 거의 끝난 가지에 생기며 검은색으로 새의 긴 부리 모양으로 끝이 가늘어진다. 자낭은 긴 곤봉 모양이며, 무색 2세포와 2개의 유구(油球,

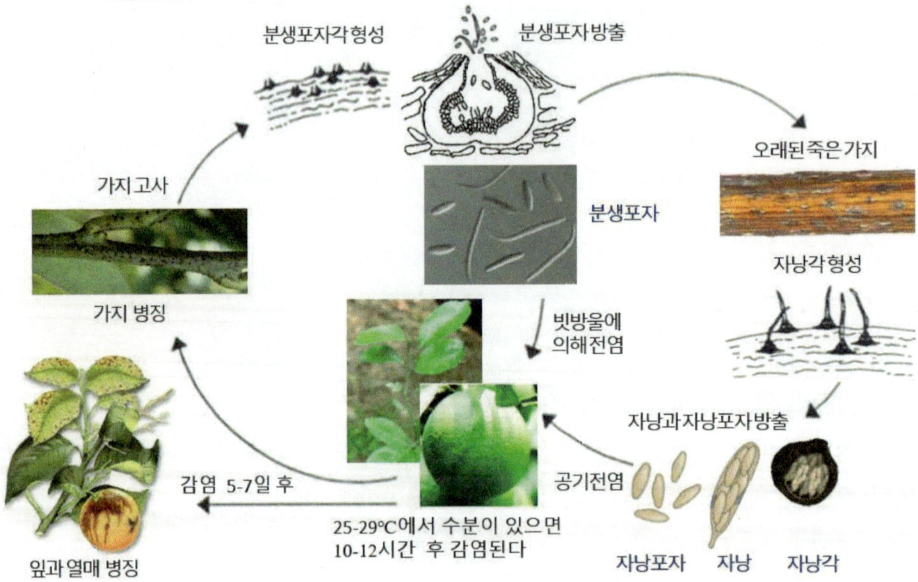

그림 12.636 *Diaporthe citri*에 의한 감귤나무 검은점무늬병의 병환. [출처: Chingchai Chaisiri]

guttulae)를 가진 자낭포자가 들어있다. 병원균의 균사생장적온은 24℃이며, 20~28℃에서 4시간이면 발아가 시작되지만, 15℃에서는 10시간이 필요하다.

[병환] 병원균은 죽은 잔가지에서 형성한 자낭각과 분생포자각 형태로 월동한다. 분생포자각에서 생성된 분생포자는 빗물에 튀어 전반되는 주요 1차 전염원인 반면, 먼 지역으로 전반될 때에는 자낭포자가 관여한다.

죽은 가지나 전정해 버려진 가지에 병원균이 정착하고 2~3개월 후면 분생포자를 형성하는데, 약 1년 정도 분생포자 생성이 지속된다. 분생포자가 열매나 잎을 침입하면 기주식물은 이에 대한 방어작용으로 항균물질을 분비해 침입한 병원균을 죽인 결과물로 검은 점이 형성된다. 따라서 5월부터 감염되기 시작한 잎은 감염이 돼도 전염원으로서 역할을 못하기 때문에 굳이 방제할 필요가 없다.

분생포자가 식물조직을 침입하기 위해서는 24~28℃에서 8시간 이상, 20℃에서는 12시간 이상의 습윤조건이 필요하며, 잠복기는 25℃에서 1~2일, 10℃에서는 7일이다. 발병조건이 충족되면 10월 초까지도 발생하지만 보통 비대기 이후에는 발생하지 않는다.

[방제] 감귤나무에서 죽은 가지와 전정한 가지를 제거한다. 통풍이 잘 되고 햇빛이 잘 들도록 해 습윤기간을 최소화한다. 작용기작이 다른 적용약제를 낙화기부터 8월 하순사이에 15~20일 간격으로 비가 오기 전에 번갈아 살포하거나 200~250 ㎜ 누적 강우시마다 다시 살포한다.

(8) *Botryosphaeria*에 의한 병

*Botryosphaeria*에 의한 병은 열매, 가지, 줄기에 주로 발생한다.

① 사과나무 겹무늬썩음병(white rot)

사과나무 겹무늬썩음병(white rot)은 열매뿐만 아니라 가지 및 줄기에도 피해를 주는 병으로 방제가 어렵고 피해도 크다. 상대적으로 병원성이 약하기 때문에 가뭄, 겨울철 동해, 벌레 피해, 화재 등 나무가 스트레스를 받을 때만 문제가 된다.

[병징] 열매에는 처음 황갈색의 작은 점무늬가 생기고, 점무늬 주위에 붉은색의 테두리를 형성하기도 한다. 점차 확대되어 겹둥근 무늬를 이루며 큰 병반이 형성되고, 심하면 물이 흐르고, 열매 전체가 부패해 낙과한다. 붉은 껍질의 사과 품종이 부패 과정에서 표백되고 담갈색이 되는 병징 때문에 white rot이라는 병명이 유래한다.

그림 12.637 사과나무 열매의 초기 병징.

그림 12.638 사과나무 열매의 전형적 겹둥근 무늬 병징.
[출처: Paul Vincelli & Don Hershman]

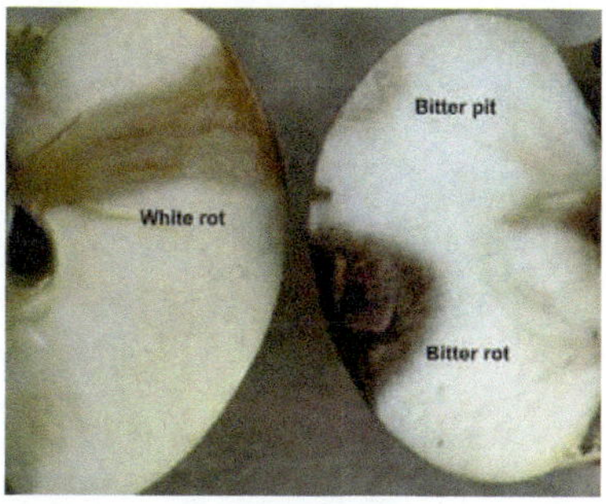

그림 12.639 사과나무 겹무늬썩음병(왼쪽)과 탄저병(오른쪽)의 내부 병징의 차이. [출처: John Hartman, University of Kentucky, Bugwood.org]

그림 12.640 사과나무 줄기의 초기 병징.
[출처: University of Georgia Plant Pathology, University of Georgia, Bugwood.org]

탄저병과 다른 점은 중앙에 까맣고 작은 점(분생포자각)이 형성되고, 주위가 붉게 착색되고, 병반이 확대되면 둥근 띠모양으로 테두리가 생긴다. 열매를 쪼개보면 썩는 부위가 연한 갈색 혹은 짙은 갈색으로 불규칙하게 심부까지 부패하며, 병반이 함몰되지 않는 것이 특징이다. 이런 증상은 V자 모양을 띠면서 씨방 쪽으로 썩어 들어가는 탄저병(bitter rot)과는 뚜렷하게 구별된다.

가지에서는 사마귀 형성, 굵은 가지의 겹둥근 무늬 증상, 가지마름 증상 등으로 나타나는데, 사마귀 형성에 의한 피해가 가장 크다. 초여름에 가지와 줄기에서 새로운 감염이 나타나기 시작하며, 작고 둥근 점무늬나 물집으로 병징이 나타난다. 병반이 확대되면 그 부위는 약간 움푹 패인다. 늦가을에 궤양 증상의 진전은 멈추며, 봄이 되면 작고 검은 분생포자각이 새로운 궤양 증상의 매끄러운 표면에 나타난다. 오래된 궤양에서는 1년 내내 분생포자각이 나타날 수 있다. 궤양은 종종 오렌지색인 비늘 모양의 종이와 같은 외피로 싸여있어서 쉽게 벗겨질 수 있다. 궤양 표면 아래의 조직은 물이 많거나 끈적거리고 갈색이다. 대부분의 궤양은 깊지 않게 나무 표면에 뻗어나간다.

그림 12.641 사과나무 줄기의 후기 병징. [출처: University of Georgia Plant Pathology, University of Georgia, Bugwood.org]

그림 12.642 사과나무 줄기의 사마귀 병징.

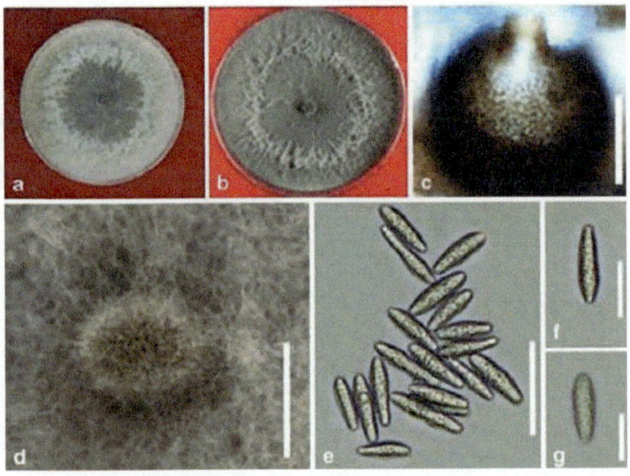

그림 12.643 사과나무 겹무늬썩음병균(*Botryosphaeria dothidea*)의 배양 균총(a,b), 분생포자각(c,d), 분생포자(e~g). [출처: Jiye Yan et al.]

[병원균] 사과나무 겹무늬썩음병을 일으키는 병원균은 *Botryosphaeria dothidea*로 자낭균문(Ascomycota), 좌낭균강(Dothideomycetes), 포도좌낭균목(Botryosphaeriales), 포도좌낭균과(Botryosphaeriaceae)에 속한다.

영양체는 격벽 균사체이고, 번식체로는 동일한 자좌에 분생포자각과 자낭각을 형성한다. 분생포자각 속에 무색, 단세포, 타원형~방추형 무성포자인 분생포자가 형성되고, 무색, 단세포, 막대 모양 소형분생포자도 형성되는데, 그 기능은 분명치 않다. 자

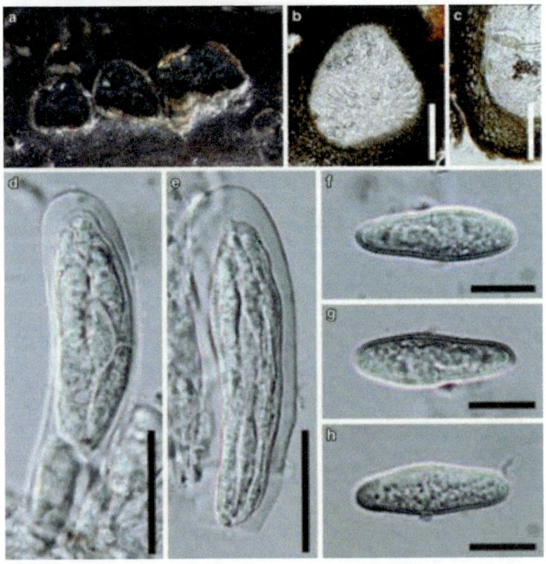

그림 12.644 사과나무 겹무늬썩음병균(*Botryosphaeria dothidea*)의 자낭각(a~c), 자낭(d,e), 자낭포자(f~h). [출처: Faces of Fungi]

낭각 속에 곤봉형 자낭을 형성하고, 자낭 속에 무색, 단세포, 방추형~긴 계란형 유성포자인 자낭포자가 8개씩 형성된다.

[병환] 병원균은 죽은 나무 조직 병반에서 분생포자각과 자낭각 형태로 월동한다. 봄과 여름 비가 내리는 동안 주로 분생포자각에서 방출된 분생포자가 1차 전염원으로 작용해 나무의 다른 부분으로 튀어 오른다. 가뭄, 고온피해, 기계적 부상, 겨울철 동해는 목질부에서 발병을 촉진하지만, 살아있는 나뭇가지나 줄기도 침해받는다. 분생포자는 피목이나 상처를 통해 침입하는데, 5~8월에 감염되어 9~11월에 발병한다.

열매 감염은 개화기부터 수확기까지 언제든지 발생할 수 있지만, 감염 최성기는 장마기간이며, 8월 하순 이후는 감염율이 낮아진다. 열매 표면의 과점(果點), 기공 및 상처를 통해 어린 사과를 감염하며 사과가 거의 다 익을 때까지 보통 뚜렷하지 않다. 외부 부패 병반은 고온에 노출된 열매 표면에서 가장 흔하게 발견된다.

[방제] 전정한 나뭇가지를 일찍 제거한다. 어린 가지에 형성된 사마귀 병반부위를 도포제 또는 수성페인트로 발라두면 병원균의 비산방지와 예방효과가 있다. 이 병은 감염가능 기간이 길고

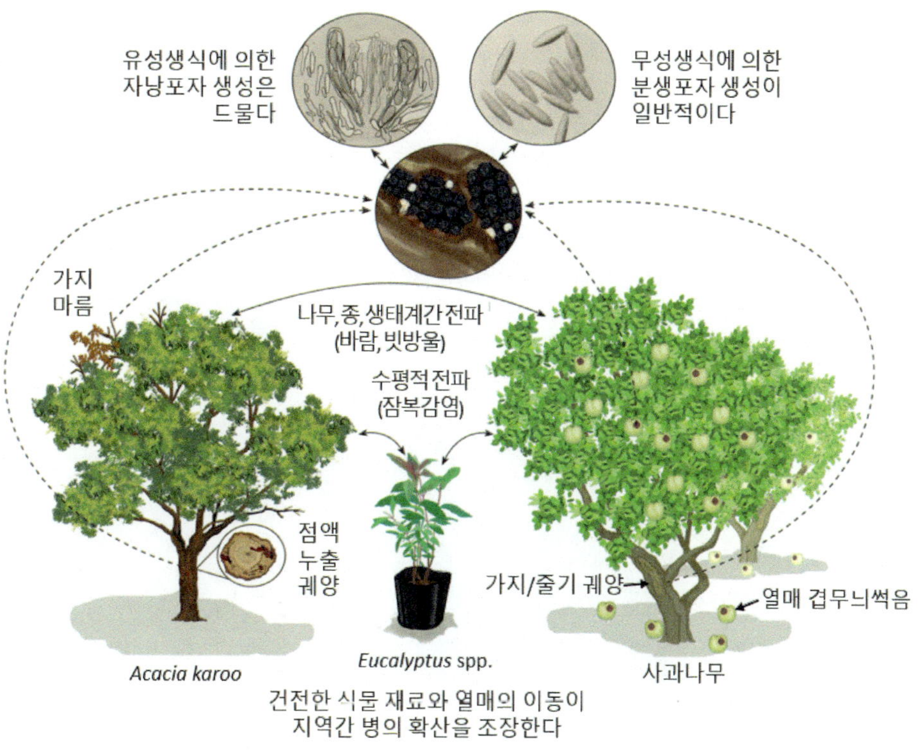

그림 12.645 *Botryosphaeria dothidea*에 의한 사과나무 겹무늬썩음병의 병환.
[출처: Aagelica Marsberg et al.]

이 기간 중 비만 오면 언제든지 대량감염의 우려가 있으므로 최대 비산 및 감염시기가 되는 장마기 전부터 8월하순까지 매회 방제효과가 높은 적용약제를 살포한다.

② 배나무 겹무늬병(ring spot, blister canker)

배나무 겹무늬썩음병(ring spot, blister canker)은 잎, 열매, 가지 및 줄기에 발생하지만 열매와 가지에 피해가 크다.

그림 12.646 배나무 잎의 병징. [출처: 한국식물병리학회]

그림 12.647 배나무 줄기의 사마귀 병징. [출처: 한국식물병리학회]

[병징] 열매에는 8월 중순 이후에 과점(果點)을 중심으로 갈색 작은 점무늬가 병징으로 나타나서 빠르게 확대되면서 겹무늬 모양의 무름 증상을 나타내고 약간 움푹 들어간다. 주로 수확기 무렵 발병하지만, 수확 후에 걸쳐 발병하기 때문에 저장병으로도 중요하다.

가지에는 표피에 특유의 사마귀 모양의 돌기가 형성된다. 만두 모양의 사마귀 돌기는 가지의 위쪽면에 많이 생기고, 단과지, 꽃눈의 기부 등에 많이 생긴다. 사마귀 돌기 위에는 작은 검은 점(분생포자각)이 표징으로 나타난다.

그림 12.648 배나무 열매의 전형적인 겹둥근 무늬 병징. [출처: 한국식물병리학회]

[병원균] 배나무 겹무늬병을 일으키는 병원균은 *Botryosphaeria dothidea*로 사과나무 겹무늬썩음병을 일으키는 병원균과 동일하다.

[병환] 가지에 형성된 사마귀 돌기 조직을 포함한 병반부에서 형성된 분생포자각과 자낭각 형태로 월동한 후 이듬해 봄 주로 분생포자가 1차 전염원으로 다량 형성되어 비나 바람에 의해 비산한다.

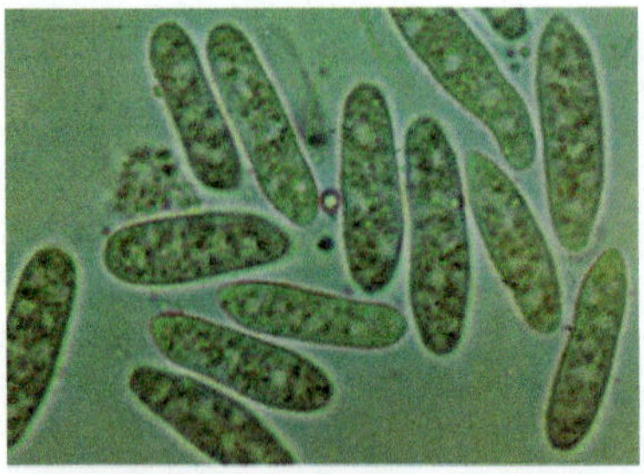

그림 12.649 배나무 겹무늬병균(*Botryosphaeria dothidea*)의 분생포자. [출처: 한국식물병리학회]

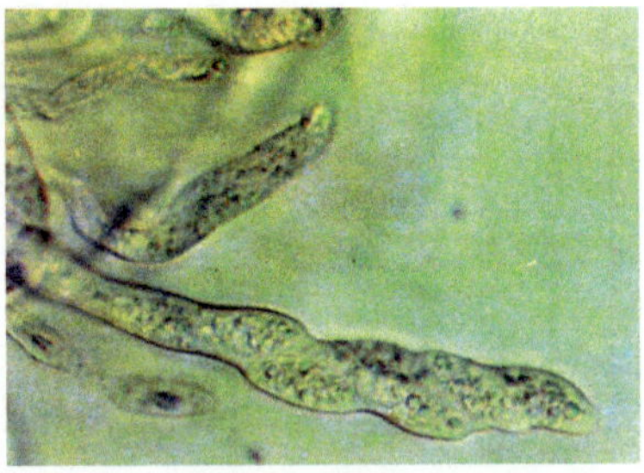

그림 12.650 배나무 겹무늬병균(*Botryosphaeria dothidea*)의 자낭포자. [출처: 한국식물병리학회]

2~5년생 가지의 병반부가 주 전염원이고, 그 기능은 수년간 지속된다. 분생포자는 어린 열매에 도달한 후 주로 과점과 상처를 통해 침입한다. 가지에서는 신초 등의 생육이 왕성한 연약조직의 작은 상처나 가지눈으로 침입한다.

열매에서는 미숙기간 중 과피 조직에 잠복하고 있는 균사가 성숙기에 이르러서 급속히 진전되기 때문에 무름 증상을 나타낸다. 가지에서는 장기간의 잠복기간을 거친 후 가지조직이 부분적으로 증생 비대해 사마귀 돌기병반을 많이 형성하는데, 잎에서는 일반적으로 드물고 문제되지 않는다. 낙화 후부터 7월 말까지의 주요 감염기간에 강우가 많으면 분생포자의 비산 및 감염이 조장되어 발생량이 증가한다. 발병 적온은 28℃이다.

[방제] 휴면기에 사마귀 돌기가 있는 가지를 철저하게 전정해 제거한다. 수세가 약해지지 않도록 건강하게 재배관리한다. 휴면기에 결정석회황합제를 살포하고, 상습 발병지에서는 적과 직후(5월 하순~6월 상순), 장마철(6월 하순), 과실비대 후기(7월 중순~8월 상순)에 적용약제를 충분한 양으로 살포한다.

12.6.8 유관속시들음병

유관속시들음병(vascular wilts)은 널리 분포하며, 매우 파괴적이고 무서운 병으로 식물체의 잎과 다즙성 줄기에 급격한 시들음, 갈변, 고사를 일으키며, 결국은 식물체 전체를 죽인다. 시들음 증상은 식물체의 물관 내에 병원균이 존재하고 활동함으로써 일어난다. 식물체는 대략 수주 안에 모두 죽지만, 다년생식물의 경우는 감염된 후 수개월 또는 수년 동안 죽지 않을 수도 있다. 감염된 식물체가 살아있는 동안 시들음병균은 유관속(물관) 조직과 일부 주변 세포에 존재한다. 시들음병에 의해 감염된 식물체가 죽으면, 시들음병균은 다른 조직 내로 이동해 죽은 식물체의 표면이나 표면 부근에 포자를 형성한다.

유관속시들음병은 몇 가지 공통적인 특징을 가지고 있다. 감염된 식물의 잎은 팽압을 상실해 쇠약해지고 담녹색~녹황색으로 되고, 결국 시들며 늘어지거나 오그라들고 갈변해 죽는다. 감염된 줄기와 어리고 연한 잔가지도 시들어 죽는다. 감염된 줄기와 잔가지의 횡단면에는 변색된 유관속조직이 완전히 또는 부분적으로 와해되어 둥근 띠를 형성하고 있는 갈변부위를 볼 수 있다.

감염된 줄기와 뿌리의 물관에는 시들음병균의 균사와 분생포자가 존재한다. 물관의 일부는 균사, 포자 그리고 다당류에 의해 막힌다. 시들음병균이 분비하는 효소가 식물조직을 분해할 때 식물분해산물을 축적시키고 산화함으로써 물관 속에 젤과 검물질이 형성돼 물관은 더욱 막힌다. 새로 감염된 어린 줄기는 물관의 수가 감소하고 세포벽은 정상 세포보다 얇다. 물관 주위의 유세포는 유관속시들음병균의 분비물 때문에 과도하게 분열함으로써 얇고 연약한 물관

세포벽과 융합해 물관의 직경이 감소되거나 완전히 파괴된다. 일부 기주식물에서는 물관 부근의 유세포에 풍선 모양의 전충체(tyloses)가 형성돼 물관세포 속으로 돌출되어 물관을 막는다.

시들음병균에 의해 물관세포에 분비되는 독소는 잎으로 운반되어 잎맥을 따라 엽록소 생성을 감소시킴으로써 잎맥투명화를 일으키고 광합성을 감소시키며, 잎 세포들의 세포막 투과성을 교란해 수분조절 능력을 저하시켜 결국에는 잎의 상편생장, 시들음, 잎맥 사이의 괴저, 갈변 등을 일으켜 죽인다.

중요한 작물, 수목, 관상식물에 시들음병을 일으키는 자낭균류는 다음과 같다.

- *Fusarium oxysporum* f. sp. *cubense*(바나나 시들음병), *F. oxysporum* f. sp. *dianthi* (카네이션 시들음병), *F. oxysporum* f. sp. *lycopersici* (토마토 시들음병), *F. oxysporum* f. sp. *niveum*(박과작물 시들음병), *F. oxysporum* f. sp. *vasinfectum*(목화 시들음병)
- *Ophiostoma novo-ulmi*(=*O. ulmi*=*Ceratocystis ulmi*, 느릅나무 시들음병)
- *Raffaelea quercus-mongolicae*(참나무 시들음병)
- *Verticillium albo-atrum*, *V. dahliae* (버티실리움시들음병)

(1) *Fusarium*에 의한 병

푸사리움시들음병은 버티실리움시들음병과 비슷한 병징을 나타내는 흔한 유관속 시들음병이다. 푸사리움시들음병은 토마토, 감자, 고추 등 가지과작물을 비롯해 박과작물, 딸기 등의 채소류, 콩, 고구마, 목화, 담배, 사탕수수 등의 밭작물, 옥잠화 등 화훼류, 바나나, 커피나무, 그리고 몇 가지 조경수를 가해해 심각한 피해를 입힌다. 푸사리움시들음병은 지온이 높은 포장과 온실에서 피해가 심하다. 대부분의 푸사리움시들음병은 토마토 푸사리움시들음병과 매우 유사한 병환과 발병 양상을 나타낸다.

푸사리움시들음병을 일으키는 병원균은 *Fusarium oxysporum*이다. *F. oxysporum*은 일반적으로 시들음, 황화, 괴사, 조기낙엽, 유관속 갈변, 위축과 모잘록과 같은 병징을 일으키는데, 가장 중요한 병징이 유관속 시들음 병징이다.

푸사리움시들음병은 어린 잎의 잎맥이 투명해지고 오래된 잎이 쇠약해지기 시작해서 위축, 아래쪽 잎의 황화, 낙엽, 가장자리 괴사에 이어 식물체 고사가 이어진다. 오래된 식물체에서 병징은 개화와 열매 성숙시기 사이에 더 명확하게 나타난다.

*F. oxysporum*은 기주 식물체에 따라 100개 이상의 분화형(formae speciales, f. sp.)로 나뉜다. 각 분화형은 1~2개의 레이스를 가지는데, 기주특이적이고 다른 병징을 나타낸다.

F. oxysporum f. sp. *batatas*는 고구마를 침해하는데, 잎의 황화, 위축과 낙엽 등의 병징을 일으킨다. 토양을 통해 전반되고, 유관속 상처를 통해 식물체에 침입한다.

F. oxysporum f. sp. *cubense*는 전 생육시기에 걸쳐서 바나나를 침해한다. 주로 토양을

통해 전반되고, 잎의 시들음과 황화 병징을 일으킨다.

F. oxysporum f. sp. *lycopersici*는 토마토의 유관속 시들음병을 일으킨다. 식물체의 한쪽이 황화되고 쇠약해지기 시작해서 잎의 시들음, 식물체 위축, 유관속 갈변, 잎의 고사가 일어나고 열매가 생성되지 않기도 한다.

F. oxysporum f. sp. *melonis*는 수박과 멜론을 침해한다. 유묘 모잘록병을 일으키고 노화된 식물체에서 황화, 위축과 시들음 병징을 일으킨다. 줄기에는 괴저 줄무늬를 일으킨다.

① 토마토 시들음병(Fusarium wilt)

토마토 시들음병(Fusarium wilt)은 토마토의 집약재배 지역에서 가장 흔하며 피해가 큰 병의 하나로 따뜻한 기후와 온대지역의 따뜻한 사질토양에서 가장 심각한 피해를 준다. 특히, 토양과 대기온도가 다소 높은 계절 동안에 감수성 품종들에 막대한 손실을 일으킨다. 감염된 식물은 위축되며, 이내 시들어 죽는다. 때로는 포장 전체의 토마토가 수확도 하기 전에 죽거나 심각한 손상을 입기도 한다.

[병증상] 첫 번째 병징으로 바깥쪽의 어린 소엽의 바깥쪽에 경미한 잎맥투명화(vein clearing)가 나타난다. 나중에는 보다 성숙한 잎의 잎자루가 늘어져 상편생장(上偏生長, epinasty)을 나타낸다.

유묘기에 감염된 식물체는 첫 번째 병징이 나타나면 곧 시들어 죽는다. 포장의 성숙한 식물체도 심하게 감염되고 기상조건이 병원균에 유리하면 급격히 시들어 죽는다.

그림 12.651 토마토 잎의 초기 병징. [출처: D. Blancard, INRA]

그림 12.652 토마토 잎의 후기 병징. [출처: Florida Division of Plant Industry, Florida Department of Agriculture and Consumer Services, Bugwood.org]

그림 12.653 시들음병에 감염돼 상편생장을 나타내는 토마토.

그림 12.654 시들음병에 심하게 감염된 토마토.

그러나 일반적으로 성숙한 식물체에서의

잎맥투명화와 상편생장이 나타난 이후에 식물의 왜화, 아랫잎의 황화, 때로는 부정근의 형성, 잎과 어린 줄기의 시들음, 낙엽, 남아있는 잎의 가장자리에 나타나는 괴저, 그리고 마지막으로 식물체의 고사로 이어진다.

그림 12.655 토마토 줄기의 병징.

그림 12.656 토마토 시들음병에 감염된 유관속의 갈변된 병징.
[출처: D. Blancard, INRA]

때로 이러한 병징은 줄기의 한 쪽에서만 나타나고 차츰 진전되어 전체의 잎과 줄기가 죽는다. 열매가 감염된 경우에는 점무늬가 나타나지 않고 썩어서 떨어진다. 뿌리가 감염되면 지상부의 위축현상에 이어 지하부의 잔뿌리가 썩는다. 감염된 식물체 줄기의 아랫부분을 횡으로 절단해 보면 유관속 관다발 부위가 갈색의 원으로 뚜렷하게 변해있다. 발병이 심하면 줄기 윗부분까지도 갈변한다.

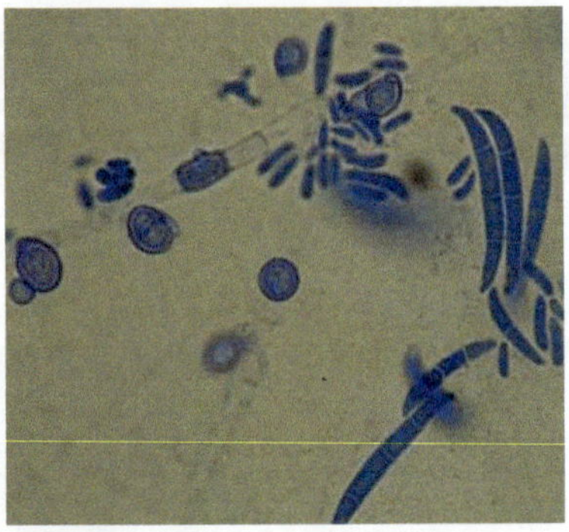

그림 12.657 토마토 시들음병균(*Fusarium oxysporum* f. sp. *lycopersici*)의 대형분생포자, 소형분생포자 및 후벽포자.
[출처: D. Blancard, INRA]

[병원균] 토마토 시들음병을 일으키는 병원균은 *Fusarium oxysporum* f. sp. *lycopersici* 로 자낭균문(Ascomycota), 동충하초강(Sordariomycetes), 동충하초목(Hypocreales), 알보리수버섯과(Nectriaceae)에 속한다. 균사는 무색에서 생장함에 따라 크림색, 담황색, 연분홍색 또는 보라색으로 변한다.

영양체는 격벽 균사체이고, 유성생식을 하지 않고 무성생식에 의해 세 종류의 무성포자를 만든다. 계란, 타원 또는 콩팥 모양으로 기중 균사에 형성되는 소형분생포자(microconidia)는 1~2개의 세포로 되어 있고, 모든 조건에서 가장 흔하고 많이 형성되며, 병든 기주식물의 물관 속에도 형성된다.

대형분생포자(macroconidia)는 전형적인 *Fusarium* 포자로서 3~5개의 세포로 되어 있고, 양끝 쪽으로 점차 좁아지면서 구부러진 카누(canoe) 모양으로 병들어 죽은 식물체의 표면에 형성된 분생포자좌(sporodochium)에 집단으로 형성된다.

후벽포자(chlamydospore)는 1~2개의 세포로 되어 있고, 두꺼운 벽을 가진 구형의 포자로 노화균사의 가운데나 끝 또는 대형분생포자의 가운데에 형성된다.

이들 3가지 형태의 무성포자는 모두 배양배지 상에서 형성되는데, 아마도 토양 중에서도 모두 형성될 것으로 여겨지며, 이 중 후벽포자만 토양 속에서 오랫동안 생존할 수 있다.

[병환] 병원균은 대표적인 토양서식균이다. 작물이 재배되지 않을 때 토양 속의 감염된 식물잔재에서 균사체와 3가지 무성포자 형태로 생존하지만, 서늘한 온대지방에서는 대개 후벽포자로 토양에서 생존한다.

병원균의 근거리 전파는 물이나 오염된 농기구를 통해서 이루어지고, 원거리 전파는 주로 감염된 식물을 이식하거나 이식할 식물체와 함께 옮긴 토양과 종자를 통해서 이루어진다.

어떤 지역이든 병원균에 일단 감염되면 병원균은 무기한 남아있다. 건전한 식물체가 오염된 토양에서 생육하고 있을 때, 분생포자의 발아관이나 균사가 직접 뿌리의 끝을 침입하거나, 상처나 측근 형성 부위를 통해서 뿌리 속으로 들어간다.

균사체는 뿌리의 피층을 통해 세포 사이로 침투하고, 균사가 물관에 이르면 막공을 통해 물관속으로 들어간다. 그 후 균사는 오직 물관에만 머물고 물관을 통해 차츰 이동하는데 대부분 위쪽으로 이동해 줄기와 관부를 따라 위로 이동한다.

물관을 가해하는 동안 균사는 분지하며 소형분생포자를 형성하고, 소형분생포자는 떨어져 나와 수액의 흐름을 따라 위쪽으로 이동한다. 소형분생포자는 이동이 끝나는 지점에서 발아하

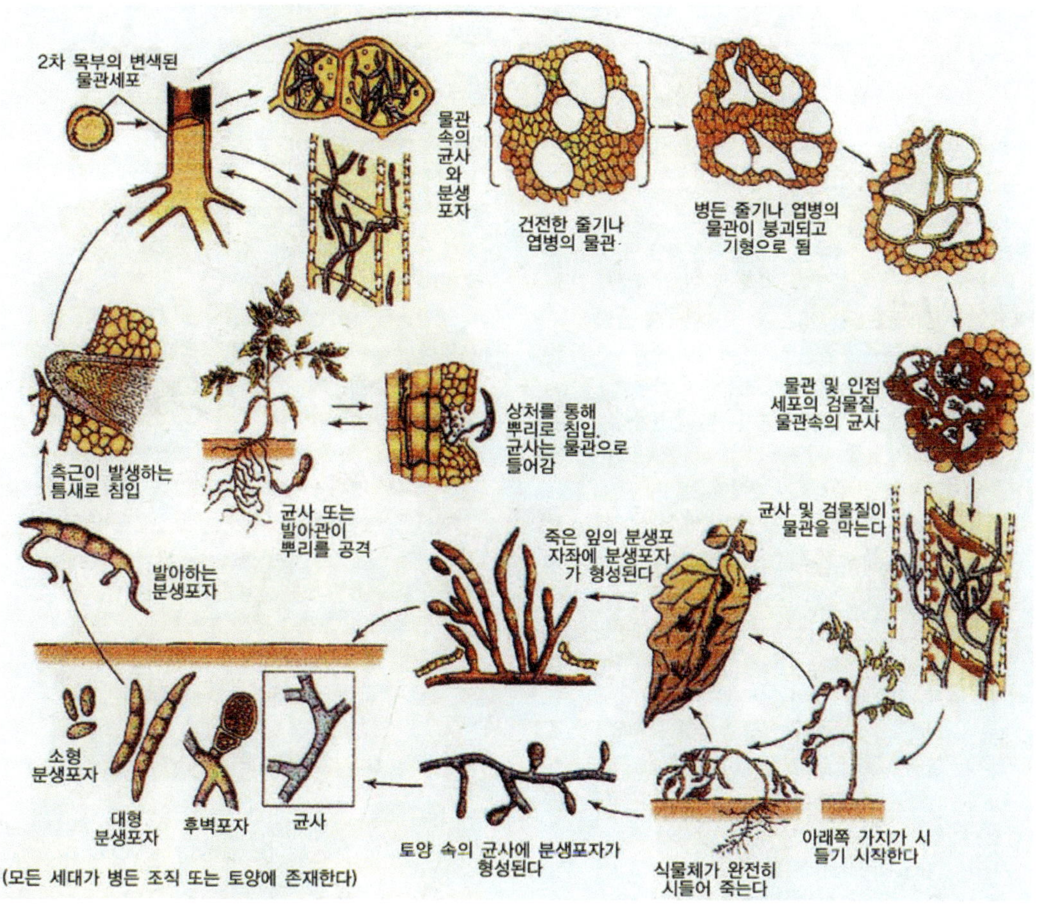

그림 12.658 *Fusarium oxysporum* f. sp. *lycopersici*에 의한 토마토 시들음병의 병환. [출처: 식물병리학]

심층학습 44 '토마토 시들음병'과 '토마토 풋마름병'

'*Fusarium oxysporum* f. sp. *lycopersici*'에 의해 발생하는 '시들음병'과 '*Ralstonia solanacearum*'에 의해 발생하는 '풋마름병'은 모두 토마토를 시들어 죽게 하지만 발병 기작과 발병 과정은 차이가 있다.

'시들음병균'은 뿌리의 피층을 통해 침투하고 물관속으로 들어간 후 균사체, 세 가지 형태의 포자(소형분생포자, 대형분생포자, 후벽포자), 젤, 검물질, 전충체를 대량 생성해 물관을 폐색하고 인접한 유세포가 급격하게 증식해 물관에 물리적 압박을 가해 병든 토마토는 뿌리가 토양속에서 흡수한 물이 물관을 통해 원활하게 식물체의 위쪽으로 이동하지 못하게 된다.

결국 토마토의 뿌리나 줄기를 통해 잎으로 이동하는 수분이 증산작용으로 내보내는 수분의 양보다 적은 오후에는 시들다가 습도가 높고 증산작용이 적은 밤에는 회복되기를 반복하다가 결국 죽는다.

감염된 식물체 줄기의 아랫부분을 절단해 보면 유관속 부위가 짙은 갈색으로 변하고, 발병이 심하면 줄기 윗부분까지도 갈변한다.

'풋마름병'은 초기에 가장 어린 잎부터 시들기 시작한다. '풋마름병'에 감염된 식물체는 녹색을 띤 채 갑작스럽게 말라죽기 때문에 '청고병(青枯病)'이라고도 한다. 병이 진행됨에 따라 식물의 밑부분은 갈색 궤양, 뿌리 썩음, 그리고 감염된 줄기의 단면은 유관속 조직의 갈변을 보인다.

'풋마름병'에 감염된 토마토 줄기의 밑부분에서 갓 잘라낸 줄기를 물속에 두면 우윳빛 끈적끈적한 물질이 흘러내리는 것을 관찰할 수 있는데, 이것은 세균유출액(bacterial ooze)으로 토마토 줄기의 유관속 조직에 '풋마름병균'이 존재하고 있다는 것을 나타내는 강력한 징표다. 줄기의 내부는 옅은 갈색을 나타낸다.

토마토 줄기의 시들음병 병징. [출처: D. Blancard]

토마토 풋마름병에 감염된 토마토 줄기 내부 병징. [출처: Inga Meadows]

토마토 시들음병으로 죽어가는 토마토. [출처: Clemson University]

토마토 풋마름병에 감염된 토마토 줄기로부터 세균유출. [출처: North Carolina State University]

토마토 풋마름병으로 죽어가는 토마토. [출처: North Carolina State University]

고, 균사는 물관의 위쪽 벽을 침해하고, 다음 물관에는 더 많은 소형분생포자가 형성된다. 또한 균사는 막공을 통해 인접한 물관을 침입함으로써 옆으로도 이동한다.

병원균의 균사, 포자, 젤, 검물질, 전충체에 의한 물관의 폐색과 인접한 유세포의 급격한 증식으로 물관이 물리적 압박을 받아 병든 식물은 물을 원활하게 식물체의 위쪽으로 이동시키지 못한다.

뿌리나 줄기를 통해 잎으로 이동하는 수분이 잎의 증산작용으로 내보내는 수분의 양보다 적으면, 기공은 닫히고 잎은 시들어 죽고 결국 식물체의 나머지 부분도 죽게 된다. 그 후 병원균은 광범위하게 식물의 모든 조직으로 침투하고, 죽은 식물의 표면에 도달하면 대량의 분생포자를 형성한다. 분생포자는 바람, 물 등에 의해 새로운 식물체나 새로운 지역으로 전반된다.

병원균은 도처에서 발견되지만, 병진전은 고온다습한 토양에서 이루어진다. 생장적온은 25~30℃이고, 뿌리 감염에 적합한 토양온도는 30℃ 또는 그 이상이지만, 종자를 통한 감염은 14℃ 정도로 낮더라도 일어날 수 있다.

[방제] 저항성 토마토 품종을 이용한다. 토마토를 재배하는 온실에서는 토양소독을 한다. 무병종자와 무병묘를 사용한다. 감염이 의심되는 종자는 파종 전에 반드시 온탕처리한다. 여름동안 토양에 투명한 플라스틱 필름을 덮어 태양열살균(solarization)을 한다. 적용약제를 토양 또는 식물체에 처리한다. 토양 pH를 6.5~7로 조절한다. 생물적 방제제(*Trichoderma viride*)를 처리한다.

② 바나나 시들음병(Fusarium wilt)

바나나 시들음병(Fusarium wilt)은 서남아시아에서 유래하지만, 1876년 호주에서 처음 발견되었다. 1950년대 파나마에서 대발생해 바나나 그로미셸(Gros Michel) 품종 재배지를 황폐화시킴으로써 비로소 중미 바나나산업의 가장 위험성 있는 심각한 병으로 인식하게 돼 파나마병(Panama disease) 또는 파나마 시들음병(Panama wilt)이라고도 부른다. 바나나 시들음병균 *Fusarium oxysporum* f. sp. *cubense* Race 1 또는 R1은 1960년에 이르러 급기야 그로미셸 품종이 시장에서 사라지게 만들었다.

그림 12.659 시들음병에 심하게 감염된 바나나. [출처: Marcel Maymon et al.]

그로미셸 품종의 멸종 이후 지난 50여 년간 바나나 푸사리움시들음병에 저항성이 있는 캐번디시(Cavendish) 품종이 그로미셸을 대체했지만, 파나마에서보다 더 공포를 일으키는 새로운 계통 Tropical Race 4 또는 TR4가 출현해 바나나 생산을 심각하게 위협하고 있다.

그림 12.660 바나나 줄기 유관속의 초기 병징. [출처: Wikipedia]

그림 12.661 바나나 줄기 유관속의 후기 병징. [출처: Marcel Maymon et al.]

[병증상] 바나나가 시들음병균에 감염되면 기주 식물체의 자가방어기작을 자극해 젤을 분비하고, 이어서 물과 양분이 식물체 윗쪽으로 이동하는 것을 막는 전충체(tylose)가 유관속에 형성된다. 흡수근(feeder root)의 끝을 통해 지하경으로 감염한 병원균은 지하경을 거쳐 지상부의 물관부로 진전되어 정착해 물관의 갈변과 폐색을 일으킨다. 오래된 잎집 위나 안쪽에 갈색의 줄무늬가 형성되고, 이어서 물관부의 많은 부분이 붉은 벽돌색이나 갈색을 나타낸다. 결과적으로 외부 병징은 오래된 잎의 황화현상과 아래쪽의 잎집이 세로로 쪼개지는 증상을 나타낸다. 잎은 시들고 잎자루 아랫부분이 굽어지며, 나중에는 어린잎이 쇠약해져 죽는다. 일단 바나나가 감염되면 거의 회복되지 못한다.

그림 12.662 바나나 시들음병균 (*Fusarium oxysporum* f. sp. *cubense*)의 대형분생포자와 소형분생포자. [출처: Miguel Dita]

*Fusarium*에 의한 잎의 시들음 병징은 *Xanthomonas*에 의한 시들음 병징과 혼동될 수 있다. *Fusarium*에 감염된 식물체에서는 전형적으로 오래된 잎에서부터 어린잎으로 황화와 시들음이 진전된다. 시든 잎은 잎자루에서 꺾이고 줄기에 매달려 있기도 한다. *Xanthomonas*에 감염된 식물체에서는 반대로 시들기 시작하고 감염된 잎의 잎몸이 꺾인다. 푸사리움시들음병은 자라는 눈이나 흡지 그리고 열매에서는 병징이 나타나지 않고, 식물체 내부에 삼출물(滲出物, exudate)도 없다. *Xanthomonas* 시들음병은 눈이 뒤틀리고 괴사되고, 식물체 내부에 세균유출액이 흘러나오고, 열매가 썩고 괴사한다.

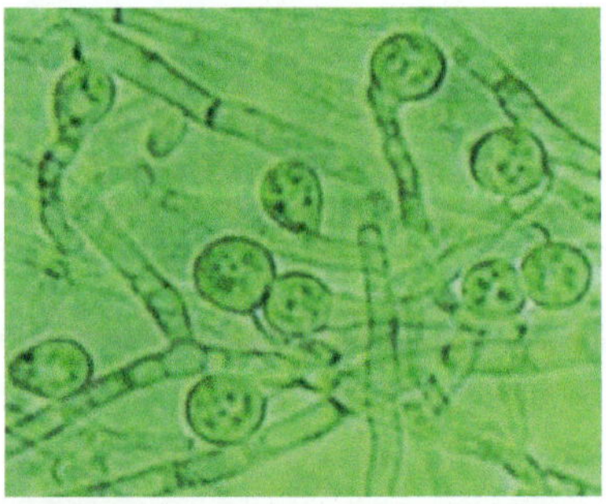

그림 12.663 바나나 시들음병균 (*Fusarium oxysporum* f. sp. *cubense*)의 후벽포자. [출처: Miguel Dita]

[병원균] 바나나 시들음병을 일으키는 병원균은 *Fusarium oxysporum* f. sp. *cubense*로 자

낭균문(Ascomycota), 동충하초강(Sordariomycetes), 동충하초목(Hypocreales), 알보리수버섯과(Nectriaceae)에 속한다.

영양체는 격벽 균사체이고, 유성생식을 하지 않고 무성생식에 의해 소형분생포자, 대형분생포자 그리고 후벽포자 등 세 종류의 무성포자를 형성한다.

[병환] 바나나는 원래 식물체를 베어낸 후 식물체 기부의 순을 이식해서 무성적으로 증식시킨다. 3배체이기 때문에 열매는 씨가 없고 숫꽃은 수분에 적합한 꽃가루를 생산하지 않는다. 모든 바나나는 결과적으로 거의 유전적으로 동일하기 때문에 각 식물체의 방어기작도 동일한 유전적 취약성 때문에 병원균은 쉽게 확산된다.

병든 식물체의 흡지 중에서 30~40%는 감염되더라도 모두 병징을 나타내지는 않기 때문에 새로 자라는 바나나가 이미 감염되었을 확률이 상당히 높다. 또한 병원균은 병징없이 잡초도 감염시키기 때문에 바나나 없이도 생존할 수 있고, 나중에 바나나가 식재될 곳에도 검출되지 않은 채 존재하게 된다.

바나나 시들음병균은 무성적으로만 존재하고 유성세대는 관찰되지 않았다. 유전적 재조합은

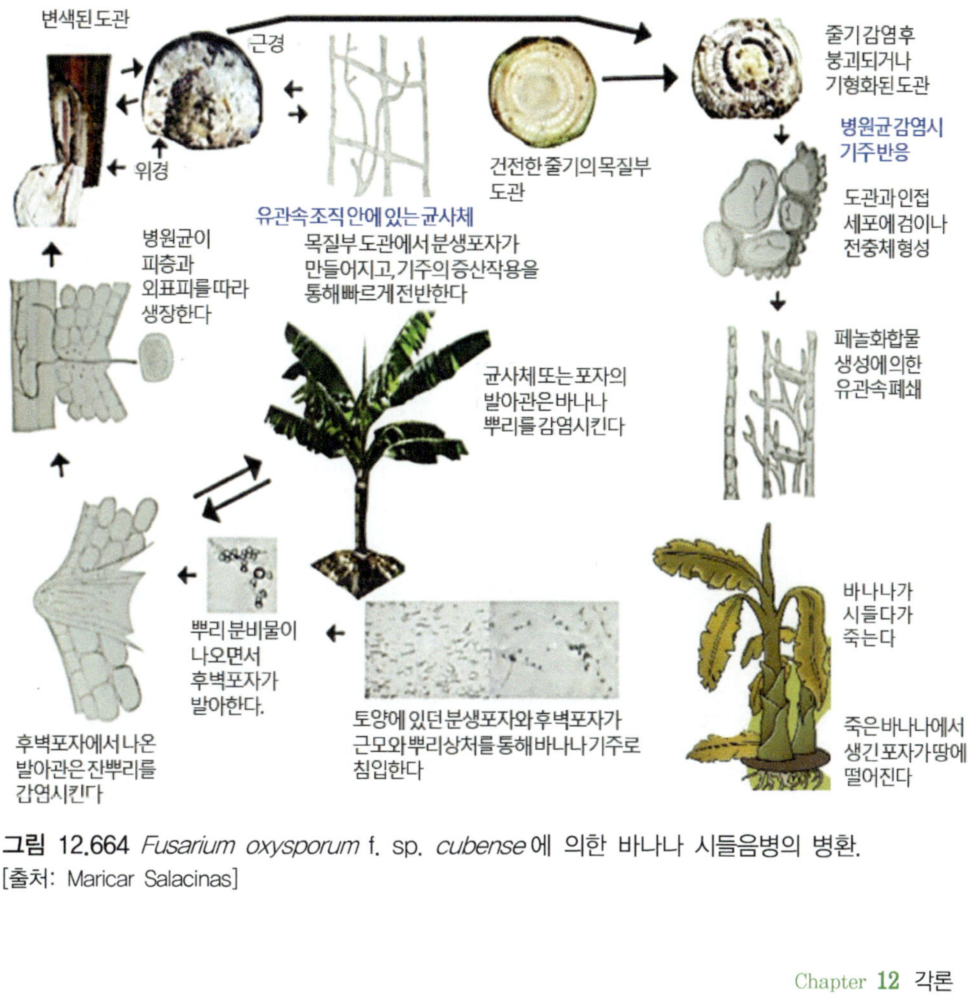

그림 12.664 *Fusarium oxysporum* f. sp. *cubense*에 의한 바나나 시들음병의 병환.
[출처: Maricar Salacinas]

체세포교잡(somatic hybridization)과 준유성생식(parasexual cycle)에 의해 이루어진다.

병원균은 침입한 식물체에서는 균사상태로, 토양에서는 대부분 후벽포자 상태로 생육이 불리한 시기를 지낸다. 토양에서 후벽포자 상태로 약 30년 동안 생존한다. 바나나 시들음병균은 감염된 지하경에 의해서 기본적으로 전반된다. 드물게는 빗물, 토양, 관개수, 농장의 기구나 장비에 묻어서 전반되기도 한다.

환경이 적합할 때 후벽포자는 발아하고 균사는 뿌리를 침입해서 감염을 시작한다. 개화를 시작할 때 병징을 나타내는 식물체 수가 가장 증가하고 수확 직전에 최고 발병률을 나타낸다. 일단 감염되면, 유관속의 도관에서 소형분생포자가 생성되고 증식한다. 대형분생포자는 병원균에 의해 죽은 식물체 표면에 발견된다. 유관속을 통한 전신감염을 일으켜서 오래된 잎에서부터 어린잎으로 진전되면서 점차 황화되고 뒤틀리고 마침내 전체 식물체가 죽는다.

[방제] 현존하는 바나나 시들음병균의 분화형에 대해 저항성인 바나나품종을 재배한다. 바나나 시들음병균은 살균제에 대해 저항성이어서 방제는 식물위생 방법에 한정돼 있다. 병원균이 존재하지 않는 토양에 무병 지하경을 심는다. 조직배양을 통해 무병 번식체를 생산해 이용한다.

(2) *Ophiostoma*에 의한 병

① 느릅나무 시들음병(Dutch elm disease)

느릅나무 시들음병(Dutch elm disease)은 병원균이 느릅나무에 상처를 통해 침입하고, 물관부에서 효모처럼 생장하면서 물관부를 막아 느릅나무를 죽이는 전형적인 유관속 시들음병(vascular wilt)이다. 느릅나무좀(elm bark beetle)에 의해 전파되는 느릅나무 시들음병은 감염시점으로부터 수주 또는 수년 내에 가지와 나무 전체가 죽는 매우 파괴적인 병이다. 느릅나무 시들음병은 아시아에서 기원하는 것으로 여겨지지만, 우연히 미국과 유럽에 도입되어 저항성을 갖추지 못한 느릅나무를 파괴시키고 있다. 느릅나무 시들음병은 느릅나무뿐만 아니라 느티나무도 침해한다.

[병증상] 초기 병징은 한쪽 가지 또는 나무 전체에서 잎이 갑작스럽게 또는 서서히 시드는 증상이다. 시든 잎은 흔히 말리며 노랗게 변한 후 갈변하며 일찍 떨어진다. 대부분의 병

그림 12.665 느릅나무 시들음병에 심하게 감염된 나무.
[출처: Winston Fraser & Alamy Stock]

그림 12.666 느릅나무 나뭇가지의 병징.
[출처: Minnesota Department of Natural Resources, www.forestryimages.org)

든 가지는 낙엽 후에 바로 죽는다.

느릅나무 시들음병은 보통 7월부터 가을까지 발생한다. 처음에는 보통 하나 또는 몇 개의 가지에 나타난 후 나무 전체로 확산된다. 그래서 죽은 가지들이 나무 전체 또는 나무의 일부분에 나타난다. 그러한 나무는 수년에 걸쳐 서서히 죽어가거나 회복되기도 한다. 그러나 때로는 나무 전체에 갑자기 병징이 나타나서 수주일 내에 죽기도 한다. 보통 봄이나 초여름에 감염된 나무는 빨리 죽는 반면, 늦여름에 감염된 나무는 그리 심하게 피해를 받지 않으므로 다시 감염되지 않으면 회복된다.

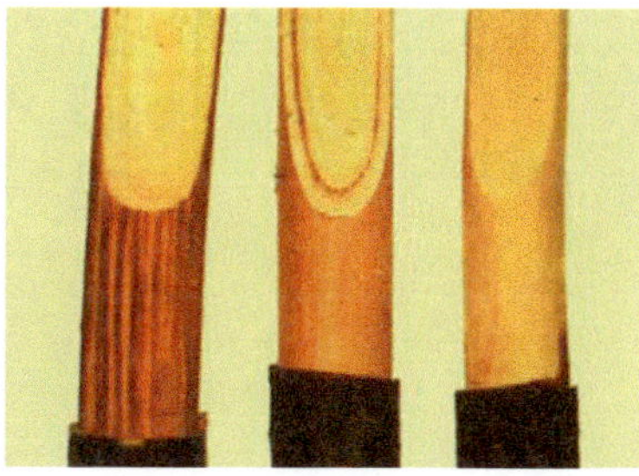

그림 12.667 느릅나무 시들음병에 의해 갈변된 유관속 병징. [출처: Cleora J. D'Arcy, University of Illinois]

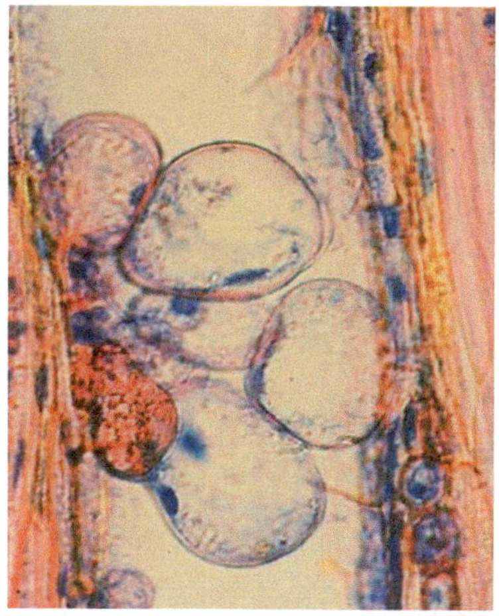

그림 12.668 느릅나무 시들음병에 걸린 유관속의 전충체. [출처: Cleora J. D'Arcy, University of Illinois]

그림 12.669 느릅나무좀이 갱도를 출입하는 모습. [출처: Cleora J. D'Arcy, University of Illinois]

그림 12.670 느릅나무좀이 탈출한 갱도 입구. [출처: Cleora J. D'Arcy, University of Illinois]

감염된 잔가지나 굵은 가지의 수피를 벗겨보면, 갈색 줄무늬나 얼룩이 목질부의 바깥쪽에 나타난다. 가지의 횡단면에는 불연속적이거나 연속적인 원모양의 갈변 부위가 목질부의 바깥쪽 나이테에 나타난다. 보다 확대해보면 양분이나 물의 상승 흐름이 막혀진 새로 감염된 신초의 물관 안쪽에서 전충체(tylose)를 관찰할 수 있다.

[병원균] 느릅나무 시들음병을 일으키는 병원균은 *Ophiostoma novo-ulmi* 이다. 이전에 우점하며 분포했던 *Ophiostoma ulmi(Ceratocytis ulmi)*가 최근 새로운 종인 *O. novo-ulmi* 로 대체되었다. 후자는 다시 *O. novo-ulmi* subsp. *novo-ulmi* 와 *O. novo-ulmi* subsp. *americana* 로 분류된다. 이들 계통은 자연 상태에서 교잡되었으며, 이전

그림 12.671 느릅나무좀이 만든 갱도 [출처: Essential Plant Pathology]

에 우점했던 *O. ulmi* 계통을 빠르게 대체했다. 자낭균문(Ascomycota), 동충하초강(Sordariomycetes), 뱀입껍질균목(Ophiostomatales), 뱀입껍질균과(Ophiostomataceae)에 속한다.

그림 12.672 느릅나무 시들음병균(*Ophiostoma novo-ulmi*)의 분생포자경다발.
[출처: Cleora J. D'Arcy, University of Illinois]

그림 12.673 느릅나무 시들음병균(*Ophiostoma novo-ulmi*)의 분생포자.
[출처: Cleora J. D'Arcy, University of Illinois]

영양체인 상아색 격벽 균사는 물관 내에서 짧은 가지를 형성하고, 무성적으로 *Sporothrix*형 분생포자 덩어리를 형성한다. 죽어가는 나무나 죽은 나무에 있는 균사는 대부분 분생포자경다발(synnema) 위에 *Graphium*형 분생포자를 형성한다. 이 분생포자경다발은 목질부로부터 다소 벌어진 수피나 매개충이 수피 속에 만든 터널 안에서 형성된다.

분생포자경다발은 곧고 검은 단단한 자루(stalk)와 무색으로 나팔꽃처럼 벌어진 머리(head)로 구성된 균사의 집합체이다. 분생포자경다발의 머리에는 분생포자가 가득 붙어있어 점질성이며 반짝거리는 흰색 내지 황색의 점액방울로 보인다.

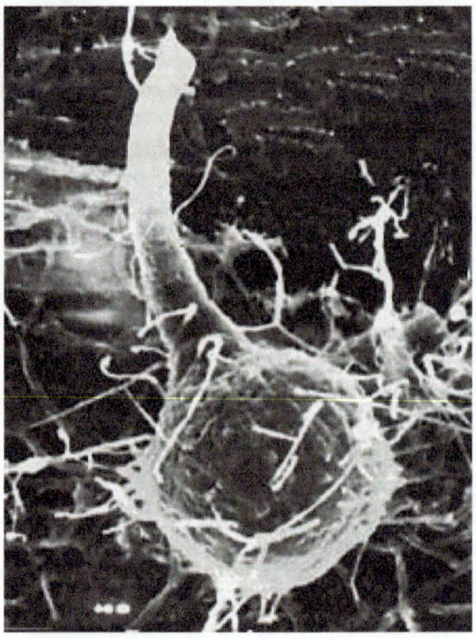

그림 12.674 느릅나무 시들음병균(*Ophiostoma novo-ulmi*)의 자낭각.
[출처: Cleora J. D'Arcy, University of Illinois]

*O. novo-ulmi*는 성적으로 친화성이 있는 두 계통의 접촉으로 유성생식을 하는 자웅이체형(heterothallic) 자낭균이다. 두 가지 교배형(mating type) A와 B가 같은 기주식물체에 존재할 때 서로 접촉하면 구형, 검고, 직경이 약 120 cm, 목이 약 300~400 mm인 자낭각(perithecia)을 형성한다, 자낭각은 하나씩 또는 집단으로 형성되고 분생포자경다발이 형성되는 수피안의 동일한 곳에서 형성된다.

[병환] 느릅나무 시들음병은 병원균과 곤충 사이의 특수한 협력관계의 결과이다. 곤충은 이 시들음병균의 분생포자를 병든 느릅나무에서 건전한 느릅나무로 전파시키는 필수적인 매개체이다. 느릅나무 시들음병균을 전파시키는 곤충은 유럽느릅나무좀(European elm bark beetle, *Scolytus multistriatus*)과 미국느릅나무좀(American elm bark beetle, *Hylurgopinus* *rufipes*)이라는 딱정벌레이다. 그러나 느릅나무좀에 의한 전파와 더불어 인접한 나무 사이에 형성되는 자연적인 뿌리접목에 의해서도 전파된다.

그림 12.675 유럽느릅나무좀(European elm bark beetle, *Scolytus multistriatus*). [출처: Wikipedia]

그림 12.676 미국느릅나무좀(American elm bark beetle, *Hylurgopinus rufipes*). [출처: Javier E. Mercado, Bark Beetle Genera of the U.S., USDA APHIS PPQ, Bugwood.org]

느릅나무 시들음병균은 죽어가거나 죽은 느릅나무와 베어진 통나무의 수피에서 균사나 포자를 함유하고 있는 분생포자경다발(synnemata) 상태로 월동한다. 분생포자를 형성하는 분생포자경다발은 끈적끈적해서 매개충인 느릅나무좀에 붙어 전파될 수 있다. 느릅나무좀은 가뭄이나 병들어 쇠약해진 나무의 수피와 목질부 사이의 내부 공간에 알을 낳는다.

성충 암컷 느릅나무좀은 수피를 통해서 터널을 만든다. 유럽느릅나무좀은 목질부의 나뭇결을 따라 평행하게 갱도를 만들고, 미국느릅나무좀은 각지거나 수직으로 갱도를 만든다. 암컷은 갱도의 가장자리에 알을 낳고, 알이 부화하면 유충은 어미가 만들어 놓은 갱도의 직각 방향으로 터널을 만든다.

만약에 나무가 이미 병원균에 감염되었다면, 느릅나무좀이 만들어 놓은 터널에 균사와 끈끈한 *Graphium*형 포자를 형성한다. 따라서 성충이 출현하면 이들의 체내 외에는 수천 개의 *Graphium*형 포자를 갖고 있게 된다.

유럽느릅나무좀은 직경 5~30 ㎝인 줄기에서 먹이를 취한다. 느릅나무좀이 수피와 목질부를 파고 들어감에 따라 분생포자는 상처가 난 조직에 떨어져 발아하고, 손상된 수피와 목질부에서 빠르게 생장한다. 시들음병균이 춘재(春材; spring wood)의 커다란 물관에 도달하면, *Sporothrix*형 포자를 형성하고 수액의 흐름을 따라 위로 이동한다. *Sporothrix* 형 포자는 효모처럼 출아법으로 증식하고 발아해 새로운 감염을 일으킨다.

수관에 나타나는 발병의 정도는 유관속의 침입 정도에 비례한다. 감염 초기에는 균사는 주로 물관을 침입하고, 때로 헛물관, 목부섬유 그리고 주변의 유세포를 침입한다. 조직의 전반적인 침입은 시들음병의 마지막 단계나 가지마름증상이 전체적으로 나타나는 시기에 시작한다.

검물질과 전충체는 커다란 물관에 생성되고, 때로는 점성물질, 전충체 그리고 균사생장에 의해 변재의 일부분을 막아버리기도 한다. 또한 감염의 결과 물관부가 갈변하고, 감염된 잔가지와 굵은 가지는 곧 시들어 죽는다.

봄이나 초여름에 감염되면 느릅나무 시들음병균의 포자는 느릅나무 춘재의 긴 물관으로 침입하고, 이곳으로부터 나무의 각 부위로 빠르게 이동된다. 만일 유관속 침입이 광범위하게 일어나면, 나무는 수주일 이내에 죽는다. 후기에 감염되면 유관속 침입은 추재의 바깥쪽 짧은 물관에만 국한되므로 이곳으로부터 근거리로만 이동된다. 후기 감염은 국부적인 감염만 일으키고 나무에 급격하게 심한 손상을 입히지는 않는다.

느릅나무좀은 수일 동안만 살아있는 나무에서 섭식하며, 곧 죽어가거나 쇠약해진 나무로 되돌아가서 그곳에서 새로운 갱도를 만들고 알을 낳는다. 일반적으로 느릅나무좀은 1년에 2~3 세대를 거친다. 어린 성충은 죽거나 쇠약한 느릅나무에서 나온 후에 살아있는 건강한 나무로 옮겨가서 가해하다가 다시 죽거나 쇠약한 나무로 되돌아와 산란하는 것이 한 세대에 해당한다.

일단 느릅나무좀이 시들음병균 포자에 오염되면, 느릅나무좀은 건전한 나무나 병든 나무를 가리지 않고 시들음병균 포자를 전반한다. 전반된 느릅나무에서 시들음병균은 생장하고 번식하므로 느릅나무좀의 모든 후대뿐만 아니라 병든 나무를 찾아온 다른 느릅나무좀들도 시들음병균 포자에 오염돼 병을 더욱 확산시킨다.

느릅나무 시들음병균이 형성한 자낭각에 있는 자낭포자가 성숙해지면 느릅나무좀에 달라붙도록 끈적끈적한 액체 속에 있는 자낭각 구멍을 통해 방출된 후 느릅나무좀에 의해 기주식물체 전체로 전파되거나 다른 새로운 기주로 전파된다.

분생포자 형성적온은 20℃이고, 자낭각 형성적온 8~10℃이다.

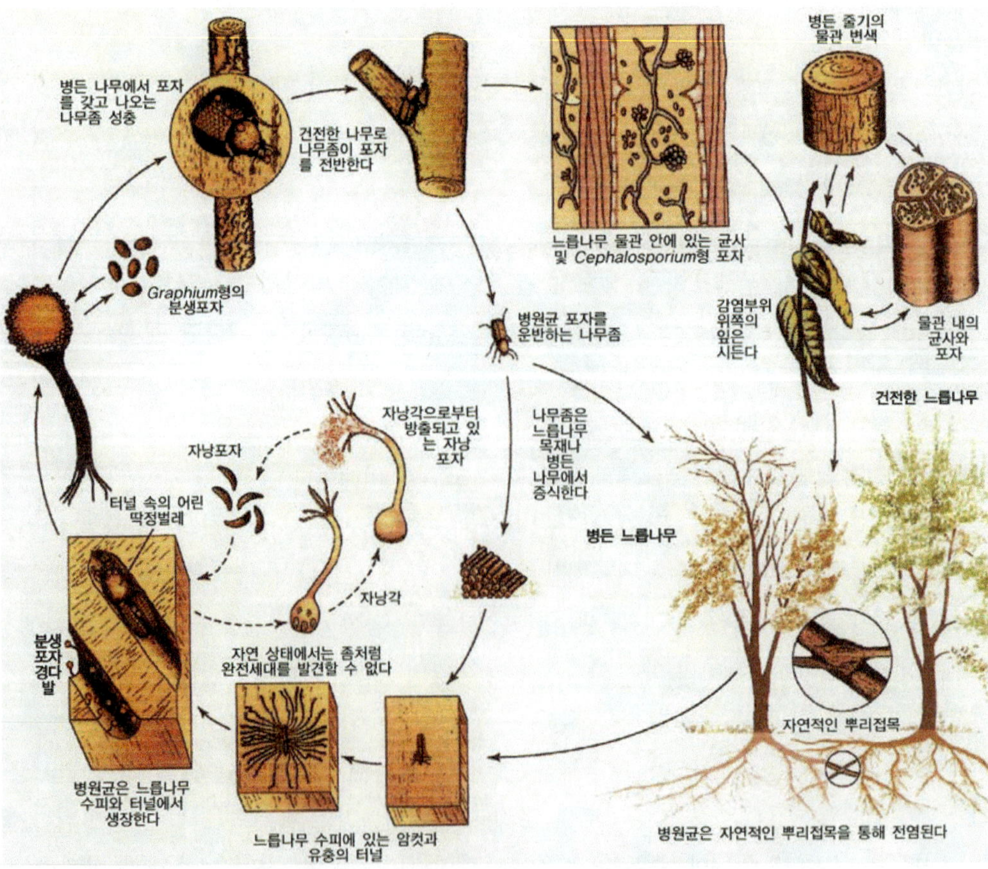

그림 12.677 *Ophiostoma novo-ulmi*에 의한 느릅나무 시들음병의 병환. [출처: 식물병리학]

심층학습 45 '느릅나무 시들음병' 팬데믹

'느릅나무 시들음병(Dutch elm disease)'은 자낭균의 일종인 '*Ophiostoma ulmi*'에 의해 발생했었는데, 최근에는 '*Ophiostoma novo-ulmi*'라는 신종이 출현해 팬데믹을 일으키고 있다. '*Ophiostoma novo-ulmi*'는 다시 '*Ophiostoma novo-ulmi* subsp. *novo-ulmi*'와 '*Ophiostoma novo-ulmi* subsp. *americana*'으로 세분된다. 이들 계통은 자연 상태에서 교잡되어 출현했으며, 이전에 우점했던 '*Ophiostoma ulmi*' 계통을 빠르게 대체했다.

느릅나무좀(elm bark beetle)에 의해 전파되는 '느릅나무 시들음병'은 1910년 유럽에서 최초로 목격되었고, 서서히 전파되어 마침내 그리스와 핀란드를 제외한 유럽 전역으로 확산되었다.

시들음병에 걸린 느릅나무.
[출처: 식물병리학]

'느릅나무 시들음병'은 프랑스에서 1917년에 최초로 보고되었지만, 1921년에 네덜란드 식물병리학자 Bea Schwarz에 의해 '느릅나무 시들음병균'이 분리된 후 'Dutch elm disease'로 명명되었다. 당시 국제적인 정세가 프랑스와 경쟁국가였던 네델란드의 국명을 식물병 명칭에 도입한 배경이다. 이어서 1920년대와 1930년대에 네델란드와 미국에서 활동했던 Christine Buisman이 '느릅나무 시들음병균'의 완전세대를 동정했고, 저항성 나무를 선발할 수 있도록 느릅나무 유묘 감염 실험 방법을 개발했다.

영국에서는 1927년 T. R. Peace가 Hertfordshire에 있는 영국느릅나무(*U. minor* 'Atinia')에서 '느릅나무 시들음병균'을 처음 동정했다. 이러한 최초 계통은 바이러스에 대한 감수성 때문에 상대적으로 병원성이 약해서 느릅나무의 일부분이나 몇 가지만 고사시켰지만, 1940년대까지 대부분 사라졌다. 1967년 무렵, 새로운 훨씬 더 병원력이 강한 계통이 영국에 도착했다. 작은 보트 산업용 단단한 느릅나무 원목이 동부 해안 항구를 통해 캐나다로부터 수입되었고, 1973년에는 다른 탁송품이 Southampton Docks에 도착했다. 이 계통은 모두 유럽느릅나무에 대해 전염력이 매우 강하고 치명적이었다. 영국에서만 2천5백만 그루 이상의 느릅나무가 고사했고, 프랑스에서는 느릅나무 97%가 손실되었다. '느릅나무 시들음병'은 빠르게 북쪽으로 확산되어 10년 후에는 스코틀랜드에 도달했다.

1990년 극소수의 느릅나무 성목만 영국 또는 대부분 유럽 대륙에 남았다. 영국 느릅나무는 유럽 느릅나무좀이 선호하기 때문에 특히 감수성이었다. '느릅나무 시들음병' 발생 30년 후 45 m에 이르는 거의 모든 느릅나무가 사라졌다. 이 영국 느릅나무는 아직도 관목으로 살아있다. 뿌리에서 생긴 흡지(sucker)로 생존했기 때문이다. 이 흡지는 새로운 '느릅나무 시들음병균' 공격에 의해 죽기 전까지 거의 5 m에도 이르지 못한다. 그러나 영국에서 '느릅나무 시들음병'이 발생하기 시작한 지 거의 40년 동안 전정으로 낮게 만들어진 울타리로 남아있다.

유럽에서 가장 울창한 느릅나무 성목은 현재 Amsterdam과 Hague에 있다. 2005년 Amsterdam은 유럽의 느릅나무 도시(Elm City of Europe)를 선포했다. 도시 거리와 운하에 최소 7만5천 그루의 느릅나무로 정비했다. Hague에는 염분이 든 바닷바람에 강한 느릅나무가 10만 그루 성목 중에서 3만 그루였다. 1990년대 이후, 가장 우수한 1만 그루의 느릅나무에 항균제를 주입하고 위생관리를 해 Hague에서 연간 느릅나무 손실율을 7%에서 1% 이하로 감소시켰다.

영국에 남아있는 느릅나무 성목 숲은 Brighton과 Hove에 있다. 1983년 3만 그루였는데, 아직도 1만5천 그루가 살아 있는데, 그중에서 일부는 400년 이상으로 추정된다. 그 지역이 영국해협과 South Downs 사이에 격리된 곳이기 때문이고, 지방정부에서 주도면밀하게 감염된 나무를 조사해 '느릅나무 시들음병' 병징이 나타나면 즉각 제거했기 때문이다.

스코틀랜드에 남아있는 느릅나무 성목 숲은 Edinburgh에 있다. 1976년 3만5천 그루였다가 2009년 1만5천 그루 이상 남아있다. 느릅나무는 17세기부터 파리에서 가장 흔한 나무였다. 1970년대 이전에는 3만 그루가 있었는데, 현재는 1천 그루가 넓은 가로수길(Avenue d'Italie, Avenue de Choisy, Boulevard Lefebvre, Boulevard de Grenelle, Boulevard Garibaldi)에 남아있다. 가장 오래된 두 그루 중 한 그루는 l'Orangerie 앞에 있는 Tuileries 정원에 있고, 다른 한 그루는 l'hôtel de ville de Paris 앞에 있는 Place Saint-Gervais에 있다. 손실분은 저항성 품종으로 보식하고 있다.

1928년 미국에서 '느릅나무 시들음병'이 처음 보고되었다. 오하이오 가구 산업에서 합판용으로 사용할 목적으로 네델란드에서 통나무가 느릅나무좀과 함께 수입되었다. 1941년까지 뉴욕시 주변 150마일 안에 검역과 위생관리를 실시하였지만, 전쟁수요로 중단되었다. 그 결과 서쪽과 남쪽으로 뉴잉글랜드까지 '느릅나무 시들음병'이 확산되었고, 코네티컷의 느릅나무 도시(Elm City)인 뉴헤븐의 유명한 느릅나무를 완전하게 파괴시켰다. 1950년에는 디트로이트, 1960년 시카고, 1970년 미니에폴리스까지 도달했다. 1930년 7천7백만 그루에 달했던 북미 느릅나무 중에서 75% 이상이 1989년까지 사라졌다.

'느릅나무 시들음병'이 2차세계대전 동안에 동부 캐나다에 도달했고, 1967년 Ontario, 1975년 Manitoba, 1981년 Saskatchewan에 도달했다. Toronto에서는 80%의 느릅나무가 '시들음병'으로 소실되었고, 1970년대와 1980년대에는 Ottawa, Montreal등의 다른 도시에서도 소실되었다. Quebec시에서는 1981년 시작한 예방 프로그램 덕분에 대략 2만1천 그루의 느릅나무가 살아있다. Alberta와 British Columbia는 '느릅나무 시들음병'이 없는 유일한 지역이다. Wainwright와 Alberta에는 1998년 '느릅나무 시들음병'이 발견되었고 즉각 제거되었다. Alberta는 '시들음병'에 걸리지 않은 느릅나무가 세계에서 가장 많은 곳이다.

'느릅나무 시들음병'이 뉴질랜드에도 도달했다. 1989년 Napier와 Auckland에서 발견된 후 2013년 Auckland 남쪽에 2만 그루의 느릅나무가 있는 Kingseat Hospital에서 '시들음병'이 대발생했다.

[방제] 쇠약해서 죽은 느릅나무와 통나무를 제거함으로써 그 속에 남아있는 유충을 박멸하거나 시들음병균과 느릅나무좀의 월동 서식처를 제거한다. 감염된 잔가지와 굵은 가지를 제거한다. 자연적으로 접목된 느릅나무의 뿌리는 절단하거나 약제를 살포해 시들음병균이 다른 나무로 전파되는 것을 막는다. 병든 느릅나무에 침투성 살균제를 수간주사나 뿌리주사로 주입한다.

(3) *Dryadomyces* 에 의한 병

① 참나무 시들음병(oak wilt, mortality)

참나무 시들음병(oak wilt)은 밤나무 줄기마름병(chestnut blight)과 느릅나무 시들음병(Dutch elm disease)과 더불어 북미대륙에서 가장 파괴적인 세 가지 주요 유관속 시들음병 중 하나이다.

매개충인 광릉긴나무좀(Ambrosia Beetle, *Platypus koryoensis*)과 참나무 시들음병균인 *Dryadomyces quercus-mongolicae* 사이 공생작용에 의해 발병하며 갈참나무, 신갈나무, 졸참나무에서 피해가 크다. 처음에는 각각의 가지에서 발생하지만, 점차 나무 전체가 시들고 낙엽지며 결국 죽는다.

참나무 시들음병균의 무성세대는 1942년 미국 위스콘신에서 최초로 발견되었다. 곧 이어서 참나무 시들음병은 중서부 상류와 중부 산림에서 보고되었다. 18세기 후반과 20세기 초반 철도가 확장되면서 목재가 이동되는 시기와 미국에서 참나무 시들음병의 발생 시기가 일치한다.

참나무 시들음병의 기원은 알려지지 않았지만, 아마도 멕시코, 중앙아메리카 또는 남아메리카에서 유래한다. 멕시코는 지구상에서 참나무 다양성의 중심이기 때문에 참나무 시들음병이 풍토병(endemic)으로 존재했을 것이라고 추정케 한다. 참나무 시들음병은 1940년대 미국 위스콘신주에서 처음 발견됐고, 최근에 뉴욕 북부에서부터 텍사스 중부까지 미국 동부와 중부 지역을 침해하고 있다. 봄과 이른 여름철에 참나무 시들음병균의 포자형성과 느릅나무좀의 활동에 적합한 미국 중서부 지역에 특히 참나무 시들음병이 흔하다. 참나무 시들음병은 일리노이, 아이오와, 미시간, 미네소타, 텍사스와 위스콘신에서 주요 문제병으로 자리잡고 있다.

우리나라에서 참나무 시들음병은 2004년 8월 경기도 성남시의 신갈나무에서 처음 발견된 후 그 피해가 연간 최고 3십만여 그루에 이른다. 2008년 4천 ha를 정점으로 점차 감소하고 있으나, 2011년 수도권과 충북을 중심으로 피해가 극심한 이후, 수도권 외곽으로 피해가 확산되고 있다. 2014년에는 서울 서초구 우면산, 인능산, 서리풀공원 등으로 확산돼 피해를 주었는데, 참나무 시들음병균은 주로 굵기가 30 ㎝가 넘는 크고 늙은 참나무만 공격해서 피해를 주기 때문에, 산림 황폐화로 이어지지는 않고 있다. 주로 신갈나무에 피해를 주며, 떡갈나무, 졸참나무, 갈참나무, 상수리나무 등에도 발생한다.

[병증상] 병원균은 물관부를 침입해서 물의 이동을 방해해 잎의 변색과 시들음 병징을 일으키고, 낙엽지게 하고 고사시킨다. 잎은 잎의 끝과 가장자리에서 황화되기 시작한다. 황화된 잎맥과 초록색 조직의 명확한 한계가 드러나는 것이 참나무 시들음병 감염의 특징이다. 잎은 수그러지고, 세로로 말리고, 시들면서 낙엽이 지기 시작한다. 잎은 한여름에 낙엽이 지지만, 덜 감수성인 나무에서는 잎이 오래 남아있어 가을철 잎처럼 보인다. 고도로 감수성인 종은 급속하게 수관 마름(crown dieback) 증상을 나타내지만, 덜 감수성인 종은 몇 개의 흩어진 가지만 손실된다.

그림 12.678 시들음병에 감염돼 죽은 참나무. [출처: Won Il Choi et al.]

그림 12.679 참나무 잎의 병징. [출처: U.S. Forest Service]

그림 12.680 참나무 시들음병 매개충 침입공. [출처: 한국아파트신문]

그림 12.681 시들음병에 감염된 참나무 줄기의 깨진 수피 밖으로 자란 균사 매트. [출처: U.S. Forest Service]

그림 12.682 매개충의 침입공 부위의 목재배설물. [출처: 국립산림과학원]

그림 12.683 시들음병에 감염된 참나무 줄기의 내부 병징. [출처: 한국농촌경제신문]

참나무는 가지마름이 진전되면서도 여러 해 살아있기도 하지만, 종종 6개월 안에 고사한다. 낙엽이 지고 병원균의 자실체가 나무의 수피 아래로부터 발달한다. 균사 매트는 10~20 ㎝ 크기의 타원형이고, 흰색 가장자리를 가진 회색이고 점차 진해진다. 이러한 매트는 살아있는 참나무에서는 발견되지 않는다. 변재부(sapwood)에 있는 갈색 줄무늬도 관찰되지만, 항상 참나무 시들음병과 연관되지는 않는다.

매개충인 광릉긴나무좀이 균낭 속에 병원균을 보유하고 참나무류에 침입해 감염시키면 병원균이 침입갱도를 따라 퍼지며 도관을 막아 수분과 양분의 상승을 차단함으로써 참나무의 수분과 양분의 이동통로를 차단시켜서 참나무 잎이 갈변하면서 시들고 다 자란 참나무가 급속히 말라죽는다. 보통 5~6월간 매개충이 침입하며 7월부터 급격히 시들음 증상이 나타난다.

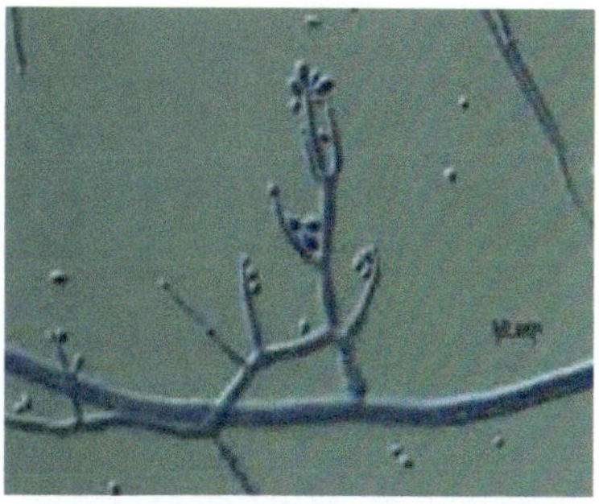

그림 12.684 참나무 시들음병균(*Dryadomyces quercus-mongolicae*)의 분생포자경과 분생포자. [출처: 국립산림과학원]

참나무 시들음병의 주요 피해수종은 신갈나무이고, 광릉긴나무좀 성충이 가슴높이 지름(20~30 ㎝)이 큰 나무의 줄기와 가지에 주로 침입해 가해를 하면 매개충이 침입한 구멍(직경 1 ㎜)이 많이 보이고 침입공 부위와 땅 가에는 목재배설물이 분비되어 있어 쉽게 병을 진단할 수 있다.

[병원균] 참나무 시들음병을 일으키는 병원균은 *Dryadomyces quercus-mongolicae* (*Raffaelea quercus-mongolicae*)로 자낭균문(Ascomycota), 동충하초강(Sordariomycetes), 뱀입껍질균목(Ophiostomatales), 뱀입껍질균과(Ophiostomataceae)에 속한다.

영양체인 격벽 균사체는 굵은 가지의 수피 내 갈라진 틈을 통해 자라 포자 매트(mat)를 형성한다. 포자 매트 중앙에는 무성적으로 총열(barrel) 모양의 내생분생포자(endoconidia)를 연쇄상으로 형성한다. 친화성이 있는 교배형이 존재하면 포자 매트에서는 자낭각 속에 유성포자인 자낭포자를 생성한다.

[병환] 병원균은 병든 나무의 죽은 조직에서 월동한다. 병징은 봄과 여름에 처음 나타난다. 고도로 감수성인 종들은 전형적으로 병징이 나타난 후 종종 6주 안에 고사한다. 병징은 나무의 꼭대기에서부터 시작하기 때문에 알아내기 어렵다. 시들음병은 나무 꼭대기에서부터 안쪽과 아래쪽으로 진전된다.

분생포자는 상처를 통해 유출된 수액에 의해 병든 나무로부터 건전한 나무로 전반된다. 온도, 습도, pH 등이 적합할 때 죽은 나무의 수피에 포자

그림 12.685 광릉긴나무좀(Ambrosia Beetle, *Platypus koryoensis*) 암컷. [출처: 멀가]

그림 12.686 광릉긴나무좀(Ambrosia Beetle, *Platypus koryoensis*) 수컷. [출처: 멀가]

매트가 형성된다. 포자 매트는 봄과 가을에 2~3주 동안 발달한다.

분생포자는 공기, 비와 곤충에 의해 전반된다. 자낭포자는 물과 곤충에 의해 전파된다. 포자 매트는 크기가 증가하고, 수피를 뚫고나와 곤충, 새, 동물들을 유인할 수 있는 열매 냄새를 풍긴다.

참나무 시들음병은 곤충 즉, 광릉긴나무좀에 의해서 전반된다. 광릉긴나무좀은 수세가 쇠약한 나무나 대경목의 목질부를 가해해서 심재(心材) 속으로 파먹어 들어가기 때문에 목재의 질을 저하시킨다. 주로 신갈나무와 흉고직경이 30 ㎝가 넘는 다 자란 나무에 피해가 많다.

광릉긴나무좀 성충은 암갈색 원통형이며, 암컷은 4.4 ㎜, 수컷은 4.2 ㎜이다. 암컷은 등판에 균낭(mycangia)이 있어 그곳에 배양균을 지니고 다닌다. 따라서, 암컷만 참나무 시들음병을 옮길 수 있다. 연 1회 발생해 주로 노숙유충으로 월동하지만 일부는 성충과 번데기로도 월동한다. 성충은 5~6월에 모갱(母坑)을 통해 외부로 탈출하며 새로운 가해수종의 심재부를 식해한 후 산란하고, 유충은 분지공(分枝孔)을 형성하고 시들음병균을 먹으며 성장한다.

광릉긴나무좀은 일년 중 대부분의 시간을 나무속에서 애벌레로 살다가 성충이 되어 다른 나무로 이동한다. 이동시기는 5월 중순부터 10월 초순까지이며, 가장 많이 나타나는 시기는 6월 중순이다.

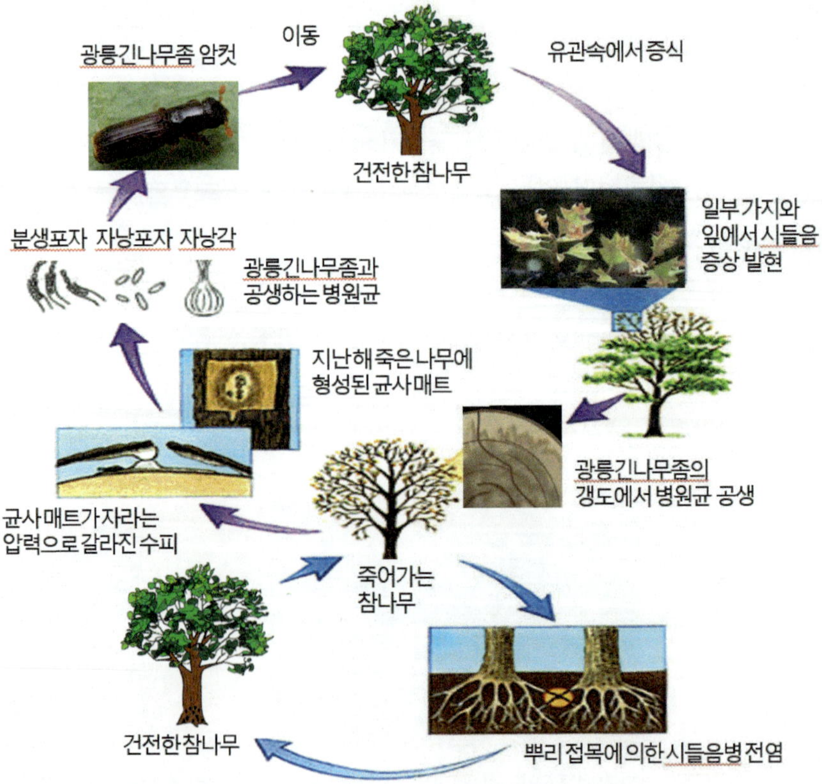

그림 12.687 *Dryadomyces quercus-mongolicae*에 의한 참나무 시들음병의 병환.
[출처: Wikipedia]

또한 병원균은 나무 사이에 형성되는 자연적인 뿌리접목에 의해서 병든 나무에서 인접한 나무로 전파된다. 전형적으로 동일하거나 유사한 종의 참나무 뿌리끼리 접목이 되면, 포자는 물관을 통해 인접한 나무로 이동하고 동시다발적으로 많은 나무를 죽일 수 있다. 뿌리접목을 통한 전반으로 방대한 감염이 이루어지고 특히 참나무가 집단으로 고사했다. 텍사스에서는 참나무 시들음병 진원지로부터 주변 나무로 연간 40 m나 발병이 확대되고 있다.

사람에 의한 전파도 가장 중요한 전파 방법 중의 하나이다. 먼거리로 장작을 이동시킬 때 병원균을 운반시킬 가능성이 높다.

그림 12.688 벌채 후 훈증처리한 모습. [출처: 김경희]

그림 12.689 유인목을 설치한 모습. [출처: 김경희]

그림 12.690 끈끈이롤트랩을 설치한 모습. [출처: 김경희]

그림 12.691 대량 포획 장치의 포획병 모습. [출처: 김경희]

[방제] 감염된 잔가지와 굵은 가지를 제거한다. 전정기구를 소독한다. 병든 나무 주위에 이랑을 깊게 파서 뿌리까지 접목에 의한 감염 확산을 차단한다. 참나무 피해목을 벌채해 1 m 길이로 잘라 쌓은 후 메탐소디움을 1 ㎥당 1 ℓ를 고루 살포하고 비닐을 씌어 완전 밀봉해 훈증처리로 매개충을 살충한다. 자연적으로 접목된 느릅나무의 뿌리는 절단하거나 약제를 살포해 병원균이 다른 나무로 전파되는 것을 막는다. 페니트로티온 유제(50%)를 50~100배액으로 희석해 침입공에 주입한다. 양면에 접착력을 갖는 점성 소재로 만들어진 끈끈이롤트랩을 나무의 줄기에 감아놓으면 내부에서 탈출하는 매개충과 외부에서 새로 침입하는 매개충을 동시에 포집할 수 있다.

심층학습 46 '참나무 시들음병'의 종합적 방제

'참나무 시들음병'은 매개충의 생활사와 현지 여건을 감안한 여러 가지 방법을 동원하는 종합적 방제가 실용적이다. 매개충의 잠복시기(11월~이듬해 4월)에는 소구역 골라베기, 피해목 제거(벌채 및 훈증)을 적용하고, 매개충 우화시기(5월~10월)에는 지역 여건에 따라 끈끈이롤 트랩, 벌채 훈증, 유인목 설치, 약제살포 등을 복합적으로 실시한다.

1. 소구역 골라베기: '참나무 시들음병' 피해지 중 벌채 산물을 수집하고 반출이 가능한 지역이나 '참나무 시들음병'의 집단발생 지역으로 벌채를 통한 근원적 방제가 필요한 지역을 대상으로 한다. '참나무 시들음병'은 고사목을 중심으로 20 m 이내에 있는 참나무에 많이 발생하므로 대상지의 경계는 최소 피해지 외곽 20~30 m까지 설정하고, 벌채, 집재 및 반출을 11월~3월 사이에 하고 벌채 산물은 4월말까지 완전하게 반출한다. 5 ha 이하의 구역에서 신갈나무를 대상으로 벌채해 산물은 전량 수집 반출해 숯이나 톱밥 등으로 활용한다.

2. 벌채 및 훈증: 피해지역의 고사목에 한해 실시하되 매개충의 침입을 받은 줄기와 가지를 훈증한다. 매개충이 침입한 나무의 줄기 및 가지를 1 m 정도로 잘라 쌓은 후에 훈증약제를 골고루 살포하고 피복제(타포린, 천막용 방수포)로 완전히 밀봉해 훈증한다. 그루터기는 최대한 낮게 베고 적당량의 약제를 넣고 훈증하되 사용약제 및 약량은 선정된 약제에 따라 적정하게 사용한다. 약제선정은 매년 11월 30일까지 산림청장이 정하며, 농약관리법에 따라 등록된 약제(메탐소듐, 디메틸디설파이드)로 7월부터 이듬해 4월 말까지 훈증을 완료한다.

3. 끈끈이롤트랩 설치: 중점관리지역으로 접근이 쉽고 경관 유지를 위해 수거가 필요한 지역에는 일반 제품을 우화 이전인 4월 말까지 설치하고 우화가 끝난 10월부터 회수한다. 수거를 하지 않아도 되는 지역에는 생분해성 제품을 설치하고, 경관이 중요시 되는 지역(사찰, 고궁, 생활권, 주요 숲길 등)에는 갈색 한 면 접착성 제품을 설치하되 우화한 매개충에는 포획력이 없으므로 4월 말까지 설치한다. 그리고 습도가 높아 이끼류 발생이 예상되는 지역에는 통기성 제품을 사용한다. 끈끈이롤트랩을 매개충의 침입흔적이 있는 높이까지 감되 가급적 최대한 2 m이상까지 설치한다. 매개충이 가장 많이 침입하는 지제부는 끈끈이롤트랩을 잘라서 사용하고, 빗물이 스며들지 않도록 하단에서 상단으로 돌려가며 설치한다.

4. 대량포획 장치: 전년도 피해목에 포획병을 연결하는 받침대를 4방위별로 상중하에 설치하고, 지제부에서 약 2 m 높이까지 검은 비닐로 씌운 후 받침대에 물이 담겨진 플라스틱 포획병을 연결하고, 밑부분의 검은 비닐을 나무말뚝으로 고정한 후 흙으로 덮어 완전히 밀폐시킨다. 지역별로 우화시기를 고려해 4월말까지 피해목에 설치한다.

5. 유인목 설치: 방제구역 내 ha당 10개소 내외로 설치하되, 현지 여건 및 지형조건을 감안해 탄력적으로 설치한다. 피해목 중 매개충 침입 흔적이 없는 부위를 1 m 간격으로 절단해 우물정자 모양으로 1 m 정도의 높이까지 쌓고 가급적 4월말 이전 설치한다. 유인목은 매개충 산란기 이후 훈증처리가 누락되지 않도록 좌표취득, 경고문 설치 등을 통해 철저히 관리한다.

6. 지상 약제 살포: 피해가 심하고 확산의 우려가 예상되는 지역의 참나무류에 매개충의 우화최성기인 6월 중순을 전후해서 산림청 선정 약종을 나무줄기에 흠뻑 살포한다. 6월 초순부터 10일 간격으로 3회만 농약관리법에 따라 등록된 페니트로티온 유제를 환경피해 우려가 없는 지역의 최소 면적에만 제한적으로 살포한다.

7. 약제(PET) 줄기 분사: 식물추출물을 원료로 한 친환경 약제를 방제 대상목에 직접 뿌려 매개충에 대한 살충효과와 침입저지 효과를 동시에 발휘하는 방법으로 paraffin, ethanol, turpentine 등의 혼합액을 방제 대상목에 살포 가능한 높이까지 골고루 분사한다. 지역별 우화시기를 고려해 5월 말부터 6월 말까지 분사하되 보존가치가 있는 지역에 제한적으로 실행한다.

8. 물리적 방제: 피해목을 절단 후 숲속에 방치해 자연건조를 촉진시키고 겨울의 낮은 온도를 거치게 함으로써 매개충의 밀도를 억제하는 친환경적 방제방법이다. 피해목의 반출이 어려운 지역(급경사지, 밀식지, 고밀도 하층식생 발생지 등)에 매개충의 우화 최성기를 지나 활동이 거의 없거나 종료되는 시기(9~11월)에 피해목을 1 m 이하의 길이로 절단하고, 각각의 절단목을 폭이 10 ㎝ 이하가 되도록 세로로 절단해 숲속에 방사형으로 고루 방치한다.

구 분	대 상	시 기	처리방법 및 기준
소구역 골라베기	피해지	11월~ 이듬해 3월	5 ha 미만, 참나무류 위주 벌채
벌채 및 훈증	고사목	7월~ 이듬해 4월	벌채 후 메탐소듐 또는 디메틸설파이드로 그루터기까지 훈증처리
끈끈이롤트랩 설치	전년도 피해목	4월	고사목을 중심으로 20 m내 정밀조사 후 피해목에 집중설치
	신규 피해목	5월~6월	
대량포획장치	전년도 피해목	4월	줄기에 설치
유인목 설치	피해지	4월	20 ㎝ 원목 이용. 10개소/ha 설치
지상 약제살포	피해지	6월	줄기에 페니트로티온 유제 살포
약제(PET)줄기 분사	피해목	5월~6월	줄기에 친환경 제품 분사
물리적 방제	피해목 반출이 어려운 지역	9월~11월	피해목을 1 m 이하로 절단하고, 각 절난목 폭 10 ㎝ 이하로 세로 절단한 후 방사형으로 고루 방치

(4) *Verticillium*에 의한 병

① 버티실리움시들음병(Verticillium wilt)

버티실리움시들음병(Verticillium wilt)은 전 세계적으로 발생하지만, 특히 온대지역에서 많이 발생한다. *Verticillium*은 토마토, 감자, 고추, 가지 등 대부분의 채소류, 화훼류, 과수, 딸기, 밭작물, 녹음수와 임목 등을 포함해 350종 이상의 식물은 침해한다. 모든 외떡잎식물(monocot), 나자식물(gymnosperm)과 양치류(fern)는 버티실리움시들음병에 면역성이다.

[병징] *Verticillium*에 의한 시들음병의 병징은 *Fusarium*에 의한 시들음병과 거의 유사하다. 미성숙한 잎에 황화와 괴저, 줄기와 뿌리의 유관속 변색이 모든 식물에서 나타나는 특징이며, 시들음 병징은 따뜻하고 맑은 날에 가장 뚜렷하다.

병징은 식물체의 아래쪽 또는 바깥쪽 부분에만 나타나거나, 식물체의 가지 일부분에만 나타나기도 한다. 대체로 생육 후기에 발생하는데, 위쪽 잎은 축 처지며 다른 잎에는 불규칙한 회색 부위가 생기고 괴사한다. 성숙한 식물체가 감염되면 흔히 위축되며, 유관속조직은 특징적으로 변색된다. 점차적으로 시들며 낙엽지고, 계속해서 가지가 죽기도 하고, 식물 전체가 갑작스럽게 붕괴되어 죽기도 한다.

그림 12.692 감자 잎의 버티실리움 시들음병 병징.
[출처: Ingrid Berlanger & Mary L. Powelson, Oregon State University]

그림 12.693 감자 줄기 유관속의 버티실리움시들음병 병징.
[출처: Ingrid Berlanger & Mary L. Powelson, Oregon State University]

그림 12.694 페퍼민트 잎의 버티실리움 시들음병 병징.
[출처: Ingrid Berlanger & Mary L. Powelson, Oregon State University]

그림 12.695 단풍나무 잎의 버티실리움 시들음병 병징.
[출처: Ingrid Berlanger & Mary L. Powelson, Oregon State University]

포장에서 병징은 처음에는 국부적이고 경미하게 나타난다. 이듬해에는 전염원의 밀도가 증가하고 병원성이 더 큰 계통이 나타나므로 작물재배를 중지하거나 저항성 품종으로 대체하기 전까지는 점점 더 심하고 광범위하게 발생한다.

그림 12.696 단풍나무 변재부 유관속의 버티실리움시들음병 병징(오른쪽). [출처: Ingrid Berlanger & Mary L. Powelson, Oregon State University]

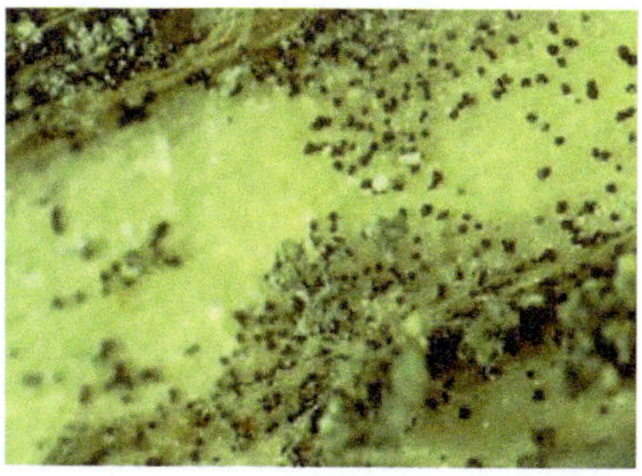

그림 12.697 죽어가는 단풍나무 잎에 생성된 버티실리움시들음병의 미소균핵. [출처: Ingrid Berlanger & Mary L. Powelson, Oregon State University]

감자 잎에서 병징은 처음에는 아래쪽 잎에서 황화와 괴저 증상이 나타난다. 따뜻하고 맑은 날에 잎들은 축 처진다. 때로는 병징이 잎이나 식물체의 반쪽에만 나타난다. 심하게 병든 식물체에서 유관속 조직이 볕에 그을린 것처럼 변색되고 식물체는 생장이 위축된다. 일부 품종에서는 괴경의 유관속이 둥굴게 담갈색으로 변색된다. 감자 생장 적온은 18~20℃인데, 기온이 20℃ 이상 올라가면 식물체에 스트레스가 증가해서 병징은 더욱 심해진다.

페퍼민트에서 병징은 가장 위쪽 잎에서부터 나타난다. 병징이 있는 위쪽 잎들은 낫모양이고 처음에는 황색~붉은색이었다가 곧 괴사하면서 미성숙한 채 낙엽이 지거나 식물체가 죽는다. 줄기와 뿌리에서 유관속 변색이 관찰되고 병든 식물체는 종종 생장이 위축된다. 가을철에 생성된 근경(rhizome)은 약해지고 겨울철에 죽기도 한다.

다년생 목본인 단풍나무 잎에서는 황화와 괴사 병징이 나타나고, 마르고 작아진다. 병징은 종종 한쪽 가지나 일부 가지에서만 나타난다. 변재부(sapwood)는 갈변한다. 병든 나무는 잎이 드물게 생기고, 가지가 마르고, 봄철에 눈이 트지 않고, 정상적인 시기보다 수 주 앞서서 단풍이 든다. 감염된 나무는 죽지만, 때로는 병징이 있는 가지를 전정하면 살릴 수도 있다.

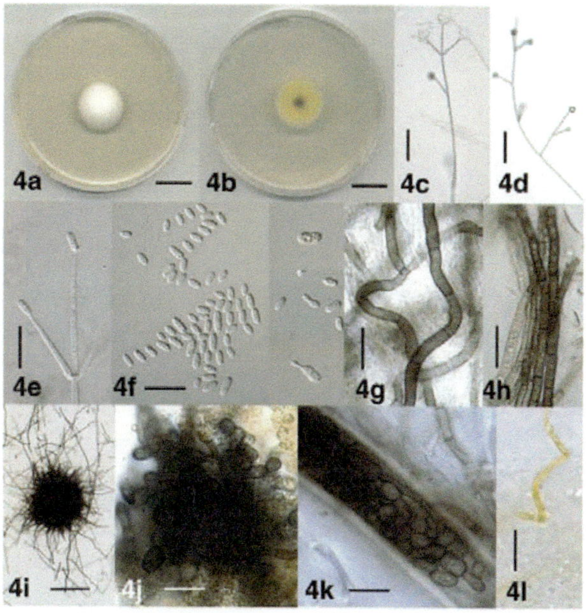

그림 12.698 버티실리움시들음병균(*Verticillium albo-atrum*)의 균총(4a, 4b), 분생포자경(4c, 4d), 분생포자(4e, 4f), 휴면균사(4g, 4h), 미소균핵(4i, 4j, 4k), 균사(4l). [출처: P. Inderbitzin et al., Department of Plant Pathology, University of California Davis].

죽어가는 잎에는 작고, 검은색, 두터운 벽을 가신 미소균핵(microsclerotia)이 형성된다. 미소균핵은 시들어가는 흔히 잎에 생성되지만, 살아있는 잎에서 관찰되기도 한다.

[병원균] *Verticillium albo-atrum*과 *V. dahliae*가 대부분의 식물에서 시들음병을 일으킨다. 자낭균문(Ascomycota), 동충하초강(Sordariomycetes), 가지포자균과(Plectosphaerellaceae)에 속한다.

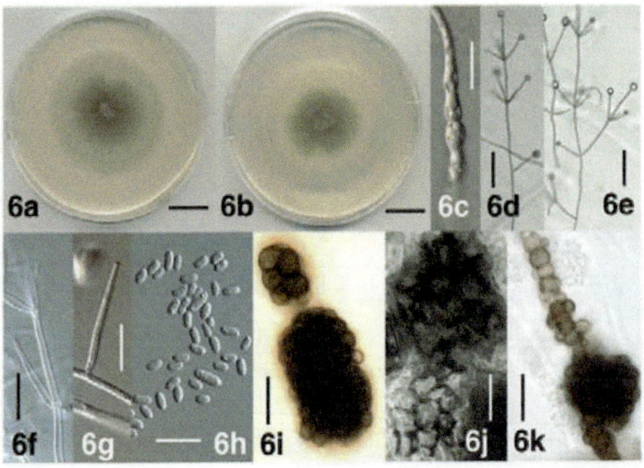

그림 12.699 버티실리움시들음병균(*Verticillium dahliae*)의 균총(6a, 6b), 팽창한 균사(6c), 분생포자경(6d, 6e), 분생포자(6f, 6g, 6h), 미소균핵(6i, 6j, 6k). [출처: P. Inderbitzin et al., Department of Plant Pathology, University of California Davis].

영양체인 격벽 균사체는 투명하고, 핵은 반수체 상태다. 무성포자인 분생포자는 난형 또는 타원형이고, 단세포다. 분생포자경에 나선형으로 생성된 phialide에 분생포자가 덩어리로 형성된다. *Verticillium*이라는 속명은 분생포자경에 phialide가 'verticillate'(=나선형)으로 배열되었다는 것에서 유래한다.

두 종 모두 생존 기간이 짧은 분생포자를 형성한다. *V. albo-atrum*은 20~25℃가 생장적온이지만, *V. dahliae*는 다소 높아 25~28℃가 생장적온이므로 보다 따뜻한 지역에서 많이 발생한다. 일부 *Verticillium* 계통은 기주특이적이지만, 대부분은 넓은 기주범위를 가지고 있다.

[병환] *Verticillium*속의 균사체는 다년생 기주내, 번식기관 또는 식물의 잔재 속에서 균사체로 주로 월동하고, 미소균핵으로도 토양에서 15년까지 생존할 수 있다. *Verticillium*은 오염된 종자, 삽수, 괴경 등을 통해 전파되며, 바람, 지표수, 그리고 토양에 의해 전반된다.

버티실리움시들음병은 21~27℃ 범위의 온도와 습한 토양에서 많이 발생한다. 미소균핵은 식물체 뿌리에서 분비물에 의해 발아해 뿌리 피층을 침입하고 물관부에 도달해 분생포자를 형성한다. 물관부는 병원균과 기주 생성물에 의해 막혀 식물체가 시들기 시작하면 미소균핵이 형성된다.

*Verticillium*의 균핵이 기주 식물체의 뿌리에 다다랐을 때 뿌리 삼출물이 균핵의 발아를 촉진시켜 뿌리를 침입하고 유관속의 물관부로 들어간다. 버티실리움시들음병은 균사로 확산되지만 포자로 전파할 수도 있다.

*Verticillium*은 분생포자경에 분생포자를 형성하고, 분생포자가 물관부로 방출되면 빠르게 식물체에 정착한다. 분생포자 이동이 물관부의 1격벽 구조에 의해 막히면 발아해 균사가 그 장애물을 극복하고 넘어가 더 많은 분생포자를 형성한다.

많은 포장이 병든 감자의 괴경이나 다른 감수성 작물을 파종함으로써 최초로 *Verticillium*

에 오염된다. 감자, 가지, 토마토 등의 가지과작물을 심으면 토양 내의 전염원량을 증가시킨다. 그러나 *Verticillium*은 토양 토착성이며 비경작지에서도 발견되는 것으로 보아 *Verticillium*이 감수성 작물을 심는 즉시 침해한다.

*Verticillium*이 단거리를 이동하는 가장 흔한 방법은 토양에서 뿌리와 뿌리의 접촉이다. 뿌리는 자연상태에서 종종 근처에 감염된 뿌리에 있는 *Verticillium*이 쉽게 침입하고 정착할 수 있는 작은 손상 부위나 자연개구(natural opening)가 있다.

버티실리움시들음병의 병징이 푸사리움시들음병과 종종 비슷하지만, 따뜻한 조건을 선호하는 *Fusarium*보다 *Verticillium*은 추운 날씨나 겨울에 훨씬 더 잘 생존할 수 있다. *Verticillium*의 휴면구조체는 결빙, 해동, 고온피해, 수분스트레스 등의 요인들을 잘 극복한다. 다만 오래 지속되는 혐기상태는 견디지 못한다.

*Verticillium*은 20~28℃ 범위에서 가장 잘 자라지만 발아는 이 보다 낮은 온도에서 일어난다. 수분은 휴면구조체의 발아에 필수적이지만, 다른 곰팡이들처럼 전파에는 중요하지 않다. 환경 변화에 의한 스트레스는 *Verticillium*보다 식물체에 영향을 많이 주기 때문에 버티실리움시들음병의 발병을 유발한다.

[방제] 병든 식물잔재를 제거한다. 무병토양에 무병종자를 심는다. 저항성 품종을 이용한다. 비기주식물로 윤작을 한다. 가지과작물을 반복해서 재배하는 지역에서는 감수성 품종의 식재

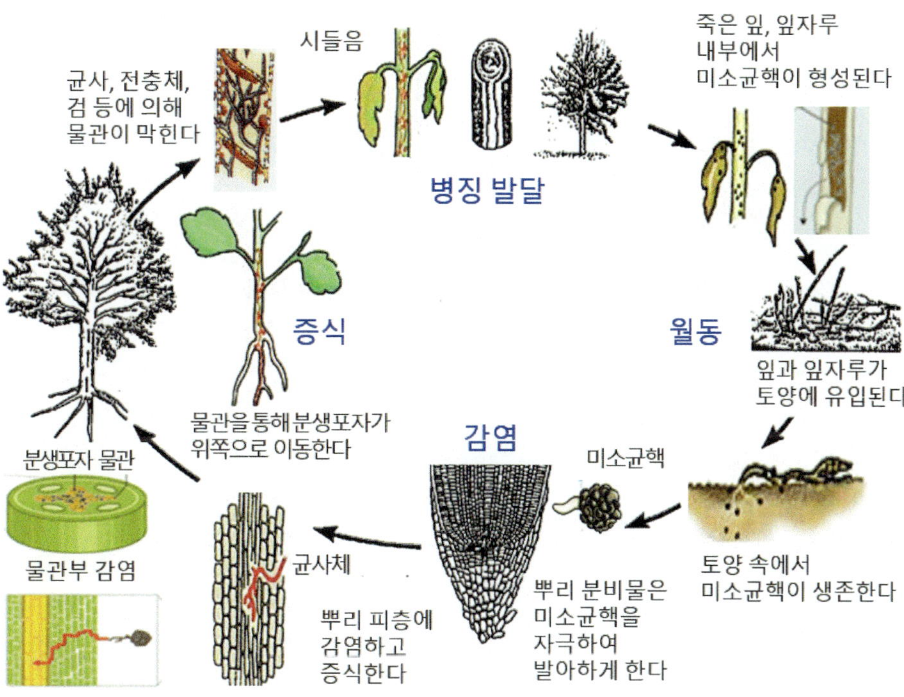

그림 12.700 *Verticillium* spp.에 의한 버티실리움시들음병의 병환.
[출처: J. A. Hiemstra & A. J. Termorshuizen]

를 피한다. 여름에 온도가 높고 강우가 적은 지역에서는 태양열로 토양살균을 한다. 또한 암모늄태 질소시비를 처리한 멀칭재배는 가지과작물 등에서 반쪽시들음병에 의한 피해를 감소시킨다.

12.6.9 뿌리썩음병과 줄기썩음병

일반적으로 토양전염성 자낭균에 의한 뿌리와 줄기기부의 썩음병은 감염된 식물기관에 처음에는 수침상의 병반이 나타나고, 나중에는 갈색 내지 검은색으로 변한다. 일부 병에서는 병반 전체가 흰 균사로 뒤덮이기도 한다. 병든 뿌리와 줄기는 다소 빠르게 죽으며, 식물 전체 생육이 부진하거나 죽는다.

이와 같은 뿌리썩음병과 줄기썩음병을 일으키는 자낭균은 비활물기생균으로서 죽은 유기물을 영양원으로 토양에서 생장과 생식하는 토양서식균이다. 이러한 토양병원균은 높은 토양 습도와 대기 중의 높은 상대 습도 조건을 선호한다.

대부분의 토양병원균은 분생포자를 형성하고, 일부는 산발적 또는 규칙적으로 자낭포자를 형성하기도 한다. 일부 토양병원균은 균핵을 형성한다. 토양병원균은 병든 식물의 조직이나 잔재물에서 균사로 월동하며 균핵 또는 분생포자로도 월동해 1차 전염원으로 작용하며 새로운 2차 감염을 일으킨다.

주로 식물체의 뿌리와 줄기기부를 가해하는 주요 자낭균은 다음과 같다.

- *Berkeleyomyces basicola*(=*Thielaviopsis basicola*, 담배 먹뿌리썩음병)
- *Didymella bryoniae*(=*Mycosphaerella melonis*, 박과작물 덩굴마름병)
- *Fusarium sambucinum*(감자, 고구마 푸사리움마른썩음병)
- *Fusarium solani*(콩과식물 뿌리썩음병, 국화 관부썩음병, 오이 근경썩음병)
- *Gaeumannomyces tritici*(=*G. graminis*=*Ophiobolus graminis*, 밀 마름병)
- *Nectria radicicola*(=*Cylindrocarpon destructans*, 인삼 뿌리썩음병)
- *Rhizina undulata*(파상땅해파리버섯, 리지나뿌리썩음병)
- *Rosellinia necatrix*(사과나무 흰날개무늬병)
- *Sclerotinia homoevarpa*(잔디 동전마름병)
- *Sclerotinia sclerotiorum*(유채, 해바라기, 콩 균핵병)

(1) *Fusarium*에 의한 병

자낭균문(Ascomycota), 동충하초강(Sordariomycetes), 동충하초목(Hypocreales), 알보리수버섯과(Nectriaceae)에 속하는 *Fusarium* spp.는 콩과작물, 박과작물, 감자, 고구마 등

여러 가지 식물의 유묘에 잘록 증상을 일으키거나, 식물체 쇠락, 뿌리썩음, 근경썩음 증상과 더불어 식물체의 시들음 증상을 일으키는 대표적인 토양전염성 병원체이지만, 사람의 눈의 각막(cornea)에 감염을 일으키는 인체병도 일으킨다.

최근에 *Fusarium*에 의한 뿌리썩음병(Fusarium root rot)은 지중해 지역에서 재배하고 있는 올리브에 심각한 피해를 주고 있고, 북미와 남미 지역에서도 심각한 경제적 손실을 입히고 있다.

① 콩과식물 뿌리썩음명(Fusarium root rot)

뿌리썩음병(Fusarium root rot)은 콩과식물 뿌리에 피해를 주는 주요 병의 하나이다.

[병증상] 콩과작물의 유묘에 잘록 증상을 일으키거나, 뿌리썩음 증상과 더불어 식물체의 시들음 증상을 일으킨다.

그림 12.701 강낭콩 뿌리의 병징.
[출처: Clare Mukankusi]

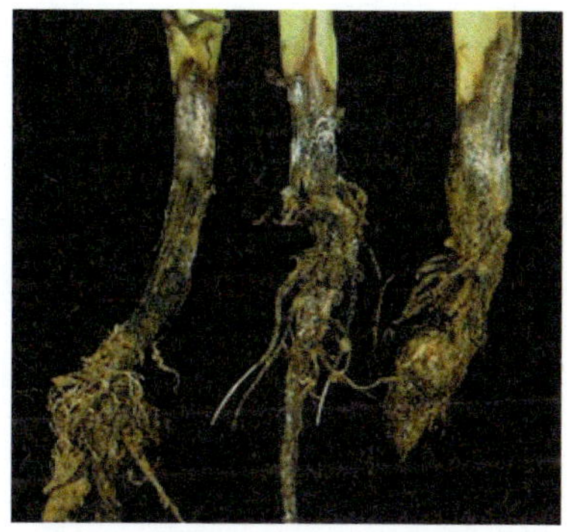

그림 12.702 잠두 뿌리의 병징.
[출처: Nigel Cattlin]

[병원균] 콩과식물에 뿌리썩음병을 일으키는 병원균은 *Fusarium solani*(유성세대 *Nectria haematococca*)이다.

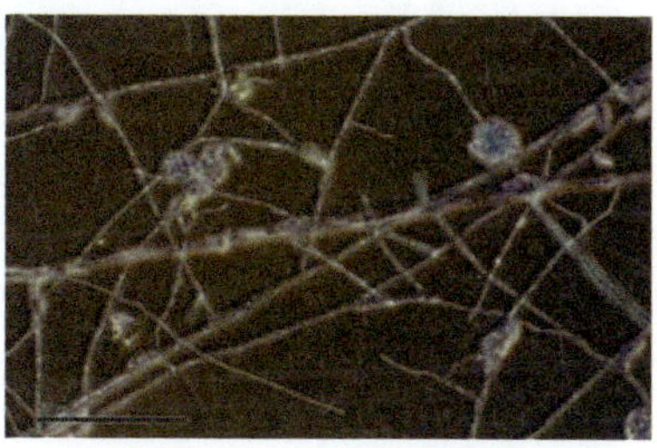

그림 12.704 *Fusarium solani*의 균사.
[출처: Wikipedia]

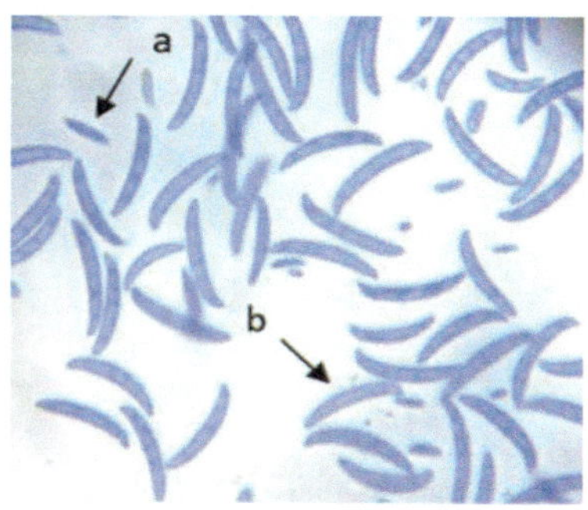

그림 12.705 *Fusarium solani*의 소형분생포자(a)와 대형분생포자(b).
[출처: Naila Elhazzat et al.]

영양체는 격벽 균사체이고, 대부분의 *Fusarium* 종들이 분홍 또는 보라색 균총을 생성하는 반면에 *F. solani*는 하얀 솜털같은 균총을 생성한 후 남청색 또는 청갈색으로 변한다. 무성적으로 기중균사 측면에 분생포자경을 생성한다. 분생포자경은 가지를 치고 가늘고 긴 단생 phialide에 대형분생포자와 소형분생포자를 생성한다.

대형분생포자는 약간 굽은 모양으로 투명하고 종종 다발을 이루는데, 보통 3개의 격벽을 가지지만 4~5개 격벽을 가지기도 한다. 소형분생포자는 난형 또는 원통형 모양으로 투명하고 격벽이 없는 단세포지만 때로는 2개까지 격벽을 가지기도 한다.

*F. solani*는 생장에 적합한 환경조건이 갖춰지지 않았을 때 종종 갈색 둥근 후벽포자를 생성하기도 한다. 후벽포자는 쌍으로 또는 개별적으로 생성된다.

*F. solani*는 자웅동체형(homothallic) 또는 자웅이체형(heterothallic) 친화성 균주끼리 이종교배에 의한 유성생식으로 자낭각을 생성하고, 그 안에 여러 개의 자낭을 생성하며, 자낭 안에는 8개의 자낭포자를 생성한다.

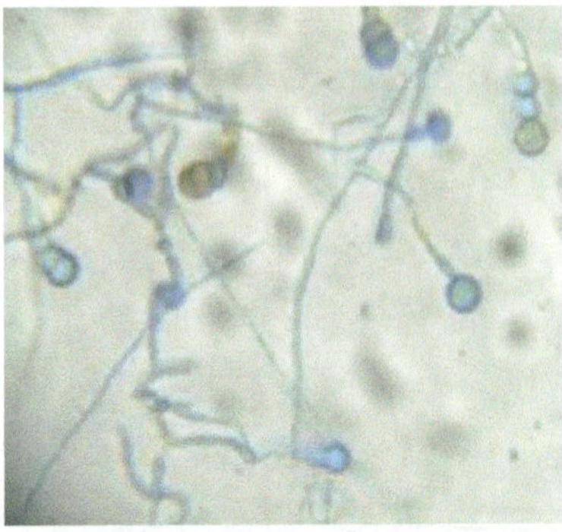

그림 12.706 *Fusarium solani*의 후벽포자. [출처: Naila Elhazzat et al.]

[병환] 병원균은 토양서식균으로 지표면 80 cm 범위의 토양 속에 주로 서식하지만, 연못, 강물, 하수설비, 곤충에서도 발견된다. 식물잔재에서 후벽포자 형태로 월동하거나 토양에서 균사 형태로 월동한 후 뿌리 각피를 뚫고 기주식물체에 침입한다. 감염 후 병원균은 무성적으로 대형분생포자와 소형분생포자를 생성하고, 바람과 빗물에 의해 전파된다. 병원균은 토양에서 10년간 생존할 수 있으므로 방제하지 않으면 커다란 손실을 일으킬 수 있다.

토양 pH는 병원균에 중대하게 영향을 미치지 않지만, 토양 훈증은 발생을 증가시킨다. *F. solani*는 전형적으로 토양 살균제에 민감하다.

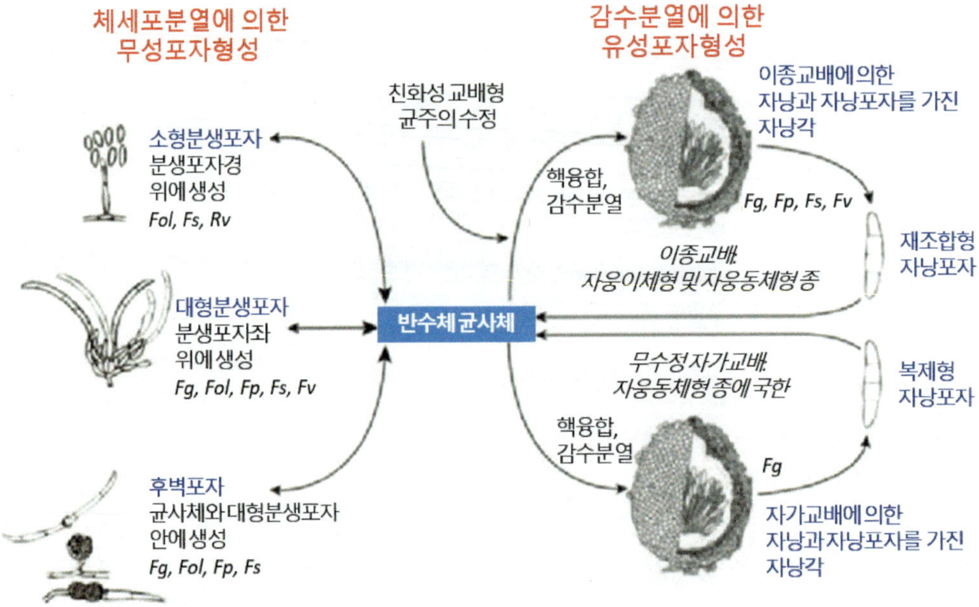

그림 12.703 다양한 생식 전략을 묘사한 *Fusarium*의 일반적인 생활사.
[출처: Ma et al. 2013] (Fg, *F. graminearum*; Fol, *F. oxysporum* f. sp. *lycopersici*; Fp, *F. pseudograminearum*; Fs, *F. solani* f. sp. *pisi*; Fv, *F. verticillioides*).

[방제] 주로 비기주식물로 윤작을 한다. 밀식을 피한다. 토양소독을 한다. *Burkholderia cepacia*를 이용한 생물적 방제법을 적용한다.

② 감자/고구마 마른썩음병(Fusarium dry rot)

마른썩음병(Fusarium dry rot)은 감자의 괴경과 고구마의 괴근에 발생하는 주요 병의 하나이다.

그림 12.707 감자 괴경의 병징.
[출처: Nexles]

그림 12.708 고구마 괴근의 병징.
[출처: Charles Averre]

[병증상] 감자 괴경과 고구마 괴근 표면에 흔히 검게 움푹 패이는 병징을 나타낸다. 병반이 커져 아래쪽 죽은 조직이 건조해짐에 따라 겹둥근 무늬 병반의 표피에는 주름이 생기고, 병든 조직 내부는 갈색~검은색으로 괴사한 병징을 나타내기 때문에 마른썩음병이라는 병명이 유래한다. 병든 감자의 썩은 내부 공동에는 다양한 색깔의 균사체와 포자로 가득 찬다.

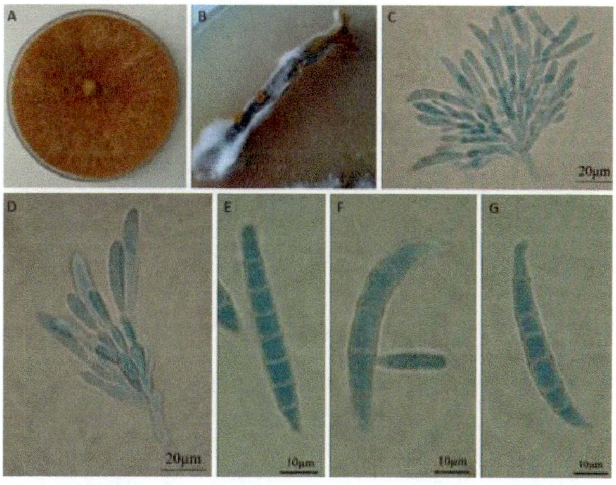

그림 12.709 감자 마른썩음병균(*Fusarium sambucinum*)의 균총(A), 카네이션 잎에 자란 균사체(B), 분생포자좌(C, D), 대형분생포자(E~G). [출처: Shiva A. Aghdam]

[병원균] 감자와 고구마에 마른썩음병을 일으키는 병원균은 *Fusarium sambucinum* (유성세대 *Nectria pulicaris*)이지만, *Fusarium solani* 도 마른썩음병에 관여한다.

[병환] *F. sambucinum*과 *F. solani*는 씨감자 괴경에서 흔히 발견되지만, 토양에서 오랜 기간 생존한다. 병원균은 씨감자를 쪼갤 때 생긴 상처를 통해 괴경을 감염하고 파종 후 썩기 시작한다. 파종한 후 싹이 썩거나 연약해져 감자는 둘쑥날쑥하게 자란다.

감자 괴경은 *F. sambucinum*과 *F. solani*가 침입하지 않는 한 감염을 일으킬 수 없으며

그림 12.710 *Fusarium sambucinum*에 의한 감자 마른썩음병의 병환. [출처: Phillip Wharton et al.]

생육기에 감자 괴경이 거의 손상되지 않기 때문에 수확 전까지는 일반적으로 감염되지 않는다. 그러나 토양이나 괴경 표면에 휴면 상태에 있던 포자는 수확시 괴경에 생긴 상처를 통해 침입한다. 저장 중 마른썩음병의 발병은 온도가 낮을수록 느리게 진행된다.

[방제] 주로 비기주식물로 윤작을 하고, 밀식을 피한다. 쪼갠 감자의 절단면에 살균제를 처리한다. 토양소독을 한다.

(2) *Sclerotinia*에 의한 병

자낭균문(Ascomycota), 두건버섯강(Leotiomycetes), 고무버섯목(Helotiales), 균핵버섯과(Sclerotiniaceae)에 속하는 *Sclerotinia*에 의한 균핵병(*Sclerotinia* rot)은 전 세계적으로 양상추, 양배추, 셀러리, 비트, 당근, 오이, 호박, 가지, 감자, 토마토 등의 채소류, 동백나무, 수선화 등 화훼류, 그리고 강낭콩, 콩, 완두, 팥, 참깨, 해바라기, 유채, 뽕나무 등 408종의 식물에 발생하는 다범성병(多犯性病)이다.

균핵병은 기주범위가 다양할 뿐만 아니라, 감염된 조직, 토양과 살아있는 식물체에서도 생존하고, 포장에서 식물체 사이에서 빠르게 확산되고, 저장 중에도 확산되면서 어느 생육 단계에서라도 발생하는 심각한 병이다. 유묘, 성숙한 식물체, 수확물 등 기주의 생육기 전반에 걸쳐서 침입해 솜털썩음병, 흰곰팡이병, 물렁썩음병, 줄기썩음병, 초관썩음병, 꽃썩음병 등 감염된 기주나 기주의 감염부위 그리고 환경조건에 따라 다양한 병징을 나타낸다.

양상추, 셀러리, 비트 등에서 *Sclerotinia*가 줄기의 기부나 하위엽을 가해하면, 잎과 잎자루는 급속히 붕괴되어 죽는다. *Sclerotinia*가 줄기를 침입해 급속히 퍼지면, 식물체 전체는 죽고 파괴되며, 각각의 잎은 축 처져서 밑에 있는 잎에 닿는다. 균사와 균핵은 일반적으로 바깥쪽에 있는 잎의 뒷면에 나타나지만, 다습한 조건에서는 *Sclerotinia*가 식물 전체를 가해해 부패시키므로 흰 솜털같은 균사가 식물체 전체를 뒤덮는다.

*Sclerotinia*에 감염된 양상추, 양배추, 당근 등의 다육질 저장기관은 포장이나 저장 중에 표면에 흰 솜털같은 균사가 발생한다. 외부에는 검은 균핵이 형성된다. 감염된 조직은 건전한 조직보다 짙은 색을 띠며, 물컹물컹하게 썩는다. 만약 균핵병이 수확 후에 저장고에서 발생하면 인접한 근채류, 인경, 구근 등에 확산되어 군데군데 썩은 곳이 생기거나, 한 상자 내의 저장물이 모두 물컹물컹하게 썩고 균사로 뒤덮인다.

오이, 호박, 가지 등의 다육질 열매와 강낭콩의 꼬투리는 지면에 인접한 부분과 지면에 인접한 부분 또는 노화된 꽃을 통해 *Sclerotinia*에 감염된다. *Sclerotinia*가 열매의 끝부분과 꼬투리로부터 발생해 점차 확대되므로 결국 전체가 썩고 붕괴된다. 감염된 꼬투리와 열매의 외부와 내부에는 흰 균사와 검은 균핵이 나타난다.

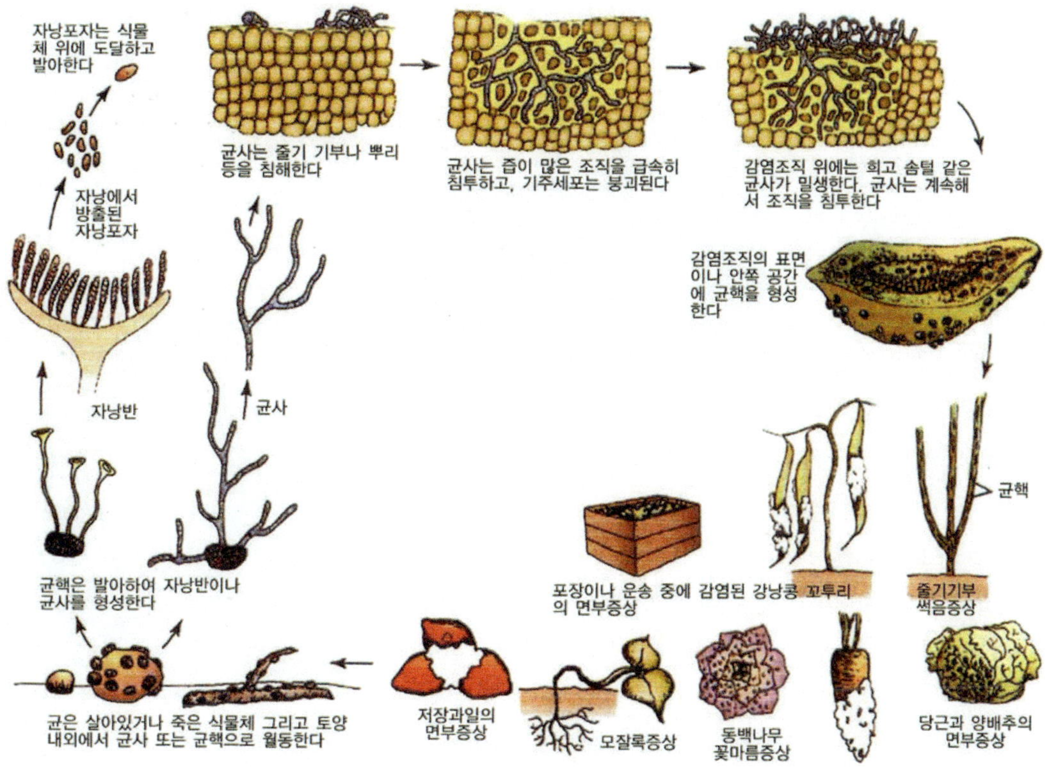

그림 12.711 *Sclerotinia sclerotiorum*에 의한 각종 식물 균핵병의 병환. [출처: 식물병리학]

동백나무와 수선화는 주로 꽃이 감염된다. 작은 수침상의 담갈색 점무늬가 꽃잎에 나타나고, 차츰 확대 융합해 꽃잎 전체를 덮는다. 결국은 꽃 전체가 암갈색으로 변해 떨어진다. 다습한 날씨 또는 꽃이 땅에 떨어진 후에 꽃은 붕괴되고 다량의 균사와 균핵이 형성된다.

특히 *Sclerotinia sclerotiorum*과 *S. minor*는 각종 다즙성 식물, 특히 채소류와 화훼류에 큰 피해를 주는 균핵병을 일으키고, *S. homeocarpa*는 잔디류에 심한 동전마름병(dollar spot)병을 일으킨다.

① 유채 균핵병(Sclerotinia rot)

유채 균핵병(*Sclerotinia* rot)은 유채에 발생하는 주요 병의 하나이다.

[병증상] 전형적인 초기 병징은 지제부 뿐만 아니라 지상부 유채 줄기를 회백색 또는 담갈색 병징으로 뒤덮는다. 유채 균핵병은 잎에 유침상 둥근 병반이 커져 갈색으로 돼 썩으며 나중에 하얀 솜털같은 균사가 표징으로 드러나고, 여기에 크고 단단한 휴면체인 균핵을 형성한다.

그림 12.712 유채 잎의 병징.
[출처: Government of Western Australia]

그림 12.713 유채 줄기의 병징.
[출처: Government of Western Australia]

그림 12.714 줄기에 생긴 균핵.
[출처: Government of Western Australia]

균핵병은 식물체를 시들고 조기에 성숙시켜 주저앉거나 종자 생산량을 감소시키고, 피해를 입은 줄기의 안쪽에 균핵을 형성한다.

줄기도 잎과 비슷하게 담갈색 또는 암갈색 병반이 흰 솜털같은 균사로 뒤덮인다. 균핵병이 만연해 줄기를 썩히면, 병반 위쪽의 잎은 시들음 증상이 나타나고 다소 빠르게 말라 죽는다. 어떤 경우에는 먼저 잎이 감염된 후 줄기로 이동하기도 한다. 균핵은 줄기속(pith)에 형성되거나, 줄기

그림 12.715 유채 꼬투리의 병징과 표징(균사체).
[출처: Government of Western Australia]

의 외부에 형성되기도 한다.

날씨가 적합하면, 유채 꼬투리는 감염되고, 크림색을 띠고, 종자들은 하얗게 곰팡이가 피고 난 후 균핵으로 바뀐다.

[병원균] 유채 균핵병을 일으키는 병원균은 *Sclerotinia sclerotiorum* 이다.

영양체로 흰 솜털같은 격벽 균사체가 발달하고, 처음 희고 점차 검고 단단한 균핵을 형성한다. 균핵은 둥글게 생겼으나 다소 평평하고 길쭉한데, 균핵의 크기는 2~10 ㎜이다. 균핵은 발아해 자낭반을 형성하고, 자낭 속에 자낭포자를 형성한다.

[병환] 병원균은 병든 조직의 내부와 외부에 균핵을 형성해 월동하거나, 지면에서 떨어진 균핵으로 또는 병든 식물의 잔재 속이나 살아있는 식물에서 균사로 월동한다. 균핵은 밭흙에서는 25개월, 논흙에서 여름철을 지내면 3개월 내에 죽는다. 이듬해 봄에 균핵은 발아해 직경 5~15 ㎜의 작은 원반이나 컵 모양의 자낭반을 형성하고, 자낭반에는 자낭포자를 형성한다.

수많은 자낭포자가 2~3주 동안 자낭반에서 공기중으로 방출된다. 바람에 날린 자낭포자는 늙은 꽃같은 노화된 식물 부위에 떨어지면 이를 영양원으로 삼아 발아하고 감염을 일으킨다. 병원균은 거의 대부분 자낭포자로 침입해 감염을 일으키나, 다습한 조건일 때는 균핵의 직접 발아에 의한 침입이 더 일반적이다. 개화기에 구름이 많고 다습하며 비가 자주 내리는 해에 많이 발생한다.

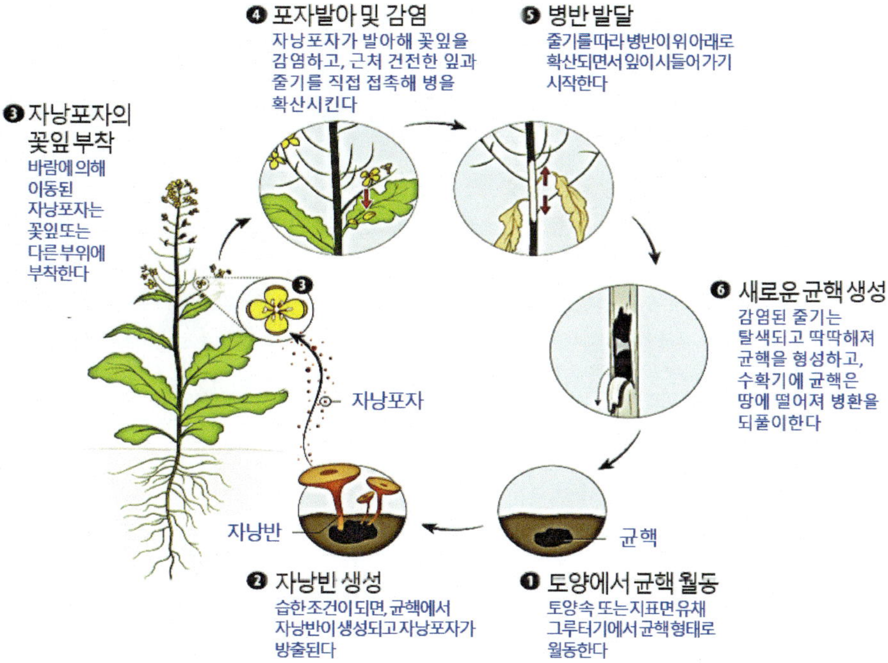

그림 12.716 *Sclerotinia sclerotiorum* 에 의한 유채 균핵병의 병환. [출처: Canola Watch]

[방제] 병든 식물을 일찍 제거하고 발병토양은 깊이 갈아서 병원균을 파묻어버린다. 배수관리와 통풍이 잘 되게 재식밀도를 낮추고, 잡초가 없도록 관리한다. 화곡류같은 비감수성 작물로 윤작한다.

② 해바라기 균핵병(Sclerotinia rot)

해바라기 균핵병(*Sclerotinia* rot)은 해바라기에 발생해서 가장 큰 피해를 주는 병중의 하나이다.

[병증상] 병원균은 개화기에 꽃을 감염해 병이 진행됨에 따라 조직을 무르고 담갈색 스폰지처럼 만드는 병징을 나타내고, 균사가 하얗게 자라는 표징도 드러난다. 점차 생장하는 이삭과 줄기를 따라 아래로 확장되며, 결국 이삭 윗부분과 윗줄기의 섬유 가닥만 남게 된다. 이삭 아래쪽에 있는 감염된 씨앗은 결국 감염된 씨앗의 무게 때문에 이삭에서 떨어진다. 크고 검은 균핵은 씨앗 층 아래와 씨앗 주위에 발달한다.

그림 12.717 균핵병에 감염된 해바라기. [출처: Ebrahim Osdaghi]

그림 12.718 해바라기 이삭의 초기 병징과 표징(균사). [출처: Moses Ramusi & Bradley Flett, ARC-Grain Crops Institute]

그림 12.719 해바라기 이삭의 후기 병징과 표징. [출처: Moses Ramusi & Bradley Flett, ARC-Grain Crops Institute]

그림 12.720 해바라기 지제부의 초기 병징. [출처: Ebrahim Osdaghi]

줄기의 초기 병징은 식물이 갑자기 시들어가는 것이며, 특히 줄기 밑부분 지제부는 담갈색, 수침상 병징이 뚜렷하게 나타나고 균사가 하얗게 자란다. 해바라기 줄기 내부에는 균사가 하얗게 자란 후 검은색 균핵을 형성하고, 때때로 줄기 표면에도 균핵이 형성되기도 한다. 줄기가 감염되면 영양분과 물이 공급되지 않아 이삭이 제대로 여물지 않는다.

[병원균] 채소류와 화훼류 균핵병을 일으키는 병원균은 *Sclerotinia sclerotiorum* 이다.

영양체는 격벽 균사체이고, 검고 커다란 균핵을 형성한다. 균핵은 발아해 자낭반을 형성하고, 자낭 속에 자낭포자를 형성한다.

그림 12.721 해바라기 지제부의 후기 병징 및 표징(균사).
[출처: Ebrahim Osdaghi]

그림 12.722 해바라기 줄기 조직 속에 형성된 균핵.
[출처: Ebrahim Osdaghi]

[병환] 균핵병의 병환은 단주기성으로 2차 전염원이 생성되지 않는다. 늦여름에서 초가을 사이에 병든 조직의 내부와 외부의 균핵을 형성해 월동한다. 균핵은 최소 3년간 생존할 수 있고 이듬해 봄에 습하고 서늘한 환경에서 균핵은 발아해 자낭반을 형성한다.

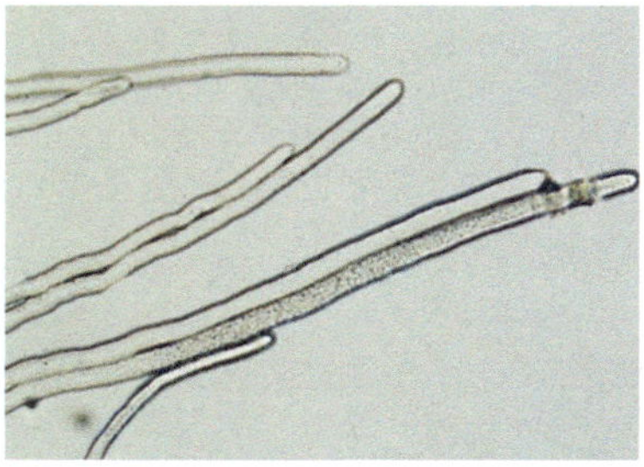

그림 12.723 해바라기 균핵병균(*Sclerotinia sclerotiorum*)의 균사.
[출처: Xiaoxiang Yang et al.]

그림 12.724 해바라기 균핵병균(*Sclerotinia sclerotiorum*)의 균핵 위에 형성된 자낭반. [출처: Andrea Minuto, Centro Regionale di Sperimentazione e Assistenza Agricola, Albenga (IT)]

기주 식물체를 침입해 균사가 식물체의 거의 모든 조직을 점령한다. 생장적온은 15~21℃이고, 습한 조건에서 균핵병균은 수많은 균사를 형성하고 균핵을 생성한다. 자낭반은 3~6 ㎜ 크기로 작고 가느다란 대 위에 컵 모양을 하는데, 그 안에 자낭포자를 가진 자낭이 도열해 있다. 자낭에서 자낭포자는 방출되면 바람에 의해 적합한 기주로 전반된 후 꽃을 감염하고, 균사로 기주 조직을 침해한다.

균핵병균은 줄기, 잎, 꽃, 열매와 뿌리 등 모든 조직을 침해할 수 있다. 결국 하얗고 솜털같은 균사체가 감염된 조직 표면에 자라기 시작해 다시 균핵을 생성한다. 균핵은 다음 생육기까지 살아있는 식물이나 죽은 식물의 표면이나 토양 표면에 남아 있다가 병환을 되풀이 한다.

균핵은 어둡고 그늘진 조건을 선호하고 직사광선을 싫어한다. 특히 콩에서 적합한 조건은 28℃ 이하의 온도와 식물체 표면이 하루에 12~16시간 동안 젖어 42~72시간 동안 꾸준하게 젖어있어야 한다. 다습하며 비가 자주 내리는 해에 많이 발생한다.

[방제] 병든 식물을 일찍 제거하고 발병토양은 깊이 갈아서 병원균을 파묻어버린다. 심하게 발병되었던 토양은 4~5주 동안 침수시키면 균핵이 죽을 수도 있다. 배수와 통풍이 잘 되게 재식밀도를 낮추고, 잡초가 없도록 관리한다. 화곡류같은 비감수성 작물로 윤작한다. 온실에서는 토양살균을 한다.

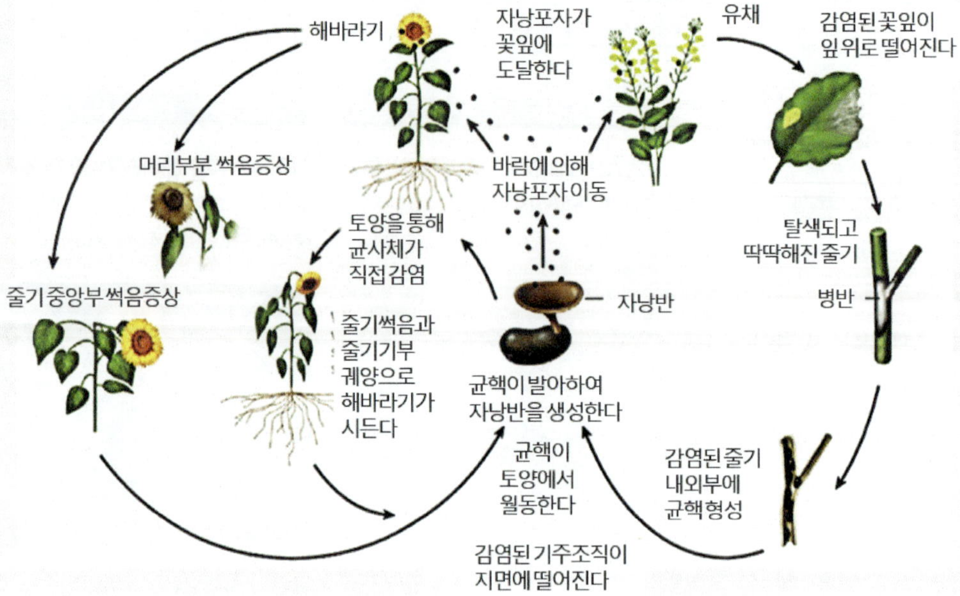

그림 12.725 *Sclerotinia sclerotiorum*에 의한 해바라기 균핵병의 병환. [출처: Jeffrey A. Rollins et al.]

③ 콩 균핵병(Sclerotinia rot, white mold)

콩 균핵병(Sclerotinia rot, white mold)은 콩이 감염된 토양에 심어지고 오랜 기간 동안 습한 날씨와 함께 울창하게 자랐을 때 심각한 수확량 감소를 일으키거나 심지어 작물을 완전히 파괴할 수 있다.

[병증상] 콩이 자라서 콩밭이 울창해져 미기상이 습해졌을 때 잎이 시들어 죽는 병징이 나타나기 시작한다. 표징으로 줄기, 잎 또는 꼬투리에서 솜처럼 하얀 균사가 자라고 줄기와 가지로 번져나가 병반

그림 12.726 콩 줄기의 초기 표징(균사). [출처: Daren Mueller, Iowa State University, Bugwood.org]

그림 12.727 콩 줄기의 후기 표징(균핵). [출처: Berlin D. Nelson, North Dakoda State University]

이 줄기를 에워싸면 식물체 윗부분은 죽는다. 줄기는 표백된 것처럼 보이고 때로는 부패가 진행되면서 잘려나간다. 감염된 줄기, 꼬투리와 열매의 내외부에서 자란 흰 균사로부터 다양한 모양과 크기의 검은 균핵이 형성된다. 병든 포장에서 콩을 수확할 때 종자는 균핵에 오염된다.

그림 12.728 콩 줄기의 내부 병징. [출처: Mark Jeschke]

그림 12.729 콩 균핵병에 오염된 종자. [출처: Berlin D. Nelson, North Dakoda State University]

그림 12.730 콩밭의 균핵 위에 형성된 자낭반. [출처: Berlin D. Nelson, North Dakoda State University]

그림 12.731 콩 균핵병균(*Sclerotinia sclerotiorum*)의 자낭반. [출처: Berlin D. Nelson, North Dakoda State University]

[병원균] 채소류와 화훼류 균핵병을 일으키는 병원균은 *Sclerotinia sclerotiorum*이다.

영양체는 격벽 균사체이고, 검고 커다란 균핵을 형성한다. 균핵은 발아해 자낭반을 형성하고, 자낭 속에 자낭포자를 형성한다.

[병환] 균핵병의 병환은 단주기성으로 2차 전염원이 생성되지 않는다. 개화 7~14일 후에 높은 토양 수분이 유지되면 지표면에서 가까운 토양 안에 있는 균핵은 발아해 자낭반을 형성한다. 하나의 균핵은 여러 개의 자낭반을 생성하고, 자낭반은 엄청난 양의 자낭포자를 공기 중에 강제로 방출하고 기류에 의해 콩 식물체로 전반된다.

감염은 꽃이 있던 자리나 우박 등에 의해 생긴 상처 부위에서 시작된다. 자낭포자는 식물을 감염시키기 전에 발아하고 자라기 위해 죽은 꽃 조직이나 시드는 꽃 조직과 같은 영양원과 수분을 필요로 한다. 초기 발병에는 일반적으로 40시간 이상 지속적으로 식물체 표면에 수분이 있어야 하지만, 일단 발병이 시작되면 짧은 기간 동안 습기가 차면 병반이 발생할 수 있고, 식물체 표면이 마르면 발병이 느려진다. 발병적온은 15~24℃ 정도의 서늘한 기온이다.

감염된 식물체 내외부 조직 표면에 하얗고 솜털같은 균사체가 자라기 시작해 다시 균핵을 생성한다. 균핵은 수확과 경작 작업 후 다음 생육기까지 주로 토양에 남아 오랫동안 생존해 있다가 적합한 조건이 갖춰지면 병환을 되풀이한다.

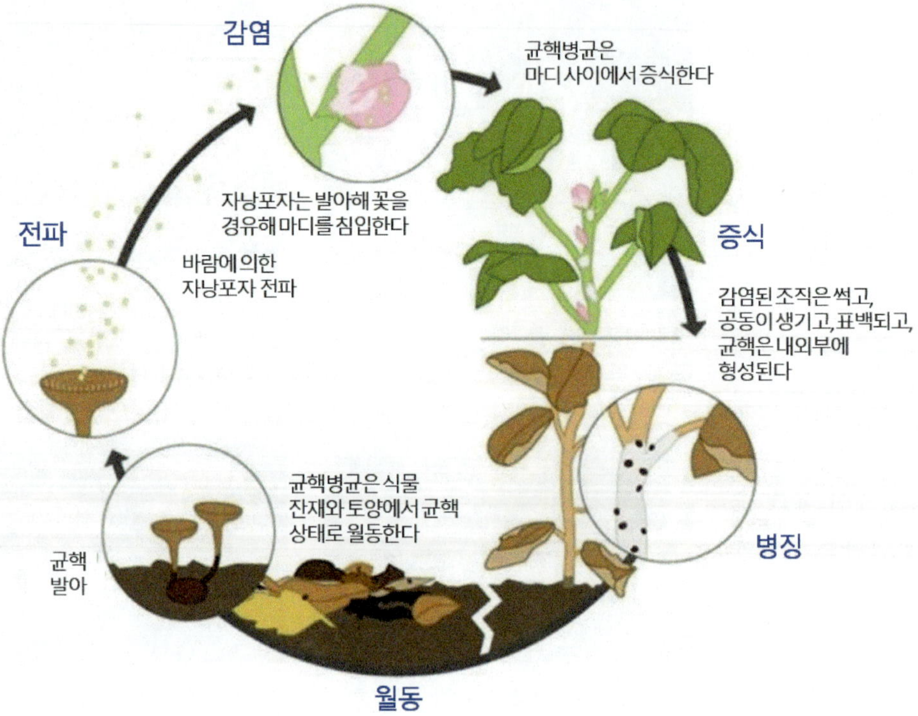

그림 12.732 *Sclerotinia sclerotiorum*에 의한 콩 균핵병의 병환. [출처: Tara Catherine Moellers]

[방제] 병든 식물을 일찍 제거하고 발병토양은 깊이 갈아서 병원균을 파묻어버린다. 심하게 발병되었던 토양은 4~5주 동안 침수시키면 균핵이 죽을 수도 있다. 배수와 통풍이 잘 되게 재식밀도를 낮추고, 잡초가 없도록 관리한다. 화곡류같은 비감수성 작물로 윤작한다. 온실에서는 토양살균을 한다.

④ 잔디 동전마름병(dollar rot)

잔디 동전마름병(dollar rot)은 가장 경제적으로 중요한 잔디병 중 하나다. 동전마름병균은 대부분의 잔디 종에 영향을 미치며 광범위한 온도에서 활동한다. 동전마름병은 태평양 북서부 미국과 서부 캐나다를 제외하고 북미에서 가장 흔한 잔디병이다. 방치하면 90%의 발병도에 도달할 수 있기 때문에, 어떤 다른 곰팡이병보다 연간 관리비용이 더 많이 소요된다.

동전마름병은 잔디에 잎마름병을 일으키지만 뿌리나 관부(冠部, crown)는 침해하지 않는다. 이 병은 집중적으로 관리되는 퍼팅 그린(putting green), 페어웨이(fairway) 및 볼링 그린(bowling green)의 골프 코스에서 흔히 발생한다. 덜 엄격하게 관리되는 잔디밭과 휴양지에서도 흔히 발생한다. 병징은 일반적으로 잔디 품질과 외관을 저하시킨다.

동전마름병은 늦은 봄부터 늦은 가을까지 발생하지만, 높은 습도와 15~30℃ 범위의 따뜻한 낮 온도 및 봄, 초여름 및 가을의 선선한 밤 조건에서 가장 왕성하다. 이 병은 한 지역에서 다른 지역으로 기계적으로 퍼질 수 있는 균사체를 생성함으로써 감염한다.

[병증상] 잔디 동전마름병은 질감이 좋고 잘 다듬어진 잔디에서 다소 움푹 패인 둥근 갈색 무늬로 병징이 나타나기 때문에 붙여진 병명이다. 좀 더 길게 관리되는 잔디에서는 죽은 무늬가 더 넓게 확산되고 종종 집단으로 나타난다.

그림 12.733 잔디 잎의 병징.
[출처: Tom W. Allen et al.]

그림 12.734 잔디 잎에 모래시계처럼 생긴 병징.
[출처: Lee Butler & Jim Kerns]

그림 12.735 동전마름병에 감염된 잔디 패치. [출처: Tom W. Allen et al.]

그림 12.736 동전마름병이 심하게 발생한 잔디밭.
[출처: Lee Butler & Jim Kerns]

잔디 동전마름병은 다른 잔디병과는 쉽게 구별된다. 병원균에 의해 침해받은 부위의 가장자리 근처에 있는 살아있는 잔디의 엽육조직이 적갈색 가장자리를 가진 담갈색을 띠기 때문이다.

오래된 병반들은 모래시계 모양을 하는 것이 특징이다. 가느다란 잔디에서의 병반들은 보통 엽육을 에워싼다. 이른 아침 또는 이슬이 오래 맺히는 시기에는 거미줄같은 균사체가 침해받은 부위에서 자란다. 발병 초기에 침해받은 잔디는 수침상으로 시들지만, 병반은 특징적인 지푸라기 색으로 바뀐다.

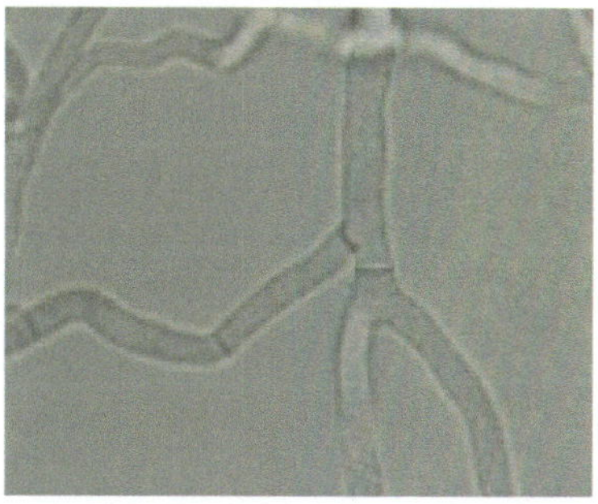

그림 12.737 잔디 동전마름병균(*Sclerotinia homeocarpa*)의 균사.
[출처: Tom W. Allen et al.]

[병원균] 잔디 동전마름병을 일으키는 병원균은 *Sclerotinia homeocarpa* 이다.

[병환] 병원균은 감염된 식물체와 식물잔재에서 월동하고 휴면 균사체로 부적합한 시기에 생존한다. 병원균은 균사체 외에도 잎 표면에 자좌(stromata)에서 거친 환경에서 생존하고, 자낭반은 드물게 형성되지만, 불임상태이다.

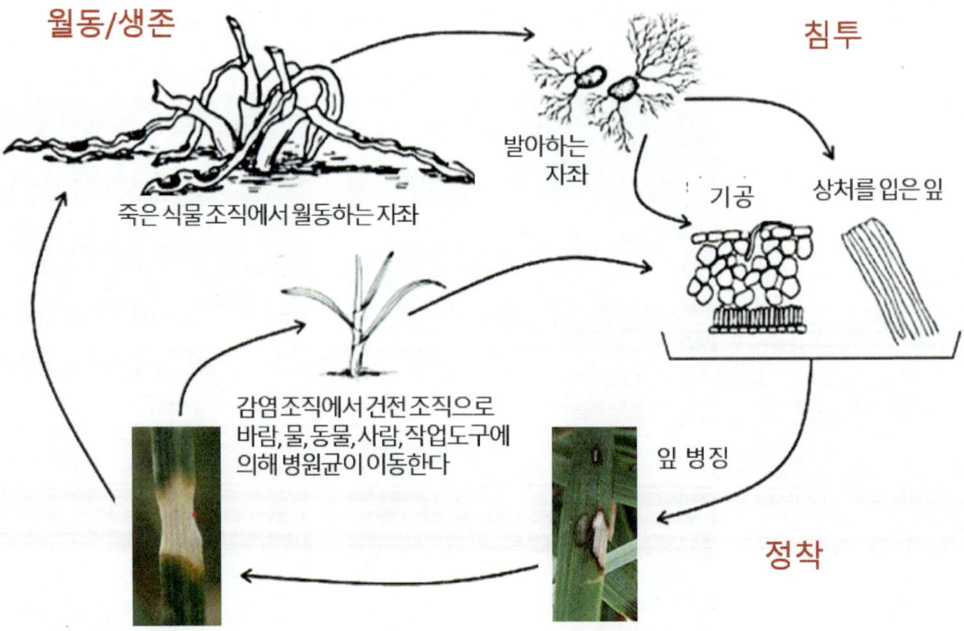

그림 12.738 *Sclerotinia homeocarpa*에 의한 잔디 동전마름병의 병환. [출처: Tom W. Allen et al.]

병원균은 감염된 식물잔재가 농기구, 사람, 동물, 바람, 물 등에 의해 전반된다. 감염된 식물잔재에 있던 휴면 균사체와 자좌는 따뜻하고 습도가 높은 조건에서 다시 생장을 재개한다. 잔디밭에 수분이 충분하면 균사체는 새로운 잎을 침입하면서 감염을 일으킨다.

잔디 동전마름병은 높은 습도가 지속되면 늦봄부터 늦가을까지 감염은 계속된다. 보통 발병 적온은 15~30℃ 범위이다. 낮동안 고온다습하고 밤에는 서늘할 때 형성되는 이슬은 발병을 촉진한다. 건조한 토양에서 발병이 심하지만, 잔디 동전마름병이 번성하기 위해서는 잔디밭에 높은 습도가 필수적이다.

질소질이 부족하면 잔디 잎이 약해지고 노화가 되기 쉽기때문에 잔디 동전마름병에 대해 감수성이 된다.

[방제] 관수를 할 때는 잔디 잎에 수분이 맺히는 것을 최소화하도록 관수량은 늘리고 관개횟수는 줄인다. 밤에 이슬이 맺히지 않도록 늦은 오후나 저녁에 관수를 피한다. 로프 등을 이용해 잔디잎에 묻은 물방울을 털어낸다. 대형팬 등을 이용해 공기를 순환시킨다. 바람이 잘 통하게 하고 대취(thatch)를 제거해 토양과 잔디밭이 빠르게 마르도록 한다. 질소질 비료를 조금씩 자주 공급해 잔디가 빠르게 자라도록 유도하고 잔디를 자주 깍고 대취를 제거해 감염된 잔디를 신속하게 회복시킨다. 등록된 예방약제를 발병에 적합한 봄철 야간기온이 10℃ 정도가 되는 시기에 살포한다.

(3) 기타 줄기 및 뿌리썩음병

① 박과식물 덩굴마름병(gummy stem blight)

박과식물 덩굴마름병(gummy stem blight)은 전 세계적으로 분포하고, 열매, 줄기와 잎을 침해한다. 7월 하순~8월 상순경에 많이 발생하며, 수박, 멜론, 참외에 많이 발생하지만, 오이, 호박, 박, 수세미외에도 발생한다. 종자에 감염되었을 경우에는 모잘록병을 일으키고 유묘를 죽인다.

[병증상] 병징으로 박과식물의 잎, 잎자루, 줄기, 열매, 열매꼭지에 엷은 갈색이나 회색 둥근 점무늬가 나타난다. 수박 잎에는 잎맥 사이에 1~2 cm 크기의 둥근 또는 부정형 흑갈색 무늬가 생기는데, 잎 가장자리에 많이 생기고 겹무늬를 이루고 잘 찢어진다.

줄기나 잎자루에 형성된 점무늬는 보통 마디에서 시작해 확장되며 줄기가 갈라지고, 황색의 고무질 즙액이 스며 나온다. 심하게 병든 식물체는 시들어 죽고, 포장의 넓은 면적에 식물들이 죽는다.

열매에는 처음 수침상 무늬가 생기고 가운데는 갈색으로 변하며 다시 별 모양으로 쪼개

그림 12.739 수박 잎의 병징.
[출처: David B. Langston, University of Georgia, Bugwood.org]

그림 12.740 수박 덩굴의 병징.
[출처: Jason Brock, University of Georgia, Bugwood.org]

그림 12.741 수박 열매의 병징.
[출처: Jason Brock, University of Georgia, Bugwood.org]

그림 12.742 멜론 잎의 병징.
[출처: B. D. Brutton, USDA]

그림 12.743 멜론 덩굴의 병징.
[출처: B. D. Brutton, USDA]

그림 12.744 오이 덩굴의 병징.
[출처: Jason Brock, University of Georgia, Bugwood.org]

지고 코르크 모양으로 마르며 썩는다. 병반 위에는 표징으로 흑갈색 작은 입자(위자낭각)들이 많이 생기고 중앙에 고무질 삼출액 방울이 생성된다.

몇몇 종류의 호박에서 병반은 표면에 생기고 열매 표면의 넓은 부분으로 퍼진다. 그러나 특히 보관 중에 빈번히 덩굴마름병균이 과피를 통해 침입해 종자 안쪽까지 퍼진다. 열매, 줄기, 잎에 관계없이 모든 점무늬에서 곰팡이는 밀생하는 옅은 색의 분생포자각과 때로 고리형태로 정렬되어 육안으로 관찰할 수 있는 검은색의 둥근 자낭각을 형성한다.

덩굴마름병은 종종 *Colletotrichum lagenarium*에 의한 탄저병과 혼동되기도 하는데, 탄저병에 비해 덩굴마름병 병반은 더 진하고, 과녁같은 모양을 한다. 새롭게 감염된 식물체는 7일 정도 후에 병징을 나타내기 시작한다.

[병원균] 박과식물 덩굴마름병을 일으키는 병원균은 *Didymella bryoniae*(=*Mycosphaerella melonis*)이다. 자낭균문(Ascomycota), 좌낭균강(Dothideomycetes), 얇은공버섯목(Pleosporales), 유사얇은막껍질균과(Didymellaceae)에 속한다.

영양체는 격벽 균사체이고, 무성적으로 분생포자각 속에 곧거나 굽은 원통형 분생포자를 형성한다. 유성생식에 의해 자낭각을 형성하고, 곤봉형 자낭 안에 2개 세포로 된 방추형 자낭포자를 형성한다.

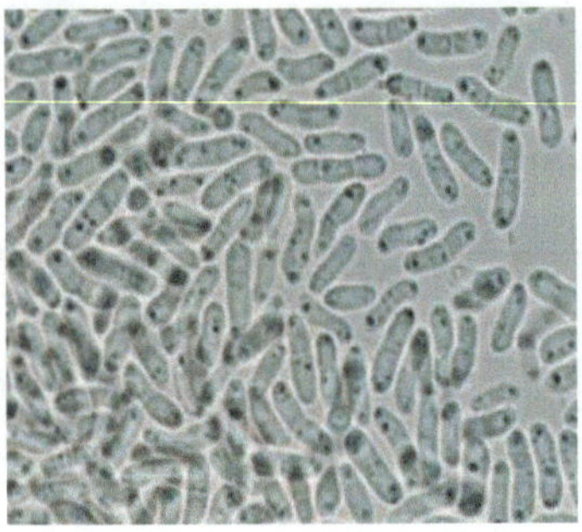

그림 12.745 박과식물 덩굴마름병균(*Didymella bryoniae*)의 분생포자. [출처: Paul Bachi University of Kentucky Research and Education Center]

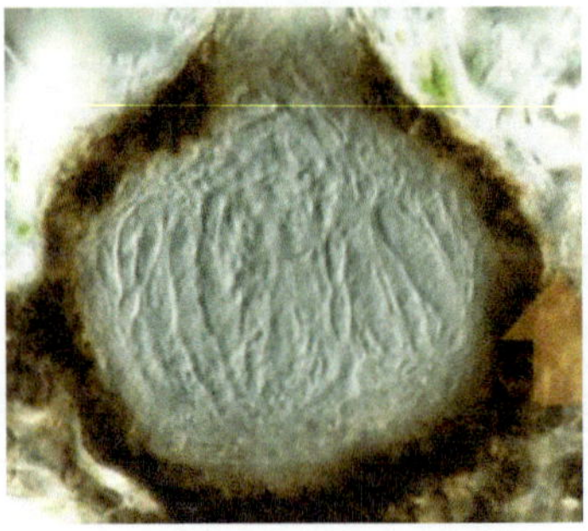

그림 12.746 박과식물 덩굴마름병균(*Didymella bryoniae*)의 자낭각. [출처: P. I. Grigorovskaya]

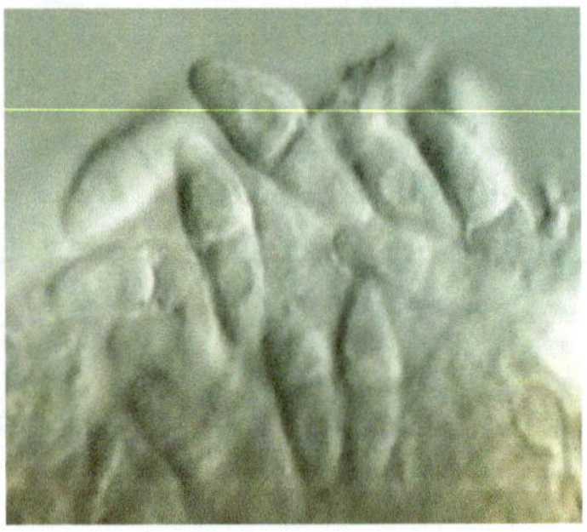

그림 12.747 박과식물 덩굴마름병균(*Didymella bryoniae*)의 자낭포자. [출처: P. I. Grigorovskaya]

[병환] 병원균은 보통 후벽포자를 형성하지 않고 병든 식물체나 식물잔재, 종자 또는 종자 표면에서 분생포자각과 자낭각 형태로 월동하며, 토양에서 5개월 동안 생존할 수 있다. 자낭포자와 분생포자 모두 비나 튀기는 빗방울에 의해 전파되고 포자형성에는 자외선이 필요하다.

자낭포자는 밤비와 이슬이 내린 후 확산된 후 수분에 젖어있는 잎에 도달하면 잎 큐티클을 뚫고 침입한다. 줄기는 상처 또는 잎 병반이 확대되면서 침해받는다. 열매는 상처와 수정할 때 꽃에 생기는 흔적을 통해 침입한다. 분생포자는 잎과 줄기 병반에서 생성된다.

병원균은 습한 조건에서 가장 잘 생장하고, 떡잎과 어린 박과작물 잎이 쉽게 침해를 받는다. 대부분의 감염은 장마철에 습도가 90% 이상이고 기온이 20~24℃ 범위일 때 일어난다.

분생포자나 감염된 종자 모두 1차 감염을 일으킨다. 그 후에 풍부하게 형성된 분생포자는 2차 감염을 일으킨다. 감염 후 10일 되었을 때 가장 많은 polygalacturonase를 생성한다.

박과작물에서 딱정벌레에 의한 침해나 흰가루병의 감염은 병원균의 감염을 쉽게 한다. 더욱이 오이줄무늬잎벌레는 포장 내의 박과식물체에 병원균의 매개충으로 작용한다. 묘상에 모를 오래 남겼을 때나 고온다습하고, 일조부족, 통풍이 나쁠 때 많이 발생한다.

[방제] 무병종자를 사용하고 종자소독을 한다. 병든 포기를 신속하게 제거한다. 지주 및 상토를 소독한다. 비기주작물로 2년 이상 윤작을 한다. 저항성 품종을 재배한다. 시설재배에서는 자외선 흡수 필름을 사용한다. 저장 중인 열매의 상처를 아물게 하기 위해 23~29℃에서 2주간 호박을 큐어링(curing)한 후 10~12℃에서 보관한다. 포장에 전염원이 많을 경우 큐어링과 저장 전에 formaldehyde나 Clorox에 살짝 담그는 것도 도움이 된다. 상습발병지에는 적용약제를 살포한다.

② 밀 마름병(take-all)

밀 마름병(take-all)을 일으키는 *Gaeumannomyces tritici*는 100년 전에 호주에서 최초로 동정된 토양전염성 곰팡이다. 밀 마름병은 전 세계적으로 분포하며, 온대 기후에서 재배되고 있는 밀, 보리, 호밀, 다른 화곡류 및 벼과목초류에 치명적인 병이다. 마름병은 특히 화곡류를 집약적으로 연작하는 지역에서 주로 겨울밀의 뿌리와 지제부에 발생한다. 감염된 뿌리는 검게 변하고 식물체는 쉽게 토양에서 뽑힌다. 이러한 병징이 백수를 일으키게 한다. 심하게 감염될 경우 40~50% 수량손실이 발생할 만큼 밀 전체를 파괴시키기 때문에 take-all이란 병명이 붙여졌다.

모든 밀과 보리 품종은 감수성이고, 귀리는 화곡류 중 유일하게 저항성이다. 특히 서부 유럽에서 재배하는 겨울밀에서 중요한 병이다. 단일작물로 집약재배하는 특성 때문이다.

[병증상] 감염된 대부분의 식물들은 연약한 뿌리 감염을 잘 견디고 병징이 나타나지 않는다. 전체 포장이 침해받기도 하지만, 전형적으로 조기에 고사하는 경우는 포장에서 둥근 패치로 나타난다. 생육초기에 밀 포장에서 마름병은 생장이 불량하고 누런빛의 유묘 또는 키가 작고 분얼을 하지 못해 빈약한 식물체가 있는 곳이 군데군데 집단으로 나타난다. 생육후기에 병든 식물은 조숙하며 불임

그림 12.748 밀 뿌리의 병징.
[출처: Missouri Extension Service]

으로 흰색 이삭이 나오는데, 이를 백수(whitehead)라고 한다.

감염된 식물은 토양에서 쉽게 뽑히는데, 병원균이 근계를 파괴하고, 남아있는 뿌리는 짧고 흑갈색으로 변해 쉽게 끊어지기 때문이다. 흑갈색으로 말라 썩는 증상은 줄기의 기부는 물론 하위엽이 있는 기부까지 확대된다.

그림 12.749 마름병에 걸린 밀. [출처: Elizabeth Bush, Virginia Polytechnic Institute and State University, Bugwood.org]

그림 12.750 밀 이삭의 병징. [출처: Oregon State Univesity]

균사층이 줄기와 최하위 잎집 사이에서 발달하며, 잎집 위에는 병원균의 자낭각 목(neck)에 해당하는 작고 검고 융기된 점무늬가 보인다. 밀 마름병을 진단하는 중요한 표징은 굵은 갈색 띠처럼 보이는 확산균사(runner hyphae, hyphopodia)가 뿌리의 표면에 존재하는 것이다.

근관(crown)과 지제부가 검게 썩어 식물체가 아무런 뿌리가 부착되지 않은 채 토양에서 쉽게 뽑힌다.

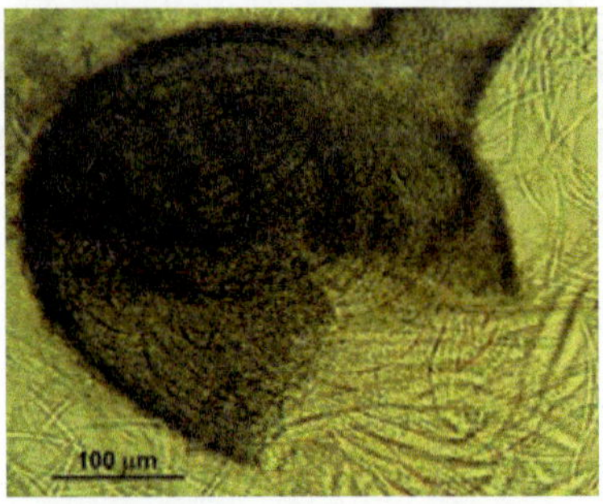

그림 12.751
밀 마름병균(*Gaeumannomyces tritici*)의 자낭각. [출처: C. N. Peixoto et al.]

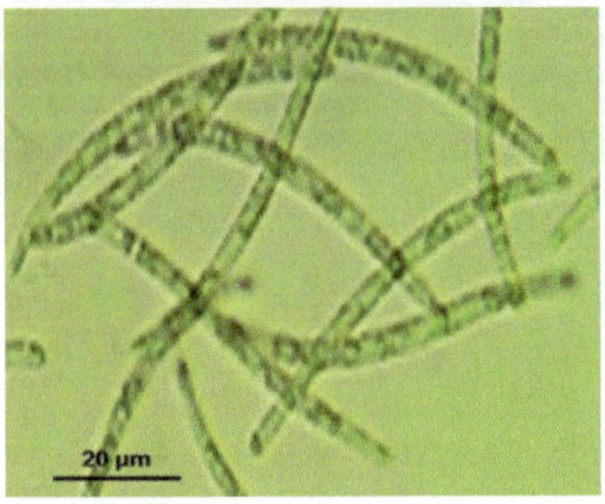

그림 12.752
밀 마름병균(*Gaeumannomyces tritici*)의 자낭포자. [출처: C. N. Peixoto et al.]

그림 12.753 밀 뿌리에 생성된 마름병균(*Gaeumannomyces tritici*)의 흡수균사(hyphopodia). [출처: Elizabeth Bush, Virginia Polytechnic Institute and State University, Bugwood.org]

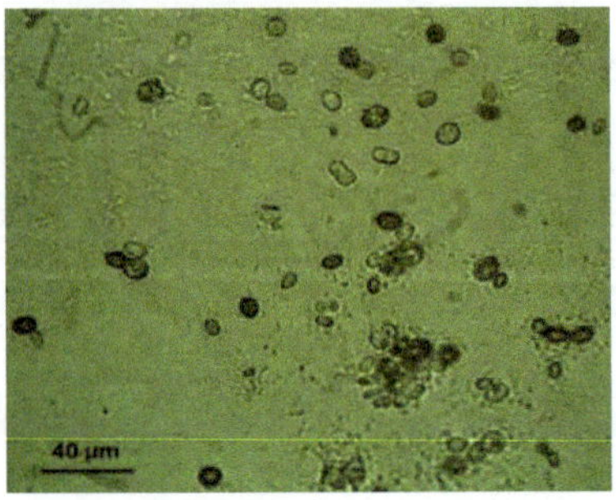

그림 12.754
밀 마름병균(*Gaeumannomyces tritici*)의 후벽포자.
[출처: Cecília N. Peixoto et al.]

[병원균] 밀 마름병을 일으키는 병원균은 *Gaeumannomyces tritici* (=*Gaeumannomyces graminis* var. *tritici*, 무성세대 *Ophipbolus graminis*)로 자낭균문(Ascomycota), 동충하초강(Sordariomycetes), Magnaporthales목, Magnaporthaceae과에 속한다.

영양체로 뿌리 위에 외생하는 확산균사를 형성하고, 짧고 암색이며 흡기같이 생긴 흡수균사

(feeder hyphae)를 형성해 기주 속으로 자라 들어간다. 유성적으로 자연 상태에서 자낭각 속의 자낭 안에 자낭포자만을 형성한다. 그러나 배양 조건에서는 무성적으로 병 모양의 균사세포 끝에서 분생포자도 형성한다. 자낭각은 검고 돌출된 검은 목을 가졌으며, 기부의 잎집에 묻혀있다.

[병환] 병원균은 감염된 밀과 벼과식물의 뿌리와 줄기 그리고 병든 식물의 잔재에서 자낭과 형태로 월동한 후 어린 식물체의 뿌리 조직을 감염하고 토양에서 자라는 균사 형태로 식물체에서 식물체로 확산된다. 그래서 밀 마름병은 종종 패치로 나타난다.

병원균은 식물체의 도관을 막아 물의 흡수를 감소시킨다. 초기 병징은 황화와 위축 증상을 포함하고, 분얼이 감소하고, 식물체는 조기에 성숙해져 백수(白穗)현상을 나타낸다.

다습한 날씨에는 자낭에서 자낭포자가 강하게 방출되지만, 거의 감염을 일으키지 않는다. 지금까지 알려진 대부분의 감염은 생장하는 밀 뿌리가 균사와 접촉해 일어난다. 외부에 있는 균사는 직접 침입관을 통해 뿌리 조직을 침입하는 흡수균사를 형성한다.

병원균은 피층과 유관속을 침해하지만, 유관속을 통한 전신감염을 일으키지는 않는다. 감염된 뿌리는 죽는다. 어린 식물에서 병원균은 관부와 기부로 확대되지만, 성숙한 식물에서는 감염 속도가 느려서 뿌리에만 머무른다.

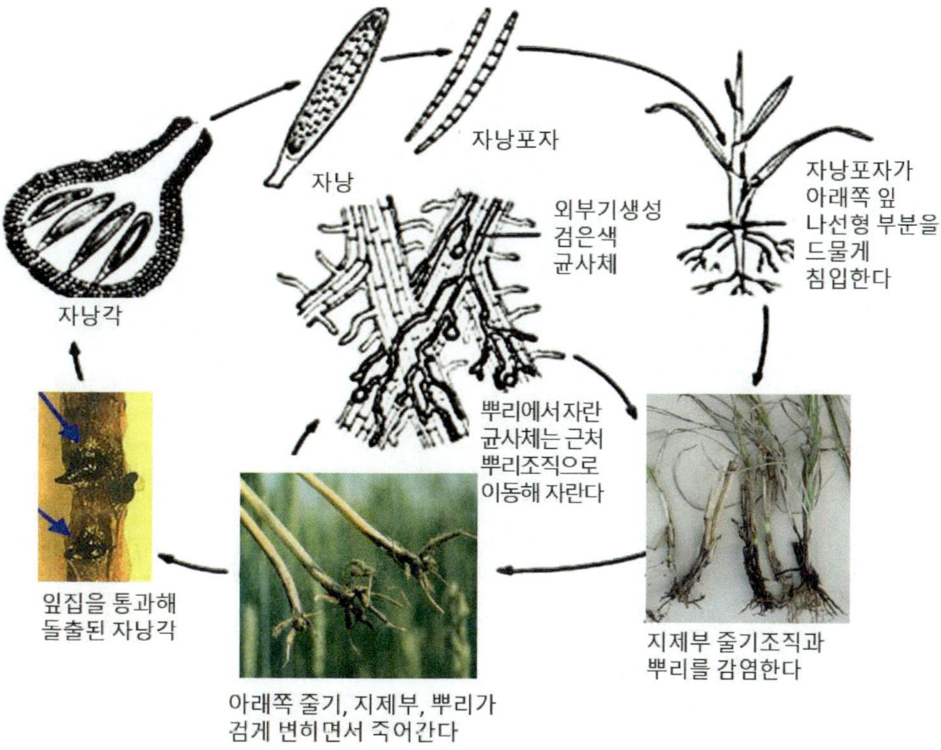

그림 12.755 *Gaeumannomyces tritici*에 의한 밀 마름병의 병환.
[출처: Heather Anne Bartone, North Carolina State University]

병원균은 생육기 전반에 걸쳐서 식물체를 침입할 수 있지만 12~18℃에서 더욱 활동적이다. 밀 마름병은 척박하고, 단단하며, 배수가 불량한 알칼리성 토양에서 심하게 발생한다. 밀을 연작하는 포장에서는 수년(3~6년) 동안은 발병률이 증가하지만, 그 이후에는 오히려 발생 빈도가 줄어들어 매우 낮은 수준에서 안정된다.

밀 마름병은 생육 후반기에 번성하고, pH 7처럼 기본적 환경에서 발생하지만, 질소, 인산, 구리가 결핍된 토양은 병원균의 생장을 촉진시킨다.

[방제] 주로 비기주식물로 윤작을 한다. 병원균이 서식할 수 있는 벼과잡초와 자생 밀을 제거한다. 미량원소, 칼륨, 인, 암모니아태 질소 비료를 적절하게 시비하고, 질산태 질소 비료 사용을 피한다. 침투성 살균제를 종자에 처리한다.

③ 인삼 뿌리썩음병(root rot)

인삼 뿌리썩음병(root rot)은 거의 모든 인삼 재배지에서 발생하며 해마다 피해가 크고 연작장해(連作障害)의 주원인이다.

[병증상] 묘삼(苗蔘)으로부터 6년생 인삼에 이르기까지 연중 발생한다. 이미 발병된 것은 발아하지 않거나 발아되더라도 위축되어 결국 말라 죽는다. 병징은 뇌두(腦頭), 원뿌리, 곁뿌리 등에 발생하며, 잎은 적갈색으로 변하는 경우가 많다. 뿌리는 처음 둥근 또는 부정형의 흑갈색 무늬가 생기고 점차 퍼져서 전체가 썩는다. 때로는 뿌리 표피가 벗겨지면서 조잡하게 썩으며, 붉게 변색되어 썩는 경우도 있다.

그림 12.756 인삼 뿌리썩음병의 전형적인 병징. [출처: 이승호]

그림 12.757 뿌리썩음병에 심하게 감염돼 뿌리는 거의 완전히 썩어 공동 껍질만 남은 인삼. [출처: Melodie Putnam]

[병원균] 인삼 뿌리썩음병을 일으키는 병원균은 *Nectria radicicola* (=*Cylindrocarpon destructans*)로 자낭균문(Ascomycota), 동충하초강(Sordariomycetes), 동충하초목(Hypocreales), 알보리수버섯과(Nectriaceae)에 속한다.

영양체는 격벽 균사체이고, 무성포자는 *Fusarium*과 비슷하지만 대형분생포자의 끝이 뭉툭하다.

[병환] 병원균은 후벽포자의 형태로 땅 속에서 월동해 뿌리의 상처 또는 각피를 뚫고 침입하는데, 셀룰로스분해효소와 펙틴분해효소를 분비한다. 발병적온은 30℃, 균사 생장적온은 20~25℃이지만 분생포자 형성적온은 30℃이다.

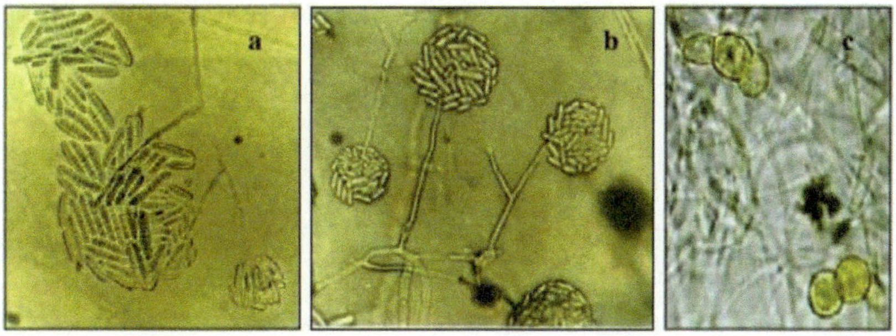

그림 12.758 인삼 뿌리썩음병균(*Nectria radicicola*)의 대형분생포자(a), 소형분생포자(b)와 후벽포자(c). [출처: Cecília Rego et al.]

[방제] 병든 식물잔재를 제거한다. 무병지에서 재배한다. 토양소독을 한다. 묘삼을 소독한 후 이식한다.

④ 담배 먹뿌리썩음병(black root rot)

세계 각지에서 재배되는 담배에 피해가 큰 병이다. 담배뿐만 아니라 목화와 당근, 상추, 토마토 등의 채소류와 페튜니아, 팬지, 포인세티아 등의 화훼류에도 발생한다.

그림 12.759 담배의 병징.
[출처: Ephytia]

그림 12.760 포인세티아의 병징.
[출처: Margery Daughtrey]

[병증상] 담배 어린 모가 침해되면 시들거나 넘어지며, 뿌리는 검게 변하고 썩는 병징을 나타낸다. 큰 식물은 건전한 것보다 생육이 현저하게 나빠지는 한편 새 잎은 개인 날 낮 동안은 시들고 생기를 잃

그림 12.761 장미나무의 병징.
[출처: Florida Division of Plant Industry, Florida Department of Agriculture and Consumer Services, Bugwood.org]

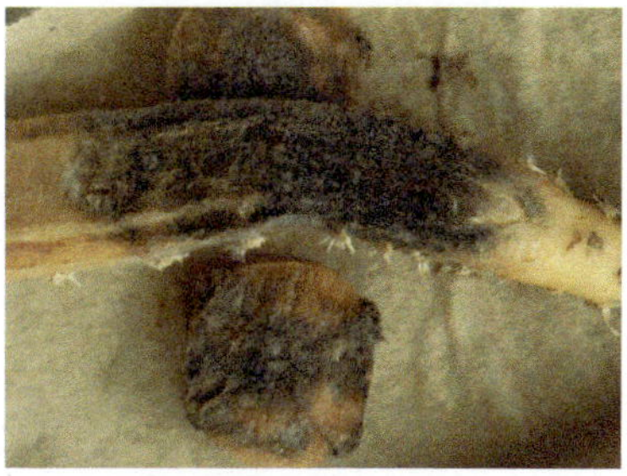

그림 12.762 당근의 병징.
[출처: Penn State Department of Plant Pathology & Environmental Microbiology Archives, Penn State University, Bugwood.org]

는다. 잔 뿌리는 감소하고 군데군데 검게 변색된 부위가 생기며, 심한 경우 뿌리 전체가 검게 되고 죽는다.

[병원균] 담배 먹뿌리썩음병을 일으키는 병원균은 *Berkeleyomyces basicola*(=*Thielaviopsis basicola*)로 자낭균문(Ascomycota), 동충하초강(Sordariomycetes), 미세자낭균목(Microascales), 긴부리껍질균과(Ceratocystidaceae)에 속한다.

영양체는 격벽 균사체이고, 무성생식에 의해 길다란 분생포자경의 끝에 있는 phialide에 원통형 내생분생포자(endoconidia)와 후벽포자(aleuriospore, chlamydospore)를 형성한다.

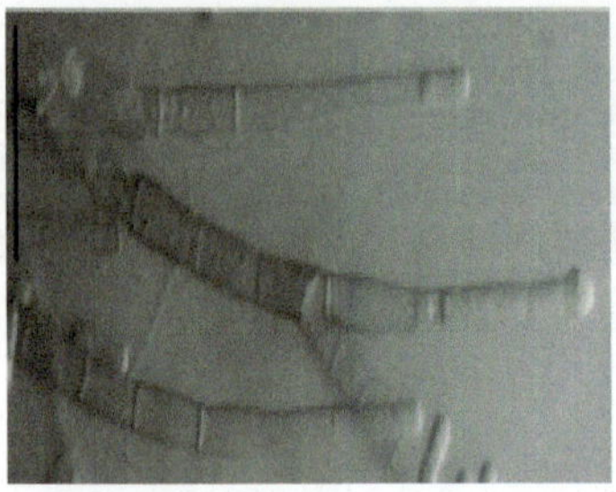

그림 12.763 담배 먹뿌리썩음병균(*Berkeleyomyces basicola*)의 phialide. [출처: W. J. Nel et al.]

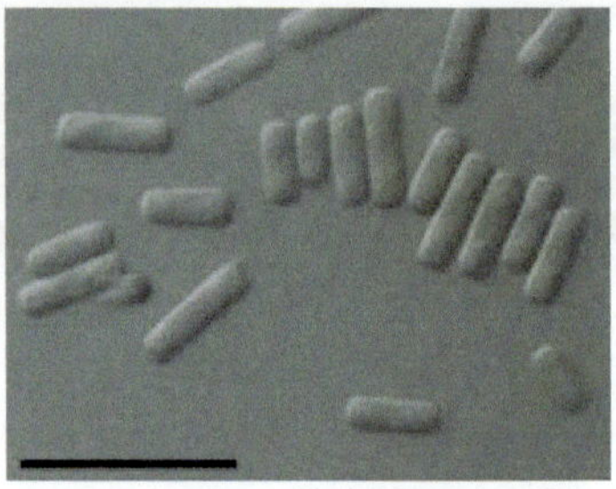

그림 12.764 담배 먹뿌리썩음병균(*Berkeleyomyces basicola*)의 내생분생포자. [출처: W. J. Nel et al.]

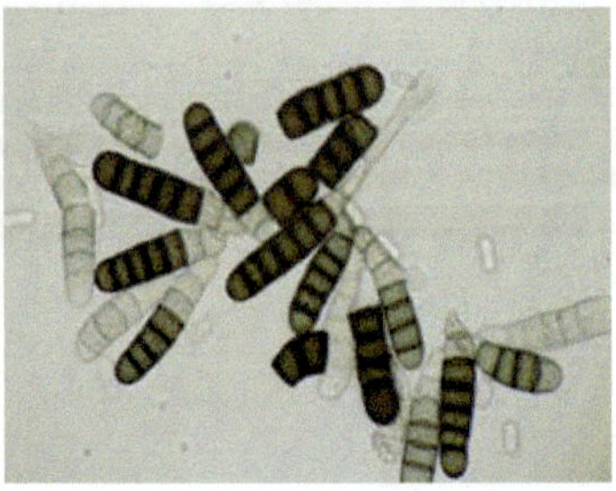

그림 12.765 담배 먹뿌리썩음병균(*Berkeleyomyces basicola*)의 후벽포자. [출처: Wikimedia Commons]

[병환] 병원균은 후벽포자, 병든 식물잔재에 있는 균사 또는 분생포자 형태로 땅 속에서 월동한다. 이듬해 병든 모 이식, 농기구나 바람 또는 오염된 토양을 통해 전염되어 뿌리를 직접 침입한다.

병원균은 작물 생육 최초 2~8주 사이에 뿌리 조직을 감염해 뿌리 피층 세포를 갈색~검은색을 띠면서 죽게 해 뿌리와 줄기에서 새로운 조직의 발달을 감소시킨다.

일단 감염되면 병원균의 균사가 자라 분생포자인 내생분생포자(endoconidia)와 후벽포자(aleuriospore, chlamydospore) 등 두 가지 형태의 포자를 형성한다. 후벽포자는 토양에서 여러 해 생존할 수 있다.

토양 온도가 17~23℃일 때 잘 발병하며, 30℃ 이상에서는 거의 발생하지 않는다. 토양의 pH가 5.5 이하에서는 발병하지 않으며, pH가 7 전후일 때 발병하기 쉽다.

[방제] 모판의 상토는 무병토양을 사용한다. 토양소독을 한다. 토양 온도를 높이고, 배수관리를 철저히 하고, 토양산도를 pH를 5.5 이하로 조절한다. 벼과식물로 윤작을 한다. 저항성 품종을 재배한다.

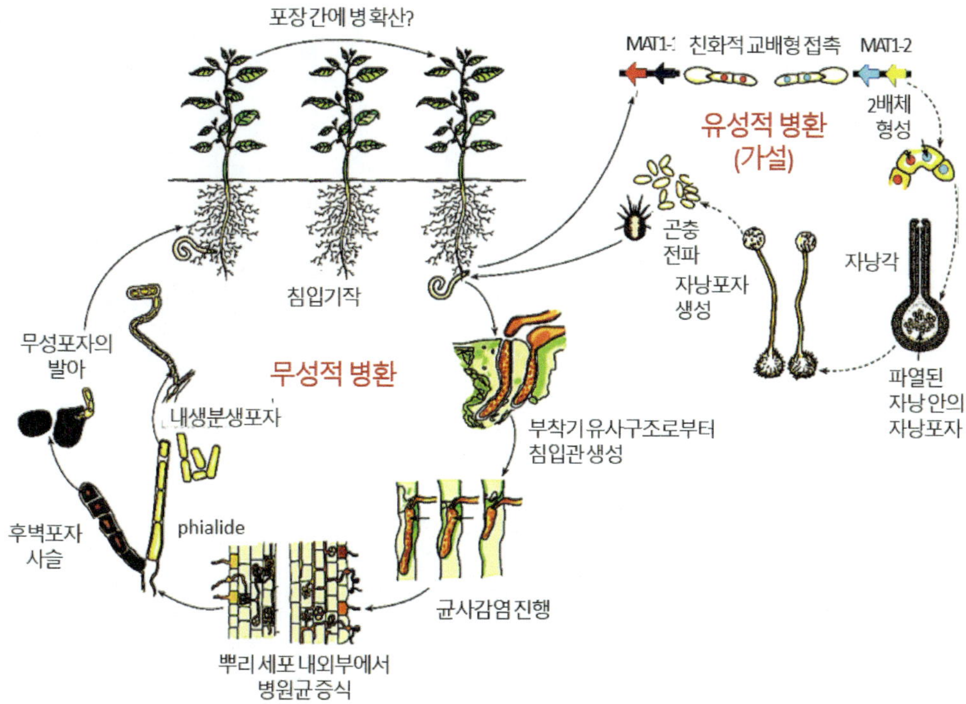

그림 12.766 *Berkeleyomyces basicola*에 의한 담배 먹뿌리썩음병의 병환. [출처: W. J. Nel et al.]

⑤ 사과나무 흰날개무늬병(white root rot)

사과나무 흰날개무늬병(white root rot)은 재배한지 10년 이상된 나무나 오래된 과원에서 발생이 심하다. 흰날개무늬병으로 죽은 자리에 보식한 경우에는 2~3년생 유목에 발생하기도 한다. 흰날개무늬병에 감염된 나무의 병증상은 자주날개무늬병의 병증상과 아주 유사하지만, 흰날개무늬병의 진전이 자주날개무늬병의 진전보다 훨씬 빠르므로 지상부에 쇠약증상, 착화과다, 시들음 등의 이상 증상이 급격하게 나타나기도 한다. 사과나무, 배나무, 호두나무 등 거의 모든 과수를 침해하고, 뽕나무, 벚나무 등 많은 수목과 무, 당근, 고구마, 감자, 옥수수 등 농작물도 침해한다.

그림 12.767 흰날개무늬병에 감염된 사과나무. [출처: Amy Grant]

그림 12.768 사과나무 뿌리의 병징. [출처: Bhupesh Gupta]

[병증상] 발병 초기에 건전한 나무에 비해 낙엽이 빠르고, 열매의 착색이 좋으며, 수

피색이 옅어진다. 점차 병이 진전되면 잎이 누렇게 되고, 새가지 생장이 억제되고, 꽃눈 분화가 많아진다. 심하게 피해를 받은 나무의 뿌리는 썩으면서 흰색 균사막으로 싸이고, 균사막은 점차 검은색으로 변한다. 굵은 뿌리의 표피를 제거하면 목질부에 흰색 부채모양의 균사막과 실모양의 균사속을 볼 수 있다.

그림 12.769 사과나무 뿌리의 표징(균사막). [출처: Turner B. Sutton]

[병원균] 사과나무 흰날개무늬병을 일으키는 병원균은 *Rosellinia necatrix*로 자낭균문(Ascomycota), 동충하초강(Sordariomycetes), 꼬투리버섯목(Xylariales), 꼬투리버섯과(Xylariaceae)에 속한다.

영양체는 격벽 균사체인데, 격벽 부위가 특이하게 서양배 모양으로 팽창되어 있어서 이 병원균의 중요한 분류 키(key)가 된다. 칼 모양의 분생포자경의 끝에 타원~계란 모양의 무색 단세포 분생포자를 형성한다. 유성세대로 자낭각을 형성하지만 자연상태에서 자낭각 관찰이 쉽지 않다.

그림 12.770 사과나무 흰날개무늬병균(*Rosellinia necatrix*)의 자낭각. [출처: Alchetron]

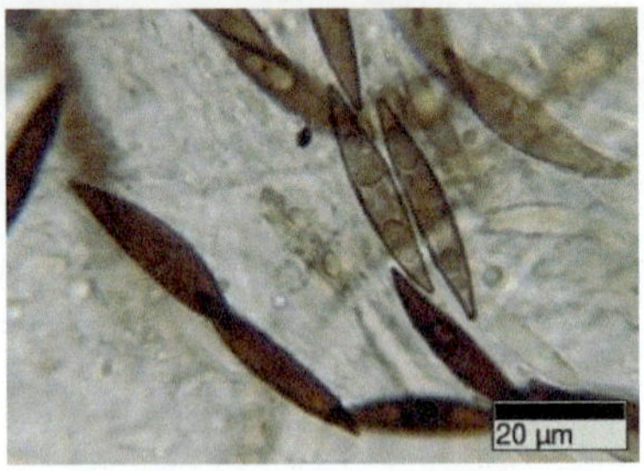

그림 12.771 사과나무 흰날개무늬병균(*Rosellinia necatrix*)의 자낭포자. [출처: Alchetron]

[병환] 배수가 잘 되지만 항상 토양 수분이 충분한 토양에서 병원균이 잘 자란다. 감염 초기나 병의 진전이 경미한 경우에는 수년간 건전해 보인다. 그러나 병이 계속 진전되면 잎이 담황색으로 변하고, 새가지 생육이 불량해지고, 일찍 낙엽이 진다.

[방제] 과원을 조성할 때 식물체 뿌리나 잔재를 제거하고 토양소독을 한 후 식재한다. 건전한 묘목을 선택하고 뿌리를 침지소독 후 식재한다. 적절한 수세 관리를 위해 유기질 비료를 사용하고, 배수 및 관수 관리를 철저히 해 급격한 토양 수분 변화를 차단한다. 병든 뿌리는 제거하고 도포제를 처리한 후 적용약제를 흙에 혼합해 복토한다. 발병이 심한 과원에는 객토 및 토양개량을 하고 석회나 인산질 비료를 사용한다.

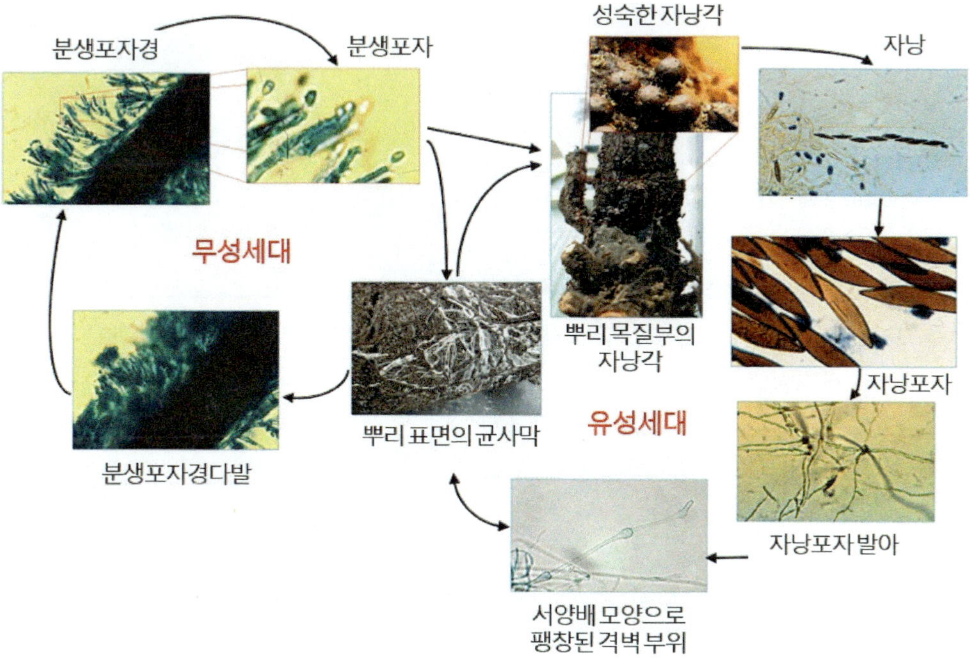

그림 12.772 *Rosellinia necatrix*에 의한 사과나무 흰날개무늬병균의 병환. [출처: Clara Pliego et al.]

⑥ 리지나뿌리썩음병(Rhizina root rot)

리지나뿌리썩음병(Rhizina root rot)은 기주인 수목보다 병원균이 발병에 더 많은 영향을 미치는 특성을 지닌 병원균 우점병 중의 하나이다. 소나무류, 전나무류, 가문비나무류, 낙엽송류, 솔송나무 등 침엽수에 발병하며, 전 세계적으로 온대 및 아한대 지역에서 문제가 되는 병이다. 우리나라에서는 1982년 경주 남산에서 처음 발견되었으며, 1990년대 강릉 경포대 일대에서 대발생이 있었다. 2000년대에는 충청도 서해안 지역의 해수욕장을 끼고 있는 소나무림에 피해가 나타나고 있다. 주로 해송, 소나무에 피해가 가장 많고 전나무, 일본잎갈나무에도 간혹 피해가 나타나고 있다.

1800년대 후반과 1900년대 초반, 특히 독일의 임업학자이자 균학자 Robert Hartig에 의해 리지나뿌리썩음병을 일으키는 파상땅해파리버섯(*Rhizina undulata*)의 기생성이 밝혀졌고, 15년생에서 60년생 침엽수가 주로 침해받는다. *R. undulata*는 전 세계에 분포하며, 유럽 중북부, 북아메리카, 아시아 북부, 아프리카 남부 지역의 개간지 또는 불에 탄 지역에서 흔히 발견된다. 침엽수 묘목에 기생하며, 전 세계적으로 산림에 상당한 피해를 주고 있다.

[병증상] 묘목이 스트레스를 받는 것처럼 보이는 것이 주요 병징 중 하나이다. 토양 표면에 가까운 잔뿌리가 흑갈색으로 썩다가 점차 굵은 뿌리로 번져 간다. 뿌리에 피해를 주기 때문에 재선충처럼 가도관을 통해 물 공급을 원활히 받지 못해 나무 전체가 수분을 잃어 마른 증상처

럼 적갈색으로 변하면서 죽어간다.

침엽은 괴사하게 되며, 지제부나 지제부 아래가 환상박피가 일어날 수 있다. 가지 생장도 저해되고, 뿌리는 병반으로 뒤덮히고, 흰색에서 노란색 균사체로 덮힌다. 병징은 성숙한 나무에서도 나타날 수 있으며, 광범위한 솔방울 생산, 새순 생장 감소, 줄기 아랫부분의 상당한 양의 수지 생성, 침엽의 황화 및 괴사 등으로 나타난다.

그림 12.773 모닥불 중심으로 발생된 피해. [출처: 김경희]

그림 12.774 피해 뿌리의 송진에 의해 형성된 모래 덩어리. [출처: 김경희]

그림 12.775 리지나뿌리썩음병균(*Rhizina undulata*)의 자실체(연한갈색, 짙은갈색, 검정색). [출처: 김경희]

그림 12.776 리지나뿌리썩음병균(*Rhizina undulata*)의 자낭반 아래의 균사속. [출처: 김경희]

병든 나무 지제부와 나무 주변에는 접시 모양으로 굴곡을 가진 직경 6 ㎝까지 되는 파상땅해파리버섯이 발생해 리지나뿌리썩음병의 진단에 결정적인 표징이 될 수 있다. 화재 현장에 가까운 나무의 뿌리에 균사체 및 병반이 나타나는데, 그 병징과 표징은 늦여름과 비가 많이 오는 해 가을에 가장 흔하게 나타난다.

[병원균] 리지나뿌리썩음병을 일으키는 병원균은 *Rhizina undulata*(파상땅해파리버섯)으로 자낭균문(Ascomycota), 주발버섯강(Pezizomycetes), 주발버섯목(Pezizales), 땅해파리과(Rhizinaceae)에 속하는 곰팡이로 흔히 doughnut fungus 또는 pine fire fungus라고 알려졌다.

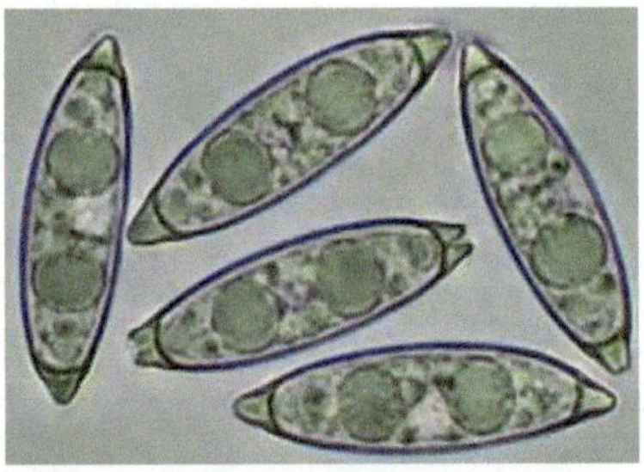

그림 12.777 리지나뿌리썩음병균(*Rhizina undulata*)의 자낭포자. [출처: Salvatore Saitta]

영양체는 2핵상의 격벽 균사체이고, 유성생식에 의해 형성된 자실체인 자낭반은 짙은 자주색 갈색을 띠며, 밝은 노란색 테두리를 두르고, 빵껍질처럼 생겼으며, 수많은 뿌리 모양의 노란 뿌리꼴균사다발(근상균사속, rhizomorph)이 자라는 나무 표면에 부착되어 있다. 자낭반의 가장자리는 접시 모양으로 굴곡을 가진 갈색 버섯이며, 우산살 모양의 균사속이 해파리 형태로 되어 있다. 직경 3~10 ㎝에 두께 0.2~0.3 ㎝이며 습기가 있을 때는 부드럽고 연약하지만 건조하면 딱딱한 코르크처럼 굳어 있는 것이 특징이다. 버섯은 처음에 연한 갈색이지만 시간이 지남에 따라 짙은 갈색에서 마지막에 검정색을 띠게 된다. 원통형 자낭에는 8개의 방추형 자낭포자가 들어 있다.

[병환] 자낭포자는 지면의 온도가 35~45℃로 증가한 곳에서 24시간 이상 유지되면 발아해 뿌리의 피층이나 체관부(사부)를 침입한다. 감염된 피층의 유세포는 균사로 가득 차게 되고, 체관부도 균사로 채워지거나 둘러싸여 처음 회백색이던 균사가 점차 갈색으로 변하면서 목질화된다. 병원균에 의해 침해받은 유묘의 뿌리는 외피와 내피 조직의 모든 부분을 관통하는 하얀 균사체로 매트를 이룬다. 감염과정에서 병원균에 의해 분비되는 섬유소분해효소 또는 펙틴분해효소가 관여해 발생하는 연화성 병으로 알려졌다.

이 병은 산불이나 해수욕장 주위 취사, 논이나 밭두렁 소각에 의해 빈번히 발생한다. 미생물이 많은 산림 토양은 포자가 산불에 의해 발아되어도 더 이상 진행되지 않지만, 미생물이 빈약한 해안가 모래 토양에서는 한번 발생하면 동심원으로 퍼지면서 매년 5~6 m씩 진행된다.

병원균은 불에 탄 토양이나 침엽수 잔해에서 널리 퍼져 자란다. 포자는 열기에 의해 활성화되기 때문에 불에 탄 토양에 병이 발생한다. 불이 포자의 휴면상태를 깨뜨리고 병원균이 번성하도록 하며, 산성 토양에서 잘 자란다. 부생균으로 여겨지지만, 다양한 연령대의 침엽수를 기생적으로 침해할 수도 있다.

[방제] 산불이 발생한 임야에서는 소나무를 다른 수종으로 대체해야 한다. 피해 지역은 심한 산성화가 되어 있기 때문에 소석회를 뿌려 토양을 중화시켜야 한다. 해안가 소나무 숲에서는 모닥불과 취사를 금지한다. 열기는 포자를 활성화시킬 수 있기 때문에 산불이 나거나 불에 탄 후 1.5~2년 정도 나무 심기를 늦추는 것도 주요 예방법 중 하나다.

12.6.10 저장병

저장병(postharvest disease)은 작물을 수확, 선별, 포장하는 동안과 시장과 소비자에게 이르기까지 운송되는 동안 그리고 이 생산물들을 소비자가 실제 소비하거나 이용하는 순간까지 열매 또는 과실이나 기타 식물 생산물에 발생하는 병이다.

이 기간동안에 식물 생산물은 포장에서 시작되기는 하였지만 잠복해 있던 저장병의 병징을 나타내며, 유해한 환경조건이나 처리에 의해 쉽게 영향을 받게 되어 외관과 품질이 손상된다. 또한 생산물은 미생물이 침해하기에 적합한 조건이 되어 미생물은 생산물의 일부에 부패를 일으키게 된다. 또한 미생물이 생산물에 독소물질을 분비함으로써 소비에 부적합하게 만들거나 영양가와 판매가격을 떨어뜨리기도 한다.

모든 종류의 농산물은 저장병에 감수성이다. 일반적으로 생산물의 외부가 물러지거나 즙액이 많고 생산물 전체의 수분함량이 많을수록 저장병균과 세균에 의한 상처와 감염에 대해 더 감수성이 된다. 따라서 다즙성이고 다육질의 과실과 채소, 절화, 인경 그리고 구근에는 저장병이 자주 발생한다. 저장병에 의한 손실 정도는 특정 생산물, 관련 병원균 그리고 저장조건에 따라 다르다.

곡류와 두류에서 어떤 감염을 일으키는 미생물들은 균독소(mycotoxin)로 알려진 독소물질을 생성해 저장병을 일으킨다. 균독소는 이와 같은 미생물에 의해 감염된 종자로부터 만들어진 생산물을 소비하는 인간과 동물에게도 유독하다. 균독소는 신선한 과실과 채소를 침입하는 일부 병원균에 의해서도 생성되지만, 이 경우에는 소비하기 전에 썩은 과실이나 열매, 또는 썩은 부분을 제거시키기 때문에 균독소도 제거된다.

많은 과실, 채소, 곡류와 두류의 저장병은 포장에서 병원균에 의해 감염되어 발생한다. 이와 같은 포장감염(field infection)으로부터 생긴 병징은 너무 두드러지지 않아서 수확 당시에는 눈에 띄지 않는다. 다육질의 과실과 채소에서의 포장감염은 수확 후에 계속 진전되지만, 곡류와 두류에서는 수확 후에 곧 멈춘다. 다육질의 과실과 채소에서 새로운 감염이 저장 중에 동일한 병원균이나 다른 병원균에 의해서 생기는 반면에 곡류와 두류에서 저장 감염은 대개 포장감염을 일으키는 병원균 이외의 병원균에 의해서 일어난다.

저장병도 고온고습한 조건에서 많이 발생한다. 다즙성 과실과 채소는 수축을 피하기 위해서 일반적으로 높은 상대습도에서 보관하기 때문에 병원균에 의해 쉽게 침해받는데, 특히 상처 및 절단 부위가 있거나 흠집이 생기면 훨씬 더 쉽게 침입이 이루어진다. 그러나 자연개구를 통한 침입과 감염된 과실과 채소와 접하고 있는 과실과 채소의 큐티클과 표피세포를 통한 직접 침입도 매우 흔하게 일어난다. 일단 과실과 채소가 감염되면 저장온도가 증가함에 따라 감염의 진전과 전반도 증가한다. 저온(3~6℃)에서는 병원균의 생장과 저장병 발병은 느려지거나 진전을 멈춘다.

반면에 곡류와 두류는 수분함량이 낮거나 12~14%로 낮게 감소시킬 수 있기 때문에 오랜 기간동안 보관할 수 있다. 이와 같이 낮은 수분함량에서는 포장감염을 일으키는 병원균은 생장할 수 없고 심지어 곡류가 축축하게 되었을 때에도 새로운 감염을 일으킬 수 없다. 그러나 다른 병원균들은 수분함량이 대략 13~15%일 때 곡류와 두류를 감염시킬 수 있고, 위의 범위보다 조금만 더 높아지면 감염률과 감염의 전파는 급격하게 증가한다. 높은 온도는 과실과 채소에 적합한 것처럼 높은 수분함량과 함께 곡물의 감염에 적합하다.

(1) *Alternaria*에 의한 저장병

자낭균문(Ascomycota), 좌낭균강(Dothideomycetes), 플레오스포라목(Pleosporales), 플레오스포라과(Pleosporaceae)에 속하는 *Alternaria*는 수확 전 · 후에 대부분의 신선한 과실과 채소를 부패시킨다.

병징은 뚜렷한 가장자리를 가진 갈색이나 검은색, 평평하거나 움푹 들어간 점무늬증상을 나타내거나 과실과 채소의 신선한 부위로 얕거나 깊게 확장되고 확산되는 커다란 부패증상을 나타낸다.

*Alternaria*는 넓은 온도 범위에서 잘 생장하며, 심지어는 냉장온도에서도 서서히 생장한다. *Alternaria*는 표면에 균사체를 거의 나타내지 않거나 전혀 나타내지 않은 채 조직 속으로 전파되고 조직을 부패시키지만, 보통 처음에는 하얗고 나중에 갈색에서 검은색으로 변하는 덥수룩한 균사체를 썩은 부위 표면에 형성한다.

그림 12.778 *Alternaria* sp. [출처: Fungi of Great Britain and Ireland]

그림 12.779 *Alternaria*에 의한 블루베리 저장병.
[출처: Jay W. Pscheidt]

그림 12.780 *Alternaria*에 의한 피망 저장병.
[출처: C. Radon]

(2) *Fusarium*에 의한 저장병

자낭균문(Ascomycota), 각균강(Sordariomycetes), 육좌균목(Hypocreales), 넥트리아과(Nectriaceae)에 속하는 *Fusarium*은 채소와 관상식물 그리고 특히 뿌리작물, 괴경, 인경 등에 분홍색 또는 노란색 곰팡이가 피는 저장병을 일으킨다. 또한 박과작물이나 토마토처럼 낮게 자라는 작물도 침해한다.

*Fusarium*에 의한 오염은 포장에서 보통 수확 전이나 수확 중에 발생하지만 감염은 포장에서나 저장 중에 진전된다. 특히, 감자처럼 오랫동안 저장하는 작물에서 손실이 크다. 감염된 조직은 처음에는 습기가 있고 담갈색으로 나타나지만, 나중에는 짙은 갈색으로 되고 약간 마른다. 썩은 부위가 확장됨에 따라 감염된 조직은 움푹 들어가고, 표피는 구겨지며, 흰색, 분홍색 또는 노란색 균사가 자란다. 토마토나 박과작물처럼 무른 조직의 감염은 더 빨리 진전되고 특징적으로 분홍색 균사와 분홍색으로 썩은 조직을 나타낸다.

그림 12.781 *Fusarium* sp.
[출처: Paul Cannon]

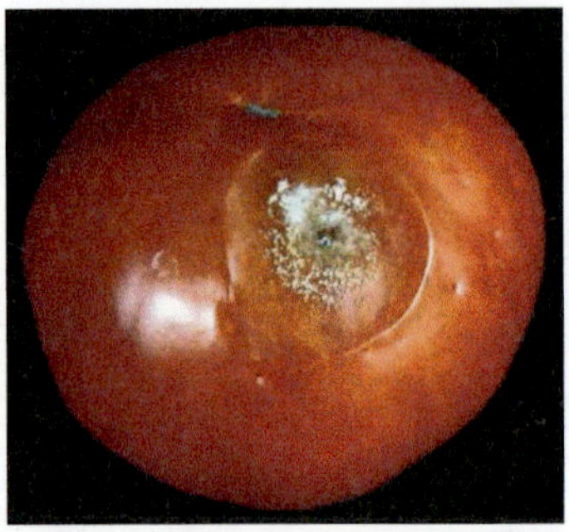

그림 12.782 *Fusarium*에 의한 토마토 저장병.
[출처: Don Edwards]

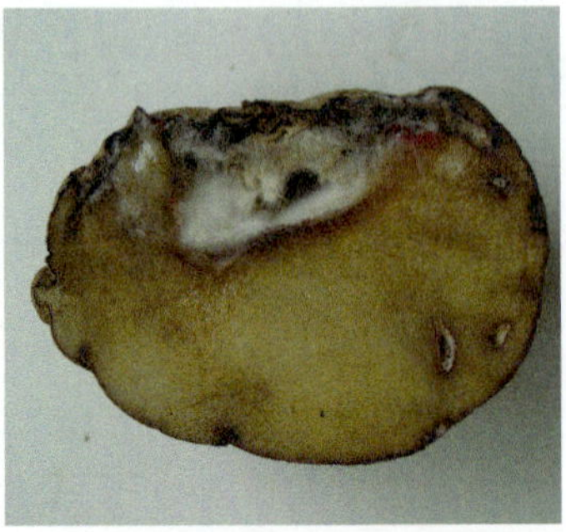

그림 12.783 *Fusarium*에 의한 감자 저장병.
[출처: Government of Western Australia]

(3) *Geotrichum*에 의한 저장병

자낭균문(Ascomycota), Saccharomycetes강, Saccharomycetales목, Dipodascaceae과에 속하는 *Geotrichum*은 감귤나무류의 열매, 토마토, 당근, 그리고 다른 과실과 채소에 시큼한 냄새가 나는 썩음병을 일으키는데, 감수성 과실과 채소에서 가장 더럽고 불쾌한 썩음병 중 하나이다. 비록 *Geotrichum*은 성숙한 녹색 단계에 있는 과실과 채소를 침해할지라도, 성숙되었거나 과숙한 과실 또는 채소를 밀봉된 플라스틱 봉지나 포장 속에 보관할 때 특히 많이 발생한다.

*Geotrichum*은 토양과 썩은 과실과 채소에 널리 분포되어 있으며, 수확 전이나 수확 중에 과실과 채소를 오염시키는데, 보통 수확 후에 여러 종류의 상처를 통해 열매에 침입한다. 감염된 부위는 수침상을 나타내고 연화되어 쉽게 구멍이 뚫린다. 부패는 급속히 전반된다. 나중에 표피의 감염된 부위는 갈라지고, 보통 희거나 치즈색의 거품 찌꺼기같이 자란 곰팡이로 가득 채워진다. 또한, 표면에는 빽빽한 상아색 곰팡이들이 얇은 수침상의 층을 이루는 반면에 내부 전체는 신 냄새가 나며 물러 썩는다. 과실파리는 이 병에 감염된 조직에 몰려와

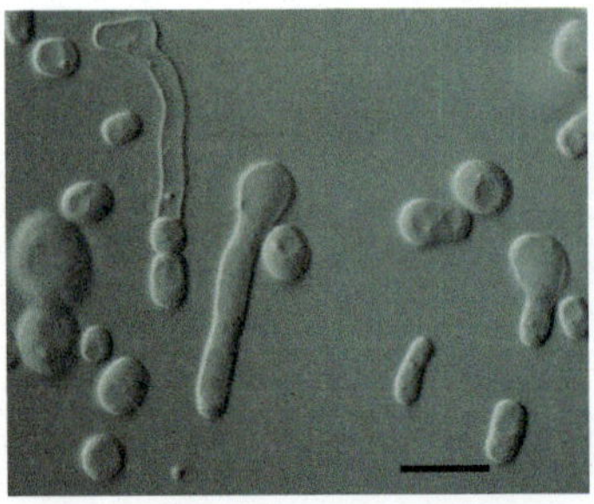

그림 12.784 *Geotrichum* sp.
[출처: Wanlapa Lorliam et al.]

그림 12.785 *Geotrichum*에 의한 멜론 저장병. [출처: Gerald Holmes, Strawberry Center, Cal Poly San Luis Obispo, Bugwood.org]

그림 12.786 *Geotrichum*에 의한 고구마 저장병. [출처: Gerald Holmes, Strawberry Center, Cal Poly San Luis Obispo, Bugwood.org]

*Geotrichum*을 더 멀리 전파시킨다. *Geotrichum*은 높은 온도(24~30℃)와 습도를 좋아하지만, 2℃ 정도의 저온에서도 활동한다.

(4) *Penicillium*에 의한 저장병

자낭균문(Ascomycota), Eurotiomycetes강, Eurotiales목, Trichocomaceae과에 속하는 *Penicillium*은 푸른곰팡이병(blue mold)과 녹색곰팡이병(green mold)을 일으킨다. 이들은 저장병 중 가장 흔하고 가장 피해도 심하며, 대부분의 과실과 채소를 침해한다. 감귤나무류와 같은 일부 과실에서는 감염이 포장에서 발생할지도 모르지만, 푸른곰팡이병과 녹색곰팡이병은 본래는 저장병이고 운송, 저장, 판매 중에 일어나는 부패의 90%까지 관여한다.

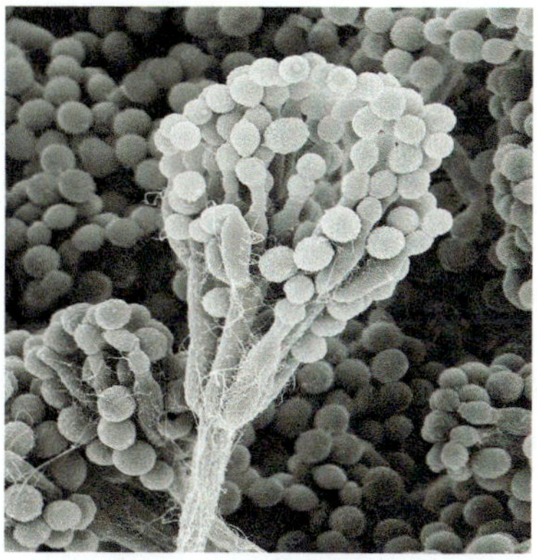

그림 12.787 *Penicillium* sp. [출처: Science Photo Library]

*Penicillium*은 상처를 통해 침입한다. 그러나 감염된 과실에 접촉하고 있는 건전한 과실의 손상되지 않은 과피를 통해 전파된다. 푸른곰팡이병과 녹색곰팡이병은 처음에 물러지고, 물기가 많고, 약간 변색된 여러 가지 크기의 점무늬를 과실에 나타낸다. 이들 점무늬는 처음에 다소 얕지만 빠르게 깊어지고, 실온에서 거의 과실 전체가 바로 며칠 이내에 썩어 버린다. 곧 하얀 균류가 과실 표면의 점무늬 중심부에서 자라기 시작하고 포자를 형성하기 시작한다. 포자 형성 부위는 푸른색, 청녹색, 또는 연녹색이고 보통 수침상 조직의 띠와 함께 하얀 균사체에 의해 둘러싸인다.

그림 12.788 *Penicillium italicum*에 의한 레몬 푸른곰팡이병. [출처: Gerald Holmes, Strawberry Center, Cal Poly San Luis Obispo, Bugwood.org]

*Penicillium*은 온난다습한 공기에서는 여러 크기의 점무늬를 만들며, 저온건조한 공기에서는 열매가 완전하게 썩었다 할지라도 표면에 *Penicillium*은 거의 나타나지 않는다. 썩은 열매는 곰팡이 냄새를 풍기고 건조한 조건에서는 오그라들고 미라상태로 된다. 습한 조건에서는 2차적으로 곰팡이와 효모가 과실을 침해해 물컹물컹하게 썩힌다.

*Penicillium*은 과실과 채소를 부패시켜서 일으키는 손실 외에도 감염을 일으킨 생산물에 patulin같은 여러 균독소를 생성해 건전하지만 부분적으로 썩은 과실로 만든 주스 또는 소스를 오염시키기도 한다.

그림 12.789 *Penicillium digitatum*에 의한 오렌지 녹색곰팡이병. [출처: Wikipedia]

(5) *Sclerotinia* 에 의한 저장병

자낭균문(Ascomycota), Leotiomycetes강, Helotiales목, Sclerotiniaceae과에 속하는 *Selerotinia*는 감귤류 비롯해 많은 과실에 균핵병과 양파와 감자를 제외한 모든 채소류에 무름병을 일으킨다. 다습한 조건에서는 물컹물컹하게 썩으며, 감염된 조직은 하얗고 솜털같은 균사체가 자라 급속히 덮이는 것이 특징이다. 공기의 습도가 높을 때 썩은 다즙성 생산물은 완전히 액화되어 흘러나오므로 진물이 흥건하다. 건조한 공기에서는 수분이 부패에 의해 방출되는 것보다 더 빨리 증발되어 조직은 말라 미라상태나 양피지같은 잔존물만 남는다.

균핵병은 어린 과실과 채소 그리고 성숙한 과실과 채소를 모두 침해하며 급속하게 전파되는 접촉성 썩음병이다. 나중에는 2~15 mm 길이의 검은 균핵이 곰팡이층에서 발달한다. 25℃까지는 온도가 상승함에 따라 *Selerotinia*도 활동적이고 부패 정도도 증가하지만, 일단 조직의 부패가 시작되면 0℃ 정도의 저온에서도 계속된다.

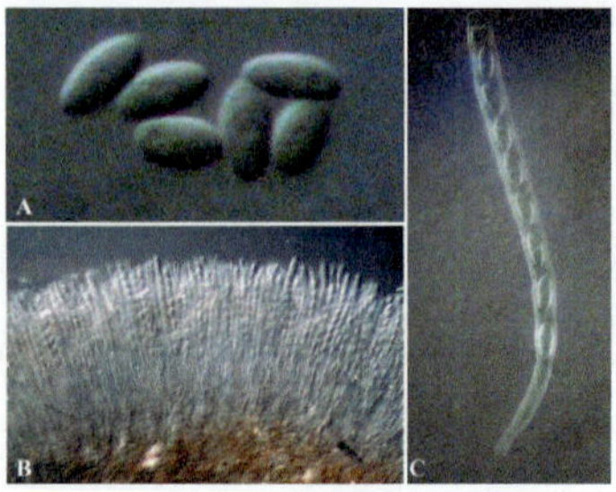

그림 12.790
Selerotinia sclerotiorum. (A) 자낭포자, (B) 자낭반 hymenium, (C) 자낭. [출처: Zi-Qing Yuan]

그림 12.791
*Selerotinia sclerotiorum*에 의한 당근 균핵병. [출처: William M. Brown Jr.]

그림 12.792
*Selerotinia sclerotiorum*에 의한 레몬 균핵병. [출처: Gerald Holmes, Strawberry Center, Cal Poly San Luis Obispo, Bugwood.org]

(6) *Botrytis* 에 의한 저장병

자낭균문(Ascomycota), Leotiomycetes강, Helotiales목, Sclerotiniaceae과에 속하는 *Botrytis*는 포장에서 그리고 저장 중의 과실과 채소에서 잿빛곰팡이병(gray mold) 또는 잿빛곰팡이썩음병(gray mold rot)을 일으킨다.

그림 12.793 *Botrytis* sp. [출처: Seth Inman]

그림 12.794 *Botrytis*에 의한 딸기 저장병. [출처: Wikipedia]

그림 12.795 *Botrytis*에 의한 포도 저장병. [출처: Jeremy Burgess]

거의 모든 신선한 과실, 채소, 인경이 저장 중에 *Botrytis*에 의해 침해당한다. 딸기, 양상추, 양파, 포도와 사과같은 생산물들 중 일부는 포장에서 성숙에 가까운 단계 또는 미숙한 동안에도 침해받는다. 열매의 배꼽이나 줄기의 끝 또는 상처에서 부패가 시작된다. 부패는 조직 속으로 깊게 그리고 급속히 썩어 들어가는 명백한 수침상의 갈색 부위로 나타난다.

대부분의 기주는 습한 조건에서 회색 또는 회갈색의 부드러운 입자상의 잿빛곰팡이층이 부패된 표면에 나타난다. 잿빛곰팡이병은 저온다습한 환경에서 가장 심하게 발생하고, 심지어 0℃에서도 느리지만 계속 진전된다.

(7) *Aspergillus*에 의한 저장병

자낭균문(Ascomycota), Eurotiomycetes강, Eurotiales목, Trichocomaceae과에 속하는 *Aspergillus*는 곡류와 두류의 저장병에서 가장 일반적으로 발견된다. 특히 저장 중인 옥수수를 부패시키는 저장병을 일으키고 균독소를 생성해 병든 사료를 먹인 가축에게 커다란 피해를 준다.

그림 12.796 *Aspergillus* sp.
[출처: Nick Read, Fungal Cell Biology Group]

그림 12.797 *Aspergillus*에 의한 옥수수 저장병. [출처: Alison Robertson, , Department of Plant Pathology and Microbiology, Iowa Srare University]

12.6.11 과실과 채소의 저장병 방제

어떤 저장병에 대한 방제는 작물이 수확 및 저장 중에 병원균에 오염되지 않도록 포장에서 동일한 병을 일으키는 병원균을 효과적으로 방제하기에 달려있다.

- 병원균에게 침입 장소를 제공하는 상처, 흠집, 그리고 다른 상해가 생기지 않도록 주의 깊게 작물을 수확하고 취급해야 한다.
- 추가적인 오염과 감염을 피하기 위해 날씨가 건조하고 선선할 때 작물을 수확하고 취급해야 한다.

- 새로운 감염과 이미 감염된 것이 진전되지 않도록 가능한 빨리 농산물을 서늘하게 해야 한다.
- 감염에 의해 표징이 나타난 모든 과실과 채소는 추후 이 병이 전파되는 것을 막기 위해 저장되거나 수송될 농산물에서 제거시켜야 한다.
- 저장용기, 창고, 그리고 수송차량은 청결을 유지하고 사용하기 전에 formaldehyde, copper sulfate 또는 다른 소독제로 소독해야 한다.
- 감염의 진전과 조직의 생리적 파괴를 억제하는 저온에 농산물을 저장하고 수송해야 하지만 저장병균에게 침입 장소를 제공하는 냉해를 일으킬 만큼 낮지는 않아야 한다.
- 저장 중에 작물의 표면에는 습기가 없어야 하고, 과도하게 높은 상대습도로 과실 표면에 물기가 생기는 것을 예방하도록 저장 중에 적당히 통풍을 시켜주어야 한다.
- 플라스틱 포장을 피해야 한다.
- 곤충과 다른 해충이 없도록 농산물을 저장해야 하고, 새로운 상처의 발생과 새로운 감염의 진전을 피할 수 있도록 유지시켜야 한다.
- 고구마나 양파같은 작물은 28~32℃에서 10~14일 동안 큐어링(curing)함으로써 일부 썩음병균으로부터 보호할 수 있는데, 큐어링은 표면 습기를 감소시키고 수베린화 또는 상처부위에 주피 형성에 의해 노출된 상처를 치유해 준다.
- 일부 과실의 표면에서의 초기 감염을 박멸하기 위해 때때로 열풍이나 열수로 처리하기도 한다.
- 산소 수준(5%)을 낮추거나 이산화탄소 수준(5~20%)을 높게 조절한 CA저장(controlled atmosphere storage)과 운송은 기주와 병원균 모두의 호흡을 억제시킴으로써 저장 부패의 진전을 억제시키기 위해 사용되고 있다. 이러한 결과는 10%의 일산화탄소를 첨가해 더욱 개선되었다.
- 감마선은 일부 작물의 저장 부패를 감소시키는 데 유용한 것으로 알려졌다.
- 염화칼슘을 일부 작물에 살포하거나 일부 과실에 침지 처리하는 것은 과실에서 저장감염의 발생을 감소시키는 것으로 여겨진다.
- 저장 부패는 병든 기주의 표면에 병원균의 감염을 예방하고 진전을 억제하기 위해 약제를 처리해서 방제할 수 있다.
- 가장 일반적으로 사용하는 약제는 biphenyl, sodium O-phenylphenate, dichloran, 2-aminobutane, thiabendazole, benomyl, thiophanate-methyl, imazalil, chlorothalonil, cytovirin, triforine, captan, iprodione, vinclozolin, soda ash, borax 등이다.
- 이러한 약제는 대개 살균을 위한 세척처리에 사용하고, 열에 의한 상해에 대한 작물의 감수성을 고려해 28~50°C 사이의 온도에서 사용했을 때 더 효과적이다.

- 일부 작물에서의 저장병은 sulfur dioxide의 주기적인 훈증소독에 의해 방제할 수 있다.
- Dichloran, biphenyl, acetaldehyde vapors와 암모니아를 발산하거나 질소 trichloride를 형성하는 약제는 보완적인 휘발성의 정균제(靜菌劑, fungistat)로서 저장과 운송 중에 종이에 스며들게 해 사용한다.

12.6.12 곡류와 두류 저장병

비록 *Alternaria*, *Cladosporium*, *Colletotrichum*, *Diplodia*, *Fusarium*, *Cochliobolus* 등 여러 자낭균류가 포장에서 곡류와 두류를 침해할지라도, 이들은 생장을 위해 종자 내에 높은 수분함량(24~25%)을 요구하므로 수확 후 대개 12~14%의 수분함량에서 저장하는 곡류에서는 잘 자랄 수 없다. 이러한 저장병균은 저장 수개월 후에는 분명히 죽거나 너무 약해져서 새로운 종자를 감염할 수 없지만, 그때까지 종자를 변색시키고, 배를 약하게 하거나 죽이고, 종자를 시들게 하기에는 충분한 시간이며, 인간과 동물에게 유독한 화합물인 균독소를 생성하기도 한다.

수확 후의 저장과 운송 중에 *Aspergillus*에 의해 곡류와 두류에서 부패와 품질의 저하를 일으킨다. 때때로 *Penicillium*은 저온에서 저장 중인 곡류와 두류에서 다소 정상 수분함량 이상일 때 감염을 일으킨다. 그러나 *Aspergillus* 특히 *A. flavus*는 옥수수 낟알과 땅콩을 포장에 있는 동안 종종 감염시키고 곤충이나 다른 요인, 줄기썩음병, 가뭄, 심한 잎 손상, 쓰러짐 그리고 식물체에 대한 다른 스트레스 등에 의해 낟알에 손상이 생기면 포장에서의 발생은 증가된다.

그림 12.798 *Aspergillus flavus*에 의한 옥수수 낟알썩음병. [출처: Stalam]

종자 부패에 관여하는 *Aspergillus*는 더 이상 자랄 수 없는 종자의 최저 수분함량이 명확한 반면에 종자의 최적 및 최고 수분함량은 덜 명확하다. 그러나 특히 최고 수분함량은 주로 생존 최고 수분함량이 다른 곰팡이의 최적 수분함량과 일치할 때 이 두 곰팡이 사이의 경합에 따라 결정된다. 포장균(圃場菌, field fungi)과의 경합 또는 알려지지 않은 다른 이유 때문에 저장균(貯藏菌, storage fungi)은 수확 전에 인지할 수 있는 정도까지 곡류를 침입하지는 않는다.

*Aspergillus*와 포장에서 곡류를 침해하는 여러 가지 곰팡이는 종자의 배를 침입함으로써 파종에 사용된 감염된 종자의 발아율이나 맥주 생산을 위한 보리의 맥아형성을 현저하게 감소시킨다. 포장균과 저장균은 또한 배를 변색시키고 종자를 죽이거나 손상을 입혀 곡류의 판매 등급과 가격을 하락시킨다.

변색된 낟알을 20% 이상 함유하는 밀가루는 빵을 만들어도 잘 부풀지 않으며 냄새도 좋지 않다. 많은 경우에 밀의 배가 거의 100%까지 변색을 보이지 않으면서도 *Aspergillus*에 감염되기도 한다. 그러한 밀이 알게 모르게 빵의 제조에 사용되지만 그러한 곡류가 건강에 위협을 주는지는 아직 모른다.

대량으로 저장되거나 오랫동안 선적되는 곡류, 건초, 사료, 면화는 이 곰팡이의 생장과 호흡의 증가를 초래하고, 이 물질들을 가열시키며, 호흡은 또한 주위 곡류의 습도가 올라가게 습기를 생성한다. 비록 저장된 곡류에 손상이 일어날 때 항상 급격한 가열 또는 아직 감지할 수 없는 가열을 초래하지는 않을지라도 손상이 진행 중일 때는 일부 물질에서 70℃ 이상까지 온도를 올릴 수 있는 열을 생성한다. 따라서 이러한 곰팡이는 물이 없는 낮은 수분함량에서 활동하고, 세균은 보다 높은 수분함량에서 활동한다.

12.6.13 곡류 저장병 방제

곡류, 두류, 건초, 상업적인 사료에서 균류에 의한 저장 부패와 손상의 방제는 다음과 같은 단계를 수행함으로써 저장 중에 추가적인 감염과 손상을 피할 수 있을 것이다. (1) 수분함량은 일반적인 저장균의 생장에 필요한 최소 수준 이하로 유지시킨다. 일부 *Aspergillus* 종은 13.0~13.2%의 낮은 수분함량을 가진 전분질 곡류 종자와 약 11.5~11.8%의 수분함량을 가진 콩에서 생육해 손상을 일으킨다. 다른 균들은 손상을 일으키기 위해서는 최소 14% 또는 그 이상의 수분을 요구한다. (2) 대부분의 저장균(storage fungi)이 30~55°C 사이의 온도에서 가장 급속히 생장하고 12~15°C에서는 매우 천천히 생장하며 5~8°C에서는 생장을 거의 멈추기 때문에 저장 곡류의 온도는 가능한 한 낮게 유지시켜야 한다. 저온은 곡류의 호흡을 느리게 하고 곡류 속의 수분의 증가도 억제한다. (3) 곤충과 응애에 의한 저장된 생산물의 오염을 훈증제의 사용을 통해 최소화시킨다. 이는 저장균들이 출현해 급속히 생장하지 못하도록 도움을 준다. (4) 저장된 곡류는 미숙되거나 너무 오래되지 않아야 하며, 깨끗하고 좋은 발아력을 가지고 있어야 하며, 기계적 손상이나 깨진 종자가 없어야 한다. 이러한 곡류는 다른 약하거나 깨진 곡류를 침입할 수 있는 저장균에 의한 감염에 저항성이다.

곤충이 없는 건전한 작물을 저장하거나 곤충을 제거하기 위한 훈증제를 살포하는 것 외에도, 저장균이 없는 곡류를 유지시키기 위한 가장 단순하고 일반적인 해결책은 빠르게 공기를 건조시키는 것과 상대적으로 낮은 유입 속도로 공기가 곡류를 통과해서 이동하는 통풍체계를 저장통에서 사용하는 것이다. 환기(airflow)는 과도한 습기와 열을 제거한다. 환기는 곡류 덩어리의 수분함량을 원하는 수준으로 만들어 주고, 곤충과 응애가 동면하고 저장균이 거의 동면하는 8~10℃까지 온도를 감소시킬 수 있도록 조절할 수 있다. 최근에 hydrated sodium calcium aluminosilicate와 같은 약품이 균독소와 결합한다는 사실이 알려졌으며, 만약에 그러한 약품들을 돼지에게 먹이기 전에 곰팡이가 핀 옥수수에 첨가시켜주면 균독소의 영향을 상당히 감소시킨다.

12.6.14 균독소와 균독소중독증

과실과 채소, 특히 종자의 저장 부패의 가장 중요한 영향 중 하나는 곰팡이에 의해 침해받은 사료와 음식을 소비한 동물과 인간에 병을 일으키는 것이다. 이 곰팡이는 **균독소(菌毒素, mycotoxin)**라고 부르는 독소물질을 생성한다. 이 물질이 일으키는 질병을 **균독소중독증(菌毒素中毒症 ; mycotoxicoses)**이라고 한다. 맥각이 들어있는 밀과 호밀빵과 사료를 섭취한 인간과 동물에 생기는 맥각중독증과 독버섯을 먹은 인간에게 생기는 버섯중독증은 가장 잘 알려진 고전적인 균독소중독증이다.

균독소 문제의 중요성은 제2차 세계대전 동안에 인식되기 시작했는데, 곰팡이가 핀 곡류를 소비한 수많은 인간과 동물을 표피의 괴저, 출혈, 간과 신장의 쇠약, 그리고 죽음에 이르게 하였다. 유사한 증상은 또한 곰팡이가 핀 건초를 먹은 말에서도 나타난다. 1960년에는 영국에서 많은 수의 어린 칠면조가 오염된 땅콩을 먹은 후에 죽었다. 이는 세계적인 문제가 되어 균독소에 대한 철저한 연구를 하게 되는 계기가 되었다.

균독소는 인간과 동물의 건강에 훨씬 더 새로운 위협을 제기한다. 균독소는 다소 고농도로 존재할 때 급성증상을 나타낸다. 아마도 전 세계를 통틀어서 특히 개발도상국에서 소비되는 식량과 사료에 아급성 약량의 균독소가 계속적으로 존재하기 때문에 건강과 생식에 대한 만성적인 영향을 더 심각하다.

대부분의 균독소중독증은 흔하고 널리 분포하는 곰팡이인 *Aspergillus*, *Penicillium*, *Fusarium* 등에 의해 발생하고, 일부는 심각한 병과 죽음을 초래한다. *Aspergillus*와 *Penicillium*은 주로 저장 종자와 건초에서 독소를 생성하지만, 고기, 치즈, 양념을 포함해 가공된 식량과 사료에서도 독소를 생성한다. 종자는 보통 포장에서 감염된다. *Fusarium*은 포장이나 저장된 후에 감염된 옥수수와 다른 곡류에서 주로 독소를 생성한다. 농산물을 감염시키거나 음식물을 오염시키는 다른 많은 균도 독소를 생성한다.

(1) *Aspergillus* 독소: Aflatoxins

Aflatoxin은 *Aspergillus flavus*와 *Aspergillus*의 몇몇 종에 의해 생성된다. Aflatoxin은 감염된 곡물 종자와 대부분의 두류에서 생성되지만, 이는 다소 낮은 농도(약 50ppb)로 아마도 독성이 없는 농도이다.

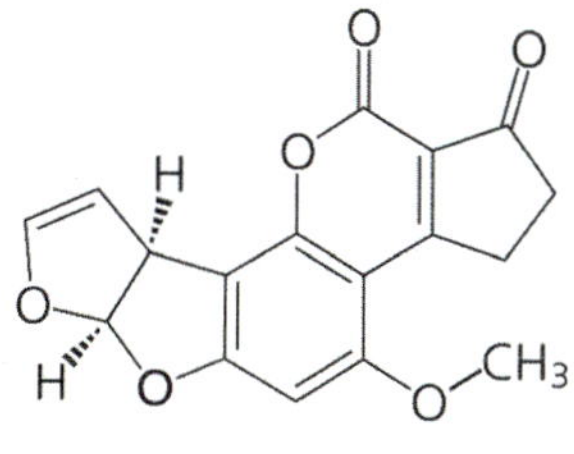

그림 12.799 Aflatoxin 화학구조.

동물과 아마도 인간에 있어서 aflatoxin에 의해 발생하는 균독소중독증의 증상은 특정 독소와 동물의 종류, 섭취량, 동물의 나이 등에 따라 아주 다양하다.

그림 12.800 *Aspergillus*에 감염된 땅콩. [출처: Tariq Alam]

많은 양의 aflatoxin을 섭취한 어린 오리와 칠면조는 심하게 병들고 죽는다. 오랜 기간 적은 양의 aflatoxin을 섭취한 임신한 암소, 송아지, 살찐 돼지, 성숙한 소와 양은 쇠약해지고, 내출혈이 일어나고, 허약해지고, 생육이 감소되고, 사료를 거부하고, 다른 전염성병에 취약하게 되고, 유산하게 된다. 더구나 섭취된 aflatoxin의 대부분은 간에 흡수되고, 어떤 실험결과는 aflatoxin의 허용량(20 ppb) 이하를 함유한 사료를 준 동물들에게서도 거의 변함없이 간암을 일으켰다.

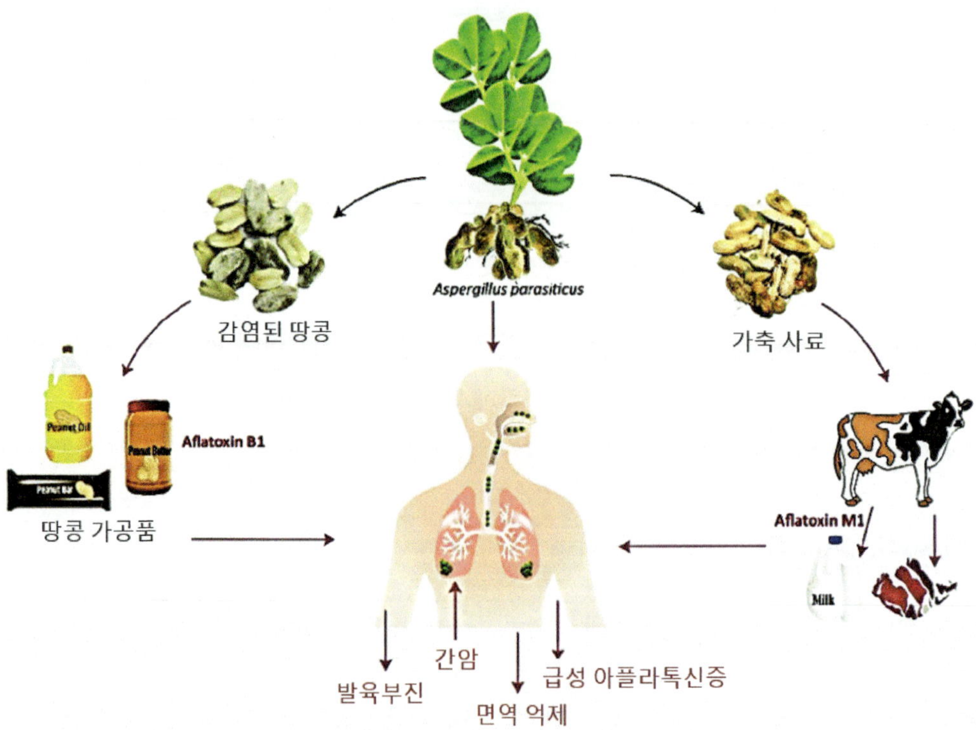

그림 12.801 먹이사슬에서 아플라톡신의 흐름도. [출처: Tariq Alam]

(2) *Fusarium* 독소

세 집단의 독소, zearalenone, trichothecene과 fumonisin은 주로 곰팡이가 핀 옥수수에서 *Fusarium*의 몇 가지 종에 의해 생성된다.

① Vomitoxin

Vomitoxin 또는 DON으로 알려진 deoxynivalenol은 옥수수 이삭썩음병(ear rot)과 밀 붉은곰팡이병을 일으키는 *Gibberella zeae*(무성세대; *Fusarium graminearum*)에 의해서 생성된다. 이 독소는 처음에는 가축들의 사료섭취를 감소시키고 이로 인해 가축의 체중이 줄게 된다. 높은 농도의 독소에서는 가축들은 구토와 거식증을 일으킨다.

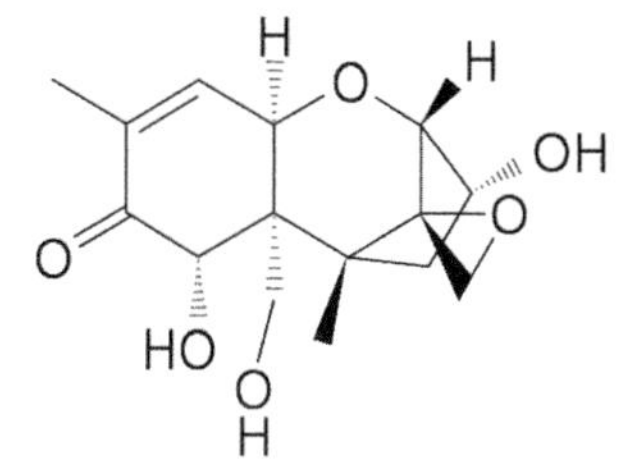

그림 12.802 Vomitoxin 화학구조.

② Zearalenone

Zearalenone은 돼지에게 가장 독성이 있는 것으로 보이는데, 소위 에스트로겐 증상(estrogenic syndrome)이라고 알려진 생식계의 비정상과 퇴화를 일으킨다. Zearalenone이 들어있는 사료를 먹인 암퇘지는 출혈장해를 가진 부풀어 오른 생식기와 쇠퇴하고 기능이 없는 난소를 가지게 된다. 유산이 쉽게 일어나고 갓 태어난 돼지새끼는 작고 약하다. 수퇘지는 암컷화의 표징 즉, 고환의 쇠퇴와 유선의 확대를 나타낸다.

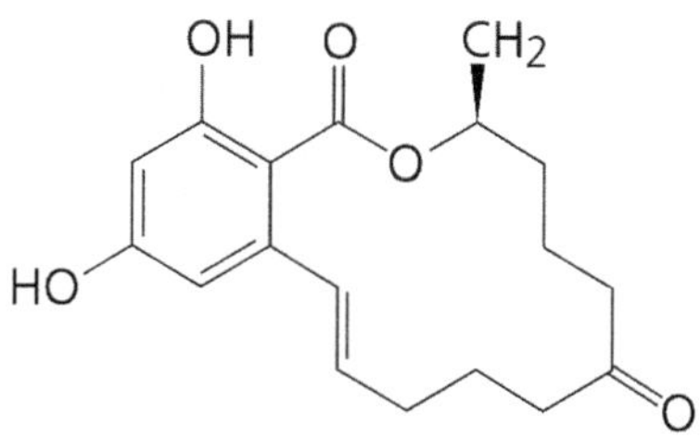

그림 12.803 Zearalenone 화학구조.

③ Fumonisin

Fumonisin은 옥수수 붉은곰팡이병을 일으키는 *Fusarium moniliforme*에 의해서 생성되고, 이 곰팡이는 옥수수 포장에서 90%에 이르는 감염을 일으킨다. Fumonisin은 말, 당나귀, 노새의 blind stagger병(equine leukoencephalomalacia; 뇌 부위를 파괴시키는 증상)과 돼지의 폐부종(肺浮腫, pulmonary edema)을 일으키며, 인간에게는 암을 일으킬 수 있다.

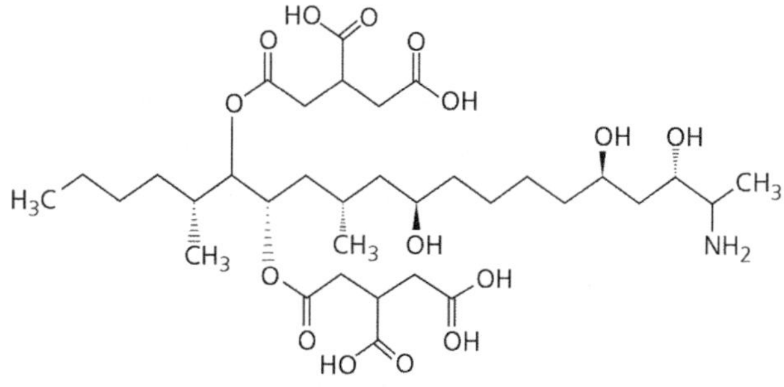

그림 12.804 Fumonisin 화학구조.

④ Trichothecin

Trichothecin(또는 trichothecenes)에는 100종 이상이 알려져 있으며, *Fusarium* 종들과 몇 가지 다른 곰팡이에 의해서 생성된다. 돼지에게 먹였을 때 가장 독성이 있고, 무기력 또는 비활동성, 골수세포, 림프 마디와 내장의 변질, 설사, 출혈과 죽음을 유발한다. 그러나 암소, 병아리, 양과 같은 다른 동물들도 영향을 받는다.

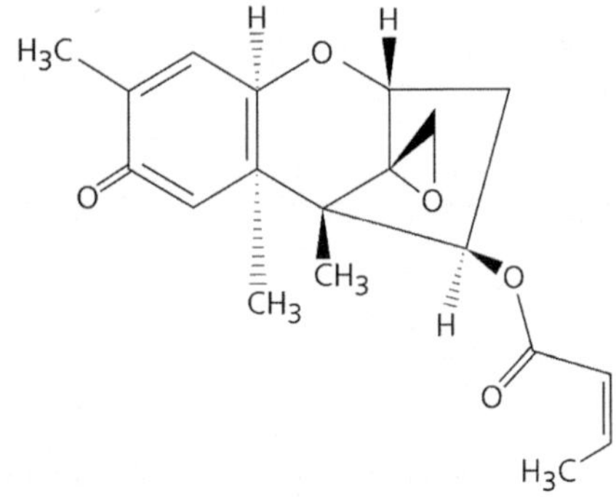

그림 12.805 Trichothecin 화학구조.

(3) 기타 Aspergillus 독소와 Penicillium 독소

① Ochratoxin

Aflatoxins 외에도 *Aspergillus*는 또한 감염된 곡류에서 다른 독소를 생성하며, 이와 동일하거나 유사한 독소는 *Penicillium*에 의해도 감염된 곡물에서 생성된다. Ochratoxin은 가축에서 여러 다른 병징과 함께 간과 신장에 변성과 괴저를 일으킨다. 어떤 ochratoxin은 오염된 먹이를 섭취한 동물의 고기에 잔류할 수 있으며, 먹이 사슬을 통해 인간에게도 전염될 수 있다.

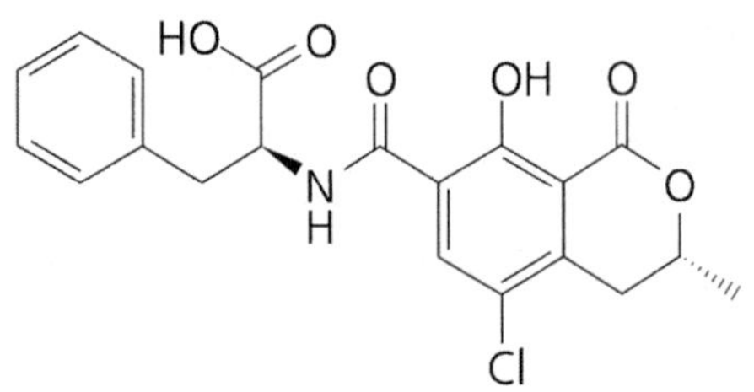

그림 12.806 Ochratoxin 화학구조.

② 황변미 독소

주로 citreoviridin, citrinin, luteoskyrin인 황변미 독소(黃變米毒素; yellowed rice toxin)는 모두 저장된 쌀, 보리, 옥수수, 말린 생선에서 생장하는 *Penicillium*에 의해 생성되며, 신경과 순환계의 장애, 신장과 간의 퇴화와 같은 다양한 병과 관련이 있는 중독 증상을 일으킨다.

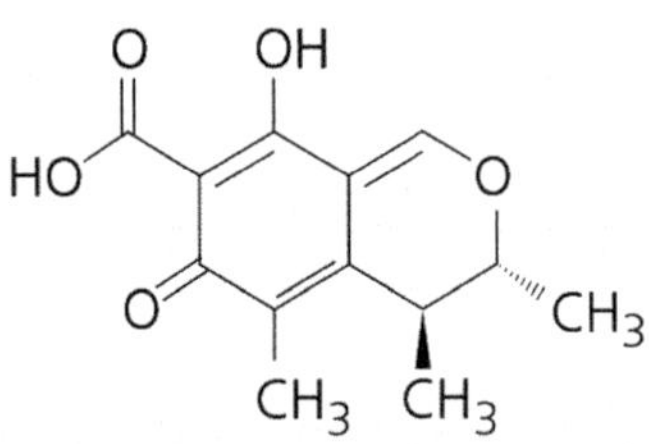

그림 12.807 황변미 독소의 화학구조.

③ Tremorgenic toxin

Tremorgenic toxin은 신체가 심하게 떨리게 하고 과도하게 소변을 방출하게 하며, 종종 죽음에 이르는 발작이 뒤따른다. 이 독소는 저장 중 또는 냉장된 음식, 곡류와 곡물 생산물에서 식료품을 감염시키는 *Aspergillus*와 *Penicillium*에 의해 생성된다.

④ Patulin

Patulin은 *Penicillium*과 *Aspergillus*에 의해 생성되며, 고등 생물에 폐와 뇌의 부종과 출혈, 신장의 손상과 운동신경의 마비와 암을 일으킨다. Patulin은 *Penicillium*에 부분적으로 감염된 열매로 만들어진 과실이나 주스와 같은 식료품, 자연적으로 곰팡이가 핀 빵과 제과점 생산물, 대부분 상업적인 사과 가공품에서 자연적으로 발생되는 것이 흔히 발견된다. 따라서 patulin은 인간뿐만 아니라 동물에게 심각한 건강 위험요소이다.

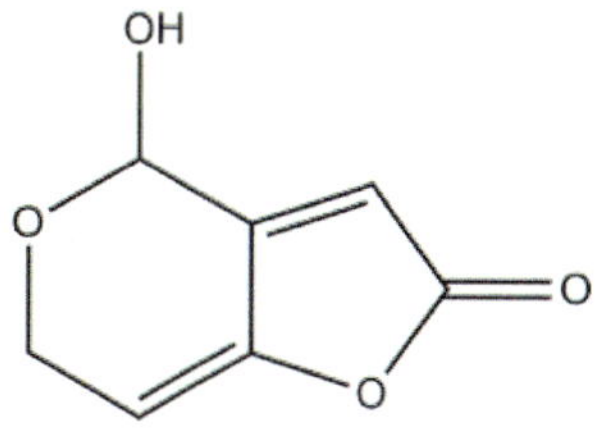

그림 12.808 Patulin 화학구조.

⑤ 맥각중독증

맥각중독증(麥角中毒症, ergotism)은 가장 오래전부터 알려진 균독소중독증이다. 맥각중독증은 맥각병균(*Claviceps purpurea*)의 균핵(麥角, ergot)에 들어있는 Lysergic acid diethylamide(LSD)를 비롯한 여러 가지 독성물질에 의해 발생하며, 오염된 호밀, 보리, 수수, 기장, 밀과 곡류를 섭취한 인간과 동물에게 발생한다. 맥각중독증은 경련과 사지의 팽창을 일으키고, 이어 몸체의 말단부위가 썩으면서 타는 느낌(St. Anthony's fire)이 들게 한다. 과거에는 신선한 맥각을 과다출혈을 막기 위한 지혈제로 사용되기도 했었다.

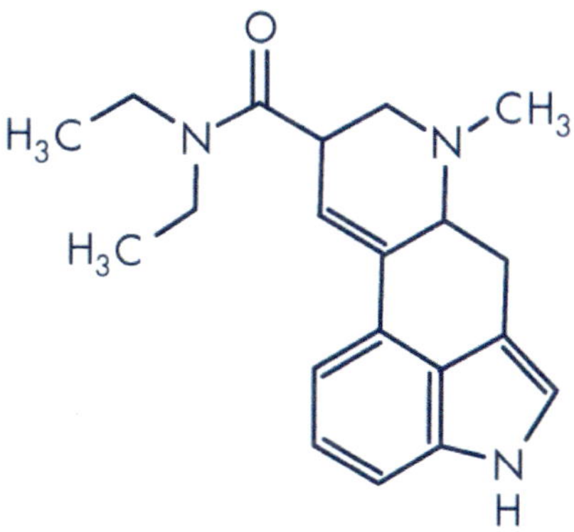

그림 12.809 Lysergic acid diethylamide (LSD) 화학구조.

⑥ Fescue 중독증

Fescue 중독증(fescue toxicosis)은 *Acremonium*에 전신적으로 감염된 다년생식물 tall fescue를 먹은 가축이나 말에게 영향을 미친다. *Acremonium*은 식물체 세포를 침입하지 않고 식물체 내부에서 자란다. *Acremonium*은 실질적으로 감염된 식물체가 가뭄 스트레스에 대해 저항성을 나타내도록 만드는 것처럼 보인다.

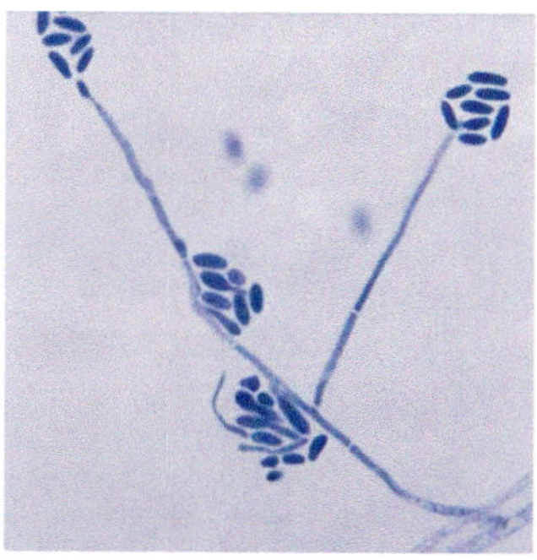

그림 12.810 *Acremonium* sp.의 분생포자. [출처: Alchetron]

*Acremonium*에 감염된 tall fescue를 먹은 말은 생식 장애만을 보인다. 이렇게 감염된 tall fescue를 먹인 가축들은 새끼를 적게 낳고, 산유량이 줄고, 체중이 줄고, 체온이 증가하고, 털이 거칠어지고, 심해지면 맥각중독증과 같이 발이나 다른 몸체의 말단부가 썩고 잘리는 fescue foot 증상을 나타낸다.

12.7 담자균에 의한 병

12.7.1 녹병

담자균문(Basidiomycota), 녹병균강(Pucciniomycetes), 녹병균목(Pucciniales)에 의해 발생하는 녹병(rusts)은 밀, 귀리, 보리 등 화곡류의 흉작의 원인으로 악명이 높지만, 강낭콩이나 아스파라거스 등 채소류를 비롯해, 목화와 콩 등의 밭작물, 카네이션, 국화, 금어초 등의 관상식물, 그리고 사과나무, 배나무, 소나무, 향나무, 커피나무, 회화나무 등 과수와 수목에도 막대한 피해를 일으킨다.

녹병균은 주로 잎과 줄기를 침해하는데, 녹병에 감염되면 표피조직이 터지면서 녹슨 색, 오렌지색, 노란색 또는 흰색을 띤 점무늬가 수없이 나타난다. 몇몇 녹병균은 식물조직을 부풀게 하거나 혹을 만들기도 한다. 대부분의 경우에 녹병균의 감염증상은 명확히 구분되는 국부적인 점무늬 형태로 나타나지만, 때로 식물 전체로 퍼지기도 한다.

녹병균은 약 5,000종이 있으며, 가장 중요한 녹병균은 다음과 같다.

- *Coleosporium asterum* (소나무 잎녹병)
- *Cronartium quercuum* (소나무 혹병), *C. ribicola* (잣나무 털녹병)
- *Gymnoconia nitens* (블랙베리, 블루베리 녹병)
- *Gymnosporangium asiaticum* (배나무 붉은별무늬병, 향나무 녹병), *G. yamadae* (사과나무 붉은별무늬병, 향나무 녹병)
- *Hemileia vastatrix* (커피나무 녹병)
- *Melampsora larici-populina* (포플라 녹병), *M. lini*(아마 녹병)
- *Phakopsora pachyrhizi* (콩 녹병)
- *Phragmidium rubiidaei* (장미나무 녹병, 나무딸기 녹병)
- *Puccinia allii* (마늘, 파 녹병), *P. antirhini*(금어초 녹병), *P. asparagi*(아스파라거스 녹병), *P. chrysanthemi* (국화 녹병), *P. coronata*(귀리 관녹병), *P. graminis*(화곡류 줄기녹병), *P. hordei* (보리 좀녹병), *P. malvacearum* (접시꽃 녹병), *P. melanocephala*(사탕수수 녹병), *P. purpurea*(수수 녹병), *P. sorghi* (옥수수 녹병), *P. stakmanii* (목화 녹병), *P. striiformis* (밀, 보리, 호밀 줄녹병), *P. triticina*(밀, 호밀 붉은녹병)
- *Tranzschelia discolor* (복숭아나무 녹병)
- *Uromyces appendiculatus* (강낭콩 녹병), *U. caryophyllinus* (카네이션 녹병), *U. striatus* (알팔파 녹병), *U. truncicola* (회화나무 녹병), *U. vicia-fabae* (잠두 녹병), *U. vignae* (동부 녹병)

대부분의 녹병균은 고도로 분화된 기생체이므로 특정 속 또는 특정 품종의 식물에만 기생한다. 형태적으로는 같지만 침해할 수 있는 기주식물의 속(genus)이 다른 녹병균은 분화형(formae specialis, f. sp.)으로 구분한다.

녹병균의 각 분화형에는 품종에 따라 병원성의 차이가 있는 많은 레이스(race)가 있다. 이들은 어떤 식물종의 특정 품종만을 침해할 수 있으므로 감염할 수 있는 판별기주의 조합에 의해서만 검출 · 동정될 수 있다.

녹병균은 자연계에서는 절대기생체이지만, 일부 녹병균은 실험실에서 특별한 배지를 이용해 인공적으로 배양할 수 있게 되었다. 대부분의 녹병균은 정해진 순서로 나타나는 다섯 종류의 각기 다른 형태의 포자와 이와 관련된 다섯 종류의 특징적인 포자형성 구조체를 갖는다. 다섯 종류의 포자세대 중 몇몇 포자세대는 하나의 기주만을 감염하지만 다른 포자세대는 반드시 다른 기주, 즉 중간기주를 감염해 기생해야 한다.

모든 녹병균은 겨울포자와 담자포자를 만든다. 녹병균류 중에서 겨울포자(teliospore)와 담자포자(basidiospore)만 만드는 것을 단주기형 녹병균(microcyclic rust, short-cycled rust)이라고 한다.

겨울포자와 담자포자 외에도 형성되는 순서대로 녹병정자(spermatium, 과거명칭: pycniospore), 녹포자(aeciospore), 그리고 여름포자(uredospore = urediospore = urediniospore)를 만드는 녹병균을 장주기형 녹병균(macrocyclic rust, long-cycled rust)이라고 한다.

장주기형 녹병균 중에는 녹병포자나 여름포자 또는 이 두 가지 모두를 갖지 않는 것도 있는데, 이를 중주기형 녹병균이라고 한다. 담자포자는 겨울포자가 발아해 형성된 담자기에서 만들어지지만, 다른 포자들은 각각 녹병정자기, 녹포자기, 여름포자퇴, 겨울포자퇴 등 특별한 포자형성 구조체에서 만들어진다.

담자포자, 녹포자, 여름포자는 모두 기주식물을 침입해 감염시킬 수 있다. 반면에 겨울포자는 단지 생식과 월동단계로 존재할 뿐이며 발아해 담자기를 만든다.

담자기는 감수분열을 한 후 4개의 반수성(n) 담자포자를 만든다. 담자포자(basidiospore)는 기주식물을 침해해 반수성의 균사를 만들고, 여기서 반수성의 녹병정자(spermatium)와 수정균사(receptive hypha)를 가지고 있는 녹병정자기(spermagonium, 과거명칭: 녹병자기, pycnium)를 만든다.

녹병정자는 웅성배우자의 역할을 하며, 식물체를 침해할 수 없다. 녹병정자의 기능은 다른 성의 수정균사와 수정해 2핵균사체(dikaryotic mycelium)와 2핵포자(dikaryotic spore)를 만드는 것이다. 이 균사는 녹포자기(aecium)를 만들고, 녹포자기에서는 녹포자(aeciospore)가 형성된다.

녹포자는 기주식물을 감염해 더 많은 2핵균사를 만들며, 여름포자퇴(uredium)는 여기에서 형성된다. 여름포자퇴에서 여름포자(uredospore)가 형성되는데, 이 여름포자는 같은 기주식물을 반복적으로 침해해 더 많은 여름포자퇴와 여름포자를 만든다.

기주가 성숙함에 따라 여름포자퇴에서 겨울포자퇴(telium)와 겨울포자(teliospore)가 형성되면 녹병균의 한 주기가 완성된다.

아스파라가스 녹병 등 몇 가지 장주기형 녹병균은 한 종류의 기주에서 생활사를 완성하는데, 이들을 동종기생균(同種寄生菌, autoecious rust)이라고 한다. 한편, 맥류의 줄기녹병균 같은 녹병균들은 생활사를 완성하기 위해서 두 종류의 다른 기주가 필요한데, 이들을 이종기생균(異種寄生菌, heteroecious rust)이라고 한다.

녹병균은 곤충, 빗물, 동물 등에 의해 전반되기도 하지만 주로 포자가 바람에 날려서 다른 식물체로 옮겨진다. 일부 녹병균의 포자(특히 여름포자)는 강한 바람에 의해 매우 먼 거리(수백 km)까지 옮겨지고, 빗물에 의해 대기로부터 내려 앉아 다시 식물을 침해할 수 있다.

맥류 등의 작물에서는 주로 저항성 품종을 이용해 녹병을 방제한다. 사과나무 붉은별무늬병 등 과수의 녹병, 일부 채소류 및 관상식물의 녹병은 살균제를 살포해 방제한다. 그리고 잣나무 털녹병 등 일부 녹병에 대해서는 중간기주의 제거와 상습 발생지역의 기피 등을 통한 방제를 시도하고 있다.

최근에는 녹병에 효과가 있는 몇 가지 새로운 침투성 살균제가 발견되어 일년생식물뿐만 아니라 수목의 녹병도 방제할 수 있게 되었는데, 이들 살균제는 분무, 종자분의, 토양관주, 나무주사 등의 방법으로 처리되고 있다.

(1) 벼과식물 녹병

Puccinia 속의 여러 종과 그 분화형들은 화곡류(禾穀類), 옥수수, 사탕수수 등을 포함한 모든 재배 또는 야생 벼과식물에서 녹병을 일으킨다. 이들은 재배작물에 심각한 피해를 일으키는 병해 중의 하나이며, 연간 세계 곡물생산의 10% 정도를 감소시키는 원인이 되고 있다.

녹병은 어린 식물을 약화시키고 죽이기도 하지만, 이보다 더 자주 나타나는 증상은 잎과 뿌리의 생장 감소와 생산량 감소이다. 이는 녹병에 감염된 식물은 광합성률이 떨어지는 반면 호흡률은 증가하며, 감염조직에서 생산된 광합성산물이 건전조직 쪽으로 이동하지 못하고 거꾸로 감염조직 쪽으로 이동하기 때문이다.

녹병에 걸린 식물은 수량감소가 매우 크고 품질도 많이 저하되는데, 이는 전분의 양이 감소하고 인간에게 영양적 가치가 낮거나 전혀 없는 섬유질 물질로 채워지기 때문이다.

① 맥류 줄기녹병(stem rust)

맥류 줄기녹병(stem rust)은 전 세계적으로 분포하며, 밀을 비롯한 보리, 귀리, 호밀 등의 맥류와 매발톱나무(*Berberis vulgaris*)와 관련 종들을 침해한다.

감염된 식물은 대개 분얼수(分蘖數, tillering number)가 줄어들고 이삭의 종자수도 적어지며, 낟알의 크기도 작고 일반적으로 쭈그러들며 도정성도 떨어져 식품으로서의 가치가 저하된다. 심하게 감염되면 식물은 스스로를 지탱할 수 없게 되어 결국 쓰러지며, 최악의 경우에는 심하게 감염된 식물은 결국 죽는다.

맥류 녹병 중에서 가장 늦게 발생하며, 발병최성기는 6월 중순~하순경으로서 산간지나 만생종은 피해가 더 크다. 겨울밀이 유묘상태에서 심하게 감염되면 식물체가 약해지고 동해와 다른 병원체의 감염에 취약하게 된다.

[병증상] 표징은 밀에서는 잎, 줄기, 잎집, 이삭 등에 발생한다. 잎 표면에 여름포자퇴로 알려진 길고 좁은 타원형 돌기가 주머니 모양으로 나타나는데, 줄기, 잎, 엽초의 긴축을 따라 형성된다. 여름포자퇴는 밀 이삭목과 낟알에서도 형성될 수 있다.

그림 12.811 줄기녹병에 감염된 밀 잎의 여름포자퇴.
[출처: Silvia Germa]

그림 12.812 줄기녹병에 감염된 밀 줄기의 여름포자퇴.
[출처: John Timmer]

여름포자퇴가 성숙하면, 돌기를 덮고 있는 표피조직은 불규칙하게 찢어져 뒤로 젖혀지면서 적황색을 띤 여름포자의 가루덩어리가 드러난다.

생육 후기에 식물체가 성숙함에 따라 돌기는 검은색으로 바뀌는데, 녹병균이 여름포자를 만드는 대신에 겨울포자를 만들고, 여름포자퇴도 검은색의 겨울포자퇴로 전환되기 때문이다. 검은색의 겨울포자퇴 때문에 밀 줄기녹병을 black rust라고도 한다.

여름포자퇴와 겨울포자퇴는 모두 밀의 표면에 매우 많이 존재하기 때문에 식물체의 많은 부분이 찢겨진 부분으로 뒤덮인 것처럼 보이는데, 주황색의 여름포자나 검은색의 겨울포자 또는 두 가지 포자들로 가득 차 있다.

그림 12.813 밀 줄기녹병의 여름포자퇴.
[출처: M. S. Chaves]

그림 12.814 밀 줄기녹병의 겨울포자퇴.
[출처: USDA]

그림 12.815 밀 줄기녹병의 중간기주 매발톱나무 잎의 녹포자퇴.
[출처: Iago Hale & Radhika Bartaula]

매발톱나무 잎에는 누런색 내지 오렌지색 점무늬가 나타난다. 녹병정자기는 잎의 앞면에 있는 병반 안쪽에 매우 작고 오렌지색을 띠는데, 작은 액체방울이나 꿀물방울이 맺혀있다.

녹병정자기의 아래쪽 옆에 황색 뿔 또는 컵 모양의 녹포자기가 나타난다. 감염된 기주조직은 흔히 부풀어 올라 찢어지면서 흰색을 띠는 녹포자기벽이 녹포자기의 가장자리에 항상 돌출한다. 5~10일 후, 주황색-노란색 분말형 녹포자로 채워진 컵 모양의 녹포자퇴가 아래쪽 잎 표면을 뚫고 나온다.

[병원균] 맥류 줄기녹병을 일으키는 병원균은 *Puccinia graminis*이고, 담자균문(Basidiomycota), 녹균강(Pucciniomycetes), 녹균목(Pucciniales), 녹균과(Pucciniaceae)에 속한다.

영양체는 격벽 균사체이고, 번식체는 전형적으로 다섯 가지 형태의 포자과와 포자를 형성한다. *P. graminis*는 장주기성 이종기생균으로서 매발톱나무에 녹병정자기와 녹포자기를 만들고, 밀과 다른 벼과식물에는 여름포자퇴와 겨울포자퇴를 형성한다.

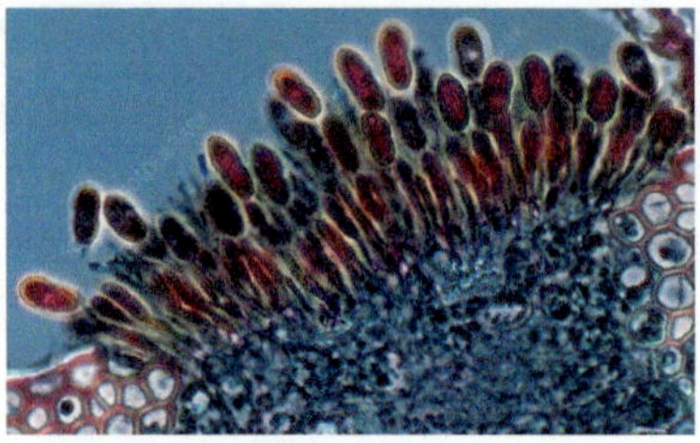

그림 12.816 밀 줄기녹병균(*Puccinia graminis*)의 여름포자퇴. [출처: Robert Knauft]

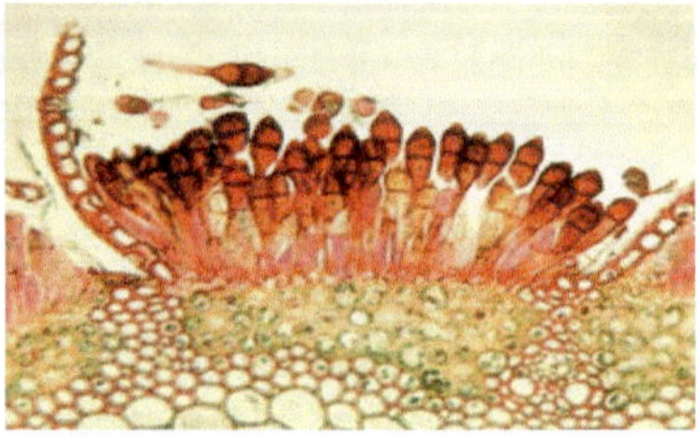

그림 12.817 밀 줄기녹병균(*Puccinia graminis*)의 겨울포자퇴. [출처: Kerry Grens]

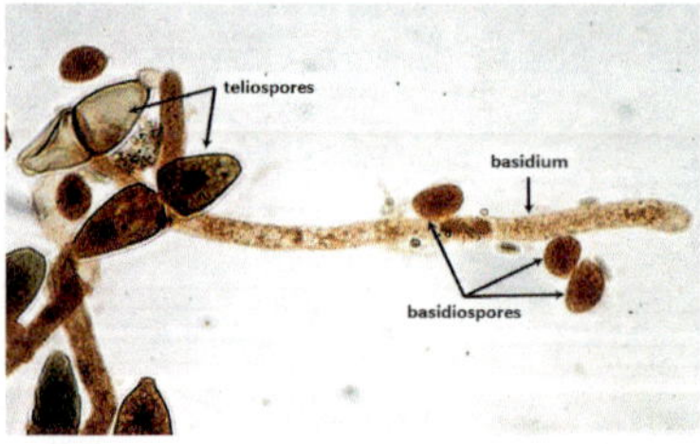

그림 12.818 밀 줄기녹병균(*Puccinia graminis*)의 겨울포자, 담자기와 담자포자. [출처: UW Stevens Point]

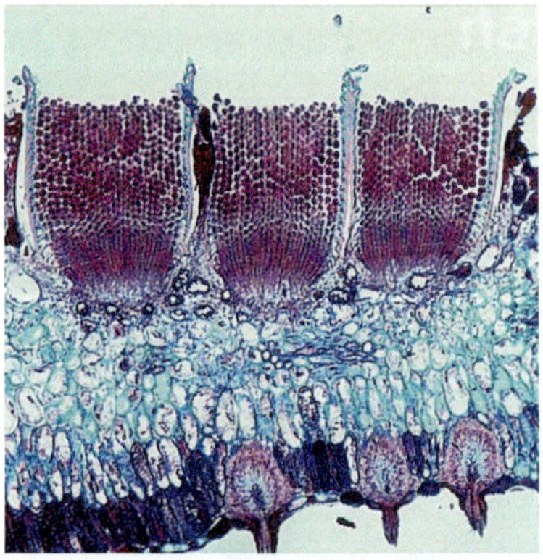

그림 12.819 밀 줄기녹병균(*Puccinia graminis*)의 녹포자퇴와 녹병정자기. [출처: Visuals Unlimited/nature.com]

*P. graminis*는 기주식물에 대한 기생성에 따라 다음과 같이 여러 분화형(分化型, forma specialis)으로 나뉜다. ① *P. graminis* f. sp. *tritici*(밀, 보리 줄기녹병), ② *P. graminis* f. sp. *avenae*(귀리 줄기녹병), ③ *P. graminis* f. sp. *secalis*(호밀, 보리 줄기녹병), ④ *P. graminis* f. sp. *hordei*(보리 줄기녹병) 등. 또한 각 분화형에는 여러 레이스가 있다.

[병환] 병원균은 감염된 밀의 잔재물에서 겨울포자 상태로 월동한다. 봄이 되면 겨울포자가 발아해 형성된 담자기 위에 4개의 담자포자가 생성된다. 담자포자는 힘차게 공기 중으로 방출되

어 바람을 타고 수백 m까지 이동된다.

담자포자가 어린 매발톱나무의 잎에 떨어지면 발아해 표피세포를 직접 뚫고 들어간다. 줄기녹병균의 균사는 대부분 세포간극에서 자라며, 3~4일 이내에 균사는 녹병정자기로 발달하는데, 녹병정자기가 표피조직을 파열시키면서 그 개구부가 식물조직의 표면 밖으로 돌출한다.

수정균사는 녹병정자기로부터 자라나와 개구부 바깥쪽으로 뻗어나가며, 점액질 액체 속에 매몰되어 있던 녹병정자는 개구부를 통해 누출된다. 달콤한 점액질 액체에 유인되어 오는 곤충류의 몸체 표면에 녹병정자가 묻어 다른 녹병정자기로 녹병정자가 운반된다.

녹병정자는 식물체 표면을 흐르는 빗물이나 이슬방울에 의해 옮겨지기도 한다. 녹병정자가 대응하는 성의 녹병정자기에 있는 수정균사에 접촉하면 수정이 일어난다. 수정이 되면 녹병정자의 핵이 수정균사로 들어가지만 이미 그 균사에 존재하고 있던 핵과의 융합은 일어나지는 않는다. 대신에 녹병정자의 핵은 단핵 균사의 세포를 통해 이동하면서 계속 분열해 녹포자기 모세포를 형성한다. 그러므로 2핵 상태가 다시 만들어지고, 이어서 만들어진 균사와 녹포자는 2핵 상태가 된다.

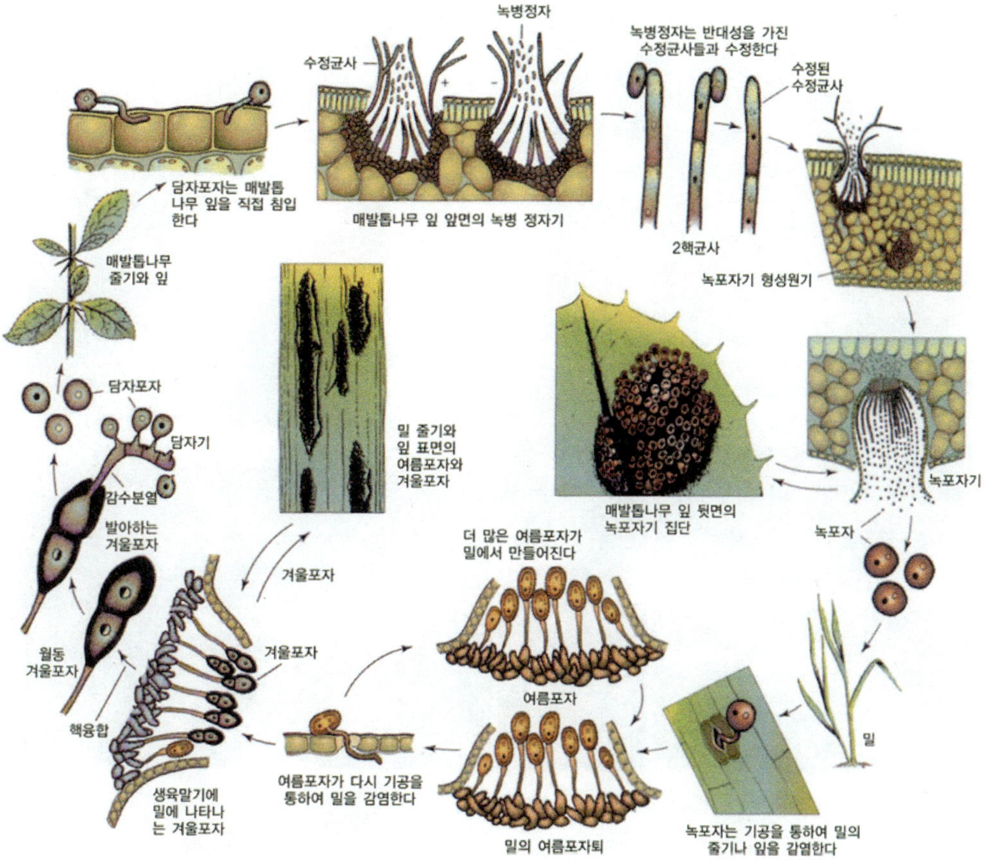

그림 12.820 *Puccinia graminis*에 의한 맥류 줄기녹병의 병환. [출처: 식물병리학]

심층학습 47 '밀 줄기녹병' 팬데믹

'밀 줄기녹병'은 아리스토텔레스 시대(384-322 B.C)까지 거슬러 올라가는 지속적인 문제였다. 고대 로마인들은 여우, 개, 소와 같은 붉은 동물을 '밀 줄기녹병'의 신인 '로비구스(Robigus)'와 '로비고(Robigo)'에게 제물로 바치는 것이 초기 관습이었다. 그들은 봄철에 밀이 녹병에 의한 파괴로부터 보호되기를 바라며 '로비갈리아(Robigalia)'로 알려진 축제에 이 의식을 수행했다. 그 당시의 기상 기록을 재검토해 추적한 결과 로마 제국의 몰락은 '밀 줄기녹병'이 더 심해 밀 수확량을 감소시킨 일련의 우기 때문인 것으로 추측되고 있다.

매말톱나무를 금지하는 법은 1660년 프랑스 루앙(Rouen)에서 제정되었다. 이것은 유럽 농부들이 밀에서 매말톱나무와 '밀 줄기녹병'의 상관관계를 알아차렸기 때문이다. 이 법은 밀밭 근처에 매말톱나무를 심는 것을 금지한 최초의 법이다.

'밀 줄기녹병'의 기생성은 1700년대에 발견되었다. 이탈리아 과학자 Fontana와 Tozzetti는 1767년에 '밀 줄기녹병'을 처음 기술했다. 30년 후 '밀 줄기녹병균'은 Persoon에 의해 '*Puccinia graminis*'라고 명명되었고, 1854년 Louis René와 Charles Tulasne 형제는 일부 '밀 줄기녹병균'에서 알려진 특징적인 다섯가지 포자 단계를 발견했다.

Anton de Bary는 나중에 '밀 줄기녹병'과 매말톱나무의 관계에 대한 유럽 농부들의 믿음을 관찰하기 위한 실험을 수행해 5단계의 모든 포자 단계와 매말톱나무가 중간기주로 필요로 한다는 사실을 발견했고, 캐나다 식물병리학자인 John Craigie는 1927년 녹병정자의 기능을 확인했다.

매말톱나무의 유용한 특성 때문에 유럽에서 식민지 개척자들이 북아메리카로 매말톱나무를 가져왔다. 매말톱나무는 열매로 와인과 잼을 만들고 나무로 도구 손잡이를 만드는 등 많은 용도로 사용되었다. 나중에 유럽에서와 마찬가지로 북아메리카에서도 식민지 개척자들은 매말톱나무와 '밀 줄기녹병' 사이의 관계를 알아차리기 시작했다. 여러 뉴잉글랜드 식민지에서 법이 제정되었지만, 농부들이 서부로 이주함에 따라 '밀 줄기녹병' 문제도 함께 이동해 북아메리카의 여러 지역으로 퍼지기 시작했고, 1916년에 치명적인 '밀 줄기녹병' 에피데믹이 발생했다.

밀 줄기녹병에 감염된 매말톱나무.
[출처: Iago Hale & Radhika Bartaula]

2년 후인 1918년이 되어서야 미국은 매말톱나무를 제거하는 프로그램을 만들었다. 이 프로그램은 주 및 연방 기관의 지원을 받아 1차세계대전 중 식량 공급에 대한 위협으로 시작되었다. 매말톱나무와의 전쟁은 라디오와 신문 광고, 팜플렛, 매말톱나무를 없애기 위해 모든 사람의 도움을 요청하는 부스를 통해 시민들에게 도움을 요청하며 수행되었다.

1950년대 이후 '밀 줄기녹병'에 저항성인 밀 계통도 육종되고, 효과적인 살균제도 개발되고 있지만, 여전히 '밀 줄기녹병'은 밀에 발생하는 가장 중요한 병이다. '밀 줄기녹병균'의 조상은 수백만 년 동안 화본과 잡초를 감염하고 밀이 자라는 동안 감염해 왔다. 미국 오레곤주립대학교의 밀 육종 및 유전학 교수인 Jim Peterson에 따르면 '밀 줄기녹병'은 1917년과 1935년 사이에 여러 차례 미국 밀의 20% 이상을 파괴했으며, 손실은 1950년대에 두 번이나 9%에 도달했고, 1962년에는 밀의 5.2%가 파괴되었다.

1969년 오스트레일리아에서 이전에 발견되지 않은 '밀 줄기녹병균'의 두 레이스가 발견되었다. 수십 년 동안 '밀 줄기녹병'의 기원은 아프리카라는 가설이 지배해 왔는데, 2018년 DNA 분석에 의해 특히 남아프리카공화국에서 기원하는 것으로 확인되었다. 남아프리카공화국은 저항성 프로그램을 위한 토착 육종을 포함해 '밀 줄기녹병' 발생에 대해 더 나은 대응을 해야 하는 지속적인 문제를 가지고 있다.

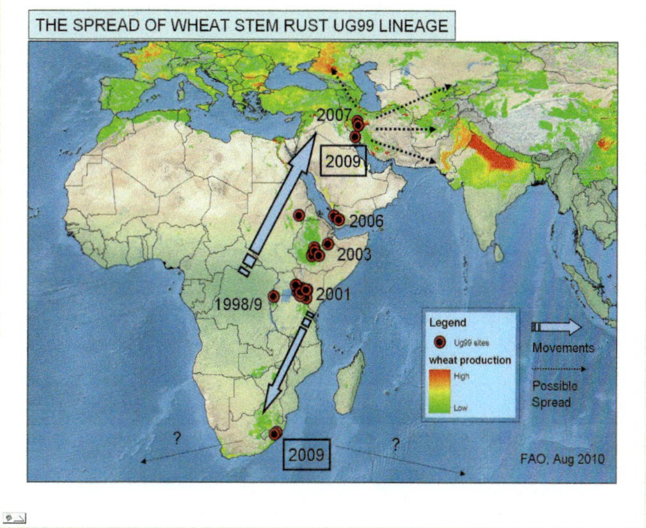

밀 줄기녹병 팬데믹 확산경로. [출처: FAO]

1999년 아프리카의 우간다에서 '밀 줄기녹병' 에피데믹이 발생했다. 대부분의 밀 계통에게 저항성이 없는 이 '밀 줄기녹병균' 레이스는 TTKSK(Ug99)로 명명되었고, TTKSK에 의한 '밀 줄기녹병'은 케냐, 이디오피아, 수단, 예멘, 탄자니아, 모잠비크, 짐바브웨, 남아프리카, 이집트, 이란 등 아프리카, 아시아 및 중동 전역으로 확산돼 각국의 밀 수확량 80%까지 감소시키는 팬데믹으로 발전했다.

신종 '밀 줄기녹병' 팬데믹은 중앙아프리카 및 동아프리카로 확산된 후 아시아, 남아프리카, 오스트레일리아 지역으로 매우 빠른 속도로 확산되면서, 세계 밀 생산 1위 중국과 2위 인도의 밀밭도 위협하고 있다. 많은 사람들이 밀에 의존해 생계를 유지하기 때문에 심각한 우려를 낳고, 이에 따라 세계 식량 안보가 위협받고 있다.

'밀 줄기녹병균'의 또 다른 치명적인 레이스 TTTTF가 2016년 시칠리아에서 발생해 유럽에서도 재발생할 가능성이 있음을 시사하고 있다. 식물병리학 및 기후 데이터와 결합된 '밀 줄기녹병균'의 포괄적인 유전체 분석은 영국에서도 '밀 줄기녹병'이 재발생할 가능성을 지적하고 있다.

이 균사는 잎의 아래쪽을 향해 세포간극에서 생장하면서 나중에 녹포자기로 발달하게 되는 두꺼운 균사 매트를 형성한다. 그러는 동안에 균사를 둘러싸고 있는 기주세포는 자극을 받아 비대해지며, 균사의 양이 늘어남에 따라 결국 잎 아래쪽의 감염부위 전체가 부풀게 된다.

녹포자기는 매발톱나무류 잎의 표면에 그룹을 지어 형성되며, 표면 바깥쪽으로 상당히 돌출된다. 녹포자는 녹포자기 안에서 연쇄상으로 형성되며 각각의 포자 안에는 서로 다른 성을 가진 2개의 핵이 있다.

녹포자는 늦은 봄에 방출되어 바람에 날려 가까운 밀로 전반된 후 발아하고 기공을 통해 밀의 줄기, 잎, 엽초 등을 침해한다. 균사는 일정 기간 세포간극에서 자라나간 후 특히 표피조직 바로 아래에서 풍부하게 생장해 균사 매트를 형성한다.

짧은 포자경과 여름포자가 많이 형성되면서 표피조직에 압력이 가해지고, 그 결과 표피조직을 바깥쪽으로 밀어내면서 녹포자퇴가 형성된다. 최종적으로 표피조직이 불규칙하게 터지면서 주황색을 띤 수십만 개의 여름포자가 드러나게 되는데, 이 때문에 여름포자퇴가 주황색의 가루덩어리로 보이게 된다.

여름포자는 바람을 타고 수 ㎞, 때로는 수백 ㎞까지 이동하기도 한다. 여름포자는 이슬이나 얇은 막의 물이나 거의 포화상태에 이른 상대습도 상태에서 밀을 다시 감염할 수 있다. 여름포자의 최저생장온도는 2~3℃이며, 여름포자세대의 잠복기는 15℃에서 16일, 20℃에서 11일, 25~30℃에서 8일이다.

여름포자의 발아관은 기공을 통해 식물체 내부로 침입하며, 접종 8~10일 이내에 균사는 새로운 여름포자퇴와 더 많은 여름포자를 형성한다. 여름포자는 성숙할 때까지 밀을 계속 반복 감염하며, 밀의 생육저하와 여름포자의 반복감염으로 여름포자퇴가 줄기와 잎, 낟알 등을 완전히 덮을 수도 있다.

줄기녹병에 감염된 밀에서는 증산활동이 증가하며, 아울러 터진 표피를 통해 더 많은 수분이 증발하기 때문에 식물체의 수분손실이 많아진다. 더구나 병원균은 식물체가 정상적으로 사용하는 것보다 더 많은 양분과 수분을 소모한다.

감염된 식물의 호흡은 여름포자퇴 형성기간 중에 급격히 늘어나지만 나중에는 정상보다 약간 낮은 수준으로 떨어진다. 병든 식물에서는 광합성이 크게 줄어드는데, 그 이유는 광합성을 할 수 있는 면적이 병원균에 의해 상당부분 파괴되고, 녹색으로 남아있는 부분에서도 줄기녹병균의 분비물로 인해 광합성이 저해되기 때문이다. 줄기녹병균은 뿌리의 정상적인 발달과 양분의 흡수를 방해하는 것으로 여겨진다.

밀을 포함한 기주식물이 성숙하거나 감염이 너무 심해 식물체가 더 이상 살 수 없게 되면 여름포자퇴는 여름포자 대신에 겨울포자를 만들거나, 새로이 감염된 여름포자로부터 겨울포자퇴가 형성되기 시작한다. 겨울포자는 월동기구로서 즉시 발아하지 않으므로 밀을 감염하지도 않는다. 겨울포자는 두 핵의 융합이 일어나는 단계이며, 담자기에서 감수분열 후 유전자 재조합과정을 통해 새로운 유전적 특성의 재조합이 만들어지는 단계다. 그 결과로 지금까지 알려져 있는 줄기녹병균의 레이스는 수백 가지이며, 매년 새로운 것들이 나타나고 있다.

[방제] 저항성 품종을 재배한다. 중간기주인 매발톱나무를 제거한다. 질산염 형태의 질소시비를 피하고 밀식파종을 하지 않는다. 조기에 수확할 수 있는 조생종을 재배한다.

② 맥류 줄녹병(stripe rust)

맥류 줄녹병(stripe rust)은 맥류에 발생하는 녹병 중에서 가장 일찍 발생하며, 발병최성기는 5월이다. 보리, 밀, 호밀 등에 발생하는데, 유럽에서 흔히 볼 수 있으며, 최근에는 호주에서 문제가 되었다. 밀 줄녹병에 감염되면 최대 40%의 손실을 일으킬 수 있으며, 겨울밀과 봄밀을 모두 감염시킨다.

맥류 줄녹병의 영어 명칭인 yellow rust 또는 stripe rust라는 병명은 각 잎몸(leaf blade)의 융기부위를 따라 평행하게 생성된 노란색 줄무늬 모양에서 유래한다. 이 노란색 줄무늬는 실제로 노란색의 여름포자를 생성하는 여름포자퇴의 특징이다.

그림 12.821 맥류 잎의 표징(여름포자퇴). [출처: Wikimedia]

그림 12.822 맥류 줄녹병이 심하게 발생한 포장. [출처: Howard F. Schwartz, Colorado State University, Bugwood.org]

그림 12.823 맥류 줄녹병균(*Puccinia striiformis*)의 여름포자퇴. [출처: Laura Bouvet et al.]

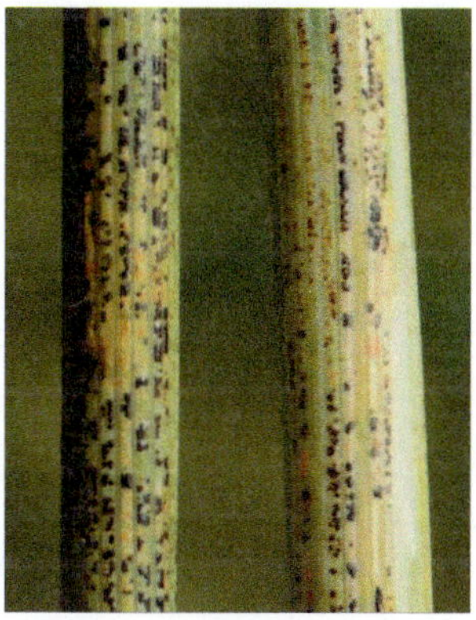

그림 12.824 맥류 줄녹병의 표징(겨울포자퇴). [출처: Pflanzenkrankheiten]

맥류 줄기녹병균인 *Puccinia striiformis*의 분류법은 2010년에 수정되어 분자 및 형태학적 특성에 따라 4가지 종으로 분리된다. *P. striiformis*는 염소풀속(*Aegilops* spp.), 갯보리속(*Elymus* spp.), 보리속(*Hordeum* spp.), 밀속(*Triticum* spp.)에서만, *P. pseudostriiformis*는 포아풀속(*Poa* spp.), *P. striiformoides*는 오리새속(*Dactylis* spp.), *P. gansensis*는 *Achnatherum* spp. 기주를 침해한다.

[병증상] 잎, 줄기, 잎집, 이삭 등에 발생한다. 잎에서는 잎맥을 따라 누런 줄무늬가 표징으로 생기는데, 표피가 터지면서 누런 포자(여름포자)가 나온다. 맥류의 성숙기에는 깨알같은 검은 점(겨울포자퇴)이 줄무늬를 이루는데 표피에 싸여 있다.

그림 12.825 맥류 줄녹병의 중간기주 매발톱나무 잎 뒷면의 표징(녹병정자기). [출처: Wen Chen et al.]

[병원균] 맥류 줄녹병을 일으키는 병원균은 *Puccinia striiformis* (=*Puccinia striiformi* var. *striiformi*)이고, 담자균문(Basidiomycota), 녹균강(Pucciniomycetes), 녹균목(Pucciniales), 녹균과(Pucciniaceae)에 속한다.

영양체는 격벽 균사체이고, *P. graminis*처럼 장주기성 이종기생균으로서 매발톱나무에 녹병정자기와 녹포자기를 만들고, 밀과 다른 화곡류 및 벼과식물에는 여름포자퇴와 겨울포자퇴를 형성한다.

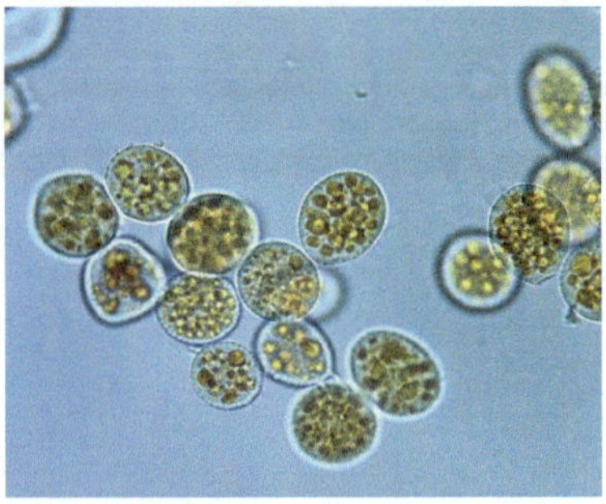

그림 12.826
맥류 줄녹병균(*Puccinia striiformis*)의 여름포자. [출처: Pflanzenkrankheiten]

[병환] 여름포자로 여름과 겨울을 지내서 이듬해에 줄녹병을 일으키는 것으로 여겨진다. 그러나 여름포자는 25℃에서 19일밖에 살지 못하므로 1차 전염원은 분명치 않다.

밀 줄녹병은 일반적으로 2~15℃ 범위인 밀의 생육 초기에 발생하지만, 최대 23℃까지 발생한다. USDA-ARS 곡물병연구소의 과학자팀이 매발톱나무가 중간기주임을 확인한 2009년까지 수세기 동안 단주기(microcyclic)라고 여겨져왔다.

그림 12.827
맥류 줄녹병균(*Puccinia striiformis*)의 겨울포자. [출처: Pflanzenkrankheiten]

매발톱나무는 줄기녹병(*Puccinia graminis*)의 중간기주로 알려져 있으며, 수년 동안 매발톱나무에서 감염이 관찰되었을 때 줄기녹병으로 추정되었었다. 그런 다음 과학자들이 다양한 매발톱나무 종에서 녹병 감염을 관찰하고 이 미지의 녹병의 포자를 켄터키블루그라스에 접종했을 때 *P. striiformis* 도 동일한 중간기주를 가진다는 것을 우연히 발견했다. 켄터키블루그라스만이 감염을 나타냈고, 여름포자퇴는 줄녹병의 특징을 나타내었다. 나중에, 겨울포자가 있는 감염된 밀을 물에 담그고 매발톱나무 위에 매달았더니 감염되면서 식물병리학의 100년 된 미스터리가 해결되었다. 이 발견은 학문 분야 전반에 걸쳐 혁명적인 것으로 간주되며, 균학자들 사이에서도 혁명적인 것으로 간주되고 있다.

심층학습 48 '밀 줄녹병'의 중간기주

화곡류를 침해하는 대부분 녹병균의 생활사는 1세기 이상 잘 이해돼왔다. '맥류 줄기녹병'을 일으키는 '*Puccinia graminis*'를 비롯한 '화곡류 녹병균'은 5단계의 포자 단계와 2개의 계통 발생학적으로 관련이 없는 기주를 포함하는 장주기(macrocyclic) 이종생활사를 가지고 있다. '맥류 줄녹병'을 일으키는 '*Puccinia striiformis*'도 다른 '화곡류 녹병균'과 유사하기 때문에 장주기형 이종기생균으로 추정해왔지만, 중간기주가 확인되지 않았기 때문에 '*P. striiformis*'의 생활사는 미스터리로 남아있었다. 중간기주로 의심되는 다양한 식물 종들을 '*P. striiformis*'의 발아하는 겨울포자로 감염시킴으로써 중간기주를 식별하려는 시도는 실패했다.

Mains은 매발톱나무가 '*P. striiformis*'의 중간기주일 것으로 의심했는데, 매발톱나무의 녹병균인 *P. koeleriae, P. arrhenatheri*와 *P. montanensis*와 관련이 있기 때문이다. Hart와 Becker가 이를 증명하려 시도했지만 '*P. striiformis*'의 겨울포자를 매발톱나무에 감염시키는데 실패했다. 이러한 실패와 '*P. striiformis*'가 겨울포자세대 기주를 재감염함으로써 무성적으로 자신을 유지할 수 있는 여름포자를 통해 무성적으로 증식한다는 사실 때문에 중간기주의 존재에 대한 의구심이 있었다.

2009년 6월 Yue Jin이 이끄는 USDA-ARS 곡물병연구소의 과학자팀이 '*P. striiformis*'의 녹포자에 의한 *Berberry chinensis*의 극심한 감염과 *B. koreana*와 Emerald Carousel(*B. koreana*와 *B. thunbergii*의 종간 잡종)의 경미한 감염을 관찰한 후 '*P. striiformis*'의 녹포자를 켄터키블루그라스(*Poa pratensis*)에 접종해 전형적인 줄녹병 여름포자퇴를 생성시켰다. 이러한 결과는 매발톱나무(*Berberis* spp.)가 '*P. striiformis*'의 녹포자세대 기주임을 시사한다. 이로써 수세기 동안 단주기(microcyclic) 병원균이라고 생각되었었던 '*P. striiformis*'도 '*P. graminis*'와 함께 매발톱나무가 동일한 중간기주라는 사실이 밝혀졌다. 또한 감염된 켄터키블루그라스에서 생성된 여름포자퇴는 '*P. striiformis*'의 특징을 나타내었고, 겨울포자가 있는 감염된 밀을 물에 담그고 매발톱나무 위에 매달았더니 감염되면서 식물병리학의 100년 된 미스터리가 해결되었다. 이 발견은 균학자들 뿐만아니라 학문 분야 전반에 걸쳐 혁명적인 것으로 간주되고 있다.

자연감염된 매발톱나무의 녹포자퇴(A), 매발톱나무의 녹포자 접종에 의해 켄터키그라스에 생성된 여름포자퇴(B), 밀 줄녹병균의 겨울포자 접종에 의해 매발톱나무에 생성된 녹병정자기(C)와 녹포자기(D), 매발톱나무의 녹포자 접종에 의해 밀에 생성된 여름포자퇴(E). [출처: Yue Jin et al.]

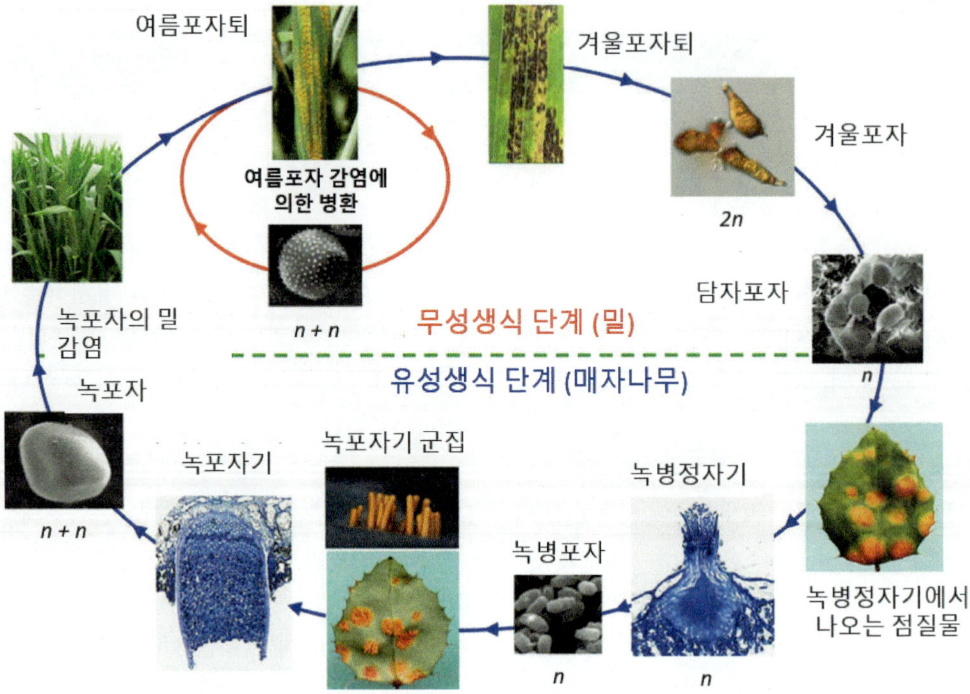

그림 12.828 *Puccinia striiformis*에 의한 맥류 줄녹병의 병환. [출처: Wenming Zheng et al.]

[방제] 저항성 품종을 재배한다. 질산염 형태의 질소시비를 피하고 밀식파종을 하지 않는다.

(2) 콩과식물 녹병

강낭콩, 잠두, 땅콩, 동부, 병아리콩, 렌즈콩 등 콩과식물은 곡류 다음으로 중요한 식량자원이다. 아울러 콩은 음식, 사료, 식용유 및 기타 산업적 용도로 사용되고 있으며, 알팔파와 다양한 종류의 클로버는 경작되거나 노지에서 자라며 동물사료로 이용되고 있다. 이 모든 작물은 다양한 종류의 녹병균에 의해 감염되고 있으며 매년 생산량 감소도 적지 않다.

① 콩 녹병(rust)

콩 녹병(rust)은 콩을 비롯한 콩과식물에 피해를 주는 중요한 병이다. 콩의 잎에 병을 일으키고 결국 식물체를 죽여 심각한 수확량 감소를 일으킨다.

[병증상] 녹병의 초기 단계에서는 오래된 잎의 윗면에 노란색 모자이크 변색을 일으키는데, 이 병징 경미해서 보통 식별하기가 어렵다. 후기의 병반은 회색에서 황갈색 또는 적갈색으로 변하고, 표징으로 성숙한 황갈색 병반의 변색된 괴사 부위는 작은 포자퇴가 둘러싼다. 황갈색 포자퇴는 잎 밑의 괴사 부위에서 발견된다.

콩 녹병의 여름포자퇴는 보통 세균성 병반에서 볼 수 있는 전형적인 노란색 테두리(halo)를 가지고 있지 않다. 게다가, 포자퇴가 돌출되고 잎의 아래쪽에 흔하게 발견되기 때문에 점무늬병에 의한 병징과는 다르다. 개화기나 개화 후에 발병이 가장 흔하게 나타나며, 감염되면 꼬투리 생성과 충진을 감소시킨다.

그림 12.829 콩 잎의 병징.
[출처: Wikipedia]

그림 12.830 콩 잎의 표징(여름포자퇴).
[출처: Wikipedia]

그림 12.831 콩 잎의 병반에 생성된 표징(여름포자퇴).
[출처: Jose Tadaski Yorinori]

그림 12.832 콩 녹병균(*Phakopsora pachyrhizi*)의 겨울포자퇴.
[출처: University of Florida]

[병원균] 콩에 녹병을 일으키는 병원균은 *Phakopsora pachyrhizi* 이고, 담자균문(Basidiomycota), 녹균강(Pucciniomycetes), 녹균목(Pucciniales), 녹균과(Pucciniaceae)에 속한다. *Phakopsora meibomiae*도 콩에 녹병을 일으키는데 *P. pachyrhizi* 에 비해 병원성이 약하다. *P. pachyrhizi* 는 아시아에서 유래하기 때문에 Asian soybean rust이라고 부르고, *P. meibomiae* 는 미국에서 유래하기 때문에 New World soybean rust라고 부른다.

영양체는 격벽 균사체이고, 여름포자퇴와 겨울포자퇴만 콩에서 형성하고 중간기주는 알려지지 않았다. 여름포자는 다주기성 병환을 되풀이하지만, 겨울포자는 발아하지 않기 때문에 유성생식이 일어나지 않는다.

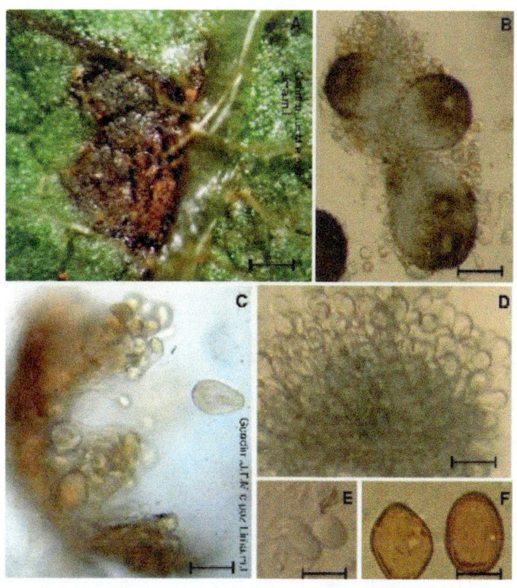

그림 12.833 콩 녹병균(*Phakopsora pachyrhizi*). (A) 콩 녹병 병반. (B) 여름포자퇴에 중복기생을 하는 *Darluca* sp.의 분생포자각. (C) 여름포자퇴. (D) 여름포자퇴 속의 여름포자. (E) 미성숙 여름포자. (F) 성숙한 여름포자.
[출처: Milton Luiz da Paz Lima]

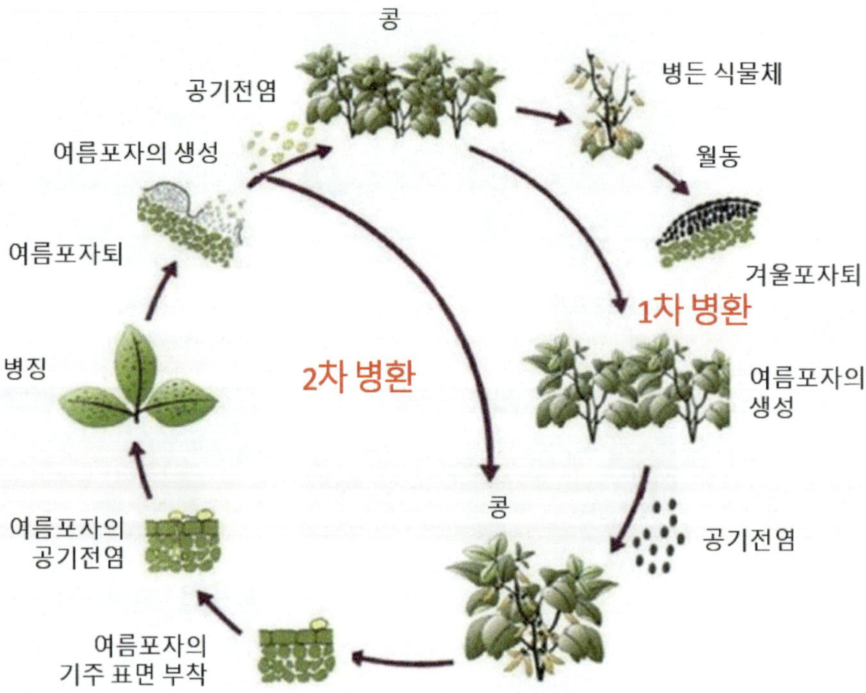

그림 12.834 *Phakopsora pachyrhizi*에 의한 콩 녹병의 병환. [출처: Miguel Lavilla]

[병환] 병원균의 여름포자는 기류에 의해 쉽게 전반되고 며칠 안에 수백 마일을 날아갈 수 있다. 여름포자는 발아관을 내어 발아하고 부착기를 형성한 후 침입균사를 형성해 자연개구나 잎 조직의 상처를 통해서가 아니라 식물 세포에 직접 침입하는 점이 대부분의 다른 녹병균과 다르다.

초기 감염부터 다음 포자 생성 주기까지 약 9~10일 정도로 비교적 빠르게 다주기성 병환을 되풀이하고, 여름포자 생성은 잎에 최소 8시간의 습윤 지속과 16~27℃의 온화한 기온에서 일어난다. 병반에서 여름포자 생성은 최대 3주까지 지속될 수 있다.

[방제] 저항성 품종을 선택해 재배한다. 비기주식물로 2~3년 윤작한다. 병든 기주 잔재물을 제거한다. 스프링클러 관수는 녹병 발생에 유리한 환경 조건을 만들지 않도록 가능하면 어두워지기 전에 잎이 마르도록 시간을 조정한다.

② 강낭콩 녹병(rust)

강낭콩 녹병(rust)은 전 세계적으로 발생하고 있으며, 특히 다습한 열대 및 아열대 지역에서 피해가 심하다. 감염이 생육초기에 발생하면서 심한 경우에는 수확을 거의 못하는 경우도 있다.

[병증상] 강낭콩의 잎, 줄기, 꼬투리에 발달하는 직경 1~2 mm 정도의 여름포자퇴가 모여 만드는 적갈색을 띤 무수한 돌기가 표징으로 나타난다. 이 돌기들이 터지면서 적갈색의 여름포자가, 나중에는 겨울포자가 방출된다.

가끔 한 개의 크거나 작은 그룹의 여름포자퇴 주변 식물조직이 노란색으로 변하기도 한다. 심하게 감염된 잎은 위쪽으로 말리고, 마르고, 갈색으로 변하고, 찢어지면서 일부는 떨어지는 병징을 나타내기 때문에 기주식물의 생육도 불량해지고 수확량도 적어진다.

심하게 손상된 강낭콩밭은 종종 그을린 것처럼 보인다. 초기 감염이 심한 경우 꼬투리와 종자 크기를 줄일 수 있다. 녹색 꼬투리와 때때로 줄기와 가지도 감염되어 전형적인 포자퇴가 생길 수 있다. 그러나 강낭콩 녹병은 종자로 전염되지 않는다.

그림 12.835 강낭콩 잎의 녹병 표징(여름포자퇴). [출처: Arnold Grosscurt]

그림 12.836 강낭콩 꼬투리의 녹병 표징(겨울포자퇴). [출처: Javier Ramos, Francisco Santianes & Florentino Rodríguez]

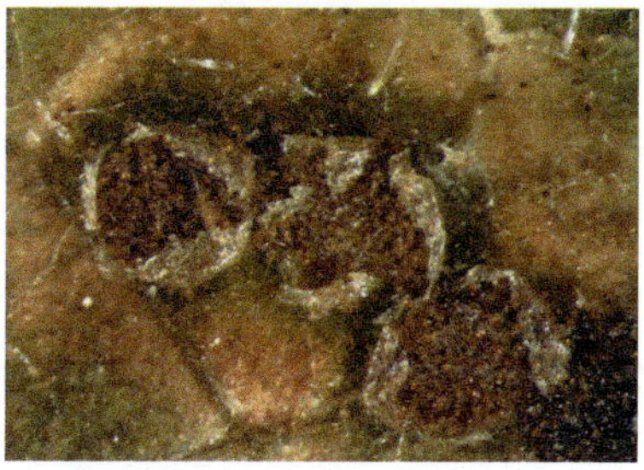

그림 12.837 강낭콩 녹병균(*Uromyces appendiculatus*)의 여름포자퇴와 여름포자. [출처: Arnold Grosscurt]

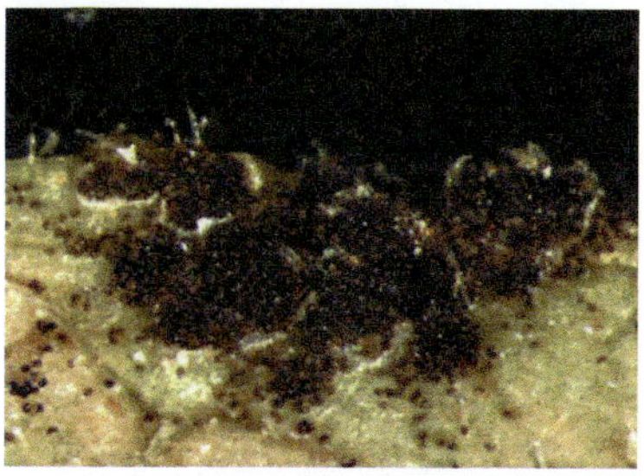

그림 12.838 강낭콩 녹병균(*Uromyces appendiculatus*)의 겨울포자퇴와 겨울포자. [출처: Arnold Grosscurt]

그림 12.839 강낭콩 녹병균(*Uromyces appendiculatus*)의 여름포자와 흰색 녹포자기. [출처: Nigel Cattlin]

그림 12.840 강낭콩 녹병균(*Uromyces appendiculatus*)의 녹병정자기. [출처: Howard F. Schwartz, Colorado State University, Bugwood.org]

생육이 끝날 무렵 포자퇴는 미묘한 변화를 겪고 현재 감염 주기의 끝을 나타내는 갈색-검정색 겨울포자퇴를 형성한다. 이 월동단계는 콜로라도 동부와 네브래스카 서부 및 캔자스에서 녹병 발생 및 유행에 기여한 것으로 확인되었다. 겨울포자퇴는 노스다코타와 미네소타와 같은 북부 주에서는 다음 생육기에 유성세대를 만들어내는 요인이다.

[병원균] 강낭콩에 녹병을 일으키는 병원균은 *Uromyces appendiculatus*이고, 담자균문(Basidiomycota), 녹균강(Pucciniomycetes), 녹균목(Pucciniales), 녹균과(Pucciniaceae)에 속한다.

영양체는 격벽 균사체이고, 장주기형 동종기생균으로 녹병정자기, 녹포자기, 여름포자퇴, 겨울포자퇴 등 모든 세대를 같은 기주인 강낭콩에서 형성한다. 이 녹병균의 레이스는 매우 다양해서 300개 이상이며, 때로는 한 포장에서 여러 레이스가 발견되기도 한다.

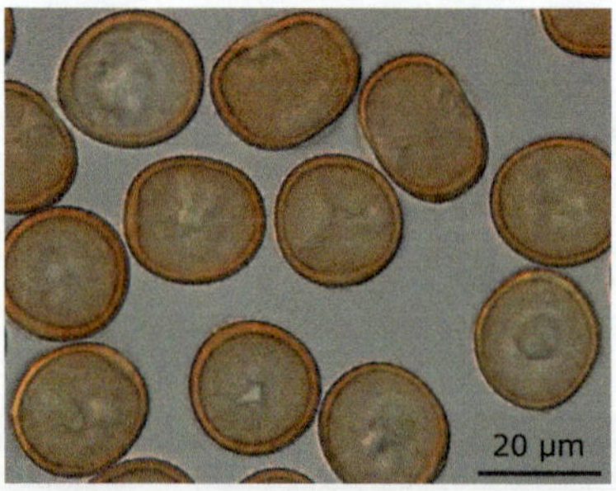

그림 12.841 강낭콩 녹병균(*Uromyces appendiculatus*)의 여름포자.
[출처: J. R. Liberato & A. Sartorato]

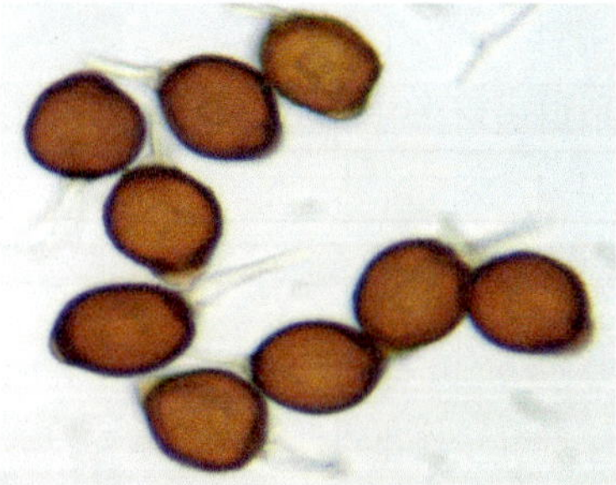

그림 12.842 강낭콩 녹병균 *Uromyces appendiculatus* 의 겨울포자.
[출처: Arnold Grosscurt]

[병환] 7~8월경부터 성숙까지 발생하며 피해를 일으킨다. 병든 식물에서 겨울포자로 월동한다. 겨울포자가 발아해 생성된 소생자는 균사를 내어 각피를 뚫고 식물체로 침입한다. 침입 초기에 세포 안에서 자라고, 포자 발아나 침입에는 반드시 식물체 표면에 형성되는 이슬이 필요하다. 적당한 환경 조건이 지속되면 여름포자세대는 10~15일이면 완료된다.

강낭콩 녹병의 전염원은 국지적으로 월동한 겨울포자와 먼 콩밭에서 불어오는 공기 중에 있는 여름포자이다. 녹병균 포자, 특히 겨울포자는 강낭콩 줄기 잔재에서 월동한다. 겨울포자는 봄에 발아해 담자포자를 생성해 이른 봄에 자생식물이나 새로운 강낭콩으로 날아간다.

강낭콩은 담자포자에 감염되어 잎의 윗면에는 녹병정자기(pycnia)라고 하고 잎 아랫면에는 녹포자기(aecia)라고 하는 특수한 유형의 흰색 포자

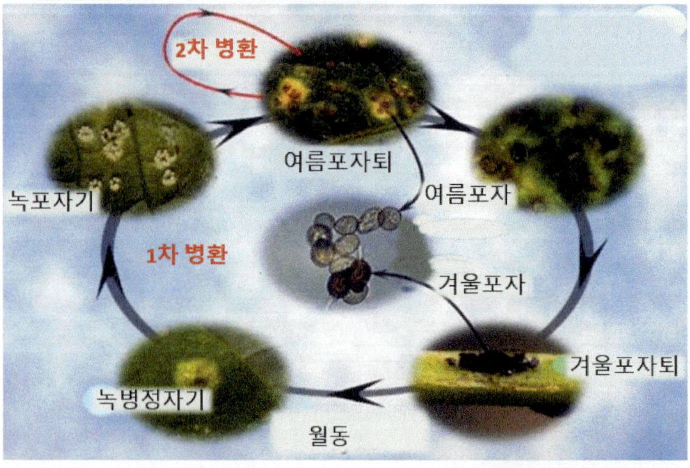

그림 12.843 *Uromyces appendiculatus* 에 의한 강낭콩 녹병의 병환.
[출처: Howard F. Schwartz, J. R. Steadman & D. T. Lindgren]

퇴를 형성한다. 포자퇴 속의 포자는 결국 다른 강낭콩 잎과 식물체를 감염시킨다.

녹병은 10시간 이상 동안 잎 표면에 수분이 있는 습한 조건과 함께 서늘하거나 18~29℃ 범위의 적당한 온도에서 발생한다. 7월 말과 8월의 기상 조건은 일반적으로 밤이 선선하기 때문에 발병에 적합하다. 병환은 적합한 조건에서 10~14일 간격으로 되풀이된다.

식물체 생육기 동안 일찍 감염될수록 수확량 손실 가능성이 크다. 늦은 심기, 제초제 피해, 과도한 질소 또는 우박 피해와 같이 식물 성숙을 지연시키는 모든 것은 녹병이 발생하는 경우 상당한 수확량 손실의 가능성을 증가시킨다.

[방제] 저항성 품종을 선택해 재배한다. 비기주식물로 2~3년 윤작한다. 병든 기주 잔재물을 제거한다. 스프링클러 관수는 녹병 발생에 유리한 환경 조건을 만들지 않도록 가능하면 어두워지기 전에 잎이 마르도록 시간을 조정한다.

(3) 장미과식물 녹병(향나무 녹병)

① 사과나무 붉은별무늬병(향나무 녹병, cedar-apple rust)

사과나무 붉은별무늬병(cedar-apple rust)은 사과나무의 잎과 열매에는 누런색 내지 오렌지색의 점무늬가 나타나며, 향나무에는 향나무사과(cedar apple)라는 혹을 형성하는데, 여기에 젤리 모양의 돌기(뿔)가 발달한다. 사과나무 붉은별무늬병은 사과나무와 향나무가 가까이 자라고 있는 경우에는 두 기주 모두에 심각한 피해를 초래한다. 비슷한 병이 배나무, 명자꽃, 모과나무, 산사나무,

그림 12.844 사과나무 잎 앞면의 표징(녹병정자기). [출처: Paul Bachi, University of Kentucky Research and Education Center, Bugwood.org]

그림 12.845 사과나무 잎 뒷면의 표징(녹포자기). [출처: Paul Bachi, University of Kentucky Research and Education Center, Bugwood.org]

그림 12.846 사과나무 잎 앞면의 녹병정자기. [출처: 박종한]

그림 12.847 사과나무 잎 뒷면의 녹포자기.
[출처: University of Massachusetts]

야광나무, 윤노리나무, 팥배나무 등 장미과식물에 발생한다.

[병증상] 병징은 잎에 주로 발생하지만 열매와 햇가지에도 발생한다. 꽃잎이 질 무렵 잎에는 1 ㎜ 정도 담황색 점무늬가 생기고 점차 커져 1 ㎝ 정도 둥근 무늬가 된다. 1~2주가 지나면 그 위에 많은 황색 과립체(녹병자기)가 표징으로 드러나며 점질물을 분비하는데, 나중에 검은색 변한다. 병반부위의 뒷면에는 부풀어 올라 털 모양 돌기(녹포자기)가 형성되고, 심하게 병든 잎은 낙엽진다.

열매에는 잎에 생긴 것보다 커서 수 ㎝에 이르는 녹갈색 병반이 나타나고 주변은 녹색이 짙다. 햇가지에서 병반은 두텁고 타원형이며 병든 부위의 끝은 말라 죽는다.

그림 12.848 사과나무 열매의 병징. [출처: Nicole Ward Gauthier & Annette Meyer Heisdorffer]

그림 12.849 향나무 녹병의 혹 모양 겨울포자퇴. [출처: Rocky Houghtby]

그림 12.850 향나무 녹병의 뿔 모양 겨울포자퇴. [출처: H. Fauber]

그림 12.851 향나무 녹병의 한천 모양 겨울포자퇴. [출처: Nancy Gregory, University of Delaware, Bugwood.org]

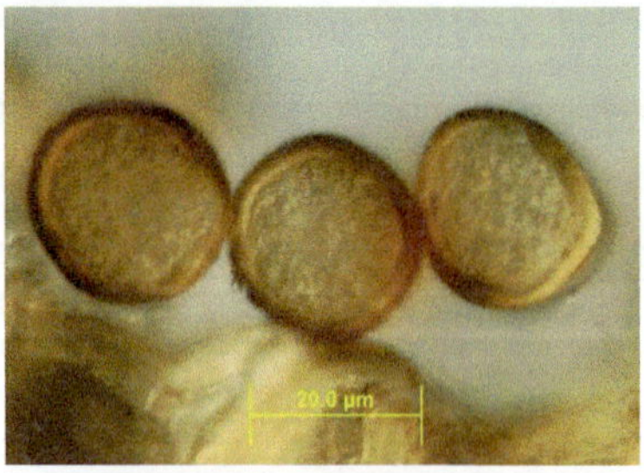

그림 12.852 사과나무 붉은별무늬병균(*Gymnosporangium yamadae*)의 여름포자. [출처: Bruce Watt, University of Maine, Bugwood.org]

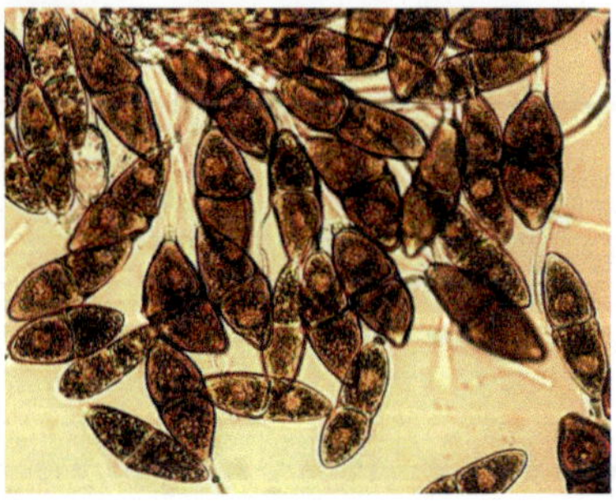

그림 12.853 사과나무 붉은별무늬병균(*Gymnosporangium yamadae*)의 겨울포자. [출처: Sandra Jensen, Cornell University, Bugwood.org]

향나무에서는 작은 가지에 녹색의 둥근 덩어리(겨울포자퇴)가 나타나고 점차 커져 적갈색으로 변하며 직경이 1 ㎝에 달한다. 성숙(보통 2년)되면 4월 중순경 포자퇴가 부풀어 올라 갈색 혀 모양의 돌기가 생기는데 비가 오는 봄 날씨 동안 빗물에 부풀면 황갈색 한천모양이 된다. 혹 발생 부위 너머의 나뭇가지가 죽지만, 일반적으로 향나무에는 심각한 피해가 발생하지 않는다.

[병원균] 사과나무에 붉은별무늬병을 일으키는 병원균은 *Gymnosporangium yamadae*로 담자균문(Basidiomycota), 녹균강(Pucciniomycetes), 녹균목(Pucciniales), 녹균과(Pucciniaceae)에 속한다.

영양체는 격벽 균사체이고, 여름포자퇴와 여름포자를 형성하지 않는 중주기형 이종기생성 녹병균이다. 겨울포자퇴는 꽃잎모양 또는 혀모양이고, 겨울포자는 타원형~방추형, 보통 2세포로 돼 있다. 겨울포자는 발아해 4세포로 된 전균사를 형성하고, 각 세포의 소생자병에 둥근 무색 단세포 소생자를 생성한다.

[병환] 향나무에서는 감염 후 약 7개월 후에 혹이 나타나고 18개월 후에는 젤라틴같은 포자덩어리를 형성한다. 병원균은 향나무의 혹에서 2핵 균사로 월동한다. 향나무의 잎이나 눈은 여름에 사과나무 잎으로부터 바람에 날려온 녹포자에 의해 감염된다. 녹병균은 향나무 잎에서 가을과 겨울 동안 거의 자라지 않지만 이듬해 봄과 초여름에 걸쳐 혹은 침엽의 앞면에서 작은 융기체로 형성되기 시작한다.

병원균은 혹에서 균사 상태로 존재하며 세포간극에서 자란다. 혹은 빠르게 커지며 가을이 되면 지름이 3~5 ㎝에 이르고, 갈색으로 변하며 표면은 작고 둥근 함몰된 부분으로 덮인다. 이듬해 4월부터 5월까지 혹 표면의 작은 함몰부분이 간헐적인 강우로 수분을 흡수해 부풀어 매우 이채로운 오렌지색을 띤 젤리 모양의 돌기를 만드는데, 이 돌기의 길이는 10~20 ㎜ 정도이다.

젤리 모양의 돌기는 수많은 겨울포자로 구성되어 있으며, 겨울포자는 그 자리에서 여러 주 동안 발아해 사과나무의 잎을 감염시킬 수 있는 소생자를 형성한다. 겨울포자의 발아적온은 16~22℃이며, 24℃에서는 소생자가 형성되지 않는다. 혹은 죽지만 1년 이상 향나무에 붙어 있을 수 있다.

소생자는 바람에 의해 옮겨지는데 3~5 ㎞ 이상 운반되기도 한다. 사과에는 꽃이 핀 직후에 잎의 윗면에 원형의 노란색 병변이 나타난다. 이른 봄의 습하고 비가 오는 날씨는 사과의 나뭇가지, 잎 및 과일 감염에 도움이 된다. 발아관은 어린 사과나무의 잎이나 과실을 직접 침입해 반수체의 균사를 만들고, 균사는 사과 과실의 세포나 그 사이로 퍼져간다.

균사는 잎 앞면에 오렌지색의 녹병정자기를 만들며, 반대 성의 녹병정자는 수정균사와 수정한 후에 잎 뒷면이나 과실에 동심원을 이루며 컵 모양의 녹포자기를 형성한다. 잎에서 녹포자기가 형성된 부분은 부풀며, 컵 모양의 오렌지색 녹포자기 다발과 흰색의 녹포자기벽이 뚜렷이 나타난다. 심하게 감염된 잎은 특히 건조한 여름에 조기에 떨어질 수 있다.

과실에서는 점무늬의 가운데에 녹병정자기가 먼저 만들어지며, 다음으로 그 둘레에 녹포자기가 형성된다. 과실의 감염된 부분은 대개 크며, 융기하기 보다는 오히려 편평하거나 약간 함몰되어 있다. 녹포자는 긴 사슬모양으로 형성된다.

그림 12.854 *Gymnosporangium yamadae*에 의한 사과나무 붉은별무늬병의 병환. [출처: 식물병리학]

녹포자는 늦여름의 건조한 날에 공기 중으로 방출되는데 바람에 날려 향나무 잎에 이르면 발아해 감염을 시작한다. 녹포자는 5~25℃에서 발아되며, 발아적온은 20℃이다.

[방제] 생활사를 완성하지 못하도록 사과나무를 비롯한 장미과식물과 향나무 사이의 거리를 2 km 이상 충분히 떼어놓으면 방제가 가능하다. 저항성 품종을 재배한다. 중간기주 식물인 향나무에는 4~5월과 7월에 기주식물인 장미과식물에는 4월 중순부터 6월까지 방제한다. 붉은별무늬병 적용약제를 4월 하순부터 5월 하순까지 비 오기 전 또는 비 온 직후 2~3회 살포한다. 휴면기 때는 결정석회황합제로 살포한다.

② 배나무 붉은별무늬병(향나무 녹병, pear rust)

배나무 붉은별무늬병(pear rust)은 4월 하순~5월경 비가 자주 내리는 해에 많이 발생한다.

[병징] 잎을 비롯해 햇가지, 열매 등에도 발생한다. 잎 표면에는 등황색 작은 점무늬가 생기고 커지면서 나중에 그 위에 많은 입자(녹병정자기)를 많이 형성한다. 녹병자기는 나중에 검은색

으로 변하고 단맛이 나는 점질물을 분비한다. 잎 표면에 등황색 점무늬가 생긴지 약 1개월 후 잎 뒷면에는 회색~다갈색 털같은 돌기(녹포자기)가 생기고 나중에 담황색으로 변한다. 개화기를 전후해 비가 자주 내리면 어린 열매와 햇가지에도 비슷한 표징이 생긴다.

늦봄에 열매나 잎 뒷면에 관 모양의 돌기가 나타난다. 5월이 되면 배 잎에 새로운 감염이 더 이상 발생하지 않으므로 가지 끝에서 자라는 어린잎이 흠집이 없는 것처럼 보일 수 있다. 여름에 심하게 얼룩덜룩한 잎이 떨어지는 것은 덥고 건조한 날씨가 발생하면 흔히 발생한다.

향나무에서는 잎이나 햇가지의 분지점에서 3~4월초의 건조기에는 황갈색~자갈색 변색부위가 생기는데 4~5월에 비가 내린 후에는 황갈색 광택이 있는 젤리 모양으로 부풀은 덩어리(겨울포자퇴)를 형성한다.

그림 12.855 배나무 잎 앞면의 표징(녹병정자기). [출처: Jennifer Olson]

그림 12.856 배나무 잎 뒷면의 표징(녹포자기). [출처: Jennifer Olson]

그림 12.857 배나무 잎 앞면의 녹병정자기. [출처: toolate.s7.coreserver.jp]

그림 12.858 배나무 잎 뒷면의 녹포자기. [출처: toolate.s7.coreserver.jp]

그림 12.859 향나무 녹병의 겨울포자퇴. [출처: toolate.s7.coreserver.jp]

그림 12.860 향나무 녹병의 혀모양 겨울포자퇴. [출처: toolate.s7.coreserver.jp]

그림 12.861 향나무 녹병의 겨울포자퇴. [출처: Jennifer Olson]

[병원균] 배나무에 붉은별무늬병을 일으키는 병원균은 *Gymnosporangium asiaticum*로 담자균문(Basidiomycota), 녹균강(Pucciniomycetes), 녹균목(Pucciniales), 녹균과(Pucciniaceae)에 속한다.

영양체는 격벽 균사체이고, 여름포자퇴와 여름포자를 형성하지 않는 중주기형 이종기생성 녹병균이다. 겨울포자퇴는 원추형~쐐기 모양이고, 겨울포자는 보통 2세포로 돼 있다. 중간기주는 가이즈카향나무, 참향나무, 섬향나무, 연필향나무, 뚝향나무 등 여러가지 종류의 향나무들이다.

그림 12.862 배나무 붉은별무늬병균(*Gymnosporangium asiaticum*)의 녹포자.
[출처: toolate.s7.coreserver.jp]

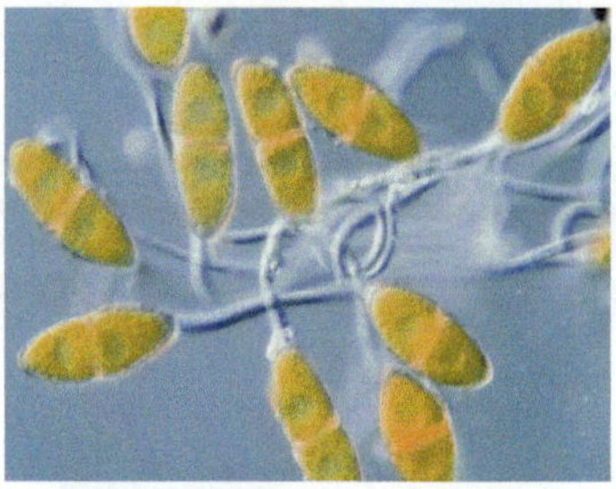

그림 12.863 배나무 붉은별무늬병균(*Gymnosporangium asiaticum*)의 겨울포자.
[출처: Yuan-Min Shen et al.]

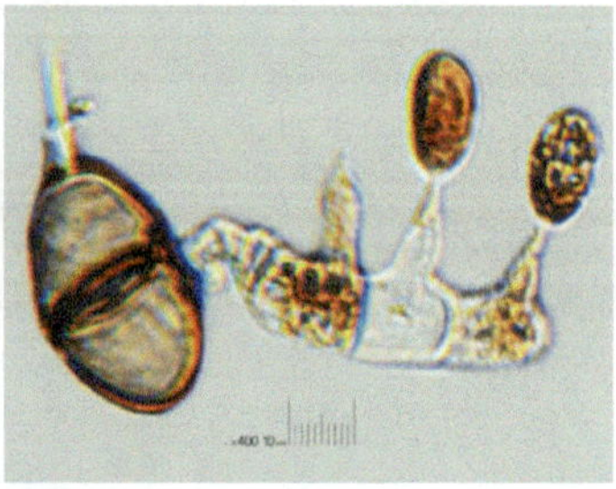

그림 12.864 배나무 붉은별무늬병균(*Gymnosporangium asiaticum*)의 겨울포자의 발아.
[출처: toolate.s7.coreserver.jp]

[병환] 병원균은 4~5월부터 6~7월까지 배나무에 기생하고, 그 후에는 향나무에 기생하면서 혹에서 2핵 균사로 월동한다.

향나무의 잎이나 눈은 여름에 배나무 잎으로부터 바람에 날려온 녹포자에 의해 감염된다. 향나무 잎에서 가을과 겨울 동안 거의 자라지 않지만 이듬해 봄에 향나무 침엽의 앞면에서 작은 융기체로 혹이 형성되기 시작한다.

병원균은 혹에서 균사 상태로 존재하며 세포간극에서 자란다. 혹은 빠르게 커지며 가을이 되면 지름이 3~5 ㎝에 이르고, 갈색으로 변하며 표면은 작고 둥근 함몰된 부분으로 덮인다.

이듬해 봄에 혹 표면의 작은 함몰부분은 따뜻하고 다습한 날에 수분을 흡수해 부풀어 매우 이채로운 오렌지색을 띤 젤리 모양의 돌기를 만드는데, 이 돌기의 길이는 10~20 ㎜ 정도이다.

4~5월경에 비가 내리면 향나무에 형성된 겨울포자퇴는 부풀어서 젤리처럼 되고, 그 자리에서 형성된 겨울포자는 여러 주 동안 발아해 배나무의 잎을 감염시킬 수 있는 소생자(sporidium)를 형성한다. 겨울포자의 발아적온은 17~20℃, 겨울포자는 20℃에서 물기가 있으면 2~4시간에 발아하고, 5~7시간이면 소생자를 형성한다.

소생자는 바람에 의해 배나무로 옮겨지는데 3~5 ㎞ 이상 전파되기도 한다. 소생자는 약 2시간 후 발아해 형성된 발아관은 어린 배나무의 잎이나 과실의 각피를 뚫고 직접 침입하며, 잠복기간은 8~9일이다.

반수체 균사는 배나무 과실의 세포나 그 사이로 퍼져 잎 앞면에 오렌지색 녹병정자기를 형성하고, 반대 성의 녹병정자는 수정균사와 수정한 후에 잎 뒷면이나 과실에 동심원을 이루며 컵 모양의 녹포자기를 형성한다. 녹포자기는 5~6월에 나타나며 감염 후 약 1개월이 지나면 볼 수 있다.

잎에서 녹포자기가 형성된 부분은 부풀며, 컵 모양의 오렌지색 녹포자기 다발과 흰색의 녹포자기벽이 뚜렷이 나타난다. 녹포자기에서 형성된 녹포자는 배나무를 침해할 수 없고 향나무에만 기생한다.

과실에서는 점무늬의 가운데에 녹병정자기가 먼저 만들어지며, 다음으로 그 둘레에 녹포자기가 형성된다. 과실의 감염된 부분은 대개 크며, 융기하기 보다는 오히려 편평하거나 약간 함몰되어 있다. 녹포자는 긴 사슬모양으로 형성된다.

녹포자는 6~7월 건조한 날에 공기 중으로 방출돼 바람에 날려 향나무 잎에 이르면 발아해 감염을 시작한다.

[방제] 병원균이 생활사를 완성하지 못하도록 배나무와 향나무 사이의 거리를 충분히 떼어놓으면 배나무 붉은별무늬병의 예방이 가능하다. 향나무에서 겨울포자퇴의 성숙이나 겨울포자의 발아를 막기 위해 3월 하순~4월 상순에 결정석회황합제를 살포한다. 배나무에서는 4월 하순부터 5월 하순까지 비오기 전 또는 비온 직후 적용약제를 2~3회 살포한다.

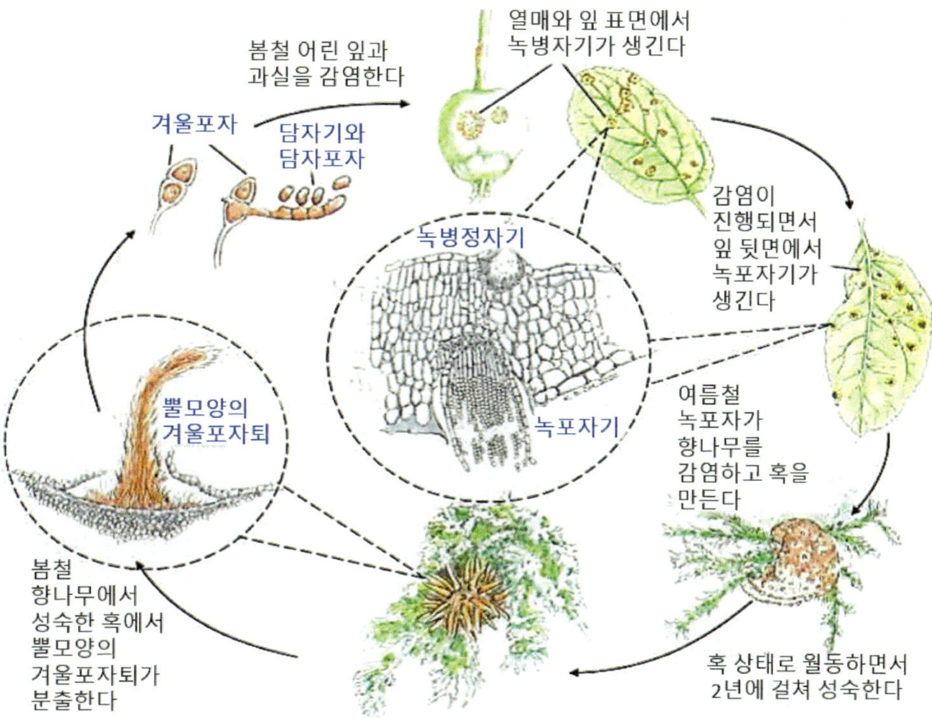

그림 12.865 *Gymnosporangium asiaticum*에 의한 배나무 붉은별무늬병의 병환. [출처: K. Cox]

(4) 소나무류 녹병

① 잣나무 털녹병(blister rust)

잣나무 털녹병(blister rust)은 중국에서 유래하는 아시아 풍토병이었다. 1854년 소련의 발틱해 연안에서 처음 발견된 후 1900년경에 유럽과 북아메리카로 유입돼 스트로브잣나무 숲에 심각한 피해를 주는 팬데믹을 일으켰다. 잣나무 털녹병은 북아메리카에서 가장 중요한 산림병해 중 하나로 해마다 막대한 생장량 감소와 함께 높은 고사율을 보이고 있다. 방제하지 않으면 생육 자체가 불가능해지고 목재로서의 이용 가치도 없어진다.

우리나라에는 시베리아 캄차카반도, 만주, 헤이룽장성, 기린성 등을 거쳐 침입해 1936년 강원도와 경기도에서 처음 발견됐고, 그 후 1965년에 강원도 평창군에서 재발견된 이래 전국의 잣나무 숲으로 확산됐다. 1980년에는 강원도의 평창군, 횡성군, 정선군을 중심으로 총 3천 7백여 ha의 잣나무 숲에 피해를 주어 우리나라의 대표적인 삼림병해로 꼽혔으나 그 후에는 점차 감소하는 추세다.

5엽송 중에서 sugar pine(*Pinus lambitiana*), 동부백송(*Pinus strobus*), 서부백송(*Pinus monticola*)은 목재 수확과 모육목에 경제적으로 가장 중요하다. 사실, 이 종들로 이루어진 숲은 미국에서 목재 수확을 위한 가장 가치 있는 땅의 일부다. 미국 전역의 다른 오엽송 종들뿐만 아니라 화이트바크송(*Pinus albicaulis*)과 림버송(*Pinus flexilis*)과 같은 종들은 경제적으로 덜 중요한 종들도 잣나무 털녹병균의 영향을 받는다.

그림 12.866 잣나무 잎의 털녹병 병징. [출처: The Knotweed Killers]

1900년대 초, sugar pine, 동부백송, 서부백송에서 잣나무 털녹병균의 감염이 대규모로 발생하면서, 심하게 감염된 지역에서는 증상이 없는 저항성 나무가 관찰되었다. 1950년까지, 이 저항성 나무들이 털녹병에 강한 품종을 개발하기 위한 번식 프로그램에 사용되었다. 지금은 저항성이 강한 서부백송을 이용할 수 있다.

중간기주인 까치밥나무(*Ribes* spp.)의 박멸이 효과적인 수단이 될 것이라는 개념은 1920년대에 까치밥나무 재배를 제한하는 연방정부의 금지령에 큰 영향을 미쳤다. 1966년 금지령이 해제되었고, 현재 일부 주 및 지방 금지령은 남아 있지만, 까치밥나무의 재배는 서서히 인기를 얻고 있으며, 많은 저항성 품종들이 상업적으로 이용 가능하다.

그림 12.867 잣나무 털녹병에 감염돼 죽어가는 잎.
[출처: Wikimedia Commons]

[병증상] 잣나무의 줄기나 가지에서 작고 변색된 방추형 모양의 융기체가 오렌지색을 띤 좁은 밴드에 둘러싸여 수피에 표징으로 나타난다. 이어서 이 융기체 안에서는 작고 부정형의

그림 12.868 어린 잣나무 줄기의 털녹병 녹병자기.
[출처: USDA Forest Servic, Bugwood.org]

그림 12.869 잣나무 줄기의 털녹병 녹포자기.
[출처: Frantisek Soukup, Bugwood.org]

그림 12.870 잣나무 털녹병에 심하게 감염된 줄기에서 흘러내리는 수지.
[출처: Susan K. Hagle, USDA Forest Service, www.forestryimages.org]

짙은 갈색을 띤 물집 모양의 녹병정자기가 출현하는데, 녹병정자기는 터지면서 당년에 형성된 녹병정자가 가득 찬 점질성 방울이 누출되며 곧 마른다.

융기된 부분이 확장됨에 따라 녹병정자기의 크기 및 형성범위도 넓어지며, 녹병정자기가 형성되어 있던 부위에서 1년 후에 녹포자기가 형성된다. 녹포자기는 감염된 수피를 밀어 뚫고 나오는 흰색 물집 모양 돌기로 나타나는데, 여기에는 주황색 녹포자가 가득 차 있다.

그림 12.871 잣나무 털녹병의 중간기주 까치밥나무 잎 뒷면의 여름포자퇴. [출처: Wikipedia]

녹포자퇴인 이 물집돌기는 곧 터지고, 주황색의 녹포자가 바람에 날리고, 때로는 수백 km 정도까지 이동하여 까치밥나무의 잎에 떨어져 까치밥나무를 감염시킨다. 비록 녹포자기가 형성되었던 수피는 말라 죽지만 녹포자가 방출된 후에도 물집돌기는 몇 주 동안 수피 위에 잔존한다. 가끔 줄기를 타고 수지가 흘러내리면서 굳어서 덩어리를 이루기도 한다.

그러나 병원균은 병든 주위의 건전한 수피 쪽으로 확산하며, 줄기나 가지를 에워싸 결국 나무가 죽을 때까지 매년 계속하여 포자를 만들면서 수피를 점진적으로 말라죽게 한다. 죽어서 갈색을 띤 침엽들이 달려있어 깃발처럼 보이는 죽은 가지들이 멀리서도 뚜렷하게 보인다.

송이풀과 까치밥나무에서의 병징은 주황색을 띤 여름포자퇴가 잎의 앞면에서 약간 돌출하는 형태로 나타나는데, 여름포자퇴는 둥글거나 불규칙한 모양의 점무늬에 그룹을 지어 형성된다.

그림 12.872 잣나무 털녹병의 중간기주 송이풀 잎 뒷면의 여름포자퇴.
[출처: 나용준]

여름포자퇴는 수많은 오렌지색의 여름포자를 형성하는데, 이 여름포자들은 다른 까치밥나무를 다시 감염한다. 나중에 겨울포자퇴는 동일한 점무늬나 새로 발달한 점무늬에서 형성되기도 한다. 겨울포자퇴는 여름포자퇴보다 약간 더 짙은 색을 띠며, 길이 2 ㎜ 정도의 갈색 머리카락 모양 구조물로 이루어져 있는데, 이 구조물은 겨울포자가 중첩되어 쌓인 것이다.

잣나무 털녹병은 잣나무의 나이와 크기에 상관없이 치명적이다. 작은 나무는 빨리 죽는 반면, 큰 나무는 가지와 줄기에 궤양이 발달한다. 궤양이 가지 및 줄기를 에워싸면 나무 자체가 말라죽거나 생장이 더디게 되면서 수세 약화가 일어나고, 결국 궤양부분에서 부러지기도 한다. 까치밥나무가 감염되면 잎이 자라기도 전에 부분적으로 떨어지며 열매도 적게 맺지만 피해는 그다지 크지 않다.

[병원균] 잣나무에 털녹병을 일으키는 병원균은 *Cronartium ribicola*로 담자균문(Basidiomycota), 녹균강(Pucciniomycetes), 녹균목(Pucciniales), 줄기녹균과(Cronartiaceae)에 속한다.

영양체는 격벽 균사체이고, 장주기형 이종기생성 녹병균으로 녹병정자기와 녹포자기를 잣나무류에 형성하고, 여름포자퇴와 겨울포자퇴는 야생 또는 재배하는 송이풀류(*Pedicularis*)와 까치밥나무류(*Ribes*)에 형성한다. 우리나라에서는 아직까지 까치밥나무에서 녹병이 관찰되지 않고 있다.

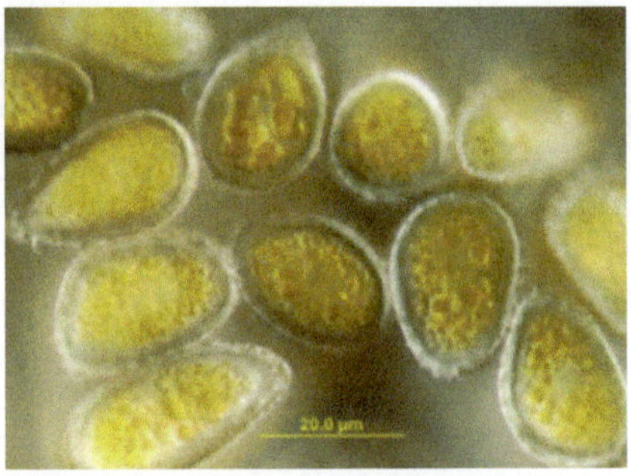

그림 12.873 잣나무 털녹병균(*Cronartium ribicola*)의 여름포자. [출처: Bruce Watt, University of Maine, bugwood.org]

[병환] 병원균은 주로 잣나무에서, 드물게는 송이풀과 까치밥나무에서 균사 상태로 월동한다. 까치밥나무 잎 뒷면의 겨울포자퇴에 있는 겨울포자에서 만들어진 소생자만 잣나무를 감염할 수 있다.

소생자는 습도가 높고 서늘한 야간에 잘 형성되며, 바람에 날려 까치밥나무류로부터 수 ㎞ 내에 있는 잣나무들을 감염한다. 소생자는 늦여름이나 초가을에 잣나무 잎의 기공을 통하여 들어가 침엽을 감염한다. 감염 후 4~10주가 지나면 침엽에 작고 변색된 점무늬들이 나타난다. 균사는 침엽의 물관을 따라 아래로 생장하여 줄기나 가지의 수피에 이르는데 약 12~18개월이 걸린다.

녹병정자기는 침엽이 감염된 지 2~4년 후 봄부터 초여름에 걸쳐 감염된 가지와 줄기에 형성되며, 녹포자기는 감염 3~6년 후 봄에 형성된다. 녹포자는 4월 중~하순에 형성된다. 녹병정자는 수명이 짧으며 비나 곤충에 의해 가까운 거리로 전반되는데, 녹포자는 여러 달 동안 생존하면서 바람을 타고 수 ㎞를 날아가 까치밥나무 잎을 감염하기도 한다. 녹포자는 까치밥나무 잎에서 발아해 잎을 감염하고, 5월 중순부터 여름포자퇴와 여름포자를 형성한다.

여름포자는 다시 다른 까치밥나무들을 감염하며, 한 생육기 동안 여름포자세대가 여러 번 반복된다. 여름포자는 여러 달 동안 생존할 수 있으며, 바람에 의하여 수 km까지 날려가서 까치밥나무류와 송이풀류를 감염시킬 수 있다.

최종적으로 여름포자를 만들던 균사가 겨울포자퇴와 겨울포자를 형성하기 시작한다. 겨울포자는 7월에서 10월에 걸쳐 발아하여 생존기간이 짧은 소생자를 만드는데, 이 소생자가 바람에 날려 근처에 있는 잣나무의 잎을 감염시킴으로써 잣나무 털녹병균의 생활사가 완성된다.

녹병에서 흔히 볼 수 있듯이, 잣나무 털녹병균의 생활사는 2개의 기주를 포함하고 있으며, 5개의 포자 단계를 거친다. 이 생활사는 이종기생이라고 불린다. 잣나무 털녹병균인 경우, 녹포자 기주는 백송(*Pinus subgenus* Strobus, Pinaceae)이고, 겨울포자 기주는 까치밥나무속, 특히 currant속과 gooseberry속이다. 겨울포자와 녹포자 기주의 종들은 감염에 대한 다양한 저항성 또는 면역성을 가지고 있다.

[방제] 중간기주인 송이풀류와 까치밥나무류를 기계적으로 제거하거나 제초제를 살포해 제거한다. 어린나무에서는 병든 가지를 잘라내 감염 확산을 차단한다. 나무껍질에 물집이 나무줄기에서 10~15 cm 이상 떨어진 가지에서 발견되면, 해당 나무의 나머지 부분으로 병이 퍼지는 것을 막을 수 있도록 가지치기를 한다.

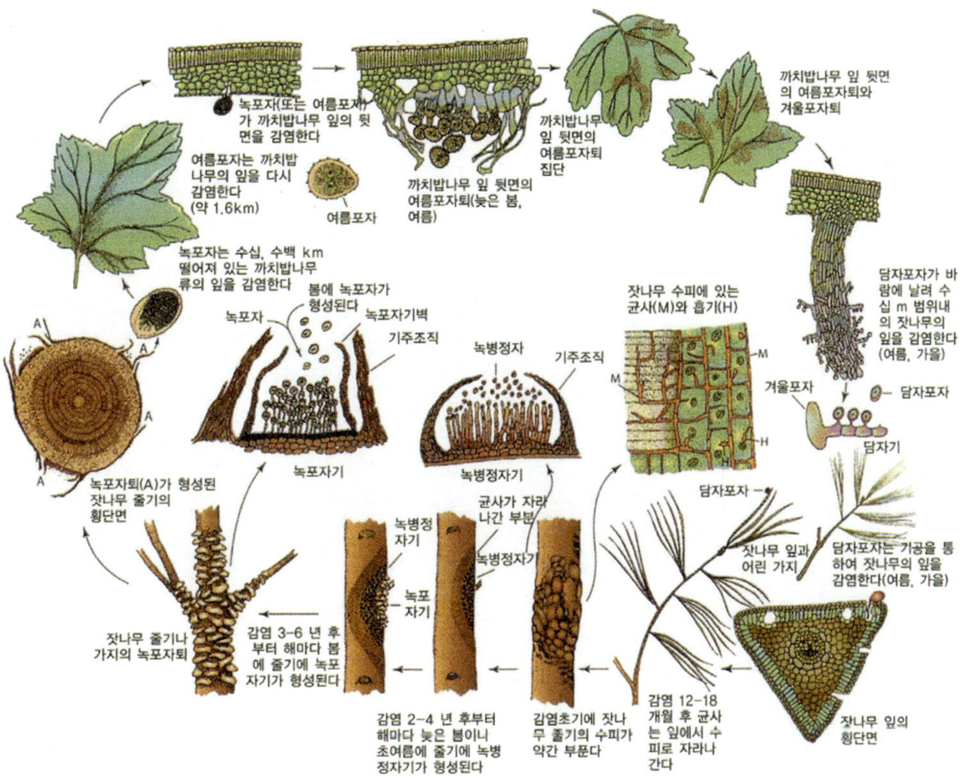

그림 12.874 *Cronartium ribicola*에 의한 잣나무 털녹병의 병환. [출처: 식물병리학]

② 소나무 혹병(gall rust)

소나무 혹병(gall rust)은 테다소나무(*Pinus taeda*)와 엘리오티소나무(*Pinus elliottii*)의 매우 중요한 병이다. 녹병의 기주가 되는 임목 중 경제적으로 가장 중요하며 가장 심한 피해를 입는 것은 소나무류이다. 이들 녹병 중 일부는 중간기주가 참나무류이지만 참나무에서의 녹병 피해는 훨씬 미미하다.

[병증상] 소나무에서 가장 먼저 나타나는 병징은 침엽과 연한 줄기에 나타나는 자줏빛의 작은 점무늬들이다. 주로 어린 소나무의 줄기나 가지에 작은 혹이 생기고 나중에 방추 모양으로 큰 혹이 형성된다. 혹은 매년 5~15 cm 정도 커지면서 나중에 30 cm 이상으로 되고, 가끔 가지나 줄기를 완전히 둘러싸면 가지나 줄기가 죽기도 한다.

어린나무가 감염되면 몇 년 안에 죽기도 하지만 일정 기간 동안 과도하게 분지하여 어린나무를 덤불처럼 보이게 만든다. 큰 나무는 감염된 줄기나 가지가 약해지고 뒤틀리면서 부풀고 조직이 죽어감에 따라 강풍에 의하여 쉽게 부러지는 함몰 궤양을 형성한다. 처음에는 녹병정자로 이루어져 있는 노란색 점질물이, 나중에는 주황색의 녹포자가 혹에 형성된다.

그림 12.875 소나무 혹병 초기 병징. [출처: Robert L. Anderson, USDA Forest Service, Bugwood.org.]

그림 12.876 소나무 혹병 후기 병징. [출처: Matthew Beziat]

그림 12.877 소나무 혹병. [출처: Matthew Beziat]

그림 12.878 소나무 혹병. [출처: Tyler Bell]

그림 12.879 소나무 혹병 중간기주 참나무 잎의 겨울포자퇴. [출처: Ministère des forêts, de la faune et des parcs, Québec, Canada]

그림 12.880 소나무 혹병 중간기주 참나무 잎의 겨울포자퇴. [출처: Ministère des forêts, de la faune et des parcs, Québec, Canada]

참나무에서의 병징은 잎의 뒷면에 오렌지색 돌기(여름포자퇴)와 갈색을 띤 머리털 모양의 기둥(겨울포자퇴)으로 표징이 나타난다.

[병원균] 소나무에 혹병을 일으키는 병원균은 *Cronartium quercuum*로 담자균문(Basidiomycota), 녹균강(Pucciniomycetes), 녹균목(Pucciniales), 줄기녹균과(Cronartiaceae)에 속한다.

영양체는 격벽 균사체이고, 장주기형 이종기생성 녹병균으로 소나무의 줄기와 가지에는 녹병정자기와 녹포자기를 형성하고, 참나무의 잎에는 여름포자퇴와 겨울포자퇴를 형성한다. 참나무에서의 피해는 일부 잎이 가끔 떨어지는 정도로 그리 심각하지 않다.

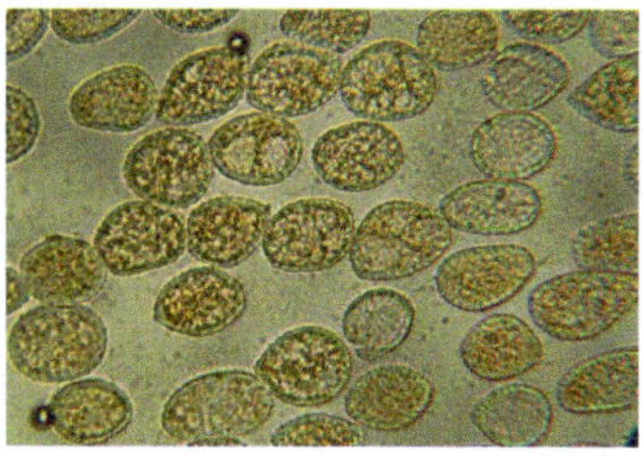

그림 12.881 소나무 혹병균(*Cronartium quercuum*)의 녹포자. [출처: Dorset Holes Bay]

[병환] 병원균은 소나무 혹 속에서 균사 상태로 월동한다. 감염 후 1년에서 몇 년 후 2월부터 4월에 걸쳐서 녹병정자기와 녹병정자가 만들어지며, 녹병자기가 형성된 1년 후 녹포자기와 녹포자가 혹에 형성된다. 녹포자는 소나무 종을 재감염할 수 없고, 바람에 날려서 참나무의 어리고 한창 자라기 시작하는 잎을 감염한다.

감염 1~3주 후에 참나무의 잎에는 주황색 돌기(여름포자퇴)가 형성되며, 15일 후에는 겨울포자퇴가 발달한다. 2월~5월에는 여름포자퇴에서 여름포자가 계속 만들어진다. 여름포자는 더 많은 참나무의 잎을 감염하여 더 많은 여름포자를 만들게 된다. 여름포자를 만든 균사가

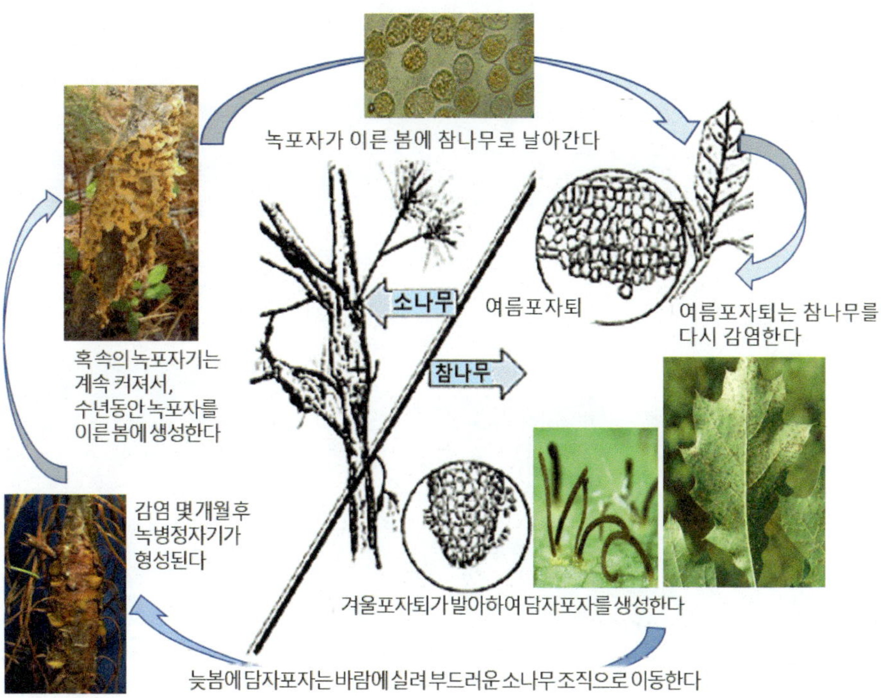

그림 12.882 *Cronartium quercuum*에 의한 소나무 혹병의 병환.
[출처: Scott Enebak et al., Alabama Cooperative Extension System]

이번에는 여름포자퇴가 있는 바로 그 위치에서 또는 여름포자의 감염에 의하여 형성된 다른 점무늬에서 2월~6월에 갈색의 겨울포자퇴를 만든다.

겨울포자는 겨울포자퇴에서 발아해 전균사를 내고 그 위에 소생자를 형성하며, 소생자는 바람에 날려 소나무의 침엽과 가지로 운반된 후 직접 침입한다. 균사는 처음에는 침엽 속에서 자라지만 나중에는 가지나 줄기로 확산되어 혹의 형성을 유도한다.

[방제] 녹병균이 줄기까지 확산되기 전에 감염된 가지를 잘라낸다. 감염된 유묘는 모두 폐기한다. 묘포장에서 소나무 혹병을 방제하려면 특히 서늘하고 비가 많은 기간이나 그 전에 적당한 살균제를 1주일에 두 번 정도로 자주 살포해야 한다. 몇몇 새로운 침투성 살균제를 살포하거나 종자에 분의처리하면 유묘에서 혹병의 발생을 억제할 수 있다.

③ 소나무 잎녹병(needle rust)

소나무 잎녹병(needle rust)은 20종 이상의 *Coleosporium*에 의해 발생한다. 잎녹병은 침엽을 갈변시키고 아래쪽 가지를 말라죽게 한다. 병든 소나무와 잣나무 잎은 일찍 떨어져 생장이 둔화되지만 급속하게 말라죽지는 않는다. 어린 소나무가 가장 많이 영향을 받는다.

[병징] 잎녹병의 첫 번째 병징은 가을과 겨울 내내 침엽에 있는 작은 노란 점무늬들이다. 보통 4월 초순경부터 소나무와 잣나무의 침엽에 누런 점무늬가 나타나고, 점무늬 표피조직 밑에는 녹병정자기가 표징으로 형성된다. 곧이어 침엽에 길이 0.5~4 ㎜, 폭 1~2 ㎜ 정도의 흰색 또는 담황색 혀 모양 또는 반구형 모양의 녹포자기가 나란히 형성되고, 나중에는 녹포자가 비산한

그림 12.883 소나무 잎녹병에 감염된 가지. [출처: USDA Forest Service – North Central Research Station, USDA Forest Service, Bugwood.org]

그림 12.884 소나무 잎의 녹병 병징. [출처: Alexey Sergeev]

그림 12.886 소나무 잎녹병 중간기주 goldenrod 잎 위의 여름포자퇴. [출처: Tom Feild]

그림 12.885 소나무 잎녹병의 녹포자기. [출처: Bruce Watt, University of Maine, Bugwood.org]

다. 피해를 받은 침엽은 처음에는 황색을 띠지만, 포자비산이 끝나면 점차 활력을 잃고 회백색으로 변하면서 말라 죽는다.

[병원균] 소나무와 잣나무에 잎녹병을 일으키는 병원균은 *Coleosporium asterum*로 담자균문(Basidiomycota), 녹균강(Pucciniomycetes), 녹균목(Pucciniales), 꼬투리녹균과(Coleosporiaceae)에 속한다.

영양체는 격벽 균사체이고, 장주기형 이종기생성 녹병균으로 녹병정자기와 녹포자기를 소나무와 잣나무에 형성하고, 여름포자퇴와 겨울포자퇴는 중간기주인 취류, 과꽃, 쑥부쟁이, 국화과식물, 잔대, 애기도라지, 황벽나무, 산초나무 등에 형성한다.

[병환] 6월경부터 녹포자가 침입한 중간기주에서는 황백색 여름포자퇴가 생기고, 여름포자가 8월말까지 비산하며 감염을 반복한다. 늦여름이나 초가을에 중간기주에서 생긴 녹포자가 소나무의 침엽을 감염해 작은 노란 점무늬가 생긴다. 잎녹병균은 침엽에 적황색을 띤 겨울포자퇴를 형성하고 이듬해 봄 겨울포자는 즉시 발아해 담황색 소생자를 형성한다. 비산된 소생자는 소나무와 잣나무 잎에 침입한 후 균사상태로 월동한다. 소생자가 침엽에 침입할 수 있는 유효거리는 3~10 m 정도이다.

[방제] 피해임지 외곽 5~10 m 이내는 풀베기를 해 중간기주를 제거한다. 병든 낙엽을 제거한다. 저항성 품종을 재배한다.

그림 12.887 소나무 잎녹병 중간기주 goldenrod 잎 위의 겨울포자퇴.
[출처: Missouri Botanical Garden]

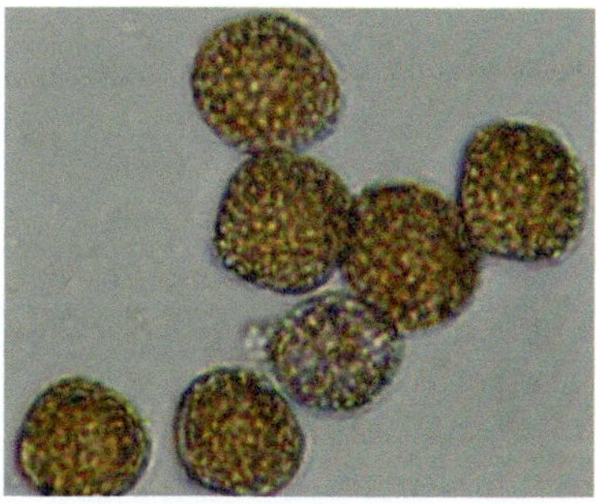

그림 12.888 소나무 잎녹병균 (*Coleosporium asterum*)의 여름포자.
[출처: Paul Bachi]

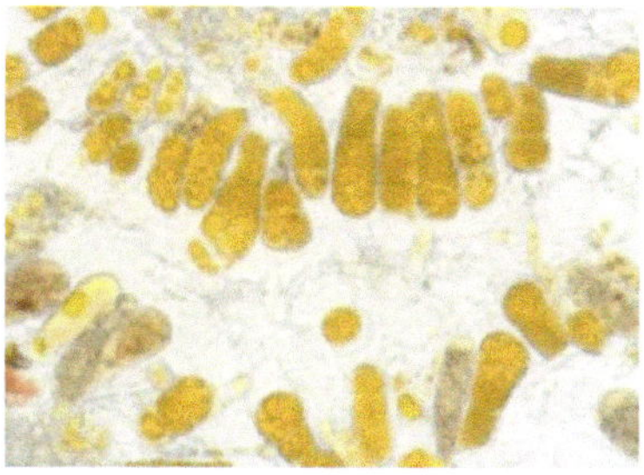

그림 12.889 소나무 잎녹병균 (*Coleosporium asterum*)의 겨울포자.
[출처: Chang-Gi Back et al.]

(5) 기타 녹병

① 포플러 잎녹병(rust)

포플러 잎녹병(rust)에 감염된 잎은 건전한 잎보다 1개월 이상이나 일찍 떨어진다.

[병증상] 포플러 녹병은 대규모 발병 전에 병징이 인식되면 효과적으로 관리할 수 있다. 포플러 녹병에는 몇 가지 선별된 병징이 특징이다. 첫 번째 시각적 병징 중 하나는 초여름에 감염된 잎의 윗면에 노란색 점무늬가 형성되는 것이다. 이 점무늬들은 결국 괴사하게 되고 잎의 조기 괴사를 초래한다. 포플러 녹병의 주요 표징은 오렌지색~녹슨 색의 여름포자퇴를 잎의 뒷면에 형성하는 것이다. 여름포자퇴는 생육기 동안에 포플러에 재감염하는 여름포자 덩이를 담고 있다.

초가을이 되면서 날씨가 추워지기 시작하면 여름포자퇴는 암갈색 겨울포자퇴로 변하고, 병든 잎은 일찍 떨어진다. 건조해진 잎의 대규모 낙엽은 대개 잎이 노랗게 변하고 여름포자퇴가 형성된 후에 발생하는 포플러 녹병의 또 다른 병징이다. 중간기주에서는 침엽의 아랫부분에 노란색 포자퇴인 녹포자기(aecia)가 형성되며, 때로는 솔방울(cone)에도 형성된다. 녹포자기가 형성되고 얼마 지나지 않아 침엽은 오그라들어 죽을 수 있지만, 중간기주에게는 일반적으로 영향이 미미하다.

그림 12.890 잎녹병에 감염된 포플러.
[출처: Plant Parasites of Europe]

그림 12.891 포플러 잎 앞면의 잎녹병 병징.
[출처: Plant Parasites of Europe]

그림 12.892 포플러 잎 뒷면의 잎녹병 표징(여름포자퇴).
[출처: Plant Parasites of Europe]

[병원균] 포플러에 잎녹병을 일으키는 병원균은 *Melampsora larici-populina* 로 담자균문(Basidiomycota), 녹균강(Pucciniomycetes), 녹균목(Pucciniales), 무병녹균과(Melampsoraceae)에 속한다.

그림 12.893 포플러 잎녹병균(*Melampsora larici-populina*)의 여름포자퇴.
[출처: Plant Parasites of Europe]

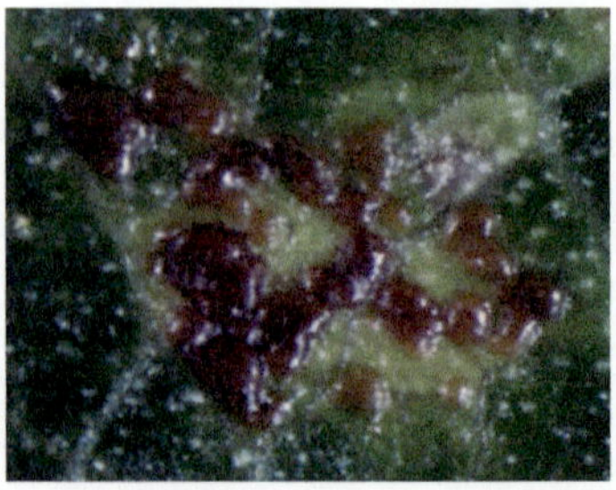

그림 12.894 포플러 잎녹병균(*Melampsora larici-populina*)의 겨울포자퇴.
[출처: Plant Parasites of Europe]

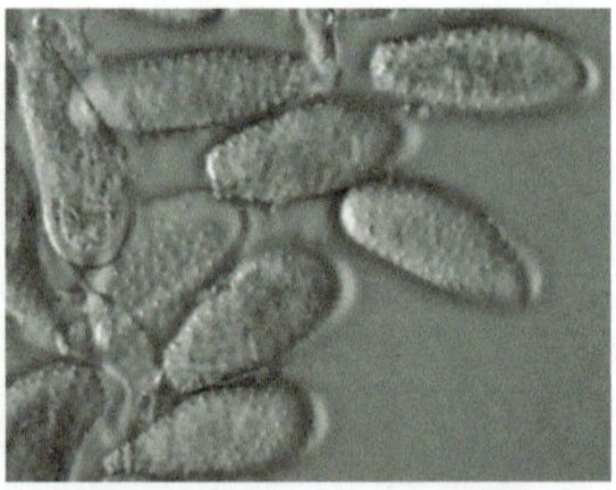

그림 12.895 포플러 잎녹병균(*Melampsora larici-populina*)의 여름포자.
[출처: Plant Parasites of Europe]

영양체는 격벽 균사체이고, 장주기형 이종기생성 녹병균으로 포플러에 여름포자퇴와 겨울포자퇴를 형성하고, 중간기주인 일본잎갈나무와 댓잎현호색에는 녹병정자기와 녹포자기를 형성한다.

[병환] 봄에 일본잎갈나무는 바람에 날리는 담자포자에 의해 침엽과 솔방울을 통해 감염된다. 4~5월에 감염 후 몇 주 이내에 일본잎갈나무의 잎에 녹병정자(spermatia)를 생성하는 녹병정자기(spermogonia)가 잎 표면에 퇴색한 황색 병반으로 나타나난다. 5월 초순부터 녹포자(aeciospore)를 생성하는 1~2 mm 크기의 노란색 녹포자기(aecia)가 중간기주의 침엽 아래쪽에 형성된다.

여기에서 녹포자가 비산해 포플러의 새잎에 침입한다. 녹포자는 잎 표면을 따라 발아관을 내 포플러를 감염한다. 감염 후, 초여름 포플러의 잎 뒷면에 누런 여름포자퇴가 감염된 잎의 아래쪽에 형성되며, 여름 내내 포플러의 다른 잎을 감염시키는 여름포자를 생성한다. 여름포자는 반복감염하는 포자이므로 날씨가 추워질 때까지 계속 전염을 확산하므로 포플러의 피해를 증가시킨다.

초가을이 되면서 날씨가 추워지기 시작하면 여름포자퇴는 암갈색 겨울포자퇴로 변하고 겨울포자가 생성되며, 겨울포자는 죽은 낙엽 위에, 그리고 때때로 겨울이 온화할 때 꽃봉오리와

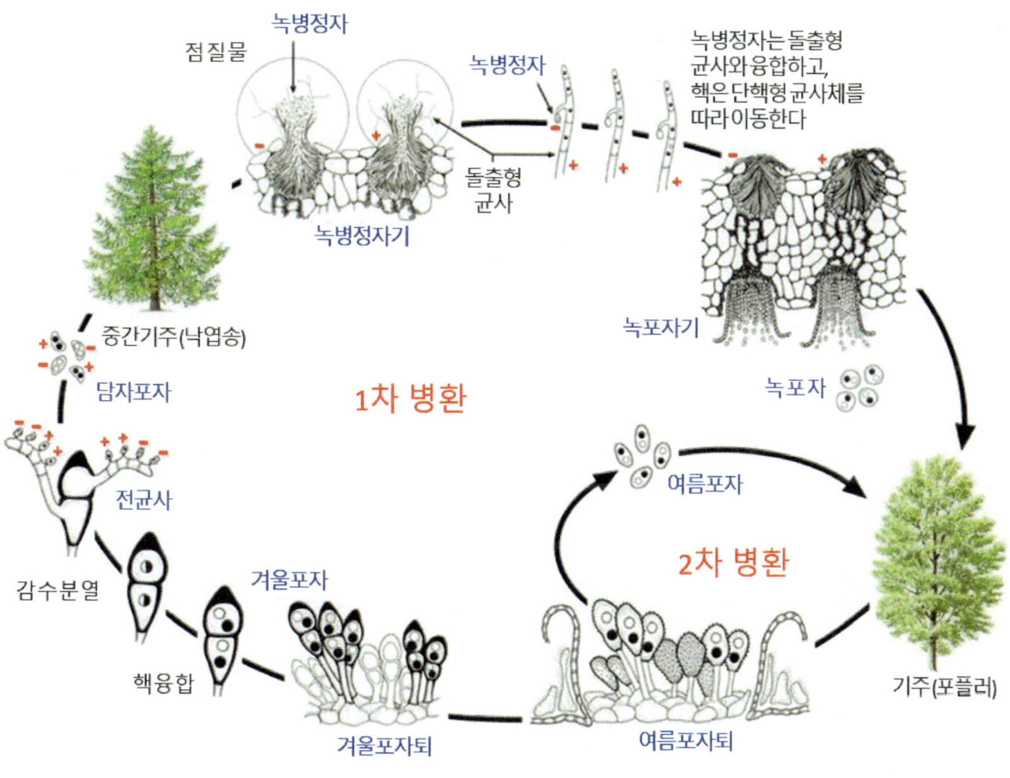

그림 12.896 *Melampsora larici-populina*에 의한 포플러 잎녹병의 병환. [출처: Sibyl Fletcher]

나무껍질 위에서 월동한다. 이듬해 3월 이후 겨울포자가 발아해 형성된 소생자가 중간기주를 침해해 병환이 다시 시작된다. 포플러 녹병 감염은 온도가 온화하고 조건이 습할 때만 발생할 수 있다.

[방제] 병든 낙엽과 가지를 제거한다. 저항성 품종을 식재한다. 적용약제를 살포한다.

② 커피나무 녹병(rust)

커피나무 녹병(rust)은 커피나무의 가장 파괴적인 병해이다. 녹병에 감염된 커피나무 잎은 일찍 떨어지므로 생산량이 감소된다. 커피나무 녹병은 동아프리카에서 기원했지만, 현재는 모든 커피 생산지에서 발견된다. 커피나무 녹병은 모든 종류의 커피나무에서 발생하지만 특히 *Coffea arabica*에서 가장 심하다. 2012년 중앙아메리카에서 녹병이 발생해 커피 생산량이 16%나 감소했다. 커피나무 녹병균의 학명 *Hemileia vastatrix*는 포자의 반쯤 매끄러운 특성을 나타내는 Hemileia와 녹병의 파괴적인 성질을 나타내는 vastatrix에서 유래한다.

[병증상] 표징은 잎 뒷면에 주황색의 가루가 묻은 듯한 점무늬 형태로 여름포자퇴와 함께 균사체가 나타난다. 처음 나타나는 점무늬는 지름 5 ㎜ 정도로 작고 둥글지만 점차 점무늬들이 서로 합쳐져서 처음 크기의 약 10배에 이르는 것도 있다.

그림 12.897 녹병에 심하게 감염된 커피나무. [출처: Wikipedia]

그림 12.898 커피나무 잎 뒷면의 녹병 표징(여름포자퇴). [출처: Carlos Roberto Carvalho et al.]

균사는 여름포자 덩이가 형성되는 수많은 소화경(pedicel)을 달고 있는 곤봉 모양을 한다. 겨울포자퇴는 연노란색이고, 구형에서 레몬 모양의 겨울포자는 종종 여름포자퇴 안에 형성된다. 여름포자는 콩팥 모양이고, 가장자리에 사마귀가 있다.

점무늬의 중앙 부분은 결국 마르면서 갈색으로 변하고 병든 잎은 일찍 떨어진다. 감염된 커피나무의 열매 수확량은 크게 줄어들며 품질도 떨어진다. 반복적인 감염과 낙엽으로 인하여 나무는 죽게 된다.

[병원균] 커피나무에 녹병을 일으키는 병원균은 *Hemileia vastatrix*로 담자균문(Basidiomycota), 녹균강(Pucciniomycetes), 녹균목(Pucciniales)에 속한다.

커피나무 녹병균은 절대기생체로서 커피나무뿐만 아니라 애기장대에도 침해한다. 영양체는 격벽 균사체이고, 이종기생성 녹병균이지만 커피나무에서 여름포자와 겨울포자는 형성하지만 녹포자기 세대를 뒷받침하는 기주에 대한 보고는 없다.

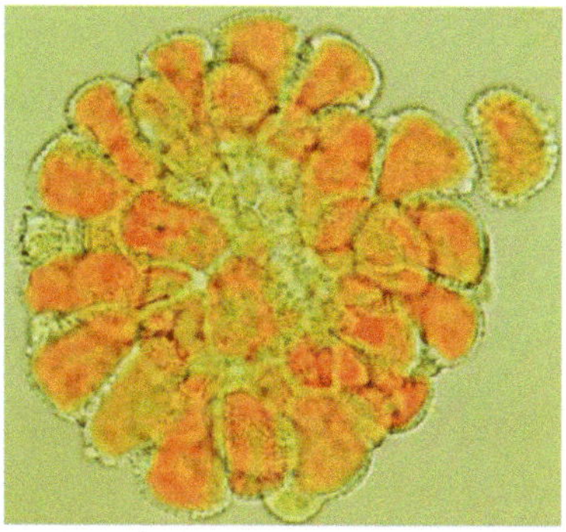

그림 12.899 커피나무 녹병균(*Hemileia vastatrix*)의 여름포자퇴. [출처: Carlos Roberto Carvalho et al.]

[병환] 커피나무 녹병균의 병환은 여름포자가 발아하면서 시작된다. 주로 잎을 침해하고, 어린 줄기나 열매에는 거의 발견되지 않는다. 지속적이고 연속적으로 감염되는 잎에서 주로 균사, 여름포자퇴 및 여름포자 상태로 존재한다. 병원균은 가끔 겨울포자를 만들고, 겨울포자는 발아하여 소생자를 만들지만, 소생자는 커피나무를 감염하지 않으며 중간기주도 지금까지 발견된 바 없다.

여름포자는 주로 바람에 의해 장거리로 전파되며, 생산지로부터 수천 마일 떨어진 곳까지 퍼질 수 있다. 단거리에 걸쳐 포자는 바람과 빗방울에 의해 전파된다. 주로 곤충과 오염된 장비 등 동물과 같은 다른 매개체는 때때로 전파에 관여하는 것으로 나타났다.

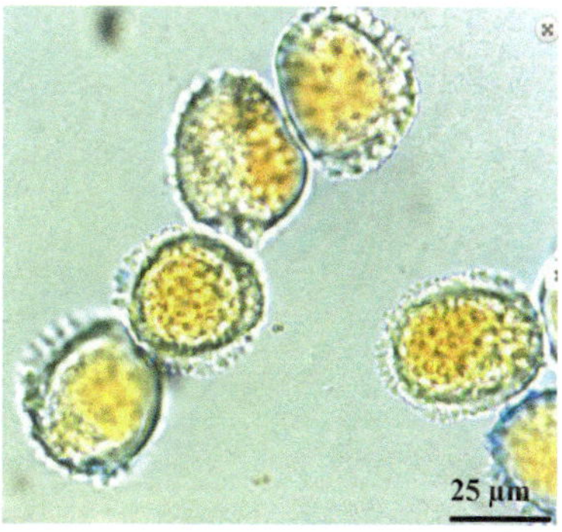

그림 12.900 커피나무 녹병균(*Hemileia vastatrix*)의 여름포자. [출처: Oscar Gibrán Ábrego Álvarez & Luz María Velazquez Sánchez]

여름포자는 충분한 수분이 있어야만 발아하고 잎 뒷면의 기공을 통하여 식물체로 침입한다. 발아한 균사는 부착기를 생성하고, 다시 소포가 생성되며, 기공하강으로 침입해 24~48시간 내에 감염이 완료된다.

감염에 성공한 후, 균사는 잎의 세포간극에서 자라면서 세포 안으로 흡기를 삽입한다. 일반적으로 어린잎은 성숙한 잎보다 병에 더 잘 걸리며, 기후조건에 따라서 다르지만 감염 후 10~25일 내에 잎의 뒷면에 새로운 여름포자퇴가 형성된다. 한 개의 병반에서 3~5개월 동안 300만 개의 포자를 방출한다

일단 여름포자퇴가 형성되면 병든 잎은 시기에 관계없이 떨어질 수 있으며, 때로는 단 하나의 여름포자퇴가 생긴 잎도 떨어진다. 새로운 잎은 노화된 잎이 떨어진 다음에 감염된다. 잎이 성숙하기도 전에 떨어지기 때문에 나무는 쇠약해지고, 그 결과 수확량이 감소하고 많은 가지가 말라죽으면서 결국 나무 전체가 죽는다.

현재 알려진 중간기주나 담자포자에 의한 감염 사례는 보고되지 않았지만, 병원균이 커피나무의 저항성을 어떻게 극복하는지 정확한 방법을 알지 못한다. 주요 가설은 커피나무 녹병균이 이종기생성 녹병균이고, 아직 발견되지 않은 중간기주에서 생활사를 완료한다는 것이다.

또 다른 가설은 병원균이 실제로 진화 초기 단계의 동종기생 녹병균이며, 겨울포자는 기능이 없이 잔존하며, 유성생활사는 여름포자에 의해 완료된다는 것이다. 감춰진 감수분열과 유성생식은 일반적으로 무성적 여름포자 내에서 발견되었다. 이 발견은 왜 새로운 생리적 레이스가 커피나무 녹병균에서 그렇게 자주 그리고 그렇게 빠르게 발생했는지 설명해준다.

녹병이 발생하기 위해서는 16~28℃ 사이의 적절한 온도가 필요하다. 고지대 커피농장은 일반적으로 더 춥기 때문에 더 따뜻한 지역에 위치한 커피농장만큼 쉽게 전염원이 발달하지 않는다. 감염이 완료되려면 수분이 있어야 한다. 발아 시작 후 수분이 없으면 전체 감염 과정이 억제된다.

포자형성은 온도, 습도, 기주 저항성의 영향을 가장 많이 받는다. 기주 식물체에 정착하는 과정은 잎의 습도에 의해 영향을 받지 않지만, 온도와 식물체의 저항성에 의해 큰 영향을 받는다. 온도의 주효과는 기주 식물체에 정착하는 과정인 잠복기의 시간을 결정하는 것이다.

커피나무의 감염률에서 온도와 수분이 가장 큰 역할을 한다. 습도는 감염을 일으키기에 중요하지 않다. 잎에 물이 있어야 여름포자가 감염되지만, 건조한 여름포자는 물 없이도 6주까지 생존할 수 있다.

여름포자는 온도가 13~31℃ 정도일 때 발아하고 21℃에서 최고조에 달한다. 더욱이 부착기 형성은 11℃에서 가장 높고, 그 이상에는 감소하다가 32℃에서는 더 이상 형성되지 않는다. 온도와 수분이 감염, 확산, 식물체내 정착의 핵심 요인이지만, 식물체 저항성은 병원균의 생존 여부를 결정하는 데도 중요하다.

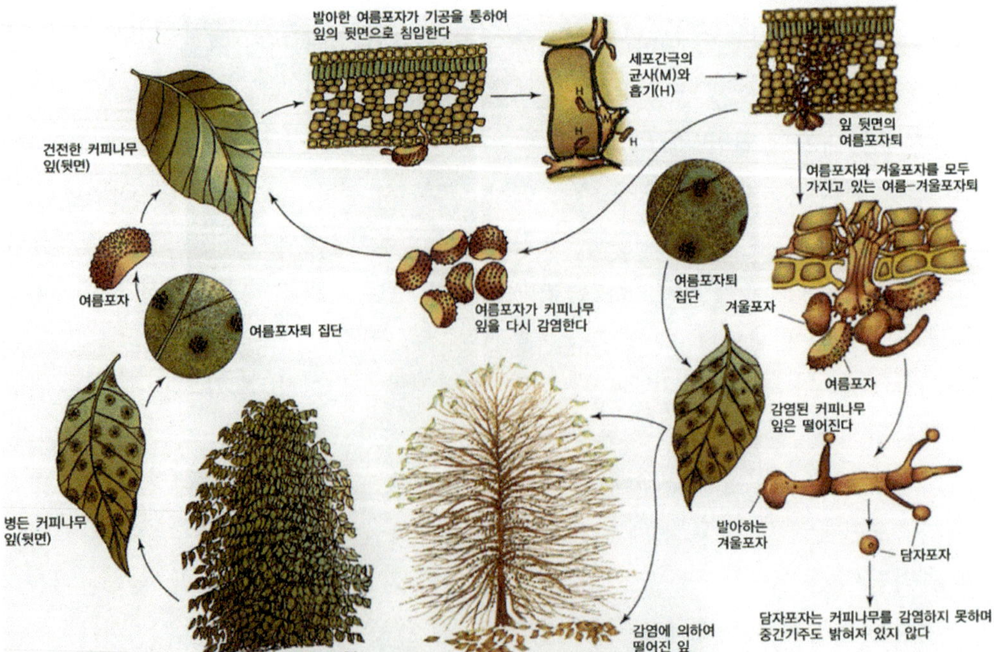

그림 12.901 *Hemileia vastatrix*에 의한 커피나무 녹병의 병환. [출처: 식물병리학]

심층학습 49 '커피나무 녹병' 팬데믹

커피의 역사는 오늘날 에티오피아의 오래된 구전 전통으로 거슬러 올라가지만, 커피가 처음 재배된 곳이나 15세기 이전에 커피의 소비에 대한 직접적인 증거는 발견되지 않았다. 예멘의 수피 수도원들은 기도하는 동안 집중력을 높이기 위해 커피를 사용했다. 커피는 16세기 초에 레반트와 페르시아로 전파되었고, 16세기 후반에 지중해 무역로를 통해 유입되어 중부와 동부 유럽인들은 오스만 제국으로부터 커피를 배웠다. 17세기 중반까지, 인도와 동인도 제도에 도달했다.

1852년, 세계적으로 브라질은 커피의 최대 생산국이 되었고 그 이후로도 그 지위를 유지하고 있다. 1950년 이후 콜롬비아, 코트디부아르, 에티오피아, 베트남 등 다른 주요 생산국들의 출현으로 커피 생산국이 넓어졌다. 베트남은 콜롬비아를 제치고 제2생산국이 되었다. 커피의 대량 생산과 함께 현대적인 생산 기법은 커피를 오늘날 가정용품으로 만들었다.

커피나무. [출처: Wikipedia]

커피나무 녹병균은 동아프리카에서 기원했지만, 현재는 모든 커피 생산지에서 발견된다. 커피는 에티오피아, 수단, 케냐의 고산지대에서 유래했으며, 녹병균은 같은 산에서 유래한 것으로 추정된다. '커피나무 녹병'에 대한 최초의 보고들은 1860년대에 나왔다. 1861년 케냐 빅토리아 호수 주변 지역에 온 영국인 탐험가에 의해 그곳에서부터 아시아와 아메리카로 전파된 것으로 처음 보고되었다.

'커피나무 녹병'은 1867년 스리랑카의 주요 커피 생산 지역(당시 실론)에서 처음 보고되었다. '녹병균'은 영국의 균학자 Michael Joseph Berkeley와 동료 Christopher Edmund Broome이 H. K. George가 수집한 병든 커피나무 잎 표본을 분석한 후 최초로 자세하게 기술했다. 1869년 11월호 Gardeners Chronicle에서 Berkeley와 Broome은 '커피나무 녹병균'을 '*Hemileia vastatrix*'라고 명명했는데, 이는 포자의 반쯤 매끄러운 특성을 나타내는 'Hemileia'와 '녹병'의 파괴적인 성질을 나타내는 'vastatrix'를 뜻하는 병명이다.

스리랑카의 많은 커피 농장들이 '녹병'에 의해 붕괴됨에 따라 차와 같은 '녹병'에 의해 영향을 받지 않는 대안으로 작물을 전환해야 했다. 20년 넘게 1890년까지 스리랑카의 커피 산업은 거의 파괴되었다. 역사학자들은 영국의 식민지로 커피 주공급처였던 스리랑카의 커피 산업이 '녹병'에 의해 황폐화되어 차 산업으로 전환함에 따라 영국인들이 차를 선호하게 되었다고 분석한다.

'커피나무 녹병'이 어떻게 에티오피아에서 스리랑카에 도달했는지는 정확히 알려져 있지 않다. 이후 몇 년 동안, 이 '녹병'은 1870년 인도에서, 1876년 수마트라에서, 1878년 자바에서, 1889년 필리핀에서 기록되었다.

1913년 케냐에서 콩고까지 아프리카 대륙을 횡단하여 1918년 발견되었으며, 이후 서아프리카, 코트디부아르, 라이베리아, 나이지리아, 앙골라로 확산되었다. 1920년대까지 '커피나무 녹병'은 아프리카와 아시아, 인도네시아와 피지 전역에서 널리 발견되었었다.

그 후 '커피나무 녹병'은 1970년에 브라질에 도달한 후 1975년까지 브라질의 모든 커피 지역을 감염시킬 수 있는 속도로 빠르게 퍼졌다. '커피나무 녹병'은 1981년에는 미국, 1983년에는 코스타리카와 콜롬비아를 강타했다. 현재 '커피나무 녹병'은 모든 주요 커피 생산 국가에서 풍토병이 되었다.

2012년에는 라틴 아메리카와 카리브해 국가 10개국에서 '커피나무 녹병' 발생이 크게 증가했다. '커피나무 녹병' 에피데믹에 의한 손실은 수요에 턱없이 부족한 공급 감소로 이어졌다. 중국, 브라질, 인도의 고급 원두 수요 증가와 같은 다른 요인도 기여했지만 결과적으로 커피 가격이 상승했다. USAID는 2012년과 2014년 사이에 '커피나무 녹병'이 라틴 아메리카에서 10억 달러의 피해를 입히고 2백만 명 이상의 사람들에게 영향을 미쳤다고 추정하고 있다.

이 기간 동안 온두라스에도 '커피나무 녹병'이 심각하게 발생했다. 8만 ha의 커피 농장이 감염되었고, 온두라스국립커피연구소(IHCAFE)는 3만명의 농부가 커피 생산 능력의 절반 이상을 잃었고, 그 중 1/3인 1만명의 농부가 커피 생산 능력을 완전하게 잃었다고 추정했다. 온두라스 커피 생산자의 약 84%가 소규모 자작농이어서 생산량 감소에 더 취약했다.

과테말라에서 커피나무는 '녹병'으로 황폐화되었으며, 2013년 2월 비상사태가 선포되었다. 페루에서도 '커피나무 녹병'은 큰 문제여서 비상사태를 선포했다(Decreto Supremo N° 082-2013-PCM).

2020년 10월 말 USDA ARS는 마우이에서 '커피나무 녹병균'을 검출했다. 즉시 하와이 농무부는 마우이뿐만 아니라 하와이주 전역에서 검사를 시작했다. 처음에 큰 섬의 힐로에서도 '녹병'에 감염된 것으로 의심되는 식물체를 발견했지만, 이 식물체는 음성 판정을 받았다. 그렇지만 섬의 카일루아-코나 지역의 커피나무에서 '녹병균'이 검출되었다.

2021년 1월, 오아후 섬과 라나이 섬에서 추가 감염이 발견되었으며, 2021년 3월 CLR이 발견된 4개 섬 사이의 커피나무 또는 식물체 일부의 섬간 운송에 대한 식물 검역이 발효되었다.

'커피나무 녹병'에 의한 수량 손실은 나라마다 달라서 15~80%에 이르고, 전세계 손실은 15%로 추산된다. 19세기 후반 스리랑카에서의 손실을 언급한 일부 초기 자료는 커피 생산이 75%까지 감소되었다. 커피재배 농부들은 '녹병'에 감염되지 않는 다른 작물로 전환했다. 커피를 재배했던 토지는 68,787 ha에서 14,170 ha로 80%까지 감소되었다

[방제] 병든 식물잔재를 제거한다. 적절하게 가지치기를 하고 재식 간격을 늘리고 잡초 생장을 막아 공기 순환과 빛 침투가 더 많도록 한다. 열매를 솎아낸다. 저항성 품종을 재배한다. 구리 성분의 살균제를 반드시 우기 전이나 우기 중에 기상조건과 발병 정도에 따라 약 2~3주 이내의 간격으로 처리한다. 여름포자퇴에 치료효과를 나타내는 적용약제들과 구리함유 살균제를 교호살포한다.

③ 회화나무 혹병(rust)

회화나무 녹병(rust)은 회화나무에서 흔히 발생한다. 가지와 줄기에 길쭉한 혹을 만들기 때문에 혹병이라고도 부른다. 혹이 여러 개 생긴 나무는 생육이 나쁘고 기형이 되며, 혹 부위가 썩어서 가지와 줄기가 부러지기도 한다.

[병징] 회화나무 녹병은 잎, 가지, 줄기에 발생한다. 회화나무 잎에는 7월 초순부터 뒷면의 표피를 뚫고 황갈색 가루덩이들이 표징으로 나타나고 심하게 감염된 잎은 일찍 떨어진다. 8월 중순경부터 황갈색 가루덩이에 섞여서 흑갈색 가루덩이들이 조금씩 나타난다. 줄기와 가지에는 껍질이 갈라져 방추형 혹이 생기며, 가을에는 혹의 갈라진 껍질 밑에 흑갈색 가루덩이가 무더기로 나타난다.

그림 12.902 회화나무 줄기의 녹병 병징. [출처: Yasuaki Sakamoto & Shigeru Kaneko]

그림 12.903 회화나무 작은 가지의 녹병 병징. [출처: 한국아파트신문]

그림 12.904 회화나무 잎 뒷면의 녹병 여름포자퇴. [출처: 한국아파트신문]

그림 12.905 회화나무 굵은 가지의 녹병 병징. [출처: Landscape Times]

[병원균] 회화나무에 녹병을 일으키는 병원균은 *Uromyces truncicola*로 담자균문(Basidiomycota), 녹균강(Pucciniomycetes), 녹균목(Pucciniales), 녹균과(Pucciniaceae)에 속한다.

영양체는 격벽 균사체이고, 기주교대를 하지 않는 동종기생균이다.

[병환] 병든 낙엽과 가지 및 줄기의 혹에서 겨울포자 상태로 월동한다. 이듬해 봄에 발아해 소생자를 형성해 새 잎과 어린 가지를 침입한다. 회화나무 잎에는 7월 초순부터 뒷면의 표피를 뚫고 여름포자들이 나타나는데, 여름포자는 빗물이나 바람에 의해 전반돼 초가을까지 잎과 어린 가지에 계속 반복 감염을 일으키며, 감염된 잎은 일찍 떨어진다. 8월 중순경부터 황갈색 여름포자덩이에 섞여서 흑갈색 가루덩이(겨울포자)들이 조금씩 나타나며, 가을에 접어들면 여름포자는 사라지고 겨울포자로 월동한다.

그림 12.906 회화나무 줄기의 녹병 표징(겨울포자퇴).
[출처: Koreascience.or.kr]

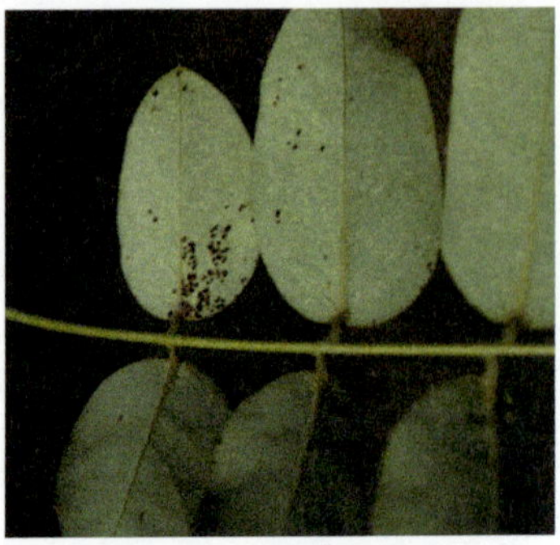

그림 12.907 회화나무 잎 뒷면의 녹병 표징(겨울포자퇴).
[출처: 한국아파트신문]

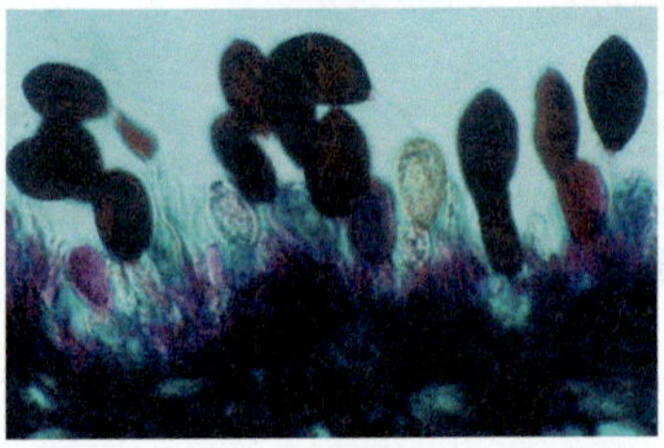

그림 12.908 회화나무 녹병균(*Uromyces truncicola*)의 겨울포자.
[출처: Yasuaki Sakamoto & Shigeru Kaneko]

줄기와 가지에는 껍질이 갈라져 방추형 혹이 생기며, 가을에는 혹의 갈라진 껍질 밑에 흑갈색 가루덩이(겨울포자)가 무더기로 나타난다. 혹은 매년 비대해지며, 큰 나무는 혹 때문에 가지가 말라죽거나 강풍에 의해 혹 부위가 부러지기도 한다.

[방제] 병든 낙엽을 제거한다. 가지에 생긴 혹은 즉시 제거한다. 줄기나 가지에 혹이 있는 나무는 심지 않는다.

④ 아스파라거스 녹병(rust)

아스파라거스 녹병(rust)은 1805년 유럽에서 처음 기록되었고, 1896년 미국 뉴저지에서 처음 관측된 후 1902년까지 미국과 캐나다의 아스파라거스 재배 지역 전체에 퍼졌다. 녹병은 발병에 유리한 날씨 조건을 가진 지역에서는 커다란 경제적 손실을 초래할 수 있다. 파속(*Allium*) 식물 중에서 양파와 골파(chive)는 감염을 일으키지만, 마늘이나 부추는 감염하지 않는다.

[병증상] 표징은 초여름의 새싹이 자라는 시기에 나타난다. 세 가지 다른 유형의 증상이 나타나며 발병의 단계와 관련이 있다. 4~7월의 녹포자기(aecia) 세대에는 길이 10~20 ㎜의 연두색 타원형 병반이 약간 돋아 나타난다. 이러한 병반은 새싹이 위로 자라면서 빈도가 감소하고 눈에 잘 띄지 않고, 크림 오렌지색으로 변하고, 움푹 들어간다.

여름에는 빠르면 6월, 늦으면 9월경에 적갈색의 물집 모양의 여름포자퇴(uredinia)가 아스파라거스 싹에 나타난다. 여름포자퇴가 성숙하면, 새로 감염을 일으키는 녹슨 색의 여름포자(urediniospore)를 방출한다. 생육 후기에 여름포자는 검은 겨울포자(teliospore)로 대체된다. 겨울포자와 여름포자는 동일한 병반 내에서 형성된다.

그림 12.909 아스파라거스 잎의 녹병 병징. [출처: Sequoia Janirella Wrens]

그림 12.910 아스파라거스 줄기의 녹병 표징(여름포자퇴). [출처: Petr Kokeš]

그림 12.911 아스파라거스 줄기에서 녹병균(*Puccinia asparagi*)의 담자포자에 의해 형성된 물집 모양 병반. [출처: Göksel ÖZER]

그림 12.912 아스파라거스 줄기의 녹병균(*Puccinia asparagi*)의 겨울포자퇴. [출처: F. Klenke & M. Scholler]

연두색 타원형 병반, 황갈색 물집 점무늬, 검게 튀어나온 물집은 각각 초봄, 한여름, 늦여름에서 가을까지 녹병을 진단하는 특징이다. 진단에 가장 유용한 포자 형태는 두 개의 세포가 있는 겨울포자로, 두껍고 검은 세포벽과 포자 몸길이의 두 배까지 되는 pedicel을 가지고 있고, 중간에 격벽이 있는 부위가 약간 수축되어 있으며 두꺼운 벽과 둥근 꼭지점을 가지고 있다.

[병원균] 아스파라거스 녹병을 일으키는 병원균은 *Puccinia asparagi*이고, 담자균문(Basidiomycota), 녹균강(Pucciniomycetes), 녹균목(Pucciniales), 녹균과(Pucciniaceae)에 속한다.

그림 12.913 아스파라거스 녹병균(*Puccinia asparagi*)의 겨울포자. [출처: F. Klenke & M. Scholler]

영양체는 격벽 균사체이고, 장주기성 동종기생균으로서 다섯 가지 형태의 포자과와 포자를 모두 아스파라거스에 형성한다. 녹포자기는 아스파라거스 줄기에 생기고 짧은 원통 모양이다. 녹포자는 연한 주황색-노랑색이고, 거의 무색에 가까운 벽에는 미세한 사마귀돌기가 있다. 여름포자퇴는 계피갈색을 띤다. 여름포자는 단세포, 적갈색, 타원형이며, 황금색 벽에 미세한 가시가 있다. 겨울포자퇴는 거무스름한 갈색을 띤다. 겨울포자는 격벽이 있는 중앙부위는 약간 들어가고 밤색~갈색이고, pedicel은 포자 길이의 1/2에서 2배 정도이다.

[병환] 병원균은 겨울포자(teliospore)의 형태로 감염된 기주 잔재물에서 월동한다. 이듬해 이른 봄에 발아하여 4개의 단핵성 담자포자(basidiospore)를 생성해 새로 생겨나는 아스파라거스 줄기에 새로운 감염을 일으켜 녹병정자기(spermagonia)를 생성하게 한다. 반수체 녹병정자(spermatia)와 수용성 균사(receptive hypha)가 녹병정자기 내에서 형성된 후 교배해 2핵성 녹포자기(aecia)를 생성한다. 녹병정자와 녹포자는 연두색의 타원형 병반에서 함께 생성되며, 녹병정자는 중앙에 위치하고 녹포자가 겹둥근 무늬로 둘러싼다. 녹포자는 성숙하고 바람에 의해 전파되어 물이 있을 때, 여름포자퇴와 여름포자를 생성하는 새로운 감염을 일으킨다. 기상 조건이 적절할 경우 생육기에 여러 차례의 여름포자 감염이 발생할 수 있어서 종종 겹둥근 무늬 형태로 여름포자퇴가 커진다. 여름포자 감염은 15℃에서 9시간의 습윤 기간이 최적이다. 녹포자와 여름포자가 주로 전염병을 일으킨다.

겨울포자는 낮은 온도 또는 건조한 날씨에 형성되며, 다음 생육기의 1차 전염원으로 작용한다. 겨울포자는 두 개의 세포로 되어 있으며 두껍고 황색화된 세포벽을 가지고 있다. 담자포자는 일시적 생기며, 그 해 처음으로 국부감염을 일으킨다.

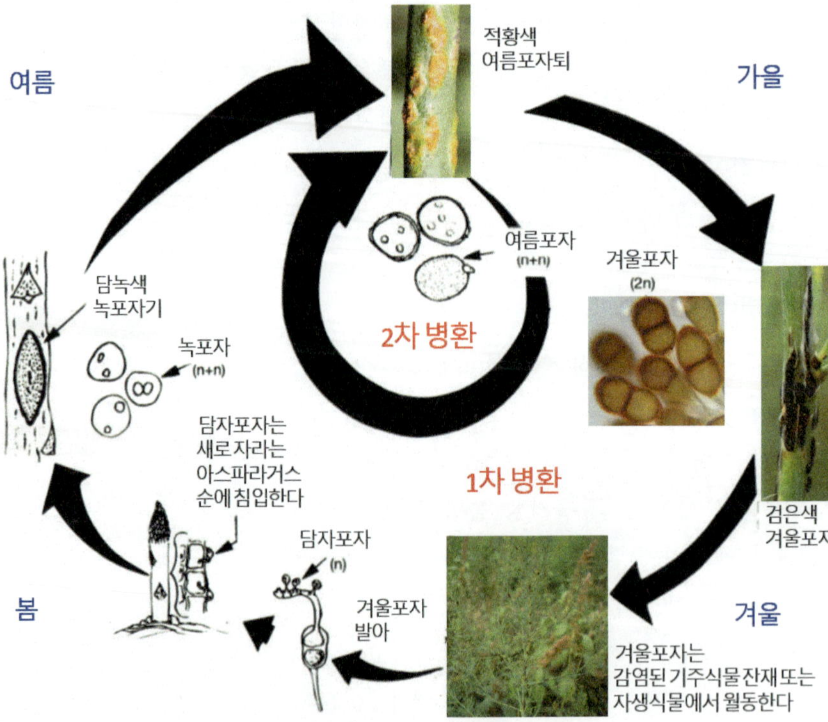

그림 12.914 *Puccinia asparagi*에 의한 아스파라거스 녹병의 병환.
[출처: Diseases and Pests of Vegetable Crops in Canada]

[방제] 병든 식물잔재를 제거한다. 바람이 잘 통하고 햇빛이 잘 들도록 재배한다. 저항성 품종을 재배한다. 상습발병지에는 적용약제를 살포한다.

⑤ 마늘 녹병(rust)

마늘 녹병(rust)은 우리나라 전역에 분포하며, 마늘뿐만 아니라 파, 부추에도 발생한다. 봄의 채종용 파와 가을에 발생이 심하다.

[병증상] 잎과 인경(비늘줄기)에 발생한다. 처음에는 잎 표면에 타원형 또는 방추형 다소 부풀어 오른 병반을 만든다. 병반의 중앙은 등황색~적황색으로 되고 중심부가 융기되어 균열되며 등황색~적황색 가루(여름포자)가 터져 나온다. 수확기가 되면 진한 자갈색 병반(겨울포자퇴)이 형성되며 중심부가 터지면 적갈색 가루(겨울포자)가 나온다. 발병이 심한 포장은 잎 전체가 주황색으로 변하며 말라 죽는다.

그림 12.915 마늘 잎 녹병 표징(여름포자). [출처: Alan Buckingham]

그림 12.916 부추 잎의 녹병 표징(여름포자). [출처: Nigel Cattlin]

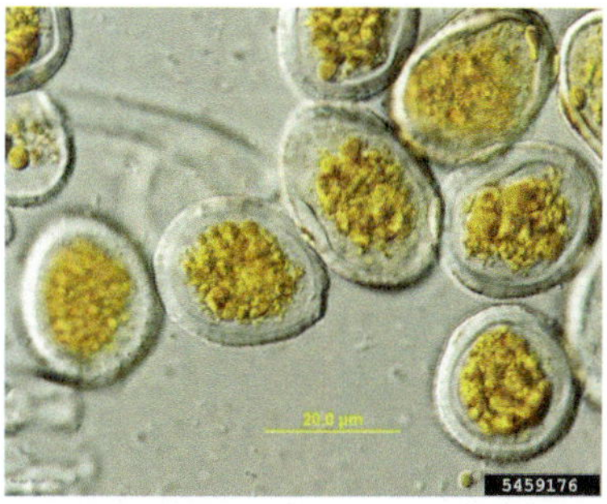

그림 12.917 마늘 녹병균(*Puccinia allii*)의 여름포자. [출처: Bruce Watt, University of Maine, Bugwood.org]

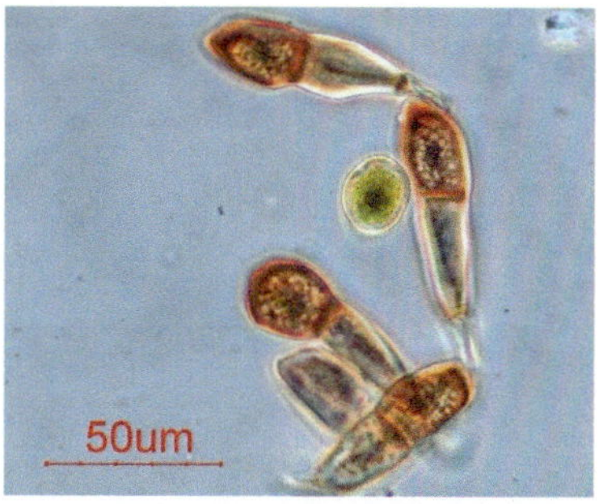

그림 12.918 마늘 녹병균(*Puccinia allii*)의 겨울포자. [출처: Cesar Calderon, Cesar Calderon Pathology Collection, USDA APHIS PPQ, Bugwood.org]

[병원균] 마늘 녹병을 일으키는 병원균은 *Puccinia allii* 이고, 담자균문(Basidiomycota), 녹균강(Pucciniomycetes), 녹균목(Pucciniales), 녹균과(Pucciniaceae)에 속한다.

영양체는 격벽 균사체이고, 장주기성 동종기생균으로서 다섯 가지 형태의 포자과와 포자를 모두 동일한 기주에 형성한다.

[병환] 병환부에서 여름포자나 겨울포자로 월동해 이듬해 1차 전염원이 된다. 봄과 가을에 저온이 계속되고 비가 많이 내리면 발병률이 높다. 양분이 부족해 식물체가 약해지면 발병이 많아진다.

[방제] 병든 식물잔재를 제거한다. 비배관리를 철저하게 한다. 상습 발병지에는 발병 초기에 적용약제를 살포한다.

12.7.2 깜부기병

깜부기병균목(Ustilaginales)에 속하는 담자균에 의해 발생하는 식물의 깜부기병은 전세계적으로 발생하며, 깜부기병균은 대략 1,200종에 이른다. 금세기 전까지 깜부기병에 의한 곡물의 손실은 녹병에 의한 손실에 비견될 정도였다. 화곡류 재배농민들은 어떤 면에서는 깜부기병을 녹병보다 더 두려워하는데, 그 이유는 깜부기병이 낟알 자체를 침해해 낟알의 내용물을 그을음이나 석탄가루같은 검은색을 띤 먼지같은 포자덩어리로 가득 채우기 때문이다.

깜부기병은 뚜렷하고 직접적으로 수량을 감소시키고, 나머지 수확물의 품질도 급격하게 저하시키는데, 이는 건전한 낟알의 표면에 깜부기병균의 검은색 포자가 묻어있기 때문이다. 깜부기병은 다양한 종류의 화곡류 이외에도 사탕수수와 양파를 비롯해 카네이션같은 몇 가지 관상식물도 침해한다.

대부분의 깜부기병균은 곡류와 벼과식물의 씨방에 침입해 씨방이나 곡물의 낟알과 같은 열매에서 자라면서 조직을 파괴한다. 침해된 조직의 세포는 파괴되면서 검은색의 깜부기포자로 대체되거나, 먼저 자극을 받은 감염조직이 분열하고 신장하면서 융기체나 다양한 크기의 혹을 형성한 후 파괴되거나 검은색의 깜부기 포자로 대체된다. 포자는 얇고 투명한 막이나 다소 견고한 막에 의해 둘러싸여 일시적으로만 결합된 덩어리 형태로 존재한다. 깜부기병균에 의해 기주식물이 죽는 경우는 거의 없으나, 감염된 식물은 생장이 심하게 저하되기도 한다.

대부분의 깜부기병균은 겨울포자와 담자포자만 만든다. 겨울포자는 대개 깜부기 혹 안에 형성되며, 담자포자는 담자기 세포의 측면에서 싹터 나오거나 무격벽 담자기 끝에서 무리를 지어 형성된다.

담자포자가 발아할 때, 발아관은 담자기에 붙어있는 상태에서 상대 성의 담자포자와 융합 후에 감염하거나 조직을 직접 침입한다. 그러나 반수체(n) 상태의 균사는 조직을 광범위하게 침입할 수 없으며, 따라서 상대 성의 균사들이 결합해 2핵균사를 만들기 전까지는 전형적인 감염을 일으키지 못한다. 이 2핵균사는 세포간극이나 세포 안으로 침입해 전형적인 깜부기병 병징과 겨울포자를 형성한다.

깜부기병균도 많은 레이스(race)가 존재하지만 녹병균의 경우와 같이 안정적이지 않은데,

그 이유는 기주식물에서 깜부기병균의 각 세대는 감수분열, 즉 유전적 재조합을 거치며, 그 결과 새로운 레이스가 끊임없이 나타나기 때문이다.

깜부기병균은 감염 종자, 식물잔재물, 토양 등에서 겨울포자로 월동하지만, 감염된 낟알이나 식물체 속에서 균사로 월동하기도 한다. 겨울포자는 식물체를 감염하지 못하지만 담자포자를 형성하는데, 담자포자가 발아해 상대 성을 가진 것과 융합해 감염하거나 조직을 침입한 후 융합해 2핵균사를 만들어 감염을 일으킨다. 깜부기병균은 1년 1세대의 생활사를 지내며, 생육기 동안 매 감염마다 한 번 겨울포자를 만든다.

대표적인 깜부기병을 일으키는 깜부기병균은 다음과 같다.

- *Entyloma oryzae* (벼 잎깜부기병)
- *Neovossia barclayana* (벼 낟알깜부기병)
- *Sphacelotheca reiliana* (=*S. reilianum*, 수수 실깜부기병)
- *Tilletia tritici* (=*T. caries*, 밀 그물비린깜부기병), *T. laevis*(=*T. foetida*)(밀 둥근비린깜부기병), *T. controversa* (밀 위축비린깜부기병)
- *Urocystis cepulae* (양파 깜부기병)
- *Ustilago hordei* (보리, 밀 속깜부기병), *U. maydis* (=*U. zeae*)(옥수수 깜부기병), *U. nuda* (보리 겉깜부기병), *U. scitaminea* (사탕수수 깜부기병), *U. tritici* (밀 겉깜부기병)

(1) 벼과식물 깜부기병

① 옥수수 깜부기병(smut)

옥수수 깜부기병(smut)은 옥수수가 자라는 곳이면 어디서든지 발생하며 따뜻하고 약간 건조한 곳에서 더 심각한 피해를 일으킨다. 옥수수 깜부기병은 낟알, 숫이삭, 줄기, 잎 등 옥수수의 지상 부위에 혹을 만들어 피해를 주며 수확량도 감소시킨다. 형성되는 깜부기 혹의 수와 크기, 위치 등이 수확량의 감소를 결정하는 주요 요인들이다. 옥수수 낟알에 생긴 혹은 낟알에 심각한 피해를 일으키는데, 낟알에 생긴 큰 혹은 아래에 생긴 혹보다 더 심하게 수확량을 감소시킨다.

옥수수 깜부기병균은 기주의 씨방에 침입함으로써 기주 식물체의 모든 부분을 감염시킨다. 이 감염으로 옥수수 알갱이가 종양과 같은 혹으로 부풀어 오르게 되는데, 그 조직의 질감, 발달 패턴은 버섯과 비슷하다. 혹은 지름 10~13 ㎝까지 자란다. 이 혹은 감염된 후 비후된 세포와 그에 따른 균사, 그리고 청흑색 포자로 이루어져 있다. 이 어두운 색의 포자들은 옥수수 낟알이 불에 타고 그을린 것처럼 보이게 한다. 옥수수 깜부기병균의 속명인 *Ustilago*는 라틴어로 불에 탄다라는 의미의 ustilare에서 유래한다.

옥수수 깜부기는 식용이 가능해서 멕시코에서는 별미 위틀라코체(huitlacoche)로 알려져 있으며, 보통 케사디야(quesadillas)를 기반으로 한 음식, 수프에 넣어 먹는다.

[병증상] 옥수수 유묘가 감염되면 잎과 줄기에 미세한 혹들이 생기며, 모는 생육이 위축되고 심하면 죽기도 한다. 옥수수가 커가면서 액아(腋芽)로부터 나온 어리고 활발하게 자라는 조직과 옥수수의 낟알, 숫이삭, 잎, 줄기 등이 감염된다.

그림 12.919 옥수수 깜부기병의 병징. [출처: Wikipedia]

그림 12.920 옥수수 깜부기병의 병징. [출처: Wikipedia]

감염된 부분은 깜부기병균 균사가 침입하고, 침입균사의 자극으로 인해 기주의 감염조직은 분열하고 비대해지며 일종의 버섯과 같은 혹이 형성된다. 병징이자 표징인 혹은 처음에는 녹색을 띤 흰색의 막으로 덮여있으나 점차 커지면서 지름이 1~15 ㎝에 이르며, 내부는 검어지고, 가루모양의 어두운 녹갈색 포자들로 채워진다. 은회색의 막이 터지면서 수백만 개의 검은 겨울포자가 대기 중으로 방출된다. 잎에 형성된 혹은 지름 1~2 ㎝ 정도로 작고 딱딱하며 건조한 상태로 남는 경우가 많으며 터지지 않는다.

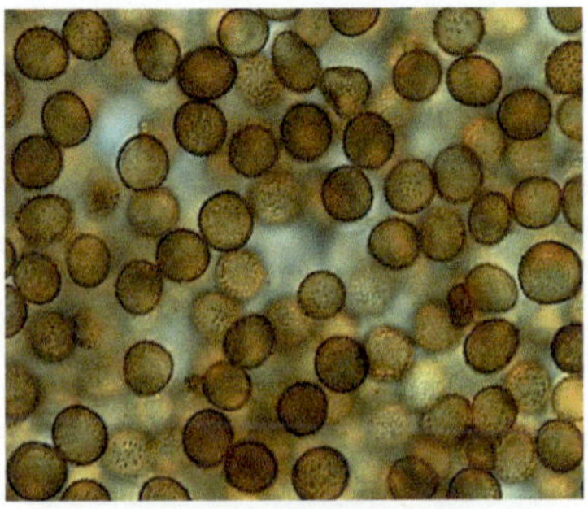

그림 12.921 옥수수 깜부기병균(*Ustilago maydis*)의 겨울포자. [출처: Roger Shivas]

[병원균] 옥수수 깜부기병을 일으키는 병원균은 *Ustilago maydis* (=*Ustilago zeae*)로 담자균문(Basidiomycota), 깜부기균강(Ustilaginomycetes), 깜부기균목(Ustilagiales), 깜부기균과(Ustilagiaceae)에 속한다.

영양체로 2핵 격벽 균사를 만드는데, 2핵 균사의 일부 세포는 번식체로 검고 둥글거나 타원형인 겨울포자로 바뀐다. 겨울포자는 발아해 4개의 세포로 된 담자기인 전균사(promycelium)를 형성하며, 여기서 담자포자인 소생자(sporidium)가 만들어진다.

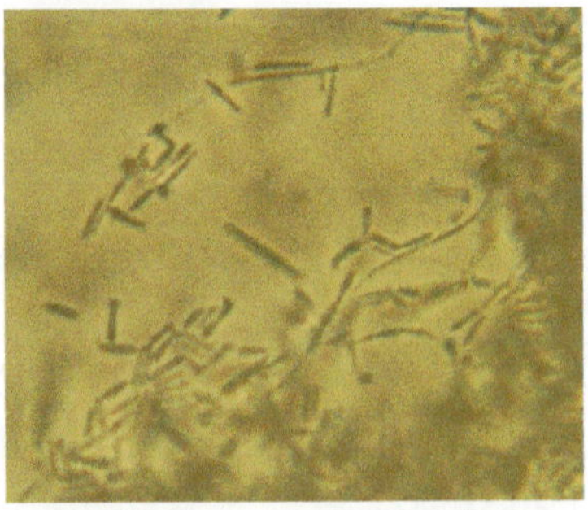

그림 12.922 옥수수 깜부기병균(*Ustilago maydis*)의 소생자. [출처: D. F. Farr]

[병환] 깜부기병균은 옥수수 잔재물이나 토양 속에서 겨울포자 상태로 월동하는데, 수년 동안 활성을 유지할 수 있

다. 봄과 여름에 겨울포자는 발아해 담자포자를 형성하고, 이 담자포자는 바람에 날리거나 빗물에 튀겨서 옥수수의 어리고 한창 생장하고 있는 조직으로 전반된다.

담자포자는 발아해 미세한 균사를 내어 표피세포로 직접 뚫고 침입한다. 그러나 초기 발달 후에 이 균사가 다른 성을 가진 담자포자로부터 유래한 반수체 균사와 만나 융합하지 않으면 그 생장은 정지되며 대부분 시들고 때로는 죽는다.

만일 융합이 일어나면 융합균사는 2핵 상태로 되며 직경도 커지면서 주로 세포간극을 통해 기주식물의 조직 속으로 자라나간다. 균사를 둘러싸고 있는 세포는 자극을 받아 분열하고 신장해 깜부기병균 균사가 이르기 이전부터 혹이 형성되기 시작한다.

한창 자라고 있는 식물체의 혹은 틀림없이 국부감염의 결과이다. 전신적인 감염은 거의 일어나지 않으며, 일어난다 해도 매우 어린 옥수수에서 나타날 뿐이다. 그러나 실제적으로 일어나는 국부감염 중 매우 적은 수만이 크고 전형적인 큰 혹으로 발달할 뿐, 나머지는 너무 작아 눈에 잘 보이지도 않는 작은 혹으로 남는다.

감염된 식물체 내부에서 깜부기병균은 증식하면서 황화, 안토시아닌 형성, 생장 감소, 겨울

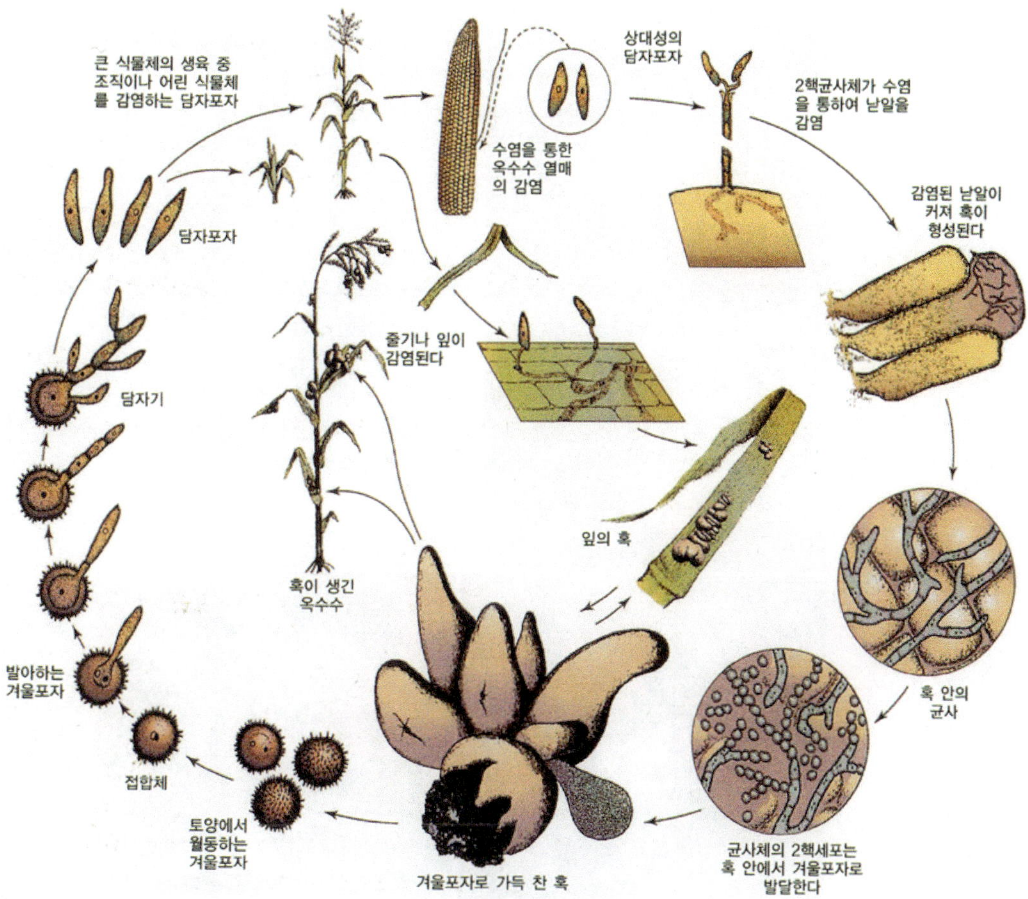

그림 12.923 *Ustilago maydis*에 의한 옥수수 깜부기병의 병환. [출처: 식물병리학]

심층학습 50 '옥수수 깜부기병'의 변신

담자균의 일종인 *Ustilago maydis*에 의해 발생하는 '옥수수 깜부기병(corn smut)'은 옥수수를 침해해 수량을 감소시킨다. '깜부기병'에 감염된 옥수수는 황금빛의 알갱이가 부풀어올라 은빛이 도는 푸른색의 뒤틀린 덩어리로 변하고 속은 시꺼멓게 되면서 농작물들은 종종 파괴되지만, 일부 농부들은 사일로(silo)를 사용한다.

*Ustilago maydis*에 의한 옥수수 깜부기병.
[출처: Dale Hanstad]

그러나 '옥수수 깜부기'는 식용으로 가능해 멕시코에서는 위틀라코체(huitlacoche)로 알려져 있으며, 최근에는 시장 친화적인 '옥수수 버섯(corn mushroom)', '아즈텍 캐비어(Aztec caviar)', '멕시칸 송로버섯(Mexican truffle)' 등의 명칭으로 불리우면서 귀하게 취급되어 감염되지 않은 옥수수보다 훨씬 높은 가격에 판매되고 있다.

멕시코 농부들은 아즈텍 요리로부터 직접적으로 유래하는 위틀라코체를 오랜 세월 동안 먹어왔다. 요리하기 위해서 미성숙한 '깜부기'나 완전하게 성숙한 '깜부기'가 마른 상태로 거의 전체가 포자로 가득 차 있는 상태에서 수확한다. 옥수수 이삭이 '깜부기'병에 감염된 2~3주 후에 채취된 미성숙한 '깜부기'는 여전히 수분을 함유하고 있으며, 요리하면 버섯처럼 달고 고소한 맛과 더불어 다육질의 흙 맛이 난다.

위틀라코체는 향미 화합물로 포도당은 물론 소톨론(sotolon)과 바닐린(vanillin)을 함유한다. 또한 우리 몸에서 필요로 하지만 제조할 수 없는 필수 아미노산인 라이신(lysine)의 공급원이고, 대부분의 식용 곰팡이와 유사하거나 더 높은 수준의 베타글루칸(β-glucan)을 함유하고 있다.

위틀라코체는 옥수수와 감초의 향이 살짝 더해진 버섯의 향미를 지니고 있다. 유명 요리사들은 그 진한 감칠맛과 음식에 이국적인 검은색이나 회색을 더해주는 위틀라코체의 특성 때문에 미국과 유럽의 식단에 도입하려는 시도에도 불구하고 대부분의 농부들이 그것을 병으로 여기기 때문에 어려움을 겪어왔다. 그러나 1990년대 중반, 고급 레스토랑의 수요로 인해, 펜실베니아와 플로리다 농장은 미국 농무부(USDA)에 의해 인위적으로 옥수수에 '깜부기병'을 감염시키는 것을 허용받고 아예 위틀라코체의 재배를 시도하고 있다.

옥수수 깜부기병 접종에 의한 위틀라코체 생산.
[출처: Ana Laura Gallardo]

한편 '옥수수 깜부기'에는 ustilagine 성분이 존재하기 때문에 맥각보다 약효가 약하지만, 주니(zuni)족을 포함한 미국 남서부의 원주민들은 '옥수수 깜부기'를 더 많은 노동을 하기 위한 각성제로도 사용해 오기도 했다.

숙코타시. [출처: Kasey Goins]

간단한 멕시코 스타일 옥수수 콩 요리인 숙코타시(succotash)는 살사 타케라(salsa taquera)와 함께 수제 소세지인 초리조(chorizo), 양파, 마늘, 고추, 위틀라코체, 그리고 새우로 만들 수 있다. 위틀라코체의 순하고 흙 맛이 초리조의 지방과 잘 어우러져 고추와 살사의 열을 완화시켜 준다.

케사디야. [출처: Chef Oropeza]

유카탄반도의 리비에라 마야에서 마야인들이 가장 좋아하는 또 다른 것은 오믈렛에 위틀라코체를 첨가하는 것이다. 다시 한번, 위틀라코체의 흙 맛은 달걀을 요리하는 지방과 결합해 송로버섯(truffle)과 같은 맛으로 부드럽게 만든다.

판매하는 위틀라코체. [출처: Julia Eats]

위틀라코체는 멕시코 치즈, 양파, 토마토를 곁들여 만든 케사디야(quesadilla)에서도 인기가 있다. 파란색은 열에 의해서만 알아볼 수 있는 검은색으로 변한다. 위틀라코체를 곁들인 모든 요리는 곰팡이가 검게 될 때까지 천천히 끓인다. 그러면 옥수수에서 대부분의 녹말을 제거하고 검고 기름진 반죽만 남는다.

위틀라코체 통조림.
[출처: www.sabordemexico.eu]

멕시코에서 위틀라코체는 대부분 신선하게 소비되며 전국의 식당이나 길거리, 농산물 시장에서 구입할 수 있으며, 일부 시장이나 인터넷을 통해 통조림 상품으로도 구입할 수 있다.

포자가 들어있는 혹과 같은 병징을 만든다. 혹 안의 균사는 혹이 형성되는 동안에는 세포 사이에 남아있지만, 포자가 만들어질 무렵이 되면 비대한 옥수수 세포는 균사에 의해 침해되면서 붕괴되고 죽는다. 균사는 더 생장하기 위해 세포 내용물을 섭취하며, 그 결과 혹은 주로 2핵 균사와 식물세포 잔재물로 구성되어 있다.

2핵 균사를 구성하는 대부분의 세포는 다시 겨울포자로 발달되는데 이 과정에서 다른 세포들의 원형질을 흡수해 영양원으로 이용하며, 원형질을 빼앗긴 세포는 속이 빈 채로 남아있다. 혹을 둘러싸고 있는 막은 병원균의 영향을 받지 않지만, 이 막도 결국에는 터지고 만다. 만약 어리고 분열이 활발한 조직에 이르면 새로운 감염을 시작해 같은 생육기에 새로운 혹을 만들기도 하지만, 대부분은 땅에 떨어지거나 옥수수 잔재물에 남아서 여러 해 동안 생존하게 된다.

수분 시 덥고 건조한 날씨와 폭우가 이어지는 장마철은 옥수수 깜부기병균의 병원성을 향상시키는 것으로 보인다. 게다가, 토양에 있는 과도한 질소질 비료도 병원성을 증가시킨다. 이러한 비생물적 요소들은 감염성을 증가시킬 뿐만 아니라, 병의 확산도 증가시킨다. 또한 강풍과 폭우는 옥수수 깜부기병균의 포자가 더 쉽게 전염될 수 있기 때문에 병의 확산을 증가시킨다. 수확이 끝나도 옥수수 잔재를 치우지 않으면 거기에 옥수수 깜부기병균의 월동처를 제공해준다.

[방제] 깜부기병은 주로 저항성품종과 종자처리를 통해 방제한다. 깜부기병균이 겨울포자 형태로 종자표면이나 토양 속에 있다면 종자를 적당한 살균제로 분의하거나 침적한다. 깜부기병균이 종자 내부에 균사 상태로 있다면 온탕에 침지한다. 등록된 침투이행성 살균제를 토양에 처리한다.

② 보리/밀 겉깜부기병(loose smut)

보리와 밀 겉깜부기병(loose smut)은 세계적으로 분포하지만 다소 다습한 지역에서 더 많이 발생한다. 겉깜부기병은 감염된 낟알을 파괴하고, 수확할 때 감염되지 않은 낟알에 스며들어가 품질을 떨어뜨린다.

겉깜부기병은 건강한 식물체의 개화시 꽃을 감염시키고 이삭을 포자 덩어리인 깜부기로 가득 차게 만든다. 종자는 건강한 것으로 보이며, 다음 계절에 성숙할 때에만 감염된 것이 확인된다.

만약 방제되지 않는다면, 겉깜부기병균이 낟알을 가득 채우기 때문에 전체 농작물을 파괴시킬 수 있다. 사람들이 생존을 위해 곡물 작물에 의존하고 그것을 방제할 예산이나 기술 자원이 없는 지역에서 겉깜부기병은 파괴적일 수 있다. 겉깜부기병은 당해연도에 정상적인 곡물 생산이 불가능할 뿐만 아니라, 감염된 종자로는 이듬해 파종해 농사를 지을 수조차 없다.

겉깜부기병은 최근 인도의 히말라야 산맥에 있는 라다크 지역에서 더 심각한 문제가 되었다. 이 지역은 특히 지구 기후 변화의 영향을 받았고, 그것 때문에 많은 새로운 병해충이 발생했다. 보리는 이 지역의 중요한 주요 작물이며, 비록 이 지역에서 가장 널리 퍼진 병은 아니지만, 깜부기병은 앞으로 몇 년 안에 더 심각한 문제로 발전할 가능성이 있다.

그림 12.924 보리 겉깜부기병의 병징. [출처: Phytoparasitische Kleinpilze]

그림 12.925 밀 겉깜부기병의 병징. [출처: Phytoparasitische Kleinpilze]

[병증상] 보리와 밀 씨알에 발생한다. 겉깜부기병의 주요 병징은 보통 낟알이 있는 곳에 검은색 또는 갈색 포자가 많이 있는 깜부기 이삭이다. 출수하기 전까지는 겉깜부기병의 병징을 식별할 수 없다. 감염된 보리와 밀은 건전한 것보다 키가 크고 먼저 출수하며, 감염된 이삭은 건전한 이삭보다 크다. 그래야 감염된 이삭에 있는 깜부기병균이 건전한 이삭으로 비산해 전염시킬 수 있기 때문이다.

감염된 보리와 밀의 모든 이삭과 크고 작은 모든 낟알은 표징으로 항상 검댕이가 묻어있으며, 모든 이삭과 낟알은 황록색의 포자들로 이루어진 깜부기 덩어리로 변한다. 검댕이로 덮여있는 낟알은 처음에는 담회색의 막으로 덮여있지만, 이 막은 곧 터지고 가루형태의 후벽포자들이 노출돼 바람에 날리고 빈 수축만 남는다.

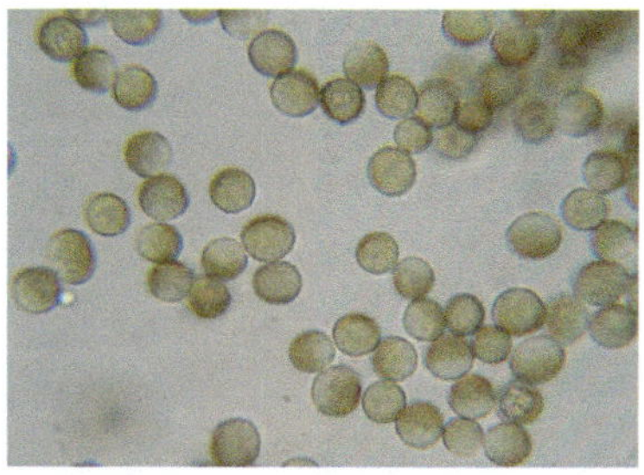

그림 12.926 보리 겉깜부기병균(*Ustilago nuda*)의 겨울포자. [출처: Phytoparasitische Kleinpilze]

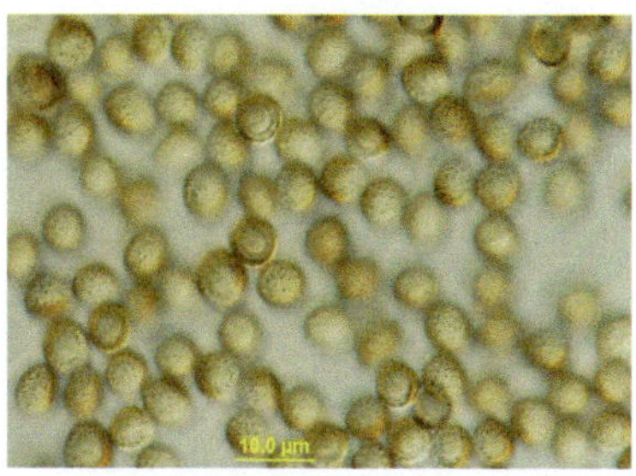

그림 12.927 밀 겉깜부기병균(*Ustilago nuda*)의 겨울포자. [출처: Bruce Watt, University of Maine, Bugwood.org]

[병원균] 보리에 겉깜부기병을 일으키는 병원균은 *Ustilago nuda* 이고, 밀에 겉깜부기병을 일으키는 병원균은 *Ustilago tritici* 이다. *U. nuda* 와 *U. tritici* 는 담자균문(Basidiomycota), 깜부기균강(Ustilaginomycetes), 깜부기균목(Ustilagiales), 깜부기균과(Ustilagiaceae)에 속한다.

영양체인 격벽 균사는 식물체 내에서 자라고 있는 동안에는 투명하지만 성숙하면서 갈색으로 바뀐다. 균사의 세포는 번식체로 갈색의 둥근 겨울포자로 바뀌며, 이 겨울포자는 곧 발아해 1~4개의 세포로 만들어진 담자기를 형성한다. 담자기는 담자포자를 만들지는 않지만 담자기의 세포들이 발아해 짧은 단핵 균사를 만든다. 이 균사들은 쌍으로 융합해 2핵 균사를 만드는데, 이 균사들이 감염능력을 가지고 있다.

[병환] *U. nuda* 와 *U. tritici* 는 감염된 낟알의 떡잎이나 배반(胚盤, scutellum)에서 휴면균사 상태로 월동한다. 파종을 하면 감염된 낟알도 싹이 트고 균사는 다시 활력을 회복해 생장점에 다다르기 전까지는 어린 묘목의 세포 사이로 자라기 시작한다.

균사는 식물체의 생장점에 근접해 식물체와 같이 자라나가며, 줄기의 아래쪽 조직에 있던 균사는 거의 사라지게 된다. 출수시기가 되면 균사는 모든 어린 낟알에 침입한 후 세포 사이에서 자라가며, 수축을 제외한 이삭의 조직 대부분을 파괴한다. 이 시기가 되면 감염된 식물들의 대부분은 건전한 식물체에 비해 약간 큰데, 이는 깜부기병균의 자극에 의한 것이다.

감염된 낟알의 균사는 곧 겨울포자로 바뀐다. 표면이 거칠고 흑갈색 공 모양의 겨울포자는 기주 조직의 연약한 외부 막으로만 둘러싸여 있다. 겨울포자가 성숙하면 이 막은 곧 터지고 겨울포자가 쏟아져 나와 바람에 날려 근처의 다른 건전한 식물체의 꽃으로 옮겨간다.

겨울포자의 방출 시기는 건전한 식물에서 꽃이 피는 시기와 일치한다. 꽃에 도달한 겨울포자는 암술머리에 도달한 후 발아해 담자기를 만들고, 여기서 반수체의 전균사가 만들어진다.

그림 12.928 *Ustilago tritici* 에 의한 밀 겉깜부기병의 병환. [출처: 식물병리학]

반수체의 전균사는 서로 다른 성의 전균사와 융합해 2핵 균사를 만들며, 이 2핵 균사가 주두나 어린 씨방의 벽을 통해 꽃으로 침입해, 낟알이 성숙하기 전에 과피나 배의 조직 내에 자리를 잡는다. 감염된 낟알이 다시 싹틀 때까지 전균사는 불활성화되며 주로 배반에서 휴면상태로 남아있다.

화기감염(flower infection)인 동시에 전신감염이다. 개화 전부터 수분한 다음 3~4일까지 대기습도가 높고 서늘한 기온에서 감염률이 높다.

겨울포자가 건전한 꽃에 도달하기 위해서는 바람, 비 또는 아마도 곤충에 의해 전반되어야 한다. 꽃이 피는 내내 건조하고 잔잔한 상태가 지속되면 감염률이 낮아진다. 바람과 적당한 비, 그리고 서늘한 온도(16~22℃)는 포자의 분산에 이상적이다.

[방제] 파종하기 전에 감염된 종자에 적용약제를 처리해 겉깜부기병을 방제한다. 무병 종자를 파종하거나, 종자를 온탕처리한다(종자를 삼베자루에 반쯤 채워서 20℃의 물에 5시간 정도 담그고, 자루를 꺼내어서 1분 정도 물을 빼낸 다음, 49℃ 물에 1분 정도 담근다. 그리고 다시 52℃의 물에 정확히 11분 동안 담근 다음 즉시 찬물에 수 초간 담가 종자를 식힌다).

③ 보리/귀리 속깜부기병(covered smut)

보리와 귀리 속깜부기병(covered smut)은 세계적으로 분포하지만 다소 다습한 지역에서 더 많이 발생한다. 속깜부기병은 감염된 낟알을 파괴하고, 수확할 때 감염되지 않은 낟알에 스며들어가 품질을 떨어뜨린다.

[병증상] 보리와 귀리 씨알에 발생한다. 감염된 식물은 이삭이 팰 때까지 증상을 보이지 않는다. 병든 씨알은 흰 막에 둘러싸여 있으므로 겉깜부기병과는 달리 수확할 때까지 후벽포자가 흩어지는 일이 없다. 병든 이삭과 건전한 이삭은 거의 동시에 출수한다. 감염된 낟알은 짙은 갈색 점액포자 덩어리로 대체된다. 깜부기

그림 12.929 보리 속깜부기병의 병징. [출처: Alchetron]

그림 12.930 귀리 속깜부기병의 병징. [출처: Clemson University – USDA Cooperative Extension Slide Series, Bugwood.org]

이삭은 단단하고 빽빽하다. 감염된 식물은 위축되기도 한다. 때때로 깜부기가 잎에서도 발생하며, 긴 줄무늬처럼 보인다.

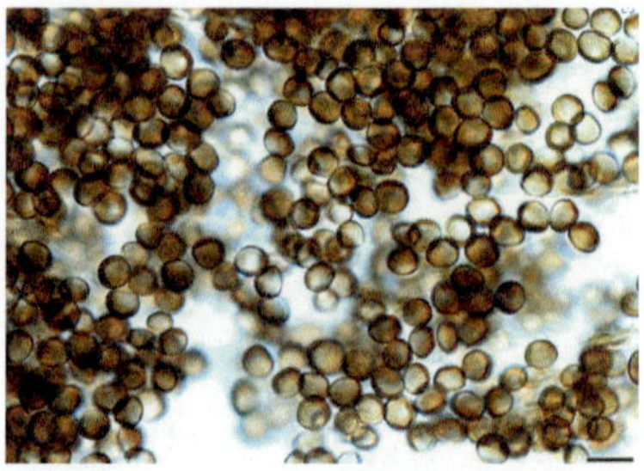

그림 12.931 보리 속깜부기병균(*Ustilago hordei*)의 겨울포자.
[출처: Roger Shivas]

[병원균] 보리와 귀리에 속깜부기병을 일으키는 병원균은 *Ustilago hordei* 로 담자균문(Basidiomycota), 깜부기균강(Ustilaginomycetes), 깜부기균목(Ustilagiales), 깜부기균과(Ustilagiaceae)에 속한다.

영양체는 격벽 균사체이고, 번식체인 후벽포자는 공 모양인데 표면이 미끈하다. *U. hordei*에는 최소 13개의 레이스가 알려져 있다.

[병환] 보리와 귀리 속깜부기병은 종자전염을 한다. 이삭을 탈곡할 때 흩어진 후벽포자는 종자 위에 붙어있다가 발아해 전균사를 내고 성이 다른 소생자끼리 융합한 후 2핵으로 돼 자엽초(子葉鞘, coleoptile)를 침입한 후 생장점을 따라 어린 이삭에 이르러 후벽포자를 만든다. 어린모 감염(seedling infection)을 일으킨다.

겨울포자는 바람이나 비에 쉽게 날리거나 씻겨지지 않는다. 포자는 기름기 있는 코팅으로 인해 막 내부에 존재할 때 본질적으로 끈적끈적하다. 수확 시 겨울포자 덩어리가 분해되어 낟알로 흩어진다. 종종 겨울포자의 덩어리는 손상되지 않고 수확한 곡식에서 나타난다. 종자나

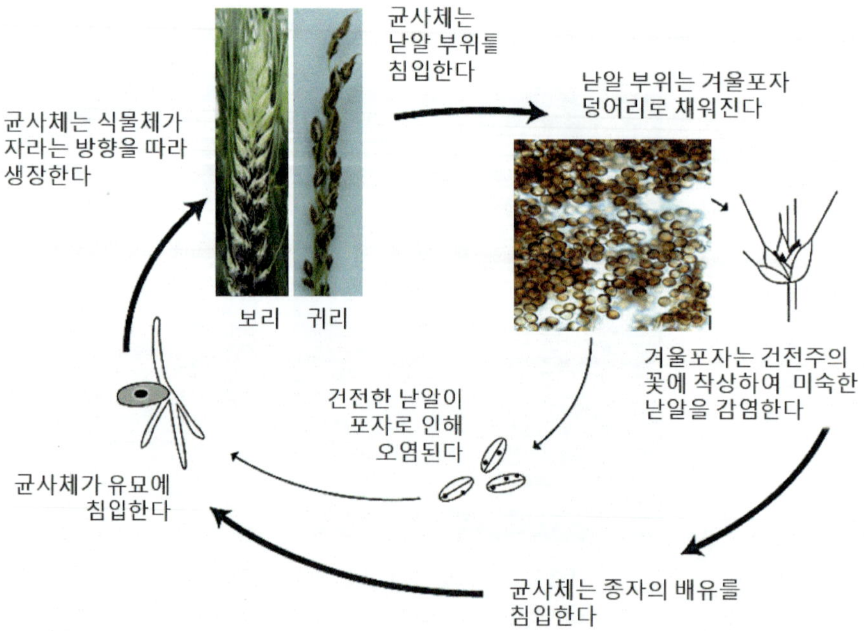

그림 12.932 *Ustilago hordei* 에 의한 귀리 속깜부기병의 병환.
[출처: Agriculture and Horticulture Development Board, Stoneleigh Park, Kenilworth, Warwickshire, CV8 2TL]

토양에서 겨울포자로 월동한다.

[방제] 무병 종자를 파종한다. 병든 이삭은 일찍 뽑아서 불태우고, 탈곡할 때 병든 이삭이 섞이지 않도록 한다. 저항성 품종을 재배한다.

④ 밀 비린깜부기병(bunt, stinking smut)

밀 비린깜부기병(bunt, stinking smut)은 전 세계에 걸쳐 모든 밀 재배지역에서 나타난다. 비린깜부기병의 손실은 재배자가 종자소독을 할 경우에 거의 발생하지 않지만, 만약 종자소독을 하지 않고 파종한다면 수확량이 50% 이상 감소할 수 있다.

그림 12.933 밀 비린깜부기병의 병징.
[출처: Wikipedia]

그림 12.934 밀 비린깜부기병의 후기 병징.
[출처: Government of Western Australia]

[병증상] 밀 이삭에 출수와 동시에 발생하지만, 겉으로 보아서는 수확기에 임박해서야 병든 이삭은 늦게까지도 녹색을 띠며 껍질은 불규칙하게 중축(中軸)에 착생한 채 벌어져 있다. 씨 껍질 내부에 다갈색 후벽포자가 가득 차 있고 생선 썩는 냄새를 풍긴다.

밀 비린깜부기병에 감염된 식물들은 건전한 식물의 평균 키보다 절반 정도 낮은 곳에서 발육이 정지된다. 게다가, 이삭은 가늘고 건전한 이삭보다 더 오래 녹색을 유지한다. 비린깜부기병 병징은 감염된 이삭에 있는 노란 이삭을 회색으로 대체하는 것이다. 감염된 이삭은 일반적인 알갱이와 모양과 크기가 거의 같다. 성숙한 낟알이 깨지면, 검고 가루같은 포자덩어리로 가득 차게 된다. 이 포자들은 독특한 비린내를 풍기며 만지면 기름기가 있다. 병징을 발견할 수 있을 때쯤이면 비린깜부기병균은 식물 전체에 걸쳐 전신적으로 감염을 하기 때문에 감염기 초기에 비린깜부기병균을 발견하기 어렵다.

[병원균] 밀에 그물비린깜부기병을 일으키는 병원균은 *Tilletia tritici* (*Tilletia caries*)이고, 둥근비린깜부기병을 일으키는 병원균은 *Tilletia laevis* (*Tilletia foetida*)이다. *T. tritici* 와 *T. laevis* 는 담자균문(Basidiomycota), 떡병균강(Exobasidiomycetes), 비린깜부기병균목(Tilletiales), 비린깜부기병균과(Tilletiaceae)에 속한다.

영양체는 격벽 균사체이고, 번식체인 *T. tritici*의 겨울포자는 세포벽에 융기부가 있어 사마귀처럼 생겼고, *T. laevis*의 겨울포자는 매끄러운 포자벽을 가지고 있다. *T. tritici*는 미국의 건조한 서부 지역에서 발견되며, *T. laevis*는 미국 중서부와 동부 지역의 습윤 지역에서 발견된다.

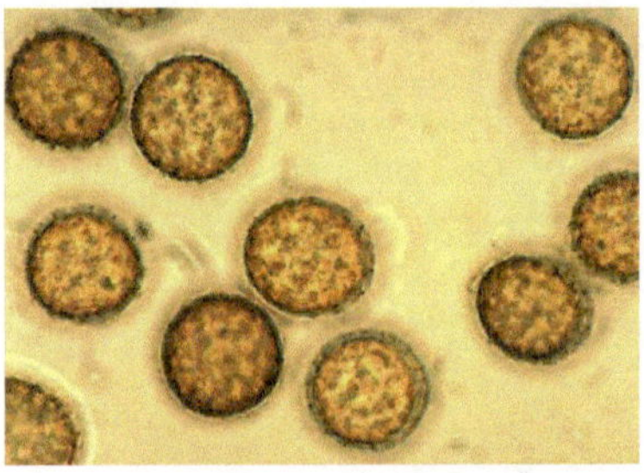

그림 12.935 밀 그물비린깜부기병균(*Tilletia tritici*)의 겨울포자.
[출처: Alchetron]

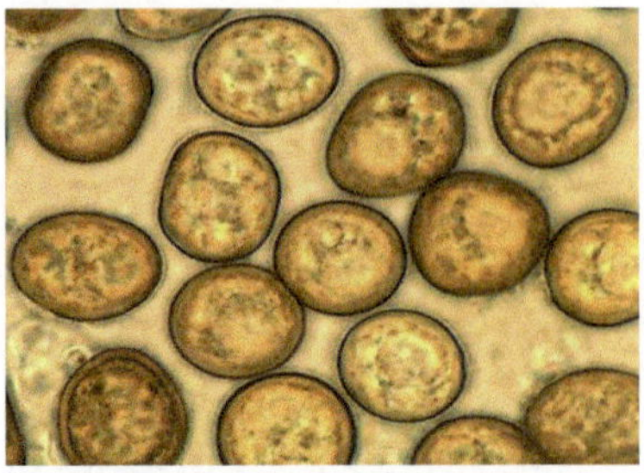

그림 12.936 밀 둥근비린깜부기병균(*Tilletia laevis*)의 겨울포자.
[출처: Alchetron]

그림 12.937 밀 그물비린깜부기병균(*Tilletia tritici*)의 겨울포자의 발아.
[출처: gettyimages]

[병환] 종자의 표면 및 땅속에서 후벽포자 형태로 월동한다. 후벽포자가 씨앗 표면에 건조한 상태로 남아 있을 경우, 몇 년 또는 10년 이상 생존할 수 있다. 종자가 발아할 때 후벽포자도 발아해 전균사 끝에 소생자를 둥글게 생성하고 친화성이 있는 소생자끼리 융합해서 H형을 이루며 다시 2핵의 2차 소생자가 잎집을 침입해 전신감염을 일으키고 이삭에서 깜부기가 생긴다. 어린모 감염을 일으킨다. 후벽포자의 발아적온은 12~16℃이며, 21℃ 이상이면 감염되지 않는다.

밀의 감염은 종자가 발아하는 동안 발생하며, 시원하고 습한 환경에서 선호된다. 비린깜부기병균은 일반적으로 종자에, 때때로 토양에 있는 2핵 상태의 겨울포자로 월동한다. 비린깜부기병균은 토양에서 출아하기도 전에 밀 유묘의 싹을 감염시킨다. 핵융합 후 겨울포자는 발아해 담자기를 형성하고, 담자포자인 1차 소생자를 8~16개 형성한다.

담자포자에는 두 가지 교배형이 있으며, 융합해 H형 구조를 형성해 2핵체를 형성한다. 그러면 이 2핵체는 더 많은 균사체를 생성하거나 더 많은 2차 소생자를 생성할 수 있는 전염성 균사체를 생성한다. 비린깜부기병균은 균사체를 통해 말단 분열조직 내에서 성장하며, 균사체를 겨울포자로 변형시킨다. 겨울포자로 가득 찬 뭉툭한 밀 낟알은 수확과 동시에 열리고 방출되는데, 이는 겨울포자가 종자에서 월동하고 바람에 의해 토양으로 날아가게 해 생활사가 완성된다.

전형적으로 비린깜부기병은 봄밀보다 겨울밀에 더 많은 문제를 일으키는데, 겨울밀을 심는 가을에는 봄밀 재배철에 비해 겨울포자 발아에 더 유리한 온도 지속기간이 길기 때문이다.

비린깜부기병균은 동일한 생활사를 가지고 있다. 비린깜부기병에 걸린 종자에서 형성된 겨울포자는 월동구조체이다. 겨울포자는 감염된 식물체에서 방출되어 건전한 씨앗이나 토양 표면에 착륙한다. 핵융합과 감수분열이 겨울포자에서 일어난다. 환경 조건이 좋을 때, 각각의 겨울포자는 발아해 기술적으로 담자기라고 부르는 짧은 발아관을 형성한다. 담자기가 형성된 직후, 긴 실 모양의 밝은 색의 반수체 포자가 담자기 당 4개 이상 생성된다. 이것들은 1차 소생자 또는 담자포자라고 부른다. 유전적으로 친화성이 있는 소생자끼리 융합해 매우 빠르게 H형 구조를 형성하는데, 두 소생자의 반수체 핵은 서로 융합하지 않고 2핵체로 기능을 한다. 감염 균사가 H-구조로부터 발달해 발아하는 모종의 조직으로 침투해 밀 식물체의 생장점 또는 꼭대기 바로 뒤에 자리를 잡는다.

일반적으로 밀 줄기의 마디와 마디 사이 신장해 나가는 부위보다 더 위쪽에 빠르게 도달할 수 있는 비린깜부기병균에 의해 밀의 감염은 이루어진다. 환경 조건이 병원체에 적합할 경우, 감염과 그에 따른 감수성 품종에서 이삭 감염이 발생할 수 있으며, 반대로 조건이 최적이 아니거나 식물 방어반응이 병원체 침투를 방해하거나 중단시키는 경우 감염이 실패해 감염되는 이삭이 거의 또는 전혀 발생하지 않는다. 밀 이삭이 형성되는 순간, 비린깜부기병균은 새로 발달된 종자를 침입해 빠르게 증식하기 시작한다. 균사는 종자의 세포를 대체해, 마침내 종자

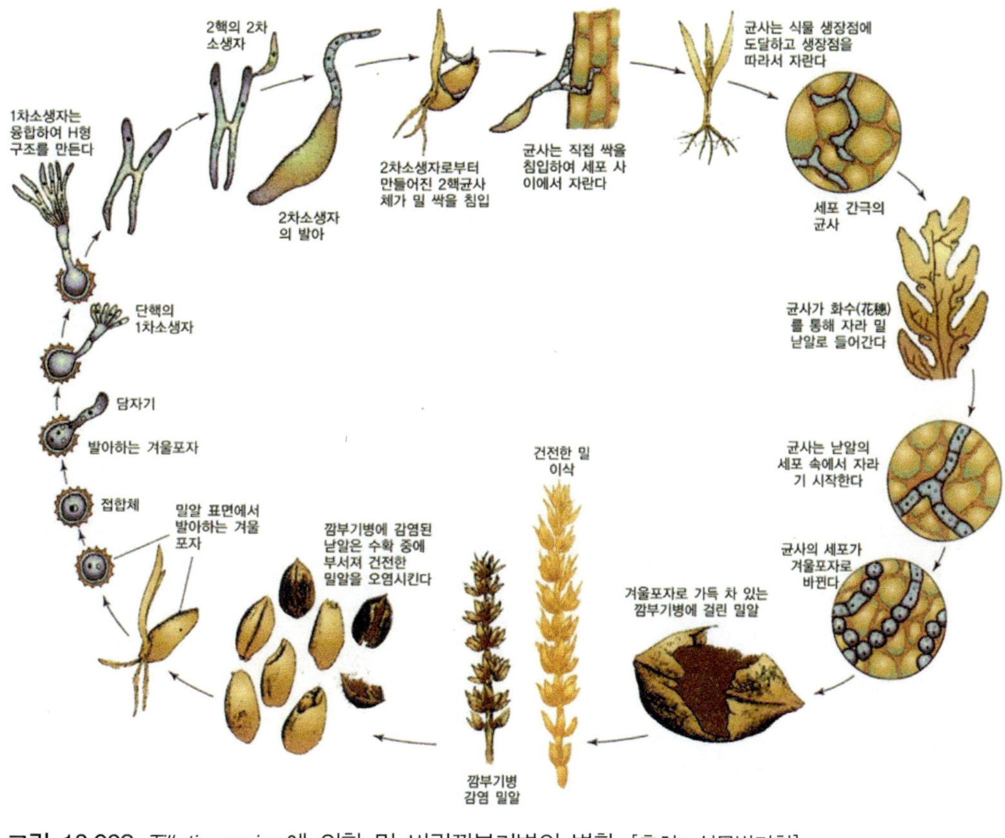

그림 12.938 *Tilletia caries*에 의한 밀 비린깜부기병의 병환. [출처: 식물병리학]

심층학습 51 '밀 비린깜부기병균'의 정체

'밀 비린깜부기병(bunt, stinking smut)'을 일으키는 *Tilletia* 속은 1755년 밀 병원체를 연구한 Tillet를 기리기 위해 1847년 Tulasne 형제가 명명했다. 그 이후로 *Tilletia* 2종, '*T. tritici*'와 '*T. laevis*'가 '밀 비린깜부기병'에 관여하는 것으로 나타났다. 두 종은 겨울포자의 형태 또는 현대 분자적 기술, 즉 반복 서열 기반 중합효소 연쇄 반응(PCR)에 의해 구별된다. '*T. tritici*'는 '그물비린깜부기병'을 일으키고, '*T. laevis*'는 '둥근비린깜부기병'을 일으킨다.

'밀 비린깜부기병'은 전 세계에 걸쳐 모든 밀 재배지역에서 나타난다. 1800년대 후반부터 1930년대까지 미국에서 '비린깜부기병'은 밀의 파괴적인 질병이었다. 1890년 캔자스주에서 '비린깜부기병' 때문에 수확량이 20~50% 감소한 바 있고, 20% 이상의 감염 수준은 1900년대 초 워싱턴에서 흔했다. 1930년 이후에야 종자소독이 가능해지면서 수확량 손실은 훨씬 낮은 수준으로 감소했다. 오늘날 '비린깜부기병'에 의한 손실은 소독하지 않은 씨앗을 심지 않는 한 거의 발생하지 않지만, 만약 무처리 상태로 두면 수확량이 50% 이상 감소할 수 있다.

감염된 밀은 건전한 밀보다 약간 키가 작다. 출수 후 감염된 이삭은 '비린깜부기병균'의 겨울포자로 가득 채워진 낟알 크기가 커져 고개를 숙이게 되고, 기름지고 녹색이 아닌 색을 띤다. 정상적으로 긴 까락을 만드는 품종에서는 감염된 이삭은 짧은 까락을 만들거나 심지어 까락이 없을 수도 있다.

감염된 밀 낟알의 껍질은 그대로 남은 채 내부가 검은 포자 덩어리로 가득 차 bunt ball로 된다. '밀 비린깜부기병'의 영어명칭인 bunt는 burnt ear에서 bunt ear로, 다시 bunt ear에서 bunt로 변한 변증법적 축약어에서 유래한다. 또한 smut는 게르만어 단어 dirty를 뜻하는데, 검은색 겨울포자에서 유래되었다.

밀 비린깜부기병균의 포자 구름.
[출처: G. Schumann & C. D'Arcy]

초기 감염은 씨방이 정상적으로 수정된 직후에 발생한다. 감염된 씨방은 기름기를 짙은 녹색 덮개가 덮고 있는 것처럼 보인다. 쥐어짜면 이런 씨방에서는 썩는 생선 냄새가 나는 검은 겨울포자 덩어리를 드러낸다. 이 냄새는 사실 '깜부기병균'에 의해 생성되는 trimethylamine 냄새다. 이삭과 낟알이 성숙하면서 bunt ball은 작은 럭비공처럼 생긴 단단한 덩어리로 발달한다.

성숙한 bunt ball 내부의 포자는 이삭이 콤바인을 통과해 구름처럼 먼지를 생성하며 방출된다. 이 먼지는 또한 생선 썩는 냄새를 풍긴다. 가끔 건전한 종자와 bunt ball이 같은 이삭에서 발견되기도 한다. 만약 밀 재배 포장에 상당한 '비린깜부기병' 감염이 있다면, 수확기에 방출되는 먼지투성이의 기름진 겨울포자 덩어리가 폭발을 일으킬 수도 있다. 콤바인 기계 주변에서 발생하는 정전기는 콤바인에서 방출되는 겨울포자 먼지를 점화시킬 수 있기 때문이다.

껍질만 남는다. 그리고나서 비린깜부기병균의 개별 세포들은 둥글고 검은색의 냄새나는 겨울포자를 형성한다. 두 개의 핵은 결국 융합해 겨울포자에서 2배체 핵을 형성한다.

비린깜부기병균은 건강한 종자의 표면이나 토양에서 겨울포자로 생육기 사이에 생존한다. 특히 포자가 씨앗 표면에 건조한 상태로 남아 있을 경우, 몇 년 또는 10년 이상 생존할 수 있다.

[방제] 무병 종자를 파종한다. 파종전에 종자소독을 한다. 가을밀은 늦게, 봄밀은 일찍 파종한다. 저항성 품종을 재배한다.

⑤ 수수 실깜부기병(head smut)

실깜부기병(head smut)은 출수 직후에 발생하며, 수수뿐만 아니라 옥수수에도 발생한다. 옥수수 실깜부기병은 북아메리카, 호주, 아시아, 남유럽의 많은 지역을 포함한 대부분의 옥수수 재배 지역에서 발견된다. 옥수수 실깜부기병균은 커다란 깜부기 포자퇴로 이삭을 대체하기 때문에 발병 시 생산량의 엄청난 손실을 초래한다.

[병징] 주로 이삭에 발생하지만, 극히 드물게 잎에도 발생하기도 한다. 실깜부기병의 병징은 옥수수와 수수의 수염과 이삭에 커다란 깜부기 혹으로 나타난다. 수수의 수염이 감염되면, 깨지기 쉬운 혹막은 단지 몇 개의 검은 포자에서 수염을 덮고 있는 많은 양의 검은 포자에 이르기까지 확대된다. 병든 이삭은 처음 붉은빛을 띤 막에 싸여 있으며, 나중에 막이 터지면 그 속에서 검은 후벽포자가 날아 흩어지고 실과 같은 섬유질만 남는다. 옥수수의 이삭이 감염되면, 매우 작고 눈물방울 모양을 해 옥수수속(cob)이 전혀 없는 것처럼 보인다. 옥수수속은 포자를 담는 하얀 포자퇴로 대체되는데, 감염된 수염이 있으면 이삭에도 깜부기가 생기기도 한다.

그림 12.939 수수 실깜부기병의 병징.
[출처: Alchetron]

[병원균] 수수에 실깜부기병을 일으키는 병원균은 *Sphacelotheca reiliana* (=*Sporisorium reilianum*)으로 담자균문(Basidiomycota), 수수깜부기강(Microbotryomycetes), 수수깜부기목(Microbotryales)에 속한다.

토양전염성 *S. reiliana*는 두 가지 분화형(formae speciales)이 있다. *S. reliana* f. sp. *reliana*는 수수에만 병원성이 있고, *S. reliana* f. sp. *zeae*는 옥수수에만 병원성이 있다. 영양체는 격벽 균사체이고, 번식체로 후벽포자를 형성한다.

[병환] 종자 위에 붙어있는 후벽포자는 여러 개가 모여서 포자덩이를 이루며 후벽포자는 발아해 어린모 감염을 일으킨다.

실깜부기병균은 옥수수 깜부기병균과 유사한 병환에서 유성세대를 갖는 것으로 알려졌다. 초기 감염은 유묘의 뿌리에서 발생한다. 병원체는 전신적으로 발달하며, 기주 식물이 성숙함에 따라 이삭과 수염 조직에서 발견된다. 성숙기에 겨울포자는 감염된 옥수수 이삭의 하얀 포자퇴 속에서 발견될 수 있다. 이것들은 바람에 의해 쉽게 흩어진다. 비옥한 토양과 23~30℃ 정도의 날씨 조건은 토양에서 겨울포자를 발아하게 만든다. 4개의 세포로 이루어진 담자기는 발아해 소생자를 형성하는 반수체 담자포자를 생성한다. 이러한 소생자는 2핵 균사체를 형성하도록 유도하는 친화성 때문에 융합되며, 전염성과 기생성을 가진다. 실깜부기병균은 개화를 감지하는 능력이 있어서 꽃 조직을 완전히 감염시킬 수 있다.

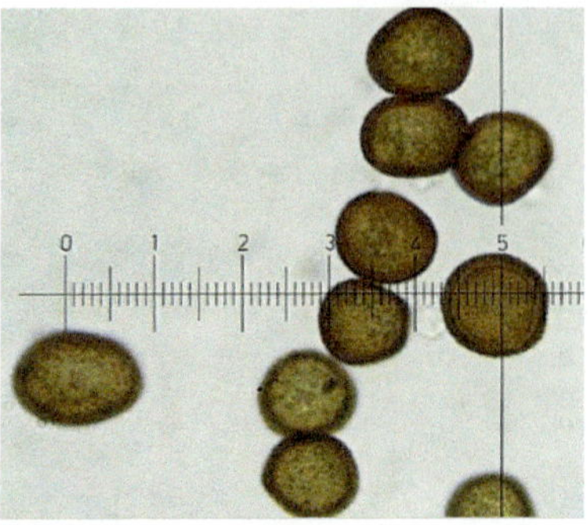

그림 12.940 수수 실깜부기병균 (*Sphacelotheca reiliana*)의 겨울포자. [출처: Plantparasieten van Europa]

[방제] 무병 종자를 파종한다. 종자소독을 한다. 병든 식물을 제거한다.

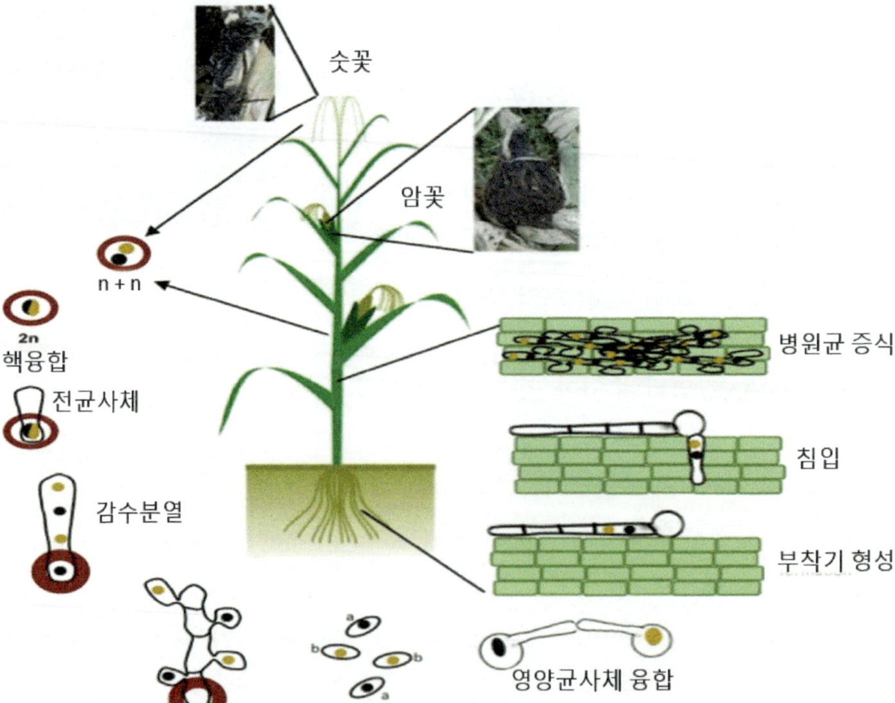

그림 12.941 *Sphacelotheca reiliana*에 의한 수수 실깜부기병의 병환. [출처: E. M. Hernández-Domínguez et al.]

(2) 기타 깜부기병

① 양파 깜부기병(smut)

양파 깜부기병(smut)은 봄철의 춥고 습한 날씨에 번성하고 양파의 출아를 지연시킨다. 고원지대에서는 깜부기병이 거의 우려되지 않는다.

[병징] 양파의 잎, 잎집, 인경(비늘줄기)에 발생한다. 처음 표피 밑에 약간 융기한 갈색 줄무늬 병징이 생기며, 그 후 표피가 터지면 암갈색 후벽포자가 날아 흩어지는 표징을 나타낸다. 병든 잎은 오그라들고 구부러지며 일찍 발생한 것은 인경이 생기지 않는다.

그림 12.942 양파 잎의 병징.
[출처: Howard F. Schwartz, Colorado State University, Bugwood.org]

그림 12.943 양파 깜부기병의 표징(후벽포자).
[출처: Ontario CropIPM]

떡잎과 어린잎에 은빛 광택으로 검은 물집이 세로로 나타난다. 모종은 출아 전이나 출아 후 6주 이내에 죽는 경우가 많다. 양파는 발아와 발아 중에만 깜부기병 감염에 감수성이고, 그 후 식물체는 저항성이 된다. 식물들이 살아남는다면, 병원체는 배아 조직에서 전신감염을 일으키고, 양파들은 생육기 내내 영양생식단계로만 남아 있게 된다. 발달 중인 인경은 검은 병반으로 덮히게 되고, 2차 감염을 일으키는 다른 미생물에 의해 감염되기 쉽게 된다.

[병원균] 양파에 깜부기병을 일으키는 병원균은 *Urocystis cepulae*로 담자균문(Basidiomycota), 깜부기균강(Ustilaginomycetes), Urocystidales목, Urocystidiaceae과에 속한다. 영양체는 격벽 균사체이고, 번식체로 후벽포자를 형성한다.

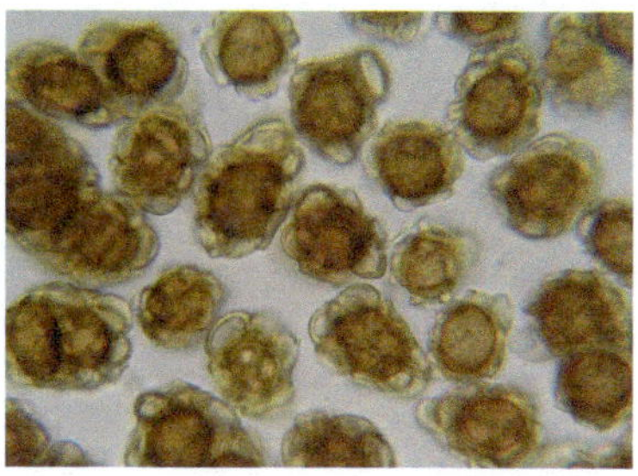

그림 12.944 양파 깜부기병균(*Urocystis cepulae*)의 후벽포자.
[출처: Alchetron]

[병환] 후벽포자 형태로 땅속에서 월동하며, 양파의 발아와 동시에 후벽포자도 발아해 기주에 침입한다. 토양 온도가 10~12℃일 때 가장 많이 발생하며, 29℃ 이상일 때 전혀 발생하지 않는다.

병원균은 양파, 부추, 파를 포함한 양파과의 일부만을 공격하며, 퇴비 흙에서 자란 종자로 파종한 양파에서 문제가 된다. 조직이 노화됨에 따라 감수성이 감소하며 이식용 묘목은 거의 공격받지 않는다. 감염된 인경은 저장 중 다른 감염에 취약하다. 깜부기병균은 토양에서 생존하며, 토양 입자나 감염된 농작물 잔재의 이동에 의해 포장에서 전파될 수 있다.

[방제] 무병지에서 기른 모를 이식한다. 종자소독을 한다. 토양 소독을 한다. 병든 식물을 제거한다. 3년 이상 윤작을 한다.

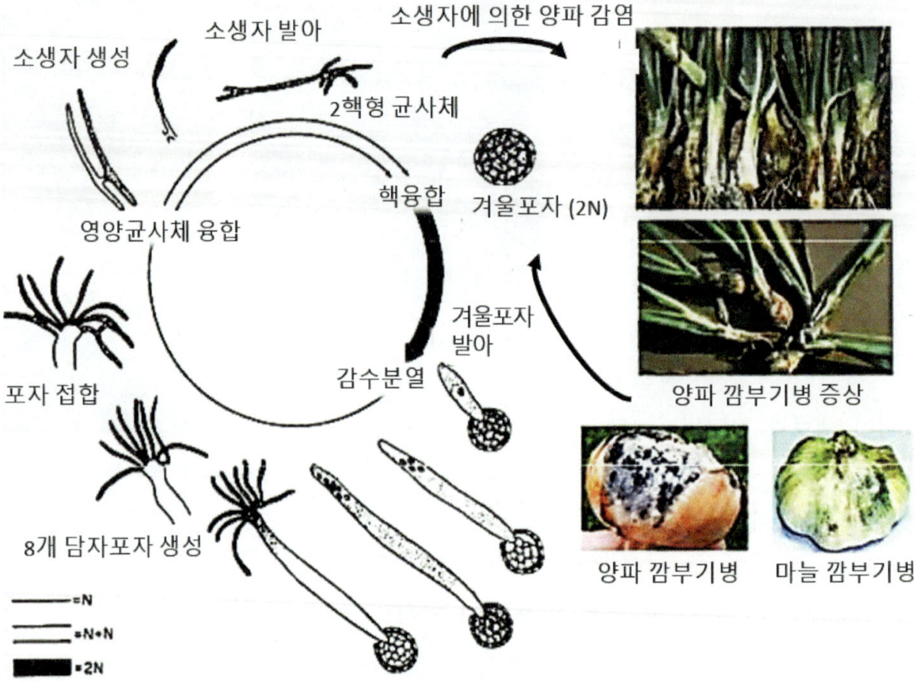

그림 12.945 *Urocystis cepulae*에 의한 양파 깜부기병의 병환.
[출처: Nikolaev National Agrarian University]

12.7.3 뿌리썩음병 및 줄기썩음병

여러 담자균류가 주로 식물체의 뿌리와 줄기 기부를 가해해서 심각한 피해를 일으킨다. *Rhizoctonia*(완전세대: *Thanatephorus*)와 *Sclerotium*(완전세대: *Athelia*)에 속하는 곰팡이는 주로 초본식물을, *Typhula*는 단지 벼과식물을, *Marasminus*는 주로 잔디류를 각각 침해한다. 반면에 *Armillaria*와 *Heterobasidion*의 일부 종, 특히 *H. annosum*과 *Phellinus* 및 *Polyporus* 등은 주로 임목과 과수의 줄기 기부와 뿌리를 침해한다.

*Rhizoctonia*와 *Sclerotium*에 속하는 곰팡이는 식물체 뿌리, 줄기, 괴경, 구근을 비롯해 지상부나 지하부를 가해해 심각한 피해를 일으킨다. 이 두 종류의 곰팡이는 균핵만 형성하고 유

성포자는 물론 무성포자도 만들지 못하는 것으로 오랫동안 알려졌기 때문에 무포자균류(無胞子菌類, sterile fungi)로 불려왔다.

두 곰팡이의 식별은 균사의 특징과 균핵을 구성하는 균사의 조직적 차이에 따른다. *Rhizoctonia*는 균일한 조성을 가진 균핵을 형성하지만, *Sclerotium*는 내부에 3개의 부위로 분화된 균핵을 형성한다.

이 두 곰팡이에 속하는 일부 종들이 유성포자로서 담자포자를 만든다는 사실에 근거해 *Rhizoctonia*와 *Sclerotium*을 현재 담자균류로 분류하고 있다. 반면에 이전에는 *Sclerotium*에 속하는 것으로 여겨졌던 곰팡이 중에서 콩 균핵마름병(charcoal rot) 등을 일으키는 *S. bataticola*는 현재 *Macrophomina phaseolina*로 *S. oryzae*는 *Magnaporthe salvinii*로 명명되었다. 그러나 양파와 마늘 흑색썩음균핵병을 일으키는 *S. cepivorum*은 아직도 포자세대가 알려지지 않고 있다.

어떠한 경우에서든지 *Rhizoctonia*와 *Sclerotium*의 포자는 실험실 내의 특정한 조건에서만 형성될 뿐, 자연 상태에서는 매우 드물기 때문에 포자 형성은 이들 곰팡이의 동정에 그다지 중요하지 않다. 이러한 몇 가지 이유 때문에 이 곰팡이는 무포자 균사체로 간주되고 있으며, 실제적인 목적을 위해 모두 *Rhizoctonia*와 *Sclerotium*이라는 이름으로 계속 남아있다.

주로 뿌리 및 줄기썩음병을 일으키는 담자균류는 다음과 같다.

- *Armillaria solidipes, A. mellea*(아밀라리아뿌리썩음병)
- *Exobasidium rhododendri*(철쭉 떡병)
- *Helicobasidium longisporum*(=*Helicobasidium mompa,* 뽕나무 자주날개무늬병)
- *Rhizoctonia solani*(모잘록병, 벼 잎집무늬마름병, 잔디 갈색잎마름병, 잔디 라이족토니아마름병)
- *Sclerotium cepivorum*(유성세대 *Stromatinia cepivora,* 마늘, 양파 흑색썩음균핵병)
- *Sclerotium rolfsii*(유성세대 *Athelia rolfsii,* 흰비단병)
- *Septobasidium bogoriense*(고약병)

(1) *Rhizoctonia*에 의한 병

담자균문(Basidiomycota), 주름버섯강(Agaricomycetes), 꾀꼬리버섯목(Cantharellales), 가지잘록병균과(Ceratobasidiaceae)에 속하는 *Rhizoctonia*에 의한 병은 전 세계에서 발생하며, 거의 모든 채소류와 화훼류, 몇 가지 곡류, 잔디류와 다년생 관상식물, 관목류 및 교목까지도 가해해 피해를 일으킨다. 라이족토니아병의 병징은 작물의 종류에 따라서 다소 다르며, 이는 같은 작물에서도 식물체가 감염될 당시의 생육단계, 그리고 특정 환경조건에 따라 다르게 나타날 수도 있다. *Rhizoctonia*가 일으키는 주요 병징은 다음과 같다.

- 모잘록(damping-off): 가지, 토마토, 오이 등 채소류

심층학습 52 'Rhizoctonia'에 의한 병의 특징

'*Rhizoctonia*'는 크고 다양하며 복잡한 집단이다. 모든 '*Rhizoctonia*'는 포자를 만들지 않는 균사 형태로 존재하는데, 간혹 내부조직이 분화되지 않는 작은 균핵으로도 존재한다. '*Rhizoctonia*'중 가장 중요한 '*Rhizoctonia solani*'의 균사 세포에는 여러 개의 핵이 들어있는 다핵 '*Rhizoctonia*'인 반면에, 다른 '*Rhizoctonia*'의 균사 세포에는 2개의 핵이 들어있는 2핵 '*Rhizoctonia*'상태이다.

생장 초기에는 색을 띠지 않지만 점차 누런색~암갈색으로 바뀌는 균사는 긴 세포들로 이루어져 있으며, 거의 직각으로 분지하고 생장한다. 분지된 균사의 분지점은 약간 수축되며, 이 분지점 가까이에 격벽이 있다. 일반적으로 이러한 분지 특성은 바로 '*Rhizoctonia*'를 동정하는 유일한 기준이 된다.

'*Rhizoctonia*'는 특정 조건에서 후벽포자의 역할을 하는 짧고 넓은 세포들로 구성된 균핵과 같은 덩어리를 만드는데, 이 덩어리는 최종적으로 작으면서 조직이 치밀하지 않은 갈색~검은색의 균핵으로 발달한다.

'*Rhizoctonia*'는 드물게 담자균에서 보이는 완전세대를 형성하는데, 다핵성 '*R. solani*'의 완전세대는 '*Thanatephorus cucumeris*'인 반면에 2핵성 '*Rhizoctonia*'의 완전세대는 '*Ceratobasidium*'이다. '*R. zeae*'와 '*R. oryzae*'와 같이 소수의 다핵성 '*Rhizoctonia*'의 완전세대는 *Waitea*이다. 완전세대는 습도가 높을 때 잘 형성되며, 토양이나 감염된 잎과 줄기에 담자기가 형성되며, 4개의 소병을 가지고 있고, 각 소병은 담자포자를 하나씩 가지고 있다.

'*Rhizoctonia*'속 곰팡이의 균주는 같은 균사융합집단(anastomosis group)에 속하는 균사들 사이에서만 균사융합(anastomosis)이 일어나기 때문에 서로 구분할 수 있다. 균사융합집단 AG1의 균주들은 여러 식물의 종자와 배축을 썩히고, 잎집무늬마름병 등을 일으킨다. AG2의 균주들은 뿌리작물에 궤양을 일으키며, 잔디에서 갈색잎마름병 등을 일으킨다. AG3의 균주들은 감자를 감염해 줄기에 궤양과 포복경(stolon)에 갈색 병반을, 그리고 괴경에 검은 균핵을 형성한다. AG4의 균주들은 많은 종류의 식물을 감염하며, 거의 모든 피자식물의 종자와 배축을 썩히고, 대부분의 콩과식물과 목화, 사탕무의 줄기 땅가부분에 병반을 만든다.

'*Rhizoctonia*' 대개 토양이나 감염된 다년생식물의 겉 또는 속, 감자의 괴경과 같은 영양번식기관에서 균사나 균핵 상태로 월동한다. 일부 기주에서는 종자전반되기도 한다. '*Rhizoctonia*'는 토양에서 오래 생존할 수 있으므로 일단 경작지에 들어가면 거의 무한정 존재하면서 비, 관개수, 흐르는 물, 그리고 오염된 토양에 접촉하는 모든 농기구, 감염되거나 오염된 영양번식체에 의해 다른 식물체나 지역으로 확산된다.

'*Rhizoctonia*'병은 방제하기 어렵다. 습기가 많고 배수가 잘 되지 않는 토양은 피하거나 배수를 개선하고 밀식을 피해야 한다. 온실이나 파종상의 토양은 증기살균이나 살균제로 소독한다. 병원균의 특정 레이스가 경작지에 정착한 경우에는 다른 작물로 3년간 윤작을 한다.

- 유묘줄기궤양(seedling stem canker): 목화, 담배
- 갈색잎마름(brown patch): 잔디류
- 꼬투리썩음(rots on fruit and pod): 오이, 토마토, 가지, 강낭콩 등
- 잎집무늬마름(rice sheath and culm blight): 벼
- 잎썩음(leaf rot): 강낭콩, 사탕무 등
- 뿌리썩음(root rot): 사탕무
- 괴경검은딱지(black scurf): 감자
- 흑색썩음균핵(white rot): 마늘, 양파

① 모잘록병(damping-off)

각종 식물에 발생하는 잘록병(damping-off)은 *Rhizoctonia*에 의해 감염된 식물체에 나타나는 가장 흔한 병이며, 주로 차갑고 수분이 많은 토양에서 잘 나타난다. 아주 어린 묘목은 토양 표면으로 나온 직후 또는 그 이전에 대부분 죽는다. 두껍고 다육질인 콩과식물의 유묘나 감자 싹의 경우에는 식물체가 죽기 전에 갈색 괴사점무늬와 상단부 괴사가 쉽게 눈에 띈다. 이 유묘가 토양 위로 나오면 모잘록병균은 줄기를 공격하고, 공격받은 줄기는 물을 머금은 듯이 연해지며 식물체를 지탱할 수가 없게 되면서 식물체는 넘어지고 죽는다.

모가 출아한 후에도 공격을 받기는 하지만 이러한 경우에는 모잘록병균의 침입은 식물체의 바깥 피층조직에만 국한되며, 그 증상은 길고 황갈색~적갈색을 띤 병반으로 나타난다. 이 병반이 줄기를 완전히 한바퀴 감싸서 식물체가 죽을 때까지 병반의 길이와 너비는 계속 확장된다. 간혹 배추과작물에서 나타나는 것처럼 식물체가 죽기 전에 줄기가 흑갈색으로 변하며, 조직이 부서지지 않은 채 구부러지거나 꼬이는 이른바 wire stem병이 나타난다.

그림 12.946 국화 모잘록병의 지제부 병징. [출처: Penn State Department of Plant Pathology & Environmental Microbiology Archives, Penn State University, Bugwood.org]

그림 12.947 담배 모잘록병의 지제부 병징. [출처: R. J. Reynolds Tobacco Company, R.J. Reynolds Tobacco Company, Bugwood.org]

[병증상] 주로 종자 및 줄기의 땅가에 발생한다. 병징으로 어린 모의 땅가 부분의 줄기는 연화하고 잘록 증상이 생기며, 이 부분에서 부러져 넘어진다. *Rhizoctonia*에 의해 침해를 받은 종자는 땅 속에서 그대로 썩거나 발아하더라도 땅 위로 자라지

못한다. 실제로 병징만으로 *Pythium*에 의한 모잘록병과 구별하기는 어렵다.

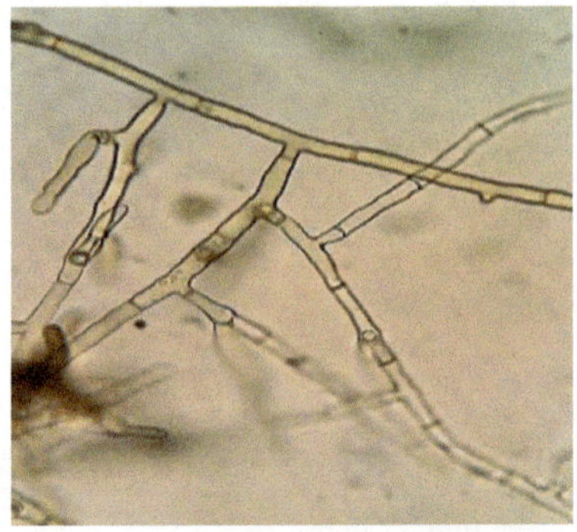

그림 12.895 모잘록병균(*Rhizoctonia solani*)의 균사.
[출처: Manoj Kumar Yadav]

[병원균] 모잘록병을 일으키는 병원균은 *Rhizoctonia solani* (유성세대 *Tanatephorus cucumeris*)로 담자균문(Basidiomycota), 주름버섯강(Agaricomycetes), 꾀꼬리버섯목(Cantharellales), 가지잘록병균과(Ceratobasidiaceae)에 속한다.

영양체인 2핵상의 격벽 균사체는 직각으로 분지하고, 불규칙한 균핵을 형성한다. 무성포자는 형성하지 않고, 균핵이 발아해 유성번식체인 담자기에 담자포자를 형성한다.

[병환] 병원균은 병든 포기의 유기물에서 부생적으로 살며, 균핵 형태로 토양에서 오랫동안 생존한다. 병든 모, 오염된 토양, 퇴비를 통해 전파되고 직접 각피를 뚫고 식물체에 침입한다. 병원균에 의한 채소류 모잘록병은 20℃ 이하의 비교적 서늘한 토양 온도와 중간 정도의 습도에서 발병이 심하다.

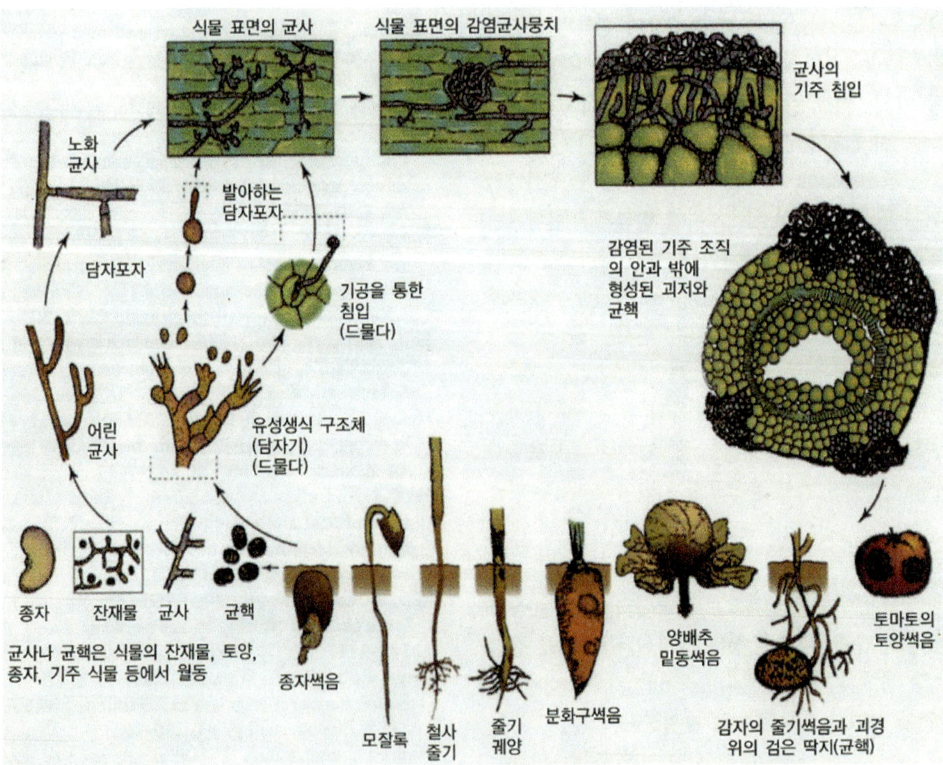

그림 12.948 *Rhizoctonia solani*에 의한 각종 식물병의 병환. [출처: 식물병리학]

[방제] 무병지 토양에 재배하거나 상토를 소독한다. 파종량을 적게 해 지나친 밀식을 피해 통풍을 좋게 하고 햇볕이 잘 쐬이도록 한다. 조기이앙을 피한다. 질소질 비료를 과용하지 않고 모를 튼튼하게 키운다. 과습하지 않도록 배수관리를 잘 한다.

② 벼 잎집무늬마름병(sheath blight)

벼 잎집무늬마름병(sheath blight)은 초여름부터 발생하기 시작해 8월에 들어 고온다습할 때 많이 발생한다. 최근 벼 조기, 조식재배에 따라 피해가 점차 증가하고 있다.

[병증상] 병징은 주로 벼 잎집 또는 수면 바로 윗쪽에서부터 발생하며, 표면에 물에 데친 것처럼 회록색~암회색의 원형 또는 부정형 얼룩무늬가 생긴다. 심하게 발생한 경우에는 끝잎, 이삭에도 발생한다.

그림 12.949 벼 잎집의 병징. [출처: Sai Sree Uppala & Xin-Gen Zhou]

그림 12.950 벼 잎의 병징. [출처: Sai Sree Uppala & Xin-Gen Zhou]

그림 12.951 벼 잎 사이에서의 균사 생장. [출처: Sai Sree Uppala & Xin-Gen Zhou]

그림 12.952 벼 잎집에 형성된 균핵. [출처: Sai Sree Uppala & Xin-Gen Zhou]

병이 진전됨에 따라 병반끼리 뭉쳐 커다란 병반이 되는데, 병반은 나중에 회백색이 되며, 가장자리는 담갈색을 띤다. 병이 잎몸으로 확산되면서 암록색, 갈색 또는 오렌지색 가장자리를 가진 불규칙한 병반이 방울뱀 피부처럼 형성되면서 잎이나 이삭으로 물과 양분의 정상적인 이동을 방해한다.

벼가 익어갈수록 조밀해져 병이 빠르게 진전되기에 적합한 습한 미기상이 만들어져 심할 경우 끝잎(flag leaves)과 이삭까지 병이 진전된다. 벼 줄기가 침해를 받으면 약해지고 심할 경우 포기가 주저앉아 벼 수량과 품질에도 영향을 미친다.

병반 부위에 자라는 균사와 균핵이 벼 잎집무늬마름병의 전형적인 표징이다. 적합한 조건에서 하얗게 그물 모양으로 균사가 잎집과 잎 위에 자라면서 잎과 잎 사이로 병을 확산시킨다. 이삭이 팰 무렵인 7월 하순~8월 상순에 갈색, 준구형의 균핵이 감염된 잎집과 잎에 생긴다. 균핵은 처음에는 하얗다가 점차 암갈색으로 바뀐다. 균핵은 1~3 ㎜ 크기이거나 균핵끼리 뭉쳐 좀 더 커지기도 하는데, 느슨하게 부착되어 있다가 벼가 익어가면 쉽게 떨어진다.

[병원균] 벼 잎집무늬마름병을 일으키는 병원균은 *Rhizoctonia solani* AG1(유성세대 *Tanatephorus cucumeris*)로 담자균문(Basidiomycota), 주름버섯강(Agaricomycetes), 꾀꼬리버섯목(Cantharellales), 가지잘록병균과(Ceratobasidiaceae)에 속한다.

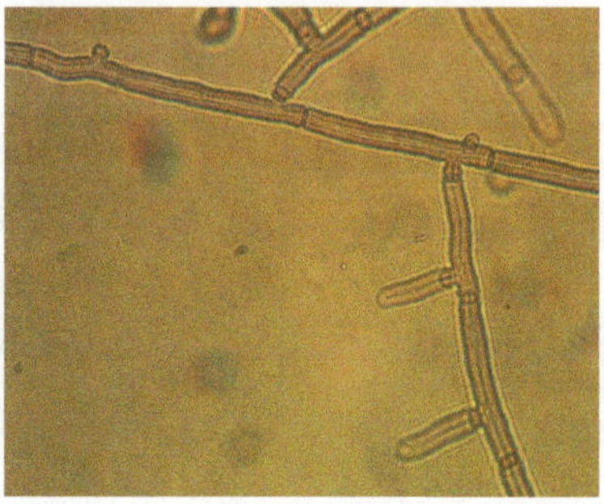

그림 12.953 벼 잎집무늬마름병균(*Rhizoctonia solani*)의 균사.
[출처: Sai Sree Uppala & Xin-Gen Zhou]

영양체인 2핵상의 격벽 균사체는 초기에는 하얗다가 점차 노란색 또는 담갈색으로 바뀌고, 직각으로 분지하면서 생장한다. 무성포자를 형성하지 않는다. 균핵은 높은 습도 조건에서 유성생식에 의해 담자기(basidia)를 형성하고, 담자기에 형성된 4개의 소병(sterigmata) 각각에는 담자포자를 형성한다. 유성생식은 포장에서 흔하게 일어나지는 않는다.

[병환] 토양이나 볏짚, 그루터기에서 균사 또는 균핵 형태로 월동한다. 수확기에 균핵은 땅에 떨어져 월동하는데, 온대지역에서 2년간 토양에서 생존할 수 있고 매년 축적된다. 관개수에 의해 균핵과 병든 식물잔재물은 이동된다.

이듬해 봄에 모내기 전 물을 대고 경운 및 써레질을 하면 물 위에 떠올라 잎과 잎집 사이에 부착해 발아한 후 기공으로 침입하거나 부착기를 형성해 식물체를 침입한다. 침입 가능한 온도는 22~35℃이고 최적온도는 30~32℃이며, 습도는 포기사이의 습도가 96% 이상 지속되면 발병이 많아진다. 또한 질소질 비료를 많이 주면 벼가 왕성하게 자라 키가 커지고 분얼수가 많아 포기사이가 빽빽하게 돼 벌어진 포기와 늘어진 잎들에 의해 통풍이 억제되므로 온도와 습도가 높아져 발병이 증가한다.

병원균이 침입하고 정착하면 벼 위쪽으로 생장하면서 이삭까지 침해한다. 길고 가느다란 균사(runner hyphae)에 의해 잎과 잎 사이 또는 포기와 포기 사이로 확산돼 피해 논에 원형으로 피해 부위가 발생한다. 감수성 품종이 28~32℃ 범위에서 95% 이상의 상대습도일 때 가장 빠르게 병이 확산된다.

병원균은 또한 잡초를 감염해 비슷한 병징을 일으킨다. 균핵은 벼와 잡초 기주의 감염된 조직 표면에 형성된다. 또한 병원균은 콩, 수수, 옥수수, 사탕수수 등도 감염해 토양에 전염원을 증가

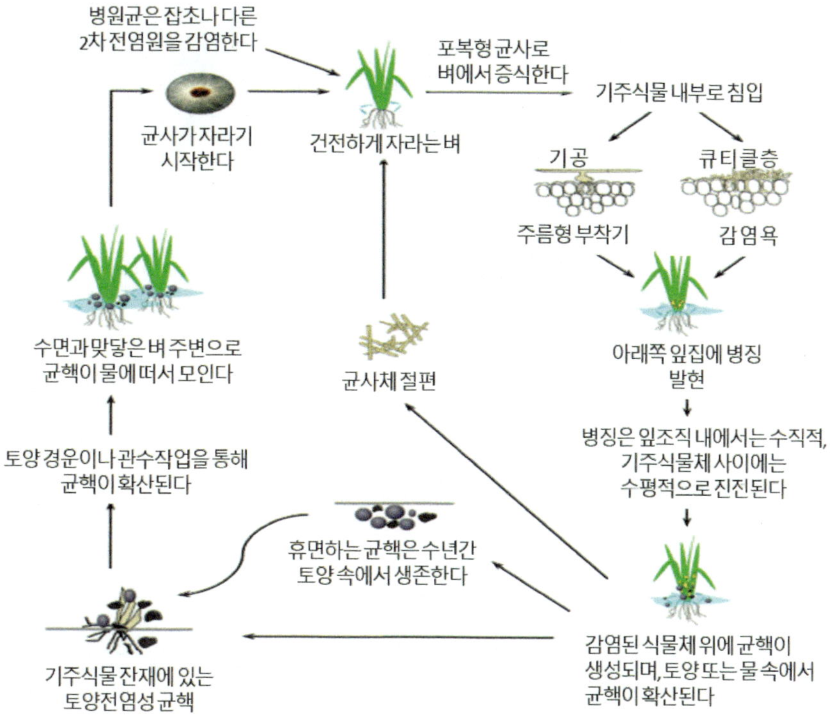

그림 12.954 *Rhizoctonia solani*에 의한 벼 잎집무늬마름병의 병환.
[출처: Kutubuddin A. Molla et al.]

시킨다. 통일벼 계통 감수성 벼 품종 재배, 비기주작물의 짧은 윤작, 질소질 비료의 과용, 밀식 재배, 조기이앙 등은 논에서 잎집무늬마름병에 적합한 미기상을 제공해 발병을 촉진시킨다.

[방제] 지나친 밀식을 피해 통풍을 좋게 하고 조기이앙을 피한다. 잡초 기주를 제거하고 다른 기주 농작물도 재배하지 않는다. 질소질 비료를 과용하지 않는다. 모내기 전 써레질 후 논 구석에 몰려 떠 있는 균핵을 모아 제거한다. 조생종은 피해가 크므로 만생종을 선택해 병회피로 피해를 경감시킨다.

③ 잔디 갈색잎마름병(brown patch)

잔디류에서 발생하는 갈색잎마름병(brown patch)은 온도와 습도가 매우 높을 때나 우기, 특히 이슬이 많이 생기는 기간 동안에 많이 발생한다.

[병증상] 잔디밭에서 병징은 불규칙한 원형으로 나타나며, 크기는 지름이 수 ㎝부터 수 m까지 다양하다. 이 범위 내의 잔디 잎은 처음에는 물이 스며든 것 같은 어두운 병징을 나타내지만, 곧 마르고 시들며 담갈색으로 바뀐다.

2.5 ㎝ 이상 유지하는 잔디에서는 잎에 가는 암갈색 가장자리를 가진 불규칙한 은회색 또는 황갈색 병반을 형성한다. 2.5 ㎝ 이하 잔디에서는 뚜렷하지는 않지만 괴사 병반이 나타난다.

그림 12.955 잔디 잎의 병징.
[출처: M. Bess Dicklow]

그림 12.956 잔디 갈색잎마름병패치.
[출처: Kelly Burke]

잔디밭의 병든 부분은 약간 내려 앉은 것처럼 나타나는데, 그 가장자리 부분에서는 병원균이 활발하게 자라면서 잎을 계속 감염시키며, 이들 감염된 잎은 물이 스며든 듯하면서 약간 내려앉은 모습을 보인다.

그림 12.957 잔디 갈색잎마름병의 전형적인 연기 고리 병징.
[출처: Wikipedia]

그림 12.958 잔디 갈색잎마름병이 심하게 발생한 잔디밭.
[출처: M. Bess Dicklow]

이른 아침의 몇 시간 동안이나 습기가 많은 날에는 너비 2~5 ㎝ 정도의 물이 스며든 듯하며 검은 잿빛의 띠로 이루어진 매우 특징적인 연기 고리(smoke ring)를 볼 수 있다. 잔디가 마르면서 병원균의 활성이 떨어지거나 완전히 멈추면서 이 연기 고리도 사라진다.

마른 잔디 잎, 병든 식물체 그리고 토양 등에서는 지름 2 ㎜ 정도의 갈색 내지 검은색의 단단하고 둥근 균핵이 형성된다. 병원균은 대개 잎만 죽이므로 줄기는 살아남는데, 감염 지역의 가운데로부터 바깥쪽을 향해 식물체가 회복되므로 병든 지역은 전체적으로 마치 도넛과 같은 모양을 띤다. 패취(patch)의 형태 및 색깔은 발병시기의 잔디상태, 수분조건 등에 따라 매우 다양한 형태로 나타난다.

건조할 때에는 패취 전체가 갈색으로 변해 고사한다. 페어웨이(fairway)의의 경우 이슬이 마르지 않은 아침에 패취의 가장자리에서 회갈색의 균사를 형성하며 잎마름 증상과 유사하게 잔디의 잎이 주저앉지 않고 선 채로 고사하며 고리의 형태로 점차 확대된다. 패취는 발병초기에는 직경 수 ㎝~수십 ㎝의 원형으로 형성되어 급속히 진전, 다른 패취와 융합해 약 1주일 이내에 대형의 부정형 패취가 된다.

[병원균] 잔디 갈색잎마름병을 일으키는 병원균은 *Rhizoctonia solani* (유성세대 *Tanatephorus cucumeris*)로 담자균문(Basidiomycota), 주름버섯강(Agaricomycetes), 꾀꼬리버섯목(Cantharellales), 가지잘록병균과(Ceratobasidiaceae)에 속한다. 잔디 갈색잎마름병은 *R. solani* AG1-1A, AG1-1B, AG2-2(ⅢB) 그리고 AG4에 의해 발생되는데, 우리나라에서는 주로 *R. solani* AG1-1A와 AG2-2(ⅢB)에 의해 발생한다.

영양체로 분지된 격벽 균사체를 풍부하게 만들고, 이 균사체에서 흔히 꺽쇠연결(clamp connection)을 볼 수 있다. 무성포자를 형성하지 않으며, 유성포자도 거의 관찰되지 않는다.

[병환] 병원균은 대취(thatch, 잔디의 잎, 줄기 및 뿌리 등이 노화되거나 깎기 작업 후에 나온 찌꺼기가 잔디밭에 쌓인 것)나 토양에서 균핵 형태로 월동하고 부생생활을 하다가 잔디에 생긴 상처를 통해 침입한다.

병원균은 결빙온도에서도 생존할 수 있지만, 생장적온은 21~32℃이다. 야간기온이 20℃ 이하로 내려가고, 높은 습도가 지속될 때 갈색잎마름병은 가장 번성한다.

병원균은 7월 상순의 고온, 다습한 시기부터 본격적으로 발생하기 시작해 9월 하순까지 발병이 계속된다. 6월 이전과 10월 이후에는 발생하지 않는다. 주로 키가 낮은 그린(green)에서 많이 발생하지만, 키가 큰 잔디밭에도 발생한다. 감염된 잔디는 지상부가 갈변, 고사해 그 후에 지하부가 침입된다. 질소가 결핍한 잔디밭과 과습한 잔디밭에서는 피해가 크다.

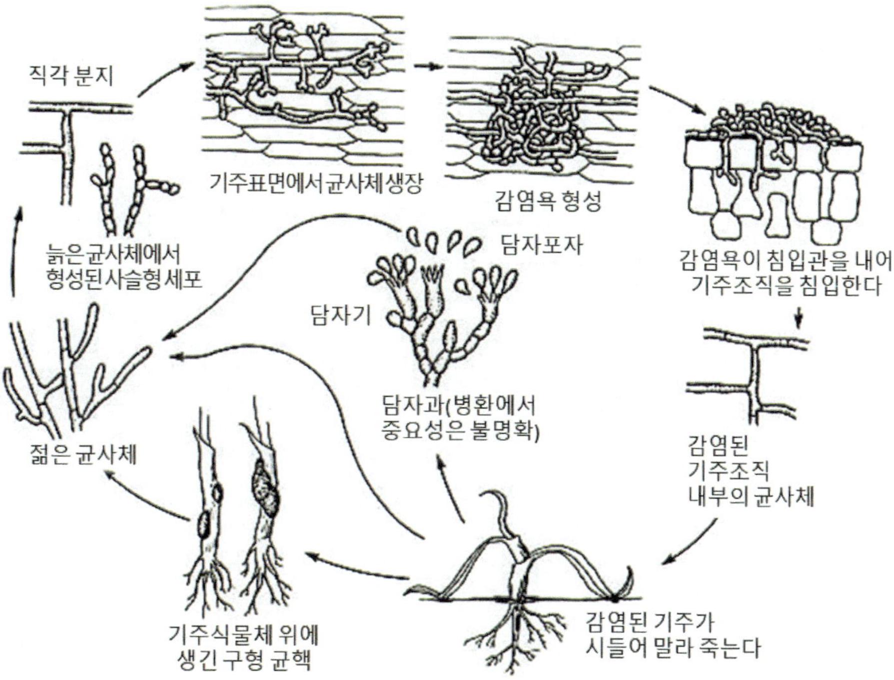

그림 12.959 *Rhizoctonia solani*에 의한 갈색잎마름병의 병환.
[출처: Lane P. Tredway & Lee L. Burpee]

[방제] 과도한 관수를 피한다. 질소질 비료를 과용하지 않는다. 질소결핍이나 인산결핍이 되지 않도록 한다. 봄철의 잔디 생육기에 버티칼모잉(vertical mowing, 잔디밭에 축적된 대취를 기계적으로 제거하고, 잔디의 밀도를 조절하며, 잔디 줄기의 절간을 잘라주어 밀도를 높이기 위해 수행하는 갱신작업)과 에어레이션(aerification, 잔디밭에 구멍을 뚫어 잔디밭에 만연된 가스와 산소를 교체하는 것)을 강하게 실시하고, 대취를 제거하고 잔디의 밀도도 낮추어 준다. 발병 초기에 갈색잎마름병에 등록된 약제를 1주일간격으로 2회 정도 살포한다. 특히 6, 7월 장마기에는 월 2회정도 예방적으로 약제를 처리해야 한다.

④ 잔디 라이족토니아마름병(Rhizoctonia blight, large patch)

잔디 라이족토니아마름병(large patch)은 잔디밭에 발생되는 패취(patch)병 중에서 가장 크게 형성된다. 갈색잎마름병에 비해 라이족토니아마름병은 난지형 잔디의 잎집에 발생하는데, 수침상 적갈색 또는 검은색 병반을 만든다.

그림 12.960 잔디 잎과 줄기의 병징.
[출처: Philip Harmon, UF/IFAS]

그림 12.961 라이족토니아마름병 패치.
[출처: Lee Butler & Jim Kerns]

그림 12.962 라이족토니아마름병의 전형적인 병징.
[출처: Philip Harmon, UF/IFAS]

그림 12.963 라이족토니아마름병이 심하게 발생한 잔디밭.
[출처: Lee Butler & Jim Kerns]

[병증상] 병징은 봄과 가을에 직경 약 60 ㎝에서부터 6 m에 이르기까지 매우 다양하게 나타나며, 가을패취는 원형으로 병반의 가장자리가 밝은 오렌지색으로 변한다. 패취는 다년생으로 동일한 지역에서 재발생해 매년 직경이 확대된다.

대취(thatch)층에 있는 잔디 지제부에 적갈색 내지는 암갈색의 병반을 형성한다. 감염된 잔디의 줄기는 쉽게 뽑히고 지제부가 하얗게 쭈그러져 고사하며 줄기의 표면에 갈색의 균사매트가 형성된다. 병원균은 관부를 통해 침입하고 지제부를 파괴시켜 영양과 물의 상부이동을 저해해 결국 잎은 밝은 오렌지색으로 변하기 시작하면서 말라 죽는다.

발병에 알맞은 환경조건이 지속되면 발병은 점점 심해지고 더 많은 줄기를 고사시키고 패취의 가장자리가 오렌지색으로 변하면서 점점 대형패취가 형성된다.

봄패취는 가을패취가 나타났던 지역과 동일한 지역에 다시 나타난다. 전년의 가을에 발생한 병반은 봄에 맹아가 되지 않거나 매우 늦으며, 4~5월에 토양온도와 기온이 증가하고 강우가 있으면 패취의 가장자리에서부터 밝은 갈색으로 변하면서 확대된다.

활성중인 패취는 5~6월 내내 계속되다가 여름의 고온기(30℃ 이상)에는 억제되고 손상된 패취가 서서히 회복된다.

[병원균] 잔디 라이족토니아마름병을 일으키는 병원균은 *Rhizoctonia solani* (유성세대 *Tanatephorus cucumeris*)로 담자균문(Basidiomycota), 주름버섯강(Agaricomycetes), 꾀꼬리버섯목(Cantharellales), 가지잘록병균과(Ceratobasidiaceae)에 속한다. 잔디 라이족토니아마름병은 *R. solani* AG2-2(IV)에 의해 발생한다.

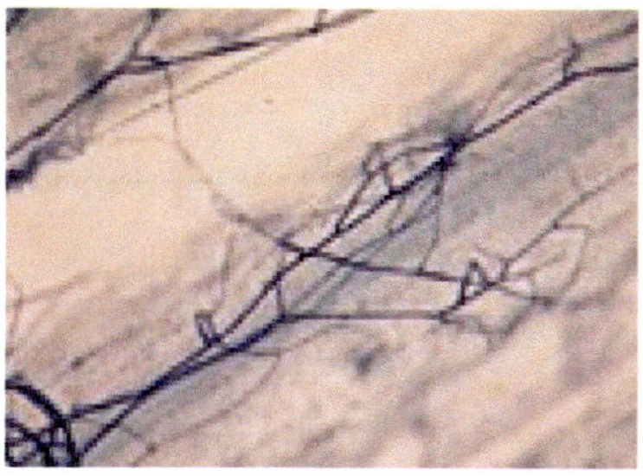

그림 12.964 잔디 라이족토니아마름병균(*Rhizoctonia solani*)의 가느다랗고 긴 균사(runner hyphae).
[출처: Lane P. Tredway & Lee L. Burpee]

영양체로 분지된 격벽 균사체를 풍부하게 만들고, 이 균사체에서 흔히 꺽쇠연결(clamp connection)을 볼 수 있다. 무성포자를 형성하지 않으며, 유성포자도 거의 관찰되지 않는다.

[병환] 병징은 잔디가 휴면에 들어가는 늦은 가을과 휴면에서 깨어나는 이른 봄에 발생되는 것이 가장 일반적이다. 지온이 10~15℃가 되면 급속히 균체 밀도가 높아지고 잔디를 침해하기 시작한다. 균사 생장적온은 25~30℃, 발병적온은 23℃ 전후이다.

기온이 15~30℃, 상대습도 90% 이상의 다습조건에서 발생하며, 5월초부터 발병이 시작되어 강우의 빈도가 증가함에 따라 점차 증가해 6월말~7월 중순의 장마기에 대발생한다. 7월 하순~8월 중순의 30℃ 이상의 고온기에는 병원균의 활력이 떨어져서 발생이 일시적으로 정지되었다가 8월 중순 이후 강우와 함께 다시 대발생한다.

병원균은 병든 잔디의 대취, 살아있는 포복경 등에서 균사 또는 균핵 형태로 월동한 후 포자를 형성하지 않고 균사 형태로 증식, 전염된다. 병원균의 토양 중 분포밀도는 대취층(토양 중 3 ㎝ 이내)에서 가장 높으며, 잔디의 감염부위도 대취층에 묻혀있는 지제부 줄기이다.

토양, 대취 및 낮은 키 잔디에서 수분이 과다하거나 배수불량, 그늘, 통기불량, 과다한 관개 등은 발병률을 증가시킨다.

[방제] 관수는 1주일에 1회 정도로 충분하게 주되 과도한 관수를 피한다. 배수불량지역은 병원균에 의한 침해가 쉽게 발생하므로 암거배수관을 설치해 습하지 않도록 한다. 겨울 휴면으

로부터 잔디의 새싹이 나오는 이른 봄에 질소비료 시비는 발병을 조장시키는 결과를 초래하므로 통상적으로 5월 중하순경에 시비를 하되 질소질 비료를 과용하지 않는다. 버티칼모잉과 에어레이션을 실시하고, 대취를 제거하고 잔디의 밀도도 낮춘다.

봄철 약제방제는 남부지역의 경우 4월 초순경, 중부이북지역은 4월 하순에 하고, 한 달 후에 추가로 실시한다. 가을방제는 남부지방과 중부이북지방 모두 8월 하순에 3차 처리, 9월 중순에 4차 처리를 한다.

(2) *Sclerotium*에 의한 병

*Sclerotium*은 모잘록병, 줄기궤양병, 수관마름병, 뿌리 및 수관썩음병, 인경 및 괴경썩음병, 열매썩음병 등을 일으키며, 주로 온난한 지역에서 발생한다. *Sclerotium*은 다육질 열매와 채소를 저장하고 운반하는 동안에 심각한 피해를 일으킨다. 스클레로티움병은 기주범위가 매우 넓어서 채소류, 화훼류, 곡류, 목초류, 잡초 등 여러 종류의 식물을 감염시킨다.

① 흰비단병(Sclerotium rot)

각종 식물에 발생하는 흰비단병(Sclerotium rot)은 다범성병으로 500종의 식물을 침해할 만큼 기주범위가 넓다. 중요한 기주식물은 오이류, 담배, 토마토, 감자, 가지, 사탕무, 인삼, 무, 양배추, 셀러리, 강낭콩 등이다. 흰비단병균은 전형적으로 온난다습한 기후를 좋아하기 때문에 미국에서는 균핵병을 southern blight이라고도 부른다.

[병증상] 줄기와 땅가에 발생한다. 표징으로 병든 부분은 처음 명주실같은 균사로 덮히고, 나중에 그 위에 무씨 크기의 다갈색 균핵이 형성된다. 병든 줄기는 썩고 잎은 시든다.

그림 12.965 가지 줄기의 표징(균사와 균핵). [출처: David B. Langston, University of Georgia]

그림 12.966 토마토 줄기의 표징(균사와 균핵). [출처: D. Blancard]

셀러리와 같이 줄기에 즙액이 많은 식물의 경우 줄기가 넘어지지만, 토마토와 같이 단단한 줄기를 가진 식물에서는 줄기가 꼿꼿이 선 채로 잎이 시들거나 떨어진다. 그러는 동안에 흰비단병균은 식물체 내에서 위쪽으로 생장해 줄기의 병반을 솜털과 같은 하얀 균사로 덮는데, 곰팡이가 위로 생장하는 것은 줄기의 수분함량에 따라 다르다.

[병원균] 흰비단병을 일으키는 병원균은 *Sclerotium rolfsii*(유성세대 *Athelia rolfsii*)이고, 담자균문(Basidiomycota), 주름버섯강(Agaricomycetes), 부후고약버섯목(Atheliales), 부후고약버섯과(Atheliaceae)에 속한다.

영양체로 솜털같은 흰색의 분지된 격벽 균사체를 풍부하게 만들고, 이 균사체에서 수많은 균핵이 형성되지만, 균사체 자체가 대개 불임성이므로 무성포자를 형성하지 않는다. 습도가 높은 조건에서는 유성생식에 의해 때때로 병반의 가장자리에서 부드럽고 하얀 담자과(basidiocarp)를 형성하고 담자포자를 만들기도 한다. 담자과는 리본 모양 균사로 되어 있고, 균사는 꺽쇠연결(clamp connection)을 갖는다. 담자기는 곤봉 모양이고, 부드럽고 타원형 담자포자를 가지고 있다.

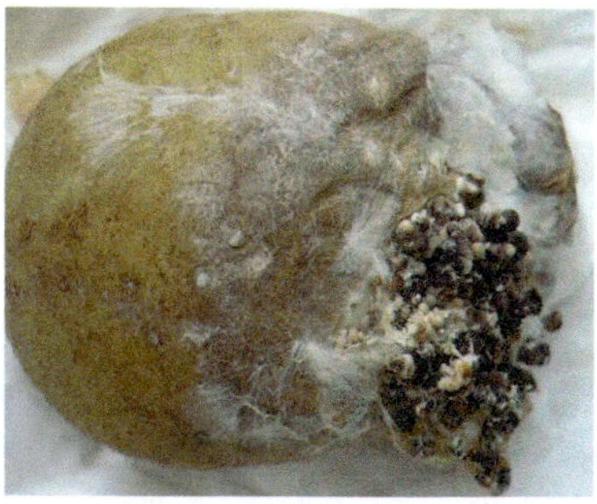

그림 12.967 감자 괴경의 표징(균사와 균핵). [출처: Ephytia]

그림 12.968 땅콩 줄기의 표징(균사와 균핵). [출처: N. Le Cuong]

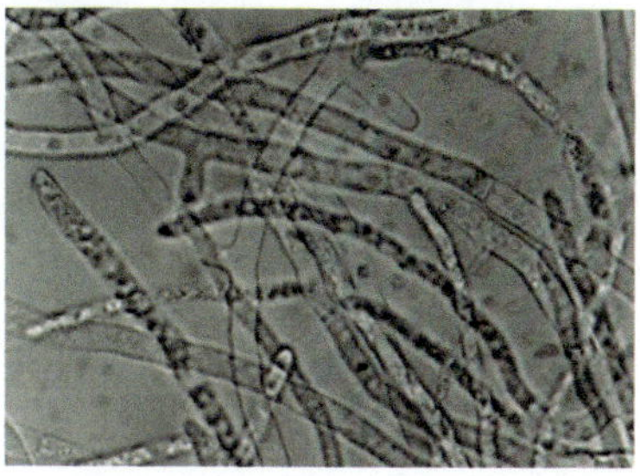

그림 12.969 흰비단병균(*Sclerotium rolfsii*)의 균사. [출처: Natalia Alejandra Castillo et al.]

[병환] 병원균은 균핵으로 토양 속에서 5~6년 생존한다. 균핵은 단단한 껍질과 피층으로 되어있고 균사를 담고 있는 월동 구조체로 동물의 소화관을 통해도 죽지 않는다.

산소가 풍부한 산성 토양에서 온난다습한 조건에서 병원균은 잘 생장한다. 균핵은 전형적인 1차 전염원으로 30~35℃의 고온이고 다습할 때 발아해 땅가의 줄기를 직접 침입한다.

병원균은 oxalic acid같은 화합물 외에도 펙틴분해효소와 셀룰로스분해효소 등을 분비해 식물 조직을 죽이고 식물체내로 침입할 수 있도록 한다. 병원균은 기주조직을 사용해 균사매트나 균핵을 형성한다.

오염된 농기구, 관수시스템, 감염된 토양과 감염된 식물체를 통해 균핵과 균사체가 전파돼 병이 확산된다.

[방제] 병든 식물잔재는 일찍 제거한다. 벼과작물로 윤작을 한다. 토양소독을 한다. 3~4개월간 물을 댄다. 심경(deep tillage)을 통해 병든 식물잔재를 깊이 묻고 통기성을 좋게 한다. 태양광에 의한 토양소독, 부숙된 닭똥과 같은 유기물 첨가, 길항미생물 *Trichoderma* spp. 도입 등도 발병을 감소시킨다. 상습발병지에는 적용약제를 살포한다.

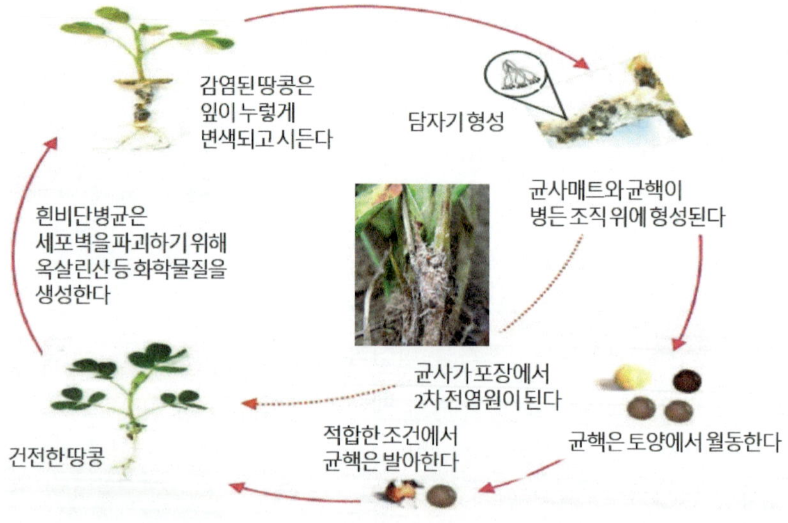

그림 12.970 *Sclerotium rolfsii*에 의한 땅콩 흰비단병의 병환. [출처: N. Le Cuong]

② 마늘/양파 흑색썩음균핵병(white rot)

흑색썩음균핵병(white rot)은 마늘과 양파 재배지에서 피해가 큰 병중의 하나이다.

그림 12.971 마늘 잎의 병징. [출처: Mehmet Hadi Ayd i n & Zafer Uckun]

그림 12.972 마늘 인경의 병징. [출처: 백창기]

[병증상] 병원균은 마늘과 양파의 모든 생장부위를 공격해 인경, 뿌리, 잎에 병징이 발생한다. 병원균은 저온다습한 조건에서 자란 후 정상적인 조건에서는 뿌리가 발달함에 따라 병원성이 증가해 뿌리를 썩게 하기 때문에 완전히 발육했을 때 식물체는 황화되고 시든다.

최초의 병징은 잎에 나타난다. 식물체는 생장이 위축되고 잎이 황화되고 시들어 결국 죽어 낙엽이 진다. 지하부의 인경 또는 구근에서는 처음 하얀 균사가 나타나며, 병이 진전되면서 껍질에 양귀비 씨앗같은 흑색의 둥근 균핵이 형성된다. 균핵은 떨어져 휴면 상태로 수 년 동안 생존할 수 있다.

심하면 구근 전체가 흑색으로 변해 썩고 지상부는 줄기까지 물러 썩는다. 지상부의 잎은 아래쪽부터 누렇게 변하고, 심해지면 포기 전체가 갈색으로 변해 말라죽는다.

[병원균] 마늘과 양파 흑색썩음균핵병을 일으키는 병원균은 *Sclerotium cepivorum*(유성세대 *Stromatinia cepivora*)이다.

영양체는 2핵상의 격벽 균사체이고, 흑색의 구형 또는 편구형 균핵을 형성한다. 균핵의 크기는 보통 0.5~0.6㎜로서 다른 균핵병의 균핵보다 매우 작다. 균사 생장적온은 20℃, 균핵 형성적온은 15~20℃이다. 균핵 이외에 때때로 무성적으로 분생포자좌에서 분생포자를 형성하지만, 이 분생포자는 발아하지 않는다.

그림 12.973 양파 잎의 병징.
[출처: 백창기]

[병환] 균핵이 토양에서 월동한 후 1차 전염원이 된다. 흑색썩음균핵병은 2~3월, 비교적 저온기에 발생해 피해를 주는데, 토양전염성병이므로 토양 습도가 높으면 균핵의 발아와 감염이 잘 이루어진다. 대부분 군데군데 집단으로 발생해 커다란 피해를 준다.

10~21℃ 범위의 서늘한 날씨에서 발아가 촉진되므로 4월 상순에 가장 피해가 크며, 21℃ 이상이 되는 고온기인 5월 이후에는 발병이 급격히 줄어든다. 제주도같은 따뜻한 지방에서는 경미하나마 연중 발생하기도 한다. 감염된 모판에서 자란 모가 다른 포장에 이식될 때 전염되며, 농기계에 묻은 흙에 의해서도 다른 포장으로 전반될 수 있다. 관개에 의해 감염된 포장에서 건전한 포장으로 병이 전파된다.

그림 12.974 양파 구근의 병징.
[출처: 백창기]

흑색썩음균핵병은 연중 1회 증식하는 단주기성 병이지만, 정상적인 생활사에서 어떤 중요한 포자도 생성하지 않고 균핵으로만 존재하고 월동한다. 균핵은 기주 없이도 수년동안 토양에서 휴면하면서 불리한 온도 조건에서 버틴다. 균핵은 뿌리 침출물에 반응해 발아한다.

그림 12.975 마늘과 양파 흑색썩음균핵병균(*Sclerotium cepivorum*)의 균핵.
[출처: S. L. Lupien et al.]

균사체는 토양에서 자라고 기주 뿌리에 부착기를 형성하고 식물체에 부착한 후 침입한다. 균사체는 뿌리로부터 자라나와 같은 이랑에 있는 이웃 식물체로 전파되면서 병을 일으킨다. 작은 균핵일지라도 병을 일으킬 수 있고 방제하기 어렵다.

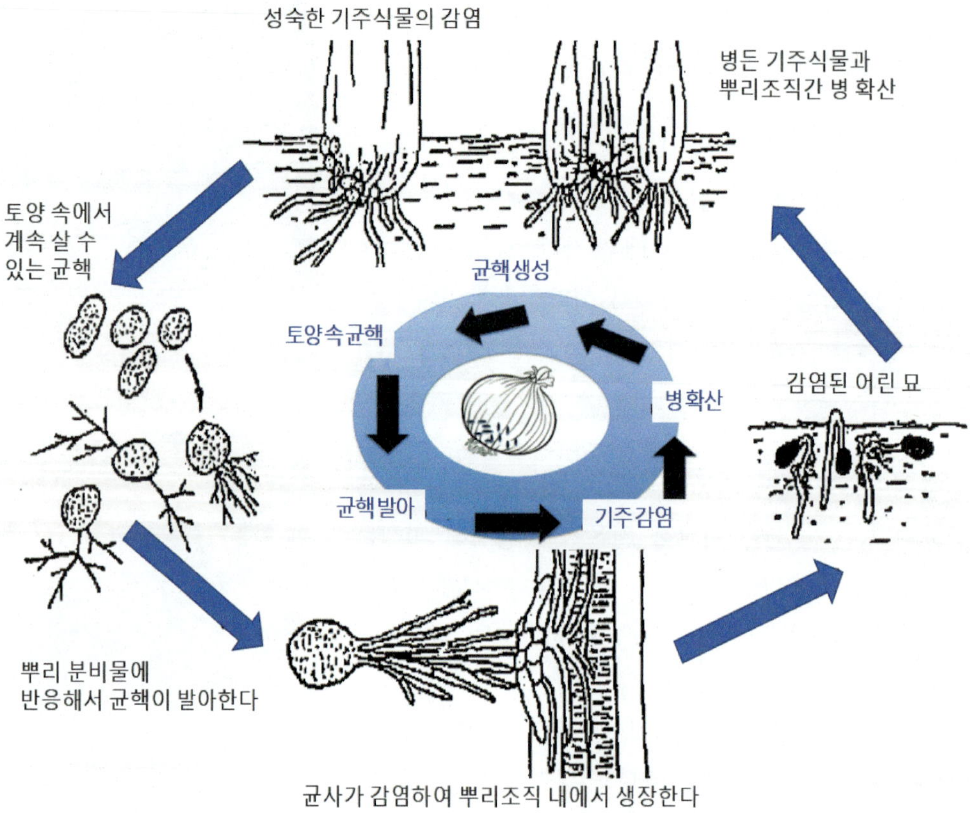

그림 12.980 *Sclerotium cepivorum*에 의한 마늘과 양파 흑색썩음균핵병의 병환. [출처: G. E. Harper]

[방제] 벼과작물로 4~5년 윤작을 한다. 발병포장을 포크레인으로 깊게 갈아 균핵을 땅속 깊이 매몰한다. 병든 포기는 일찍 제거한다. 무발병 포장의 종구를 사용한다. 농기계 바퀴와 농기구를 세척해야 한다. 이식 · 파종 전에 토양 소독을 한다.

(3) *Helicobasidium*에 의한 병

① 뽕나무 자주날개무늬병(violet root rot)

자주날개무늬병(violet root rot)은 다범성병으로 벼과식물을 제외한 거의 모든 농작물에 발생한다. 자주날개무늬병균은 지하 식물기관을 침해하는 기회주의적 기생체(opportunistic parasite)로서 뽕나무 이외에 사과나무, 포도나무, 자두나무 등 과수와 감자, 고구마, 차나무, 비트, 콩, 목화 등에도 발생한다.

[병증상] 자주날개무늬병의 표징은 뿌리 및 땅가 주위에 어두운 균사 매트로 나타난다. 감염되면 잎의 황화, 조기 기관탈락, 시들음과 뿌리의 감소 등이 병징으로 나타나서 병든 식물은 수

세가 약해지고 잎은 작아지며 누렇게 되고 결국에는 말라 죽는다. 감염된 토양과 뿌리 표면에는 자갈색 균사다발이 발달해 두꺼운 자주색 날개 무늬를 이루며, 때로는 두꺼운 가죽처럼 되면서 뿌리를 감싼다.

그림 12.981 뿡나무 지제부의 표징(균사 매트).
[출처: 농사로]

그림 12.982 뽕나무 줄기의 병징.
[출처: J. E. de Almeida & Tamara Canto Fonseca]

[병원균] 뽕나무 자주날개무늬병을 일으키는 병원균은 *Helicobasidium longisporum* (=*Helicobasidium mompa*)로 담자균문(Basidiomycota), 녹병균강(Pucciniomycetes), 날개무늬병균목(Helicobasidiales), 날개무늬병균과(Helicobasidiaceae)에 속한다. 영양체로 자주색의 분지된 격벽 균사체를 풍부하게 만들어 균사매트를 형성하고, 균핵을 형성하지만, 무성포자를 형성하지 않는다.

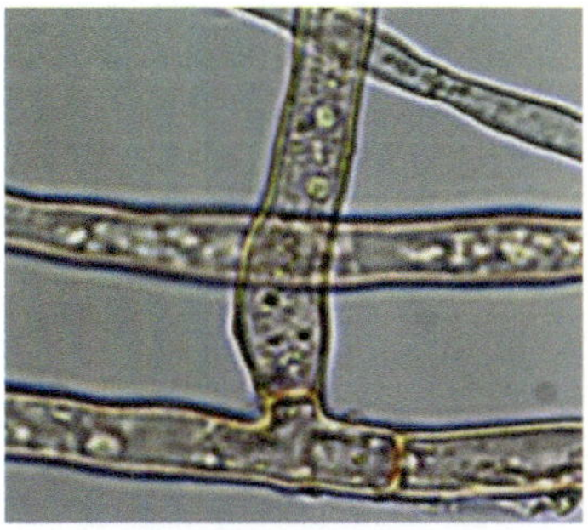

그림 12.983 뽕나무 자주날개무늬병균(*Helicobasidium longisporum*)의 균사. [출처: Sung Kee Hong et al.]

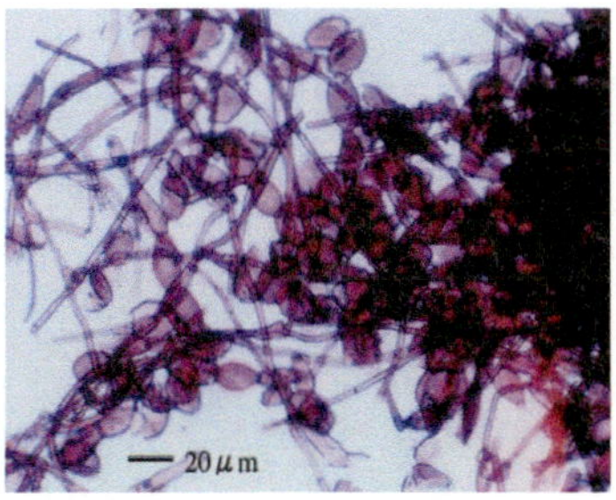

그림 12.984 뽕나무 자주날개무늬병균(*Helicobasidium longisporum*)의 균사체 있는 후벽세포.
[출처: Yukari Uetake et al.]

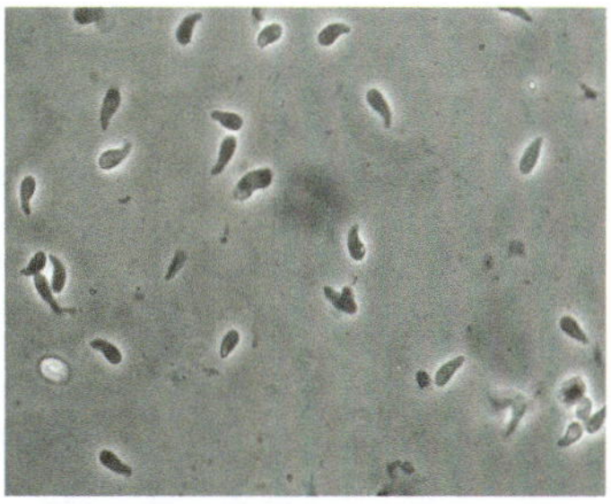

그림 12.985 뽕나무 자주날개무늬병균(*Helicobasidium longisporum*)의 담자포자.
[출처: Crusts & Jells]

[병환] 대표적인 토양전염성 병으로 균사, 균핵, 균사매트 형태로 병든 뿌리에서 월동해 전염원이 된다. 균사층 표면의 담자기 위에 담자포자를 형성하지만, 포자에 의한 전염은 거의 없다.

가을철 균핵은 양분이 결핍되면 형성되기 시작한다. 이듬해 기주식물체와 습도가 충분하면 생장을 개시해 기주식물체를 침입한다. 이 병이 번성하기 위해서는 충분한 습도, 20~30℃ 범위의 온도와 낮은 pH가 필요하다.

균핵은 관개수에 의해 이동하고 전파한다. 생육초기에는 하얀 균사체로 자라지만 점차 분홍색에서 암갈색으로 변한다. 침입균사체는 뿌리조직을 감염시킨다. 병원균에서 발견되는 어두운 색소는 helicobasidin으로 일부 식물체와 미생물에 독성이 있다.

[방제] 무병 묘목을 무병지에 심거나 벼과작물로 윤작한다. 병든 포기를 제거하고 토양 소독을 한다. 발병 초기에는 병환부를 잘라내고 소독한다. 점적관수와 주기적인 석회 시용으로 병원균 밀도를 낮춘다.

(4) *Armillaria* 에 의한 병

*Armillaria*에 의한 병은 기주가 발병에 더 많은 영향을 미치는 특성을 지닌 기주 우점병(host-dominant disease)이다. 병원균 우점병과는 달리 감염된 수목은 빨리 죽지 않으며 일종의 만성적인 병으로 기주 수목은 생장이 지연되거나 결실률이 저하된다. 발병은 병원성 우점병보다 환경의 영향을 더 많이 받으며 기주에 좋지 않은 환경에서는 더욱 발병이 심해진다.

① 아밀라리아뿌리썩음병(Armillaria root rot)

아밀라리아뿌리썩음병(Armillaria root rot)은 *Armillaria* 속의 몇몇 종이 일으키는 수목 뿌리병을 총칭하며, 전 세계적으로 감자와 딸기는 물론 한대, 온대, 열대 지역의 자연림과 조림지의 침엽수와 활엽수 모두에 가장 큰 피해를 주는 산림병 중 하나이다.

예전에는 *Armillaria* 속의 많은 종들이 *Armillaria mellea* 라는 하나의 종으로 분류되었었지만, 최근에는 분자생물적 기술을 이용해 많은 종들이 새로 분류되었다.

뿌리에 형성된 *Armillaria* 의 뿌리꼴균사다발(근상균사속, rhizomorph)이 주변 나무의 뿌리에 침입해 감염이 이루어진다. 또한 병든 나무 뿌리와 건전한 나무 뿌리의 직접적인 접촉에 의해서도 전염된다. 벚나무와 잣나무, 소나무, 느티나무, 가문비나무, 낙엽송, 자작나무, 오동나무 등 활엽수 및 침엽수 등에 피해를 준다. 우리나라에서 잣나무 집단 생육지 등에서 피해가 발생하기도 한다. 이 병은 shoestring root rot, mushroom root rot, 또는 oak root rot 등으로도 알려져 있다.

*Armillaria*는 일반적으로 곤충, 다른 병원체 및 기후 스트레스에 의해 약해진 스트레스를 받은 나무에 감염된다. 특히 미국 서부의 침엽수림과 같은 건조한 지역에서 건강한 나무를 죽일 수 있다. 전 세계적으로 발견되지만, 서늘한 토양과 기후를 선호한다.

아밀라리아뿌리썩음병에 의한 가장 심한 피해는 주로 최근에 숲을 개간해서 조성한 과수원이나 포도밭, 인공조림지, 그리고 특히 최근에 간벌을 실시한 임지에서 나타난다. 그러나 가장 흔하게 나타나는 *Armillaria solidipes* (=*Armillaria ostoyae*)에 의한 뿌리썩음병이 산림에서 가장 피해가 크다. 산림에서의 피해는 점진적이지만 눈에 띄지 않는 느린 속도로 쇠락이 진행되거나 간혹 몇 나무가 고사하는 정도이지만, 잎이 떨어진 후나 수분스트레스가 발생한 기간 동안에 상당한 수의 나무가 이 병으로 죽기도 한다.

[병증상] 감염된 임목에서의 병징은 다른 뿌리썩음병에 의한 것과 유사하며, 이른바 생장저하, 위축, 잎의 황화, 잔가지와 굵은 가지의 마름, 나무의 점진적이거나 급격한 고사가 나타난다. 병든 식물의 잎은 누렇게 되고 결국은 말라 죽는다. 발병해서 나무가 말라죽기까지는 나무의 종류와 크기에 따라 짧게는 수개월, 길게는 수년이 걸리기도 한다. 뿌리는 외수피와 형성층이 썩고 피층과 목질부 사이에 균사가 만연하며, 가을에는 버섯이 생긴다.

그림 12.986 아밀라리아뿌리썩음병에 감염된 나무 표피 아래에 생장하는 부채꼴균사판. [출처: Stephen Dalton]

그림 12.988 *Armillaria solidipes*의 자실체인 뽕나무버섯. [출처: J. W. Hanna]

그림 12.987 *Armillaria mellea*의 뿌리꼴균사다발. [출처: Wikipedia]

그림 12.989 *Armillaria mellea*의 자실체인 뽕나무버섯. [출처: Freepik]

병징을 보이는 임목은 처음에는 여기저기 흩어져 나타나지만, 곧 이들을 이어보면 둥근 원을 이루는데, 이는 병원균이 처음 감염한 장소로부터 모든 방향으로 균일하게 퍼져나가기 때문이다.

아밀라리아뿌리썩음병을 진단할 수 있는 표징은 수피의 썩은 부분, 줄기와 뿌리의 접합점인 땅가부분, 뿌리 등에서 나타난다. 수피와 목질부 사이에 버섯 냄새가 나는 흰색의 균사매트와 그 가장자리에 가끔 결을 이루면서 부채꼴균사판(mycelial fan)을 형성하기도 한다. 균사는 주간의 체관과 형성층을 따라 위쪽으로 수십 cm 뻗어가기도 하며, 백색부후를 일으키기도 한다.

부채꼴균사판 이외의 매우 특징적인 표징은 적갈색 내지 검은색의 뿌리꼴균사다발(근상균사속, rhizomorph)이다. 이것은 균사가 모여 만들어진 직경이 약 1~3 ㎜인 균사다발이며,

검은색 균사가 촘촘하게 엮여져 있는 바깥층과 흰색 또는 투명한 균사가 들어찬 중심부로 이루어져 있다. 뿌리 표면이나 수피 밑에 뿌리꼴균사다발이 분지한 여러 종류의 망상조직이 형성되기도 하며, 심하게 썩은 목질부에서는 몇몇 균사다발이 뿌리를 둘러싸고 있는 토양 속으로 뻗어나간다.

균사가 형성층을 침입한 부분에는 궤양이 만들어지며, 감염된 부분에서 활엽수에서는 점질물이, 침엽수에서는 수지가 스며 나와 땅속으로 흘러나간다. 수지는 수목이 병원균에 대한 방어기작의 증거라고 여겨진다. 병원균이 점진적으로 나무의 밑 부분을 한 바퀴 둘러싸면서 나무를 고사시킴에 따라 감염된 목질부는 수분함량이 낮으며 견고하던 것이 다소 물러지고 마르게 된다. 감염된 뿌리 또는 나무 밑둥을 잘라 보면 부후된 목재를 관찰할 수 있다. *Armillaria*는 백색부후균이며, 부후된 부분에서 zone line을 볼 수 있다.

죽거나 죽어가고 있는 나무의 땅가 부근에는 길이 7 ㎝ 이상에 갓 지름 5~15 ㎝ 정도인 황갈색의 버섯이 줄기나 그루터기, 또는 감염된 뿌리 근처에서 무리지어 나타난다. 이들이 바로 아밀라리아뿌리썩음병균의 자실체인 뽕나무버섯으로 초가을에 나타나며, 갓 아랫면의 방사상 주름살에서 수많은 담자기와 담자포자가 형성된다.

[병원균] *Armillaria*속의 몇몇 곰팡이가 아밀라리아뿌리썩음병을 일으키는데, 우리나라에서는 잣나무림에서 *Armillaria solidipes*와 *Armillaria mellea*가 주된 병원균이다. 담자균문(Basidiomycota), 주름버섯강(Agaricomycetes), 주름버섯목(Agaricales), 뽕나무버섯과(Physalacriaceae)에 속하며, 산림토양에서 가장 흔한 곰팡이 중 하나이다. *A. mellea*는 천마와 공생하며 내생균근을 형성한다.

영양체는 2핵상의 격벽 균사체이고, 유성생식에 의해 형성된 자실체로 뽕나무버섯을 형성하고, 주름 위에 자실층과 담자포자를 만든다. 자실체는 갓, 주름, 버섯자루(대), 하환대(下環帶, hypocingulum)를 가지고 있다.

[병환] 병원균은 낙엽 등에서 부생생활을 하거나 다른 병든 나무나 썩고 있는 뿌리에서 균사나 뿌리꼴균사다발로 월동하며, 뿌리꼴균사다발이나 뿌리와의 직접적인 접촉을 통해 나무에서 다른 나무로 확산된다. 뿌리꼴균사다발은 감염된 나무의 뿌리나 그루터기, 그리고 썩고 있는 뿌리에서 자라나오며, 토양을 통해 주변의 건전한 나무로 옮겨 간다. 감염된 식물의 잔재물에 남아있는 뿌리꼴균사다발 조각은 농업용 장비에 의해서도 다른 지역으로 옮겨질 수 있다.

병원균은 담자포자로 전반될 수 있다. 일반적으로 이 담자포자들은 처음에는 죽은 그루터기나 목질부에 붙지만, 여기서 방사상으로 자라온 뿌리꼴균사다발이 직접 또는 상처를 통해 살아있는 뿌리에 침입한다.

건전한 수목의 뿌리가 감염되어 있거나 썩고 있는 뿌리와 접촉할 때, 균사는 뿌리꼴균사다

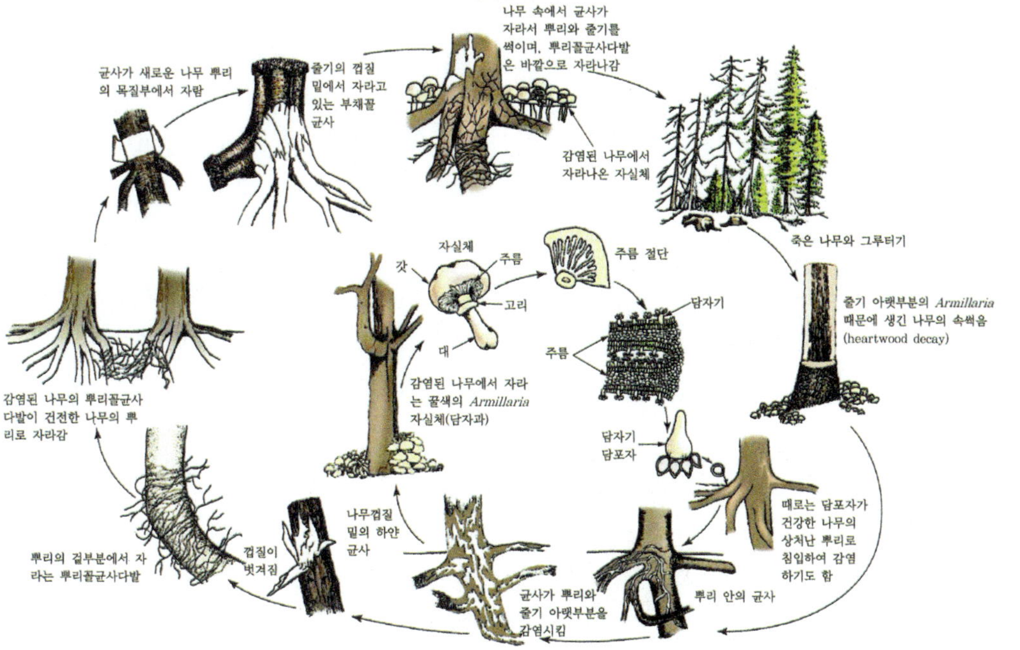

그림 12.990 *Armillaria* spp.에 의한 아밀라리아뿌리썩음병의 병환. [출처: 식물병리학]

발을 형성하지 않으면서도 병든 뿌리에 밀착되어있는 건전한 뿌리를 직접 침입할 수 있다. 어떠한 경우든지 다른 유인에 의해 약해진 나무는 활력이 좋은 나무에 비해 병원균에 쉽게 침해를 받는다. 산성 토양에서는 잘 발생하지만 알칼리성 토양에서는 거의 발생하지 않는다.

[방제] 산림에서는 대개 아밀라리아뿌리썩음병을 방제하지 않는다. 그러나 일반적으로 임목의 그루터기와 뿌리를 제거하거나, 상당한 규모로 전염원의 형성을 조장할 수 있는 참나무류와 다른 수목들이 자라던 숲을 개벌한 경우에는 5년 동안 감수성인 수종이나 과수를 심지 않음으로써 이 병에 의한 손실을 줄일 수 있다. 과수원이나 드물게는 조림지에서 이 병을 방제하려면 감염된 임목 둘레에 도랑을 파서 뿌리꼴균사다발이 근처 수목으로 옮겨가는 것을 방지한다. 병원균에 의해 고사된 수목의 자리에 다른 수목을 식재하기 전에 국부적인 토양훈증 등의 방법으로 토양을 살균해 토양에 남아있는 병원균을 제거한다. 석회를 사용해 산성 토양을 중화시킨다. 가뭄 동안 물을 주고, 식물에 상처가 생기지 않도록 하고, 훈증 소독으로 전염원을 감소시킨다.

토양 온도가 26℃에 도달하면 토양에서 병원균의 생장이 제한된다. 지제부를 굴착해 근관 바로 아래의 주근에 태양열과 공기의 연속적인 순환에 노출시키면 이미 감염된 나무에서 병원균의 감염과 정착을 감소시킬 수 있다

(5) 목재썩음병(heart wood rot)

임목이나 목재가 썩는 것을 목재부후(木材腐朽) 또는 목재썩음병(wood rot)이라고 한다. 목재부후는 임목, 목재, 목조 건축물 등의 목재조직이 열화(劣化, deterioration)되는 현상으로 목재부후균(木材腐朽菌, wood rot fungi) 또는 목재썩음병균에 의해 발생한다. 매년 나무를 썩히는 목재부후균에 의해 임목과 제재목에서 막대한 손실이 발생하고 있다. 임목에서 썩는 현상은 때로는 심재(心材, heartwood)라 부르는 줄기나, 뿌리, 가지 중앙부분의 노화된 목질부에 한정된다. 그러나 일단 임목이 벌채되면 이른바 변재(邊材, sapwood)라 부르는 바깥쪽 목질부도 목재부후균에 의해 침해를 받고, 적당한 습도조건에서는 목제품류도 목재부후균의 침해를 받는다.

임업에서는 목재생산을 저해하기 때문에 엄청난 경제적 손실이 생기고, 조경수는 수세가 저하되거나 줄기가 부러지거나 나무가 쓰러지는 피해가 생긴다. 특히 문화재, 보호수 등으로 지정된 나무들에서 목재부후에 의한 피해가 자주 발생한다.

수목을 구성하는 주요 성분은 셀룰로스, 헤미셀룰로스, 리그닌과 균류생장 억제물질인 페놀화합물 등이다. 수목의 조직은 세포로 구성되어 있고, 각 세포는 세포벽으로 둘러싸여 있으며, 얇은 1차 세포벽은 펙틴과 셀룰로스, 두꺼운 2차 세포벽은 리그닌, 셀룰로스, 헤미셀룰로스로 구성되어 있다. 세포벽의 셀룰로스, 헤미셀룰로스, 리그닌의 양은 수종이나 생육지에 따라 차이가 있지만, 침엽수는 각각 40～50%, 25～30%, 25～35% 정도이고, 활엽수는 40～50%, 25～40%, 20～25% 정도이다. 이러한 성분은 세포벽과 세포간층을 구성하는 물질이며 목재형성에 직접 관여하는 물질이다.

임목이나 목제품류를 썩히는 목재부후균은 목질부 세포 내에서 생장하며 세포벽 구성물질을 자신의 영양분과 에너지원으로 탈취한다. 목재부후는 가해 받는 목재에 나타나는 색상과 모습에 따라 크게 갈색부후(褐色腐朽, brown rot), 백색부후(白色腐朽, white rot), 연부후(軟腐朽, soft rot)로 분류한다. 목재부후균 중 갈색부후균과 백색부후균은 대부분 담자균문에 속하지만, 연부후균은 자낭균문에 속한다.

여러 종류의 세균도 목질부, 특히 목질부의 방사유조직을 공격해 세포를 파괴하고 내용물을 이용하는데, 그 결과 구멍의 수가 증가하고 아울러 곰팡이의 효소 등 액체에 대한 목질부의 침투성이 커진다. 몇 종류의 자낭균류는 목질부에 외관상 좋지 않은 목재변색(木材變色, wood stain)을 일으키는데, 이로 인해 목재의 강도에는 영향을 미치지 않지만 목재의 품질이 떨어지게 된다. 목재변색균(wood staining fungi)은 항상 잘라낸 지 얼마 되지 않은 목질부의 표면에서만 자라는 포자로 인해 목재에 변색을 일으킨다. 예를 들면, *Penicillium*은 목질부를 녹색 또는 누런색, *Aspergillus*는 검은색이나 녹색, *Fusarium*은 붉은색, *Rhizopus*는 회색을 나타낸다. 목재 내부까지 변색시키는 청변균(靑變菌, blue staining fungi)은 멜라닌 색소를 함유한 균사가 침엽수 목재의 방사유조직에 침입해 생장하면서 청색, 청녹색, 청흑색으로 목재 내부를 변색시킨다. 그러나 청변균이 목재 내부에 번식해도 목재 강도는 거의 저하되지 않는다.

목재부후의 발달은 관련된 병원균과 기주식물의 종류에 따라 다양하지만 매우 많은 공통점이 있다. 모든 목재부후균은 담자포자가 발아하면서 또는 균사의 상태로 상처나 죽은 가지, 가지 절단면, 나무 그루터기, 그리고 손상된 뿌리 등을 통해 수목으로 침입해 심재와 변재로 확산되어 간다. 산불이나 가지치기, 솎아내기(간벌) 등 작업에 의한 상처는 가장 중요한 침입 부위이다.

목재부후균은 목질부에서 자라며 위로, 아래로, 또는 양방향으로 확산되어 가는데, 방사상 방향보다 훨씬 더 확산속도가 빠르다. 몇몇 부후의 경우에는 특히 상처나 가지 절단면에서 시작하는 활엽수의 목재부후에서는 썩어서 원통꼴을 이루는 부분은 지름이 몇 인치 정도로서, 나무가 상처를 받았을 때의 나무 지름보다 더 크지 않으며, 병원균이 침입한 부분의 위 아래로 1~수 m 정도까지 확산된다. 다른 목재부후, 특히 침엽수의 목재부후에서는 원통형의 썩은 부분은 수목이 강한 바람에 의해 넘어지거나 죽을 때까지 확산되며 위로는 대개 수목 높이까지 확산된다.

임목의 목질부 썩음과 변색의 진행에는 수많은 과정이 연속적이거나 겹쳐서 일어나며, 매우 복잡한 것으로 알려져 있다. 우선, 수목에 부후가 시작되기 위해서는 죽거나 부러진 가지, 동물에 의한 피해, 산불, 기계적 상처 등으로 인해 수목의 목질부가 겉으로 드러나는 상처가 있어야만 한다.

상처를 받은 세포와 그 둘레의 세포들에는 산화와 같은 화학적 변화가 발생하면서 변색되기 시작한다. 상처가 열려있는 동안에 변색은 수목 한 가운데의 수(pith)를 향해 진전되어가서 수목을 둘러싼다. 그러나 만일에 상처가 작고, 생육기의 초기에 생긴 것이라면 새로운 나이테가 형성되면서 그 세포들은 변색의 진행에 대한 방어벽의 역할을 한다. 변색은 방어세포로 막혀 있는 원통 구조의 안에서 위 · 아래로 퍼져가지만 계속 새롭게 형성되는 나이테 바깥쪽으로는 확산되지 않는다.

물론, 많은 미생물이 수목의 상처표면에 다다르고 그 표면이 습기가 많을 경우에는 상당한 수의 미생물이 자라기 시작한다. 그러나 이들 가운데 몇몇 세균과 자낭균류만 상처의 변색된 목질부에서 살아남을 수 있다.

이들 미생물은 목재부후를 일으키지는 않지만 목질부의 변색을 촉진하고 수분함량을 높이며 세포벽의 일부를 서서히 파괴한다. 이러한 목질부를 젖은 목재(wet wood), 적변심재(赤變心材, red heart), 또는 흑변심재(黑變心材, black heart)라고 부른다.

그러나 최종적으로는 목재부후 담자균류가 활동을 시작해 세포벽 구성물을 분해하고 소화해 간다. 목재부후균은 반드시 먼저 화학적 과정에 이어서 세균과 자낭균 등에 의해 이미 변화된 조직만을 공격한다. 그러므로 목재부후 담자균은 새로운 생장조직의 안쪽에 있는 변색된 원통형의 부분에 제한되어 존재하며, 상처가 난 다음에 새로 자란 조직은 가해 할 수 없다. 원통형의 변색된 부분의 썩음은 목질부가 완전히 분해되기까지 계속되지만, 첫 번째 침입 목재부후균이 조직을 썩힌 후에도 새로운 미생물들이 상처를 통해 계속 유입되며, 이것은 조직이 완전히 분해된 다음에야 그친다.

이러한 변색과 부후 과정은 3년, 5년, 50년, 또는 100년이 걸릴 수도 있다. 노화되고 큰 수목에서 더 잘 나타나며, 수령이 증가하면 할수록 나무의 내부는 더 많이 썩어있을 가능성이 높다. 물론 특정 상처에서부터 시작한 변색과 부후 과정이 반드시 끝까지 이어져 완성되는 것은 아니다. 상처의 빠른 치료, 상처에 존재하는 길항미생물의 존재, 목질부의 자연적인 저항성, 그리고 다른 요인들이 이러한 변색과 부후를 어느 단계에서든지 멈추게 할 수 있다. 그러나 큰 나무는 살아오는 동안 수많은 상처를 입었을 것이다. 새로운 상처가 생겼을 때마다 이미 앞에서 설명한 과정들이 계속 반복되어 왔으며, 따라서 더 많은 목질부에서 변색과 부후의 다소 연속적인 과정이 일어나고 있을 것이다. 최종적인 결과로 하나 또는 여러 개의 변색되고 썩은 목질부 원기둥이 형성된다.

목재부후 담자균의 자실체가 형성되는 곳은 병원균이 침입했던 장소 근처, 수목의 땅가부근, 살아있는 나무의 줄기를 따라 만들어진 궤양이나 부풀은 조직 등이며, 나무가 죽은 뒤에 줄기를 따라서 줄지어 생겨나기도 한다.

Inonotus(시루뻔버섯)나 *Phellinus*(진흙버섯)와 같은 대부분의 목재부후균의 자실체는 해마다 형성되나 1년 이상 유지되지 않는다. 그러나 *Heterobasidion*(뿌리버섯)의 자실체는 일년생이거나 다년생이고, *Phellinus*의 자실체는 다년생이며, 수직으로 된 관과 구멍으로 된 조직을 매년 한 층씩 쌓아간다. 담자포자는 생육기 전반에 걸쳐, 또는 일부 기간 동안에 자실체의 포자경에서 형성되며, 포자는 바람, 강우, 동물 등에 의해 근처에 있는 수목으로 옮겨진다.

산림 내에서 목재부후를 방제한다는 것은 불가능하지만 병원균이 건강한 임지로 유입되는 것을 막거나 줄이고, 가지가 부러지거나 기타 상처의 발생을 줄일 수 있도록 간벌을 하고, 목재부후균에 대한 감수성이 높아지기 이전에 임목을 벌채해 이용한다.

조경수와 과수에 있어서 목재부후균에 의한 피해를 줄이려면, 상처가 나는 것을 피하거나 막고, 죽었거나 죽어가는 가지를 잘라낸다. 이때 가지의 밑 부분을 둘러싸고 있는 수피융기부(collar)를 건드려서는 안 되며, 줄기 또는 가지에 최대한 가까우면서 예리하게 잘라내고, 너덜너덜한 수피를 잘라낸 후에는 상처를 아래위로 긴 타원형으로 다듬는다. 적당한 물 관리와 적절한 시비를 통해 수목의 활력을 좋게 유지해야 한다.

제재목이나 목재가공품의 변색과 부후를 방제하기 위해서는 대개 목재를 건조시키거나 유기수은계나 chlorophenate 살균제 중 하나 또는 이 두 가지의 혼합액으로 처리한다. 토양이나 그 밖의 수분을 많이 함유하고 있는 것과 접촉하는 목재는 creosote, pentachlorophenol, copper naphthanate, zinc chromate와 같은 목재보존제로 처리한다.

심층학습 53 '목재부후' / '목재썩음병'

숲에 자라고 있는 임목의 재질이나 자른 후의 목재가 썩는 것을 '목재부후(木材腐朽)' 또는 '목재썩음병(wood rot)'이라고 한다. '목재부후'는 수목, 목재, 목조 건축물 등이 여러 가지 원인에 의해 목재조직이 열화(劣化, deterioration)되는 현상으로 '목재부후균(木材腐朽菌, wood rot fungi)' 또는 '목재썩음병균'이 대표적인 원인이다.

임목에서는 심재(心材, heartwood)라 부르는 줄기나, 뿌리, 가지 중앙부분의 노화된 목질부에 한정된다. 그러나 일단 임목이 벌채되면 이른바 변재(邊材, sapwood)라 부르는 바깥쪽 목질부도 '목재부후균'에 의해 침해를 받고, 적당한 습도조건에서는 목제품류도 '목재부후균'의 침해를 받는다.

'목재부후균'은 목질부 세포 내에서 생장하며 세포벽 구성물질을 자신의 영양분과 에너지원으로 탈취해 이용하기 때문에 '목재부후'는 이러한 세포벽 성분을 소화시키는 미생물의 천이(遷移, succession)에 의해 일어난다. 먼저 '목재부후' 능력이 없는 미생물이 침입해 목재의 가용성물질 등을 분해한 후 '목재부후균'이 침입 정착해 목재 부후를 일으키는데, '목재부후'는 가해 받는 목재에 나타나는 색상과 모습에 따라 크게 '갈색부후(褐色腐朽, brown rot)', '백색부후(白色腐朽, white rot)', '연부후(軟腐朽, soft rot)'로 분류한다.

갈색부후균(*Fomitopsis pinicola*)에 의한 목재의 갈색부후(a)와 자실체(b), 백색부후균(*Fomes fomentarius*)에 의한 목재의 백색부후(c)와 자실체(d). [출처: F. S. Krah & Heinrich Holzer.]

담자균인 '갈색부후균(brown rot fungi)'은 선택적으로 연한 목질부를 침해해 세포벽의 다당류(셀룰로스와 헤미셀룰로스)를 분해해 이용하며, 리그닌은 그다지 분해하지 않고 남겨둔다. 따라서 썩은 목재는 부후가 많이 진전되면 갈색을 띠고 정육면체 형태로 금이 가면서 잘 부서진다. 주로 침엽수에서 많이 발생하지만 활엽수에서도 발생한다.

담자균인 '백색부후균(white-rot fungi)'은 리그닌과 헤미셀룰로스를 먼저 분해한 후 셀룰로스를 분해하거나, 이들 성분 모두를 동시에 분해하기도 한다. 어떤 순서로 분해되든 간에 '백색부후균'에 의해 목질부는 옅은 색을 띤 스펀지 조직(백색부후)으로 열화된다. 이 스펀지 조직은 좁게 남아있는 경질목부에 의해 경계 지어져 포켓 모양이나 줄무늬 모양을 띠고 있다. '백색부후균'은 일반적으로 '갈색부후균'에 저항성인 활엽수류를 선택적으로 공격하지만 침엽수에서도 발생한다.

Daldinia, *Ustilinia*, *Xylaria* 등 자낭균도 활엽수류와 목재에서 느린 '백색부후'를 일으키는데, 썩고 있는 목질부 주위와 그 안쪽에 다양한 검은색 띠(zone line)가 형성된다. 임목의 부후는 항상 상처나 궤양과 밀접한 관련이 있는 반면, 목재의 부후는 수분함량이 높은 목질부의 표면에서 시작되는 것이 일반적이다.

Alternaria, *Bisporomyces*, *Diplodia*, *Paecilomyces* 등 자낭균에 속하는 '연부후균(soft rot fungi)'은 높은 수분함량을 다소간 지속적으로 유지하고 있는 목질조직의 표면을 가해해 '연부후'를 일으킨다. '연부후균'은 다당류와 리그닌 모두를 이용할 수 있지만, 갈색부후균처럼 목재 중의 셀룰로스와 헤미셀룰로스를 주로 분해하고 리그닌은 거의 분해하지 않는다.

'연부후균'은 주로 방사조직이나 통도조직을 통해 목질부를 침입하며, 인접한 물관으로 생장해 세포벽을 침범한 후 세포벽 안에서 미세섬유의 방향과 평행하게 원뿔꼴 또는 원통꼴의 빈 공간을 만들고, 부후가 진전되면서 2차벽 전체에 빈 공간들이 엇갈리면서 합쳐진다. 따라서 '연부후'는 목재의 표피가 연화되는 것이 특징이며 암갈색으로 변하지만 내부는 건전한 상태를 유지한다. '연부후'는 '백색부후균'이나 '갈색부후균'의 생육이 불가능한 다습한 환경에서 발생하는 경우가 많다.

살아 있는 수목에 발생하는 '목재부후'는 수목의 어느 부분이 공격을 받았느냐에 따라 뿌리썩음(root rot), 뿌리 및 그루터기썩음(root and stump rot), 줄기썩음(trunk rot) 등으로 나누어지며, 부위별로 가해하는 주요 '목재부후균'의 종류도 다르다. '갈색부후균'으로는 해면버섯, 덕다리버섯류, 소나무잔나비버섯 등이 있고, '백색부후균'으로는 꽃송이버섯, 아까시재목버섯, 말굽버섯, 노루궁뎅이 등으로 대부분 담자균이다. 또한 살아 있는 나무에서의 부후는 주로 심재에 피해를 받고, 죽은 나무나 조직, 벌채목에서는 변재가 피해를 받는다.

한편, 몇 종류의 자낭균류는 목질부에 외관상 좋지 않은 '목재변색(木材變色, wood stain)'을 일으키는데, 이로 인해 목재의 강도에는 영향을 미치지 않지만 목재의 품질이 떨어지게 된다. '목재변색'을 일으키는 '목재변색균(wood staining fungi)'은 항상 잘라낸 지 얼마 되지 않은 목질부의 표면에서만 자라는 단순한 표면 곰팡이이며, 자신들의 포자에 인한 목재에 변색을 일으키는 것이다.

소나무 청변균 *Ophiostoma piliferum*.
[출처:Wikimedia Commons]

목재 내부까지 변색시키는 '청변균(青變菌, blue staining fungi)'은 멜라닌 색소를 함유한 균사가 침엽수 목재의 방사유조직에 침입해 생장하면서 청색, 청녹색, 청흑색으로 목재 내부를 변색시킨다. '청변균'에는 *Ceratocystis*, *Graphium*, *Ophiostoma*, *Hypoxylon*, *Xylaria*, *Dipolodia*, *Cladosporium* 등이 있는데, 대표적인 *Ophiostoma*와 *Ceratocystis*는 벌채된 침엽수, 특히 소나무류의 변재 부위에 가장 먼저 침입하고 빠르게 생장해 목재 또는 목재가공 생산품의 가치를 감소시킨다. '청변균'은 목재에서 흡수하기 쉬운 다당류 등을 영양원으로 생장하므로 목재의 구성요소인 셀룰로스와 리그닌은 거의 분해하지 않는다. 따라서 '청변균'이 목재 내부에 번식해도 목재 강도는 거의 저하되지 않는다.

'청변균'의 자낭포자와 분생포자는 공생관계를 가지는 천공성 해충의 몸에 붙어 목재 내부로 전반된다. 소나무좀이 가장 흔하게 발견되는 매개충이며, 수세가 쇠약한 나무, 죽은 소나무의 수피를 뚫고 침입해 수피와 목질부 사이에서 증식한다.

대부분의 목재부후는 담자균류에 의해 일어나며, 임목과 목제품에서 부후를 일으키는 주요 담자균류는 다음과 같다.

- *Chondrostereum purpureum*(과수 은엽병)
- *Ganoderma*(침엽수, 활엽수, 야자나무 등의 뿌리와 줄기썩음병)
- *Fomitopsis pinicola*(red-belted conk, 소나무잔나비버섯, 줄기심재썩음병)
- *Heterobasidion annosum*(안노섬뿌리썩음병)
- *Inonotus*(임목 백색심재부후)
- *Laetiporus sulphureus*(덕다리버섯, 침엽수와 활엽수 심재썩음병)
- *Lenzites*(침엽수의 통나무 등의 갈색육각형썩음, 활엽수 목재부후)
- *Peniophora*(침엽수 목재부후)
- *Perenniporia fraxinea*(아까시재목버섯, 줄기밑동썩음병)
- *Phaeolus schweinitzii* (velvet top fungus, 해면버섯, 침엽수 그루터기썩음병)
- *Phellinus*(brown cubical rot, 제재목 갈색육각형썩음)
- *Pleurotus*(활엽수 백색부후)
- *Polyporus*(임목 심재부후)
- *Schizophyllum*(활엽수 백색부후)
- *Sparassis crispa*(cauliflower mushroom, 꽃송이버섯, 침엽수 그루터기썩음병)
- *Trametes versicolor*(=*Polystictus versicolor*, 활엽수 목재썩음병)

① 활엽수 목재썩음병(heart wood rot)

[병증상] 보통 오동나무와 참나무 등 활엽수의 말라 죽은 변재를 갯솜처럼 희게 썩히는 표징을 나타내며, 나중에 심재에 이르면 연약해지며 마르면 쉽게 가루가 된다. 살아있는 활엽수의 줄기도 침해하고, 자실체로 버섯을 형성한다.

그림 12.991 활엽수 그루터기에서 자라는 *Trametes versicolor*의 자실체(버섯). [출처: Wikipedia]

[병원균] 오동나무와 참나무 등 활엽수에 목재썩음병을 일으키는 병원균은 *Trametes versicolor*(=*Polystictus versicolor*)로 *T. versicolor*는 담자균문(Basidiomycota), 주름버섯강(Agaricomycetes), 구멍장이버섯목(Polyporales), 구멍장이버섯과(Polyporaceae)과에 속한다.

영양체는 2핵상의 격벽 균사체이고, 유성생식에 의해 형성된 자실체인 버섯은 보통 여러 층으로 생기고, 회색~흑갈색이며 얇다. 부채 또는 반원형으로 가죽질이며, 뒷면에 벨벳같은 짧은 털이 많이 생기며, 뚜렷한 나이테 무늬를 이룬다.

[병환] 목재에 형성된 버섯으로부터 담자포자가 바람에 날려서 상처를 통해 침해한다. 병원균은 목재의 세포벽에 있는 리그닌을 분해하면서 만연하고, 버섯을 형성한다.

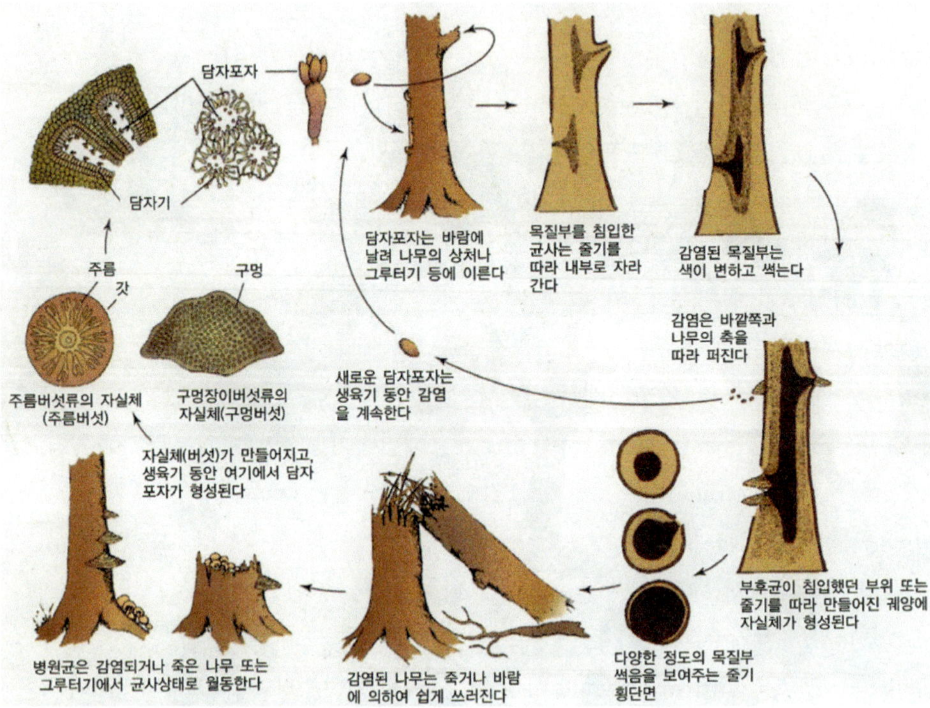

그림 12.992 *Trametes versicolor*에 의한 목재썩음병의 병환. [출처: 식물병리학]

[방제] 병든 나무 및 목재를 없애거나 격리해서 2차 전염을 방지한다. 상처가 발생하지 않도록 하고 방부처리를 한다.

② 침엽수 그루터기썩음병(butt rot)

침엽수 그루터기썩음병(butt rot)은 소나무류, 일본잎갈나무, 가문비나무, 분비나무 등 침엽수의 살아있는 그루터기나 뿌리에 발생한다. 해면버섯은 갈색부후균, 꽃송이버섯은 백색부후균이다.

그림 12.993 일본잎갈나무 그루터기 썩음병을 일으키는 해면버섯. [출처: 김경희]

그림 12.994 일본잎갈나무 그루터기 썩음병을 일으키는 꽃송이버섯. [출처: 김경희]

[병증상] 해면버섯에 피해를 받은 나무는 잎이 짧아지고 누렇게 변하

며 수관도 엉성해지지만 육안으로 구분하기는 어렵다. 꽃송이버섯도 구조적으로 약해진 나무에 침입해 심재부후를 일으키지만 육안으로 구분하기는 어렵다.

[병원균] 침엽수 그루터기썩음병을 일으키는 병원균은 *Phaeolus schweinitzii*(velvet top fungus, 해면버섯)과 *Sparassis crispa*(cauliflower mushroom, 꽃송이버섯)이다. 담자균문(Basidiomycota), 주름버섯강(Agaricomycetes), 구멍장이버섯목(Polyporales), 잔나비버섯과(Fomitopsidceae)에 속한다.

해면버섯은 1속 1종으로 전 세계적으로 분포하며 뿌리와 그루터기에 발생하는 가장 일반적인 목재썩음병균이다. 자실체는 여름과 가을에 발생하며, 1개의 대 윗부분에 갓이 중복으로 발생한다. 갓 표면은 황갈색이나 후에 적갈색~암갈색으로 변하며 벨벳상이다. 자실체의 크기는 지름 5~20 ㎝이다.

꽃송이버섯은 침엽수에서 살아있는 나무의 지제부, 죽어있는 그루터기나 죽은 뿌리에서 여름철부터 버섯이 발생한다. 자실체는 흰색~담황색이고, 꽃잎이 다수 모인 꽃양배추 모양으로 나타나며, 한 덩어리의 지름은 10~30 ㎝이다. 한국, 동남아시아, 유럽, 북아메리카 등에 분포한다.

[병환] 해면버섯이 침해한 나무의 줄기 또는 뿌리 부근에서 자실체인 해면버섯이 여름부터 가을까지 다수 발생한다. 살아있는 나무의 뿌리선단으로부터 발병되기 시작해 점차 뿌리, 줄기로 진전하며 심재부후가 생긴다. 갈색부후에 의해 균열이 일어나 부후된 부분은 쉽게 부서지며, 부후가 확대되면 지상 수 미터까지 올라가기 때문에 강풍에 의해 지제부에서 부러지기 쉽다. 병원균은 뿌리 선단부의 죽은 부위로부터 침입하는 것으로 알려져 있다. 배수 불량으로 지하수위가 높은 토양에서 쉽게 발생한다.

꽃송이버섯은 주로 뿌리가 잘린 부위 및 그루터기, 자연적으로 노출된 뿌리, 가지의 상처부위를 통해 침입한다. 목재의 가치를 떨어트리며 장령목(長齡木)에 큰 피해를 준다.

[방제] 간벌할 때 피해가 많이 발견되는 임지에서는 조기 간벌해 목재를 이용하고 다른 수종(활엽수)으로 다시 식재하는 것이 바람직하다.

③ 심재썩음병(heart rot)

심재썩음병(heart rot)은 침엽수와 활엽수에 갈색심재부후를 일으킨다.

[병증상] 부후된 목재는 아주 가볍고 손으로도 쉽게 부서지며, 균열된 목질부 사이에서는 가끔 흰색의 균사가 빽빽하게 발육하고 있는 것이 보이기도 한다. 병든 부분에서는 등황색의 자실

체(버섯)가 생기는데 식용 가능하나 생식하면 중독된다. 부후된 목재부는 건전부에 비해 뚜렷하게 짙은 갈색을 띠고 부후가 심하게 진전되면 저항력이 약해지고, 건조하면 균열이 생긴다.

그림 12.995 활엽수 줄기에 발생한 덕다리버섯.
[출처: 김경희]

그림 12.996 침엽수 줄기에 발생한 붉은덕다리버섯.
[출처: 김경희]

[병원균] 침엽수와 활엽수에 심재썩음병을 일으키는 병원균은 *Laetiporus sulphureus*(덕다리버섯)과 *Laetiporus sulphureus* var. *miniatus*(붉은덕다리버섯)이다. 담자균문(Basidiomycota), 주름버섯강(Agaricomycetes), 구멍장이버섯목(Polyporales), 잔나비버섯과(Fomitopsidceae)에 속한다.

덕다리버섯은 주로 활엽수에, 붉은덕다리버섯은 주로 침엽수의 생나무나 그루터기에 발생한다. 덕다리버섯의 갓은 지름 15~20 ㎝, 두께 0.5~2.5 ㎝로 반원형~부채형이며 육질로 표면은 황색~등황색이다. 붉은덕다리버섯의 갓은 지름 5~20 ㎝, 두께 1~2.5 ㎝로 부채형~반원형이며, 표면은 선홍색~주황색이다.

[병환] 늦은 봄부터 여름에 걸쳐 살아있는 나무와 죽은 나무, 그루터기에서 자실체가 자란다. 가지의 절단부나 새, 곤충에 의한 상처를 통해 병원균이 심재부로 침입해 목질부를 부후시킨다. 병든 나무는 급격히 고사하지는 않지만 강풍에 의해 병든 부분이 부러지기 쉬우며, 고사목이나 바람에 의해 쓰러진 나무에도 침입한다.

[방제] 수간의 상처 부위에 생긴 자실체(버섯)는 발견 즉시 없앰으로써 담자포자의 비산을 막고, 피해 부위를 잘라내는 외과수술을 실시한다. 상처를 통해 침입하므로 상처가 생기지 않도록 유의한다.

④ 줄기심재썩음병(stem heart rot)

줄기심재썩음병(stem heart rot)을 일으키는 소나무잔나비버섯은 여름과 가을에 주로 침엽수의 생목과 고사목 주변에 발생되는 다년생의 심재 갈색부후균이며, 침엽수림에서 가장 일반적으로 발견되는 목재부후균이다.

[병증상] 병원균의 침입으로 부후가 시작된 부위는 곧 갈색으로 변하며, 부후가 심한 나무는 적갈색~암갈색으로 변한다.

그림 12.997 소나무 줄기에 발생한 소나무잔나비버섯.
[출처: 김경희]

그림 12.998 소나무 줄기에 자라는 말굽 모양 소나무잔나비버섯.
[출처: 김경희]

[병원균] 줄기심재썩음병을 일으키는 병원균은 *Fomitopsis pinicola* (red-belted conk, 소나무잔나비버섯)이다. 담자균문(Basidiomycota), 주름버섯강(Agaricomycetes), 구멍장이버섯목(Polyporales), 잔나비버섯과(Fomitopsidceae)에 속한다.

침엽수류의 살아있는 나무줄기, 고사목 및 쓰러진 나무에 발생한다. 자실체의 지름은 10~50 ㎝, 두께는 20~30 ㎝이며, 단단한 목질이라 식용으로는 할 수 없다. 자실체의 표면에는 각피가 있고, 생육부는 흰색을 거쳐 차차 회흑색~흑색이 되며, 생장과정을 나타내는 나이테 무늬가 생긴다.

[병환] 병원균은 가지나 줄기의 상처로 침입하며 주로 심재부를 가해하지만, 때로는 변재부도 썩힌다. 자실체는 연중 생장하며, 처음에는 혹 모양으로 딱딱하고 굽은 선반 모양이지만 차차 편평한 말굽형이 된다.

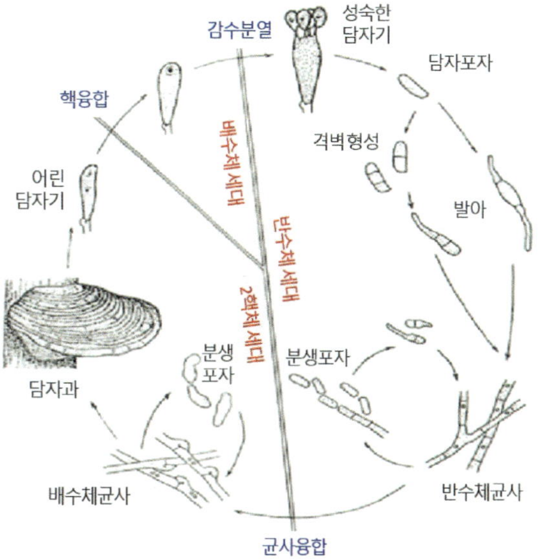

그림 12.999 *Fomitopsis pinicola*에 의한 줄기심재썩음병의 병환. [출처: P. Karst]

[방제] 직접적인 방제는 아직 불가능하며, 자실체가 나타나면 즉시 제거하고 초기에 병환부를 깊게 베어내어 병원균의 확산을 차단한다.

⑤ 줄기밑동썩음병(butt rot)

아까시흰구멍버섯(아까시재목버섯)에 의한 줄기밑동썩음병(butt rot)은 살아있는 활엽수의 성목과 노령목에 발생해 뿌리와 밑동부위를 썩히는 피해를 준다. 특히 아까시나무와 회화나무 등의 콩과수목과 벚나무에 많은 피해를 준다.

[병증상] 뿌리와 지제부의 심재가 먼저 썩기 시작해 나중에 변재도 썩기 때문에 버섯(자실체)이 발생하기 전에는 육안으로 진단하기 어렵다. 썩은 부위는 처음에는 담황색이다가 나중에는 흰색으로 변하며 잘 부스러진다.

그림 12.1000 아까시나무 밑동에 발생한 아까시흰구멍버섯의 어린 자실체. [출처: 김경희]

그림 12.1001 아까시나무 밑동에 무리지어 발생한 아까시흰구멍버섯의 자실체. [출처: 김경희]

[병원균] 줄기밑동썩음병을 일으키는 병원균은 *Perenniporia fraxinea*(아까시흰구멍버섯)이다. 담자균문(Basidiomycota), 주름버섯강(Agaricomycetes), 구멍장이버섯목(Polyporales), 구멍장이버섯과(Polyporaceae)에 속한다.

구멍장이버섯과에 속하는 담자균의 일종이며, 백색부후균으로 북반구에 널리 분포한다. 자실체는 일년생으로 발생초기에는 담황색의 반구형~말굽 모양이지만 차츰 자라면서 넓적한 반원형이 되며, 보통 여러 개의 자실체가 층을 이루어 발생한다. 자실체에는 대가 없으며, 갓의 기부는 수피에 넓고 두껍게 부착되어 있다. 갓은 지름 5~10 ㎝, 두께 0.8~1 ㎝이며 표면은 적갈색~흑갈색이고, 갓 둘레는 성장하는 동안 담황색이다.

[병환] 지제부와 줄기에 초여름부터 가을에 버섯이 무리지어 발생한다. 가을이 되면 자실체는 흑갈색으로 변하면서 썩고, 나무가 말라 죽을 때까지 매년 발생한다.

[방제] 아까시흰구멍버섯은 일단 발생하면 방제가 어려우므로 예방이 중요하다. 줄기 밑동이나 뿌리에 상처가 나지 않도록 관리한다. 버섯이 이미 많이 발생한 나무는 줄기 밑동이 많이 썩어있어 도복(倒伏)에 의한 피해가 발생할 수 있으므로 미리 제거한다.

⑥ 안노섬뿌리썩음병(annosum root rot)

적송과 가문비나무가 안노섬뿌리썩음병(annosum root rot)에 가장 감수성이다. 북반구 온대지역에 흔히 분포하는데, 우리나라에서도 유사한 종의 병원균이 발견된다. 빽빽한 숲의 수목에서 많이 발생하고, 건강하게 자란 나무에서는 발생하지 않는다.

[병증상] 감염된 나무의 지상부에서 영양결핍이 나타나고 잎이 누렇게 변하면서 자라지 못한다. 병든 뿌리는 썩어 섬유질처럼 된다. 집단 발생지에서는 가운데 나무는 죽거나 바람에 의해 쓰러지고 주위에는 잎이 누렇게 되거나 가지가 마른 나무들이 둘러싸고 있다. 자실체는 표면이 갈색이고, 아랫부분은 흰색으로 다공성이며, 마른 가지 밑의 줄기나 죽은 나무 밑동 또는 뿌리에 발생한다.

그림 12.1002 일본잎갈나무 밑동에 형성된 안노섬뿌리썩음병의 표징(자실체). [출처: Forest Research]

그림 12.1003 안노섬뿌리썩음병균(*Heterobasidion annosum*)의 성숙한 자실체. [출처: Wikipedia]

[병원균] 안노섬뿌리썩음병을 일으키는 병원균은 *Heterobasidion annosum*이다. 담자균문(Basidiomycota), 주름버섯강(Agaricomycetes), 무당버섯목(Russeulales), 뿌리버섯과(Bondarzewiaceae)에 속하는데, 약 150여 종의 수목에서 발생하며 주로 침엽수에 피해를 입힌다.

자실체인 담자과는 가장자리가 흰색이고 갓의 표면은 암갈색으로 울퉁불퉁한 안장 모양인데, 오래될수록 검게 된다. 갓의 지름은 약 40 ㎝, 두께는 3.5 ㎝이다. 유성포자인 담자포자는 갓 아래 자실층에 형성된다. 병든 나무 표면에서 돌출된 분생포자경에 무성포자인 분생포자가 형성된다. 발병에는 담자포자가 중요하며, 분생포자의 역할은 잘 알려지지 않았다.

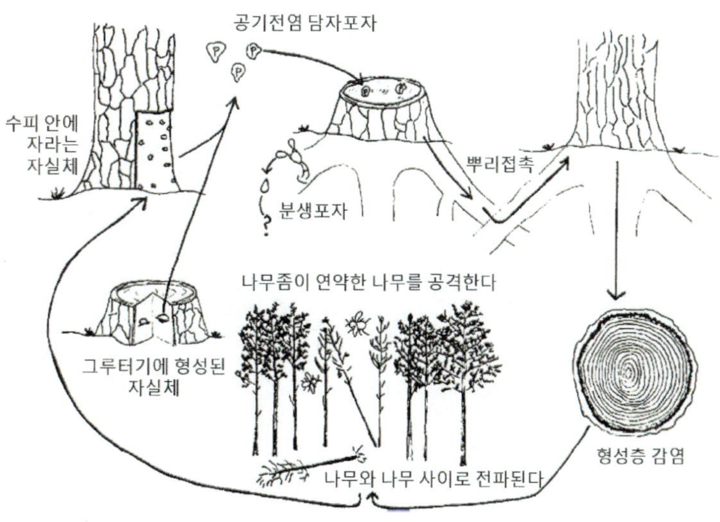

그림 12.1004 *Heterobasidion annosum*에 의한 안노섬뿌리썩음병의 병환. [출처: W. Otrosina & F. Cobb]

[병환] 여름철에 1차 전염원으로 담자포자가 방출된 후 바람에 의해 먼 거리로 전파된다. 담자포자는 새로 자른 그루터기와 같은

심층학습 54 '목재부후균'에 대한 수목의 방어기작

수목은 '목재부후균'의 침입에 대해 여러 가지 방어기구를 가지고 있다. 상처부위를 통해 '목재부후균'이 침입하면, 항균성물질을 생산해 균사생육을 저해시킨다. 또한 수지를 분비하기도 하고 충전물(充塡物)을 만들어 물리적으로 균사생장을 저지시키려고 한다. '목재부후균'의 침입에 대한 수목의 방어반응은 변재부에서만 일어나고, 살아있는 조직이 존재하지 않는 심재부에서는 일어나지 않는다.

이러한 수목의 방어기구를 모델화한 것이 Shigo가 제창한 CODIT이론(compartmentalization of decay in trees, 수목부후의 구획화)이다. CODIT는 수목에 상처가 발생하면, 수목은 침입균에 대한 저항반응으로 사방에 방어벽을 형성해 '목재부후균'의 만연을 저지시킨다는 이론이다.

방어벽 1은 상하방향으로의 '목재부후'의 확산을 막는 벽이다. 수목에 상처가 발생하면 활엽수는 전충체(塡充體, tylose), 검(gum), 과립 물질, 페놀 등으로 도관 세포를, 침엽수는 수지(resin)나 테르펜 등으로 가도관 세포를 채움으로써 이 벽을 형성한다.

방어벽 2는 목재의 중심을 향해 안쪽으로 이동하는 '목재부후' 유발 미생물의 전진을 억제하는 벽이다. 이 벽은 두 나이테 사이의 경계에 존재하는 살아있는 종축 유세포에 의해 구축되는데, 이 유세포가 '목재부후균'을 억제하는 유독한 화합물을 생산하기 때문이다.

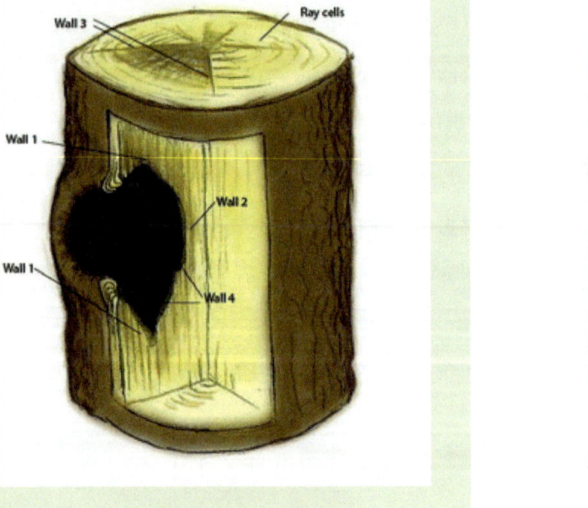

CODIT 모델에서의 방어벽 모식도.
[출처: www.eastsidetreeworks.com]

방어벽 3은 '목재부후'가 수간의 좌우 둘레로 퍼지지 않도록 저항하는 벽인데, 이 역할은 형성층 바깥 사부(篩部, phloem)에서부터 목재의 중심을 향해 뻗어있는 방사조직(放射組織, ray)이 맡고 있다. 방사조직은 사부에서 에너지를 공급받고 있기 때문에 '목재부후균'이 쉽게 통과하지 못한다.

방어벽 4는 상처로 인한 '목재변색'과 '목재부후'가 새로이 만들어지는 조직으로 확산되는 것을 막는 가장 강력한 방어벽이다. 이 벽은 형성층에 의해 상처가 발생하는 당시에 존재하는 가장 바깥 나이테의 가장자리를 따라 만들어진다. 시간이 흐르면서 '목재변색'과 '목재부후'가 확산되면 수간의 둘레와 상하로 확대되어 파이프 모양의 튼튼한 벽을 구축해 새로운 조직을 보호하게 된다.

이들 방어벽 중에서 방어벽 1이 가장 약하고, 방어벽 4가 가장 강력하다. 많은 경우, 수목의 '목재변색'과 '목재부후'가 2번이나 3번 방향보다 1번 방향(상하 방향)으로 더 빠르게 진행되는 것은 바로 1번 방어벽이 가장 약하기 때문이다.

상처를 통해 침입하고 균사체는 뿌리로 이동해 감염한다. 병원균은 감염된 그루터기의 뿌리가 다른 나무와 접촉해 짧은 거리로 전파되면서 병이 확산된다. 나무좀에 의해서도 전파된다.

[방제] 일단 감염되면 특별한 치료법이 없기때문에 식재거리를 조림시기부터 충분히 넓게 해 뿌리를 통한 전염을 예방하고, 근처 감염된 나무를 벌채할 때 그루터기에 요소, 질산나트륨 등을 처리해 병원균의 포자가 정착하고 증식하는 것을 예방한다.

12.7.4 기타 담자균에 의한 병

① 고약병(felt disease)

고약병(felt disease)은 그늘지고 통풍이 불량한 곳에서 잘 발생하며, 가지나 줄기에 고약을 붙인 것처럼 달라붙어 생장을 억제시키기 때문에 쇠약하게 만들고 조경수목의 미관을 해친다. 매실나무를 비롯한 많은 과수와 느티나무, 벚나무, 포플러 등 다양한 활엽수에 피해를 준다. 나무 표면에 서식하는 균사층의 색깔에 따라 회색고약병(gray felt disease)과 갈색고약병(brown felt disease)으로 구분한다.

[병증상] 회색고약병은 나무의 가지와 줄기 표면에 회백색~회색의 부드러운 융단(felt) 모양의 두꺼운 균사층이 고약을 붙여 놓은 것처럼 보여서 회색고약병이라고 하고, 갈색고약병은 갈색 융단 모양의 균사층을 형성해서 갈색고약병이라고 한다.

균사층은 처음 원형~타원형이지만 점차 세로로 길게 뻗어 여러 개가 붙어 불규칙한 모양이 된다. 6~7월경

그림 12.1005 매실나무 회색고약병의 표징(균사층).

그림 12.1006 오미자나무 회색고약병의 표징(균사층). [출처: I. Y. Choi et al.]

그림 12.1007 매실나무 갈색고약병의 표징(균사층).

그림 12.1008 오미자나무 갈색고약병의 표징(균사층). [출처: I. Y. Choi et al.]

균사층의 표면은 담자포자인 흰 가루로 덮인다. 줄기에 여러 개의 균사층이 형성된 나무는 점차 쇠약해지고, 균사층이 가지나 줄기를 에워싸면 말라 죽는다. 병원균은 수피에 기생하는 깍지벌레의 분비물을 흡수해 증식하므로 균사층을 들어내면 깍지벌레 성충들을 볼 수 있다.

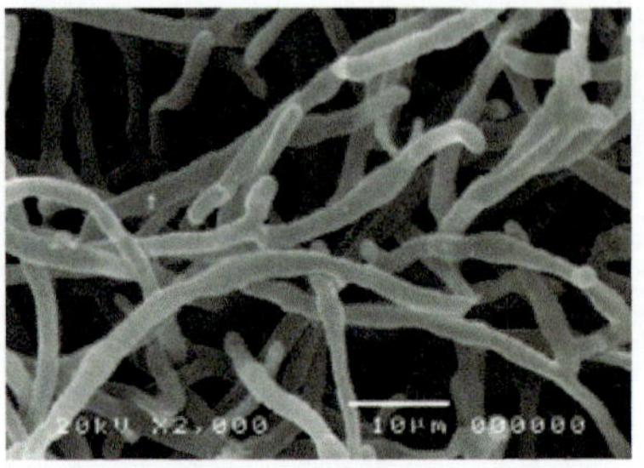

그림 12.1009 고약병균(*Septobasidium* sp.)의 균사. [출처: I. Y. Choi et al.]

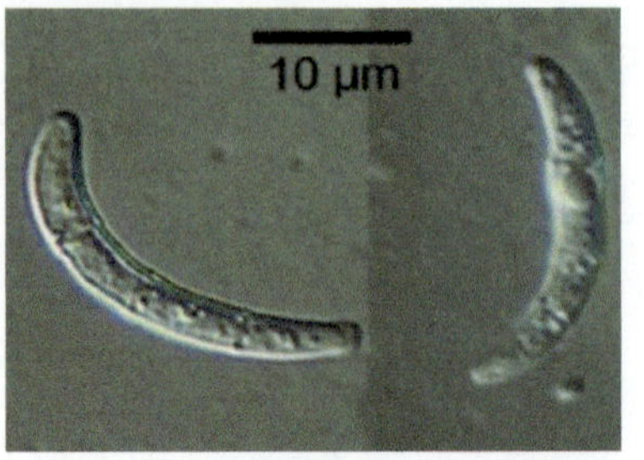

그림 12.1010 고약병균(*Septobasidium* sp.)의 담자기. [출처: I. Y. Choi et al.]

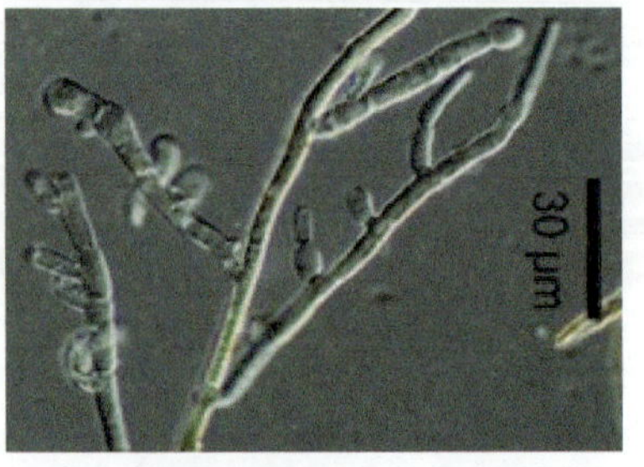

그림 12.1011 고약병균(*Septobasidium* sp.)의 전담자기. [출처: I. Y. Choi et al.]

[병원균] 고약병을 일으키는 병원균은 *Septobasidium bogoriense*를 비롯해 담자균문(Basidiomycota), 녹균강(Pucciniomycetes), 고약버섯목(Septobasidiales), 고약버섯과(Septobasidiaceae), *Septobasidium*속에 속하는 대략 175종이다. 영양체는 격벽 균사체이고, 번식체로 담자기에 담자포자를 생성한다.

[병환] 고약병균은 깍지벌레 분비물로부터 영양을 흡수해 생장하고 번식하며, 깍지벌레는 고약병균에게 영양원을 제공하는 대신 두꺼운 균사층에 의해 외부로부터 보호를 받는 공생관계를 이룬다.

고약병균은 초기에는 깍지벌레 분비물로부터 영양을 흡수해 생장하고 번식하지만, 점차 균사를 통해 수피에서도 영양을 취한다. 균사층 표면의 담자포자는 바람에 의해 다양한 종류의 나무에 서식하는 깍지벌레 분비물로 확산돼 나무 표면에서 생장하고 번식한다.

그림 12.1012 오미자나무에 기생하는 식나무깍지벌레(*Pseudaulacaspis cockerelli*)(A)의 약충(B)과 암컷 성충(C). [출처: I. Y. Choi et al.]

[방제] 겨울철에 결정석회황합제 살포해 깍지벌레를 철저히 방제한다. 고약병 균사층 발생 초기에 긁어내고 도포제를 발라 준다. 발병이 심한 가지는 전정가위로 잘라서 태우거나 땅속에 묻는다. 가지가 무성한 나무는 바람이 잘 통하고 햇빛이 잘 들어 재배환경이 과습하지 않도록 전정을 한다.

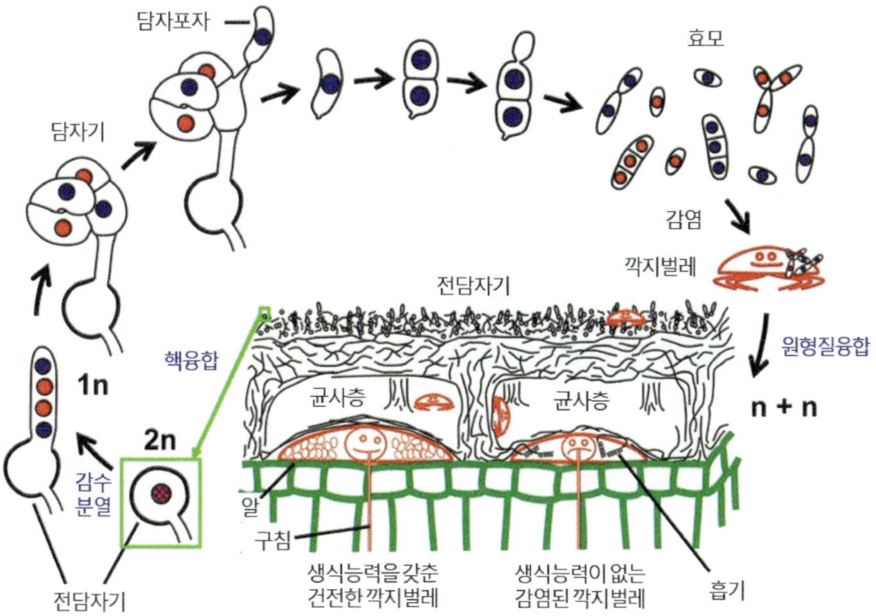

그림 12.1013 *Septobasidium* sp.에 의한 고약병의 병환. [출처: Wikimedia Commons]

② 철쭉류 떡병(leaf gall)

떡병(leaf gall)은 철쭉류와 진달래류의 꽃과 잎에 많이 발생하지만, 나무에는 큰 피해는 주지 않아서 초여름이 되면 대부분 회복이 된다.

그림 12.1014 철쭉 떡병의 꽃 병징. [출처: Irene Saltini]

그림 12.1015 철쭉 떡병의 잎 병징. [출처: Michael Patrikeev]

[병증상] 철쭉류의 어린잎, 꽃눈에 발생되며, 하얗게 부풀어 오른 표징이 떡모양 같다고 지어진 병명이다. 떡병에 감염된 부위는 이상비대되어 미관상 좋지 않으며, 병든 부분은 두껍게 부풀어 오

그림 12.1016 철쭉 민떡병의 잎 앞면 병징. [출처: stewartia]

그림 12.1017 철쭉 민떡병의 잎 뒷면 병징. [출처: stewartia]

르고 구형 또는 부정형의 주머니 모양으로 잎이나 꽃의 일부 또는 전체가 기형으로 변형된다. 이 비대한 부분은 처음 녹색이나 점차 흰색 가루(담자포자, 분생포자)로 뒤덮이고 햇볕이 많이 닿는 부위는 적색으로 변하기도 한다. 흰색의 포자가 다 날아가면 병든 부위는 점차 흑색~암갈색으로 변하고 단단한 미라 모양으로 남는다. 병원균의 종류에 따라 부풀지 않고 납작하고 둥근 모양의 황색 점무늬만 형성되는 경우를 민떡병(Exobasidium leaf spot)이라고 한다.

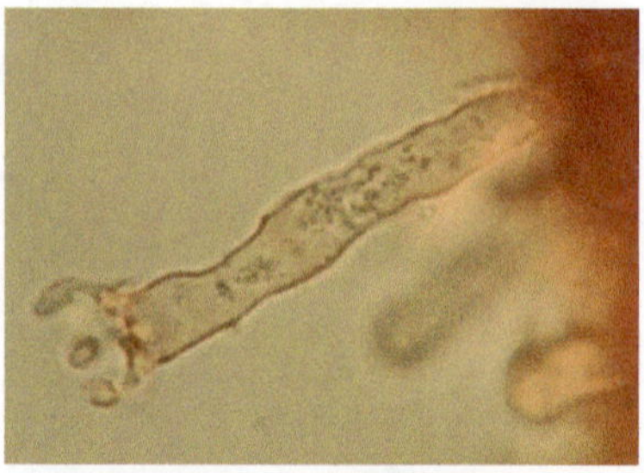

그림 12.1018 철쭉 떡병균(*Exobasidium rhododenndri*)의 담자기. [출처: 나용준]

[병원균] 철쭉 떡병을 일으키는 병원균은 *Exobasidium rhododendri* 로 담자균문(Basidiomycota), 떡병균강(Exobasidiomycetes), 떡병균목(Exobasidiales), 떡병균과(Exobasidiaceae)에 속한다. 영양체는 격벽 균사체이고, 번식체로 담자기에 담자포자를 생성한다.

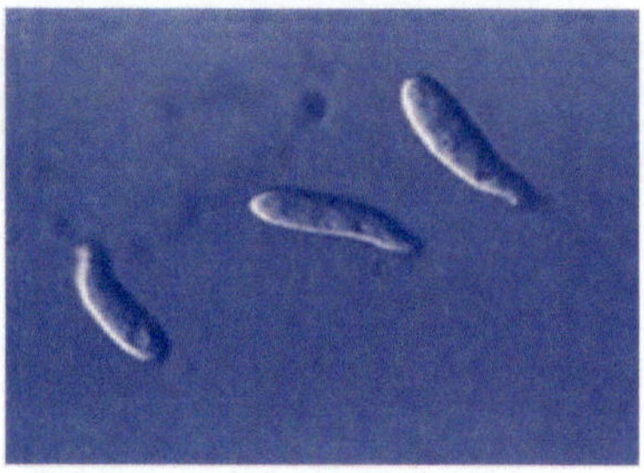

그림 12.1019 철쭉 떡병균(*Exobasidium rhododenndri*)의 담자포자. [출처: 나용준]

[병환] 일반적으로 5월~6월경에 발생이 심하나 간혹 9~10월에 발생하기도 하며, 강우량이 많거나 햇빛이 부족한 장소에서 발생이 심하다. 병원균은 주로 균사의 형태로 병든 부분에서 월동해 이듬해 바람이나 비에 의해 전염된다. 떡병의 병든 부위는 사람이나 가축에 독성을 가지므로 식용하거나 가축에게 주어서는 안 되며, 집단적으로 대발생하는 경우는 거의 없고 국부적으로는 발생한다.

[방제] 병든 부분을 가위로 잘라서 태우거나 땅속에 묻는다. 재배환경이 과습하지 않도록 배수와 통풍이 잘 되도록 관리한다. 피해가 심하게 발생된 곳에서는 발병초기 적용약제를 10일 간격으로 3~4회 살포한다.

12.8 지의류에 의한 병

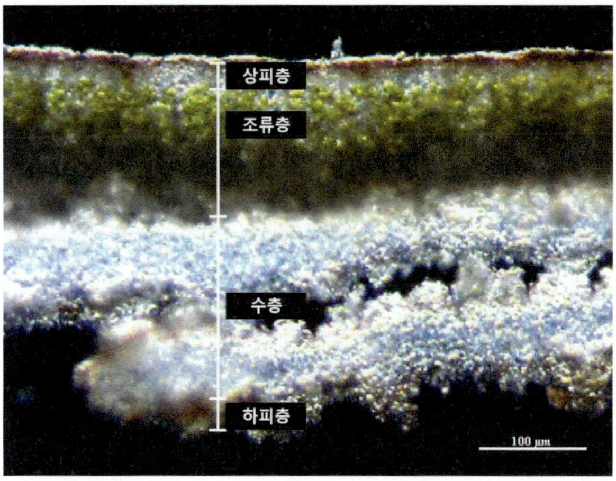

그림 12.1020 지의류의 구조. [출처: 오순옥]

지의류(地衣類, lichen)는 단독 생명체가 아니라 곰팡이(fungi)와 광합성을 할 수 있는 조류(algae)가 공생관계를 유지하는 복합생명체로 분류학상 균류이다. 공생곰팡이(mycobiont)는 자낭균이 약 98%(그외 담자균류)로 지의류의 몸체(lichen thallus)를 만들고 공생조류에게 서식처와 수분 및 무기양분을 공급한다. 공생조류(photobiont)는 약 100종으로 녹조류(green algae)는 트레복시아속(*Trebouxia*), 오랑케꽃말속(*Trentepohlia*)이 남세균(cyanobacteria)으로는 구슬말속(*Nostoc*)이 많이 알려져 있으며, 광합성을 통해 합성한 탄수화물(탄소원)을 공생곰팡이에게 제공한다.

지의류의 구조는 크게 피층(cortex), 수층(medulla), 조류층(algal layer)으로 이루어져 있다. 피층은 지의체의 가장 바깥쪽으로, 곰팡이 균사(hyphae)의 융합체로 상피층과 하피층이 있다. 수층은 균사가 헐겁게 종횡으로 엮여 만들어진 것으로 대개 흰색이고, 조류층은 공생조류가 지의체 내부 균사조직에 의해 둘러싸인 층이다.

지의류는 생육형에 따라 크게 가상지의/고착지의(crustose lichens), 엽상지의(foliose lichens), 수지상지의(fruticose lichens) 3가지로 나눈다. 가상(고착)지의는 지의체 아랫면 전체가 기물에 밀착되어 하피층이 없고, 엽상지의는 지의체가 고등식물의 잎처럼 납작하고 기물에 수평으로 생장해 윗면과 아랫면이 확연히 구분되며 수지상지의는 지의체가 수직 또는 비스듬히 늘어져 나뭇가지처럼 생장한다.

그림 12.1021 지의류병으로 죽은 매실나무.

① 매실나무 지의류병(lichen disease)

[병징] 주로 매실나무의 줄기와 가지 표면에 건전한 수피 조직을 볼 수 없을 만큼 지의체가 증식해 온통 회색으로 흉측한 모습을 나타낸다. 지의류가 무성하게 점유한 매실나무에는 잔가지부터 조금씩 마르고 수세가 약해지기 시작한다. 한 종의 지의류가 자

라는 경우는 드물고 여러 가지 가상지의와 엽상지의가 혼합되어 증식하는 경우가 대부분이다. 매실나무뿐만 아니라 다양한 수목에 발생한다.

그림 12.1022 지의류에 의해 피해를 입은 매실나무.

[병원균] 매실나무에 지의류병을 일으키는 병원균은 *Parmotrema austrosinense*를 비롯한 다양한 지의류이다.

그림 12.1023 매실나무에 지의류병을 일으키는 대표적인 지의류(*Parmotrema austrosinense*).

[병환] 매실나무 줄기나 가지에 부착해 자라는 지의류가 매실나무에 직접 기생하거나 병원성을 발현시키지는 않지만 매실나무에 왕성하게 증식하는 지의류를 제거하지 않고 방치할 경우 매실나무 가지를 말라죽게 한다. 끈적균이나 그을음병처럼 식물체에 기생하지 않는 부생균이지만 매실나무 표면에 서식하면서 생장함에 따라 물리적 압박을 가하게 되고 때로는 왕성하게 생장을 거듭한 끝에 매실나무 가지 부위의 잎까지 뒤덮어 버림으로써 광합성을 방해해 피해를 일으킨다. 결과적으로 매실나무 가지의 2차 생장과 잎에서 광합성을 방해해 낙엽이 지고 가지가 말라 죽고 심한 경우 나무가 죽기도 한다.

[방제] 매실나무 줄기나 가지에 있는 지의체를 제거한 후에 Tween 20 또는 티오파네이트메틸 도포제를 발라준다.

심층학습 55 지의류와 균근

지의류(地衣類, lichen)는 녹조류(green trebouxioid algae, green filamentous algae) 또는 남조류(blue-green algae, cyanobacteria)가 지의류형성곰팡이(lichenized fungi)와 효모(yeast)와 공생하는 복합유기체이다. 자낭균에 속하는 지의류형성곰팡이는 균체를 형성해 공생하는 녹조류 또는 남조류에게 물리적 구조와 수분을 제공하면서 추위나 더위, 가뭄에 견딜 수 있는 보호막 역할을 하고, 조류는 그 안쪽에 살면서 광합성을 통해 살아가는데 필요한 영양분을 지의류형성곰팡이에게 제공하며, 효모는 가장 바깥쪽에 살면서 지의류의 색깔과 모양 등 표현형을 다양하게 바꿔 환경에 잘 적응하도록 한다.

지의류는 전 세계적으로 약 20,000여 종이 분포하며, 국내에는 700종 이상이 보고되어 있다. 지의류는 지의류형성곰팡이, 조류, 효모가 각자 살아가는 것보다 훨씬 생명력이 강하다. 습기가 찬 흙과 바위, 나무 표면이나 갈라진 틈에 사는 지의류는 이런 공생전략 덕분에 열대지방, 극지, 바닷가나 고산지대 등 해발 8,000 m까지 지구의 거의 모든 환경에서 서식 가능한 강한 생존력을 가지고 있는 생물체이다.

지의류는 지구상 여러 곳에 퍼져있는 강인한 장수 생명체이지만, 외부 환경 변화에 약해 환경오염의 지표생물이다. 지의류는 외부환경에 대한 방어조직이 거의 없어서 환경오염에 매우 민감하게 반응하며 이산화황(SO_2)이나 아황산가스(SO_3) 등의 황산화물이 0.03 ppm 이상에서는 멸종한다.

지의류는 생장형(biodiversity)에 따라 엽상지의(foliose), 수지상지의(fruticose), 가상지의(crustose)로 구분한다. 엽상지의는 보통 각종 수목의 주지나 가지, 비석이나 바위에 많이 분포하며 마치 나뭇잎 모양으로 자라고, 수지상지의는 흙, 돌이나 바위, 나뭇가지나 나뭇잎 위에서 마치 나뭇가지 모양으로 자라며, 가상지의는 나무의 수피나 바위에 밀착해 특정한 모양이 없이 불규칙하게 자란다.

엽상지의(foliose)

수지상지의(fruticose)

가상지의(crustose)

지의류는 환경오염 지표로 활용되기도 하지만, 식용으로도 이용되고 대표적인 식용지의류로는 버섯으로 익숙하게 알려져 있는 석이(石耳, *Umbilicaria esculenta*)가 있다. 또한 차, 의약품, 화장품, 식품첨가물, 염료, 농업용 신소재 및 조경용으로도 이용되고 있다. 최근에는 *Cladonia* 속과 같은 토양 지의류는 호산성이고 중금속의 축적에 내성이 있기 때문에 태백지역과 같은 폐광석이 있는 토양의 안정화에 기여하므로 토양생태계 복원에 중요하게 활용되고 있다.

균근(菌根, mycorrhiza)은 식물 뿌리와 균근을 형성하는 균근균(mycorrhizal fungi)이 공생하는 복합유기체이다. 균근균은 식물 뿌리를 균체로 덮어서 병원균 침입, 가뭄, 독성, 중금속으로부터 뿌리를 보호하고, 뿌리가 토양에 도달하지 못하는 곳까지 균사를 뻗어 토양에 흩어져 있는 양분과 물을 뿌리가 흡수하도록 도와주고, 식물 뿌리는 균근균에게 토양에서 흡수한 유기탄소를 제공해준다.

균근은 약 97%의 고등식물에서 발견될 만큼 흔하고 생육환경이 불량한 건조지, 북극, 고산지대 등에서 살아가는 식물들은 균근을 형성해 생존해 간다. 2차 생장을 하지 않고 근관이 없는 수목의 잔뿌리에 형성되는 균근은 수목 뿌리의 피층조직 내에 곰팡이 균사가 배열되는 형태에 따라서 크게 내생균근(endomycorrhizae), 외생균근(ectomycorrhizae), 내외생균근(ectendomycorrhizae)으로 분류한다.

내생균근은 균사가 뿌리의 피층세포 안으로까지 생장하고, 뿌리 표면에서 뿌리털이 정상적으로 자란다. 전 세계적으로 약 160여 종의 내생균근이 알려져 있는데, 기주식물은 경제적으로 중요한 작물들로 외생균근보다 기주 범위가 넓다. 내생균근균은 접합균에 속하는데, 무성세대로만 존재하지만 환경조건에 적응능력이 매우 크다. 가장 흔한 내생균근은 수지상균근(arbuscular mycorrhizae, AM)이고, 그 밖에 난초균근(orchid mycorrhizae), 진달래균근(ericoid mycorrhizae) 등이 있다.

외생균근은 균사체가 수목 뿌리를 둘러싸고 일부는 수목 뿌리의 피층세포 사이에서 생장하고, 수목 뿌리 표면에서 뿌리털은 자라지 않는다. 담자균 또는 자낭균에 속하는 외생균근은 주로 소나무과, 자작나무과, 참나무과, 밤나무과, 버드나무과의 목본식물과 공생한다. 소나무 뿌리에 형성된 외생균근은 Y자형으로 분지되며, 뿌리 세포간극에 침투하여 표피와 피질 세포를 연결하는 고도로 분지된 그물모양의 균사 조직인 균사망(Hartig net)를 형성하고, 뿌리 표면을 두껍게 싸서 균투(菌套, fungal mantle)를 형성한다. 우리나라에는 약 100종 이상의 외생균근균이 알려져 있는데, 가장 널리 알려진 외생균근균은 송이(松茸, *Tricholoma matsutake*)이다.

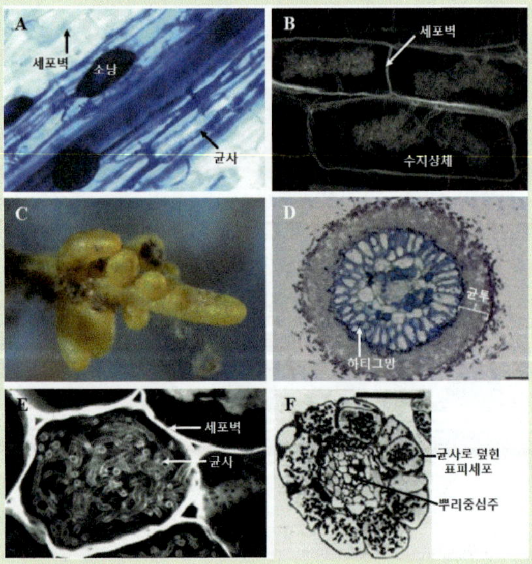

수지상균근(A, B), 외생균근(C, D), 난초균근(E), 진달래균근(F). [출처: van der Heijden et al]

내외생균근은 나무가 어린 시기에 일시적으로 형성되는 내생균근과 외생균근의 중간적인 균근이다. 균근균의 균사가 수목 뿌리의 표피와 피층세포의 외부와 내부에 존재하고 균사망을 형성하며, 뿌리 표면을 두껍게 싸는 균투가 형성되기도 하는데, 일반적으로 뿌리털이 없고 부풀지 않는다.

참고문헌

고영진. 2021. 선사시대부터 인류를 위협해 온 식물병 에피데믹과 팬데믹. 농민신문사.
고영진. 2022. 대화로 이해하는 식물병학. 농민신문사.
고영진 등. 2006. 식물병리학. 월드사이언스.
나용준 등. 2017. 신고 수목병리학. 향문사.
나용준 등. 2021. 생활권 조경수 병리학. 문운당.
문병주, 고영진, 이정숙. 2005. 신편 식물병원균류해설. 월드사이언스.
(사)한국식물병리학회. 2022. 한국식물병명목록. 월드사이언스.
산림청. 2021. 수목진료 표준품셈.
신현동 등. 2017. 균류학. 월드사이언스.
이경준. 2015. 수목의학. 서울대학교출판문화원.
정후섭. 1998. 식물균병학의 어제와 오늘. 식물병과농업 4:90-116.
정후섭, 나용준, 조용섭. 1975. 식물병학. 집현사.
정후섭 등. 1995. 식물균병학연구. 도서출판 한림원.
최재을 등. 2022. 식물의학. 한국방송통신대학교출판문화원.
한국균학회. 1998. 균학개론. 월드사이언스.
한국식물병리학회. 1997. 사과 · 배의 병 진단과 방제. 경북인쇄(주).
황병국 등. 2000. 식물의학. 탐구당.

Aghdam, SA and Fotouhifar, KB 2017. Identification of some endophytic fungi of cherry trees (*Prunus avium*) in Iran. *Iranian J Plant Protect. Sci.* 48:43-57.

Ahmadpour, A, *et al.* 2017. Population structure, genetic diversity, and sexual state of the rice brown spot pathogen *Bipolaris oryzae* from three Asian countries. *Plant Pathol.* 67:181-192.

Ainsworth, GC 1981. "Introduction to the History of Plant Pathology". Cambridge University Press.

Alcorn, JL 1988. The taxonomy of "*Helminthosporium*" species. *Annu. Rev. Phytopathol.* 26:37-56.

Alexopoulos, CJ, Mima, CW and Blackwell, M 1996. "Introductory Mycology". 4th Ed. Wiley, New York.

Allen, TW, Martinez-Espinoza, A and Burpee, LL 2005. Dollar spot of turfgrass. *The Plant Health Instructor.* doi:10.1094/PHI-I-2005-0217-02.

Amponsah, NT, *et al.* 2015. Seasonal wound presence and susceptibility to *Neonectria ditissima* infection in New Zealand apple trees. *New Zealand Plant Protection*: 68:250-256.

Andrivon, D 1996. The origin of *Phytophthora infestans* populations present in Europe in the 1849s: A critical review of historical and scientific evidence. *Plant Pathol.* 45:1027-1035.

Appel, DN 1995. The Oak wilt enigma: Perspectives from the Texas epidemic. *Annu. Rev. Phytopathol.* 33:103-118.

Arx, JA 1987. "Plant Pathogenic Fungi". J. Cramer, Berlin.

Asher, MJC and Shipton, PJ 1981. "Biology and Control of Take-all". Academic Press, London.

Back, CG, *et al.* 2014. Outbreak of rust caused by *Coleosporium asterum* on *Solidago virgaurea* var. *gigantea* in Ulleung-do. *Mycobiol.* 42:79-81.

Bai, G and Shaner, G 1994. Scab of wheat: Prospects for control. *Plant Dis.* 78:76-766.

Bailey, JA and Jeger, MJ 1992. "*Colletotrichum*: Bilogy, Pathology, and Control". Commonw. Agric. Bur, Farnham Royal, Bucks, UK.

Bandyyopadhyay, R, *et al.* 1998. Ergot: A new disease threat to sorghum in the America and Australia. *Plant Dis.* 82:356-367.

Barnett, HL and Hunter, BB 1998. "Illustrated Genera of Imperfect Fungi". 4th Ed. APS Press, St. Paul, MN.

Beckman, CH 1987. "The Nature of Wilt Diseases of Plants". APS Press, St. Paul, MN.

Beresford R anf Hill G 2008. *Botrytis* control without fungicide residues- is it just a load of rot? *New Zealand Winegrower* 12:104-106.

Biggs, AR and Grove, GG 2005. *Leucostoma* canker of stone fruits. *The Plant Health Instructor.* doi: 10.1094/PHI-I-2005-1220-01.

Bockhaven, JV 2014. "Silicon-induced resistance in rice(*Oryza sativa* L.) against the brown spot pathogen *Cochliobolus miyabeanus*". Ph.D Thesis, Ghent University.

Bockus, WW, *et al.* 2010. "Compendium of Wheat Diseases and Pests". 3rd Ed. APS Press. St. Paul, MN.
Booth, C 1971. "The Genus *Fusarium*". Commonw. Mycol. Inst., Kew, England.
Bouvet, L, *et al.* 2021. Wheat genetic loci conferring resistance to stripe rust in the face of genetically diverse races of the fungus *Puccinia striiformis* f. sp. *tritici*. *Theor. Appl. Genet.* 135:301–319.
Bove, FJ 1970. "The Story of Ergot". Karger, Basel.
Boyce, JS 1991. "Forest Pathology". McGraw–Hill, New York.
Brasier, CM 1992. Evolutionary biology of *Phytophthora*. *Annu. Rev. Phytopathol.* 30:153–200.
Braun, U, Nakashima, C and Crous PW 2013. Cercosporoid fung (*Mycosphaerellaceae*) 1. Species on other fungi, Pteridophyta and Gymnospermae. *IMA Fungus* 4:265–345.
Browning, JA and Frey, KJ 1969. Multiline cultivars as a means of disease control. *Annu. Rev. Phytopathol.* 7:355–382.
Bruehl, GW 1975. "Biology and Conreol of Soil–Borne Plant Pathogens". APS Press, St. Paul, MN.
Byamukama, E, *et al.* 2015. "Wheat Diseases Identification Pocket Guide". SDSU Extension.
Carisse, O *et al.* 2011. Management of *Botrytis* leaf blight of onion: a story of continual improvement and historical success for disease forecasting. *Plant Dis.* 95:504–514.
Carlile, MJ, Watkinson, SC and Gooday, GW 2001. "The Fungi". 2nd Ed., APS Press, St. Paul, MN.
Cartwright, RD, *et al.* 2018. "Compendium of Rice Diseases and Pests". 2nd Ed. APS Press, St. Paul, MN.
Carvalho, CR, *et al.* 2011. Cryptosexuality and the genetic diversity paradox in coffee rust, *Hemileia vastatrix*. *PLoS ONE* 6(11)/e26387.
Castlebury, LA, Rossman, AY and Hyten, AS 2006. Phylogenetic relationships of *Neonectria/Cylindrocarpon* on *Fagus* in North America. *Canadian J. Botany.* https://doi.org/10.1139/b06–105.
Cervantes, JA 2016. "*Stenocarpella maydis* and *Sporisorium reilianum*: Two pathogenic fungi of mazie". *IntechOpen*, United Kingdom.
Chen, C., *et al.* 2017. Draft genome sequence of *Venturia carpophila*, the causal agent of peach scab. Standards in Genomic Sciences 12:68. doi 10.1186/s40793–017–0280–0.
Cho, S, *et al.* 2014. *Erysiphe magnoliicola*, a new powdery mildew on Magnolia. *Mycotaxon* 129(1):153-161.
Choi, GH and Nuss, DL 1992. Hypovirulence of chestnut blight fungus conferred by an infectious viral cDNA. *Science* 257:80–803.
Choi, IY, *et al.* 2016. Characterization of a *Septobasidium* sp. associated with felt disease of *Schisandra chinensis*. *Mycobiol.* 44:58–62.
Chung, KR 2011. *Elsinoë fawcettii* and *Elsinoë australis*: the fungal pathogens causing citrus scab. *Mol. Plant Pathol.* 12(2):123–135.
Colet–Smith, JR, Verhoeff, K and Jarvis, WR 1980. "The Biology of *Botrytis*". Academic Press, New York.
Copes, W, *et al.* 2020. Draft genome assembly of *Passalora sequoiae* a needle blight pathogen on leyland cypress. *BMC Res. Notes* 13:505.
Cox, D. R. 1970. "The Analysis of Binary data". *Routledge, New York.*
Crisosto, CH, Mitcham, EJ and Kader, AA 2022. "Kiwifruit: Recommendations for Maintaining Postharvest Quality". Postharvest Center, University of California.
Crous, P, *et al.* 2013. Phylogenetic lineages in *Pseudocercospora*. *Studies in Mycol.* 75:37–114.
Cummins, GB and Hiratsuka, Y 1983. "Illustrated Genera of Rust Fungi". APS Press, St. Paul, MN.
Damm, U, *et al.* 2009. *Colletotrichum* species with curved conidia from herbaceous hosts. *Fungal Diversity* 39:45–87.
Damm, U, *et al.* 2012. The *Colletotrichum acutatum* species complex. *Studies in Mycol.* 73: 37–113.
de Silva, DD, *et al.* 2017. Life–styles of *Colletotrichum* species and implications for plant biosecurity. *Fungal Biol. Rev.* 31:155–168.
Dennis, C 1983. "Post–Harvest Pathology of Fruits and Vegetables". Academic Press, New York.
Dodgson, JLA, *et al.* 2021. Development and evaluation of a decision prediction tool for the reduction of fungicide applications for the control of strawberry powdery mildew epidemics. bioRxiv: 2021.2008.2004.455115.
Dowling, M and Schnabel, G 2020. Understanding plant diseases using art and technology. *Int'l J Fruit Sci.* 20:959–966.
Dowling, M, *et al.* 2020. Managing *Colletotrichum* on Fruit Crops: A "complex" challenge. *Plant Dis.* 104(9):2301–2316.
Ellis, MA, *et al.* 1991. "Compendium of Raspberry and Blackberry Diseases". APS Press, St. Paul, MN.
Eric M. 2013. *Albugo candida*. PaDIL – (http://www.padil.gov.au)

Erwin, DC, *et al.* 1983. "*Phytophthora infestans*: Its Biology, Taxonomy, Ecoclogy, and Pathology." APS Press, St. Paul, MN.
European and Mediterranean Plant Protection Organization 2019. PM7/91 (2) *Fusarium circinatum*(formerly *Gibberella circinata*). *Bulletin OEPP* 49:228–247.
Eusebio–Cope, A, *et al.* 2015. The chestnut blight fungus for studies on virus/host and virus/virus interactions: From a natural to a model host. *Virology* 477:164–175.
Fergus, CL 1960. "Illustrated Genera of Wood Destroying Fungi". Burgess, St. Paul, MN.
Fox, RTV 2000. "*Armillaria* Root Rot: Biology and Control of Honey Fungus". Intercept Ltd., Andover, UK.
Fry, WE and Goodwin, SB 1997. Re–emergence of potato and tomato late blight in the United States. *Plant Dis.* 81:1349–1357.
Fry, WE, *et al.* 1992. Population genetics and intercontinental migrations of *Phytophthora infestans*. *Annu. Rev. Phytopathol.* 30:107–129.
Fry, WE, *et al.* 1993. Historical and recent migrations of *Phytophthora infestans*: Chronology, pathways, and implications. *Plant Dis.* 77:653–661.
Gallup, CA, Sullivan, MJ and Shew, HD 2006. Black Shank of Tobacco. *The Plant Health Instructor*. doi:10.1094/PHI–I–2006–0717–01.
GeroSteinberg, G 2015. Cell biology of *Zymoseptoria tritici*: Pathogen cell organization and wheat infection. *Fungal Gen. Biol.* 79:17–23.
Gibbs, JN 1978. Intercontinental epidemiology of Dutch elm disease. *Annu. Rev. Phytopathol.* 16:287–307.
Gómez–Alpizar, L, *et al.* 2007. An Andean origin of *Phytophthora infestans* inferred from mitochondrial and nuclear gene genealogies. *PNAS* 104:3306–3311.
Gordon, TR and Martyn, RD 1997. The evolutionary biology of *Fusarium oxysporum*. *Annu. Rev. Phytopathol.* 35:111–128.
Hanlin, RT 1990. "Illustrated Genera of Ascomycetes". APS Press, St. Paul, MN.
Hansen, EM, Lewis, KJ, and Chastagner, GA 2018. "Compendium of Conifer Diseases". APS Press, St. Paul, MN.
Harper, GE 2011. "Aspects of the biology of the sclerotia of *Sclerotium cepivorum*:. Ph.D. Thesis, Lincoln University, New Zealand.
Harrison, JG, Searle, RG and Williams, NA 1997. Powdery scab disease of potato: A review. *Plant Pathol.* 46:1–25.
Hartman, GL, *et al.* "Compendium of Soybean Diseases and Pests". 2nd Ed. APS Press, St. Paul, MN.
Hartman, JR and Kaiser, CA 2008. "Fruit rots of grape". University of Kentucky Cooperative Extension Service PPFS–FR–S–14.
Hawksworth, DL, *et al.* 1995. "Ainsworth and Bisb's Dictionary of the Fungi". 8th Ed. CAB International, Wallingford, UK. Jennings, DH and Lysek, G 1999. "Fungal biology: Understanding the Fungal Lifestyle". 2nd Ed. Bios, Oxford.
Hazzat, NE, *et al.* 2019. Effect of a composite endomycorrhizal inoculum on the manifestation of chickpea wilt, caused by *Fusarium solani*. *Plant Tissue Cult. Biotechnol.* 20:486–500.
Hong, SK, *et al.* 2011. Occurrence of violet root rot on membranous milk vetch caused by *Helicobasidium mompa* in Korea. *Mycobiol.* 39:321–323.
Hornby, D, *et al.* 1999. "Take–all Disease of Cereals". CABI, Wallingford, UK.
Horst, RK and Cloyd, R 2007. "Compendium of Rose Diseases and Pests". 2nd Ed. APS Press, St. Paul, MN.
Hou, Y, *et al.* 2016. Comparative genomics of pathogens causing brown spot disease of tobacco: *Alternaria longipes* and *Alternaria alternata*. *PloS ONE* 11:e0155258.
Hwang, BK and Kim, CH 1995. Phytophthora blight of pepper and its control in Korea. *Plant Dis.* 79:221–227.
Hyun, J. W, *et al.* 2015. Improved method to increase conidia production from isolates of different pathotypes of citrus scab pathogen *Elsinoe* spp. *Res. Plant Dis.* 21:231–234.
Ibrahim, NF, *et al.* 2016. *Fusarium fujikuroi* causing fusariosis of pineapple in peninsular Malaysia. *Australasian Plant Dis. Notes* 11:21. doi:10.1007/s13314–016–0206–5.
Jackson, RS 2008. "4–Vineyard Practice. Wine Science" 3rd Ed. Academic Press, San Diego.
Jayasiri, SC, *et al.* 2015. The Faces of Fungi database: fungal names linked with morphology, phylogeny and human impacts. Fungal Diversity 74:3–18.
Ji, T, *et al.* 2021. Modeling the effects of the environment and the host plant on the ripe rot of grapes, caused by the *Colletotrichum* species. *Plants* 10(11):2288; doi:10.3390/plants10112288.
Jones, AL and Aldwinckle, HS 1990. "Compendium of Apple and Pear Diseases". APS Press, St. Paul, MN.
Kemmitt, G 2002. Early blight of potato and tomato. *The Plant Health Instructor*.

doi:10.1094/PHI-I-2002-0809-01.
Kendrick, B 1971. "Taxonomy of Fungi Imperfecti". Toronto Univ. Press, Toronto.
Kim, GH, *et al.* 2017. Occurrence and epidemics of bacterial canker of kiwifruit in Korea. *Plant Pathol. J.* 33: 351-361.
Koeppel, D 2005. Can this fruit be saved? *Popular Sci.* 2005. 6. 19.
Koh, YJ, *et al.* 1994. Migrations and displacements of *Phytophthora infestans* populations in East Asian countries. *Phytopathology* 84:922-927.
Krause, RA, Massie, LB and Hyre, RA 1975. Blitecast: A computerized forecast of potato blight. *Plant Dis. Rep.* 59:95-98.
Kronstad, JW 2000. "Fungal Biology". Kluwer Academic, Dordrecht, The Netherlands.
Kulshrestha, S, *et al.* 2014. . Biology and control of Rosellinia necatrix causing white root rot disease: A Review. *J. Pure Appl. Microbiol.* 8:1803-1814.
Landeras, E, *et al.* 2007. Outbreak of pitch canker caused by *Fusarium circinatum* on *Pinus* spp. in northern Spain. doi:10.1094/PD-89-1015A.
Lee, HB and Nguyen, TT 2019. First report of powdery mildew caused by *Erysiphe palczewskii* on *Robinia pseudoacacia* in Korea. *Plant Dis.* 103:1428.
Li, Z, *et al.* 2018. Morphological characterization and optimization of conditions for conidial production of *Elsinoë ampelina*, the causal organism of grapevine anthracnose. *J. Phytopath.* 166(6):420-428.
Li, Z, *et al.* 2021. Current status and future prospects of grapevine anthracnose caused by *Elsinoe ampelina*: An important disease in humid grape-growing regions. *Mol. Plant Pathol.* 22(8):899-910.
Liang, L, *et al.* 2019. *Botryosphaeria qinlingensis* sp. nov. causing oak frogeye leaf spot in China. *Mycotaxon* 134:463-473.
Liang, X, *et al.* 2022. Sustainable apple disease management in China: Challenges and future directions for a transforming industry. *Plant Dis.* 106:786-799.
Liu, N, *et al.* 2019. Latent infection of powdery mildew on volunteer wheat in Sichuan Province, China. *Plant Dis.* 103:1084-1091.
Lorliam, W, *et al.* 2013. Diversity and fermentation products of xylose-utilizing teasts isolated from buffalo feces in Thailand. *Microbes Environ.* 28:354-360.
Ma, LJ, *et al. Fusarium* Pathogenomics. *Annu. Rev. Microbiol.* 67:399-416.
Mace, ME, Bell, AA and Backman, CH 1981. "Fungal Wilt Diseases of Plants". Academic Press, New York.
Madden, LV, *et al.* 2000. Evaluation of a disease warning system for downy mildew of grapes. *Plant Dis.* 84:549-554.
Magyar, I and Soos, J 2016. Botrytized wines - current perspectives. *Int'l J. Wine Res.* 8:29-39.
Manamgoda, DS *et al.* 2014. The genus *Bipolaris*. *Studies in Mycol.* 79:221-910.
Manion, PD 1991. "Tree Disease Concepts". 2nd Ed. Prentice-Hall. Englewoo Cliffs, NJ.
Marsberg, A., *et al.* 2017. *Botryosphaeria dothidea*: a latent pathogen of global importance to woody plant health. *Mol. Plant Pathol.* 18:477-488.
Martin, RR, *et al.* 2017. "Compendium of Raspberry and Blackberry Diseases and Pests". 2nd Ed. APS Press, St. Paul, MN.
Mass, JL 1998. "Compendium of Strawberry Diseases". APS Press, St. Paul, MN.
Maymon, M, *et al.* 2020. The origin and current situation of *Fusarium oxysporum* f. sp. *cubense* tropical race 4 in Israel and the Middle East. *Scientific Reports* 10:1590.
McMillan, MS, Schwartz, HF and Otto, KL 2003. Sexual stage development of *Uromyces appendiculatus* and its potential use for disease resistance screening of *Phaseolus vulgaris*. *Plant Dis.* 87:1133-1138.
Merz, U 2008. Powdery scab of potato—Occurrence, life cycle and epidemiology. *Am. J. Po. Res.* 85:241-246.
Michailides, TJ and Elmer, PA 2000. *Botrytis* gray mold of kiwifruit caused by *Botrytis cinerea* in the United Sates and New Zealand. *Plant Dis.*84:208-223.
Molla, KA, *et al.* 2020. Understanding sheath blight resistance in rice: the road behind and the road ahead. *Plant Biotechnol. J.* 18: 1-21.
Mueller, D *et al.* 2022. "*Cercospora* leaf blight of soybean". Crop Protection Network.
Mugisha, C. M. 2008. Improving resistance to Fusarium root rot in common bean. Ph.D Thesis, University of KwaZulu-Natal, Pietermaritzburg.
Munkvold, GP and White, DG 2016. "Compendium of Corn Diseases". 4th Ed. APS Press, St. Paul, MN.
Nagaraj, BT, *et al.* 2019. Morphological, genetic and virulence diversity of *Rhizoctonia solani* isolates from different

rice growing regions of Southern India. *Res. J. Biotec.* 14:16–23.

Nel, WJ, *et al.* 2019. Black root rot: a long known but little understood disease. *Plant Pathol.* 68:834–842.

Nela, WJ, *et al.* 2018. A new genus and species for the globally important, multihost root pathogen *Thielaviopsis basicola*. *Plant Pathol.* 67:871–882.

Nelson, PE, Toussoun, TA and Cook, RJ 1981. "*Fusarium*: Diseases, Biology, and Taxonomy". Pennsylvania State Press, University Park, PA.

Nicole, G 2018. "Apple Scab". *The Plant Health Instructor.* doi:10.1094/PHI-I-2000-1005-01.

Ogawa, JM, *et al.* 1995. "Compendium of Stone Fruit Diseases". APS Press, St. Paul, MN.

Ogoshi, A 1987. Ecology and pathogenicity of anastomosis and intraspecific groups of *Rhizoctonia solani* Kuhn. *Annu. Rev. Phytopathol.* 25:125–143.

Oh, E, *et al.* 2008. First report of chestnut ink disease by *Phytophthora katsurae* on chestnut in Korea. *Plant Dis.* 92:312.

Oide, S, *et al.* 2010. Histidine kinase two-component response regulator proteins regulate reproductive development, virulence, and stress responses of the fungal cereal pathogens *Cochliobolus heterostrophus* and *Gibberella zeae*. *Eukaryotic Cell* 9:1867–1880.

Padnamadhan, SY 1973. The great Bengal famine. *Annu. Rev. Phytopathol.* 11:11–26.

Parke, JL and Peterson, EK 2019. Sudden oak death, sudden larch death, and ramorum blight. *The Plant Health Instructor.* doi:10.1094/PHI-I-2019-0701-02.

Passini, F. B. 2007. "Ferregum asiática(*Phakopsora pachyrhizi*) da soja(*Glycine max*) na cultura do feijao(*Phaseolus vulgaris*)". Dissertacao de Maestrado-Universidade Estadual de Ponta Grossa.

Pearson, RC and Goheen, AC 1988. "Compendium of Grape Diseases". APS Press, St. Paul, MN.

Pegg, GF 1974. Verticillium disease. *Rev. Plant Pathol.* 53:157–182.

Peraza-Reyes, L and Berteaux-Lecellier, V 2013. Peroxisomes and sexual development in fungi. doi:10.3389/fphys.2013.00244.

Periyannan, S, *et al.* 2013. The gene *Sr33*, an ortholog of barley *Mla* genes, encodes resistance to wheat stem rust race Ug99. *Science* 341:786–788.

Phillips, AJL, *et al.* 2013. The Botryosphaeriaceae: genera and species known from culture. *Studies in Mycol.* 76:51–167.

Piepenbring, M 2022. Mycological teaching diagrams by Meike Piepenbring. OpenMedia.

Pliego, C, *et al.* 2012. Developing tools to unravel the biological secrets of *Rosellinia necatrix*, an emergent threat to woody crops. *Mol. Plant Pathol.* 13:226–239.

Ploetz, RC 1990. "Fusarium Wilt of Banana". APS Press. St. Paul, MN.

Ploetz, RC, *et al.* 1994. "Compendium of Tropical Fruit Diseases". APS Press, St. Paul, MN.

Ponomarenkol, A, Goodwin, SB and Kema, GHJ 2011. *Septoria tritici* blotch(STB) of wheat. *Plant Health Instructor.* DOI:10.1094/PHI-I-2011-0407-01.

Purayannur, S, *et al.* 2021. The hop downy mildew pathogen *Pseudoperonospora humuli*. *Mol. Plant Pathol.* 22:755–768.

Putarak, C, *et al.* 2014. The sooty moulds. *Fungal Diversity* 66:1–36.

Rangel, LI, *et al.* 2020. *Cercospora beticola*: The intoxicating lifestyle of the leaf spot pathogen of sugar beet. *Mol. Plant Pathol.* 21(8):1020–1041.

Rapela, MGL *et al.* 2011. Phenotypic and genotypic variability in *Cercospora kikuchii* isolates from Santa Fe Province, Argentina. doi:10.5772/21091.

Raymer, ADM and Boddy, L 1988. "Fungal Decomposition of Wood: Its Biology and Ecology". Wiley, New York.

Rego, C, Nascimento, T and Oliveira, H 2001. Characterisation of *Cylindrocarpon destructans* isolates from grapevines in Portugal. *Phytopathol. Mediterr.* S343–S350.

Reis, EM, Bresolin, ACR and Carmona, M 2006. "Doenças da soja I: Ferrugem asiática". Universidade de Passo Fundo, Passo Fundo.

Riiling, D and Prospero, S 2018. *Cryphonectria parasitica*, the causal agent of chestnut blight: invasion history, population biology and disease control. *Mol. Plant Pathol.* 19:7–20.

Ristaino, JB and Johnston, SA 1999. Ecologically based approaches to management of *Phytophthora* blight on bell pepper. *Plant Dis.* 83:1080–1089.

Rizzzo, DM, *et al.* 2001. A new Phytophthora canker as the probable cause of sudden oak death in California. *Phytopathology* 91: No. 6(Supplement), S76.

Robin, C and Heiniger, U 2001. Chestnut blight in Europe: Diversity of *Cryphonectria parasitica*, hypovirulence and biocontrol. *For. Snow Landsc. Res.* 76:361-367.

Roelfs, AP and Bushnell, WR 1985. "The Cereal Rusts". Academic Press, Orlando, FL.

Rossman, AY, Palm, ME and Spielman, LJ 1987. "A Literature Guide to the Identification of Plant Pathogenic Fungi". APS Press, St. Paul, MN.

Ryley, M 1989. The life cycle of downy mildew in onions. *Queensland Fruit and Vegetable News* 60:15.

Ryu, M, *et al.* 2018. Drought-induced susceptibility for *Cenangium ferruginosum* leads to progression of *Cenangium*-dieback disease in *Pinus koraiensis*. *Scientific Reports* 8:16368. doi:10.1038/s41598-018-34318-6.

Saharan, GS and Verma, PR, 1992. White Rusts: A review of economically important species. International Development Research Center(IDRC), Ottawa, Canada MR 315e, 65.

Sakamoto, Y and Keneko, S 1992. Anatomy of cankers on *Sophora japonica* caused by *Uromyces truncicola*. *J. Jpn. For. Soc.* 74:488-492.

Salacinas, M 2019. Spot on: managing Panama disease of banana in the Philippines. Wageningen University and Research.

Santos, AFD, *et al.* 2005. *Phytophthora nicotianae*: agente etiológico da gomose da acácia-negra no Brasil. Fitopatologia Brasileira (Impresso) (Cessou em 2007. Cont. ISSN 1982-5676 *Tropical Plant Pathol.* (Impresso) 30:81-84.

Santos, JM, *et al.* 2011. Resolving the *Diaporthe* species occurring on soybean in Croatia. *Persoonia - Mol. Phylogeny and Evolution of Fungi* 27:9-19.

Saowanee, W, *et al.* 2011. *Phyllosticta*-an overview of current status of species recognition. *Fungal Diversity* 51:43-61.

Schmale III, DG and Bergstrom, GC 2003. Mycotoxins in Crops: A Threat to Human and Domestic Animal Health. *The Plant Health Instructor.* DOI:10.1094/PHI-I-2003-0612-01.

Schmale III, DG and Munkvold, GP 2003. Fusarium head blight (FHB) or scab. *The Plant Health Instructor.* DOI:10.1094/PHI-I-2003-0612-01.

Schumann, GL 1991. "Plant Diseases: Their Biology and Social Impact". APS Press, St. Paul, MN.

Schumann, GL and D'Arcy, CJ 2010. "Essential Plant Pathology". APS Press, St. Paul, MN.

Schwartz, HF and Mohan, SK 2016. "Compendium of Onion and Garlic Diseases and Pests". 2nd Ed. APS Press, St. Paul, MN.

Scott, KJ and Chakravorty, AK 1982. "The Rust Fungi". Academic Press, New York.

Sherff, AF and MacNab, AA 1986. "Vegetable Diseases and Their Control". 2nd Ed. Wiley, New York.

Shetty, HS, *et al.* 2016. Downy Mildew of Pearl Millet and its Management. All India Coordinated Research Project on Pearl Millet(Indian Council of Agricultural Research), Mandor, Jodhpur.

Shigo, AL 1984. Compartmentalization: A cenceptual framework for understanding how trees grow and defend themselves. *Annu. Rev. Phytopathol.* 22:189-214.

Shoemaker, RA 1981. Changes in taxonomy and nomenclature of important genera of plant pathogens. *Annu. Rev. Phytopathol.* 19:297-307.

Shyam, L, *et al.* 2019. Spinach downy mildew: Advances in our understanding of the disease cycle and prospects for disease management. *Plant Dis.* 103:791-803.

Smiley, RW, Derneden, PH and Clarke, BB 2005. "Compendium of Turfgrass Diseases". 3rd Ed. APS Press, St. Paul, MN.

Sneh, B, Burpee, L and Ogoshi, A 1991. "Identification of *Rhizoctonia* species". APS Press, St. Paul, MN.

Sogonov, MV, *et al.* 2007. The type species of *Apiognomonia*, *A. veneta*, with its discula anamorph is distinct from *A. errabunda*. *Mycol. Res.* 111(Pt 6):693-709.

Spencers, DM 1978. "The Powdery Mildews". Academic Press, New York.

Spencers, DM 1981. "The Downy Mildews". Academic Press, New York.

Stipes, RJ and Campana, RJ 1981. "Compendium of Elm Diseases". APS Press, St. Paul, MN.

Strobel, GA and Lanier, GN 1981. Dutch elm Disease. *Sci. Am.* 245:56-66.

Subramanian, CV 1983. "Hyphomycetes: Taxonomy and Biology". Academic Press, New York.

Sutton, TB, *et al.* 2014. "Compendium of Apple and Pear Diseases and Pests". 2nd Ed. APS Press, St. Paul, MN.

Swaminathan, MS 2009. Plant scientist who transformed global food production. *Nature* 461:894.

Syme, RA 2018. Transposable element genomic fissuring in *Pyrenophora teres* is associated with genome expansion and dynamics of host-pathogen genetic interactions. *Front. Genet.* 9:130. doi:10.3389/fgene.2018.00130.

TeBeest, DO, Guerber, C and Ditmore, M 2007. Rice blast. *The Plant Health Instructor.* doi: 10.1094/PHI-I-2007-0313-07.

Timmer, LW, Garnsey, SM and Graham, JJ 2000. "Compendium of Citrus Diseases". 2nd Ed. APS Press, St. Paul, MN.

Tredway, LP and Burpee, LL 2001. Rhizoctonia diseases of turfgrass. *The Plant Health Instructor*. doi: 10.1094/PHI-I-2001-1109-01.

Tudzynski, P and Scheffer, J 2004. *Claviceps purpurea*: molecular aspects of a unique pathogenic lifestyle. *Mol. Plant Pathol.* 5:377-388.

Uddin, M, *et al.* 2018. Management of anthracnose disease of mango caused by *Colletotrichum gloeosporioides*: A review. *Acta Sci. Agriculture* 2:169-177.

Uddin, W, Gnana Viji, G, and Vincelli, P 2003. Gray leaf spot(blast) of perennial ryegrass turf: An emerging problem for the turfgrass industry. *Plant Dis.* 87:880-889.

Ullstrup, AJ 1972. The impacts of the southern corn leaf blight epidemics of 1970-1971. *Annu Rev Phytopathol.* 10:37-50.

van der Heijden, MGA, *et al.* 2015. Mycorrhizal ecology and evolution: the past, the present, and the future. *New Phytologist* 205:1406-1423.

van der Nest, A, *et al.* 2019. *Lecanosticta acicola*: A growing threat to expanding global pine forests and plantations. *Mol. Plant Pathol.* 20:1327-1364.

Vielba-Fernádez, A, *et al.* 2020. Fungicide resistance in powdery mildew fungi. *Microorganisms* 8(9):1431. doi: 10.3390/microorganisms8091431.

Wang, Q, *et al.* 2019. *Pseudocercospora* spp. from leaf spots of *Euonymus japonicus* in China. *J. Mycosystema* 38(2):159-170.

Wang, X, *et al.* 2014. Delimiting cryptic pathogen species causing apple *Valsa* canker with multilocus data. *Ecology and Evolution.* 4:1369-1380.

Waterhouse, GM 1968. The genus *Pythium*. *Myco. Pap.* 110:1-71.

Waterhouse, GM 1970. "The genus *Phytophthora*". 2nd Ed. Commonw. Mycol. Inst., Misc. Publ. 122.

Webster, RK and Gunnell, PS 1992. "Compendium of Rice Diseases". APS Press, St. Paul, MN.

Weir, BS, *et al.* 2012. The *Colletotrichum gloeosporioides* species complex. *Studies in Mycol.* 73:115-180.

Wharton, P, Hammerschmidt, R and Kirk, W 2007. Fusarium dry rot. Extension Bulletin. E-2992.

White, DG 1999. "Compendium of Corn Diseases". 3rd Ed. APS Press, St. Paul, MN.

Whiteside, JO, Garnsey, SM and Timmer, LW 1988. "Compendium of Citrus Diseases". APS Press, St. Paul, MN.

Wiese, MV 1987. "Compendium of Wheat Diseases". 3rd Ed. APS Press. St. Paul, MN.

Wilcox, WF, *et al.* 2015. "Compendium of Grape Diseases, Disorders, and Pests". 2nd Ed. APS Press, St. Paul, MN.

Wilson, RA and Talbot, NJ 2009. Under pressure: investigating the biology of plant infection by *Magnaporthe oryzae*. *Nature Reviews Microbiol.* 7:185-195.

Yan, J, *et al.* 2013. Species of *Botryosphaeriaceae* involved in grapevine dieback in China. *Fungal Diversity* 61:221-236.

Yuan, ZQ 2003. Modelling of spore release and alternative methods of control for *Sclerotinia sclerotiorum* in Beans. Final Report for Horticulture Australia Project Number: VG00020.

Zabel, RA and Morrell, JJ 1992. "Wood Microbiology: Decay and Its Prevention". Academic Press, San Diego.

Zakaria, L 2021. Diversity of *Colletotrichum* species associated with anthracnose disease in tropical fruit crops - a Riview. *Agriculture* 11(4)297. doi: 10.3390/1104297.

Zeigler, RS 1998. Recombination in *Magnaporthe grisea*. *Annu. Rev. Phytopathol.* 36:249-275.

Zhang, Y *et al.* 2014. Specific adaptation of *Ustilaginoidea virens* in occupying host florets revealed by comparative and functional genomics. *Nature Communications* 5:3849. doi:10.1038/ncomms4849.

Zheng, W, *et al.* 2013. High genome heterozygosity and endemic genetic recombination in the wheat stripe rust fungus. *Nat. Commun.* 4:2673. doi: 10.1038/ncomms3673.

국립산림과학원: https://nifos.forest.go.kr

농촌진흥청: http://www.rda.go.kr

산림청: http://www.forest.go.kr

위키백과: https://ko.wikipedia.org

The American Phytopathological Society: https://www.apsnet.org

Encyclopedia Britannica: https://www.britannica.com

Wikipedia: https://en.wikipedia.org

찾아보기

[C]

[D]

[E]

[F]

[G]

[H]

[I]

[J]

[K]

[L]

[P]

[나]

[다]

[라]

[마]

[바]

[사]

[아]

[타]

[파]

[하]

저자소개

대표저자 고영진
서울대학교 농학박사
국립순천대학교 총장
국립순천대학교 식물의학과 교수 역임
국립순천대학교 학생생활관장, 생명산업과학대학장, 교무처장 역임
한국식물병리학회 운영위원장, 살균제연구회장, 부회장, 회장 역임
한국식물병리학회 학술상, 공로상, 대통령표창 수상
'식물균병학연구', '식물병리학', '식물의학', '식물병원균류해설',
'식물병 에피데믹과 팬데믹', '대화로 이해하는 식물병학' 등 저술

공동저자 김경희
국립순천대학교 농학박사
국립순천대학교 농생명과학과 교수
국립순천대학교 수목진단센터장
국립순천대학교 나무의사 및 수목치료기술자 양성기관 주임교수
전남농업마이스터대학 참다래과정 주임교수
'생활권 조경수병리학' 등 저술

공동저자 류성호
국립순천대학교 농학박사
드림조경 나무병원 병원장
국립순천대학교 수목진단센터 외래임상교수
한국능력개발원 건설기술교육원 외래강사
전남교육연수원 외래강사
순천만 국제정원박람회(국가정원) 병해충 자문위원
'병해충 생리장애 방제도감', '수목 피해 병해충 진단 및 처방',
'생활권 조경수병리학' 등 저술

공동저자 송장훈
전북대학교 농학박사
국립원예특작과학원 배연구소 농업연구관
뉴질랜드 식물식품연구소/ 벨기에 왈롱농업연구소/ 영국 워릭대학교 객원연구원
대산농촌상, 대한민국공무원상 수상
'과수학 총론', '과수학 각론', '과수 화상병', '배 붉은별무늬병' 등 저술

공동저자 신길호
국립순천대학교 농학박사
전남농업기술원 농업연구관
전남농업기술원 친환경농업연구소, 원예연구소, 식량작물연구소,
보성차시험장 농업연구사 역임
'미생물 · 천연물질 이용', '농축산 유용미생물 현장활용기술' 등 저술

식물균병학

초 판 인 쇄 | 2023년 1월 17일
초판3쇄발행 | 2025년 3월 19일

저　　자 | 고영진
발 행 인 | 이성범
발 행 처 | 문운당
주　　소 | 서울시 종로구 혜화로5길 16 (명륜1가 45-3)
전　　화 | (02)762-6010
팩　　스 | 영업 (02)745-0265 / 편집 (02)762-8758
이 메 일 | 영업 munun2@daum.net
편집 munundang@naver.com
홈페이지 | http://munundang.co.kr

ISBN 979-11-5692-639-9 93520

정가 50,000원